近世歴史資料集成　第Ⅶ期

第XI巻　日本科學技術古典籍資料／數學篇【14】

磁石筭根元記（上、中、下）、算法天元樵談（一～五）、七乗冪演式（上、下）、算學啓蒙諺解大成（總括、上本、上末、中本、中末、下本、下末）、開商點兵算法（上、下）、招差偏究筭法、［新編］和漢算法（一～九）

目次

磁石筭根元記
上

礒石算法根元記

夫算法術者根元を知し元を立る事專とす
依之それ〳〵に算法に至る意を以講釋をつけ
行る是幼老の人にすゝめんとす只當様
のたらけなるへし若此書を用る人の個
法ともあらん用ふは礒石算法也根は陰陽等
其為山岳を極て國境のを立附[illegible]

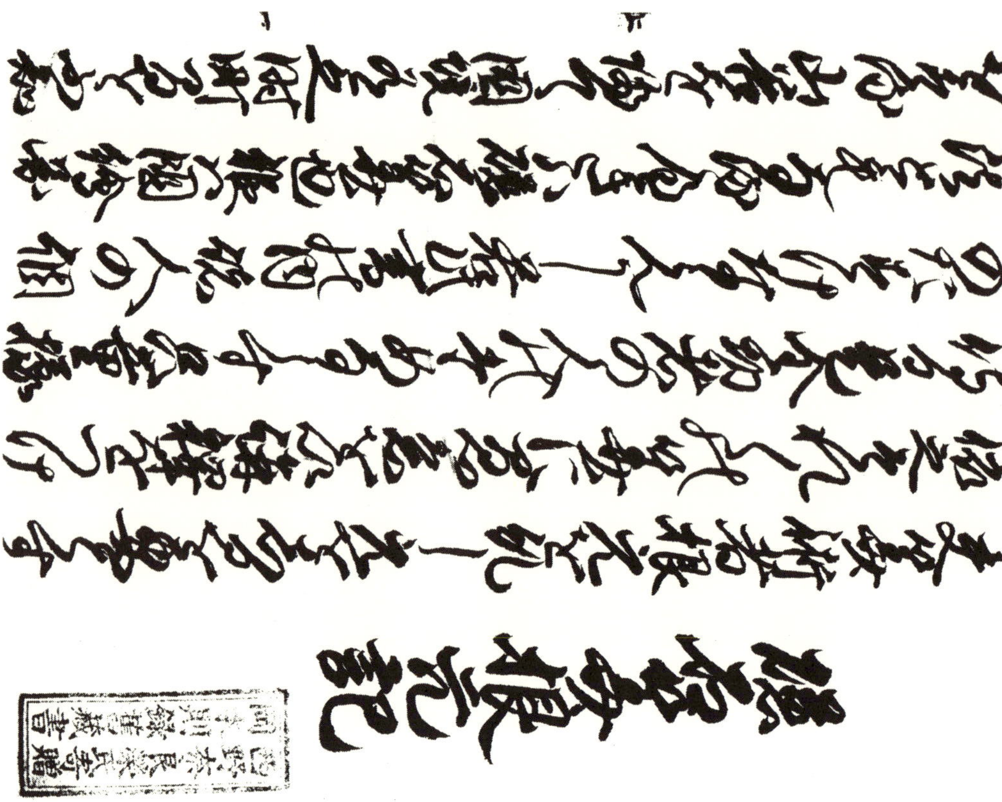

一ツ拾露丹西明リテ磁石ヲ取所アラを
ソレ古ヘ云遠州稲也リ拾但シ山野之町歩ヲ
検地大海上ヲ渡テ指里数拾リ此ノ如ク之ヲ
磁石ヲ以テ積之并ニ至山の高サヲ見ルニ明ニ之
右磁石の希明ノ筆紙ニ尽シ難シ不能也
四ヘ磁石根元記と名付者也

下野國都賀郡
保坂市右衛門尉

宗因

上巻

目録

第一　九々之数之事
第二　八算之割声割之事
第三　米貫目之事
第四　自米升目欠リ分リ之事
第五　里積リ之事
第六　三六分分場遠法之事
第七　絹表目并中幅と幅広ヶ割名附事
第八　角木之割并貫目之事
第九　極之円を作円積之事

二

目録　中巻

目録　下巻

第四　田畑畳積り様之事
第五　四ツ検地之仕様町反歩積る事
第六　海上を隔る所磁石を以町見を致す事
第七　山を隔る所同磁石以町見する事
第八　山の高サを積る事
第九　磁石の盤仕様の事
第十　磁石分度之盤様の事
第十一　磁石秘密二ヶ條の事

㊀ 九九之言
二二如四　二三如六　二四如八　二五如十　二六十二　二七十四　二八十六　二九十八
三三如九　三四十二　三五十五　三六十八　三七二十一　三八二十四　三九二十七　四四十六
四五二十　四六二十四　四七二十八　四八三十二　四九三十六　五五二十五　五六三十
五七三十五　五八四十　五九四十五　六六三十六　六七四十二　六八四十八　六九五十四
七七四十九　七八五十六　七九六十三　八八六十四　八九七十二　九九八十一

㊁ 八算之言
二一天作五　二進一十　四進二十　六進三十　八進四十
三一三十一　三二六十二　三進一十　六進二十　九進三十　四一二十二
四二天作五　四三七十二　四進一十　八進二十
五一加一　五二加二　五三加三　五四加四　五進一十
六一下加四　六二三十二　六三天作五　六四六十四　六五八十二　六進一十

七一下加三　七二下加六　七三四十ノ二　七四五十ノ五　七五七十ノ一　七進一十
八一下加二　八二下加四　八三下加六　八四天作ノ五　八五六十ノ二　八六七十ノ四
八七八十ノ六　八進一十
九一下加一　九二下加二　九三下加三　九四下加四　九五下加五　九六下加六
九七下加七　九八下加八　九進一十

此八算ノ木銀〆百二十三貫四百五十六匁七分八リ三九毛を
右銀百へ金二百四十六貫九百十三匁五分七リ八毛ニ成是ヲ二ツ除ニ割也ノ本成

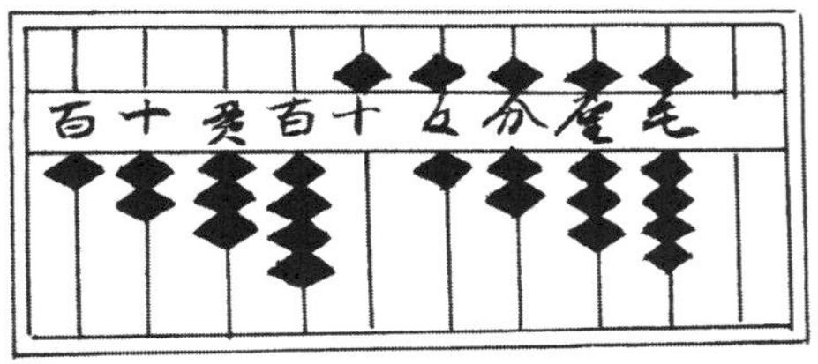

二九十八　二八十六　二七十四　二六十二　二五十　二四八　二三六　二二四　一ノ二

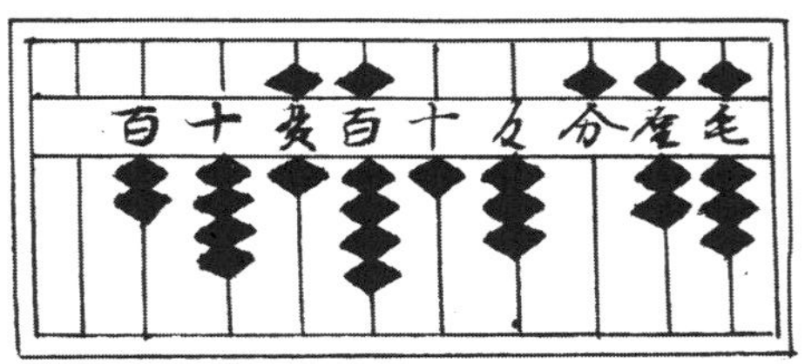

二一天作ノ五　八進ノ四十
二一天作ノ五　六進ノ三十
二一天作ノ五　四進ノ二十
二一天作ノ五　二進ノ一十
八進四十二　二一天作ノ五
六進ノ三十
四進ノ二十
二進ノ一十
割初テ割声大方ノ隠ニ成し
又ニ割し

右割大梓先割るかけ、る合元師迄付居り為都合ニ付ハ割を先ハせし者
算おそ仍習時ハ必ず掛ル割る合ヲ書ニ手細ニ付ハ割が要き趣し分け
おこ方書ヲ割時ハおのとく一二三四五六七八九合ニ様ニ割ハ友師おそくとも割よし

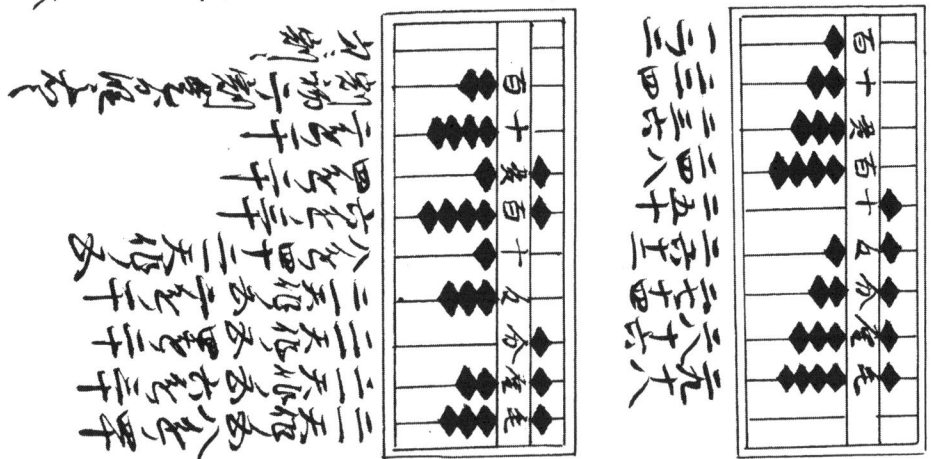

百二十三貫四百五十六匁七分八リン九毛ヲ三ツカケテ六
三百七十貫三百七十目三分六リン七毛ト成
右ノ三ノ服ヲ割ニ六一二三四五六七八九ト云テ本ニ成ヲ割也

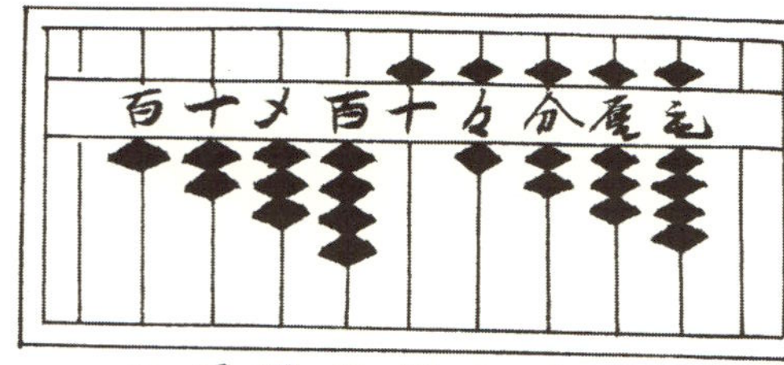

三九二十七
三八二十四
三七二十一
三六十八
三五十五
三四十二
三三九
三二六
一三三

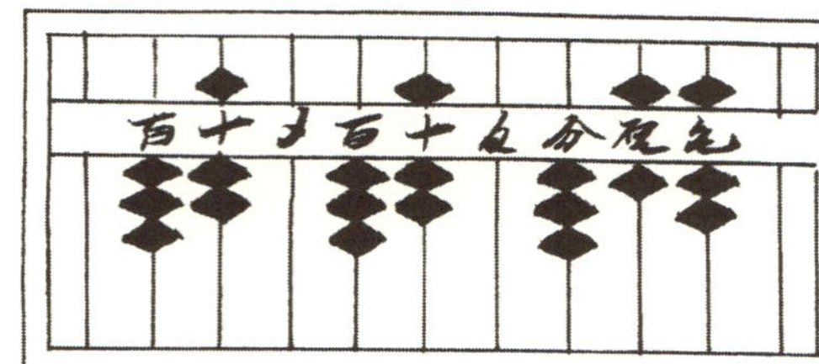

三二六十ノ二 九ヲノ三十
三二六十ノ二 六ヲノ二十
三二六十ノ二 三ヲノ一十
三二六十ノ二
三一三十ノ二 六ヲノ二十
三一三十ノ一 三ヲノ一十
六ヲノ二十 三一三十ノ一
三ヲノ一十
是ヲ服ニ右方ヘ割之

百廿三貫四百五十六匁七分八リン九毛ヲ四ツカケテ
四百九十三貫八百二十七匁五分六リン六毛ニ成
右ツ四之服ヲ割ニ八一二三四五六七八九ト云テ本ニ成

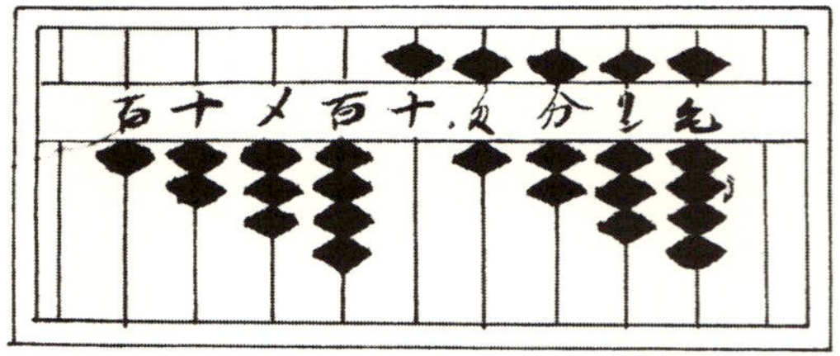

四九三十六
四八三十二
四七二十八
四六二十四
四五二十
四四十六
三四十二
二四八
一四四

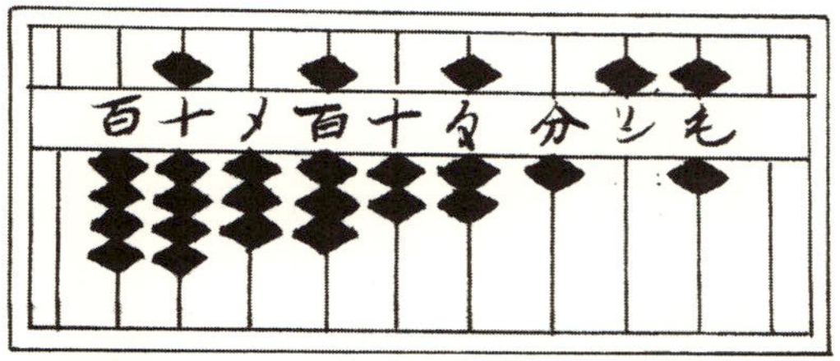

四三七十ノ二 八ヲノ二ヲ
四三七十ノ二 四ヲノ一十
四三七十ノ二
四二天作ノ五 四ヲノ一十
四二天作ノ五
四一二十ノ二 八ヲノ二十
八ヲノ二十 四一三十ノ二 四ヲノ二ヲ
四ヲノ一十
四之割是ヲ服ニ右方ヘ割

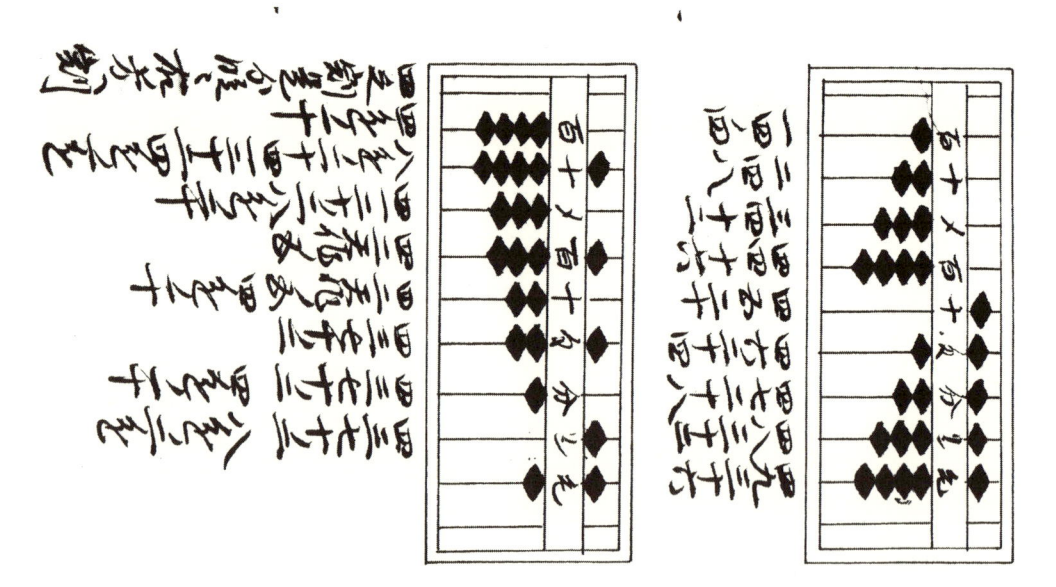

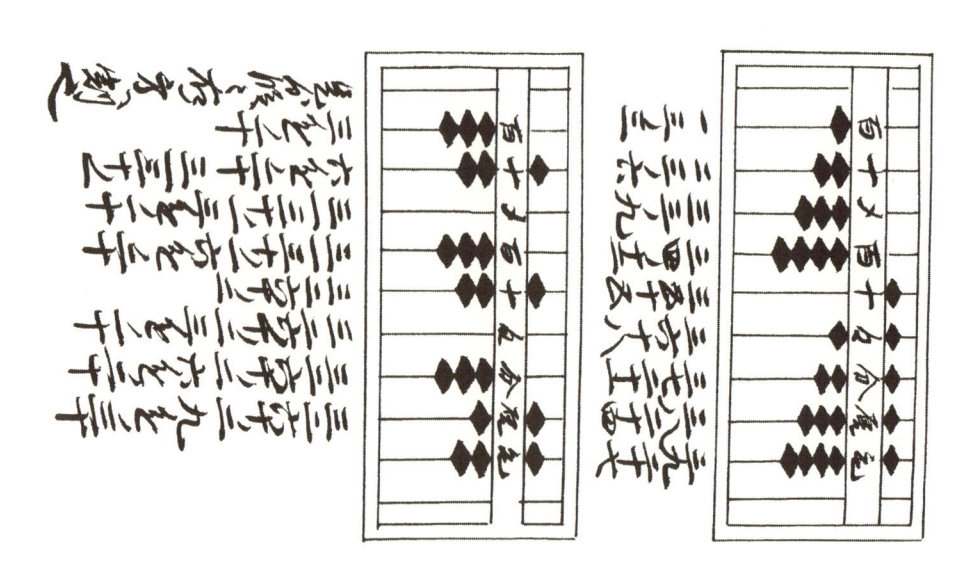

上七

百廿三メ四百五十六匁七分八リ九毛ヲ五ツニわけ候ハ
六百十七メ二百八十三匁九分四リ五毛ニ成
右ヲ五ツニ割候ハ　一二三四五六七八九と見之本ノ如

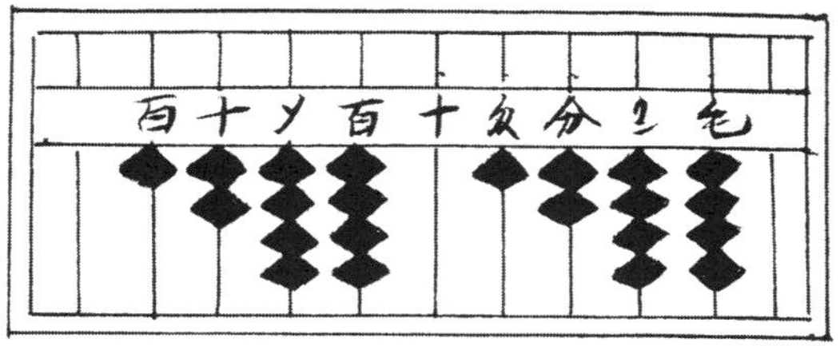

五九四十五匁
五八四十
五七三十五匁
五六三十
五五二十五匁
四五二十
三五十五匁
二五十
一五匁

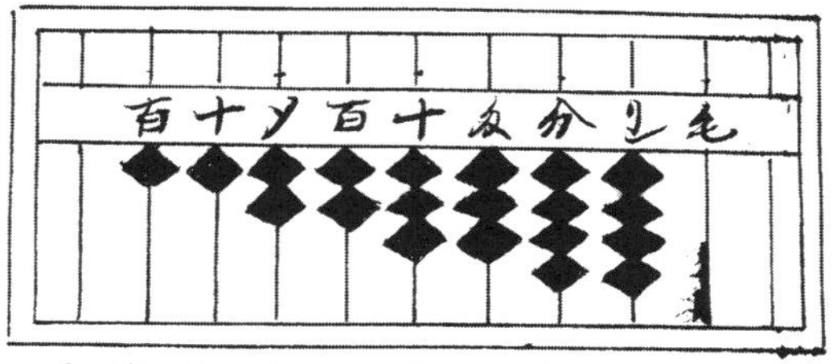

五四加四　五進一十
五四加四
五三加三　五進一十
五三加三
五二加二　五進一十
五二加二
五一加一　五進一十
五進一十　五之加一
是ハ眼ニ存分ニ割

上八

百廿三貫四百五十六匁七分八リ九毛ヲ六ツニわけ候ハ
七百四十貫七百四十目七分三リ四毛と成
右ヲ六ツニ而割候ハ　一二三四五六七八九と見之本ノ如

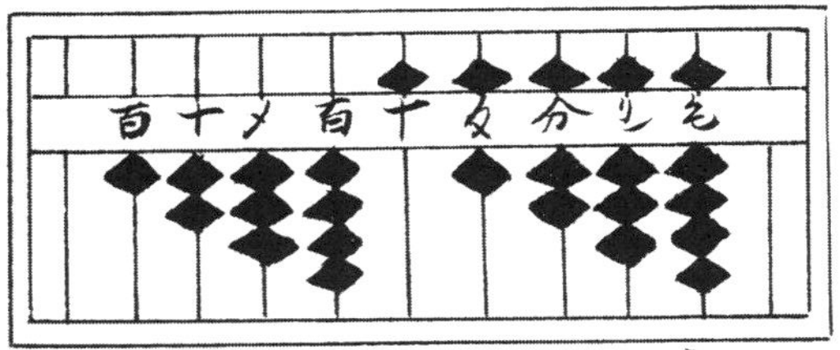

六九五十四
六八四十八
六七四十二
六六三十六
六五三十
四六二十四
三六十八
二六十二
一六六

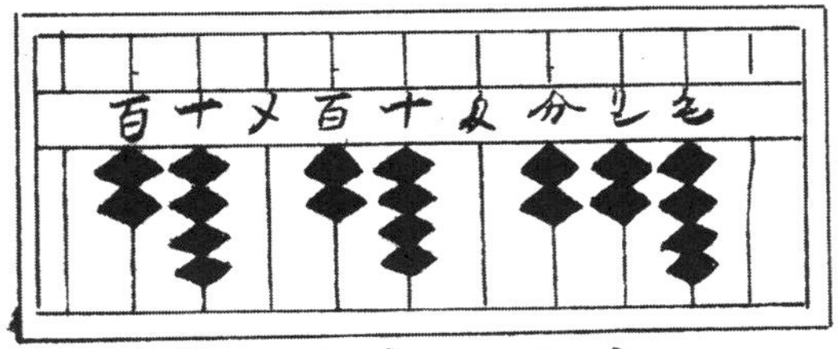

六五八十ノ二　六進一十
六五八十ノ二
六四六十ノ四　六進一十
六四六十ノ四
六三天作ノ五
六二三十ノ二　六進一十
六二三十ノ二
六進一十　六一加下四　六進一十
六之割是ハ眼ニ存ニ割

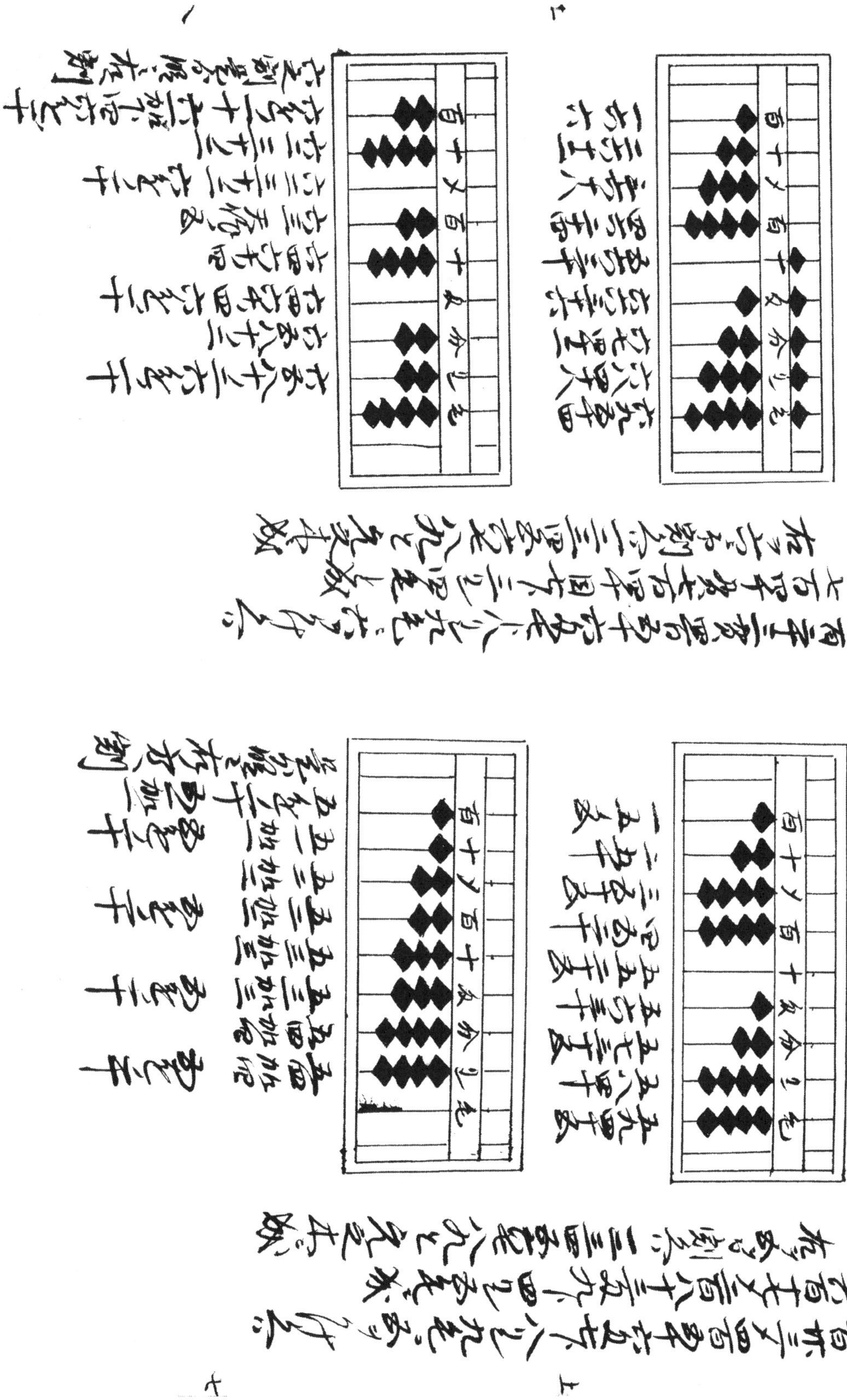

百二十三貫四百五十六匁七分八リ九毛ヲ七ッ割ニ
八百六十四貫百九十七匁五分二リ三毛ト成
右ハ七ニ限ル割ニ一二三四五六七八九ト云之事成

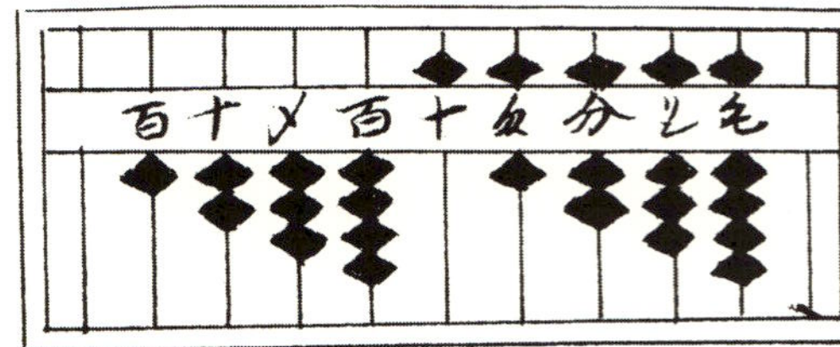

七九六十三 七八五十六 七七四十九 六七四十二 五七三十五 四七二十八 三七二十一 二七十四 一七七

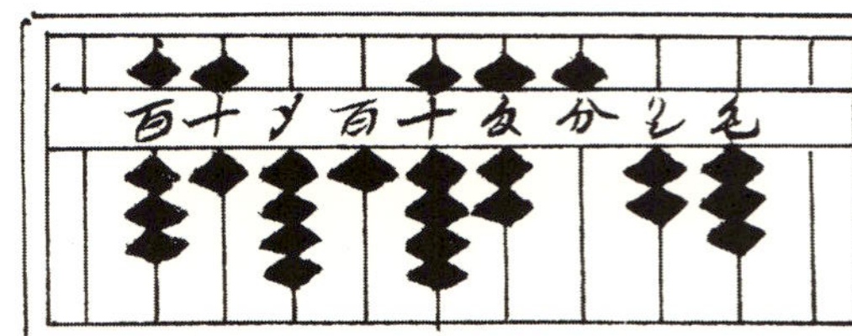

七六六十ノ四七毛ノ一千
七六八十ノ四
七五七十ノ一
七四五十ノ五七毛ノ一千
七三四十ノ二七毛ノ一千
七三四十ノ二
七二下加六七毛ノ二千
七毛ノ一十七一加下三七毛ノ一千
七ノ限ハ是ヲ左之方割

百二十三貫四百五十六匁七分八リ九毛ヲ八ッ割ニ
九百八十七貫六百五十四匁三分一リ二毛ト成
右ハ八ニ限ル割ニ一二三四五六七八九ト有之事成

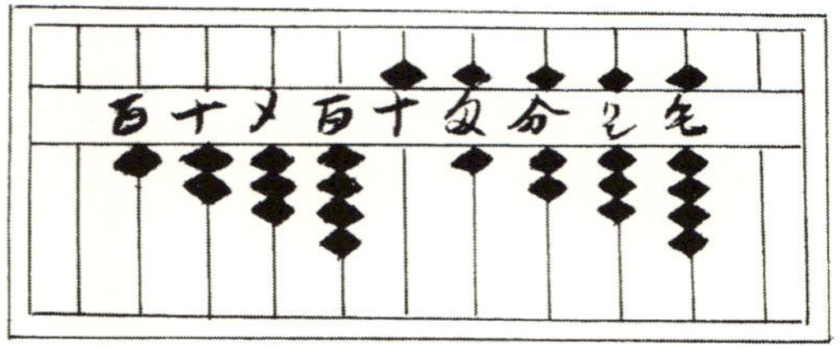

八九七十二 八八六十四 七八五十六 六八四十八 五八四十 四八三十二 三八二十四 二八十六 一八八

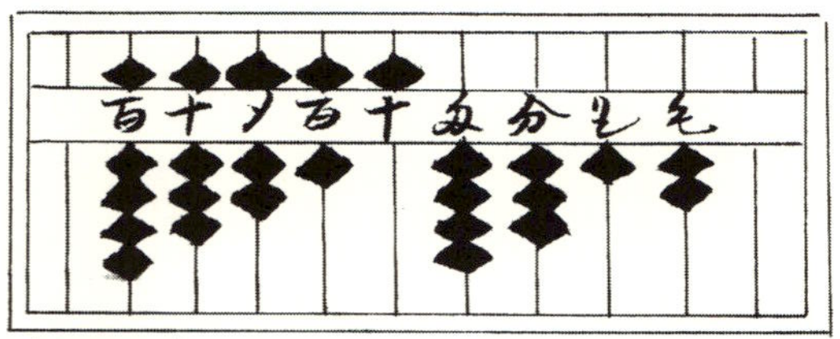

八七八十ノ六八毛ノ一千
八七八十ノ六
八六四十ノ四
八五六十ノ二
八四天作ノ五
八三下加六八毛ノ一千
八二下加四八毛ノ一千
八毛ノ一十八一下加二八毛ノ一千
是ハ八ノ限ニ左ノ方ヘ割

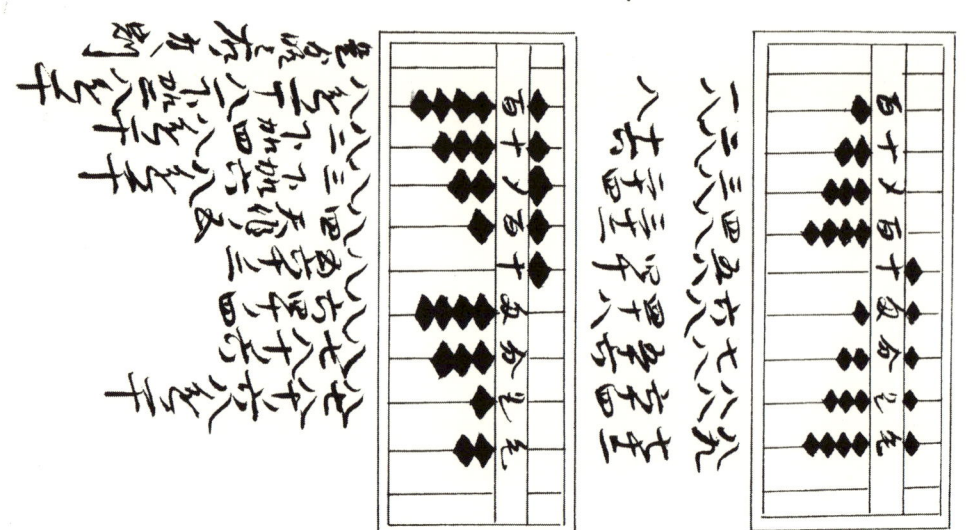

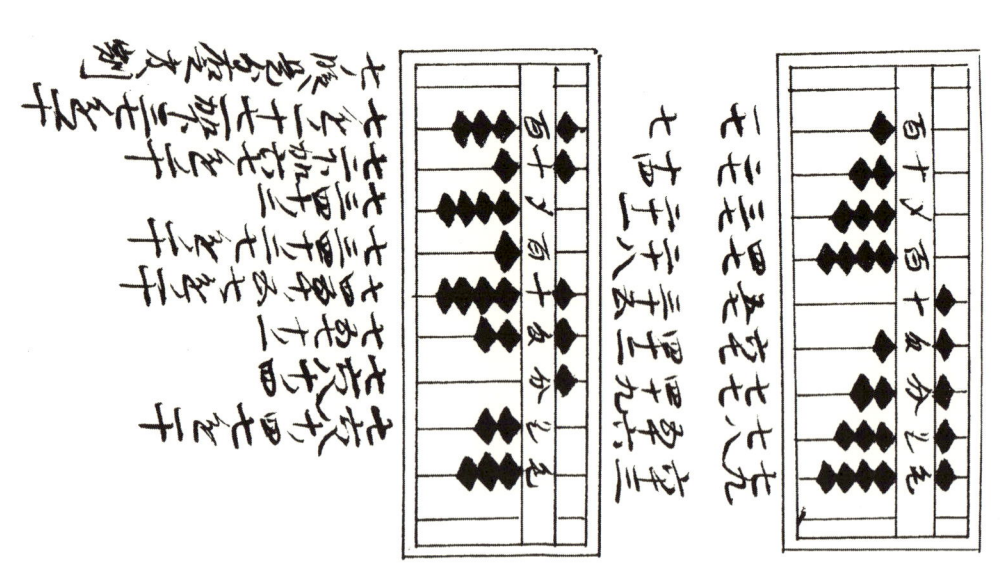

百二十三万四千五百六十七下八り九毛九ッケ六
千五十壱貫五百十壱匁壱ト壱毛也

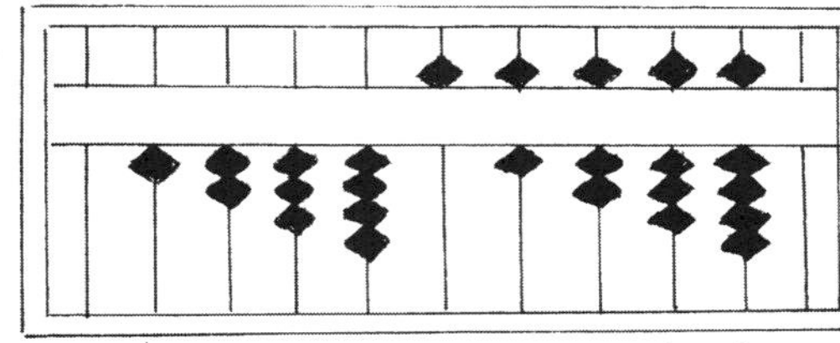

九九　八九　七九　六九　五九　四九　三九　二九　一九

八十一　七十二　六十三　五十四　四十五　三十六　二十七　十八　九

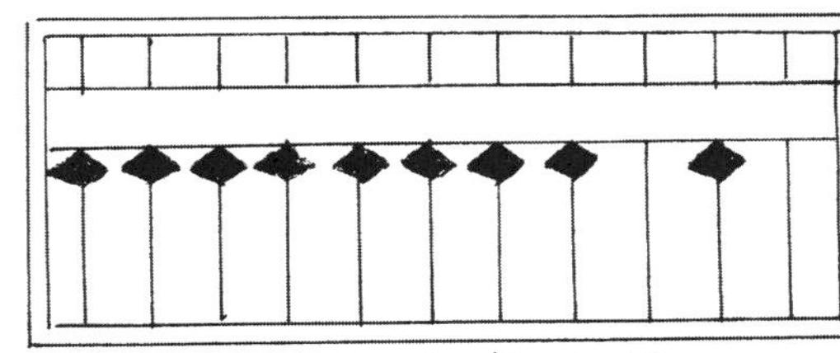

八八九を二千と筭本也
八八
七七
六六
五五
四四
三三
二二と下加九加九此形下加九

凡一掛割ハ世乃之筭なれハ才ハ稽く覚て此形を以て

㊂今銀子銭ニ換ル其売場ヨリ一匁ニ付何程と問
今銭換八匁銀拾匁壱ト四りヒと云
此仕様ハ其売場ノ拾匁壱分四りを割ハ代銭換八貫五百六十九文也
此方六拾九文ハ銀ヨリ壱場六拾目ニカケ銭換八匁銀拾匁壱ト四りヒト知
△又右ノ儀ハ今銭換八匁銀十匁壱ト四りヒ当ル対匁ニ六拾目ト
拾匁ハ何十何文と問　換匁ニ六十文五百ヨリ出ルと云
此仕様ハ今銭換八匁ヲ銀拾匁壱ト四りニ割壱場六拾目ニ割テ
八百六拾九文ニ加ニ百今又銭換八貫五百六拾九文之筭ヲ問　安ハ六百儀ヲ
別ニ拾匁ニ付五六文と知
△又右表但シ二十文ナシ
此代銭換八匁銀拾匁壱ト四りヒ　但シ匁ニ六十文目
右之銭壱貫文ニ付銀何程と問　壱貫ニ付四拾八匁六分九毛と云

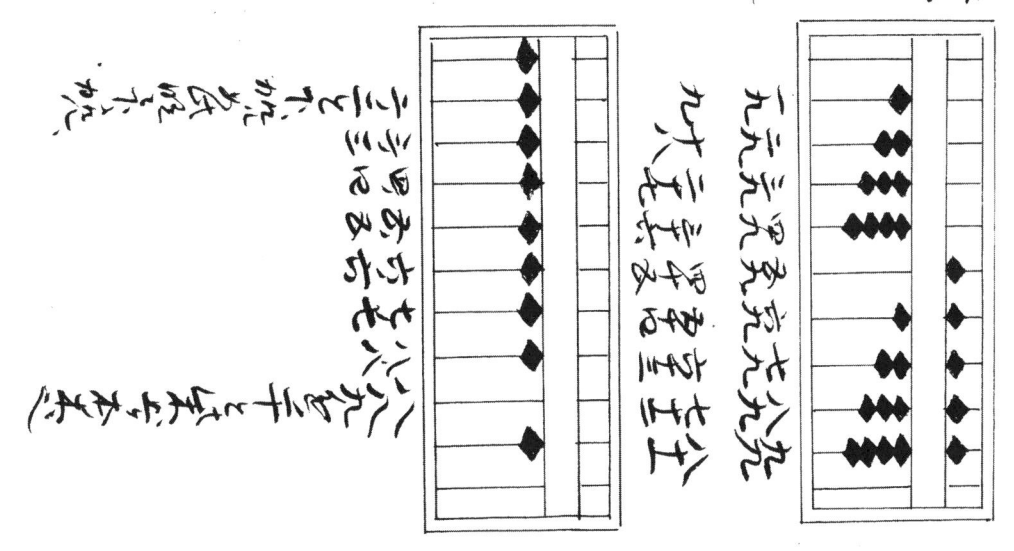

此仕様銀拾八匁捨匁ニ米四斗ナリ全之取分之六拾目ツヽ仕入ハ銀高
六百九拾目ヲ四斗ニ成ヲ見ル右ハ米百表ヲ右ハ六三拾目ニ石
此石高ニ右之銀ヲ割四拾八匁弐ト九リトモ知之
△米壱石銭札ヲ總而貫七百文ノ買附内ヲ米ニ何石ト云
右ノ米四斗ノ米代何程ト問總銭貫六百十文ト云
此仕様四斗ヲ米七百文ノ銭ヲ米ニ割ハ[illegible]文ニ六下六百三十五ヲ成
是銭之貫十六文ツヽ仕入ハ銭貫六百捨弐匁ト成
右之[illegible]四斗ヲ米七百文ノ銭ヲ割ハ全ノ貫ヲ米ニ銭ヲ之
右場ヲ見テ四斗ヲ米ニ割ハ右四貫八ノ下三百三十三ヲ成
又銭之右場全貫七百文ヲ見テ四貫七百文ヲ掛ル銭ヲ
六百銭文ヲ如此銭ヲ取ハ九六ツヽ仕入ハ銭貫文ニ如此十二文
取ハ九六ツヽ掛ル但十二文ヲ下ハ同ジ仕入ハ九拾六ツヽ仕ル儀也
△米壱石銭札ヲ銀六拾目買附右之米内銭札ヲ右ハ何銭札代
銀何程ト問　銀拾匁八ト三厘ト云
此仕様銀六拾目ヲ壱石銭札ニ割ハ壱斗ニ付壱匁四ト壱厘ヲ
六也ヲ如此是ヲ銭札ニ付捨匁下三厘ト知之又別ニ石銭札ヲ
右場ヲ見テ壱石銭札ニ割ハ高六拾六文六下六厘ヲ
是銭之右場六拾目ヲ仕入ハ捨匁下三厘ト知之
回右米銭捨石此白米捨六石ヲ取ル時何合ヲ有ト問
此仕様右米銭捨石ノ内白米捨六石ヲ入ハ四石ヲ引是ヲ右米
銭捨石ニ割銭合有リト見テ知之
銭合有リ知ト云
△白米捨六石ヲ取合有リハ黒米何程ト問　黒米銭捨石ト云
此仕様右白米捨八合ヲ割又ハ黒米銭捨石ト見テ知之黒米ヲ白米

右之時ハ八ツ付白米代ハ右ハ六ち割之加様之色ミ集ハかくの如く候文
此事ある風大会ニ叶ハ銭合有りニ付八ツ付ケ也と思ひ給へ
されば是を知る人ハ元をたしてよろしと云ふ也
△白米拾六石ニ付銭合何程か　此白米何程と問　黒米拾九石銭也
此仕様白米拾六石ニ十二ツ付ケ〆五黒米ニ見る也　此色白米ハ
又ハ十二ニ割る也
△米百石ニ運賃六下ニ而此運賃百石之内より運賃六ツ取也　算用
運賃何程と問　　運賃九石六斗六升四合之
法ハ百石を百六ニ割る時ハ九拾四石三斗三升九合六夕也
是を六下ニ付ケ引いてハ運賃ハ五石六斗六升四合と知る
此仕様百石を百六ニ割るは運賃六下也　取捨ながら算合
米ハ百六ニ割るハ六ツ引き米百石ニ成る　米何程ニも
百六ニ割るハ米斗数有　運賃ニ而百石之外ニ六下ヲ運賃ニ而百石ハ
其六下を外へ
⊗米百斗八銭百俵之内ニ運賃六下を渡し此本米何程　運賃
何程と問
本米百拾俵八表之斗三斗九升九合六夕
運賃拾五俵壱斗六升四合也
此仕様百拾俵を百六ニ割る本米百拾俵八表九升二合九夕を成
下ハ小表成而ハ八ツ付け六本米百八拾八表二斗九升九合六夕と
知る也又運賃ハ人ニ右本米百八拾八表六斗九二六分と掛拾五俵三
合七五二と成是も表ハ出と掛け之ハ拾五俵二斗六升四夕と
知る也但表ハ左へ入る
三斗如

上　十二

△米之積合ニ〆在之高百石表積也、但米之運賃六下之村ニ在ハ於高
百石之儀ハ米弐表送之積ニ〆運賃ハ米之内ニ而渡ス時運賃
不可被下　　運賃米六表ト云
此仕様在高百石表ニ付一斗ニ而割入ハ百表ニ成ル、運賃六斗ヲ
掛ケ又ハ六表ヲ起シ但在高表ニ付一斗ニ而割入ハ壱表ニ成ル在米様
ニ而壱斗ニ而割ニ下ヲ加ケ六ハ運賃ハ起之又ハ在高百拾表ヲ四下ヲ掛
ニ而起シ但四下ヲ掛ケ候共ハ米之運賃ハ百割安ク成ル運賃ハ六下
之内ヲ百割ヲ四下ヲ掛ケ六ト云
㊅三ヶ村ノ百俵ツヽ米ヲ出ス時米之石数ニ而平均之道法ヲ求ル
事ハ道法平均ヲ求ル術ナリ

上村ハ三拾五石　　百俵ハ道法拾弐里
中村ハ八拾弐石　　百俵ハ道法拾壱里
下村ハ百拾弐石　　百俵ハ道法七里
合百弐拾九石　但シ百石ニ付道法平均九里三拾壱町
ハ分余也
此道法平均ヲ求ル術之事
上村三拾五石拾弐里ヲ掛　　四百弐拾里ト成
中村八拾弐石拾壱里ヲ掛　　九百弐里ト成
下村百拾弐石七里ヲ掛　　七百八拾四里ト成
道合弐千百八拾六里也
右道法弐千百八拾六里ヲ弐百弐拾九石ニ而割道法九里
九分六厘三毛ト成此九里之外九分六厘三毛之町数三拾五町也

上
十三

九萬九拾町一四五六八と成 此一四五六八ヲ一町之歩数三千歩を除之ハ
九萬三拾六町八分余と知之
此代積上之村分ヶ歩数三拾万歩道法拾弐里也ヶ計リ一里之
方積十里成高三拾六町之方積延ヲ四万弐千里之三ヶ村能々
歩数ハ方積之高を七をかけ合三ヶ村之歩数方積延ヲ千五百八拾
六里方歩数弐乗高方積を割之ハ弐千七百八十弐里九千六
三ヶ乗リ町之方尺人坪壱里之町数三拾六町を余之ハ千八百四
町か弐ハ壱町之方数三拾六歩を余方数ニ尺也知之

⑦三丈六尺之絹壱疋を金三両ニ買時壱尺ハ何程ニ当ル問
答 壱尺ニ付八ト三リン三毛と云
此術ハ金三両を西ニて割也 如此ハ銀之相場六拾目とりけ之ハ
銀百八拾目と成 是を三丈六尺ニ而割 壱尺ハ八ト三リン三毛と知之

▲絹壱丈六尺を銀六拾目ニ買時ハ壱尺ハ何程ニ当ル 此代銀何程と問
答 三匁七ト五リと云
此術ハ六拾目を壱丈六尺ニ而割之ハ 絹壱尺ニ付三匁七ト五リ三毛
八銭と如此をきれ壱尺ハ ケ合ハ切之銀三匁七ト五リと知之 又別法
壱尺ニ壱丈六尺ニ而割銀高六拾目を除之ハ三匁七ト五リと知之
右之算銀高六拾目を壱丈六尺ニ而割 壱尺ハ何程と知し又
きれ壱尺をかけ銀高を知ルのら此丈尺ハきれの尺也 壱丈六尺ニ而
割ハ壱丈六尺をお場ニ尺を立きれ壱尺をお場壱丈六尺ニ而割之ハ銀
六拾目を除三匁七ト五リと如此銀高六拾目を除三匁七ト五リと知
又銭尺ハ又銭ハ銭ヶ之お場をかけ尺ハ銭ニ尺のかわり銭之お場ハ
目めけ如此なかてハ六拾目をかけ之

▲壱丈弐尺之きぬを銀四拾目ニ買時ハ壱尺ニ付 切之代銀

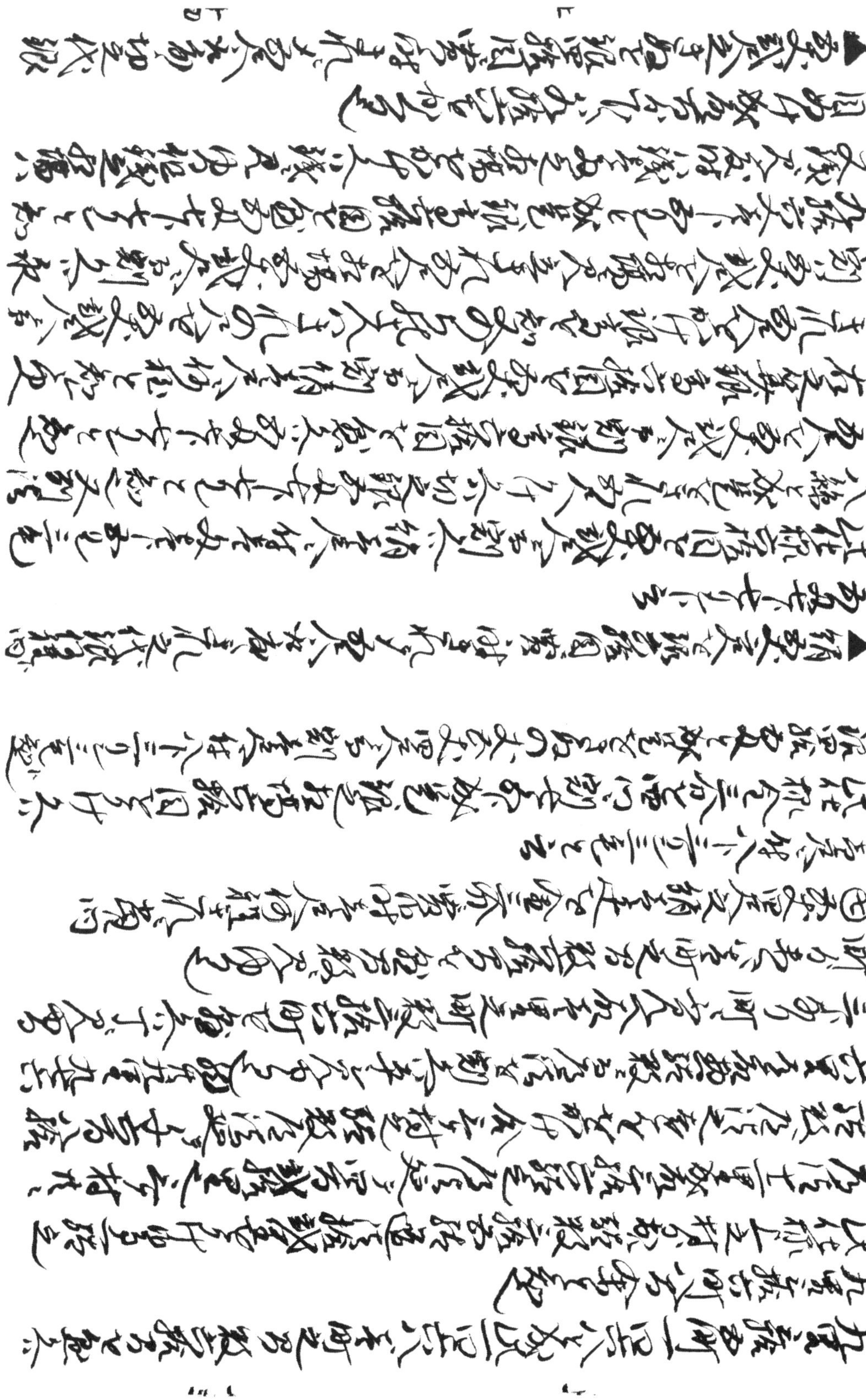

何程と尺〆ル時ハ右の如ク壱丈弐尺〆を相場と見て是れ〆尺〆を壱丈弐尺
〆割ハ四九掛六尺壱ト割りと成る是ハ銀高〆掛図を掛け〆ハ
切之銀高三匁八分四りん六毛と知る
右之尺〆壱丈弐尺〆を相場と尺〆と云ハ〆壱丈ヲきまる〆壱丈弐尺〆匁
〆掛図と尺〆きまる〆之〆第之〆ハきまる〆壱丈弐尺〆を
銀六掛図〆匁〆六掛図と尺て四六掛図を掛け銀高ハ
尺〆きまる之
▲壱尺〆寸之中幅之節壱丈〆壱尺〆寸之幅厚之
きめを知ル時何尺〆て能と云幅厚壱丈六尺〆是之
此仕様中幅之きめ壱丈〆幅壱尺〆寸を〆寸坪子九る
〆掛坪〆是を〆幅壱尺〆寸を図安〆割〆ハ壱丈六尺〆と
〆まる〆乱坪を横〆出たて〆割〆ハ横〆出ル
壱ツ之〆云尺〆幅之寸尺〆を壱寸之寸尺へ掛け坪数〆と〆まり〆ハ、
壱ツと知之
㊇長壱丈弐尺之四寸角金壱匁ニ九本替　此匁之六掛図ニ而長壱尺
四寸之壱寸切銀何程と問　　一切ハ弐匁弐ト二りんと云
此仕様四寸と四寸を掛け合〆ハ二十六と成是ニ九本をかけ〆ハ壱丈
四分之平坪弐坪弐合四匁之是ハ九本之本〆之坪数之是長壱丈
弐尺をかけ〆ハ数弐拾七切之此切数を図安〆壱匁之銀六掛図
を割〆ハ壱切之銀弐匁弐ト二りんと知る
▲長壱丈四尺之六寸角〆本壱丈弐尺之四寸角八本合代金弐匁
〆時六寸角銀何程四寸角銀何程と問　但壱匁ハ六掛図
六寸角六本之代　六掛ハ八匁九ト三りん六毛
四寸角八本之代　四掛壱匁二りん四毛

此仕様六寸を廿分合にて除き六と成る又寸を以て三尺七寸の切
四分之此を以て本数六本を掛け之を以て本数三拾弐切四分之是を方寸角之
法三ニて割之ハ方寸角拾本也八分と成是方寸角八本と加へ拾八本八分
と成是本数を同案して弐寸之銀方弐拾四を割之ハ方寸角弐本
此銀六匁六分八リ二毛之此銀を方寸角拾本八分かけ之ハ六拾
八匁九分三リ六毛と成是ハ方寸角八本之代也又右之銀を方寸角
八本掛て拾弐匁六リ四毛と知之
方寸角之法三ニて之ハ方寸を乗合二十寸を成是ハ長丈弐尺八を乗之ハ
本数三切を成之ハ長丈弐尺之方寸角之法を成又六寸角と方寸角
を長丈割付是八りを長割仕様之割ハ皆是隅之
▲七寸角長丈弐尺本数之割ハ方寸角長丈弐尺本を取ル也
何本に成ると問　方寸角拾弐本三厘八毛と云
此仕様七寸を五尺ハ並合四拾九と成是ハ長丈弐尺を掛之ハ七三寸を
成是ハ本数弐本をかけ之ハ三六七寸と成是を方寸角之法三ニて割捨
弐本二分と成此二分ハ方寸角之長丈弐尺を掛捨弐本三厘八と知之
但方寸角之法仕様ハ右ニ有之
▲七寸角三尺を方寸角ニメ長何程と問　方寸角五尺八寸八分と成と云
此仕様七寸を九寸並掛合四拾九と成是ハ三尺を掛之ハ十寸坪子四百
七拾坪と成是を方寸角之法二十五ニて割之ハ五尺八寸八ト知之
但方寸角之法二十五と云ハ方寸角之木口を掛合二十五法也　又
数を木口法ニ割ると成也　木口之木口を掛合也を知也
⑨長丈横弐尺厚サ弐尺八之板之内にて方寸何程有と問
三尺八寸有　六分四厘八と云
此仕様長丈ハ横弐尺厚サを掛合之ハ二二寸と成是ハ厚サ　弐尺八と乗之ハ

二五と成、是を末弦之法六歩八二七ニ而割レハ三元八斗五升六合余と成也
弦之法を得ル者ハ末弦ハ横四寸四下ハ弐寸七分を以て四寸九分を
右矩を以て八分二四合一と成、是を弐寸七分を以て六斗
坪数六万四千寸八百二十七坪之弦之定法と成、是を以て五尺二寸
割定之矩之坪数二分を弦之法ニ而割二元八斗五升六合四夕と知
但矩之内之横を掛合ハ左下六百之坪弐寸五百万坪余之也
弦之法六万四千寸八百二十七坪ニ而割石高と知之弦之法ニ而割レハ
末弦之矩之内ハ坪数を計立也、弦之法六万四千寸八百弐拾
七を右ニ当て同法ニ而割之ハ弦を成、依之坪数を弦之法ニ而割
レハ何も弦ニ而弁立と可成へし

▲右之矩之内ハ弦ニ而何程入と問　　弦ニ而四石入とも
此矩之坪数弐千五百万坪を弦之法六万二又ニ而割之ハ四石入也

末弦ハ廣サ弐寸五分ハ長サ二寸半、全二十五と成、是ハ弐寸
弁之ハ是弦之内、是下六百之坪六万弐千五百を長サ若
弦之法と定、以六万弐千五百坪ニ而二千五百万坪を割之ハ四石入
知之、是弐千五百万坪十六を乗しても四石入と知之、但十六を乗
ル仕様ハ一をも弦之法六万二千五百ニ而割之ハ十六と成、十六を乗しても
六二五ニ而割之も同也、掛算ニ而割レハ同案大方此也、二十五ニ而割レハ
四を乗、二十五ニ而此同案も一を乗廿五ニ而割、ハ四と成也、又
万廿五ニ而割レハ八を乗じて割よしと云、廿五ニ而割之ハ八と成也

⊕右寸八横三尺八之水溜有を十一升ハ橫石入ルメ深サ何程と問
深サ四尺八寸弐下をリ八毛之
此升数石ニ弦之法を乗ハ六寸八二七と成、是を右ニ乗て五尺六寸之
横三尺八を掛合十五と成、此拾五ニ而右之六万八二七を割之ハ四尺八寸余

壱リ八毛有之　但右拾石ノ斗之法を知ルハ壱分六万之坪六千四百
八拾弐万七千坪有之
右之算ハ先横竪を知合済テを掛テ分六万之坪と成　右横
竪を掛合坪数を以坪数を割ハ済何程と知也　此取知也
⑬六分六厘之本坪弐拾坪有之時　弐拾万之六拾万之尾数之内、六万
之地形何程上ルと問　地形寸法六尺と云
此仕様六寸万、三拾万を知合六とな成、六万拾坪を割ハ八三三
三と成、八三三ハ六万ハ六尺八を知久ハ寸ト知之
此算之仕方之ケ条ハ六万之横竪を掛合坪数を割ルと
知と可也
▲右三拾万横弐拾万之尾数之地形を崩ス時寸法上ル
川時堀ハ何程入と問　六尺八六万之土坪六拾坪入と云

此仕様三拾万ニ弐拾万をかけ久ハ六と成ル、寸法を知二と成此三を
六ヽ万割久ハ堀土六拾坪と知之
右仕様ヽ寸法を六ヽ万割知合久ハ毛ヽ坪と尺ハ堀せ万ヽかけ合也
かける之時六ヽ万割之
⑫弐拾万四万之尾数之地ハ広サ弐万済六尺ヽ堀をかけ此時堀ハ
土ヽ地形何程上ルと問　尾数之地形二尺八三寸七分かけ上ルと云
此仕様堀之土弐拾万之内弐万之堀ハ弐万引拾八万を並四万之堀
広サを知合八万之長を拾八万、知久ハ一口四を成是、済長万を知久ハ
堀之土六尺八六百ゝ〆右四拾四坪と成是を割て並尾数弐拾万之内と
四万之堀代と引久ハ十六万四万、然此十六を長万ゝかけ合久ハ二分
六を成是を四安〆堀之土右四拾四坪を割久ハ田ヽ六二分と成是、
壱万之法六尺八と知久ハ二尺八三寸七分かけ上と知之

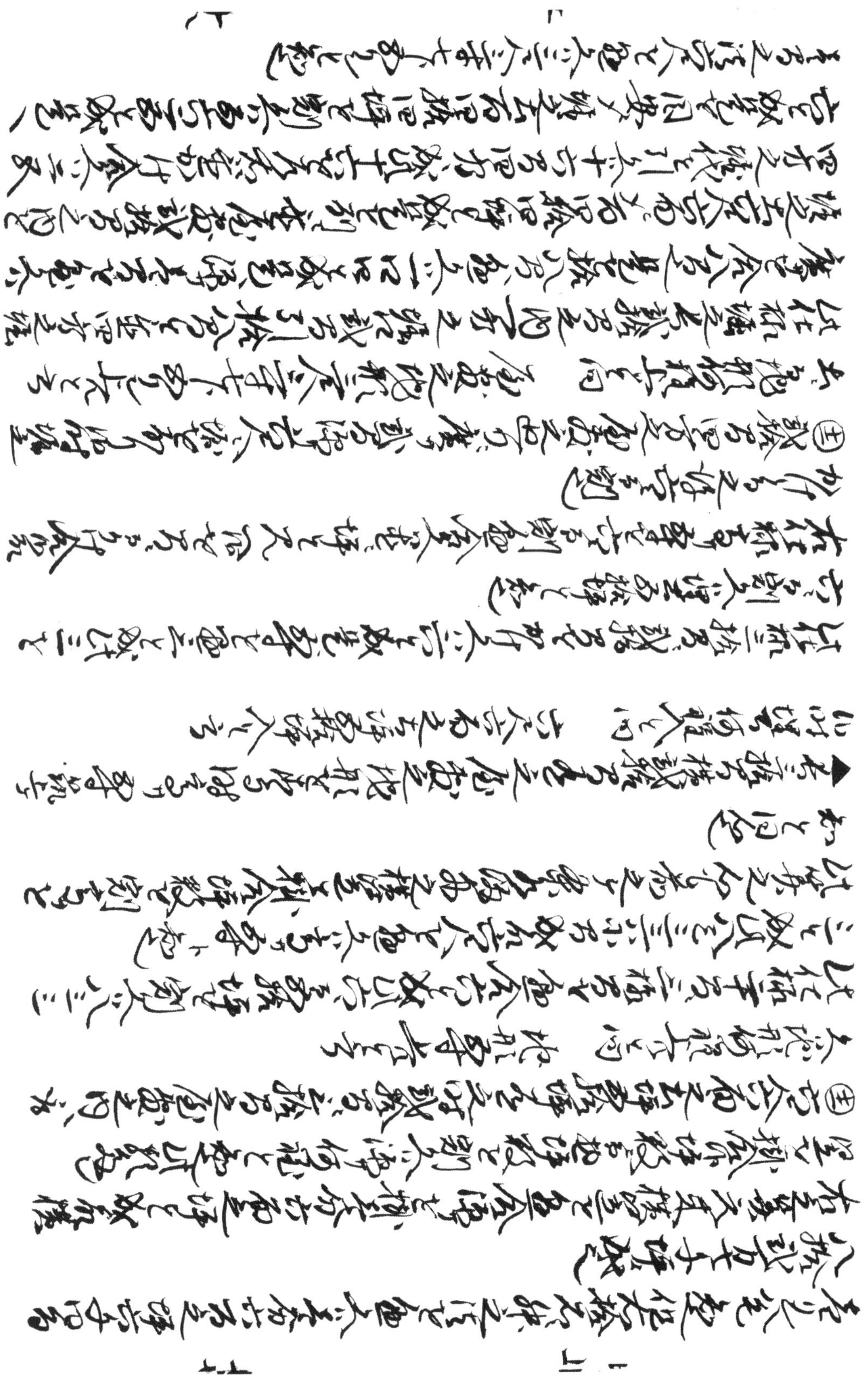

右之二ヶ条ハ小間数并表間之法六尺へを付て尺へと見る也
⑬弐拾間四方之屋敷之回り堀口弐間堀廻ハ此を除九尺ハ堀を
取り此内上ヶ土何程有之と問　六尺ハ六寸之坪数百六拾弐坪有之と云
法ニ弐拾間之内ニて弐間引拾八間と出四方をかけ八ハ四方之堀数ヶ
の八ハ七拾弐間ニ成是を引て并又堀口弐間ハ堀かかりを加へ二つに割
又ハ弐ハ壱間半と成是ニ深サ壱間半をかけ又ハ弐坪試合成
是ハ堀之切上坪数也　是ハ長七十二間とかけ百六拾弐坪出也
此仕様ハ此角くかちけし候切之裕のごとく可切也
但長サの方ニ二十間の内一角ニ弐間切十八間と成

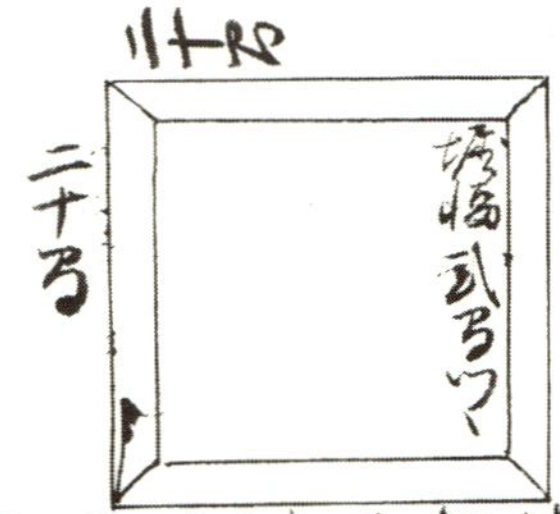

此四角を除き立入ハ長七十二間堀口弐間堀廻を間
深サ九尺ハ六寸を除き堀之此堀を上ヶ下ハ落し入ハ長七十二間
敷二間ニ積る也間ヶ九尺への堤之堀の土坪を見ても
堤の坪数を見えし可申と
前の二ヶ条ニ屋敷の堀ハ堀にも堀廻も日落サ成也へ不動成人も
きへき間ちとハ立ちともくる切れ安し此堀ハ底せんまし成角々切様
不知ヶ六ヶ敷思之家敷の堀も此底せまの堀も切様ハ同し事也
⑭右町四方の屋敷を絵図のごとく割候而角屋敷の望ミ有
之と問　答弐間四拾間と云

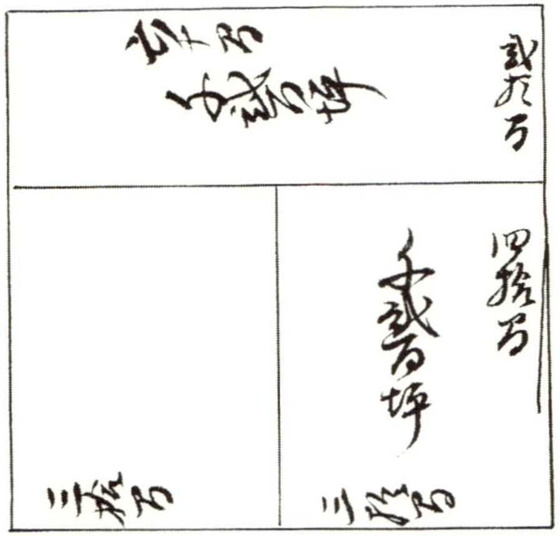

如此ニ可割時ハ坪数三千六百坪を
取是ハ弐千弐百坪之角屋敷の横間
三拾間と云知ニ弐千六百坪の中へ望何
程と問
法ニ横間六百弐千弐百坪を横間三拾間ニ而
割ル五ハ四拾間と成也
又六弐ハ弐千の坪数弐千四百坪を二
間屋敷の横間六拾間ニ割ハ望
間四拾間と成也

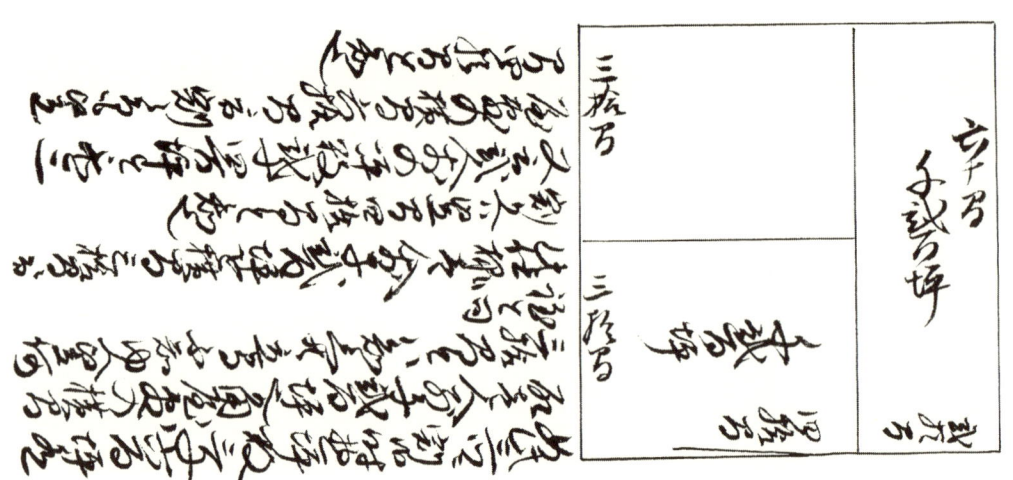

十九万一尺 九千七百六十三歩余 中坪九坪三合六勺

四拾万四尺八寸六分八り四毛 千五百九坪三合五勺 六才 商	百二十三坪三合三勺三才 四十万四尺六寸八り三毛 千五百九坪三合六勺 五才 商

右者田四方の面積絵図のごとく奥の
面積二万の四を付角面積の横万
弐拾八万すゑ四千万にあし四千万何程
四千万四拾万四尺六寸八分壹
依之坪数二千六百坪を二ツに割
千弐万坪と成先を割、右横六拾万の
内を去り引も拾九万を同兼メ二厘
数の坪数弐千四百坪を割ル八四拾万
今六七七九六六と成りかホ、六を知
久ハ角面積の四五万四拾万四尺六下八りも円と知之此坪数を見へる
坪八万かホと六十る割横三十八万つけ又ハ其余分の面積千百万万拾
九坪三合弐勺二毛と知之
右之算ハ六拾万の内を去る引ハ三万の差代と三分の面積去七万
いく引捨之引捨ハ五万ハ奥の面積千余分の面代之引ハ二万ハ五角の
面積付並割六四五万と成ハまん右二ツに割面積同事分ルを
差万引去をふた申割まんをふ知之
右之面積坪は三万ハ三万つゝの面を付割ハ右坪数何程つゝと問
五人分千石五坪三合余五毛つゝとなる
法ハ坪数二千六百坪の内二ツ横さ三万づゝ六拾万之坪数万八拾坪を

十八万弐尺八寸 七千三百二十壹 千坪三合余 七百坪

三丈万三尺八分六下四毛 千五百七坪三合五勺 七毛 廿一八ハ	百十五坪九合三勺 千五坪三合 廿一八ハ

下

引殘二千四百弐拾坪を三ツに割
久ハ五人分千石四拾坪之を引きを横
六拾万の内二ツ差引残九万を
差を同兼メ弐分の坪数弐千弐万分
坪を割五万二拾八万六四四を成此万より
右へ二六七七八ハ四五万二拾八分万二三人
分十六ト四毛と知之故角面積の横万を

二下

又百万千六拾万の内を追代三万を引残而五拾壱万を弐ツ割七人ゟ
弐拾八万出して是坪数と又ハ時是万の内百か五へ入と云ふ三百割積
万ノ廿八人ニ是入給の坪数千石を坪ニ奈可亡兄と見之
代ニ入も奈分其入と同分ち凡して新心の時ハ横道の坪数を引
拾此を百人分百を之

(圭)三拾万弐拾万の尾数を五拾万四万九尾数之内ニ右在之尾数
坪数弐拾万代残時五拾万の尾数之内何万減し能と問
五拾万の内横拾弐万減スと云
清ニ三拾万弐千万是人九六百坪之是を五拾万ニ而割之ハ拾弐万ト是之
若ハも記せ迄地面を云る坪数を清の尺入ニ而割之ハ是尤を是る
手凡ハ清ハ初ニ是之へし

(未)五四拾万横三拾万又尾数六尺入代形を気高之時ハ人足弐人ニ而
六尺入四万坪ニ又六尺場ヲ尾数之尺清四町之所ニ五十二町歩之積り
是ハ人足何程入と問　人足九千六百人入と云
清地形之坪数千弐百坪一坪之土数弐百拾六坪を掛八ハ土数弐拾
五万九千弐百坪是を又ニ尾尺百之道清十二で八を以て此町数
三拾六町を掛ル八四百三拾弐町と成是を右場四町上下八町
廻町ニ而四百三拾弐町を割八ハ百ニ五拾四万尺つゝ土是ハ五拾四万ニ而
有之弐拾五万九千弐百坪を割四千八百と成是を一倍ニ九千六百
人と知之此算ハ仕様拾弐町を斯ク四百三拾弐町是ハ人足
壱人ニ而百五拾町数之数也右場四町是上下八町之是ニ而百六
町数を割八ハ百ハ五拾四万之但一坪ニ而六尺四万坪の坪を右ニ而割
右之外ハ五拾四万九拾五拾四万ニ而る此坪数を割四千八百
是数是ハ七人ニ而是尺入力ハ持積之一坪を二人ニ而持故一倍ニ人足

九千六百人を人足之一坪の法銭百十五文と云八一坪ハ六尺四方如此く
六尺を掛合三拾六と成是を高ニ六尺をかけ是ハ是人ハ四方の定銭百
拾六と成是一坪之法と成
㊄長銭拾万貫ハ八分高路二百高ニ九百人ハ堤を築に付其何程人と問
百貫銭坪八人と云
法ニ貫ハ八分高路二百を加へ二ツ〃割ハ毛百貫と成是を左ニ置
九尺人を六ニ割一百と成是を掛合之百貫を掛合七百と成是ハ毛銭拾貫
かけ百貫坪を起る九尺人を六ニ割ル〃八尺人加百貫是をかけ
㊅人足権百貫高ニ九尺人とかけ是を以二ツ〃割てもよし
今ニ坪百貫坪九附其ハ八分高路二百高ニ九尺ニ堤を築之ハ其何
程と問長銭百貫と云
法ニ坪其ハ八分高路銭百を加へ二ツ〃割ハ百と成是高を何ほとかけ

人ハ七百と成此七百を四男とメ長坪百貫拾坪を割人ハ銭拾貫を起
有之まんの四ハ其ハ八分高路を加へ二ツ〃割高一百四まとかけ七百と成此
七百ハ堤の切口之坪数之切口の坪数長坪を割之ハ長ハ成是ハ根本
の長さ人の附本の坪数ニ而割と同
㊆長銭百貫坪ハ八分底百路ニ九尺人を堀を取りに附大坪堀二十貫
四方此次ハ九人ハ高サ何程と問高を堀之高サ銭百二尺八分半と云
此仕様ハ八分ニ底銭百を加へ二ツ〃割ハ百ニ百と成是源ニ而ニ高よりを
かけ七百と成是ハ長銭百貫をかけ人ハ千百貫坪と成是を左ニ
銭拾百貫をかけ六尺ニ底をかけ銭拾百坪と成是ニ九千百貫坪を
割合銭百四ハと成此四ハ六をかけ百堤場の地形一高二尺八分半上ハ
人之此さんの心も前之ケ条と同じ堤の切口之坪数ニ而長さを
人つとに銭拾百四方をかけ合て堤之切口之地形之高サハ

堤の長さ知法

㊈ 堤長何程有共敷ハ高サ壱丈弐尺上置ニ而此坪数を問

答 九拾坪有と云

此仕様ハ敷弐間、高サ壱丈弐尺を加へ、二ツニ割ハ平し壱丈七尺ニ成と成

是へ高サ壱丈弐尺をかけ、又二十二に割と成、是ハ長サ壱間とかけ又六

尺を〆、六百の坪数百二十坪有と知ル

右之堤壱割ノ坪数又一間のかけ

△長サ弐間八尺壱丈、此尺高サ壱丈弐尺へ、此坪数ハ拾二坪有

此仕様ハ敷壱丈四尺へ高サ壱丈六尺を加へ、二ツニ割ハ平し壱丈五尺と成是

高サ九尺と乗け、六壱尺四分の平坪九拾四坪有と是、堤の切

坪数六尺ニ而坪数之是、是を弐間ニ而是を十二丈にて是を切坪の坪数

九拾四坪をかけ六壱尺六百の長さ百十三間、尺十丈と成是也

坪の数弐百十六ニ割ハ壱間弐坪と成之、但一坪の法之代 極ハ前ニ記之

㊉ 長六間四方、高サ壱丈五寸、六百之坪を引、積ル也、此数何程

と問 答 七拾九間八分弐厘と云

此仕様ハ長サ壱丈、拾弐間ニ而を成、又高サ弐尺を乗、是ハ

弐寸四方の坪数弐万四千坪を是を六寸四方の法ニ而一六

三割く、弐百七拾八坪壱分と成之六寸四方乗法ハ六を左右へ乗を

合三拾六、是ハ高六寸をかけ、弐千六百の坪数弐百十六也

初法と定但壱間四方を六尺七寸の外、弐升壱合を心得へし

㊈ 長弐拾四間の堤を地形のため仕立、根置敷弐拾七間、高サ拾弐尺

但ハ弐間之内之地を堀り流し、割付石何坪と問

高上三間、敷弐間半幅の長サ弐百間の坪数何程へと問

箕数三百弐拾四つとなる
此仕様根ハ七つと上ケ又ハ二つを加へ二つニ割、平し四つ也、これを
高ハ六つをうけ二十七と成是を割、箕高弐拾四るを箕数三百廿四
割ハ根弐と成是を法之弐拾七をうけ箕数三百弐拾四つ也
又三百之弐拾七を弐拾四るをうけ平方加之の廿六る割ハ
も箕数也

㉒四箕三百弐拾四つ在此を三百指法し、尺之寸ハ箕之平坪
何程と問　六尺坪而百弐拾七坪八合九尺と成
此仕様指法し尺之寸ハ二十六とうけ又ハ箕之通リ四尺七寸ハ以下
と成是尺寸ニ弐之合を包ス尺之寸四方の平坪而弐拾六坪八十
八合を成是を引き余リニ尺と八寸ハ又ハ角をうけ合三三石と成
是ハ七九をうけ八ハ其の五尺坪一坪七ハ七り七毛也是ハ右の寸方
坪ハトハリとを加へ尺坪而弐八坪六百七とを是を寸坪の法二十六ニ
割ハ六ハ地箕其つ六六尺坪之坪六合三ト九毛余在是ハ箕数三百
二十四つとうけ尺坪数而二十七坪八合と成也　但ハ法七九ハ余リ八
國疑集ニおゐて以下略之
△右弐百指法し尺之寸の地箕在を議ニ付六尺四方九寸余
何程と問　箕ハ九夕八分七毛八と成
此仕様指法し尺之寸を在ニ置うけ合ニ二三而と成是七九を
ケ一七七而と成是を寸弐八をうけ二一三三と成是を寸坪法
二二六ニ割ニ九夕八分七毛余と成也
△地箕の数三百弐拾四つ在此指法し尺之寸其弐百ニて在之
時六尺四方の坪ハ坪数何程と問　坪数二拾弐坪ハ内
此仕様指法し尺之寸を在ニ置かけ合二二而と成是ハ也位

七九をかけ一七七七五となる是ハ米数三百斗入四つをかける七五
九となる是ハ右ニ又坪合をうけ六九一〇九二下なる是を立坪の法
二一六ニて割合ニ成ハ立坪と知也又右米数三百斗入四つ前の
ケ条九九又ハ俵毛を五俵をかけ四つ七も坪数の多数知也
(十五) 米三百石高サ七尺ニかやのちを築附せて右之俵ヲ如何の
米数何程入と問　米数三百斗入七十七俵四十六斗余入と云
此仕様右三百石を三尺ニ尺六尺入と高サ七尺とかけ各尺入坪数石
五升斗坪となる右俵を本の尺入坪尺坪の九ト七寸七毛ニて割
石斗升七米四卜六斗余と知
右之本の尺入坪之仕様ハ山ニて五尺入と三一六ニて割ハ指渡し五尺入
五寸八ト二すと立也是七尺右ハ是を掛合二五合二七をかる是七九を
かけ是を坪九卜七寸七毛と知也又右本の羽口の見ニ六尺合四ハ本数
を乃入合時右之尺坪数石五升武坪を三尺入四て右本の尺入坪七卜五
リ二毛ニて割ハ米数ニ百五升ニ米九卜と知也　三尺入四て右本
尺坪の尺様も五尺入四ての尺入坪之仕様と同じ也
(十四) 長三尺右の所より垣ホ高サ時巾ニ寸まを入三尺入四ての如し
米数何程入と問　七升五米九ト有りと入と云
此仕様ニ升石ハ六を掛於八尺ニ是ハ巾ニ寸を乗ハ一寸四分
之坪五寸四石坪を是を三尺入四の法也是を坪七合九分ニて割
入七升五米九ト有りと知
右三尺入四て之法の名前之ケ条ニ而志れ申也

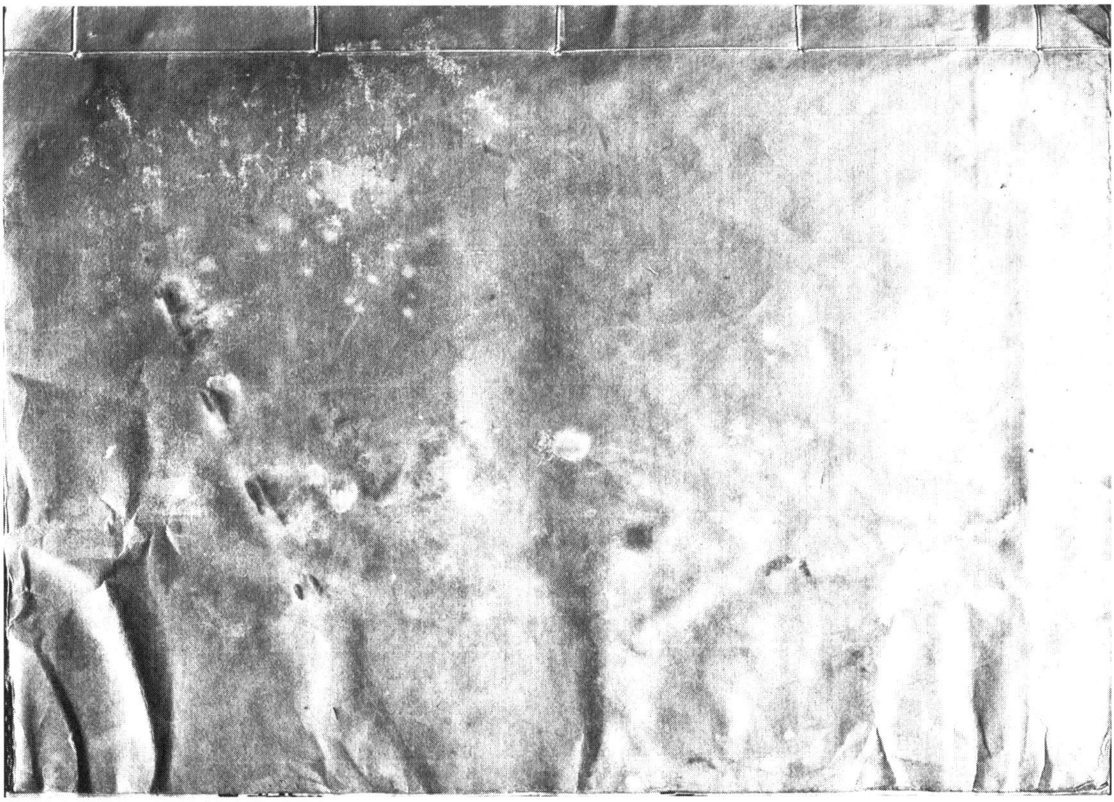

磁石筭根元記　中

一　杉なりさん目の手まわし之事

下横十三表在より上ゟ表を表を加へ二つで割八八と成数十本

を掛之八百弐拾表と知

右下横拾本表を表を加へ二つで割八棧式のさんの定儀ハ縦ヲ

打出下ゟ本数横を方ハ棧本ゟ一方ハそ本の作せ本の目

組を打棧本をせ本き方をそれを加へ二つで割八本と成式へ八

竪竿打本をを掛之八百弐拾本を拝む故に根本也下横棧本表ハ

横竿廣さ方の棧本之上を表ハせまき方の一本を依之

打本表を表を加へ二つで割さ[illegible]も棧本表を取[illegible]と掛ヶ表数知

△右手さ表のことは横棧本表上四表有まれ則棧本表也

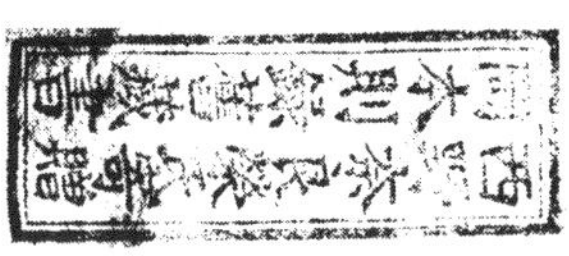

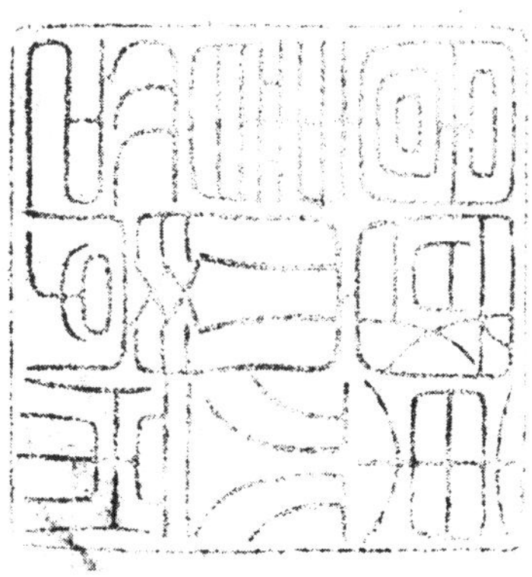

表を加へ六ニ割ハ九表ニ足と見たし 右之板目表を出し捨
而表の内を三表引れハ弐表と成也 右之九ツ表を出し捨之ハ
右九ツ目表を知之法也 右板目ヲきんと同し事也 但シ四表の内ヲ
三表引ルハ十露盤表ニ出シ板四表の上ハ二ヲ起 有之候
二表之儀之下積れ而表の内を三表引ル 九弐表と知へし、
九表ニをかけ表数合九四表と起

㈡ 植の板を積る事

植の長弐尺 幅ニ尺四寸板にて厚サ四寸ニして何程
と問 答 七坪四合九九九九分弐厘
但 板の内を三尺四寸の内を厚サ四寸引 弐尺六寸を成と 板数
四枚をかけ 弐尺四寸を成也 板四枚の幅と心得へし 但シ 右之四寸
厚サ四寸をかけ四二六と成也 右十二丈をかけ 板数四百九九九分

六分と起 但板数四枚ハ右四寸と上下にある板数四枚之
△植長弐尺 右内の坪弐尺四寸 板厚四寸にて板数何程と問
右同じ起
但 板内の坪弐尺四寸 厚四寸を板弐尺四寸として 但 板前と同じ

㈢ 四くの坪数積る事

七尺四方高サも七尺の四くを 積時六尺六寸の坪ハ 何程と問
右坪四尺八分七厘余ニ成と云
但 板七尺を九ツ 右ハ坪 掛合四枚九ツと成 是高サ七尺をかけ合せ
数三百四十三坪と見て一坪の法二一六ニて割ハ六尺六寸の坪ニ
而坪四尺八分七九毛と起
△弐尺四方の四く高サ七尺ニて六尺六寸の坪何程と問
四坪二合六分七厘余と云

此仕様ニ石を九石に乗して八合ヲ四ツと成是ヲ高七石八合とかけ二八と成
是を六ツ八分割四坪六合六ツ五六七合余と知之又高七石八合と云ことあり
四ツとも此四ツも割高と知る七石八合を六ツ三分割入ハ積り出る高も付り
高ニ六ツ八分かけ坪と尺ゆる之又高三石と云又弐八合成をかけ八合高ツ
七石八合と知るへし弐坪の高弐石指六ツ八分割坪数を知

㊃七ツ八分子高之六下下り一割下りの也
七ツ八分子の高之一斗を取弐升挨拶弐下当時は分米は能く弐升なり
米の高への取何程と問

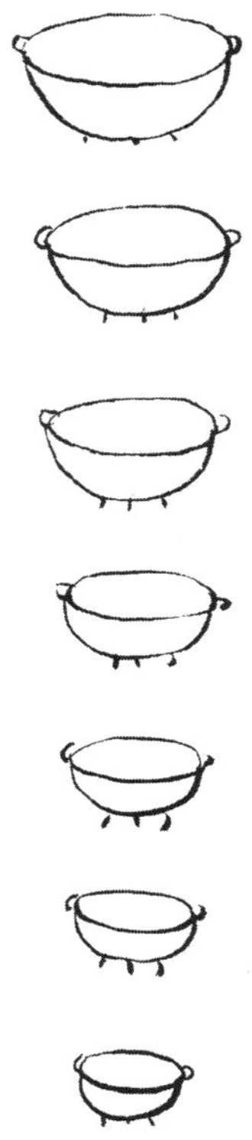

米の高三斗五升なり

此仕様ハ米分二割増ハ弐下増と限ハ四下増ハ六下ハ八下ハ十也是分ハ
是数弐下め段ニ増の取高四斗二下之掛取之弐れ高数六下ハ此内ツ
増の取高四斗弐下り掛る弐れ是数是也七ツ割ハ米の取高数
と知之又高六下増の取高を尺ゆる二三四各六ツ是を合弐升一と成
此外ニ之弐下増を分けとるも増の取高四斗二下と知之
右之通増の分を引捨取る時ハ平と如積り之此ハ捨ロ不成也一
分付ハ是式之此石ハ没ス向也之又弐れ高数六下増四斗弐下を加之
六ツ割入ハ元高六ツの取高知之又弐れ高数六下の取也と云ツ割
入是ハ中の高之六ツの取高知之十分限ニ而六ツ境職之れ
△七ツ八分子高之取弐れ高数六下に当時は高限之一まり境ハ大取
の取何程ツと問
弐斗六下割り二六毛　是ハ米の高七斗六ツの割也

弐歩九卜六リ二毛　是ハ弐か二番目壱つノ割也
三歩三卜壱り七毛
三歩弐卜三り五毛
三歩八分八り九毛
四歩弐卜七り八毛
四歩七卜六毛
七口合弐拾四歩弐卜
右之割目安九口八七　是ハ弐拾四歩弐卜を割候ハ壱歩有之
壱つの銀高弐歩六卜あり六毛と知之それより比を割
口増を以へし
此目安の代様ある七つを七ツ毛候之

壱つ是ハ弐かの有之是ハ一割をかけ其二番目の有ハ故也
壱つ壱卜是ハ其か三番目之是ハ一割をかけ三番目有ハ故也
壱つ二卜壱り是ハ三番目之是ハ一割をかけ四番目有ハ故也
壱つ三卜三り二毛是ハ四番目之右之とく七つ目迄比三割ヲ入へし
壱つ四卜六り四毛
壱つ六卜壱り合也
壱つ七卜七り一毛也
合九つ四卜八り七毛　是割目安之
右の目安ニ而銀高弐拾四歩を割之ハ平均弐歩六卜あり二毛を歩
是を来壱つの本限ニ入て比之一割つゝ増
此代様右之目安ニ割来壱つの本限ニ而ハ一割増之分を
七つの本ニ照して合之ハ有〔段増九つ四卜八り〕余ハ此一割増

を加へ七ッゟ又人数を割ハ而未た七ッの内ハ坪たる人七ッ之ゟ又
平しハ弐歩ッの時ハ七ッの坪数四分之　此数四歩を又人数七ッ割
三ハ弐歩ッと見也　右之総九坪ハ一割坪成而七ッ割ハ有ハ
七割而十ハ一割坪を加へ又人数を坪割仕也

㊄ 往還江人足を出て百文宛ハ人数を積事

往還の繁昌の所ハ此人足之頭数六ッ分落合ッと宛ハ往還の
人数大積ハ何程と問　此人数凡拾四万人程也　一夜ッ
打立町の人数を見るに三万人本ハ此三万人ハ是ハ此町数二千六
町をかけ又ハ是より人数を万人余人是八百ハ十万四千あゆむ
積ニ直れるをかけ此六万弐千人と知之
△右此六万弐千人を三尺四方の所に入ッ起立、壱坪ハ何ホ
積り何町何反ハの所ニ立と問　答ニ町五反四畝余の所之
此法ハ拾六万弐千人を一坪四人の積りニ四ッて割へハ四万五百坪也
是を反畝の法三百ニ割十三町五反ハと知之
△此人数拾六万弐千人を右の人々ならべ八何程四方ニ立并
と問　弐百壱歩四方の所ニ立と云
此法拾六万弐千人を一坪四人立ニ四ッて割へハ四万五百坪を
是を開平法ニ除ハ弐百壱歩四方余と見也
右拾六万弐千人を三尺四方ニ壱人立ニ備へまるニ立る時ハ径
ハ何程ぞ　答　径弐百弐拾七間余と云
此法拾六万弐千人を一坪四人立の積りニ四万五百坪を
是を常法ニ立る割之ハ一二七三二三八ヲ加へ是を開平法ニ除而径
弐百弐拾七間余と知之

㊅ 太但料上中下三段割事

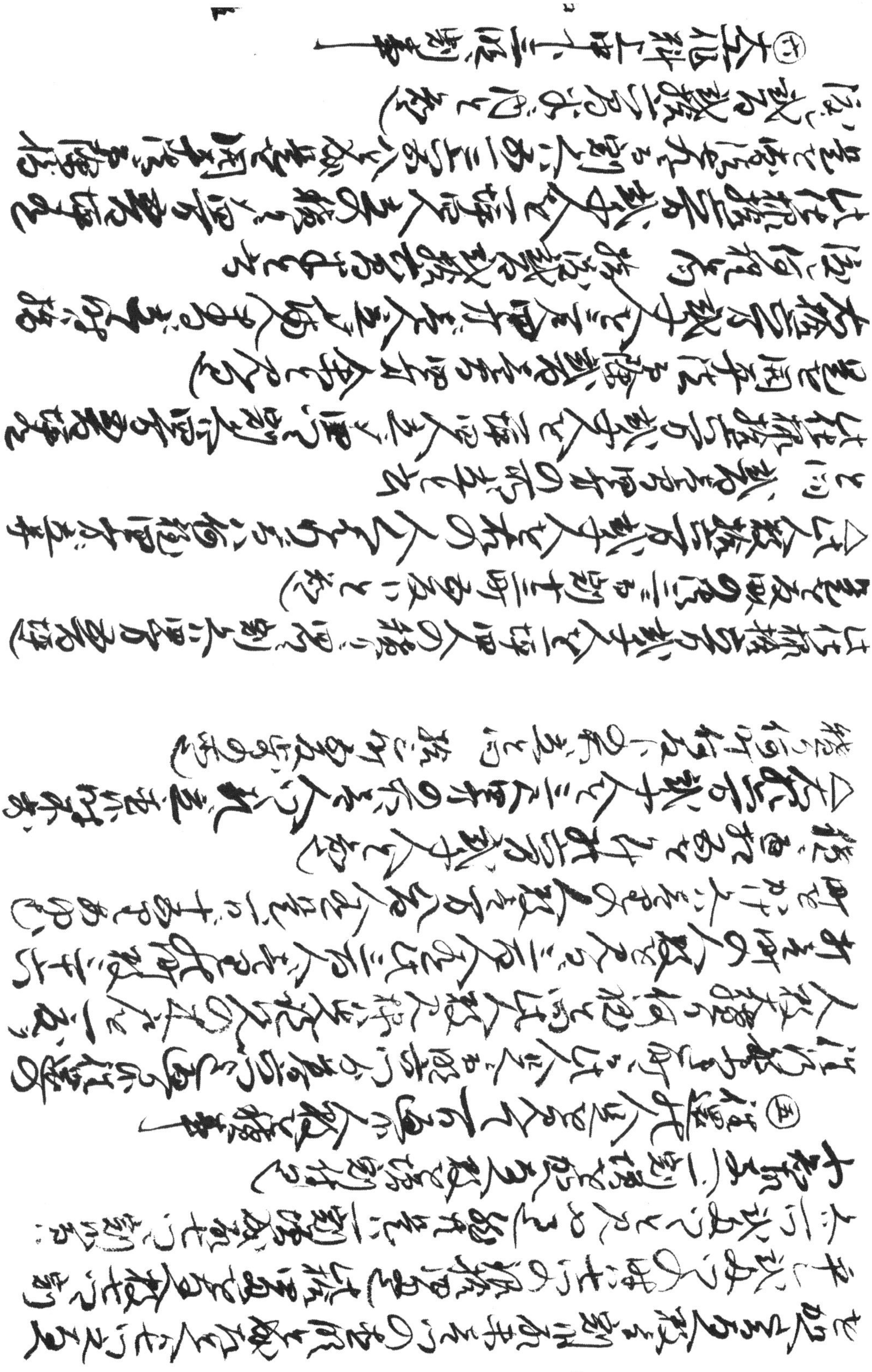

大工七十弐人の作料として銀拾壱貫八百目渡し此大工に
上中下ありて上大工十弐人中大工弐十壱人下大工三十壱人
但上大工ハ中大工より壱割下り下大工ハ上大工に三割下りとして上中下
それぞれの人数並ニ割付上壱人何程中壱人何程下壱人
何程と問

上大工壱人に弐匁
中大工壱人壱匁八分
下大工壱人壱匁四分

此代銀
中大工弐十壱人に 壱割引メ九を掛 十八人九分人と成
下大工三十壱人に 三割引メ七を掛 弐十壱人七分人と成
上大工十弐人ハ 不改引 十弐人

壱割三割引減シ人数合五十弐人六分人此人数割同定
右五十弐人六分人を以テ銀拾壱貫八百目を割ハ
上大工壱人弐匁と定此弐匁を壱割引中大工壱人壱匁八分
と三割引下大工壱人壱匁四分と定
此代銀中大工弐十壱人と壱割引ハ上大工弐十弐人
又下大工三十壱人と三割引ハ上大工弐十壱人と成右二口
上大工弐十弐人を加へ都合五十五人之中の分ハ壱割三割
引作成ル上大工ハ此人数ニ銀を割付上大工壱人の直段
定ル七口入子一割増も同定之一割と合とし引ものに付何も同之
㊆銀絵等壱貫目ニ付壱人前ゆゑうたいそれぞれ此直段と増合する
銀百目ニ付銀絵の末九二一の法にて合付右ニ銀定る所定之未く
根々壱人前ゆゑうたいに三名を調べ此様のこと

忽入せう六百目ニ付　銀壱匁弐分
右ハ百目ニ付　銀壱匁八分
ゆゑう百目ニ付　銀壱匁弐分
右之此腰メ六百目之銀ニ而折掛ニ而算用時忽入せう何程
原何程ゆゑう何程と問

忽入せう弐拾九匁五分八厘八毛
此銀百四拾弐匁六分弐厘
原六百五拾弐匁七分六厘
此銀百拾八匁三厘
ゆゑう三百五拾弐匁七拾八匁五分六厘
此銀三拾九匁六分七厘

代之の代銀九二一の法ニ割ヽ忽入せう九十目ニ付弐匁ゆゑう

おゐて右法三割を右目安と作る

忽入せう九拾目	代銀壱匁六分七厘	但百目付壱匁八分
原弐拾目	代銀三分六厘	但百目付壱匁八分
ゆゑう拾匁	代銀壱分八厘	但百目付壱匁弐分

三口合代銀壱匁八分六厘

右一割の銀高壱匁八分六厘を目安ニ銀高之百目と割ハ
三二七八六九を如先百目算
銀の銀高壱匁八分の時ハ忽入せう一割の銀高壱匁六分七厘右之如
百目安を置に忽入せうの銀高四百四拾弐匁六分六厘ニ右之目安継ぐ
又是の銀高壱匁八分の時ハ原一割の銀高六分之右之目安継ぐ
原の銀高百拾八匁三厘を如先ゆゑうの銀高壱匁八分の時ハ
ゆゑう一割の銀高六分を百目ハゆゑうの銀高三拾

九を以て下四十を加へて知る也
右之術因茲八割の銀高を以下ニ而ヲ除き商目を割
出し三二七八六九と得て此目を一割の銀高を以八下
三ヲ以テ除き商目ニ成又是ヲ合セて一割の銀高かけ
之に而合セて銀高と成ゆへ一割の銀高かけ合ゆへ
の銀高と成故一割の銀高かけ合せいの銀高と成ニ寄
之銀を合而知銀と商目ニ成
⑧ 知来を見ることみへなり
知来高銀高を以て成高何程と問 高三百五拾目也
此仕様知来を以て割高是八男三分半高に八分を掛
知来成知来を屋付て割之高と見る也
⑨ 知行割るの事
高千石之知行を以て九三八割時知行分二男ニ三割下り二男分
三男へ八三割下り 割口時節知行何程かと問
知行四百拾五石七斗弐升八合七夕
二男三百三拾八石九斗八升三合
三男弐百二拾七石弐斗八升八合
此目安之仕様
一 是ハ知行を八合之二つ之
八ト是ハ知行を合の内を二割引ける八ト之
外一是ハ二男八下之内を三割引ける外一ト六ト二之
三合二三六と成是割目安之
知行高千石を二三六ヲ割 合知行の知行四百拾五石七斗弐升
弐升八合七夕を知る 知行の知行を三男の知行を知

又惣領知行六百石を分け三男の知行を知る此問答の仕様
二割三割を引ハ人数を引惣領壱人の知行を見る也惣領
壱人の内を次男ハ二割引ハ下之三男ハ八ッの内を三割引ば下
六百之人数合弐人ニ下六百石を見て此弐人ニ下六百石を知行高
壱石を割ば惣領壱人の知行高ヲ見るなり是ハ合数を二割三
割を引三人の知行を知る也
△高弐千石を三男之知行を見る四人ニ割ば惣領分ニ二男ハ三百石
下り二男分ニ三男ハ弐百石下り三男分ニ四男ハ百石下りハ割様
之知行高何程と問
惣領ハ八百五拾石
二男ハ五百五拾石
三男ハ三百五拾石
四男ハ弐百五拾石
此知行割様
二男ハ惣領ニ　三百石下り
三男ハ惣領ニ　五百石下り
四男ハ惣領ニ　六百石下り
右三口之下り合千四百石也
知行高弐千石ニ三人の下り千四百石を加へ三千四百石と成是ヲ
四ツ割ニ惣領の高ハ八百五拾石と知也此惣領の知行高分
根々引残りハ夫々の知行高を見る也是ハ弐千石の知行ハ下り
千四百石を加へ右四ツ割ニ成ル其上八百五拾石ニ惣領と成右加へ
小分を隠して引残也
△高三千石之知行を三人ニ割ば壱人ニ千七百石壱人ニ八百石

壱人ハ壱万石余宛之知行高を廻し上中下三ケ村
之高下割渡し候と云

上之村高千弐百石 内
六百八拾石 壬生家分 割渡ス
三百弐拾石 八百石分 割渡ス
弐百石 五百石分 割渡ス

中之村高九百石 内
五百拾石
弐百四拾石
百五拾石
右同断

下之村高九百石 内
五百拾石
弐百四拾石
百五拾石
右同断

右上の村割付ハ千弐百石を知行高三千石にて割候ハ四と成
此四を千七百石にかけ候ハ六百八拾石と成是又八百石に四をかけ候ハ
三百弐拾石を知ル五百石に四をかけ弐百石と知ル中村割ハ宛
高九百石を知行高三千石にて割候ハ三と成是を千七百石
にかけ候ハ五百拾石を成ル八百石ニ三をかけ弐百四拾石と知ル
五百石ニ三をかけ百五拾石を知ル下村も同断
右のごとく村高を三人の知行高にて割候ば銘々の知行高
に合候それぞれの知行高と成也

△弐ケ村の高弐千石
壱村ハ高七百石 六ツ九分
壱村ハ高千三百石 五ツ五分
右二ケ村知行渡候時高免とも両村新高総て割付候と云
此新高割付様の事

十一

畑弐拾八町六反歩
右高之内三百石余り候ハ此時海ヶ高ニ而田畑上中下
元高下反歩ニ而割付上中下の位ヶ反歩ニ而何程と問
上田三町六反七畝拾歩
中田弐町五反弐拾歩
下田五町三反七畝拾六
田〆拾壱町四反九畝拾六
上畑四町壱反八畝拾七
中畑四町七反五畝拾壱
下畑弐町四反弐畝歩
畑〆拾弐町三反五畝廿八歩
田畑合弐拾三町八反五畝拾四歩　海ヶ反歩
右の位様上田八町五反ニ而題高三百九拾四石弐斗七合割海
高三百石を引て八海ヶ反歩三町六反七畝拾歩と然ニ中田
下田上畑中畑下畑の位様何ヶ間断め候事
⊕次第を以上中下三ヶ村屋付割付ヶ
高千石
此分五百石
内
上村三百石
中村五百石
下村弐百石
右ヶ村上之村ハ中之村ニ下ハ中村ハ下之村ハ七下
中ニして三ヶ村之屋付総高何程と問

十

上村三百石
此米百六拾六石八斗　　五斗五升六合
中村弐百石
此米九拾四石八斗　　四斗七升四合
下村弐百石
此米八拾五石弐斗　　四斗弐升六合

此法中之村の下ゟ六升七合を中之高弐百石ニ掛ケ…壱石三
拾石と成下之村の下ゟ八升七合(?)下之…
此石下村の高弐百石ニ掛ケ…米弐拾石と成
此弐拾六石中下ゟ六斗の取米三拾石を加へ百拾六石也
是を…百石を加へ百弐拾六石也是を…高ニ割
割ルは上村の屋付…六斗六升と入也

此法ハ中村の下ゟを中之高ニ掛ケ下村の下ゟを下之高ニ掛ケ
…村の分之取米百拾六石也是を取米…取米ゟ引上
村の…取米と…高ニ而割上村の
屋付と成

⑪ 取米を以二ケ村高を分る

高七百石
此取米四百四拾弐石六斗四升
上之村　高六ツ六分　但高不知
下之村　六ツ弐分　同断
右両村の高致割付而上村の高何程下村高何程と問
上村之高弐百八拾六石
此米百石四拾弐石…斗六升　　六百六下札

下之村高四百八拾四石
此取米高何程　　　　高割下ル
此法ハ高七百石上村の免付六ツ弐分ニかけ合取米也
百六拾弐石を差引此内と右村の取米高四百弐拾弐石六斗四升
引残り拾九石三斗六升を是と四分ニ割下村の高四百八
拾四石と知
此さへの但上村ハ六ツ六分下ヶかけたの村ハ六ツ弐分下ケさる
取米合四百四拾弐石六斗四升有を又高七百石上村之
免付六ツ六分かけ人ハ取米四百六拾弐石を是を両村の
取米四百四拾弐石六斗四升を引残九拾九石三斗六升有弐
ト法取米下村の免付上村四ツ下ハ是取米四ツ下ル之取米
依之取米を四ツにて割ハ下村の高四百八拾四石と知

⑪町見縄の事

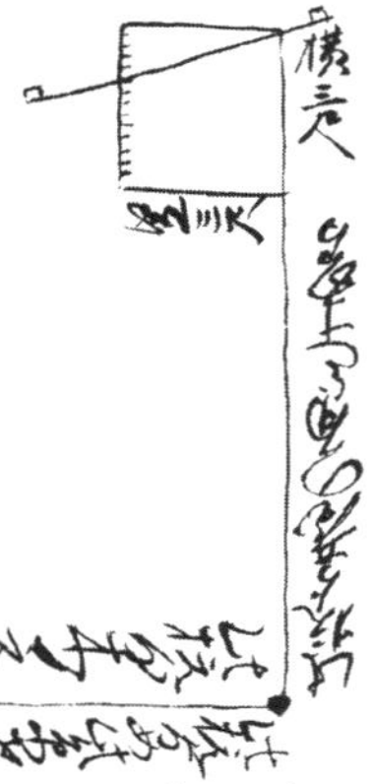

此杭ゟ向の木見え候所石杭何程有之
とえる时女術の三尺四方の枝乃
向ニ木ヶ口やうに図を鑿見向の目当
の所へ尺通一寸筋ニ遠杭ニ六寸程
急を引ニ十本杭を打て杭ゟ十間も
十間もつ又人足の横かかるのつの
小遠杭ニ急を引ニ十本かあたる
かきるやうに直とたて星の用より
絵図のことく向の目当の所へ尺通一寸
定木を置又ハ目当の所へ筋ニ八丁四尺
其の上縄の人目かかる年ニ内定木

右台の作ハ堂の角ゟ弐寸内[illegible]
[illegible]
[illegible]

[illegible]

(十三) 立木の[illegible]積ル事

[illegible]

くはへ候ハゞ其より上の木長サ何丈何尺と知るゝ也是を見への木と
云ハ右割合る也人も見へる也但町見の見様を用る也
右ノ図安ハ下ハ横木にて立木ハ分ず
向ハ無ハ右の所る也如此記

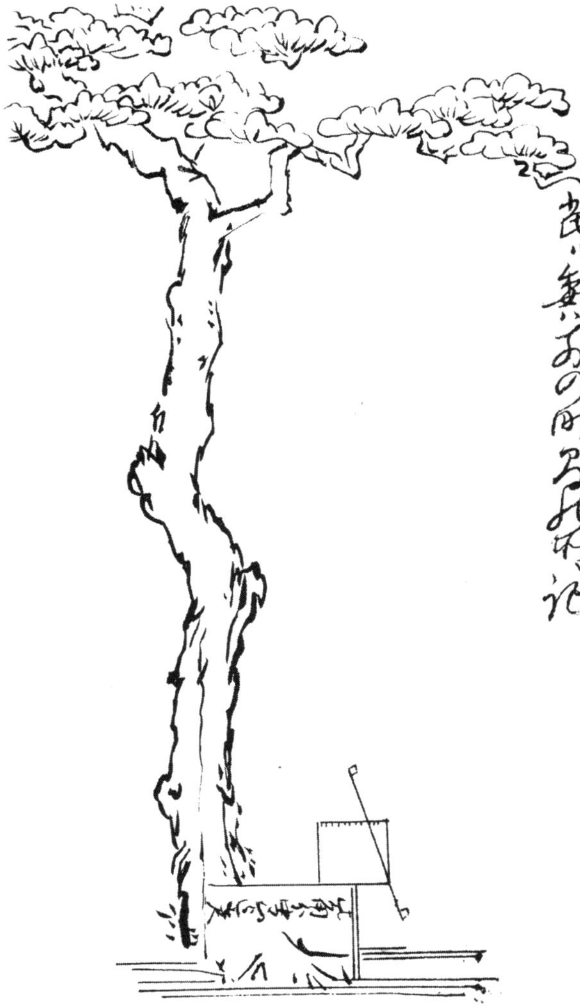

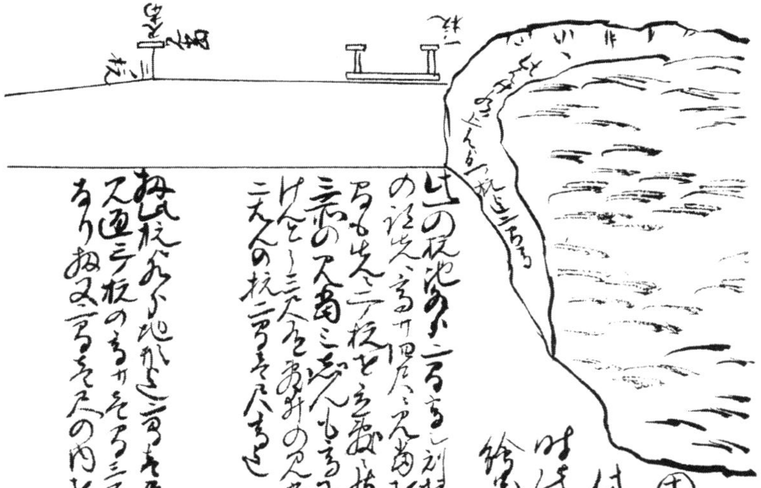

㊄ 池を量る事

此池の未新田場を見立此池を割ねたし
時は此池か新田場の水何程の下と見る時
絵図のごとく段水を量りて下りと知

此の杭池の上二間高し則杭ハ池から二間高しと申は此方二間の杭
の内先ハ高サ四尺ハ見当てと言おけし
右も先ニ杭を立置候ニ寺ニ見当を二番目の杭を見通し
三番の見当ニ立も高下無之様よく見通し此時ニ番目
け分とし三尺を置此の見当四尺の内を三尺引ハ壱尺のこれ分也
二丈の杭二間を見ある也

右此杭から池迄二間を見る也此の見当を置し三枚の所
又通ス杭の高サを引三尺を此内を見当の四尺とし引ハ右の方
あり又二間を尺の内を引ハ二の杭から知る事也

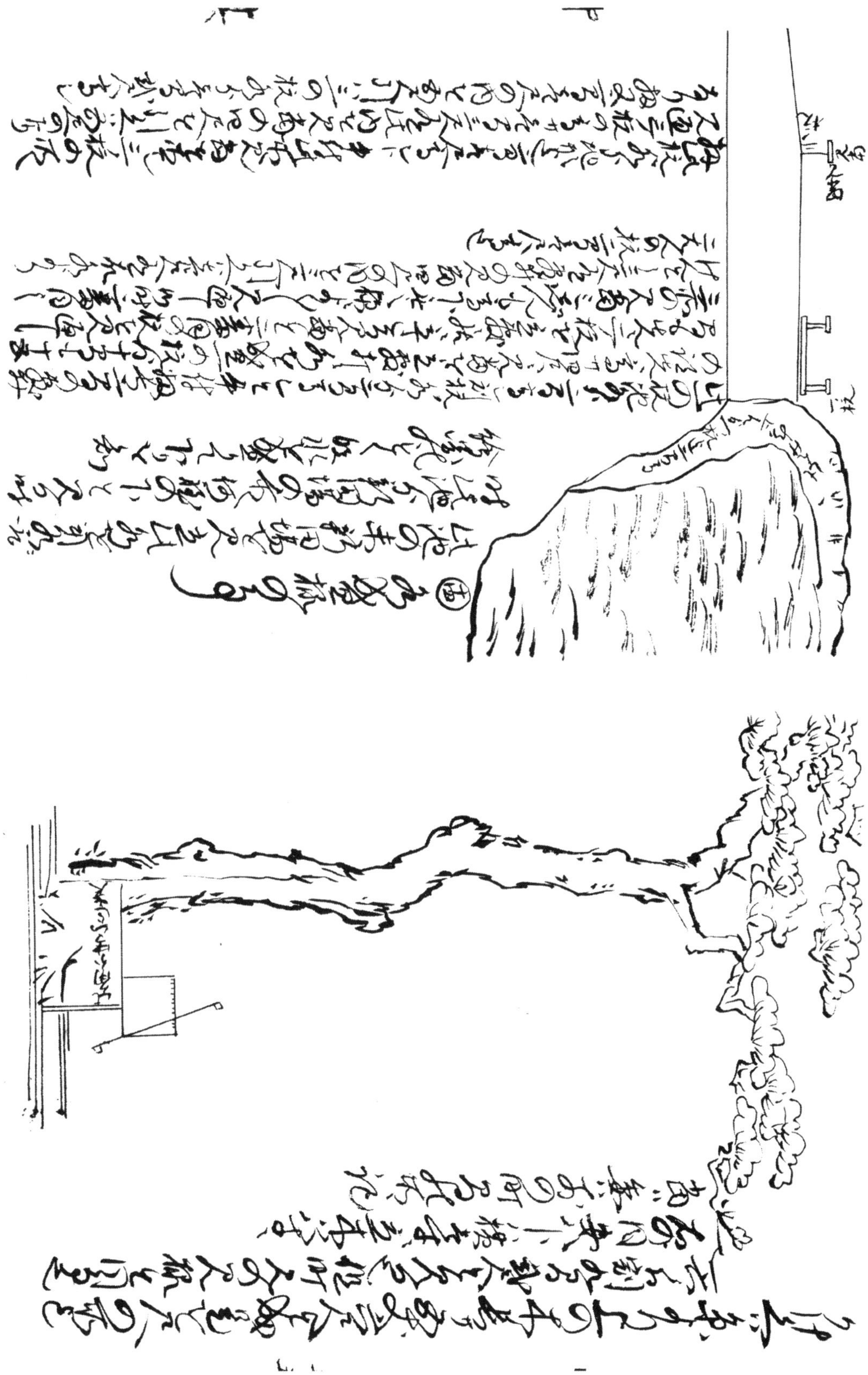

杭ハ地形ゟ二尺ハ高しと申は此所ハ入当を致し
四番の杭を打入当ケ入迄一今四番の杭ハ二尺ハ元の尺
当の四尺へと三尺川ハ其先への下り右の杭より二尺ハ高え、ッ
かへ元よりの高さ二尺ハ高しと見へ候

五ノ杭ハ地形ゟ高きよ高しと申は此所ハ入当を古へ文
当目の杭ハ入迄一尺ハ当ん目の杭ニ而高さ入ニ此外尺当
の四尺を川ニ而よみ此ニ而よを四番目の高さ高ニ尺ハ了
新田場地の元ハ高き下りと知

此末新田場地池の元ハ新田場の地形ゟ高下し

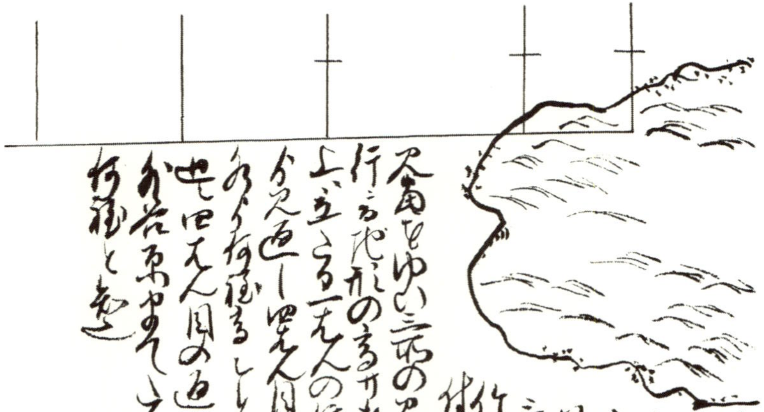

此地形を見合して此人の岩石を新田ニ
開發仕ると見れハ及もなくして見え候ニ
而登柳の竹を田かホり水池ハ水ハ上り
岩石の方へ向に猪宝のことく元の上ハ竹を三本
引き三引も四引も陶て立称元の八入ハ
三尺も四尺も高き二本の竹尺当を見ぬ所
竹ハ高さも七尺も此竹を立ニ本の竹ゆい
付ニ高尺当を向の竹ハ入迄一向の竹ニし
尺当をゆい三本の尺当かしこ高下ある所にて三尺への
竹ニ而地形の高サ見一の杭を立元か何程高きしと申すは元
上ハ立ニ而一丈への竹を四丈入目迄し二丈へ二丈への尺当
かへ入迄し四丈入目の竹ニ尺当をゆい高サを見ニノ杭を打
元より何程高きしと申は又池ニ而丈入目の竹を五丈入目へ
其四丈入目の迄高サを見ニの杭を打四の杭其の杭を
かけ岩石やすて三丈く杭を打よてりせ見ハ元ハた
何程と知

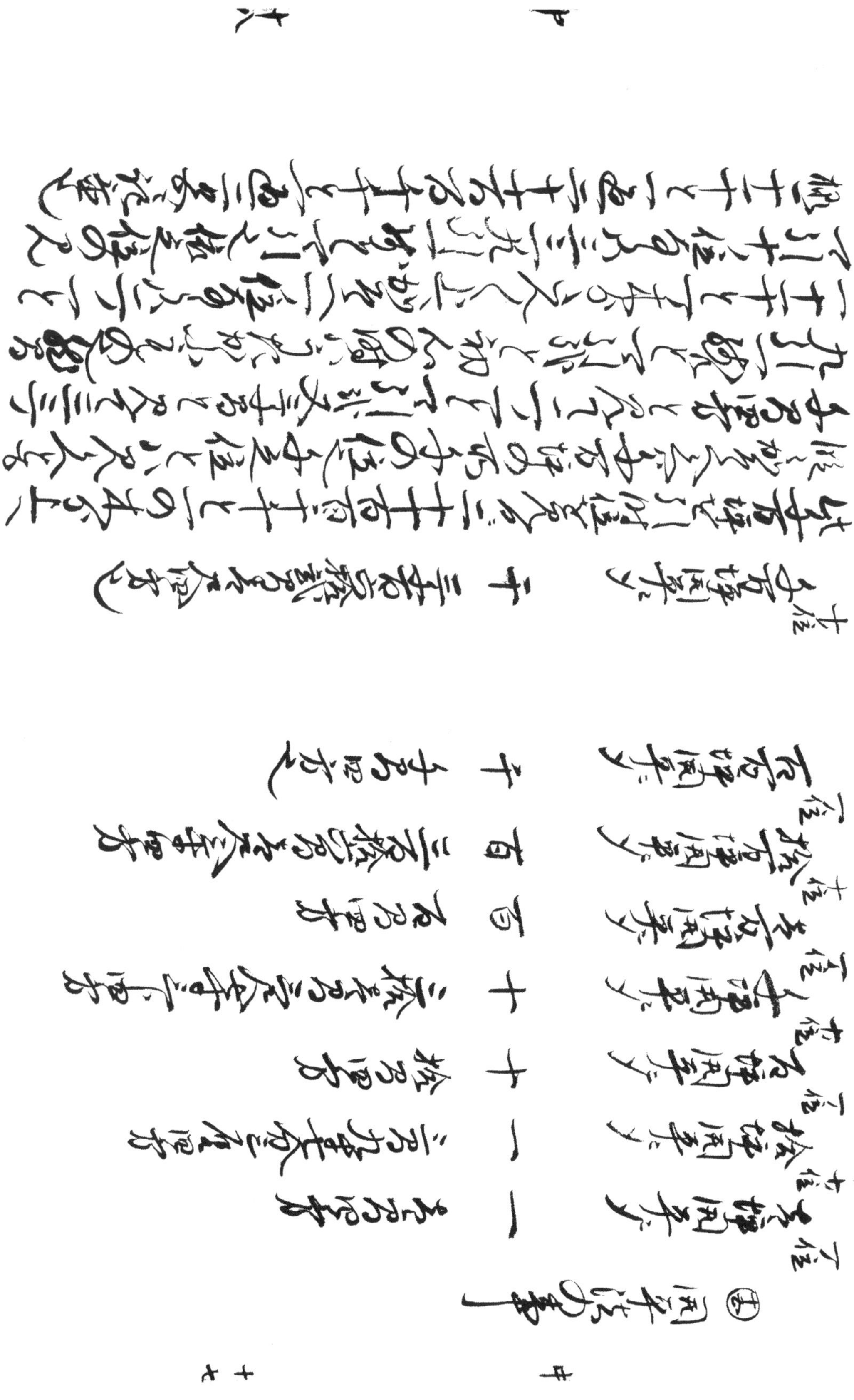

中　十七

(去) 円平法の事

一位 壱坪円平だメ　一　壱間四方
十位 拾坪円平だメ　一　三間九寸七分二厘四方
一位 百坪円平だメ　十　拾間四方
十位 千坪円平だメ　十　三拾壱間弐尺六寸三分四方
一位 壱万坪円平だメ　百　百間四方
十位 拾万坪円平だメ　百　三百拾六間壱尺三寸四方
一位 百万坪円平だメ　千　千間四方之

中　十八

十位 千万坪円平だメ　千　三千百六拾弐間壱尺七寸四方之

此千万坪を以て位を見るに二十十百百千千と一の本から上へ
順々かそへ入る千万坪の所千の位也千之位と云ハ見へ入ときハ
千間四方と見て二ッアとて以て又三千間と見て三三ヶ
九ッ一ッ頼とて割初心の時ハうたかハしき故之を記置
一十十と一本から見へ上へかそへ一位有るハ二ッ一と
て十ノ位有るハ三三九ッ一ッ引て以之依之位の見
様一十二十と一過二十十百百千千と一過二ッ宛て記置之

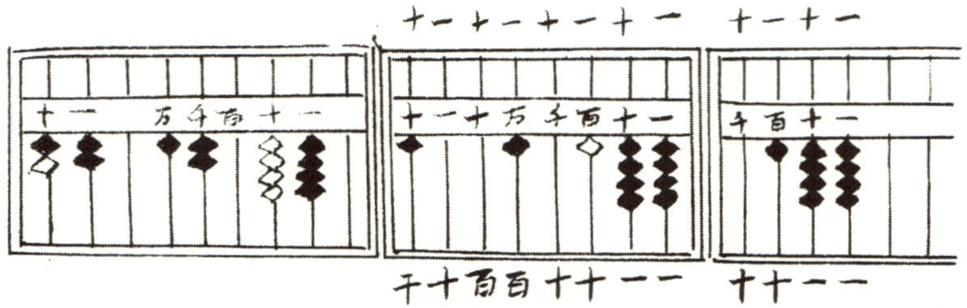

△坪数百四十四坪の開平ハ何程と問 拾弐間四方と云
此法百四十四坪を本位を見て呼一の本が一十一を
上へかえ(ハ二の位が百の位、右ノ又一の本が一十一ト
かえ上ヘ上ハ呼十が本十間四方と見て立為の
ごとく九十間と云ふ右も十間と立二一ハ二と
百坪引残ハ十間四分の名と引納る
四拾四坪の残引様十間四分の名つき(袖を記す)
右袖を二五の二引ため右のまろを倍メ二十間と定し
如何ぞ也一を始と見まの二十間を九九より入る
二間信ニし(ハ二三の四十坪ぬ有二十間の下二二間
と立、きにきの十間のトも二間と定れの二十間と
右の二間と九九より二三ハ四と
四十坪引ハ残ハ二間二十の名袖の分を引納る
四坪のこハ様ちの二間と右の二間と九九より二三ハ四と
四坪引ハ残ハ二間二間の小角の名之

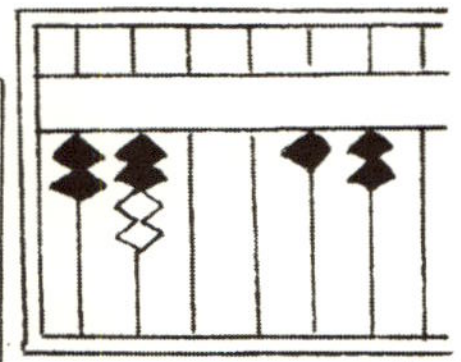

右の通小角を引之ハ右の方ニ八十二間斗、右の方ニ八二十
二間を此二間を一倍メ二十四間メ二間を割之ハ十二間と此十二間
を右の十二間ハ今百四十四坪と為之

一番目
二ハ二と引ける百坪之
拾間四方百坪

め此右方へ袖を出す
二番目割
右袖ハ
百四拾坪
十二十坪
十四十坪

(右様方へ出し二間を重ね)
三番目割
右袖小角共ニ
百四十四坪
十二間
十二間

右之人ハ立引と云又割傍ハ因安を立因安を割小角斗九九よりひ引候其を
因安る割様の名右ハ百四十四坪を立位を見ス右ハ分ぬ有れハ十間と因安
差の百四十四坪を二と二十と割 割十四坪右の十間一倍メ二十間と此二十
間ハ四十坪を四を二十と割 割四坪を見を二間四分の小角二ニ二にて引
切之但此の割ぐ書記

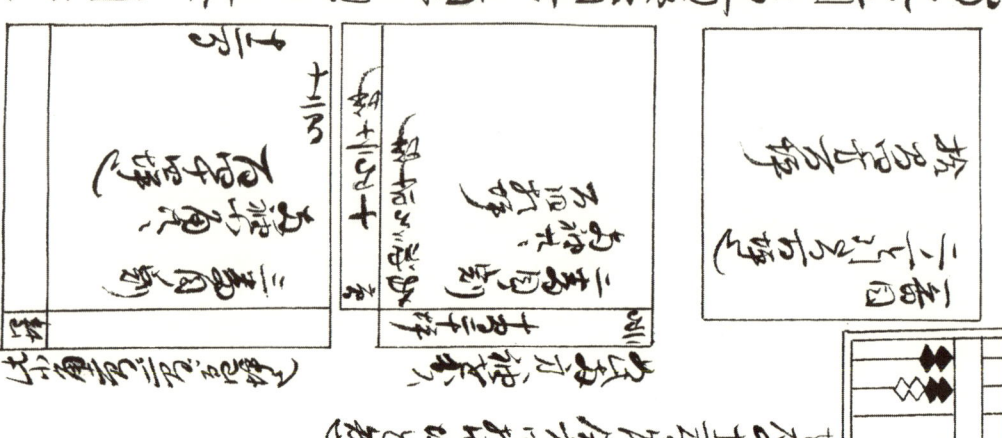

△坪数〆四万七千七百五拾六坪也四平ニして何程と問弐百二十四間有之
伏せ払一本ニ二十十とかき上へ又ハ壱万の所へ当る一之位より
了又ハ一本ニ二拾拾百百と上へかき又ハ壱万の所迄当る
先弐百万四万と見へ之れより右の弐百万と立九九よみ二二

四万坪ニ割る

壱万四千七百五拾六坪を此ハ払弐百万四万の上ニ実を
付け此右の弐百万を一倍して四百万と法の所ニ当四千万と置
四百万の下ハ二ニ四万と右の方之弐百万の下に二千
万と立此ニ十万右の四百万を九九よみ二百十二と

壱万弐千坪了ゆる
弐千七百五拾六坪を此内ニ而十四間と了此払右の力の二
十万と右の二千万を九九よみ二三二九と

九百坪了是ハ二千万四万の十角之分也
千八百五拾六坪を此了払右の二千万を一倍して四百六拾万を
又四千八間と右の横横四万と見へ立四百六拾万の下ニ四
万と立右の方ノ弐百千万の下ハ四万と右此四万と
右の四百万を九九よみ四四十六と

千六百坪了是ハ四万横四万之分也又弐千六百万と横四万之

九々よみ四四六二十八と

弐百五拾坪了是ハ弐千六百万と横四万之分也
二百八千五拾坪迄是ハ弐千四百六拾万と横四万の分了ゆる
拾六坪を先を四万と四万の十角四四十六と了切之
右の通り了切ハ右の力ニハ弐百ニ而四万斗残る四百六千四万
又此四万を一倍して四万六千八万と二ツ割り合二百二千四万と成
先を右の弐百ニ而四万と付け合　四万七千七百五拾六坪と成

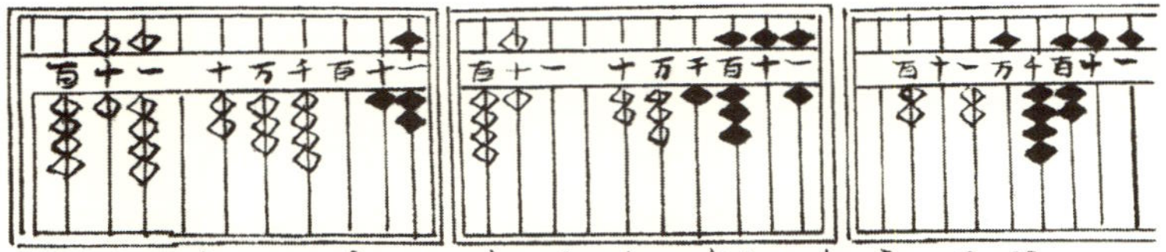

列ニ記して見れハ目安ゟ割る角廿九ハよりひき引様の事
右の外の余りハ四千七百五十六坪を右ニ而通位ニ立入てハ弐百
間を立ニ三百間ニ而右の外四千七百を二十と割之ニ而る
二万四千七百五十六坪ハ此割様ハ二百間と一倍ス四百を
右の方ハ長方四千七百の四百ニ而割ハ四十二四を二十と取
計割ハ両袖の横幅二十間と見ヘハ弐千七百五十六坪ハ
此内ニ二千四百九の小角を二ニ丁九百坪引残る
千八百五十六坪ハ右の方ハ二千百を一ハ四百の下ニ一倍ス二
直ニ二千百を立て四百二千間之此四百二千ハ右の方
千八百五十六坪を割時ハ二千ハ二ハ八を二十と上ケ四二十也と引
是ハ両袖の横幅四間と見へ残る
十六坪ハ是を四間ニ方の小角ニ四千十六と引切ル右の方
弐百三十四間を此弐百三十四間を長さ左ニ合ハ四万也
壬万四十六坪と定

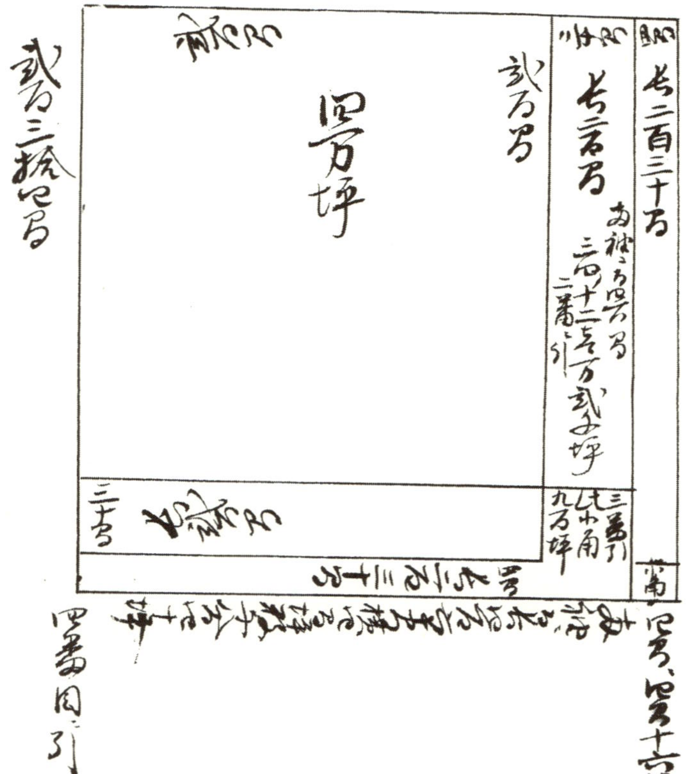

四万、四千十六坪ある引

（十六）釣股弦のこと

是ハ四角成物を角ゟ角の寸尺を知る事なり

たとへハ六尺四方角ゟ角の寸尺何程と問
八尺四寸八分五厘二毛と答
法ハ右方の六尺と掛合セ三十六坪と成又
右方の六尺を掛合セ三十六坪と成此二口を合
七拾弐坪と成是を開平法にて除ハ角ゟ角へ
の寸八尺四寸八分五厘二毛と知し
たとへハ四方成物ハ縦横の寸数同しき故一四一四二をかけるなり

三尺と六尺の長方角ゟ角の寸尺を問
六尺七寸八分と
法ハ六尺を掛合セ三十六坪と成又三尺の三尺を掛合
九坪と成此二口を合セ四十五坪を開平
法にて除ハ角ゟ角へ六尺七寸八分と知し

たとへハ壱寸四方とかけ合スハ壱寸四方の坪壱坪と
又壱寸四方とかけ合スル坪と合二坪と成是を開
法にて除ハ角ゟ角へ壱寸四分壱厘四毛二糸と知之
此寸法を世上の裏かねと云わけ之
又釣股弦の数と此割を以角ゟ角への寸尺と
知し

右弐坪を開平法にて除角ゟ角へ寸法を知る此子細ハ女
絵のことく壱寸四方の物ハ壱坪なり右二口を寸法にハ角ゟ角へハ
一角より坪ツヽ四ツ成是を四ツの角へ如此数のことく
合スハ壱寸四方の角ゟ角への法ハ方の角ゟ角へ成
壱寸四分壱厘四毛二糸と成是を右へかけ合スハ
弐坪と成

（十七）材木丸太を角に取る事

壱尺四寸の丸太にて何程の角に取ると問

答曰　九寸八分九厘九毛の角に成と答

二十二

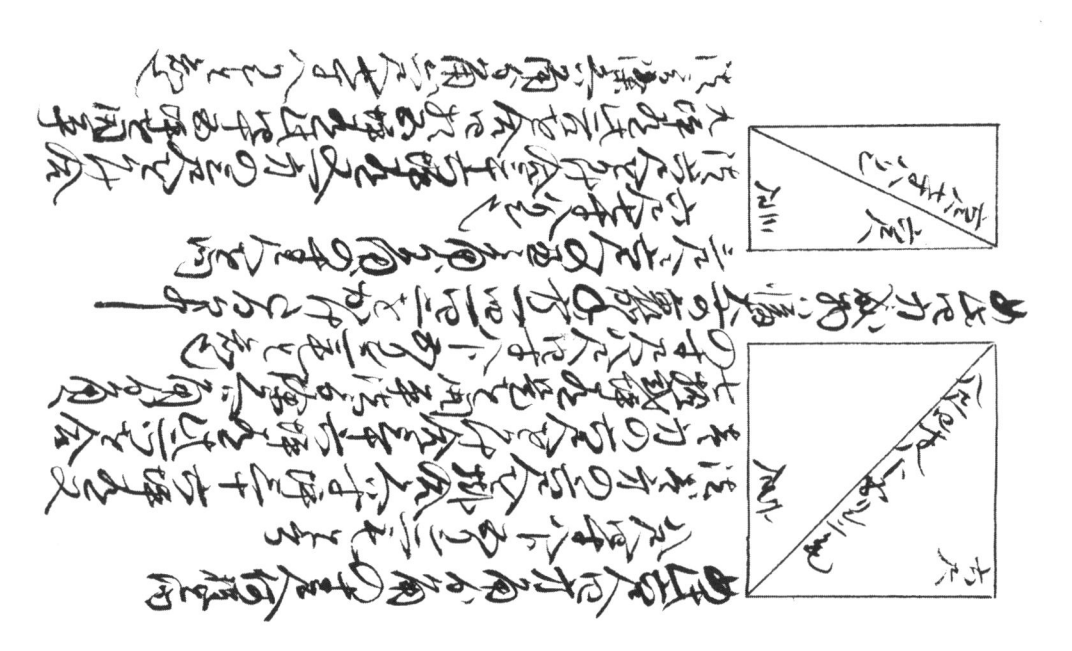

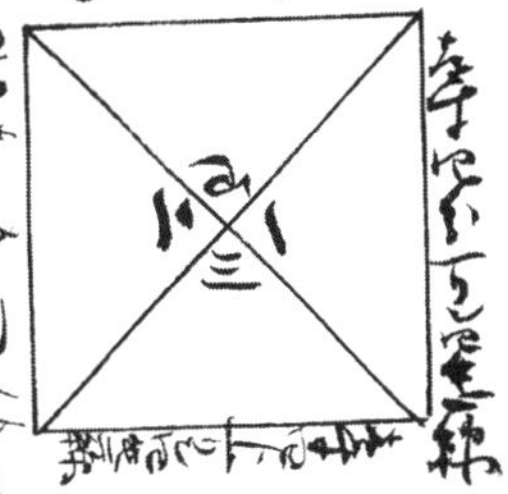

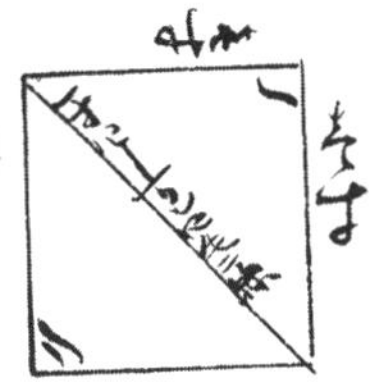

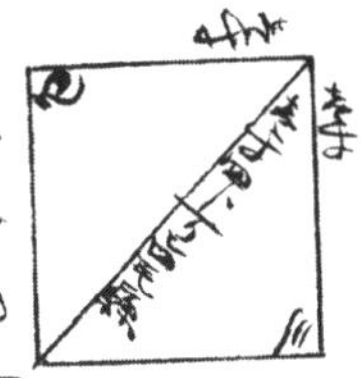

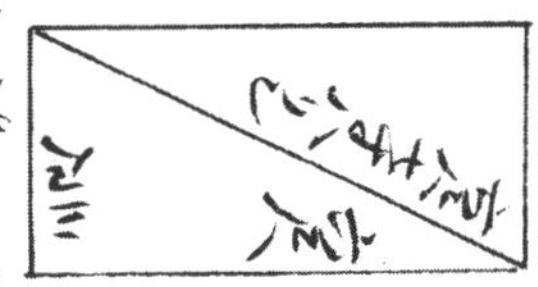

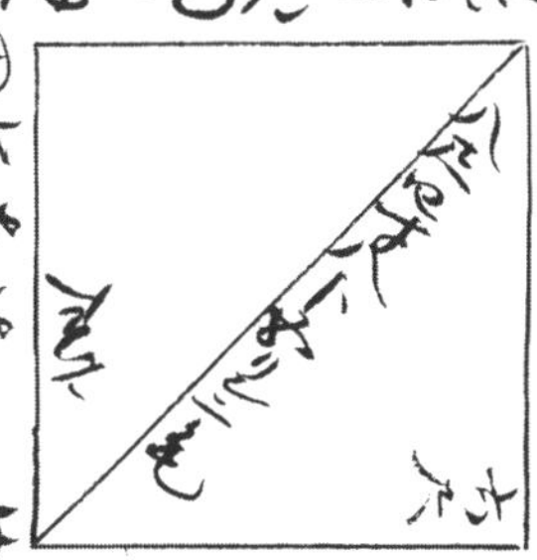

此法ハ長人ハ義なりの法ハ一尺二尺三尺とかけ之を乗して其本法に指渡し長人
平方ハ四尺試しに成是三六とかけ又は本法の平方は長人平方ハ
八尺九毛を起して立方かなの道ハおおよそ割かりけん図の所を見るべし
△半ハ此尺は此寸六尺八尺九毛を以丸ニ八角ニ何寸角と成と問
長人角成とこ
此法ハ四尺ハ四寸六尺八尺九毛を二一六に割之平方の指渡し
長尺此寸長ニ此尺二毛を成是を表かりの法一尺一尺二寸ニ割
人角を起し角物を見る又之を平方を起て角ハ又之を以目指之掛と
此の法ハ成りて割とは算の五備なとる
㊅丸の物を以て物指度を積事
指度ハ六寸厚サ八寸丸寸物ハ長ニ何程の丸と成と問
長ハ六寸那ニ一尺二毛の丸を成と云

此法ハ長尺六寸を長さに掛合を以て平方を成是を左に但又
八寸を以て合二拾四坪とも是を右の坪数に但坪を成坪を
同事ニ除く所の指渡し長人ハ寸八尺九毛と成是ハ三一六ニ
乃け四尺の尺ハ六寸那ニ尺二毛と起
△四尺長人ハ六寸那ニ一尺二毛を起て一尺と成ハ何程の
下に成る問　指ハ長人六寸厚さ八寸の丁と成と云
此法ハ長尺六寸那ニ尺二毛二三一六ニ割合の指渡し長人
六寸八尺九厘と成是を流して丁丸の法二八に割之ニ指
長尺六寸を成合ハ指の寸法成ニ而割八寸の丁と起其の
法ハ丁物の法之を平方ニ而合

中　二十三

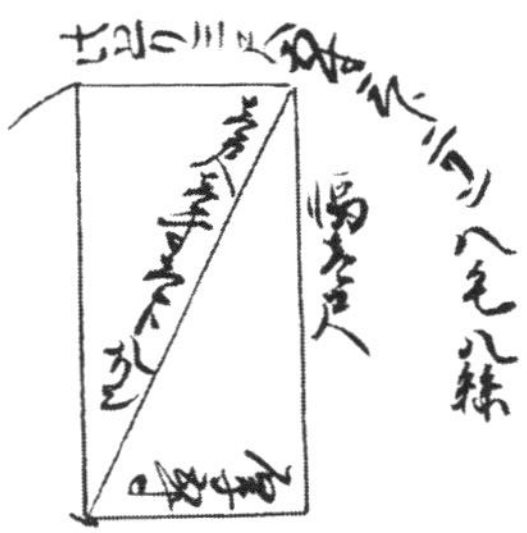

丁物の法　隔ニ長ヘ合房乗寸の寸ニ而安得
此仕様隔ニ長ヘ合ヲ左右ニ分ケ合ヘハ長寸也
方の坪数百坪ニ而是を左右ニ長ニ而乗寸四方
とクケ合寸坪弐拾五坪ニ而是を長方の坪数か
百弐拾五坪ニ而此坪を開平法ニ而除ス乗
丁物角ハ角ハ長ヘ八乗寸ニ而下ハ八分ニ而ゆへ
丁物の法を以仮ハ何程の形ニ而も指滞し
此法ニ二八ハ別ニ六寸物の隔を以仮隔の
寸長ヘ合を六ニ割乗寸を以長ヘ形法を以仮るる
一を仮之三角の法ニ而長合の三角ニ而仮る之

△三角の法ハ三三の名三方長ヘ合の三角の内ニ寸坪を乱ニ坪三合を
ゆへ三角の定法とかい此坪数の見ヘ様之ヘ三角の鈎
八寸六分六リ五毛ヘわし是ハ乗寸をかけ四拾三坪三合と定たとへハ
鈎八寸六分六リ五毛ハ四五ハ乗寸ハ横乃とん候へし
右三角の積を尺ねハ乗三角の法長ヘ合を掛合百坪在又長寸
寸分乗寸をクケ合弐拾五坪之右百坪の内を弐拾五坪引残
七拾五坪を開平法ニ而除之ハ三角の鈎八寸六分六リ五毛ト見ヘゆる
此百坪の内弐拾五坪引七拾五坪を開平ニ而鈎の尺ゆる也ハ
鈎足八寸六分六リ五毛四方を掛合七拾五坪を横乗寸をクケ合弐拾
五坪を三合合百坪之此百坪を開平法ニ而除ハ長ヘ合を仕立ける
也百坪の内弐拾五坪引残七拾五坪ハ八寸六分六リ五毛四方かけ
合て七拾五坪ニ而七拾五坪を開平法ニ而除ハ八寸六分六リ五毛
ト見ヘゆる也

中　　二十四

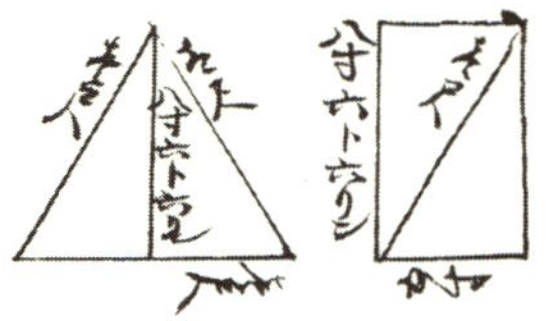

此絵図のごとく竪八寸六卜六リと横平の角物を鉤股
弦ニメ乃字ニ角ヲ角への弦を左之先と角ヲ角すち
外ニ切打違合候ハ三方を足鈎八寸六卜六リと成

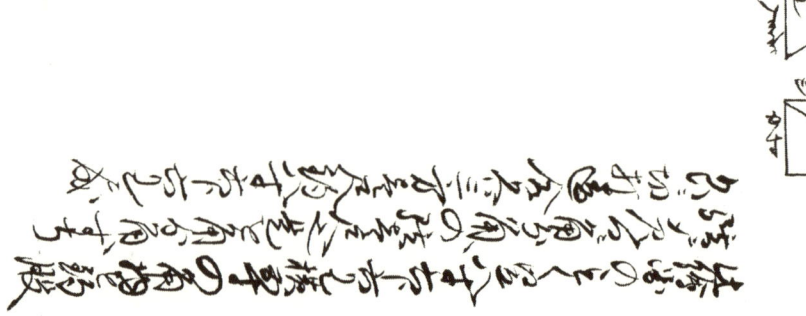

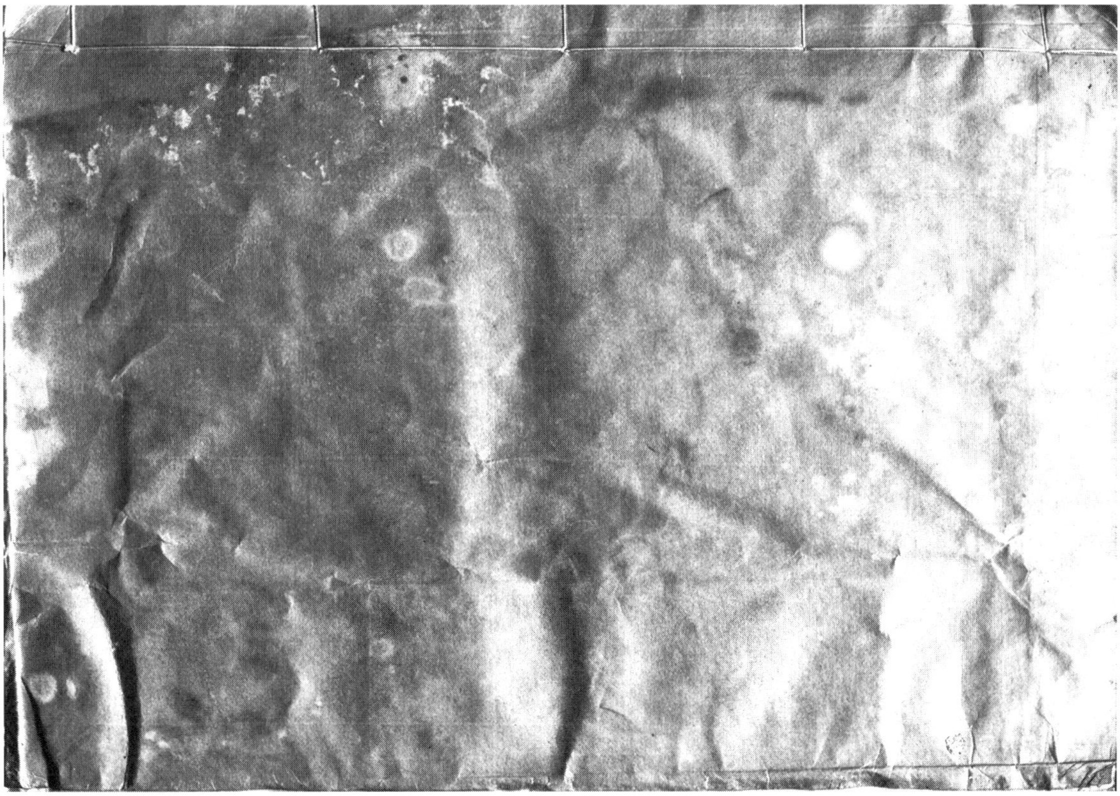

磁石算根元記　下

一　検地竿書之事

検地ハ竿の立田畑上中下の位付大切の者也　其一通り善悪
[illegible]
[illegible]
[illegible]
[illegible]
ますもの[illegible]
[illegible]せさるゆへ上地も下の出来[illegible]ものニ候ハ
位付大切也　其一通り[illegible]
[illegible]

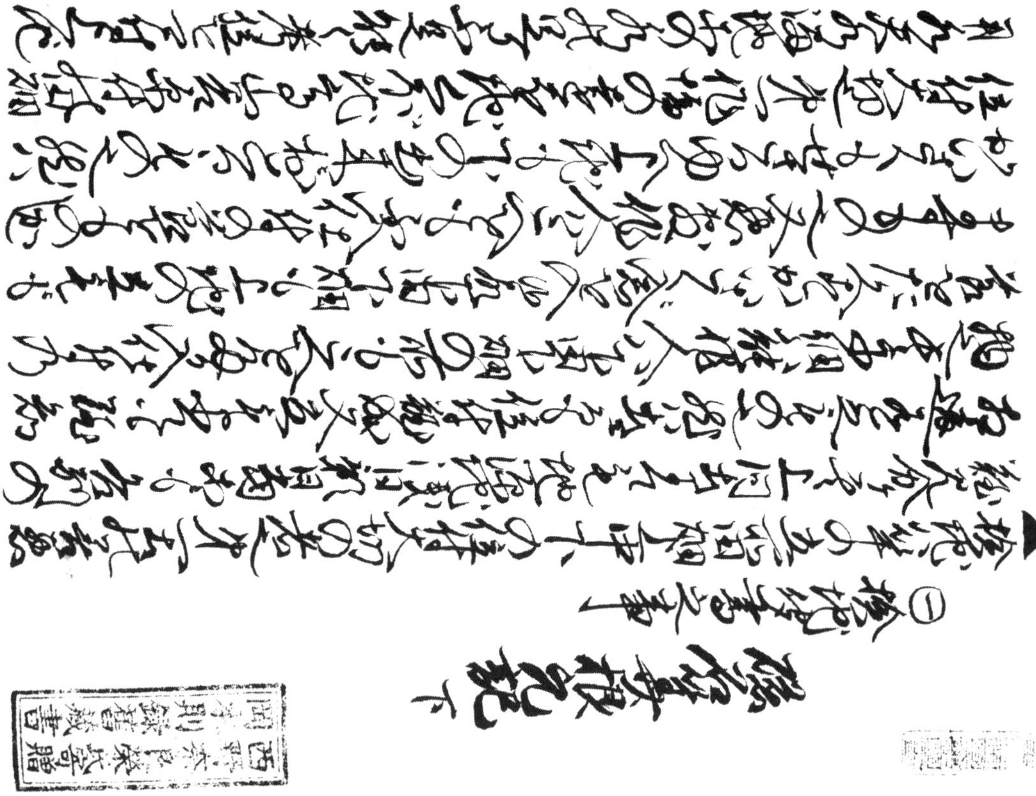

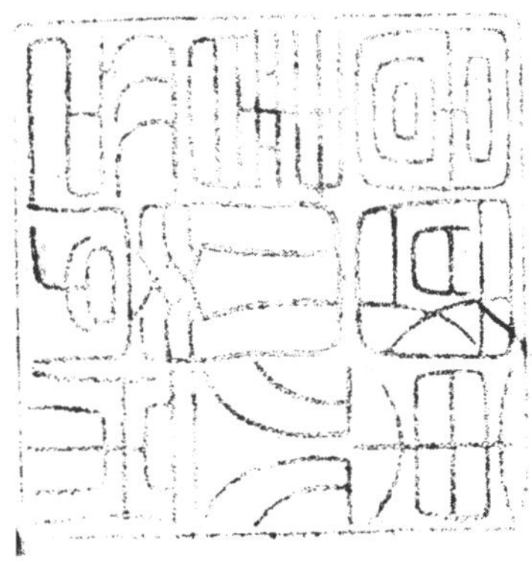

の内下ハ是を定之下田畑の中ニも上ハなしと定也

▲風受悪所の田畑の可極る上地ハ大袮ハ中の上之上

中々と思所ハ上之内へし中之下かと思所ハ中ニ極べし

▲悪所の田畑も極る上地ハ上ニ極上下中々と思所ハ中ニ極

中の下と思所ハ下ニ極べし

▲南向の田畑ハ日当よろしく虫付事も能く作毛実入能上中

下ハ風受を考位付を用捨たるべし

▲北向の田畑ハ日当しく有る所ハ格別ニ虫付有故実入少キ故

是ハ悪所の田畑位付を用

▲若田山田ハ大分中ニなりハ川添付之田地ハ大穂沢山の

所ハ為出来又ハ時節ニ寄所ハ不熟ともなる下田之節ニ

川添付ニも洪水の所ハ青田ハ悪ク極へ之

▲東南開山畑のうちハ山を抱南打開ける所ハ日を請土

請流を次第ニ変を知之所ニ山ハ一帯之ハ能日を請てよし東北

向日を不請所ハ南ニ山を抱る田地ハ年ニ寄不熟之事有之

山之ハ道の向ニ能有之よし

▲白土ハ黒土の畑ハ日あたりよく又ハ多分の麦ハ大かた能実也

砂地ハ出来ぬくもハ真土ハ土地ニも有リ土ハ八日ニも肥遣あい

芝多き所もかハりて仕様也

▲そり目の畑ハ水ヲ入土を押ちかし地味能作物出来

能ハもうやく定之事也

▲高付の畑ハ地ハ上一尺五寸二尺も掘り入土も有

土ハ下田ニ分る之

▲南ニ当ハ畑が二尺三尺又ハ大竹杉枝のさしハ為人分二尺

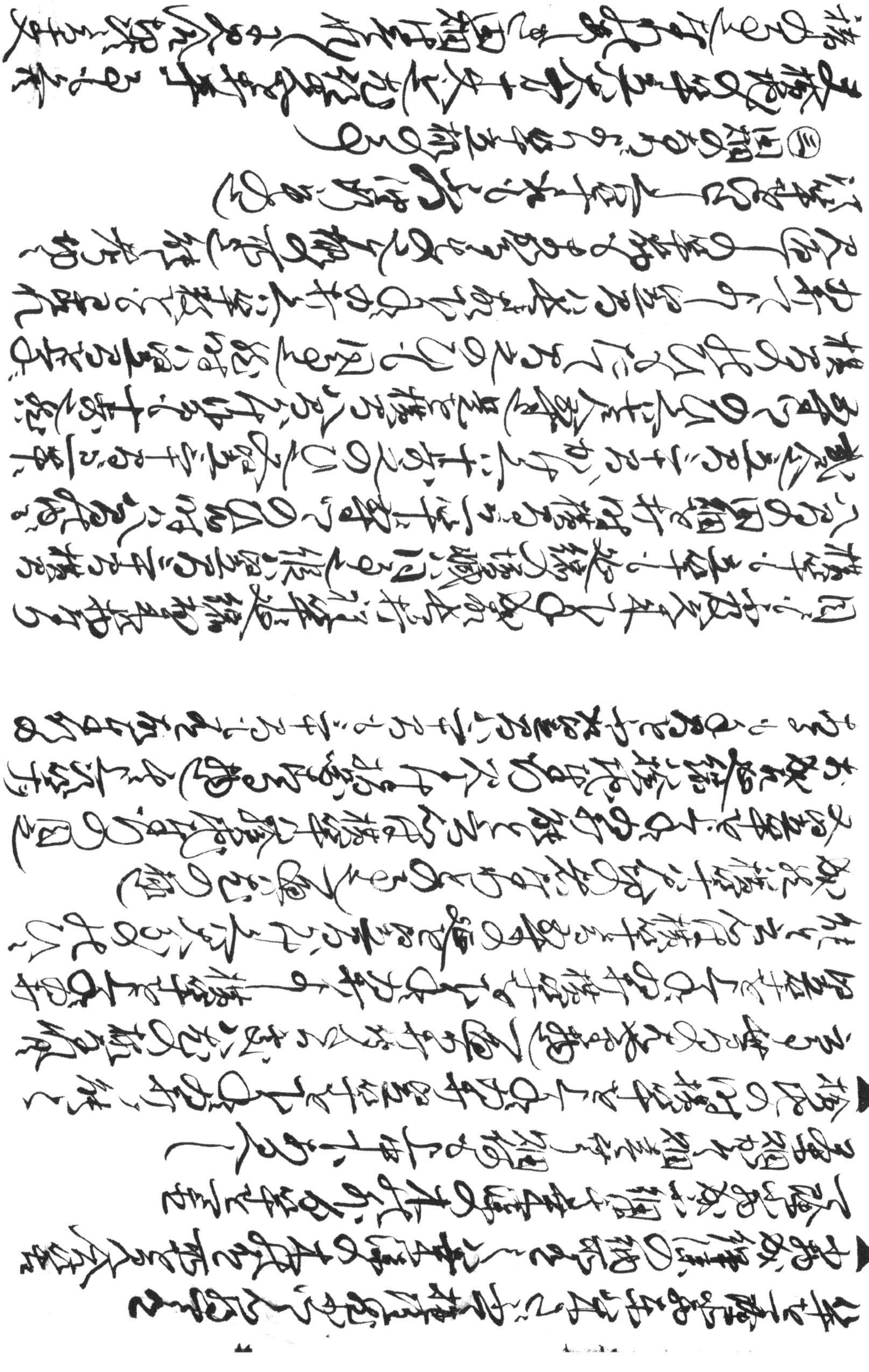

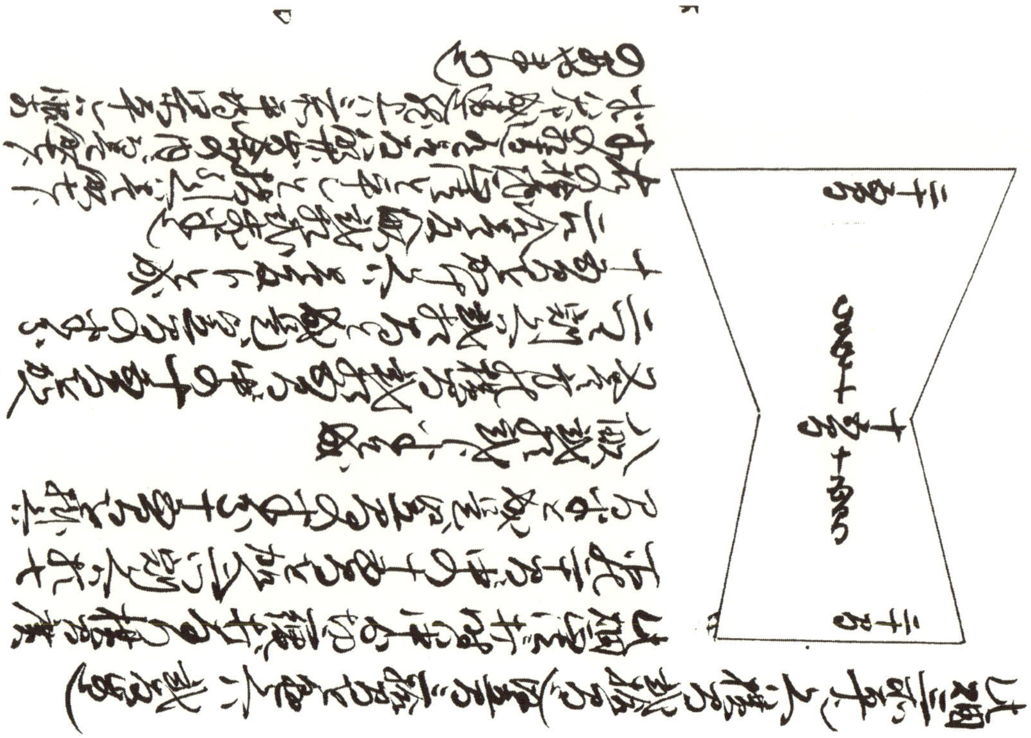

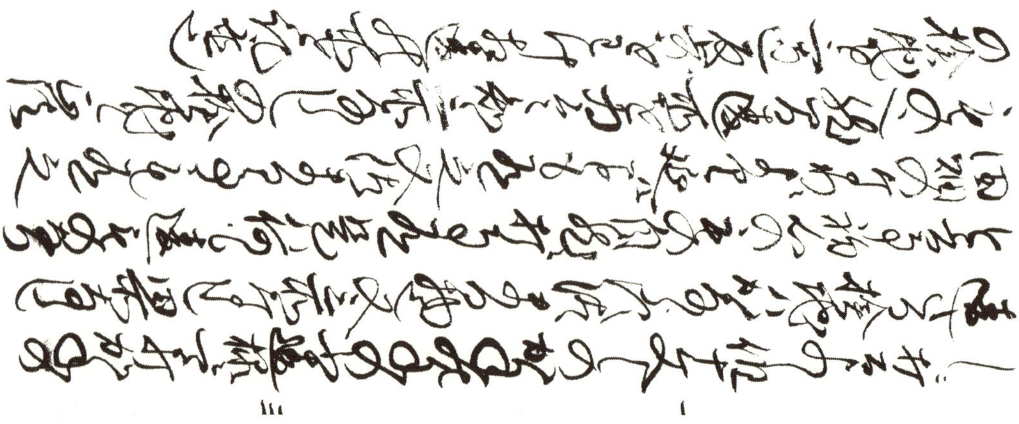

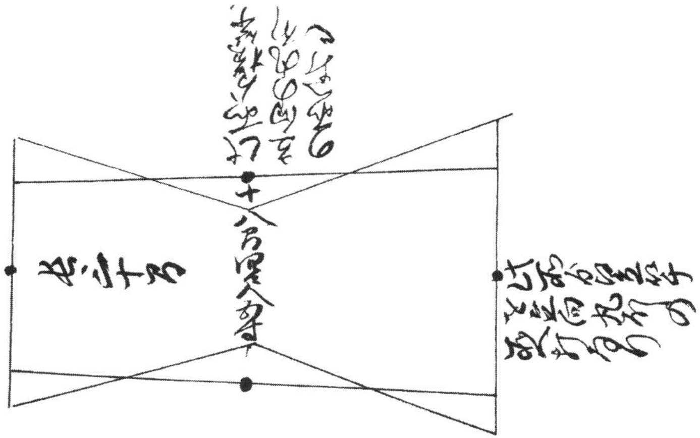

右二所辛しの畑切り四角に見へて
一縄ニ打棚絵図のごとく四方に角を
切中の之以れ同じ是ニ不足有之
相切り分の角あれ見棚ハ横竿
とする所も只今分間ニ竿をさし
の通りよりまたへて相方を只通し
之ハ竿ハろくなゆへまかりハ直
此所ハ切り所ハ只ゆるし通

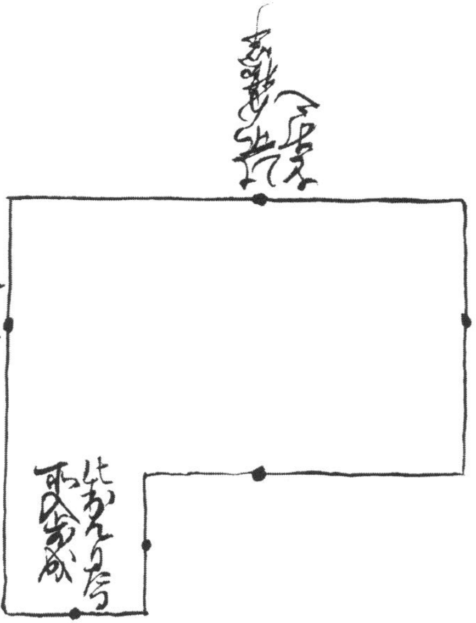

め此の畑ハ先広さ此竪間
横間を打なるも是と違わり
ハから見込分ニ差むひろき
方ハ見通一縄ニ打すまとる
之ニとも竿棚ニ打あき畑
ハ二縄ニ打入分ニ差一縄
打ハ大まるる

又入分ハあるとも此畑差殺る要もうハて
畑の目図ハ隙ニ差しの畑也入分の
本ままある

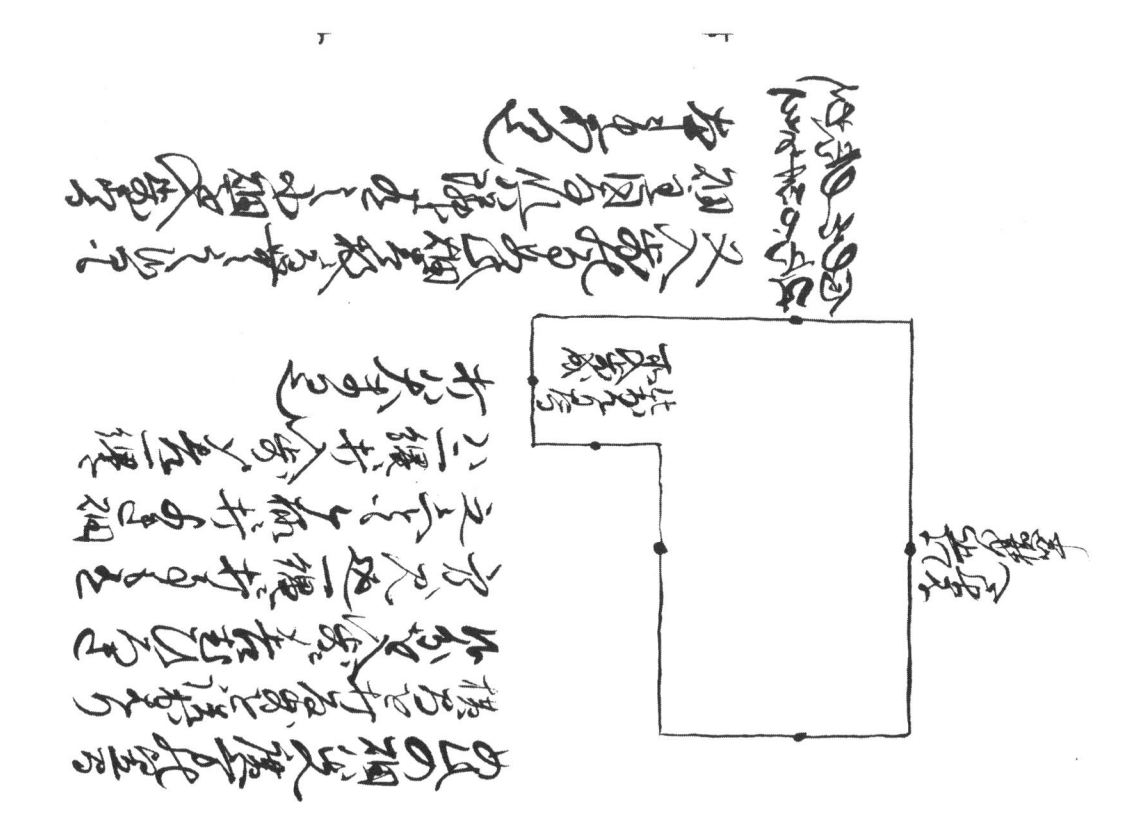

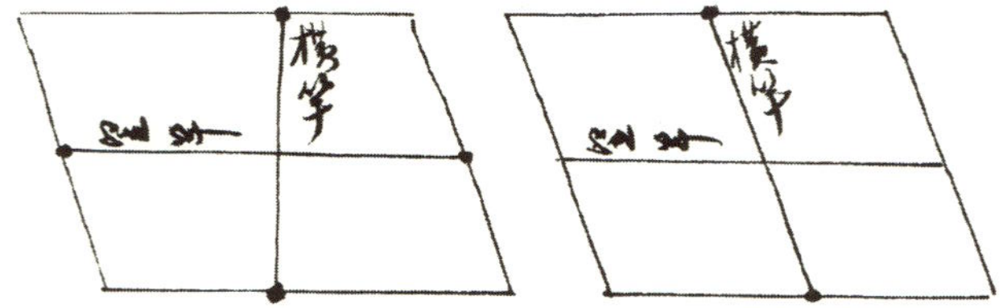

めんの細も絵図先の通細工有り打込る法まの[illegible]
[illegible]
[illegible]
右の打[illegible]横竿の打[illegible]

右の細か[illegible]打[illegible]角[illegible]
[illegible]
[illegible]
[illegible]横竿と[illegible]
竿と横竿[illegible]
[illegible]

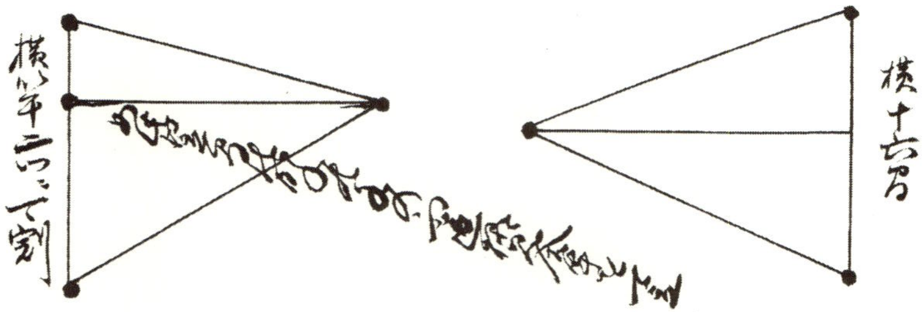

めん三角の細ハ横[illegible]を二つニ割[illegible]
[illegible]
[illegible]三角ハ[illegible]三角[illegible]
[illegible]横竿の打[illegible]
の[illegible]三角ハ[illegible]
[illegible]
三角の[illegible]

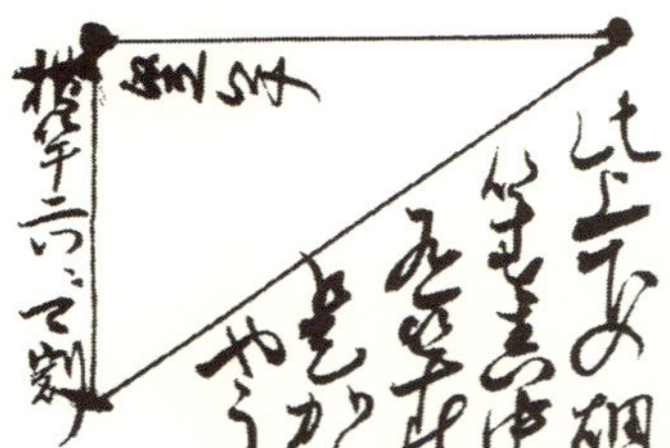

[illegible]細[illegible]三角[illegible]
[illegible]打込るハ[illegible]
[illegible]
[illegible]
[illegible]

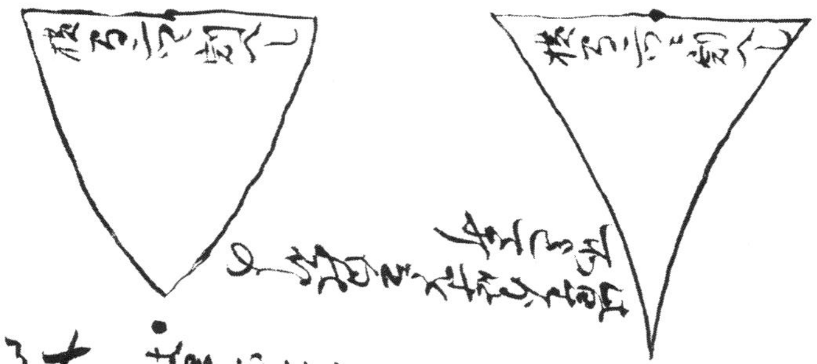

[illegible]

[illegible]

めしあ方たとへ三角ハめ縁迄ハと
クリ此内ヵ竿を立テ折但切形を見テ
るハとかり此方ニ而竿を下立形る
竿をろくニ立見直し又ハ是ニ而覚へ也
おなり

めしあ方もうこたる三角ハとかりの
方ニ而てかり出として内畑し外か
竿立テ打なり又ハ右ニ問

右の畑ともうめ方を切四角ニ見て打
又ハ三角ニ打ハ縁迄此通ニおなり

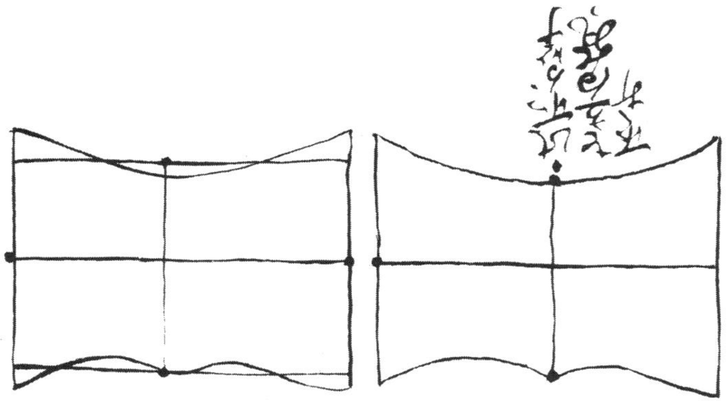

めしの畑ありハめ方此横竿の立所ニて
竿を下し此通横たへて折
通し又ハ切又ハ右への所ハ見通
まて四方を見計四角ニ見て打之
割切四角ニ横りさる所縁迄此而
あり也

右の畑ハ縁とあ之との之切
極も此極役人の心ニて見
を切之迄何の通も竿ハ也
十文ヵのて此通極て打

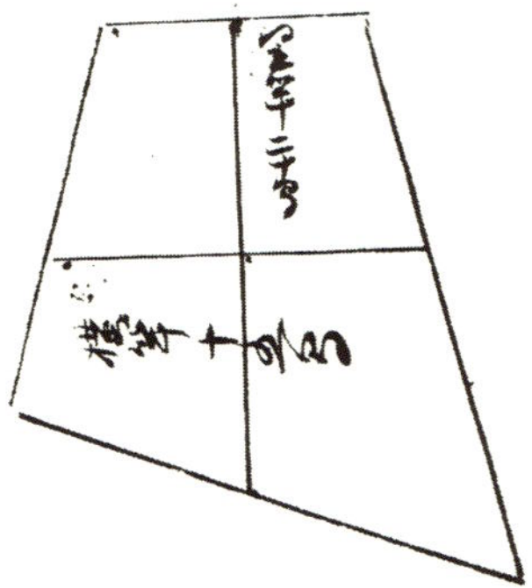

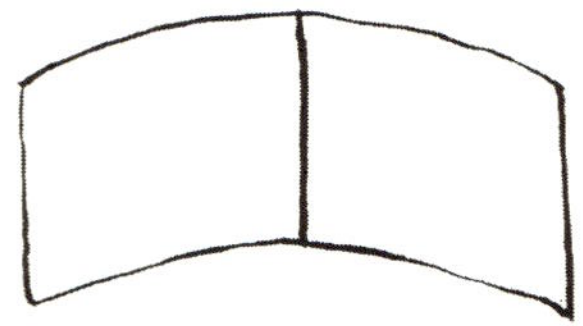

此畑より捨持なる竪竿横竿の拾
間の打延切詰めるハ竪竿ハ寄方
の也かりて也大ゆの也切合の方ニ合ハ
竪弐拾間の行せむの畑を成れ
ニ中ニ而横竿を打延見合行の打
延方と此打様ニ而から延之ハ付候

め先紙如の田畑様竪壱軒中十文字ニ打

二十間

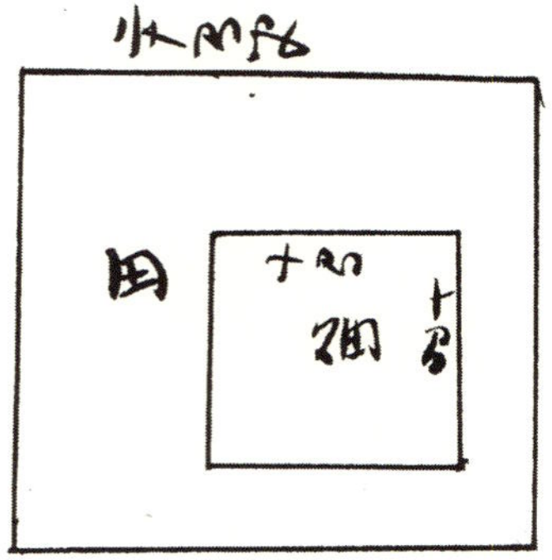

此田畑の打様中の畑ニ而横十文字ニ打
竪弐拾間ハ横弐拾間と打由を見合、
四百坪之内中の畑十間四方百坪

内
請畑弐百歩ハ
畑の畝代十歩ニ
三百九十歩

右四百坪の内畑代百十歩
新方目但し

右の田畑に付而時代式弐間横十間を付而此間ハ
作りの延此間を作り二百歩と竪弐間ハ割合
横十間ニ而ハ文路畑ハ十間ニ十間と附様付候

右二ヶの田畑形見る不同
あるを切繪図のごとく竿を
打く、大分不違ものなり

右の畑竿打様出ル竿打が様ハ
ことかりを切るもの有之
四角となして打

右の外田畑の有りハ幾きりもの無尽の算術ニもとし
検地の節を見るに或ハ円六角の法七角八角の法九十九の法様々
法を論ずといへとも検地の時ハ難用千子細ハ右の法ニ
合る田畑ハ其のゝ分る事をも細へる絵図ニ似る田畑を
打てもる法を以打る大違でなしニ而ハ其田畑の外ハ四方
ニ而切見ハ二方三方又ハ一方ニ而切見をかくる入見立て
めりる所を切て十文字ニ打へハ大竿ハ不違なるものなり

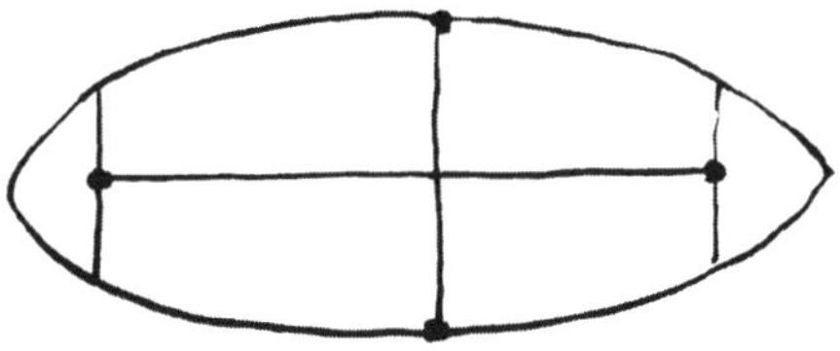

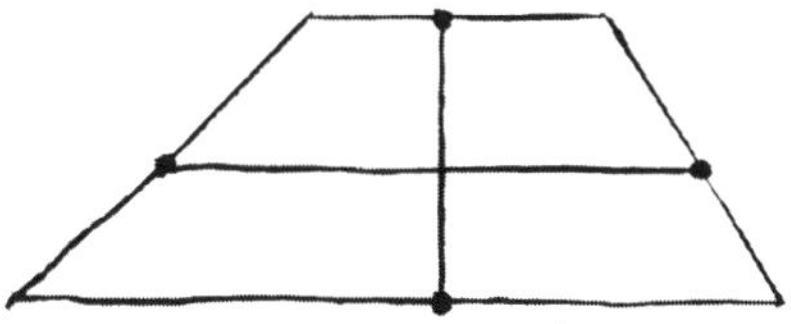

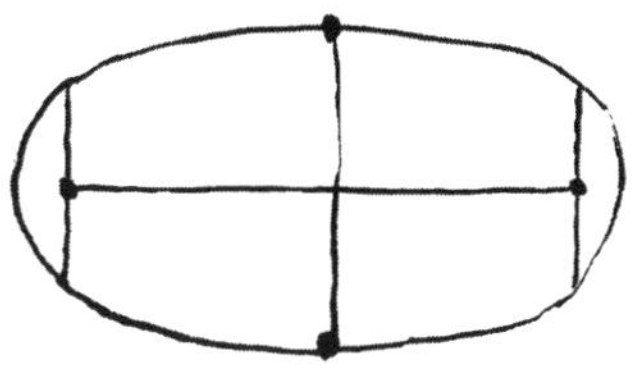

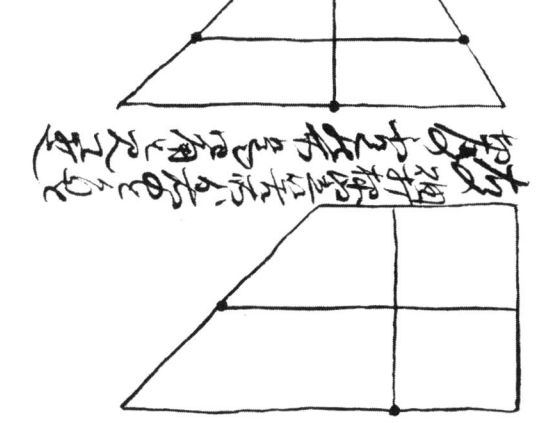

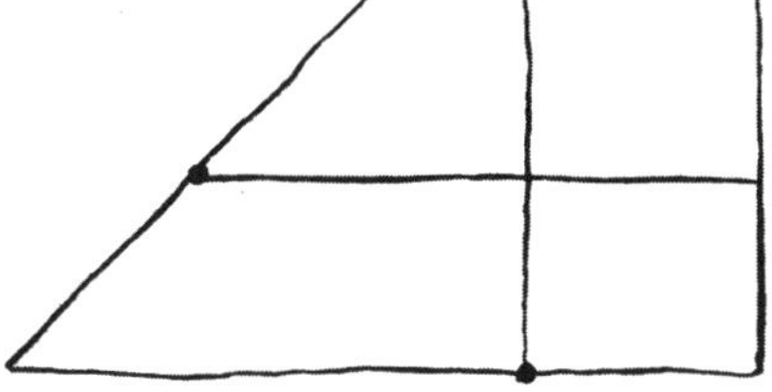

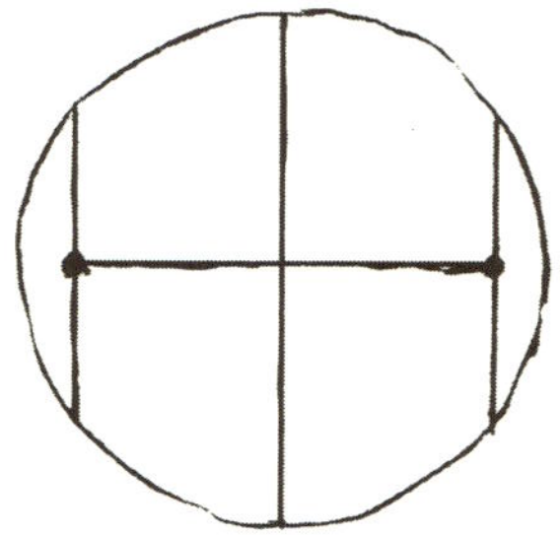

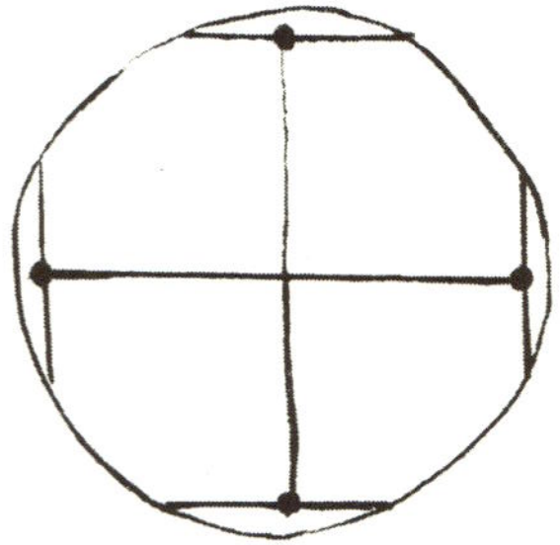

め仕様ハ法ニ十歩の面法ハ歩数を求れ乃坪を
絵ニ千様の面歩をもて田畑ハなすき抱之
一方めつらハひつ成の大無人有りとして
せてを抱之絵ハ切れ廿丈宛廿か歩也
依之切見自き面ニ各記
右め絵面ニ方ニ而切候時ハ一方ニ而一間ツ
切入いたて十方積之る但八十歩之面法の
法ニ先御清之
又合力ニ而定而切之六方四十歩成ハ絵を
坪ニ面法の面ニ坪也但面法を求れ候ハ
けつき集ニ無れ乃ハ余也左ハ除て

右の通石高の内ニ而一畝三畝の増減ハ若干歩の
立所ニ而有之、遠近之文字の延縮ニ而も出ル此品ハ其ニ
田畑の上ニ而検地の品を以見る時ハ少成ヲ甚遠近ニ見ユルモ
いつも検地の場ニ而大キ成田畑を打時田地の為ニ分竿此立所
不念ニ而少とも有り此品田畑ハ四方ハ幾竿ニ立而能く
右竿を立入ニ上手と下手ニ出入有て一通ニ見えてきまりかたと
打切右ニ有りを求て役人ニ而無見当もの也

⑫ 田畑縄ニ打候様の事

人の心ニ而田畑縄を極る由ニハ検法の上ニ而定る其上の
村中の村ニ而此村ニ新ニして縄ハ其反別の田地ニ而不足ニ而
其年ニ而も千歩の縄ニ而三斗ニ而も十二斗の縄ニ而も不足ニ
十代縄の外ニ八斗の縄ニ而右代の通縄を付人ハ上の村

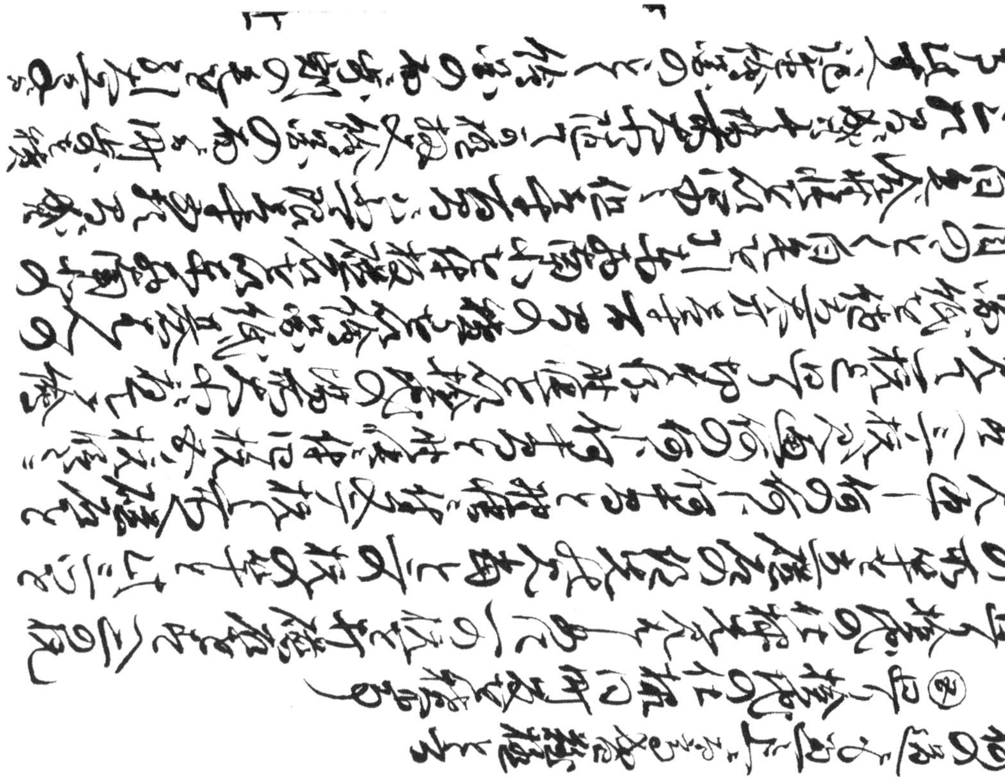

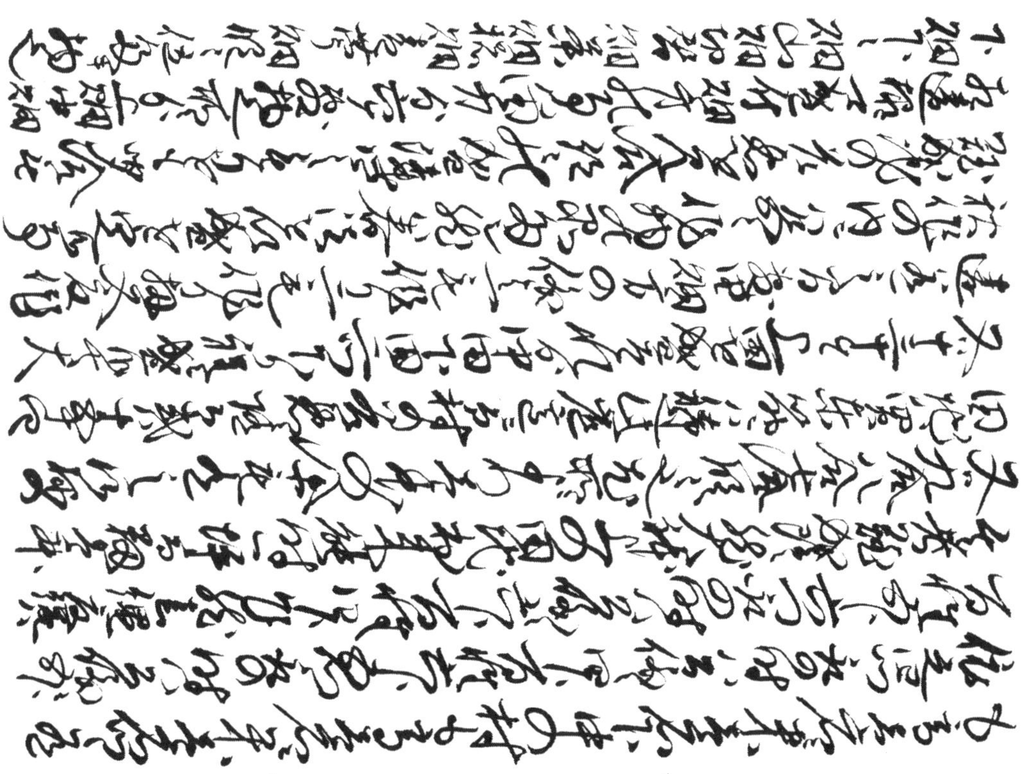

墨打杭乃七頭一縄切ニ所及ヒ付之併当割を以し杭標候絵
図の通ニ升形南分ニ寸法ニ而墨引之杭並絵図の而ゟ
積ニ打申

但シ杭之間間数

一ノ杭ゟ二ノ杭迄	未十一下	百三間
二ノ杭ゟ三ノ杭迄	辰ノ七下	百四十三間
三ノ杭ゟ四ノ杭迄	未ノ八下	百八間
四ノ杭ゟ五ノ杭迄	午ニ寅	弐百十四間
五ノ杭ゟ六ノ杭迄	酉ノ十下	八十壱間
六ノ杭ゟ七ノ杭迄	巳ノ八下	二百十九間
七ノ杭ゟ八ノ杭迄	未十二下	百二十間
八ノ杭ゟ九ノ杭迄	未ノ四下	百四十六間
九ノ杭ゟ十ノ杭迄	申ノ九下	弐百二十間
十ノ杭ゟ十一ノ杭迄	戌ノ十下	百十間
十一ノ杭ゟ十二ノ杭迄	丑十下	百十六間
十二ノ杭ゟ十三ノ杭迄	戌ノ十二下	百三十間
十三ノ杭ゟ十四ノ杭迄	午ニ寅	弐百十六間
十四ノ杭ゟ十五ノ杭迄	丑十三下	百九十八間
十五ノ杭ゟ十六ノ杭迄	戌ノ十四下	百四十間

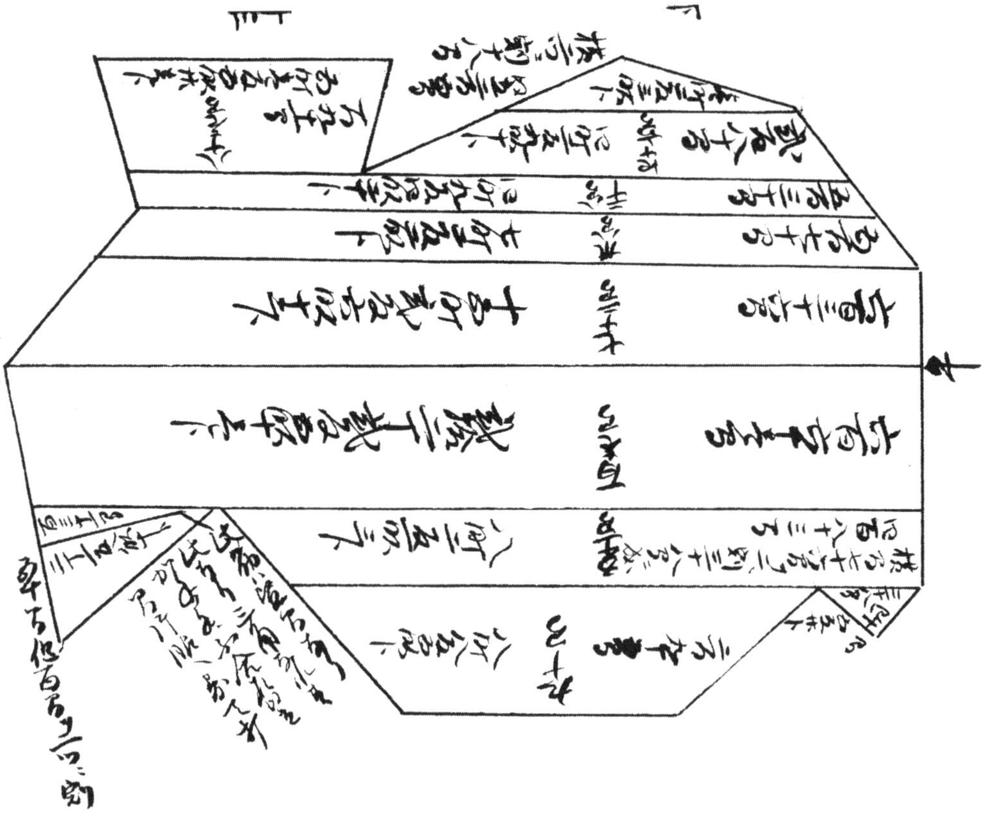

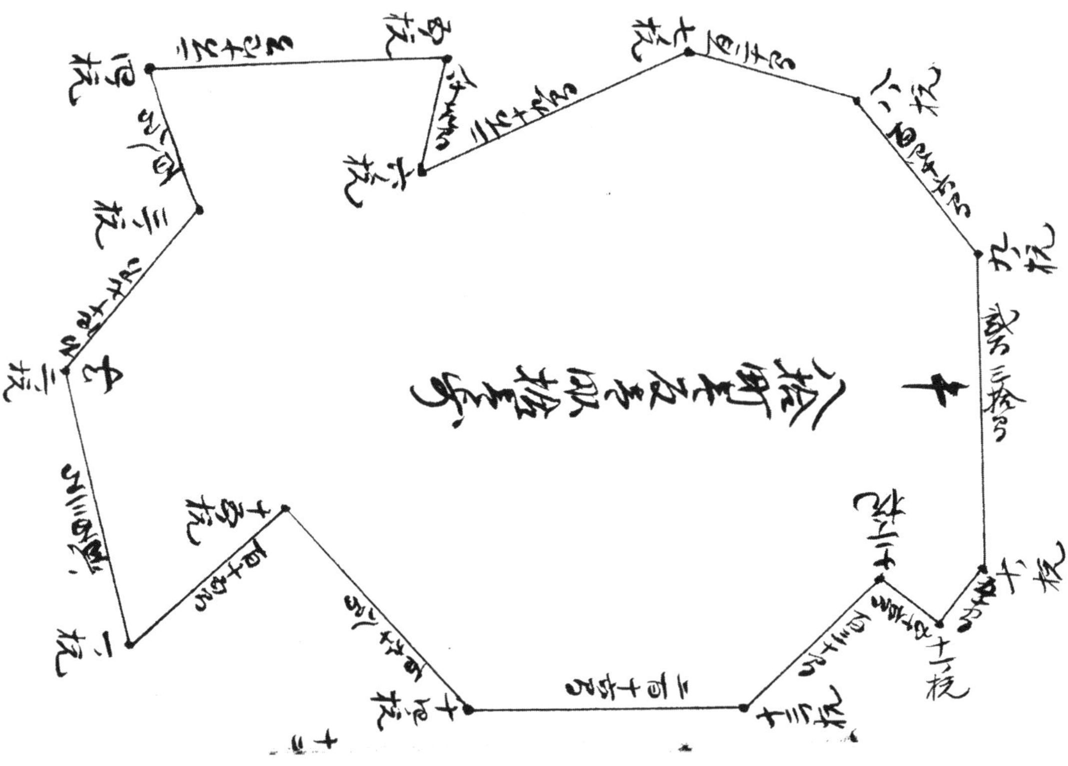

㊅海上を隔る所磯石を在所ゟ見様の事

海上を隔て前の岸と向の岸と前の水ぎわと向の水ぎわの違は
何程と問　答曰　千弐百丈　法ニ　枚前の水ぎわ迄の枚を打磯石を
見へ向の水ぎわ何枚何下と出る　二枚何何下何千何間と町法ニ付又二の
枚の所ニ磯石を見て三枚何何下何千何間三枚へ四枚付の何下何千何間
と所ニ町法ニ付来り

一枚ゟ向の水ぎわ

一枚ゟ二枚へ	百十下	十三間
二枚ゟ三枚迄	巳十九下	三百五間
三枚ゟ四枚迄	辰九下	三十八間
四枚ゟ五枚迄	卯下	五十五間
五枚ゟ六枚迄	子四下	五十五間
六枚ゟ七枚迄	丑十五下	百間
七枚ゟ八枚迄	未四下	五十五間
八枚ゟ九枚迄	卯ニ九丸	五十五間
九枚ゟ水付迄	午十二下	

惣合数弐百八十八大ニ於て之八十ゟも大違

枚ゟ水付の何下と町法ニ付来り
町法と付合町法を在
絵図ニ写其の枚ゟ向
の水付の何にて
町法付るやうに枚
磯石を見るとし又
十枚ゟ向の水付の
何下とて見るやうにを
引わし而方の毛
余ゟ前向の水付く

右之通其外の磁石を以一枝二枝と段々に付る此段々の十方の杭々を以
絵図ニ写す時其差の向の其差ニ而枝を見る時一枝分の向のみ付ハ下十下ニ而ハ
枝磁石ニ而一枝分ニ十下ハ毛をしらす又九番目の枝の其差午十二下ハ其少く
九番目の枝ゟ午十下ハ毛を引動し一枝の毛を九の枝ゟ毛引合させ南ゟ
其差の絵図ニ写す事作り方其図の其差より南の其差を尽し
の下を其とする、少し其差九十下るとみえる之枝磁石の其根ハ出る
絵図の所をも記也

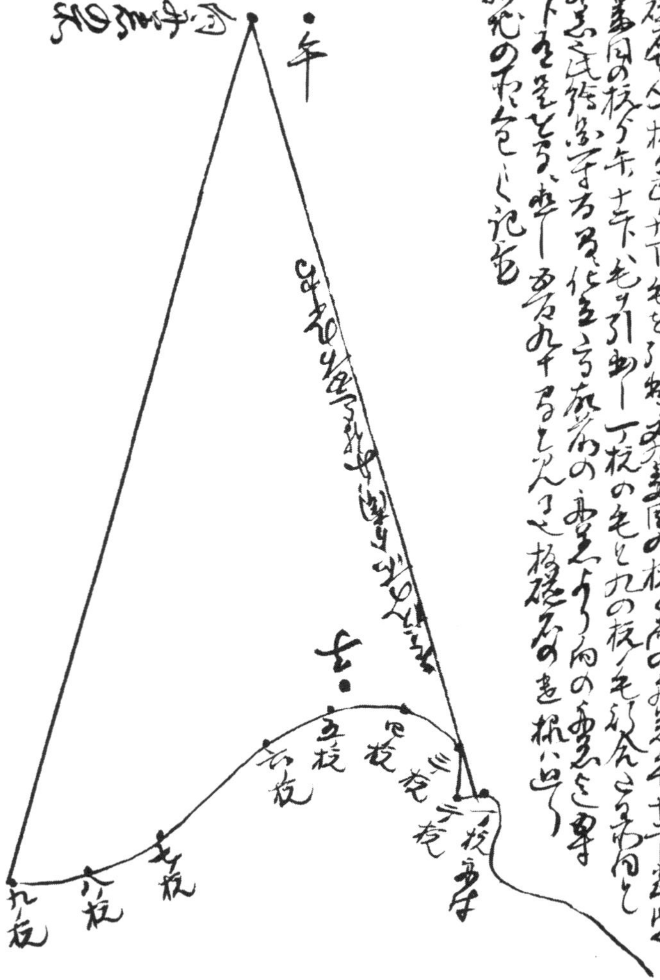

㊆山隔る所ハ磁石を以て見るなり
めに山を隔て北ノ林南ノ林、国境
をしらぬ境地形分南ノ境地形
まて山を隔よめき見る杭何程
且と向ふ境ゟ南ノ境まて
其事出るとする

此又都山峠のろしをあけ其方分之通
少し境より見る時境杭の所磁石をまへの所
の所何ノ何分し北に付又境杭分まて
数程と積り見る事也
引の付二枝とうち一枝ゟ三枝何何
何方何十る上ノ枝ゟ其付二枝の所磁
石を毛のろしの所何何分ゟ当と
其外ニ付絵図ニ写し都ハ其付の所を見る

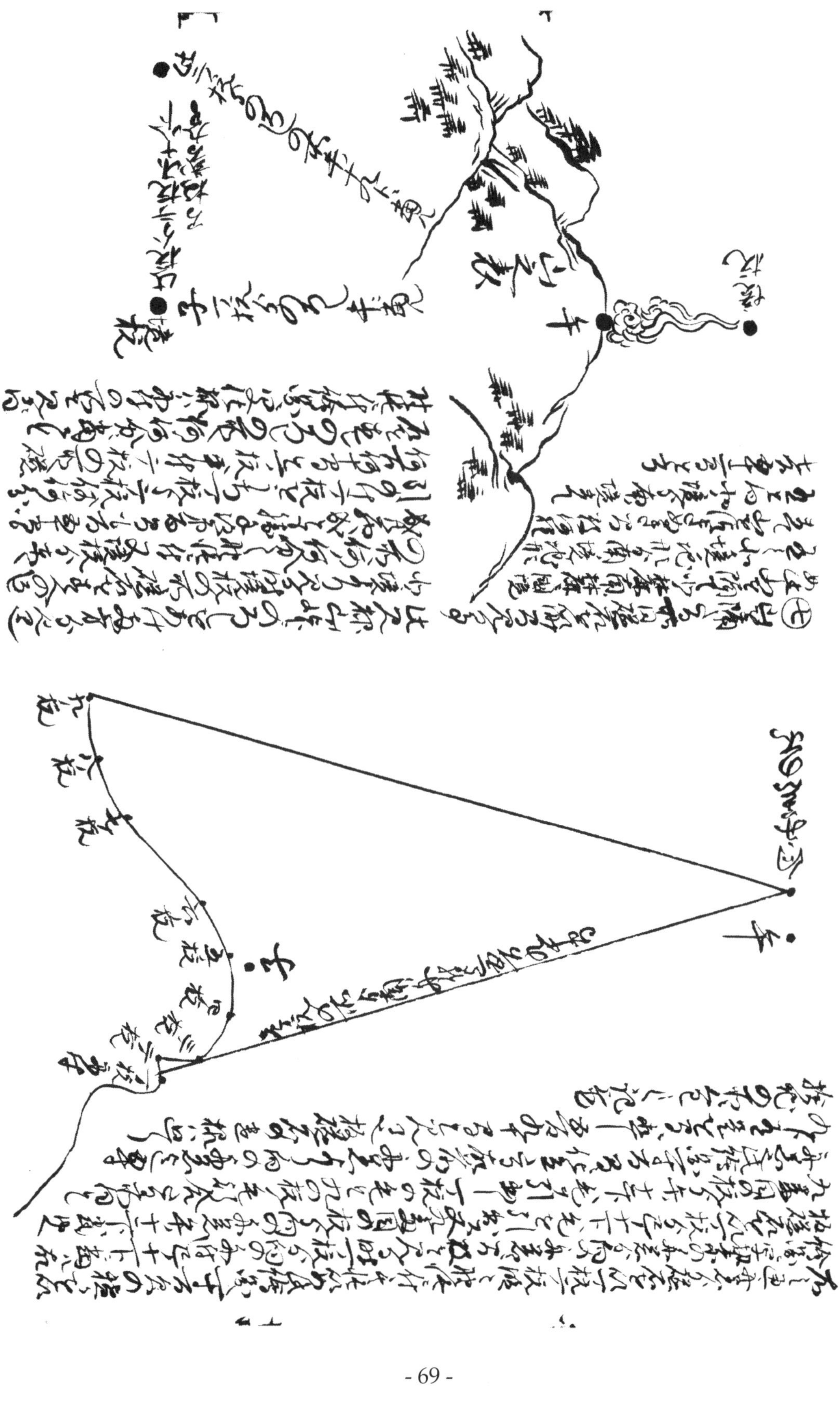

是ハ山の表之見様両の見様と曰

右山表一杭ゟの見通し所谷の見様是ハ一杖ゟ方角合午ノ方ハ杖様右ハ
給繪紙の面ハ毛をうしれし又二杖ゟ午ノ十九ニ方ハ毛とうある方ゟ毛ノ引合
ある所の見通しの高さ地一杖ゟの見通し壱尺五寸石見へ見へ石見ゆると知へし
但一杖と二杖ゟの見通しの方への方角合様ハ前の山所を能々見合て
毛を引

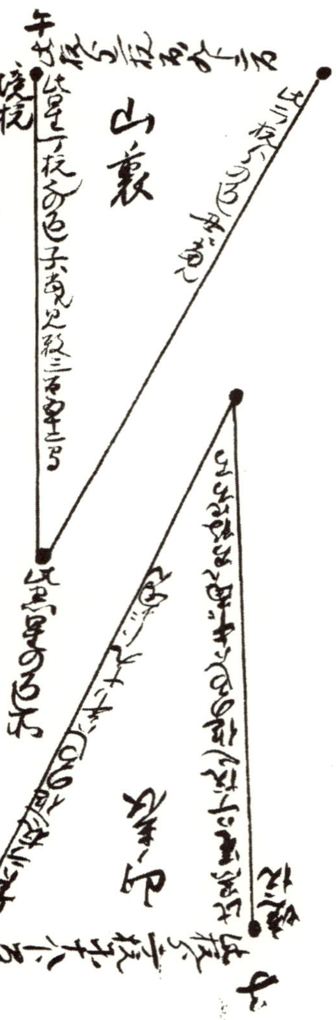

右山裏一杭ゟの見通し之の所谷也見へる表山の見様是は
但一杖ゟの見通し之二寸卯下十三分に二百五十二間と知へし
南小路杖合七百五十二間也

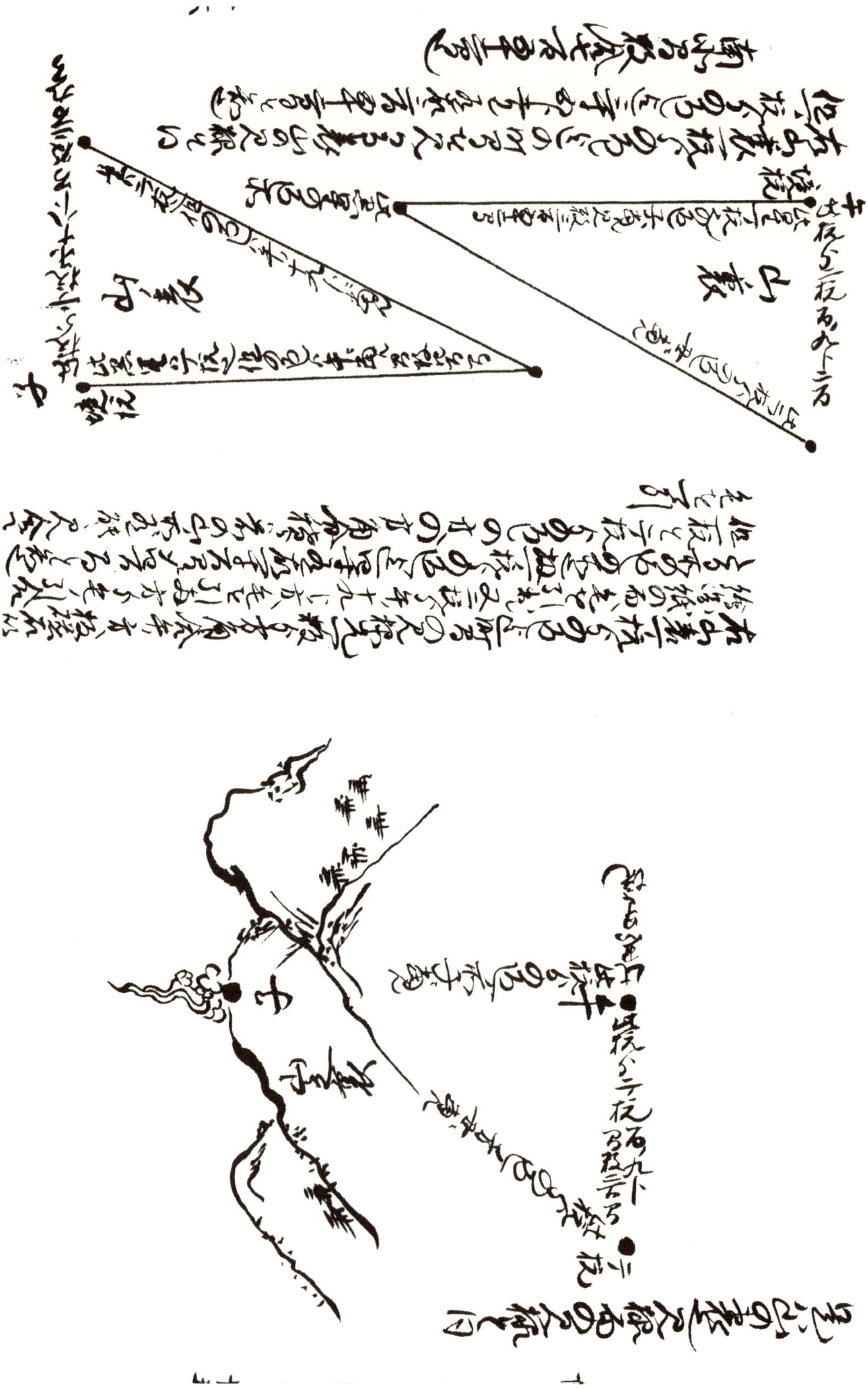

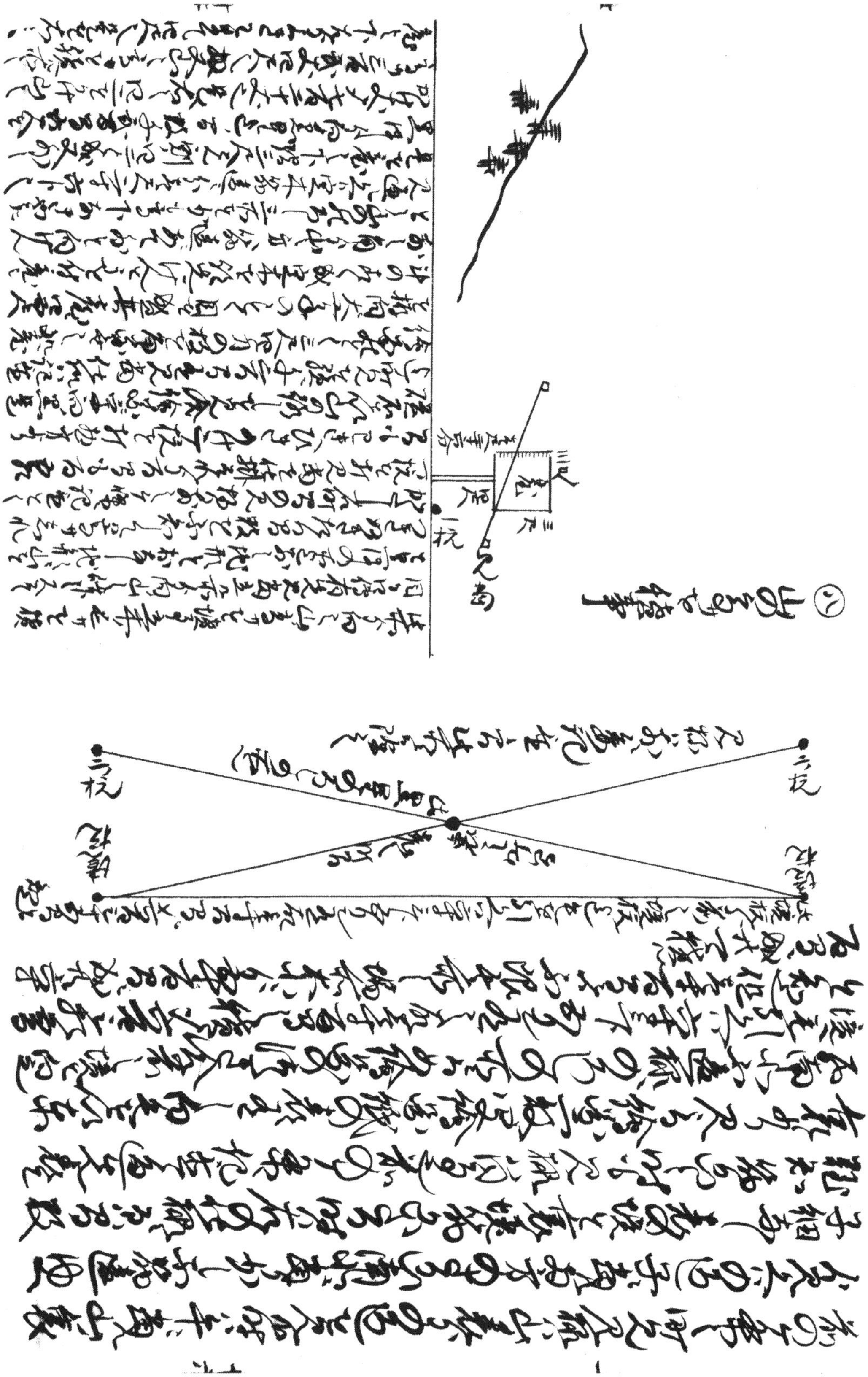

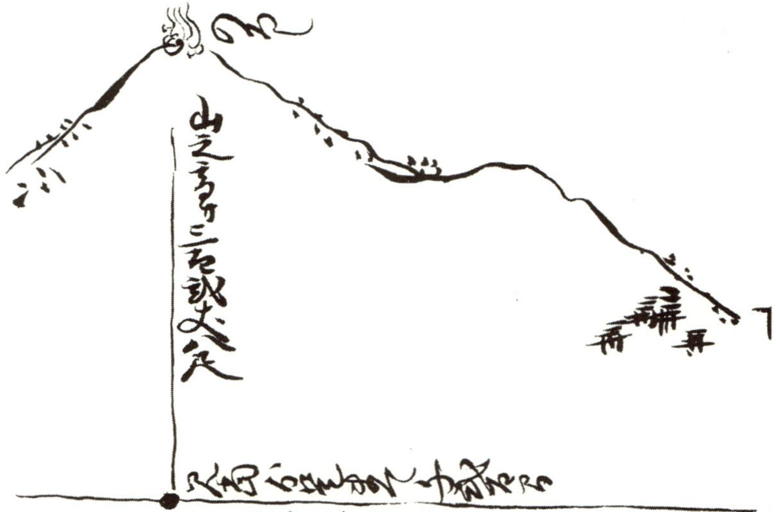

三百弐丈四尺ニ加ヘ山の惣高サ三百弐丈八尺ト
知ㇾ
右の子三尺定木ノ端迄ハ今是ヲ以テ四寸六
バ山の高サ之底ノ下拾三尺ハ所ヨリ子弐百
るの内之右ハ通三尺ハ向ヨリ山ノ高サ丁
右是ヲ四寸六分ト成三尺ヲ以テ乗ス六千五百
を割ハ所ろ是ん八四寸四厘山の高サ之
見へ候得共之所ヨリ子三百弐尺八尺を
加ケむとして八尺ヲ以テ四寸ヲ乗シ山ノ
弥ヽ山の高サを知ルへし 位置山ノ
高サを見ルハ三尺ヨリ加へて是ハ記ス
見ル處の位ノ計候事にて是にて記ス事あり

然ハ右の山ノ高サを横ニ向ヒ山ヲ写シ試ミル所ニ時ニ此の地形ニ向ヒ山何程
高サと問フ三百弐丈八尺と云
此ノ極之所ヨリ見ル事山の時ハ一枝と二枝のあいさ五百尺ハ七百尺
極して返ス二枝を持チ是ヨリ山ニ一枝と二枝のあいさを持テハ右所ヨリ
又極ハ山を見テ之の図ノ如ク極の所へ写シ
又角位置極の目上一枝ノ所ヘ寸ニ如角本を立テ四尺八寸ニ而十六尺
引の定木を横ニ持ナルルか山の方ハ是ヨリ四尺八寸のけ如ク極ヘ
如角木を立テ見て此尺弐尺八寸の定木持テ一枝定木ヲ二枝の定
木ノ如ク少ヽ高ク成ル所ヲ一枝の定木の上ニ立チ尺の如く
目を当テ三尺の定木の上ハ弐尺八寸の定木をあて一枝の定木を
二枝の上ヘ一尺寸山の峰ヨリ三尺をかけて下り極ハ八寸直ニ極
二枝先高サ之所にて寸弐尺ヲ山の端ヲ見テ弐枝所を
丈ニ〆七寸弐分丈を引ク小山高サ二百弐丈四尺と加ヘ去ルヨリ
定木迄の高サ四尺八寸の是ハ三百弐丈八尺と知ル是也

下

十七

杭と二杭のあひにて遠見尺を以て時節遣ひ[illegible]
あり左右遠見尺を以て遠見尺の割遣ひ又遠見尺へ當て見れハ
[illegible]遠見尺の左右遠見尺へ當てを以て[illegible]
遠見尺[illegible]割ハ所[illegible]つき目に而下と見ゆる遣ひ[illegible]
[illegible]
杭[illegible]
又人[illegible]山の[illegible]下より見て山を[illegible]陰地[illegible]の所[illegible]
[illegible]
[illegible]陰地[illegible]
[illegible]
[illegible]陰地の所[illegible]

遠山見高傳授杭之事

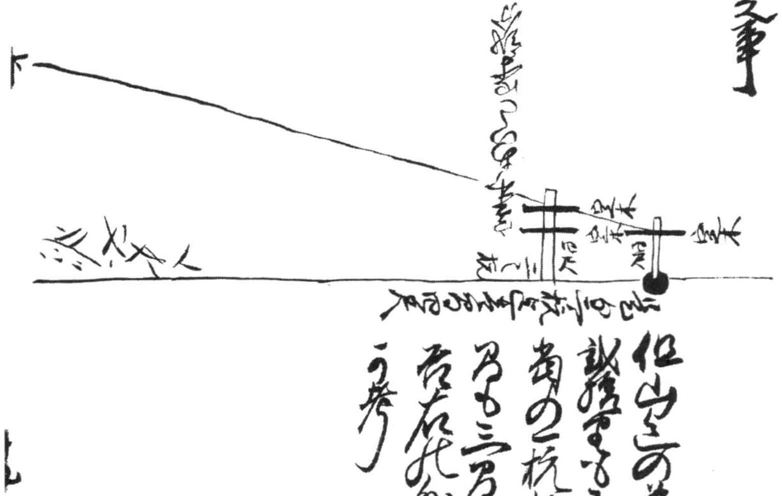

但山之高遠[illegible]
[illegible]
高の一杭と二杭の間三
尺も三尺も引のけて
[illegible]
[illegible]

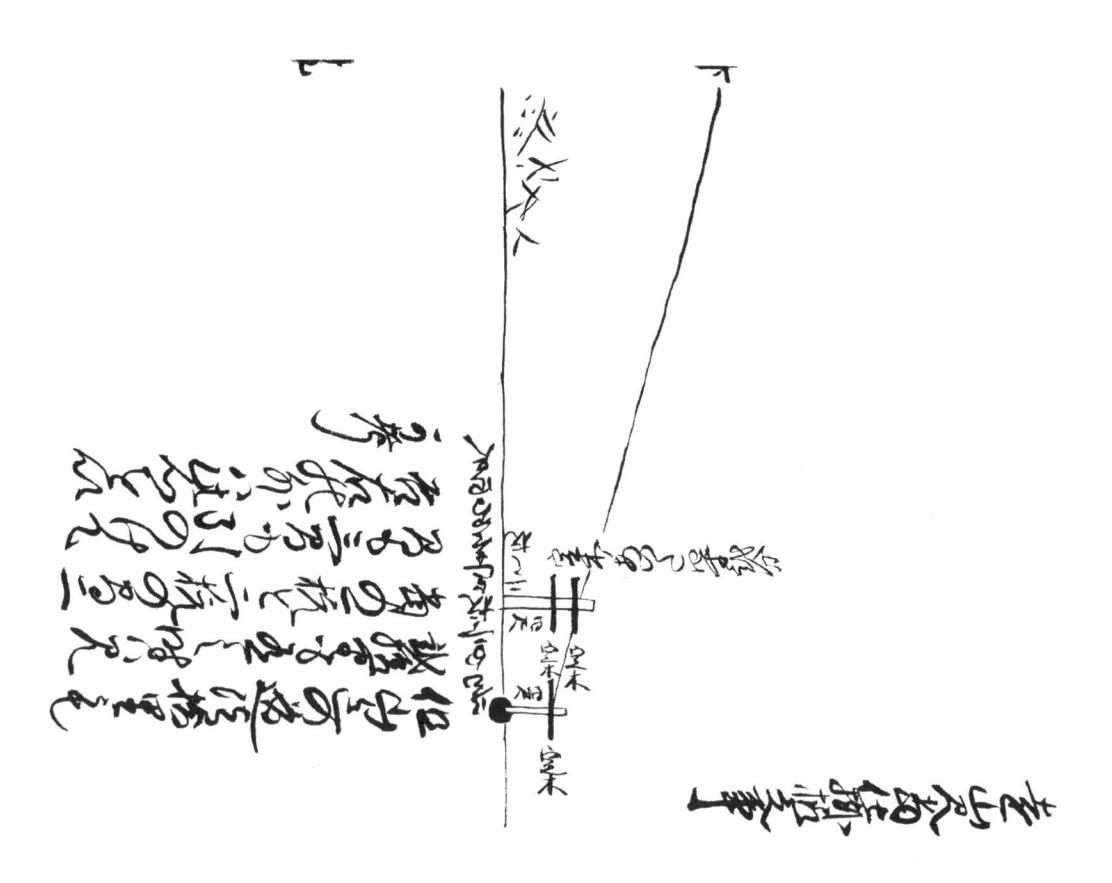

下

二十

九 磁石の遣仕様之事

右九尺程の縦横ニかゝるさしを居へ安置所ニ
縦之方ハ見通し置年の方へ向セ磁石をすへ針先ニ
見当より磁石の上ハ糸を引通し掛様ニ
附ハ一枚の所ハ遣ひを立て二枚共所ハ北を
乗せ竿を立て遣ひの針先の見当を見通し之
所の長一間之立竿ハ八寸ニ掛り見一文杖ニ付
遣ひ立て其を磁石の分一枚ハ二枚と
何の所分何十何分と此様ニ仕て磁石を二
枚ハ遣ひ三枚ハ見通しの枝ニ枝を取ニ見て
此段ハ仕る之

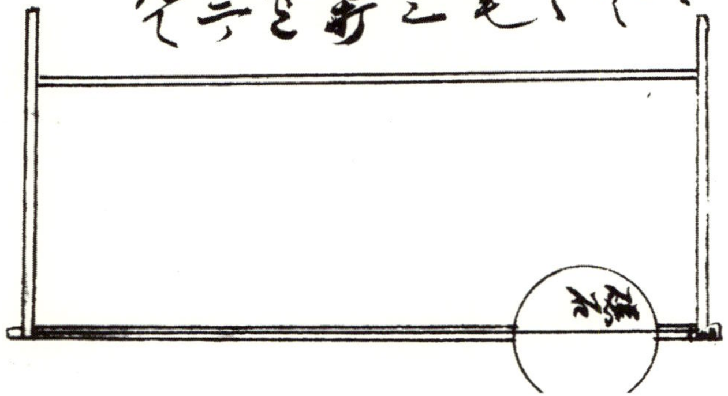

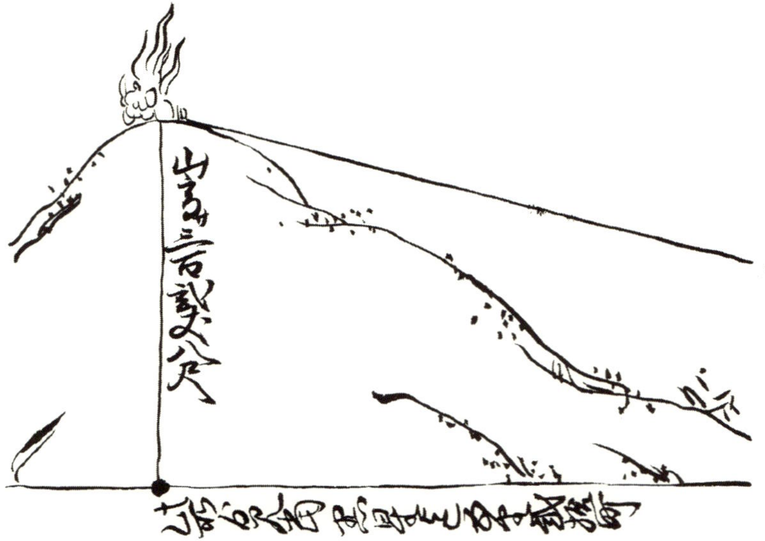

㊉ 磁石分の盤根之事

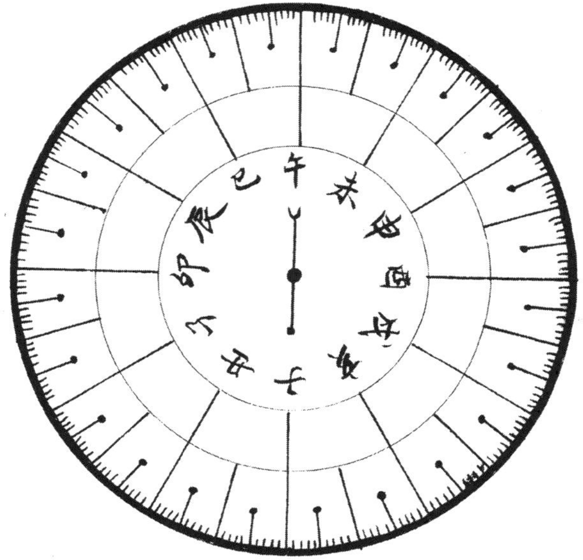

板磁石の下ニ厚紙を
二枚合せ其分を盤
絵の如く写すへし右を以
絵図の紙ニ東西南
北を合一枚二枚と同し
回り切合せ形状を作
写すへし

㊉一 磁石秘密三ヶ條之事

一 海上を隔て所方を見る時向ふ岸地ゞ並方より所々の
島々よく總て見へ分論有之にくきる山も
なく国あらし所の所方を得る事
一 壱所用水を見る時みなもとを留以安山之方かを
知る之ひりをみる事
一 陸か向之渡舟ら後海中ニ難所あらん之を迎て依
舟の所方を積る事
右三ヶ條者磁石依為秘事不釋之
但口傳有之

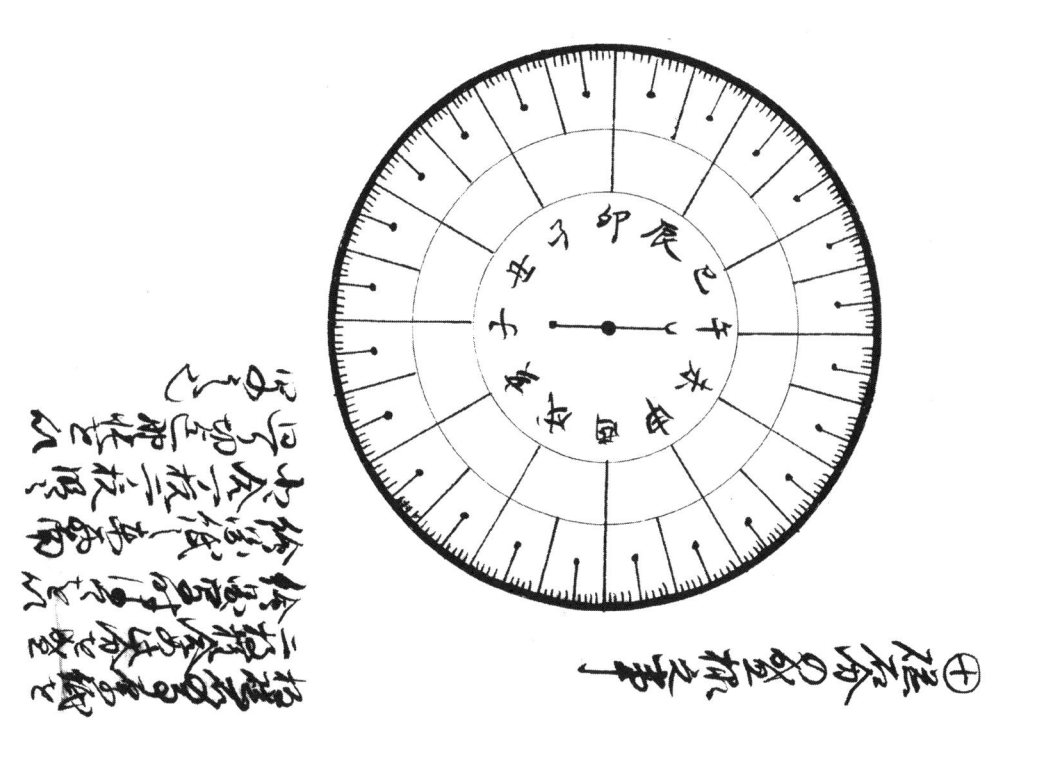

右此書者流派をもつて似たり越大谷ヶ丸勘定
之通り広大にして於初来る源流に此書
の内にも位遠ヶ路通して定之是此道を
極め人とこれは能師を求て可修南方者
及義談ハ

貞享四年
卯五月

毋乃算書解文段之算法に数を秘在
初心之者切要也而無便代證為算根元記ハ
只算ハ陰之天算数にハ算法に顕数ヲ秘事
とは称ス是安算有則道在上中下之内
上中に在る算法ハ世算にも可之下にハ是ハ忽
要ち記法則レ之算代数に多く記待無く
但法此可成行と記之者也

磁石ニテ町見之尺様海ヲ隔タル所山ヲ隔テぬきたる所町見之尺様
此方委細記置也只可勤ル人ハ合点有べく事也至テ大事也此之
尺様ヲ此所ニ記置ナリ平地ニ而廣所ニテ此絵図之通ニ入レテ所見ヲ
致能合点シテ山海ヲ隔テタル所ヲ町見シテ遠近ヲ可知候

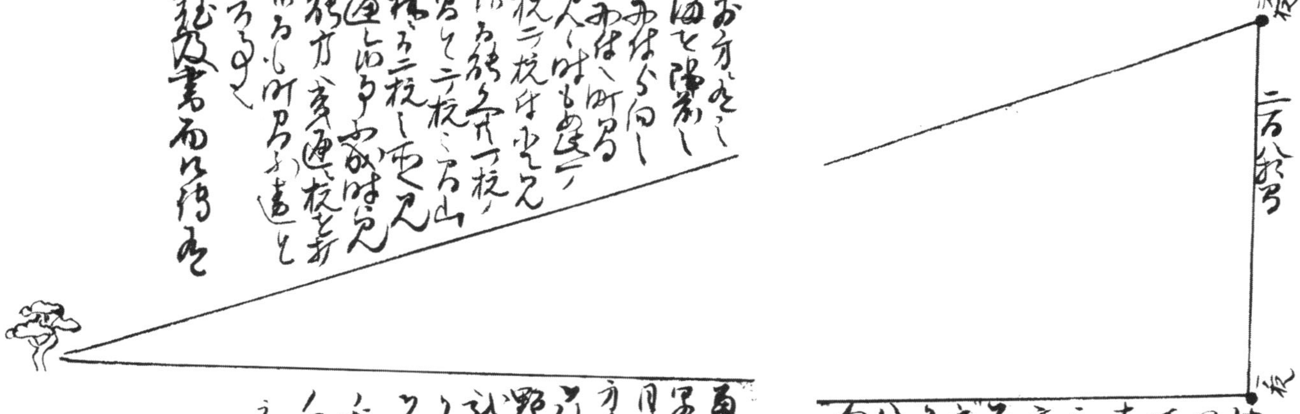

此所ハ向ノ木ヲ見通ス所ヲ何ノ様ト云ハ合点早
分ト云此標ノ一杭ニ而磁石ヲ直シ向ノ木ヲ
西ノ方ト見通シ候ハヽ一杭ヨリ木ノ方卯ニ当ル也又一杭ヨリ
木之方卯ニ当ル時ハ其時ニ付又一杭ヨリ二百間ト
二百八十間縄ヲ張リ二ノ杭ニ付二杭ヲ打二ノ杭ノ
方ニ磁石ヲ直シ一杭ト見通ス時ハ午ノ方ニ当ル
二ノ杭午ノ方ニ当ル故ニ又二ノ杭ヨリ卯ト辰ノ
方ハ一ノ杭ヨリ磁石ヲ直シ二ノ杭ヨリ向ノ木ヲ見通シ
合午ノ方ヨリ当ル故二ノ杭午ノ方ニ当ル故ニ二ノ杭ヨリ
八十間ト云時ハ標ノ一杭ヨリ磁石ヲ直シ二ノ杭ヨリ向ノ
向ノ木ヲ見通シ之ハ寅ノ方ニ当ル故二ノ杭ヨリ向ノ目

当ル方ヨリ向ノ木ヲ見通シ其時ハ絵図ノ如ク
程能ク定メ其積ニ而紙ヲ分ケ其紙ニ一杭ノ方ヨリ
目ヲ定メ白毛ヲ引キ東西南北ヲ付一杭ノ所ニ毛
方角ヲ合セ磁石ヲ据ヘ其紙ニ寅ノ方ヘ毛
ヲ引キ又二ノ杭ヨリ二ノ杭午ノ方ヘ毛ヲ引キ当ル所
野紙ニ寅ノ午ノ一ト毛ヲ引キ当ル所ノ積リ
ヲ積ル八十間ヲ以テ二ノ杭ヨリ積リ二ノ杭ヨリ
ノ向ノ木ニ当ル寅ノ毛ト当ル所ノ間ヲ積リ磁石
ノ二ノ杭ニテ直シ其ノ毛ヨリ毛ヲ引キ出シ一
杭ノ毛ト二ノ杭ノ毛ト引合ハ又同ク当ル木
所ヲ定メ此町見ニ杭ヲ用ユル事ノ如ク大工ノ町
見ヘ候ヘ其所ニ而所ヲ積ルヲ積也

お方へ見へし
海ヲ隔テ
并ばかり向し
見ヘ時も其遠近ノ
杭二杭ヲ付テ見ヘ
ハ右ノ積合ヲ一杭ノ
見テ二杭ニテ右山
様ハ二杭シテ見
遠近モ分ル時ハ見
積方ハ其通杭ヲ打
ゆゑ此所ハ右遠近
云ふ也
秘及書而は得也

算法天元樵談
一
岡本文庫
30
18016
5—1

算法天元樵談集序

頃日算學盛而專門稍多故澤口一之於根源記一百五十好之答術盡立天元一起適數所謂因循元朝朱世傑算學啓蒙者也爾以來關孝和編發微算法天元相消難見則別立天元一求左右數而起本術天元然有不知此幽微者故亦建部賢弘著發微算法演段諺解而解先師之妙旨自此京洛算士宮城清行出明元算法從平方冪而以到五

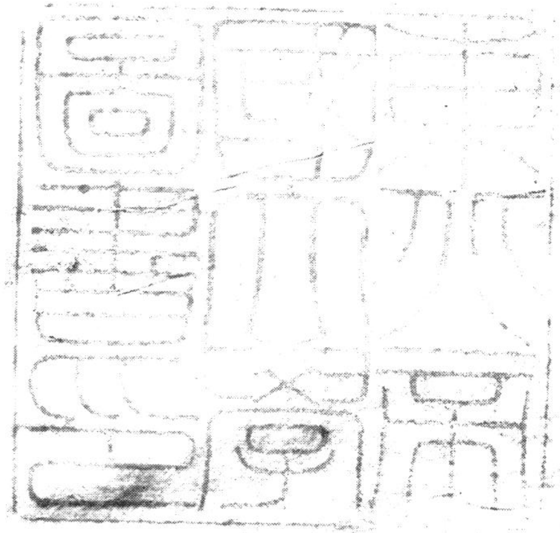

乗冪施其定率復命於門下編於和漢算法
而發兩式之演段方今起本術雖無其冪於
啟演段之適等尚粲然後亦浪速數士島田
尚政弟子與井關知辰相供解發揮算法後
學繼贊有一極算法指南等之諸書因此難
解之適數明于世 不佞 從青季而志算學入
堀氏門下平日手之故予亦爲童蒙編上下
名天元樵談集卷末著九問而待明術士欲
令改考邪正云爾于時元祿十五歲壬午春
二月羽州幼學中村氏政榮自序

算法天元樵談集上

羽州莊内住
中村政榮編

無極　大極

數元　以上十合

次第十分

纖　沙塵埃渺湏精○逡巡須臾
微　沙塵埃渺湏精○逡巡須臾
忽　沙塵埃渺湏精○逡巡須臾
絲　沙塵埃渺湏精○逡巡須臾
毫　沙塵埃渺湏精○逡巡須臾
釐　沙塵埃渺湏精○逡巡須臾
分　沙塵埃渺湏精○逡巡須臾
一　沙塵埃渺湏精糊逡巡須臾
億兆京陔秭壤溝澗
十　億兆京陔秭壤溝澗
百　億兆京陔秭壤溝澗
千　億兆京陔秭壤溝澗
万　億兆京陔秭壤溝澗
十万　億兆京陔秭壤溝澗
百万　億兆京陔秭壤溝澗
千万　億兆京陔秭壤溝澗

瞬○彈○刹○六德　虛　空　清
瞬○彈○刹○六德　虛　空　清
瞬○彈○刹○六德　虛　空　清
瞬○彈○刹○六德　虛　空　清
瞬○彈○刹○六德　虛　空　清
瞬○彈○刹○六德　虛　空　清
瞬○彈○刹○六德　虛　空　清
瞬息彈指刹那六德　虛　空　清　淨
正　載　極　恒河沙阿僧祇那由他不可思議
正　載　極　恒ヽヽ　阿ヽヽ　那ヽヽ　不ミミ　無
正　載　極　恒ヽヽ　阿ヽヽ　那ヽヽ　不ミミ　量
正　載　極　恒ヽヽ　阿ヽヽ　那ヽヽ　不ミミ　數
正　載　極　恒ヽヽ　阿ヽヽ　那ヽヽ　不ミミ
正　載　極　恒ヽヽ　阿ヽヽ　那ヽヽ　不ミミ
正　載　極　恒ヽヽ　阿ヽヽ　那ヽヽ　不ミミ
正　載　極　恒ヽヽ　阿ヽヽ　那ヽヽ　不ミミ

樵談集上　三

數元無極而大極一氣動成千變萬化一氣動以上
十合而十百千万十万百万千万万万集爲億到大
數無量數即無極也小數亦一氣動次第十分到分
釐毫絲忽微纖沙末即無極也無極而大極天地亦
如是
○大數以一除小數同名成縦十以一除分成千以
一除毫成百万以一除微成億以一刻沙成左右
同名也
○分ニ十ヲ掛合一成釐ニ百ヲ掛合一成毫千ヲ
掛合一成大數小數同居相乘シテ皆一成

○左右掛合位見様ハ左頭ヲ右分所ニ當掛終テ
進退共ニ其所ヨリカゾヘ初也
○縦ハ左ハ貳千万右ハ三微ヲ掛合六十位成右
分所ヲ左貳千万定掛終テ右分所ヨリ千百十
一千百十七ケタカゾヘ下テ知也
○左ハ貳千万右ハ四忽ヲ掛合八百位成右分所
左貳千万當掛終テ後右分所ヨリ千百十千百
六ケタカゾヘ下リ八百成
○左ハ三百万右ハ五毫掛合一万位也右分所左
三百万定掛終テ百千万カゾヘ下リ一万五千知

○左十万右十万掛合百億成ト左ノ十万ヲ右ノ分所ニ當テ掛終テ十百千億十百六ケタカゾヘ上百億位也
○左ハ四十右ハ八百五十ヲ掛合六千ノ位也右ノ分所左ノ四十ト定掛終テ十百千トカゾヘ上ル
○左八百右八百掛合六十四万右ノ分所八百ト定掛終テ百千万十也
○左八十右八十掛合六千四百也右ノゴトク十百千トカゾヘ上ル
○左八十右八掛合六百四十也右ノゴトク分所ヨリ十百トカゾヘ上ル

○左八右八掛合六十四也右ノゴトク分所ヨリカゾヘ上ル餘ハ習之
○刻算ノ位ノ見様ハ左ノ頭ヲ右ノ同名ニ當テ其所ヲ分ト定進退其所ヨリカゾヘ初也
○縦左三百万ヲ以右十五万ヲ刻五釐ト成左ノ三百万ヲ右三百万ニ當テ其所ヲ分ト定刻終テ分釐下ヘカゾヘ下リ五釐ヲ知
○左四十ノ以右六千ヲ刻百五十ト成左ノ四十ヲ右四十ニ當テ其所ヲ分ト定刻終テ分一十百トカソヘ上リ百五十ト成
○左八百ヲ以右六十四万ヲ刻八百ト成左ノ八百ヲ以右ノ八

百當其所ヲ分定刻終テ分一十百カゾヘ上ル
○左八ヲ以右六十四ヲ刻八成左八右一位當其所
分定刻終テ分一カゾヘ上ル
天元術不好刻事適等而相消也適等立虚眞二數（天元ノ數）
或加入或減兩位同數而相消故自然解好問見題
全折法而尋求歸除相乘平方立方等故不能解難
問今天元陰題而名其所問者立天元一相加相減
自乘相乘而相消故不求得平方立方三乘方以下
以解難問術有單伏衆伏傍幾立未生一得冪式兩
式演段以起本術天元

商	リ	分	一	十	百	千	万
實			○				
方			丨天元				
廉							
隅							
三乘							

○丸算　正算［アカク］　負算［クロク］　二分四方　長一寸五分
○丸算　正算　負算

算籌進退　方一　廉一令　隅二令　三乘三令　四乘四令
五乘次第上ニ同
實ニ丸算ヲ置方ニ天元一ヲ立ル也天元一ハ正
算也加入モ正算減ハ負算也
同名相乘正トス　異名相乘爲負ト
相乘次第數左右置掛合中行置也
○同名ハ正正掛合正成負負掛合正成也
○異名ハ正負掛合皆負成
○丸丸掛合丸正掛合丸負掛合皆丸也

算木掛合仕様

右〇實
方　右實丸ヲ左ヘ皆ミ掛合〇〇如此成中行
中行、、　實方ニ置右丸破算ス又右方ヲ左ヘ皆ミ掛合
左〇　〇　如此成中行方ヨリ下ニ置左右破
算ス〇實〇方　廉　中行如此成
右實　方　右實ヲ以左ヘ悉ク掛合二一ノ二二二ノ四　實　方
中行、、　中行如此成右實破算ス又右方ヲ左ヘ悉掛
左　合一ノ壹二ノ二　如此成中行方ヨリ
下ニ入　實　方　廉　如此成合テ實　方
廉　如此成也

右實　方　右實二左ヘ悉ク掛合二二ノ六三四ノ八二ノ一二
中行、、　實　方　廉　如此中行ニ置右實破
左實　方　廉　算ス又右方三ヲ以左ヘ悉掛合三三ノ九三四ノ一二
十二三ノ三　如此中
行方ヨリ下段ニ置左右破算ス
中行ニ實　方　廉　隅　如此成
中行合テ　如此成也
右實　方　廉　右實二左ヘ悉掛合二三ノ六二四ノ八二一ノ二
中行、、　如此中行ニ置右實破

左

筭ス又右ノ方ヲ左ヘ悉ク掛合三ノ九三ノ十二
一ノ三

如此成中行ノ方
ヨリ下段ニ置右ノ方破筭ス又右ノ廉ヲ
左ヘ悉ク掛合三ノ三四ノ四一ノ一

如此成廉ヨリ下段ニ置左
右破筭ス

中行
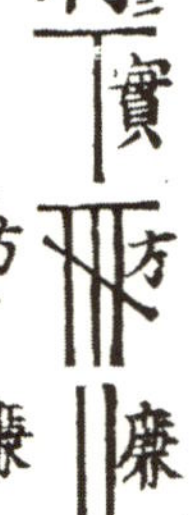
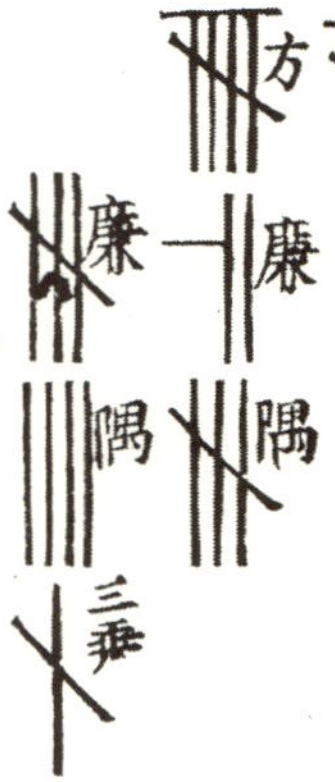
如此成合正負對シ引拂

如此成也

實 方 廉 隅
○○○—右ノ實丸左ヘ悉ク掛合中行○○○○如此
中行、、、置又右ノ方ヲ左ヘ悉ク掛合中行ノ方下ニ置又廉ヲ
實 方 廉 隅
○○○—左ヘ悉ク掛合又隅ヲ左ヘ悉ク掛合中行ニ○實○方○廉
○隅○三○四—五乗—如此成也

天元立様

○實丸ヲ置方ニ正筭天元ヲ立別ニ云數減云時ハ黒筭木ヲ
實ニ入又云數加入ト云時ハ赤筭木ヲ實ニ入也
○云數ノ內ヲ減ト云時ハ實ヨリ下ノ方ニ負筭ヲ置也
○二數相加時ハ正ニテモ負ニテモ其マヽ加テ正負對シテ引拂
○右ヲ以左ヲ減左ヲ以右ノ內ヲ減ト云モイヅレノ方ヨリ成モ赤ヘ

黒ハ黒赤ハ赤シテ加テ正負對シ引拂
○左右ノ數出來後左ト相消ト云時ハ前ニ有數ハ有物ニテ正
算也是ヲ以相消ト云時ハ負算ニテ加テ正負對引拂相
殘所ハ正カ負カニ成也然則ハ不ノ求實方ト成實方廉ト
成實方廉隅或ハ三乘或ハ四乘五乘ト成也
○除時ハ刻ベキ數ヲ商ニ立テ縱ハ實方廉ナラハ今立
商ハ正トシテ廉正成時ハ正ニテ商廉掛合テ正方ニ
加テ方ノ正負對シテ引拂殘方ヲ商ニ掛合テ方正
ナラバ正ヲ實ニ加テ正負對シ引拂方負ナラバ負算ヲ
實ニ加テ正負對シテ引拂也

横　三十五步　縱

縱横ノ內ニ步數三十五步アリ横ヨリ縱ハ貳
間長　横間　答横五間　一
立天元一○實方一|横ト名付テ右ニ置別ニ左ニ是ヲ置テ
二間加入ヲ云テ正二本ヲ實ニ加||如此成
横ヨリ縱ハ二間多故加入トスル也
横ト縱ト掛合テ中步數ト成也　掛合仕樣
横右○實方正方|右ノ丸ヲ以左ノ實方ニ掛合○實方○方如此丸算ト成
中行ミミ中行ニ置右ノ丸破算ス又右ノ方ヲ以左ノ實方ニ掛
縱左||正|正 正算ト成中行ノ方ヨリ下段ミニ置左右ハ皆破
算ス中行○實方||廉|如此實ニ丸算方ニ正

算二廉正算一成是則虛眞三十五也左ヨスト云テ
別三十五步有步正算成故相消云變化負算三
十五實入 實 方 廉 如此成也是適等也

除樣

商橫五間立是正廉一掛合一五正方加方正七
成此七商五間掛合 五七 三十五正實加正負對引
拂商橫五間知

○又縱ヨリ問答七間 立天元一 ○實 方 縱
付右置別是左置二間減橫トスル也 實 方 如此
也縱ヨリ橫ハ少キ故負算ス縱橫掛合中步數成也

掛合仕樣

右縱 ○實 方 右實丸以左悉掛合丸算成中行實方
中行ミ置 ○實方 ○方 如此也右丸破算又右方以左
左橫 實 皆ミ掛合中行方ヨリ下置左右破算ス
中行 ○實方 廉 如此實丸算方負算二廉正算一
成也是則虛眞三十五也寄左云別積三十五有
物成故正算也是以左相消時此正算負トナシテ
實所入 如此成也 除樣
商縱七間置是廉正一掛合一七正七方入正負對
引拂方正五成是商七間掛合 七五 三十五正實入

正負對引拂商縱七間知
立横平中步横間加四十步
答横五間
横問

縱七間
中步横
加四十步

立天元一○ ―― 横名付右置別左云數內減云
實四十步置方負筭一置也 ≡○實 方 如此也為中
步數是則虛眞三十五步也左ヨセ別横 ○實 方
是七間掛合 ○實 方 七 正七如此也是虛眞三十
五也是以左相消云變負筭左入 ≡○實 方 如此成
也
除様
商正五間置是方負八掛合 五 八 四十負筭實入正

負對引拂商横五間知
○又步數問　答步數三十五步
立天元一○ ―― 為步數四十步內減 ≡○實 方 為
横是立七間以掛合 四 七 二百八十七 ○
如此成也是虛眞三十五也左ヨセ別ヘ立步
數○ ―― 是以左相消云負筭左入 ○
如此成也位見十位也一位進 ○ 如此成
除様
商三十置方負八掛合 三 八 二百四十負實入正負
對引拂殘實四十有方一位退 ≡○ 如此成商三

十ノ次ニ五歩ヲ置是ヲ方ト八掛合　八五ノ四十負ヲ算ニ實入テ正負
對引拂商ニ三十五ヲ知

縦横ト
中ノ歩數ト三和ツ
四十七歩

縦横中ノ歩數三和ツ四十七歩又云ツ縦横ノ差
二歩中ノ歩數ヲ問　答中ノ歩三十五歩也
立天元一 ○ 一 為歩數ト三和四十七歩
内ヲ減餘　縦横為ニ一段左右ニ置掛
合四段積差冪一段成掛合ノ仕様
右　右ノ實ヲ以左ヘ悉ク掛合　如此中行ニ
中行ミミ、置實正二千二百○九歩負方四十七
左　歩成右實破算ス又右負方一ヲ以左ヘ悉ツ掛

合　如此成ヲ中行ノ方ヨリ下ニ加テ
中行ニ如此四段積ト差冪一段成ト為甲ト別ニ前ニ立歩數ニ
○ 一 四ヲ掛是ヲ以 ○　甲ノ内ヲ減ト云ユ負算ヲ甲ニ入テ
一 如此四段積ト差冪一段成ヲ寄左ニ
別ニ差二歩ヲ掛合四歩ノ正ト成　是ヲ以左ト相消ト云テ負
算ニテ實ニ入テ　一 如此成也差冪ト八縦横
チガイヲ掛合タル數也
右ノ除様
正實二千二百五歩負方九十八正廉一
廉 如此位ヲ見ニ十位也一位進テ　如

此商三十立是正廉一掛合三ノ三正方入正負對
引拂殘負方六八成是商三十掛合六ノ千八百八
二百四十負實入正負對引拂實殘百六十五アリ
又商三十廉正一掛合正三方入正負對引拂負
方三八成方廉各々一位下　如此
成又商次五立是廉一掛合五ノ五正方入正負對
引拂殘方負三三成是商五掛合五ノ十五五十五
負筭實入正負對引拂商三十五步知
○下朶一升　代銀三匁二分二釐○八
中朶一升　下朶ヨリ段々二刻高

上朶一升　下朶代問
白朶一升　荅下朶代六分
立天元一○　爲下朶代別下朶二刻元利掛
○　爲中朶代別中朶代十二掛○　爲上
朶代別上朶代十二掛○　爲白朶代右四和
○　爲總代銀左寄別代銀三匁二分二釐○
八以左相消　如此成也位見分位也方
一ケ多下商下朶一升代六分立是方五三六八掛
合三匁一分八釐三釐六四毫八八正實
入正負對引拂商下朶代六分知

○中米一外　代銀三匁二分二釐　八
上米一外　中米ヨリ上米二刻高
下米一外　上米ヨリ下米二分六釐四下直
白米一外　下米ヨリ白米四分三釐六八高
中米代問　答テ七分二釐
立天元一　○――爲中米代別中米代二刻掛テ　○
爲上米代別上米代二分六釐四減テ
爲下米代別下米代四分三釐六八加入正負對
引拂　爲白米代右四和正負對メ引拂
如此負實九釐一毛二正方四六成是

虚眞爲總代寄左別三匁二分二釐　○八以左相
消云負筭實入テ　如此成分位成故一位
下ル　如此商七分立方四六掛合　七四　二匁
八分　六七　四分二釐實入正負對引拂殘實九釐二
有方一位下リ商七分次二釐立是方四六ト掛合　四二
八　二六　十二正實入正負對引拂商中米七分二釐　四
知
○上茶一斤代四匁五分　二斤以一斤三匁六分
下茶一斤代三匁　茶造リ
上茶何程下茶何程問　答テ上茶四分

○立天元一○――為上茶一斤內減餘――為
下茶各々直段掛○為上為下茶代
上下二和正負對引拂好為茶代寄左別
好三ヶ六分以左相消負筭左實入正負對引拂
○如此成分位成故一位商四分
立是方一五掛合四四五廾正筭實入正負對引
拂商上茶四分知
○又下茶問　　答六分
立天元一○――為下茶一斤內減――餘為
上茶各直段乘○為下茶代右二

和好為茶代左寄別好三ヶ六分以左
相消負筭實入正負對引拂一位下○如
此成商六分立是方負一五掛合一六六五六六三十負
筭實入正負對引拂商下茶六分知
○粢四斗入五俵二斗八升代金二兩二分調百
三百三十文
壹俵代金貳分內百七十二文返
金壹分錢兩替問　答調百九百三十六文
立天元一○――為壹分兩替是二分掛○
百七十二文減為一俵代是五俵七分

掛合　爲總代錢左寄別一步兩替十步
掛三百三十文加入　爲總代錢左相消負
筭左實方入正負對引拂　如此百位故
二位方進商九百立九九三十六正實入正負
對引拂殘負實有方一位下九次三立是方一四
掛合一ノ三三十二正實入正負對引拂殘負實有
方一位下商九百三十次六文立是方一四掛合
一ノ六廿四正實入正負對引拂商一分兩替調
百九百三十六文知
○別法五俵七分返錢掛三百三十文加一貫三百

十文四分成右置別五俵七分二步掛十一步四
分成內二兩二分引殘一步四分以右刻一分兩
替知
○米代銀二貫五十九匁爲此遣銀金三步銀九匁
七分五釐出但金一兩一匁五分掛也
此銀兩替問　荅五十八匁
○立天元一　○——爲金一兩兩替三分乘
是九匁七分五釐加入　是兩替乘左寄
○別米代銀二貫五十九匁一匁五分
掛三貫八十八匁五分以左相消

如此除様
十位成故一位進ミ商五十ヲ立是廉ト
七五掛合七五三十五廿五正方ニ入方正四七二
五成ト是商五十ヲ掛合五四五五廿七五三十五五二ノ十五五廿五
正實入正員對引拂殘員實有又商五十ト廉七五
掛合七五三十五五五廿五正方ニ入方正八四七五廉
七五各一位下リ商五十ノ次八ヲ立是廉七五掛合八七
五十六五八ノ四十正方ニ入方正九〇七五成ト是商ト八
掛合八九七十二七八五十六五八ノ四十正實入正員對
引拂商ニ五十八ノ知

〇米上中下合テ三百俵代銀九貫九百九十匁
上一俵付三十五匁中三十三匁下二十八匁
下ヨリ中ハ三十俵多シ　上米數問
答テ上米百七十俵
立天元一〇為上米數三百俵ノ内減〇〇
餘中下二段ト是三十俵加入中米數二段トス
〇又中下二段ノ内三十俵減〇下二段ト
ス別上ニ二ヲ乗〇上二段トス各直段乗三和ノ
總代銀為二段左寄別九貫九百九十匁
〇倍ノ左ト相消方除知

○絹五十疋賣羽二重三十二疋買一疋付二十二
匁五分高直也絹一疋代問　荅四十匁
立天元一○—為絹一疋代二十二匁五分加
入—為羽二重一疋代三十二疋乘
為總銀左寄別絹代○—絹五十疋乘○
為總銀左相消○方除知
○白木綿八十四反賣島木綿四十反買金二兩餘
白ヨリ島金一兩三反高直島金一兩直段問
荅九反
立天元一○—為島直段三反加入—為

白直段別島直段餘二兩乘○—是島四十五
反加是白直段乘白直段
因為島反數左寄別白八十四反島直段ヲ乘○
島直段ヨル白直段ス左相消
開平方島九反知
○白直段ヨリ問　荅十二反
立天元一○—為白直段三反減—為
島直段是二兩乘四十五反加入メ正負對引拂
島為反數是白直段乘○左
寄別島直段白八十四反掛合左相消

○布金一兩八反宛買六反宛賣金百兩利 開平方白十二反知
此布數問　荅布二千四百反
立天元一○為布數差二反乘○利金
因賣買直段左寄別利金百兩八反乘又六反乘四千八百反成左相消　除方布數知
○買金問　荅三百兩
立天元一○為買金百兩加入　為賣
金各直段乘相消　除方知
○賣金問　荅四百兩

立天元一○為賣金百兩減　為買金
八反乘　左寄別賣金六反乘○　左
相消　除方四百兩知
○羽二重五十七疋　絹三十二疋　二口代銀四貫貳百九十匁
羽二重四十八疋　絹六十五疋　二口代銀五貫三百二十五匁
羽二重一疋代問　荅五十匁
立天元一○為羽二重一疋代前五十七疋
掛○　前四貫二百九十匁內減餘　前絹

三十二疋代ノ是絹六十五疋掛　左寄
別二羽二重一疋代後四十八疋カケ　○　是以
後五貫三百二十五文内ヲ減餘　後絹為
六十五疋代ト是前絹三十二疋ガケ合
左ト相消　除方ニ五十文ヲ知

○羽二重五十七疋賣テ
絹　三十二疋買ハ　銀一貫四百十文餘ル
絹　六十五疋賣テ
羽二重四十八疋買ハ　銀五百二十五文餘ル

絹一疋代問　荅四十五文
立天元一　○　為絹一疋代前絹三十二疋掛
○　是二一貫四百十文加入ソ　前羽二
重為代ト是後羽二重四十八疋カケ合
左ニ寄別絹一疋代後ニ六十五疋掛　○　内五百二
十五文ヲ減　後羽二重為四十八疋代是
前羽二重五十七疋掛　左ト消
除方ニ知

瓜十四　代銀六文　瓜ヨリ柹一文ニ三十二半下直
柹十四　瓜一文ニ何ツヲ問

答瓜一个二五分

立天元一○為瓜一个直段三十二五加入

為柹直段別瓜直段○柹十四掛

○為甲別柹直段　瓜十四ヶ合

為乙甲乙二和　左寄別瓜直

段柹直段掛合○　是六个掛合○

如此實丸方正百九十五正廉六戒是左以

相消時左正筭變化負筭實方入正負對メ引拂

如此成也

開平方　除樣一位成故ソノ二ヽ

商二立是廉六十二正方入方正百七十九成

是商二掛合二百四十八正實入正

負對引拂實殘九十七有　如此也

又商二廉正六掛合十二正方入方廉各一位

下　如此又商二次五分是廉六

分掛合三步正方入方正一九四成是商五掛

合五四十五卅正實入正負對引拂商瓜

二五分知

○又柹直段ヨリ問　答柹一个三十五

立天元一○為柹直段三十二五減

餘爲瓜直是柹十四乘爲甲別柹直段

○｜瓜十四乘○爲乙甲乙二和

左寄別柹○｜直段瓜｜直段カケ合

○｜是代銀六不乘○左相消左實

方變化實正方負算右入正負對引拂

廉｜如此開平方十位成故一位進

如此

除樣

商三十立是廉正六掛合 六三 十八正方入正負對

引拂負方四三成是商三十掛合 四三 十二 三三

九負實入正負對引拂 實變化如此

又商三十廉正六掛合 六三 十八正方入正負對引

拂 如此方變化正成方廉各一位下

商三十次五立是廉六掛合 六五 三

十正方入方正 一六七成是商五掛合 五一 五

五六 五七 三十三十五正實入正負對引拂柹三十五

知

瓜 十五 三和代三十四不

柹 八十七 瓜ヨリ柹一不三ツ三分下直

梨百六十九 柹ヨリ梨一不七ツ二分下直

瓜一ト何程問　答二五分
立天元一○　一為瓜一ト數三三分加入
一為柿一ト數七二分加入　一為梨一ト
數右三色掛合
○　是梨百六十九掛合　為天位別瓜柿掛合
別柿梨相乘　實　方　廉　是瓜十五乘　為甲
為乙位別梨瓜相乘　是
柿八十七掛合○　為丙位甲乙丙三和
左ヨセ別天位三十四ト相乘メ
左相消

實　方　廉　隅　開立方瓜二五分知
又梨ヨリ問　答一ト十三
立天元一○　一為梨一ト數七二分減
為柿數三三分減　為天位別梨直柿直相乘シテ　為瓜數三色相乘シテ
○　是瓜十五相乘○　為甲別柿直瓜
直相乘　是梨百六十九相乘シテ
為乙別瓜直梨直相乘○
是柿八十七掛合○　為丙位甲乙丙三

和ス

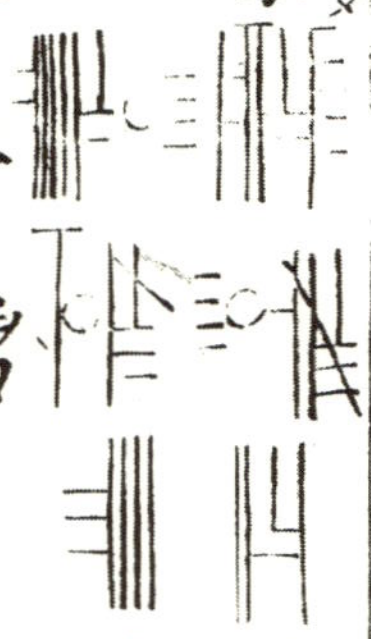

左寄ニ別ニ天位ニ三十四ヲ相乗ノ

○ 左相消

開キ

立方十三ヲ知

除樣十位成故一位進

實ニ正一万二千七百七十六四負方六千五百八

十三二正廉八百七十二八負隅三十四

方廉隅各一位進ニ

商十ヲ立是負隅三四ト掛合三一ノ

三四一ノ四負ヲ廉ニ入テ正負對引拂殘廉五三二八正成ト

是商ノ十ト掛合五一ノ五三一ノ三三一ノ二八一ノ八正方ニ入テ正負對

引拂殘負方一二五五二ト成是商ノ十ヲ掛合一ノ一二一ノ

二五一ノ五五一ノ五三一ノ二負ヲ實ニ入テ正負對引拂殘正實二

二四四ト成

商 一

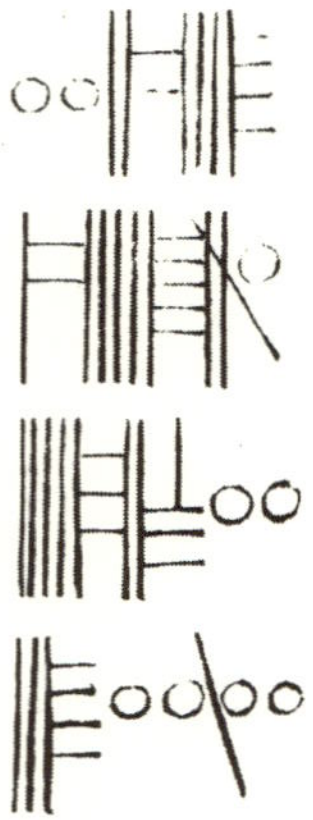

如此成又商十ト隅ノ三四ヲ掛合

三一ノ三四一ノ四負ヲ廉ニ入テ正負對引

拂殘廉正一九二八是商ノ十ト掛合一ノ一九一ノ九二一ノ二

八一ノ八正方ニ入テ正負對引拂方變化ノ正六七二

八ト成是一位下ル又商十ト隅三四ト掛合三一ノ三

四一ノ四負ヲ廉ニ入テ廉變化ノ負一四七二ト成廉

隅各之一位退テ

商 實 方 廉 隅

一 ○○

如此成又商十ノ次三立テ是ト
隅三四ト掛合三ノ九三ノ十二負
廉ニ入負廉二四九二ト成是商三ノ掛合二ノ六四ノ十二
九三 卅七 三ノ六負方ニ入テ正負對引拂方變化ノ負筭
七四八成是ト商三掛合三七 廿一 三四 十二 三八 廿四
負實ニ入テ正負對引拂商梨十三ヲ知

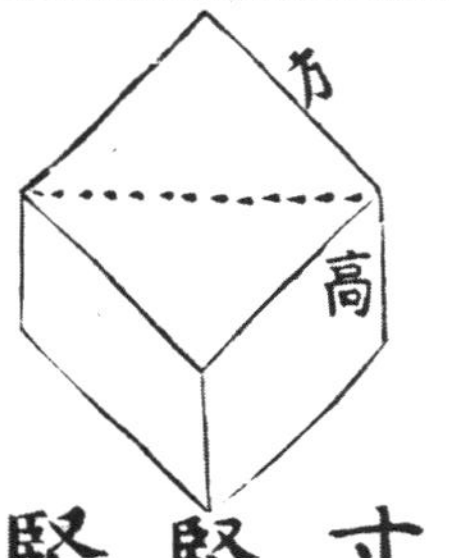

寸立積六十四步八分二釐七毫
竪ヨリ方ハ二寸二分長
竪寸ヲ問　答貳寸七分
立天元一 ○ ｜ 為竪寸ト二寸二分加入ヲ

為方ト自乘メ ｜ 為方積是竪ヲ相乘
○ ｜ 為立積左ニ寄別積六十四步八
二七ヲ以左ト相消 ｜ 開立方ニ立二
寸七分ヲ知
又方ヨリ問　答方四寸九分
立天元一 ○ ｜ 為方ト二寸二分ヲ減 ｜ 為立ト
別方ニ自ノ ○○ ｜ 是立ヲ以相乘 ○○
為積ト左ニヨセ別ニ積六四八二七ヲ以左ト相消
○ ｜ 開立方ニ四寸九分ヲ知

○八外ﾆ入ﾙ寸方ｦ問　答横九寸八分
四寸九分再自乗ﾒ寸立積百十七歩六六四九
二寸七分再自乗ﾒ寸立積十九六八三
立天元一○―為外方寸ﾄ再自ﾒ○○○―
為立方積ﾄ左ﾆ寄セ別ﾆ寸立積百十七六四九ﾆ八外ｦ
乗九百四十一一九二ｦ成是ｦ以左ﾄ相消

○○―開立方ﾆ横九寸八分ｦ知
○又竪ﾖﾘ問　答ﾃ五寸四分
立天元一○―為竪再自ﾒ○○○―為竪ﾉ
寸立積ﾄ左ﾆ寄セ別ﾆ寸立積十九六八三ﾆ八外ｦ掛

百五十七四六四ﾄ成是ｦ以左ﾄ相消

○○―
開立方ﾆ五寸四分ｦ知

口ﾉ径三尺五寸　圓法七九
底三尺
竪四尺　此桶ﾆ何石入ｦ問
答五石一斗五升八合八夕五八七餘
口径自乗ﾒ寸歩千二百二十五歩為甲
別ﾆ底径自ﾒ九百歩為乙
別ﾆ口径ﾄ底ﾄ相乗ﾒ千五十歩為丙
甲乙丙三和ﾒ三千百七十五歩是ﾆ立四尺ｦ乗

十二万七千ト成是圓法七九掛十万○○三百三
十歩ト成是錐方ニ三ヲ以刻三万三千四百四十三歩
三三三三三三ト成是外法六四八二七ヲ以刻知
○五石壹斗五升八合八夕五八七餘入桶造ニ
底ヨリ口ハ五寸廣ク口ヨリ立ハ五寸長
底径問　荅テ底三尺
立天元一○ 爲底ト
径五寸加入ヲ 爲口ノ
甲ト別ニ口ヲ自ノ 爲立ト
爲丙ト甲乙丙三和ノ 爲乙ト別ニ口ト底ト相乘シテ 爲

是竪ヲ以相乘 是圓法七九掛
圓臺三段爲積寄左別ニ五石
壹斗五升八合八夕五八七餘六四八二七ヲ乘又
三ヲ乘十万○○三百三十歩ト成圓臺三段積ト左ニ
相消 一位進開立方ニ三尺ヲ知
○又口ノ径ヨリ問　荅テ三尺五寸
立天元一○ 爲口ノ径ト五寸減 爲底
口ノ径ニ五寸加入メ 爲竪ト別ニ口ノ径自ニシテ
○○ 爲甲ト別ニ底径自ノ 爲乙ト別ニ

口ト底ト相乘ノ○—爲丙位甲乙丙三和ノ
是ニ立ヲ以相乘ノ○是圓
法七九ヲ乘○圓臺三段爲積左寄セ
別ニ五石壹斗五升八合八夕五八七餘ニ六四八二
七ヲ以乘又三ヲ乘十万○○三百三十歩ヲ以左相消
○開立方ニ三尺五寸ヲ知

○又竪ヨリ問　答竪四尺
立天元一○—爲竪ト五寸減—爲口ノ徑ト
五寸減爲底ト—別ニ底自ノ—爲甲

別ニ口自ノ—爲乙別ニ口ト底ト相乘シテ
是ニ立ヲ以相乘ノ—爲丙甲乙丙三和ノ是ニ圓法七九ヲ乘
○○圓臺三段爲積ト左ニヨセ別ニ圓臺
三段積十万○○三百三十歩ヲ以左ト相消
開立方竪四尺ヲ知

除樣一位進　實　方　廉　隅　商四尺ヲ立ト是

正隅二三七ヲ掛合二四ノ八三四十二四七廿八正廉ニ入テ正

負對引拂廉正五九二五成是商四尺掛合四五升
四九三十六二四八四五廿正方入二五〇八二五正成
是商四尺掛合二四八五四廿〇四八三十二二四八四五升
正實入正負對引拂商立四尺知
○元銀九百八十三匁〇四釐借五年利掛
三貫匁成此利何和利問　答二和利五分
立天元一〇——為利足元一加入——元
利為法寄甲位別元銀甲位以相乘

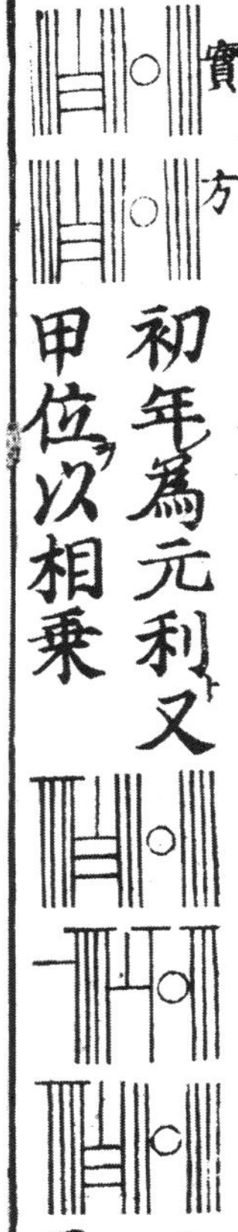

初年為元利又
二年為元利又
甲位以相乘

甲位以相乘
三年為元利又
甲位以相乘
四年為元利又
甲位以相乘
五年為元利左寄
別元利三貫匁以

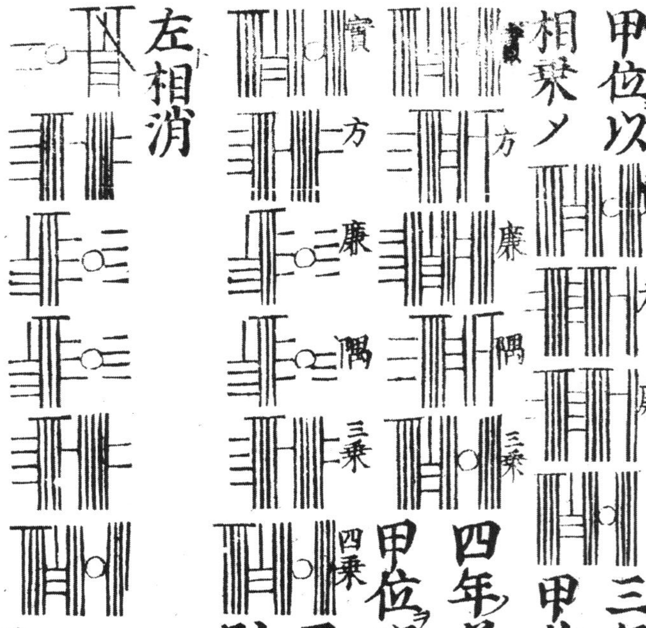

左相消
一位退開四乘方
二和利五分知
○元銀壹貫四百七十五匁七分一釐二毛借六年

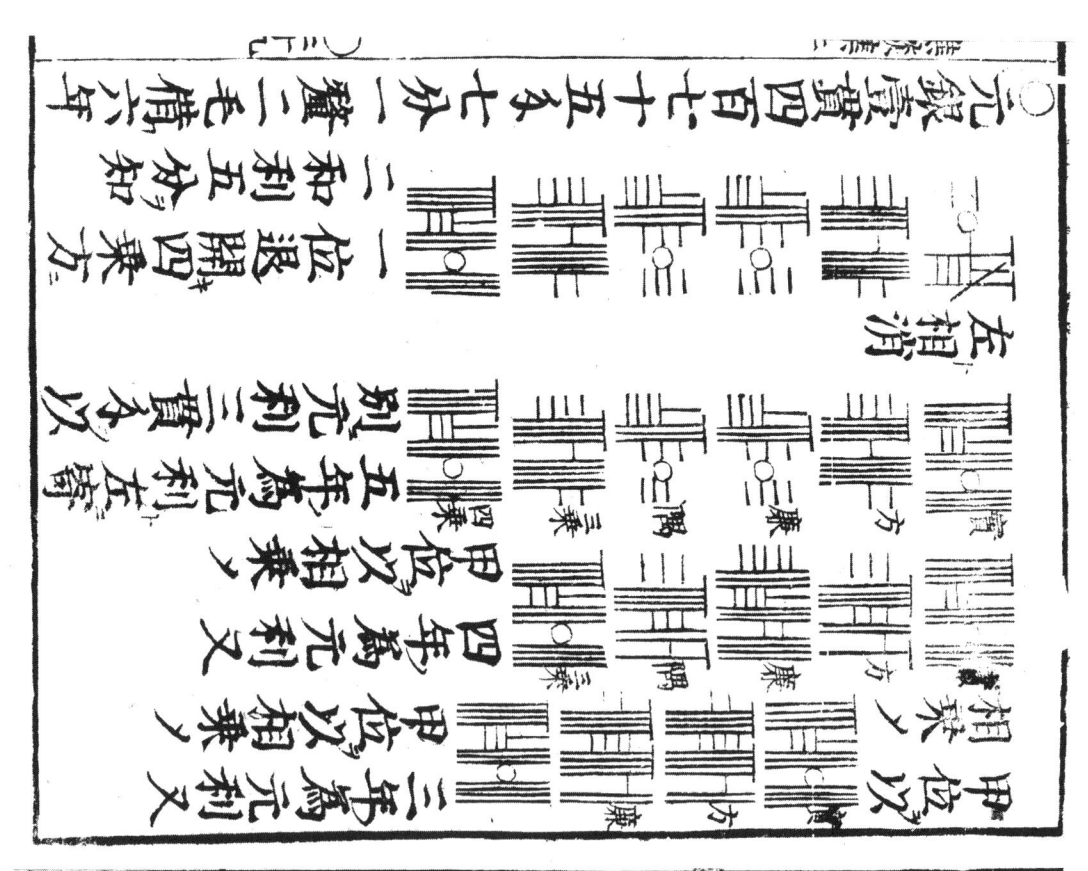

一年ニ五百目充年々ニ濟切此利何刻問

答テ二刻五分

○立天元一○――為利足元ニ加入一實 ―方 為元

利法寄甲位別ニ元銀ニ甲位ヲ以相乗ノ

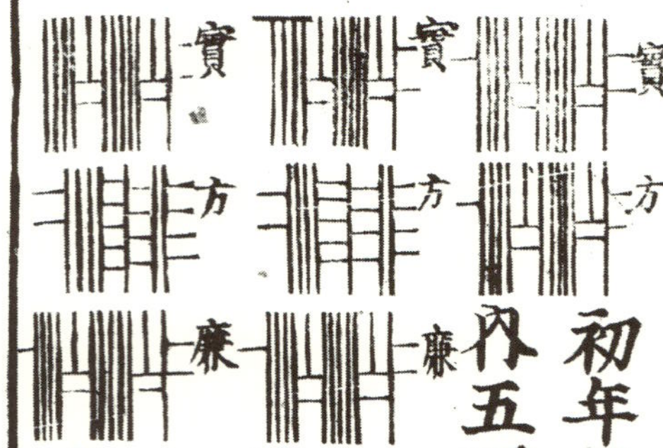

初年為元利

内五百目減

二年殘銀ト是ニ

甲位ヲ以相乗ノ

二年為元利

内五百目減

三年殘銀ト

甲位ヲ以相乗

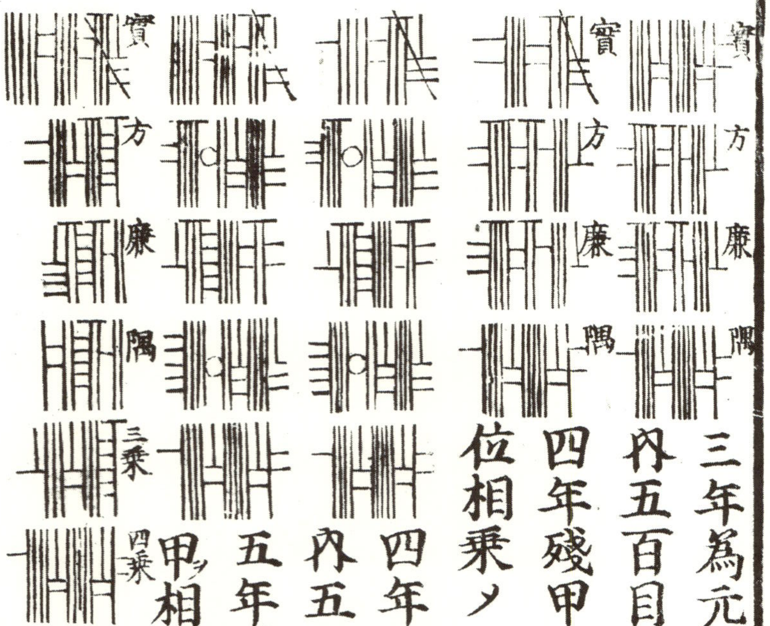

三年為元利

内五百目減

四年殘甲

位相乗ノ

四年為元利

内五百目減

五年殘

甲ヲ相乗

五年為元利

内五百目減

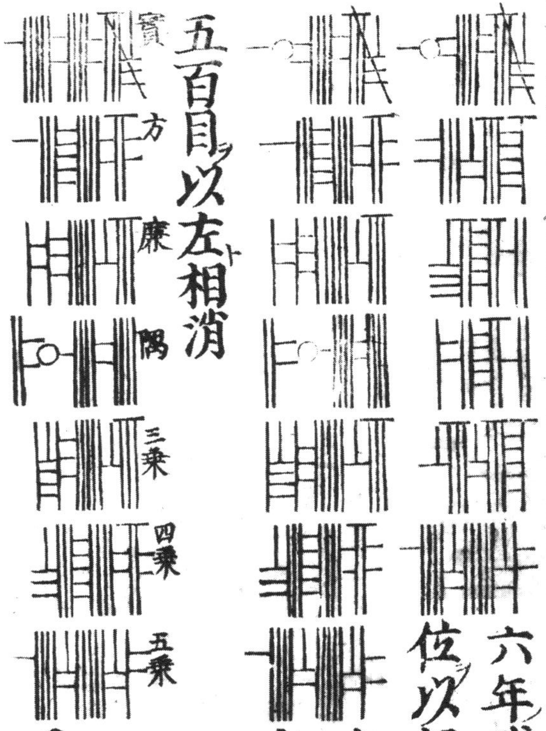

六年ノ殘銀トス甲
位ヲ以相乗ソ
六年ノ濟銀ソ
左ニ寄セ別ニ濟銀
五百目ヲ以左ト相消
一位退開五キ
乗方ニ二和利
五分ヲ知

算法天元樵談集上終

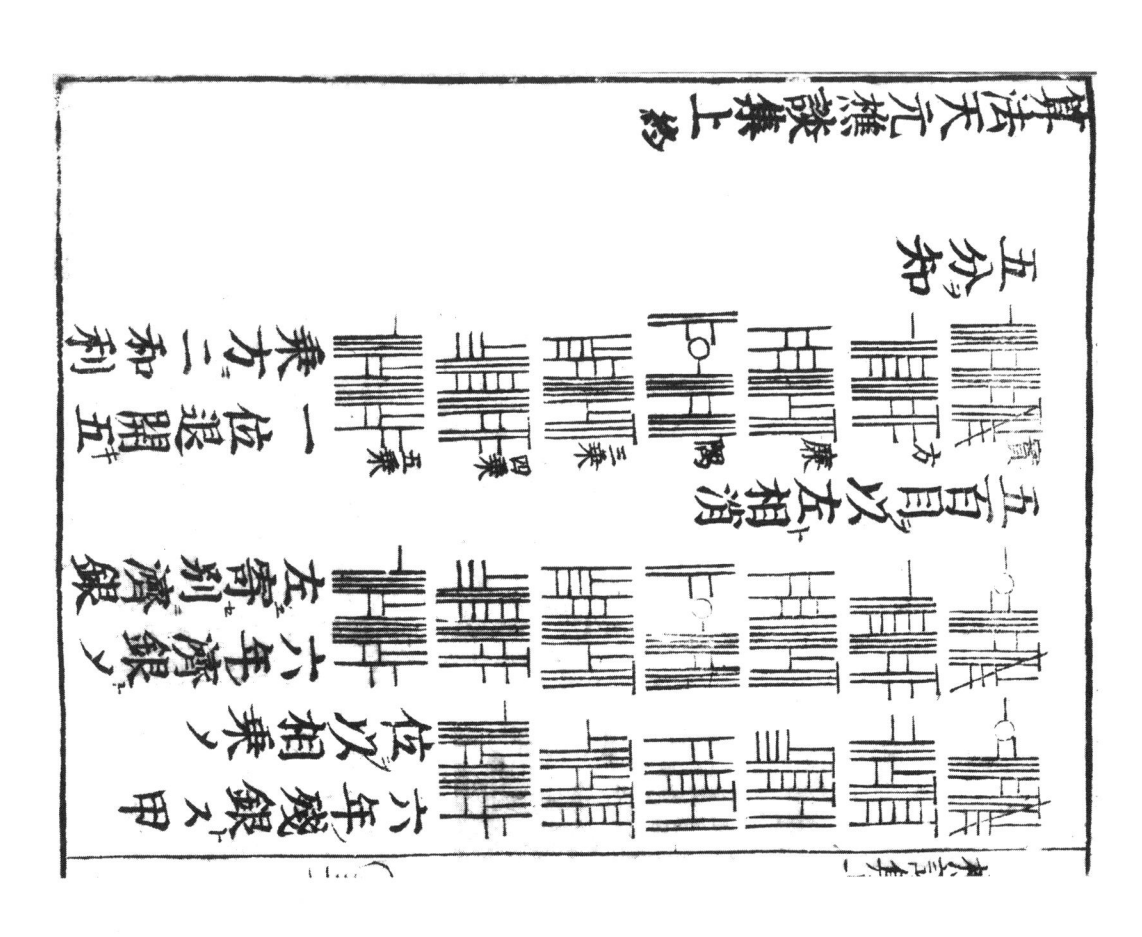

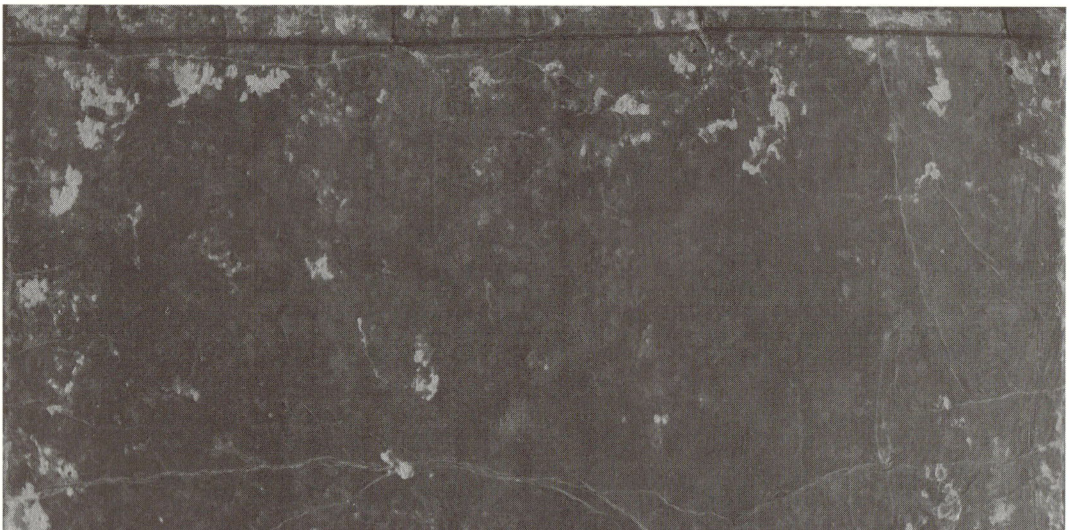

算法天元樵談
二

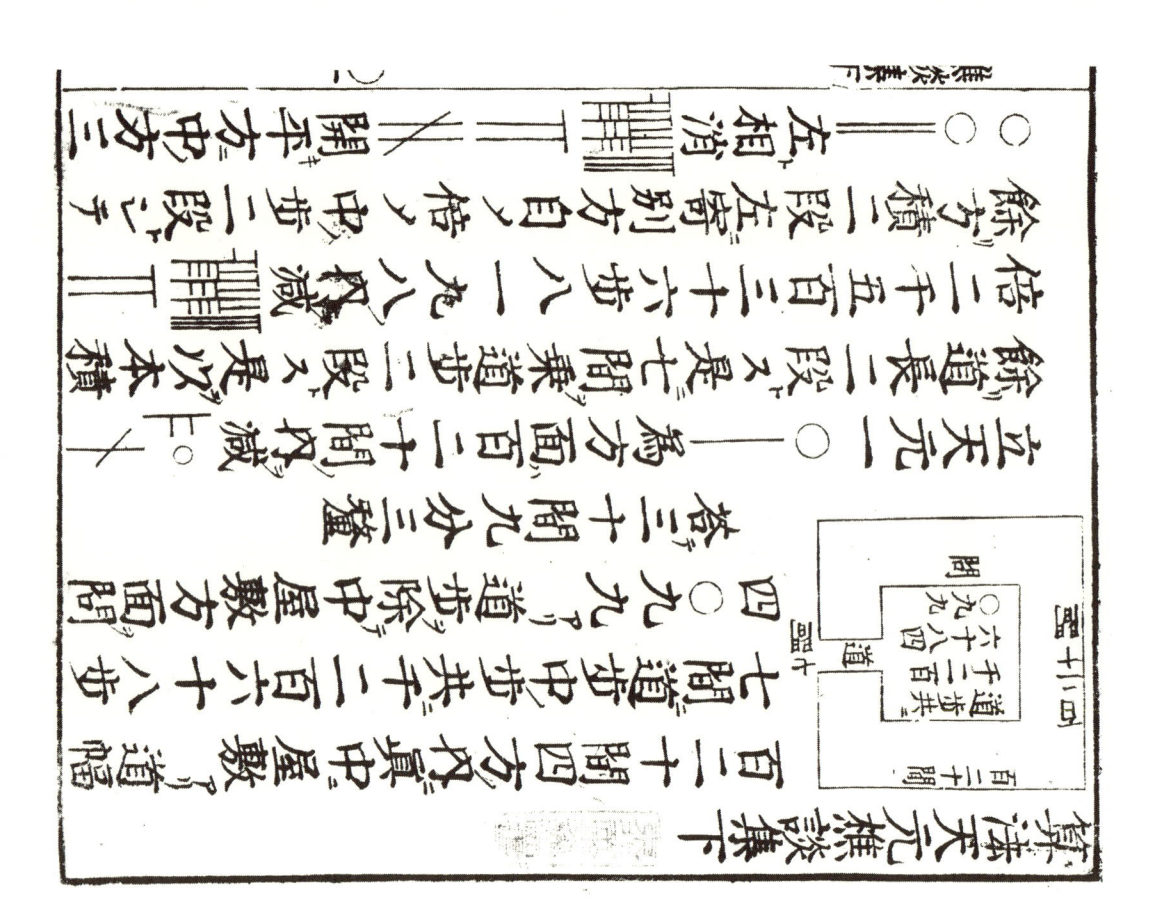

算法天元樵談集下

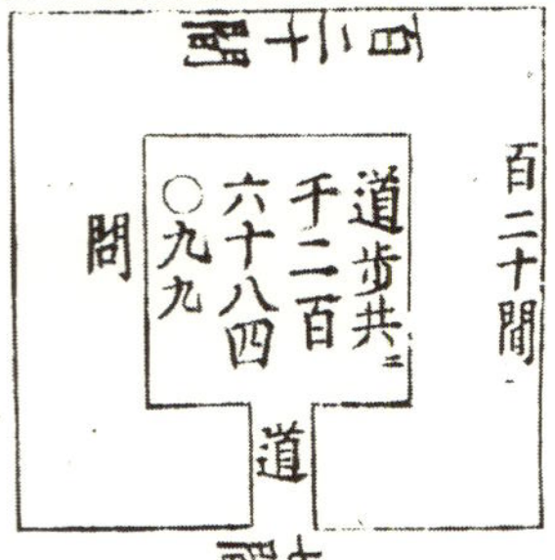

百二十間四方ノ内眞中ニ屋敷アリ道幅
七間ニ道步中ノ步共ニ千二百六十八步
四○九九アリ道步ヲ除テ中屋敷方面問
答テ三十間九分三釐
立天元一○為方面ハ百二十間ノ内ヨリ減○
餘リ道長二段ト又是ニ七間ヲ乗道步二段ト又是ヲ以本積
倍二千五百三十六步八一九八ノ内減
餘リ方積二段左ニ寄別方自ノ倍ノ中ノ中步二段トシテ
○○左ト相消開キ平方ニ中ノ方三

十間九分三厘

○又道長ヨリ問　答道長四十四間五分三厘五毛

立天元一

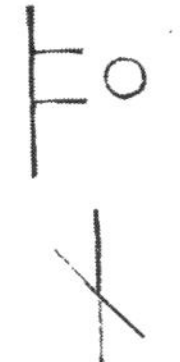

○—為道長二段百二十間ノ内ヲ減

餘リ中方面ト又自ノ正實一万四千四百

負方二百四十正廉一ト成ニ為方積倍ノ

方積二段是ヲ以本積倍二千五百三十六歩八一

九八ノ内ヲ減

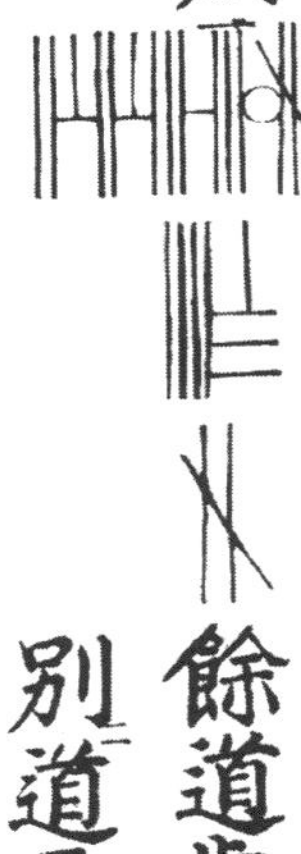

餘道歩二段ト又左ヨセ

別ニ道長二段○｜七

間ヲ乗為道歩二段ト左ト相消

一位進

開キ平方ニ

道長二段八十九間○七厘ヲ知是ヲ二ニ約道長也

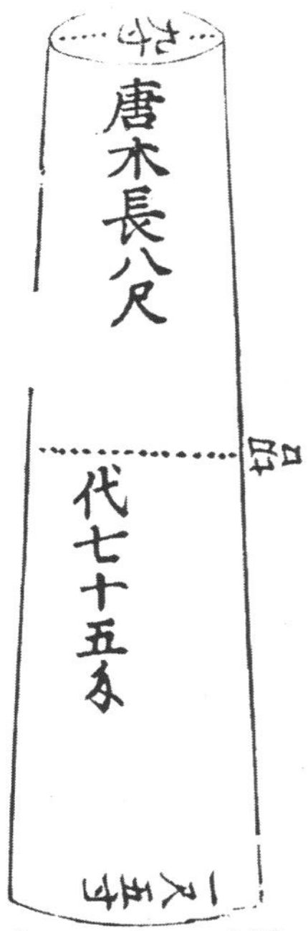

圓法七九

末口九寸

本口一尺五寸

長八尺

代銀七十五匁末ノ方テ三十匁分切取此切口長問

答テ切口徑一尺二寸一分三リ五餘
切長四尺一寸八分

術云末口九寸ヲ以一尺五寸ノ内ヲ減餘リ六寸ト成長八尺ヲ以除七釐五毛ノカウバイト成別ニ末口相乗ノ八十一為甲ト○別ニ本口相乗ノ二百二十五為乙ト○別本

末相乗ヲ百三十五爲丙甲乙丙ト三和ノ四百四十一
歩ニ長八尺乗三万五千二百八十歩是ニ圓法七九ヲ
乗二万七千八百七十一歩二分ト成是ヲ錐方三ヲ以
除寸立積九千二百九十歩○四分ト成七十五各ニ
除一各ニ百二十三歩八分七厘二是ニ三十各ヲ掛切
取數三千七百十六歩一六ト成是ニ錐方三ヲ乗一万
千百四十八四八ト成是ニ高倍七厘五毛乗八百三
十六歩一厘三六是ヲ七九ヲ以除千○五十八四ト成
爲甲ト○別末口再自乗シ七百二十九爲乙甲乙二
和ヲ千七百八十七歩四分ト成切口ノ再乗冪ト〆天元ヲ

起ス
立天元一○――爲切口ノ徑再自乗ヲ○○○――
再乗冪ト〆左ニヨセ別甲乙ニ和ノ千七百八十七歩
四ツ以左ト相消○○――開立方ニ切口徑ヲ知
切口ノ徑一尺二寸一分三厘五餘ノ内九寸ヲ減殘三
寸一分三厘五高ヲ倍ノ七厘五毛ヲ以除長四尺一寸
八分餘知

鈎股弦積六歩弦股和ト九寸弦ヲ問
答弦五寸
立天元一○――爲弦和九寸ノ内ヲ減餘

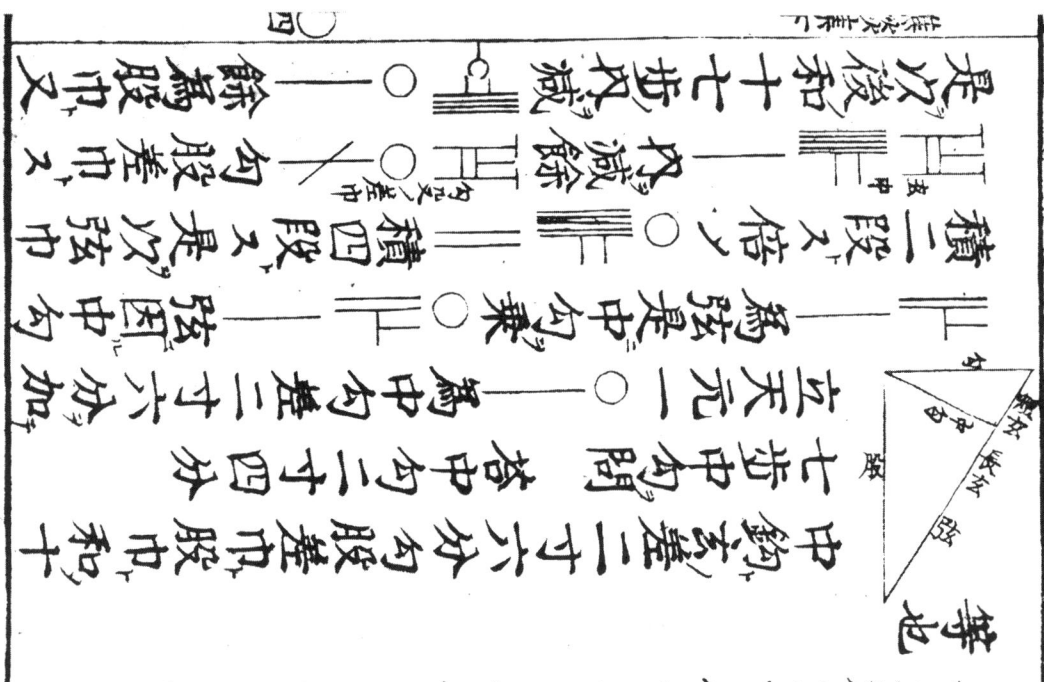

爲股自ゝ ― 股冪ト別弦ヲ
自ゝ〇〇―爲弦冪内股冪ヲ以減餘 積冪
爲鈎冪是股冪ヲ以相乗
四段ト左ニヨセ別積六歩倍ゝ百四十四歩ト成
積冪爲四段左ト相消 開立方ニ
弦五寸知
天元弦ハ五寸也和九寸ノ内ヲ引殘四寸股寸也掛合テ
十六股冪ト云別弦五寸掛合二十五ノ内右十六引
殘九歩鈎巾ト云此九歩股十六掛合百四十四ト成
是積冪四段ト云積巾ハ積六歩ヲ掛合三十六ト成ヲ云

是四ニ掛合百四十四ト成故積冪四段ト云是虛眞一
也別積六歩ヲ倍十二ト成ヲ掛合百四十四ト成故是適
等也

中鈎ト玄ノ差二寸六分勾股差巾ト股巾ト和ノ十
七歩中勾ヲ問　答中勾二寸四分
立天元一〇―爲中勾差二寸六分ヲ加テ
―爲弦是中勾ヲ乗〇 ―弦ニ因ル中勾
積二段ト又倍ゝ〇 ―積四段ト又是ヲ以テ弦巾
中玄 ―内ヲ減餘 勾九又ノ差巾〇―勾股差巾ト又
是ヲ以後ノ和十七歩ノ内ヲ減 〇―餘爲股巾ト又

四

是以弦冪〔算木〕内減〔算木〕餘爲勾
冪是股巾以相乗ノ〔算木〕積巾四
〔算木〕段ノ左
寄別弦因○〔算木〕中勾自乗○○〔算木〕○〔算木〕開三
積冪爲四段左相消〔算木〕
乗方中勾二寸四分知
天元中勾二寸四分差二寸六分加弦五寸成是
中勾二寸四分掛積十二成倍ノ二十四積四段
也是以弦冪二十五内引残勾殳差冪一成是以
後和十七内引残十六股冪ス是以弦冪二十五

内引残九歩勾巾也是十六掛百四十四歩成是
四段積巾也積冪ハ六歩掛合三十六成是四乗
四段云是虚眞一也別弦ヨル中勾五寸二寸四
分掛合十二成故積二段也又是掛合百四十四
成以適等也

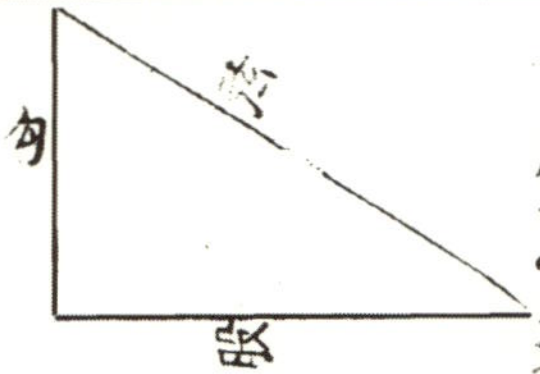

弦股和九寸積冪三十六股問　荅殳四
寸
立天元一○——爲股和九寸ノ内ヲ減
〔算木〕餘爲弦自ノ〔算木〕——爲弦冪別股
○——自ノ○○——爲股冪是以弦冪内ヲ減

爲勾巾是股巾ヲ乘積冪四段トス○○
左ニヨセ別積巾三十六ニ四ヲ乘メ百四十
四ヲ以左相消○開立方ニ股四寸ヲ知
勾ヨリ弦ハ二寸長ト勾積ト和ノ九步勾ヲ問　答テ勾

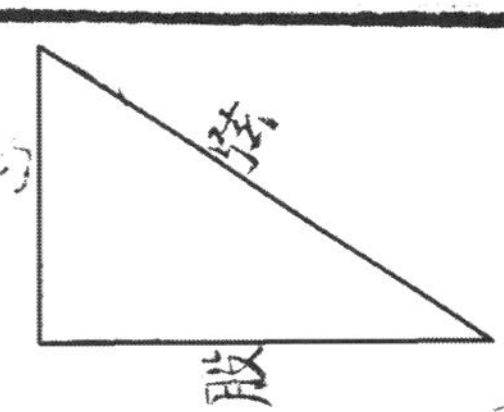

三寸
立天元一○一爲勾ト和九步ノ内ヲ減
餘爲積倍自ノ積冪四段ト
メ左寄別勾ニ二寸加入メ爲玄自メ
一爲玄巾ト内勾巾ヲ以減餘
爲股巾ト是ニ○○一勾巾ヲ以相乘○○

左相消 實 方 ○廉 隅 開立方ニ勾三寸ヲ知
積二十四步股四分六ヲ取得ル數勾ヲ和一尺

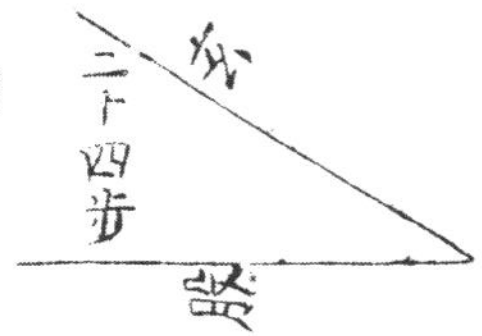

八寸勾ヲ問　答テ勾六寸
立天元一○一爲勾和一尺八寸ノ内ヲ減
餘一股四分六ノ六ヲ是四ヲ乘メ股
六段ト是勾ヲ相乘メ○積十二段ト左
ヨセ別積廿四步ニ十二ヲ乘二百八十八ヲ以左
相消開平方ニ勾六寸ヲ知
弦冪股冪和ノ四十一步積巾三十六步弦巾ヲ
問　答弦冪二十五步

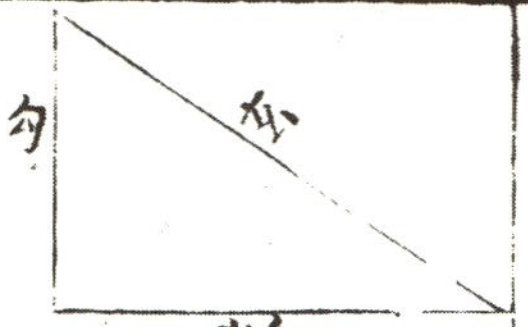

立天元一○——爲弦冪ト和四十一步內ヲ
減　餘股冪ト是ヲ以弦巾內ヲ減
爲勾巾ト是ヲ以股冪ニ相乘
積巾四段ノ左ニヨセ別ニ積巾三十六ニ四
乘　積巾四段ノ左ト相消　開平
左弦冪二十五步ヲ知

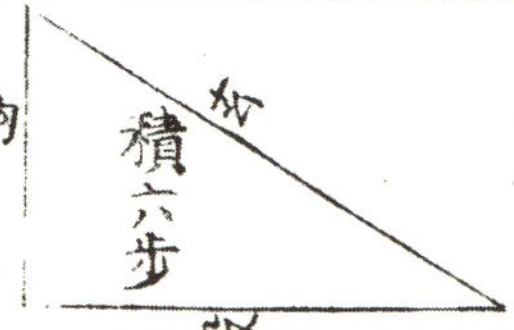

積六步勾ト弦ト和ノ八寸勾ヲ問　答勾三寸
立天元一○——爲勾ト和八寸內ヲ減餘
爲弦自乘ノ　爲
玄巾ト內勾冪ヲ減餘　爲股巾ト是勾巾ヲ以相
乘ノ○○　爲積冪四段左ニヨセ別ニ積六
步自ノ四倍ノ百四十四ヲ以左相消　○
開立方ニ勾三寸ヲ知

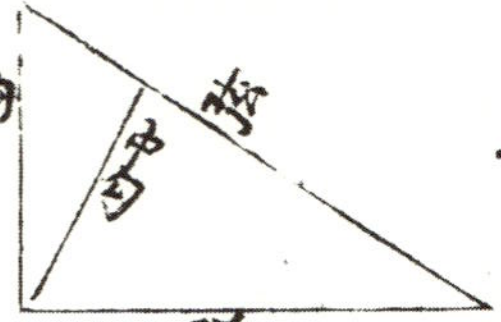

勾股積冪弦和ノ四十一步中勾二寸四分
勾股積巾ヲ問　答積巾三十六
立天元一○——爲積冪ト和四十一步內ヲ
減　爲弦中勾二寸四分ヲ乘　積
二段ト自ノ　積冪四段ト左ニ寄セ別
積巾ニ四乘○　左相消　開平方
積冪三十六ヲ知

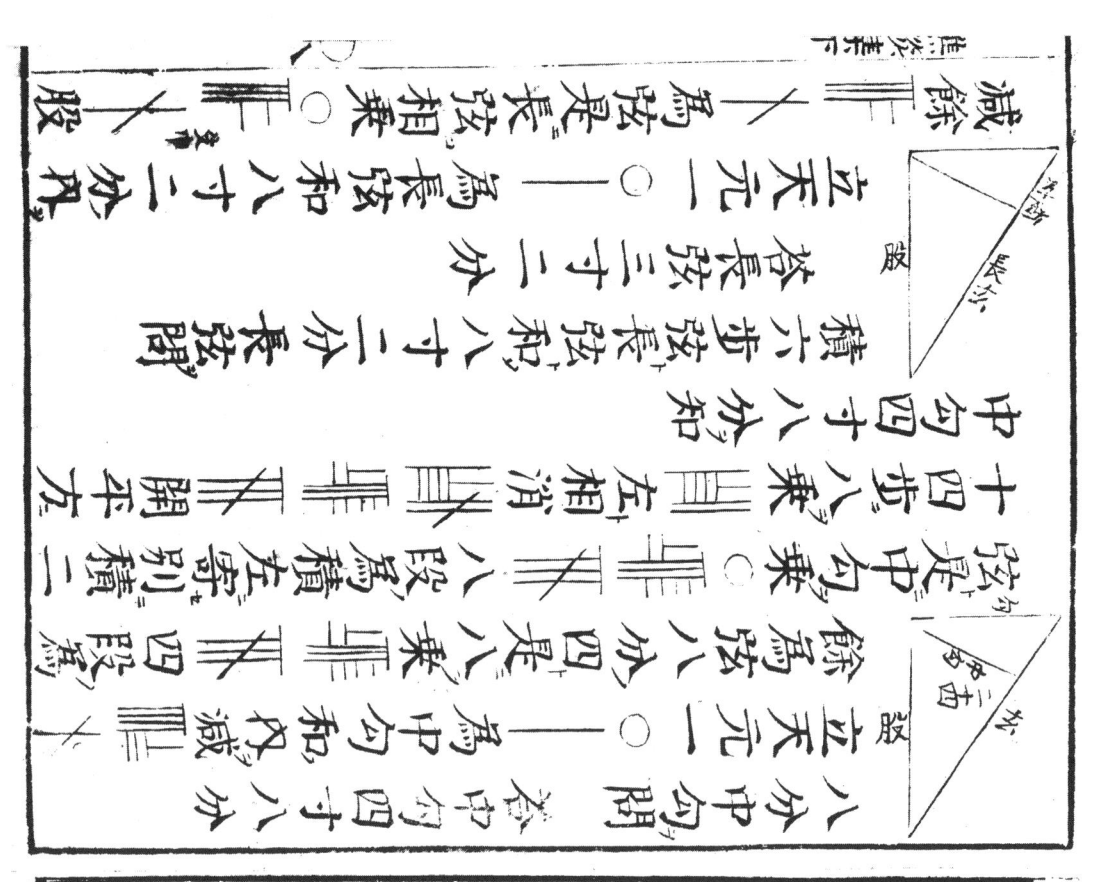

中勾ト股ト和ノ六寸四分弦五寸股問ヲ

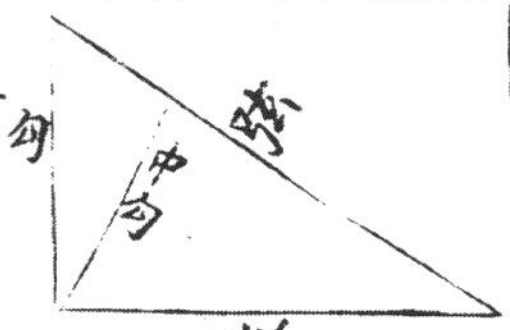

答股四寸

立天元一為股和六寸四分内ヲ減

為中勾ト是玄五寸ヲ乗　勾股積

二段ト自乗ノ　積巾四段ノ左ニ寄セ

別ニ股冪ヲ以弦巾ノ内ヲ減餘　為勾巾ト是

股巾ヲ以相乗ノ　為積巾四段左ト

相消　三乗方ニ開之股四寸ヲ

知

積二十四歩弦ニ八分四ヲ取得數ヲ中勾ト和ノ九寸

八分中勾問ヲ　答中勾四寸八分

立天元一為中勾和ノ内ヲ減

餘為弦八分ノ四ト是ニ八ッ乗　四段ノ為

弦ト是中勾ヲ乗　八段ノ為積左ニ寄セ別ニ積二

十四歩ニ八ヲ乗　左ト相消　開平方ニ

中勾四寸八分ヲ知

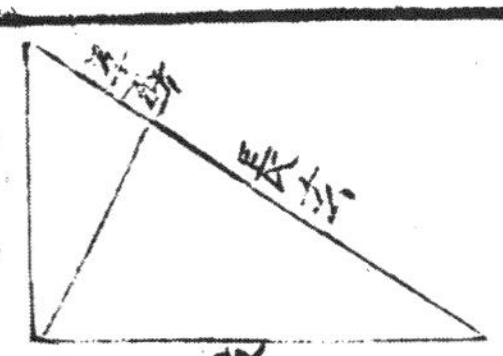

積六歩弦ト長弦和ノ八寸二分長弦問ヲ

答長弦三寸二分

立天元一為長弦和八寸二分内ヲ

減餘　為弦是長弦ヲ相乗　股

巾ト是以弦巾[算木]玄巾[算木]ノ内ヨ減餘[算木]勾巾[算木]
爲勾冪是股巾ト相乘ノ積冪四段ト左ニ寄セ○[算木]
[算木]ノ左相消[算木]別積六歩ヲ倍自ノ積巾四段
[算木]三乘方飜法ニ
開之長弦三寸二分ヲ知

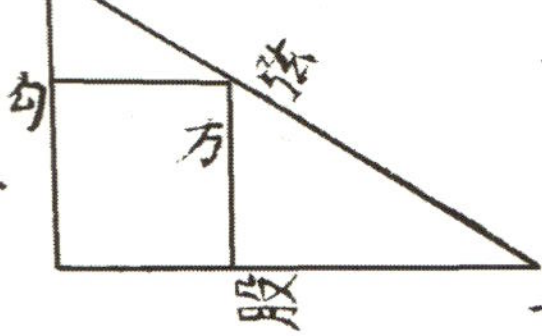

勾股弦ノ内ニ方面アリ積六歩勾股和七寸方
面ヲ問　答方一寸七分一厘四二餘
立天元一○——爲方面ト得ル數和ニ七寸ヲ以
相乘ノ○[算木]積二段ト又左ニヨセ別ニ積六歩ヲ倍ノ
十二成ト以左相消[算木]方除ニ　方面一寸
七分一厘四二餘ヲ知

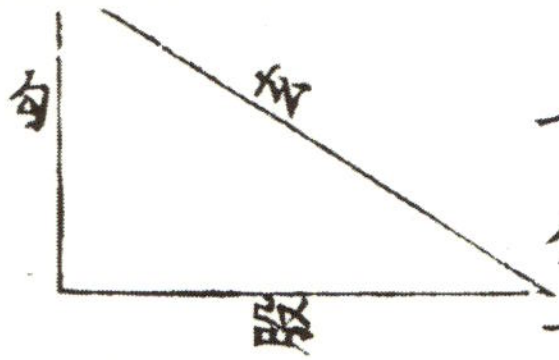

勾三寸弦ニ四分ノ六ヲ取股八分ノ三ヲ取二位和ノ
九寸股ヲ問　答股四寸
弦[算木]分母　[算木]分子　分母分子相乘メ　玄四十八　又十二
股[算木]分母　[算木]分子　分母相乘メ三十二是ニ和九
寸ヲ乘二百八十八　玄四十八ト又十二ノ和也
立天元一○——爲股是ニ十二ヲ乘ノ股○[算木]爲
十二段和二百八十八ノ内ヨリ減[算木]餘弦四十
八段ト又是自乘メ[算木]弦冪二千三百
四段爲甲ト別ニ勾三寸四十八ヲ掛合又自ノ[算木]勾

冪二千三百四段是以弦冪内減
餘股巾二千三百四段ノ左ヨセ別股
○○｜是二千三百四段乗○○　左ト相消
○○｜　自ノ
開平方股四寸知

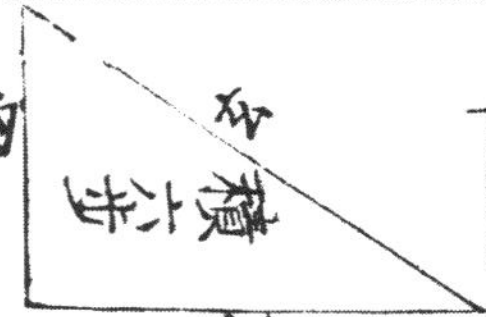

設
積六歩股八分六取勾十二分九取二位
和五寸二分五厘勾問　荅勾三寸
股　分母　分子　分母分子掛合　股七十二　勾七十二
勾　分子　分母　分母相乗ノ九十六是和五
寸二分五厘乗五百○四
立天元一○｜為勾ト勾七十二乗○　勾七

十二段ス和五百○四内減　餘股七十
二段ス是勾乗○　百四十四段為積左
寄セ別積六歩百四十四段乗左相消
開平方勾三寸知

設
勾股弦三和ノ一尺二寸積圓徑和ノ八歩
圓徑問　荅圓徑二寸
立天元一○｜為圓徑和ト八歩内減餘
為積是四倍ノ　四段為積左
寄セ別圓徑三和一尺二寸乗○　為四段積左
相消　方除圓徑二寸知

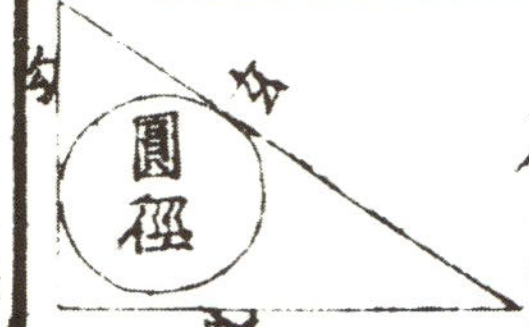

圓法七五

勾股弦内圓徑アリ外餘積三步圓徑積和

八步圓徑問　荅圓徑二寸

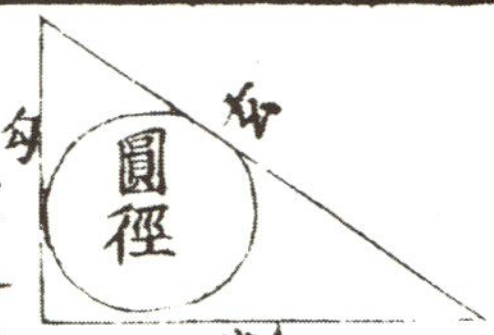

立天元一〇｜爲圓徑和ト八步内減𝍧╳｜

餘爲積左ニヨセ別圓徑自乘〆〇〇｜圓法七

五乘〇〇𝍮𝍤是外餘積加テ𝍢〇𝍮𝍤爲積左ト

相消𝍤｜𝍮𝍤開平方ニ圓徑二寸ヲ知

積二十四步圓徑四寸勾股弦和寸ヲ問

荅勾股弦和二尺四寸

立天元一〇｜爲三和寸圓徑四寸ヲ乘

〇𝍤四段爲積左ニヨセ別積二十四步四倍〆

九十六左ト相消𝍪𝍢𝍣方除三和二尺四寸ヲ知

方錐寸立積八十步方ヨリ竪長一尺

一寸方ヲ問　荅方四寸

立天元一〇｜爲方面ト一尺一寸加入ッ𝍩｜

爲竪別方ニ自ノ〇〇｜是竪ニ以相乘〇〇𝍩｜

三段方錐積〆左ニヨセ別積八十三ヲ乘左ト相消

𝍢〇𝍩｜開立方ニ方四寸ヲ知

〇又竪ヨリ問　荅竪一尺五寸

立天元一〇｜爲竪ト一尺一寸減ㄨ｜爲

方自ノ 𝍫 𝍦 𝍠 爲方積是立ヲ以相乘ノ
〇 𝍫 𝍦 𝍠 三段方錐積ノ左ヨセ別積三
乘左相消 𝍬〇 𝍫 𝍦 𝍠 開翻法立方竪一
尺五寸ヲ知

方臺寸立積五百十六歩下方八
寸上方竪和ノ一尺七寸
上方ヲ問　荅テ上方五寸
立天元一〇𝍠爲上方ト和一尺七寸ノ内ヲ減
𝍡 𝍩 餘爲竪別ニ上方自ノ〇〇𝍠爲甲ト別ニ
下方自ノ 𝍤 爲乙ト上下相乘ノ〇 𝍢 爲丙甲

乙丙三和ノ 𝍤 𝍢 𝍠 是竪ニヲ以相乘シテ
〇𝍣 𝍩 𝍢 𝍦 方臺三段積ノ左ヨセ別積
五百十六歩ニ三ヲ乘三段ノ爲積左ト相消 𝍧 𝍤〇
𝍢 𝍩 開平方方ニ方五寸ヲ知
〇
〇同方臺積五百十六歩　竪ヨリ上方七寸短シ上ヨリ
下方三寸長　竪ヲ問　荅竪一尺二寸
立天元一〇𝍠爲竪ト七寸減 𝍧 𝍠 爲上方ト
三寸加入ノ 𝍧 𝍠 爲下方ト別ニ上方相乘シテ
𝍢 𝍦 𝍠 爲甲ト別ニ下方自ノ 𝍡 𝍧 𝍠
爲乙ト上下相乘ノ 𝍢 𝍦 𝍠 爲丙甲乙丙三

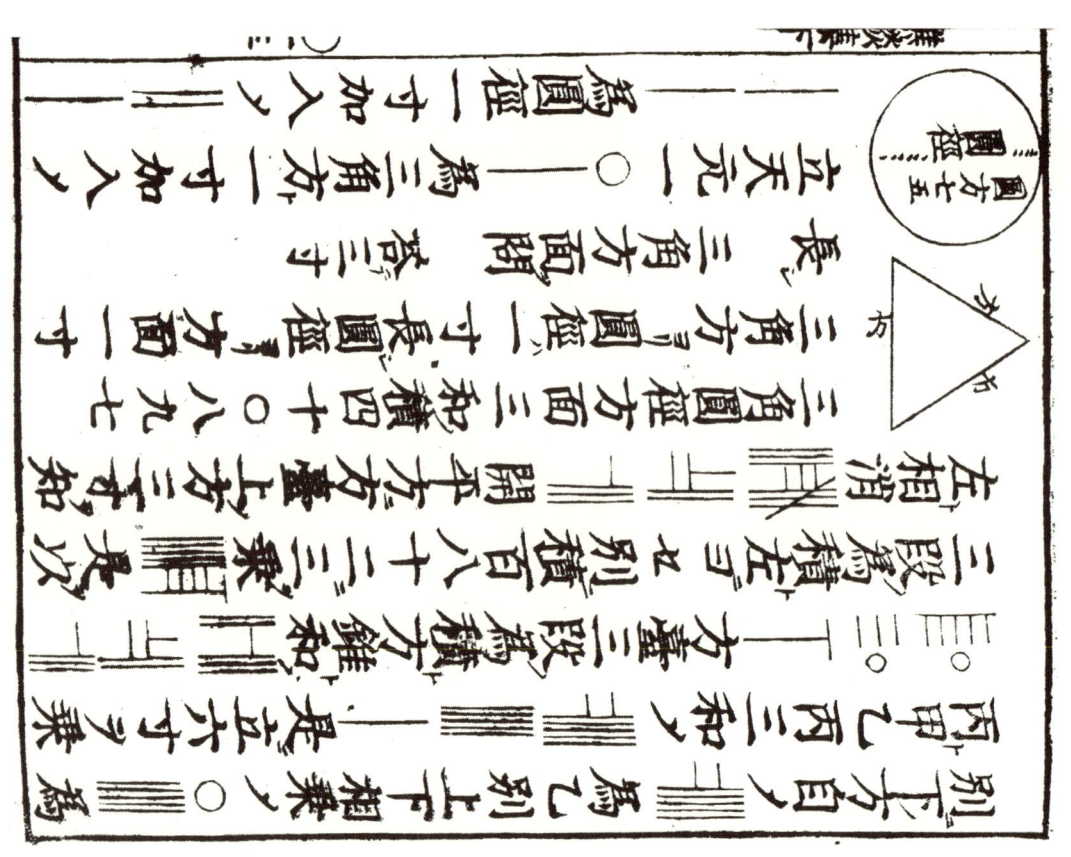

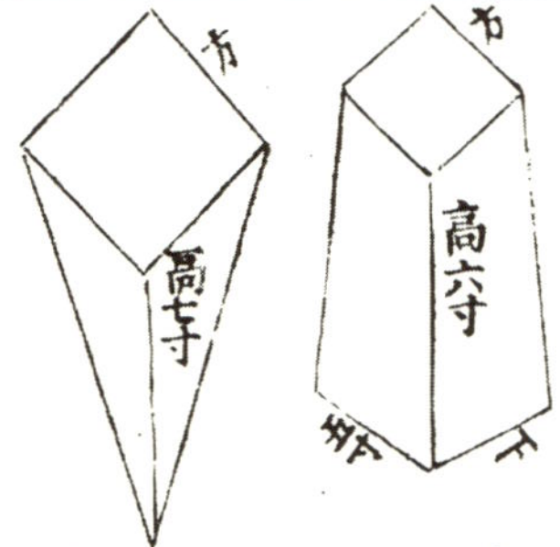

和ノ　是竪ヲ以相乗ノ〇
方臺三段為積左ヨセ別積五百十六ニ三乗左相
消　開立方竪一尺二寸
方臺方錐積和ノ百八十二歩方臺
立六寸方錐立七寸又云方臺下方
五寸上方ヨリ錐方面廣三寸方臺上
方問　答方臺上方三寸
立天元一〇　為方臺上方三寸加入
方錐為方自ノ　立七寸乗
方錐三段為積別方臺上方自ノ〇〇　為甲

別下方自ノ　為乙別上下相乗ノ〇　為
丙甲乙丙三和ノ　是立六寸ヲ乗
〇〇　方臺三段為積方錐和
三段為積左ヨセ別積百八十二ニ三乗　是以
左相消　開平方方臺上方三寸知

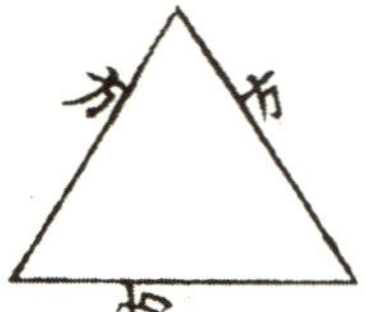

三角圓径方面三和積四十〇八九七
三角方ヨリ圓径一寸長圓径ヨリ方面一寸
長　三角方面問　答三寸
立天元一〇　為三角方一寸加入ノ
為圓径一寸加入ノ

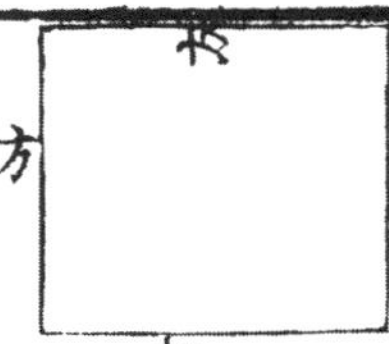

為方面別三角面自乄是四三三ヲカケ
別圓徑自乄是
圓法七五乘　別方面自乄
右三和　三和積乄
左ヲセ別三和積四十○八九七ヲ以左ト相消
開平方三角三寸

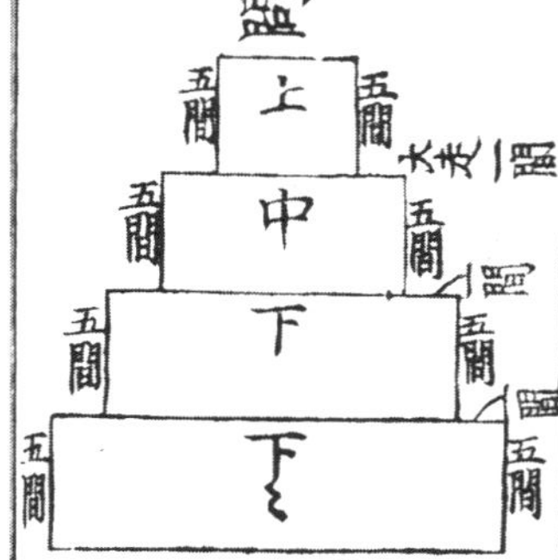

積二千五百二十步高各ゝ五間
犬走各一間究上方間　答八間
立天元一○　為上方二間加
入　中方トシ又二間加テ
下方トシ又二間加テ　為下ゝ
方ト別上方自乄　為甲中方自
為乙下方自乄　為丙下ゝ方自乄
為丁右甲乙丙丁四和乄是五間
乘　為積左ヲセ別積二千五百二
十步ヲ以左相消　開平方上方八間知

方竪寸立積五千四十步方ト竪和
四尺七寸方問　答方一尺二寸
立天元一○　為方和四尺七寸内減
為竪別方自乄　是竪ヲ以相乘

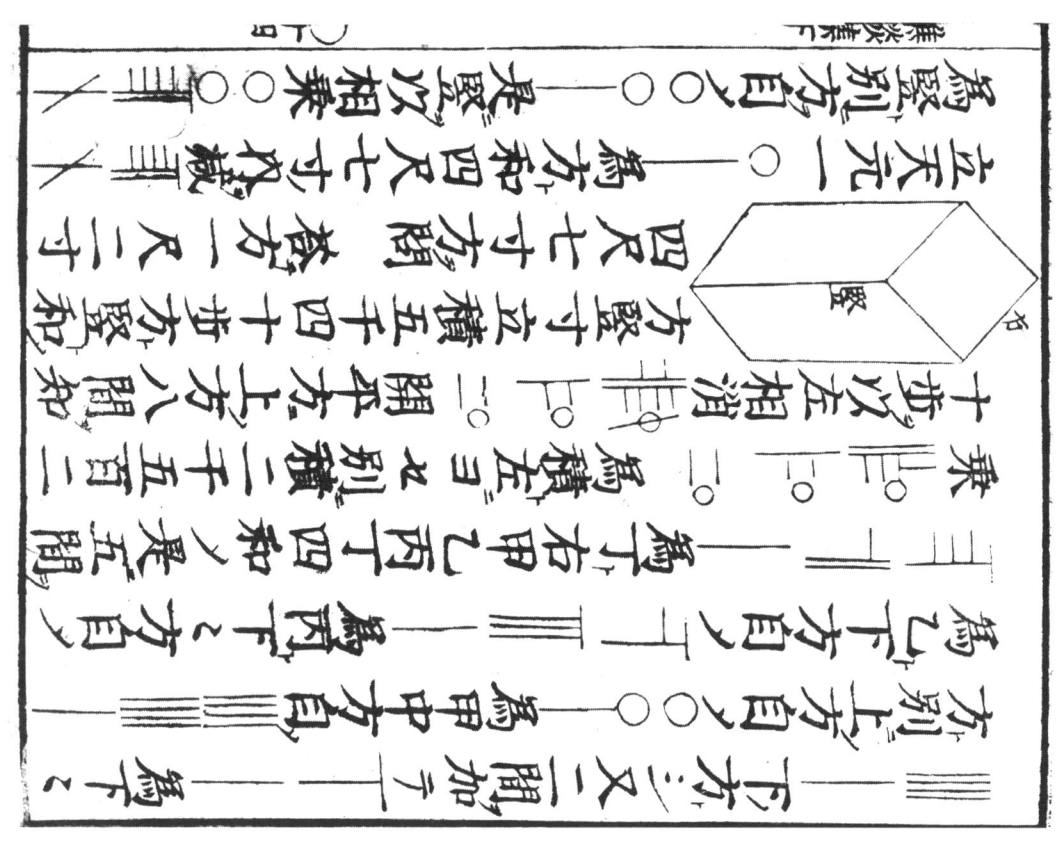

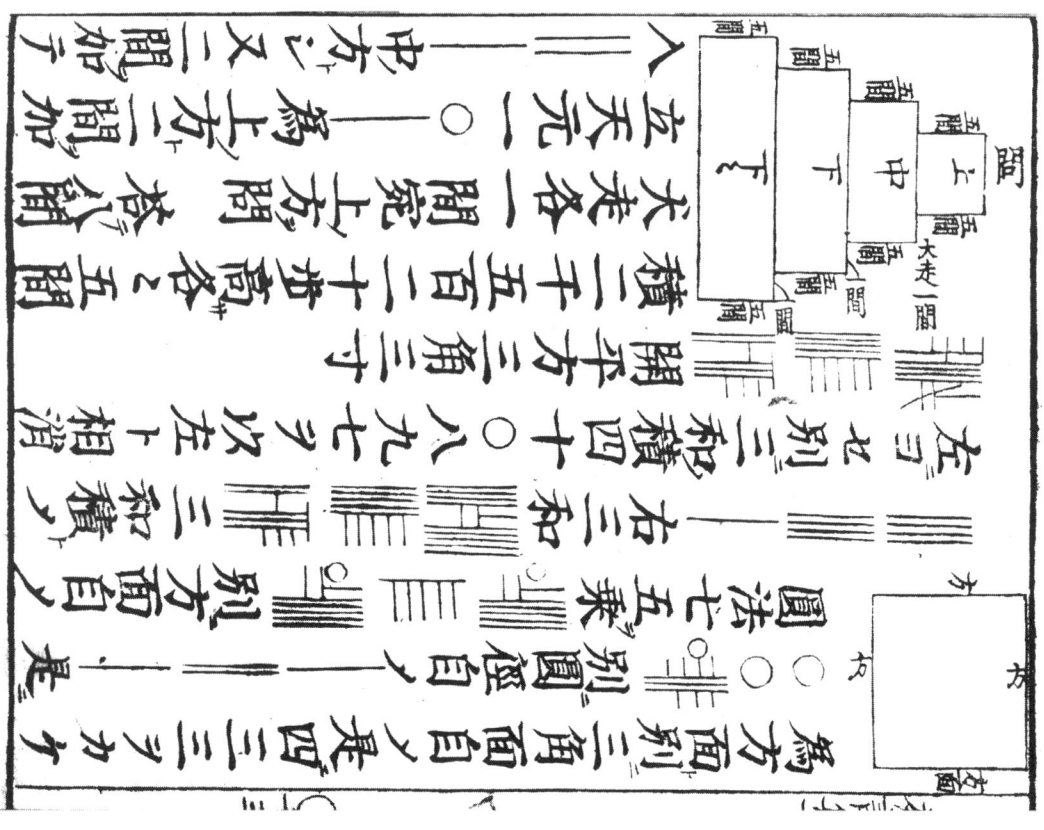

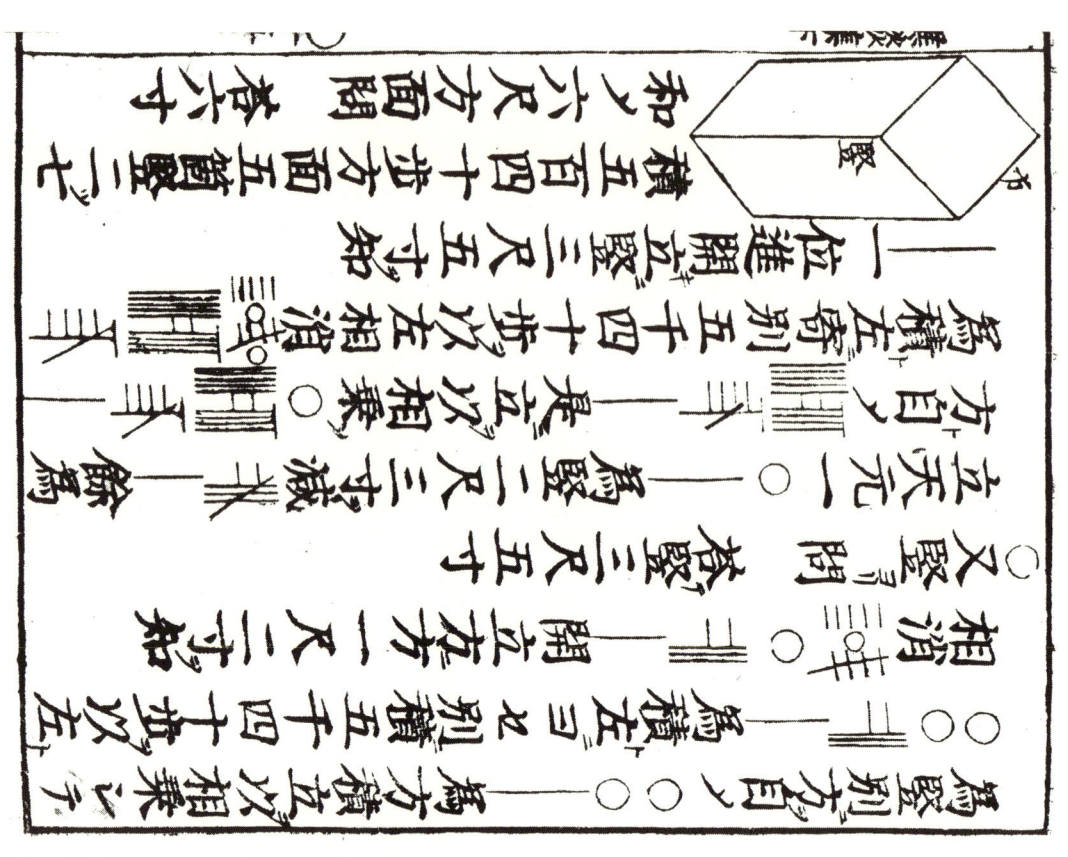

爲積左ヨセ別積五千四十歩ヲ以左相消 ○
一位進開立方方面一尺二寸ヲ知
又竪ヨリ問　答竪三尺五寸
立天元一○—爲竪和内減—爲方自ノ
—是竪ヲ以相乘○—爲積
左寄別積五千四十歩ヲ以左相消

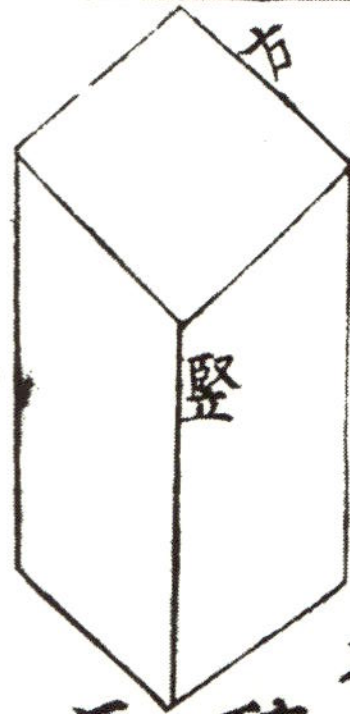

一位進立方翻法開竪三尺五寸ヲ知
積五千四十歩方ヨリ竪二尺三寸
長方問　答方一尺二寸
立天元一○—爲方二尺三寸加入ノ

爲竪別方ヲ自ノ○○—爲方積立ヲ以相乘シテ
○○—爲積左ヨセ別積五千四十歩ヲ以左ト
相消○—開立方方一尺二寸ヲ知
○又竪ヨリ問　答竪三尺五寸
立天元一○—爲竪二尺三寸ヲ減—餘爲
方ト自ノ—是立ヲ以相乘○
爲積ト左寄別五千四十歩ヲ以左相消

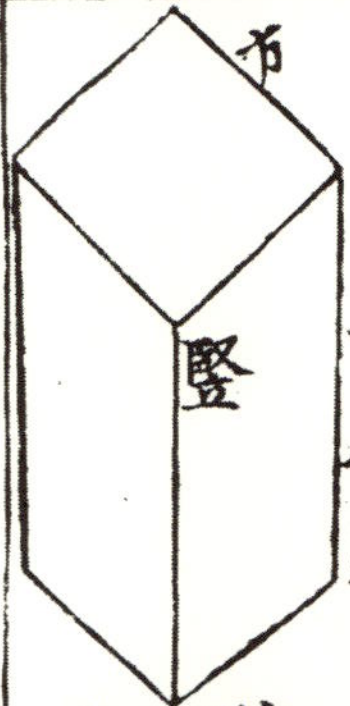

一位進開立竪三尺五寸ヲ知
積五百四十歩方面五箇竪ニ七
和ノ六尺方面問　答六寸

立天元一○──為方五ツト和六尺ノ内ヨリ減餘
立二ツトスヽ別ニ方ヲ自ノ○○──二十五段ノ為方積是ニ
立ヅ以相乘ノ○○　五十段為積左ニ寄別積ニ
五十段乘ヨノ二万七千ヲ以左ト相消
一位進開キ立方ニ五箇ノ方面和三尺ヲ知
○又竪ヨリ問　答竪一尺五寸
立天元一○──為立二箇ト和ノ内ヨリ減餘
方為五箇ト自ノ方積　──二十五段ス
是竪ヲ以相乘ノ立積五十段ト○　左ニ
寄ニ別ニ積五百四十ニ五十ヲ掛左ト相消

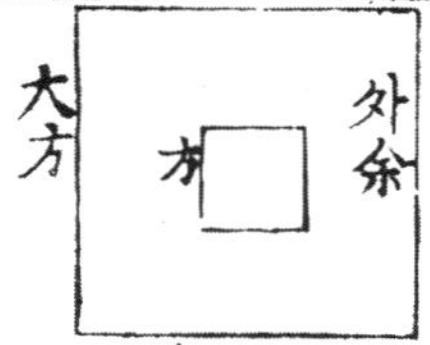

一位進開立方ニ竪二箇三尺ヲ知
大方ノ内ニ小方アリ外餘積二十四歩大方ト小
方ト和ノ一尺二寸大方ヲ問　答テ七寸
立天元一○──為大方ト和ノ内ヨリ減
為小方ト自ノ小方巾トス　──別ニ大方自ノ
○○──大方巾ト内小方ヲ以減　餘外
餘積ノ左ニヨセ別ニ外餘積二十四歩ヲ以左ト相消
方ニ除大方七寸ヲ知

圓法七九○平方ノ内ニ平圓アリ外餘積六十
八歩三六圓周ト方ト和ノ二尺一寸六分四

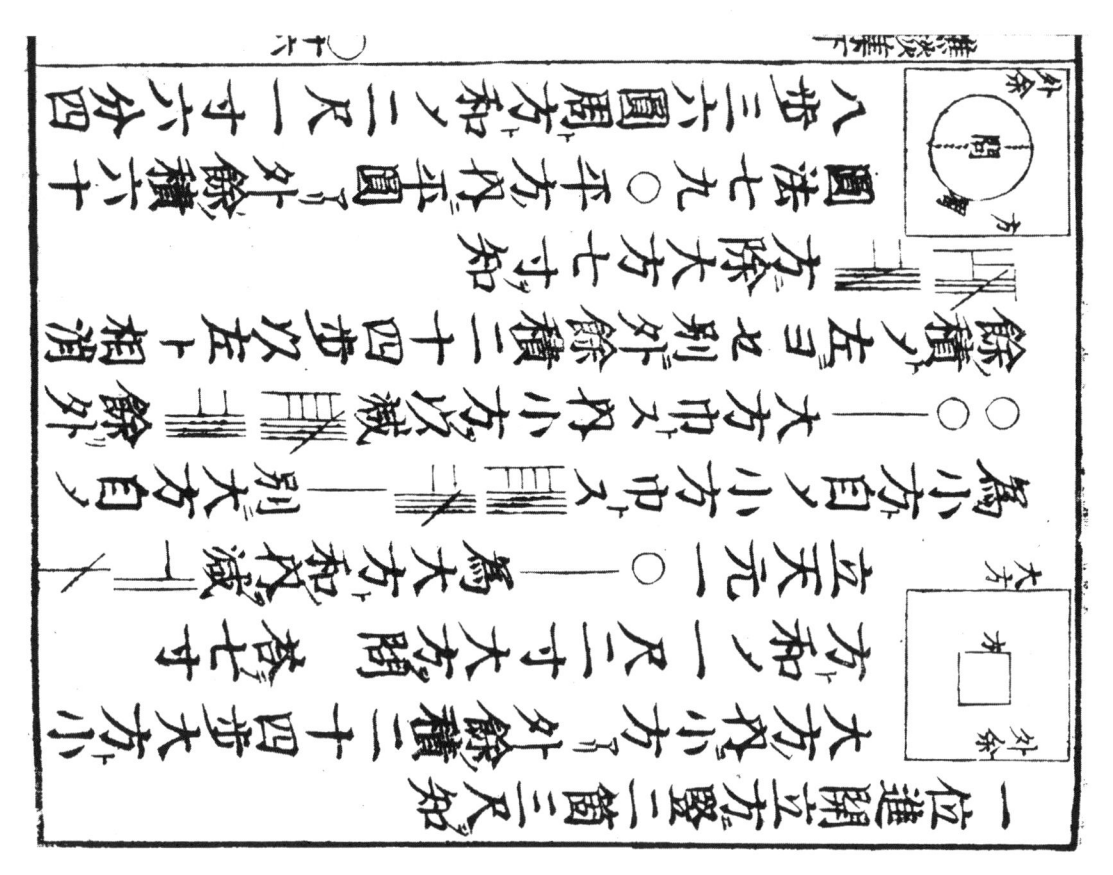

厘　圓徑問　荅圓徑四寸

立天元一○―爲圓徑三一六乘○爲圓

周是以和二尺一寸六分內減爲方自ノ

爲方積左寄別圓徑自之○○―

圓法乘○○是外餘積加テ

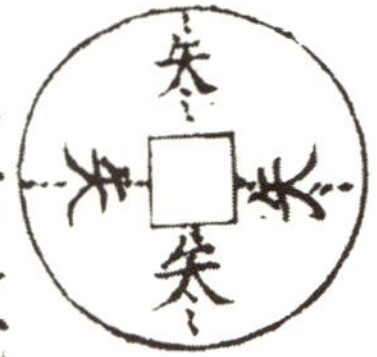

○○○　左相消　開平方圓徑

四寸知

圓徑內平方アリ外餘積四十七步九分九

厘矢各二寸五分圓徑問　荅圓徑九寸

立天元一○―爲圓徑矢倍減餘―爲

方面自ノ―爲方積別ニ圓徑自ノ

○○―圓法七九乘○○爲圓積內方積

ヲ以減餘―○外餘積ノ左ニ寄別外餘積ヲ

以左ト相消―○○○　開平方圓徑九寸知

○又方ヨリ問　荅方面四寸

立天元一○―爲方面矢倍加入ノ―爲

圓徑自ノ―○―是圓法七九乘爲方積

爲圓積內外餘積以減餘爲方積

左寄別方面自ノ○○―爲方積左ト相消

開平方方面四寸知

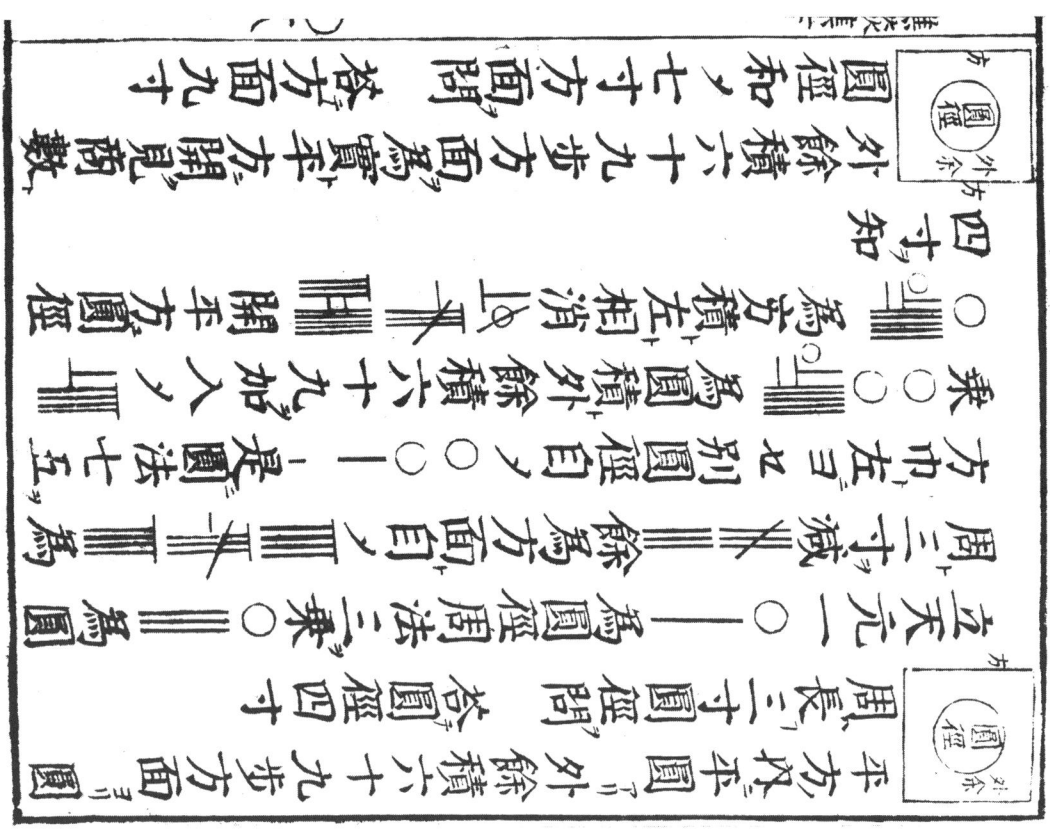

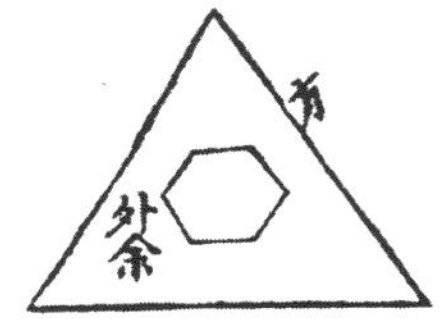

三角方ノ内ニ六角方アリ外餘ツ積三十二歩四
七五　三角方ト六角方ト二和メ二尺
三角方面ツ問　答テ一尺五寸
立天元一〇|為三角方ト和ノ内ヲ減ツ餘ニ〇為
六角方ト自ノ為六角積ト是ニ六角法二五九八ヲ乗
為積ト外餘積ヲ加テ
三角為積左ニ寄セ別ニ三角自ノ〇〇|是
四三三ヲ乗〇〇為三角積ト左ト相消
一位進開平方ニ三角方一尺五寸ヲ知
圓法七五　圓周三

平方ノ内ニ平圓アリ外餘積六十九歩方面ヨリ圓
周ト長三寸圓徑ヲ問フ　答テ圓徑四寸
立天元一〇|為圓徑周法三ヲ乗〇為圓
周ト三寸ヲ減餘為方面ト自ノ為
方巾ト左ニ寄セ別ニ圓徑自ノ〇〇|是ニ圓法七五ヲ
乗〇〇為圓積ト外餘積六十九ヲ加入ノ
〇為方積ト左ト相消開平方ニ圓徑
四寸ヲ知

外餘積六十九歩方面ヲ為實ト平方ニ開見商數ト
圓徑和ノ七寸方面ヲ問　答テ方面九寸

立天元一〇｜爲方面見商寸ト和七寸ノ内ヲ減餘
丅〡𝍸爲圓徑ト自ノ𝍬𝍸｜是圓法七五ヲ乘ヲ
是外餘積ニ加テ爲方積ト
左ニヨセ別ニ見商數ヲ自ノ〇〇｜爲方又自ノ〇〇
〇〇｜爲方積ト左ト相消〇〡
三乘方ニ開商見商數三寸ヲ知是ヲ相乘ノ方九寸ヲ知
平卵形寸平積三十三七五短徑ト卵形周ト和ヲ
二尺六寸短徑ヲ問
荅短徑五寸

立天元一〇｜爲短徑ト和二尺六寸ノ内ヲ減
餘丅〡周ト別ニ短徑圓周法三ヲ乘〇‖是ヲ

以周ノ内ヲ減餘丅𝍬長短差ニヲ是短徑ヲ乘
〇丅𝍬中ノ積二段ト別ニ短徑自ノ〇〇｜
是圓法七五ヲ乘〇〇倍ノ〇〇中ノ積二
段ニ加テ〇丅卵形積二段ノ左ニヨセ別積
三三七五倍ノ六十七五ヲ以左ト相消
開平方ニ短徑五寸ヲ知長八寸短徑五寸掛合是圓
積七五ヲ掛十八歩七五ト成是ヲ以三十三七五ノ内ヲ引
残十五ト成是ヲ短徑五寸ヲ以除キ長短ノ差三寸ト成是ヲ五
寸ニ加テ長八寸也
平圓ノ内平方アリ外餘積三十二歩方面寸ヲ爲

實ト平方ニ開ク見商寸ヨリ圓徑寸長キコト六寸
圓徑ヲ問　荅圓徑八寸
立天元一○|為圓徑六寸ヲ減餘

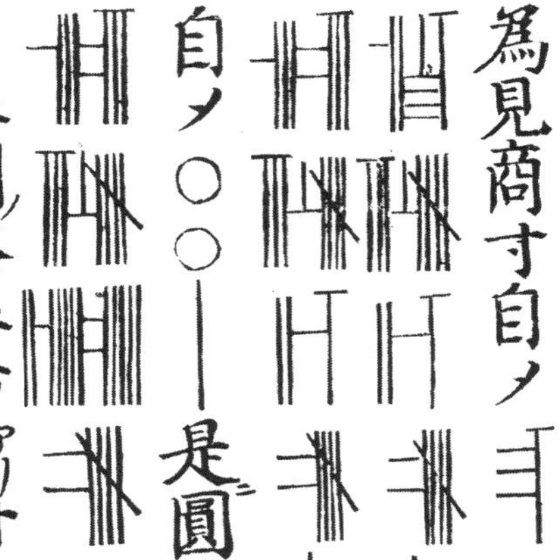

為見商寸自ノ
為方面自乘シテ
為方積是ト外餘積ヲ加テ
為圓積左ニヨセ別ニ圓徑
自ノ○○|是圓法七五ヲ乘○○

左ト相消
三乘方ニ開圓徑八寸ヲ知

平圓ノ内ニ平方アリ外餘積三十二步圓徑ト方面ト相
乘ノ三十二圓徑ヲ問　荅圓徑八寸

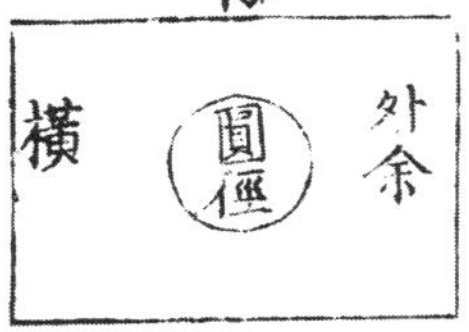

立天元一○|為圓徑自ノ○○|圓法七
五ヲ乘○○

為圓徑積内ト外餘積ヲ減餘

○　為方積別ニ圓徑自ノ○○|為圓積是ニ
方積ヲ以ス相乘ノ○○

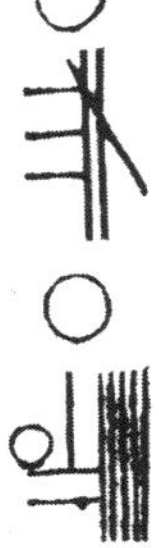

圓徑方面ノ相乘
冪ノ左ニヨセ別ニ圓徑方面ノ相乘積三十二ヲ掛合千
二十四步相乘巾トノ左ト相消

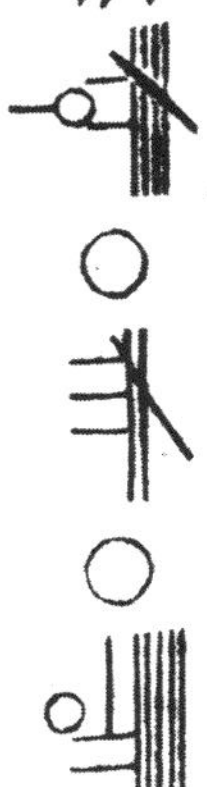

三乘方ニ開圓徑八寸ヲ知
縱横平ノ內ニ圓徑アリ外餘積二百八十八步
縱二尺横寸ヨリ圓徑寸ハ短キコト一尺一寸
圓徑ヲ問　荅圓徑四寸

立天元一〇｜為圓徑一尺一寸加入ノ┬｜

為横是縦ニ二尺以相乗ノ⊥＝為方積別ニ圓徑

自〇〇｜圓法乗〇〇〇╧是ヲ以方積ノ内ヲ減

〇二〇〇╧外餘積ノ左ニヨセ別積二百八十八ヲ

以左ト相消╧〇╧開平方圓徑四寸ヲ知

外餘積二百八十八歩縦寸ト圓周寸ト和ヲ

三尺二寸縦ヨリ横短キ五寸圓徑ヲ問

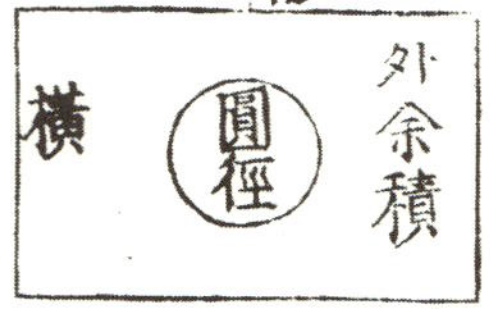

答圓徑四寸

立天元一〇｜為圓徑圓法乗〇‖為圓周

寸和三尺二寸ノ内ヲ減餘╪為縦寸ト内五寸ヲ減

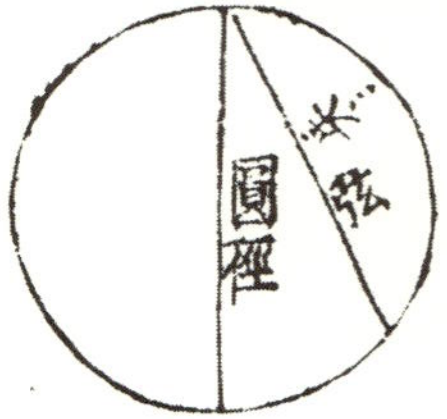

╤╫為横縦横相乗ノ╥╦為積ト

左ニヨセ別ニ圓徑自ノ圓法乗〇〇〇╨為圓積是ニ

外餘二百八十八ヲ加テ左ト相消╥╥開平

方圓徑四寸ヲ知

矢二寸弦ト圓徑和ト一尺八寸

弦ヲ問　答弦八寸

立天元一〇｜為弦ト和一尺八寸ヲ内ツ

減餘╥╫為圓徑内矢倍ヨ減╥╫餘ヲ

自ノ╦╫是ニ玄巾ヲ加テ╦╫

為圓徑巾ト左ニヨセ別ニ圓徑自ノ╫╫

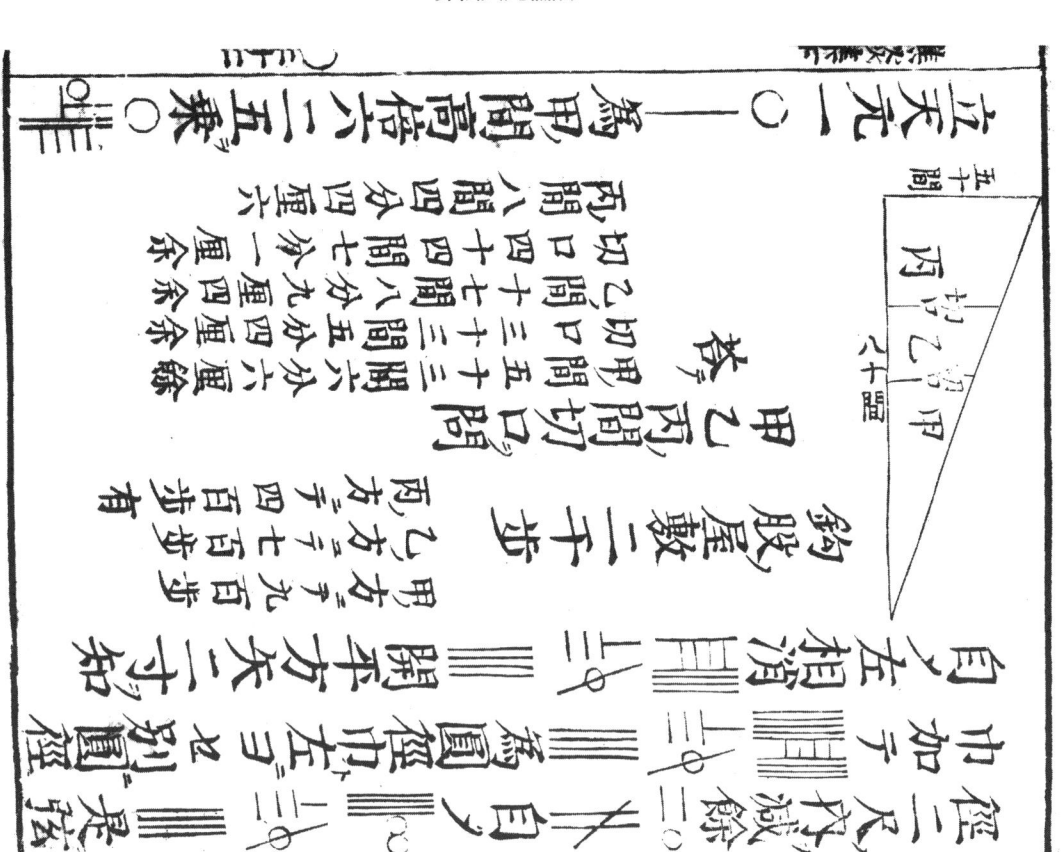

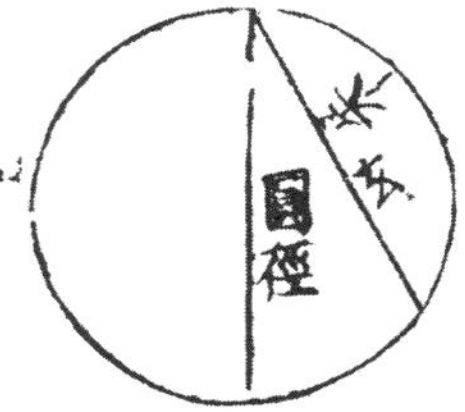

左相消　開平方弦八寸ヲ知

弦六寸矢一寸圓徑問　荅圓徑一尺

立天元一○―爲圓徑矢倍二寸ヲ減

餘自ノ　爲甲

別弦自ノ三十六甲ニ入テ　爲圓徑巾ト

左ヨセ別圓徑自ノ○○―爲圓徑巾ト左相消

一位上方ニ除圓徑一尺ヲ知

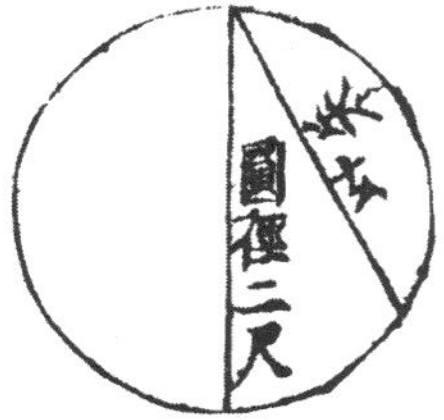

圓徑二尺弦一尺二寸　矢問

荅矢二寸

立天元一○―爲矢倍ノ○圓

徑二尺内ヲ減餘　自ノ　是弦

巾加テ　爲圓徑巾ト左ヨセ別圓徑

自ノ左相消　開平方矢二寸ヲ知

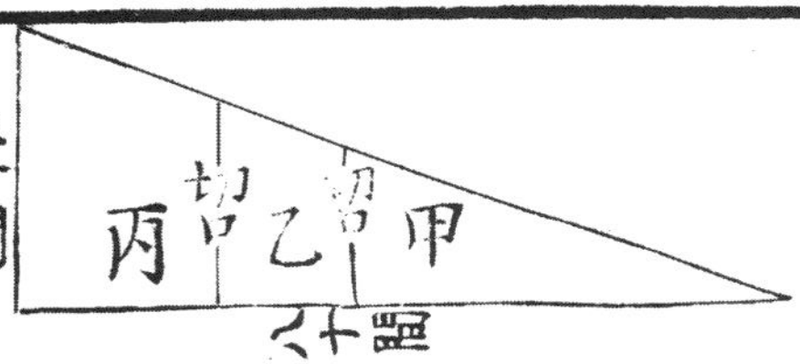

鈎股屋敷二千歩　甲ノ方ニテ九百歩　乙ノ方ニテ七百歩　丙ノ方ニテ四百歩有

甲乙丙間切口問

荅　甲ノ間五十三間六分六厘餘　切口三十三間五分四厘余　乙ノ間十七間八分九厘四余　切口四十四間七分一厘余　丙ノ間八間四分四厘六

立天元一○―爲甲ノ間高倍六二五ヲ乗○

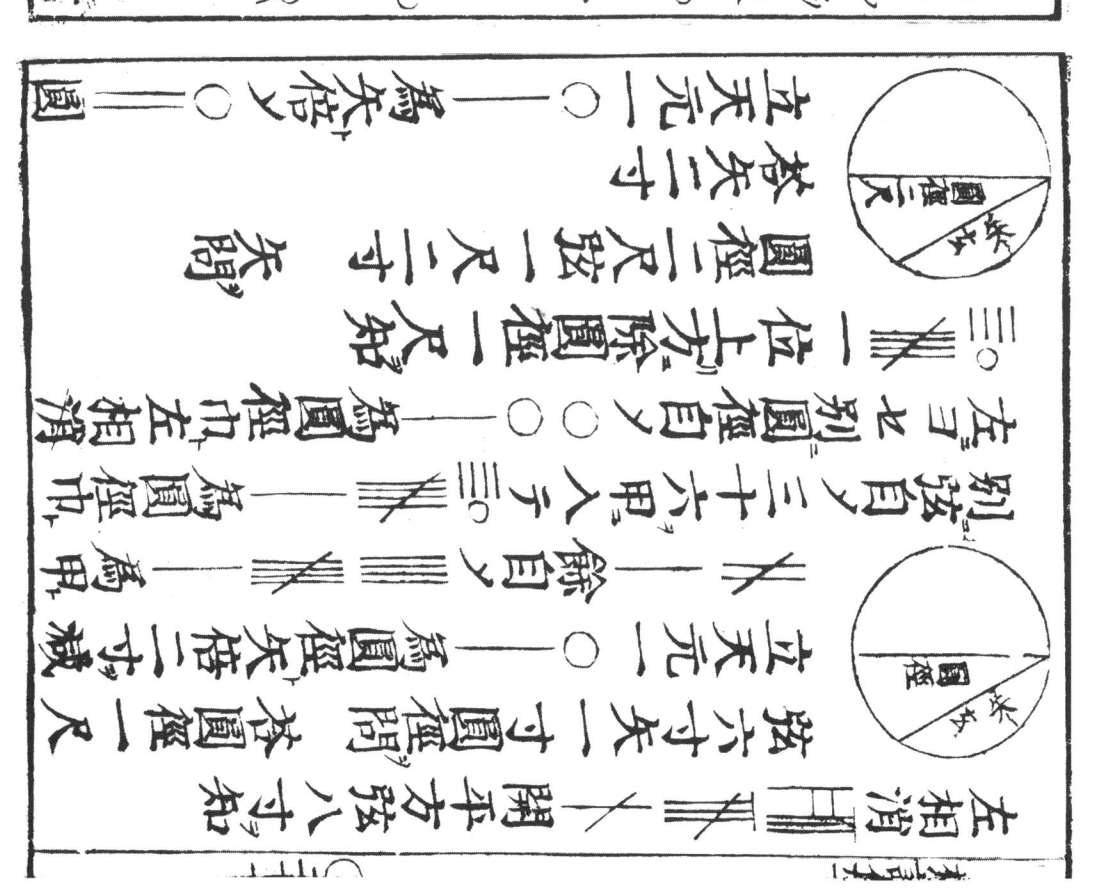

是甲切ロス是甲ニ間乗甲為積二段左
寄別甲九百倍ノ左相消開平方ニ甲ヲ
間知

大方　小方

大方小方和ノ二十五歩大方ヨリ小方一
寸短シ　大方ヲ問　答大方四寸
立天元一為大方ト一寸減
為小方ト各ヽ自ノ二和ノ
為積ト左ニ寄別ニ積二十五歩ヲ以左相消
開平方ニ大方四寸ヲ知
又小方ヨリ問　答小方三寸

立天元一為小方ト一寸加入ノ為
大方ト各自ノ二和ノ為積ト左ヲセ別ニ
積二十五歩ヲ以左相消開平方ニ小
方三寸ヲ知

大方　小方

大方小方積和ノ三百三十七歩大方小
方別ヽニ開平方見商寸二和ノ七寸大方
見商寸ヲ問　答大方見商寸四寸
立天元一為大見商寸ト和七寸ノ内ヲ
減餘小方ノ為見商寸ト自ノ
為小方ト又自ノ為小方積甲ト

位ヲセ別ニ大方見商寸自ノ○○―爲大方面
又自ノ○○○―爲大方積爲乙甲乙二和ノ

爲積左ヲセ別積三百
三十七歩ッ以左ト相消

三
乘方ニ開大方見商寸四寸ッ知
大方面小方積和ノ四千八百二十五歩
大方小方別ヒニ立方ニ開見商寸二和ノ七
寸大方見商寸ッ問　答テ四寸
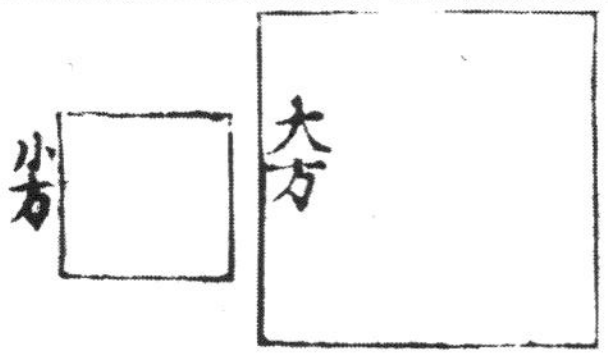

立天元一○―爲大方見商寸ト和七寸
內ッ減
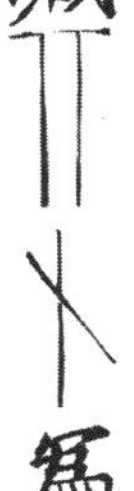
爲小方見商寸ト再自ノ

爲方面是又自乘ノ
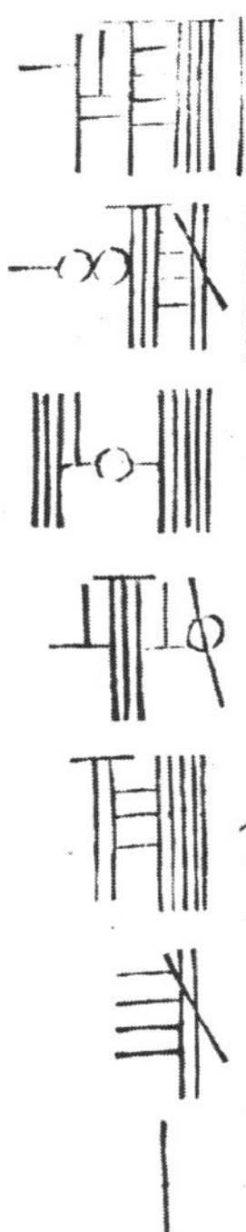
爲小方積別ニ
大方見商寸ッ
再自ノ○○○―爲大方面又自乘ノ
○○○○○○―爲大方積小方積和ノ左ヲ
セ別積四千八百二十五ヲ以左ト相消
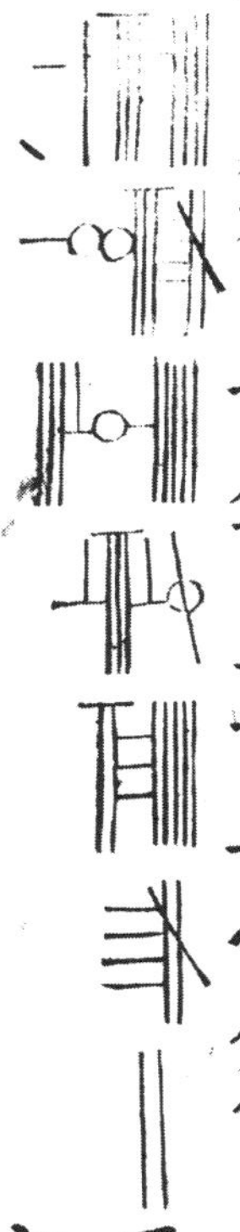
五乘方ニ開大
方見商寸四
寸ッ知

借元銀不知數加利初年濟銀元銀半分濟二年
初年ヨリ百七十六匁多濟三年〆二年ヨリ五百十
六匁不足濟又云三年濟銀不定四十匁加開平
方見商數初年濟銀和ノ七百二十匁初年濟銀
問同利足問　答初年濟銀七百匁
立天元一○——爲初年濟銀和ト七百二十匁内
減餘○〆——爲見商數自ノ○——内
四十匁減餘——三年爲濟銀左ヨセ
別ニ初年濟銀百七十六匁加テ——二年爲
濟銀又五百十六匁減——三年爲濟銀左ト

相消——開平方初年濟銀七百匁知
立天元一○——爲利足元一加入ノ——
元利法ト爲甲別ニ元銀一貫四百匁甲位ヲ以相乘
内七百匁減殘甲位以相乘
内八百七十六匁減——是甲位以相乘
三年濟ノ左ヨセ別ニ三百六
十匁以左相消一位退開立
方利足二和利知
粂一外代大豆一外代和ノ五十六文又云粂ノ
總代ヨリ大豆總代少四百四十八文

米一外錢數米外數同事
大豆一外錢數大豆外數同事
米一外代問　答米一外代三十二文
立天元一○——米一外外數和五十六文内
減餘——為大豆一外外數自
是四百四十八文加入——為米代
左ヨセ別米一外代○——自○○——為米
總代左相消　方除米一外代三十二文
知
○又總米代問　答調百一貫二十四文

平方冪式演段
立未生一○——為米一外代和内減餘　二和
為大豆一外代自　二和巾——左ヨセ別大豆
總代以左相消
二和巾　二和　大豆總代　米總代乘實
二和巾　二和　大豆總代　米總代
正實二和巾米總代和内
大豆總代減餘自左ヨセ
負方二和倍自米總
代乘左相消
立天元一○——為米總代四百四十八文減餘　二和巾　三
為大豆總代別五十六文自

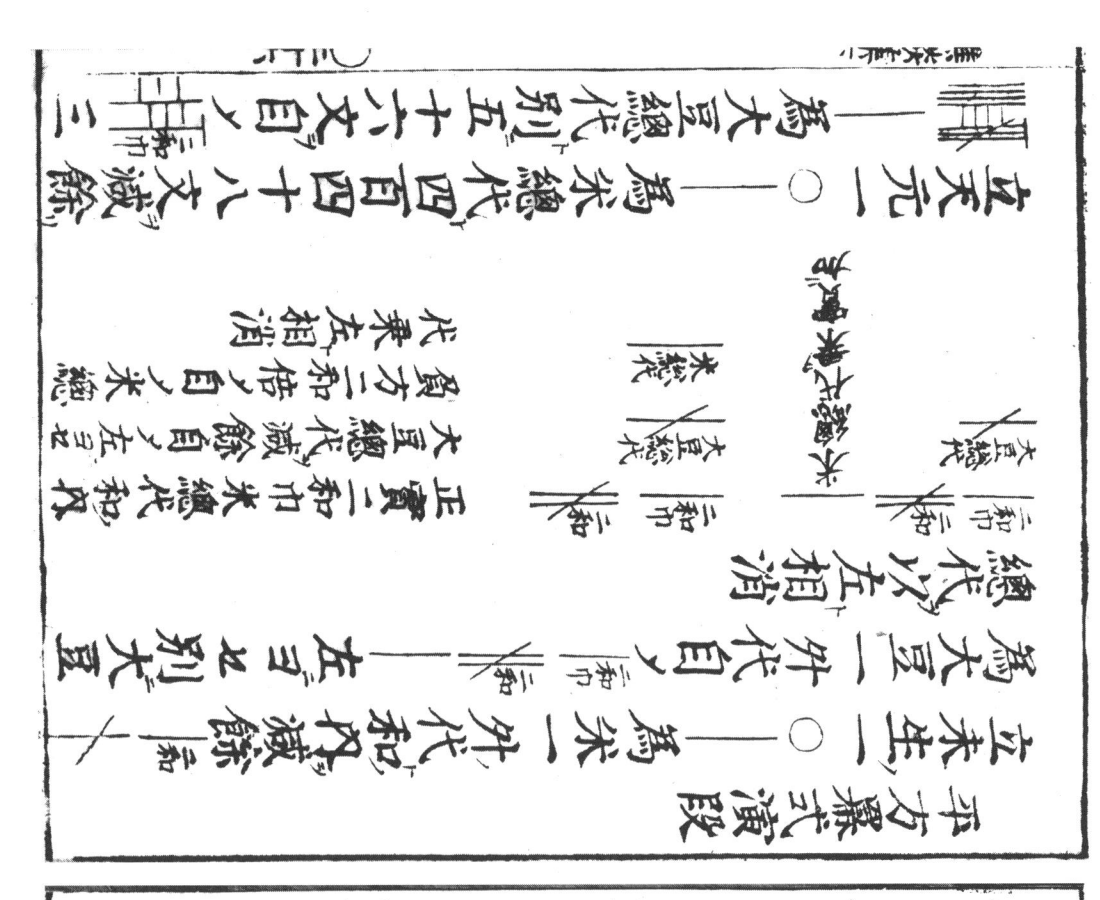

千百三十六是ニ米總代ヲ加入ノ —— 内大豆
總代ヲ減餘 自ノ 千二百八十四万五千
○五十六左ニヨセ別五
十六文倍ノ百十二文是ヲ相乗ノ十二貫五百四
十四文是米ノ總代○——ヲ乗○ 左ト相消
四位進テ方ニ除ク米ノ總代調百一貫二十四
文ヲ知

大方

小方 大方

問 大方為實平方ニ開ク見商寸ト小方平方ニ開見
商寸ト二和ノ七寸又云大方ヨリ小方七寸
短シ
大方ヲ問 答大方一尺六寸

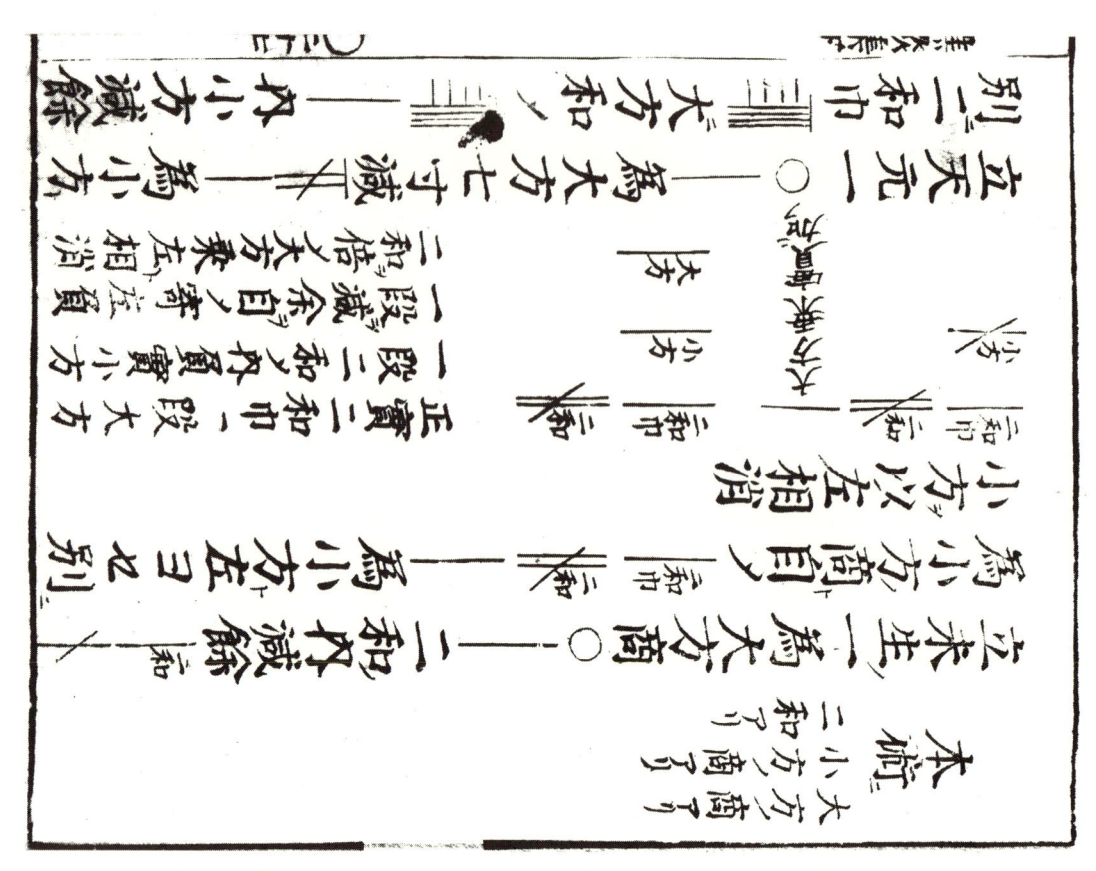

本術ニ 大方ノ商アリ 小方ノ商アリ 二和アリ
立米生ノ一為大方商○——二和内減餘 二和
為小方商自ノ 二和巾 二和 —— 為小方ト左ヨセ別ニ
小方ヲ以左相消
二和巾 二和 小方
二和巾 二和 大方
大方乗實ニ加ヲ
正實二和巾一段大方
一段二和ノ内負實小方
一段ヲ減余ヲ自ノ寄左負
二和ヲ倍ノ大方乗左ト相消
立天元一○——為大方七寸減 —— 為小方
別ニ二和巾 大方ニ和ノ —— 内小方減餘

自ノ　左ニヨセ別ニ二和ヲ倍ス　又自ノ
是ヲ大方ニ乗ス○　左ト相消　一位進
方ニ除大方一尺六寸ヲ知

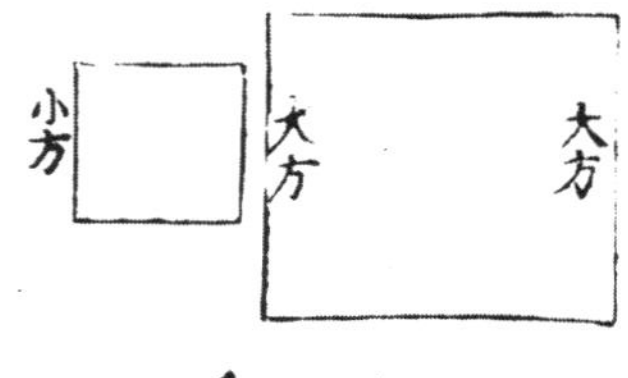

大方小方二和ノ一尺四寸大方積ヨリ小
方積少ナキ二十八歩大方積ヲ問　荅六十四
歩

本術　大方積アリ　小方積アリ　二和アリ

立末生一○　為大方ト和ノ内ヲ減餘　二和　為
小方ト自ノ　二和巾　二和　為小方積ト寄左別小方
積ヲ以左相消

小方積　二和　大方積乗實加
二和巾　小方積　大方積
二和

正實二和巾ト大方積ト和ノ
負實小方積減餘自ノ
寄左
負方二和倍ノ自ノ大方
積乗左相消

立天元一○　為大方積ト二十八歩ヲ減　○
為小方積ト別ニ二和巾　百九十六ニ大方積○
加入ノ　如此内小方積ヲ減　餘ヲ自ノ
五万百七十六左ニヨセ別ニ二和ヲ倍ノ二尺八
寸又自ノ七百八十四　如此是大方積ヲ乗
左相消　一位進方ニ除大方積六

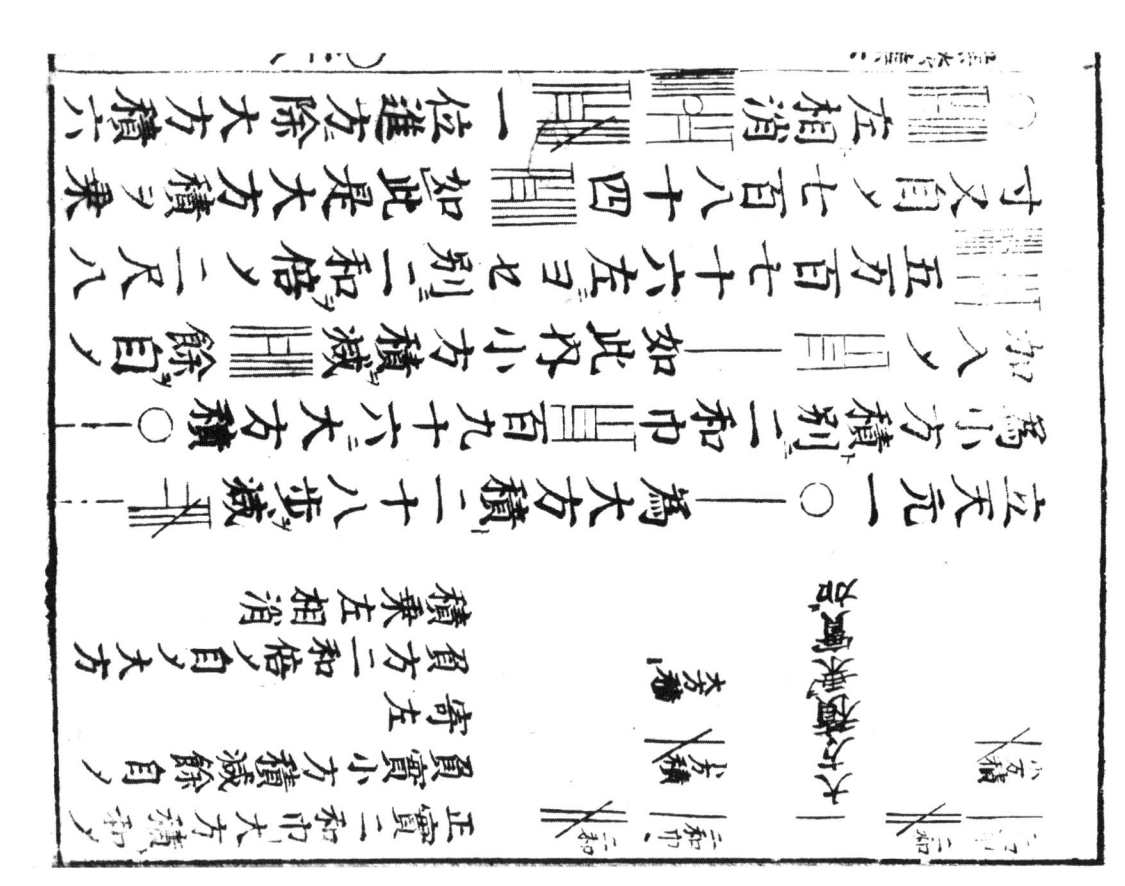

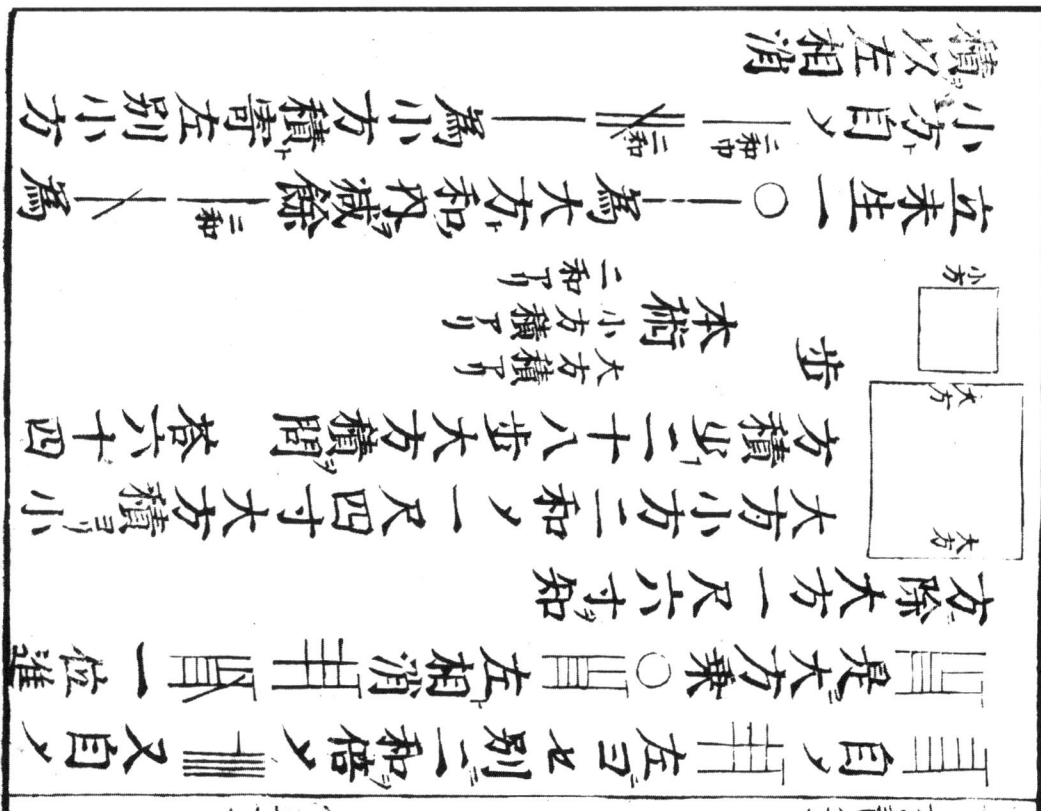

十四 知

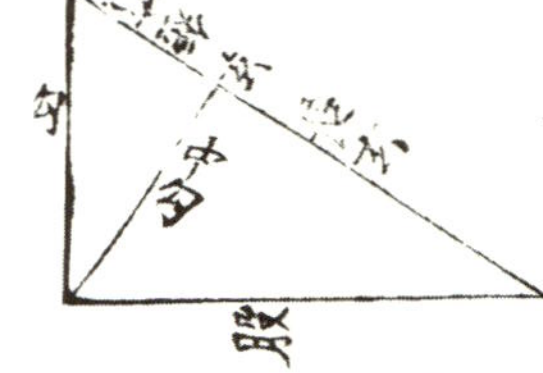

中勾ト勾ト和ノ五寸四分短弦ト玄ト和六寸八分 勾ヲ問 答勾三寸

本術

勾アリ 中勾アリ 短玄巾アリ 後ノ和アリ

勾ヲ天元ニアリトス和ヲ内減餘ハ中勾也中勾巾ヲ以勾巾内減ヲ餘短玄巾成故

巾有モノヨリ立ル

立未生一 ○ 為短弦後ノ和ヲ内減餘 後和

為弦短玄相乗ノ ○ 後和 為鈎冪左ニヨセ別ニ

勾巾ノ以左ト相消

○ 後和 勾巾 後和 短玄巾 負實二和ノ自ノ左ニヨセ

短玄巾乗實 正方自ノ短玄巾乗左ト

相消

立天元 ○ 為鈎前ノ和ヲ内減 為中

勾ト自ノ 為中勾巾ト是ヲ以勾巾ノ内減ヲ

餘 為短玄巾ト是ヲ勾巾加テ

自ノ 左ニヨセ別ニ

寸八分自ノ後和六

是短弦冪ヲ乗 左ト相消 實 方 廉

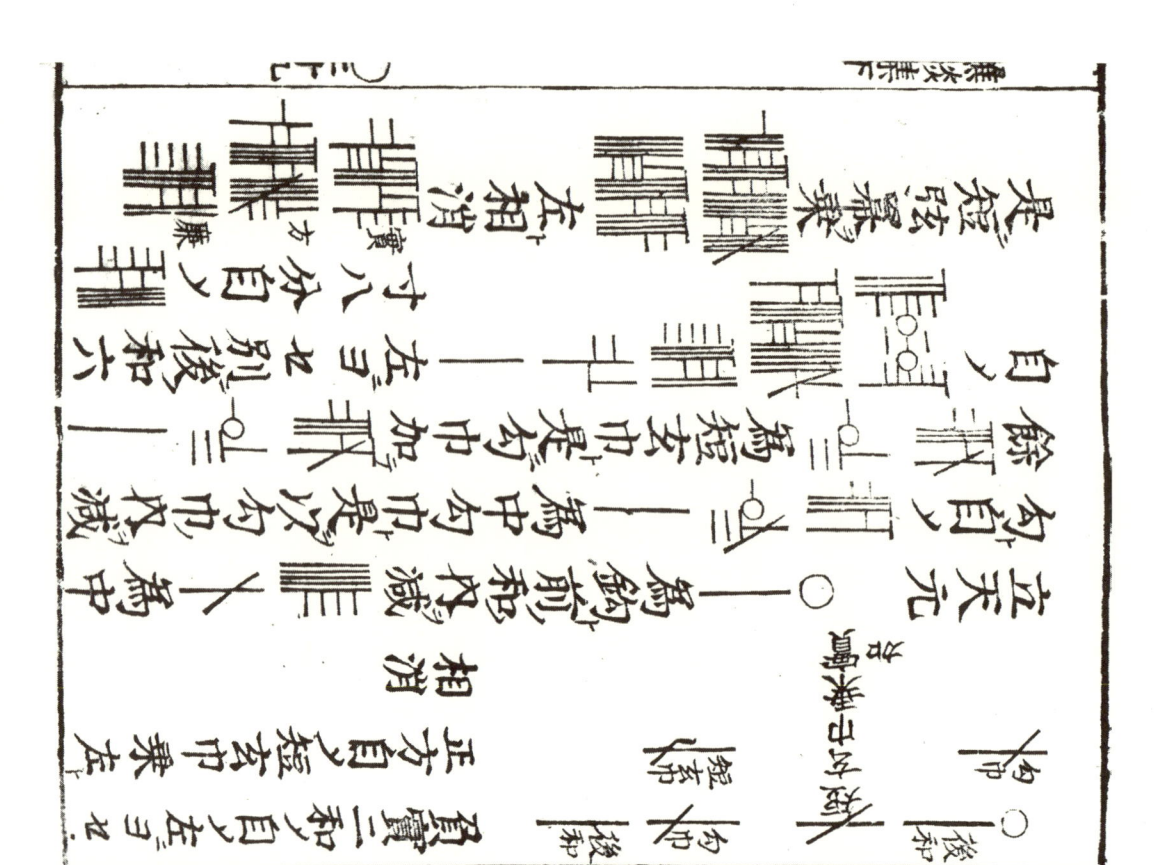

三乘方開之勾三寸ヲ知

明元ヲ

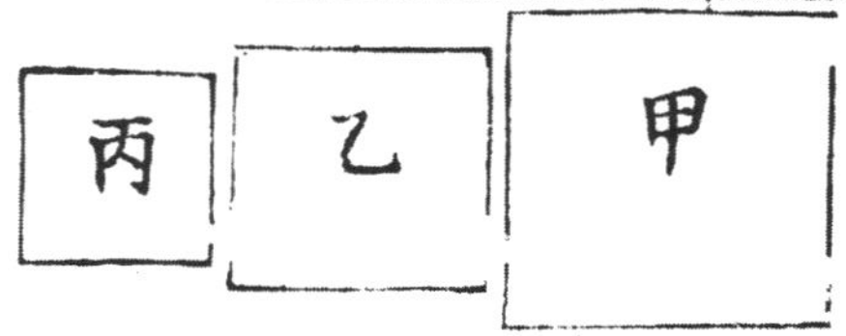

今有甲乙丙方各一只云甲方面ヨリ乙方面短七尺乙方面ヨリ丙方面短五尺又云甲乙丙面別ニ為實開平方見商三和ノ九尺各問方面　答甲商四尺

甲方一丈六尺

商三和アリ甲商アリ乙方アリ丙方アリ

列三和減甲商餘ヲ為乙商丙商二和

立前一為乙商○——以減二和内餘

為丙商是自乘ノ　為丙方寄左列丙方

與寄左相消得式

乙方乘實加

正實三位内減負實二位餘寄天位

負方一位内減正方一位餘寄地位

實　天位自乘ノ一段寄左

方　地位自乘ノ一段乙方乘

左相消

立天元一○——為甲方平方開見商自○○

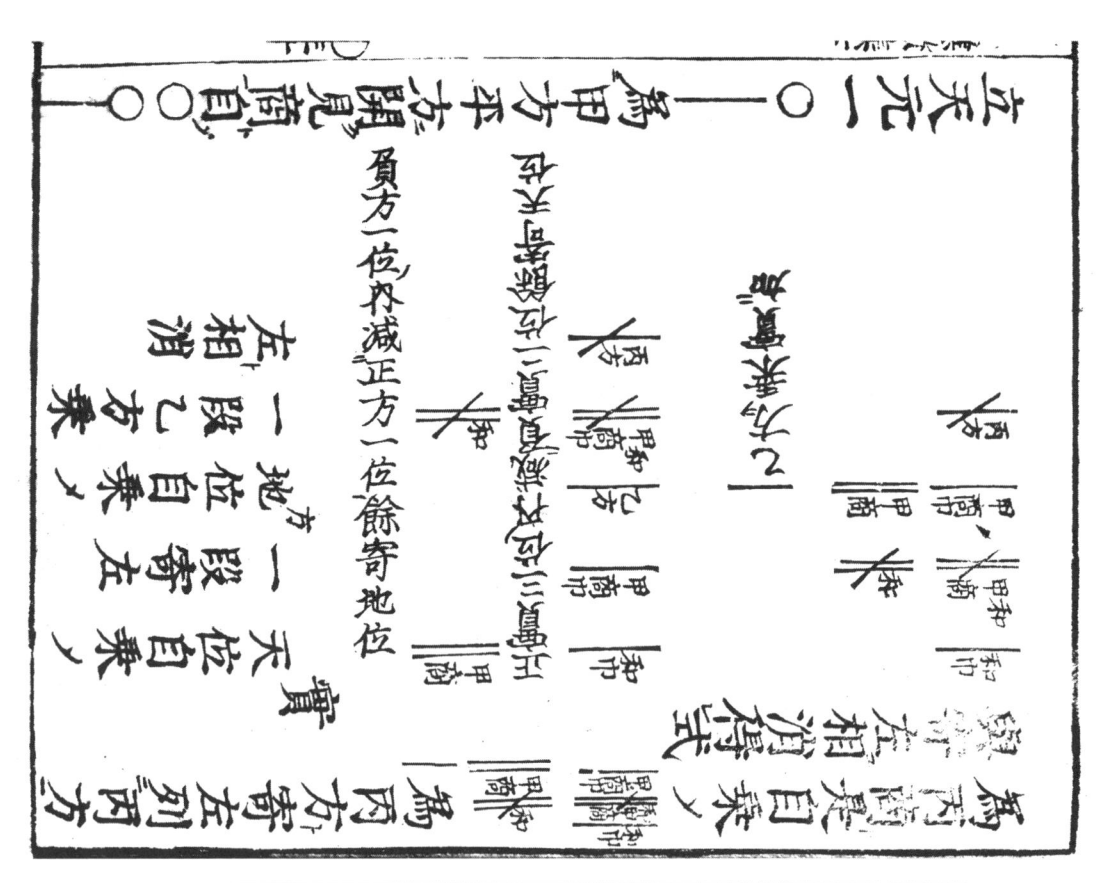

爲甲方面甲乙差七尺減餘 𝍮 〇 一 爲乙方
面乙丙差五尺減 𝍤 〇 一 爲丙方面
三和冪 𝍫 一段甲商巾〇〇 一段乙方面
𝍮 〇 一 一段正實三和ノ 〇 一 如此
負實三和甲商相乘ノ〇 𝍩 二段丙方面 𝍤
〇 一 一段右二和ノ 𝍤 𝍩 一 是以右三
和內減餘 𝍫 𝍩 一 爲天位自ノ
𝍢 𝍮 一 爲天位巾左ヨセ別三
和二段 𝍫 內甲商二段〇 𝍡 減餘地位
𝍪 𝍤 𝍫 自乘ノ 𝍢 𝍤 𝍣 是乙方面

𝍮 〇 一 乘 𝍤 𝍣 𝍢 𝍤 𝍢 爲地位
巾左相消
𝍣 𝍮〇〇 𝍡〇〇 廉 𝍫〇 隅 𝍤 三乘 三乘方開之商甲商四
尺ヲ知
自ノ甲方一丈六尺

一

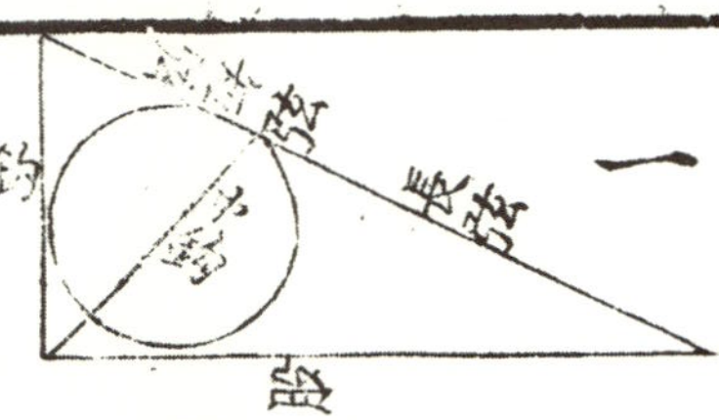

今有鉤股弦內圓徑只云鉤弦之差乘股
得數長弦和若干又云股弦差乘鉤得數短
弦及與中鉤和若干問圓徑幾何

二

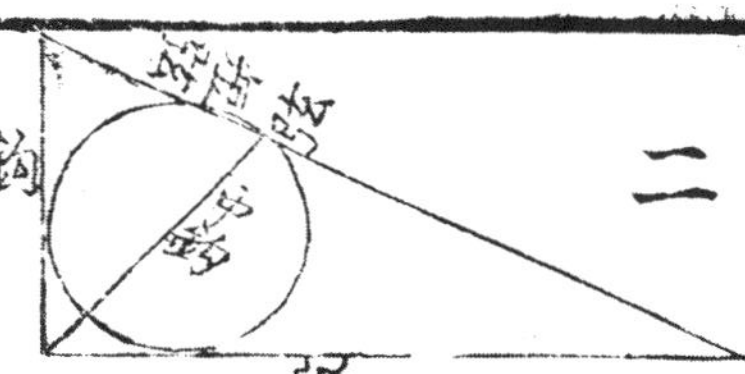

今有鈎股弦內圓徑只云鈎股弦三和爲實開平方之見商數中鈎四乘冪和若干又云短弦與圓徑相乘而若干問鈎幾何

三

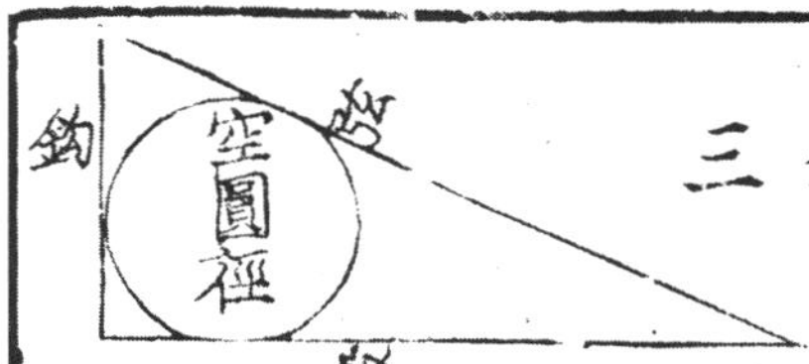

今有鈎股弦內空圓徑只云外餘積若干又云鈎股弦別々爲實開平方見商數各三和若干問弦開平方之見商數幾何

四

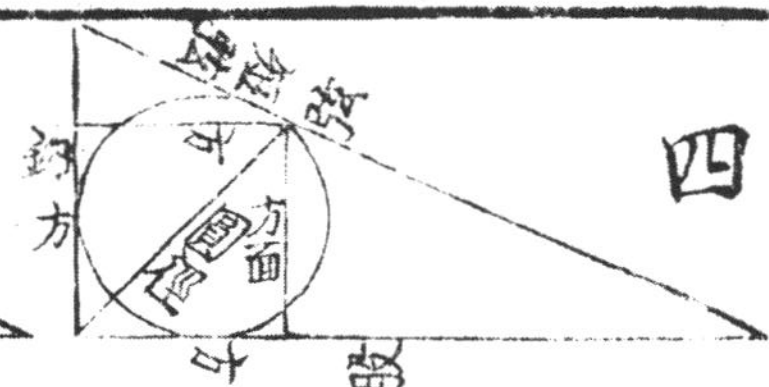

今有鈎股弦內圓徑及方面只云鈎再自乘而得數與短弦再自乘而得數及圓徑再自乘而得數三和若干又云從弦數方面數不及若干問弦幾何

五

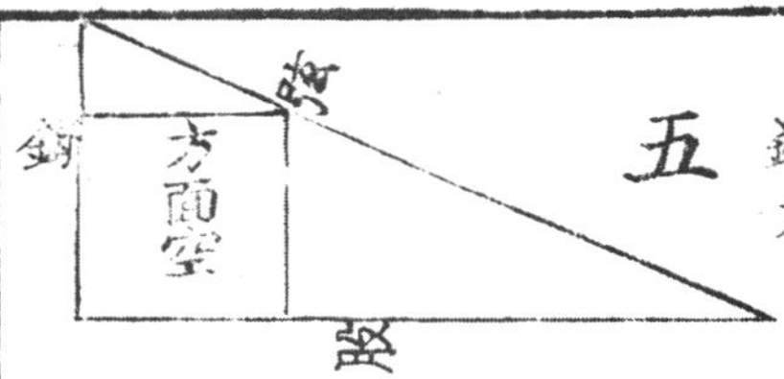

今有鈎股弦內空方面只云方外餘積若干又云方面與股相乘而得數鈎再乘冪及弦再乘冪三位和若干問方面幾何

六 今有九乘垜果子及方切子各一只云九乘之果子箇積與方切子立方積和而共ニ若干又云從九乘之果子底子一面方切子面數不及若干問各幾何

不用方切子之積定率而可答術

七 今有蕎麥形及七乘垜果子各一只云七乘垜果子箇積與蕎麥形之立方積和而若干又云ヮ七乘垜果子底子面爲實開平方見商數與蕎麥形方面和而共若干問各幾何

不用蕎麥形之積定率而可答術

八 今有立方面不知段數只云立方面數和而若干又云立方積和而若干別云立方每面差若干問段數幾何

九 今有元銀若干借人不知人數分元銀各等只云借年限四年而歷於年數而集持來銀高見之則增加若干又云每歲之利差若干別云併每家不同之年利而若干問人數幾何

乃每歲利ニ利加

算法天元樵談集下終

法天元適等
三

算法天元樵談追加平圓立圓眞術適等上

一或人問平圓立圓定率周積共何ヲ捨何ヲ用
答曰定率親疎差別可随自己ノ心ニ是非長短不可論ス不
弱好問可用古今ノ率
一平圓有周徑積知事周圓經乗四除為積
一平圓周積共今ノ術者非造古人ノ説多平圓積知事圓經
一尺内幾ヒモ立鈎股弦十万餘得角方則集方面有為
圓周積集有為定率
一平圓外周定三十二切十六乗又五十寸乗有為定率前
外周ニアリト定者不可也
一立圓積今ノ術者非造古法説多緩ハ鈎ニテ方寸造王徑

或蠟ニテ徑一尺ノ造玉ヲ貫方尺器ニ以テ水ヲ歩數積アリ又一
尺ノ玉徑百枚ニ割高一分ト爲圓臺ヲ坪集テ有爲玉率又一尺ノ
外周四除再自乘有爲定率又一尺ノ外周爲十六段有
爲定率自已可味也
一 萬算術割返掛違有約分法位見樣可爲第一天元ニ綴
百千ヲ爲數ヲ立ル所ノ一ハ皆一ノ位ト可知自乘相乘相加相
減共可尊位也　△一位也
○割算ハ一ヨリ下ハ増ト知ル一ヨリ上ハ減ト知ベシ○割算ハ左ノ頭右ニ
當同所ノ分ト知ベシ○掛算ハ左ノ頭右ニ當ル分ノ所ヲ同名ト知ル○掛
算ハ一ヨリ下ハ減ト知ル一ヨリ上ハ増ト知ベシ
一 方程正負有變文同名則相加異名則相減正ニ無人正ス
之ヲ負ニ無入負ス之同名則相減異名則相加正ニ無人負ス之ヘヲ
負ニ無入正ス之有實也無實也理也有正算無負算也
一 天元一ハ天地開闢理也問所ノモノヲ名付テ立ル一ト大極
虛ニシテ靈也適等ハ寄消也前得數後得數同故適等ト云
兩儀生ルノ儀ナリ除ハ發六十四卦ノ理ナリ
一 眞禄適等トハ天元ハ空ニシテ眞也以全數ヲ如天元自乘相
乘相加相減ノ得寄數ヲ別如天元以全數自乘相乘相
加相減寄消得同數故眞禄適等ト云相減相加ハ相
剋相生ノ理ナリ
一 未生ノ一トハ混沌未分也本術天元問所モノヲ立ル一ト自乘相
乘相加相減前數ハ得モ依無因所後相消數難見故幾
ヒモ空内空ヲ立ルヲ未生ノ一ト云綴ハ傍ニ有客問曰得赤白
牡丹實爲合懐中ニ疑定分明可植左右ニ如好問右方ニ白キ

華幾重ナラント未種一袋内ヨリ如問答ニ云本術天元ニ
爲有華未牡丹木ナレ故無極内立未生ニ有一和種有
赤有白而演段畫ツクシ出所ノモノヲ有二一和種有赤有
白有朱有花トシテ既ニ如欲植後本術天元起スハ白ヲ右ニ
如植自乘相乘相加相減雨露得恵生牡丹木ヲ如爲成
長蓋天地運氣循環ノ花爲開適等ノ理也相消ノ理ハ
陰陽和合シテ白キ花ノ幾重ヲ如得左ニ記ス

羽州莊内鶴岡
中村八郎兵衛政榮編之

改算記盈朒之法

座敷天井大サ二寸木ニテ
廣サ一尺一寸ノカウシ一間ニ繪一ツヽアリ今
是ヲ仕ナヲス寸大サ一寸五分五リンノ木ヲ以テカウシ廣サ八寸二
分ツヽニ組右ノ繪ヲ用其外今又繪百七十五書加ヘ此座敷
何疊敷ト問　答六尺五寸間十八疊
術ニ云後ノカウシ八寸二分ニ二寸五分五リンヲ加ヘ九寸七分
五リン自ヲ百七十五乘一万六千六百三十五九三七五ト

町見之圖

ナル爲甲ト天元ヲ起ス
立天元一　○一爲方面繪數前ノ一寸ニカウレ一尺一寸加ヘ
一尺二寸ッ繪數ニ乘△　自ノ　○△　座數爲寸歩左ヨセ別
後ノ八寸二分ニ一寸五分五リンヲ加九寸七分五リントナルヲ
自ノ　是ニ繪數冪○○一ヲ乘　甲ヲ加　○
座數ノ爲寸歩左ト相消
平方開之方面繪數十五ヲ知　○○　繪數十五ニ一尺二寸ヲ乘
一丈九尺五寸四方座トナル三間以除六尺五寸間知ニ
間四方座數ナリ十五ヲ掛合古繪二百二十五枚也百七
十五枚ヲ加新繪四百枚ヲ知
利足

○一年ニ一割二分ノ金八ニ箇月何十兩ニ一分ヲ問　答ニ二十五
兩ニ一分也　永ニ三百ッ一割二分ニ除キ二十五兩ヲ知又二十五
兩ヲ以テ永三百ヲ除キ一割二分ヲ知何ワリ何十兩ト云ヒ問ヲ以テ
永三百ヲ割也　○緞八金百五十兩元金一箇月二十
五兩一分ニテ日數四十七日ノ利ヲ問　答銀百四十一目也
銀八六十目ヲ定　百五十兩四十七日ヲ乘爲實別ニ二十五
兩ヲ倍五十兩ヲ以テ實ヲ除利百四十一目ヲ知是六十目ニ除永二
兩三十五目ヲ知緞何十兩ニ一歩ト云ヒ金數日數ヲ乘約束ノ金
倍シテ除利銀ヲ知　○利足ニワリ五分ニテ一年銀三百
目ッヽ有ニ三年濟銀ニ元銀問　答五百八十五目六分
立天元一爲元銀ト　○一　利足一二五ヲ乘△　内ニ初年ノ三百
目減△○　余ニ一二五ヲ乘　内ニ一年ノ三百目ヲ減

余一二一五ヲ乗シ 三年ノ爲濟銀左ニヨセ別濟銀
三百目ヲ以左相消 九歸式ニ除元銀五百八
十五目六分ヲ知
○元銀五百八十五目六分ニ割五分定三年同銀濟一
年濟ヲ問　答三百目
立天元一爲濟銀○丨爲甲ト元銀一二一五ヲ乗 内甲ヲ
以 十余一二一五ヲ乗 甲ヲ以減 余一二一五
ヲ 三年濟トノ左ニヨセ甲ヲ以テ左ト相消
九歸ニ除三百目ヲ知
○元銀五百八十五目六分利足加テ一年ニ三百目ツヽ三
年ニ有濟銀　利足ヲ問　答二割五分
立天元一○丨爲利足ト元一ツ加入レテ一丨爲元利法甲ト

別元銀甲ヲ以テ相乗ノ 内三百目ヲ減 甲ヲ以テ乗
内三百目減余 甲ヲ以テ乗
三年爲濟銀左ニヨセ別三年ノ濟銀三百目以テ左ト相消
一位退開立方ニ二割五分ヲ知

平圓之右說
一 圓周率三 圓積率七五　圓徑一尺 周三尺 寸平積七十五　漢蔡氏
一 圓周率三一四 圓積率七八五　圓徑一尺 周三尺一寸四分 積七十八歩五分　魏劉徽
一 圓周率三一四二 圓積率七八五五　圓徑一尺 周三尺一寸四分二厘 積七十八歩五分五リン

算法天元樵談上　五

一 圓周率三一四二八五七
圓積率七八五七一七五
圓徑一尺 周三尺一寸四分二リン八五七 積七十八歩五分七二七五 宋胡氏

一 圓周率三一六
圓積率七九
圓徑一尺 周三尺一寸六分 積七十九 宋祖仲氏

一 圓周率三一六二
圓積率七九〇五
圓徑一尺 周三尺一寸六分二リン 積七十九歩〇五

一 立圓積率五六二五 玉徑一尺寸立積五百六十二五

一 立圓積率五二五 玉徑同寸立積五百二十五歩

一 立圓積率五一九 玉徑同寸立積五百十九歩

一 立圓積率五一 玉徑同寸立積五百十歩

一 立圓積率五〇五六 玉徑同寸立積五百〇五歩六

一 立圓積率四九三〇三九 玉徑同寸立積四百九十三歩〇三九

平圓率七九弁七五ヲ以テ解左

○立圓率五一九弁五一ヲ以テ解左

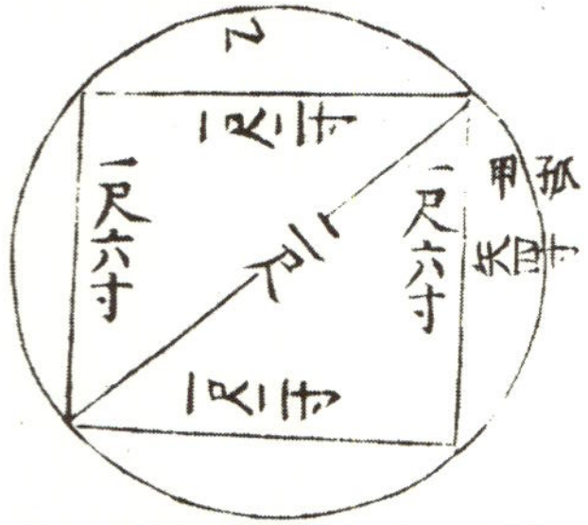

圓積率七九

圓徑二尺内ニ有
綴横平方面
甲ノ孤問
乙ノ孤ヲ問
甲ノ欠積ヲ問
乙ノ欠積ヲ問

圓徑二尺圓周率三一六ヲ乘圓周六尺
三寸二分ヲ知

圓徑二尺自ノ四百ニ圓積率七九ヲ乘圓積三百十六ヲ知

(孤)甲ノ玄一尺六寸ヲ自乘シ二百五十六ニ圓周率三一六ヲ乘八
百〇八歩九分六ト成圓積三百十六ヲ加千百二十四歩九
分六リント成ヲ圓徑三倍六尺ヲ以テ除甲ノ孤一尺八寸七分
四リン九三三三三ヲ知

(孤)乙ノ玄一尺二寸自乘シ百四十四ニ圓周率三一六ヲ乘四百

五十五〇四ト成圓積三百十六加七百七十一〇四成
圓徑三倍六尺以除乙孤一尺二寸八分五リン〇六六六
六六ヲ知
(矢積)甲孤一尺八寸七分四リン九三三三三三三圓徑二一尺ヲ乘
三百七十四歩九分八リン六六六六六六トナル四除ノ九十
三歩七四六六六六六六爲甲位別ニ半徑一尺ノ内矢四寸ヲ減
余六寸ニ玄一尺六寸ヲ乘二除ノ四十八ヲ以テ甲位内減余甲ノ
矢積四十五歩七四六六六六六ヲ知
(矢積)乙孤一尺二寸八分五リン〇六六六六六六ニ圓徑二一尺ヲ
乘四除ノ六十四分二五三三三三三三ト成爲甲別ニ半徑ノ
内矢二寸減余八寸ニ一尺二寸ヲ乘九十六トナル二除ノ
四十八ヲ以テ甲位ノ内減乙ノ欠積十六歩二五三三三

三三三ヲ知
(周)甲孤一尺八寸七分四リン九三三三三三三乙孤一尺二
寸八分五リン〇六六六六六六加倍圓周六尺三寸二分ヲ知
(積)甲欠積四十五歩七四六六六六六乙十六歩二五三
三三三三三ヲ加倍ノ百二十四歩爲甲別ニ一尺六寸一尺
二寸相乘ノ中積百九十二甲ニ加三百十六歩ヲ知

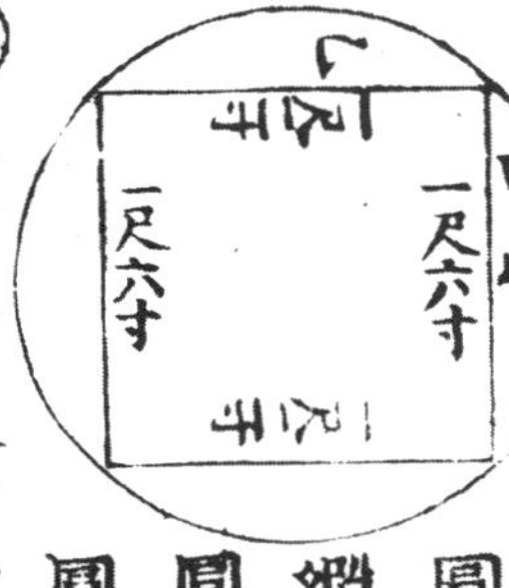

圓積率七五
圓徑二一尺内有　甲孤問　甲欠積問
綴横平方面　乙孤問　乙欠積問
圓徑二一尺圓周率三乘圓周六尺ヲ知
圓徑二一尺自乘圓積率七五乘圓積三百ヲ知
(玄)甲玄一尺六寸自二一百五十六圓周率三乘七百六寸

八成圓積三百加千六十八トナルヲ圓徑三倍以除甲孤
一尺七寸八分ヲ知
(孤)乙玄一尺二寸自乘百四十四圓周率三乘四百三十
二トナル圓積三百加七百三十二トナルヲ圓徑三倍ヲ以
除乙孤一尺二寸二分ヲ知
(欠積)甲孤一尺七寸八分圓徑二尺乘三百五十六トナル四
除メ八十九爲甲位別半徑一尺内矢四寸減余六寸一
尺六寸相乘メ二除レ四十八ヲ以テ甲位ノ内ヲ減余
甲欠積四十一歩ヲ知
(欠積)乙孤一尺二寸二分圓徑二尺乘四除メ六十一爲甲
位別半徑内矢二寸減余八寸玄一尺二寸乘二除メ四
十八以甲位内ヲ減乙ノ欠積十三歩ヲ知

(周)甲孤一尺七寸八分乙孤一尺二寸二分加倍シテ圓
周六尺ヲ知
(積)甲欠積四十一歩乙欠積十三歩加倍メ百八歩中積
百九十二歩加三百歩ヲ知　余八是ニテ可知

圓周率三一六　圓積率七九

一 有圓徑圓周問
二 有圓徑五角孤問
三 有圓徑五角方問
四 有圓徑五角矢問
五 有圓徑五角欠積問
六 有圓徑五角斜問
七 有圓徑五角平斜問
八 有圓徑五角小斜問
九 有圓徑五角中積問
十 有圓徑五角孤方和孤問
十一 有五角方元圓徑問
十二 有五角孤圓徑問
十三 有五角方矢圓徑問
十四 有五角孤矢和圓徑矢問

㊀圓徑三尺二三一六ヲ乗圓周九
尺四寸八分ヲ知
㊁圓徑三尺二三一六ヲ乗五除メ
孤一尺八寸九分六八リンヲ知
㊂孤一尺八寸九分六八リン二圓徑三
倍九尺ヲ乗内圓積七百十一ヲ減余九
百九十五四ヲ圓周率三一六二除三
百十五ヲ開平方五角方一尺七寸七分四リン八二三九ヲ知
㊃圓徑自乗メ九百内方積二百十五ヲ減余五百八十五
開平方二二尺四寸一分八リン六七八ヲ圓徑三尺内ヲ減
余二除メ矢二寸九分○六六一三ヲ知
㊃別法二立天元一○一為矢ト倍ヲ以テ圓徑三尺内ヲ減

余リ三○卅自乗メ方冪三百十五ヲ加入メ
寄左別圓徑三尺ヲ自乗メ九百ヲ以テ左相消開
平方矢二寸九分○六六一三ヲ知
㊄孤一尺八寸九分六八リン二圓徑三尺ヲ乗五百六十八
歩八トナル四除メ百四十二歩二トナル爲甲別半徑一尺
五寸内矢ヲ減余一尺二寸○九三三八七ヲ乗二百
十四歩六三六二三○五余トナル二除メ百○七歩三一八
一五二二五余以甲内ヲ減余欠積三十四歩八八一八
四七四七六三七三余ヲ知
㊅孤倍三尺七寸九分二リン二圓徑三倍ヲ乗内圓徑冪
七百十一ヲ減余ヲ圓周率二除八百五十五ヲ開平方斜二
尺九寸二分四リン○三ヲ知

㈥別法立天元一○―爲斜方減爲欠斜斜以相乘メ
爲方冪左寄方ヲ自乘三百十五ヲ以左相消
○―|
開平方斜二尺九寸二分四リ○三ヲ知
㈦圓徑内矢減余平斜二尺七寸○九三三九三ヲ知
㈦別法圓徑冪九百内方積三百十五ヲ減余五百八十
五開平方二尺四寸一分八リ六六七八是矢二寸九分余ヲ
加テ平斜二尺七寸○九三三九三ヲ知
㈧立天元一爲小斜○―倍メ圓徑ノ内減余自メ斜冪
八百五十五加テ左ニヨセ別圓徑自メ左ト相消開平方
小斜一尺一寸六四五九二ヲ知

㈨欠積五乘百七十四歩四○九二三七三八一余以圓
徑冪七百十一内減中積五百三十六歩五九○七六二
六一九ヲ知
㈨別法方自メ一七○三四六乘中積五百三十六歩五
九○七六二六一九ヲ知
㈩立天元一爲弧和内減余爲方自メ圓周率ヲ乘圓積
加圓徑三倍因爲弧左ニヨセ別弧圓徑三倍九尺ヲ乘左
相消開平方弧一尺八寸九分六リ六ヲ知
(十一)立天元一○―爲圓徑自メ圓積率ヲ乘爲積名
付爲甲別圓徑圓周率ヲ乘又二分ヲ乘爲弧圓徑
三倍ヲ乘内甲ヲ減余圓周因爲方冪ト左ニ
ヨセ別方ツ自シテ圓周率ヲ乘左ト相消開平方

圓徑三尺ヲ知
(十二)弧一尺八寸九分六リ二五ヲ乘九尺四寸八分ヲ三
一六ニ除圓徑三尺ヲ知
(十三)立天元一爲圓徑矢倍減余自方冪加左ニヨセ別圓徑
自左相消開平方圓徑三尺ヲ知
(十四)立天元一爲矢和内ヲ減余爲弧別矢倍ヲ以圓徑内
減余自ノ以テ圓徑冪内減余圓周率乘圓積加テ圓徑
三倍因爲弧寄左別弧圓徑三倍九尺ヲ乘左ト相消開
平方矢二寸九分〇六六余ヲ知

圓徑三十間ノ屋敷甲乙丙丁戊ニ切
甲玄問　甲弧問　甲弧有欠積問　甲矢問
乙玄矢弧問　丙玄矢弧問　戊玄矢弧問

圓周率三一六　圓積率七九
甲(玄)立天元一爲甲玄自以圓徑冪内
減余爲斜冪以玄冪乘圓徑三倍冪
乘寄左別玄冪圓周率乘圓積加圓
徑乘又二分五リンヲ乘爲乙別積百
〇二歩九三圓徑三倍乘以乙内減
余自十六乘左相消三乘五開甲玄二十四間ヲ知
(玄)立天元一〇一爲玄ト自ノ〇〇一爲玄冪以圓徑冪
内ヲ減余爲斜冪玄冪以テ相乘以圓徑
三倍冪ヲ乘シ寄左別玄冪圓周率乘
圓積七百十一歩加入ノ圓徑三十間乘

是ニ二分五リンヲ乘レ爲乙位別欠積圓徑三倍九
十間ヲ乘九千二百六十三七ヲ以テ乙内減自ヲ

十六ヲ乘

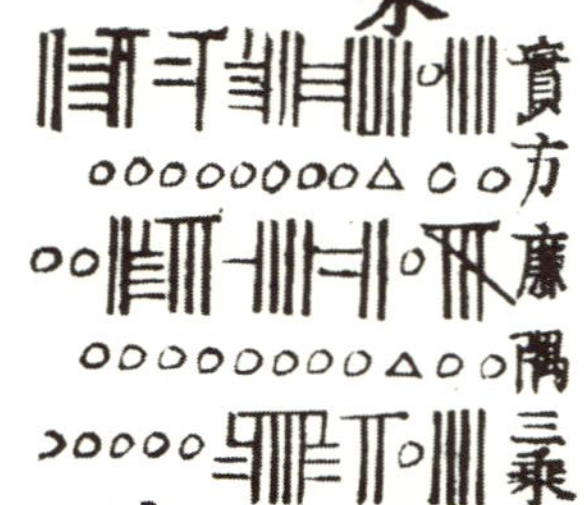

實二億ノ位廉二百
万ノ位三乘八千位
左寄タルト相消

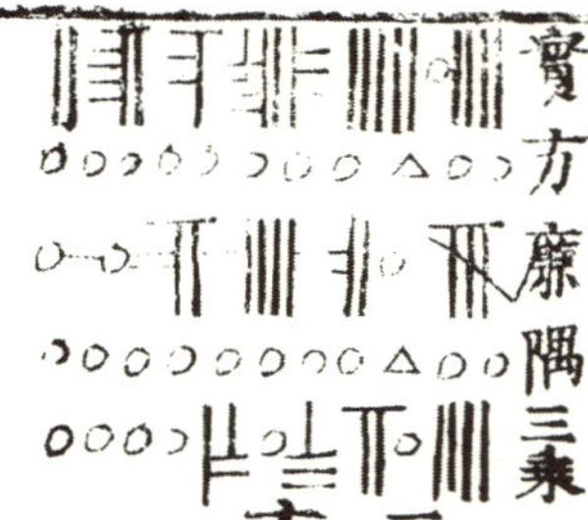

三乘方ニ開
玄二十四間ヲ知

真禄適等

(玄)大元玄二十四間自五百七十六歩以テ圓徑冪九百
内減余三百二十四爲斜冪玄冪五百七十六以相乘ノ
十八万六千六百二十四歩是圓徑三倍冪八千百ヲ乘
十五億千百六十五万四千四百歩寄左別
(玄)後ノ適等玄冪五百七十六圓周率三一六ヲ乘千八
百二十〇一六是圓積七百十一歩加二千五百三十一
歩一六圓徑三十間ヲ乘七万五千九百三十四歩八分
是二分五リンヲ乘一万八千九百八十三歩七分爲乙別
積百〇二歩九三圓徑三倍九十間ヲ乘九千二百六十
三歩七是ヲ以テ乙内ヲ減余九千七百二十自ノ九千
四百四十七万八千四百是十六ヲ乘レ十五億千百六

十五万四千四百歩適等也
(玄)後ノ玄冪五百七十六ヲ圓周率乗圓積加圓徑三倍ヲ
以テ除ハ孤トナル筈ノ所ニ不除メ圓徑ヲ乗欠積四段
斜冪四段ノ和トナル二分五リンヲ乗欠積一段斜冪一段
和トナル二分五リンヲ乗八四除ノ剖返也乙一万八千九
百八十三歩七分内ニハ斜冪一段圓徑三倍因アリ積一
段圓徑三倍因アリ然間好欠積圓徑三倍ヲ乗九千二
百六十三歩七ヲ以テ乙内ヲ減余九千七百二十内圓
徑三倍九十間因斜冪一段有百八歩則九千七百二七
自乗メ九千四百四十七万八千四百トナルニ十六ヲ乗
十五億千百六十五万四千四百歩ト成故也
十六ヲ乗ハ斜玄ヲ乗ニ除メ假ノ積トスル故ニ不除メ

自乗スレハ二二ノ四段ノ斜冪四段ノ玄冪ノ和成自メ
四四十六段トナル故也

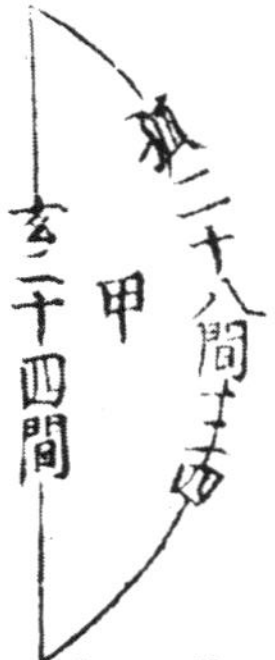

(孤)玄二十四間自メ五百七十六圓周
率三一六ヲ乗レ千八百二十〇一六ト
ナルニ圓積七百十一加テ二千五百三十一一六トナルヲ
圓徑三倍ノ九十間ヲ以除孤二十八間一分二リン四ヲ知
(矢積)孤二十八間一分二リン四圓徑三十間乗八百四十三
歩七二成四除メ二百十歩○九三トナル爲甲別圓半徑
内矢六間ヲ減余九間玄二十四間ヲ乗二百十六トナル
二除メ百八歩以テ甲内減余百〇二歩九三欠積ヲ知
(矢)玄冪五百七十六ヲ以テ圓徑冪九百内減余三百二
十四開平方十八間トナル以テ圓徑三十間内ヲ減余十

二間ニ除メ矢六間ヲ知

㊀矢 別法立天元一爲矢倍メ圓徑ノ内ヲ減余自メ玄冪加寄左別圓徑自メ左ト相消開平方 [算木] 矢六間ヲ知

㊀孤 立天元一爲孤○——圓徑三倍ヲ乘圓積減圓周因玄冪ト少 [算木] 左ニ寄セ別ニ玄冪五百七十六ニ圓周率ヲ乘左ト相消九歸式ニ除 [算木] 孤二十八間一分二厘四ヲ知ル

乙ノ屋敷三十六歩五分七厘ニ切玄ヲ問

㊀玄 立天元一爲乙ノ玄ト自メ以テ圓徑冪内ヲ減余爲斜冪以玄冪相乘メ圓徑三倍冪ヲ乘寄左別ニ玄冪圓周率ヲ乘圓積加圓徑乘二分五厘ヲ乘爲乙ニ別欠積三十六五七ニ圓徑三倍ヲ乘以乙内ヲ減余自メ十六乘左ト

相消三乘方ニ開乙ノ玄十八間ヲ知

㊀玄 眞術ニ云乙ノ玄十八間自メ三百二十四以テ圓徑冪九百内ヲ減余斜冪五百七十六以玄冪三百二十四ニ相乘メ十八万六千六百二十四歩ニ圓徑三倍冪八千百ヲ乘テ十五億千百六十五万四千四百歩寄左別乙ノ玄冪三百二十四ニ圓周率三一六ヲ乘千○二十三八四ニ圓積七百十一加入テ千七百三十四八四ニ圓徑三十間ヲ乘五万二千○四十五二ニ二分五リンヲ乘一万三千○十一三ニ爲乙別欠積三十六歩五七ニ圓徑三倍九十間ヲ乘三千二百九十一分三ヲ以テ乙ノ内ヲ減余九千七百二十自メ九千四百四十七万八千四百ニ十六ヲ乘テ十五億千百六十五万四千四百歩適等也

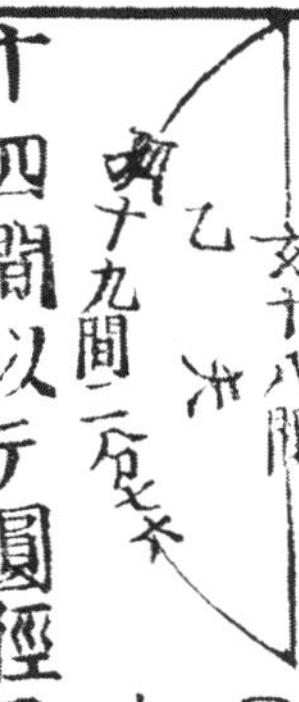

(矢)玄冪三百二十四歩ヲ以テ圓徑冪九百内ヲ減余五百七十六開平方二十四間以テ圓徑三十間内ヲ減余六間ニ除矢三間ヲ知

(矢)別法立天元一立○|爲矢倍圓徑内ヲ減余三△ト自ノ[illegible]玄冪加テ[illegible]左ニヨセ別圓徑自ノ左ト相消[illegible]開平方矢三間ヲ知

(弧)玄冪三百二十四圓周率乗圓積七百十一加千七百三十四八四ヲ圓徑三倍ヲ以除乙ノ弧十九間二分七六ヲ知

(弧)別法立天元一爲弧圓徑三倍ヲ乗圓積ヲ減圓周因玄冪ト寄左別玄冪三百二十四圓周率ヲ乗左ト相消開平方乙ノ弧十九間二分七六ヲ知

(甲)弧十九間二分七六圓徑ヲ乗五百七十八二八ヲ四除ノ百四十四五七爲甲別半徑十五間内矢三間ヲ減余十二間玄十八間ヲ乗二百十六トナル二除ノ百○八トナルヲ以テ甲内ヲ減余欠積三十六歩五七ヲ知

丙ノ屋敷百八十歩○七五ヲ切問

(弧)甲乙弧合四十七間四分ヲ以テ圓周九十四間八歩内ヲ減余四十七間四分ヲ二除ノ丙ノ弧二十三間七分ヲ知

(玄)弧二十三間七分圓徑三倍ヲ乗七百十一ヲ減余千四百二十二圓周率三一六除四百五十トナル開平方丙玄二十一間二分一リン三二余ヲ知

(矢)立天元一○|爲矢倍ノ圓徑内ヲ減三△余自シテ

△‖玄冪四百五十加テ‖△左三ヨセ別圓徑自ノ
左ト相消△開平方丙ノ矢四間三分九リ三四余
ヲ知

(積)孤二十三間七分五圓徑三十間ヲ乗七百十一歩トナル
四除メ百七十七歩七五トナル爲甲別半徑十五間ノ内
矢四間三分九リ三四ヲ減余十間○六分○六六玄二
十一間二分一リ三三二ヲ乗二百二十五トナル二除メ百
十二五ヲ以テ甲内ヲ減余丙欠積六十五歩二五ヲ知

(積)丙玄ト戊玄トノ間鈎股弦アリ乙玄十八間ヲ以テ甲ノ
玄二十四間内ヲ減余六間ヲ二除メ三間ハ甲玄ノ方テ
丙ノ方ヨリ戊ノ方ヘ延トナルヲ爲鈎又圓徑三十間ノ内
甲ノ矢六間乙ノ矢三間ヲ減余二十一間爲股鈎股相乗メ
六十三歩ヲ二除メ三十一歩五分丙内鈎股積ヲ知鈎
股積ト欠積ト和メ九十六歩七五ヲ以テ丙ノ積百八
十歩○七五内ヲ減余八十四歩ヲ甲乙中間二十一間
ノ以テ除丙ノ方ヨリ乙ノ玄ノ内四間ヲ知

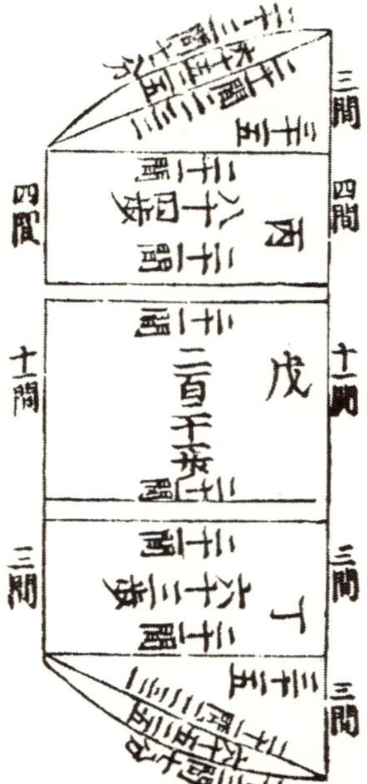

丙積百八十歩○七五

(戊)戊積二百三十一歩ヲ二十一間除十
一間ヲ知

(丁)乙玄内四間中十
一間ヲ減余三間ハ丁方ヨリ乙玄ノ切口ナリ

○丁鈎股積三十一歩五分也○丁欠積六十五歩二五也
○三間二十間相乗六十三也　三和丁百五十九七五也

立圓積率五一九
貫半積問　答テ七
千○○六歩五分

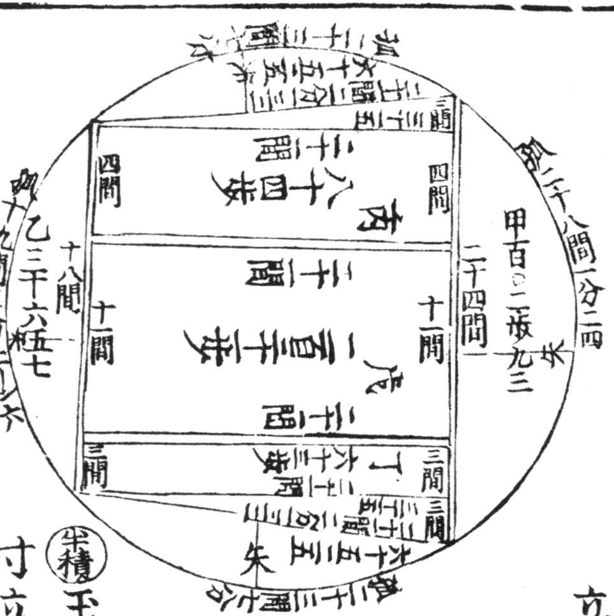

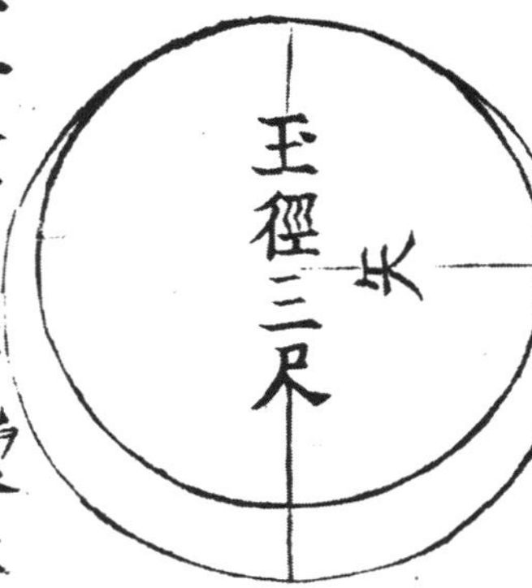

㊥積玉徑三尺ヲ再自乗シ五一九ヲ乗ジ二除メ
寸立積七千○○六歩五分ヲ知
別法圓徑三倍ノ九尺内矢一尺五寸ヲ減余七尺五寸
矢一尺五寸ヲ乗千百二十五ヲ十二段ノ一万三千五

百トナル内矢冪十二段ノ二千七百ヲ減余一万○八百
是矢一尺五寸ヲ乗十六万二千是玉率五一九ヲ乗八
万四千○七十八歩為實十二段ヲ以テ除半積七千○○
六歩五ヲ知

立圓率五一
貫半積ヲ問
答六千八百八十五
㊥貫三尺再自乗ノ玉率五一ヲ乗二
除ノ寸立積六千八百八十五ヲ知
㊥別法圓徑三倍ノ九尺内矢一尺
五寸ヲ減余七尺五寸矢一尺五寸
乗千百二十五十二段ヲ乗一万三
千五百トナル内矢冪十二段ノ二千七百ヲ減余一万○

算法天元樵談上　十二

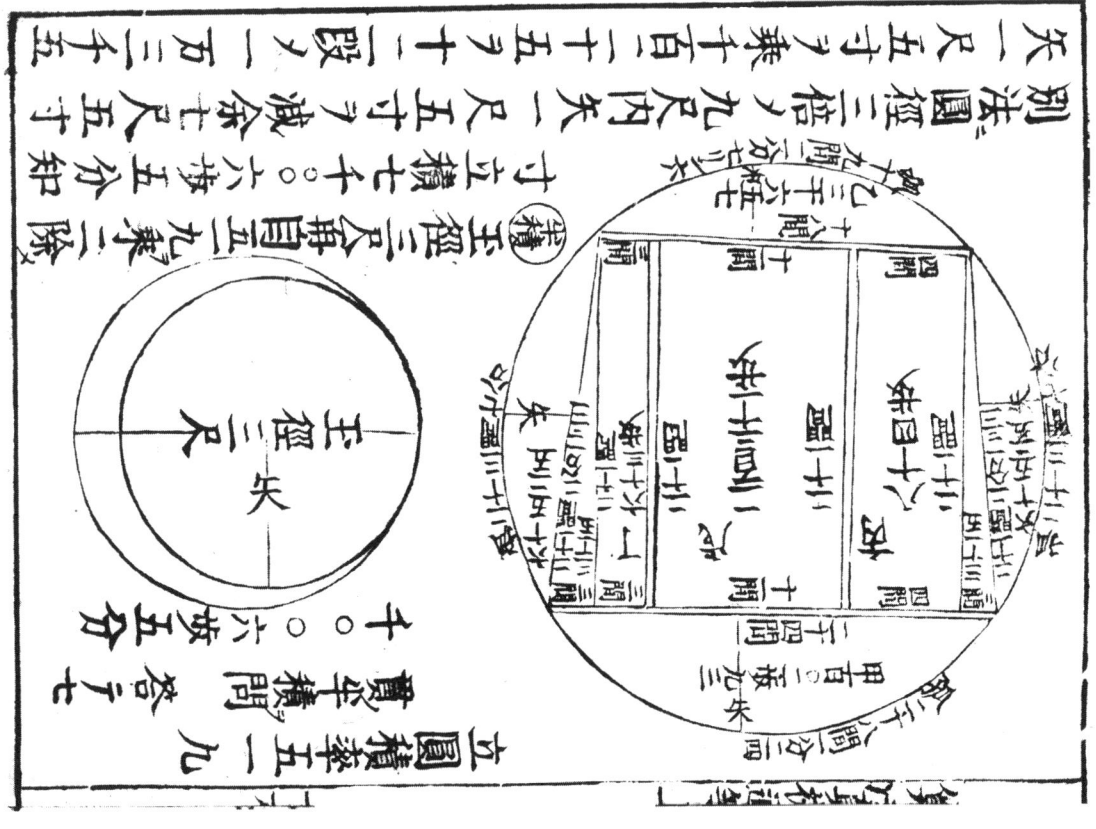

八百矢ヲ乘十六万二千六
百二十爲實十二ヲ以テ除徑半ノ積六千八百八十五
ヲ知

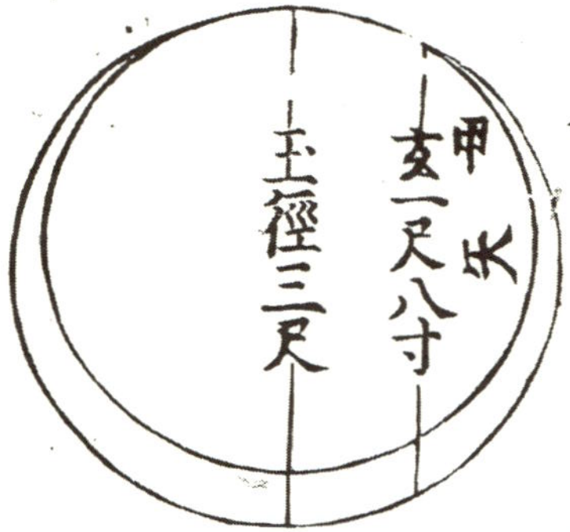

玉率五一九
甲矢間　答矢三寸
欠積問　答三百九十二歩三二六四
㊍立天元一〇一爲甲矢倍ノ玉徑
内ヲ減余リ　自ノ　玄冪
加テ　左ニ寄別玉徑自ノ左
ト相消　開平方矢三寸ヲ知
㊎甲ノ玄一尺八寸内矢倍ヲ減余一尺二寸自ノ百四
十四ヲ三倍ノ四百三十二爲甲位別玄三倍ノ五尺四
寸内矢三寸ヲ減余五尺一寸矢ヲ乘百五十三四倍ノ
六百十二甲位四百三十二加入千〇四十四又三倍ノ
三千百三十二内矢冪十二段百〇八歩ヲ減余三千〇
二十四矢ヲ乘九千〇七十二玉率五一九ヲ乘四千七
百〇八三六八爲實十二段ヲ以テ除切取積三百九十
二三六四ヲ知

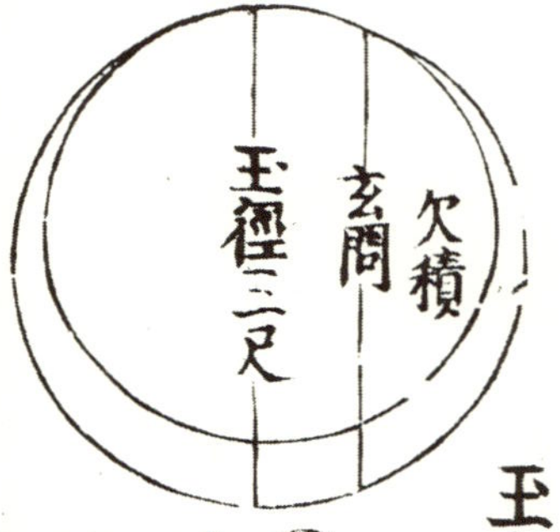

玉率五一九　欠積三百九十二三六四
玄ヲ問　答玄一尺八寸
㊎立天元一爲玄自ノ以テ實冪ノ内
減余乙玄冪トス別玄冪三段實冪一
段乙玄冪三段右三和ノ圓徑ヲ乘又
玉率五一九ヲ乘内八段ノ欠積ヲ減
余自ノ左ニヨセ別玄冪三段乙玄冪一段實冪三段右三

和メ王率五一九ヲ乗自メ乙玄冪ヲ乗左ト相消五乗
方ニ開之玄一尺八寸ヲ知

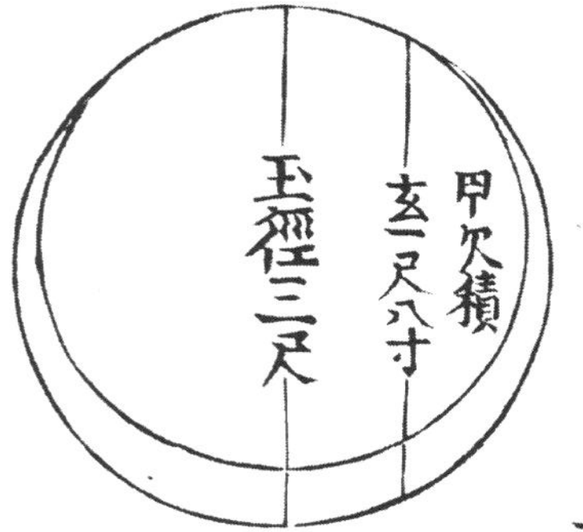

王率五一
甲欠積問　答三百八十五五六
同矢ヲ問　答三寸
㊡玄一尺八寸内矢倍六寸ヲ減余
一尺二寸自メ百四十四ヲ三倍メ
四百三十二為甲位別玄三倍メ五
尺四寸内矢三寸ヲ減余五尺一寸
矢三寸ヲ乗四倍メ六百十二甲ヲ加千○四十四ヲ三
倍メ三千百三十二内矢冪十二段百○八ヲ減余三千
○二十四矢ヲ乗九千○七十二王率五一ヲ乗四千六

百二十六歩十二為實十二ヲ以テ除欠積二百八十五
五六ヲ知

王率五一　貫徑三尺　欠積三百八十
五五六　玄問　答一尺八寸
寸立積ハ數多故尺立積ヲ以テ答之
寸立積三百八十五五六ハ尺積三
分八リン五五六也
立大元一○一為玄自メ○○一以テ
貫冪内ヲ減||||○十餘リ為乙玄冪
別玄冪三段○○|||貫冪一段||||乙玄冪三段|||○|||右
三和メ|||以テ貫三尺ヲ乗|||百○八トナル是王率五一ヲ
乗|||内八段欠積三歩○八リン四四八ヲ減餘リ五十一

九九五五二

自ノ二千七百〇三歩五三

四一〇〇〇七〇四トナル

左寄別玄冪三段〇〇

乙玄冪一段〇十貫

冪三段右三和シテ

△||是ニ玉率五分一リン乗

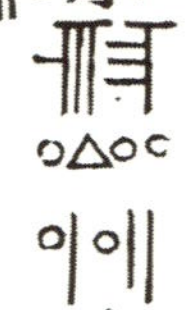

自ノ

是

乙玄冪乗

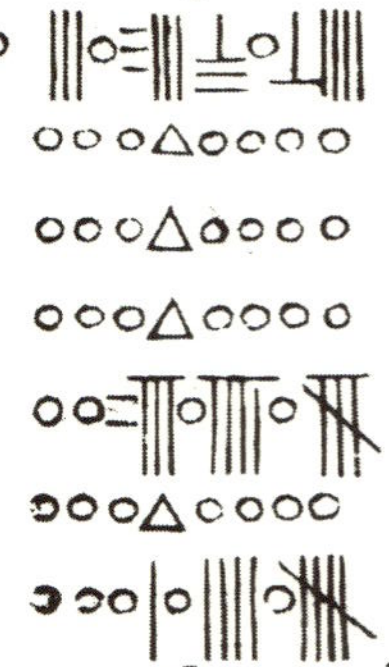

左ト相消

五乗方ニ除玄一尺八寸ヲ知

眞禄適等

天元ニ玄一尺八寸自ノ三百二十四ヲ以テ貫冪九百内
減餘五百七十六乙ニ爲玄冪別ニ玄冪三段九百七十二貫
冪一段九百乙玄冪三段千七百二十八右三和メ三千
六百是貫徑三尺ヲ乗十万〇八千ニ玉率五一ヲ乗五万
五千〇八十内八段欠積三千〇八十四四八ヲ減余リ
五万千九百九十五五二自ノ二十七億〇三百五十二
万四千百〇〇七リン〇四左ニヨセ別ニ玄冪三段九百七十
二乙玄冪一段五百七十六貫冪三段二千七百右三和
四千二百四十八ニ玉率五一ヲ乗二千百六十六四八自ヲ
四百六十九万三千六百三十五五九〇四乙玄冪五百
七十六ヲ乗二十七億〇三百五十三万四千百〇〇七

○四適等也

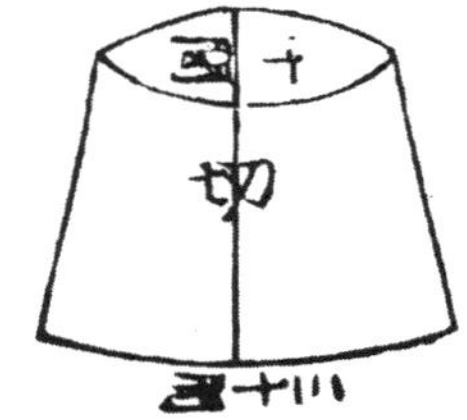

圓率七九

上ノ徑　十間

圓臺　下ノ徑　三十間

高貫　十間

半積問　答千七百十一六六六六

切廻問　答六十八間二分八四余

(半積)上ノ徑自ノ為甲下ノ徑自ノ為乙上下相乗ノ為丙
甲乙丙三和ノ千三百二高ヲ乗一万三千トナル七九ヲ
乗一万〇二百七十ヲ三ヲ以テ除キ圓臺積三千四百
二十三三三三トナル二除ノ半積千七百十一六六六六
ヲ知

(廻)下ノ三十間内上十間ヲ減余二除ノ自ノ百歩高サ
自ノ百歩合二百歩開平方登リ十四間一分四厘二余
倍ノ上下四十間加テ切廻六十八間二分八四二六ヲ知

(半積)別法二上徑自ノ二除ノ五十歩為甲別下徑自ノ二
除ノ四百五十歩為乙別甲五十歩假開平方圓徑七寸
○七一又四百五十歩開平方大圓徑二尺一寸二分一
三二餘是小圓徑相乗ノ百五十歩為丙甲乙丙三和ノ
六百五十歩是高サ十間ヲ乗レ六千五百歩圓率七九ヲ
乗五千百三十五トナル圓臺率三ヲ以テ除半積千七百
十一歩六六六六ヲ知

算法天元樵談追加平圓立圓真禄適等上終

算法天元適等
四

算法天元樵談追加平圓立圓與祿適等中

○銀二十八貫目ヲ甲乙丙丁ニ分之丁甲ノ四箇一也差各同シ

丁ノ取銀ヲ問　答丁二貫八百目

立天元一　○|為丁ノ取銀四倍シ○||||為甲ノ銀甲丁和ノ
○||||以二十八貫目内ヲ減〓餘乙丙和ス内丁二段ヲ
以テ減〓餘差三ニト左ニヨセ別ニ丁ヲ以テ甲内減○|||餘差三
トス左ト相消〓九帰ニ除丁二貫八百目ヲ知甲十一
貫二百目ヲ知甲内丁ヲ減余三ニ除差銀二貫八百目ヲ知

○塩五石ヲ以テ味増桥ヲ七合麹三合塩也大豆一升ニ塩
四升麹一升ニ塩三升代也大豆何程カウジ何程塩何程問
答大豆七斗八升一合二夕五才　代塩三石一斗二升五合
麹五斗四升六合八夕七五　同　一石六斗四升○六二五

盞二斗三舛四合三夕七五　同　二斗三舛四合三夕七五
大豆一舛代盞二舛一合盞三合三
口盞六舛四合トナル爲法盞五石除大豆トナル是七合ヲ
乗麹トナル大豆三合ヲ乗盞トナルナリ

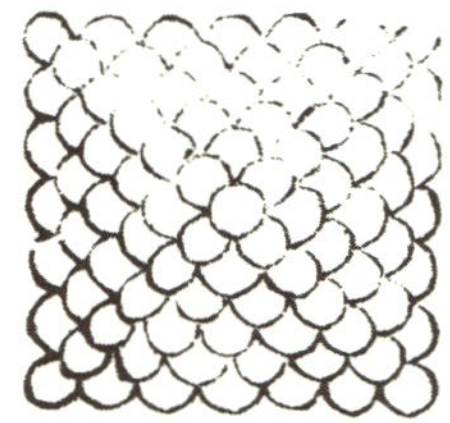

○四角積菓子アリ下方面七此數問　答百四十也
下七ツ二七半ヲ乗又八乗二ツ除數ヲ知
數百四十アリ下方問　答七ツ
立天元一○｜爲下方甲五分加入メ○三｜
爲乙五分加入メ｜爲丙甲乙丙相乗メ
○三｜爲三段積ト左ニヨセ別積ヲ三倍メ四百二十ヲ
以テ左ト相消開立方七ツヲ知

○三角積菓子アリ下方面七此數ヲ問　答八十四
下方七ツ二八ヲ乗又九ヲ乗五百四トナル六
段爲積六除八十四ヲ知
積八十四アリ三角積下方面問　答七ツ
立天元一下方甲ス一ツ加入メ｜｜爲乙又
一ツ加入メ｜｜爲丙甲乙丙相乗メ○｜｜｜爲六段積
左ニヨセ別積六段五百四ヲ以テ左ト相消
方ニ開七ツヲ知
○三角四角ニツム菓子和メ百七十五又云四角ヨリ三
角方差少ニツ　四角方面ヲ問　答七ツ
立天元一爲四角下方面ニツヲ減余三角方面爲甲一ツ
加入メ爲乙又一ツ加入メ爲丙甲乙丙相乗メ爲六段積ト

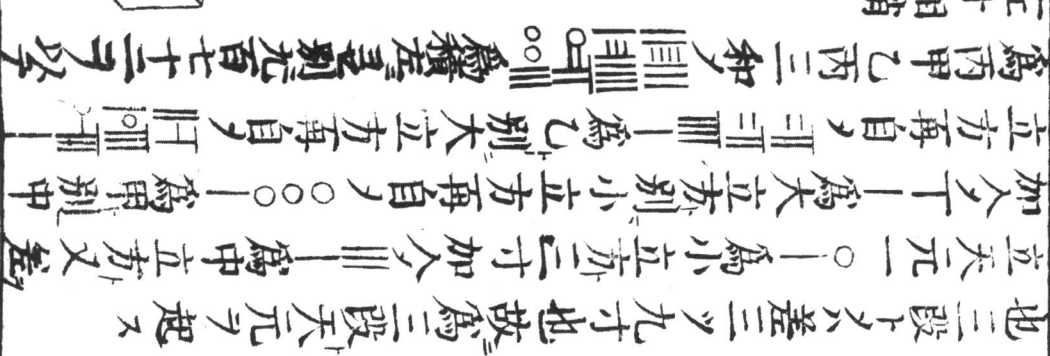

本積六倍千〇五十ノ内ヲ減余三倍シツヽム菓子十八段爲
積左ニヨセ別ニ四角方爲丁ノ半加入レテ爲戊半加入レテ爲巳
丁戊巳相乘六ヲ乘左ト相消開立法四角ノ下ノ方七ツヲ知
△　△

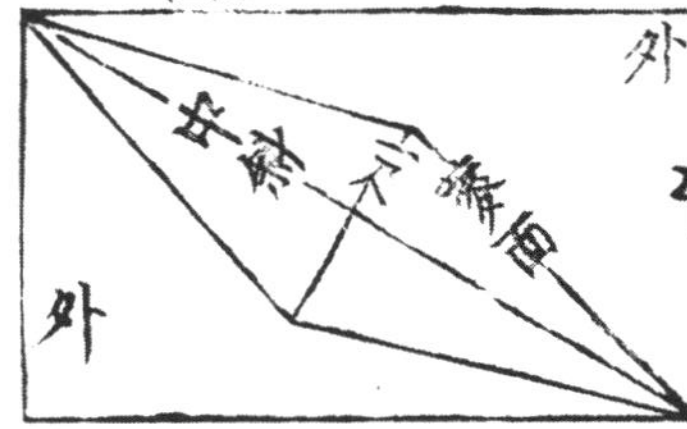

有長平内菱空中斜用菱綴横一尺又云
菱外余積七百歩別ニ云中斜平和ノ爲實ト
以テ長ヲ除之ニ二歩長ヲ問　答長三尺五十
菱二尺二寸四三九　中斜四尺三寸七五　平二尺六寸二五
立天元一〇｜爲長以テ二歩ヲ乘〇‖
中斜平ノ和ス長ヲ以テ相乘ノ〇〇‖菱
積四段ト外積ニ段ノ和ス内外積ニ段ヲ
減余〇〇菱積爲四段左ニヨセ別ニ中斜ト平和ト横一尺ヲ
乘〇二〇爲甲別長ニ尺ヲ乘〇一〇爲乙甲乙ニ和ノ〇〇

菱積爲四段左ト相消〇〇‖開平方長三尺五寸ヲ知
今有立方面各不知其段數只云立方積各和ノ九百七
十二歩又云立方面寸和ノ一尺八寸別ニ云每立方面差
各三寸　五段ト八差十ナリ　四段ト八差六ツ二尺八寸
也三段ト八差三ツ九寸也故爲三段天元ヲ起ス
立天元一〇｜爲小立方三寸加入ノ|||爲中立方又差ヲ
加入ノ丁｜爲大立方別小立方再自ノ〇〇〇｜爲甲別中
立方再自ノ｜爲乙別大立方再自ノ
爲丙甲乙丙三和ノ〇〇爲積左ニヨセ別九百七十二ヲ以テ
左ト相消
開キ立方ニ小立方三
寸ヲ知ル

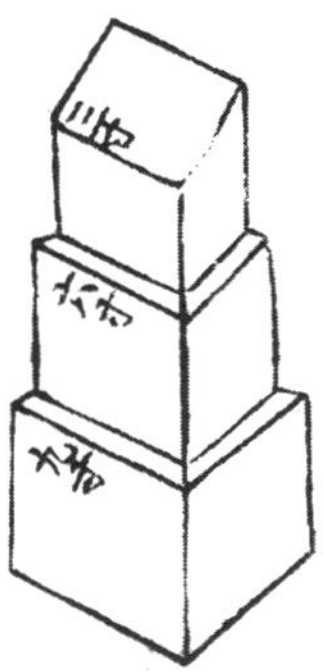

此歩數問　答百四十六歩九六六九餘
長股ヲ問　答四十二間八分五厘七余
中鈎ヲ問　答四十一間九分九厘
北冪四千九百二西冪三千六百加テ八千五百
内東冪二千五百ヲ減余六千爲實北ヲ倍シ
百四十間ヲ以テ除長股四十二間八分五
厘七余ヲ知　長股自乘シ千八百三十六七余成西冪内
減餘千七百六十三二八開平方中鈎四十一間九分九
厘一余トナル二七十間ヲ乘二除ノ歩數ヲ知

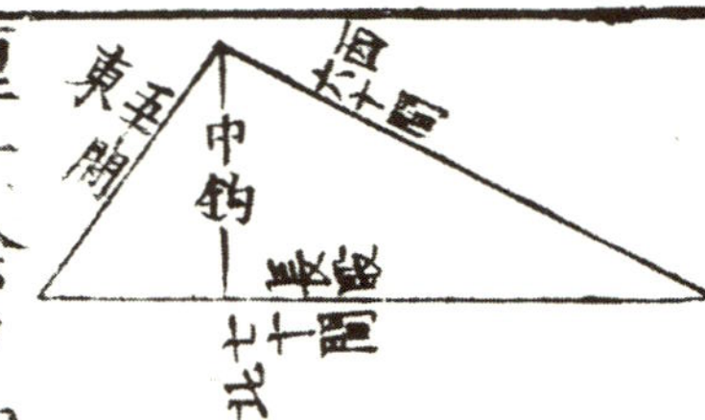

長三丈ノ糸ヲ以テ五角ニ引廻シ
空外方ヲ問　答外方三尺七寸○八二○四
小斜ヲ問　答小斜二尺四寸五分九二三四

三

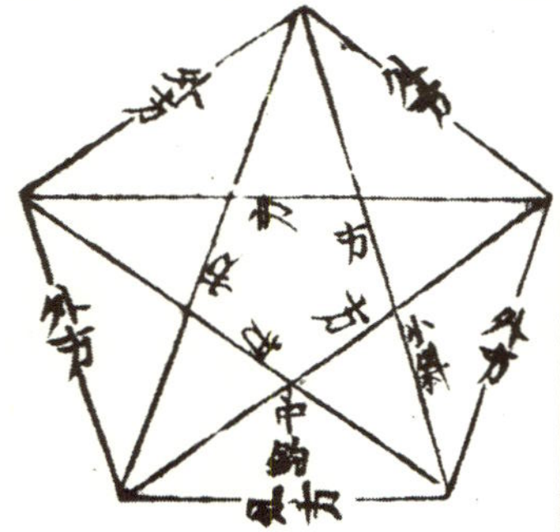

内方ヲ問　答内方一尺○八分リ五三三
内惣積ヲ問　答千○六十五歩九二七七余
立天元一○一爲外方六尺内ヲ減
丁ト余爲欠斜以テ六尺ヲ乗三丁下
爲方冪左ニヨセ別ニ方冪ヲ以テ左ト
相消三丁ト開平方外方三尺七寸
○八二○四余ヲ知 [illegible]
○立天元一○一爲小斜外方ノ内ヲ減 [illegible] 余爲欠方
以外方ヲ乗 [illegible] 爲小斜冪左ニヨセ [illegible] 開平方小斜二
[illegible] 別ニ小斜冪ヲ以 [illegible] 尺四寸五分九
[illegible] テ左ト相消 [illegible] リシ二三ヲ知
小斜ヲ倍シ四尺九寸一分八リシ四六八ヲ以テ六尺内

四

積余内方一尺○八分一リン五三二一ヲ知
○外方自〆四除〆三百四十三歩七六六八六八一以テ小
斜冪六百○四九三三九余内ヲ減余二百六十一一六
五二一九五五○七五六開平方一尺六寸一分六八リン○六為
中鈎以テ外方ニ乗又二五ヲ乗外積千四百九十八歩一
七ヲ知
○外方冪内三尺冪ヲ減余開平方二尺一寸七分九六六
二六尺ヲ乗六百五十三歩八八六為甲別ニ六尺内外方
三尺七寸○八二○四減余ヲ二除〆一尺一寸四分五
リン八九八自〆百三十一歩三○八二三二六四○四外
冪ヲ減余ヲ開平方乙三尺五寸二分六八リン七○七三六
別ニ乙三尺五寸二分六厘七○七三六外方三尺七寸○

八二○四ヲ乗千三百○七七七二六二一三二一三五二一為
丁ト甲丙丁三和〆二千五百八十四○九一七七四四七内
外積千四百九十八一七ヲ減余千○六十五九二一一七
七四四七惣積ト知
圓臺ヲ如圖筋違ニ切

上積ヲ問　答八百五十五八三三三二
下積ヲ問　答二千五百六十七歩五分
切廻ヲ問　答五十一間七分一リン五六
㊕上径自〆為甲下径自〆為乙上下相乗
為丙甲乙丙三和〆高ヲ乗七九ヲ乗一万○二百七十ヲ
為實千二以テ除上積八百五十五八三三三ヲ知㊦
是ヲ三倍〆下積二千五百六十七歩五分ヲ知

（切廻）上径ヲ以テ下径ヲ減余ヲ二除ノ為甲別高ヲ自ノ
甲ニ加開平方登リ十四間一分四リン二除別上径四倍ノ
假中圓径ニ造リ上廻リ三十一間六分ヲ中圓径ノ為孤
孤矢玄術ヲ以テ矢ヲ求上廻リ三十一間六分圓径三
倍百二十間ヲ乗三千七百九十二間中圓積千二百六
十四歩ヲ減余二千五百二十八歩ヲ圓周率三一六ヲ
以テ除八百トナルヲ為玄冪天元ヲ起ス
立天元一○｜為矢倍ノ○‖中圓径四十間内減三△卄
余自ノ玄冪加テ為中圓径冪左ニヨセ別
中圓径冪ヲ以テ左ト相消開平方矢五間八
分五十九ヲ倍ノ登リ十四間一分四厘二ヲ加又倍シ
廻リ五十一間七分一リン五六ヲ知

圓臺如圖上径十間下圓径三十間高十間甲乙丙
積等分切

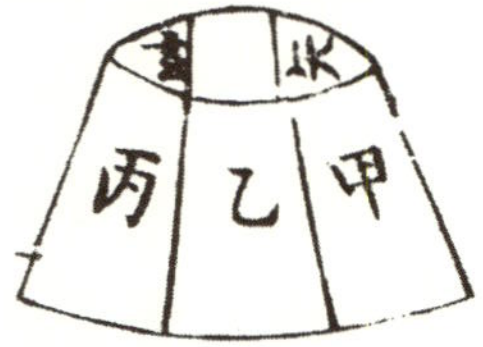

上切口玄問　答九間七分五厘八六余
上ノ矢ヲ問　答三間九分○八○一余
下ノ玄ヲ問　答二十九間二分七厘五八六余
下ノ矢ヲ問　答十一間七分二厘四余
甲ノ積ヲ問　答千百四十一歩一厘一一一
立天元一○｜為上假甲圓径三倍ノ下甲假為圓径別
上径自ノ○○｜為甲位別下圓径自ノ○○‖‖為乙位
別上下相乘ノ○○‖為丙甲乙丙三和ノ○○‖高ヲ
乘圓径率乘○△假小圓臺三段ノ為積左ニヨセ
別ニ圓臺三段積三千四百二十三三ヲ以テ左ト相消

開平方上ノ假ノ小圓徑五間七分七三五余ヲ知
甲假小圓徑自ノ三十三歩三三三三三トナル二圓率七九
乘甲平積二十六歩三三三三三ヲ知別上小圓徑自ノ九
倍ノ乙三百歩開平方下假中圓徑十七間三歩二厘○
五餘トナル是小圓徑ヲ乘百歩トナル為丙甲乙丙三和ノ
四百三十三歩三三三三三トナル二高ヲ乘四千三百三十三
歩三三三三三トナル圓率ヲ乘圓臺積三千四百二十三歩
三三三三三トナル三除ノ甲積千百四十一歩一リン一ヲ知
甲別法上徑自ノ百歩為甲位別下徑自ノ九百為乙別
上下相乘ノ三百為丙甲乙丙三和ノ千三百高十間乘

一万三千是圓率七九ヲ乘一万○二百七十ヲ九除ノ
甲欠積千百四十一歩一一ヲ知
玄上切口玄知二八假小圓徑自ノ三十三歩三三三三三
圓率七九ヲ乘二十六歩三三三三三トナル天元ヲ起ス
立天元一○|為上切口玄自ノ以テ圓徑冪百内減余
為斜冪玄冪ヲ以テ相乘ノ
三倍冪ヲ相乘ノ　左ニヨロ別玄冪圓周率三一
六ヲ乘圓積加　圓徑
十間ヲ乘　二分五リンヲ乘　為乙別欠積二
十六三三三三三圓徑三倍三十間ヲ乘七百九十ヲ以
乙内減余　自ノ　十六ヲ乘

左ト相消三乗方ニ開キ上ノ切口玄九間
七分五リ八毛六ヲ知
(矢)立天元一〇ー爲甲上矢倍ノ圓徑十間內ヲ減余△卄
自ノ玄冪九十五二三〇二七三九六ヲ加テ

左ニヨセ別圓徑 開平方甲ノ上ノ矢三間
自ノ百ヲ以テ九分〇八〇一余ヲ知
左ト相消 〇下ノ玄矢術同故略ス
(割返)割返ト云ハ掛割繁故ニ一算ニテ知度ト云綴ハ算內割算
幾ツ掛算幾ツアルヲ皆割算トナシテ掛合爲法掛算ヲ以テ
一ヲ除割算トナル割算ヲ以テ一ヲ除キ掛算トナルナリ
(同)綴ハ四斗八舛入米百五十俵一石付代銀六十四目
銀両替五十八目此代金ヲ問 百五十俵四斗八舛ヲ乗

七十二石トナルニ六十四目ヲ乗シ四貫六百〇八目ト
ナルヲ五十八目ヲ以テ除永七貫九百四十四目八分余
トナル
(同)一算割ト云ハ四斗八舛ヲ以テ一ヲ除割算二〇八三
三余トナル又六十四目ヲ以テ一ヲ除割算一五六二五成
右割算三色ヲ掛合一八八八余トナルヲ以テ百五十俵
割代金七十九両永四十四目八分余ヲ知一算ニ掛テ知ト
云ハ五十八目ヲ以テ一ヲ除一七二四一三余ノ掛算ト
成是四斗八舛ヲ乗又六十四目ヲ乗五二九六六五余
ナルヲ造法米百五十俵ニ掛合代金七十九両永四十四
目八分余ヲ知此類ヲ云
(約分)約分ノ法ハ綴八人數六十四人馬二十四疋ヲ渡ニ

何人何疋問左右人馬置少ヲ以多ヲ減ハ左右トモニ八ヲ得ル是ヲ
以左右ヲ除ハ八人八疋八人馬ニ三疋ヲ知此類ヲ云
(割返)大豆小豆米三和ノ六石七斗七舛五合
大豆一舛代二十文　小豆一舛代二十五文
米一舛代四十文　代銭調百ナリ
又云大豆代ヨリ小豆代一貫文多シ小豆代ヨリ米
代一貫五百文多シ　石數代銭ヲ問
答　大豆二石五斗代五貫文　小豆一石四斗代六貫文
米一石八斗七舛五合代七貫五百文
二十五文ヲ以テ一貫文ヲ除小豆四斗トナル四十文ヲ以テ
二貫五百文ヲ除米六斗二舛五合ト成ヲ六石七斗七舛五
合内減余五石七斗五舛為實別ニ二十文ヲ以テ除五分為

甲別ニ二十五文ヲ以テ一ヲ除四分トナル為乙別四十文ヲ以テ一ヲ除
二分五リン為丙甲乙丙三和ノ一一五トナルヲ以テ實ヲ除
大豆代五貫文ヲ知
借方銀百六十五貫目　借方六分
賣方銀七十貫目　賣方四分
分銀ヲ問　此分數銀五十貫目
答　借方三十八貫九百七十六目三分
賣方十一貫〇二十三目六分二リン二
(割返)賣方ノ四分ヲ以テ借方六分ヲ除五割増トナル是ヲ借方
百六十五貫目ニ乘二百四十七貫五百目トナル是ニ賣方
七十貫加三百十七貫五百目トナルヲ為法別分數五十
貫目賣方七十貫目ニ乘三千五百貫ヲ方除賣方取十一
貫〇二十三目六分二リン余ヲ知

（割返）借方ヨリ問賣方七十貫目ヲ一五除キ四十六貫六百六十六目六分トナル借方百六十五貫目加二百十一貫六百六十六目六分為方別分散銀五十貫目百六十五貫目ヲ乗八千二百五十貫目ヲ方除借方三十八貫九百七十六目三分ヲ知

（約分）約分法借方百六十五貫目六分乗九十九貫目トナル賣方七十貫目四分乗二十八貫目トナル二和シ百二十七貫目為法別分散銀五十貫目九十九貫目乗百二十七貫除借方銀三十八貫九百七十六目三分ヲ知

又分散銀五十貫目二十八貫ヲ乗百二十七貫除賣方十一貫〇二十三目六分ヲ知

（掛逆）立天元一〇一為賣方分散銀五貫目内ヲ減△十余

借方為分散銀以賣方七十貫目及四分乗△〓左ニ寄

賣方百六十五貫目乗又六分乗〇〓左ト相消〓

方除賣方十一貫〇二十三目六分ヲ知

（掛逆）立天元一〇一為借方分散銀五十貫目内ヲ減△十余為賣方分散銀以百六十五貫乗又六分乗〓左寄

別借方七十貫及四分ヲ乗左ト相消〓九歸式除借方三十八貫九百七十六目三分ヲ知

（掛逆）本金五百五十両　為此利米百十俵

本米千百五十俵　為此利金三十六両永八十目

金十両米直段問

利足ヲ問

答　米二十五俵

利足八分

立天元一〇一為米直段五百五十両ヲ乗〇〇〇〓△為甲別

米直段三十六兩八十目乘△[rods]為乙甲乙相乘[rods]
左ニヨセ別千百五十俵百十俵掛合十二万六千
五百ヲ以テ左ト相消シ[rods]開平方二十五俵ヲ知
（演段）利足ヨリ問立天元一　○|為利足五百五十兩ヲ乘[rods]
為甲別米千百五十俵利足ヲ乘[rods]為乙甲乙相
乘ス左ト相消[rods]二位退開平方ニ利八分ヲ知

（演段）上筆二十一對
下筆三十八對半　二口代銀十三目　上下一目付二對差
上筆代銀ヲ問　答六目
立天元一　○|為上筆代和十三目内ヲ減[rods]ト余為下
筆代別ニ上筆代差二對ヲ乘○||上筆二十一對加ニ||
足下筆代ヲ乘レ[rods]為甲別上代ニ上筆乘△ニ為乙
甲乙二和ノ[rods]左ニヨセ別ニ上筆代數筆五十九對半
乘左相消[rods]開平方上筆代六目ヲ知

（演段）米合四千九百七十石○一斗八舛
内上米千六百十二石五斗
同中米千五百九十一石七斗六舛
同下米千七百六十五石九斗二舛
足輕六百二十五人ニ上米ヲ渡切中米ハ一人ニ付上米
ヨリ三斗八舛増渡切下米ハ中一人ヨリ六斗一舛
増渡切中人ヨリ下六人多シ
上人數ヲ問

上二百十五人　一人付七石五斗
答中二百二人　一人付七石八斗八升
下二百八人　一人付八石四斗九升

立天元一爲上人數和内ヲ減余中下和ス以六人減余
中人數爲二段爲甲別中下和六人加下人數二段爲乙
別上ヲ倍三斗八升乘上中爲差米上米倍ヲ加入中一
人因上人二二段爲丙別上人二二段差米六斗一升乘丙加
爲丁別甲丙相乘メ中米四段因上人數ス爲子位別乙
丁相乘下米四段因上人數爲丑位別上米四倍メ上人
乘上米四段因上人爲寅位子丑寅三和メ惣米四段因
爲上人數ト寄左別惣米四倍メ上人乘左ト相消開平
方上人二百十五人ヲ知

立天元一爲上人數和内ヲ減余中下和ス以
六人減中人數二段爲甲別中下和六人加下
人數二段ス爲乙別上人倍メ三斗八升乘上
中爲差米上米倍ヲ加入中一人因上人二二段爲丙
別上人二二段六斗一升乘丙加入爲丁別甲丙
相乘中米四段因上人數ス下米四段因
子位ス別乙丁相乘上人數爲丑
位別上米四倍メ上人ヲ乘上米四段因上人數爲
寅位子丑惣米四段因上人數寄左ト相消
寅三和メ左別惣米四倍上人乘
開平方上人二百十五人ヲ知

眞禄適等

天元上人數二百十五人ヲ以和六百二十五人内ヲ減余
四百十人ハ中下ノ和ス内六人ヲ減余四百四人ハ中人數
爲二段ト爲甲別中下ノ和ニ六人加テ四百十六人下二段ス爲
乙ト別上人ヲ倍メ四百三十人是差米三斗八升乘百六十
三石四斗上中ノ爲差米ト是上米倍ヲ加ク三千三百八十八石
四斗中米一人前ニ因ル上人數ヲ爲二段爲丙ト別上人二段四
百三十人ニ差米六斗一升乘二百六十二石三斗丙ニ加入ヲ
三千六百五十石〇七斗爲丁ト別甲人數四百〇四人丙
米數三千三百八十八石四斗ニ相乘メ百三十六万八千
九百十三石六斗中米數四段ニ因ニ上人數ト子位ス別乙
四百十六人ニ丁三千六百五十石〇七斗ヲ乘百五十一
万八千六百九十一石二斗下米數四段ニ因上人數爲丑
位ト別上米四倍ノ六千四百五十石ト上人二百十五人ヲ乘
百三十八万六千七百五十石爲寅位子丑寅三和ノ四
百二十七万四千三百五十四石八斗惣米四倍ニ因上人
數ト左ニヨセ別惣米四倍一万九千八百八十石〇七斗
二升是上人二百十五人ヲ乘四百二十七万四千三百
五十四石八斗適等也

中一人ノ取米ヨリ問　答七石八斗八升

立天元一爲中米一人前ト爲甲ト以差米三斗八升減余
上人一人前爲乙別中一人ニ六斗一升加入下一人爲丙
別甲乙相乘下米ヲ乘爲子位別乙丙相乘中米ヲ乘爲
丑位ト別丙甲相乘上米乘爲寅位子丑寅三和ノ一人前

因テ惣人數ヲ左ニ寄別甲乙丙相乘シテ六百二十五人ヲ乘
左ト相消シ開立方シテ中一人前七石八斗八升ヲ知ル　此術
樵談ト爪ノ所ニ有之故ニ筭木略ス
(解義)天元ヲ中一人七石八斗八升内三斗八升減シ上人七石
五斗ト為シ乙ト別シ中六斗一升加ヘ下一人前八石四斗九升ト為シ
丙ト別シ甲七石八斗八升乙七石五斗下米相乘シテ十万〇
四千三百六十五石八斗七升二合ヲ為子ト別シ乙七石五斗上
丙八石四斗九升下米相乘シテ十万〇千三百五十五石
三斗一升八合ヲ為丑ト別シ丙八石四斗九升甲七石五斗上
米相乘シテ十万〇七千八百七十八石一斗八升五合右
三和シテ三十一万三千五百九十九石三斗七升五合左
寄別シ甲乙丙相乘シテ六百二十五人ヲ乘シテ三十一万三千五石

九十九石三斗七升五合適等也
(解義)奇應丸一劑分量ヲ以テ地黃丸一劑分量ヲ除キ地黃丸
一劑分量ヲ以テ奇應丸一劑分量ヲ除キ商二和シテ二目九
分又云奇應丸分量ヲ以テ地黃丸分量ヲ相乘シテ六貫二
百五十目　地黃ハ長也
　奇應丸商問分量問　　答商四分　　分量五十目
　地黃丸商問分量問　　答商二目五分　分量百廿五目
(解義)立天元一〇——為地黃丸商二目九分内ヲ減シ余
奇應商ニ相乘シテ〇以テ六貫二百五十目ヲ乘シ
左ニヨセ別六貫二百五十目ヲ開平方商二目五
〇〇〇〇△　目ヲ以テ左ト相消シ分ヲ知
立天元一〇——為奇應丸分量二目五分ヲ乘△非地黃

死分量ズ奇應相乗ノ△ … 左ニヨセ別六貫二百五十
目以テ左ト相消 … 開平方奇應九一斛五十目ヲ知
（又題）有新参古参給人 … 新参ノ給分ヲ以古参ノ給分除古参
給分ヲ以新参ノ給分除商二和メ二石五斗又云古参四
十石新参三十石加増ス別云新参古参ノ加増トモニ相
乗メ八千四百石古参ノ給分ヲ問

答　古参給分八十石　加増トモニ百二十石
　　新参給分四十石　加増トモニ七十石

立天元一 … 為古参給分為子四十石加入ノ … 為丑
別子丑相乗メ前和二石五斗ヲ乗 … 為寅別廿位新
参加増乗 … 以テ寅加入ノ … 内八千四百ヲ減余
為卯別子廿相乗メ為辰 … 別前和二石五

斗辰ヲ乗内卯ヲ減 … 余為巳以テ
子ヲ相乗メ … 為因辰新参
相乗メ … 給分ト又卯ヲ以
… 為因卯羃古参給分左ニヨセ別ニ古参
ノ給分ニ辰羃相乗メ … 以テ左相消
空階ニ　縮ニ　乗方開之古参給分八十石
… ヲ知ル
（同）剏法云古参為商 … 以テ二石五斗内ヲ減 … 余
新参為商甲乙相乗メ … 十以テ八千四百石ヲ乗 … 開平方古
左ニヨセ別八千四百石ヲ以テ左相消 …
参ノ商二石ヲ知ル
（同）立天元一 … 為古参給分新参商五斗ヲ乗 … 新
参給分ト又別古参ノ給分ニ四十石加入ノ … 為甲別新参

三千石加入ノ爲乙甲乙相乗ノ左ニヨセ八千四
百石ヲ以テ左ト相消　開平方古參給分八十石ヲ知
（眞術）前ノ眞術ニ云天元古參給分八十石爲子四十石加入ノ
百二十石爲丑子丑相乗ノ二二石五斗ヲ乗二万四千石爲
寅別丑位百二十石新參加增三十石乗三千六百石寅
加入ノ二万七千六百石内八千四百石減余一万九千二
百石爲卯別子丑相乗ノ九千六百石爲辰別ニ二石五斗
辰九千六百石ヲ乗二万四千石内卯一万九千二百ヲ減
余四千八百石爲巳是子八十石ヲ乗三十八万四千是卯
一万九千二百石ヲ乗七十三億七千二百八十万別古參
給分八十石辰冪九千二百十六万ヲ乗七十三億七千
二百八十万適等也

（後）天元古參商ニ二石以テ二石五斗内減余五斗新參爲
甲乙商相乗ノ一トナル八千四百石乗ノ左ニヨセ八千四
百石ヲ以テ相消故適等也
（同）天元古參爲給分ト八十石是新參五斗ヲ乗新參四十石
ナル三三十石加又古參四十石加相乗ノ八千四百石ト
成左ニヨセ別八千四百石ヲ以テ左ト相消也
商ニ商ヲ乗ノ一ツ位トナル故也　適等右ニ同
方程正負　改算盈朒問
○今賣具足二領上馬五疋小荷駄十三疋買ハ金五兩
餘ル又賣小荷駄一疋具足一領上馬三疋買ハ適足也又
賣上馬六疋小荷駄八疋具足五領買ハ金三兩不足
具足一領直段ヨリ問　答六兩　有ハ賣也　無ハ買也

有ハ正算　無ハ負算　問ヲ下段置也

甲ノ上馬五疋ヲ以テ乙行ニ乗乙ノ上馬三

疋ヲ以甲行ニ乗又乙行ノ上馬三疋ヲ丙

行ニ乗丙行ノ上馬六疋乙行ニ乗

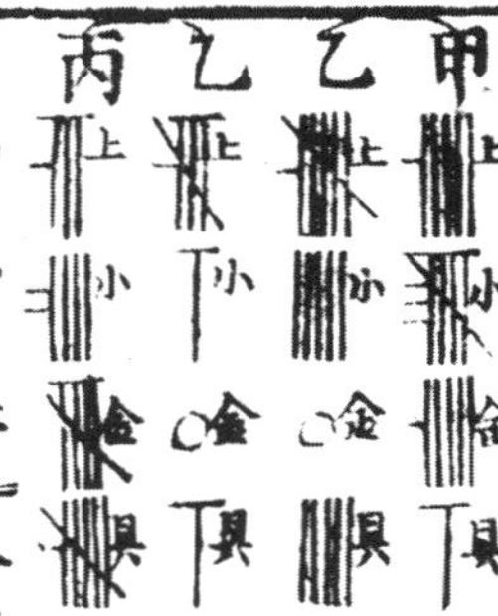

異減同加正無人正之負無人負之

前ノ甲乙和メ正負對メ引拂

後ノ甲乙和ノ正負對メ引拂

如此甲行ノ上馬ハ消テ小荷駄三十四疋金十五両具

足十一両丙行ノ小荷駄三十疋金九両具足九両トナル

殘而

又甲ノ小荷駄三十四疋ヲ丙行ニ乗丙行ノ小荷駄三十疋ヲ

以甲行ニ乗甲ノ小荷駄千〇二十疋金四百五十両

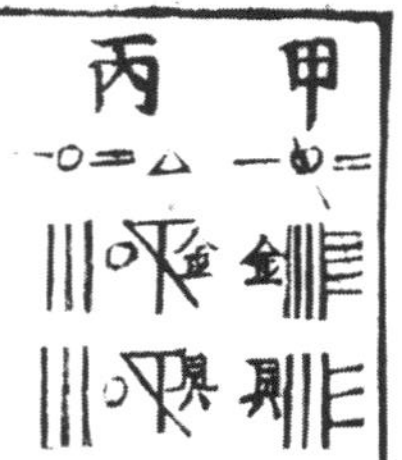

具足三百三十領丙ノ小荷駄千〇二十疋

金三百〇六両具足三百〇六領甲乙ニ和ノ

正負對引拂金百四十四両具足二千四領以除代知

上馬代ヨリ問　答二両二分

甲ノ具足二領乙行ニ乗

乙ノ具足五領甲行ニ乗

乙ノ具足五領丙行ニ乗

丙ノ具足一領乙行ニ乗

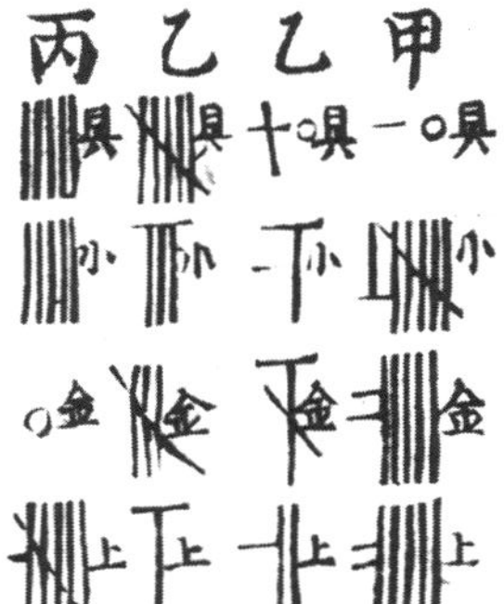

前ノ乙行以前ノ甲行ニ和ノ正負對引拂後ノ乙行ヲ以テ丙行ニ和

對引拂乙行ノ具足ハ空トナリ相殘

甲ノ小荷駄四十九疋ヲ丙行ニ乗丙ノ小

荷駄十三疋ヲ甲行ニ乗

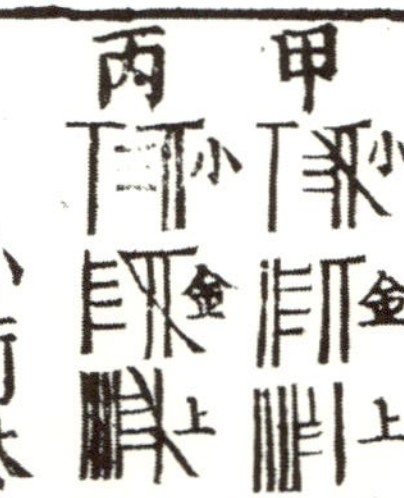

甲丙二和ヲ正負對引拂　△金 △馬　方ヲ以テ實ヲ除

甲行小荷駄ハ消テ金 ○ 三 上馬一疋代

百兩上馬四十疋トナル　實 | 加○　二兩二分ヲ知

小荷駄一疋代ヨリ問　答一兩二分

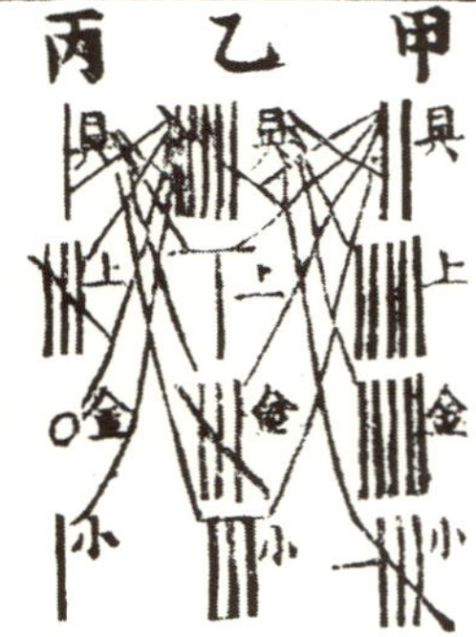

甲具足二領ヲ以テ乙ニ行乘

乙具足五領ヲ以テ甲ニ行乘

乙具足五領ヲ以テ丙ニ行乘

丙具足一領ヲ以テ乙ニ行乘

如此ナル前ニ乙ヲ以テ甲ニ加正負對引拂後乙丙ニ加正負對引拂

乙行具足空成殘テ

甲上馬三十七疋ヲ以テ丙ニ行

乘丙上馬九疋ヲ甲ニ行乘

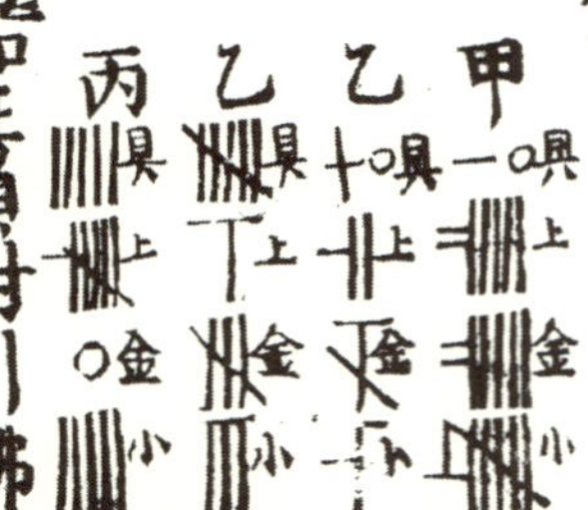

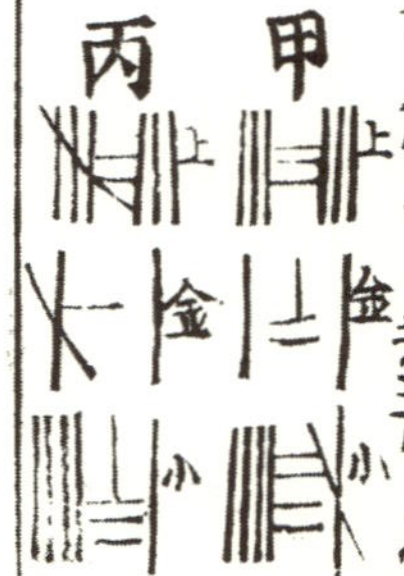

甲丙二和ノ正 金小 ⊘○ 金六十兩小荷駄四十疋トナルヲ

負對ノ引拂　⊥三 以テ金除小荷駄一疋代一兩二分ヲ知

正算ヲ以テ負算ヲ加負算ヲ以テ正算ヲ加正負對ノ引

拂故異名ハ則相減正算ヲ以テ正算ヲ加負算ヲ以テ

負算ヲ加故同名ハ則相加　正ニ無入正算ヲ以テ

加空算ヲ以テ正算ヲ加故正ニ無入正之　負算ヲ以テ

空ヲ加空ヲ以テ負ヲ加故負ニ無入負之　無入ハ算木無

トニ云儀也

甲 { 具足二領 / 太刀四腰 / 上馬五疋 } 二和代三百二十五兩

具足一領代問　答四十兩

太刀一腰代問　答三十兩

乙　具足五領　太刀二腰　上馬六疋　三和代四百十両

丙　具足三領　太刀五腰　上馬七疋　三和代四百四十五両

上馬一疋代問　答二十五両

甲ノ太刀四ヲ以乙行ニ乗

乙ノ太刀二ヲ以甲行ニ乗

乙ノ太刀二ヲ以丙行ニ乗

丙ノ太刀五ヲ以乙行ニ乗

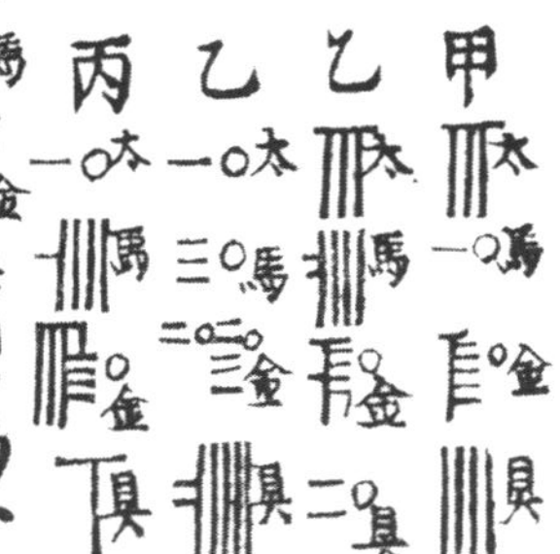

前ノ乙ヲ以甲ヲ減後乙ヲ以丙ヲ減

正負對引拂乙行太刀ハ空トナリ左ニ記ス

甲ノ馬十四疋ヲ以丙行ニ乗乙ノ馬十六疋ヲ以甲行ニ乗

甲ヲ以丙行ト相減正負對引拂馬ハ空ト成代金四百両具足十両トナル

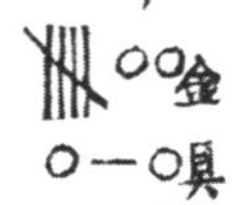

具足ヲ以テ除キ四十両ヲ知ル

太刀ノ代ヨリ問　答テ三十両

甲ノ具足二領ヲ乙行ニ乗

乙ノ具足五領ヲ甲行ニ乗

乙ノ具足五領ヲ丙行ニ乗

丙ノ具足三領ヲ甲行ニ乗

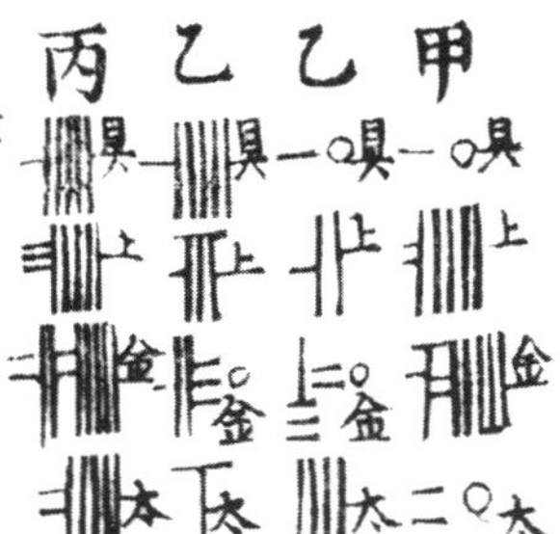

乙ヲ以テ甲減後

乙ヲ以テ丙ヲ減

正負對ノ引拂

乙行具足ハ空成残

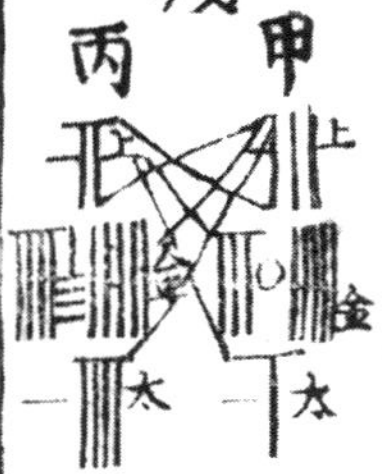

甲ノ上馬十三疋ヲ丙行ニ乗

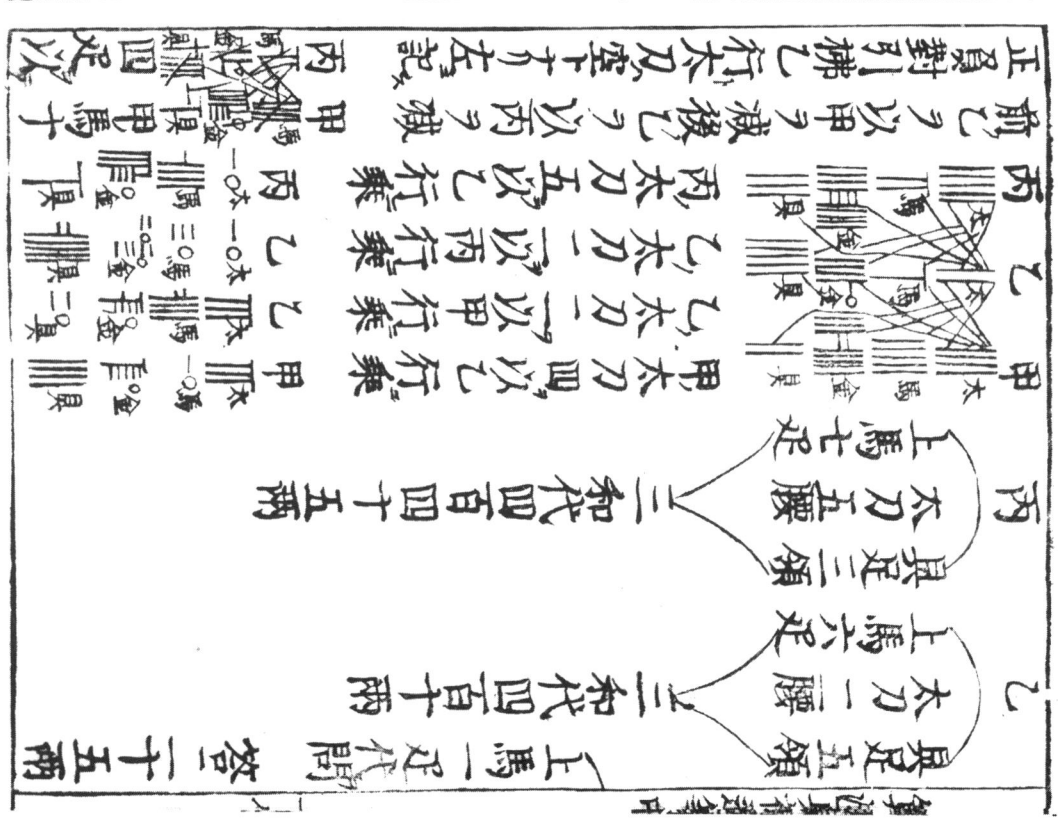

丙ノ上馬十七足ヲ甲行乗

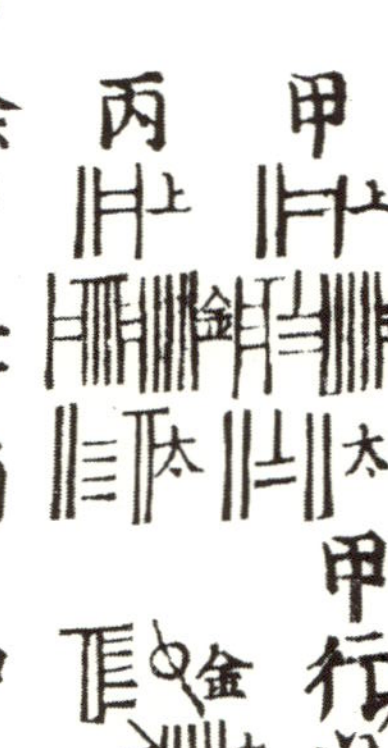

甲行ヲ以テ丙行ト相消正負對ノ引梯
上馬ハ空ト成金七百五十両太刀二十五腰ト成ル
以テ金ヲ除キ三十両ヲ知

上馬代ヨリ問　答二十五両

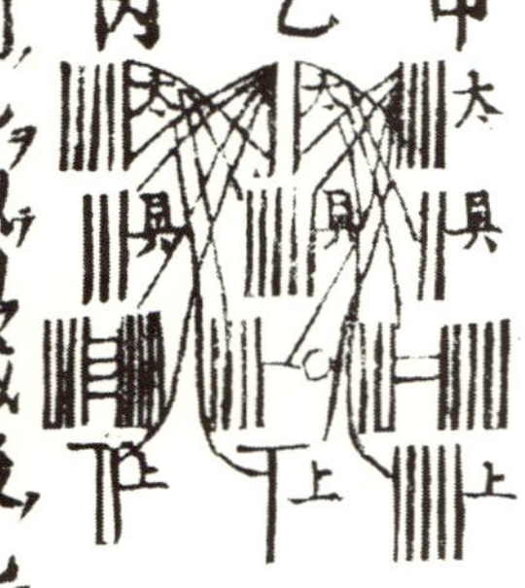

甲ノ太刀四ヲ以テ乙行乗
乙ノ太刀二ヲ以テ甲行乗
乙ノ太刀二ヲ以テ丙行乗
丙ノ太刀五ヲ以テ乙行乗
前ニ乙ヲ以テ甲ヲ減後ニ乙ヲ以テ丙ヲ減

甲ノ具足十六領ヲ丙行乗
殘　丙ノ具足十九領ヲ甲行乗

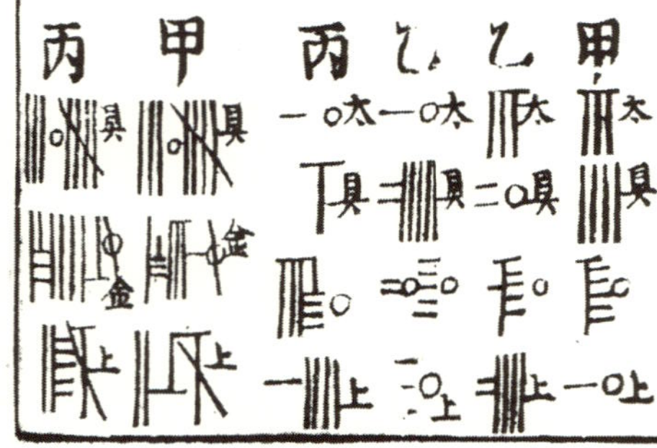

甲行ヲ以テ丙行ヲ減正負對ノ引梯残テ上馬十足ト
金二一百五十両トナルヲ十足ヲ除上馬代二十五両ヲ知
正筭ヲ以テ正筭ヲ減ハ乙行ノ正筭ヲ變ノ負筭トナレテ甲
行ニ入テ正負對ノ引梯負算ヲ以テ負算ヲ減時ハ負ヲ變ノ
正トナレテ負ニ入テ正負對ノ引梯故ニ同名則相減
負筭ヲ以テ正筭ヲ減正筭ヲ以テ負筭ヲ減時ハ變ノ
正ハ負ト成負ハ正トナレテ加故ニ異名則相加
正ニ無入負之ハ空筭ノ所ヘ正ヲ變ノ負トナレテ加故ニ正無
入負之
負無入正之トハ空筭ニ負筭ヲ變ノ正トナレテ加故ニ負無入正
之ヲ

筭法天元樵談追加平圓立圓真術適等中　終

算法天元適等
五

算法天元樵談追加眞術適等下

今有鈎股弦積六歩股弦和ノ九寸

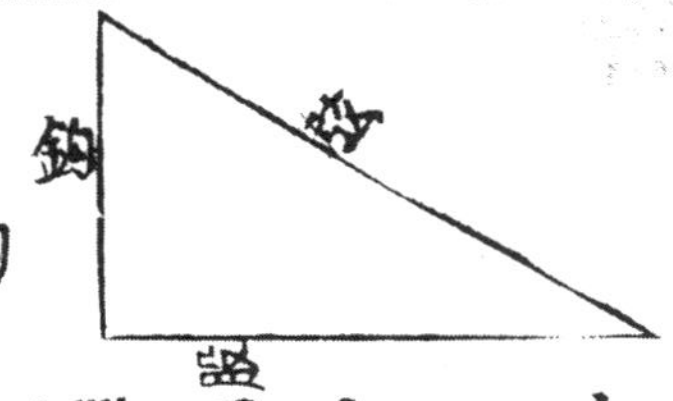

問鈎ヲ　答三寸

立天元一〇|為鈎以テ股弦ノ和ニ乗ヲ〇||||積ニ一段
因弦ニ為鈎内積ニ一段ヲ減餘⊥||||因弦ニ為鈎ト自ノ
||||⊤≡鈎ニ乗冪積冪四段和トス左ニヨセ別一
〇|鈎ヲ三ニ自ノ〇〇〇〇|為甲別積ヲ自ノ四倍ノ百
四十四ヲ甲ニ加||||〇〇〇|左ニ相消⊤≡〇十開立方鈎三寸ヲ知
眞術鈎三寸ニ和九寸ヲ乗二十七内積ニ一段弦五寸ニ因鈎
三寸有内積ニ一段減余十五自ノ二百二十五鈎ニ乗冪
八十一積冪四段百四十四和トス別鈎三ニ自ノ八十一ニ積
冪四段加テ二百二十五適等也

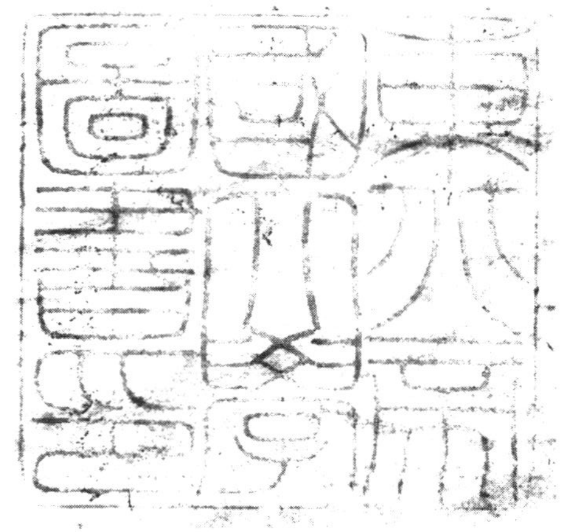

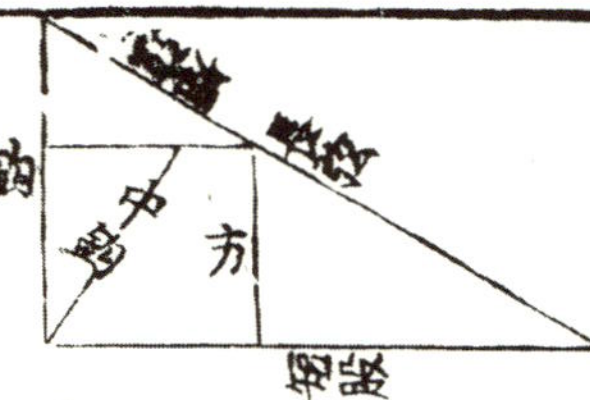

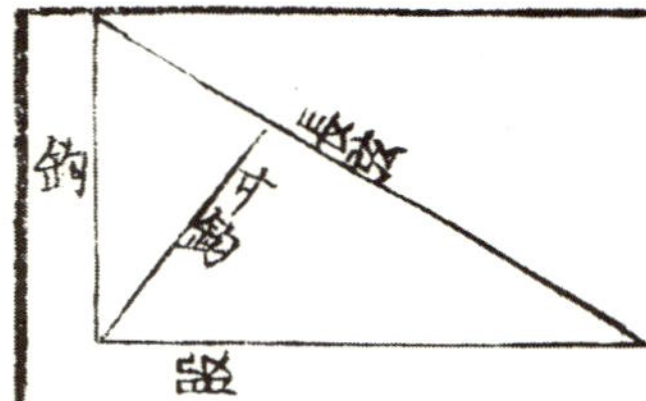

方面中鈎相乘三十二步二五六短弦短股差一寸三分六厘短弦ヲ問　答五寸〇四厘（二カ四寸八分　中勾六寸七分二リ）

立天元一〇爲短弦差加入爲短股短弦短股相乘〆〇因方面爲中鈎左ニヨセ別ニ云數ヲ以テ左相消　開平方短弦五寸〇四厘ヲ知

中鈎長弦和〆五寸六分弦積和〆十一步中鈎ヲ問　答二寸四分

立天元一爲中鈎以テ和内減余爲長弦自〆中鈎冪加爲股冪別後和長弦乘得數股冪積因長弦ト云内股冪減余因長弦爲積倍〆股冪因中鈎ト云左ニヨセ別ニ股冪ニ中鈎乘左ト相消

三乘方ニ開キ中鈎二寸四分ヲ知

眞術中鈎二寸四分以テ前和五寸六分内減余三寸二分長弦也自〆十〇二四是中鈎冪五七六加テ十六股冪也別後和十一長弦三寸二分乘三十五二股冪積因長弦ト云内股冪十六ヲ減余十九二長弦因積トス倍〆三十八四股冪因中鈎〆左ニヨセ別股冪十六ニ中鈎二寸四分相乘〆三十八四適等也

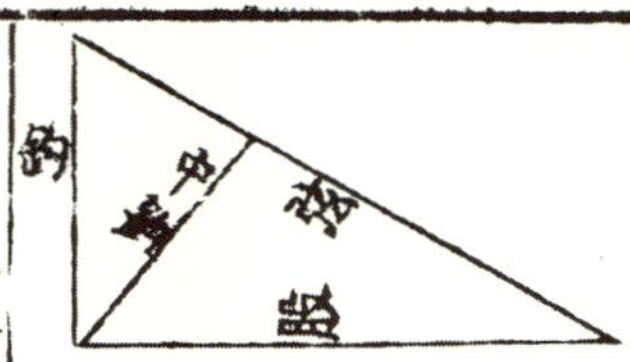

中鈎二寸四分鈎股弦三和一尺二寸鈎問

答三寸

立天元一爲鈎自〆内中鈎冪ヲ減余爲短弦冪別ニ三和内鈎減余股弦爲和自〆短弦冪乘左ニヨセ別鈎三乘冪短弦冪乘左ト相消

真術鈎三寸自ノ九内中鈎冪五七六ヲ減余三二一四短
弦冪也別三和一尺二寸内鈎三寸ヲ減余九寸股弦和
トス自ノ八十一短弦冪三二一四ヲ乗二百六十二四四別
鈎三乗冪八十一短弦冪乗二百六十二四四適等也

股四寸鈎中鈎和ノ五寸四分弦ヲ問　答弦五寸

立天元一為弦自ノ内股冪ヲ以テ減余為鈎
冪弦冪ヲ乗為甲別鈎冪股冪相乗ノ為乙別
和弦乗自ノ内甲乙ヲ減余自ノ左ニヨセ別甲乙
相乗又四倍ノ左ト相消

真術弦五寸自ノ二十五内股冪十六減余九
為鈎冪是弦冪二十五ヲ乗二百二十五為甲別鈎冪九
股冪十六相乗ノ百四十四為乙別和五寸四分弦五寸
乗二千七トナル自ノ七百二十九内甲乙ニ三百六十九減
余三百六十自ノ十二万九千六百左ニヨセ別甲二百二
十五乙百四十四相乗ノ三万二千四百トナル四倍十二
万九千六百適等也

長弦三寸二分鈎股中鈎三和ノ九寸四分短弦問

答一寸八分

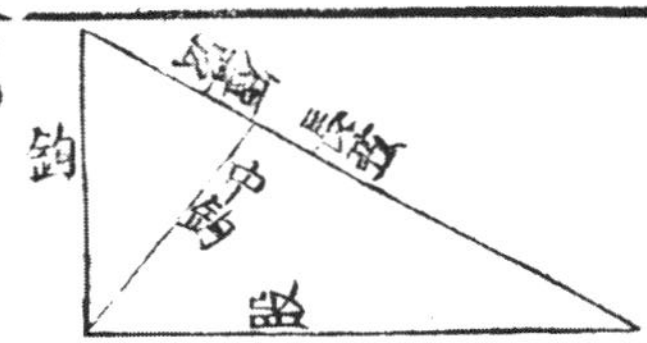

立天元一為短弦長弦加入為弦自ノ弦冪別
長弦短弦相乗ノ為中鈎冪別三和九寸四分
自ノ中鈎冪加内弦冪ヲ減余自ノ左ニヨセ別三
和弦ヲ加倍ノ自ノ中鈎冪乗左ト相消

真術短弦一寸八分長弦三寸二分加弦五寸
成自ノ二十五別長弦三寸二分短弦一寸八分相乗ノ

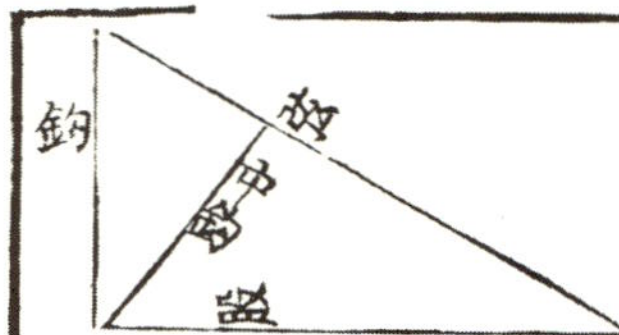

中鈎冪五七六トナル別ニ和九寸四分自乗シ八十八三六
是ニ中鈎冪五七六ヲ加テ九十四一二内弦冪二十五減
余六十九一二自乗シ四千七百七十七五七四四左ニヨセ
別ニ三和九寸四分弦五寸加テ一尺四寸四分倍シ二尺
八寸八分自乗シ八百二十九四四トナル是中鈎冪五七六ヲ
乗四千七百七十七五七四四適等也
中鈎弦和ノ七寸四分股四寸鈎問　答鈎三寸
立天元一爲鈎自乗シ股冪加爲弦冪別ニ鈎股相
乗倍シ弦冪加爲甲別ニ和ヲ自乗シ内甲ヲ減余爲
中鈎冪以テ弦冪ヲ乗積冪爲四段左ニヨセ別ニ鈎
冪股冪相乗シ左ト相消
眞裸鈎三寸自乗シ九ヲ以テ股冪十六ニ加入ヲ弦冪二

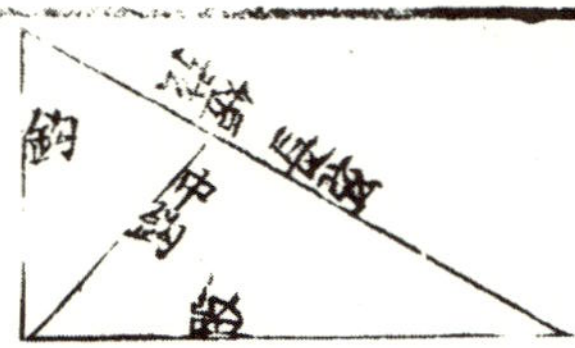

十五トナル別ニ鈎三寸ニ股四寸ヲ乗倍シ二十四ニ弦冪二十五
加テ四十九爲甲別ニ和七寸四分相乗五十四七六内甲ノ四
十九減余五七六爲中鈎冪是ニ弦冪二十五乗百四十四
積冪四段別ニ鈎冪九股冪十六ヲ乗百四十四適等也
弦五寸中鈎長弦和ト五寸六歩股問　答四寸
立天元一爲股自乗シ爲甲ト別ニ和ニ弦ヲ乗内股冪
減余積ニ一段自乗シ積冪四段左ニヨセ別ニ弦冪内
股冪ヲ減爲鈎冪股冪ヲ乗左ト相消
眞裸股四寸自乗シ十六別ニ和五寸六分ニ弦五寸ヲ
乗シ二十八内股冪十六ノ減余十二積ニ一段也自乗シ
百四十四積冪四段左ニヨセ別ニ弦冪二十五内股冪十六ヲ
減余九鈎冪也股冪十六ヲ乗シ百四十四適等也

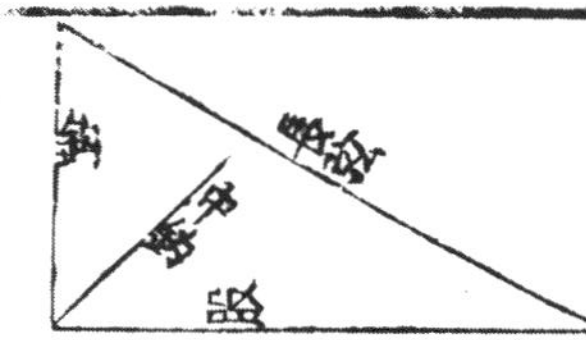

鈎三寸弦長弦和八寸二分股ヲ問　答四寸
立天元一為股自乗シ鈎冪加為弦冪別ニ和ヲ自乗シ
内弦冪股冪二ヲ減余為長弦冪以テ弦冪ヲ
乗シ股三乗冪トシ左ニ寄セ別股三ヒ自乗シ左ト
相消
眞術股四寸自乗シ十六鈎冪九加ヘ二十五為弦
冪別和八寸二分自乗シ六十七二四内弦冪二十五減シ又
股冪二段減シ三十二余十〇二四為長弦冪是弦冪一十
五ヲ乗シ二百五十六股三乗冪トシ左ニ寄セ別股四寸
三タヒ自乗シ二百五十六適等也
積六歩鈎股和ヲ弦乗シ三十五歩鈎股差ヲ問　答一寸
立天元一為鈎股差自乗シ積四段加為弦冪又積四段加テ

為鈎股和冪弦冪乗左ニ寄セ別ニ三十五歩相乗シ
左ト相消
眞術差一寸自乗シ積八段加四十九鈎股和冪
也弦冪二十五乗シ千二百二十五左ニ寄セ別ニ三
十五自乗シ千二百二十五適等也

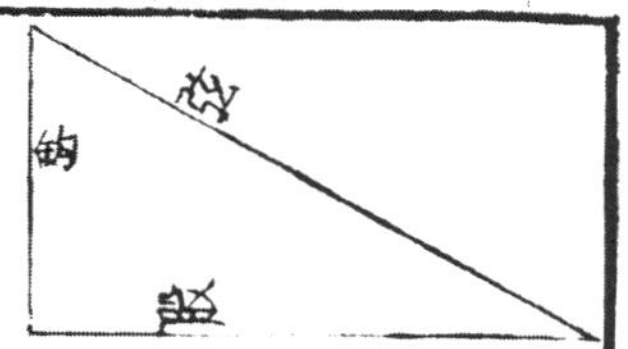

股四寸中鈎長弦全弦三和一尺〇六分鈎ヲ問
答三寸
立天元一為鈎股ヲ乗為甲別ニ鈎冪股冪和為乙ト
甲乙二和股冪加テ自乗シ左ニ寄セ別ニ三和ヲ自乗シ
乙ヲ乗シ左ト相消
眞術鈎三寸股四寸乗シ十二為甲ト別ニ鈎冪九股

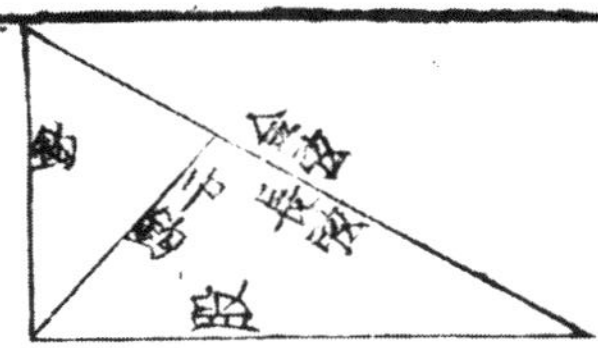

冪十六和二十五為弦冪為乙ト別甲十二乙二十五和シ

三十七是股冪十六加五十三自ノ二千八百〇九左ニ寄
別ニ三和一尺〇六分自ノ百十二三六是乙ニ二十五ヲ乗
二千八百〇九適等也

積ト弦和十一歩鈎股差鈎冪和十歩弦ヲ問　答五寸
立天元一爲弦前和内減余四倍以テ弦冪内ヲ減
余鈎股爲差冪爲乙別積ヲ自ノ四倍ノ是ニ乙ニ
加テ爲丙ト別弦冪内後和減余爲丁ト以テ後和ヲ乗
爲戊内丙減余自ノ左ニヨセ別ニ丁内後和ヲ減
余ヲ自ノ左ト相消
眞術 弦五寸ヲ以テ前十一内ヲ減余六歩爲積四倍ノ二十
四以テ弦冪二十五内減余一歩鈎股差冪爲乙別積ニ六
歩自ノ三十六ヲ四倍ノ百四十四是ニ乙ヲ加百四十五爲丙ト

別ニ弦冪二十五内後和十歩減余十五歩爲丁ト是後和十
歩ヲ乗百五十爲戊ト内丙百四十五減余五歩自ノ二十
五左ニヨセ別ニ丁十五歩内後和十歩ヲ減余五歩自ノ二十
五是乙ニ位ヲ乗二十五適等也

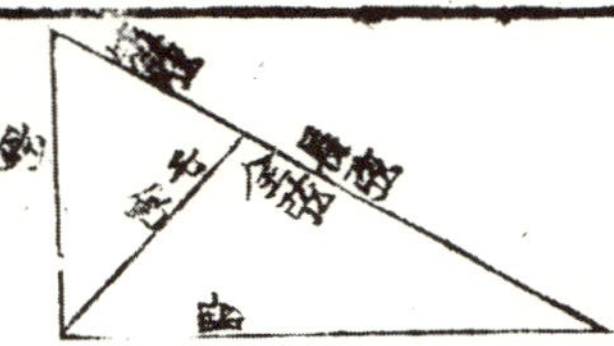

股短弦和五寸八歩鈎中鈎和五寸四分鈎ヲ問
答三寸
立天元一爲鈎後和内減余爲中鈎別前和自
爲甲ト別鈎冪内中鈎冪ヲ減余爲短弦冪爲乙ト
別中鈎ニ鈎ヲ乗倍爲丙ト乙丙和ヲ以テ甲内ヲ減余
爲股冪以テ短弦冪ヲ乗左ニヨセ別中鈎冪ニ鈎
冪乗左ト相消
眞術 鈎三寸ヲ以テ後五寸四分内減余二寸四分中鈎也

別前和五寸八分自乄三十三六四爲甲別鈎冪九内中
鈎冪五七六減余三二四爲短弦冪爲乙別中鈎二寸四
分鈎三寸乘七二倍十四四爲丙乙丙和十七六四以テ
甲三十三六四内減余十六爲股冪是三二四乘五十一
八四左ニヨセ別中鈎冪五七六鈎冪九ヲ乘五十一八四
適等也

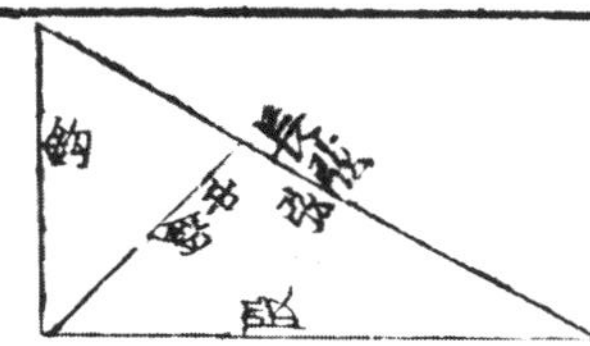

鈎長弦和六寸二分鈎股和七寸股ヲ問　答四寸
立天元一爲股後和内減余爲鈎前和減余爲
長弦自乄爲甲別鈎冪股冪和爲弦冪甲ヲ以テ
相乘股爲三乘冪左ニヨセ別股ヲ三ヒ自乄左ト
相消
眞術股四寸以後和七寸内減余三寸爲鈎前

和六寸二分内ヲ減余三寸二分爲長弦自乄十〇二四
爲長弦冪爲甲別鈎冪九股冪十六和二十五爲弦冪是
甲十〇二四乘二百五十六左ニヨセ別股四寸三ヒ自乄
二百五十六適等也

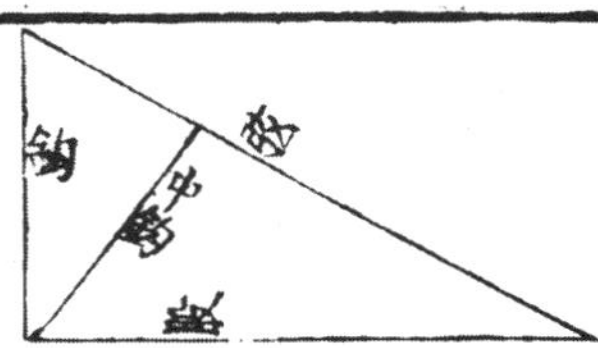

股自因弦自因和乄四十一歩長弦鈎和乄六寸二分
弦ヲ問　答五寸
立天元一爲弦自乄前和内減余爲股冪別後
和弦ヲ乘内股冪ヲ減余因鈎爲弦自ノ鈎冪
ヨル弦冪トシ左ニヨセ別弦冪内股冪ヲ減爲
鈎冪弦冪ヲ乘左ト相消
眞術弦五寸自乄二十五ヲ以テ前和四十一内減余十
六股冪ス別後和六寸二分弦五寸ヲ乘三十一内股冪

十六減余十五鈎因弦也自乄二百二十五鈎冪ニヨル弦
冪也左ニヨセ別弦冪二十五内股冪十六ヲ減鈎冪九成
是弦冪二十五ヲ乗二百二十五適等也

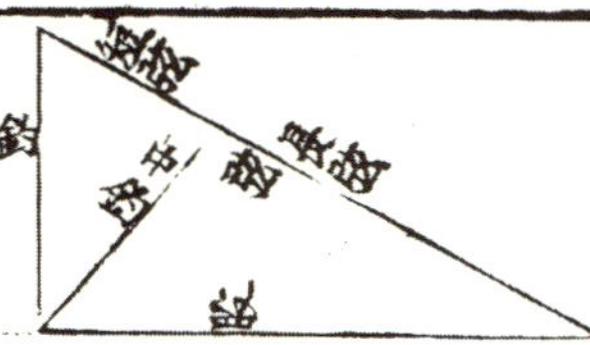

中鈎　鈎和五寸四分鈎股弦短弦四和乄一尺三寸八
分鈎ヲ問　答三寸
立天元一為鈎前和内減余為中鈎別後和内
鈎ヲ減余股弦短弦三和自乄為乙別鈎冪内
中鈎冪ヲ減余為短弦冪是鈎冪中鈎冪加テ
自乄左ニヨセ別乙位短弦冪乗左ト相消
眞術　鈎三寸ヲ以テ前五寸四分内減余二寸四分為中鈎
別後四和一尺三寸八分内三寸減余一尺○八分股弦
短弦為三和自乄百十六六四為乙別鈎冪九内中鈎冪
五七六減余三二一四短弦冪也是鈎冪九鈎ニヨル中鈎七
二加十九四四四自乄三百七十七九一三六左ニヨセ別乙
位百十六六四短弦冪三二四ヲ乗三百七十七九一三六
適等也

弦股　和九寸鈎再乗冪中鈎再乗冪和四十○八二二四
弦ヲ問　答五寸
立天元一為弦前和内減為股自乄以テ弦冪内
減余為鈎冪別後和弦再乗冪乗ヲ自乄左ニヨセ別
弦再乗冪股再乗冪二和以テ鈎冪乗得數自
又鈎冪ヲ乗左ト相消
眞術　弦五寸ヲ以テ前九寸内減余四寸為股自乄十六ヲ以
二十五内減余鈎冪九別後和四十○八二二四弦再乗冪

百二十五ヲ乗五千百〇三自乗ニ二千六百〇四万〇六
百〇九左ニヨセ別弦再乗百二十五股再乗六十四和百
八十九鈎冪九ヲ乗千七百〇一自乗ニ二百八十九万三
千四百〇一トナル是鈎冪九ヲ乗ニ二千六百〇四万〇六
百〇九適等也

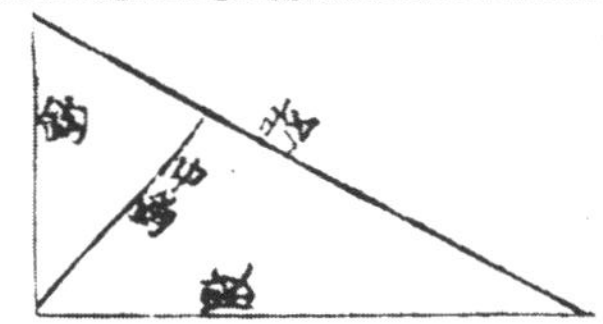

弦積和十一歩鈎股差開平方見商中鈎和二歩四弦ヲ
問　答五寸
立天元一弦トス前和内減余為積四倍メ弦冪
内ヲ減余鈎股為差冪為甲ト別後和弦乗内積
二段ヲ減余因弦股鈎差ヲ開平方見商メ二ニ
自メ弦三乗冪ニヨル鈎股差冪左ニヨセ別弦ヲ
三自メ甲ヲ乗左ト相消

真術弦五寸ヲ以テ十一ノ内減余六為積四倍メ二十五内
減余一鈎股差冪トス為甲ト別後和三歩四弦五寸ヲ乗十七ト
成内積二段ヲ減余因弦見商五トナル二ヒ自メ六百二
十五弦三乗冪ニヨル鈎股差冪トシテ左ニヨセ別弦五寸三ヒ
自メ甲ヲ乗六百二十五適等也

鈎圓経半ト和四寸股弦和九寸股ヲ問　答四寸
立天元一為股後和減余為弦自メ以股冪ヲ減
余為鈎冪別前和弦ヲ乗一段前和冪一段鈎
冪一段右二和得數四倍メ自メ左ニヨセ別弦
四段股二段前和八段右二和自メ鈎冪乗左ト
相消
真術股四寸ヲ以テ後和九寸内減余五寸弦也自二十

九

五内十六減余九為鈎冪別和四寸ニ五寸ヲ乗二十前ノ和冪
十六鈎冪九右三和四十五ヲ四倍百八十自乄三万二
千四百左寄別弦四倍二尺股二段八八寸前和八段三
十二右三和六十自乄三千六百鈎冪九乗三万二千四
百適等也

有方竪積六千四百又云方開平方見商竪ヲ開平方

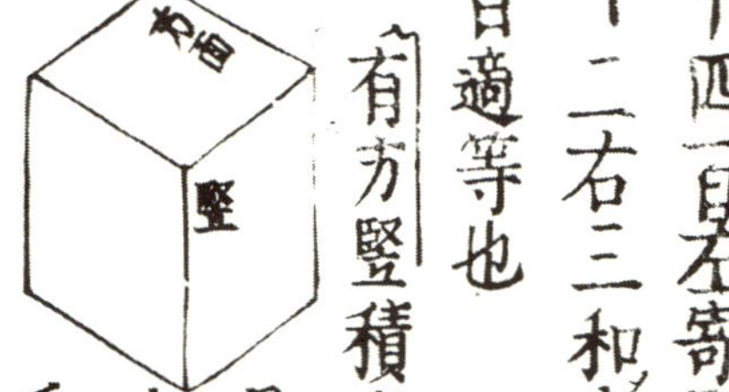

見商和九寸方問　答 方一尺六寸 竪二尺五寸
立天元一為方自乄二和冪乗為甲別方再
乗冪積和甲内減余方見商ニヨル竪見商因
方冪二段自乄方因竪ニヨル方三乗冪四段左ニヨセ別積
方再乗冪ヲ乗四倍乄左ト相消
真術 方一尺六寸自乄二百五十六ヲ二和冪八十一

乗ノ二万○七百三十六為甲ト別方再乗冪四千○九十
六積六千四百加一万○四百九十六ヲ以テ甲内ヲ減
余一万○二百四十方ノ見商因竪見商因方冪二段自
一億○四百八十五万七千六百方再乗冪ニヨル積四倍
也左ニヨセ別方再乗冪四千○九十六ヲ積六千四百乗
二千六百二十一万四千四百ヲ四倍乄一億○四百八
十五万七千六百適等也

平方冪式演段

鈎ヲ開平方商股ヲ開平方商ト二和七寸鈎股差七寸
鈎問　答鈎九寸　二和商アリ 股アリ 鈎アリ
立未生ノ一○一股ノ為商二和ノ内ヲ減ニ余
為鈎ノ商ト自乄二和冪二和一為鈎ト鈎ヲ以テ相消

二和冪 〡 二和 〡 正實ニ一和ノ内負實一位ヲ減ス余自ノ左ニ
鈎 〡 股乗實寄左　ヨセ別ニ負方ニ一和自ノ股乗シ左ト相消
股
立天元一○〡為鈎差加入シテ〡〡為股別股ニ一和冪加
〡〡内鈎減余〡〡自ノ〡〡左ニヨセ別ニ一和ヲ倍ノ自ノ〡〡股
乗〡〡左ト相消〡〡九歸式鈎九寸ヲ知
鈎段ハ天元為鈎差加股ト後適等難見故演段ニ一和商内
二一和商アリ別々自ノ鈎アリ股アリトス故ニアリトメ股商ヲ
立テ一和内ヲ減余ハ鈎商ナル故自ノ鈎トナル也前ニ鈎有ニ
シタル故鈎ヲ以テ相消則如圖鈎商自ノ二一和冪ニ一和ニ二和冪
二和 〡 如此ニナル心ハ鈎ナル故鈎ヲ以テ相消 鈎 二和冪 二和
如此又下ノ〡ニ股ヲ乗實ニ加 二和冪 股 二和 如此ニナル股ヲ乗ハ

前股商ト立ル故ナリ如圖演段出所正負實ニ一和冪一
段股一段負方ニ一和ニ段有モノト成故ニ本術天元ヲ起ス
眞術適等ハ二和冪ハ四十九股ハ十六二一和六十五成
門負實鈎一段九寸ヲ減余五十六トナル自ノ三千百三十
六トナル別負方ニ一和ニ段八十四自ノ百九十六ヒナルニ
股十六ヲ乗三千百三十六適等也

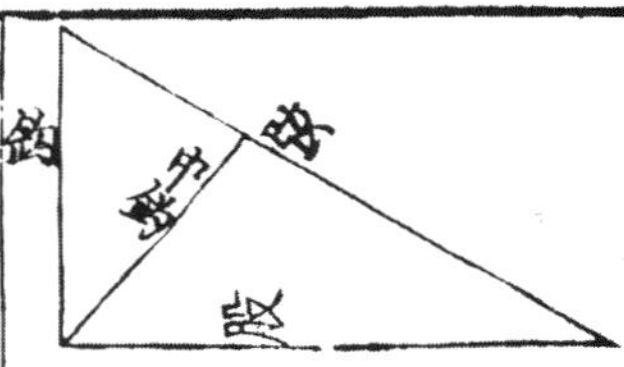

鈎股差一寸弦中鈎和七寸四分鈎ヲ問　答三寸
鈎アリ股アリ弦冪アリ二一段積アリ
立末生一○〡為弦和内減 和 〡 為中鈎弦
以テ相乗ノ○ 和 〡 二段為積左ニヨセ別鈎
股相乗メ積為二一段ト左ト相消 鈎股 ○ 和 〡
如此ニナル下ノ〡ニ弦冪ヲ乗實加 鈎股 弦冪 和 如此ナル

實以負算鉤因股アリ負算弦冪アリ方正算和アリ

立天元一○|為鉤一寸加テ為股||鉤股相乘○|

為甲別鉤自ノ○○|別股自ノ|||為股冪鉤冪股

冪二和ノ|||為弦冪甲和ノ|||自ノ

因和冪為弦冪左ニヨセ別和七寸四分自ノ五十四七

六ハ以テ弦冪乘　左ト相消

三乘方開之鉤三寸ヲ知

眞術鉤股相乘ノ十二別鉤冪股冪和弦冪一十五也甲

和三十七自ノ千三百六十九左ニヨセ別和七寸四分自

五十四七六弦冪二十五ヲ乘千三百六十九適等也

短弦一寸八分鉤股差一寸弦ヲ問　答五寸

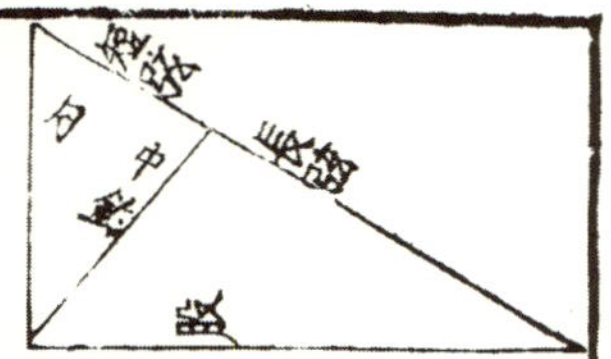

鉤アリ股アリ股冪アリ

立未生一○|為鉤差ヲ加|自ノ

為股冪左ニヨセ股冪ヲ以テ左ト相消

實股冪負實差冪正　正實

貫鉤冪正方差二正　二和

内負一位減余自左ニヨセ正方倍ノ自ノ鉤冪乘

立天元一○|為弦以テ短弦乘○為鉤冪以テ弦冪

内ヲ減○|為股冪別如圖差一段鉤冪加|以テ

股冪内ヲ減|余自ノ|左ニヨセ別差ヲ

倍ノ自ノ鉤冪ヲ乘○以テ左ト相消|○|三

乘方開之弦五寸ヲ知

眞術弦五寸短弦一寸八分ヲ乘九八鉤冪也弦冪二十五

内ヲ減余十六ヲ爲股冪別差巾ニ鈎冪九ヲ加股冪十六
内ヲ減余六自ノ三十六左ニヨセ別差ヲ倍メ自メ四成
鈎冪九ヲ乗三十六適等也
演段弦立ハ鈎差ヲ加股トナル別々自メ鈎冪股冪トナル
和弦冪トナル故弦ヲ立ルナリ出ル所ノモノ差冪ト股冪ト
鈎冪ト差二一段ナリ是ヲ用モノトシテ本術天元ヲ起ス

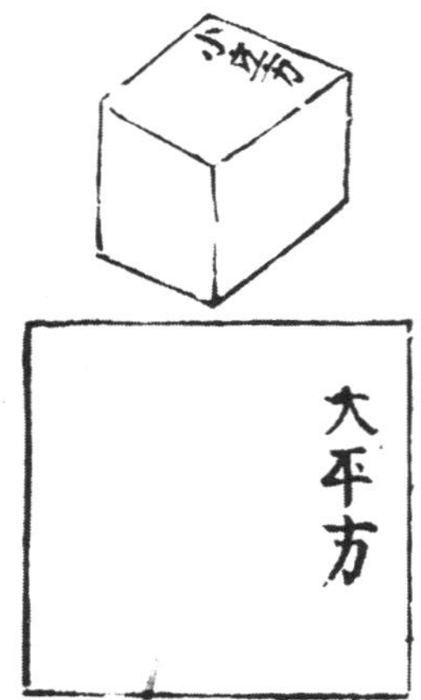

今右小立方大平方各ニ大方積爲實開立方商ト小
立方積爲實開平方商トニ一和
一尺二寸只云小方面大方面
和一尺二寸　大平方ヲ問
答八寸
二和ノ商アリ小立積アリ大平方積アリ

天元ノ小立商ト立ハ大方商アリ別々ニ自メ小立積大方
積トナル故未生ノヲ商ト立ルナリ
立未生ノ一○一爲小立方積爲實開平方見商前和内ヲ
減 前 ト余大方積ヲ開立方爲見商再自メ 前再巾 前巾 前
ト如此實方廉隅前再冪一段前冪二段前二段トナルヲ
爲大方積左ニヨセ別大方積ヲ以テ左ト相消

大方積　前再冪　前冪　前和　實

如此ナル廉ノ 前 ニ小立積ヲ乗實加
隅ト小立積ヲ乗方加左ニ記ス

前再巾　大方積　小立積　前和

如此正實ニ一位内負實一位ヲ減余自メ左ニ
ヨセ負方ニ一位和自乗小立積ヲ乗左ト相消
小立積ヲ乗ノ前商ヲ立タル故也

十三

立天元一爲大方面自〆爲大方積別大方面ヲ以テ後
和內ヲ減余爲小立方面再自〆爲小立積別演段如圖前
再冪一段小立積前和乘三段加內大方積減余自〆左
ニヨセ別前冪三段小立積一段加自〆小立積ヲ乘左ト
相消
眞積大方面八寸自〆六十四爲大方積別八寸ヲ以テ後
和一尺二寸內ヲ減余四寸爲小立方面再自〆六十四爲
小立積別前再冪一段千七百二十八爲甲別小立積六
十四前和十二乘七百六十八是ヲ三倍〆二千三百四
甲加四千〇三十二內大方積六十四減余三千九百六
十八自〆千五百七十四万五千〇二十四別前冪三段
四百三十二小立積六十四加四百九十六自〆二十四

万六千〇十六是小立積六十四乘千五百七十四万五
千〇二十四適等也

立方冪式演段
鈎ヲ開立方商ト股ヲ開立方商ト二和〆七寸
鈎ノ商ヲ問　答商三寸　二和商アリ　鈎有股アリ
立未生一〇　爲股商ト和內ヲ減　和　余爲
鈎商ト再自〆　和再冪　爲鈎左寄
別鈎ヲ以テ左ト相消　鈎　實負算ヲ入又隅一
股乘　和再冪　和冪　和　如此正實一位內負實二
實加　股　鈎　位減余再自〆甲レ負方
再自〆股乘爲乙正廉再自〆股冪乘爲丙別實方廉相
乘股ヲ乘三倍〆爲丁甲丙丁三和〆左ニヨセ別乙ヲ以テ

左ト相消
立天元一爲鈎商和七寸内ヲ減余爲股商再自乄爲股ト
鈎股和乄和再冪二百四十三内ヲ減余ヲ再自乄爲甲ト
別ニ三和再自股冪ヲ乘爲丙ト別甲ト和冪三段和三段相乘ス
三倍爲丁ト甲丙丁三和乄左ニヨセ別ニ方和冪三段再自乄
股ヲ乘左ト相消八乘方開鈎商三寸ヲ知
眞ノ鈎商三寸再自二尺七寸爲鈎別ニ鈎商三寸ヲ以テ
七寸内ヲ減余四寸爲股商ト再自六十四也鈎股和九十
ヲ以テ和再冪三百四十三内ヲ減二百五十二再自乄
千六百万〇〇三千〇〇八歩爲甲ト別廉和三段二十一
再自乄九千二百六十一是股冪四千〇九十六ヲ乘爲丙ト
三千七百九十三万三千〇五十六別實ニ二百五十二ニ方
和冪三段百四十七ヲ乘又廉和三段二十一ヲ乘是股六十
四ヲ乘三倍乄一億四千九百三十六万千四百〇八歩爲
丁ト甲丙丁三和乄二億〇三百二十九万七千四百七十
二左ニヨセ別ニ方ノ和冪三段百四十七再自乄股六十四乘
二億〇三百二十九万七千四百七十二適等也

甲	乙	丙

今有甲乙丙方各一只云從甲方面而乙方
面八短一三十七尺從乙方面而丙方面者短一
一十九尺又云甲乙丙方面別々爲實開立方之
見商三和九尺問各方面幾何
○答曰得甲商四尺
甲方開立方商
乙方開立方商　三和アリ甲商アリ乙方アリ丙方アリ

十五

丙方開立方商

○列商三和内減甲商止餘 甲商 和 爲乙商二和ト

立未生一爲乙商○―以減二和内餘 甲商 和 爲丙商

列丙商再自乘ノ爲丙方ト

寄左以丙

方左相消

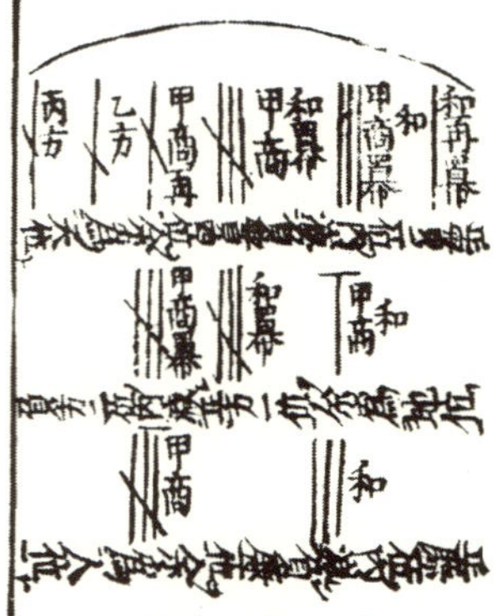

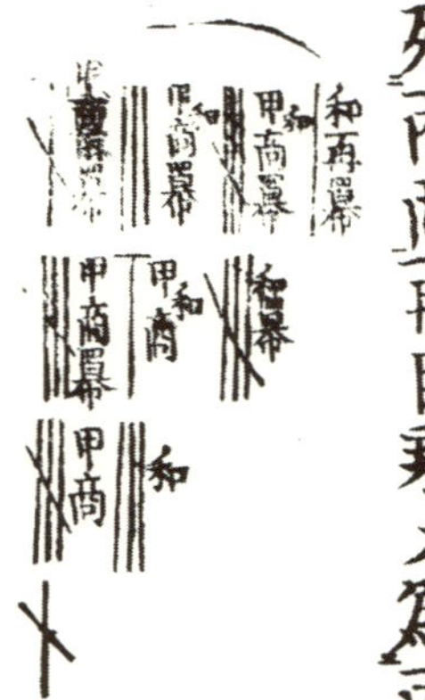

如式實。方。廉。正負不相減而寄位求ニ

本術則寄ト消ト得各一十位宛ヲ術

理一也故減位數演之 天位 地位 人位

十五

天位再乘冪

實再自乘一段

乙方冪 人位再乘冪

乙方 人位 地位 天位

實方廉相乘乙方乘三段

廉再自乘乙方冪ヲ乘一段

右三位和寄左別方地位 乙方 地位再乘冪 方再自乘乙方乘一段

右一位與寄左相消ノ分正負得寄消也

天位再乘冪 乙方 人位 地位 天位 乙方冪 人位再乘冪

正筭二位 本術 寄左數

乙方 地位再乘冪

負筭一位 本術 相消數

○術曰立天元一爲甲方面爲實開立方見商爲甲再自

十六

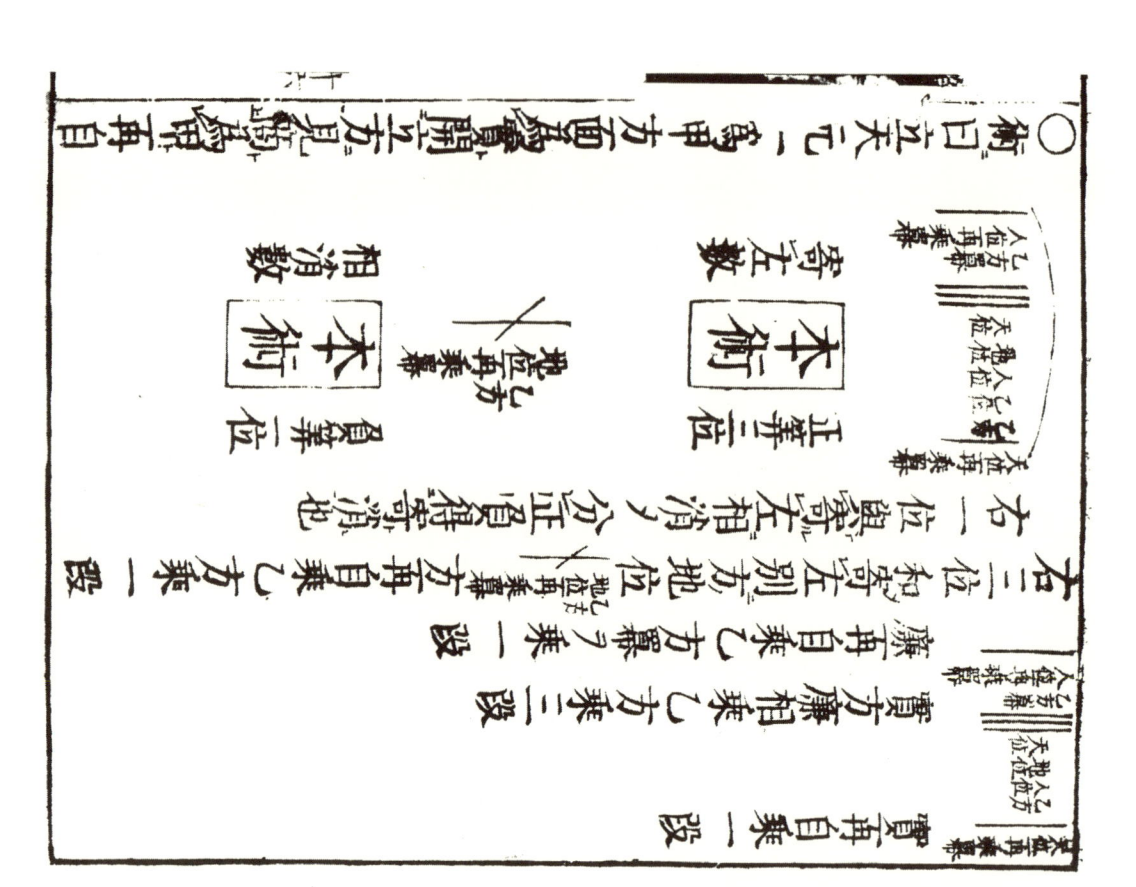

乘ノ爲甲方面差減爲乙方面內減差爲丙方面○三
和再乘冪一段甲商冪和ヲ相乘ノ三段右二位相和ノ
得數內減三和冪甲商相乘ノ三段甲商再乘冪一段乙
方面一段丙方面一段右四位相和得數余爲天位○三
和冪三段甲商冪三段右二位相和得數內減三和甲商
相乘六段余爲地位○三和三段內減甲商三段余爲人
位○天位再乘冪一段人位再乘冪乙方冪相乘ノ一段
天地人乙方相乘ノ三段右三位相和ノ得數寄左○別
地位再乘冪乙方面相乘ノ寄左相消八乘方開之商甲
商四尺ヲ知
眞術甲商四尺再自ノ六十四爲甲方面內差三丈七尺
減余二丈七尺爲乙方面內減一丈九尺余八尺爲丙方

面演段如畫正實三和再乘冪一段七百二十九和九尺
甲商冪十六乘三段四百三十二右二位相和千百六十
一得數內減負實三和冪八十一三甲商四乘三段九百七
十二甲商再乘冪六十四乙方二十七丙方面八尺右四
位相和千○七十一余九十爲天位○別負方和冪三段
二百四十三甲商冪三段四十八加二百九十一內減正
方三和九尺甲商相乘ノ六段二百十六余七十五爲地
位○別正廉三和二十七內減負廉甲商三段十二余十
五爲人位
天位九十再自乘ノ七十二万九千○○○天位九十
地位七十五人天位九十各位十五乙方二十七相乘二段八百二十
万○千二百五十○

入位十五再乗シ乙方冪乗七百二十九、百四十六万○

三百七十五

右三和ノ千百三十九万○六百二十五寄左

○別地位七十五再乗ノ乙方二十七ヲ乗

千百三十九万○六百二十五適等也

天元適等雖見則者此外三乗冪式演段五乗冪式等或

者両式以演段幾タビモ書式起本術後士此末此術真禄

改正欲童蒙肆學導耳

算法天元樵談追加真禄適等下

十七

書林　江戸日本橋　須原茂兵衛
　　　京都寺町通　菱屋治兵衛

七乘冪演式

雒涇後學中根璋元珪述

曰若有名甲乙丙之數只云其和數又云甲數乙數各七自乘冪差數別云甲數丙數各七自乘冪差數問甲乙丙數各幾何

答曰當依左術得甲數

術曰布天元一為甲數以減只云數餘為乙丙和數○甲數七自乘之加減又云數為乙數七乘冪卻加減別云數為丙數

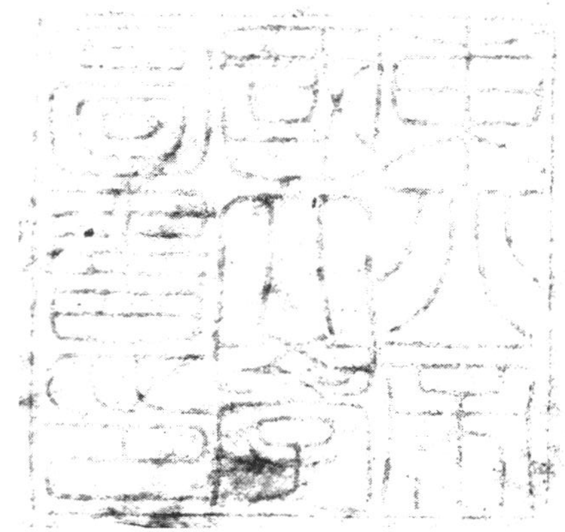

七乘冪

於是未能相消得開方式故今依原演術所謂原演術者以所出於天元之虚數強作眞數就中視某七乘冪者別立天元於某原商而演之亦隨所云得開方式視其式在第九階以下之八階者各以某七乘冪相乘隨已正負爲七階同加異減于上式在第十七階以下之八階者各以某一十五乘冪相乘隨一十五階加減于上式第二十五階以下做此此之謂跨架之法或以類聚或以辭分終令之止八階而后視其條目皆所出於先天元之虚數也故以彼虚數作爲此八階條目爲八箇式如下所記之八百有餘條段相乘相演而後折其正負可相消得開方式今假更其辭以爲云乙丙和數與乙數七乘冪及丙數七乘冪雖有別數不關術者不取之

原演術曰立天元一爲乙數○｜以

減和餘爲丙數和  七自乘之得式

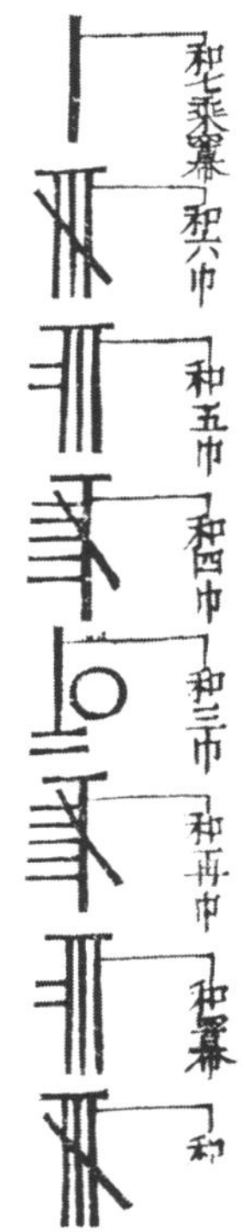

與所云之丙數七乘冪相消得開方式

視此式先所謂在第九階以下者以乙數七乘冪或一十五乘冪或二十三乘

數七乘冪或一十五乘冪或二十三乘

冪等跨架之作八階令唯第九階之一以乙數七乘冪相乘加入第一階矣

其八階姑假八音命之

- 金　和七乘冪一段乙數七乘冪一段併之內減丙數七乘冪一段餘數
- 石　和六乘冪八段
- 絲　和五乘冪二十八段
- 竹　和四乘冪五十六段
- 匏　和三乘冪七十段
- 土　和再乘冪五十六段
- 革　和冪二十八段
- 木　和八段

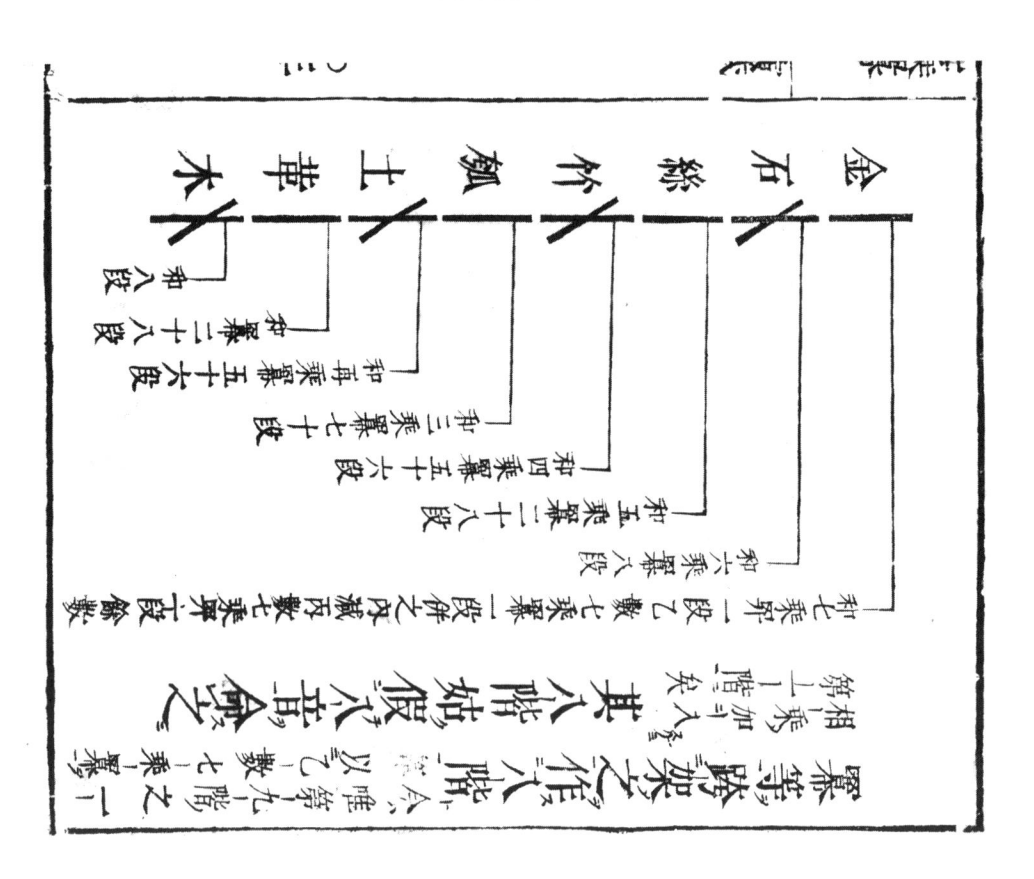

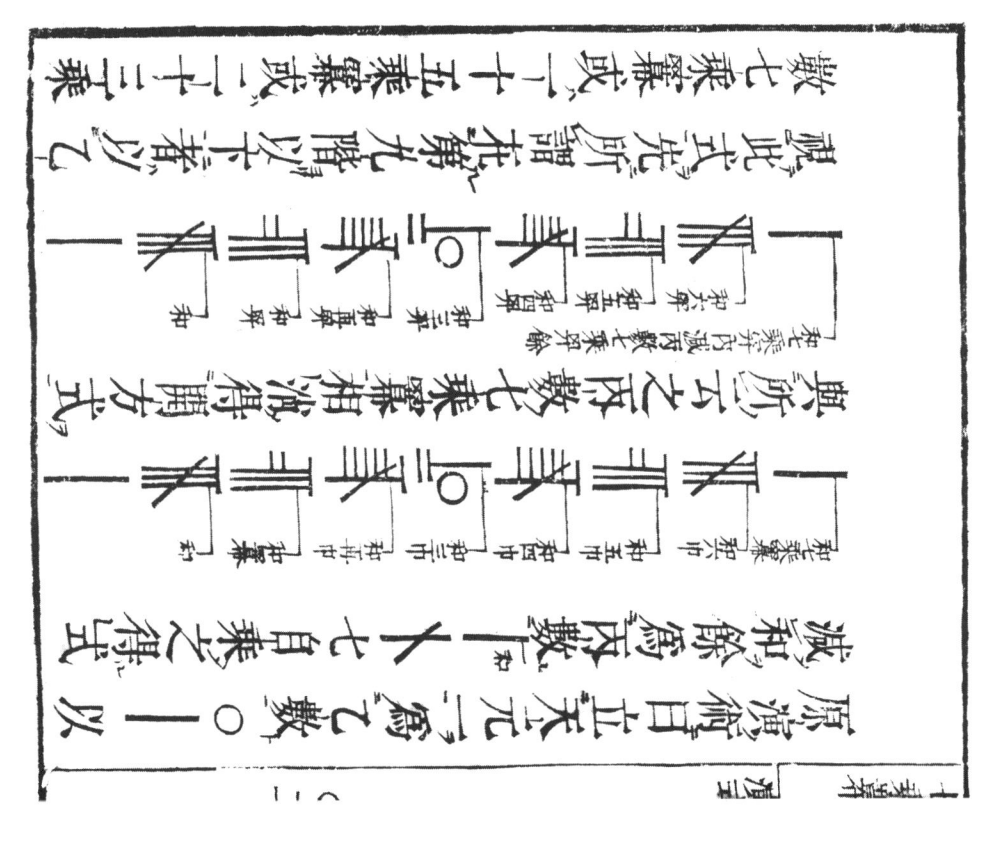

觀右八階式以所出於先天元之虛數作爲八箇式補本術後如左

列和七自乘加入乙數七乘冪內減丙數七乘冪餘爲金式○列和六自乘八之爲石式○列和五自乘二十八之爲絲式○列和四自乘五十六之爲竹式○列和三自乘七十之爲匏式○列和再自乘五十六之爲土式○列和自乘二十八之爲革式○列和八之爲木式（今稱和者即乙丙和數）

金七乘冪一段

右一條直用之

金四乘冪石冪革相乘八段

金四乘冪石絲土相乘一十六段

金四乘冪石竹匏相乘一十六段

金四乘冪絲冪匏相乘八段

金四乘冪絲竹冪相乘八段

金再乘冪石三乘冪匏相乘八段

金再乘冪石再乘冪絲竹相乘三十二段

金再乘冪石冪絲再乘冪相乘一十六段
金石五乘冪絲相乘八段
右九條俱以乙數七乘冪相乘之
金四乘冪絲木冪相乘八段
金四乘冪竹革木相乘一十六段
金四乘冪匏土木相乘一十六段
金四乘冪匏革冪相乘八段
金四乘冪土冪革相乘八段
金三乘冪石冪木冪相乘二十段

金三乘冪石絲革木相乘一十六段
金三乘冪石竹土木相乘一十六段
金三乘冪石匏冪木相乘八段
金三乘冪絲冪革冪相乘二十段
金三乘冪絲竹土革相乘一十六段
金三乘冪絲匏冪革相乘八段
金三乘冪竹冪土冪相乘二十段
金三乘冪竹匏冪土相乘八段
金三乘冪匏三乘冪相乘六段

金再乘冪石冪竹土華相乘三十二段
金再乘冪石冪瓠冪華相乘一十六段
金再乘冪石冪瓠土冪相乘四十八段
金再乘冪石絲冪瓠木相乘三十二段
金再乘冪石絲竹冪木相乘三十二段
金再乘冪石絲竹瓠華相乘六十四段
金再乘冪石絲瓠冪土相乘三十二段
金再乘冪石竹再乘冪華相乘三十二段
金再乘冪絲再乘冪竹木相乘三十二段

金再乘冪絲再乘冪土冪相乘一十六段
金再乘冪絲冪竹瓠土相乘三十二段
金再乘冪絲竹冪瓠冪相乘一十六段
金再乘冪竹三乘冪瓠相乘八段
金冪石三乘冪土木相乘二十四段
金冪石三乘冪華冪相乘一十二段
金冪石再乘冪絲瓠木相乘三十二段
金冪石再乘冪絲土華相乘三十二段
金冪石再乘冪竹冪木相乘一十六段

金冪石冪絲冪瓠華相乘一十六段
金冪石冪絲冪土冪相乘八段
金冪石冪絲瓠再乘冪相乘一十六段
金冪石冪竹再乘冪土相乘一十六段
金冪石冪竹冪瓠冪相乘五十六段
金冪石絲再乘冪竹華相乘三十二段
金冪石絲冪竹冪土相乘八十段
金冪絲四乘冪華相乘八段
金冪絲三乘冪瓠冪相乘二十段

金冪絲冪竹三乘冪相乘一十二段
金石三乘冪竹冪華相乘二十四段
金石三乘冪竹瓠土相乘四十八段
金石三乘冪瓠再乘冪相乘八段
金石再乘冪絲再乘冪木相乘三十二段
金石再乘冪絲冪竹華相乘三十二段
金石再乘冪絲冪瓠土相乘三十二段
金石冪絲冪竹冪瓠相乘四十八段
金石冪絲竹三乘冪相乘二十四段

金石絲四乘羃土相乘一十六段
金石絲三乘羃竹匏相乘一十六段
金絲四乘羃竹羃相乘八段
石五乘羃竹木相乘八段
石五乘羃匏革相乘八段
石五乘羃土羃相乘四段
石三乘羃絲再乘羃革相乘八段
石三乘羃絲羃竹土相乘二十四段
石三乘羃絲羃匏羃相乘一十二段

石三乘羃絲竹羃匏相乘二十四段
石三乘羃竹三乘羃相乘二段
石羃絲四乘羃匏相乘八段
石羃絲三乘羃竹羃相乘二十段
絲七乘羃一段

右六十五條俱以乙數一十五乘羃相乘之

金再乘羃石匏革羃木相乘三十二段
金再乘羃石土羃革木相乘三十二段

金再乘冪石土華再乘冪相乘三十二段
金再乘冪絲竹土木冪相乘三十二段
金再乘冪絲狐冪木冪相乘一十六段
金再乘冪絲狐土華木相乘六十四段
金再乘冪絲土再乘冪木相乘三十二段
金再乘冪竹冪狐木冪相乘四十八段
金再乘冪竹冪華再乘冪相乘一十六段
金再乘冪竹狐冪華木相乘三十二段
金再乘冪竹狐土華冪相乘三十二段

金再乘冪狐冪土冪華相乘一十六段
金再乘冪狐土三乘冪相乘八段
金冪石冪絲華木冪相乘四十八段
金冪石冪竹華冪木相乘八十段
金冪石冪狐土華木相乘三十二段
金冪石絲冪土木冪相乘八十段
金冪石絲竹狐木冪相乘三十二段
金冪石絲竹華再乘冪相乘三十二段
金冪石絲狐土華冪相乘三十二段

金冪石絲土再乘冪華相乘三十二段
金冪石竹瓠冪土木相乘九十六段
金冪石竹瓠土冪華相乘三十二段
金冪石竹土三乘冪相乘二十四段
金冪石瓠三乘冪木相乘八段
金冪石瓠再乘冪土華相乘三十二段
金冪絲再乘冪土華木相乘三十二段
金冪絲冪竹瓠華木相乘三十二段
金冪絲冪瓠冪華冪相乘五十六段

金冪絲冪瓠土冪華相乘一十六段
金冪絲竹再乘冪華木相乘三十二段
金冪絲竹冪瓠土木相乘三十二段
金冪絲竹冪瓠華冪相乘一十六段
金冪絲竹冪土冪華相乘四十八段
金冪絲竹瓠再乘冪木相乘三十二段
金冪絲竹瓠土再乘冪相乘三十二段
金冪絲瓠三乘冪華相乘八段
金冪絲瓠再乘冪土冪相乘一十六段

金羃竹三乘羃土木相乘二十四段
金羃竹再乘羃瓠土華相乘三十二段
金羃竹羃瓠再乘羃華相乘一十六段
金羃竹瓠三乘羃土相乘八段
金石三乘羃華木羃相乘二十四段
金石再乘羃竹瓠木羃相乘三十二段
金石再乘羃瓠羃華木相乘三十二段
金石再乘羃瓠土華羃相乘三十二段
金石再乘羃土再乘羃華相乘三十二段

金石羃絲羃華再乘羃相乘一十六段
金石羃絲竹羃木羃相乘一十六段
金石羃絲竹瓠華木相乘六十四段
金石羃絲竹土羃木相乘一百六十段
金石羃絲竹土華羃相乘三十二段
金石羃絲瓠羃土木相乘三十二段
金石羃絲瓠羃華羃相乘一十六段
金石羃竹羃瓠華羃相乘四十八段
金石羃竹羃土羃華相乘一十六段

金石羃瓠再乘羃土羃相乘四十八段
金石絲再乘羃竹木羃相乘三十二段
金石絲再乘羃瓠華木相乘六十四段
金石絲再乘羃土華羃相乘三十二段
金石絲羃竹羃華木相乘三十二段
金石絲羃瓠再乘羃木相乘三十二段
金石絲羃瓠羃土華相乘三十二段
金石絲羃瓠土再乘羃相乘三十二段
金石絲竹再乘羃華羃相乘三十二段

金石絲竹羃瓠土華相乘六十四段
金石絲竹瓠再乘羃華相乘六十四段
金石絲竹瓠羃土羃相乘三十二段
金石竹三乘羃瓠木相乘四十八段
金石竹再乘羃瓠土羃相乘三十二段
金石竹瓠四乘羃相乘一十六段
金絲四乘羃木羃相乘八段
金絲三乘羃瓠土木相乘一十六段
金絲三乘羃瓠華羃相乘八段

金絲再乘羃竹羃土木相乘三十二段
金絲再乘羃竹羃革羃相乘一十六段
金絲再乘羃竹瓠土革相乘六十四段
金絲再乘羃竹土再乘羃相乘三十二段
金絲羃竹再乘羃瓠木相乘三十二段
金絲羃竹羃瓠羃革相乘一十六段
金絲羃竹瓠再乘羃土相乘三十二段
金絲羃瓠四乘羃相乘八段
金絲竹三乘羃土羃相乘二十四段

金絲竹再乘羃瓠羃土相乘三十二段
金竹五乘羃革相乘八段
金竹三乘羃瓠再乘羃相乘八段
石三乘羃絲瓠木羃相乘二十四段
石三乘羃絲土革木相乘四十八段
石三乘羃絲革再乘羃相乘八段
石三乘羃竹土革羃相乘二十四段
石三乘羃瓠羃土木相乘二十四段
石再乘羃絲羃竹木羃相乘一十六段

石再乘羃絲竹羃華木相乘三十二段

石再乘羃絲竹瓠華羃相乘三十二段

石再乘羃羃絲瓠羃土華相乘三十二段

石再乘羃絲瓠土再乘羃相乘三十二段

石再乘羃竹再乘羃土木相乘三十二段

石再乘羃竹羃瓠羃木相乘一十六段

石再乘羃竹羃土再乘羃相乘一十六段

石再乘羃竹瓠再乘羃華相乘三十二段

石羃絲再乘羃瓠土木相乘三十二段

石羃絲再乘羃瓠華羃相乘一十六段

石羃絲再乘羃土羃華相乘四十八段

石羃絲羃竹瓠羃木相乘八十段

石羃絲羃竹瓠土華相乘三十二段

石羃絲竹再乘羃土華相乘三十二段

石羃絲竹羃瓠土羃相乘一十六段

石羃絲竹瓠再乘羃土相乘三十二段

石羃絲瓠四乘羃相乘八段

石羃竹三乘羃瓠華相乘二十四段

石羃竹再乘羃匏羃土相乘一十六段
石絲四乘羃革木相乘一十六段
石絲三乘羃竹土木相乘一十六段
石絲三乘羃竹革羃相乘八段
石絲再乘羃竹匏羃革相乘三十二段
石絲再乘羃竹匏土羃相乘三十二段
石絲再乘羃匏再乘羃土相乘三十二段
石絲羃竹三乘羃木相乘二十四段
石絲羃竹再乘羃匏革相乘三十二段

石絲羃竹再乘羃土羃相乘一十六段
石絲竹再乘羃匏再乘羃相乘三十二段
石竹五乘羃土相乘八段
絲四乘羃竹匏木相乘一十六段
絲四乘羃竹土革相乘一十六段
絲四乘羃匏羃革相乘八段
絲四乘羃匏土羃相乘八段
絲再乘羃竹三乘羃革相乘八段
絲再乘羃竹再乘羃匏土相乘三十二段

絲再乘羃竹羃瓠再乘羃相乘一十六段
絲竹五乘羃瓠相乘八段
右一百三十條俱以乙數二十三乘
羃相乘之
金再乘羃瓠木三乘羃相乘八段
金再乘羃土革木再乘羃相乘三十二段
金再乘羃革再乘羃木羃相乘一十六段
金羃石竹木三乘羃相乘二十四段
金羃石瓠革木再乘羃相乘三十二段

金羃石土羃木再乘羃相乘一十六段
金羃絲羃木三乘羃相乘一十二段
金羃絲竹革木再乘羃相乘三十二段
金羃絲瓠革羃木羃相乘一十六段
金羃絲土革再乘羃木相乘三十二段
金羃絲革四乘羃相乘八段
金羃竹羃革羃木羃相乘八段
金羃竹土再乘羃木羃相乘一十六段
金羃竹土羃革羃木相乘八十段

金冪瓠再乘冪華木冪相乘一十六段
金冪瓠冪土冪木冪相乘五十六段
金冪瓠冪華三乘冪相乘二十段
金冪土三乘冪華冪相乘一十二段
金石冪絲木三乘冪相乘二十四段
金石冪瓠土木再乘冪相乘三十二段
金石冪土冪華木冪相乘一十六段
金石冪土華再乘冪木相乘三十二段
金石冪華四乘冪相乘八段

金石絲瓠冪木再乘冪相乘三十二段
金石絲瓠土華木冪相乘六十四段
金石絲瓠華再乘冪木相乘六十四段
金石絲土冪華冪木相乘三十二段
金石竹冪土華木冪相乘一百六十段
金石竹瓠冪華木冪相乘三十二段
金石竹瓠華三乘冪相乘一十六段
金石竹土冪華再乘冪相乘三十二段
金石瓠再乘冪華冪木相乘三十二段

金石匏土三乘羃木相乘四十八段
金石匏土再乘羃革羃相乘三十二段
金絲再乘羃革羃木羃相乘一十六段
金絲羃竹匏木再乘羃相乘三十二段
金絲羃竹土革木羃相乘三十二段
金絲羃竹革再乘羃木相乘三十二段
金絲羃匏羃革木羃相乘一十六段
金絲羃匏土羃木羃相乘四十八段
金絲羃匏革三乘羃相乘八段

金絲羃土再乘羃革木相乘三十二段
金絲羃土羃革再乘羃相乘一十六段
金絲竹再乘羃木再乘羃相乘三十二段
金絲竹羃土羃木羃相乘一十六段
金絲竹匏羃革羃木相乘三十二段
金絲竹匏土革再乘羃相乘六十四段
金絲竹匏土羃革木相乘六十四段
金絲匏再乘羃土革木相乘六十四段
金絲匏羃土羃革羃相乘一十六段

金絲土五乘羃相乘八段
金竹再乘羃匏革羃木相乘三十二段
金竹再乘羃土革再乘羃相乘三十二段
金竹羃匏再乘羃木羃相乘四十八段
金竹羃匏羃土革木相乘三十二段
金竹羃匏土再乘羃木相乘三十二段
金竹羃土三乘羃革相乘二十四段
金竹匏再乘羃土革羃相乘三十二段
金竹匏羃土再乘羃革相乘三十二段

金匏四乘羃土木相乘一十六段
金匏四乘羃革羃相乘八段
金匏再乘羃土三乘羃相乘八段
石三乘羃木三乘羃相乘二段
石再乘羃竹土木再乘羃相乘三十二段
石再乘羃竹革羃木羃相乘一十六段
石再乘羃匏革再乘羃木相乘三十二段
石再乘羃土再乘羃木羃相乘一十六段
石羃絲羃土木再乘羃相乘一十六段

石羃絲羃革羃木羃相乘五十六段

石羃絲匏羃革木羃相乘四十八段

石羃絲匏土羃木羃相乘一十六段

石羃絲土羃革再乘羃相乘四十八段

石羃竹再乘羃木再乘羃相乘一十六段

石羃竹羃匏革木羃相乘一十六段

石羃竹羃革三乘羃相乘二十段

石羃竹匏土羃革木相乘一百六十段

石羃匏三乘羃木羃相乘二十段

石羃匏再乘羃革再乘羃相乘一十六段

石羃匏羃土羃革羃相乘八段

石羃土五乘羃相乘四段

石絲再乘羃匏木再乘羃相乘三十二段

石絲羃竹土革羃木相乘九十六段

石絲羃竹革三乘羃相乘八段

石絲羃匏土羃革木相乘三十二段

石絲羃匏土革再乘羃相乘三十二段

石絲羃土三乘羃木相乘二十四段

石絲竹冪瓠土木冪相乘一百六十段
石絲竹冪瓠革冪木相乘三十二段
石絲竹瓠冪革再乘冪相乘三十二段
石絲竹土三乘冪革相乘四十八段
石絲瓠三乘冪革木相乘一十六段
石絲瓠再乘冪土冪木相乘三十二段
石絲瓠冪土再乘冪革相乘三十二段
石竹三乘冪革冪木相乘二十四段
石竹再乘冪土再乘冪木相乘三十二段

石竹再乘冪土冪革冪相乘一十六段
石竹冪瓠再乘冪革木相乘三十二段
石竹冪瓠冪土革冪相乘八十段
石竹瓠三乘冪土木相乘一十六段
石竹瓠冪土三乘冪相乘二十四段
石瓠四乘冪土革相乘一十六段
絲三乘冪土冪木冪相乘二十段
絲三乘冪土革冪木相乘八段
絲二乘冪革三乘冪相乘六段

絲再乘羃竹羃革木羃相乘四十八段
絲再乘羃竹瓠革羃木相乘三十二段
絲再乘羃瓠再乘羃木羃相乘一十六段
絲再乘羃瓠羃土革木相乘三十二段
絲再乘羃瓠土羃革羃相乘一十六段
絲再乘羃土三乘羃革相乘八段
絲羃竹羃瓠羃木羃相乘八段
絲羃竹羃瓠革再乘羃相乘一十六段
絲羃竹羃土再乘羃木相乘一十六段

絲羃竹羃土羃革羃相乘五十六段
絲羃竹瓠羃土羃木相乘八十段
絲羃瓠三乘羃革羃相乘二十段
絲羃瓠羃土三乘羃相乘一十二段
絲竹三乘羃土革木相乘四十八段
絲竹三乘羃革再乘羃相乘八段
絲竹再乘羃瓠羃革木相乘三十二段
絲竹羃瓠羃七羃革相乘四十八段
絲竹羃瓠土三乘羃相乘二十四段

絲竹瓠四乘冪木相乘一十六段

絲竹瓠三乘冪土革相乘一十六段

絲瓠四乘冪土冪相乘八段

竹五乘冪木冪相乘四段

竹三乘冪瓠冪土木相乘二十四段

竹三乘冪瓠冪革冪相乘一十二段

竹三乘冪瓠土冪革相乘二十四段

竹三乘冪土三乘冪相乘二段

竹冪瓠四乘冪革相乘八段

竹冪瓠三乘冪土冪相乘二十段

瓠七乘冪一段

右一百三十三條俱以乙數三十一
乘冪相乘之

金石革再乘冪木再乘冪相乘三十二段

金絲土冪木三乘冪相乘二十四段

金絲土革冪木再乘冪相乘三十二段

金竹瓠土木三乘冪相乘四十八段

金竹瓠革冪木再乘冪相乘三十二段

金竹革四乘羃木相乘一十六段
金匏再乘羃木三乘羃相乘八段
金匏土羃革羃木羃相乘四十八段
金匏土革三乘羃木相乘一十六段
金土三乘羃革木羃相乘二十四段
金土羃革四乘羃相乘八段
石羃匏革木三乘羃相乘二十四段
石羃土革羃木再乘羃相乘一十六段
石絲竹革木三乘羃相乘四十八段

石絲土羃革木再乘羃相乘三十二段
石絲革四乘羃木相乘一十六段
石竹匏羃木三乘羃相乘二十四段
石竹匏革再乘羃木羃相乘三十二段
石竹土再乘羃木再乘羃相乘三十二段
石竹土革三乘羃木相乘一十六段
石匏羃土羃木再乘羃相乘一十六段
石匏羃土革羃木羃相乘八十段
石匏土革四乘羃相乘一十六段

石土三乘羃華羃木相乘二十四段
絲再乘羃華木三乘羃相乘八段
絲羃竹土木三乘羃相乘二十四段
絲羃瓠土華木再乘羃相乘三十二段
絲羃瓠華再乘羃木羃相乘一十六段
絲羃土華三乘羃木相乘八段
絲竹羃華再乘羃木羃相乘四十八段
絲竹瓠羃華木再乘羃相乘三十二段
絲竹瓠土華羃木羃相乘三十二段

絲竹土再乘羃華木羃相乘三十二段
絲竹土華四乘羃相乘一十六段
絲瓠再乘羃土木再乘羃相乘三十二段
絲瓠羃土華再乘羃木相乘三十二段
絲瓠羃華四乘羃相乘八段
絲瓠土三乘羃木羃相乘二十四段
絲瓠土再乘羃華羃木相乘三十二段
絲土三乘羃華再乘羃相乘八段
竹再乘羃瓠華木再乘羃相乘三十二段

竹再乘羃土羃木再乘羃相乘一十六段
竹羃匏土羃華木羃相乘一十六段
竹羃匏土華再乘羃木相乘三十二段
竹羃匏華四乘羃相乘八段
竹羃土再乘羃華羃木相乘一十六段
竹匏再乘羃土華木羃相乘三十二段
竹匏再乘羃華再乘羃木相乘三十二段
竹匏羃土再乘羃木羃相乘一十六段
竹匏土再乘羃華再乘羃相乘三十二段

竹土五乘羃木相乘八段
匏四乘羃華木羃相乘八段
匏再乘羃土再乘華木相乘三十二段
匏再乘羃土羃華再乘羃相乘一十六段
匏土五乘羃華相乘八段
　右五十五條俱以乙數三十九乘羃
　相乘之
金華木五乘羃相乘八段
石土木五乘羃相乘八段

絲匏木五乘冪相乘八段

絲革再乘冪木三乘冪相乘八段

竹冪木五乘冪相乘四段

竹土革冪木三乘冪相乘二十四段

匏冪革冪木三乘冪相乘一十二段

匏土冪革木三乘冪相乘二十四段

匏革四乘冪木冪相乘八段

土三乘冪木三乘冪相乘二段

土冪革三乘冪木冪相乘二十段

革七乘冪一段

右一十二條俱以乙數四十七乘冪相乘之

以上四百單五條併之寄左

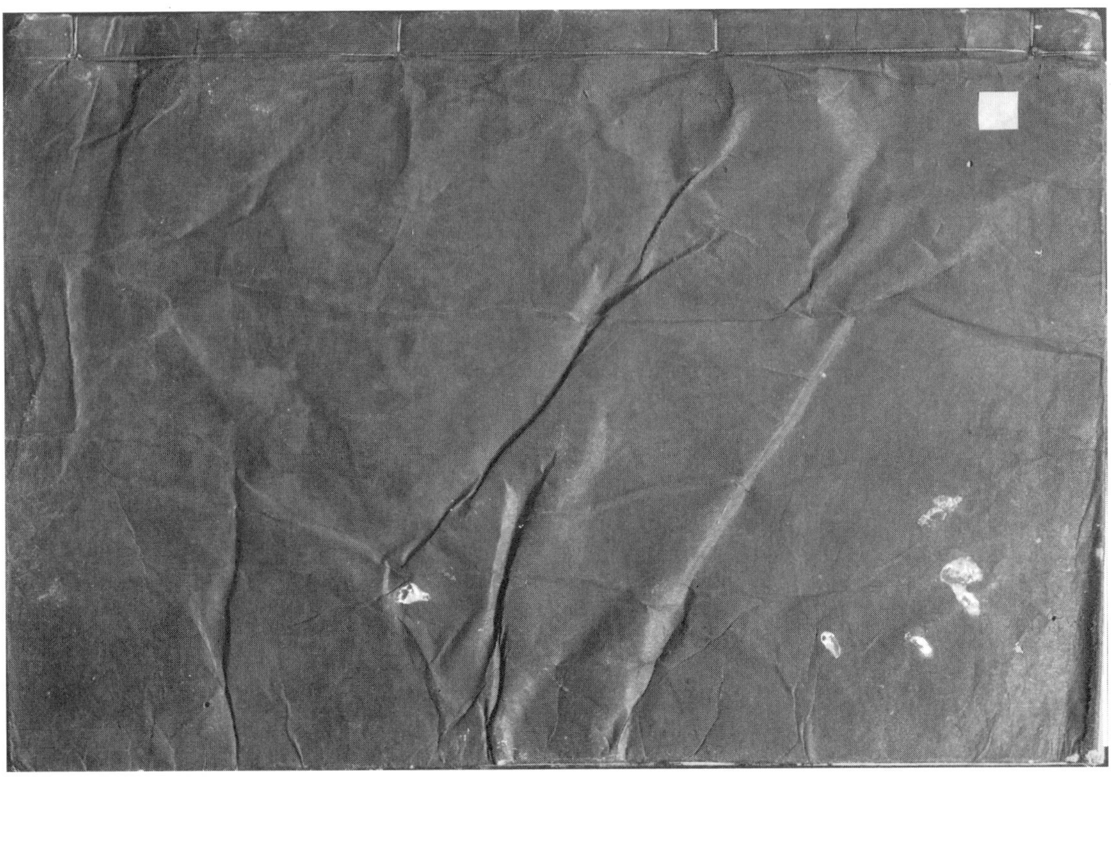

金五乘羃石木相乘八段
金五乘羃絲革相乘八段
金五乘羃竹土相乘八段
金五乘羃匏羃相乘四段
金三乘羃石再乘羃土相乘八段
金三乘羃石羃絲匏相乘二十四段
金三乘羃石羃竹羃相乘一十二段
金三乘羃石絲羃竹相乘二十四段
金三乘羃絲三乘羃相乘二段

金羃石四乘羃竹相乘八段
金絲石三乘羃絲羃相乘二十段
石七乘羃一段
右一十二條俱以乙數七乘羃相乘之
金三乘羃石竹革羃相乘二十四段
金三乘羃石匏土革相乘四十八段
金三乘羃石土再乘羃相乘八段
金三乘羃絲羃土木相乘二十四段

〇三八

金三乘羃絲竹匏木相乘四十八段
金三乘羃絲匏土羃相乘二十四段
金三乘羃竹再乘羃木相乘八段
金三乘羃竹羃匏革相乘二十四段
金再乘羃石再乘羃革木相乘三十二段
金再乘羃石羃絲土木相乘三十二段
金再乘羃石羃絲革羃相乘一十六段
金再乘羃石羃竹匏木相乘三十二段
金再乘羃石絲羃土革相乘三十二段

〇三九

金再乗冪石絲竹土冪相乗三十二段
金再乗冪石竹冪瓠土相乗三十二段
金再乗冪石竹瓠再乗冪相乗三十二段
金再乗冪絲再乗冪瓠革相乗三十二段
金再乗冪絲冪竹冪革相乗一十六段
金再乗冪絲冪瓠再乗冪相乗一十六段
金再乗冪絲竹再乗冪土相乗三十二段
金冪石再乗冪竹瓠革相乗三十二段
金冪石再乗冪竹土冪相乗一十六段

金冪石再乗冪瓠冪土相乗四十八段
金冪石冪絲冪竹木相乗四十八段
金冪石冪絲竹冪革相乗八十段
金冪石冪絲竹瓠土相乗三十二段
金冪石絲三乗冪木相乗二十四段
金冪石絲再乗冪瓠土相乗三十二段
金冪石絲冪竹瓠冪相乗一十六段
金冪石絲竹再乗冪瓠相乗三十二段
金冪石竹四乗冪相乗八段

金羃絲三乘羃竹土相乘二十四段
金羃絲再乘羃竹羃瓠相乘一十六段
金石四乘羃瓠木相乘一十六段
金石四乘羃土革相乘一十六段
金石三乘羃絲竹木相乘一十六段
金石三乘羃絲瓠革相乘一十六段
金石三乘羃絲土羃相乘八段
金石再乘羃絲竹羃土相乘三十二段
金石再乘羃絲竹瓠羃相乘三十二段

金石再乘羃竹再乘羃瓠相乘三十二段
金石羃絲三乘羃革相乘二十四段
金石羃絲再乘羃竹土相乘三十二段
金石羃絲再乘羃瓠羃相乘一十六段
金石絲再乘羃竹再乘羃相乘三十二段
金絲五乘羃瓠相乘八段
石四乘羃絲羃木相乘八段
石四乘羃絲竹革相乘一十六段
石四乘羃絲瓠土相乘一十六段

石四乘冪竹冪土相乘八段
石四乘冪竹瓠冪相乘八段
石再乘冪絲三乘冪土相乘八段
石再乘冪絲再乘冪竹瓠相乘三十二段
石再乘冪絲冪竹再乘冪相乘一十六段
石絲五乘冪竹相乘八段
右五十五條俱以乙數一十五乘冪
相乘之
金三乘冪竹木再乘冪相乘八段

金三乘冪瓠革木冪相乘二十四段
金三乘冪土冪木冪相乘一十二段
金三乘冪土革冪木相乘二十四段
金二乘冪革三乘冪相乘二段
金再乘冪石絲木再乘冪相乘三十二段
金再乘冪石竹革木冪相乘三十二段
金再乘冪石瓠土木冪相乘三十二段
金再乘冪絲冪革木冪相乘一十六段
金再乘冪絲竹革冪木相乘三十二段

金再乘羃絲匏革再乘羃相乘三十二段
金再乘羃絲土羃革羃相乘一十六段
金再乘羃竹羃土革木相乘三十二段
金再乘羃竹匏土羃木相乘三十二段
金再乘羃竹土再乘羃革相乘三十二段
金再乘羃匏再乘羃土木相乘三十二段
金再乘羃匏再乘羃革羃相乘一十六段
金羃石再乘羃木再乘羃相乘一十六段
金羃石羃竹土木羃相乘一十六段

金羃石羃匏羃木羃相乘八段
金羃石羃匏革再乘羃相乘一十六段
金羃石羃土再乘羃木相乘一十六段
金羃石羃土羃革羃相乘五十六段
金羃石絲羃革羃木相乘一十六段
金羃石絲竹土革木相乘六十四段
金羃石絲匏羃革木相乘一百六十段
金羃石絲匏土羃木相乘三十二段
金羃石竹再乘羃木羃相乘一十六段

金冪石竹冪瓠華木相乘三十二段
金冪石竹冪土冪木相乘一十六段
金冪石竹冪土華冪相乘四十八段
金冪石竹瓠冪華冪相乘一十六段
金冪石瓠冪土再乘冪相乘四十八段
金冪絲再乘冪瓠木冪相乘一十六段
金冪絲再乘冪華再乘冪相乘一十六段
金冪絲冪竹冪木冪相乘五十六段
金冪絲冪竹土冪木相乘四十八段

金冪絲冪竹土華冪相乘一十六段
金冪絲冪瓠冪土木相乘一十六段
金冪絲冪土三乘冪相乘二十段
金冪絲竹瓠冪土華相乘一百六十段
金冪竹三乘冪華冪相乘二十段
金冪竹再乘冪瓠冪木相乘四十八段
金冪竹再乘冪土再乘冪相乘一十六段
金冪竹冪瓠冪土冪相乘八段
金冪瓠五乘冪相乘四段

金石再乘羃絲土木羃相乘三十二段
金石再乘羃絲革羃木相乘三十二段
金石再乘羃竹土革木相乘六十四段
金石再乘羃竹革再乘羃相乘三十二段
金石再乘羃匏土羃木相乘三十二段
金石羃絲羃匏木羃相乘八十段
金石羃絲羃土革木相乘三十二段
金石羃絲匏土羃革相乘九十六段
金石羃絲土三乘羃相乘八段

金石羃竹再乘羃革木相乘三十二段
金石羃竹羃匏土木相乘三十二段
金石羃竹匏再乘羃木相乘三十二段
金石羃竹匏羃土革相乘三十二段
金石羃竹匏土再乘羃相乘三十二段
金石羃匏三乘羃革相乘二十四段
金石絲再乘羃土羃木相乘三十二段
金石絲羃竹匏土木相乘六十四段
金石絲羃竹匏革羃相乘一百六十段

金石絲冪竹土冪革相乘三十二段
金石絲竹再乘冪土木相乘六十四段
金石絲竹冪瓠冪木相乘三十二段
金石絲竹冪土再乘冪相乘三十二段
金石絲瓠三乘冪土相乘四十八段
金石竹三乘冪土革相乘一十六段
金石竹再乘冪瓠冪革相乘三十二段
金石竹冪瓠再乘冪土相乘三十二段
金絲三乘冪竹革木相乘四十八段

金絲三乘冪土冪革相乘二十四段
金絲再乘冪竹瓠冪木相乘三十二段
金絲再乘冪瓠再乘冪革相乘三十二段
金絲再乘冪瓠冪土冪相乘一十六段
金絲冪竹再乘冪土革相乘三十二段
金絲冪竹冪瓠土冪相乘八十段
金絲竹四乘冪木相乘一十六段
金絲竹三乘冪瓠革相乘一十六段
金絲竹冪瓠三乘冪相乘二十四段

金竹四乘羃匏土相乘一十六段
石四乘羃土木羃相乘八段
石四乘羃革羃木相乘八段
石三乘羃竹羃木羃相乘二十段
石三乘羃竹匏革木相乘一十六段
石三乘羃竹土羃木相乘八段
石三乘羃匏羃革羃相乘二十段
石三乘羃匏土羃革相乘八段
石三乘羃土三乘羃相乘六段

石再乘羃絲羃匏革木相乘三十二段
石再乘羃絲羃土羃木相乘一十六段
石再乘羃絲羃土革羃相乘四十八段
石再乘羃絲竹匏上木相乘六十四段
石再乘羃絲竹土羃革相乘三十二段
石再乘羃絲匏再乘羃木相乘三十二段
石再乘羃竹再乘羃革羃相乘一十六段
石再乘羃竹羃匏土革相乘三十二段
石再乘羃竹匏羃土羃相乘一十六段

石再乘冪瓠二乘冪土相乘八段
石冪絲二乘冪木冪相乘一十二段
石冪絲再乘冪竹華木相乘三十二段
石冪絲冪竹冪土木相乘一十六段
石冪絲冪竹冪華冪相乘八段
石冪絲冪竹土再乘冪相乘一十六段
石冪絲冪瓠再乘冪華相乘一十六段
石冪絲冪瓠冪土冪相乘五十六段
石冪絲竹再乘冪瓠木相乘三十二段

石冪絲竹冪瓠冪華相乘八十段
石冪竹四乘冪木相乘八段
石冪竹三乘冪土冪相乘二十段
石冪竹冪瓠三乘冪相乘一十二段
石絲三乘冪瓠冪木相乘二十四段
石絲三乘冪瓠土華相乘四十八段
石絲三乘冪土再乘冪相乘八段
石絲再乘冪竹冪瓠木相乘三十二段
石絲再乘冪竹冪土華相乘三十二段

石絲冪竹冪匏冪土相乘四十八段
石絲冪竹匏三乘冪相乘二十四段
竹四乘冪革相乘一十六段
石絲竹三乘冪匏土相乘一十六段
石竹四乘冪匏冪相乘八段
絲五乘冪土木相乘八段
絲五乘冪革冪相乘四段
絲三乘冪竹再乘冪木相乘八段
絲三乘冪竹冪匏革相乘二十四段

絲三乘冪竹冪土冪相乘一十二段
絲三乘冪竹匏冪土相乘二十四段
絲三乘冪匏三乘冪相乘二段
絲冪竹四乘冪土相乘八段
絲冪竹三乘冪匏冪相乘二十段
竹七乘冪一段
石絲石一百三十三條俱以乙數二十二
乘冪相乘之
金冪石土革冪木冪相乘四十八段

金羃石華三乘羃木相乘二十四段
金羃絲瓠土木再乘羃相乘三十二段
金羃絲土羃華木羃相乘八十段
金羃竹羃土木再乘羃相乘一十六段
金羃竹瓠羃木再乘羃相乘四十八段
金羃竹瓠土華木羃相乘三十二段
金羃竹瓠華再乘羃木相乘三十二段
金羃竹土華三乘羃相乘二十四段
金羃瓠羃土華羃木相乘一十六段

金羃瓠土再乘羃華木相乘三十二段
金羃瓠土羃華再乘羃相乘一十六段
金羃土四乘羃木相乘八段
金石羃竹華木再乘羃相乘三十二段
金石羃瓠華羃木羃相乘八十段
金石絲羃華木再乘羃相乘三十二段
金石絲竹土木再乘羃相乘六十四段
金石絲竹華羃木羃相乘三十二段
金石絲土再乘羃木羃相乘三十二段

金石絲土革三乘冪相乘四十八段
金石竹冪瓠木再乘冪相乘三十二段
金石竹冪革再乘冪木相乘三十二段
金石竹瓠土冪木冪相乘三十二段
金石竹瓠土革冪木相乘六十四段
金石竹土再乘冪革木相乘六十四段
金石瓠再乘冪土木冪相乘三十二段
金石瓠冪土冪革木相乘三十二段
金石瓠冪土革再乘冪相乘三十二段

金石土四乘冪革相乘一十六段
金絲再乘冪土木再乘冪相乘三十二段
金絲冪瓠土革冪木相乘一百六十段
金絲竹冪瓠革木冪相乘九十六段
金絲竹冪土革冪木相乘三十二段
金絲竹革三乘冪相乘二十四段
金絲竹瓠冪土木冪相乘三十二段
金絲竹土三乘冪木相乘十六段
金絲竹土再乘冪革冪相乘三十二段

金絲觚三乘冪木冪相乘二十四段
金絲觚再乘冪華再乘冪相乘三十二段
金絲觚冪土再乘冪木相乘三十二段
金絲觚土三乘冪華相乘一十六段
金竹三乘冪華木冪相乘八段
金竹再乘冪觚土木冪相乘三十二段
金竹再乘冪土冪華木相乘三十二段
金竹冪觚冪華再乘冪相乘一十六段
金竹冪觚土冪華冪相乘八十段

金竹觚三乘冪華木相乘四十八段
金竹觚再乘冪土冪木相乘三十二段
金竹觚土四乘冪相乘一十六段
金觚三乘冪土冪華相乘二十四段
石再乘冪絲華木再乘冪相乘三十二段
石再乘冪觚冪木再乘冪相乘一十六段
石再乘冪觚土華木冪相乘三十二段
石再三乘土冪華冪木相乘一十六段
石再乘冪土華三乘冪相乘八段

石羃絲竹匏木再乘羃相乘三十二段
石羃絲竹土革木羃相乘十二段
石羃絲竹革再乘羃木相乘三十二段
石羃絲匏土革羃木相乘三十二段
石羃絲匏革三乘羃相乘二十四段
石羃絲土再乘羃革木相乘三十二段
石羃竹羃土羃木羃相乘五十六段
石羃竹羃土革羃木相乘一十六段
石羃竹匏羃土木羃相乘一十六段

石羃竹匏羃革羃木相乘四十八段
石羃竹匏土革再乘羃相乘三十二段
石羃竹土三乘羃木相乘八段
石羃竹土再乘羃革羃相乘一十六段
石羃匏再乘羃土革木相乘三十二段
石羃匏羃土再乘羃木相乘一十六段
石羃匏土三乘羃革相乘八段
石絲再乘羃土革木羃相乘三十二段
石絲再乘羃革再乘羃木相乘三十二段

石絲羃竹羃木再乗羃相乗一十六段
石絲羃竹瓠革木羃相乗三十二段
石絲羃竹土羃木羃相乗一十六段
石絲羃瓠羃土木羃相乗四十八段
石絲羃瓠羃革羃木相乗一十六段
石絲羃土再乗羃革羃相乗四十八段
石絲竹再乗羃革木羃相乗三十二段
石絲竹羃土羃革木相乗三十二段
石絲竹羃土革再乗羃相乗三十二段

石絲竹瓠再乗羃木羃相乗三十二段
石絲竹瓠羃土革木相乗六十四段
石絲竹瓠土再乗羃木相乗六十四段
石絲竹瓠土羃革羃相乗三十二段
石絲瓠再乗羃土革羃相乗三十二段
石絲瓠土四乗羃相乗一十六段
石竹三乗羃土木羃相乗八段
石竹再乗羃瓠羃木羃相乗一十六段
石竹再乗羃瓠土革木相乗六十四段

石竹再乘羃弧華再乘羃相乘三十二段
石竹羃弧羃土羃木相乘一十六段
石竹羃弧土再乘羃華相乘三十二段
石竹羃土四乘羃相乘八段
石竹弧三乘羃華羃相乘二十四段
石竹弧再乘羃土羃華相乘三十二段
石弧五乘羃木相乘八段
石弧三乘羃土再乘羃相乘八段
絲三乘羃竹木再乘羃相乘八段

絲三乘羃弧華木羃相乘二十四段
絲再乘羃竹弧土木羃相乘三十二段
絲再乘羃竹土羃華木相乘三十二段
絲再乘羃竹土華再乘羃相乘三十二段
絲再乘羃弧羃華再乘羃相乘一十六段
絲再乘羃弧土再乘羃木相乘三十二段
絲羃竹再乘羃土木羃相乘一十六段
絲羃竹再乘羃華羃木相乘四十八段
絲羃竹羃弧土華木相乘三十二段

絲羃竹瓠再乘羃革木相乘三十二段
絲羃竹瓠羃土革羃相乘一十六段
絲羃竹瓠土再乘羃革相乘三十二段
絲羃竹土四乘羃相乘八段
絲羃瓠三乘羃土木相乘二十四段
絲羃瓠再乘羃土羃革相乘一十六段
絲竹三乘羃瓠木羃相乘八段
絲竹再乘羃瓠土羃木相乘三十二段

絲竹再乘羃土再乘羃革相乘三十二段
絲竹羃瓠再乘羃土木相乘三十二段
絲竹羃瓠再乘羃革羃相乘一十六段
絲竹瓠再乘羃土再乘羃相乘三十二段
絲瓠五乘羃革相乘八段
竹四乘羃瓠革木相乘一十六段
竹四乘羃土羃木相乘八段
竹四乘羃土革羃相乘八段
竹再乘羃瓠三乘羃木相乘八段

竹再乘羃瓠再乘羃土革相乘三十二段
竹再乘羃瓠羃土再乘羃相乘一十六段
竹瓠五乘羃土相乘八段
右一百三十條俱以己數三十一乘
羃相乘之
金羃土木四乘羃相乘八段
金羃革羃木三乘羃相乘二十段
金石瓠木四乘羃相乘一十六段
金石土革木三乘羃相乘一十六段

金絲竹木四乘羃相乘一十六段
金絲瓠革木三乘羃相乘一十六段
金絲革三乘羃木羃相乘二十四段
金竹羃革木三乘羃相乘八段
金竹土羃革木再乘羃相乘三十二段
金竹土革再乘羃木羃相乘三十二段
金瓠羃土革木再乘羃相乘三十二段
金瓠羃革再乘羃木羃相乘一十六段
金瓠土再乘羃木再乘羃相乘三十二段

金瓠革五乘冪相乘八段
金土再乘冪革再乘冪木相乘三十二段
石冪竹木四乘冪相乘八段
石冪土冪木三乘冪相乘二十段
石冪革三乘冪木冪相乘一十二段
石絲冪木四乘冪相乘八段
石絲瓠土木三乘冪相乘一十六段
石絲瓠革冪木再乘冪相乘三十二段
石絲土革再乘冪木相乘三十二段

石竹冪土木三乘冪相乘八段
石竹冪革冪木再乘冪相乘一十六段
石竹瓠土革木再乘冪相乘六十四段
石竹土冪革冪木冪相乘一十六段
石竹革五乘冪相乘八段
石瓠再乘冪革木再乘冪相乘三十二段
石瓠冪革三乘冪木相乘二十四段
石瓠土再乘冪革木冪相乘三十二段
石瓠土冪革再乘冪木相乘三十二段

石土四乘羃木羃相乘八段
石土再乘羃華二乘羃相乘八段
絲羃竹華羃木再乘羃相乘四十八段
絲羃匏羃木二乘羃相乘二十段
絲羃土再乘羃木再乘羃相乘一十六段
絲羃土羃華羃木羃相乘八段
絲羃華五乘羃相乘四段
絲竹羃匏木二乘羃相乘八段
絲竹羃土華木再乘羃相乘三十二段

絲竹匏土羃木再乘羃相乘三十二段
絲竹匏華二乘羃木相乘四十八段
絲竹土羃華再乘羃木相乘三十二段
絲匏再乘羃華羃木羃相乘一十六段
絲匏羃土羃華木羃相乘八十段
絲匏土羃華三乘羃相乘二十四段
絲土四乘羃華木相乘一十六段
竹三乘羃木三乘羃相乘十段
竹再乘羃土華羃木羃相乘一十六段

竹再乘冪華三乘冪木相乘八段
竹冪瓠冪土木再乘冪相乘一十六段
竹冪瓠冪華冪木冪相乘五十六段
竹冪土三乘冪木冪相乘二十段
竹冪土冪華三乘冪相乘一十二段
竹瓠三乘冪木再乘冪相乘八段
竹瓠冪土冪華冪木相乘四十八段
竹瓠冪土華三乘冪相乘二十四段
竹瓠土三乘冪華木相乘一十六段

竹土四乘冪華冪相乘八段
瓠三乘冪土冪木冪相乘一十二段
瓠三乘冪土華冪木相乘二十四段
瓠三乘冪華三乘冪相乘二段
瓠冪土三乘冪華冪相乘二十段
瓠冪土四乘冪木相乘八段
土七乘冪一段
右六十五條俱以乙數三十九乘冪
相乘之

石革羃木四乘羃相乘八段
絲土革木四乘羃相乘一十六段
竹匏革木四乘羃相乘一十六段
竹土羃木四乘羃相乘八段
竹革三乘羃木再乘羃相乘八段
匏羃土木四乘羃相乘八段
匏土革再乘羃木再乘羃相乘三十二段
上再乘羃革羃木再乘羃相乘一十六段
土革五乘羃木相乘八段

右九條俱以乙數四十七乘羃相乘之

木七乘羃一段

右一條以乙數五十五乘羃相乘之

以上四百單五條併之與寄左相消得開方式六十三乘方法開之得甲數合問若八階正負交錯與上所記不同則乘起而后所得之兩式亦或正負交錯矣然則前式之正算與後式之負算併之為一式別前式之負算與後式之正算併之為一式其兩式相消得開方式

七乘冪演式跋

數家者流所著之書古今幾何帙乎唯李恕發微算法可謂財元極變者乜矣爾後清行著明元算法斷筆於五究焉同遊氏吉治飢式極笄注署六乘演式余友欲謐加一層今茲正月己亥始斧策

七旬讓閑生林

工鏤梓

上工唯
鳩衆堂不
可畏乎數家唯窮務半密大彰彬術生
焉元禄四年二月二十八日甲申中
璋元圭書

中根璋氏

書林京極五條橋砌　梅村彌與門

水玉堂　算書目

算學啓蒙　全三卷　朱世傑著
演段解伏　全一卷　同著
竿頭算法　全一卷　同著
授時暦圖解發揮　全三卷　同著
授時暦經　元史暦志　全四卷
暦算啓蒙　中根元圭著
算法□□十二月己巳朔功皇元校正　同著
括要算法　全四卷　關孝和著
御伽雙紙　全三卷　中根法軸著
皇和通暦　全三卷　中根元圭著
原本塵劫記　全三　吉田
天元蒙養　同著

氏正延波辰京鏊邱既蔡仍命剞劂發行

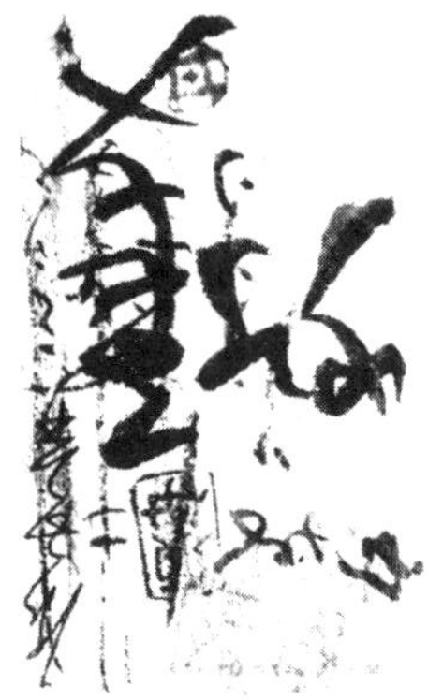

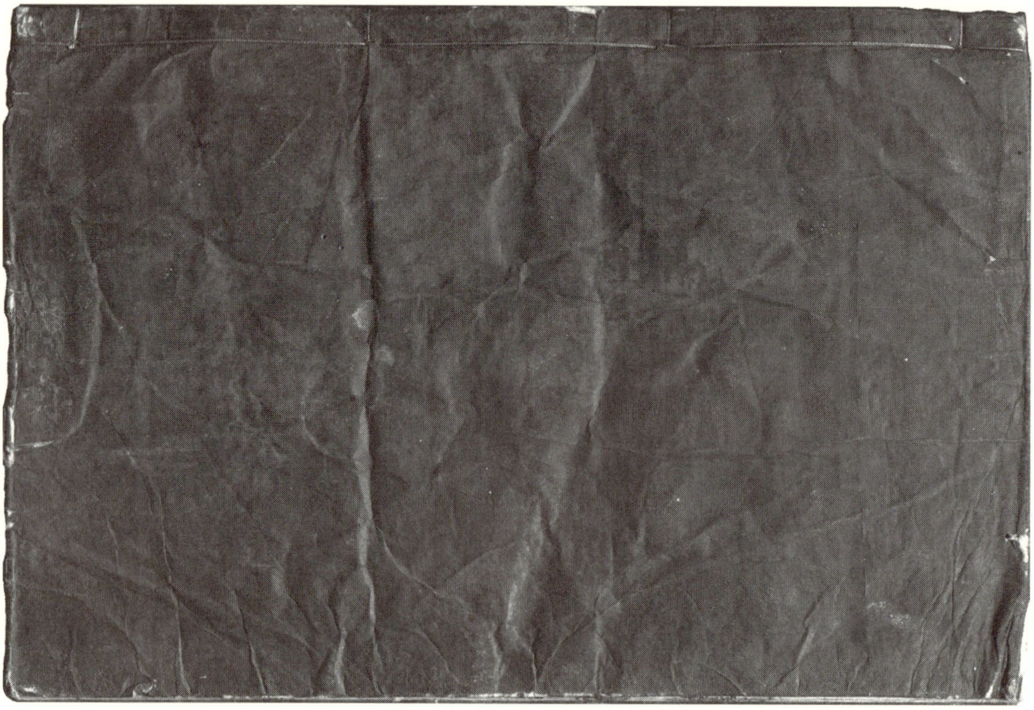

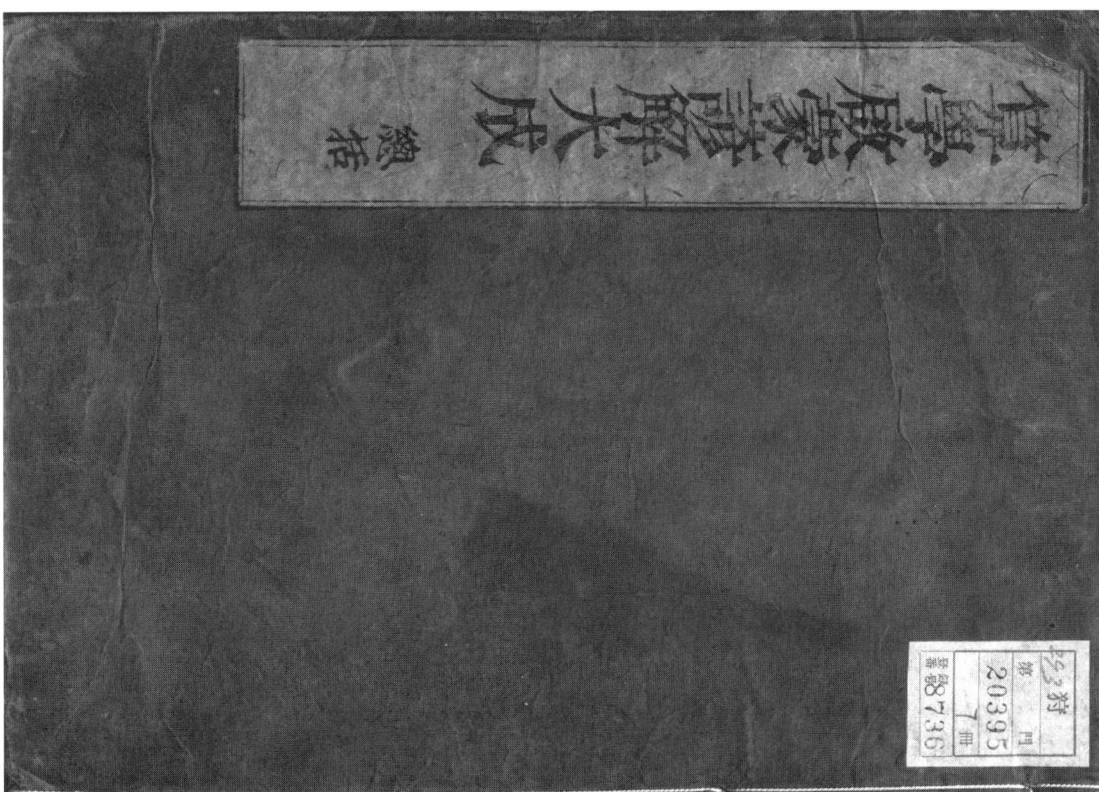

算學啓蒙諺解大成
總括

算學啓蒙序
嘗觀水一也散則千流萬派木一也
散則千條萬枝數一也散則千變萬
化老子曰數者一也道之所生生於
一數之所成成於九昔者黄帝氏定
三數爲十等九章之名立焉周公制
禮作爲九數九數之流九章是已夫
算乃六藝之一周之賓賢能敎國子

此九數也歷代沿襲設科取士魏唐
間算學尤專如劉徽之注九章續撰
重差淳風之解十經發明補問傅綜
精微一時獨步自時厥後科目既廢
算法罕傳信如是也則計租庸調何
術可憑步數畸殘若爲鉤谿米穀正
耗何由剖析是猶捨重句而欲測海
去寸木而欲量天多見其不知量也

燕山松庭朱君篤學九章旁通諸術
於寥寥絶響之餘出意編撰算書三
卷分二十門立二百五十九問細草
備辭置圖折體訓爲算學啓蒙其於
會計租庸田疇經界盈朒隱互正負
方程開方之類已足以貫通古今發
明後學卷末一門立天元一算包羅
策數靡有孑遺明天地之變通演陰

陽之消長能窮未明之明克盡不解
之解索數隱微莫過乎此是書一出
允爲算法之標準四方之學者歸焉
將見拔茅連茹以備
清朝之選云大德己亥七月既望惟
揚學算趙城元鎮序

新編算學啓蒙目録

計三巻共二十門九二百五十九問

上巻八門 一百一十三問

中巻七門 七十一問

新編算學啓蒙目録終

新編算學啓蒙總括

新編アラタニアム也　總括スベクヽル也

釋九數法

釋ヒロフ拾也○法ノリ法則也言ハ一ヨリ九迄ヲヒロヒテ相因レテ數ヲナス法也又是ヲ九九合數トモ云

一一如一　一二如二　二二如四
一三如三　二三如六　三三如九
一四如四　二四如八　三四一十二
四四一十六　一五如五　二五一十
三五一十五　四五二十　五五二十五
一六如六　二六一十二　三六一十八

四六二十四　五六三十　六六三十六
一七如七　二七一十四　三七二十一
四七二十八　五七三十五　六七四十二
七七四十九　一八如八　二八一十六
三八二十四　四八三十二　五八四十
六八四十八　七八五十六　八八六十四
一九如九　二九一十八　三九二十七
四九三十六　五九四十五　六九五十四
七九六十三　八九七十二　九九八十一

如ゴトシ也言ハ二ノ一、二ノ二ノ四ナド、十ニミタズシテ本位ノゴトシトイフ意ナリ

九歸除法 按ルニ古ノ法多ク用ル商除ヲ為ニ初學ノ者難シ入 則後ノ人以テ此法ヲ代レ之ニ即非ニ正術ニ也

是俗ニ云八算見一ノワリ声ナリ九ハ一ヨリ九迄ナリ 凡法單位ヲ名ケ帰ト總位ヲ名ケ除ト云ア法ノ一桁アルワリモノヲ帰ト云法ノ二桁以上トルワリモノヲ除ト云ナリ八算トハ二ヨリ九マデ八段アルユヘ八算ト云 見一トハ最初ノ名ヲ取リテ總名トスルナリ○此ワリ声ノ外ニ撞除ト云アリ此書ニハ歌ニ作リテ法ヲ載ルユヘ此末ニコレヲ書シルスナリ

本注 按古法多用 ─ 古法ハ商除ト云フヲ用タリ然レトモ商除ノ法ハ初学ノ者入ガタキユヘ後人此九帰除法ノ声ヲ作リテ商除ニカエタリ

即非正術 ─ トハタヾシキ術ニテハナキト也 シカレトモ捷径ヲ取ル術ニシテ全ク邪術ト云ニテハアラザルナリ ○術テダテトヨムナリ

商除之法

假如有米一千五百石給二十四人分之問人得幾何　荅曰六十二石五斗

術曰列米一千五百石於上為實 以二十四人為法除之得合問

○先ツ法ヲ一位進メテ二百四十トシテ商ニ六十ヲ

初商（六十）　実　法
次商（二）　実　法
三商（五）　実　法

置。商ノ六十ヲ以テ法ト呼テ二六一千二百。四
六二百四十ヲ実ニテ除キ実ニ余ル一六十石
法ヲ一位退キテ二十四トシテ次ニ商二石ヲ置
次商二石ヲ以テ法ト呼テ二二如四十 二四如八
石ヲ実ニテ除キ実ニアマル一一十二石法ヲ
又一位シリゾキ二八四分トシテ三ノ商二五斗ヲ
置 三ノ商五斗ヲ以テ法ト呼テ二五一十。四五
二石ヲ実ニテ除キ尽シテ商二六十二石五斗ヲ
得ルナリ

右商除ハ法ノ單位衆位トモニ皆ルヿナシ但シ商除ニ法一
イヘルハ実多法少者
実少法多者是也

一歸如一進　見一進成十　二一添作五
逢二進成十　三一三十一　三二六十二
逢三進成十　四一二十二　四二添作五
四三七十二　逢四進成十　五歸添一倍

逢五進成十　六一下加四　六二三十二
六三添作五　六四六十四　六五八十二
逢六進成十　七一下加三　七二下加六
七三四十二　七四五十五　七五七十一
七六八十四　逢七進成十　八一下加二
八二下加四　八三下加六　八四添作五
八五六十二　八六七十四　八七八十六
逢八進成十　九歸隨身下　逢九進成十

一歸加一進　加一般ノ時一ヲ見一十ト上ヘ上ル也○一帰如
一進ノ五字ハ大字ニ書テ見一進成十ノ五字ハ一帰如一進ノ
法ナレハ加此小字ニ書テ可ナリ　一歸如一進成十見一進

二一添作五　　二ノ段ノ時一アレハ四ヲ添テ五ト作ル
二ニ逢ヘハ進メテ十ニスルトナリ進ムルトハ一桁上ヘ進ムル也
○或ハ逢四進二十　逢六進三十　逢八進四十　○俗ニ天作ト書
ハ添ノ字ノ略ナリ

三一三十一　　三ノ段ノ時一アレハ三ニシテ一桁下ヘ
一ヲ加エテ三十一トス　二アレハ六ニシテ下ヘ二加エテ六十二トス
三ニ人ハ一桁ス、メテ十ニスルトナリ○或逢六進二十　逢九
進三十

四一二十二　　四ノ段ノ時一アレハ二ニシテ一桁下ヘ
二ヲ加エテ二十二トス　二アレハ三ヲ添テ五ニ作ル　三アレバ七ニ
シテ下ヘ二加エテ七十二トス　四ニアヘハ進メテ十トスルトナリ○
或逢八進二十

五歸添一倍　　五ノ段ノ時ハ添ル一一倍トナリ　一アレハ一ヲ添テ
二トス　二アレハ二ヲ添テ四トス　三アレハ三ヲ添テ六トス　四アレハ
四ヲ添テ八ニスルナリ　五ニ逢ハ進メテ十トス　○五一倍作二　五
二倍作四　五三倍作六　五四倍作八

六一下加四　　六ノ段ノ時一アレハ其侭ニテ下ヘ四ヲ加ヘ
二アレハ三ニシテ下ヘ二加エテ三十二トス　三アレハ二ヲ添テ五ニ
作ル　四アレハ六ニシテ下エ四ヲ加エテ六十四トス　五アレハ八ニシテ
下ヘ二ヲ加エテ八十二トス　六ニアヘハ進メテ十トスルナリ

七一下加三　　七ノ段ノトキ一アレハ其侭ニテ一桁
三ヲ加フ　一アレハ其マヽニテ下ヘ六ヲ加フ三アレハ四ニメ下ヘ二ヲ
加エテ四十二トス　四アレハ五ニシテ下ヘ五加エテ五十五トス　五ア
レハ七ニシテ下ヘ一加エテ七十一トス　六アレハ八ニシテ下ヘ四加エテ
八十四トス　七ニ逢ハス、メテ十ニスルトナリ

八一下加二　　八ノ段ノ時一アレハ其マヽニテ下ヘ二ヲ
加フ　二アレハ其侭ニテ下ヘ四ヲ加フ　三アレハ其マヽニテ下ヘ六ヲ
加フ　四アレハ一ヲ添テ五ニ作ル　五アレハ六ニシテ下ヘ二ヲ加エテ
六十二トス　六アレハ七ニシテ下ヘ四加エテ七十四トス　七アレハ八ニ
シテ下ヘ六加エテ八十六トス　八ニ逢ハ進メテ十ニスルトナリ

九歸隨身加　　九ノ段ノトキハ身ニシタガツテ身ノ數ヲ
一桁下ヘ加フトナリ　一アレハ其侭ニテ下ヘ一ヲ加フ　二アレハ下ヘ
二加フ　三アレハ下ヘ三ヲ加フ　四アレハ下ヘ四ヲ加フ　五アレハ下ヘ
五ヲ加フ　六アレハ六ヲ加フ　七アレハ七ヲ加フ　八アレハ八ヲ加フ
九ニ逢ハ進メテ十ニスルナリ○九一下加一　九二下加二　九三下
加三　九四下加四　九五下加五　九六下加六　九七下加七　九八下
加八

撞除法

見一無皈作九一　無除起一還一　見二無除作九二　無除起一還二
見三無皈作九三　無除起一還三　見四無皈作九四　無除起一還四

見五無斂作九五　無除起一还五　見六無斂作九六　無除起一还六
見七無斂作九七　無除起一还七　見八無斂作九八　無除起一还八
見九無斂作九九　無除起一还九

見一無斂作九一トハ法ノ首一ナルトキ一ノ見テ斂スル事ナキハ九一ニ作ルナリ除法ノ歌ニ法實相停九十餘ト云是ナリ　無除起一還一トハ九九ニ呼テ除クニ除クシテ除カレサレバ一ツ起シテ一ヲ还スナリ歌ニ但遇無除还頭位ト云是也

斤下留法

斤下帶兩者當以十六約之今則就省以此代之也

是ハ幾斤ノ下ニ幾兩トアルヲ幾斤何分ト見ル法ナリ是ヲ小一斤ノ法ト云傳フ此法ハ唐國ノ一斤百六十目ノ法ナリ和朝ニハ國所ニヨリ斤目ノ替リ品々アリ

斤下帶兩者｜　兩ヲ帶ルトハ幾斤ノ下ニ幾兩ト帶ルナリ　兩ノ數ヲ十六ニテ約スルハムツカシキユヘ見ヤスキタメニ此法ヲ作テ十六除ノ代ニ是ヲ用ユルト也

一退六二五　二留一二五
三留一八七五　四留二五
五留三一二五　六留三七五
七留四三七五　八留單五
九留五六二五　十留六二五
十一留六八七五　十二留七五
十三留八一二五　十四留八七五
十五留九三七五

一退六二五トハ一兩アレハ一桁下ヨリ六二五ト置テ幾斤零六二五トナス故ニ退ト云一兩ハ一斤ノ六釐二毫五絲十六ナリ

二留一二五ハ二兩アレハ其二兩ヲ一ト留メテ下ヘ二五ト置テ幾斤一二五トナス故ニ留ト云後モコレニ同シ

八留單五　單五トハ只一位ニツマリタルユヘ單ヒトヘト書ナリ零ヲモ單ト云ヘ氏ソレトハ違フ也

明縦横訣

是ハ算籌ノ置ヤウニタテヨコノアルヲ明ス訣ナリ○訣ワカチ也

一縦十横　百立千僵　千十相望
萬百相當　満六已上　五在上方
六不積聚　五不單張　言十自過
不満自當　若明此訣　可習九章

一縦十横｜一位ハタテニ置十位ハヨコニ置ナリ百位又タテニ置千位又ヨコニ置ナリ

千十相望｜千位ハ十位ノ如クヨコニ置万位ハ百位ノコトクタテニ置ナリ畢竟一位ヲ縦十位ヲ横トシテ一位交ニ大數小數トモニタテヨコヽヽト置ナリ　縦ノ一ハ｜二ハ‖三ハ|||四ハ||||五ハ|||||六ハ丅七ハ丌八ハ𝍧九ハ𝍨ト置ナリ　横ノ一ハ一二ハ二三ハ三四ハ三五ハ三六ハ丄七ハ丄二八ハ丄三九ハ丄三ト置ナリ

滿六已上｜以上ニナリタルハ五算ヲ上ニ置トナリ五算ハ縦ノ位ノ肷ハ横ニ一本横ノ位ノ肷ハ縦ニ一本置ナリ

六不積聚｜若六ニナラスハ五算バカリシ一本ハ置ヘカラズ只五本置ナリ又六ヲ六本置ザレトナリ

言十自過｜十ト云ニナリタラハ其位ヨリ一位カミヘ上テ作ルナリ是ヲ言十自過ト云十ニミタズ九ーデノ數ナラハ其位ニソノマヽ置ヲ不満自當ト云

若明此訣｜訣ハ明也俗ニ此傳ト云ニ同シ九章ハ書ノ肝ナリ　雖此傳ヲ明ニセハ九章ヲ習ヘト云丁ナリ

大數之類　凡數之大者天莫能載其數不能極故謂之大數也

大數ハ一ヨリ起テ大ニナルトキハ天モシラヿナク地モノスルヿナク數ニカギリナキユヘ總名ヲ大數ト云ナリ

一。十。百。千。萬。十萬。百萬。千萬。萬萬曰億萬萬億曰兆如前呼之一億。十億。百億。千億。萬億。十萬億。百萬億。千萬億。萬萬億曰兆萬萬兆曰京萬萬京曰陔萬萬

是也後倣此更不繁説

陔曰秭萬萬秭曰壤萬萬壤曰溝萬萬溝曰澗萬萬澗曰正萬萬正曰載萬萬載曰極萬萬極曰恒河沙萬萬恒河沙曰阿僧祇萬萬阿僧祇曰那由他萬萬那由他曰不可思議萬萬不可思議曰無量數

大數ニ色々ノ說アリ　一・十・百・千・万・億・兆・京・垓――カクノコトク十万ヲ億トシ十億ヲ兆トシ十兆ヲ京トスルアリ　又一・十・百・千・万・十万・百万・千万・億・十億・百億・千億・兆・十兆・百兆・千兆・京カクノコトク万々ヲ億トシテソレヨリ万億ヲ兆トシ万兆ヲ京トスルアリ○亦大數ノ名極ニテ留ルアリ　又載ニテ留ルアリ　地モ不能載トモ云ヘハナリ

亦億兆京秭垓壤――　秭ト垓ト前後スルアリ　○萬ヲ万ニ作　京ヲ經ニ作　垓ヲ陔亦該ニ作ル

小數之類　小者視之無形取之無象數亦不能盡故謂之小數也

求諸率類

小數ハ一ヨリ起テ小ニナルトキハ見ルニカタチナク取ルニカタチナク數ニカギリナキユヘ總名ヲ小數ト云ナリ

一。分。釐。毫。絲。忽。微。纖。沙。萬萬塵曰沙。萬萬埃曰塵。萬萬渺曰埃。萬萬漠曰渺。萬萬糢糊曰漠。萬萬逡巡曰糢糊。萬萬須臾曰逡巡。萬萬瞬息曰須臾。萬萬彈指曰瞬息。萬萬剎那曰彈指。萬萬六德曰剎那。萬萬虛曰六德。萬萬空曰虛。萬萬清曰空。萬萬淨曰清。千萬淨。百萬淨。十萬淨。萬淨。千淨。百淨。十淨。一淨

或說　一分釐毫絲忽微纖沙塵埃　十埃ヲ塵トシ十塵ヲ沙ニシ十沙ヲ纖トス

両求銖二十四乘　　銖求両二十四除
斤求両身外加六　　両求斤身外減六
秤求斤身外加五　　斤求秤身外減五
據物賣錢而用乘　　據錢買物而用除

両求銖二十四乘――　是唐國ノ法ナリ六銖ヲ一分ト云四分ヲ一両ト云ユヘ一両ハ四六二十四銖トリ是ヲ両銖法ト云幾両アルソ銖ニシテ見タキ時ハ二十四ヲ乘メ幾銖ヲ得ル又幾銖アルソ両ニシテ見タキトキハ二十四ニテ除キ幾両ヲ得ルナリ

斤求両身外加六――　十六両ヲ一斤トスルユヘ幾斤アルソ両ニ見タキトキハ十六ヲ乘メ幾両ヲ得ル十六乘ノ代リニ身外ニ六ツ加フナリ又幾両アルソ斤ニ見タキ時ハ十六ニテ除キ幾斤ヲ得ル十六除ノ代ニ身外ニ六ヲ減スルナリ○身外加減法上巻ニ委シ

秤求斤身外加五――　十五斤ヲ一秤ト云ユヘ幾秤アルヲ斤ニシテ見ルトキハ十五ヲ乘メ幾斤ヲ得ル十五ヲ乘スル代ニ身外ニ五ヲ加フ又幾斤アルソ秤ニシテ見ルトキハ十五ニテノゾキ幾秤ヲ得ル十五ニ除クカハリニ身外ニ五ヲ減スルナリ

據物賣錢而用乘――　物アリテ其物一ツニ付テノアタヒヲ云トキハ乘シテ總錢ノ數ヲ得ルユヘ據物賣錢而用乘ト云　又錢有テ物一ツニ付テノ價錢ヲ云トキハ價ノ錢ヲ以テ總錢ヲ除キテ物ノ數ヲ得ルユヘ據錢買物而用除ト云ナリ　因法・加法・乘法ノ問皆〻據物賣錢ノ問ナリ　減法・歸法・除法ノ問皆〻據物買錢ノ問ナリ○物トハ諸物ナリ○錢ハ價ノ錢ナリ

解題起率

今按　乘ヲ用ルニ二ツ有所謂因乘ハ物有テ毎物ノ錢ヲ云總錢ヲ問者・錢有テ毎錢ノ物ヲ云物ノ數ヲ問者是也　用除・物有錢有テ毎物ノ錢ヲ問者・物アリ錢有テ毎錢ノ物ヲ問者・物有テ毎錢ノ物ヲ云テ總錢ヲ問者・錢有テ毎物ノ錢ヲ云テ物數ヲ問者是ナリ是皆畢竟ハ正理ニアラス異乘同除ヲ以テ毎錢毎物ト云其一ヲ乘シ除スナリ然レ𪜈捷徑ヲ取右ノ法ヲ用テ可ナリ

量起於圭之六粟　十圭謂之一撮

十撮謂之一抄　十抄謂之一勺

十勺謂之一合　十合謂之一升

十升謂之一斗　十斗謂之一斛

量ハカル俗ニ云升ナリ　量・衡・度皆八法ノ具ナリ　八法者

律度量衡規矩縄準也

圭モミニコメ六粒ヲ云十勺○斛石ニ作○斗俗ニ斗ニ作○抄

俗ニオニ作

斤秤起率

衡起於黍形如粟大　十黍謂之一絫

十絫謂之一銖　六銖謂之一分

四分謂之一兩　十六兩謂之一斤

十五斤謂之一秤　三十斤謂之一鈞

四鈞謂之一碩重一百二十斤

衡ハカル俗ニ云秤ナリ　兩ノ目ハ重十錢ナリ和朝ニハ物ニ

ヨツテ不定

端匹起率

度起於忽蚕吐之絲　十忽謂之一絲

十絲謂之一毫　十毫謂之一氂

十氂謂之一分　十分謂之一寸

十寸謂之一尺　十尺謂之一丈

匹率或三丈二 或二丈四　端率或五十尺 或四丈八

度ハカル俗ニ云楷尺ナリ

尺和朝ト異ナリ

田畝起率

田起於忽。忽闊一寸長六寸　十忽謂之一絲

十絲謂之一毫　十毫謂之一釐

十釐謂之一分　十分謂之一畝

百畝謂之一頃　三百步謂之一里

按畝法闊一步長二百四十步當自方五尺

爲步也其里法三百步爲里者當自方六尺

爲步若三百六十步爲里

者當以自方五尺爲步也

忽ヒロサ一寸ナガサ六寸ナルトキハ積尺六釐ナリ一畝ハ
積六千尺一步五尺四方ナルユヘ一畝ノ積步二百四十步
ナリ○積ノ步ハ俗ニ云坪ナリ○長ノ步ハ俗ニ云間ナリ
三百步謂一里　是ハ古法ナリ一步ヲ六尺トス畝法二百
四十步ヲ用ルハ一步ヲ五尺四方トスルユヘ里法三百六十步ヲ
用テ可ナリ

本ニ按畝法闊一步　畝法二百四十ハ闊サ一步
長サ二百四十步ノ積ナリ是ヲ用ルハ一步ノナカサ五尺
ソトトリ

其里法三百步　里法ヲ三百步トスル者ハ一步
ノ長サ六尺ノツモリソトナリ

若三百六十步爲里者　又法二百四十ヲ用ヒハ
里法ハ三百六十步
ヲ用ヘシトナリ

古法圓率

周三尺　徑一尺

劉徽新術　劉徽ハ乃魏人也立此
新術以究圓之幽微

周一百五十七尺　徑五十尺

徑一尺ニシテ周三尺一寸四分トリ魏ノ劉徽新術ニ此法ヲ
立テ四ノ不尽ヲ合ストナリ

沖之密率　沖之姓ハ祖乃宋南徐州ノ從事
史立此密率亦究圓之微也

周二十二尺　徑七尺

徑一尺ニシテ周三尺一寸四分二釐八毫五七余ナリ ○密率トハ正ノ合

此法ヲ立テ亦円ノ不尽ヲ合スナリ　祖沖之

法ト云意ナリ　密合

密近ナトヽ云ヘリ

明異名訣　此乃劉歆漏之

數以巧呼之

二分之一爲中半　三分之一爲少半

三分之二爲太半　四分之一爲弱半

四分之三爲強半

二分之一　總數イクツニテモアレ二ツニワリテ其一ツヲ中半ト云トナリ

三分之一　總數ヲ三ツニワリテ其一ツヲ少半ト云

其二ツヲ太半ト云トナリ

明正負術

其同名相減　則異名相加　正無人負之

負無人正之

其異名相減　則同名相加　正無人正之

負無人負之

按九章註云兩算得失相返要令正負以名之正算赤負算黒不則以邪正爲異　其無人者爲無對也無所得減則使消奪者居位也人作入非

其同名相減　同名トハ正算ト正算負算ト負算ナリ異名トハ正算ト負算ナリ無人トハ數ノナキヿナリ同名ヲ減スルトキハ異名ハ加正算以テ減スルニ減セラル丶方ニ數ナクハ正算ヲ反ソ負算トシ負算ヲ以テ減スルニ減セラル丶方ニ數ナクハ負算ヲ反ソ正算トスルナリ委ク書取リカタキユヘ左ノ圖ニシルス

同減異加トハコレナリ

タトヘバ

｜ 正一ヲ以テ	｜｜｜ 正三ヲ減スレバ	｜｜ 正二トナル
丅 正七ヲ以テ	｜｜ 正二ヲ減スレバ	𝍤 負五トナル

十一

[算木] 負三ヲ以テ [算木] 負八ヲ減スレバ [算木] 負六トナル	[算木] 正四ヲ以テ [算木] 負七ヲ減スレバ [算木] 負十一トナル	[算木] 正九ヲ以テ ○ 數無ヲ減スレバ [算木] 負九トナル	○ 數無ニテ [算木] 正五ヲ減スレバ [算木] 其侭ニテ正五ナリ
[算木] 負六ヲ以テ [算木] 負四ヲ減スレバ [算木] 正二トナル	[算木] 負十二ヲ以テ [算木] 正一ヲ減スレバ [算木] 正十三トナル	[算木] 負三ヲ以テ ○ 數無ヲ減スレバ [算木] 正三トナル	○ 數無ニテ [算木] 負一ヲ減スレバ [算木] 其侭ニテ負一ナリ

右正負辨ヘカタクハ其減スル者ノ正負ヲ相反シテ後ニ相加ヘシタトヘハ右ノ如キハ[算木]正一ヲ反メ[算木]負一トシテ[算木]正三ニ相加ヘ[算木]正二トナル又[算木]正七ヲ反メ[算木]負七トシテ[算木]正二ニ相加ヘ[算木]負五トナル又[算木]負二ヲ反メ[算木]正二トシテ[算木]負八ニ相加ヘ[算木]負六トナルナリ余コレニ同シ是ハ畧術ナレ𪜈初學者ノ入驗キ爲ニ可ナリ

其異名相減—— 異名ヲ相減スルトキハ同名ハ相加フ正算ヲ加ユルニ一方ニ數ナクハ其侭正トシ負算ヲ加ユルニ一方ニ數ナクハ其侭負トスルナリ 異減同加トハコレナリ

タトヘハ

[算木] 正二ヲ以テ [算木] 負五ニ加レハ [算木] 負三トナル	[算木] 正八ヲ以テ [算木] 負三ニ加レハ [算木] 正五トナル

[算木] 負四ヲ以テ [算木] 正七ニ加ユレハ [算木] 正三トナル	[算木] 正九ヲ以テ [算木] 正七ニ加ヘレハ [算木] 正十六トナル	[算木] 正八ヲ以テ ○ 數無ニ加レハ [算木] 正八トナル
[算木] 負六ヲ以テ [算木] 正二ニ加ユレハ [算木] 負四トナル	[算木] 負一ヲ以テ [算木] 負十二ニ加ユレハ [算木] 負十三トナル	[算木] 負二十一ヲ以テ ○ 數無ニ加ユレハ [算木] 負二十一トナル

右異減同加ハ兩ノ數ヲ以テ何方ヨリ加エテモ同シ

本注 按九章註云 得ハ正算ナリ失ハ負算ナリ正ト負トヲ見分ヘキタメニ正算ヲバ赤ク負算ヲバ黒クスルトナリ 以邪正ートハ左ナケレバ正算ハ[算木]カクノコトク負算ハ[算木]カクノコトク置トナリ

其無人者—— 人ト無トハ對スル數ノナキヲ云トナリ

無所得減—— 得ル所無シ減トハ數ヲ以テ數ノ無ヲ減スルトキハ其數ヲ位ニヲクナリ 消ト奪トハ以テ減スルノ數ナリ

明乘除段

長平相併曰和　長平相減曰較
長平相乗曰積　自相乗之曰冪
同名相乗為正　異名相乗為負
平除長為小長　長除平為小平
小長平相併曰小和　小長平相減餘小較
小長平相乗得一歩為小積

長平相併曰和　是ハ直田ニヨツテ云ヘリ長ト平トアハセタルヲ和ト云長ト平ト相減レタルヲ較ト云トナリ直田ノミニアラス何ニテモアハセタルヲバ和ト云相減レタルヲバタガヒト云ナリ○較　タガヒ　差ト同シ

長平相乗　長ト平トカケアハセタルヲ積ト云トナリ平ナルモノ立ナルモノ色々ノ変形ナルモ皆積ト云ナリ俗ニ是ヲ坪ト云　相乗トハ數ノ同レカラサル者ヲカケ合スルヲ云ヘリ

十二

自相乗　同シ數ヲカケ合スルヲ冪ト云トナリ同シ數ヲバ一度カケ合スルモ二度カケ合スルモ幾度カケ合スルモ皆々冪ト云ヘリ　自相乗トハ自乗ト云ニ同シ同數ヲカケ合スルユヘ自ト云フ

同名相乗為正　同名異名トハ算ト籌ノ正負ノ同名異名ナリ正算ト正算トカケ合スレバ正算ノ同名ナルユヘ正算トナル又負算ト負算トカケ合スレバ負算ノ同名ナルユヘ是モ正算トナル　異名相乗ハ正算ト負算トカケ合スルモ負算ト正算トカケ合スルモ皆々負算トナルナリ

平除長為　是ヨリ末皆直田ニ限リタル名ナリ平ヲ以テ長ヲ除テハ積一坪ニ付テノ長ナルユヘ小長ト云是ヲ俗ニ股倍ト云　長ニテ平ヲ除テハ積一坪ニ付テノ平ナルユヘ小平ト云俗ニ是ヲ勾倍ト云ナリ　小長小平アハセタルヲ小和ト云小長小平相減シタル余リヲ小較ト云　小長ト小平トカケ合スレハイツモ一トナルソ是ヲ小積ト云トナリ

明開方法

十三

置積為實及方廉隅同加異減開之

是古法ナリ商ヲ立テ隅ヨリ来シテ方級マテハ同加異減ノ毎級ニ至テ減スルナリ

新編筭學啓蒙總括終

算學啓蒙諺解大成
上本

本書言下作一

新編算學啓蒙巻上

松庭朱　世傑　編撰

縱横因法門　八問

縱横ハ筭籌ノ縱横ナリ　因ハヨル俗ニ云掛ルトナリ法ノ單位ナル者ヲ以テ因トス云フ單位トハ一ヨリ九迄一ケタ有ヲ云ナリ

法ハ法式也則ナリ　門ハカド何ノ部

何ノ類ト云ト同意ナリ後モコレナラヘ

此法從來向上因　但言十者過其身

呼如本位須當作　知筭縱横數目眞

此法從來　從來モトヨリナリ向上ノ因トハ

是ガ先ツ筭ノ根本ヨリ變シタル碎ゾ

但言十者　言十トハ三四一十二四四一十六五

七三十五ナドノ類ナリ　身トハ本位ナリ過トハ法ヲ以テ

身ニ乘ノ二六ノ十二八九七十二等　何十ト云分ハ一寅ノ本

位ヨリ一位進メテ作ルナリ

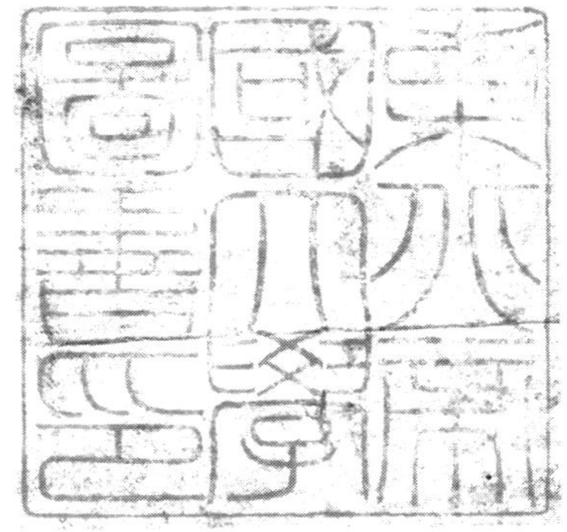

一

呼如本位ニ　如ト呼フトハ一ニ如一二三如六三三如九

ナドノ類ナリ本位トハ身ナリ當テ作ルトハ法ヲ以テ

身ニ命メ一ニ如二二ニ四如八等如ト云分ハ實ノ本位ニ

當テ作ルナリ

知算縦横　数目トハ數ノ名ナリ眞ハ眞實

ナリ此門ニテ算ノ縦横数目ノ眞ヲ統リ知ルト

云意ナリ○乗除通變本末上ノ巻ニ單因重因

身前因アリ皆此法ノ末術ナリ

今有粟二百一十六斗毎斗價錢二文問計錢幾何

答曰　四百三十二文

今トハコヽニト云義ナリ假如ノ意ソ　粟モミコメナリ爰ニテハ

アハノ一ニテハナキソ爾雅翼云ク古以粟米之有孚穀者皆

称粟今人以穀之最細而圓者為粟トスト

ノ一ナリ　毎両毎貫毎錢ト云モ皆一ツニ付テノ一ソ　毎斗トハ一斗ニ付テ　價

アタヒ直ナリ俗ニ直段ト云　計ハカルナリ　幾何イクバクノ也

何程ト云意ナリ　問トフ訊也　題ノ意ハ粟二百一十六斗

有一斗ニ付テ錢二文ツヽノ直段ニシテハ右ノ粟ノ惣錢ハ何

ホドゾトナリ

二

因法式　粟二百一十六斗ヲ上ニ置實トス價錢二文ヲ下ニ置テ法トソ實ノ首位ヨリ因スルナリ

二因

丅　一　||　實首
||　法

先ツ法ノ二ト實ノ二ト呼テ二二ト云テ本位ニ當テ如四ニ作ル　〔四〕

丅　一身　||

次ニ法ノ二ト實ノ一ト呼テ一二ト云テ本位ニ當テ如二ニ作ル　〔二〕〔四〕

丅身　||

次ニ法ノ二ト實ノ六ト呼テ二六ト云テ一十二ハ本位ニ適テ一ヲ上ヘ加エ二ヲ本位ニ作ルナリ

得　〔二文〕〔三十〕〔四百〕

今有絲一百四十四兩毎兩價錢三百文問計錢幾何

答曰　四十三貫二百文

因法式　絲一百四十四兩ヲ上ニ置價三百ヲ下ニ置テ首ヨリ因スルナリ

三因

||||　三　|　實首身
|||　法

先ツ法ノ三ト實ノ一ト呼テ一三ト云テ本位ニ當テ如三ニ作ル　〔三〕

||||　三身　三

次ニ法ノ三ト實ノ四ト呼テ三四ト云テ一十二ヲ本位ニ適テ加エ二ヲ本位ニ作ル　〔二〕〔四〕

||||身　|||

次ニ法ノ三ト實ノ四ト呼テ三四ト云テ一十二ヲ本位ニ適テ加エ二ヲ本位ニ作ル

得　〔二百〕〔三貫〕〔四十〕

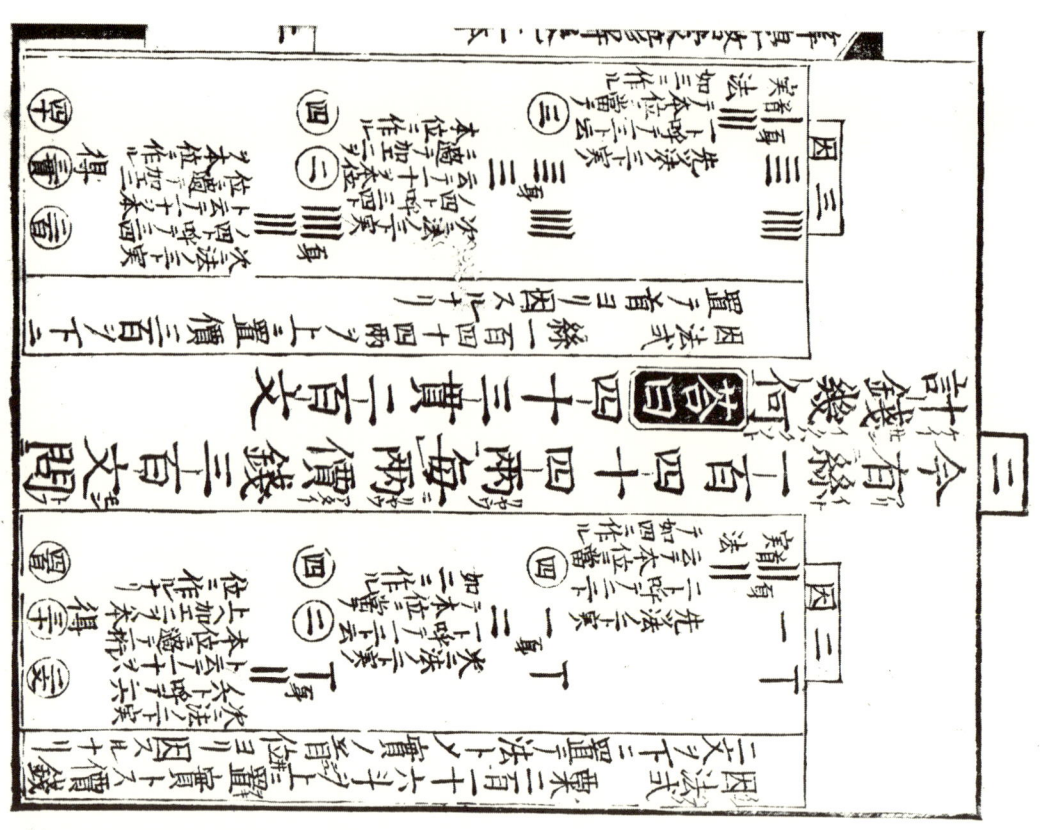

三 今有羊三百五十四隻每隻價錢四貫文問
計錢幾何　荅曰　一千四百一十六貫
隻ハイクツト云義ナリ凡物ノ單ナル者ヲ隻ト曰也
因法ノ式前ニ同シ重子テ詳ニセズ

四 今有銀五百四十七錠每錠重五十兩問為
兩幾何　荅曰　二萬七千三百五十兩

五 今有絹七百三十六匹每匹價錢六貫文問
計錢幾何　荅曰　四千四百一十六貫

六 今有麻八百九十二秤每秤價錢七百文問
計錢幾何　荅曰　六百二十四貫四百文

七 今有布六百三十四尺每尺價錢八十文問
計錢幾何　荅曰　五十貫七百二十文

八 今有馬四百二十五匹每匹價錢九十貫問
計錢幾何　荅曰　三萬八千二百五十貫

術曰列物數在上各以價錢從上因之
即得合前問

列物數―― 物ノ數トハ今有ル物ノ數ナリ在上
トハ実トスルナリ
以價錢―― 價ノ錢ハ物ゴトノアタイ錢ナリ是ヲ
法トスルナリ
從上因之 從上ノ六法ヲ以テ実ノ首位ヨリ因スル
一ナリ 即前ノ二問ニ委細ニ注ス
得合前問 前ノ八問ニ合
一ヲ得ルソトナリ

身外加法門 十一問

身ハ本位ナリ又法位ニ對スル所ヲ身ト云 外ハ本位ノ外
ナリ法ノ首位一ナル時ニ用ユルナリ夕トヘバ法十二ナレバ十ヲ身
ニ對スルユヘ十ヲ除ケテ一バカリヲ以テ身ノ外ニ加ユルユヘ身
外加法ト云○加法ハ乗法ニ代テ用ユ若法ノ首位一ナラザル
トキハ或ハ若干因シ或ハ若干帰シテ首位ヲ一トナルヤウニ
シテ外ヲ加ノル也是ヲ求一加法ト云加法ノ求一ハ法ヲ一倍
スレバ実ヲ折半シ法ヲ三倍スレハ実ヲ三ニ帰シ法ヲ折半スレ
ハ実ヲ倍シ法ヲ三ニ帰スレハ実ヲ三倍ス余ハコレニナラヘ

算中加法最堪誇　言十之時就位加
但遇呼如身下列　君従法式定無差

算中加法ハ最モホコルニ堪ルト
ナリ最堪誇トハ成程ヨキ法ソト讃タル辞ナリ
言十之時　十八三六十八・五八四十等ナリ
就位加トハ位ハ本位ナリ身ナリ本位ニ就テ加ユルナリ
當置ハ身トスニ同シ就身トスレハ齟チカフ故ニ就位
スルナリ
但遇呼如　如ハ一三如三・一二如二等ナリ身ノ下ニ
列トハ本位ノ一桁下ニ加ユルナリ

今有米六碩八斗四升毎斗價錢一百一十
文問計錢幾何　答曰　七貫五百二十四文
碩ハ石ナリ又斛ト同

君従法式ニ君ハ人ヲ指辞ノ法式ハ法則也
無差トハ此法式ニ従テ用ヒハ定テ必ス違ナカラント
ノ義ナリ○乗除通變算寶ニ加一位加二位重加
加隔位連身加アリ皆此法ノ末術ナリ

加一

加法式　米六碩八斗四升ヲ上ニシキテ実ト
トス價錢一百一十文ヲ置首ノ一百ヲ去テ一十文ヲ下
ニ置法トス實ノ尾位ヨリカケテ加フ

実　法
丅　〣　川|　尾身
先ツ法ノ一ト実ノ四ト呼テ一四ト云テ本位ノ下ニ如四ヲ加フ　㊃　㊃
丅　〣　一|　身
次ニ法ノ一ト実ノ八ト呼テ一八ト云テ本位ノ下ニ如八ヲ加フ　㊃　㊁　㊈
丅|　身
次ニ法ノ一ト実ノ六ト呼テ一六ト云テ本位ノ下ニ如六ヲ加フ
得　四　二十　五百　七千

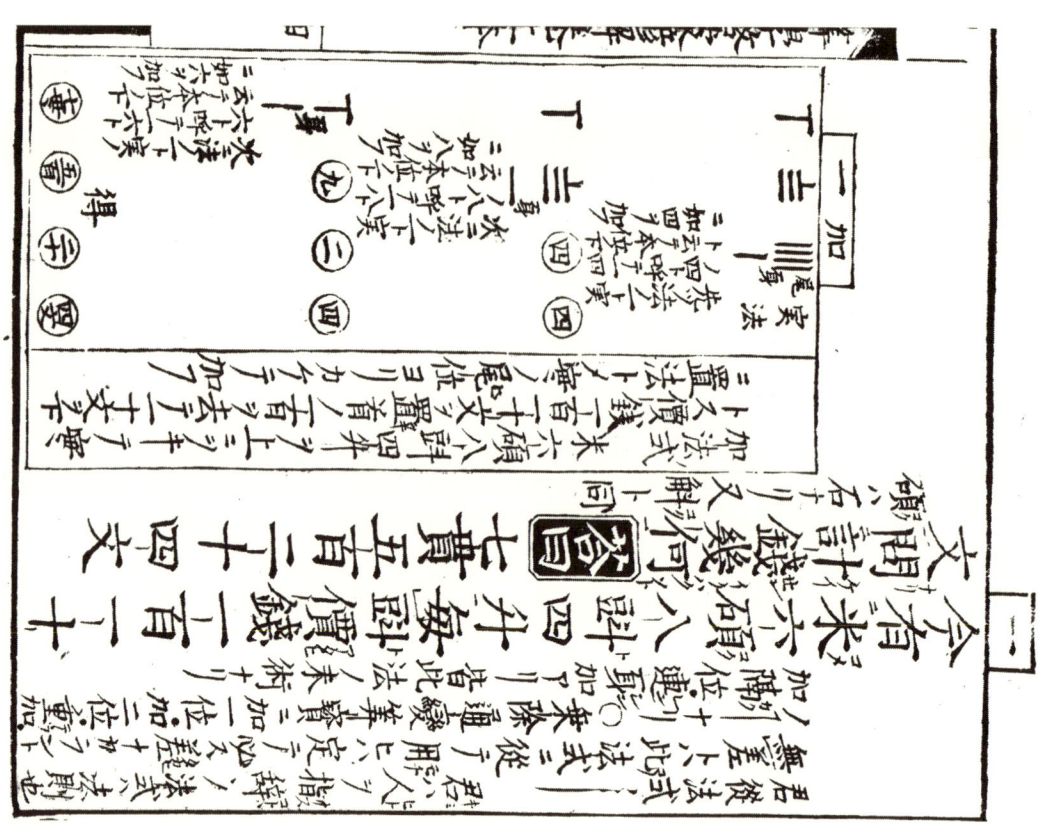

二 今有羅三十四尺六寸、毎尺價錢一百二十文。問計錢幾何。

答曰 四貫一百五十二文

加法式 羅三十四尺六寸ヲ實ニ置價一百二十文ヲ一百ヲ去テ二十文ヲ法ニ置實ノ尾位ヨリカケテ加フ

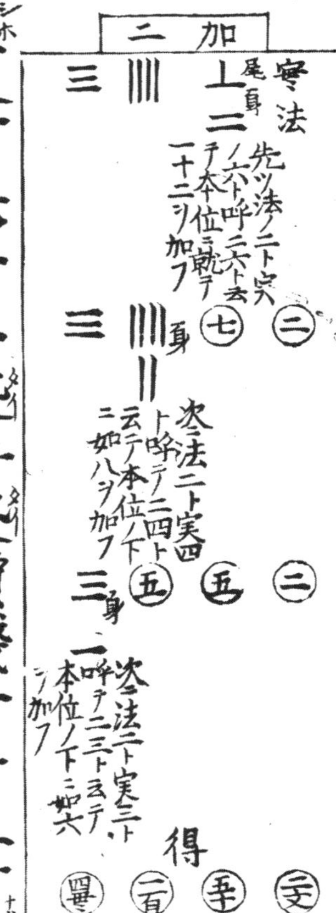

三 今有鹽八百七十三袋、毎袋價錢一十三貫。問計錢幾何。

答曰 一萬一千三百四十九貫

代袋ノクロ俗ニ何俵ト云ニ同シ
一袋ニ付テ錢十三貫ヅヽトナリ

四 今有地三頃二十四畝、毎畝納粮一升四合。問計粮幾何。

答曰 四碩五斗三升六合

頃 百畝ヲ一頃ト云ナリ 三頃二十四畝ハ三百二十四畝ナリ
納 ヲサムル收ナリ 一畝ニ付テ粮一升四合ヅヽヲサムルトナリ

五 今有木香一百九十八秤、毎秤重一十五斤。問為斤幾何。

答曰 二千九百七十斤

六 今有黃蠟三千八百五十斤、毎斤重一十六兩。問為兩幾何。

答曰 六萬一千六百兩

七 今有柑子四百三十六枚、毎枚價錢一十七文。問計錢幾何。

答曰 七貫四百一十二文

蠟ハ蜂蜜ノカタマリタルヲ云ソ
蜂液融者為蜜凝者為蠟

八

今有軍人三千二百七十名毎名支粮一碩八斗問計粮幾何 答曰五千八百八十六碩

枚ハ箇ナリ イクツト云ニ同シ 枚計梅數物幾箇曰幾枚

軍人ハ兵士也 名ナ 幾組ト云ニ同シ
一組ニ附テ粮一石八斗ヲワカツトナリ

九

今有雞三百四十五隻毎隻價錢一百九十文問計錢幾何 答曰六十五貫五百五十文

十

今有夫匠共五百三十八人毎人支工食錢一百九十四文問計錢幾何 答曰一百四貫三百七十二文

夫ハ人夫ナリ 匠ハ木匠ナリ 俗ニ云大工ノコトナリ
工食錢トハ手間賃飯米錢ナドノコトナリ

十一

今有木緜三千二百六十匹毎匹價錢一貫七百五文問計錢幾何 答曰五千五百五十八貫三百文

術曰列物數於上各以價錢依法從下身外加之即得合問

今有ル物ノ數ヲ実ニ置テ價錢ヲ以テ乗ス尾位ヨリ身ノ外ニ加ユルナリ 即前ノ一二ノ問ニ注ス

留頭乘法門 二十問

留頭ハ頭ヲ留ルナリ 頭ハ本位ナリ身ナリ 乗ノル 俗ニ云掛ルコトナリ 飛位ナルヲ乗ト云 衆位トハ法ニ桁以上ノ一ノ身ヲ留メテ法ノ尾位ヨリ呼テ乗シテ法ノ首位ヲ呼フトキニ身ヲ破ルナリ 是今ノ世ニアニ子ク用ユルカケ算ナリ

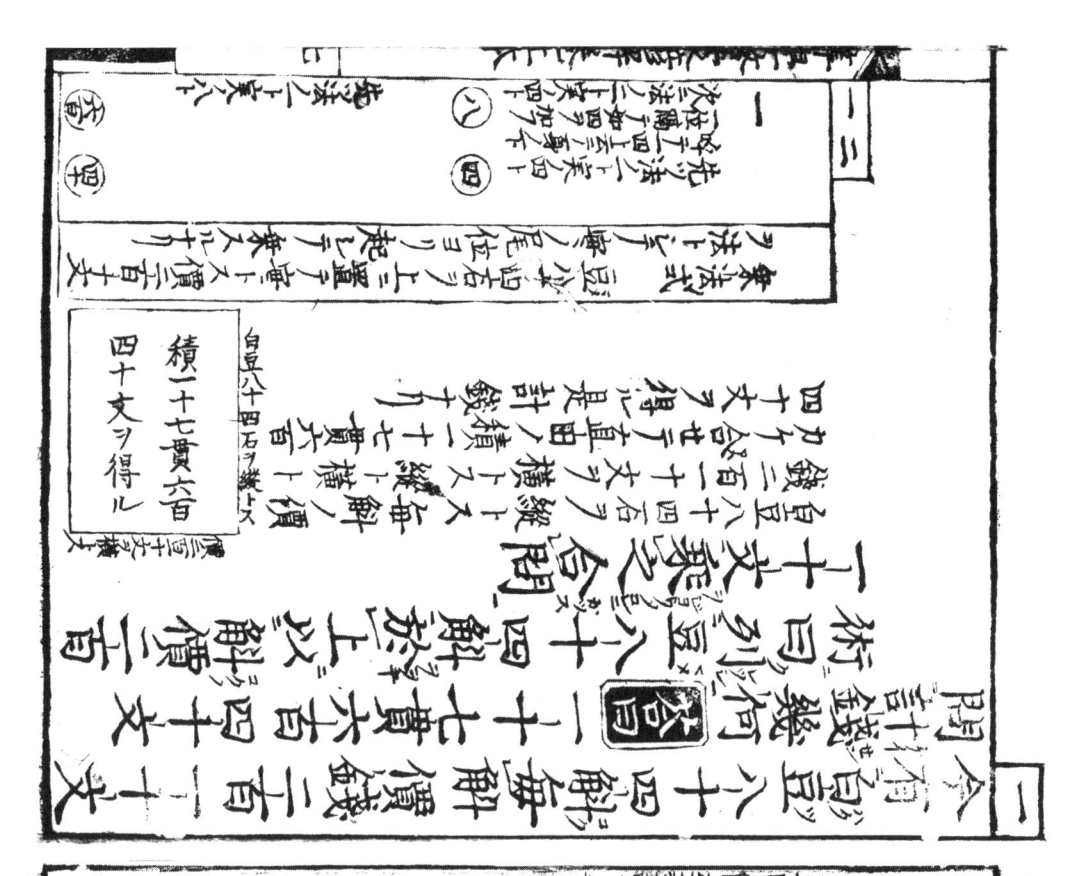

本書起下作首

留頭乘法別規模
言十靠身如隔位
起尾先從次位呼
遍臨頭位破身鋪

留頭乘法、規ノリ模イカタ也留頭乘ノ法ハノリイカタヲキツハリトワカツト云意ナリ

起尾先、—実ノ尾位ヨリ起シテ先ツ法ノ次ノ位ヨリ呼テ乘スルトナリ

言十靠身、—十ト言トハ三六一十八、七八五十六ナドハ身ニヨセテ作ルナリ如ハ位ヲ隔ツト八一五如五三三如九ナトハ身ヲ一間隔テ作ルナリ靠ハ身ノ次ニナラベテ作ル一ソ是ハ先ツ法ニ術アル掛算ノ法ヲ云ナリ三位以上モ此意ト同シ

遍臨頭位、—法ノ首位ト実ト呼フトキハ実ノ本身ヲ破リテ作ルナリ○破頭乘、掉尾乘、隔位乘ナド、云アリ皆留頭乘ノ法ト同意ナリ

凡ソ因乘ヲハ直田ノ縱ト横ト有テ積ヲ問フ術ニ比ス帰除ヲハ直田ノ積ト横トアリテ縱ヲトフ術ニ比ス中山ノ刈氏ガ議古根源ニ入則諸門出則直田ニ盡直田能致諸用ト云ヽ

一

今有白豆八十四斛毎斛價錢二百一十文問計錢幾何

答曰　一十七貫六百四十文

術曰列豆八十四斛於上以斛價二百一十文乘之合問

白豆八十四石ヲ縱トス毎斛ノ價錢二百一十文ヲ横トス縱ト横トカケ合セテ直田ノ積一十七貫六百四十文ヲ得ル是計錢ナリ

價二百十文ヲ横トス

白豆八十四石ヲ縱トス

積一十七貫六百四十文ヲ得ル

二

乘法式　豆八十四石ヲ上ニ置テ実トス價二百十文ヲ法トシテ実ノ尾位ヨリ起シテ乘スルナリ

一　先ツ法ノ一ト実ノ四ト呼テ一四ノ四ト云テ身ノ下一位隔テ四ヲ加フ次ニ法ノ二ト実ノ四ト

(四)　(八)

先ツ法ノ一ト実ノ八ト

二

今有胡椒六十三斤四両毎斤價錢三百八十文問計錢幾何

答曰二十四貫三十五文

術曰列椒數斤下留両得六十三斤二分半於上以斤價三百八十文乘之合問

斤下留両　六十三斤ノ下八四両ナルユヘ四留二五トシテ六十三斤二分半ヲ得ルナリ

六十三斤二分五厘ヲ縱トス斤ノ價錢三百八十文ヲ横トス縱横相乗シテ二十四貫○三十五文ヲ得ル是錢ノ數ナリ

胡椒六十三斤二分五厘　價三百八十文

積ハ二十四貫○三十五文ヲ得ル

乗

身　呼テ二四ト云テ実ノ四ヲ破リテ下ヘ如八ヲ加フ

実　法

身　呼テ一八ト云テ身ノ下一位ヘタテ如八ヲ加フ次ニ法ノ三ト実ノ八ト呼テ二八ト云テ実ノ八ヲ破テ二十二作リ下ヘ六ヲ加フ

得　二十　三十

三八乗

乗法式　六十三斤二分五厘ヲ実ニ置三百八十文ヲ法トシ実ノ尾ヨリ乗ス

尾身　法

先ツ法ノ八ト実ノ五ト呼テ五八ト云テ身ニ非テ四十ヲ加フ次ニ法ノ三ト実ノ五ト呼テ三五ト云テ実ノ五ヲ破テ一十二作リ下ヘ五ヲ加フ

身　九

先ツ法ノ八ト実ノ二ト呼テ二八ト云テ身ニ非テ一十六ヲ加フ次ニ法ノ三ト実ノ二ト呼テ二三ト云テ実ノ二ヲ破リ六ト作テ下ヘ如六ヲ加フ

身　九　五

先ツ法ノ八ト実ノ三ト呼テ三八ト云テ身ニ非テ二十四ヲ加フ次ニ法ノ三ト実ノ三ト呼テ三三ト云テ実ノ三ヲ破テ下ヘ如九ヲ加フ

身　一　二　三　五

先ツ法ノ八ト実ノ六ト呼テ六八ト云テ身ニヨセテ四十八ヲ加フ次ニ法ノ三ト実ノ六ト呼テ三六ト云テ実ノ六ヲ破テ一十二作リ下ヘ八ヲ加フ

得　二十　四貫　零　三十　五文

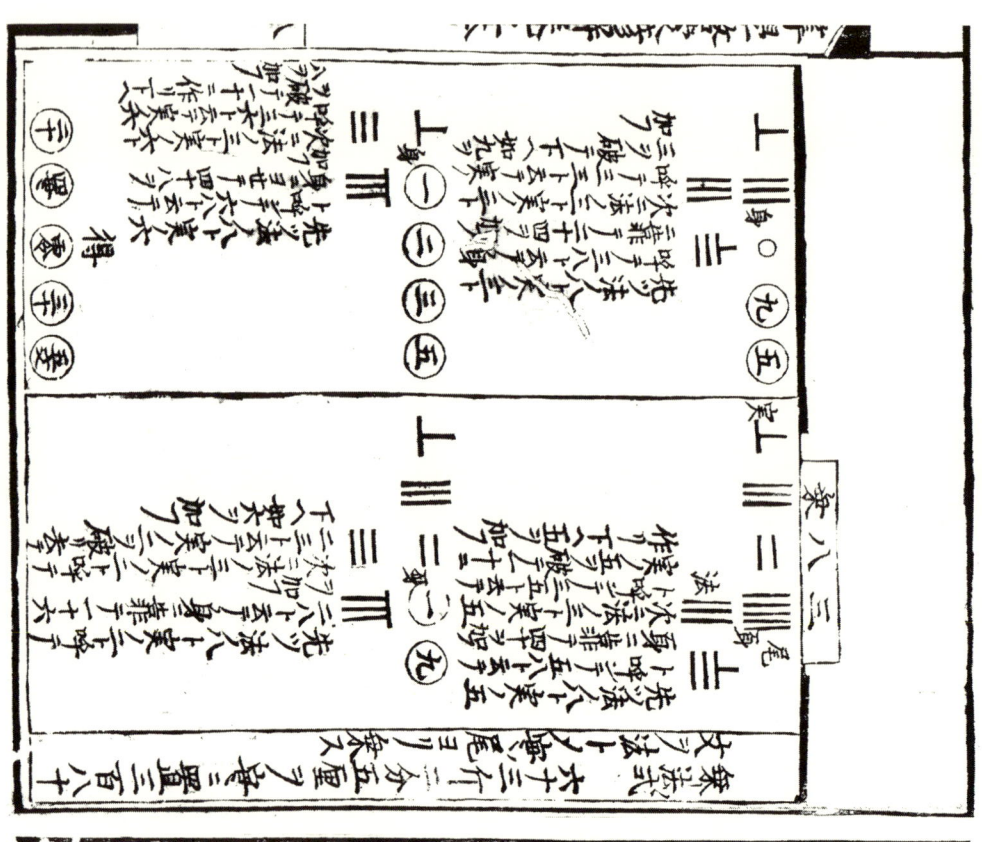

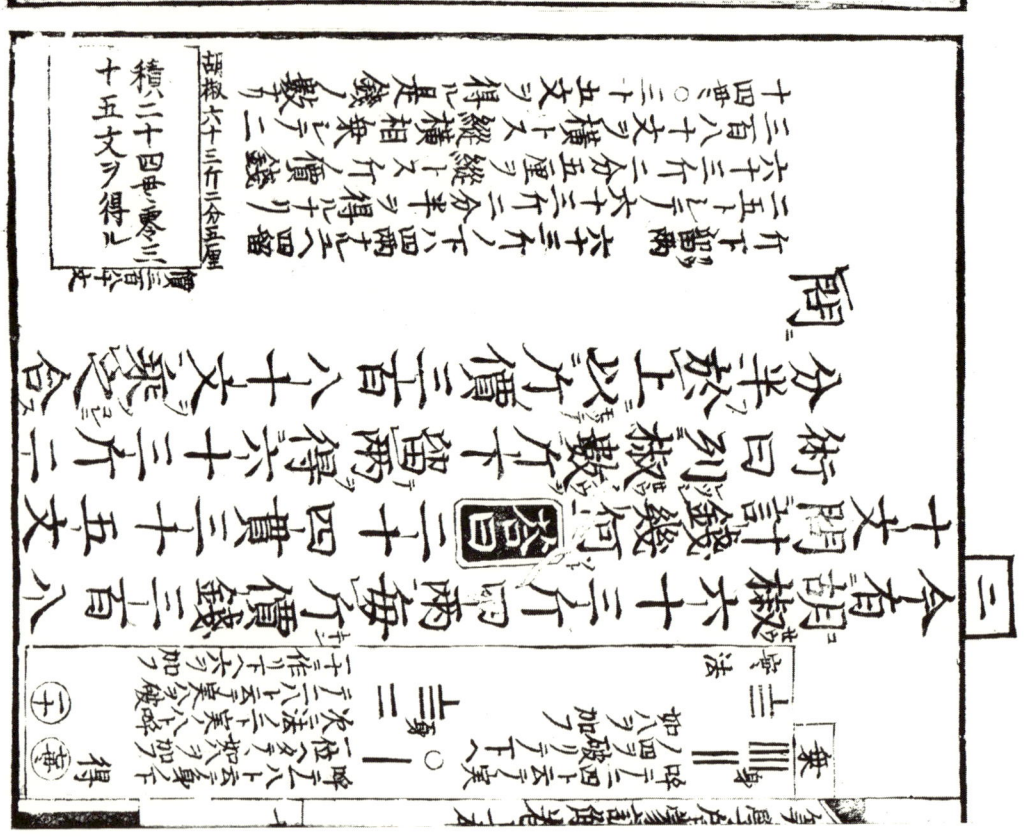

三

今有沉香九斤一十二兩毎斤價錢四貫五百文問計錢幾何

答曰　四十三貫八百七十五文

術曰列香數斤下留兩得九斤七分五釐於上以斤價四貫五百文乘之合問

斤下留兩　九斤ノ下ハ一十二兩ナルユヘ十二留七五トシテ九斤七分五厘ナリ

乘法式

四五乘

上　法　身　尾

先ツ法ノ五ト實ノ五ト呼テ二十五ヲ身ニヨセテ二十五ヲ加フ　次ニ法ノ四ト實ノ五ト呼テ實ノ五ヲ破テ二十ニ作ル

(五)(二)(二)

上　身

先ツ法五ト實七ト呼テ身ニ靠テ三十五ヲ加フ　次ニ法四ト實七ト呼テ實ヲ破テ二十ニ作

(五)(七)(三)(三)

先ツ法五ト實九ト呼身ニ靠テ四十五ヲ加フ　次ニ法四ト實

得

(五十)(十三)(四百)(三千)

四

實

下ヘ八ヲ加フ

身　九ト呼テ實ヲ破テ三十ニ作　下ヘ六ヲ加フ

(四十)

今有緜子二十三斤六兩毎兩價錢五十四文問計錢幾何

緜子ハ今ノマワタノ類ナリ

緜ハ古ノ綿ノ字ナリ

答曰　二十貫一百九十六文

術曰列緜子二十三斤身外加六通兩搭入六兩共得三百七十四兩於上以兩價五十四文乘之合問

身外加六　斤率十六兩ヲ乘スル代ニ六ヲ身ノ外ニ加ユルソ加ル術ハ前ニ注ス

通兩　斤ノ數ヲ兩ニスルコトナリ二十三斤ヲ身外ニ六ヲ加ユレハ三百六十八兩トナルソ是ハ毎兩ノ價錢ヲ云ユヘ如此兩ニ通スルソ毎斤ノ價何程ト云時ハ斤下ノ兩數ヲ斤ニナスナリ

通斤通兩通銖等皆同意ナリ

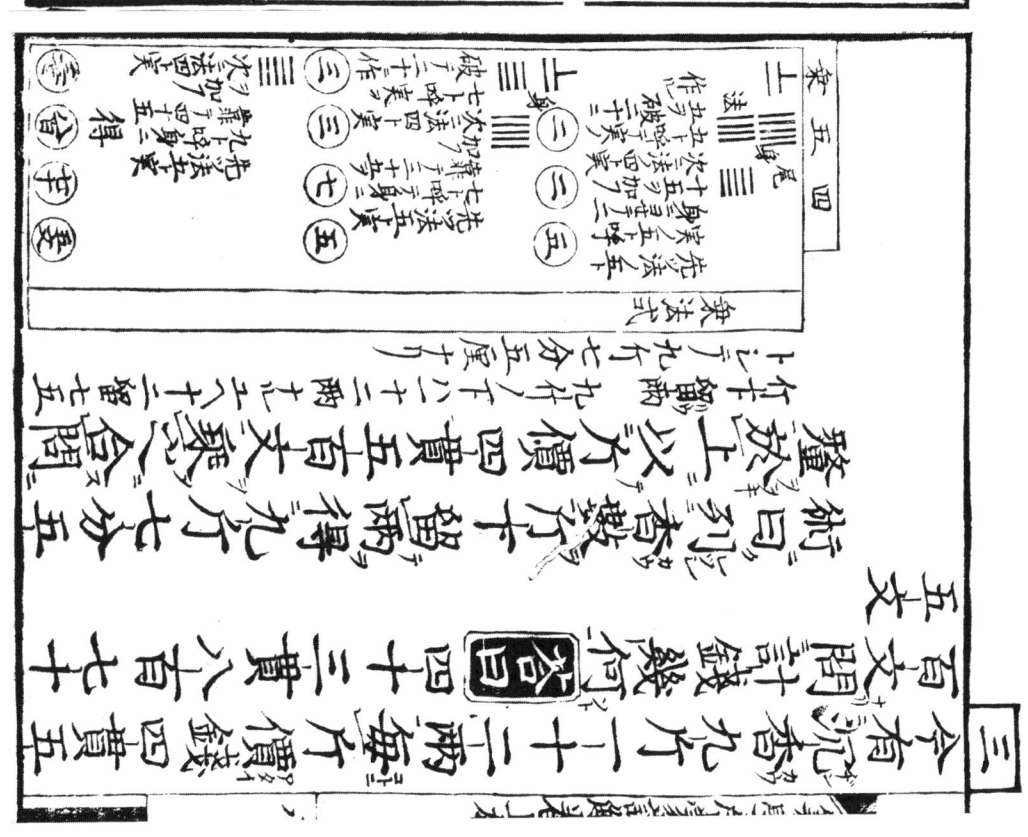

所々ニ注ス

搭入 ツケイレトハ加エル一ナリ 併入加入皆同一ツ

三百六十八兩ニ六兩ヲ加エテ三百七十四兩ヲ得ルナリ

乗法式前ニ同シ故ニ是ヨリ不記

五

今有茴香五秤八斤四兩毎斤價銭六十八文問計銭幾何 答曰 五貫六百六十一文

術曰列五秤身外加五通斤搭入八斤四兩斤下兩者留之共得八十三斤二分半於上以斤價六十八文乗之合問

身外加五 秤ノ率十五斤ヲ乗スル代ニ五ヲ加エテ秤ヲ斤ニ通スルソ七十五斤トナル

搭入 八斤四兩ヲ七十五斤ニ加エテ八十三斤四兩ヲ得ルナリ

斤下兩 一 八十三斤ノ下ノ四兩ヲ四留ニ五トシテ八十三斤二分五厘ヲ得ルナリ 是ハ毎斤ノ價ヲ云

ユヘ秤ノ數ヲハ斤ニ通シ兩ノ數ヲハ斤下ニ留メテ皆斤ニスルナリ

六

今有片腦五斤七兩一十八銖毎銖直銀七釐二毫問直銀幾何 答曰 一十五兩一錢六分三釐二毫

片腦ハ龍腦ノ一ナリ 直ハ價ト同

一銖ニ付テ直銀七厘二毫ツヽトナリ

術曰列五斤身外加六通兩内子七得八十七兩以二十四乗之得數加入一十八銖共得二千一百六銖於上以七釐二毫乗之合問

身外加六 五斤ヲ兩ニ通シテ八十兩トナル

内子七 内イルヽナリ 納ノ字ト同 子ハ分子ナリ ノ七ヲ

分子ト云フ一ハ斤率十六兩ヲ分母トスルユヘナリ八十兩ニ七兩ヲ加テ八十七兩トシ以二十四ノ　是兩ヲ銖ニ通スルナリ一兩ハ二十四朱ナリ是ヲ兩銖法ト云ソ六銖ヲ一分トシ四分ヲ一兩トスルユヘ四六二十四朱ナリ　八十七兩ニ二十四朱ヲ乗メ二千〇八十八朱トナル一十八朱ヲ加エテ二千一百〇六朱ヲ得ル是ハ毎銖ノ直ヲ云ユヘ皆銖トナスソ

七

今有官桂一百八十九裹毎兩價錢八十七文問計錢幾何　裹法二斤四兩　答曰五百九十一貫九百四十八文

官桂ハ肉桂ノ一ナリ　裹ツム　一ツミハ二斤四兩ツヽトナリ

術曰列共裹以裹法三十六兩乗之得六千八百四十兩於上以兩價八十七文

乗之即得合前問

裹法三十六　裹法二斤二斤率十六兩ヲ乗シテ三十二兩トナル子ノ四兩ヲ加テ三十六兩ナリ

八

今有粳米八㪷七升四合毎㪷換糯米九升一合問糯米幾何　答曰七㪷九升五合三勺四抄

粳米ウルシ子也　糯米モチヨ子也　換カユルナリ
ウルシ子一斗ヲモチヨ子九升一合ツヽニカユルトナリ

術曰列粳米共數於上以九升一合乗之即得合前問

九

今有芝麻六碩八㪷四升毎㪷壓油二斤一十二兩問壓油幾何　答曰二百五十六斤半

芝麻ハ胡麻ノ一ナリ脂麻ト書ガ正字ニシテ芝麻ハ俗ノ誤ナリトス(云)ヘリ
壓ヲス也俗ニ油ヲシボルト云ニ同シ

術曰列芝麻共數於上以三斤七分五釐乘之 七分五釐者乃十二兩ノ留數也 合問

十

今有小麥五碩九斗二升每斗磨麵六斤一十四兩問磨麵幾何

答曰 四百單七斤

麵ハ麥ノ末ナリ小麥一斗ヲ粉ニシテ六斤十四兩ツヽトナリ
單ハ零ト同シ一桁トブヲ云フ

術曰列麥數於上以六斤八分七釐半乘之 八分七釐半者十四兩ノ留數 合問

十一

今有菉豆三十二碩七斗三升每斗造粉五斤六兩問造粉幾何

答曰 一千七百五十九斤三兩八錢

菉豆ハ緑豆也ヤヘナリノ一ツ
一斗ヲ粉ニシテ五斤六兩ツヽトナリ

術曰列豆數於上以五斤三分七釐半乘之 三分七釐半者六兩ノ留數也 斤下分者身外加六爲兩合問

斤下分一 乘ノ一千七百五十九斤二分三厘七毛半
トナル斤ノ下ノ二分三厘七毛半ニ斤ノ率十六ヲ乘スル
代ニ身外ニ六ヲ加エテ三兩八錢ヲ得ルナリ
本注 留數 前三問皆同シ兩ヲ斤ニミルナリ前ニ注ス

十二

今有甘草九千七百六十五斤一十兩每斤博絹一尺二分四釐問博絹幾何

答曰 一萬尺

博カユルナリ 甘草一斤ヲ絹
一尺〇二分四厘ツヽニカユルトナリ

術曰列甘草共數斤下留兩於上以一

十三

尺單二分四釐乘之合問

今有白檀四千八百八十二斤一十三兩每斤價錢四貫九十六文問錢幾何　答曰　二萬貫

術曰列白檀共數斤下留兩於上以四貫九十六文乘之合問

十四

今有黍三千六百六十二碩一斗九合三勺七抄五撮每斗對麥八升一合九勺二抄問對麥幾何　答曰　三萬斗

術曰列共黍於上以八升一合九勺二

十五

抄乘之合問

今有粟七萬八千一百二十五碩每斗爲御米五升一合二勺問米幾何　答曰　四萬碩

御米ミラケノ米ナリ　熊氏曰糲粺鑿御皆米名詩傳云糲十粺九鑿八御七

モミ一斗ヲミラゲ五升一合二勺ツヽニスルト也

術曰列共粟於上以五升一合二勺乘

十七

之合前問

今有降眞二十四萬四千一百四十斤一十兩每斤直銀二錢四釐八毫問直銀幾何　答曰　五萬兩

降眞ハ香ノ名ナリ　降神ドモ又御眞トモ書ソ

降眞一斤ニ付テ銀二匁〇四厘八毛ツヽトナリ

術曰列降眞共數斤下留兩於上以二

十六

今有鹽一千二十引毎引換黃蠟三十一斤四兩問換黃蠟幾何　答曰　六萬斤

術曰列共鹽引數於上以三十一斤二分半乘之合問

十八

今有細絲一千九百五十三斤二兩毎斤直銀一兩一十一銖八絫四黍問直銀幾銖　答曰　七萬銖

術曰列細絲共數斤下留兩於上列一兩以二十四銖通之內子共得三十五銖八絫四黍乘之合問

細糸斤下留兩一千九百五十三斤一分二厘五毛ナリ　以二十四朱通之　二十四朱ヲ以テ一兩ニ乗ノ朱ニ通スル也

十九

今有黃金一萬二千八百兩毎兩買地六畝二分五釐問買地幾何　答曰　八萬畝

術曰列金數於上以六畝二分五釐乘之合問

二十

今有田一百五十六頃二十五畝毎畝收稲五斛七㪷六升問收稲幾何　答曰　九萬斛

術曰列田畝數於上以五斛七㪷六升乘之合前問

乘之通前之問還源於除法內訓導初學務要演熟乘除加減引而伸之

本注 通前之問ヽ 還源モトニカヘス也 訓導ヲシエミチヒク也 前ノ問ヲ皆除法ニ出シテ初学ヲヲシエミチヒクトナリ　因法八問ヲ九帰八問ニ出シ加法十一問ヲ減法十一問ニ出シ留頭乗二十問ヲ除法ニ出セリ

身外減法門　十一問

身外トハ本位ノ外ナリ 奏加法ノ内ニ該ス減法ハ除法ノ代ナリ 法ノ首位一ナル時ニ用ユ若シ法ノ首位一ナラサルトキハ或ハ倍シ三タヒニシ四タヒニシ或ハ折半 三約四約ナトシテ首位ノ一トナルヲ求テ外ヲ減スルナリ是ヲ求一除法ト云減法ノ求一ハ法ヲ倍スレハ実ヲモ倍シ法ヲ折半スレハ実ヲモ折半スルナリ

減法根源必要知
呼如身下須當減
即同求一一般推
言十從身本位除

減法根源ヽ 減法ノ源ノ理ヲ知ント思ハヽトナリ

即同求一ヽ 求一トハ一ヲ求ム也法ノ首位一ナラサル時或ハ若干因シ或ハ若干帰シテ法ノ首位一トナルヲ求ムルヿソタトヘハ法二四ナラハ二帰メ一二トス又三七八ナラハ三帰メ一二六トス又二七五ナラハ四因ノ一一十ヲ求ムル此時ニノゾンテ桁ノ短クナリテ首位ノ一トナルヲ求ムルナリ　一般ハ一次ナリ 一ツラニ推セト云義ナリ

呼如身下ヽ　一二如一・二三如六ノ類ハ実ノ本位ノ下ニ當テ減スルナリ

言十從身ヽ　四七二十八・七九六十三ナトハ実ノ本位ノ内ヲ減スルナリ○揚輝算法ニ減一位減二位重減減隔位等アリ末術ナリ

今有錢七貫五百二十四文欲糴芝麻毎𣁽價錢一百一十文問得幾何　答曰 六碩八𣁽四升

錢七貫五百二十四文ニテノゴマヲ買フニゴマ一斗ニ付テ錢一百一十文ツヽノ直ニメハ右ノ錢ニテハ何程買ソトナリ　糴ハ買也

大槪穀ノ類ヲ買ニ書ソ又糶ハ賣ナリ

減法式　錢七貫五百二十四文ヲ置テ実トス毎斗ノ價ハ一百一十文ヲ置首ノ一百ヲ去テ一十文ヲ法トシテ実ノ首ヨリ減ス

二

今有錢四貫一百五十二文欲截紅綾每尺價錢一百二十文問得幾何

答曰 三十四尺六寸

減法式 錢四貫一百五十二文ヲ実ニ置 毎尺ノ價一百二十文ノ二十文ヲ以テ実ノ首ヨリ減ス

二ヲ減ス 位ニ従テ上ニ 二六ト云テ本

減一

実 法 上 身 丈 一

実ヲ減シ六残 下ニテ加六ツ 云テ本位ノ 法ノ一ト呼テ 一六ト 実六 ヲ動エ知テ

右法ト実トヲ呼ヲ減ノ残ル数ヲ動エテ其残ル数ト法ト九九ニ呼テ減スルナリ 餘ハ皆コレニナラヘ

如八ヲ減ス 位ノ下ニテ 一八ト云テ本 実八ト呼テ 知テ法ノ一ト 減ノ八残ヲ

如四ヲ減ス 位ノ下ニテ 一四ト云テ本 実ノ四ト呼テ 知テ法ノ一ト 減ノ四残ヲ

得

三

今有錢一萬一千三百四十九貫欲買高茶毎引價錢一十三貫文問得幾何

答曰 八百七十三引

減二

実 法 三 身 二 実ヲ減ソ三 残ル知テ法

加六ヲ減ス 本位ノ下ニテ 二三ト云テ実ノ三ト呼テ

如八ヲ減ス 本位ノ下ニテ 二四ト云テ 実ノ四ト呼テ 知テ法ノ二ト 減ソ四残ル

得

四

今有地不記畝數只云每畝納税粮一升四合今共納四頃五畝三升六合問地幾何

答曰 三頃二十四畝

地一畝ヨリ粮一升四合ヅヽ納ルトキニ納ル粮四石五斗三升六合ナル時ハ地ナニホドゾトナリ

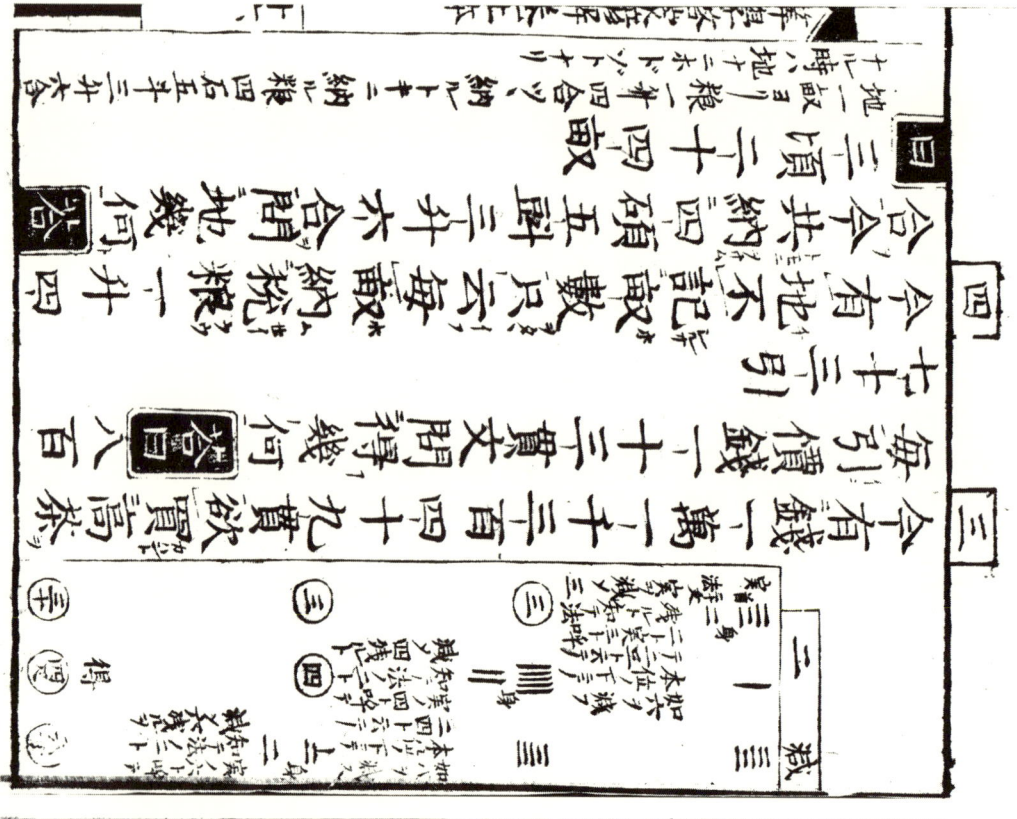

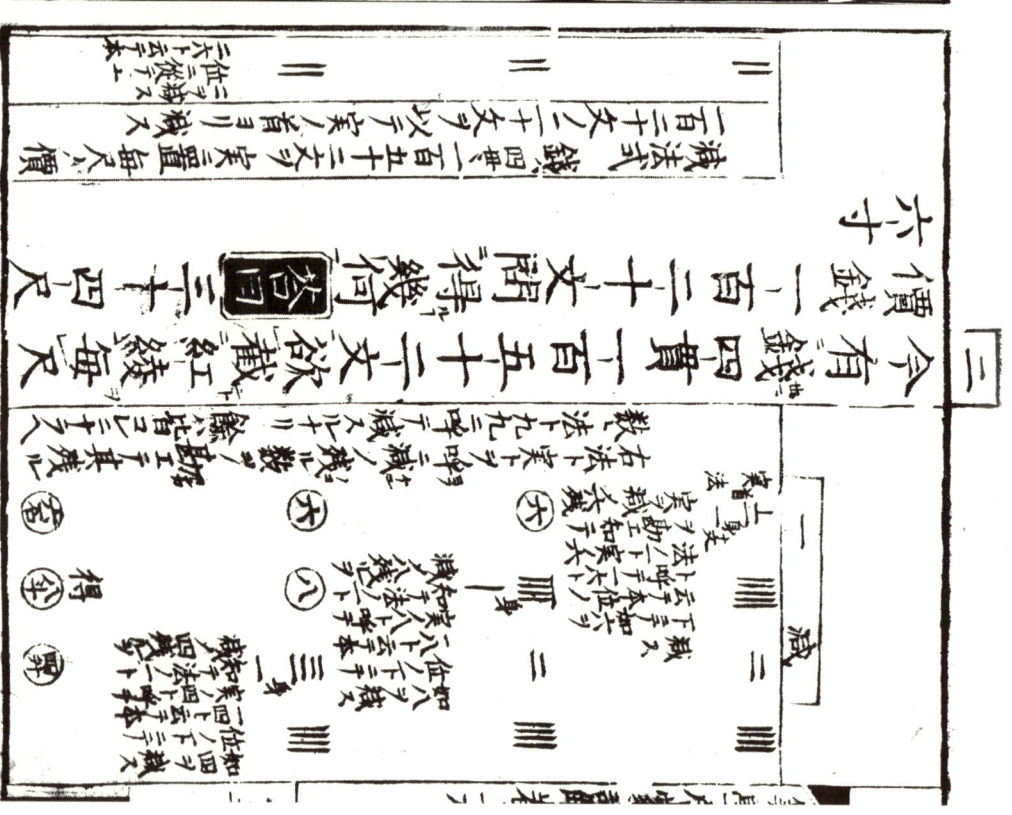

五　今有梔子二千九百七十斤毎秤重一十五斤問爲秤幾何　答曰　一百九十八秤

六　今有絲六萬一千六百兩毎斤重一十六兩問爲斤幾何　答曰　三千八百五十斤

七　今有錢七貫四百一十二文欲令一十七人分之問人得幾何　答曰　四百三十六文

八　今有粮五千八百八十六碩欲給貧難毎戸一碩八㪷問戸給幾何　答曰　三千二百七十戸

貧難ハ飢饉火難等ニアヒテ一ツシキ者ノ也
毎戸ハ俗ニ家一間ニ付テト云ニ同シ

九　今有錢六十五貫五百五十文欲買苧絲毎尺價錢一百九十文問得苧絲幾何　答曰　三百四十五尺

十　今有錢一百四貫三百七十二文欲買麻布毎匹價錢一百九十四文問買布幾何　答曰　五百三十八匹

十一　今有錢五千五百五十八貫三百文欲買松木毎株價錢一貫七百五文問買木幾何　答曰　三千二百六十株

株音諸木根入土曰根上曰株
俗ニ材木幾本ト云ニ同シ

術曰列銭物於上為實各以價銭為法

従上身外減之即得合問　此術即是　求一除法

今有ル銭物ヲ実ニ置テ價ヲ法トシテ実ノ上ヨリ

減スルトナリ　即前一ニ問ニ委ク注ス　此十一問ハ

加法十一問ノ還源ナリ

本注此術即―　求一ノ後ニ用ル術トノヿナリ

九歸除法門　二十九問

九歸トハ二ヨリ九迄ナリ今俗ニ是ヲ八算ト云　歸ハ單位

ナルヲ云　法一桁ナリ　除ハ衆位ナルヲ云　法二桁以上ナリ　俗ニ

是ヲ見一ト云　總括ノ内ニ九皈除法トアルハ皈除ノワリ声

ナリ　今此門ハ其ワリ声ヲ用ユルノ術ナリ

實少法多従法歸　實多滿法進前居

常存除數專心記　法實相停九十餘

但遇無除還頭位　然將釋九數呼除

流傳故泄眞消息　求一穿韜總不如

實少法多―　実少ク法多キトハ多トヘハ三皈

ノ時ニ実一カ二ナレハ実少ク法多ユヘ三一三十一・三

二六十二ナド、身ニ對シテ作ル又四皈ナレハ四一二十

二・四ニ添作五・四三七十二皆法ニ對シテ作ルソ　従

法ハ法ニ對シテナリ

實多滿法―　タトヘハ三皈ノトキ実三ヨリ

多ケレハ三進一十・六進二十・九進三十又四皈ノ時

實四ヨリ多ケレハ四進一十・八進二十ナト、実ノ本

位ヨリ一位進メテ作ルユヘ進前居ト云　法ニ滿ハ

逢ノトキソ　居ヲク置ナリ○右ノ二句ハ九皈ノ歌ニ

シテ除法ニモ用ユ此次ノ句ヨリ皆除法ノ仕様ナリ

常存除數―　是ハ二桁以上ノワリ物ノトキニ

タトヘハ二一天作ノ五トシテ次ノ桁ヲ九九ニ呼テミルニ

余ラハ二進一十トシテ六トナシテ又九九ニ呼テミテ

又余ラハ亦二進一十トシテ九九ニ合時ニ除ソナリ

其内ヲ心ニ覺ヨト云ヿソ此心記ハ乗除開方共ニ

皆專ニスヘキヿナリ

法實相停―　タトヘハ法三十一ニシテ実三十ナレハ

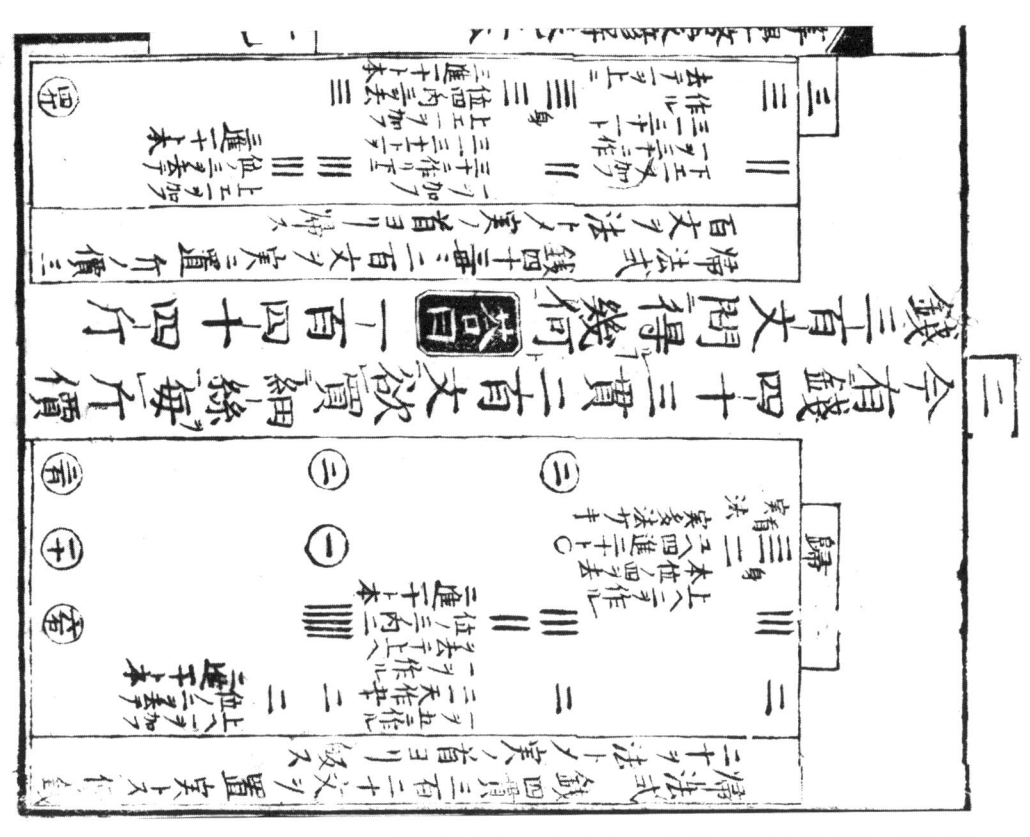

実モ法モ三ナルユヘ相停ト云九十ニ余トハ右ノコトク
相停トキ作九ト云テ九十ニシテ其法ノ身ノ數ヲ
実ノ下ニヲクヲ余トイフナリタトヘハ法ノ身一十六
作九一トス法ノ身五ナレハ作九五トスル類也
但遇無除｜　九九ニ呼テ除トキ足サレハ実
ノ本位ヨリ一ヲ起シテ法ノ身ノ數ホド本位ノ下ヘ还
ナリ法ノ身一ナレハ無除起一还一法ノ身二ナレハ無除起
一还二トスレ｜ソ
然將釋九數｜　釋九數ハ九九ノ｜ソ總括ニアリ
九九ヲ以テ呼テ減スル｜ナリ
添傳故｜　古ヨリ流レ傳フユヘニ九歸除法
ノコトノアリオヽヨモラシタルソトナリ
求一穿韜｜　求一ハ前ニ委ク注ス穿韜ハ穿
除ノ｜カ總不如トハ二法ヒニ九歸除ノ眞法ニテハ
ナキソト
云意ナリ

一

今有錢四貫三百二十文欲糴白豆每𣁽價錢二十文問得幾何

荅曰　二百一十六𣁽

歸法式　錢四貫三百二十文ヲ置実トス價ノ錢二十ヲ法トノ実ノ首ヨリ歸ス

歸

二　｜｜｜　三身　二　実首法

上ヘ二ヲ作ル本位ノ四ヲ去ユヘ四進二十ト○実多法ナキ

二　｜｜｜　｜｜　㊁

一ヲ五ニ作ル二一天作廿一ヲ作ル一ヲ去テ上ヘ位ノ三内二二進一十ト本

二　｜｜｜｜｜　㊀　㊁

二　上ヘ一ヲ加フ位ノ二ヲ去テ二進一十ト本

㊅㊉㊂

二

今有錢四十三貫二百文欲買細絲每斤價錢三百文問得幾何

荅曰　一百四十四斤

歸法式　錢四十三貫二百文ヲ実ニ置斤ノ價三百文ヲ法トノ実ノ首ヨリ歸ス

三

三　｜｜　下エ一ヲ加フ一ヲ三十一ニ作三一三十一ト作ル去テ一ヲ上ニ

三身　｜｜　一ヲ加フ三十ニ作リ下エ三一三十一トヲ上エ一ヲ加フ位四内三ヲ去三進一十ト本

三　｜｜｜　｜｜｜　上エ一ヲ加フ位ノ三ヲ去テ三進一十ト本

㊃

帰 |||| 身 ||| 本位四内二ヲ 一ヘ三進一十ト |||
首 実 法 実多ク法ナ

（一） （四）
（一） 得（四）
（二百）

三 今有錢一千四百一十六貫欲買絹子每匹價錢四貫文問得幾何 答曰 三百五十四匹

四 今有銀二萬七千三百五十兩欲爲課銀每鋌五十兩問爲幾鋌 答曰 五百四十七鋌

五 今有錢四千四百一十六貫欲買大羅每匹價錢六貫文問得幾何 答曰 七百三十六匹

六 今有錢六百二十四貫四百文欲買甘草每秤價錢七百文問得幾何 答曰 八百九十二秤

七 今有錢五十貫七百二十文欲買細布每尺價錢八十文問得幾何 答曰 六百三十四尺

八 今有錢三萬八千二百五十貫欲買良馬每匹價錢九十貫問得幾何 答曰 四百二十五匹

術曰列錢數爲實以價錢爲法而一合問

此術ハ前ハ問ヲ揔シタル術ナリ各錢ノ數ヲ実ニ置各價ノ錢ヲ法トシ除スナリ 前ノ問ニ注ス
而一 シカモ一ニスルトハワル一ナリ 其法ノ一ツニ付テノ數ヲ得ルユヘ爲法而一ト云ナリ 如法而一ト云モ同

今有錢一十七貫七百四十五文欲糴黑豆斛價二百一十文問糴豆幾何　答曰八十四斛半

右ノ八問ハ陶法八問ノ還源ナリ此次ヨリ後此一問ハ留頭乘二十問ノ還源也其内十九番ハ互換ノ術ナリ

術曰列錢數爲實以斛價二百一十文爲法實如法而一合問

錢一十七貫七百四十五文ヲ直田ノ積トス斛ノアタイ二百一十文ヲ横トス横ヲ以テ積ヲ除テ縦八十四斛五斗ヲ得ルナリ

價二百一十文ヲ横トス

錢一十七貫七百四十五文ヲ直積トス

縦八十四石五斗ヲ得ル

今有錢二十四貫三十五文欲買白礬斤價三百八十文問得幾何　答曰六十三斤四兩

術曰列錢數爲實以斤價三百八十文爲法除之斤下分者身外加六爲兩合問

衆法式　十七貫七百四十五文ヲ実トス二百一十文ヲ法トシテ實ノ首ヨリ除ナリ

除　二一二

實　法

二ヲ加フ　一ヲ減ス　ノ下ニ　一八ト呼テ　八ニ作リテ　六進ミテ十トス　ユヘ二ヲ減ジ作五　実ガ法多キ

減ス　位ノ下テ　如四ヲ本　一四ト呼テ　八進四十

減ス　位ノ下テ　如五ヲ本　一五ト呼テ　二ニ天作五

八　八　四　得　分　四百　斗

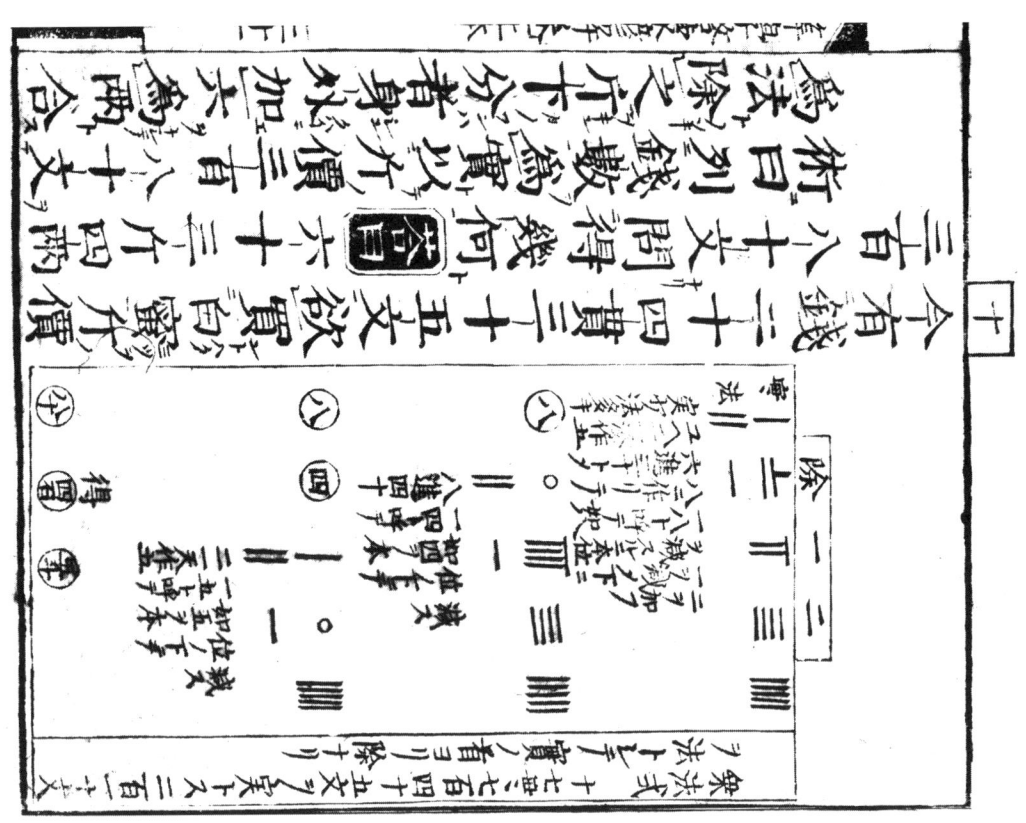

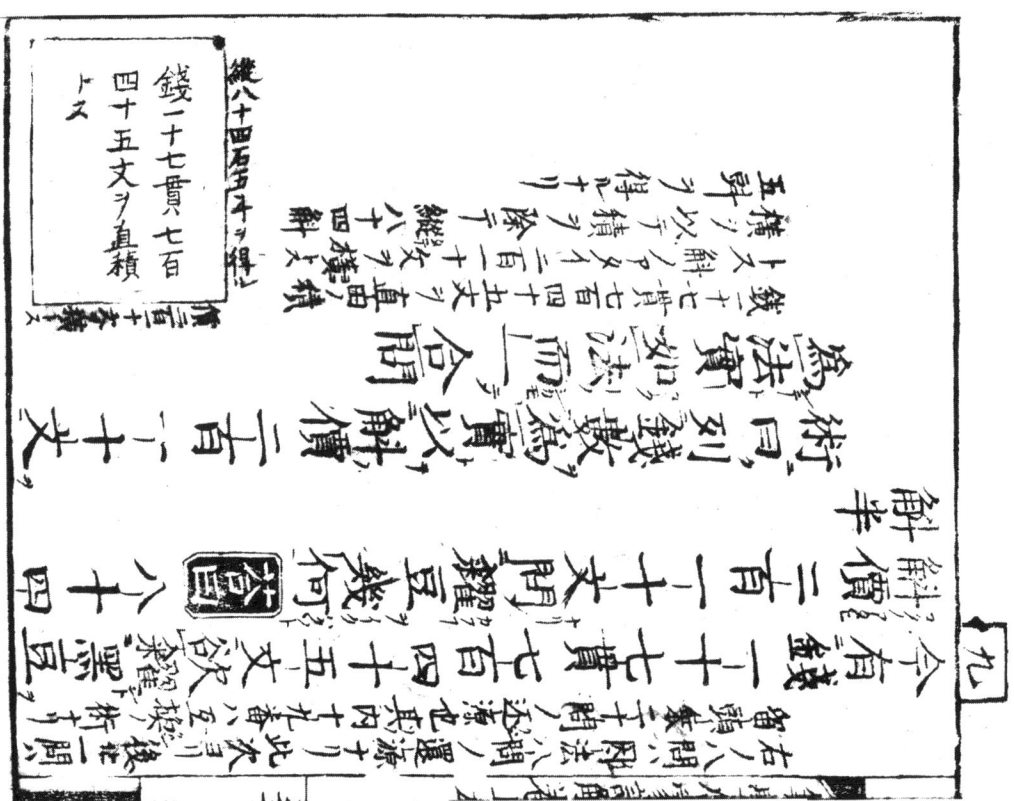

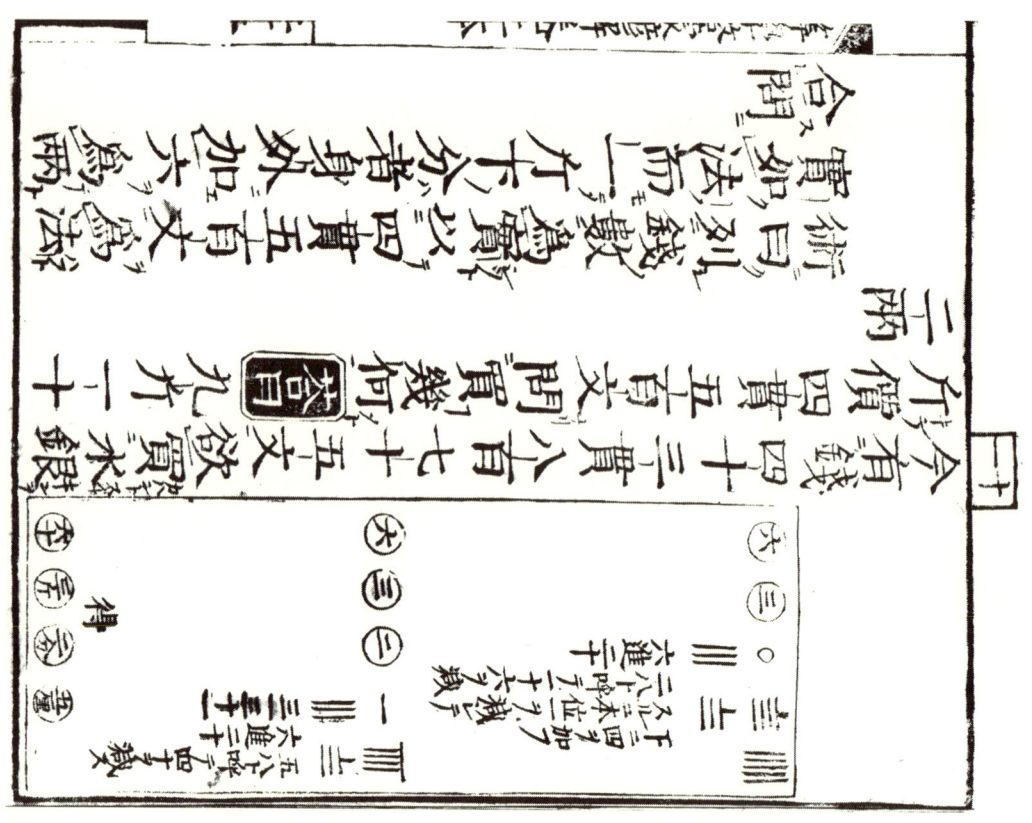

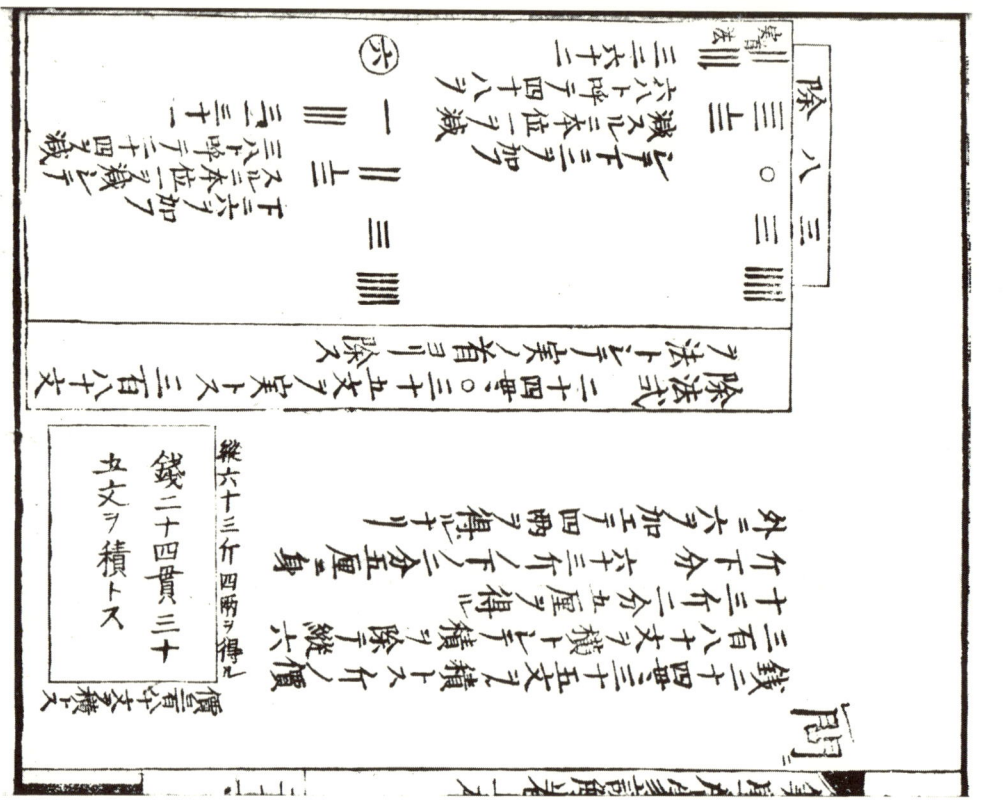

問

錢二十四貫三十五文ヲ積トス斤ノ價三百八十文ヲ積トシテ積ヲ除テ縦六十三斤二分五厘ヲ得ル

斤下分　六十三斤ノ下ノ二分五厘ニ身外ニ六ヲ加エテ四兩ヲ得ルナリ

價三百八十文ヲ積トス

錢二十四貫三十五文ヲ積トス

縦六十三斤四兩ヲ得ル

除法式　二十四貫〇三十五文ヲ実トス　三百八十文ヲ法トシテ実ノ首ヨリ除ス

三八除

下ニ三ヲ加フ　減スルニ本位一ヲ減　六八ト呼テ四十八ヲ減

三三六十二

下ニ六ヲ加フ　スルニ本位一ヲ減シテ　三八ト呼テ二十四ヲ減

三一三十一

今有錢四十三貫八百七十五文欲買水銀斤價四貫五百文問買幾何

答曰　九斤一十二兩

術曰列錢數為實以四貫五百文為法實如法而一斤下分者身外加六為兩

合問

下ニ四ヲ加フ　スルニ本位一ヲ減シテ　二八ト呼テ二十六ヲ減

六進二十

五八ト呼テ四十ヲ減ス

六進二十

三十二

得

九斤　十二兩

十二

今有錢二十貫一百九十六文欲買丁香兩價五十四文問得幾何

答曰二十三斤六兩

術曰列錢數爲實以五十四文爲法實如法而一得三百七十四兩以斤率十六約之合問

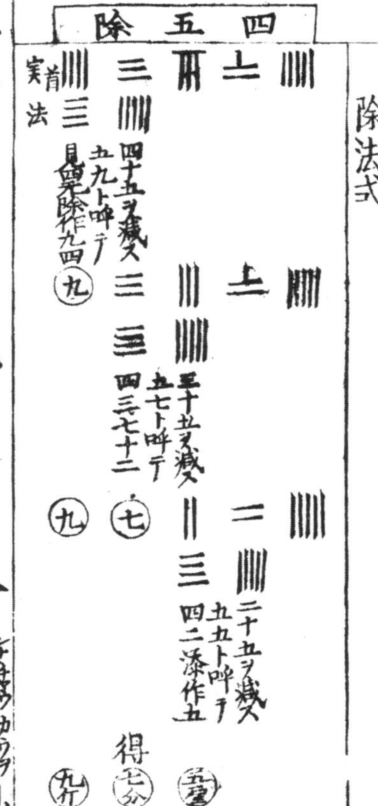

十三

今有錢五貫六百六十一文欲買陳皮斤價六十八文問得幾何

答曰八十三斤四兩

術曰列錢數爲實以六十八文爲法實如法而一斤下分者身外加六爲兩合問

以斤率一十六ヲ以テ十ト云テ除キテ商ニ二十三斤ヲ得テ不尽ニ六兩ヲ得ルナリ　三百七十四兩

十四

今有銀一十五兩一錢六分三釐二毫每銀七釐二毫換片腦一銖問得幾何

答曰五斤七兩一十八銖

術曰列銀數為實以七釐二毫為法除之得二十一百六銖以斤銖法三百八十四約之得五斤不滿法者以兩銖法二十四約之得七兩不滿法者命之合問

斤銖法　斤ノ率十六兩ニ兩ノ率四分ヲ乘ジ六十四分トナル是ニ又分ノ率六朱ヲ乘ジテ一斤ノ積銖三百八十四朱ヲ得ルナリ

不滿法者　二千一百○六朱ヲ実トシ三百八十四朱ヲ法トシテ実ヲ百ノ位ニテ除ケバ五斤ヲ得テ不尽一百八十六朱ハ法ノ數ヨリ少キユヘ不滿法トスソ

兩朱法　兩率四分ニ分率六朱ヲ乘ジテ一兩ノ積朱二十四ヲ得ルナリ此二十四ヲ以テ右ノ不尽一百八十六朱ヲ十ノ位ニテ除ケバ七兩ヲ得テ不尽一十八朱ハ法ノ二十四ヨリ少キユヘソノママ命テ一十八朱トス

五十

今有錢五百九十一貫九百四十八文欲買銀朱兩價八十七文問得幾裏

答曰一百八十九裏

銀朱ハ今ノ世ニ用ル朱也水銀ヲ以テ製ス故ニ銀朱ト云

術曰列錢數為實以八十七文為法實如法而一得六千八百四兩以裏法三十六約之合問

六十

今有細米七斗九升五合三勺四抄毎九升一合準糲米一斗問得幾何

答曰八斗七升四合

細米ハ白ラゲタル米ナリ　糲米ハイマダシラゲザル米ナリ
準ナソラウ也　是ハ俗ニ云舂耗算ナリ

術曰列米數爲實以九升一合爲法實如法而一合問

今有香油二百五十六斤半毎三斤一十二兩用芝麻一㪷問用芝麻幾何　答曰　六碩八㪷四升

香油ハ胡麻ノアブラノコトナリ
胡麻一斗ニ付テ油三斤十二両ツヽ取ナリ

術曰列油數爲實以三斤七分半爲法除之合問

三斤七分半ハ斤下留两ノ十二留七五ナリ

今有麫四百零七斤毎六斤一十四兩用麥一㪷問用麥幾何　答曰　五碩九㪷二升

麥ハ一ケタトフヲ云ナリ
單ト云モ同シ

術曰列麫數爲實以六斤八分七釐半除之八分七釐半者十四兩留數合問

今有鹽二千四百六十引毎引四百五斤爲率今毎引外多附餘三十斤問共爲引數幾何　答曰　二千六百四十二引九十斤

鹽二千四百六十引アルニ一引ニ三十斤ツヽ外ニ添テハイカホトニナルソトナリ　一引ハ四百○五斤ツヽニ定メテナリ

術曰列鹽引數於上併率數附餘共得

四百三十五斤乗之得一百七萬一百
斤爲實以四百五斤爲法除之不滿法
者命之合前問
一引ニ付テ外ニ三十斤ツヽ添ルト云ユヘ率數ノ四百。
五斤ト附余ノ三十斤ト合テ四百三十五斤也是ヲ
有ル塩ニ乗ノハ添合セタル鹽ノ斤ノ數トナルツ
此問ハ互換ノ類ナリ　留頭乗ノ内ニナシ

今有豆粉一千七百五十九斤三兩八錢毎
五斤六兩用豆一斗問豆幾何　答曰三十二
碩七斗三升
術曰列粉數斤下留兩爲實以五斤三
分七釐半爲法實如法而一合問

今有紬一萬尺毎一尺二分四釐換麻一斤
五斤三分七釐半八斤下留兩ノ
六留三七五ナリ
問換麻幾何　答曰九千七百六十五斤一十
兩
術曰列紬數爲實以一尺二分四釐爲
法實如法而一斤下分者身外加六爲
兩合前問

今有錢二千萬貫欲買細絲斤價四貫九十六
文問得絲幾何　答曰四千八百八十二斤一
十三兩

術曰列錢數爲實以斤價四貫九十六文爲法除之斤下分者身外加六爲兩合問

三卄 今有米三萬斗每八升一合九勺二抄折豆一斗問折豆幾何　答曰　三千六百六十二碩一斗九合三勺七抄五撮

術曰列米數爲實以八升一合九勺二抄爲法實如法而一合問

四卄 今有芝麻四萬碩每五升一合二勺對粟一斗問對粟幾何　答曰　七萬八千一百二十六碩

術曰列芝麻數爲實以五升一合二勺爲法除之合問

五卄 今有錢五百貫欲糴小麥每斛價錢一貫二百八十文問糴麥幾何　答曰　三百九十斛六斗二升半

術曰列錢數爲實以一貫二百八十文爲法實如法而一合問

六卄 今有人參六萬斤每三十一斤四兩換茶一引問換茶幾何　答曰　一千九百二十引

七十七

術曰列人參數爲實以三十一斤二分半爲法實如法而一合問

今有金七萬銖每三十五銖八絫四黍易片腦一斤問易腦幾何　答曰一千九百五十三斤二兩

術曰列金數爲實以三十五銖八絫四黍爲法實如法而一得一千九百五十三斤斤下一分二釐五毫以斤率十六乘之得二兩合問

七十八

今有地八萬畝每六畝二分五釐直銀一斤問直銀幾何　答曰一萬二千八百斤

術曰列地畝數爲實以六畝二分五釐爲法實如法而一合問

七十九

今有稻九萬斛每田一畝收稻五斛七斗六升問田幾何　答曰一百五十六頃二十五畝

術曰列稻數爲實以五斛七斗六升爲法實如法而一合問

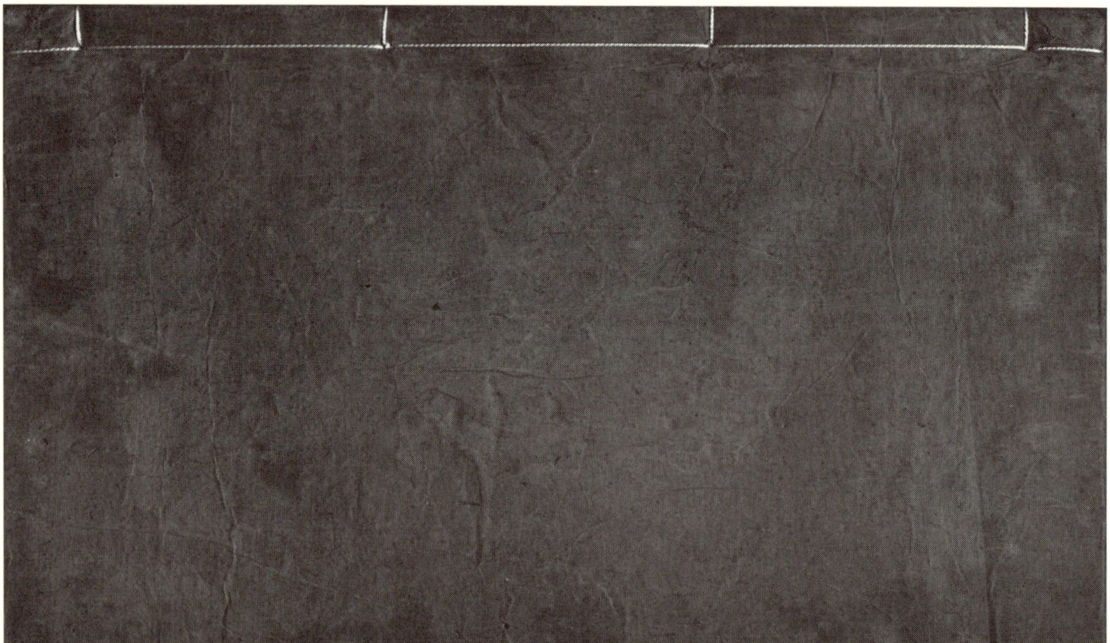

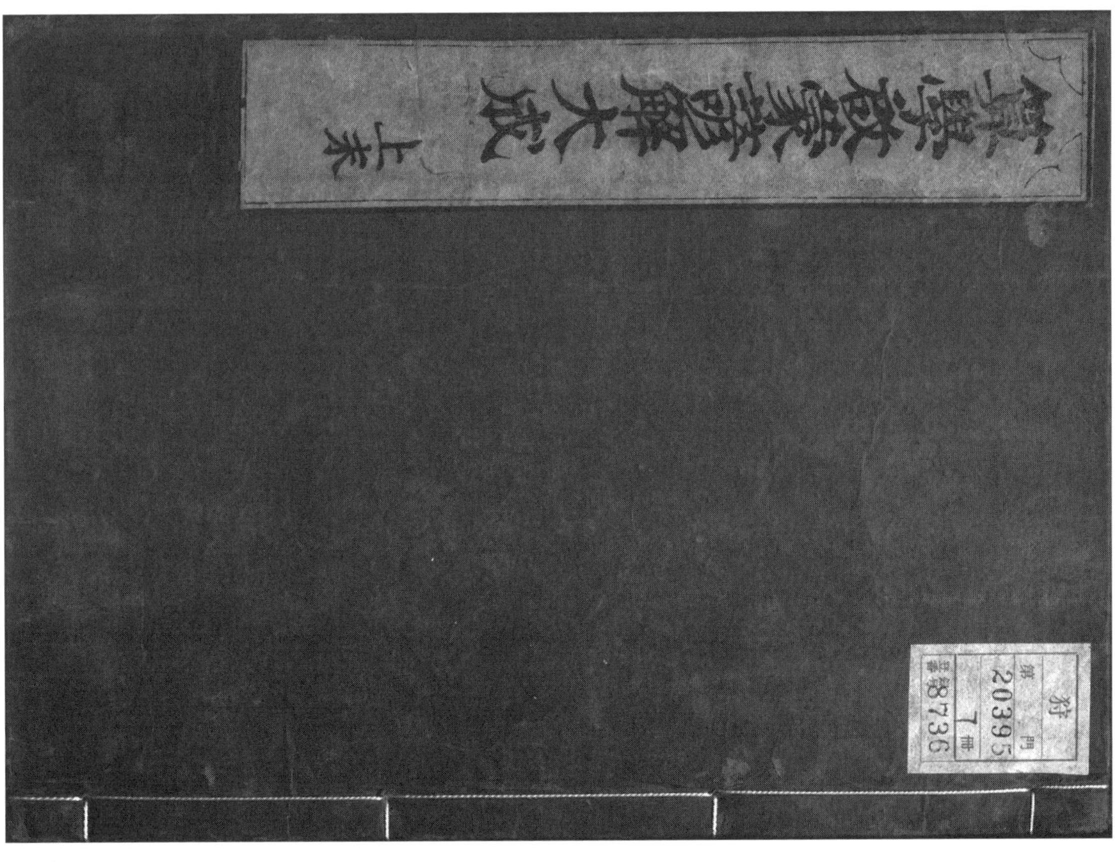
算學啓蒙諺解大成
上末

一

異乗同除門 八問

異コトナル同ヲナシレキ也異ト八物ト錢トカ錢ト物トカナリ同ト八物ト物トカ錢ト錢トカ也異ナレヲ先ツ乗ノ同ナルニテ後ニ除クユヘ異乗同除ト云是ヲ互換トモ云ソ諸術ニ通用スヘキ法ナリ俗ニコレヲ相應ト云惣シテ先ツ除ノ後ニ乗ヲ用ユルハアレ、此門ノ意ニ違フソ先ツ乗ノ後ニ除スルヲ謂トスル也故ニ汝思ヘカ云ク謂先應除法而後用乗法其除法多ク有畸零ノ不尽之数則何由而用乗法乎故変法而先用乗法然後用帰除雖有畸零之不尽者而可命之故曰異乗同除云云此謂也シカレトモ一ヤウニ泥ムヘカラス時宜ニヨツテ先除シテ後乗スルモ可ナル了アリ

今有錢九貫八百七十九文糴米五碩三斗四升只有米三十六碩九斗問直錢幾何

曰 六十八貫二百六十五文 答

米五石三斗四升ノ直錢九貫八百七十九文ナリ此直段ノ相應ニテ米三十六石九斗ニハアタヒノ錢イカホトソトナリ

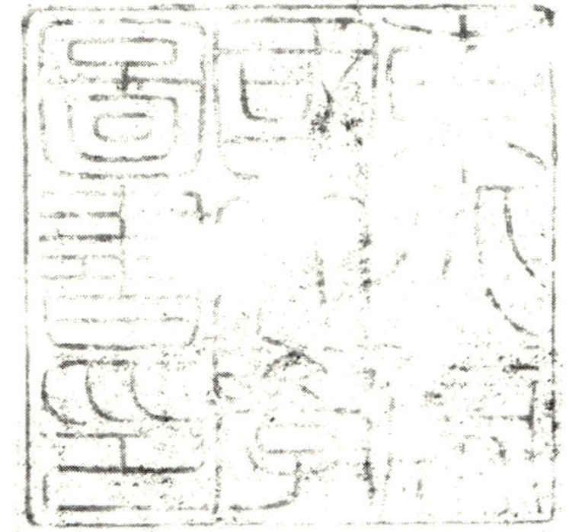

二

術曰列只有米數以九貫八百七十九文乘之為實以五碩三𣁽四升為法除之而市塵日用今有之合問

先ツ錢九貫八百七十九文ヲ置テ糴米五石三斗四升ニテ除メ米一石ニ付テノ價錢ヲ三テ是ヲ以テ只有米三十六石九斗ニ乘メ直錢ヲ得ル今ノ人術理ノ辨ヘヤスキニ任テ多ク此術ヲ用ユ然レ𪜈數ニ不尽ナク八問ニ隨ヒ時宜ニ依テ可用也

本注 市塵日用ー市ナトニ日日ニ用ユルーニノ今ノ世ニ有ルートナリ

塵イチクラ

今有米五十三𣁽四升直錢九貫八百七十九文只有錢六十八貫二百六十五文問得

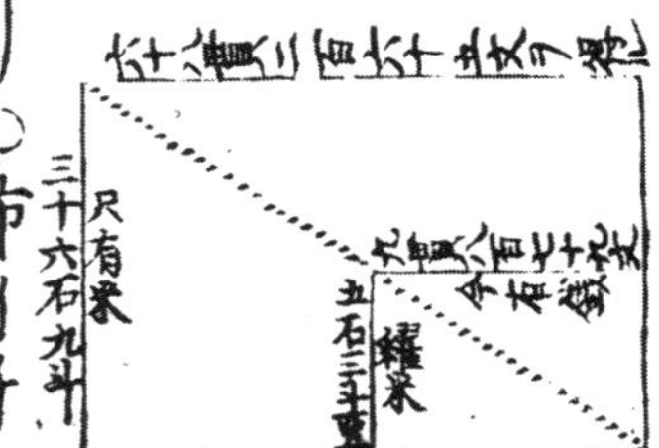

三

米幾何　答曰三百六十九𣁽

術曰列只有錢數以五十三𣁽四升乘之為實以九貫八百七十九文為法實如法而一合問

是一番ノカヘレナリ　術意圖ニレルス

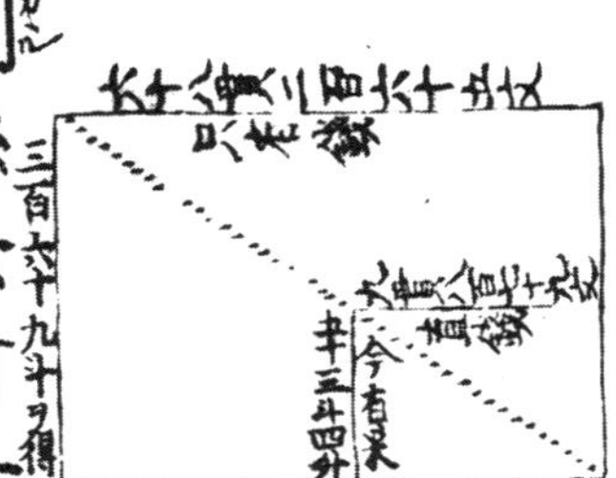

今有銀二十二兩五錢二分半倒絲一十兩只有絲三百四斤一十二兩問倒銀幾

何 答曰一千三十六両一銭半
術曰列只有絲数斤下留両以二十二両五銭二分半乗之為実以六斤六分二釐半為法実如法而一（六分二釐半者乃十留六二五）合問

四

今有絲六斤一十両五銭二分半只有銀一千三十六両一銭半問得絲幾何 答曰三百四斤一十二両

（列只有絲一十二両五銭二分半ヲ乗スルナリ術意一番ニ同 十二留七五トシテ三百四斤七分五厘二二）

術曰列只有銀数以六斤六分二釐半乗之為実以二十二両五銭二分半為法除之斤下分者身外加六為両合問

（三番ノ還源ナリ 術意二番ト同シ 六分二厘五毛八十留六二五ナリ）

五

今有人借絹一匹一丈四尺闊一尺八寸今還絹闊二尺五寸問還長幾何（匹法三十二尺） 答曰一匹一尺一寸二分

術曰列絹通尺内子得四十六尺以闊一尺八寸乗之為実以二尺五寸為法除之仍以匹法約之合問

（通尺内子一匹ニ匹法三十二尺ヲ乗ノ三丈二尺トナル子ノ一丈四尺ヲ加テ四丈六尺ナリ）

六　今有人借絹一匹一尺一寸二分闊二尺五寸今還絹闊一尺八寸問還長幾何（匹法同前）

答曰　一匹一丈四尺

術曰列絹通尺内子得三十三尺一寸二分以二尺五寸乘之爲實以一尺八寸爲法實如法而一仍以匹法約之合問

仍以匹法一　而一ニシテ四丈六尺トナル是ヲ匹法三十二尺ニテ除一匹ヲ得テ不尽一丈四尺ハ法ノ數ヨリ少キユヘ其マヽ置ナリ　五番ト同レ

七　今織錦七匹六尺五寸用絲八斤二兩二十一銖欲織八十四匹一丈五尺問用絲幾何（匹法二十四尺）

答曰　九十五斤三兩六銖

術曰列八斤通兩内子二得一百三十兩以二十四銖通之内子二十一得三千一百四十一銖於上位又列八十四匹以匹法通之内子得二千三十一尺以乘上位得六百三十七萬九千三百七十一尺爲實又列七匹通尺内子得一百七十四尺五寸爲法除之得三萬六千五百五十八銖以斤銖法三百八十

四約之爲斤不滿法者以兩銖法二十
四約之爲兩不滿法者命之合問

列八斤通兩內子　糸八斤ニ斤率十六兩ヲ乗メ百二
十八兩トナル子ノ二兩ヲ加エテ百三十兩ヲ得ル兩ノ
下ニ銖アルユヘ又兩朱法二十四ヲ乗レテ三千一百二
十銖トナル是ニ子ノ二十一朱ヲ加エテ三千一百四十
一朱ヲ得ルナリ
以匹法通之內子　八十四匹ニ匹法二十四尺ヲ乗レテ
二千〇一十六尺トナル子ノ一丈五尺ヲ加エテ二千〇三十一
尺ヲ得ルナリ
又列七匹通尺內子　右ニ同レ
以斤朱法除　三万六千五百五十八朱ヲ置斤朱
法三百八十四ヲ法トレテ除九十五斤ヲ得テ不尽七十
八朱八法ノ数ヨリ少キユヘ是ヲ又兩朱法二十四ヲ法
トレテ除キ三兩ヲ得テ不尽六アリ法ノ数ヨリ少キ
ユヘソノマヽ命レテ六朱トス〇斤朱法兩朱法皆前注ニ

八

今有絲八斤二兩二十一銖織錦七匹六尺
五寸只有絲九十五斤三兩六銖問織錦幾
何　匹法同前

答曰八十四匹一丈五尺

術曰列只有絲通兩內子得一千五百
二十三兩以二十四銖通之內子六共
得三萬六千五百五十八銖於上位又
列七匹通尺內子得一百七十四尺五
寸以乘上位得六百三十七萬九千三
百七十一爲實又列八斤通兩內子得
一百三十兩以二十四銖通之內子二
十一共得三千一百四十一爲法實如

一

法而一得二千三十一尺以匹法約之

合問

七番ノカヘシナリ　通尺　通朱等

皆七番トヲナジナリ

庫務解税門十一問

庫ハクラ也字彙ニ云庫貯物府蔵説文ニ兵車蔵也。務

ツトメ事務也解トク。税ハ以物遺人日税務モ税モ

貢又ハ運上ナドヲ収ムルコトナリ

利足モ務ノタグヒナリ

今有人典錢八十五貫七百文毎貫月利三十文今八箇月問利錢幾何　答曰二十貫五百六十八文

一月ニ本一貫ニ付テ三十文ヅツノ利ニシテ錢八十五貫七百

文ヲ八ケ月カルトキハ利錢斗ハ何程ゾトナリ

三

術曰列本錢八十五貫七百於上位置八箇月以三十文乘之得二百四十文以乘上位即得有而今之合問

二百四十文　三十文ニ八ケ月ヲ乗ノ二百四十文是本

錢一貫ニ付テ八ケ月分ノ利ナルユヘ是ヲ以テ本錢

ニ乗シテ利錢ヲ得ルナリ

而今有之　今ノ世ニカクノゴトクノ利足アルゾトナリ

今有人典錢二百三十六貫毎貫月利二十五文今七箇月九日問利錢幾何　答曰四十三貫七十文

術曰列九日以三十日除之得三分加入七箇月共得七箇月三分以二十五

三

文乗之得數以乗本錢二百三十六貫合問

按 置七箇月以三十日乗之加入九日共得二百二十九日以二十五文乗之亦本錢乗之得一千二百九十二貫一百文以三十日除之得利錢也本書ノ術ハ三十日ヲ以テ九日ヲ除ク若シ不尽アラハ今按ノ術ヲ用ユヘシ尽カラサルトキハ本書ノ術ヲ用ヒテ可ナリ 此意委ク異乗同除門ニ詳ス

今有人借銀二十五兩毎兩月利二分五釐問幾何月而本利適等

答曰 四十箇月

一月ニ本一兩ニ付テ二分五厘ツヽノ利ニシテ銀二十五兩ヲ借ストキハイク月カシテ利根本銀トヒトシク二十五兩ニナルゾトナリ

術曰列借銀爲實以六錢二分五釐爲

四

法實如法而一 爲法之數乃是二分五釐乗借銀故爲法 合問

○又術列銀一兩爲實以二分半爲法實如法而一亦合前問

本利ヒトシキト云ユヘ本銀二十五兩ヲ利二十五兩トシテ一月一兩ノ利二分五釐ヲ乗ノ六錢二分五厘ヲ得テ法トシテ本銀二十五兩ヲ除クナリ此術ヨロシカラス又ノ術ヲ用ユヘシ若題中ニ利銀何程ト云ハヽ此術意ヨキソ本利適等ト云ニヨリ又ノ術ガヨキナリ但此術ハ題ヲタスケヽルナリ

又術列銀一一 本銀一兩ノソモリニシテハ利モ一兩ナリ本銀何程ニテモアレ利ノ一兩ヲ乗ノ利銀トナル故ニ利銀一兩ヲ実トシ二分五厘ニ本銀一兩ヲ乗ノ法トシテ実ヲ除ナリ

今有人借錢共還本利九百九十六貫六百五十六文只云毎貫月利三十五文今九箇

月一十八日問元借錢幾何　答曰　七百四十六貫

一月ニ本一貫ニ付テ三十五文ツヽノ利ニシテ錢ヲ九ケ月十八日借リテ本利合セテ九百九十六貫六百五十六文カヘストキハ本錢ハ何程カリタルトナリ

術曰置共還錢爲實列九箇月六分（六分者乃三十日除一十八日）以三十五文乘之得數加本錢一貫共得一貫三百三十六文爲法實如法而一得元借錢數合問

十八日ヲ三十日ニ除六分ヲ得ル九ケ月ニ加エ九ケ月六分ナリ三十五文ヲ乘シテ三百三十六文トナル是本一貫ニ付テ九ケ月十八日分ノ利ナリ本一卅三ヲ加エテハ一卅三ニ付テ九ケ月ト八日分ノ本利合セタル錢ナルユヘ法トシテ共ノ還錢ヲ除ナリ

五

今有人借銀九十兩月利二兩只云今共還四千三百五十六兩經三箇月一十二日問本利幾何　答曰　本銀四千五十兩○利銀三百六兩

一月ニ本九十兩ニ付テ二兩ツヽノ利ニシテ借トナリ
題意四番ニ同シ

術曰置共還銀以九十兩乘之得三十九萬二千四十爲實列三箇月四分以二兩因之得數加入九十兩共得九十六兩八錢爲法實如法而一得本銀反

減共還銀數餘即利銀也合問

三ケ月四分　十二日ヲ三十日ニ除テ四分ナリ
共得九十六両八錢　是本銀九十両ニ付テ三ケ月四分ノ本利合セタル銀ナリ　故ニ法トシテ共ノ還銀ニ九十両ヲ乗シテ実トノ法ヲ以テ除キ本銀ヲ得ルナリ

今按　先求利銀術曰列共還銀以三箇月四分乗之亦以三両因之得二万九千六百二十両○八錢為實　列三箇月四分以三両因之得數加入九十両共得九十六両八錢為法實如法而一得利銀也

今有官倉共収粮一千八百一十一碩三斗一升四勺毎斗帯耗七合五勺六抄問正粮幾何

答曰　一千六百八十四碩

官倉ヘ米ヲ収ムルニ本米ノ外ニ斗ニ付テ七合五勺六才ツヽノ耗代ヲ添テ都合一千八百一十一石三斗一升○四勺

……ハ本米イカホトヽナリ○官倉ツカサノクラ
代ニ……ハノ倉ト云ニ同シ

術曰列共収粮為實併正耗粮得一斗七合五勺六抄為法實如法而一合問

一斗七合五勺六才　是正粮一斗ニ付一ノ耗トモノ数ナリ　術四番ト同意ナリ

今有税務法則三十貫納税一貫客持絲六百四十斤價三貫二百五十二文問納税錢幾何

答曰　六十九貫三百七十六文

人アリテ一斤ニツキテ三毋ニ二百五十二文ツヽノ糸ヲ六百四十斤持タルヲ錢ニテ税ヲ納ムルニ三十毋ニ付テ一毋ツヽ納ムルツモリニノハ右ノ糸ノ内ニテハ何程錢ヲ納ムルトナリ○税務ハ運上ノ丁ナリ○法則トハ税務ノ定リタル法ノ丁ナリ○客トハ人ノ丁ナリ

術曰列絲數以斤價乘之得二千八十一貫二百八十文又以一貫乘之爲實以三十貫爲法實如法而一（箱而今之）合問

今有客持香七百八十四斤舶司稅之八而取二今稅一百斤却貼與客錢一貫七百三十文問斤價幾何

答曰　八百六十五文

人アリテ香七百八十四斤持タルヲ八分ニシ其一分ハ稅ノ法ニテ舶司ガ價ナシニ取テ其殘リハ稅ノ外ナルユヘ司ガ錢一貫七百三十文ソヘシテ買添テ稅ニ取タルトキ斤ニ都合一百斤ニシテ取ルトキハ香一斤ノ價ハ八十二ネトヽナリ○香ハ沈香降真ナトノ類ナリ○舶司 司ツカサ 船ノツカサ也俗ニ云船頭ノ一ナリ 舶フ子市船ナリ

術曰列客持香數以八而一得九十八

斤之香數以減一百斤餘二斤爲法列貼與客錢爲實實如法而一得斤價也

合問

九十八斤　是稅ニテ價ナシニ取ル香ノ数ナリ
二斤　是ハ稅ノ外ニ買添ル香ノ数ナリ一貫七百三十文ハ此二斤ノ價錢ナリ

今有客持珍珠三千七百六十顆舶司稅之四十分取三今稅訖三百顆貼與客錢一十貫三百五十文欲買一百五十顆問與錢幾何

答曰　八十六貫二百五十文

人アリテ珍珠三千七百六十顆持タルヲ四十分ニシテ其三ヲ舶司カ稅ノ法ニテ價ナシニトリテ其外ニ錢十卅今三

百五十丈ヲ出シテ買添テ都合三百顆ヲ取タリ此直ニ
シテ又其外ニ百五十顆買フトキハ錢ヲ客ノ方エ何程
出スナリ○珍珠
カイノタマ真珠ト云

術曰列客持珠數三之四十而一得二百八十二顆乃合稅珠數以減三百顆餘一十八為法列二百五十顆以貼與客錢乘之為實實如法而一即得合問

二百八十二顆　是價ナシニ取珍珠ノ數ナリ
餘一十八顆　是ハ前ニ買添タル珍珠ノ數ナリ此價
錢十卅○三十五文ナリ　是ヨリ珍ノ珠一十八顆ノ價
錢十卅○三十五文ナルトキハ珍珠百五十顆ノ價錢
ハ何程ト問テ異乘同除ノ
術ヲ以テモトムルナリ

今有客持胡椒兩務稅之先稅十分取一次稅三十分取一今共稅訖三十五斤一兩六錢問客元持椒幾何　答曰　一百七十斤

客ノモチタル胡椒ヲ舶司ニ入エ稅シタルニ先ノ舶司ハ持
タル胡椒ヲ十分ニシテ其一ツ取リ次ノ舶司ハ其残リヲ
三十分ニシテ一ツヲ取テ両ノ舶司合テ三十五斤一兩六錢
取タル時ハ客ノ元持タル胡椒ハイカホドナリ

術曰列共稅訖椒數通兩內子得五百六十一兩六錢十之為實以一兩三錢為法實如法而一為法之數以十一兩為一率兩次乃合稅一兩三錢故為法也以斤率十六約之今帀舶司有之合問

通兩內子　三十五斤ヲ十六兩ヲ以テ兩ニ通シテ
五百六十兩トナル是ニ子ノ一兩六錢ヲ加エテ五百六十
一兩六錢ナリ
十之　十兩ヲ率トスルユヘ十兩ヲ乘スルナリ

【本注】爲法之數 ― 十両ヲ元ノ胡椒ノ率トス十ニテ除一両ヲ得ル是元十両ニ付テノ先ノ税ナリ此両ヲ以テ元ノ十両ヲ減シ余リ九両ヲ三十三テ除キ二錢ヲ得ル是元十両ニ付テノ次ノ税ナリ二色ノ税合セテ一両三錢ヲ得ル是元十両ニ付テ先ト次ト二色合セタル税ノ數ナリ

【本注】今市 ― 今時ノ舶司カクノコトノ運上ナトル ― 有之トナリ

今有客持降眞兩務税之先税三十分取一次税五十分取三餘有三千斤問客元持降眞幾何

【答曰】三千三百一斤一千三百六十三分斤之七百三十七

先ノ税ハ三十分ニシテ其一ヲ取テ其殘リヲ次ノ税五十分ニシテ三ヲ取テ其殘リ三千斤アリ元持タル降眞ハ何程ソトナリ 是モ舶司ノ税ナリ

術曰置三千斤以所税者三十乘之又以五十乘之得四百五十萬爲實以不税者二十九四十七相乘得一千三百六十三爲法實如法而一不滿法者命分合問

置三千斤 ― 先ノ税三十ト次ノ税五十トヲ乘スルナリ三十ト五十トカケ合セテ一千五百トナル是ヲ元ノ降眞ノ率トスルソ

二十九四十七 先ノ毋三十ノ内ヲ子一ヲ減シ余リ二十九ナリ次ノ毋五十ノ内子ノ三ヲ減シ余リ四十七ナリ二色掛合セテ一千三百六十三ヲ得ル是元一千五百ニ付テ先ト次トノ税ヲ取タル余リナリ

命分 分毋分子ニ命スルトナリ

折變互差門　十五問

一

折ハカツ也 變ハカハル也 互ハ互換ナリ 差ハ差分ナリ 此門ハ皆互換ト差分ナリ 物ヲ以テ折變スルユヘ折變互差門ト云也

今有香油三兩折菜油四兩只云香油斤價四百文却有菜油八十四斤一十二兩問直錢幾何

答曰 二十五貫四百二十五文

香油三兩ノ直ハ菜油四兩ノ直ニ同シ香油一斤ノアタイ錢四百文ナルトキ菜油八十四斤一十二兩ノアタイハ何程トナリ ○香油ハ胡麻ノアブラノ一ナリ ○菜油ハ菜ノ油ノ一ナリ

術曰列香油斤價以三兩因之十六而一得七十五文 乃香油三兩折菜油四兩之價 列菜油通兩內子得一千三百五十六兩以七

二

十五文乘之爲實以四兩爲法除之合問

十六而一 香油一斤ノ價ト云ヘハ一斤ノ十六兩也 得七十五文 是香油三兩ノアタイナリ又菜油四兩ノ價ナリ

今按 互換術曰列却有油通兩內子得一千三百五十六兩以三兩因之亦以四百文因之得數爲實 列一十六兩以四兩因之得六十四爲法實如法而一得直錢也

今有人欠錢一萬一千二百五十貫欲還錢銀適等其銀每兩折錢五貫文問各還幾何

答曰 錢一千八百七十五貫 ○銀一千八百七十五兩

錢一万一千二百五十毌ヲカリテ銀ト錢ト同数ニ二色ニシテカヘスニ銀一兩ヲ錢五毌ツヽニアタルツモリニノトナリ適等ハ錢八毌ヲ尾トシ銀ハ兩ヲ尾トスルソ○欠カル也　此問ハ利ナシニカル筭ナリ

術曰列欠錢數五之得五萬六千二百五十貫爲實以三十爲法實如法而一合問○又術列欠錢數爲實以六除之即得錢銀適等也　統而今有之中至元是也

五之　是ハ錢ノ五ナリ
以三十　錢ノ五ト銀ノ一ト合セテ六トナル是ニ錢五ヲ乘ノ三十ヲ得ル　此術不宜又術ヲ可用
又術以六　錢五銀一アハセテ六ナリ
本注　而今有之　今ノ世ニアル一トナリ中統至元皆錢ノ銘也　モトハ元ノ世宗ノ代ノ年號ナリ

今有人欠錢一千九百五十八貫欲還二分銀一分錢其銀每兩折錢五貫問各還幾何

合曰　錢一百七十八貫○銀三百五十六兩

錢一千九百五十八毌カリテ其内ヲ二ツニ分ハ錢一ツ分ハ銀ニシテカヘスニ銀一兩ヲ錢五毌ツヽニワカツトナリ　是モ錢八毌ヲ尾トシ銀ハ兩ヲ尾トスルナリ

術曰列欠錢數五之得九千七百九十貫爲實以五十五爲法實如法而一得錢數倍之爲銀數也合問○又術列欠錢數爲實身外減一得錢也倍之爲銀

五之　錢ノ五ヲ因スルナリ
以五十五　錢ノ五ヲ倍ノ銀ノ一ヲ加エテ十一トナル是ニ錢ノ五ヲ乘シテ五十五ヲ加ルナリ　此術不宜又ノ術ヨシ

四

今有錢七十三貫五百八十四文欲買油麵粉三色適等油斤價三百四十八文麵斤價一百二十四文粉斤價一百一十二文問各等重幾何

又術身外減一 錢五ヲ倍ノ銀一ヲ加エテ十一トナル此十一除ノ代ニ一ヲ減スルナリ

答曰 各一百二十六斤

錢七十三貫五百八十四文ニテ油ト麵ト粉ト三色同シ高ニ買フニ油ハ一斤ニ付三百四十八文麵ハ一斤ニ付百二十四文粉ハ一斤ニ付百十二文ノ直ニシテハ三色ヲ何程ツヽ買フソトナリ

術曰列錢數爲實併三色斤價得五百八十四文爲法實如法而一得等重也

合問

五

共ノ錢七十三貫五百八十四文ヲ実トス油一斤ノ價三百四十八文ト麵一斤ノ價百二十四文ト粉一斤ノ價百十二文ト三色一ツニアハセテ五百八十四文ヲ法トメ実ヲ除クナリ

三色合テ五百八十四文ヲ法トス

粉錢	麵錢	油錢
百十二文	百二十四文	三百八十四文
一百二十六斤	一百二十六斤	一百二十六斤

今有錢七千四百九十一貫八百九十文欲買綾羅絹綾匹價一十二貫七百六十文羅匹價九貫八百九十四文絹匹價七百六十六文須要綾一羅二絹三買之問三色各幾何

答曰 綾二百一十五匹 ○羅四百三十匹

○絹六百四十五匹

綾一羅二絹三ト八一ツ分八夌二ツ分八罗三ツ分八月ト云ヿナリ

術曰列錢數爲實二之羅價三之絹價加入綾價共併得三十四貫八百四十爲法實如法而一得綾價副置上位倍之爲羅下位三之爲絹合問

綾一ト云ユヘ綾ノ價ハ十二卅七百六十文ト、羅二ト云ユヘ羅ノ價ヲ倍メ十九卅七百八十八文ト・絹三ト云ユヘ絹ノ價ヲ三タヒニメ二卅二百九十八文ト三色合セテ三十四貫八百四十六文ヲ得ル是ヲ法トメ共ノ錢ヲ除ナリ

副置　ソヘヲク也上位ト下位ト二所ニ置テ上位ハ羅ノ二ヲ乗メ羅ヲ得ル下位ハ絹ノ三ヲ乗メ絹ヲ得也

今有羅一十匹二丈六尺欲染大紅只云內出羅四尺五寸換花染得一丈五尺五寸問出羅染羅各幾何

答曰　染羅八匹一丈二尺一寸半○出羅二匹一丈三尺八寸半

羅四尺五寸出シテ紅花ニ換テ其紅花ヲ以テ一丈五尺五寸ノ大紅ニ染メ得ル相應ニテ羅十匹二丈六尺ノ內ヲ花ニカヘ紅ニソムルトキハ染得ル羅ハイカホト又花ニ換テ出ス羅ハイカホト、ナリ

術曰置今有羅通尺內子得三百四十六尺以一丈五尺五寸乘之得五千三百六十三尺爲實併出染羅得二十尺爲法實如法而一得染羅以減三百四

十六尺餘即出羅各以匹法約之合問

併山染羅一一花ニ換テ山ミ羅四尺五寸ト染得一丈五尺五寸ト併セテ二十尺ヲ得ルナリ

今按 先求山羅術曰列今有羅通尺内子以四尺五寸乗之得一千五百五十七尺為實 併出羅染羅共得二丈為法實如法而一以匹法約之得山羅也

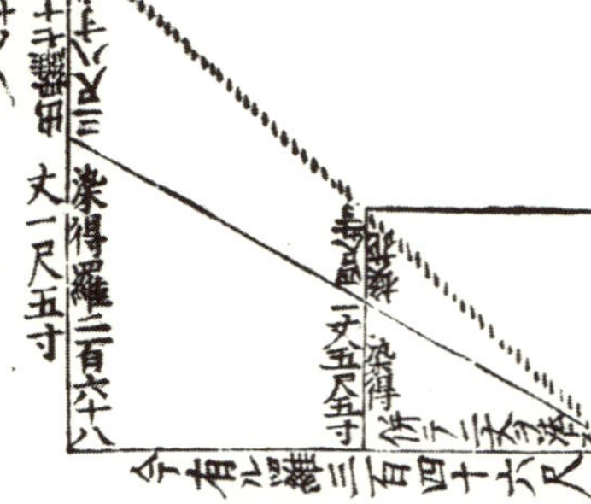

今有客糴米六百五十三碩斗價一百二十八文僦車裝載毎斗脚錢三十二文止於米内依元價折還問各幾何

答曰 客米五百二十二碩四斗○脚米一百三十碩六斗

一斗ニ付テ錢一百二十八文ツヽノ直段ノ米ヲ六百五十三石買テ車ヲヤトヒテ運フニ一斗ニ付テ運賃錢三十二文ノツモリニシテ右ノ米ノ高ノ内ニテ米ニテ拂フトキハ本米運賃米各イカホトゾトナリ是俗ニ云運賃ノ算ニシテ今ノ世ニモアルコトナリ ○僦ヤトフ顔師古カ云顧僦也若今ノ言フ雇賃也 ○脚錢 脚米 皆運賃ノコトナリ運賃錢ヲ脚錢ト云米ヲ脚米ト云ソ

術曰列米數於上以斗價乗之得八百三十五貫八百四十文為實併斗價脚錢共得一百六十文為法實如法而一得客米反減共米餘即脚米也合問

得八百三十五册ミ一一一 是スナハチ糴米ノ價ナリ

併斗價一一一 斗ノ價一百二十八文ト脚錢三十二文トアハセテ一百六十文ヲ得ルナリ 術意六番ト同シ委ク圖ニシルス

今按 先求脚米術曰列米數以脚錢三十二丈乘之得二萬○八百九十六爲實併斗價與脚錢共得一百六十丈爲法實如法而一得脚米也

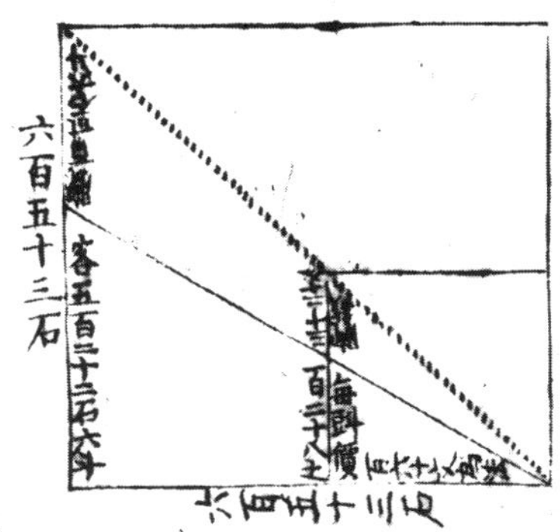

八

今有人欲納粟八百八十九碩四斗七升半只云毎粟一斗準米六升菉豆八升折粟一斗本粟一斗止納一斗須令三色適等納之問各停納幾何

答曰 各二百二十七碩一斗

モ三コメ八百八十九石四斗七升五合ヲ米ト菉豆トモ三コメト三色同石ニシテ納ムルニ米六升ハ粟一斗ニアタル菉豆八升ハ粟一斗ニアタル粟ハ其ノ侭ノ粟ニソ三色ヒトシキ高ハイカホト、ナリ○停納ヒトシクシヲサムル也

術曰列共粟以米六升乘之得五千三百三十六斗八升五合爲實以二斗三升五合爲法實如法而一 爲法數者各以六升爲率 米折粟一斗豆折粟七升五合本粟六升三位併之共得二斗三升半爲法也

合問

以米六升 ｜ 米ノ六升ヲ率トスルユヘ也

二斗三升五合 ｜ 米モ豆モ粟モ皆六升ニ定メテ米六升ハ粟一斗ニアタル○豆六升ヲ八升ニ除キテ七升五合トナル是豆六升ニアタル粟ナリ○粟六升ハ直ニ粟六升ナリ三色ノ粟ヲ合セテ二斗三升五合ヲ得ル是三色各六升ニ付テノ粟ナリ故ニ停納ノ率ハ六升ヲ共ノ粟ニ乗ノ粟ノ率二斗三升五合ニテ除ナリ

此術常ニ用ユヘカラス

九

今按 粟一斛菉豆八升相乗得八升為米率粟一斛米六升相乗得六升為豆率米六升菉豆八升相乗得四升八合為粟率三位相併得一斛八升八合為法 粟一斛菉豆八升米六升相乗得四升八合以乗共粟得四千二百六十九斛四升八合為實以法而一得各納石也

今有足色金五十両欲為八分金問入銀幾何 答曰 一十二両五銭

八分金トハタトヘハ総目一ヂアレハ其内ヘ金ヲ八分銀ヲ二分入レテノ子ルナリ俗ニ四分一ナトヽ云類ナリ

術曰列金數為實以八分為法而一得六十二両五銭内減五十両餘即入銀合問

六十二両五銭 是金ト銀ト合セタル総目ナリ入金目五十両ヲ減シ余リハ入ル丶銀ノ目ナリ

一十

今有銀一十二両五銭足色金五十両併而同煉問為顔色分數幾何 答曰 八分色

術曰列金五十両為實併金銀得六十二両五銭為法實如法而一合問

今有絲六十二斤半換金一十両内八分半金五両七分半金五両問二色金毎両直絲幾何 答曰 八分半直六斤一十両二銭五分

○七分半直五斤一十三両七銭五分

八分半ノ金五両ト七分半ノ金五両ト合セテ十両ヲ糸六十二斤半ニカユルトキハ二色ノ金各一両ニ付テノ糸ハイカホトゾトナリ 八分半七分半ハ皆金ヲ入ル丶顔色ノ分数ナリ

術曰置絲通兩爲實列五兩以八分半乗之又列五兩以七分半乗之得數併之得八兩乃一分金是十分金數爲法實如法而一得一百二十五兩乃一兩金之絲數也副置上以八分半乗之下以七分半乗之又各以斤

率約之合問

列五兩以八分半乗之｜　五兩ニ八分半ヲ乗スレハ四兩二朱五分トナル是八分半ノ金ニ銀交ラズ金バカリノ數ナリ

又列五兩以七分半｜　五兩ニ七分半ヲ乗レテ三兩七朱五分トナル是七分半ノ金ニ銀交ラズレテ金バカリノ數ナリ

併之得八兩　二數併セテ八兩ナリ是十兩カ銀交ラズレテ十分ノ金トナルナリ是ニテ通兩ノ糸千兩ヲ除

二十

今有粟一十九碩六斗八升八合欲爲糙細二米（千十分ノ金一兩ニ付テノ糸一百二十五兩ヲ得ルナリ）糙米八升用粟一斗細米五升一合二勺用粟一斗須令糙米倍之細米之數問各幾何

答曰　細米四碩四斗三合二勺○糙米八碩八斗六合四勺

モミニメ十九石六斗。八合有ルヲ黒米ト白米ト二色ニスルニ粟一斗ヲ黒米ニレテハ八升ツヽ白米ニレテハ五升一合二勺ツヽニ成ルツモリニソ白米ノ一倍黒米ニレテイカホトノ米也

○糙　七到切音操去殻未舂米也　モミヲ去リタルバカリノ米ノ一ソ○細米ハシラゲタル米ノ一ナリ

術曰列粟數以五升一合二勺乗之得

一百斗三升九合二勺九抄六撮為實
以二斗二升八合為法實如法而一
停之數各以五升一合二勺為率細米一
折粟一斗糙米二停折粟一斗二升
八合二位併之共得二
斗二升八合故為法也　得細米數倍之
為糙米合問

以五升一合二勺　細米ノ五升一合二勺ヲ率トスル故ニ
乗スルナリ
二斗二升八合　糙米モ細米モ五升一合二勺ニコレテ
八升ニテ除六升四合トナル是糙米五升一合二勺ニ
用ユル粟ナリ一倍ト云ユヘ是ヲ倍メ一斗二升八合ト
ナル。又細米五升一合二勺ニハ粟一斗ヲ用ルユヘ此一
斗ヲ右ノ一斗二升八合ト併セテ二斗二升八合ヲ得
ルゾ　此術八番ト同意ナリ

三十

今有鹽五千七百引欲令大船一停小船二
停載之只云大船三隻載五百引小船四隻
載三百引問各幾何　答曰　大船一十八隻
小船三十六隻

大船一停小船二停ハ大船一ツナラハ小船ハ二ツノ積リニノ
ト云コトナリ○停ヒトシ等也

術曰列三隻四隻於左行五百三百於
右行母互乗子　右ノ上ニ得二千一百　右ノ下ニ得一千八百
併之得三千八百為法　倍之得二千二位
得一十二以乗五千七百引得六萬八千四百為實實如法而一得大船倍之
即小船合問

列三隻四隻一 大船三隻ヲ左ノ上ニ置小船二
隻ヲ左ノ下ニ置ナリ
五百三百於一 五百引ヲ右ノ上ニ置三百引
ヲ右ノ下ニ置ナリ
毋互乘之一 毋ハ左行ノ分毋ナリ子ハ右行ノ分

子ナリ右ノ上ノ塩五百引ハ大船三隻分ノ
塩ナリ是ニ左ノ下ノ四隻ヲ乘ノ右上ニ二
千ヲ得ル是大船十二隻分ノ塩ナリ 右
下ノ三百引ハ小船四隻ブンノ塩ナリ是ニ左ノ上ノ三隻
ヲ乘ノ右ノ下ニ九百ヲ得ル是小船十二隻ノ塩ナリ
参ニテ大船十二隻ニハ塩二千引ヲ載ス小船十二隻
ニハ塩九百引ヲ載ルトシテ求ムルナリ ○毋互ニ子ニ
乘スルハ幾色アル所皆々分毋ヲ同數ニナスヘキ為
ナリ此術ハ小船モ大船モ皆十二隻ヲ毋トスルナリ
右下倍之一 小船ニ停ト云ユヘ右下九百ヲ倍ノ
一千八百ナリ大船ハ一停ト云ユヘ右上二千ヲ其侭用
ユルソノ二數アハセテ三千八百ヲ法トス
左行分毋相乘一 左行ノ三隻ト四隻トカケ合テ
十二トナル是大船小船二色ノ同分毋ナリ是ヲ有塩ニ乘
ノ実トシテ法ニテ除大船ノ數ヲ得ルナリ

四十

今有馬軍七人給腿裙絹二匹二丈歩軍六
人給胖襖絹四匹三丈二尺今共有絹六千
六百二十二匹四尺欲給馬歩軍人適等問
各幾何 十匹法三十八尺

答曰 各五千六百七十人

絹六千六百二十二匹四尺ヲ馬軍ト歩軍ト人數同数ニ
給ハルニ馬軍ハ七人ニ付テ二匹二丈ツヽ歩軍ハ六人ニ付テ
四匹三丈二尺ツヽ給ハル積リニシテ馬軍歩軍ノ人数
イカホトソトナリ ○腿裙 腿ハ股也脛也裙ハ下裳也俗ニ云
モヽヒキ又者ハカマナトノ類ナリ ○胖襖 胖ハ半體ノ肉也襖ハ
袍襖也俗ニ云ハダギ又者ハヲリナトノ類ナリ

術曰先列七人於左上六人於左下又
列九十六尺於右上一百八十四尺於
右下以左行互乘右行右上得五百七

十六ヲ右ノ下ニ得ル二千二百八十八ヲ二位相
併得一千八百六十四爲法左行分母
相乘得齊四十二得乃提馬軍四十二人得腿裙絹五百七十
六尺歩軍四十二人得胖襖絹一千二百八十八尺列絹六千六
百二十二匹以三十八乘之得數搭入
四尺共得二十五萬一千六百四十尺
以分母四十二乘之得一千五十六萬
八千八百八十爲實以一千八百六十
四爲法實如法而一各得五千六百七
十人合問

先列七人於 —— 七人ヲ左ノ上ニ置六人ヲ左
ノ下ニ置ナリ
又列九十六尺 —— 腿裙ノ絹ニ匹ニ匹法三十
八尺ヲ乘ジ尺ニ通シテ七十六尺トナルアノ二丈ヲ
加エ九十六尺ヲ得ル是ヲ右ノ上ニ置 胖襖ノ絹
四匹ニ匹法三十八尺ヲ乘ジ尺ニ通シ百五十二尺トナル
子ノ三十二尺ヲ加エ一百八十四尺ヲ得ル是ヲ右ノ
下ニ置ナリ

左行	右行
馬軍	退君
歩軍	胖襖

以左行互 —— 右ノ上ノ九十六尺ニ左
ノ下ノ六人ヲ乘ジ右ノ上ニ五百七十六ヲ得ル
是馬軍四十二人ニ給ル腿裙絹ナリ 右ノ
下ノ百八十四尺ニ七人ヲ乘ジ右ノ下ニ一千二百八十八ヲ
得ル是歩軍四十二人ニ給ハル胖襖絹ナリ
二位相併 —— 右ノ上ノ五百七十六ト右ノ下ノ一千
二百八十八ト併テ一千八百六十四ヲ得ル法トス
左行分母相乘 —— 七人ト六人ト相乘シテ四十二
ヲ得ル是馬軍歩軍皆ヒトシキ分母ナリ
本注 乃是 —— 如此馬軍ニ給ハル絹モ歩軍ニ給
ハル絹モ分母ヲ同數ニシテ求ムルトナリ
又三十八乘之 —— 三十八ハ匹法通尺内子ナリ同

五十

本書肇下問上二字作太半

分母ノ四十二ヲ乗ノ毎トシテ法ニテ除キ人数ヲ得ルナリ

今有粮一萬三千四百七十七碩一㪷三分㪷之二欲給軍人只云馬軍六人給粮五十三㪷水軍七人給粮五十四㪷步軍九人給粮五十五㪷其馬軍如水軍中半步軍多馬軍三倍問三色軍及各給粮幾何

答曰馬軍三千一百六十四人粮二千七百九十四碩八㪷三分㪷之二

○水軍六千三百二十八人粮四千八百八十一碩六㪷

○步軍九千四百九十二人粮五千八百碩六㪷三分㪷之二

本書作右上左中左下

三分斗之一ハ三升三合三勺三三ミヽナリ如此不尽アルユヘ分ニ命メ三分斗ノ一ト云ナリ此義委ク下巻ニアリ馬軍ノ人数ハ水軍ノ人数ノ半分ナリ又步軍ノ人数ハ馬軍ノ人数ノ三双倍トナリ○中半ハ二分ノ一ナリ

術曰列六人七人九人於左行五十三㪷五十四㪷五十五㪷於右行左行互乗右行訖右上得三千三百三十九倍右中得五千八百三十二三因右下得六千九百三十共併又三因之得四萬八千二百三十爲法左行相乗得三百七十八列共粮通分内子以三百七十八乗之得一億五千二百八十三萬六百

九十二ヲ爲實ト以テ四萬八千三百三ヲ爲法ト
實如ノ法ノ而モ一ヲ得ル馬軍ヲ倍ノ之ヲ爲水軍ト三ノ之ヲ
即チ歩軍ナリ也求ニ各ノ粮ヲ者ハ列ニ三色ノ軍數ヲ各以テ
本色ノ給ル粮ヲ乘ニ之ニ爲實ト以テ各軍ノ率ヲ除キ之ヲ合

問ニ

列六人七人九人｜——　六人ヲ左ノ上・七人ヲ左ノ中・九人ヲ左ノ下ニ置ナリ

五十三斗五十四斗五十五斗｜——　五十三斗ヲ右ノ上・五十四斗ヲ右ノ中・五十五斗ヲ右ノ下ニ置也

左行互乘右行｜——　右ノ上ノ五十三斗ハ馬軍

六人ニ付テノ粮ナリ是ニ左ノ中ノ七人ヲ乘シ又左ノ下ノ九人ヲ乘ノ右ノ上ニ三千三百三十九ヲ得ル是三百七十八人ニ付テ、馬軍ノ粮ナリ　右ノ中ノ五十四斗ハ水軍七人ニ付テ　粮ナリ是ニ左ノ上ノ六人ヲ乘シ又左ノ下ノ九人ヲ乘シテ右ノ中ニ二千九百一十六ヲ得ル是三百七十八人ニ付テノ水軍ノ粮ナリ

右ノ下ノ五十五斗ハ歩軍九人ニ付テノ粮ナリ是ニ左ノ上ノ六人ヲ乘シ又左ノ中ノ七人ヲ乘シテ右ノ下ニ二千三百一十ヲ得ル是三百七十八人ニ付テノ歩軍ノ粮ナリ○約シテ馬軍三百七十八人ニハ粮三千三百三十九斗ヲ給フ水軍三百七十八人ニハ粮二千九百一十六斗ヲ給フ歩軍三百七十八人ニハ粮二千三百一十斗ヲ給フカクノコトク三色ノ分母ヲ齊シクシテ求ムルナリ○左行互ニ右行ニ乘スルト云モ母互ニ子ニ乘スルト云モ同シコトナリ左行ハ分母右行ハ分子ナリ

倍右中｜——　水軍ハ馬軍ノ一倍ナルユヘ右ノ中ノ二千九百一十六ヲ倍ノ五千八百三十二ヲ得ルナリ

三因右下｜——　歩軍ハ馬軍ノ三倍ナルユヘ右ノ下ノ二千三百一十ニ三ヲ乘シテ六千九百三十ヲ得ルナリ

共併又三因｜——　馬軍ノ三千三百三十九ト水軍ノ五千八百三十二ト歩軍ノ六千九百三十ト三色アハセテ一万六千一百○一トナル是ニ粮ノ分母三ヲ因スルナリ

左行相乘｜——　左行ノ分母六人ト七人ト九人ト相乘

〆三百七十八トナル是馬水歩三色ノ同分母ナリ
列共粮通分内子　共ノ粮一萬三千四百七十七石
一斗二分母三ヲ乗〆分子ノ一ヲ加四十万。四千三百一十
四斗トナルソ
求各粮者列　是異乗同除ノ術ニテ求ム
ソ先ツ馬軍八三千一百六十四人ニ五十三斗ヲ乗シテ
一万六千七百六十九石二斗トナルヲ実トシ馬軍六人ヲ
法トメ実ヲ除テ二千七百九十四石八斗ヲ得テ不尽
四斗アリ是法ノ数ヨリ少キユヘ約シテワリ留メテ
法ノ六ト不尽ノ四ト約分ノ術ニテ約法二ヲ得テ是ヲ
以テ法ト不尽トヲ約メテ三分斗之二ヲ得ル　又水
軍八六千三百二十八人ニ五十四斗ヲ乗シテ三万四千一
百七十一石二斗トナル実トシ水軍七人ヲ法トメ実ヲ
除キ四千八百八十一石六斗ヲ得ル　又歩軍八九千四
百九十二人ニ五十五斗ヲ乗〆五万二千二百。六石トナル
実トシ歩軍九人ヲ法トメ実ヲ除キ五千八百石ヲ
得テ不尽六アリ約シテ法九ト不尽六トヲ以テ約分
ノ術ニテ約法三ヲ得テ法ト不尽トヲ約メテ三分斗
之二ヲ得ルナリ。約分ノ術ハ下巻ノ内之分齊
門ニアリ

新編算學啓蒙巻上

今按若徑求粮者列共粮通分内子得四万。四百
三十一石四斗以乗右上右中右下數右上得一億
三千五百万。。四百四十四石六斗右中得二億
三千五百七十九万五千九百二十四石八斗右下
得二億八千。一十八万九千六百。二石各為列
實以四万八千三百。三為法各實如法而一不
滿法者各以一万六千一百。一約之右上為馬軍
粮右中為水軍粮右下為歩軍粮也　前後畧之

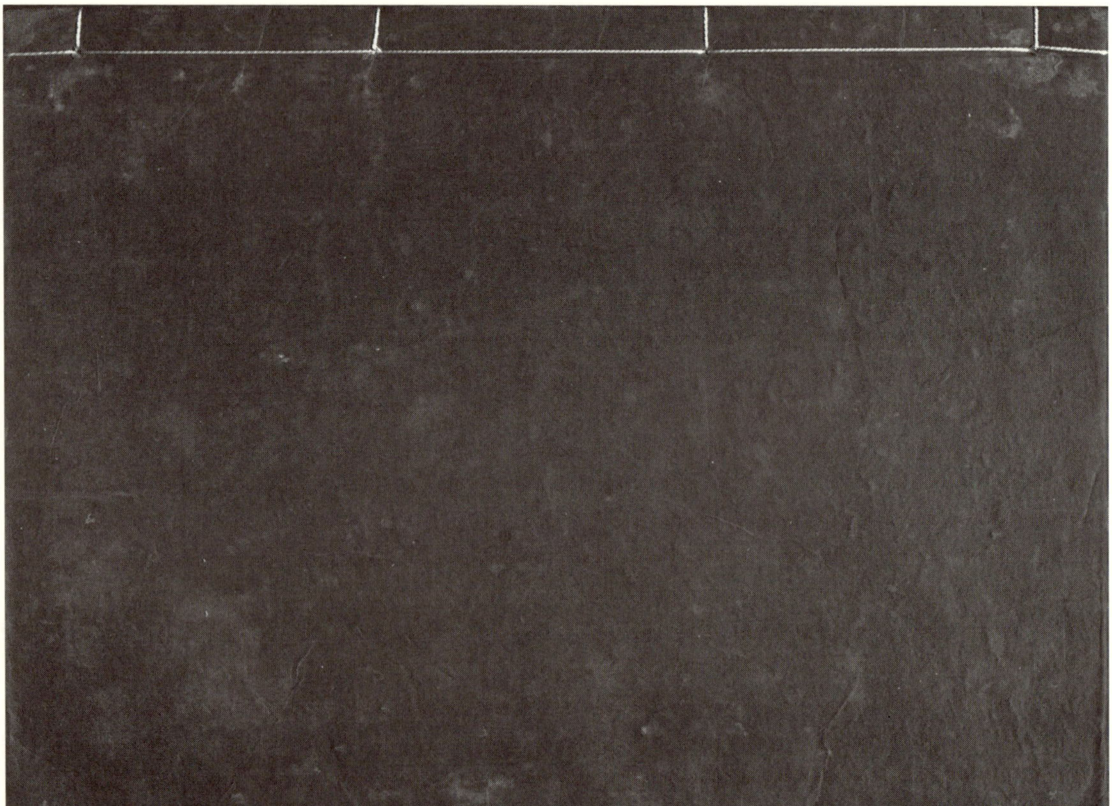

算學啓蒙諺解大成
中本

新編算學啓蒙卷中

松庭朱　世傑　編撰

田畝形段門　十六問

田ハ田地ナリ　畝ハ畝角等也何反何畝ト云類ナリ　形段
カタチコトハリ也此門ヲ俗ニ檢地算ト云

今有方田一段自方九十六歩問為田幾何

答曰三十八畝四分

方ケタ四方ノ田ナリ自方トハ四面ノ
同シ歩數ナルユヘ自方ト云ソ

術曰列九十六歩自乘得九千二百
一十六歩為田積也以畝法二百四
十歩除之合問

自方九十六歩

自乗一　自乗ハ九十六歩ヲ左ト右ニ置カケ合テ
積九千二百十六歩ヲ得ルナリ○積ハ俗ニ云坪數ナリ
以畝法二百四十一　二百四十歩ヲ一畝トスル
ユヘ積ヲ除テ畝數ヲ得ルナリ

二

今有直田一段長四十九歩闊二十四步問爲田幾何

答曰四畝九分

直スク也俗ニ是ヲ縱横ト云
長ナガサ縱也　闊ヒロサ横也

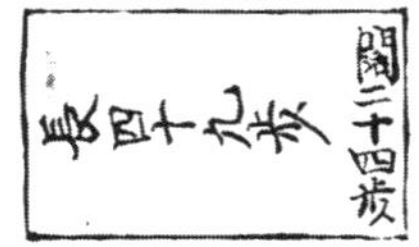

術曰列長四十九歩以闊二十四歩乘之得一千一百七十六歩爲田積也以畝法二百四十歩除之合問

ナカサ四十九歩トヒロサ二十四歩トカケ合セテ
積ヲ得ルナリ

三

今有勾股田一段勾三十六歩闊即股股六十二歩長即闊問爲田幾何

答曰四畝六分五釐

勾カヘムシ股ハタハリ也　短キヲ勾ト云長キヲ股ト云ノ
俗ニ小頭形ト云

術曰列股六十二歩以勾三十六歩乘之折半得一千一百一十六歩爲田積也以畝法而一合問

直田ノ半分ナリ勾ト股トカケ合セ
直田ノ積トナルニツニワリテ勾股ノ
積ヲ得ルナリ
折半一　ナカハニワカツニツニワル
一ナリ半之ト云モ同シコソ

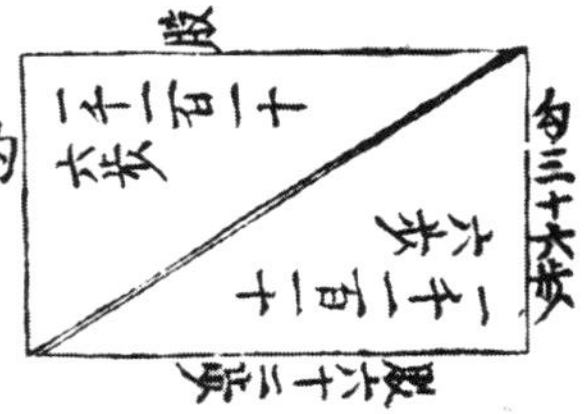

四

今有梯田一段東闊四十六歩西闊八十六

歩長一百二十五歩問爲田幾何　答曰三十
四畝三分七釐半

梯カケハシ　西ノ闊ヲ大頭東ノ闊ヲ小頭トモ云

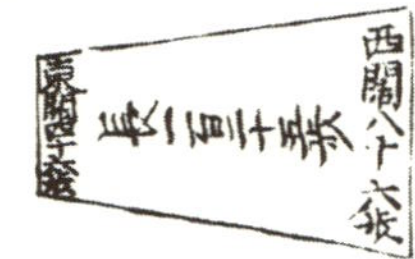

術曰列東闊併入西闊半之得六十
六歩爲停闊以長歩乘之得八千二
百五十爲田積歩以畝法而一合問

東ノ闊四十六歩ト西ノ闊八十六歩トアハセテ百三十二歩トナルニツニワリ六十六歩ヲ闊トシテ長ヲ乘ノ積ヲ得ルナリ
併入　アハセイレ也加入ト云ニ同シ
停闊　ヒトシキヒロサ

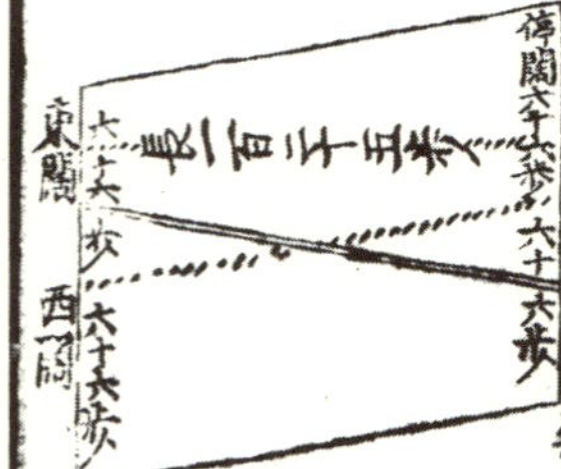

五

今有圭田一段長九十三歩闊三十四歩問
爲田幾何　答曰六畝五分八釐七毫半

圭タマ也玉圭ト云モノノ鋭ナル形ナルソ
俗ニ云尖形ナリ

術曰列長九十三歩以闊三十四歩
乘之折半得一千五百八十一爲田
積歩以畝法而一合問

闊ニ長ヲ乘レテ三千一百六十二歩トナル是直田ノ積ナリ二ツニワリ圭ノ積ヲ得ル

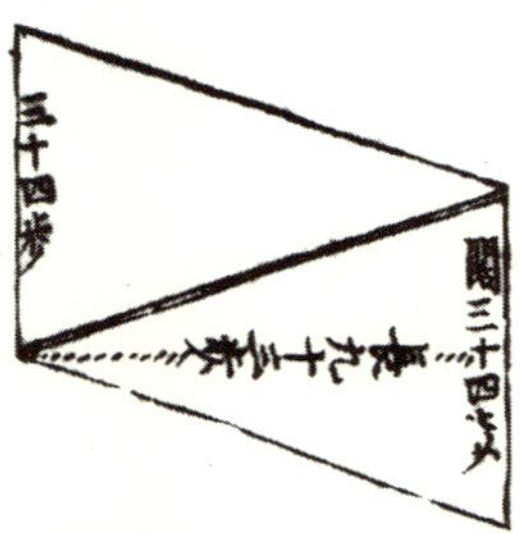

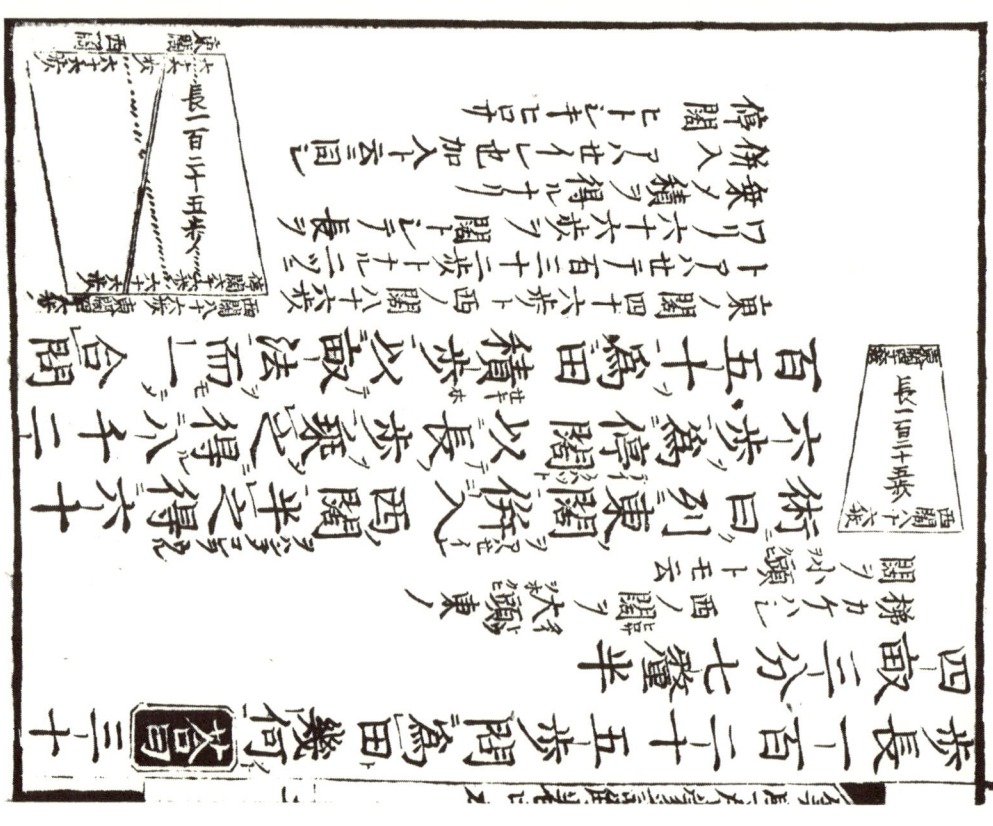

六

今有圓田一段周八十四步徑二十八步問爲田幾何

答曰二畝四分五釐

圓ハマトカ　周ハメグリマワリノ
徑ハワタリサシワタシノ

周八十四步
徑二十八步

術曰列周八十四步以徑二十八步乘之得二千三百五十二以四而一得五百八十八爲田積步以畝法而一合問

圭ニ作テミル周八十四步ヲ長トス半徑十四步ヲ闊トシテ長闊相乘メ半ニメ積ヲ得ルユヘ周ト徑ト相乘シテ四ニ除キ積トスルナリ○此田法ハ古法ナリ後モ何ノ田法トモ今ハ皆古法ヲ用ヒタルナリ

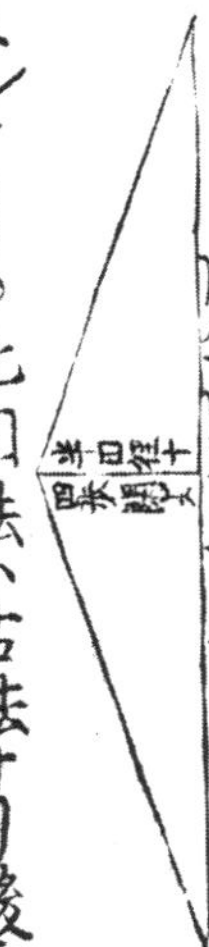

七

今有圓田一段不記周步只云徑一十六步問爲田幾何

答曰八分

徑一十六步

術曰列徑一十六步自乘得二百五十六以三之四而一得一百九十二爲田積步以畝法除之合問

徑ニ三ヲ乘メハ周トナル是ニ徑ヲ乘ノ四ニ除ハ積トナルユヘ直ニ徑自乘メ三因四歸シテ積ヲ得ル也
三之　周率ノ三ヲ乘スルナリ
四而一　徑率ノ一ニ四ニワル四ヲ乘メ四ヲ得ル

八

今有圓田一段不記徑步只云周五十四步問爲田幾何

答曰一畝一釐二毫半

術曰列周五十四步自乘得二千九

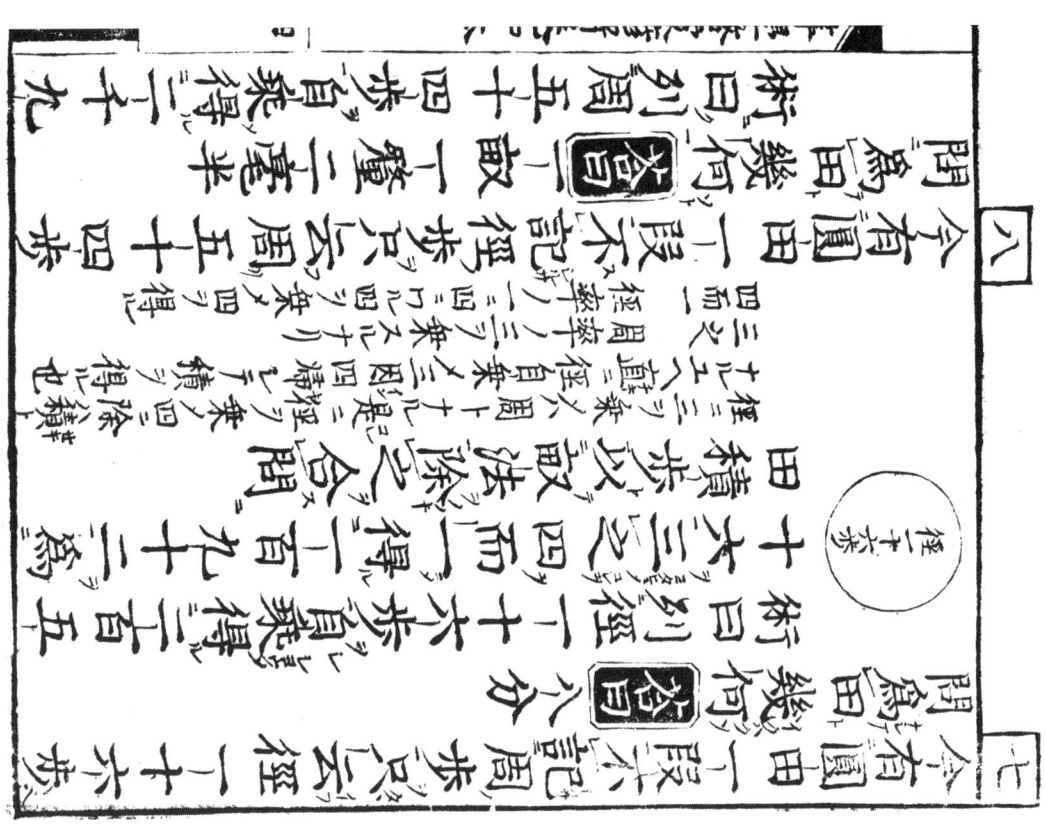

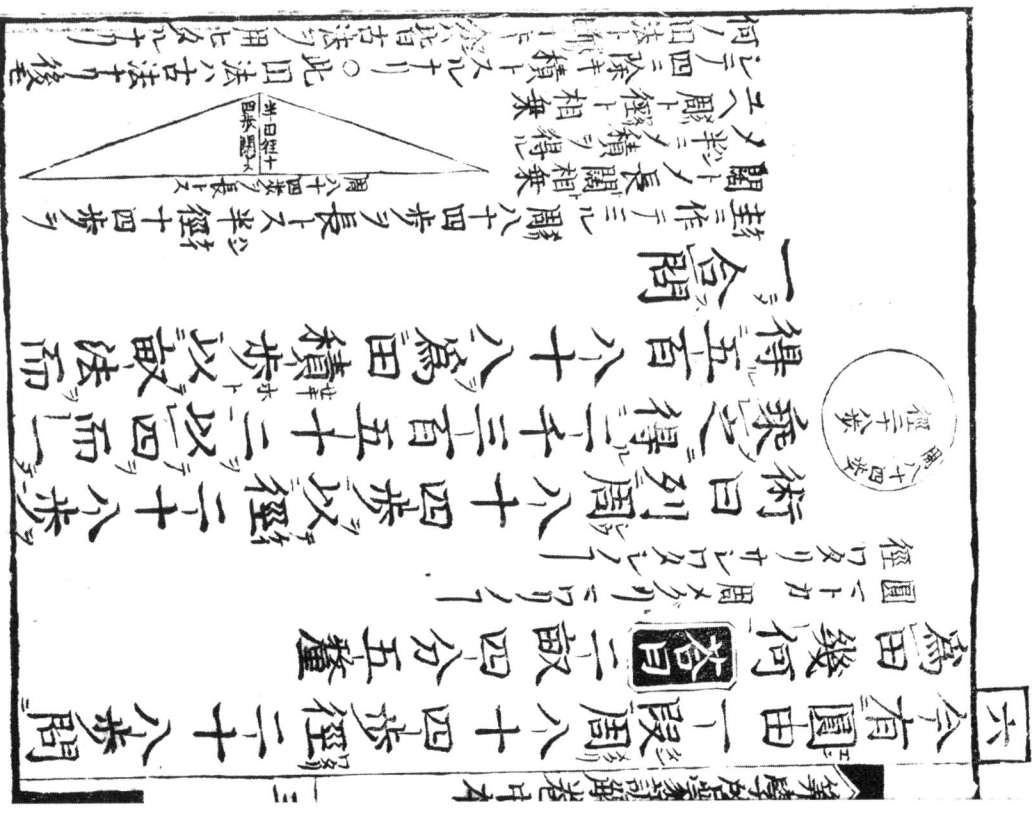

百一十六以十二而一得二百四十三歩爲田積也以畝法而一合問

周ヲ三ニワレハ径トナル是ニ周ヲ乗レテ四ニ除ハ積トナルユヘ直ニ周自乗ノ十二ニ除テ積ヲ得ルナリ

九

今有畹田一段下周六十四歩径三十三歩

以十二ナリ 周率三ニ四ニワル四ヲ乗ノ十二ナリ

問爲田幾何 答曰 二畝二分

術曰列周六十四歩以徑三十三歩乘之得二千一百一十二以四而一得五百二十八爲田積歩以畝法二百四十歩除之

畹田窊田同圓田法也

合問

十

今有弧田一段矢闊一十四歩弦長二十八歩問爲田幾何 答曰 一畝二分二釐半

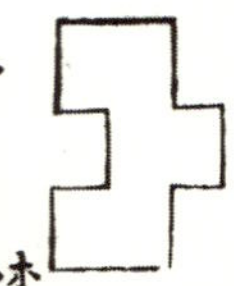

術曰列弦長二十八歩加入矢闊一十四歩共得四十二歩以矢闊一十四歩乘之折半得二百九十四歩爲田積也以畝法二百四十歩約之合

是半田ノ術ナリ形ニ瓟定ニヨラサルニヨリ槇ノ積ヲ求ムル一アタハス故ニ半田ノ術ニテ大凡ノ積ヲ求ムルナリ錢塘揚輝云若徑歩ヲ与周勢遠甚者不可專此術トナリ

窊田丘田ト云ソ是モ半田ノ術ニテ求ムルナリ

此圖ニシテ積ヲ求ムトイヘ尼真ノ数ニテハナシ

十一

問ニ

此術古法ナリ弧田、眉田、牛角田等ハ古ヨリ眞ノ積ヲ得ル一アタハズ故ニ桐陵九章田形ノ歌ニ云ク娥眉牛角無眞數更爲弧矢幻稜評トアリ眉牛角皆弧ニテ積ヲ求ム弧ノ眞術ヲ知ル者ナキユヘ其眞積ヲ得ズ假令矢一十歩弦六十歩ノ弧ノ眞積四百○八歩七分五厘余ナリ

今有錢田一段外周一百八歩内池方九歩問爲田幾何

錢ゼニ　外田内方ニシテ錢ノ形ノ如クナルユヘ錢田ト云

答曰　三畝七分一釐二毫半

術曰列外周自乘得一萬一千六百六十四以十二除之得九百七十二歩寄位又列池方九歩自乘得八十一以減寄位餘八百九十一爲田積歩以畝法二百四十歩約之合問

外周自乘｜是外ノ田ノ積ナリ池方ヲ自乘メ内ノ池ノ積トナル以テ田積ヲ減ズノ余リハ錢ノ積也

十二

今有方田一段自方八十四歩内有圓池周一百四十四歩問爲田幾何　答曰　二十二畝二分

此田ノ形ヲ火塘形トモ火爐形トモ云　イロリナトノ形ナリ

術曰列八十四歩自乘得七千五十六歩寄位又列池周歩自乘得二萬七百三十六以十二而一得二千七

十三

百二十八歩ヲ為池積以減寄位餘五千三百二十八ヲ為田積歩以畝法除

今有三斜田一段大斜七十五歩中斜六十歩小斜四十五歩中股長三十六歩問為田之合問幾何

答曰 五畝六分二釐半

斜ナヽメ三所ナヽメナルユヘ三斜ト云ソ俗ニ是ヲ山形ト云

術曰列大斜七十五歩以中股長三十六歩乗之得二千七百歩折半得一千三百五十歩為田積歩以畝法而

十四

今有梭田一段中闊三十四歩長一百八十六歩問為田幾何

答曰 一十三畝一分七釐

一合問

大斜ヲ縦トシ中股ヲ横トシテ相乗シ二ツニ除テ積ヲ得ルナリ

三斜トハ大斜中斜小斜三方尺ニ曲尺ニ合サルヲ云桐陵九章ニ云凡勾與股轉折不合方角者量弦徑ヲ筭之トアリ然ルニ今ノ云數ハ中斜ト小斜ト曲尺ニ合トイヘ圧三斜田ト云ニヨリ曲尺ニ合フ不合ヲ論セス其術ヲ以テ求ムルナリ

今按 有大中小斜求中股術曰列倂大斜冪與中斜冪共得内減小斜冪余以倍大斜除之得數自之以減中斜冪余為實以平方開之得中股也

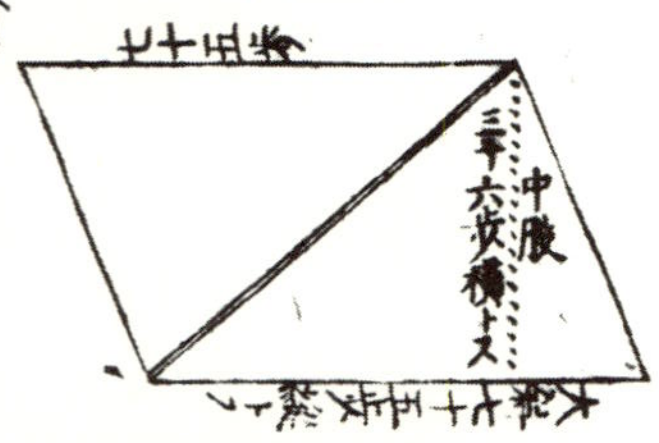

半

梭ヲサ俗ニ是ヲヒシト云
長モ中ノ長ナリ

術曰列中閣折半得一十七歩以長一百八十六歩乘之得三千一百六十二為田積歩以畝法而一合問

中ノ閣三十四歩ヲ二ツニワリ十七歩トナル横トス長一百八十六歩ヲ縦トノ縦横相乘シテ積ヲ得ルナリ

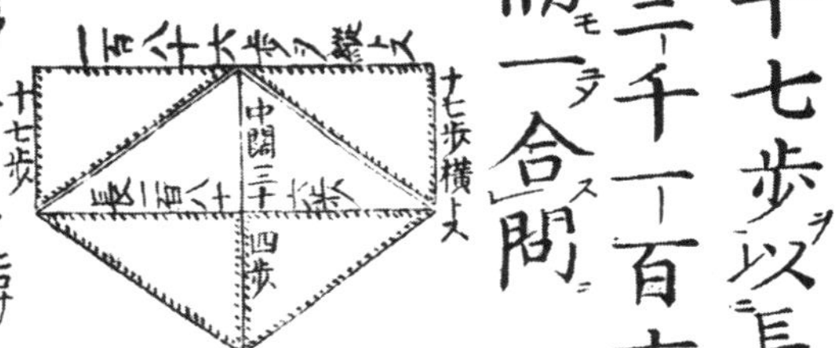

今有方五斜七八角田一段只云毎面閣二十八歩問為田幾何　答曰一十六畝

方五斜七トハ方率五斜率七ナリ斜トハ角ヨリ角迄ノ了
古法五尺四方ノ斜七尺トス真ノ斜ハ方五尺ニソ斜七尺・七
分一厘餘也其不尽ヲキリテ方五斜七ヲ率トス是ニ限
ラス三角ナトハ面七中径六ト云モ不尽ヲ弃去ノ定率
トス○俗ニ方斜定法一四一四二三角中径ノ定法八六六ナト
云ヘリ是ハ大キニ理ニ違フ也シカレ圧捷径ヲ取ルタメ六
事ニヨリ能キ
了モアルソ

術曰副置閣二十八歩上位六之為長下位倍之為廣乃長廣相乘得九千四百八歩四分乃是二箇半積以二箇四分半除之得三千八百四十為田積歩以畝法二百四十歩除之合問

六十

今有環田一段外周一百四十四歩内周五十四歩實徑一十五歩問爲古徽密率田各幾何

答曰 古法六畝一分八釐七毫半 ◐徽術五畝九分二歩之一百五十七分歩之一百二十四 ○密率五畝九分一歩二十二分歩之十一

環タミキ俗ニコレヲ匏目形ト云 実径ト云ハ内ノ池径ハ虚径ナルユヘ田ノ径ヲ実径ト云ソ此実径ハ古田ノ実径ナリ徽モ密率モ此ヘ

六之面闊ハ三箇半ノ横ナリ倍之面闊ハ七分ノ縦ナリ故ニ縦横相乘シテ二箇四分半ノ八角ノ積トナル

今按 列闊自乘得七百八十四歩以之二百四十乘之以四十九而一得積三千八百四十歩也 此真積三千七百八十五歩四分八厘七毫不足ナリ

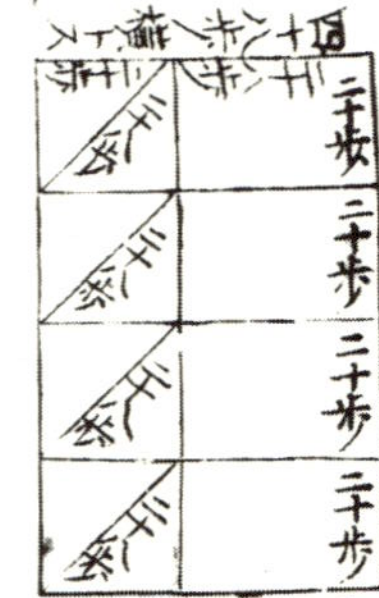

実径ヲ不用依術ニ実径ヲ求メ出スナリ

古法曰併内外周折半得九十九歩以實徑一十五歩乘之得一千四百八十五爲田積歩以畝法除之合問

○徽術曰内外周相減餘半之得四十五歩又五十乘之以一百五十七而一得一十四歩一百五十七分歩之五十二爲徽徑也通分内子得二千二百五十於上位併内外周而半之得九十九以乘上位得二十二萬

二千七百五十七
而一得一千四百一十八步一百五
十七分步之一百二十四爲田積也
以畝法除之合問○密率曰内外周
相減餘半之得四十五步七之得三
百一十五以二十二而一得一十四
步二十二分步之七爲密徑也通分
内子得三百一十五於上位亦併内
外周而半之得九十九以乘上位得
三萬一千一百八十五以二十二而

一得一千四百一十七步二十二分
步之一十一爲田積也以畝法除之
合問

併内外周― 櫛ニ作チミル外周ヲ太長トス
内周ヲ小長トス実徑ヲ闊トス大長ト小長トヲ
併セテ二ツニ除キ
九十九歩トナル闊ヲ
乘ノ梯ノ積一千四
百八十五歩ヲ得ルヲ
環田ノ積トス畝法二百四十二テ除キ畝數ヲ得ル

分按 不用寄徑而外周自乘得二方。七百二十
六歩ヲ寄位 列内周自乘得一千九百一十六歩
以減寄位餘一方七千八百二十七歩以二十二而
一得積也
徽術曰内外周相減― 実徑ヲ求ルモトヰ也
五十ハ徑率五十ナリ一百五十七ハ周率一百五十七
ナリ徽ノ実徑一十四歩一百五十七分歩ノ五十七ヲ得ル

通分内子｜　一十四歩ニ分母一百五十七ヲ乗シ
分子五十二ヲ加エ二千二百五十是一百五十七箇ノ
実径ナリ
併内外周｜　古法ノ積ヲ求ム術ト同意
二十二万二千七百五十八一百五十七段ノ積ナリ故ニ
分母ノ一百五十七ニテ除クナリ　○右実径モ積モ
法ニテ除クニ法ノ首ノ数マテ除キテ実法ヨリ
少クナルトキユトゝメテ分母子ニ命メ置ナリ此義
前後所々ニ注ス委細ハ之分齊同門ニ有之
今按　不用密径而外周自乗得二万○七百三十
六歩寄位　列内周自乗得二千九百一十六歩
以減寄位餘一万七千八百二十歩以テ十五ヲ乗シ
之以三一百一十四而一　不満法者各半之得積也
密率曰｜　徽術ニ同シ　七之ハ密田ノ径率七
ナリ　以二十二而一ハ周率二十二ナリ
得一千四百一十七歩二十二分歩之十一　二十二ト十一ト
約分ノ術ニテ約法十一ヲ求メテ法ト実トヲツゝメ
テ二分之一トスヘキナリ
今按　不用密径而列外周自乗之得二万○七百
三十六歩寄位　列内周自乗之得数以減寄位
餘一万七千八百二十歩也之以四十四而一不
満法者各以八十八四約之得積一千四百一十七
歩二十二分歩之一也

倉囤積粟門　九問

倉クラ○囤コクラ○積粟モミコメヲツムナリ
此門俗ニ云升目ツモリ也

一　今有倉一所長三丈八尺闊一丈二尺五寸
深一丈六尺四寸問粟幾何　答曰　三千一百
一十六斛

是直堡墻ナリノ長サ三丈八尺闊
一丈二尺五寸深サ一丈六尺四寸ノ倉
ノ中ニモミコメ何程入ルゾトナリ○
一所ヒトゝコロ也

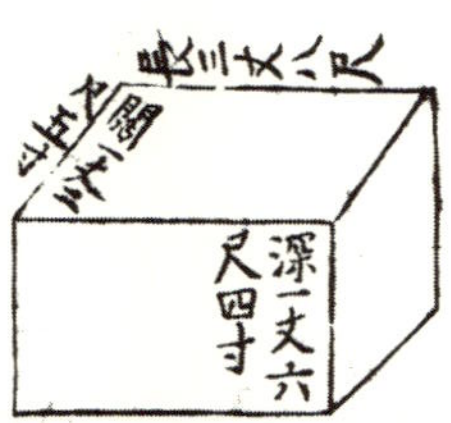

術曰列長三丈八尺以闊乘之得四百七十五又以深乘之得七千七百九十爲積尺也以斛法二尺五寸約之此依唐時解法以今ノ斛考之有異縁各朝代尺法不同不可爲定法也合問

積尺　俗ニ云尺坪ノ一ナリ
斛法二尺五寸　尺坪ニ坪半ナリ長サ一尺闊サ一尺深サ二尺五寸ノ升ニ粟一石入ルユヘ升ノ積ニ尺五寸ヲ石法トス是ヲ以テ七千七百九十尺ヲ除キ入ル丶粟ヲ得ルナリ
此依唐時斛法ー　此ニ尺五寸ノ法ハ唐朝ノ法ナルユヘ今ノ法トハ違アルトナリ
縁各朝代尺法ー　朝ニヨリテ代々斛法ヲカユルユヘ定法トスヘカラストナリ
尺法トハ斛ノ尺法ナリ

今有平地聚粟下周三丈六尺高八尺六寸

問粟幾何　答曰一百二十三斛八斗四升

是四錐ナリ平ラカナル地ニ粟ヲクヅレ次第ニアツムレハ下ヒロカリ上トガリテ四錐トナルソ其下ノ周三丈六尺高サ八尺六寸トナリ

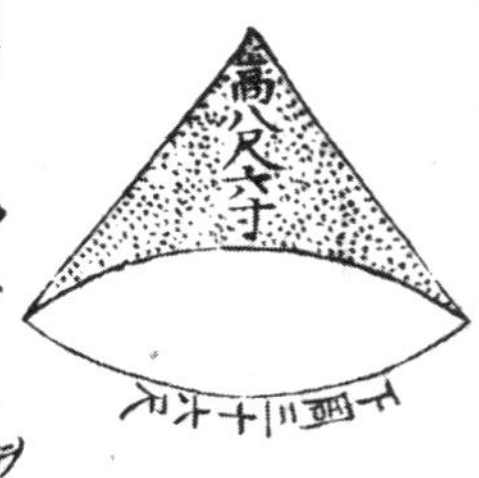

術曰列下周自乘得一千二百九十六又以高乘之得一萬一千一百四十五尺六寸以三十六除之得三百九尺六寸爲積也以斛法約之合問

下周自乘ハ一十二段ノ四積ナリ　高ヲ乘ソハ三十六段ノ四錐ノ積ナリ
以三十六　四周自乘ソ十二ニ除キ四積トナルユヘ此十二ニ錐法ノ三ヲ乘レテ三十六ナリ　○錐法三ノ起リ

今有倉一所自方二丈四尺深一丈問粟幾何

委ク商功修築門ニ註ス

答曰二千三百四斛

術曰列方尺自乗得五百七十六尺又以深乗之得五千七百六十尺為積也以斛法約之合問

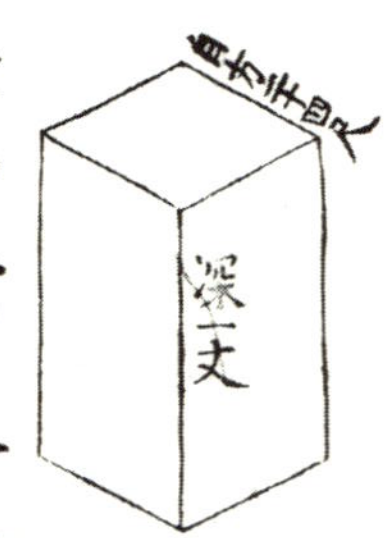

今有倚壁聚粟下周一丈八尺高八尺四寸問粟幾何

答曰六十斛四斗八升

是半囗錐ナリ壁ニヨセテ粟ヲアツムレバ半囗錐トナル其下ノ周一丈八尺高サ八尺四寸トナリ

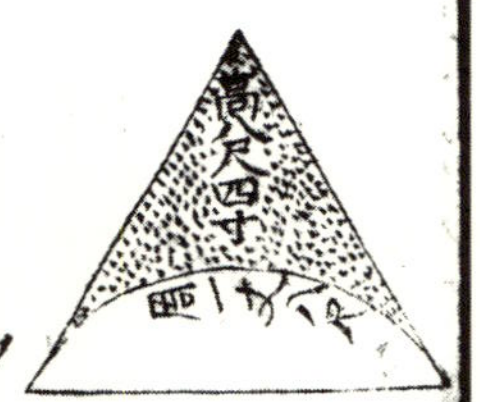

術曰列下周自乗得三百二十四尺又以高乗之得二千七百二十一尺六寸以十八而一得一百五十一尺二寸為積也以斛法約之合問

十八・囗法十二ニ錐法ノ三ヲ乗ノ三十六トナル折半シテ十八ヲ得ル

今有内角聚粟下周九尺六寸高六尺二寸問粟幾何

答曰二十五斛三斗九升五合二

句

是田錐四分ノ一ナリ壁ノ内ノ角ニ聚ル
アツムレハ田錐ノ四分ノ一トナルナリ

術曰列下周自乘得九十二尺一寸六分又以高乘之得五百七十一尺三寸九分二釐以九而一得六十三尺四寸八分八釐爲積也以斛法約之合問

以九而一　田法十二ニ錐法三ヲ乘ノ三十六トナル四ニ除テ九ヲ得ル
外角聚粟ト云アリ　是ハ壁ノ外ノ角ニ粟ヲアツムル也田錐ノ四分之三トナル術ハ下周自乘又以高乘之得數以二十七而一得積也　○此二十七ハ田法十二ニ錐法ノ三ヲ乘シテ三十六トナル四分ノ三ヲ取

六

今有圓囤一所周一丈九尺高八尺七寸問粟幾何

答曰一百四斛六斗九升

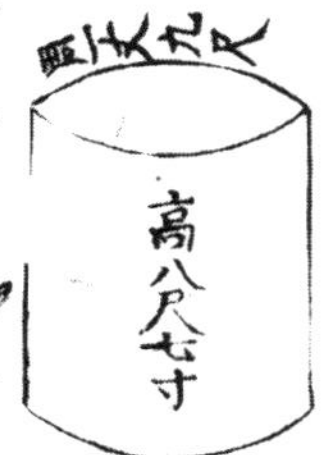

術曰列周自乘得三百六十一尺又以高乘之得三千一百四十尺七寸以圓法十二而一得二百六十一尺七寸二分半爲積也以斛法約之合問

七

今有方倉一所上方四尺下方六尺高一丈

二尺問粟幾何 答曰 一百二十一碩六斗

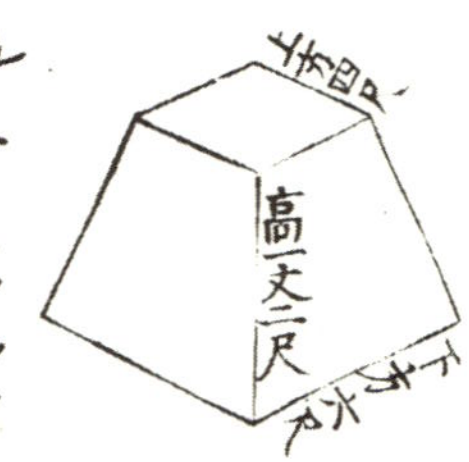

術曰上方自乘下方亦自乘又上下方相乘三位併之得七十六尺以高乘之得九百一十二尺三而一得三百四尺爲積也以斛法約之合問

八 今有圓囷一所上周三丈六尺下周七丈二尺高二丈問粟幾何 答曰 二千一十六斛

術曰上周自乘下周亦自乘又上下周相乘三位併之得九千七十二尺以高乘之得一十八萬一千四百四十尺以三十六而一得五千四十尺以斛法約之合問

九 今有粟一百四碩六斗九升欲作圓囤貯之滿中而粟適盡令高八尺七寸問周幾何 答

曰一丈九尺

モ三コメ百〇四石六斗九升ヲ入ル、ヤウニ圓ノ圓ヲ作テタクハユルニ高ヲ八尺七寸ト定メテ周ハイカホトニナルゾト也

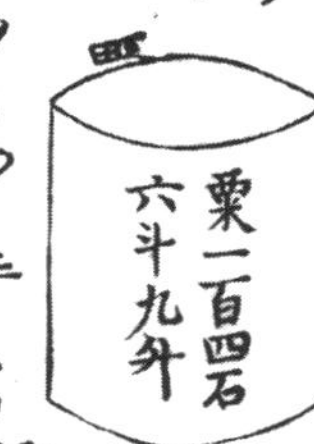

高八尺七寸

術曰列米以斛法二尺五寸乘之又以十二乘之得三千一百四十尺七寸以高八尺七寸除之得三百六十一爲實以一爲廉法平方開之得周合問

列米以斛法— 石法二尺五寸ヲ以テ米一百〇四石六斗九升ニ乘ソ二百六十一尺七寸二分五厘トナルコレ囗圓ノ積ナリ

又以十二— 周ヲ問ユヘ囗法十二ヲ乘スルナリ八尺七寸ニテ除キ三百六十一尺トナル是周自乘ノ數ナリ故ニ開平方ニ除テ周ヲ得ルナリ ○開平方ノ位ヤウ

委ク下卷ニ注ス是六番ノ逐源也

雙據互換門　六問

雙據ナラビヨル互換タガヒニカユル也互換トハ異乘同除ヲ云フ又此門ヲ動互換トモ云ヘリ異乘同除ニ又乘スルモノ有ルユヘナリ

今有織匠二十四人一百九十二日織錦一千一百五十二匹欲令六十二人織三百六十日問織錦幾何

答曰五千五百八十匹

機ヲリ二十四人シテ百九十二日ニ錦千百五十二匹織ル相應ニテ六十二人シテ三百六十日ニハ錦ヲイカホドヲルゾトナリ ○織匠ヲルタクミハタヲリノ一也

術曰列三百六十日以六十二人乘之

又以織錦匹數乗之得二千五百七十
一萬二千六百四十爲實列一百九十
二日以二十四人乗之得四千六百八
爲法實如法而一合問

一千一百五十二匹ヲ一百九十二日ニ除キ六匹トナル是二
十四人ニシテ一日ニヲル錦ナリ是ヲ二十四人ニ除キ二分
五厘トナル是一人ニシテ一日ニヲル錦ノ數
ナリ是ニ六十二人ヲ乗ジ十五匹半ト
ナル是六十二人ニシテ一日ニ織ル錦ナリ又
三百六十日ヲ乗ジ六十二人ノ三百六十日ニ
ヲル錦五千五百八十匹ヲ得ル也故ニ列
百九十二日以二十四人乗之 四千六百〇
八人ニシテ一日ニ錦一千一百五十二匹織トキ六
列三百六十日以六十二人乗之 二万二千
三百二十人ニシテ一日ニヲル一イカホド、
云テ異乗同除ノ術ニテ求ムルナリ

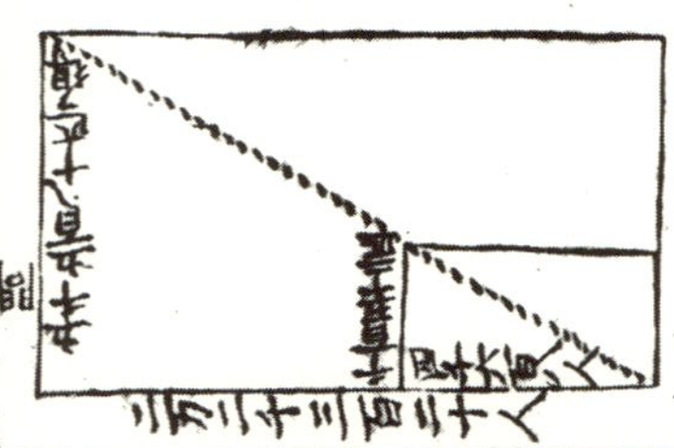

二

今有織匹一十二人九十六日織錦五百七
十六匹欲令三十一人織二千七百九十匹
問幾日畢 答曰 一百八十日

機ヲリ十二人ニシテ九十六日ニ錦五百七十六匹ヲ織ル相應ニテ
三十一人ニシテ二千七百九十匹ヲルトキハ日数ハナニホトゾトナリ

術曰列二千七百九十匹以九十六日
乗之又以十二人乗之得三百二十一
萬四千八百八十爲實列五百七十六匹以
三十一人乗之得一萬七千八百五十
六爲法實如法而一合問

五百七十六匹ヲ九十六日ニ除キ又十二人ニ除キテ五分
トナル是一日ニ一人ニシテ織ル錦ノ数ナリ是ニ三十一人ヲ

三

乗ノ十九匠半トナル是三十一人シテ一日ニ織錦ノ数ナリ是ヲ以テ二千七百九十匠ヲ除キ百八十日ヲ得ル故列五百七十六匠以三十一人乗之一万七千八百五十六匠ノ錦ヲ一人シテ九十六日ヲルトキハ列二千七百九十匠以二十二人乗之三万三千四百八十匠ノ錦ヲ八一人シテイク月ニ織ルゾト問テ異乗同除ノ術ニテ求ムルナリ

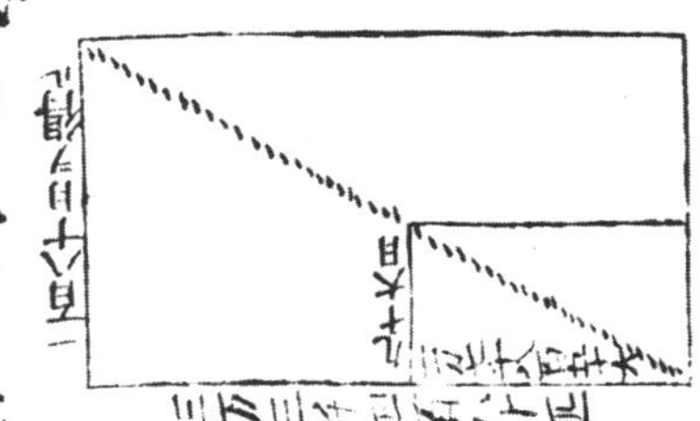

今有織匠一十二人九十六日織錦五百七十六匠今一百八十日織二千七百九十匠問織匠幾何

答曰三十一人

織匠十二人シテ九十六月ニ錦五百七十六匠ヲ織ルツモリノニシテ二千七百九十匠ヲ百八十日ニ織トキハ幾人シテ織ルゾトナリ

術曰列二千七百九十匠以九十六日

四

乗之又以十二人乗之得三百二十一萬四千八十為實列一百八十日以五百七十六匠乗之得一十萬三千六百八十為法實如法而一合問

列一百八十日以五百七十六匠乗之一十万○三千六百八十匠ノ錦ヲ十二人シテ一日ニ織ルトキハ列二千七百九十匠以九十六日乗之二十六万七千八百四十匠ノ錦ヲ一日ニ幾人シテ織ルゾト云テ異ハ乗同除ノ術ニテ求ム

右二番三番ハ一番ノ逕源ナリ皆一番ノ術意ニテ知ルヘシ

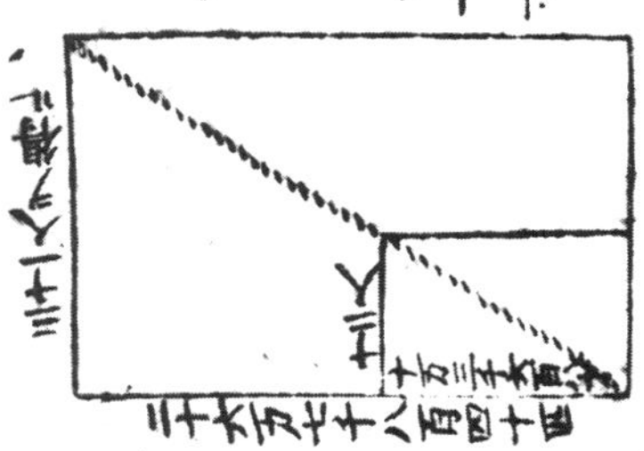

今有鹽丁九人七日煎鹽五十五引五十斤

今增一百八十五人煎四十八日問得鹽幾
何　答曰　八千一百四十八引
九人ノ外ニ百八十五人增テ四十八日煎スルトナリ
鹽丁トハ、シホヲ煎スル者ナリ　丁ヨボロ夫ナリ
術曰列二一百八十五人搭入九人得二一
百九十四人以四十八日乘之又以五十
五引一分二釐半乘之　引下ノ分ハ約者乃　四百斤ヲ約之
得五十一萬三千三百二十四爲實列
九人以七日乘之得六十三爲法實如
法而一合問
搭入九人　九人ニ二百八十五人ヲ增テト云ユヘ一百八十
五人ニ九人ヲ加エテ一百九十四人ヲ得ルナリ

五十五斤一分二釐半　一引ハ四百斤ナルユヘ五十五引ノ
下ノ五十斤ヲ四百斤ニテ除キ一分二釐五毛ヲ得也
術一番
子ト同意
今有船載物裝重五百斤行路八十里脚錢
一百五十文今載八萬六千斤欲行三千四
百里問與脚錢幾何　答曰　一千九十六貫五
百文
重サ五百斤ノ物ヲ舟ニノセテ八十里行テ運賃錢百五十
文ツヽ出スツモリニシテ重サ八万六千斤ノ物ヲノセテ三千四
百里ユク時ハ運賃
錢イカホドゾトナリ
術曰列八萬六千斤以三千四百里乘
之又以一百五十文乘之得四百三十

八億六千萬爲實又列五百斤以八十
里乘之得四萬爲法實如法而一合問

雙據互換之法學者少識所乘所除之理前問織錦之三術返復還源備矣此問與䑛鹽義同而今有之乃䭾車行道相類也故引草證使習筭者無疑矣

術一番ト同意ナリ

本注 双據互換法ーー 此法ハ筭者知ルヿニシレナルト也
所乘所除ーー 一番二番三番ノ織匠ノ問還源ヲ備テ乘除ノ理ヲアラハストナリ
此問ーー 此船ニ物ヲノセテ行ク問ト前ノ塩丁ノ問ト同意ニシテ今ノ世ニアルソトナリ
乃䭾車行道ーー 車ヲヤトヒテ行道ノ問此書ニハナレ此類問トナリ 筭法統宗ニ原雇車一輛行道一千里載重一千二百斤与銀七兩五錢今重一千五百斤行一千三百里問該銀若干答曰一十二兩二錢八分七厘五毛 法曰置今重一千五百斤以今行一千三百里乘之得一千九百五十里又以銀七兩五錢乘之得一十四兩六錢二分五厘爲實以原一千二百斤乘原行一千里爲法除之合問
引草證ーー 草ハ術ヲ細カニシタルヲ云ナリ。證アラハス證據ナリ

六

今有黍一碩五㪷穀米八㪷四升每米四㪷
五升造酒七㪷八升今欲造酒二十五碩七
㪷七十五分㪷之一十七問用黍幾何 答曰
二十六碩五㪷

術曰列二十五碩七㪷通分內子一十
七得一萬九千二百九十二以一碩五
㪷乘之又以四㪷五升乘之得一百三
十萬二千二百一十爲實列米八㪷四

一

升以酒七㪷八升乗之又以分母七十五乗之得四千九百一十四為法實如法而一合問

此問前ト術ハ一ツナレ圧意ハ別ナリ先ツ今造ル酒ニ元ノ米四石五斗ヲ乗ズレハ元ノ酒七斗八升ニ付テノ今造ル酒ニ用ユル米ノ数トナル又今ノ用ユル米ニ元米ノ石五斗ヲ乗スレハ元ノカユル米八斗四升ニ付テノ今用ル米ニカユル黍ノ数トナル故ニ通分内子ノ今造ル酒一万九千二百九十二ニ石五斗ヲ乗シ又四石五斗ヲ乗シテ實トス八石四斗ニ七斗八升ヲ乗シ又分母ヲ乗シ法トシ實ヲ除キ今ノ用ル黍ヲ得ルナリ

求差分和門　九問

求差分和タガヒヲモトメテマセタルヲワカツナリ

今有雞兎一百共足二百七十二隻只云雞足二兎足四問雞兎各幾何　答曰　雞六十四隻　○兎三十六箇

雞ト兎ト合セテ百アリ雞ノ数モ兎ノ数モシレズシテ其足二百七十二アルトキハニハトリウサギ各イクツヅヽアルゾトナリ

○此類問ヲ于率分身ト云ヘリ又三率分身ト云アリ張丘建筭經ニ雞翁雞母雞雛ノ問ノ類ナリ和書ニモ如此ノ問間ヽ見ヘタリ定レル術ナシ只ニ色トモニ数ノ盤フヲ詮トスル也

術曰列二一百以兎足乗之得數内減共足餘一百二十八為實列雞兎足以少減多餘二為法而一得雞反減一百即兎合問　○　又術曰倍一百以減共足餘半之即兎也

列一百一　二百二兎ノ足ノ四ヲ乘メ四百トナル内共ノ足二百七十二ヲ減メ余リ百二十八ヲ実トス兎ノ足四ノ内雞ノ足二ヲ減メ余リ二ヲ法トノ実ヲ除キ雞ノ数ヲ得ルナリ

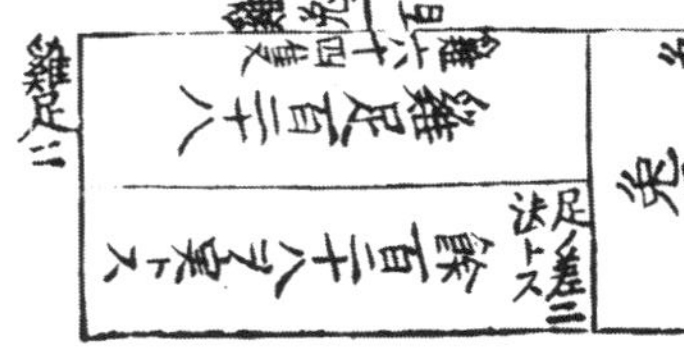

又術倍一百一　二百二雞足ノ二ヲ乘スルナリ　餘半之雞ト兎トノ足ノ差二ヲ以テ除ナリ

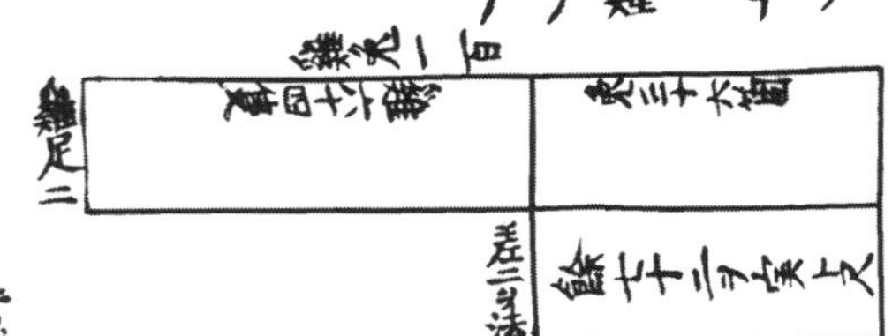

今有錢二十九貫六百八十七文五分共買蜜蠟一百四十六斤六兩只云蠟斤價三百八十文蜜斤價六十八文問各幾何

答　蜜八十三斤二兩　◯　蠟六十三斤四兩

蜜ト蠟ト二色合セテ百四十六斤六兩買フナリ　蠟一斤ノ價三百八十文蜜一斤ノ價六十八文ナリ

術曰列蜜蠟共數斤下留兩以蠟斤價乘之得五十五貫六百二十二文五分內減今有錢餘二十五貫九百三十五文爲實列蜜蠟斤價相減餘三百一十二文爲法實如法而一得蜜斤下分者

問身外加六爲兩反減共數餘即蠟也合

列蜜蠟共數斤下留兩　六留三七五ナルユヘ一百四十六斤三分七厘五毛ナリ是ニ蠟一斤ノ價三百八十文ヲ乘スル

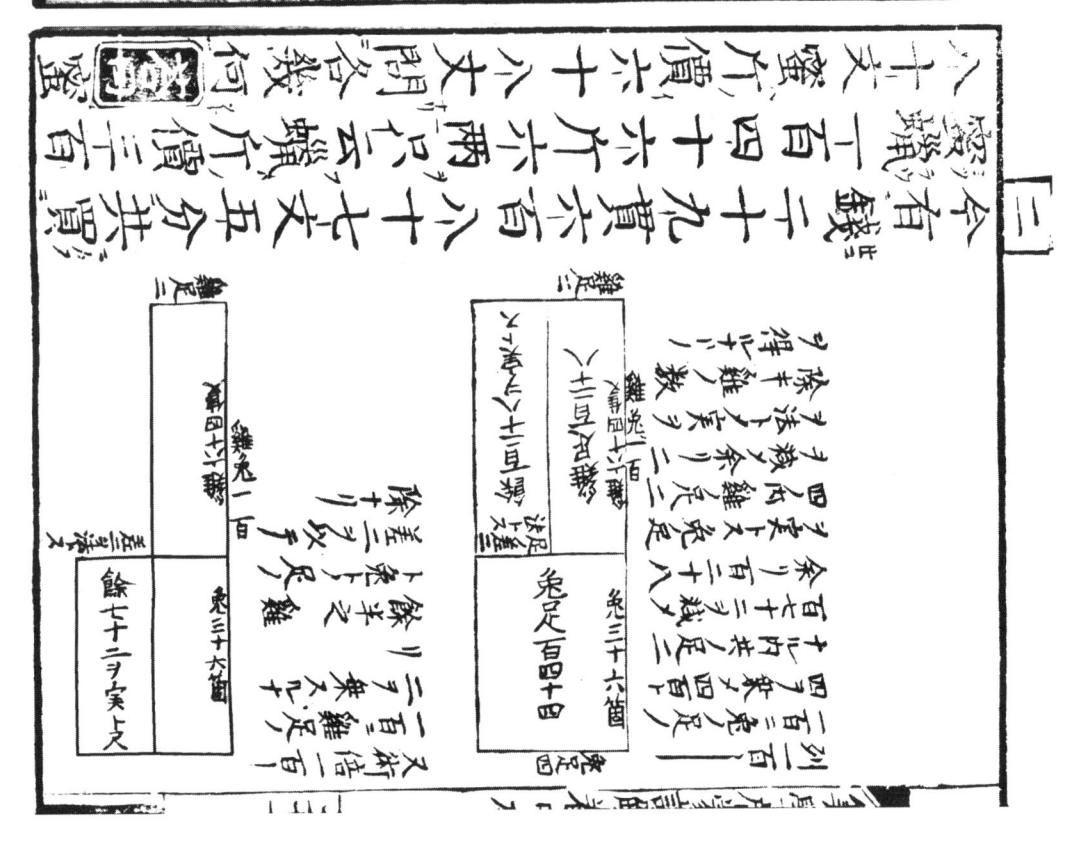

三

ナリ術一番ト同意
得蜜斤下分一　八十
三斤一分二厘五毛ヲ得ル
斤ノ下ノ一分二厘五毛ニ身
外ニ六ヲ加エテ二兩ヲ得ソ

蠟一斤價三百八十文

蜜一斤價六十八文

今有粟米一十七碩三斗升直錢一十九貫四百三十文只云粟斗價七十五文米斗價一百六十四文問各幾何

答曰　米七碩四斗五升
○粟九碩五斗八升

術曰列粟米共數以粟斗價乘之得一

四

十二貫七百七十二文五分以減直錢餘六貫六百三十十文五分爲實列粟米斗價相減餘八十九文爲法實如法而一得米反減共數餘即粟也合問　術前ト同意

今有金瓶一十二隻銀瓶一十五隻秤之重適等交添一隻而秤之金輕五兩七錢半問二色各一重幾何

答曰　金瓶一隻重二十八兩七錢半○銀瓶一隻重二十三兩

金ノカメ十二ノ重サト銀ノカメ十五ノヲモサト同シ重ミナリ一隻ヲ交添エテトハ金瓶十二ニ外ニ銀瓶一ツ添テ共ニ十三ノ重サト銀瓶十五ニ外ニ金瓶一ツ添テ共ニ十六ノ重サトハ十三ノ重サ三カ五兩七匁半ハソトナリ十三ハ金ノ方十六ハ銀ノ方ナル故

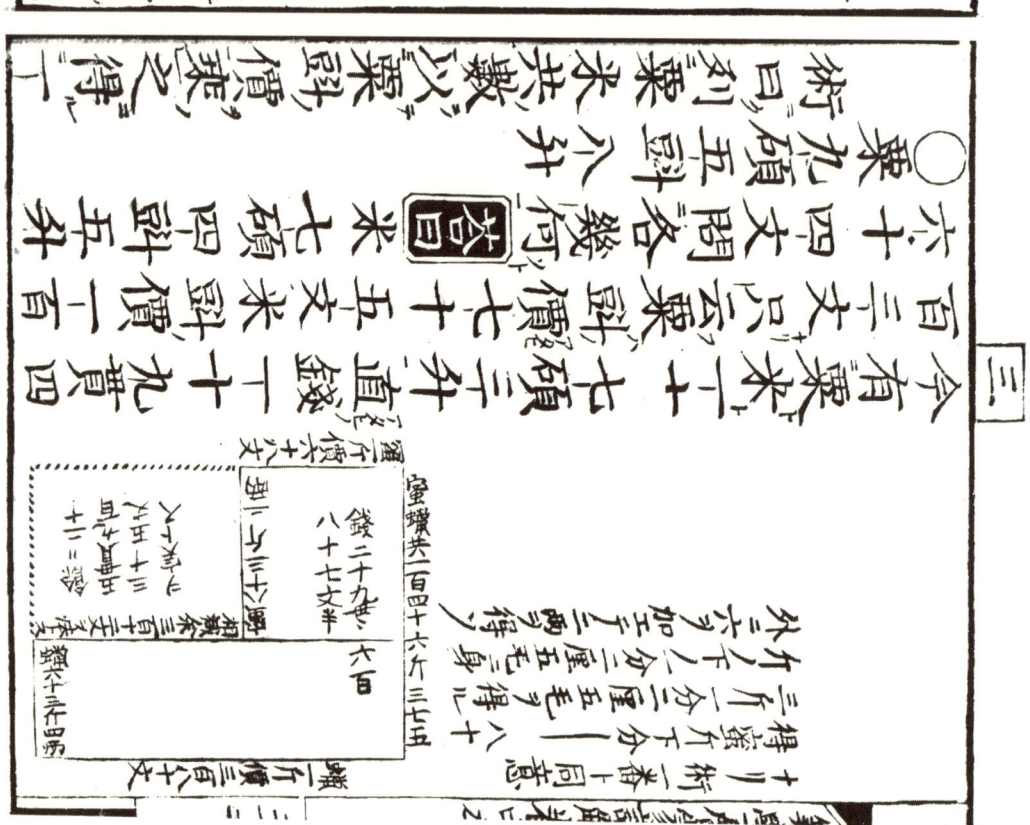

金ノ軽キト云ナリ畢竟金瓶一隻ノヲモサト銀瓶一隻ノ重サトノ差ヲ云ヘキタメナリ○本書交換一隻ヲ誤ナリ交換シテナラハ金瓶十二ノ内一ツ取テ銀瓶ニ添又銀瓶十五ノ内一ツ取テ金瓶ニ添テ金瓶十一銀瓶一合テ十二ノ重ト銀瓶十四金瓶一合テ十五ノ重サノ差ナリ然レハ金ノ軽キ一十一両半ナリ

術曰副置五兩七錢半以上位十五乗之下位十二乗之各自爲實列金銀瓶以少減多餘三隻爲法各實如法而一以上爲金瓶重下爲銀瓶重合問

上位以十五乗之　五両七錢半ハ金瓶一ツト銀瓶一ツトノ重サノ差ナルユヘ是ニ金瓶十五ヲ乗ノ八十六両二錢半ヲ得ル是金瓶十五ト銀瓶十五トノ重サノ差ナリ然レハ即チ金瓶三隻ノ重ナルユヘ十五隻ト十二隻ト相減シテ余リ三隻ニテ除キ金瓶一ツノ重サヲ得ル也

下位十二乗之　五両七錢半ニ銀瓶十二ヲ乗ノ六十九両トナル是金瓶十二ト銀瓶十二トノ重サノ差ナリ然レハ銀瓶三隻ノ重サナルユヘ三隻ニテ除キ銀瓶一ツノ重サヲ得ルナリ

五

今有羅七尺綾九尺其價適等只云綾尺價不及羅尺價三十六文問二色尺價各幾何

答　羅尺價一百六十二文○綾尺價一百二十六文

術曰置綾九尺以三十六文乗之得三百二十四文爲實列綾羅尺數相減餘二尺爲法實如法而一得羅尺價内減不及餘即綾尺價也合問

六

置綾九尺ー十四丈ハ綾九尺ト羅九尺トノ價ノ差トナル即羅二尺ノアタヒナルユヘ綾九尺ノ内羅七尺ヲ減シテ余リ二尺ニテ除キ羅尺ノ價ヲ得ルナリ　交九尺ヲ三十六丈ニ乘ノ三百二直ニ綾尺ノアタヒヨリ求ムルモコレニ同シ

術四番ト同意

今有良馬日行二百四十里駑馬日行一百五十里駑馬先行一十二日問良馬幾何日追及之

答曰二十日

良馬ハ一日ニ二百四十里ツヽ行ク駑馬ハ一日ニ百五十里ツヽ行ノナリ駑馬十二日先ヨリ行キタルヲ良馬アトヨリ行テイクカニシテ駑馬ニ追ツクソトナリ○良馬ヨキムマ○駑馬アシキムマ也

術曰列一十二日以一百五十里乘之得一千八百里爲實列良駑馬日行里

七

數相減餘九十里爲法實如法而一合問

四番ノ還源ナリ良馬ハ二十日ニ行一四千八百里　駑馬ハ三十二日ニユク一四千八百里ナリ

今有金銀一百錠直錢一千七百二貫七百五十文只云金一錠之價買銀七錠二色兩價差七百五十文問金銀及兩價各幾何

答曰金二十八錠三十七兩（每一兩價八百七十文）銀七十一錠一十三兩（每一兩價錢百二十五文）錠率各五十兩

○

術曰列銀七錠以錠率通之得三百五十兩以差七百五十文乘之得二十六萬

二千五百爲實以三百兩爲法實如法而一得金兩價也爲法之數乃銀三百五十兩內減金五十兩餘數也

兩餘內減差即銀兩價又列二百錠通兩以金兩價乘之得數內減直錢餘二千六百七十二貫二百五十文爲差實以差七百五十文爲法除之得銀兩數反減五十兩餘即金兩數也各以錠率約之合問

以錠率通之　錠ノ率五十兩ヲ七錠ニ乘シテ三百五十兩ヲ得ルナリ

又列一百錠　金銀トモニ一兩ニ付テノ錢ヲ得タルユヘ一百錠ヲモ兩ニ通ソ五千兩トスルソ是ヨリ前ノ二率

分母ノ術ナリ

各以錠率ト　先ツ銀二千五百六十三兩ヲ錠率五十兩ニテ除七十一錠ヲ得テ不尽一十三ハ法ノ數ヨリ少キユヘ其マヽ一十三兩トスルナリ金モカクノゴトシ

今術曰副置差七百五十文上位七之各自爲實銀七錠內減金一錠餘六錠爲法各實如法而一上位爲金兩價下位爲銀兩價也　未畧之

八

今有油一秤二斤三兩半欲點醮燈只云四盞用油三兩三甌用油五兩須令盞數倍之甌數問甌盞及油各幾何

答曰　甌八十七隻　油九斤一兩　○　盞一百七十四隻　油八斤二兩半

油一秤二斤三兩半アリ盞ト甌トニ色ニ火ヲトホストナリ盞四ツニハ油三兩ツヽ甌三ツニハ油五兩ツヽ入ルヽツモリニシテ甌ノ一倍ヲ盞ヲ用ル時ハ盞ト甌トイクツツヽ用ユルソトナリ　○盞サカツキ　○甌モタイ

術曰依圖布算

左行互乘右行右上倍之得二十八右下得二十併之得三十八為法左行相乘得十二為乘法列共油通兩內子得二百七十五兩半以十二乘之得三千三百六為實如法而一得甌數倍之為盞數也

答以異乘同除求之合問

左行互乘右行 —— 三兩ハ盞四ツ分ノ油ナリ三甌ヲ乘シテ右ノ上ニ九兩ヲ得ル是五兩ハ甌三ツ分ノ油ナリ四盞ヲ乘ノ右ノ下ニ二十兩ヲ得ル是甌十二ノ油ナリ甌ノ一倍盞ヲ用ユルユヘ右ノ上ノ九ヲ倍ノ一十八ヲ得ル十八ト二十ト合セテ三十八ヲ法トス

左行相乘 —— 盞四ト甌三トカケ合セテ十二ヲ得

是ハ盞ト甌ト二色ノ同分母ナリ

列共油通兩內子 —— 一斤ニ斤率十五ヲ乘ノ十五斤トナル二斤ヲ加エ十七斤トナル是ニ斤率十六ヲ乘シテ二百七十二兩トナル三兩半ヲ加テ二百七十五兩半ヲ得ルナリ分母ノ十二ヲ乘ノ実トシ法三十八ニテ除キ甌ノ數ヲ得ル

求油者 —— 甌ノ油ヨリモトムル八甌八十七ニ油五兩ヲ乘ノ四百三十五トナル甌三ニ除キ甌ノ油一百四十五兩ヲ得ル斤ノ率十六兩ニテ除テ九斤一兩ヲ得ルナリ　盞ヨリ求ムル八盞一百七十四ニ油三兩ヲ乘ノ盞四ニ除キ一百三十兩半ヲ得ル斤率十六ニテ除キ盞ノ油八斤二兩半ヲ得ル

是ハ異乘同除ノ術ナリ

今按 先求油術曰列其油通兩內子副置上位以右上十八乘之下位以右下二十乘之各自為實三十八為法實如法而一上位為盞油下位為甌油以也　前後畧之

今有竹七節下二節容米三升上三節容米二升問中二節及逐節各容幾何

答曰 下初

一升二十七分升之十六〇次一升二十七分升之十一〇次一升二十七分升之六〇次一升二十七分升之一〇次二十七分升之二十三〇次二十七分升之十八〇次二十七分升之十三

術曰依圖布筭

二升	三升
‖	‖‖
三節	二節
‖‖	‖

左行互乘右行得數以少減多餘五爲差實乃以遞節差數也分母相乘得六爲乘法又併三節二節半之得二節半以減節七餘四節半以分母六乘之得二十七爲法乃以一升之分母實如法而一得逐節衰相去也列二十七以三升乘之得八十一加差五得八十六半之得一升二十七分升之十六乃是下初節所容之數遞減逐節差即得合問

左行互乘右行――三節ト三升トカケ合セテ右ノ上ニ九ヲ得ル二節ト二升トカケ合テ右ノ下ニ四ヲ得ル九ノ内四ヲ減メ余リ五ヲ差ノ実トスルナリ

分母相乘――二節ト三節トカケ合セテ六ナリ

實如法而一――法ノ二十七ニテ実ノ五ヲ除ニ実ノ數法ノ數ヨリ少キユヘ其侭二十七分升之五トスルナリ是節ゴトノ升數ノ差ナリ

得八十六半之――八十六ヲ下ノ二節ニ除テ四十三トナル是ヲ分母ノ二十七ニテ除テ下ノ一番ノ節ニイル、米一升ト二十七分升ノ十六ヲ得ルナリ次第ニ差ノ五ヲ減シテ

残リ六節ニイル、米ノ數ヲ得ルソ但下ヨリ四節ニ至テ
容米一升二十七分升之一也此内差ヲ減スルニ升ヲ分母
ノ二十七ニ通シテ一ヲ加エ二十八トナシテ内差ノ五ヲ減シテ
余リ二五節ニ容ル米二十七分升之二十三ヲ得ルナリ

算學啓蒙諺解大成
中末
狩
20395
7
8736

一

差分均配門　十問

差分 タカヒワカツ○均
配 ヒトシククハルナリ

今有甲乙丙共分息錢四十五貫三十六文

甲ハ元錢五十八貫乙ハ元錢四十五貫丙ハ元錢三十六貫問各分息錢幾何

答曰　甲一十八貫七百九十二文○乙一十四貫五百八十文○丙一十一貫六百六十四文

甲ハ元錢五十八冊乙ハ元錢四十五冊丙ハ元錢三十六冊ヲ借テ三色ノ利ハカリヲ合セテ四十五冊三十六文ナリ然ラハ三色ノ利ヲ分テ各イカホトツヽナリ○息　出錢生子曰息　錢ヲ借ス利ナリ

術曰列甲元錢五十八貫以息錢四十

五貫三十六文乗之得二千六百一十
二貫八十八文又列乙元錢四十五貫
以四十五貫三十六文乗之得二千二
十六貫六百二十文又列丙元錢三十
六貫亦以四十五貫三十六文乗之得
一千六百二十一貫二百九十六文各
為列實併各人元錢共得一百三十九
貫為法實如法而一各得分錢之數合

問

三色ノ元錢ヲ合セテ百三十九貫ヲ以テ四十五貫〇三
十六文ヲ除ハ元錢一貫ニ付テノ息錢トナル是ヲ以テ
三色ノ元錢ニ乗シテ三色ノ息錢ヲ得ル也ヘ共ノ息錢
ヲ以テ先ツ三色ノ元錢ニ乗シテ另ヽニ実トメ三色ノ
元錢ヲアハセテ一百三十九貫ヲ以テ法トメ後ニ三ノ
実ヲ另ヽニ除ナテ三色ノ息錢ヲ得ルナリ
列實　ツラナル実ナリ另ヽニ
置テ実トスル也

二

今有甲乙丙出絲織羅五十四匹二丈四尺
甲絲九斤八兩乙絲八斤一十兩丙絲七斤
六兩問各分羅幾何　匹法二十六尺
答曰　甲二十匹
一丈二尺○乙一十八匹一丈五尺○丙一
十五匹二丈三尺

甲ノ人ハ糸九斤八両出シ乙ノ人ハ糸八斤十両出シ丙ノ人ハ糸七
斤六両出シ三色ノ糸ヲ一ツニ合セテ羅五十四匹二丈四尺ヲ織
タル時ハ甲乙丙ノ人
各幾匹ツヽ分ルト也

術曰置羅全匹通尺内子得二十千四百二十八尺各以元絲通兩内子乘之甲得二十一萬七千五十六乙得二十九萬七千六十四丙得一十六萬八千五百四各為列實併各人絲得四百八兩為法各實如法而一即得各以匹法約之合問

置羅全匹通尺内子　全匹八五十四匹ナリ匹法二十六尺ヲ乗ノ一千四百○四尺トナル子ノ二十四尺ヲ加エテ一千四百二十八尺ヲ得ルナリ

各以元絲通兩内子―　甲ノ元糸九斤ニ斤率十六ヲ乗ノ子ノ八兩ヲ加エ一百五十二兩ヲ得ル乙ノ元糸八斤ニ斤率十六ヲ乗メ子ノ一十兩ヲ加エ一百三十八兩ヲ得

丙ノ元糸七斤ニ斤率十六ヲ乗メ子ノ六兩ヲ加エ一百一十八兩ヲ得ル右ノ三色ヲ以テ別ヒニ乗ノ列實トスルナリ

併各人絲―　甲糸百五十二兩ト乙糸百三十八兩ト丙糸百十八兩ト三色ヲ八廿テ四百○八兩ナリ法トノ甲ノ実ヲ除キ甲ニ五百三十二尺ヲ得ル匹法二丈六尺ニテ除テ二十匹ト一丈二尺ヲ得ルナリ乙モ丙モコレニヲナシ

三

今有甲乙丙共分米三十三碩八升須令甲八四乙八三丙八一分之問各幾何

答曰甲一十六碩五斗四升○乙一十二碩四斗五合○丙四碩一斗三升五合

米三十三石八升ヲ甲乙丙三人ニ分ルニ四ツ分ハ甲・三ツ分ハ乙・一ツ分ハ丙トナシテワクルトキハ各イカホトゾトナリ

術曰各以分率乘共米甲得二一千三百

二十三分二釐乙得九百九十二分四
釐丙得三百三十分八釐各為列實併
各人分率得八為法各實如法而一得
合問

術前ノ二問ト同意圖ヲ手解ス
以分率——　甲ノ分ノ率ハ四
乙ノ分ノ率ハ三丙ノ分ノ率ハ一也
三色ノ分ノ率ヲ另ヒニ共ノ乗ニ
乗ノ列實トス
併各人分率——　甲ノ四ト乙ノ
三ト丙ノ一　アハセテ八ヲ法トシテ
列實ヲ除キ甲乙丙ノ米ヲ得ル
ナリ

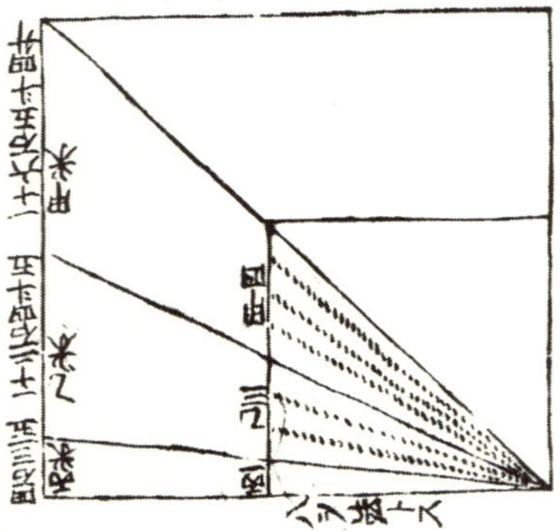

四

今有甲乙丙共分錢七十一貫九百文只云

乙如甲五分之三却多如丙錢一貫八百問
各得幾何　答曰　甲三十三貫五百文〇乙二
十貫一百文〇丙一十八貫三百文

錢七十一貫九百文ヲ甲乙丙ノ三人ニ分ルニ甲ノ錢ヲ五ツニ分テ
其三ツ分ヲ乙ノ錢トス又丙ノ錢ハ乙ノ錢ヨリ一貫八百文少クタ
分ルトキハ甲乙丙
各分ル一何程トナリ

術曰列共分錢內虛加一貫八百得七
十三貫七百為實併各人分率得一十
一為法而一得六貫七百為一分之率
副置上位五之得甲錢下位三之得乙
錢乙錢內減一貫八百餘即丙錢合問

五

今有甲乙丙相合查鹽甲ハ三千六百五十引乙ハ二千一百五十引丙ハ一千九百五十引令鹽不敷止查得四千六百五十引問各人分

先ツ甲人分ノ率ヲ五トス乙人分ノ率ヲ三トス丙ハ三ニ乙ヨリ一毋ニ八百少シ故ニ共ノ分ル錢ニ一毋ニ八百ヲ加ヘテ実トス

併各人分率 ——— 甲ノ率五ト乙ノ率三ト丙ノ率三トヲ三色併セテ一十一ヲ得ル法トシテ実ヲ除キ一分ニ付テノ錢六貫七百ヲ得ルナリ

副置上位 ——— 六貫七百ヲ上位ト下位ト二トコロニ置テ上位ニハ甲人ノ率五ヲ乗ジテ甲錢ヲ得ル下位ニハ乙人ノ率三ヲ乗ジテ乙錢ヲ得ル○此術モ七十三毋七百ニ甲乙人分率ヲ乗ジ列実トシ各人分率ヲ併テ法トシ列実ヲ除キ甲乙ノ錢ヲ得ルカヨシトイヘドモ是ハ不尽トキユヘ先除シタルナリ時宜ニヨルヘシ

鹽幾何

答曰　甲二千一百九十引○乙一千二百九十引○丙一千一百七十引

甲人ハ塩三千六百五十引乙人ハ二千一百五十引丙人ハ一千九百五十引三色皆カストモノ塩ナルユヘ三色ヲ一ツニシテ查ヲ取タレハ正味ハカリ合テ四千六百五十引ニナリタルソ然ラハ此内甲ハイカホト乙ハイカホト丙ハイカホトソトナリ

術曰各列元引以止查鹽數乘之甲得一千六百九十七萬二千五百乙得九百九十九萬七千五百丙得九百六萬七千五百各爲列實併各人元引得七千七百五十爲法各實如法而一合問

列元引 ——— 甲乙丙カストモノ塩ヲ以テ三色別々ニ四千六百五十引ニ乗スルナリ術一二三番ト同意參ク

六

今有銀一秤一斤十兩令甲乙丙從上作折半差分之問各得幾何

答曰 甲一百五十二兩○乙七十六兩○丙三十八兩

銀一秤一斤十兩ヲ甲乙丙ノ三人ニ分ルニ甲人ヨリ次第ニ半分ヲトリニノ分ルトナリ 從上ハ甲ヨリ也

術曰置銀通兩內子得二百六十六兩

下ノ圖ニアリ

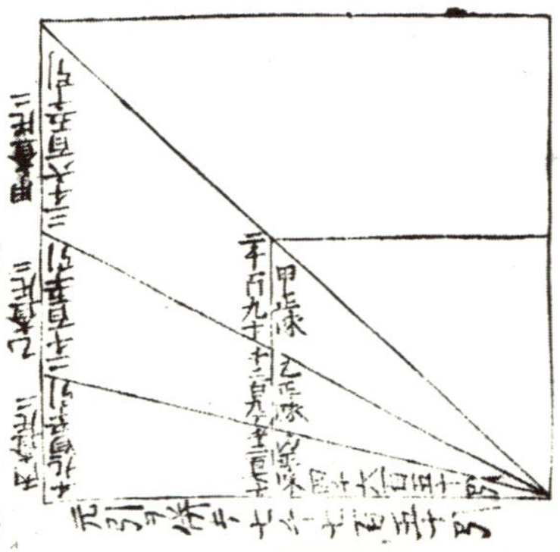

七

今有甲乙丙丁分絲五百四十四斤從上作四六差分之問各得幾何

答曰 甲二百五十斤○乙一百五十斤○丙九十斤○丁五十

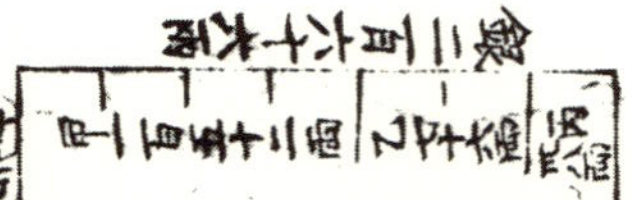

為實併各人分數得七為法實如法而一得丙銀倍之為乙銀又倍即甲銀合

問

一ヲ丙人ノ分率トス倍シテ二トナルヲ乙人ノ分率トス又倍シテ四トナルヲ甲人ノ分率トス三色アハセテ七ヲ得ルナリ是ヲ法トシテ二百六十六兩ヲ除キテ丙ノ銀ヲ得ルナリ

四斤

四六ノ差　是ハタトヘハ甲一ナレハ乙ハ六分乙六分ナレハ丙ハ三分六厘カクノコトク次第ニ六因ヲ用ユ甲ノ數ヲ四ツ分殘シテ六ツ分ヲ乙ノ數トシ又乙ノ數ヲ四ツ分殘シテ六ツ分ヲ丙ノ數トスルユヘ四六ノ差ト云也後三七ノ差トアルハ次第ニ七因シ二八ノ差トアルハ次第ニ八因シ一九ノ差トアルハ次第ニ九因ヲ用ユ此皆是諺ナリ四六ノ差トハ甲六ナレハ乙四ナリ乙四ナレハ丙ニテ六分六厘六六――ナリ如此上ヨリハ次第ニ六分ノ四下ヨリハ次第ニ四分ノ六ナルヲ云又三七ノ差ハ上ヨリ次第ニ七分之三又二八ノ差ハ次第ニ八分之二又一九ノ差ハ次第ニ九分之一ナリ其外五七ノ差ナド云ハ次第ニ七分ノ五ナリ指南算法ニ有四六差分適用加五可以致其數トアリ其外諸書ヲ見ルニ皆カクノコトシ也

術曰置甲率一千以六因之得六百爲乙率又六因得三百六十爲丙率又六因得二百一十六爲丁率四位共併得二千一百七十六爲法列共絲通兩以乘之得八百七十萬四千爲實如法而一得四千兩爲甲絲六之得乙絲二千四百兩又六之得丙絲一千四百四十兩又六之得丁絲八百六十四兩各斤率約之合問

置甲率一千――　甲ノ率ヲ一千トスルハ一ノ位ヨリ甲乙丙丁ト四桁上リテ千ニアタルヲ甲率トスルナリ是ハ次第ニ六因スルユヘ丁ニ至テ尾ヲ一ノ位ニテトヾメンタメナリ

列共絲通兩以一千――　共ノ糸五百四十四斤ヲ兩ニ通ソ八千七百〇四兩トナル甲率ノ一千ヲ乘スルナリ

今按　列共絲以一千乘之得五十四万四千爲實如法而一得甲二百五十斤又六因之得乙丙丁絲

八

今有絳細絲四千八百六十斤欲織西錦令
甲乙丙丁戊己六局從上作二八差分之其
錦每匹用絲二斤四兩問分絲織錦各幾何　也前畧之

答曰　匹法二十二尺

甲絲一千三百一十七斤四百二十七分斤之一百四十一

錦五百八十五匹一丈五尺四百二十七分尺之一百五十五

○乙絲一千五十三斤四百二十七分斤之三百六十九

錦四百六十八匹一丈二尺四百二十七分尺之二百二十四

○丙絲八百四十三斤四百二十七分斤之三十九

錦三百七十四匹二丈二尺四百二十七分尺之一百

○丁絲六百七十四斤四百二十七分斤之二百七十一

錦二百九十九匹二丈四尺四百二十七分尺之二百

○戊絲五百三十九斤四百二十七分斤之二百二十六

錦二百三十九匹二丈六尺四百二十七分尺之二百四十

○己絲四百三十一斤四百二十七分斤之二百八十三

錦一百九十一匹二丈七尺四百二十七分尺之八十七

絳細絲四千八百六十斤ヲ甲乙丙丁戊己ノ六段ニ甲ヨリ次第ニ二八ノ差ニ分テ錦ヲ織ル二錦一匹ニ糸二斤四兩ヅヽ用ユル時ハ六色ノ糸ト織錦ト各イカホトナリ○
絳細糸アカキホソイト○局ツホネ部分ナリ

術曰置甲率一十萬乙率八萬丙率六
萬四千丁率五萬一千二百戊率四萬

九百六十。已率三萬二千七百六十八
爲差副併得三十六萬八千九百二十
八爲法以絲四千八百六十斤乘未併
者甲得四億八千六百萬乙得三億八
千八百八十萬丙得三億一千一百四
萬丁得二億四千八百八十三萬二千
戊得一億九千九百六萬五千六百已
得一億五千九百二十五萬二千四百
八十各爲列實各實如法而一不滿法
者各以八百六十四約之各得分絲之

數也求錦者置二斤通兩内子得三十
六兩以分母四百二十七乘之得一萬
五千三百七十二爲法各列絲通分内
子得數各以十六乘之甲得九百萬乙
得七百二十萬丙得五百七十六萬丁
得四百六十萬八千戊得三百六十八
萬六千四百已得二百九十四萬九千
一百二十各自爲實實如法而一得匹
實不滿法以匹法三十二乘之如前法
而一得尺不滿法者各以三十六約之

合問

置甲率一十万—— 甲率ヲ十万トスル八一ノ位ヨリ
甲乙丙丁戊己ト六桁上リテ十万ナリ二八ノ差ナル
ユヘ八分ヲ因メ乙率八万ナリ又八分ヲ因メ丙率六
万四千又八分ヲ因メ丁率五万一千二百又八分ヲ因メ
戊率四万。九百六十又八分ヲ因メ己率三万二千七百六
十八ナリ六色合テ三十六万八千九百二十八ヲ法トス
以絲四千八百六十斤—— 末併者ハ右ノ六色ノ率
ナリ四千八百六十斤ヲ以テ別ヽニ乗メ列実トシテ法
ニテ除ク
不満法者—— 先ツ甲ノ實四億八千六百万ヲ法三
十六万八千九百二十八ニテ除キ一千三百一十七斤ヲ得テ
実ノ餘十二万一千八百二十四トナル此余リノ數ト法ノ數
トヲ以テ約法八百六十四ヲ求メテ法ヲ約テ四百二十七
ヲ得ル実ノ余リヲツヽメテ一百四十一ヲ得ルナリ乙丙丁
戊己皆コレニ同シ
求錦者置二斤—— 二斤ヲ兩ニ通メ三十二兩子ノ
四兩ヲ加テ三十六兩
各列絲通分内子—— 先ツ甲ハ一千三百一十七斤ニ
分母四百二十七ヲ乗メ分子ノ一百四十一ヲ加エ五十六万
二千五百ヲ得ルナリ乙丙丁戊己皆カクノコトシ
以十六—— 斤率ノ十六ナリ
各自為實如法而一—— 先ツ甲ハ実九百万ヲ
法一万五千三百七十二ニテ除キ五百八十五疋ヲ得テ
不尽七千三百八十アリ是ハ疋ノ不尽ナルユヘ疋法三丈
二尺ヲ乗メ二十三万六千一百六十尺トナル是ヲ又右ノ法
ニテ除一丈五尺ヲ得テ又不尽五千五百八十尺アリ爰
ニテ約法三十六ヲ求テノ法ヲツヽメテ四百二十七ヲ得ル実
ヲ約テ一百五十五ヲ得ルナリ乙丙丁戊己皆ヽコレニ
ナラヘ 約法ヲ求ムル
ノ術下巻ニ委クアリ

九

今有某州所管九等税戸甲等三百六十四
戸乙等三百九十六戸丙等四百三十二戸
丁等五百七十戸戊等五百八十四戸己等
六百七十六戸庚等八百五十戸辛等九百

二十戸壬等一千六百八戸今科糧六萬五千六百六十四碩今作等數各差一碩六斗配之問每戸及逐等各幾何

答曰　甲每戸一十八碩五斗三升二合半三百六十四戸共六萬七千四百五十八斗三升

◯乙每戸一十六碩九斗三升二合半三百九十六戸共六萬七千五十二斗七升

◯丙每戸一十五碩三斗三升二合半四百三十二戸共六萬六千二百三十六斗四升

◯丁每戸一十三碩七斗三升二合半五百七十戸共七萬八千二百七十五斗二升半

◯戊每戸一十二碩一斗三升二合半五百八十四戸共七萬八百五十三斗八升

◯己每戸一十碩五斗三升二合半六百七十六戸共七萬一千一百九十九斗七升

◯庚每戸八碩九斗三升二合半八百五十戸共七萬五千九百二十六斗二升半

◯辛每戸七碩三斗三升二合半九百二十戸共六萬七千四百五十九斗

◯壬每戸五碩七斗三升二合半一千六百八戸共九萬二千一百七十八斗六升

何ノ圖ノ何郡カツカサトル所ノ九トコロノ税戸有トナリ科糧六万五千六百六十四石ヲ一カニ付テ一石六斗ツヽノ差トシテ配ルトキハ一戸ニ付テノ糧及九等各イカホトゾトナリ

術曰列甲等戸三百六十四以八之得二千九百一十二列乙等戸三百九十六

七之得二千七百七十二列丙等戶四百三十二六之得二千五百九十二列丁等戶五百七十五之得二千八百五十列戊等戶五百八十四之得二千三百三十六列己等戶六百七十六三之得二千二十八列庚等戶八百五十倍之得一千七百列辛等戶九百二十以一因之得九百二十共併八位得一萬八千一百一十以差一碩六斗乘之得二十八萬九千七百六十爲拋差併

共戶得六千四百以平戶糧一十碩二斗六升乘之若是均科每戶得一十碩二斗六升也得六十五萬六千六百四十內減拋差餘二十十六萬六千八百八十爲實以共戶六千四百爲法實如法而一得壬等每戶之數各加差一碩六斗得逐等每戶之糧數求各等共糧者以各戶糧數乘其各等之戶合問

列甲等戶 ── 甲ハ差八アルユヘ三百六十四戶ヲ八タビニス乙ハ差七ナルユヘ七タビニス丙ハ差六丁ハ差五戊ハ差四己ハ差三庚ハ差二辛ハ差一ナリ

以差一石六斗 ── 斗ヲ一位ニスルユヘ十六ヲ乘ノ

二十八万九千七百六十石ヲ得ルナリ　抛差ト八ナケウツ差ナリ俗ニ差ヲ折込ト云ニ同シ

以平戸糧――九等ノ戸數ヲ倂セテ六千四百ヲ得ル是ヲ以テ共ノ科糧ヲ除キテ一十石〇二斗六升ヲ得ル是ヒトシク一戸ニ付テノ科糧ナリ六千四百ヲ乗スレハ六十五万六千六百四十斗是共ノ科糧ナリ内抛差ヲ減ソ余リヲ六千四百ニテ除ソ壬等一戸ニ付テノ糧ヲ得ルナリ

甲共六万七千四百五十八斛三升八六千七百四十五石八斗三升ナリ前ニ云如ク斗ヲ一位ニシタルユヘ六万七千四百五十八斛三升ト記ス也乙丙乃至壬モ是ニ同シ

十　今有某縣配粟一萬八百七十碩八升於上（共戸倂テ六千四百ヲ法トス）

壬	辛	庚	己	戊	丁	丙	乙	甲
一千六百〇八戸	九百三十戸	八百五十戸	六百七十六戸	五百八十四戸	五百七十戸	四百三十二	三百九十六	三百五十四
	差一	差二	差三	差四	差五	差六	差七	差八

本書作九一謬

中下三郷從上作折半差配之（謂如上郷六碩中郷三碩下郷一碩五斗）又上郷三等作一九折中郷三等作二八折下郷三等作三七折上郷上等五十六戸中等七十四戸下等九十八戸中郷上等八十二戸中等一百二十戸下等一百六十戸下郷上等九十五戸中等一百七十二戸下等一百八十戸問三郷九等各粟幾何

答曰　上郷（二百二十八戸共五千二百五十一碩四斗八升）上等每戸二十六碩（五十六戸共一千四百五十六斗）中等每戸二十三碩四斗（七十四戸共一千七百三十一碩六斗）下等每戸

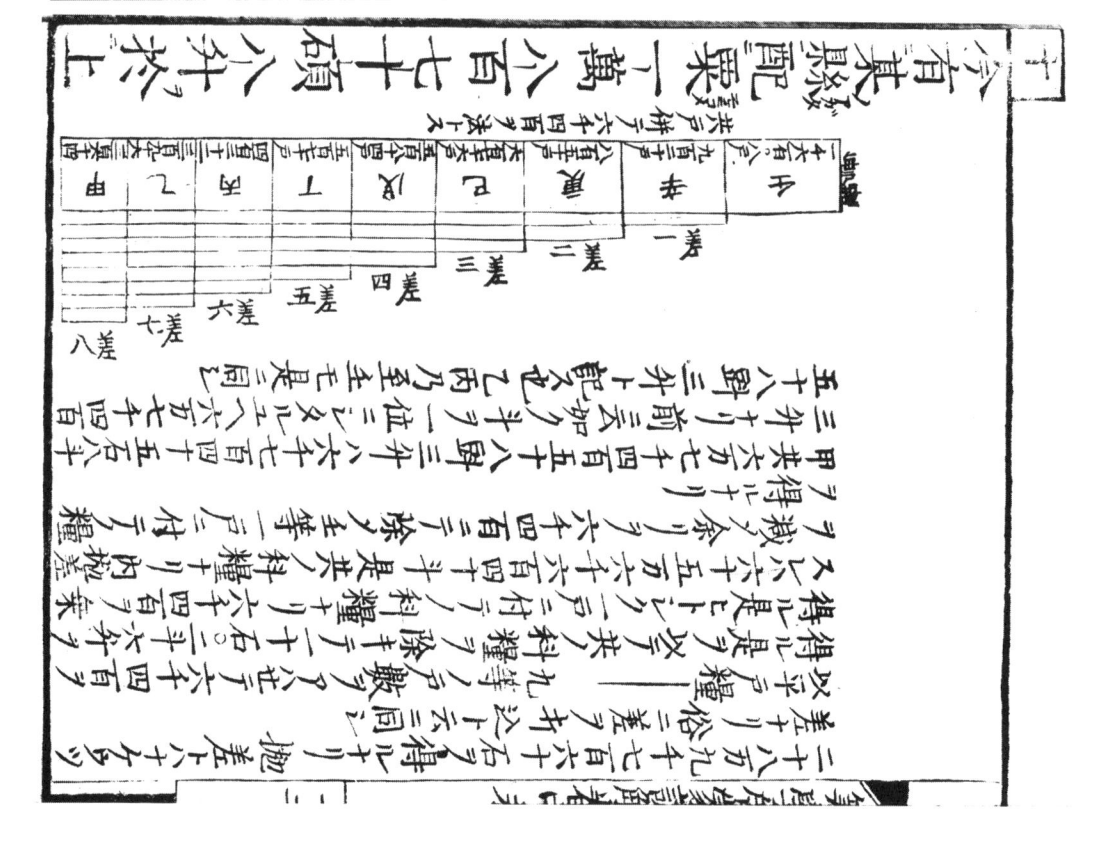

二十一碩六升九十八戸共二千六十三碩八斗八升○中鄕
三百六十二戸共三千六百四十五碩二斗上等每戸一十三碩
八十二戸共一千六十六碩中等每戸一十碩四斗一百二十
戸共一千二百四十八碩下等每戸八碩三斗二升一百六十
戸共一千三百三十一碩二斗○下鄕四百四十七戸共一千九百七十三碩四
斗上等每戸六碩五斗九十五戸共六百一十七碩五斗中
等每戸四碩五斗五升一百七十二戸共七百八十二碩六斗
下等每戸三碩一斗八升半一百八十戸共五百七十三碩
三斗

モミコメ一万。八百七十石。八升アリ上鄕ヲ上中下ノ三等中鄕ヲ上中下ノ三等下鄕ヲ上中下三等以上九等ニ配ルニ

上鄕ノ上等ヨリ中鄕ノ上等ハ半分又中鄕ノ上等ヨリ下鄕ノ上等ハ半分ナリ又上鄕ノ上中下三等ハ一九ノ差中鄕ノ上中下三等ハ二八ノ差下鄕ノ上中下三等ハ三七ノ差ニワカツナリ

術曰列配粟以一萬乘之得一十億八
千七百萬八千爲實併九等戸分數得
四百一十八萬八百爲法實如法而一
得上鄕上等每戸之數又折半得中鄕上
等每戸之數折半得下鄕上等每戸
之數上鄕遞用九因中鄕遞用八因下
鄕遞用七因各得逐等每戸之數也○
草曰先列上鄕上等五十六戸以一萬

乘之得五十六萬又列中等七十四戶
以九千乘之得六十六萬六千又列下
等九十八戶以八千一百乘之得七十
九萬三千八百又列中鄉上等八十二
戶以五千乘之得四十一萬又列中等
一百二十戶以四千乘之得四十八萬
又列下等一百六十戶以三千二百乘
之得五十一萬二千又列下鄉上等九
十五戶以二千五百乘之得二十三萬
七千五百又列中等一百七十二戶以

一千七百五十乘之得三十萬一千又
列下等一百八十戶以一千二百二十
五乘之得二十二萬五百九位共併得
四百一十八萬八百爲法列配粟一萬
八百七十碩八升以一萬乘之得一十
億八千七百萬八千爲實實如法而一
得二十六碩乃上鄉上等每戶之數九
因得二十三碩四㪷乃中等每戶之數
又九因得二十一碩六升乃下等每戶
之數又列上鄉上等每戶粟二十六碩

折半得一十三碩乃中郷上等毎戸之數八因得二十碩四㪷乃中等毎戸之數又八因得八碩三㪷二升乃下等毎戸之數又列中郷上等毎戸粟一十三碩折半得六碩五㪷乃下郷上等毎戸之數七因得四碩五㪷五升乃中等毎戸之數又七因得三碩一㪷八升五合乃下等毎戸之數各以毎戸之率乘其各等之戸即得共粟合問

列配粟以一萬乘之 ― 上郷上等ノ率ヲ一万トスルユヘ一万ヲ乘ス

上郷上等ノ率一万トスルハ下郷ノ下等ノ尾ヲ一位三テ留メシトナリ上郷ハ一九ノ差ナルユヘ上等ノ率一万二九ヲ因ノ九千トナルヲ中等ノ率トス又九ヲ因ノ八千一百ヲ下等ノ率トス○上郷上等ノ率一万ヲ折半ノ五千トナルヲ中郷上等ノ率トス中郷ハ二八ノ差ナルユヘ八ヲ因ノ四千ヲ中等ノ率トス又八ヲ因ノ三千二百ヲ下等ノ率トス○中郷上等ノ率五千ヲ折半シテ二千五百トナルヲ下郷上等ノ率トス下郷ハ三七ノ差ナルユヘ七ヲ因ノ一千七百五十ヲ中等ノ率トス又七ヲ因ノ一千二百二十五ヲ下等ノ率トスルナリ

商功修築門 十三問

商功ツトメヲハカル土ノ積ヲハカリ或ハ人夫ヲ用ユルノ功ヲハカルヲ云 修築ヲオメキツク堤ナトヲツキ或ハ破レタルヲ修理スルヿナリ俗ニ是ヲ普請ト云

今有穿地積三百六十尺問爲堅壤各幾何

答曰 堅二百七十尺○壤四百五十尺

地ヲ積三百六十尺ホリテ堅トシテハイカホドゾ又壌トナシテイカホドニナルトナリ三百六十尺ヲ分テ二色ニスルト云ニハアラス
○堅 經天切音肩 固土也ホリタル土ヲツキカタメタルヲ云ナリ
○壌 汝兩切音攘 柔土也ホリタル土ヲクタキテヤハラカニナリタルヲ云ナリ○三百六十尺ハ八尺坪三百六十坪ナリ尺トハ一尺四方六面ノ坪ナリ

術曰列三百六十尺以築堅三尺因之得一千八十尺以穿地四尺除之得二百七十尺爲堅也又列三百六十尺以壌五尺因之得一千八百尺亦以穿地四尺除之得壌也 合問

列三百六十尺以築堅三尺｜地四尺ヲ穿リテツキ堅レハヘリテ三尺ニナルユヘ三尺ヲ因ノ四尺ニ除ク
又列三百六十尺以壌五尺｜地四尺ホリテノ碎ケバ多クナリテ五尺ニナルユヘ五尺ヲ因ノ四尺ニ除ク

二

今有城高四丈六尺下廣三丈六尺上廣一丈八尺袤六十四里問積幾何

右堅土壌土ノ法土地ニヨリ季ニヨリ増減アリ一定トスヘカラス

答曰一億四千三百七萬八千四百尺

城ハ内ヲ城ト曰ヒ外ヲ郭ト曰フ石カキノ類ナリ○袤ハナガレ長也 上ノ長モ下ノ長モ皆六十四里ツヽ也

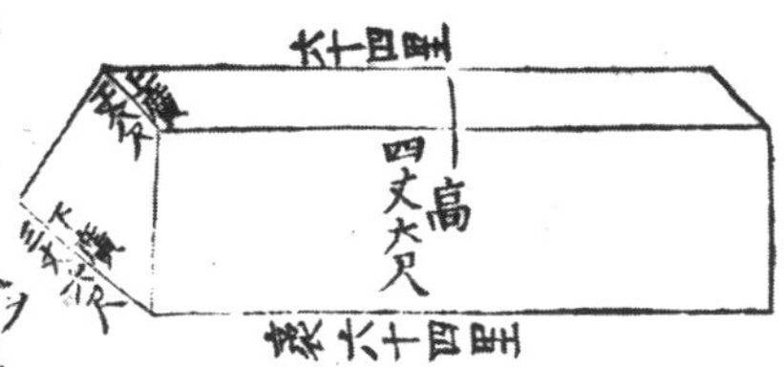

術曰併上下廣而半之得二十七尺下

本書以下法上作尺里

也以高四丈六尺乘之得一千二百四
十二尺於上位又列裛六十四里以里
尺法一千一十一萬五千
二百尺以乘上位得城積尺也合問

上ノ廣ト下ノ廣ト併テ二ツニ割テ二十七尺ヲ停廣トス
高ヲ乘ス一千二百四十二尺ヲ得ル是梯形ノ積ナリ
以里尺法　下ノ歩ハ五尺一里ハ三百六十歩ナルユヘ一里
ノ尺ハ一千八百尺ナリ 裛六十四里ニ乘ス十一万五千二百尺
ヲ得ル是裛ノ尺ナリ 以テ梯ノ積ニ乘ス城ノ積一億四千
三百〇七万八千四百尺ヲ得ル也

今有墻下廣四尺上廣三尺高九尺裛二里
五十歩問積幾何　答曰　一十二萬一千二百
七十五尺

墻 カキ 垣也 俗ニ云ツヰヂノタグヒナリ 是モ
上下トモニ裛二里五十歩ツヽナリ

術曰列下廣併入上廣折半得三尺五
寸（初上下擣闊也）以高九尺乘之得三十一尺
五寸寄位又列裛二里以三百六十歩
通之内子得七百七十歩以五尺因之
得三千八百五十尺以乘寄位得墻積

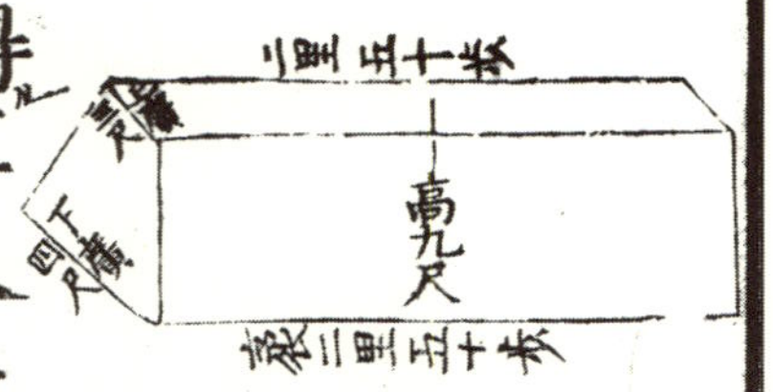

尺也合問

今有垣積六萬八千八百八十六尺（列衺二里 加エ七百七十歩又歩法五尺ヲ乗ノ衺ノ尺ヲ得ル 里法三百六十歩ヲ二里ニ乗ノ五十歩ヲ 術二番ニ同シ）只云上廣二尺二寸下廣三尺八寸衺一里一百四十五步問高幾何

答曰　八尺六寸

（垣カキ 墻ト同シ一ナリ 卑ヒキヽ 卑ト 高キ 墉ト 衺一 里一百四十五歩八古法ニテ也）

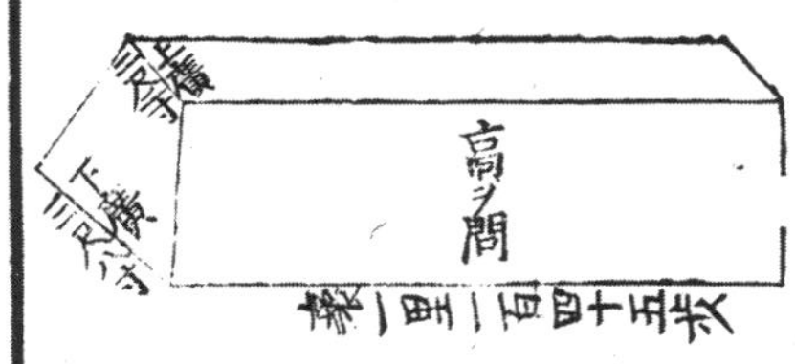

術曰置積為實列衺一里以古法三百六十步通之内子得四百四十五步又以步法六尺因之得二千六百七十尺為法實如法而一得二十五尺八寸又併上下廣折半得三尺除之即高合問

（列衺一里　一里ニ古里法三百歩ヲ乗ノ一百四十五歩ヲ加エ四百四十五歩ヲ得ル又古歩法六尺ヲ因ノ衺ノ尺ヲ得ルナリ　術三番ノ还源ナリ）

今按　術曰置積為實　併上下廣折半得三尺以衺通尺得二千六百七十尺乗之得八千。一十尺為法實如法而一得高也

今要開河下廣一丈八尺七寸上廣二丈六尺三寸深一丈五尺衺三十六里二百八十

五歩春程人功五百九十八尺除出土功七
分之二問用徒幾何 **答曰** 五萬二千五百五
十一人 五百九十八分人之四百七十七

下廣サ一丈八尺七寸上廣サ二丈六尺三寸深サ一丈五尺袤三十
六里二百八十五歩ノ河ヲ開ク春ノ日一日ニ一人ニシテ土五百九十八尺
ツヽホル今土ヲ出ス功右ノ内ニシテ七分ニシテ其二ヲ除クト也然ラハ
人ヲ用ユル丨イカホトニシテ一日ニ開キヲワルソトナリ○春夏秋
冬ノ四季ニヨリテ人功ノ増減アルハ日ノ長短ニヨルナリ○五百九十
八尺八尺坪五百九十八坪ナリ○此袤モ古法ヲ用ユ

術曰列程功五百九十八尺五之七而
一得定功四百二十七尺七分尺之一
也併上下廣而半之得二丈二尺五寸
以深一丈五尺乘之得三百三十七尺
五寸寄位列袤三十六里以古法三百
歩通之内子得一萬一千八十五歩六
之通尺得六萬六千五百一十尺以乘
寄位得二千二百四十四萬七千一百
二十五尺爲河積也以分母七之得一
億五千七百一十二萬九千八百七十
五爲實又列定功四百二十七尺通分
内子得二千九百九十爲法實如法而
一不滿法者各以五約之合問

列程功五之七而一 分母七ノ内分子ノ二ヲ減ノ余リ
五是定功ノ分子ナリ 程功ニ乘ノ分母七ニテ除定功四

六

百二十七尺七分尺之一ヲ得ル是五百九十八尺ノ内七分ノ二ヲ除テ一日三人ノ開ク土ノ坪數ナリ○河ノ積ヲ求ムルノ二番ト同意ナリ

今要築堤上廣六尺四寸下廣一丈五尺六寸高六尺袤三里七十四歩冬程人功三百六十四尺問共用徒幾何

答曰一千五十九人九十一分人之五十七

冬ノ日一日ニ一人ニシテ三百六十四尺ツヽ築クトキハ幾人ニシテ一日ニ築ソトナリ○用徒トハ人夫ヲ用ルコソ

術曰併兩廣而半之得一丈一尺爲停閣也以高六尺乘之得六十六尺於上位又列袤三里以古法三百歩通之內子得

七

九百七十四歩又以尺法六因之得五千八百四十四尺以乘上位得三十八萬五千七百四尺爲堤積也以人功三百六十四尺爲法實如法而一不滿法者各以四約之即得合問

併兩廣ー上ノ廣ト下ノ廣トヲ合セテ二丈二尺ヲ二ツニ割テ一丈一尺ヲ得ルナリ術前ト同意

今有方堡壔自方二十四尺高二丈一尺問積尺幾何

答曰一萬二千九十六尺

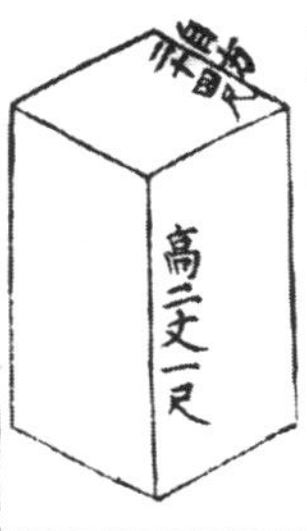

八

術曰列方二十四尺自乘得五百七十六尺又以高二丈一尺乘之得一萬二千九十六尺為積也合問

方二十四尺ヲカケ合セテ五百七十六尺ハ方ノ平積ナリ是ニ高二丈一尺ヲ乘ノ立積一万二千〇九十六尺ヲ得ル也立積ヲ求ルハ一皆カクノコトシ先ツ面ノ平積ヲ求メテ高ヲ乘ノ立積トナルナリ

今有圓堡壔周三丈七尺高一丈四尺問積尺幾何

答曰 一千五百九十七尺六分尺之一

術曰列周三丈七尺自乘得一千三百

九

六十九尺又以高一丈四尺乘之得一萬九千一百六十六尺以圓法十二而一不滿法者各半之合問

周自乘ハ十二段ノ平圓ノ積ナリ高ヲ乘スレハ十二段ノ立積トナル十二ヲ以テ除ノ積ヲ得ル也

今有方亭臺一所上方二丈八尺下方三丈二尺高四丈六尺問積尺幾何

答曰 四萬一千四百六十一尺少半尺

亭タカドノ臺ウテナ也、少半尺ハ三分尺之一ナリ

術曰上方自乘下方方亦自乘又上下方相乘三位併之共得二千七百四尺又以高四丈六尺乘之得一十二萬四千三百八十四尺以三而一不滿法者命之合問

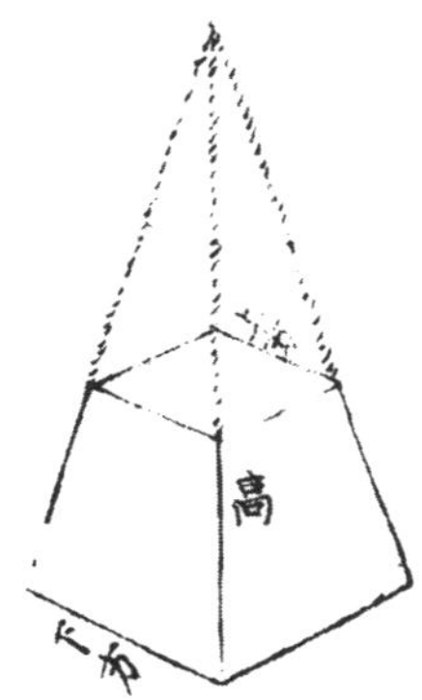

今有圓亭臺一所下周四丈二尺上周二丈九尺高三丈八尺問積幾何

答曰　四千三十五尺一十八分尺之七

術曰下周自乘上周亦自乘又上下周相乘三位併之共得三千八百二十三尺又以高三丈八尺乘之得一十四萬五千二百七十四尺以三十六而一不滿法者各半之合問

若題中ニ上徑下徑ヲ云ハ上徑自乘下徑自乘上下徑相乘三位併之以高乘之又以周率乘之爲實以

十一

今有方錐下方二丈五尺高二丈八尺問積尺幾何

一十二箇徑率除之得積也

答曰 五千八百三十三尺少半尺

術曰列下方二丈五尺自乘得六百二十五尺又以高二丈八尺乘之得一萬七千五百尺以三而一不滿法者命之

合問

方自乘一是下ノ方ノ平積ナリ高ヲ乘ソ方堡壔ノ積トナル即三段ノ方錐ノ積アリ錐法三ヲ除テ積ヲ得

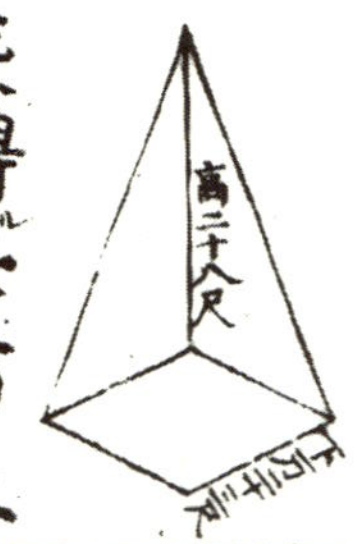

十二

今有圓錐下周五丈四尺高三丈七尺問積爲幾何

古徽密出三積各幾何

答曰 古積二千九百九

錐法三ノ起リ

甲積ハ全方錐ノ積ノ八分ノ一ナリ乙積ハ全積ノ三十二分ノ一ナリ甲積ト四ケ所ノ乙積ト合スレハ全方錐ノ積ノ四分ノ一トナルユヘ是ヲ以テ全積ヲ減スレハ余リハ全積ノ四分ノ三トナル即直堡壔ノ積ナリ 半方ヲ縦トス半高ヲ高トス縦横高相乘スレハ方自乘ニ高ヲ乘シタル數ノ四分ノ一トナル是直堡壔ノ積ナリ然ルトキハ此積三分ノ四ハ全方錐ノ積ナルユヘ方自乘ニ高ヲ以テ乘スレハ三段ノ方錐ノ積トナリ

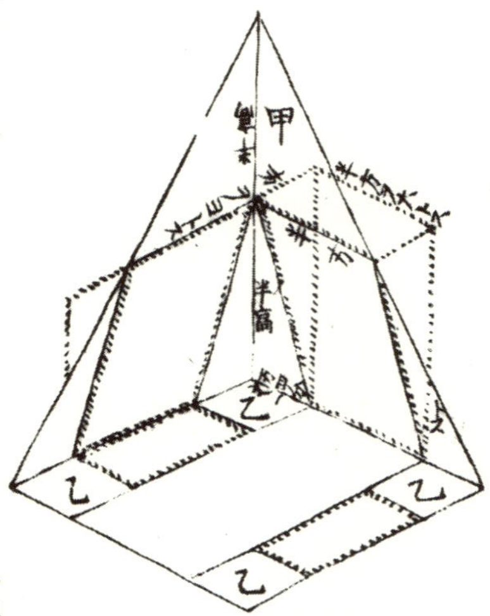

十七尺◯徽積二千八百六十三尺一百五十七分
尺之五◯密積二千八百六十尺二十二分尺之一十
十九
七

古法ノ四ト徽四ト密率ノ四ト三色ニシテ各イカホトゾトナリ

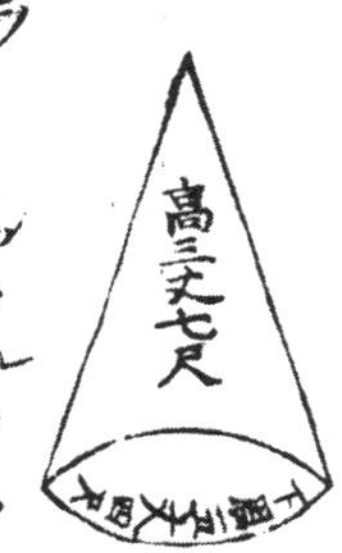

古法曰列下周五丈四尺自乘得二千九百一十六尺以高三丈七尺乘之得一十萬七千八百九十二尺爲實以三十六爲法實如法而一得古積合問◯徽術曰下周自乘又高乘之又以二十五乘之得二百六十九萬七千三百爲實以九百四十二爲法實如法而一

徽數者乃圓法十二乘半徽周七十八分半故爲法也

不滿法者各以六約之得徽積合問◯密術曰下周自乘又高乘之又以七因之得七十五萬五千二百四十四爲實以二百六十四爲法實如法而一

爲法之數乃圓法十二乘密周二十二故爲法

不滿法者各以十二約之合問

古法　以三十六一　四法十二ニ錐法三ヲ乘シテ三十六ナリ委クハ前ニ注ス○是モ先ツ下ノ平四ノ積ヲ求テ高ヲ乘ノ三段ノ錐積トナルユヘ周ヲ自乘ノ高ヲ乘シ三十六ニ除積ヲ得ルナリ

徽術 以二十五乘之一以九百四十二為法一 囗徑ト囗周ト相乘ノ四ニ除テ囗積トナルユヘ此四ニ錐法ノ三ヲ乘メ十二ヲ得ル是ハ古田ノ法ノ十二ニハアラス此十二ヲ以テ徽囗ノ周率一百五十七ニ乘メ一千八百八十四トナル徑率五十ト約分ノ術ニテ約法二ヲ求メテ五十ヲ約メ二十五ヲ得ル又一千八百八十四ヲ約メ九百四十二ヲ得ルナリ

密術 以七因之一 密率ノ徑七ナリ 以二百六十四一 四除ノ四ニ錐法三ヲ乘メ十二トナル密率ノ周二十二ヲ乘メ二百六十四ヲ得ルナリ

今欲築圓城一座内周二十六里二百一十九步厚三步半除水門四處各闊四步旱門四處各闊二步四尺只云從城外邊每二步二尺安乳頭三枚問共安乳頭幾何 里ハ歩ノ尺ハ率ハ各依ニ

古法 答曰 一萬三百二枚 七分枚之六

圓城ハロヽロ也 水門ハ水アリテ舟ナトヲ通ス門ナリ 旱門ハ水ノナキ門ナリ 乳頭ハ釘カクシナトノ類ナリ

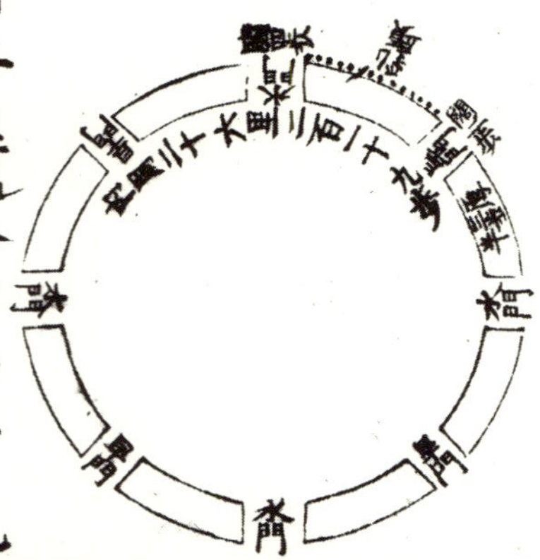

術曰列内周通步内子得八千一十九步於上位倍厚步三之加上位以六尺因之得四萬八千二百四十尺乃周城外數寄位列水門闊四步六之又四之得九十六尺以減寄位又列旱門闊二步以

六因之內子四又四之得六十四尺又減寄位餘四萬八千八十尺合安乳頭乃城外周數三之得一十四萬四千二百四十爲實又列二步六之內子二得一十四尺爲法實如法而一不滿法者各半之合問

列內周通步內子—— 古里法ナルユヘ二十六里ニ三百歩ヲ乗ゾ二百一十九歩ヲ加テ八千○一十九歩ヲ得ル是內ノ周ノ歩ナリ

倍厚步三之—— 厚ハ両方ナルユヘ倍ゾ七歩トナル周率三ヲ乗ゾ內ノ周ノ歩ニ加エテ外ノ周八千○四十歩ヲ得是ニ古歩法六尺ヲ乗ゾ外周ノ尺ヲ得ルナリ

列水門闊六之又四之—— 水門ノ闊四歩ニ歩法六尺ヲ乗ゾ二十四尺トナル四ケ所アルユヘ又四ヲ乗ゾ水門ノ闊ヲ合廿テ九十六尺ヲ得ル

列旱門闊以六因之內子—— 闊二歩ニ歩法六尺ヲ乗ゾ尺ヲ通ゾ子ノ四尺ヲ加テ旱門ノ闊十六尺トナル是モ四ケ所ナルユヘ四ヲ乗ゾ旱門ノ闊ヲ合廿テ六十四尺ヲ得ル二色ノ尺ヲ以テ外周ノ尺ヲ減ゾ余リ四万八千○八十尺ヲ得ル是乳頭ヲヲク分ノ周ナリ

三之得一十四萬四千—— 乳頭三枚ヲ乗スルナリ

又列二步六之內子—— 一十四尺ハ乳頭三枚ヲヲク間ノ尺ナリ

不滿法者各半之　約法ニ三テ約ルナリ

貴賤反率門（キセンハンリツ）　八問

貴タカシ賤ヤスシ價ノ貴賤ナリ
反率カヘスノリ

今有錢三百四十五文共買檀乳香一百四十兩只云乳香兩價貴如檀香兩價一文問二色各幾何

答曰　檀香七十五兩　兩價二文　○乳

香六十五兩　兩ノ價三文

錢三百四十五文ニテ檀香ト乳香トニ色合セテ一百四十兩ヲ買
ニ乳香一兩ノアタヒハ檀香一兩ノアタヒヨリ一文タカキトキハ二色
ノ香ノ數ト價錢ト各イカホトソトナリ　是題中ニ辞タラサル
ユヘ答數色々ニ変ノ無法ナレ圧不尽ナシニヒミトアフ數ハ一色
ヨリ外ハナキゾ石鈞秤斤兩銖等ノ數ノ整フヲ秝爻ノ此
門ヲ立タル歟只其時代ニ此問ノ類世上ニ專ラモテアソヒタル
ト見エタリ

術曰列錢數爲實以一百四十兩爲法
實如法而一得二文乃檀香兩價加一
文即乳香兩價餘實六十五爲乳香數
也反減下法餘七十五即檀香數也合
問

按此其率者以錢爲實物爲法實如
法而一所得爲賤率價加一[illegible]
率價餘實則貴物數反減下法餘法爲
賤物數也其積銖當以石鈞秤斤兩銖爲
法約之其反率者以物爲實錢爲法實
如法而一所得爲貴物加一即賤物不
滿法者餘實則化爲錢乃賤價也反減
下法餘法爲貴價餘實餘法相併得共
錢也

錢三百四十五文ヲ実トシ香一百四十兩ヲ
法トシ実ヲ除テ二文ヲ得ルヲ檀香一兩ノ
價トス一文ヲ加ヘ三文ヲ乳香一兩ノ價トス
法ニ満タサル実ノ余リ六十五文ヲ乳香六
十五兩トスルハ一文差ナルユヘ一文ニテ除スル
ニ及ハス直ニ文ヲ兩ニ反シ乳香ノ數トス
反減下法ハ　法ハ実ノ下ニアルユヘ下
法ト云ソ法百四十兩ノ内実ノ余リ六十五
ヲ減ソ余リ七十五兩ハ檀香ナリ

本注按此其率者ハ　錢ノ実トシ
物ヲ法トシ実ヲ除テ得ル數ヲ賤キ率ノ
價トシ実ノ余リヲ貴キ物ノ數トスルヲ率トス郎一三四五

檀香兩價二文
共一百四十兩

檀香七十五兩	乳香六十五兩
共錢三百	四十五文
差一文	實余六十五

乳香兩價三文

二

今有錢八百四十文買核桃七千二百九十枚欲其貴賤率之問各幾何

六七ノ問ナリ

其反率者——物ヲ実トシ錢ヲ法トシ実ヲ除得ル数ヲ貴キ物トシ実ノ余リヲ賤キ價ノ錢トスル反率ナリ

即二番八番ナリ

答曰　其二千一百六十枚錢八枚直一文　○　其五千一百三十枚九枚直錢一文

術曰列核桃爲實以錢八百四十爲法實如法而一得八枚直錢一文就加一枚乃九枚直錢一文餘實五百七十反

一枚差ソ○此未六問モ皆々一箇差ナリ

クル三七千二百九十枚ノ内貴キト賤キト二色アルナリ　貴ト賤トハ

三

減下法餘二百七十八之得貴物數其不盡五百七十九之得賤物數合問

核桃ヲ實トシ錢ヲ法トシ実ヲ除テ八枚ヲ得ル是錢一文ニ付テノ貴キクル三也一枚ヲ加エ九枚ヲ得ル是一文ニ付テノ賤キクル三ナリ実ノ余リ五百七十八賤核桃ノ價錢ナルユヘ一文ニ付テノ九枚ヲ乗ノ賤キ核桃ノ數ヲ得ル二百七十八貴キ核桃ノ價錢ナルユヘ一文ニ付テノ八枚ヲ乗ノ貴核桃ノ數ヲ得ルナリ

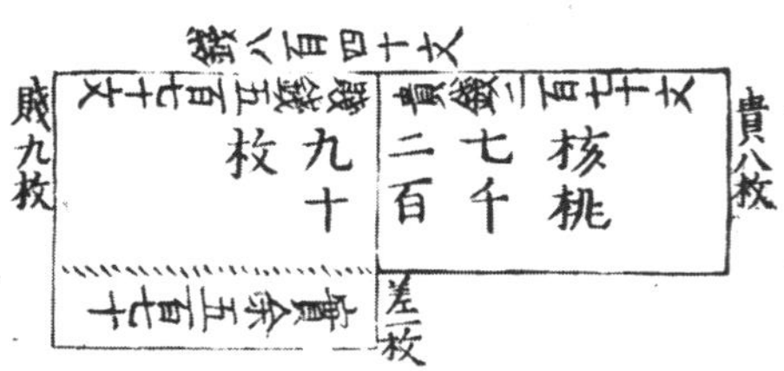

今有錢一十六貫五百文買漆一石三鈞一秤四斤五兩六銖欲其貴賤石率之問各幾

何

答 其一石三鈞四兩一十八銖石ノ價八千六百三十四文 ○其一秤四斤一十二銖石ノ價八千六百三十三文

術曰列漆通銖得八萬八千六十二爲法列錢以四萬六千八十乘之得七億六千三十二萬爲實如法而一得八千六百三十三文爲賤石價加一文即貴石價不盡八萬七百五十四反減下法餘七千三百八以秤斤銖法除之得一秤四斤一十二銖爲賤數其不盡八萬七百五十四以石鈞兩銖法除之得貴數合問

列漆通銖得― 先ツ漆一石ニ石ノ率四鈞ヲ乘ノ三鈞ヲ加テ七鈞トナル是ニ鈞ノ率二秤ヲ乘ノ一秤ヲ加エテ一十五秤トナル是ニ秤ノ率一十五斤ヲ乘ノ四斤ヲ加テ二百二十九斤トナル是ニ斤ノ率一十六兩ヲ乘ノ五兩ヲ加テ三千六百六十九兩トナル是ニ兩ノ率二十四銖ヲ乘ノ六銖ヲ加エ八万八千〇六十二朱ヲ得ルナリ又各銖法ヲ乘ノ通スルモ同シ―ソ

列錢以四万六千八十乘之― 石ヲ率トシテ銖ニ通スルユヘ石銖法四万六千〇八十ヲ乘スルナリ

減下法餘七千三百八以― 七千三百〇八ヲ秤銖法五千七百六十ニ除テ一秤ヲ得テ不尽一千五百四十八ヲ斤朱法三百八十四ニ除テ四斤ヲ得テ又不尽十二ナリ兩朱法ヨリ少キユヘ直ニ朱ニ命スルナリ

其不盡八萬七百五十四以― 八万〇七百五十四ヲ石銖法四万六千〇八十ニ除テ一石ヲ得ル不尽三万四千六百七十四ヲ鈞朱法一万一千五百二十ニ除キ三鈞ヲ得ル又不尽二百一十四兩アリ秤朱法ヨリ少ク又斤朱法ヨリモ少キユヘ兩朱法二十四ニテ除四兩ト一十八銖ヲ得ルナリ 後傚之

四

今有錢二十五貫三百文買絲二石二鈞一秤三斤四兩八銖欲其貴賤鈞率之問各幾何

○兩銖法二十四　一兩八四分一分八六朱ナルユヘ六朱ニ四分ヲ乘ゾ二十四朱ヲ得ル是一兩ノ積朱ナリ
○斤銖法三百八十四　兩朱法ニ斤率十六兩ヲ乘ゾ三百八十四朱ヲ得ル是一斤ノ積朱ナリ
○秤銖法五千七百六十　斤朱法ニ秤率十五斤ヲ乘ゾ五千七百六十朱ヲ得ル是一秤ノ積朱ナリ
○鈞銖法一萬一千五百二十　秤朱法ニ鈞率二秤ヲ乘ゾ一万一千五百二十朱ヲ得ル是一鈞ノ積朱ナリ
○石銖法四萬六千〇八十　鈞朱法ニ石率四鈞ヲ乘ゾ四万六千〇八十朱ヲ得ル是一石ノ積朱ナリ

答曰　其二石二斤五兩八銖　鈞ノ價二貫三百八十五文
○其二鈞一秤一十五兩　鈞ノ價二貫三百八十四文

術曰列錢以一萬一千五百二十乘之得二億九千一百四十五萬六千爲實列絲通銖得一十二萬二千二百一十六爲法實如法而一得二千三百八十四文爲賤鈞價內加一文即貴鈞價不盡九萬三千五十六反減下法餘二萬九千一百六十以鈞秤兩銖法除之得二鈞一秤一十五兩爲賤數其不盡九萬三千五十六以石斤兩銖法除之得二石二斤五兩八銖即貴數合問

列錢以一萬一千五百二十　是鈞ヲ率トノ朱ニ通スルユヘ鈞朱法一万一千五百二十ヲ乘スルナリ ○後秤ヲ率

トノ朱ニ通スル者ハ秤朱法ヲ乗ス斤ヲ率トノ朱ニ通スル
者ハ斤朱法ヲ乗ス又兩ヲ率トノ朱ニ通スル八兩朱法ヲ
乗スル
ナリ

五

今有錢一百貫買胡椒二十七石一鈞一秤三斤一十二兩一十八銖欲其貴賤秤率之問得幾何

答曰 其二石二鈞八斤一十兩 秤價四百五十七文○其二十四石三鈞一十斤二兩一十八銖 秤價四百五十六文

術曰列椒通銖得一百二十六萬二千八百九十八爲法列錢以五千七百六十乗之得五億七十六百爲實實如法

六

而一得四百五十六文爲賤秤價內加一文即貴秤價不盡一十一萬八千五百一十二反減下法餘一百一十四萬四千三百八十六以石鈞斤兩銖法除之得二十四石三鈞一十斤二兩一十八銖爲錢數其不盡一十一萬八千五百一十二以石鈞斤兩銖法除之得二石二鈞八斤一十兩即貴數合問

今有錢二百五十貫買桂花一十二石三鈞一秤一十三斤九兩四銖欲其貴賤斤率之

問各幾何 答曰 其五石一秤一十三斤五兩
八銖斤價一百六十一文○其七石三鈞三兩二十銖
斤價一百六十一文
術曰列錢以三百八十四乘之得九千
六百萬爲實列桂花通銖得五十九萬
八千四百九十二爲法實如法而一得
一百六十文爲賤斤價内加一文即貴
斤價不盡二十四萬一千二百八十反
減下法餘三十五萬七千二百一十二
以石鈞兩銖法除之得七石三鈞三兩

二十銖爲賤數其不盡二十四萬一千
二百八十以石秤斤兩銖法除之得五
石一秤一十三斤五兩八銖即貴數合

問

今有錢三十八貫四百文買木香一石二鈞
一十四斤一十四兩八銖欲其貴賤兩率之
問各幾何 答曰 其二鈞一斤四兩兩價一十三文○
其一石一十三斤一十七兩八銖兩價一十二文
術曰列木香通銖得七萬四千八百四
十爲法列錢以二十四乘之得九十二

萬一千六百爲實實如法而一得二十
二文爲賤兩價內加一文即貴兩價不
盡二萬三千五百二十反減下法餘五
萬一千三百二十以石斤兩銖法除之
得一石一十三斤一十兩八銖爲賤數
其不盡二萬三千五百二十以鈞斤兩
銖法除之得二鈞一斤四兩即貴數合
問

八

今有錢二十八貫六百八十文買黃蠟二石
三鈞一秤三斤六兩八銖欲其貴賤銖率之
問各幾何
荅曰 其三鈞一十斤二兩一十六銖 四銖直錢一文
○一 其二石八斤三兩一十六銖 五銖直錢一文
術曰列蠟通銖得一十三萬三千七百
八十四爲實以錢爲法實如法而一得二
四銖直錢一文乃貴物也內加一銖即
賤物也不盡一萬九千六十四乃賤價
也反減下法餘九千六百一十六即貴
價四之得三萬八千四百六十四以鈞
斤兩銖法約之得三鈞一十斤二兩一

新編算學啓蒙巻中

十六銖其不盡一萬九千六十四五之得九萬五千三百二十以石斤兩銖法除之得二石八斤三兩一十六銖合問

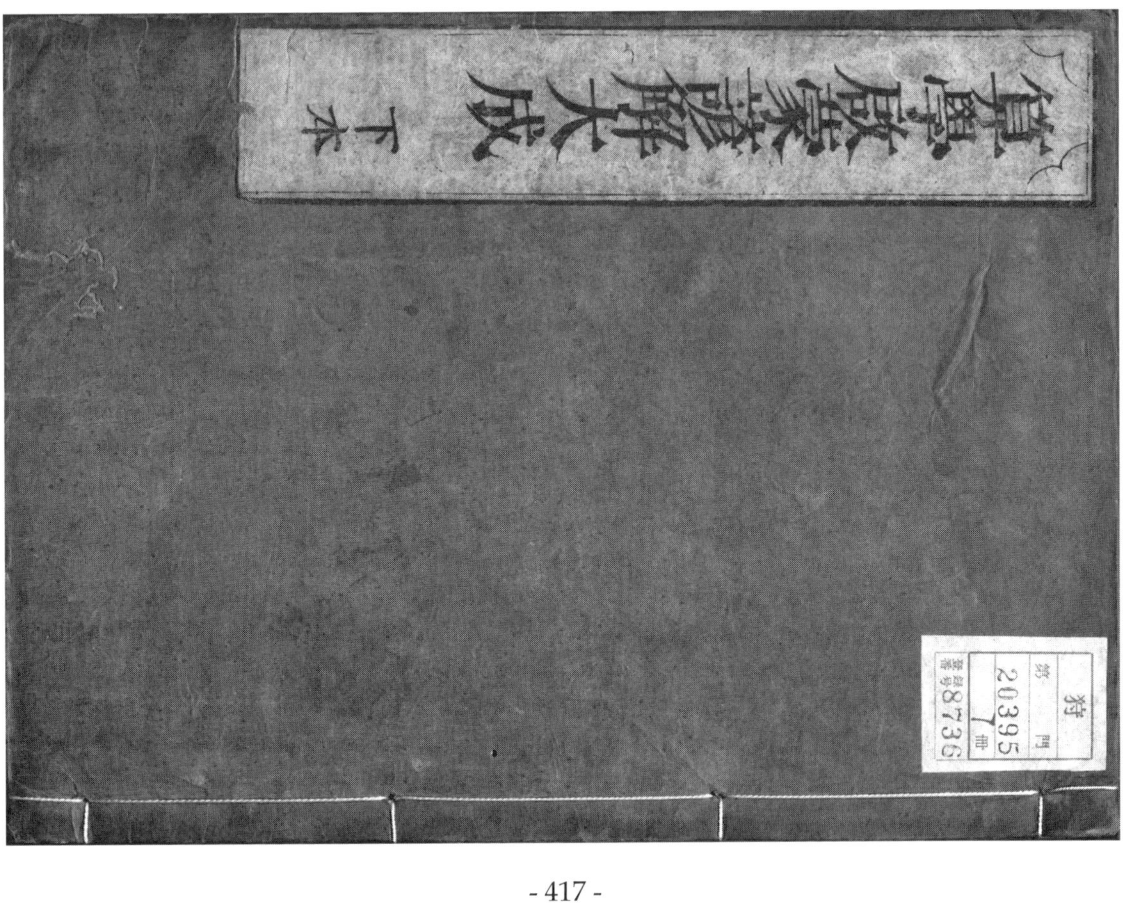
算學啓蒙諺解大成
下本
狩
20395
87736

新編筭學啓蒙卷下

松庭朱　世傑　編撰

之分齊同門　九問

之分トハ幾分之幾分ト云上中ヲ畧ソ之分ト云ソ齊同ヒトシクヨナシ　幾分之幾分トイカホト重リタルヲモヒトシクヲナシクスルノ術ナリ

今有五十六分之二十一問約之幾何

八分之三

物ヲ五十六ニワケテ其二十一分アルヲツヽメテハイクツニ分テ其イクツ分ニナルゾトナリ

術曰先列分母五十六於上位次列分子二十一於下位以子兩次減其母餘

一十四母復減其子餘七子又減其母亦餘七乃得等數爲約法別列分母五十六分子二十一各以法約之合問

但有除分者餘不盡之數不可棄之棄之則不合其源可以爲之分言之之分者乃乘除徃來之數還源則不失其本也故九章設諸分於篇首者爲何謂之分者乃開筭之戸牖也綴其義闕遠其術衆妙是以學者造之鮮詮故張丘建有云不患乘除之爲難而患通分之爲難是也且合減課分之術乃群其母而齊其子母法子實而一平分者母互乘子副倂爲平實母相乘爲法以列數乘未倂者各爲列實以列數乘法減多益少而平經分者錢爲實人爲法而一重有分者同而通之乘分者子相乘爲實母相乘爲法而一約分者治數之繁也設有四分之二減而言之御二分之一也可約則約可半則半此類前問欲買馬五十六匹已買二十一匹問幾分中買訖幾分答曰八分中買三分也

提約分ノ術ナリ分ノ繁トヲ治ルノ法ニシテ諸術ニ通用ス筭ヲ学者ノ専ニスヘキノ術ナリ其外ノ諸分ノ術モ皆此約分ヨリ出タリ

先列分母五十六ーーー　先分母ノ五十六ヲ上位ニヲキ分子ノ二十一ヲ下位ニヲキテ下位ノ二十一ヲ以テ上位ノ五十六ヲ拂ヒ去レハ分母ニ十四ヲ余ス　此分母十四ヲ以テ下位ノ二十一ヲ拂ヒ去レハ分子ニ七ヲ余ス　此分子七ヲ以テ又分母ノ十四ヲ拂ヒ去レハ分母ニ七ヲ余ス爰ニ於テ分母モ分子モ七ト等數ヲ得タルユヘ此七ヲ約法トスルナリ○カクノ如ク分母ト分子トニテ幾度モ互ニ拂ヒ去テ母ト子ト同シ數ニナリタルトキニ止テ其數ヲ約法トス

別列分母ーーー　分母五十六ト分子二十一トヲ別ニ置約法七ニテ五十六ヲツヽメテ八ヲ得ル二十一ヲツヽメテ三ヲ得然レハ五十六分ノ二十一ハ約メテ八分ノ三トナルナリ

[本注] 但有除分者ーーー　タトヘハ十ヲ三ニ除ニ三箇三分三厘三三……ト不尽ヲアマスヲ捨ヘカラストナリ捨ニく

源ニカヘストキハ三ヲ乗ソ九箇九分九厘九九ミトナリテ元ノナトナル|アタハス故ニ源ニアハズトナリ

可以爲之分言之——之分トナストハ假如(タトヘ)十ヲ三ニ除ハ三箇ニテ除テ不尽一トナル是法ノ數ヨリ以キユヘ分母分子ニ命テ三分箇之一ト留メテ置ヘシトナリ

之分者乃——乗シタルヲ除シ除シタルヲ乗シ如此徃來スル數ヲ源ニカヘスニ則チ其元ノ數ヲウシナハストナリ

故九章設——約分課分等ヲ九章ト云書ノハシメニ出セリ

乃開算之——諸分ノ術ヲ書ノハシメニ出シタル意ハ之分ハ算ヲ肄(ナラ)クノ戸牖トミドソトナリ

其義闊遠——其義ヒロクトホク其術奥妙ナルユヘ学者是ヲナス|スクナシトナリ○今世ニモ算専ナリトイヘ𪜈イカヽカ此意ヲ知ル者ナクシテ分ヲ斁(ヤフ)クシ術ノ蹤ナル|甚多シ学者ノ能々心得ヘキ|ソ

故張丘建有云——張丘建ト云人ノ言ニカケワリノムツカシキト云|ヲバ患ヘスシテ此術ヲカタシトスル|ヲウレフトナリ

且合減課分——合課分　減課分　平分

經分　連有分　乗分　以上ノ術トモ此次ニ段々有之故今ノ数ニ委シク註セス

約分者治——約分ハ右ノ術ナリ四分之二ヲ右ノ術ニテツヾムレハ二分之一トナルソ又六分ノ三或ハ八分ノ四ナドモ約テハ皆二分ノ一トナルナリ

今有甲絲八分兩之七乙絲七分兩之六丙絲六分兩之五問合之得幾何　答曰二兩一百六十八分兩之九十五

術曰依圖布算

𝍦 之七	𝍧 八分
𝍥 之六	𝍦 七分
𝍤 之五	𝍥 六分

母互乗子右上得二百九十四右中得二百八十右下得二百八十八右三位併之共得八百六十二爲實左行分母相乗得三

百三十六ヲ爲法ト實如法而一ヲ不滿法者

各半之合問

是合課分ナリ甲乙丙合スルユヘ合課分ト云○是モ甲
糸ハ子七ヲ母八ニテ除キ八分七厘五毛乙糸ハ子六ヲ
母七ニテ除キ八分五厘七毛一余丙糸ハ子五ヲ母六ニテ除
八分三厘三毛三余トナル三色ヲ合セテ二兩五分六厘五
毛四トナレ圧不尽出テ殊ニ重ルユヘ源ニカヘサハ其ノ違ヲ
ナリサルニヨリ此術ヲ以テ分母分子ニ命ソ其不尽ヲ
母子ニ籠テ置ユヘ收弃ノ損益ナシ

母互乘子 —— 分母互ニ分子ニ乘スルハ乙丙ノ母ヲ
甲ノ子ニ相乘シ甲丙ノ母ヲ乙ノ子ニ相乘シ甲乙ノ母ヲ丙
ノ子ニ相乘スルナリ是ハ甲モ乙モ丙モ皆乞分母ヲ同數ニ
ナスヘキ爲ナリ先ツ甲ノ子七ハ甲ノ母ニ因ル甲糸ナリ
乙ノ母七ヲ乘シ又丙ノ母六ヲ乘ソ右ノ上ニ二百九十四ヲ得
是甲ノ母ニ因リ乙ノ母ニ因リ丙ノ母ニ因ル甲糸ナリ　乙ノ
子六ハ乙ノ母ニ因ル乙糸ナリ甲ノ母八ヲ乘シ又丙ノ母六ヲ
乘ソ右ノ中ニ二百八十八ヲ得ル是甲ノ母ニ因リ乙ノ母ニ因
リ丙ノ母ニ因ル乙糸ナリ　丙ノ子五ハ丙ノ母ニ因ル丙糸ナリ
甲ノ母八ヲ乘シ又乙ノ母七ヲ乘ソ右ノ下ニ二百八十ヲ得ル
是甲ノ母ニ因リ乙ノ母ニ因リ丙ノ母ニ因ル丙糸ナリ

左行分母相乘 —— 甲ノ母八ト乙ノ母七ト丙ノ母六
ト三色相乘シテ三百三十六ヲ得ル是三色ノ同分母ノ
數ナリ實ニ於テ

甲絲　三百三十六分兩之二百九十四
乙絲　三百三十六分兩之二百八十八
丙絲　三百三十六分兩之二百八十

如此三色トモニ分母同シ數ニナリタルユヘ三色ノ分子ヲ合
セテ八百六十二ヲ實トシ分母三百三十六ヲ法トシテ實ヲ
除スルナリ

不滿法 —— 是ハ實ヲ法ニテ除ニ其法ノ數ノ位ニテ
除テ法ノ數ヨリ實少クナリタル時ニ留メテ置ユヘナリ先ツ
實八百六十二ヲ法三百三十六ニテ除テ商ニ二兩ヲ得テ
不尽百九十アリ是法ノ數ヨリ少キユヘ法ニ滿タザル者
ナリ

各半之 —— 其不尽ヲ置テ三百三十六分兩之一百九十
トスレバ分ガ繁キユヘ三百三十六ヲ分母トシ一百九十ヲ分子
トシテ前ノ約分ノ術ニテ等數二ヲ得テ是ヲ約法トシ
法ノ三百三十六ヲ約メ一百六十八トス實ノ余リ一百九十ヲ

今有甲錢九分錢之五減其乙錢七分錢之

三問餘幾何 答曰 六十三分錢之八

術曰依圖布算

母互乘子右上得三十五右下得二十七以下減上餘八爲實左行分母相乘得六十三爲法實如法而一不滿法者命之合問

ツヽメ九十五トス　名トハ

実モ法モト云一ナリ

是減課分ナリ　甲ノ内乙ヲ減ソト云ユヘ減課分ナリ

母互乘子　是モ前ニ同シ乙ノ分母七ヲ甲ノ分子五ニ乘ソ右ノ上三十五ヲ得ル是甲錢六十三分錢之三十五ナリ　甲ノ分母九ヲ乙ノ分子三ニ乘ソ右下ニ二十七ヲ得ル是乙錢六十三分錢之二十七ナリ

以下減上　右ノ下ノ二十七ヲ以テ右ノ上ノ三十五ヲ

減ソ余リ八ヲ実トス

左行分母相乘　甲ノ母九ト乙ノ母七ト相乘シテ六十三ヲ得ル是同分母ナリ法トソ実ヲ除ケ𪜈初ヨリ実少クシテ法ニ三タサルユヘ直ニ六十三分之八トス

命之　法ニ満タサル実ノ八ヲ分子トシ法六十三ヲ分母トシテ約分ノ術ニテ約法ヲ求ムレバ約法一トナルユヘ約ヌルニ及ハスシテ其侭置ナリ　○命ナツクルナリ六十三分錢之八ト分母分子ニ命ルヿ

今有甲持絹七分尺之五乙持絹四分尺之

三問孰多多幾何 答曰 乙絹多二十八分

尺之一

術曰依圖布算

母互乘子右上得二十右下得二十一以少減多餘一爲實分母相乘得二十八爲法實如

法而一不滿法者命之合問

是相減課分ナリ前ノ減課ト相替ル一ナレ去ナカラ
前ハ甲ノ内乙ヲ減ソト云 是ハ甲ノ絹ト乙ノ絹ヤイヅレカ
多クイヅレカ少キト云ヘリ 夫ユヘ術ノ中ニテ少キヲ以テ
多キヲ減スルナリ 甲ハ二十乙ハ二十一ナルユヘ乙ハ甲ヨリ
二十八分ノ一多キト知ルナリ

五

今有甲米六分斗之五乙米五分斗之四丙米四分斗之三問減多益少各幾何而平

答曰各平一百八十分之一百四十三

術曰依圖布算

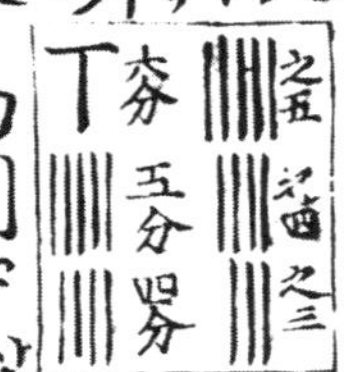

母互乘子右上得一百右中得九十六右下得九十各爲列實副併得二百八十六爲平實左行分母相乘得一百二十爲法又三之得三百六十亦三因右行末併者平實法實各半之得數減右上七減右中一而益右下得各平也合問

是平分ナリ 甲乙丙ノ内多キヲハ減シ少キヲバ増テ
三色ヒトシクスルユヘ平分ト云

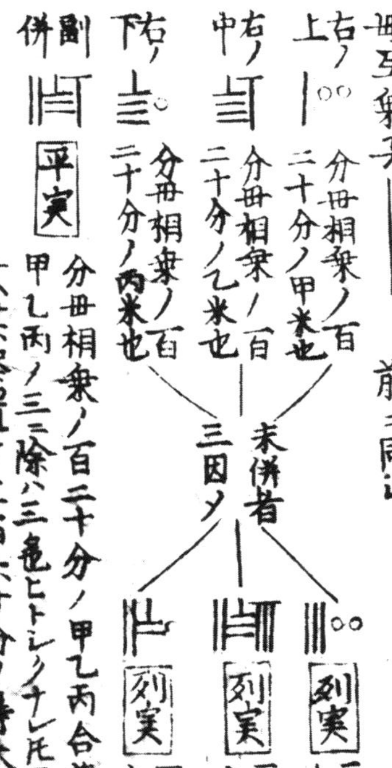

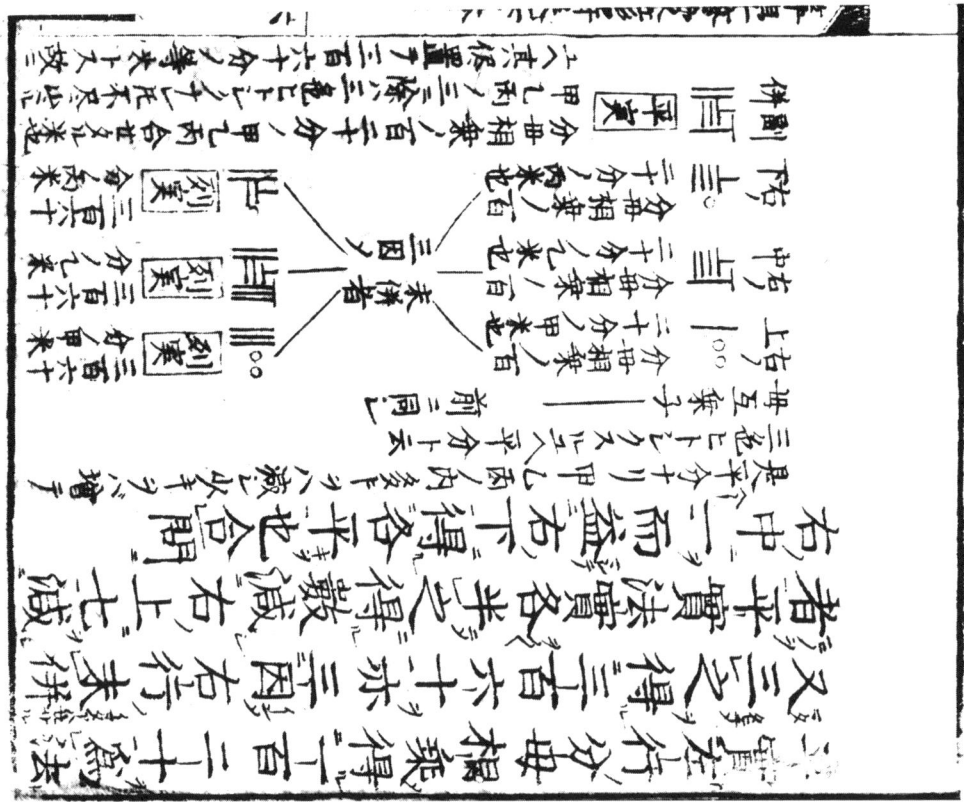

分母相乘ノ百二十分ノ甲乙丙合セタル米也
甲乙丙ノ三ニ除ハ三色ヒトシクナレ氏不尽也ル
ユヘ其侭置テ三百六十分ノ等米トス故ニ

六

今有六人五分人之四分銀八兩七分兩之三六分兩之五問人得幾何

答曰 一兩一千四百二十八分兩之五百一十七

術曰依圖布算

‖‖ 之三	‖‖‖ 之五
七分 Ⅱ	六分 Ⅰ

母互乘子併之得五十三寄位左行相乘得四十二以乘銀八兩得三百三十六併入寄位共得三百八十九以人分母五因之得一千九百四十五為實又列六人通分內子得三十四以銀分母四十二乘之得一千四百二十八為法實如法而一得一兩不滿法者命之合問

法ニモ未併者ニモ皆此三ヲ因スルナリ

左行相乘 ⊥。是分母相乘ノ數也法トス ─三因メ─ 丄。法実

各半之─ 右ノ三因シタル甲乙丙ノ列実ト法実トヲ又平実ト遍約ノ術ニテ半ニスルナリ

列実
一百八十分甲 ⊥。 平実ヲ減メ余 Ⅱ 甲米ヲ等シキ米ニ比スレバタキ一百八十分七ナル也右ノ上ニ七ヲ減ス
一百八十分乙 平実ヲ減メ余 ─ 乙米ヲ等キ米ニ比スレハタクキ一百八十分ノ一ナル也右ノ中ニ一ヲ減ス
二百十分丙 平実ヲ減メ余 Ⅲ 丙米ヲ等シキ米ニ比スレハ足キ一百八十分ノ八ナル故右ノ下ニ八ヲ益ス

平実 一百八十分等米 法ニテ除テ一百八十分之一百四十三ヲ得ル是甲乙丙ノ三色ヒトシキ米ナリ

法実─ 丄。

列実ト八甲ノ実乙ノ実丙ノ実三色別々ニ実トスルナリ。平実ト八三色ヒトシクシタル數ナルユヘ平実ト云。法実ト八法ナリ約法ニテツヽムルユヘ法実ト云

是重有分ナリ人ニモ銀ニモ皆分母子アリテ重ナル
ユヘ重有分ト云

依圖布筭　先ツ銀ノ分母子ヲ布ナリ母五三
子ニ乗ノ右ノ上ニ二十八右ノ下ニ三十五ヲ得ル合セテ五十三
是四十二分ノ両下ノ不尽ノ銀ナリ　分母相乗ノ四十二ヲ
八両ニ乗ノ右ノ五十三ヲ加エテ三百八十九ヲ得ル是銀ノ母
四十二分ノ合セタル銀ナリ

又列六人通分　六人ニ人ノ分母五ヲ乗ノ分子ノ四
ヲ加三十四ヲ得ル是人ノ母五分ノ人數ナリ　故ニ銀ニ人ノ
分母ヲ乗ノ実トシ人ニ銀ノ分母ヲ乗メ法トノ実ヲ除キ
一人ニシテ分ル銀一両ト一千四百二十八分両之五百一十七ヲ
得ルナリ

今有田闊一十三分歩之九長一十八分歩
之十一問爲田幾何　答曰二十六分歩之十
一

術曰依列分母相乗得二百三十

右行子相乗

圖布筭

左行母相乗

四爲法分子相乗得九十
九爲實實如法而一不滿法者各九約
之合問

是衆分ナリ長ト闊ト相乗スルユヘ衆分ト云
闊ノ分子九ハ分母十三箇ノ闊ノ歩ナリ　長ノ分子十一
ハ分母十八箇ノ長ノ歩ナリ故ニ長ト闊トノ分子ヲ
相乗シテ九十九ヲ得ル是分母相乗ノ二百三十四段ノ
積ナルユヘ実トス　長ト闊トノ分母ヲ相乗ノ二百三十四
ヲ得ル法トノ実ヲ除テ積ヲ得ル

不滿法者各九約之　約分ノ術ヲ以テ約法九
ヲ求テ実ト法トヲ約ルナリ

今有錢三百四十六貫八百買絲二百九十
八斤問斤價幾何　答曰一貫一百六十三文
一百四十九分文
之一百一十三

九

術曰列錢數於上為實以絲數為法實
如法而一不滿法者各半之合問

是經分ナリ
錢三百四十六毋三八百ヲ実トシ糸二百九十八斤ヲ法トシ
実ヲ除スルニ前ニ注スルコトク法ノカシラノ位ニテ除ハ一毋ニ
二百六十三文ヲ得テ不尽ニ百二十六アリ多ニテ約法ニ
ヲ求得テ実法ヲ約メテ一百四十九分文之一百一十三
ヲ得ルナリ

今有絲二百九十八斤斤價一貫一百六十
三文一百四十九分文之一百一十三問直
錢幾何　答　三百四十六貫八百文

術曰列共絲於上斤價通分內子得二
十七萬三千四百以乘上位得五千一
百六十七萬三千二百以分母一百四
十九約之合問

是通分ノ術ナリ前ノ経分ノカヘシナリ　通分ハ分毋ニ
通スルナリ通スルトハ分毋ヲ乘ノモトノ物ニカヘス意也　内
子ハ分子ヲイル、ナリ内ノ字イル、トヨム古ノ納ノ字ナリ
斤價通分　斤ノ價一毋三一百六十三文ヲ置テ分毋ノ
一百四十九ヲ乘ジ二十七万三千二百八十七トナル
内子得　｜　分子ナノ一百一十三ヲ加エテ二十七万三千
四百ヲ得ルナリ　○　又通分トハカリアルハ分子ナキ所ニ
分毋ニ通シテ計ヲコトナリ

一

堆積還源門　十四問

堆ウツタカシ積ツム也物ヲ高クツミアツムルヿナリ還源ト云ハ此門
後七問ハ初七問ノカヘシナレバナリ是ノミニ限ス何モカヘシハ還源ト云也

今有茭草底子每面五十四束問積幾何　答
曰一千四百八十五束

是俗ニ云秋筭ナリ上ニツアルユヘ両方ノノボリモ下モ皆五十四束ヅヽナリ○芟艸マグサ○束タバ子ル也

術曰副置五十四束以下位添一束以乗上位得二千九百七十半之得積合問

副置五十四束――上位ノ五十四ヲ横トス下位ノ五十四ニ上ノトマリ一ヲ加テ五十五ヲ縦トス縦横相乗スレハ虚実トモノ積二千九百七十トナル二ツニ割テ積一千四百八十五束ヲ得ルナリ

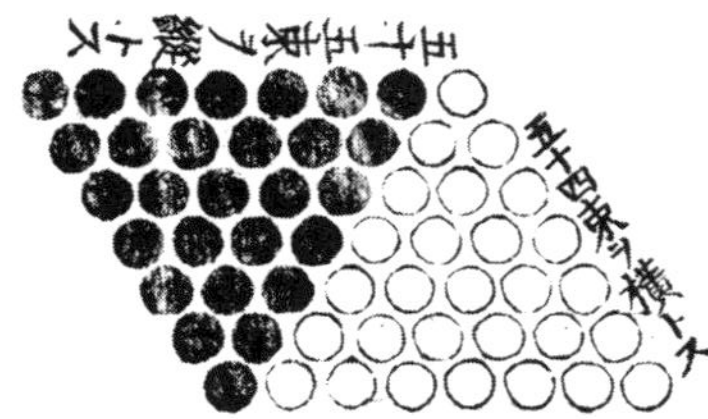

二

今有圓箭一束外周五十四隻問積幾何

答曰二百七十一隻

圓箭一束ハ矢一タバ子ナリ俗ニ是ヲ矢箆作カズヘル筭ト云

術曰副置五十四隻上位添六隻以下位乗之得三千二百四十為實以圓法十二而一加心箭一隻合問

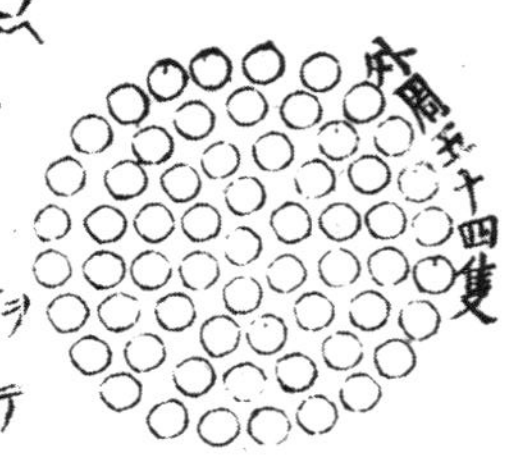

是ハ心箭ノ一ヲ去リテ餘リハ前ノ芟草ノ積ノ六双倍ナリ

外周ニ中ノ周六ヲ加エテ六十ヲ得ルヲ縦トス上位ナリ

外周五十四ヲ六双倍ノ横トス下位ナリ縦横相乗スレハ

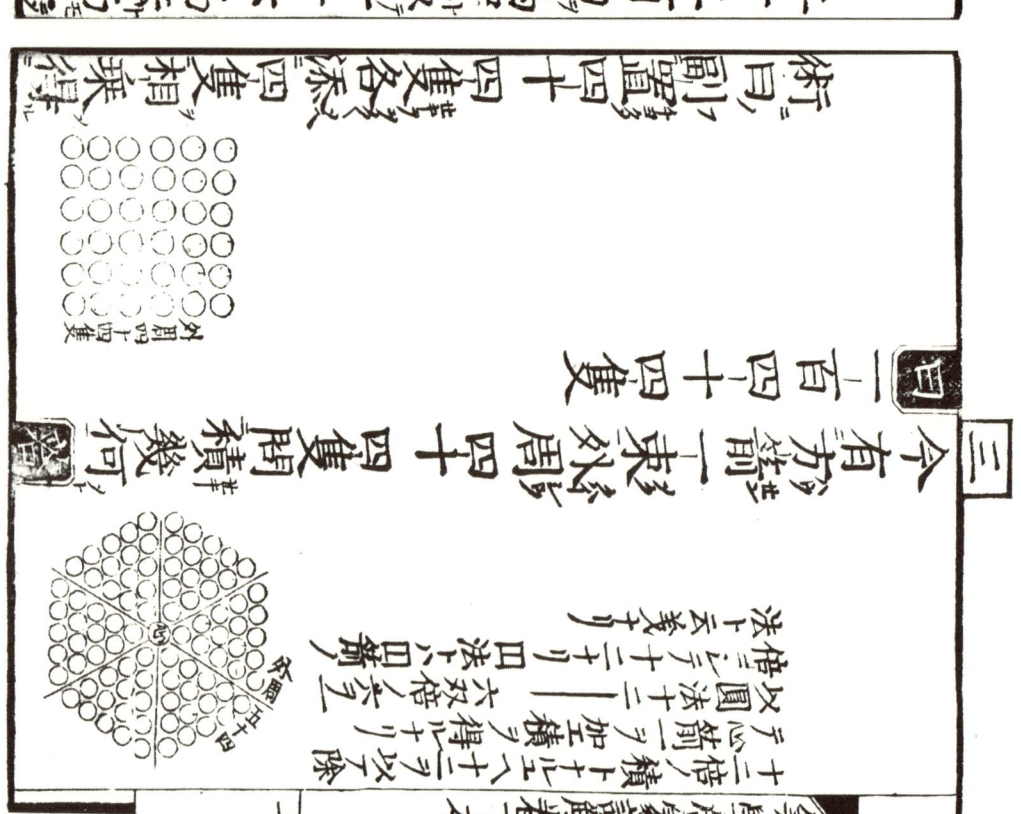

十二倍ノ積トナルユヘ十二ヲ以テ除テ心箭一ヲ加エ積ヲ得ルナリ

以圓法十二—— 六双倍ノ六ヲ一倍ニシテ十二ナリ 囗法ト八囗箭ノ法ト云義ナリ

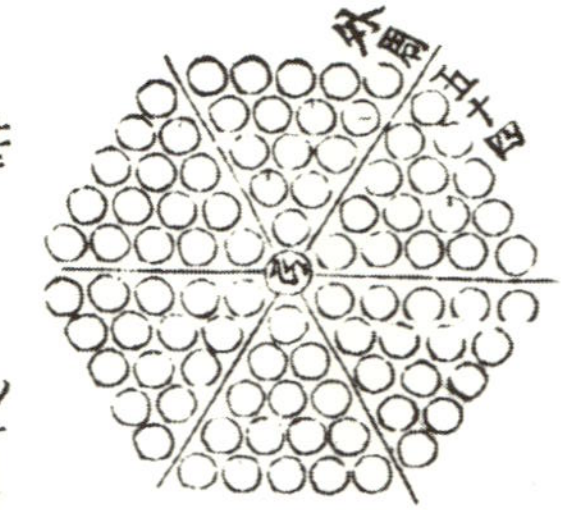

三

今有方箭一束外周四十四隻問積幾何

答曰 一百四十四隻

術曰副置四十四隻各添四隻相乗得

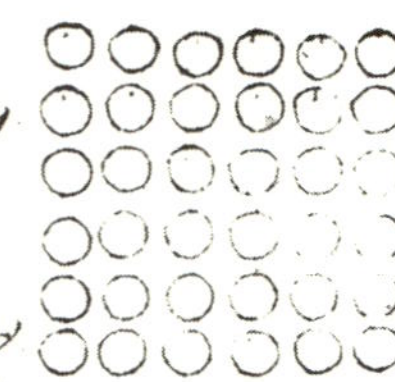

四

二千三百四為實以十六為法而一

合問

外周ヲ四ニ割ハ一方ノ数ニツヽ不足ユヘ外周ニ四ヲ添テ四十八ヲ得ル是四双倍ノ一方ノ面ナリカケアハセテ十六ニテ除積ヲ得

十六ハ四双倍ノ四ヲ自因シテ十六ナリ

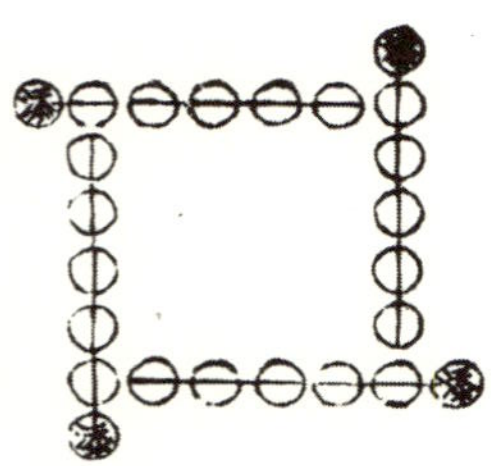

今有三角垜果子每面底子四十四箇問共積幾何

答曰 一萬五千一百八十箇

上ノ留リ一ナルユヘ下三方ノ面モ上三方ノ登リモ皆四十四ツヽナリ

俗ニ云三方錐積ナリ

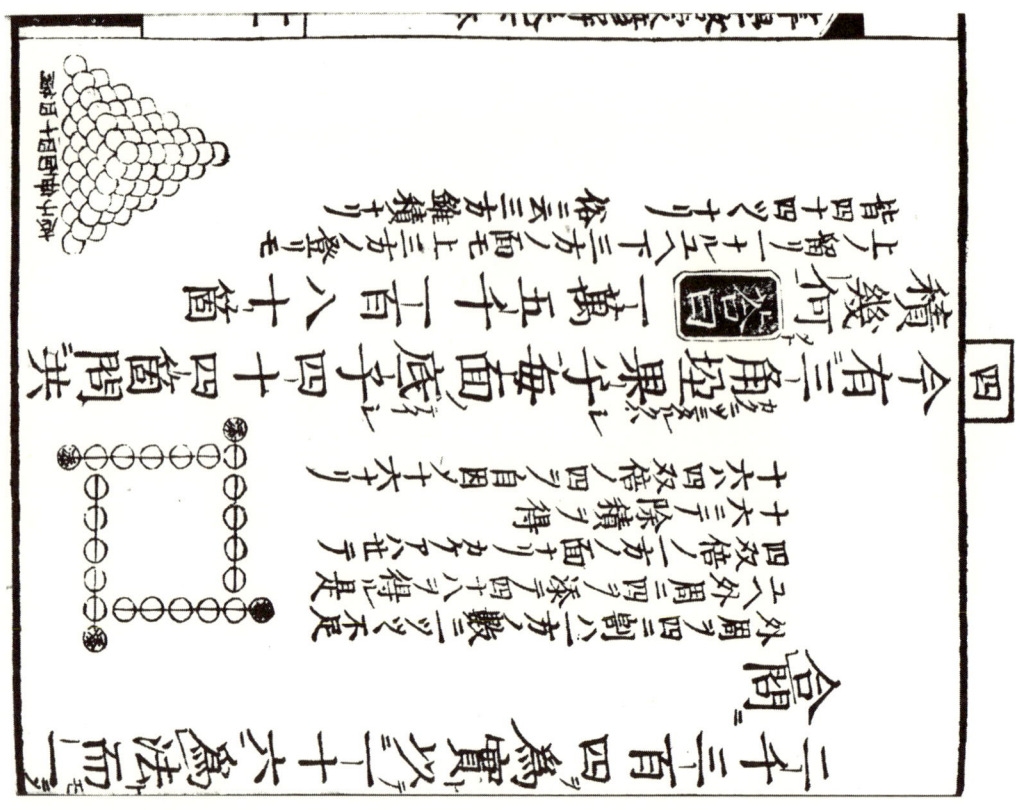

五

今有四角垜果子每面底子四十四箇問共積幾何

答曰二萬九千三百七十箇

上一ツトマリナル上ヘ下ノ四方ノ面モ上四方ノ登リモ皆欠四十四ヅヽナリ。俗ニ是ヲ四方錐積ト云

術曰列底子添三以底子乘之得數又添二又以底子乘之得九萬一千八十爲實以六爲法實如法而一合問

底子每面四十四箇

術曰列底子添一箇半以底子乘之得數又添半箇又以底子乘之得八萬八千一百一十爲實以三爲法實如法而一合問

今按術曰倍底子添三箇以底子乘之得四千○四添二一箇以底子乘之得一十七方六千二百二十○以六約之得積也

六

今有圓毬一隻徑一尺六寸問積幾何

答曰二千三百四寸

毬ハマリ立圓ナリ俗ニ玉ト云○徑ワタリ俗ニ貫ト云

術曰列一尺六寸再自乘又九因得三萬六千八百六十四寸以十六而一合

問

九因得一　四周率三ヲ自因メ九ナリ
以十六一　四箇四径率四ヲ自因シテ十六ナリ
是古法ノ立四法ナリ
真積ヨリモ甚タ多シ

七

今有金毬一隻周三尺六寸厚四分問重幾何

答曰 一百八十一斤一十一両六銭四分八釐

是金ノ立四ノ中ニ立四ノ虚アルナリ周三尺六寸
ハ外ノ周ナリ厚ハ四分ナリ

術曰列三尺六寸以三而一得一尺二寸為虚実之径再自乗得一千七百二十八寸又九之十六而一得九百七十二寸減上下厚八分餘一尺一寸二分再自乗得一千四百四寸九分二釐八毫又九因十六而一得七百九十寸二分七釐二毫以減寄位餘金積寸也寸下分者身外加六為両合問

乃虚実ノ積也　乃虚積　金自方一寸重サ一斤

列三尺六寸以三而一　周三尺六寸ヲ周率三ニテ除
虚実ノ径一尺二寸ヲ得ル
又列径一尺二寸減　厚四分ヲ両方ニテ一倍ニシテ
八分トナルヲ以テ虚実トモノ径一尺二寸ヲ減シ余リニ虚
径一尺一寸二分ヲ得ル
以減寄位餘　余リニ実積一百八十一寸七分二

厘八毫ヲ得ル是一寸六面ノ金ノ坪數ナリ
寸下分者身外加六一一　金一寸六面ノヲモサ一斤
ナルユヘ金ノ積ニ十六ヲ乗ノ惣重サ二千九百○七両六
錢四分八厘トナル是ヲ一斤ノ率十六両ニテ除一百八十一
斤一十一両六錢四分八厘ヲ得ルトモトモ十六ヲ乗シテ
又十六ニテ除テムツカシキユヘ直ニ二百八十一寸ヲ一百八
十一斤ト見テ寸ヨリ下ノ七分二厘八毛ニバカリ金一寸ノ
重サ十六ノ六ヲ身外ニ加エテ一十一両六錢四分八厘ヲ得
ルナリ

八

今按　術曰列周三丈六寸再自乗得四方六千六百
五十六寸寄位　列厚六之以減外周餘三丈三寸
六分為虚周再自乗得數以減寄位餘八千七百二
十二寸九分四釐四毫　以四十八而一寸下分者身
外加六合問○厚ヲ六タヒニスル八周率三ヲ倍ノ六ナリ○

四十八八十六ニ周率三ヲ
乗シテ四十八ヲ得ル也

今有茭草積一千四百八十五束問底面幾
何
答曰　五十四束

術曰列積倍之得二千九百七十為實
以一為從方一為廉法開平方除之合
問

是ヨリ後前ノ問ノカヘシナリ　実方廉トスルノ數皆
分術ヲ以テ求之　立天元一為底面○一加入一
箇得一一　以底面乗之為二段積○一一　寄左　列
積倍之与寄左相消得式

負積	実
一	方
一	廉

一積ヲ倍ノ実トス○一ヲ方トス○一ヲ廉法トシ開平方ニ除キ底
面ヲ得ルナリ俗ニ是ヲ帯從ノ開平ト云○其加減倍
書段數等ハ委ク發微算法演段諺解ニシルス

九

今有圓箭二百七十一隻問外周幾何

答曰 五十四隻

術曰列積減一餘以十二乘之得三千二百四十爲實以六爲從方一爲廉法開平方除之合問

分術ヲ以テ是ヲ求ム 立天元一ヲ爲外周ト。加入一 積ノ六箇得 以外周乘之得。 寄左 列積内 積 以十二乘之与 寄左相消得式 減中心ノ一ヲ餘 内中

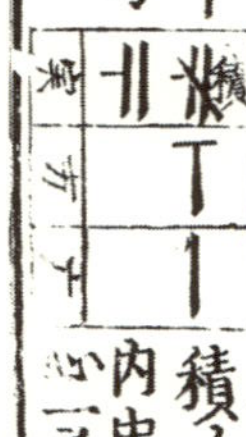

十

今有方箭一百四十四隻問外周幾何

減ノ余リニ十二ヲ乘ノ実トスルナリ

答曰 四十四隻

術曰列積減一餘以十六乘之得二千二百八十八爲實以八爲從方一爲廉法開平方除之合問

分術ヲ以テ求ム 立天元一ヲ爲外周ト。加入四箇 得 自乘之爲二十六段積 寄左 列積

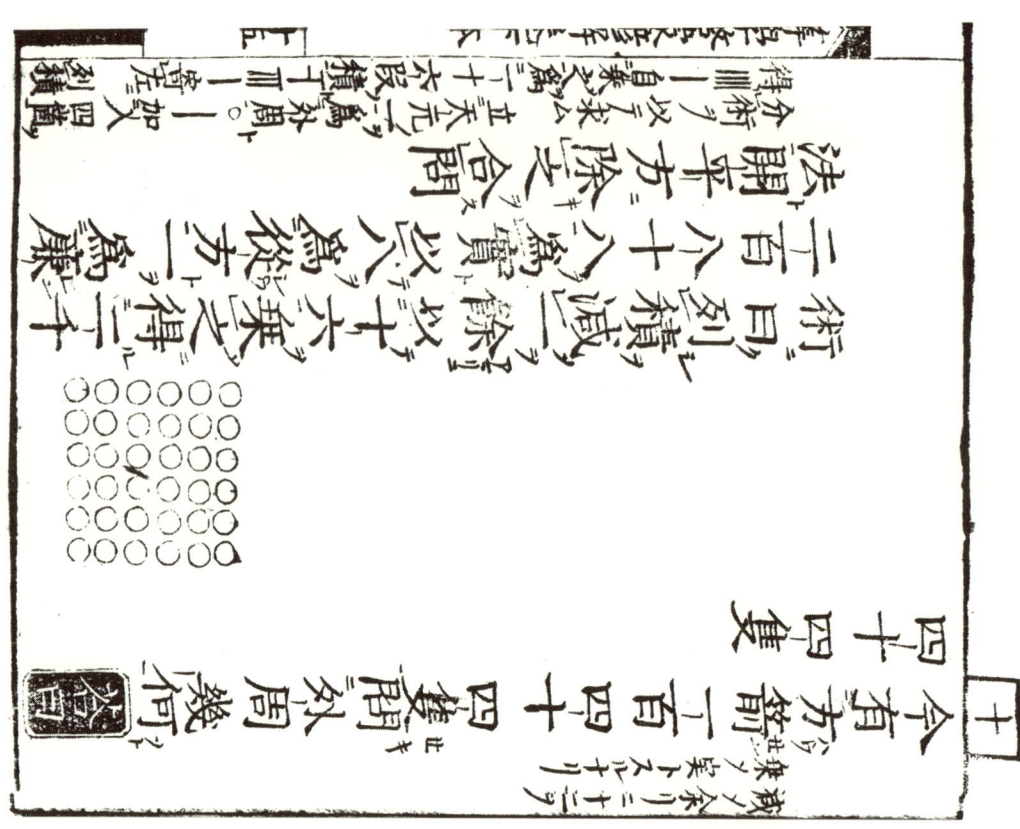

以二十六乘之与寄左相消得式

實	丅(負) 丅
方	Ⅲ
廉	｜

今按 術曰列積一百四十四隻為實以二為廉法開平方除之得二十二隻為每面數內減二隻餘四之得外周也

十一

今有三角垜果子積一萬五千一百八十箇 問底子一面幾何

答曰 四十四箇

術曰列積六之得九萬一千八十為實以二為從方三為從廉一為隅法開立

十二

方除之合問

分術以是求之 立天元一為底子○｜ 加入一箇得‖｜ 以底子乘之加入二箇得‖‖｜ 又以三箇得‖‖‖｜ 以底子乘之為六段積○‖‖‖｜寄左 列積六之与寄左相消得式

實	丅(負) 積
方	‖
廉	‖‖
隅	｜

今有四角垜果子積二萬九千三百七十箇 問底子一面幾何

答曰 四十四箇

術曰列積三之得八萬八千一百一十為實以半箇為從方一箇半為從廉一

爲隅法開立方除之合問

分術以求之 立天元一爲底子。一加入一箇半以底子乘之得。一加入半箇又以底子乘之爲三段積。三 一寄左 列積三之与寄左相消得式

積	
實	[illegible]
方	[illegible]
ナ	[illegible]
隅	[illegible]

今按 術曰列積六之得一十七万六千二百二十爲實以二箇爲從方三箇爲從廉二爲隅法開立方除之得底子每面也

今有立圓積二千三百四寸問爲立圓徑幾何

答曰 一尺六寸

術曰列積寸以十六乘之九而一得四

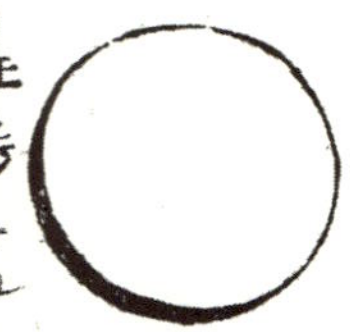

千九十六寸爲實以二爲隅法開立方除之即得合問

十六ヲ乘シ九而一ハ九圓
十六除ノカヘシナリ

今有三角四角果子各一所共積六百八十五箇只云三角底子一面不及四角底子一面七箇問二色底子一面各幾何

答曰 三角底面一十二箇○四角底面五箇

術曰六之共積得四千一百一十於上
位列不及七箇張三位上位倍之加一
得一十五中位加一得八下位得七三
位互乘得八百四十以減上位餘三千
二百七十爲實倍不及七加一得一十
五自之得二百二十五於上位又列不
及七加一倍之得一十六以不及七乘
之得一百一十二又加二併入上位共
得三百三十九爲從方又列不及七加
一得八六之得四十八爲從廉以三爲

隅法開立方除之得三角底子一面五
箇加不及七箇即四角底子一面一十
二箇合問

今按術曰列共積六之得四千一百一十寄位列不及七倍之添三箇以不及乘之得一百一十九添一箇又以不及乘之得八百四十以減寄位餘三千二百七十爲實列不及七六之添六箇以不及乘之添三箇共得三百三十九爲從方列不及七大之添六箇得四十八爲從廉以三爲隅法開立方除之得三角底子加不及即四角底子也

盈不足術門　九問

盈アニル不足タラズ也アニルトタラストニツヲ以テ
術ヲ起スゾ盈朒トモ盈朓トモ云皆同シ一ナリ

今有人分銀不知其數只云人分四兩剩一

十二両人分七両少六十両問銀及人各幾何

答曰 銀一百八両○人二十四

人アリテ銀ヲ分ルニ人數モ銀ノ數モシレズ一人ニシテ銀四両ツヽ分レハ惣銀ノアマル一十二両ナリ又一人ニシテ七両ツヽ分レハ惣銀ノタラザル一六十両ナリ然ルトキハ人ハ幾人銀ハ幾両ソトナリ

術曰依圖布算

七両	少六十
四両	剩十二

俗ニ布盗人ト云算モ此盈朒ナリ

以盈不足維乘之右上得八十四左上得二百四十併之得三百二十四為實盈不足相併得七十二為法列七両四両以少減多餘三両約法實為銀數法為人數合問

以盈不足維乘之 ── 維ス三也盈ト不足トヲ以テ分ル銀ニスミチカエニ乘スルユヘ維乘ト云ナリ

盈十二両ハ惣人數ニ付テ一人分ノアマリナリ不足六十両ハ惣人數ニ付テ一人分ノ不足ナリ先ツ盈十二両ヲ七両ニ乘メ右ノ上ニ八十四ヲ得ル不足六十両ヲ四両ニ乘メ左ノ上ニ二百四十ヲ得ル二數併テ三百二十四ヲ実トシテ約法三両ニテツヽメ惣銀ヲ得ルナリ

盈不足相併 ── 盈十二両ト不足六十両ト合セテ七十二両ヲ法トス約法ニテ約テ人數ヲ得ル

列七両四両 ── 七両ノ内四両ヲ減ノ余三両ヲ約法トスル也

○右実法トスルハ惣銀ヲ実トシ人數ヲ法トメ実ヲ除テ一人ニシテ分ル銀ヲ得ルユヘ除サル以前ノ実法ナリ故ニ実ヲ実ノ実トシ法ヲ法ノ実トシ約法ヲ法トメ実法ヲ約ルナリ

実ノ圖

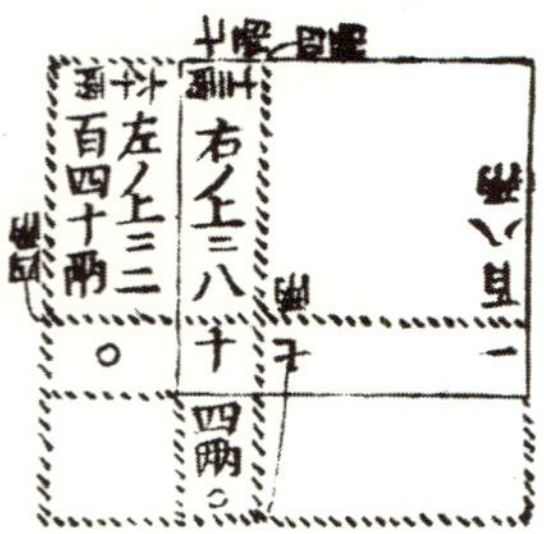

法圖

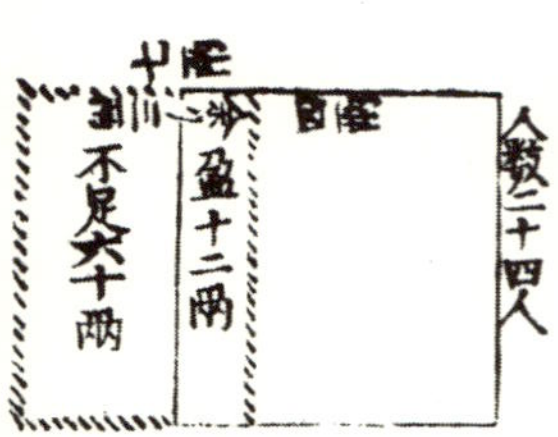

今有人買羊不知其數只云人出四百盈一
貫七百四十人出三百盈八百四十問羊價
及人各幾何 答曰 羊價一貫八百六十文○
九人

人ヨリ合テ羊一疋ヲ買ニ人數モ羊ノ價モ知ズ只一人シテ錢
四百文ツヽ出シテ買ハ出ス錢一貫七百四十文アマル又一人シテ錢
三百文ツヽ出シテ買ハ出ス錢又八百四十文余ルトキハ羊ノ價
人數各イカホトソトナリ

術曰依圖布算（三百 盈錢／四百 盈錢）以兩盈維乘所出率左上
得三百三十六貫右上得
五百二十二貫以少減多餘一百八十
六貫爲實兩盈相減餘九百爲法列四

百三百相減餘一百約法實實爲羊價
法爲人數合問 問者同此術

是兩盈ナリ二鋅トモニ皆アマル
ユヘ兩盈ト云
以兩盈維乘 前ノ術ニ同意ナリ 四百ト八百四十ト相乘
シテ左ノ上ニ三百三十六貫ヲ又三百
ト一貫七百四十ト相乘ノ右ノ上ニ五
百二十二貫ヲ得ル左ヲ以テ右ヲ
減ノ余リ一百八十六貫ヲ實トス
兩盈相減 一貫七百四十ノ内
八百四十ヲ減シテ余リ九百ヲ法
トス
列四百三百相減 四百ノ内三
百ヲ減ノ余リ一百ヲ約法トシテ
實ヲ約メテ羊ノアタヒヲ得ル法ヲ
約テ人數ヲ得ルナリ
問兩不足 是ハ二鋅トモニ

實ノ圖

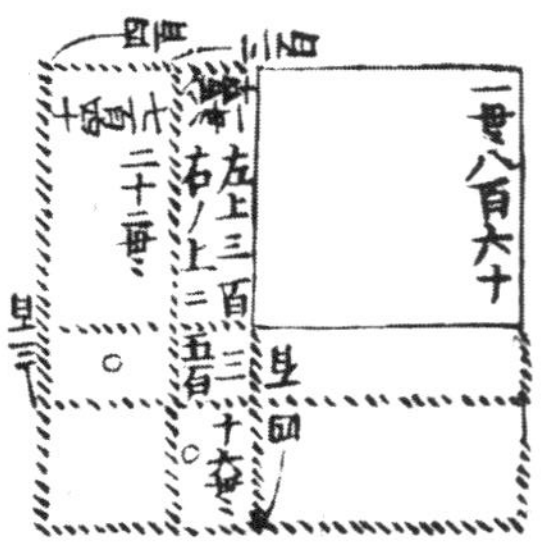

法ノ圖

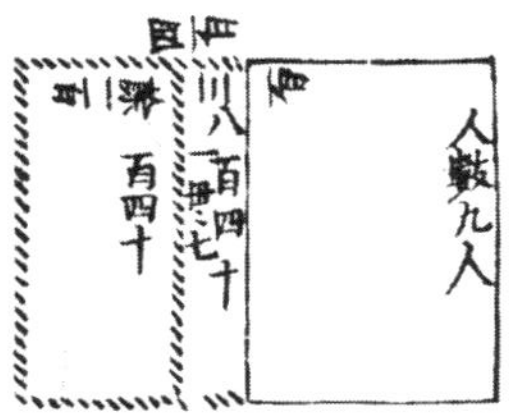

三

不足ニテ問ナリ　假如有人買羊不知其數只云人出一
一百不足九百六十人出二百不足六十　問羊價及人
人各幾何　答曰羊價一貫八百六十文　九人
術曰依圖布算（朒 一百 二百 盈 上 左 足 上）以而不足維乘所出率左上得二千一百九
十二貫右上得六貫以少減多餘一百
八十六貫為實而不足相減餘九百為法列二百丁
百相減餘一百約法實
為羊價法為人數也　合問

今有人買牛不知其數只云人出五百盈五
千人出三百適足問牛價及人各幾何
答曰
牛價七貫五百文　○　人二十五
一人シテ五百文ツヽ出廿八五千アマル一人シテ三
百ツヽ出ニ廿八アマリタラズナシニヒシトアフナリ
術曰列盈五千為實列所出率以少減
多餘二百為法實如法而一得人數以

四

適足三百乘之即牛價合問　問不足適足者同此
術也
是盈適足ナリアマルトヒシト合タルトヲ
以テ問ユヘ盈適足ト云
五百ノ内三百ヲ減ソ餘二百ヲ以テ盈ル五
千ヲ除テ人數ヲ得ル人數ニ三百ヲ乘ソ
牛ノ價ヲ得ルナリ
問不足適足　假如有人買牛
不知其數只云人出二百不足二貫
五百人出三百適足問牛價及人各幾何　答曰牛
價七貫五百文　人二十五　術曰列不足二貫五
百為實列所出率以少減多餘一百為法實如法而
一得人數以適足三
百乘之得牛價合問

（五百 盈五千 ／ 三百 適足 ／ 人數）

今有人持錢買絲不知其數只云買一斤不
足五十七文買一十二兩盈一十五文問人

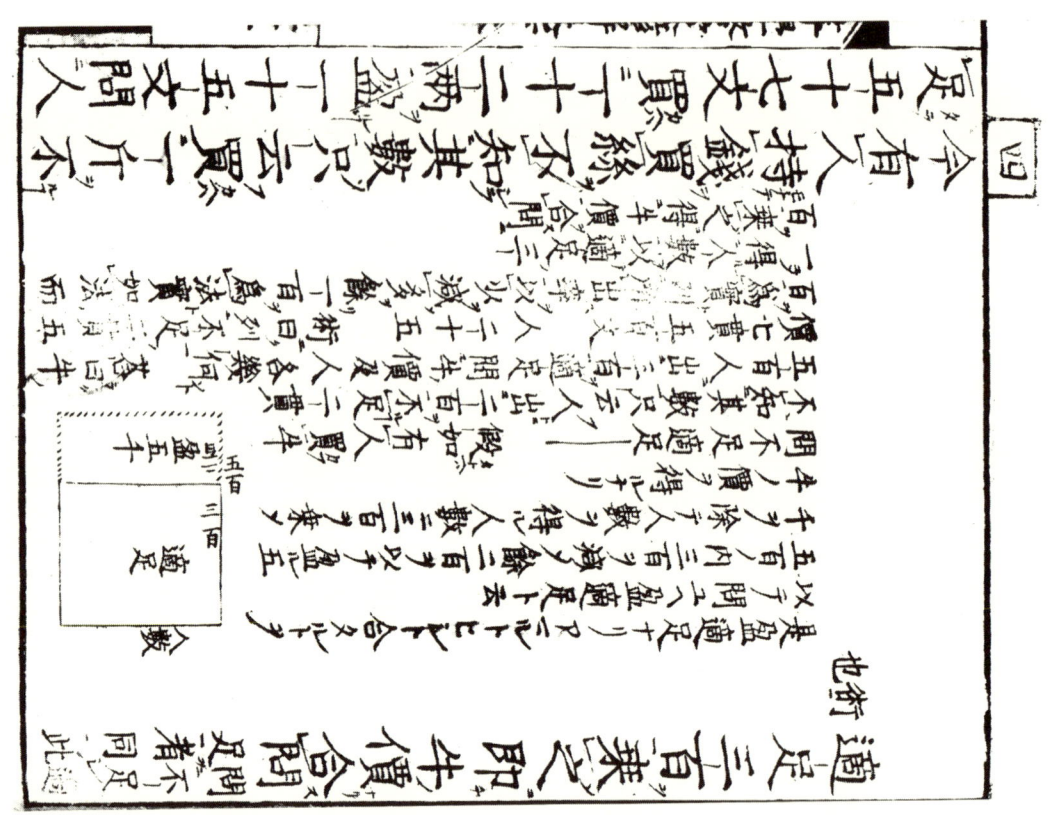

持錢及絲斤價幾何 答曰 人持錢二百三十一文 ○ 絲斤價二百八十八文
人ノ持タル錢ニテ糸一斤ヲ買ハ錢五十七文タラズ
糸十二兩ヲ買ハ錢一十五文アニルトナリ
術曰依圖布算

以盈不足維乘之左上得二百四十右上得六百八十四併之得九百二十四為實盈不足相併得七十二為法又列十六兩內減十二兩餘四兩約法實實為人持錢法為絲兩價身外加六即斤價合問
一斤ヲ十六兩ニ通シテ筭ヲ布ナリ術一番ト同シ
法ヲ約メテ十八文トナル是糸一兩ニ付テノ價錢ナルユヘ身外六ヲ加テ一斤ノ價錢二百八十八文ヲ得ルナリ

今有人買馬不知其數只云九人出七貫不足四貫七百八人出八貫盈一十八貫三百問馬價及人各幾何 答曰 馬價五十三貫七百文 ○ 人六十三
術曰依圖布算

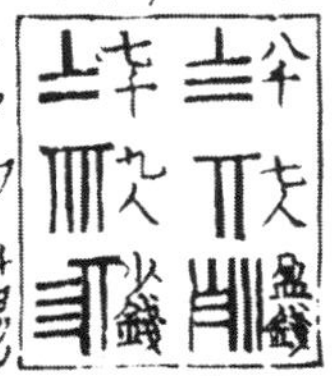

以人數維乘所出率左上得四萬九千右上得七萬二千副置相減得二萬三千為約法又以盈不足維乘之左上得八億九千六百七十萬右上得三億三千八百

四十萬併之得一十二億三千五百一十萬為實人數互乘各得六十三亦以盈不足維乘之左中得一百一十五萬二千九百右中得二十九萬六千一百併之得一百四十四萬九千為法各以二萬三千約之實為馬價法為人數合

問

九人シテ七毋ミヲ出スハ一人シテ七百七十七文七ミヽヲ出ス也
七人シテ八毋ミヲ出スハ一人ノ一毋百四十二文八五七ヲ出スナリ
七人九人ヲ分母トシ八毋ミ七毋ミヲ分子トシ算ヲ布
以人數維乘―― 是ニテ分母ヲヒトシクスルナリ先ツ

七人ト七千ト相乘ノ左ノ上ニ四万九千八六十三人シテ出ス錢ナリ九人ト八千ト相乘ノ右ノ上ニ七万二千是ヲ

六十三人シテ出ス錢ナリ 相減ノ余リ二万三千八分母六十三分ノ約法ナリ 爰ニテ六十三人シテ七十二毋ミヲ出ミ廿八盈ル―― 十八貫三百ナリ 六十三人シテ四十九毋ミヲ出廿八不足―― 四貫七百トス

又以盈不足維乘―― 又爰ニテ維乘スルナリ

四万九千ト十八毋ミ三百ト相乘シテ左ノ上ニ八億九千六百七十万ヲ得ル七万二千ト四貫七百ト相乘シテ右ノ上ニ三億三千八百四十万ヲ得ル合セテ一十二億三千五百一十万ヲ得ル実トス

人數互乘―― 七人ニ九人ヲ乘メ六十三又九人ニ七人ヲ乘メ六十三ナリ是同分母

亦以盈不足維乘―― 又爰ニテ維乘スルナリ

六十三人ト十八毋ミ三百ト相乘シテ左ノ中ニ一百一十五万二千九百又六十三人ト四毋ミ七百ト相乘メ右ノ中ニ二十九万六千一百ヲ得ルアハセテ一百四十四万九千ヲ得ル法トス

各以二万三千―― 約法二万三千ヲ以テ実ヲ約テ馬ノ價ヲ得ル法ヲ約メテ人數ヲ得ルナリ

今按 術曰先以人數與所出率維乘右下得七萬二千左下得四萬九千以人數相乘得六十三仍以盈不

六

足依圖布算

維乘相併之共得一十二億三千五百一十萬為實盈不足相併以人分母乘之得一百四十四萬九千為法以左右上率數相減餘二萬三千為約法以約實法實為價法為人數也

今有甲米不知其數貯於四碩五斗囤中乙悮入粟滿而相和今變為糲米共量得三碩四斗四升問甲米乙粟各幾何

答曰　甲米一碩八斗五升○乙粟二碩六斗五升

米四石五斗ヲ小クラノ中エ入ント思ヒテ先ツ前ヨリアル米ヲ入レタレハイマダタラヌニヨツテ外ニ入レ足ストテ取チガエテモミヲ入タゾサルニヨリ四石五斗一盃ニハ満タレドモ米ト粟ト一ツニ成タルニヨツテソレヲエリワケテ後皆米ニシタレバヘリテ元ノ米ト粟トニ三石四斗四升ニナリタルトナリ　然ラバ前ニ入タル米ハイカホトゾ又後ニ入タル粟ハイカホトゾトナリ○甲米乙粟トハ一ニ米二ニ粟ト

芸意○糲米ハ粟ニテハアラヲ去リタル米

術曰假令甲米二碩一斗有餘一斗令之一碩五斗不足一斗四升盈不足術求之依圖布算

維乘上二位相併得四碩四斗四升為實以盈不足相併得二斗四升為法實如法而一得甲米反減四碩五斗餘即乙粟　按此甲米二碩一斗乙粟二碩四斗以六因之得米一碩四斗四升併之得三碩五斗四升課於三碩四斗四升外多一斗故曰有餘若令甲米一碩五斗乙粟三碩以六因之得米一碩八斗併之得三碩三斗課於三碩四斗四升外少一斗四升故曰

不足合問

假令甲米二碩一㪷――　先ツ甲ニ入ル米ヲ大殺ニ石一斗ト定メテ四石五斗ヲ減スレハ乙ニ入ル粟ハ二石四斗ナリ粟一石ヲ穀ヲ去レハ糲米六斗ニナル之ヘ二石四斗ニ六ヲ因ノ乙ノ米一石四斗四升ナリ是ニ甲ノ米二石一斗ヲ合セテ三石五斗四升トナル然レハ題ニ云三石四斗四升ヨリハ一斗多キナリ　故ニ有余ト云

令之一碩五斗――　甲ノ米ヲ二石一斗ニスレハ多キユヘ一石五斗ト定メテ四石五斗ヲ減スレハ乙ニ入ル粟ハ三石ナリ是ニ六ヲ因ノ乙ノ米一石八斗ナリ甲米ト合セテ三石三斗トナル然レハ題ニ云三石四斗四升ヨリ一斗四升少キナリ故ニ不足ト云

盈不足術――　右ノ有餘ト不足トニテ盈不足ノ術ニテ求ムルナリ

維乗上二位相併――　二石一斗ト一斗四升ト相乗ノ左ノ上ニ二石九斗四升ヲ得ル一石五斗ト一斗ト相乗ノ右ノ上ニ一石五斗ヲ得ル相併テ四石四斗四升ヲ実トス

右ノ上一石五斗	左ノ上二石	
○	九斗	一
	四升○	二

今有人携酒遊春不知其數只云遇務而添酒一倍逢花而飲三㪷四升今遇務逢花俱各四次酒盡壺空問元携酒幾何

答曰　三㪷一升八合七勺半

以盈不足相併――　盈一斗ニ不足一斗四升ヲ加テ二斗四升ヲ法トシ実ヲ除　甲ニ入タル米一石八斗五升ヲ得ルナリ

此問ヲ盈不足術門ニ入ルヿハ強テ求メタルナリ　折變互差門ニ入ヘキ問ナリ

入術　先求甲米術曰列四碩五㪷以六因之得二十七碩七㪷以減三碩四㪷四升餘七㪷四升爲實列一碩内減六㪷餘四㪷爲法實如法而一得甲米反減四碩五㪷餘即乙粟也

先求乙粟術曰列四碩五㪷内減三碩四㪷四升餘一碩六升爲實列一碩内減六㪷餘四㪷爲法實如法而一得乙粟反減四碩五㪷餘即甲米也

人アリテ花ヲ見テ酒ヲ飲アソブニ元モチタル酒ヲ花見ニ行ベキトキニ一倍ソヘテ。行テ三斗四升ノミ重子テ行ヘキ䀹ニ其残リタル酒ヲ又一倍ニシテ。行テ三斗四升ノミ又重子テ行ヘキトキ其ノコリタル酒ヲ又一倍ニシテ。行テ三斗四升飲カクゴトクシテ四タビ行テ四タビ一倍ツヽ添テ四度飲タレバ元持タル酒ガ皆ナクナリテ其壺ガカラツホニ成タルトナリ然ルトキハ元モチタル酒ハイカホトソ ○遇務トハ會ナドヲシテ我ガ番ニアタリタルヿナリ

術曰假令元酒三㪷二升有餘二升令之元酒三㪷不足三㪷乃以盈不足術求之依圖布筭

三㪷	少三㪷
三㪷二升	盈二升

維乘上二位相併得一碩二升為實以盈不足相併得三㪷二升為法實如法而一

按元酒三㪷二升倍之内減三㪷四升餘三㪷又倍之又減三㪷四升餘二㪷六升又倍又減三㪷四升餘一㪷八升又倍又減三㪷四升外剩二升故曰有餘令之三㪷倍之減三㪷四升餘二㪷六升又倍又減三㪷四升餘一㪷八升又倍又減三㪷四升餘二升又倍得四升反減三㪷四升外少三㪷故曰不足合問

假令元酒三㪷二升──先ツ元ノ酒ヲ三斗二升ノツモリニシテ初ノ度ニ一倍ニシテ六斗四升トナル内飲酒三斗四升ヲ引テノコリ三斗アリ○二度目ニ残ル三斗ヲ一倍ニシテ六斗トナル内三斗四升ヲ引テ残リ二斗六升アリ○三度目ニ二斗六升ヲ一倍ニシテ五斗二升トナル内三斗四升ヲ引テ残リ一斗八升アリ○四度目ニ一斗八升ヲ一倍ニシテ三斗六升トナル内三斗四升引テ皆ナクナルハズナレ𪜈残リ二升アルユヘ有餘二升トス

令之元酒三㪷──元ノ酒三斗二升ニスレハ余ルユヘ三斗ノツモリニシテ初ノ度ニ一倍ニシテ三斗四升引テ残リ二斗六升アリ○二度目ニ二斗六升ヲ一倍ニシテ三斗四升引残リ一斗八升アリ○三度目ニ一斗八升ヲ一倍ニシテ三斗四升引残リ二升アリ○四度目ニ二升ヲ一倍ニシテ三斗四升引ハカヘツテ三斗少キユヘ不足三斗トス

盈不足ノ術前ニ同シ
此問モ此門ニ入ルヿ強テ入レタル
モノナリ

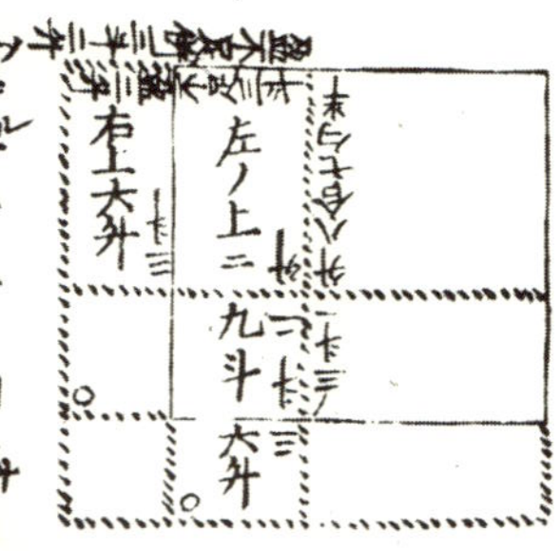

今按 術曰置二倍之得三三自乗得二十六為法内減一餘一十五以三斗四升乗之得五碩一斗為實如法而一得元酒也 乃二次者自乗三次者再自乗四次者三自乗五次者四自乗也

八

今有松竹並生松初日長五尺竹初日長二尺松日自半竹日自倍問松竹幾何日而長等

答曰 二日九分日之二〇各長七尺七寸九分寸之七

松ト竹ト同シ日ニ一所ニナラビテハエタルニ松ハ其日長五尺ノビ竹ハ其日ニ長サ二尺ノビタソ二日メニ松ハ前日ノ半分ノビ竹ハ前日ノ一倍ノビ三日メニ松ハ二日目ノ延ノ又半分ノビ竹ハ二日目ノ延ノ又一倍ノビカクノコトク松ハ一日増ニ前日ノ延ノ半分ツヽノビ竹ハ一日ヾシニ前日ノ延ノ一倍ツヽノビルトキハイク日ニシテ松ト竹ト同シナガサニナルゾトナリ

術曰假令二日不足一尺五寸令之三日有餘五尺二寸五分乃以盈不足術求之依圖布算

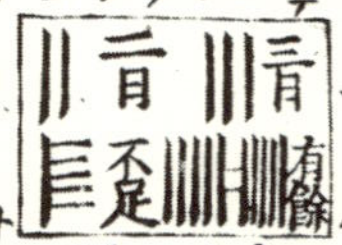

維乘上二位併得一丈五尺為實併盈不足得六尺七寸半為法實如法而一不滿法者各以七寸半約之得日數也求長者各以第三日所長以日分子乘之如日分母

而一各得ル二日ノ分子ノ之長ヲ又各増シテ二日ノ長ノ數ヲ得ルニ松竹等シキ長也
按ルニ此ニ二日ハ松ノ長サ七尺五寸竹ノ長サ六尺乃チ竹不ル及バ松ノ長ニ一尺五寸ニ故ニ曰ク不足ト令ツ之ヲ三日ニハ松ノ長八尺七寸半竹ノ長サ一丈四尺乃チ竹却テ過グ松ニ五尺二寸半ナリ故ニ曰ク有餘ト一合問ニ

假令二日 ― 先ツ二日ノツモリニシテ初日ノ松ノ長サ五尺ヲ二ツニ割二尺五寸トナル是二日メノ松ノ延ナリ初日ノ長五尺ト合セテ七尺五寸トナル是二日メノ松ノ總長ナリ○初日ノ竹ノ長二尺ト合セテ六尺トナル是二日メノ竹ノ延ナリ初日ノ長二尺ヲ一倍ニシテ四尺トナル是二日メノ竹ノ總長ナリ松ノ總長ニクラブレバ竹ノ長ノタラザル丁一尺五寸ナリ故ニ二日ニハ不足一尺五寸トス

令之三日 ― 二日ニハ竹ノ長サ不足ユヘ三日ノツモリニシテ二日メノ松ノ延二尺五寸ヲ又二ツニ割一尺二寸五分トナル是三日メノ松ノ延ナリ二日メノ總長七尺五寸ト合テ八尺七寸五分トナル是三日メノ松ノ總長ナリ○二日メノ竹ノ延四尺ヲ又一倍ニシテ八尺トナル是三日メノ竹ノ延[illegible]二日メノ總長六尺ト合セテ一丈四尺トナル是三日メノ竹ノ總長ナリ松ノ總長ニクラブレバ竹ノ長キ丁五尺二寸五分ナリ故ニ三日ニハ有餘五尺二寸五分トス

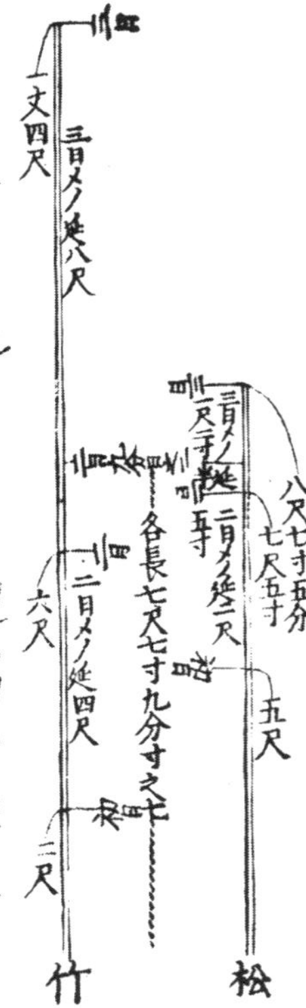

盈不足ノ術前ニ同シ七寸半ニテ約ルハ約法ノ七箇半ナリ

求長者各 ― 是ハ松ヨリ求ムルモ竹ヨリ モトムルモ同シ術ナリ松ヨリ求ムルハ三日メノ松ノ延一尺二寸五分ニ二日ノ分子ニヲ乘シテ二尺五寸トナルヲ日ノ分母九ニテ除キ二寸ト九分寸之七トナル是二日ノ余リノ日ニ延ル松ノ長サナリ二日ノ松ノ總長七尺五寸ヲ加エテ七尺七寸九分寸之七ヲ得ル○竹ヨリ求ムルハ三日メノ竹ノ延八尺ニ二日ノ分子ニヲ乘シテ一十六尺トナル日ノ分母九ニテ除テ一尺七寸九分寸之七トナル是二日ノ余リノ日ニ延ル竹ノ長サナリ二日ノ竹ノ總長サ六尺ヲ加エ又七尺七寸九分寸之七ヲ得ルナリ此問モ此門ニ強テ入タルナリ

今有鵝鴨九十九隻直錢九百三十文只云鵝九隻直錢一百二十三文鴨六隻直錢四十六文問二色及各價幾何

答曰 鵝二十四隻 直錢三百二十八文 ○鴨七十五隻 直錢五百七十五文

鵞ト鴨ト合テ九十九隻ノアタヒ九百三十文ナリ ○鵝アヒル ○鴨カモ

術曰假令鵝二十七隻鴨七十二有餘錢一十八文若令鵝二十一隻鴨七十八隻不足錢一十八文乃以盈不足術求之依圖布筭

維乘左上得四百八十六右上得三百七十八併之得八百六十四左中得一千二百九十六右中得一千四百四併之得二千七百各自爲實併盈不足得三十六爲法而一上爲鵝數中爲鴨數此按

鵝二十七隻直錢三百六十九文鴨七十二隻直錢五百五十二文併之共得九百二十一文課於九百三十文外多一十八文故曰有餘若令鵝二十一隻直錢二百八十七文鴨七十八隻直錢五百九十八文併之共得八百八十五文課於九百三十文外少一十八文故曰不足合問

假令鵝二十七隻鴨七十二隻—先ツ鵝二十七ヲ九十九隻ヲ減スレバ鴨ハ七十二ナリ鵝二十七ニ百二十三文ヲ乘メ九隻ニ除ハ三百六十九文トナル是鵝二十七ノ直錢ナリ○鴨七十二ニ四十六文ヲ乘メ六隻ニ除ハ五百五十二文トナル

是鴨七十二ノ直錢ナリ二色アハセテ九百二十一文トナル共ノ直九百三文ヨリ十八文多キユヘ有餘錢十八文トス若令鶏二十一隻鴨七十八隻｜　又鶏二十一ニスレハ六九十九隻ヲ減ノ鴨ハ七十八ナリ鶏二十一ニ百二十三文ヲ乗メ九隻ニ除テ鶏二十一ノ直二百八十七文ナリ○鴨七十八ニ四十六文ヲ乗メ六隻ニ除鴨七十八ノ直五百九十八文ナリ二色アハセテ八百八十五文トナル九百三文ヨリ十八文少キユヘ不足錢十八文トス

鶏ヲ求ムルハカクノコトクシテ盈不足ノ術ヲ以テ鶏ノ數ヲ得ル

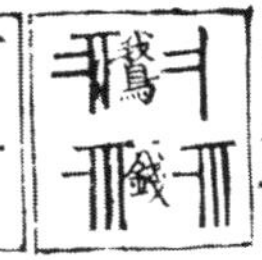

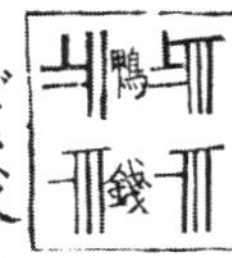

鴨ヲモトムルハカクノコトクシテ盈不足ノ術ニテ鴨ノ數ヲ得ル　本書ハ是ニツノ圖ヲ一ツニシテ右ノ上左ノ上右ノ中左ノ中トシテ鶏ト鴨トヲ一タビニ求ムルナリ盈不足ノ術前ト同意

此問モ此門ニ類テ入タルナリ求差分和門ナドニ入テ可也

各價ノ錢ヲ求ムルハ異乗同除ノ術ニテ鶏二十四隻ニ百二十三文ヲ乗メ九隻ニテ除鶏ノ直錢三百二十八文ヲ得ル是ヲ以テ九百三文ヲ減ノ余リニ鴨ノ價錢五百七十五文ヲ得ルナリ

今按　術曰列共直錢以鴨六隻乘之得五千四百一十八爲寄位列鶏鴨共數以鴨六直錢四十六文乘之得四千五百五十四以減寄位餘八百六十四以鶏九隻乘之得七千七百七十六爲實列鶏九直錢一百二十三文以鴨六隻乘之得七百三十八列鴨六直錢四十六文以鶏九隻乘之得四百一十四相減餘三百二十四爲法實如法而一得鶏二十四隻以減九十九隻餘鴨七十五隻也

方程正負門　九問

方ハ正ナリ行列ヲ置ー正方ナリ程ハ禾ノ數ナリ九章ニ謂禾ノ數ヲ以テ行列ニ置キ互ニ相減ノ求ムルユヘ方程ト云ナリ

○正負ノ正ハ數ノ正シキナリ負ハ數ノカケタルナリ

今有羅四尺綾五尺絹六尺直錢一貫二百一十九文羅五尺綾六尺絹四尺直錢一貫二百六十八文羅六尺綾四尺絹五尺直錢

一貫二百六十三文問羅綾絹尺價各幾何

答曰　羅九十八文○綾八十五文○絹六十七文

羅四尺ノ價ト綾五尺ノ價ト絹六尺ノ價ト三色合セテ錢一貫二百一十九文ナリ又羅五尺ノ價ト綾六尺ノ價ト絹四尺ノ價ト三色アハセテ錢一貫二百六十八文ナリ又羅六尺ノ價ト綾四尺ノ價ト絹五尺ノ價ト三色アハセテ錢一貫二百六十三文ナリ羅綾絹各一尺ニ付テアタヒ錢イカホトソトナリ○羅ウスモノ。綾アヤ○絹キヌ也　是羅ト綾ト絹ト三色ヲ以テ各直ヲ合セテ三段ニ云ユヘ俗ニ三組三色ト云

術曰

依圖布算

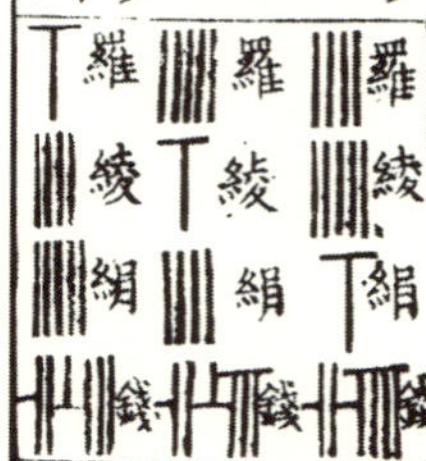

便以右行直減中左二行中行羅正一。綾正一。絹負二。錢正四十九左行羅正二。綾負一絹負一。錢正四十四又以右上羅四尺遍因中左二行仍用右行同減異加中行羅空。綾負一。絹負十四錢負一貫二十三文又以右行二次同減異加左行羅空綾負十四。絹負十六錢負二貫二百六十二文又以中行綾十四次直減左行羅綾空餘絹一百八十尺錢一十二貫六十文上法下實而一得絹尺價以乘中行絹就減中行錢餘即綾尺價就乘右行綾五尺得

四百二十五以減右下ノ錢又以絹尺價
乘右行ノ絹六尺得四百二十文又減右下ノ
錢餘三百九十二文以四約之得羅尺ノ
價合前問

便以右行直減中左二行――右行ヲ以テ中行ト左行トヲ減スルナリ○直減ハ同減異加ナリ後コレニナラヘ

先ツ右行ノ羅四尺ヲ以テ中行ノ羅五尺ヲ減ジ余リ正一○綾五尺ヲ以テ綾六尺ヲ減ジ余リ正一○絹六尺ヲ以テ絹四尺ヲ減スルニカヘツテ減ジ余リ負二○錢一毌二百一十九文ヲ以テ錢一貫二百六十八文ヲ減ジ余リ正四十九

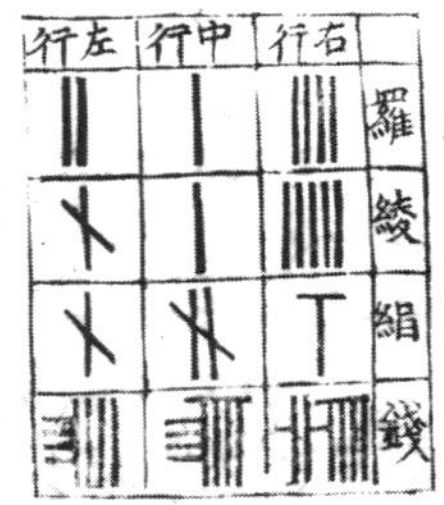

又右行ノ羅四尺ヲ以テ左行ノ羅六尺ヲ減ジ余リ正二○綾五尺ヲ以テ綾四尺ヲカヘツテ減ジ余リ負一○絹六尺ヲ以テ絹五尺ヲカヘツテ減ジ余リ負一○錢一貫二百一十九文ヲ以テ錢一貫二百六十三文ヲ減ジ余リ正四十四文

又以右上羅四尺遍因――右行ノ上ノ羅ノ四ヲ以テ今減ジタル余リノ中行ト左行トノ二行ニ羅綾絹錢皆ノコラズ因ジ中行　羅四○綾四○絹八○錢一百九十六文　左行羅八○綾四○絹四○錢一百七十六文ナリ○遍因ハアマネク因スル也

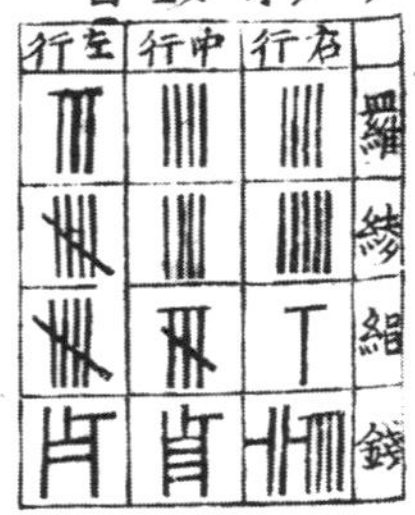

仍用右行同減異加中行――右行ノ羅四尺ヲ以テ今四因シタル中行ノ羅四尺ヲ減ジ空○綾正五尺ヲ以テ綾正四尺ヲカヘツテ減ジ余リ負一○絹正六尺ヲ以テ絹負八ヲ減スルニ異名ナルユヘ加テ負十四○錢正一貫二百一十九文ヲ以テ錢正一百九十六文ヲ却テ減シテ余リ負一毌二十三文

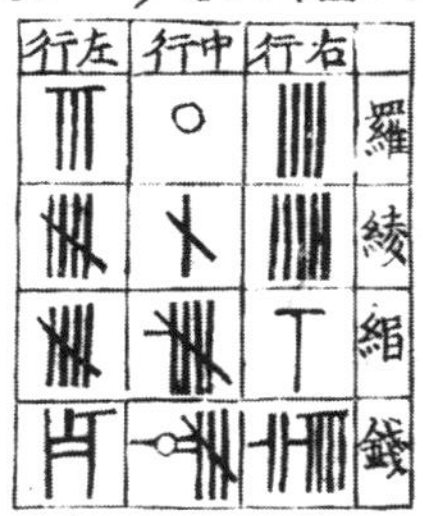

又以右行二次同減異加左行――先右行ヲ一倍シテ

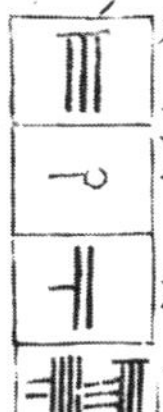

トナル是ニテ四因シタル左行ヲ減スルニ羅正八ヲ以テ羅正八ヲ減ジ空○綾正一十尺ヲ以テ綾負四尺ニ異加シテ負一十四○絹正一十二尺ヲ以テ絹負四尺ニ異加シテ負一十六○錢正二貫四百三十八文ヲ以テ錢正一百七十

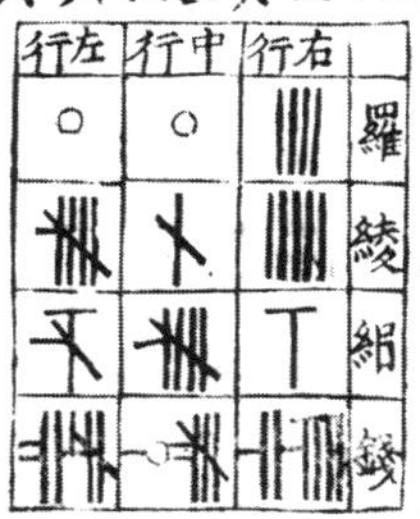

六文ヲ却テ減シ余リ負二貫二百六十二文ナリ

又以中行綾十四次直減左行

今ノ中行ニ左行ノ綾十四ヲアヒチカク乗シ

トナル是ニテ今ノ左行ヲ減スルニ綾負十四ヲ

ヲ以テ綾負十四ヲ減シ空○絹負一百九十

六尺ヲ以テ絹負二十六尺ヲカヘツテ減シ

余リ正一百八十○錢負一十四貫三百二十二文ヲ以テ錢負二

貫二百六十二文ヲカヘツテ減シ余リ正一十二貫六十文ナリ

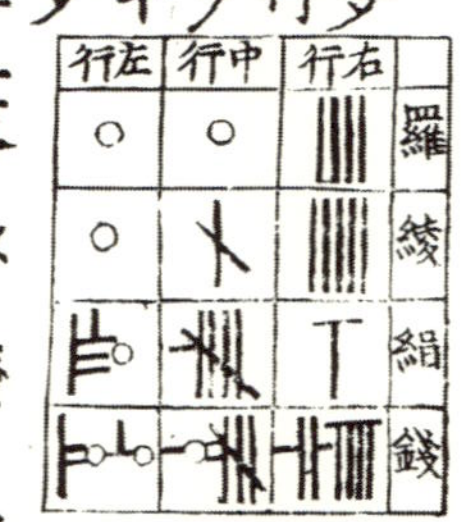

上法下實而一　上ノ絹一百八十

ヲ法トシ下ノ錢一十二貫六十文ヲ實トシテ

法ニテ除テ絹一尺ニ付テノ直錢六十七文

ヲ得ルナリ

以乗中行絹就減中行錢　六十

七文ヲ中行ノ絹十四尺ニ乗シテ九百三十八文

ヲ以テ錢一貫二十三文ヲ減シ余リ八十五

文トナル綾一尺ニテ除ニヨバズ直ニ綾一尺ニ付テノ直トスルナリ

就乗右行綾五尺　八十五文

ヲ右行ノ綾五尺ニ乗シテ四百二十五文又

六十七文ヲ絹六尺ニ乗シテ四百○二文ニ色ヲ

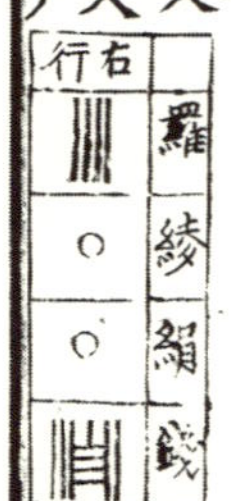

今有二馬三牛四羊價各不滿一萬若馬添牛一牛添羊一羊添馬一各滿一萬問三色各一價錢幾何

答曰　馬三千六百文○牛二千八百文○羊一千六百文

合セテ錢一貫二百一十九文ヲ減シ余リ三百九十二文ヲ羅四尺ニテ除羅一尺ニ付テノ直錢九十八文ヲ得ルナリ○總シテ此門ノ錢ノ所ヲ正負ニテ簡有ヲトイヘル愚意ヲ加エス舊ニ從フナリ

馬二匹ノ價ノ錢一万ニタラサルユヘ牛一匹ノ價ヲ添レハ一万ニ滿ル又牛三匹ノ價ノ錢モ一万ニタラサルユヘ羊一匹ノ價ヲ添レハ一万ニ滿ル又羊四匹ノアタヒ錢モ一万ニタラサルユヘ馬一匹ノ價ヲ添レハ一万ニ滿トナリ是馬ト牛ト羊ト三色ヲ以テ二色ノ價ヲアハセテ云ユヘ俗ニ二組二色ト云

術曰

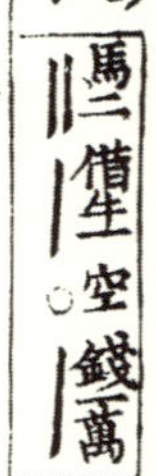

以右上馬二遍因左行

依圖
借馬一空　羊四　錢一萬
○空　生三　借羊錢萬

布筭以右行直減之馬ハ空。牛ハ負一。羊ハ正八。錢正一萬
又以中行牛三遍因左行以中行異減同加左行馬牛位ハ空餘羊二十五錢四
萬上法下實而一得羊價中行錢內減一羊價餘以三約之得牛價右行錢內
減一牛價餘半之即馬價合問

馬二匹ノ價ハ一万ニ牛一匹ノ價ヲ以キユヘ馬二牛一ノ價一万トス○
牛三匹ノ價ハ一万ニ羊一匹ノ價ヲ以キユヘ牛三羊一價一万トス○
羊四匹ノアタヒハ一万ニ馬一匹ノ價ヲ以キユヘ羊四馬一ノ價一
万トシテ筭ヲ布ナリ
以右上馬二遍因ー　右行ノ上ノ
馬ノ二ヲ以テ左行ニアミテ子ク因ゾ馬ハ二

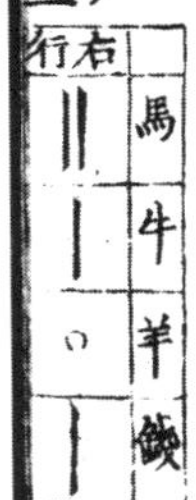

羊八○錢二万ナリ
以右行直減之ー　右行ヲ以テ
今乗シタル左行ヲ減スレハ馬空○牛
正三人無ユヘ負一○羊正八○錢正一万
トナル
又以中行牛三遍因ー　中行ノ
牛三ヲ以テ今減シタル左行ニアミテ子ク
因ゾ牛三○羊二十四○錢三万トナル
以中行異減同加ー　中行ヲ以
今因シタル左行ニ加レハ牛ハ異減シテ
空○羊ハ同加シテ正二十五○錢ハ同加ゾ
正四万ナリ
上法下實而一ー　上ノ羊二十五ヲ
法トシ下ノ錢四万ヲ実トゾ法ニテ除羊

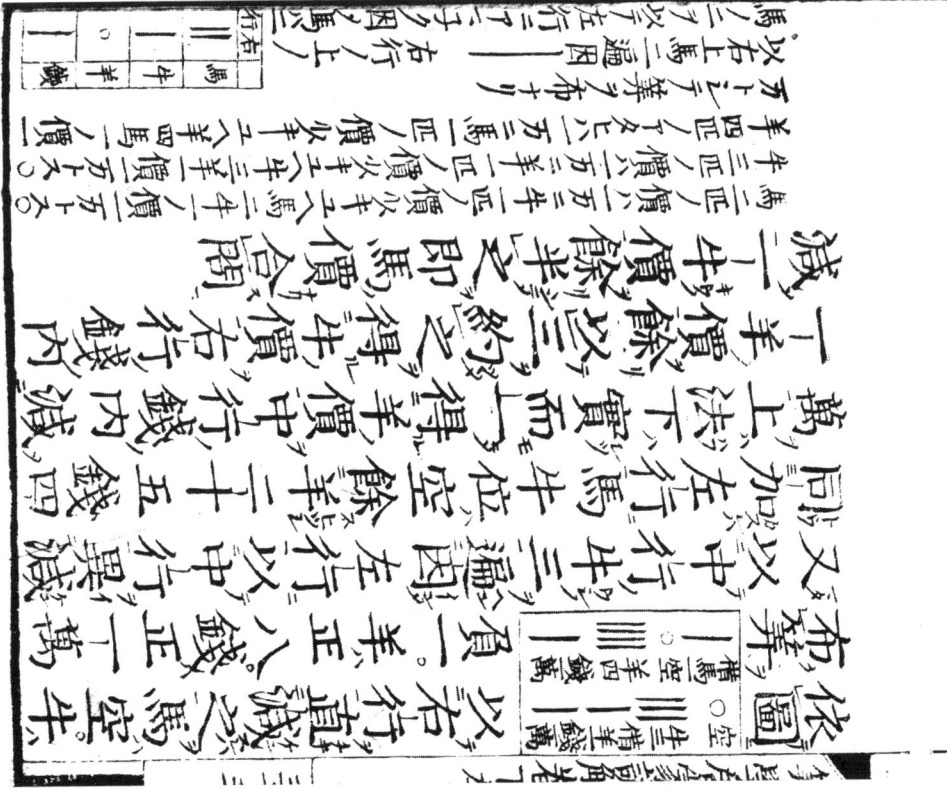

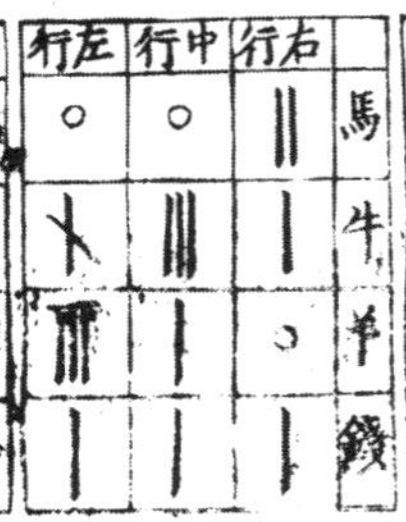

一ニ付テノ價ノ錢一千六百文ヲ得ルナリ

中行錢内減　中行ノ羊八一ナルユヘ羊一ノ
價一千六百ヲ以テ錢二万ヲ減シテ
余リ八千四百ヲ牛ノ三ニテ除牛
一ツニ付テノアタヒ錢二千八百ヲ得ルナリ

中行	
馬	○
牛	𝍢
羊	○
錢	𝍡𝍰𝍣

右行錢内減一牛價　右行ノ錢
一万ノ内牛一ノ價二千八百ヲ減ソ余リ
七千二百ヲ馬三ニテ除馬一ノ價三千六百ヲ得ルナリ

右行	
馬	𝍢
牛	○
羊	○
錢	𝍢𝍮

三

今有四兔三雞價過一千多半兔之價三兔
四雞價不滿一千少半雞之價問雞兔各一
直錢幾何　答曰　兔二百二十二文 二十七分文之六
雞七十四文 二十七分文之二

○ウサギ四トニハトリ三トノ價錢ヲ合セテ一千ニ兔半分ノアタヒ
多シ又兔三ト雞四トノ價ノ錢ヲ合セテハ一千ニ雞半分ノ價少
トナリ　是俗ニ
六二組ニ色ナリ

術曰依圖布筭

兔	雞	錢
𝍦	𝍥	二
𝍥	𝍨	二

乃チ七兔六雞ハ直錢二千
六兔九雞モ亦直錢二千

先以左行直減右行訖
却以左上六遍因右行仍以左行同減
異加右行 正無入負之 右上兔空餘雞
二十七錢二千上法下實而一得雞價
就通分内子得二千以乘左行雞九得
一萬八千寄位又分母二十七通左行
錢得五萬四千内減寄位餘三萬六千
以六而一得六千以分母二十七約之
得兔價合問

乃七兔六雞── 兔四ト雞三トヲ一倍ニスレバ兔八雞六ナリ錢一千ヲモ倍メ二千トナル然レハ此二千ハ兔一ツ分ノ價ハ多クナルユヘ兔八ノ内一ヲ減ノ兔七雞六ノ價ノ錢二千ナリ

大兔九雞又── 兔三ト雞四トヲ倍スレハ兔六雞八ナリ錢一千ヲモ倍メ二千トナル是ハ雞一ツ分ノ價少キユヘ雞八ニ一ヲ加エテ兔六雞九ノ價二千トスルナリ

先以左行直減右行── 左行ヲ以テ右行ヲ減シテ兔正一○雞負三○錢空トナル

	右行	左行
兔	丨	丅
雞	𝍢	𝍨
錢	○	二

却以左上大遍因── 左行ノ上ノ兔六ヲ以テ今ノ減シタル右行ニアマネク因メ兔六○雞十八○錢ハ空ナリ

	右行	左行
兔	丅	丅
雞	𝍧	𝍨
錢	○	二

仍以左行隔減異加── 左行ヲ以テ今因シタル右行ヲ減シテ兔ハ空○雞負二十七○錢ハ正ニ人無ユヘ負二千トナル

	右行	左行
兔	○	丅
雞	𝍦	𝍨
錢	キ	二

上法下實而一── 上ノ雞二十七ヲ法トシ下ノ錢二

千ヲ實トシテ法ニテ除テ雞一ノアタヒ七十四文二十七分文ノ二ヲ得ルナリ

就通分内子── 七十四文ニ二十七ヲ乘ノ二ヲ加ニ千トナル是通分ノ雞ノ價ナリ

左行ノ雞九ヲ乘ノ二万八千トナル左行ノ錢二千ニ分母ノ二十七ヲ乘ノ五万四千トナル内二万八千ヲ減ノ余三万六千ヲ兔六ニテ除六千トナル是通分ノ兔ノアタヒ也分母ノ二十七ニテ除兔一ノ價二百二十二文二十七分文之六ヲ得ルナリ○此二十七分之六ハ分ノ繁キヤウナレ𪜈サニハアラズ兔ト雞ト同分母ニナスヘキ爲ニ約法ニテツヽメズ共ニ據置ナリ

	右行	左行
兔	○	丅
雞	𝍦	○
錢	キ	卝

四

今有五雞四兔共重十斤半兔重雞輕交換其一秤之重適等問雞兔各一重幾何

雞一十五兩十一分兩之三○兔一斤六兩十一分兩之十

ニハトリ五トウサキ四トノ重サ合セテ十斤○半ナリ一隻ヲ交換テトハ雞五ノ内ヲ一ツトリテ殘リ四ツト兔四ノ内一ツトリテ殘

三ツトナル其残リタル雞四ツニ取タル兎一ツヲ加エテ合テ
五ツノ重サト 其残リタル兎三ツニ取タル雞一ツヲ加エテ合
テ四ツノ重サト
同シ重ニナルト也

術曰依

圖布筭

乃四雞一兎ノ重サ八十四
兩 一雞三兎モ亦重リ八十
四兩 以右上雞四遍因左
行ニ仍以右行直減之左上雞空餘兎十
一重二百五十二兩上法下實而一得
兎重通分内子得二百五十二寄位以
分母十一通右下重得九百二十四以
減寄位餘六百七十二以四而一得一
百六十八又以分母十一約之得雞重

不滿法者命之合問

乃四雞一兎 交換スルユヘ雞五ノ内一ヲ減
ソ兎一ヲ添テ四雞一兎トス○兎四ノ内一減ソ雞一ヲ
添テ一雞三兎トス 又十斤半ヲ兩ニ通シテ一百六十
八兩トナル重サヒトシトイフユヘニツニワリテ各八十四
兩ツヽナリ

以右上雞四 ——— 右行ノ上ノ雞
四ヲ以テアマネク左行ニ因ソ雞四○
兎十二○重三百三十六兩

仍以右行直減之 —— 右行ヲ以
テ今ノ因シタル左行ヲ減ソ雞空○兎
正十一○重正二百五十二兩

上法下實而一 —— 兎十一ヲ法トス重二百五十
二ヲ実トシ法ニテ除兎一ノ重サ二十二兩ト十一分兩之
十ヲ得ル此二十二兩ヲ斤率十六ニテ除キ一斤六兩ナリ

通分内子 —— 分母十一ヲ二十二兩ニ乗ソ分子ノ十ヲ
加エ二百五十二兩トナル又分母ノ十一ヲ右行ノ重サ八十四兩

二乗ノ九百二十四兩トナル内二百五十二兩ヲ減ノ余リ六
百七十二トナルヲ右行ノ雞四ニテ除一百六十八兩トナル
是ヲ又分母ノ十二ニテツメ雞ノ重サ一十五兩ト一十一分
兩之三ヲ得ルナリ此問強テ方程正負門ニ入タル也
今按 列兎四ヲ内減ニ餘以通兩共重一百六十八兩
乗之得三百二十四爲實 兎四内減二餘以雞五
乗之得一十雞五内減二餘以兎四乗之得一十二
二位相併共得二十二爲法實如法而一得雞重也
未審之

今有甲乙丙持絲不知其數甲云得乙絲強
半丙絲弱半滿一百四十八斤乙云得甲絲
弱半丙絲強半滿一百二十八斤丙云得甲
絲強半乙絲弱半滿一百三十二斤問甲乙
丙各絲幾何
答曰 甲八十四斤○乙六十八
斤○丙五十二斤

甲乙丙ノ人アリテ絲ヲ持タルニ乙ノ糸ニ四分ノ三ヲ取リ丙ノ
糸ニ四分ノ一ヲ取リテ二ツノ數ヲ甲ノ糸ニ合セテ一百四十八斤
ナリノ甲ノ糸ニ四分ノ一ヲ取リ丙ノ糸ニ四分ノ三ヲ取リテ二ツノ數
ヲ乙ノ糸ニ合セテ一百二十八斤ナリ甲ノ糸ニ四分ノ三ヲ取リ乙
ノ糸ニ四分ノ一ヲ取リテ二ノ數ヲ丙ノ糸ニ合セテ一百三十二斤ナ
リ○強半ハ四分之三○弱半ハ四分之一

術曰以左行直減右行餘甲
依圖
布算

甲全母 𝍣	弱半 𝍠	強半 𝍢
強半 𝍢	乙全母 𝍣	弱半 𝍠
弱半 𝍠	強半 𝍢	丙全母 𝍣
絲重 𝍠𝍬𝍧	絲重 𝍠𝍩𝍧	絲重 𝍠𝍪𝍡

正一○乙正二○丙負三○絲
正一十六又以左上三
遍乗中右二行仍以左行減之中上甲
空○乙正十一○丙正五○絲正二百五十二
右上甲空○乙正五○丙負十三○絲負八十

四又以中行乙十一遍乗右行仍以中行五次同減異加甲乙空餘丙二百六十八絲二千一百八十四上法下實而一得二十三斤之一分率也四之即丙絲以十三乗中行丙五以減中行絲餘者十一除之四因得乙絲又十三乗左行丙四以減左行絲又減乙一十七斤餘以三約之四因即甲絲合問

甲二云一百六十八斤
乙二云一百二十八斤

中	右
甲四分之一	甲一
乙一	乙四分之三
丙四分之三	丙四分之一

乙モ丙モ皆分母四ナルユヘ甲ニ分母ヲ乗ノ甲四分之四トス
甲モ丙モ皆分母四ナルユヘ乙ニ分母ヲ乗ノ乙四分之四トス

丙二云一百三十二斤

左
甲四分之三
乙四分之一
丙一

甲モ乙モ皆分母四ナルユヘ丙ニ分母ヲ乗ノ丙四分之四トス

甲乙丙斤ニ分母ニ通スルユヘ重サモ分ニ通シテ可ナレ𪜈右行中行左行トモニ皆同分母ナルユヘ其侭算ヲ布ナリ

以左行直減 ── 左行ヲ以テ右行ヲ減シテ甲正一〇乙正二〇丙負三〇重正十六

又以左上三遍乗中右二行 ── 左行ノ上ノ甲ノ三ヲ中行ニ乗ノ甲三〇乙十二〇丙九〇糸重三百八十四
又右行ニ乗ノ甲三〇乙六〇丙九〇重四十八

仍以左行減之 ── 左行ヲ以テ中行ヲ減ノ甲空〇乙正十一〇丙正五〇糸正二百五十二
又右行ヲ減ノ甲空〇乙正五〇丙負十三〇糸負八十四

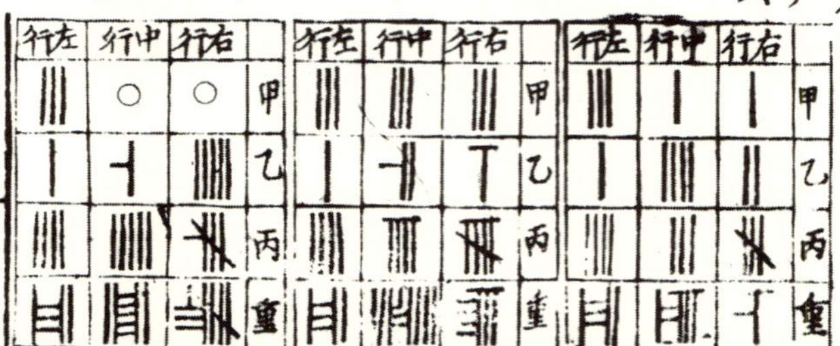

又以中行乙十一遍乘— 中行ノ乙
十一ヲ右行ニ乘ゾ乙五十五〇丙一百四十
三〇糸九百二十四
仍以中行五次同減異加— 中行ニ
右行ノ乙五

是ニテ右行
ヲ乘シテ ヲ減ゾ甲
乙空〇丙負一百六十八〇糸負二千一百
八十四
上法下實而一— 丙一百六十八ヲ法トゾ糸ノ重二千
一百八十四ヲ実トゾ法ニテ除十三斤ヲ得ル是ハ前カド重
サニ分毋ノ四ヲ乘セスシテ算ヲ布タルユヘ處ニテ一分ノ重
ヲ得ル分毋ノ四ヲ乘ゾ丙ノ糸五十二斤ヲ得ルナリ甲乙糸
ヲ得ル術前ニ同シ皆一分ノ率ヲ得テ四因ゾ糸ヲ得ルナリ

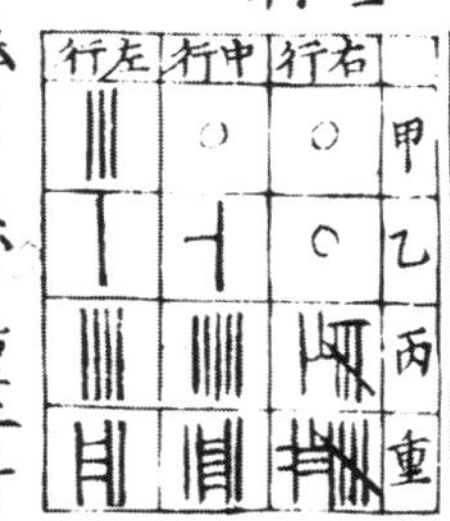

六

今有紅錦四尺青錦五尺黃錦六尺價皆適
三百文只云紅錦四尺價過青錦一尺青錦
五尺價過黃錦一尺黃錦六尺價過紅錦一
尺問三色各一尺價錢幾何 答曰 紅錦九十
三文一百一十九分文之三十三〇青錦七十三文一百一十九分文之一十三〇黃錦六十五文一百一十九分文之六十五

紅錦四尺ノ價ハ三百文ニ青錦一尺分ノ價多シ青錦五尺ノ價ハ三百文ニ黃錦一尺分ノアタヒ多シ黃錦六尺ノアタヒハ三百文ニ紅錦一尺分ノ價多キナリ

術曰依圖布算

以右上紅四遍乘左行仍用右行異減同加無入負左上空。青負一。黃正二十四。錢正一千五百又以中行五遍

乗左行亦以中行異減同加之餘黄錦一百一十九尺錢七千八百文上法下實而一得黄錦尺價通分内子得七千八百寄左又以一百一十九通中行錢得三萬五千七百加入寄左共得四萬三千五百以五而一得八千七百以分母約之得青錦尺價又以分母通右行錢又加入八千七百共得四萬四千四百以四而一得一萬一千一百以分母約之得紅錦尺價也合問

紅錦四尺ノアタヒハ三百文ニ青錦一尺ノ價多キユヘ紅四正・青一負・錢三百トシ○青錦五尺ノアタヒハ三百文ニ黄錦一尺ノアタヒ多キユヘ青五正・黄一負・錢三百トシ○黄錦六尺ノ價ハ三百文ニ紅錦一尺ノ價多キユヘ黄六正紅一負錢三百トシテ筭ノ布ナリ

以右上紅四遍乗——右行ノ上ノ紅錦四尺ヲアマ子ク左行ニ乗ス

仍用右行異減同加——右行ヲ左行ニ加ユルナリ

又以中行五遍乗——中行ノ青五尺ヲアマ子ク左行ニ乗ス

	右行	中行	左行
紅	4	○	-4
青	-1	5	○
黄	○	-1	24
錢	3	3	12

	右行	中行	左行
紅	4	○	○
青	-1	5	-1
黄	○	-1	24
錢	3	3	15

	右行	中行
紅	4	○
青	-1	5
黄	○	-1
錢	3	3

今有人賣綾三羅五以買十二絹餘錢一萬賣綾四絹四以買七羅適足賣羅二絹四以買六綾少錢一萬問綾羅絹價各幾何

上法下實而一、未ノ法コレヲ略ス

答曰

綾二千八百○羅二千○絹七百

綾三ト羅五トヲウリテ其錢ヲ合セテ絹十二ヲ買ヘバ一万アマル
綾四ト絹四トヲウリテ其錢ヲアハセテ羅七ヲカヘバ適足ナリ
羅二ト絹四トヲ賣テ其錢ヲ以テ綾六ヲカヘバ一万少キトナリ

求以中行異減同加一　中行ヲ
左行ニ加ユルナリ

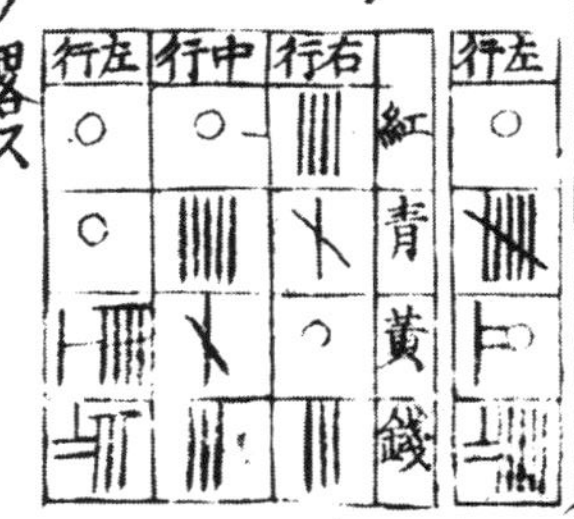

本書二度下作直減諺
本書十二度下作減之諺

術曰依圖布算

以右行直減中行同加異減依正負術入之去却三之又以右行減之綾空餘羅負四十一絹正六十錢負四萬又以右行二度異減同加左行綾空又以中行羅四十一遍乘左行仍以中行十二度異減同加之綾羅空餘絹一百錢七萬上法下實而一得絹價以乘中行絹六十得數加入四萬共得八萬二千以四十一除之得羅價以絹價乘右行絹十二得

數加入二一萬共得二一萬八千四百内減
五羅價一萬餘以三約之得綾價合問

以右行直減中行一 右行ヲ以テ中行ヲ同減異加スルナリ

卯三之一 今減シタル中行ニ遍ク三ヲ因スルナリ

又以右行減之一 右行ヲ以テ今三因シタル中行ヲ同減異加スルナリ

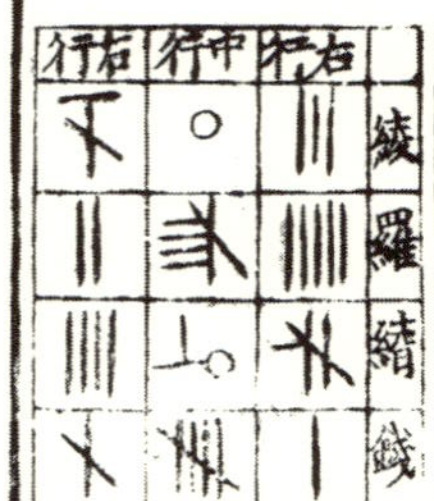

八

今有直田勾弦和取二分之一股弦和取九
分之二共得五十四歩又勾弦和取六分之

又以右行二度異減同加一 右行ヲ倍シテ

是ヲ左行ニ加ルナリ

又以中行羅四十一 今ノ中行ノ羅四十一ヲ今ノ左行ニアマネク乗ルナリ

仍以中行十二度異減同加之一 中行ニ十二ヲ乗ノ

是ヲ加ユルナリ

上法下實而一 前ニ同シ未ノ注コレヲ畧ス但シ羅綾ヲモトムル時皆異減同加ヲ用ユ

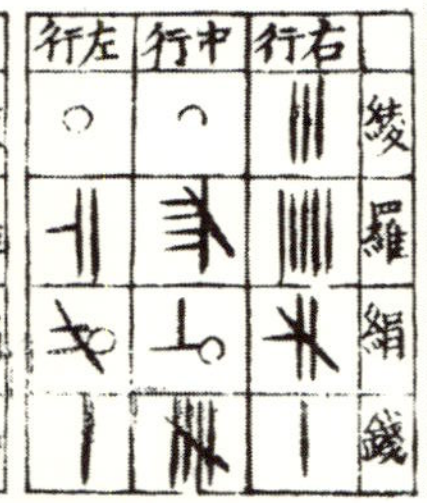

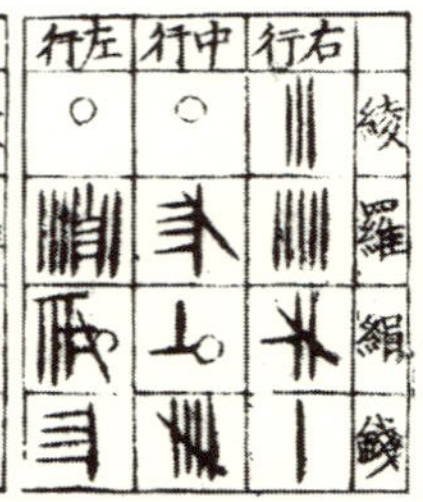

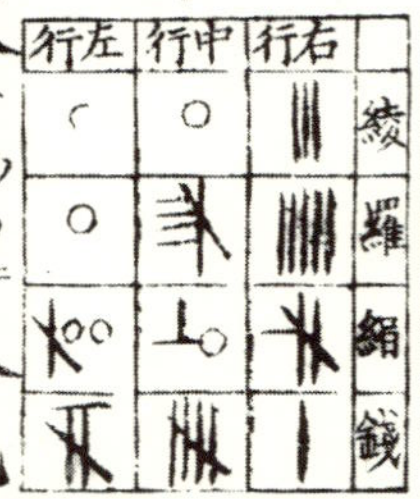

一減股弦和三分之二餘有四十二歩問勾股弦各幾何

答曰 勾二十七歩○股三十六歩○弦四十五歩

勾ト弦トアハセテ二分シテ其一ヲ取リ股ト弦トヲアハセテ九分シテ其二ヲ取リ二數併セテ五十四歩ナリ　又勾弦ヲアハセテ六分シテ其一ヲ取タル數ヲ以テ股弦アハセテ三分ノ其二ヲ取タル内ヲ減シテアマリ四十二歩ナリ○勾ハ平○股ハ長○弦ハ斜ナリ

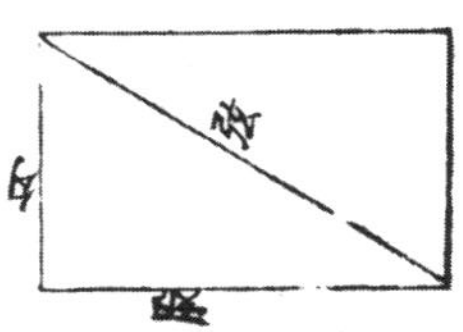

術曰前分母十八乘共歩得九百七十二乃是九箇勾弦和四箇股弦和又後分母乘餘數得七百五十六是三勾弦和減二十二股弦和數如方程正負入之依

勾弦和　股弦和　歩數

以右行三次異減同

圖布筭

勾弦和　股弦和　歩數

加左行左中得股弦和四十箇左下得三千二百四十歩上法下實而一得股弦和八十一歩就以十二乘之得數減右下七百五十六餘二百一十六以三約之得勾弦和七十二歩也以股弦和乘而倍之得一萬一千六百六十四爲實乃弦和和羃也以一爲廉平方開之得一百八歩即弦和和副置上位減股弦和即勾下位減勾弦和即股又勾弦和内減勾餘即弦合問

以前分母 ── 前ニ云分母子ニテ筭ヲ布母互ニ子ニ乗ジ右ノ上ニ勾弦ノ和九箇右ノ下ニ股弦ノ和四箇ヲ得ル分母相乗ジテ十八是ヲ前ニ云共ノ歩五十四歩ニ乗ジ九百七十二ヲ得ル

又後分母 ── 後ニ云分母子ニテ筭ヲ布母互ニ子ニ乗ジ右ノ上ニ勾弦ノ和三箇右ノ下股弦ノ和一十二箇ヲ得ル分母相乗ジ十八是ヲ後ニ云餘リノ歩四十二歩ニ乗ジ七百五十六ヲ得ルナリ　方程正負ノ術前ニ同シ

得股弦和七十二歩也以勾弦和 ── 勾弦ノ和ト股弦ノ和ト相乗ジ倍スレハ勾股弦ノ和自乗ノ數トナルユヘ平方ニ開キテ勾股弦ノ和ヲ得ルナリ

乃弦和和冪 ── 是勾股弦ノ和冪ナリ勾ト股トアハスルヲ和ト云勾ト股トノタカヒヲ較ト云今是ハ勾股ノ和ト弦トノ和ナルユヘ弦和和ト云ソ又

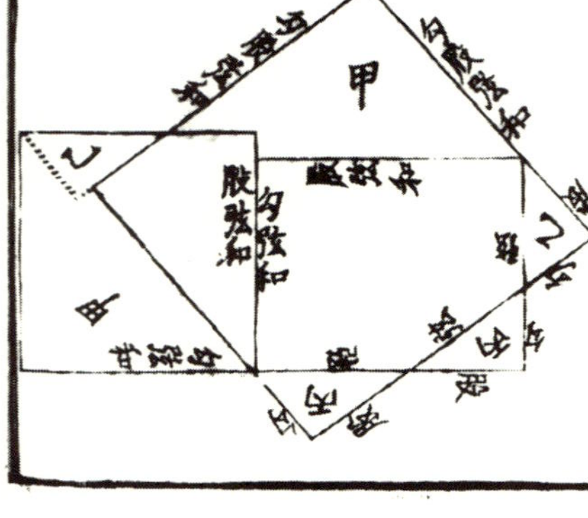

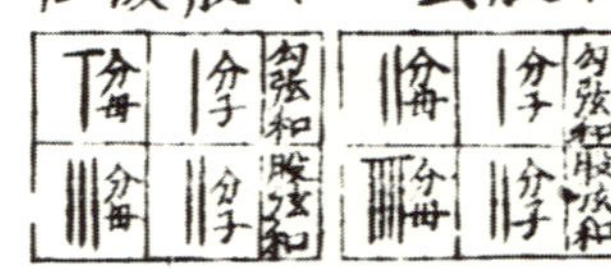

九

今有直田勾弦和取七分之四股弦和取七分之六二數相減餘二十二歩又股弦和取三分之一不及勾弦和八分之五二十一歩問勾股弦各幾何

弦較和トハ勾股ノ較ト弦トノ和ヲ云弦和較トハ勾股ノ和ト弦トノ較ヲ云弦較較トハ勾股ノ較ト弦トノ較ヲ云是皆勾股ノ名ナリ

答曰勾二十一歩○股二十八歩○弦三十五歩

二數相減ジハ勾弦ノ和ニ七分ノ四ヲ取リテノ是ヲ以テ股弦ノ和ニ七分ノ六ヲ取タル内ヲ減ジ余リ二十二歩ナリ

行下異
上四字
無本書

術曰以前分母四十九乘餘數得一千七十八乃是四十二箇股弦和內減二十八箇勾弦和餘數又以後分母二十四乘不及步數得三百三十六乃是八箇股弦和內減二十五箇勾弦和餘數也如方程正負術入之以右上遍乘左行仍依圖布算

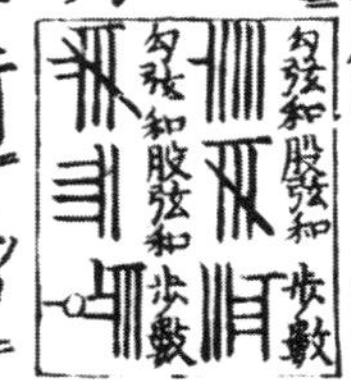

以右行一十五次異減同加左行左中餘四百六左下二萬五千五百七十八上法下實而一得六十三步乃股弦和八之加入右下得數以十五約之得五十六步弦即勾弦和立天元一爲

弦。一以減股弦和餘爲股以減勾弦和餘爲勾自之爲勾冪又列股自乘爲股冪一併入勾冪與弦冪相消得開方式一平方開之得弦減股弦和即股減勾弦和即勾合問

以前分母四十九 ─ 前ニ云分母子ヲ以テ母互ニ子ニ乘〆勾弦ノ和二十八股弦ノ和四十二ヲ得ル分母相乘〆四十九ヲ得ル是ヲ以前ニ云二十二歩ニ乘〆一千。七十八ヲ得ルナリ

又以後分母二十四 ─ 後ニ云分母子ヲ以テ母互ニ子ニ乘〆勾弦ノ和一十五股弦ノ和八ヲ得ル分母相乘〆二十四ヲ得ル是ヲ一十四歩ニ乘〆三百三十六ナリ

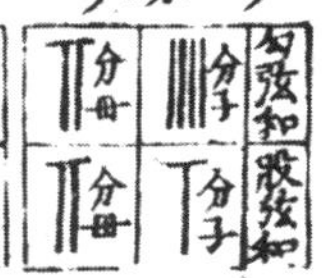

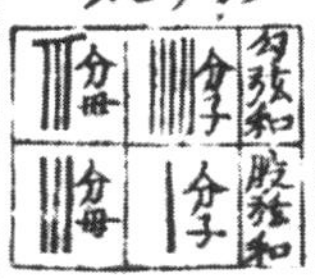

立天元一———方程正負ノ術前ニ同シ

天元之本ノ開方釋鎖門ニ注ス

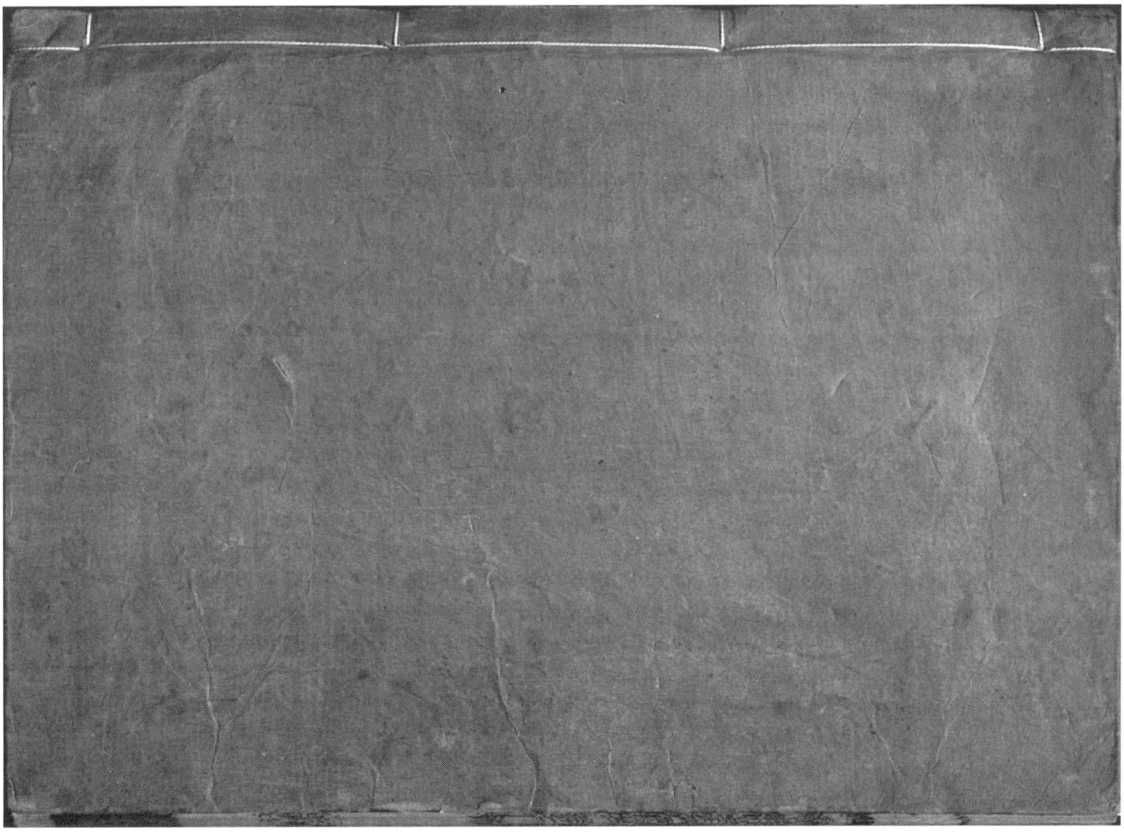

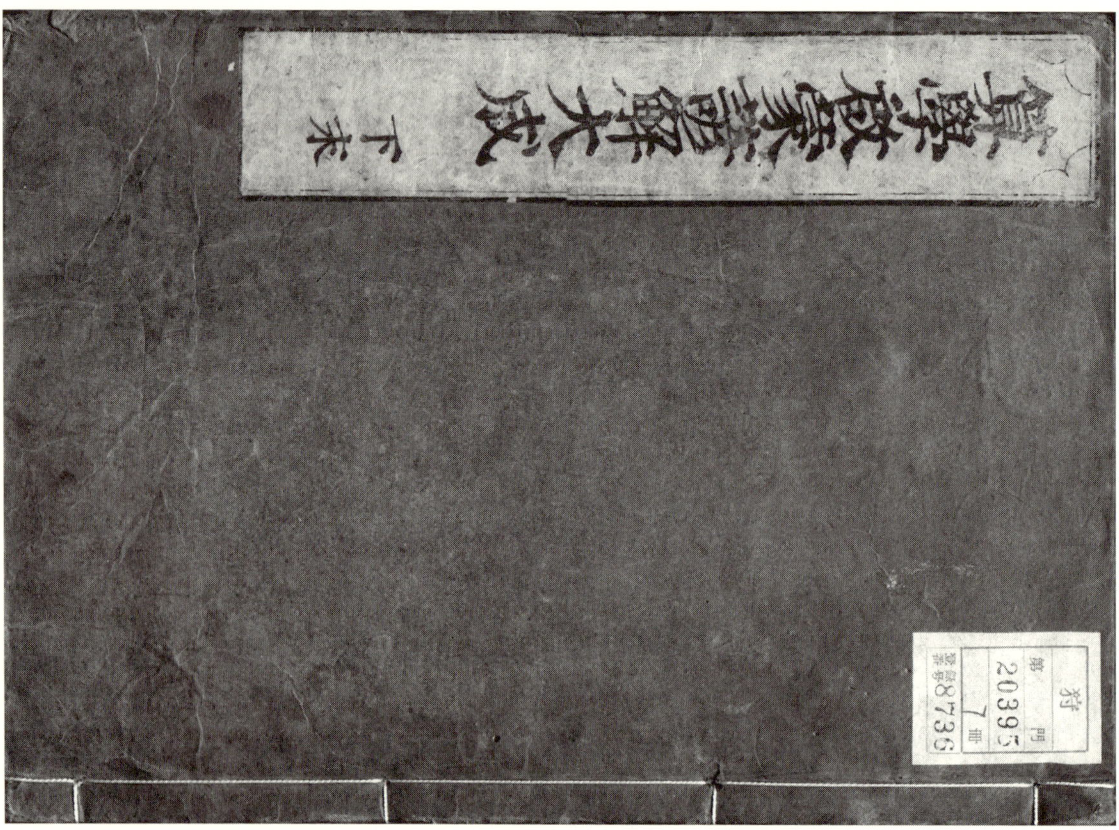
算學啓蒙諺解大成
下末

開方釋鎖門　三十四問

開ヒラク方ケタ平方立方三乗方等ナリ　釋トク鎖クサリ也門ナドノ堅ククサリタルヲ解カフトク開方ノ難算ヲトク術ナリ

一　今有平方冪四千九十六歩問爲方面幾何

答曰　六十四歩

術曰列冪四千九十六歩爲實借一算於六歩之下名曰廉法常超一位至百歩下止乃上商六十於廉法之上實數之下亦置六百名曰方法乃命上商除實三千六百實餘四百九十六倍方法

得ルニ一千二百二十一退得ルニ一百二十廉法再
退又上商四歩於廉法之上實數之下
亦置四歩方法得一百二十四乃命上
商除實恰盡合問

列冪四千九十——四千九十六歩
ヲ實ニヲクナリ
借一算—— 一ヲ歩ノクダリノ廉
ニカリニ置ナリ
常超一位 常ニトハ總別平方ハ幾ツ
千万歩ニテモ一位ツヽコユルト云フナリ
其コエヤウハ 一歩○十歩○百歩○千歩○万歩億 カクノコトク
超ルナリ
至百歩下—— 是ハ實ミチナルユヘ一歩○十歩百歩トコエテ
百ノクダリニテ留リテ廉法ヲ百トミテ十ノ位ナルコトヲ
知ル
乃上商六十 十ノ位ナルヲ知テ又同十ツヽト位ヲ

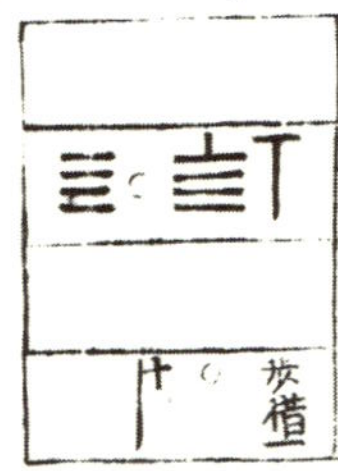

考エミルニ七十ヨリハ少ク五十ヨリ多キユヘ六十ト知
テ商ニ六十ヲ置ナリ
於廉法之上—— 商ノ六十ヲ以
テ廉法ノ百ニ乗ジ一六如六百ヲ方法ニ
置ナリ

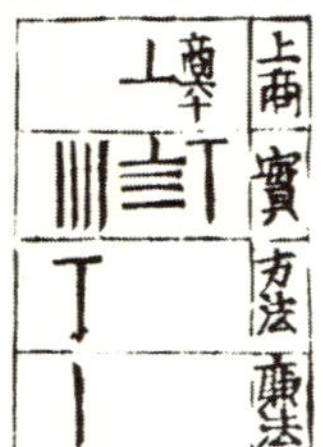

乃命上商—— 商ノ六十ヲ以テ方
法ノ六百ニ乗ジ六六三千六百ヲ實ニテ引ハ實ノアマリ四百
九十六歩アリ
倍方法—— 方法ノ六百ヲ一倍ニシテ千二百ナリ但シ
商ノ六十ヲ以テ廉法ノ百ニ乗ジ一六如六百ヲ方法ノ六百
ニ加エ千二百トナルヲ畧ノ倍方法ト記シタルナリ
一退—— 千二百ヲ一位シリゾキテ百二十トス
廉法再退 廉法ノ百ヲ二位シリゾキテ一トス
又上商四歩
商ニ四歩ヲ置ナリ○次ノ商ヲ四歩ト知テ 次ノ商ヲ知ルハ實ミ
ノ餘リヲ方法ニテ除キテ知ナリ 立方
三乗方以上皆コレニ同シ
於廉法之上—— 商ノ四ヲ以テ廉法ノ一ニ乗ジ
一四如四ヲ方法ノ百二十ニ加エテ方法ニ一百二十四ヲ得
ルナリ

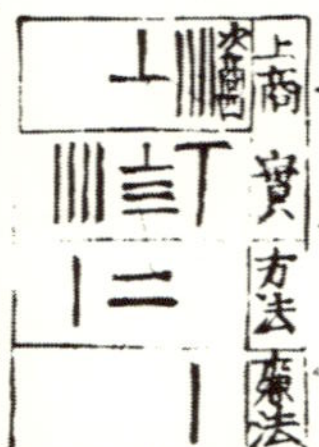

二

今有立方冪一萬七千五百七十六尺問爲方面幾何　答曰二十六尺

乃命上商——商ノ四ヲ以テ方法ノ一百二十四ニ乗ジ一四如四百・二四如八十・四四一十六ヲ實ニテ除ケハ悉ク盡テ四歩ニテ實ニ餘ラハ商ノ四ヲ以テ方法ニ乗ジ方法ニ加エテ一退シ方法ヲ二退ジ又三ノ商ヲ立テ方法ニ乗ジテ方法ニ加エ又其商ヲ方法ニ乗ジ實ヲ除クタトヘ幾度商ヲ立トモ加エ命スル事右ノコトクシテ得ルナリ○若シ商六十商ニ六十四歩ヲ得ルナリ

上商	實	方法	廉法
丄 ||||	盡無	| = ||||	|

術曰列冪一萬七千五百七十六尺爲實借一筭於六尺之下名曰隅法常超二位約實至千尺下止乃上商二十以隅法因上商二十得二千於隅法之上

方法之下名曰廉法又廉法因上商二十得四千於廉法之上實數之下名曰方法乃命上商除實八千實餘九千五百七十六以隅法因上商二十加入廉法又廉法因上商二十加入方法又隅法因上商二十加入廉法方法得一萬二千廉法得六千方法一退廉法再退隅法三退續又上商六尺以隅法因上商六尺加入廉法又廉法因上商六尺加入方法得一千五百九十六乃命上

商除實恰盡合問

列冪一萬七千｜　一万七千五
百七十六尺ヲ實ニ置ナリ
借一筭｜　尺ノクダリニ隅
法ニ一ヲカリニ置ナリ
常起二位｜　立方ハ幾千万
歩ニテモ二位ツヽコエルナリ　一歩○○十歩○○百歩○○
千歩○○万歩　カクノコトクコエテミレバ百ノ位ヨリ少キ
ユヘ千尺ノクダリニテトヽメテ隅法ヲ千トシテ十ノ位
ナル｜ヲ知ル

乃上商二十　十ノ位ハ何十ゾトミルニ二十ト知テ商ニ二十
ヲ立ルナリ
以隅法因｜　商ノ二十ヲ以テ
隅法ノ千ニ乗ゾ一二如二千ヲ广法ニ
置
又廉法因｜　商ノ二十ヲ以テ广
法ノ二千ニ乗ゾ二二如四千ヲ方法ニ置
乃命上商｜　商ノ二十ヲ以テ方法ノ四千ニ乗ゾ二四如
八千ヲ實ニテ引キテ實ノ余リ九千五百七十六ナリ

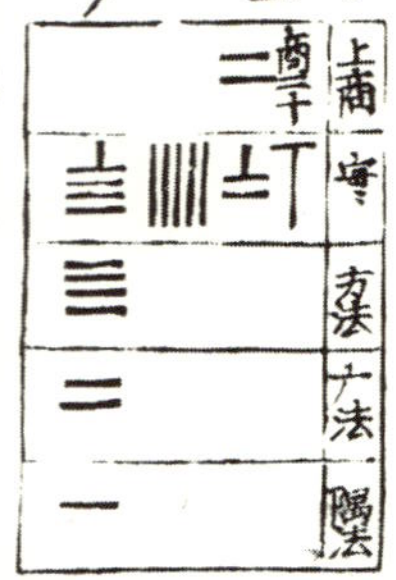

以隅法因｜　商ノ二十ヲ以テ隅法ノ千ニ乗ゾ一二
如二千ヲ广法ノ二千ニ加エ四千トナル
又廉法因｜　商ノ二十ヲ以テ广法ノ四千ニ乗ゾ二四
如八千ヲ方法ノ四千ニ加エ一万二千ヲ得ル
又隅法因｜　商ノ二十ヲ以テ隅法ノ千ニ乗ゾ一二
如二千ヲ广法ノ四千ニ加エ六千ヲ得ル
方法一退｜　方法一万二千ヲ一位ニリゾキテ一千二
百トナル　广法六千ヲ二位退テ六十トナル　隅法千ヲ三位
ニリゾキ一トナル　多ニテ次ノ商ヲミルナリ
續又上商六尺　次ノ位六尺ト知テ商
ニ六尺ヲ立

以隅法因｜　商ノ六ヲ以テ
隅法ノ一ニ乗ゾ一六如六ヲ广法ノ六
十ニ加エ六十六ニナル
又廉法因｜　商ノ六ヲ以テ广法ノ六十六ニ乗ゾ六六三百
六十・六六三十六ヲ方法ノ一千二百ニ加エ
一千五百九十六トナル
乃命上商｜　商ノ六ヲ以テ方法
千五百九十六ニ乗ゾ一六如六千・五六三千
六九五百四十・六六三十六ヲ實ニテ除ケハ

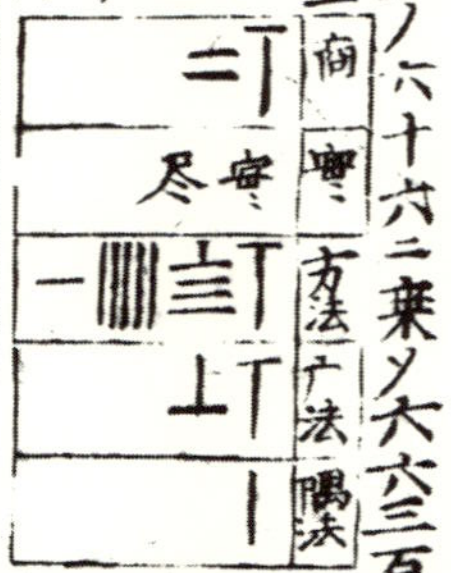

三

皆尽テ商ニ二十六尺ヲ得ルナリ○若是ニテモ毎ニアマラハ商ノ六ヲ隅法ニ乗ソ廉法ニ加エ又商六ヲ廉法ニ乗メ方法ニ加エ又商六ヲ隅法ニ乗メ廉法ニ加エ方法ヲ一退シ廉法ヲ二退シ隅法ヲ三退メ又三ノ商ヲ立隅法ニ乗メ廉法ニ加エ又三ノ商ヲ廉法ニ乗メ方法ニ加エ又三ノ商ヲ方法ニ乗メ毎ヲ除ク若又毎アラハ又右ノコトクシ得ルナリ

今有積五萬九千四百一十四步一十六分步之一問爲平方面幾何　答曰二百四十三步四分步之三

術曰列全步通分內子得九十五萬六百二十五爲實以一爲廉平方開之得九百七十五乃毎面積分也又列分母爲實一爲廉平方開之得四報除得二百四十

四

三步不滿法者命之合問

全步　五万九千四百一十四步ナリ　分母十六ヲ以テ通シ子一ヲ加エテ平方ニ開クナリ

得四報　分母ノ十六ヲ平方ニ開キ四ヲ得ル是ヲ九百七十五ヲ除クナリ○報ノリ也

今有積一十三萬三千七百六十八尺三百四十三分尺之二百八十八問爲立方面幾何　答曰五十一尺七分尺之一

術曰列全步通分內子得四千五百八十八萬二千一十二爲實以一爲隅立方開之得三百五十八乃毎面積分又列分母爲實一爲隅立方開之得七報

五

除キ不ル滿タ法ニ者ハ命ジテ分ニ合ス問ニ

今有積二一百一十二萬九千四百五十八尺
六百二十五分尺之五百一十一問為三乘
方ト幾何ゾ　答曰三十二尺之五分尺ノ三

術曰列全歩通分內子得七億五百九
十一萬一千七百六十一ヲ為實以一ヲ為
隅三乘方開之得一百六十三乃每面分
又列分母為實以一為隅開三乘方而
一得五報除合問

列全歩一百一十二万九千四百五十八尺ニ六百二十
五ヲ乘メ五百一十一ヲ加エ七億○五百九十一万一千七百六十一

尺ヲ得ルヲ實トス一ヲ借テ尺
ノ下ノ隅法ニヲキ一尺○○○十万尺○
○○百億尺○○○千万億カクノコトク三
位ツヽ超テ億尺ノ下ニ至テ留テ
百ノ位ト知リ又何百ソトミルニ一
百ト知テ商ニ一百ヲ立○商ノ一
百ヲ以テ隅ノ一億ニ乘メ一如一億
ヲ下廉法ニ置○又商一百ヲ以テ下ナニ乘メ一如一億ヲ上
廉法ニ置○又商一百ヲ以テ上ナノ一百ニ乘メ一如一億
ヲ方法ニ置○又商一百ヲ以テ方
法ノ一億ニ乘メ一如一億ヲ實ノ
內ニテ除キ余リ六億○五百九十
一万一千七百六十一トナル○又商ノ
一百ヲ以テ隅ノ一億ニ乘メ一如一億
ヲ下ナノ一億ニ加エ二億トナル○又
商ノ一百ヲ以テ下ナノ二億ニ乘メ
二如二億ヲ上ナノ一億ニ加エ三億トナル○又商一百ヲ以テ
上ナノ三億ニ乘メ一三如三億ヲ方法ノ一億ニ加エ四億トナル
○又商一百ヲ以テ隅ノ一億ニ乘メ一如一億ヲ下ナノ二
億ニ加エ三億トナル○又商一百ヲ以テ下ナノ三億ニ乘メ一

商位	
實	丅○|||||≡|一丌⊥|
方法	
上廉	
下廉	
隅法	|百○○○十○○○ 又借

上商	|百
實	丅○|||||≡|一丌⊥|
方法	|
上ナ	|
下ナ	|
隅	|

三如三億ヲ上廉ノ三億ニ加エ六億トナル○又商一百ヲ以テ隅ノ一億ニ乗メ一如一億ヲ下廉ノ三億ニ加エ四億トナル○方法ヲ一退シテ四千万トナル　上廉ヲ二退メ六百万トナル　下廉ヲ三退メ四十万トナル　隅法ヲ四退メ一万トナル
爰ニテ次ノ商六十トミテ商ニ六十ヲ立○商ノ六十ヲ以テ隅ノ一万ニ乗メ一六如六万ヲ下廉ノ四十

商	實	方	上廉	下廉	隅
𝍠	𝍥〇𝍣𝍫𝍠𝍩𝍦𝍮𝍠	𝍫	𝍥	𝍫	𝍠

万ニ加エ四十六万トナル○又商六十ヲ以テ下廉ノ四十六万ニ乗メ四六二百四十万・六六三十六万ヲ上廉ノ六百万ニ加エ八百七十六万トナル○又商六十ヲ以テ上廉ノ八百七十六万ニ乗メ六八四千八百万・六七四百二十万・六六三十六万ヲ方法ノ四千万ニ加エ九千二百五十六万トナル○又商六十ヲ以テ方法九千二百五十六万ニ乗メ六九五億四千万・二六一千二百万・五六三百万・六六三十六万ヲ實ニテ除キ余リ五千○五十五万一千七百六十一トナル○又商六十ヲ以テ隅ノ一万ニ乗メ一六如六万

商（次商六十）	實	方	上廉	下廉	隅
𝍠𝍮	𝍫〇𝍫𝍣𝍩𝍦𝍮𝍠	𝍫𝍡𝍫𝍥	𝍧𝍮𝍥	𝍫𝍥	𝍠

ヲ下廉ノ四十六万ニ加エ五十二万トナル　又商六十ヲ以テ下廉ノ五十二万ニ乗メ五六三百万・二六一十二万ヲ上廉ノ八百七十六万ニ加エ一千一百八十八万トナル　又商六十ヲ以テ上廉ノ一千一百八十八万ニ乗メ一六如六千万・一六如六百万・六八四百八十万・六八四十八万ヲ方法ノ九千二百五十六万ニ加エ一億六千三百八十四万トナル　又商六十ヲ以テ隅ノ一万ニ乗メ一六如六万ヲ下廉ノ五十二万ニ加エ五十八万トナル　又商六十ヲ以テ下廉五十八万ニ乗メ五六三百万・六八四十八万ヲ上廉ノ一千一百八十八万ニ加エ一千五百三十六万トナル　又商ノ六十ヲ以テ隅ノ一万ニ乗メ一六如六万ヲ下廉ノ五十八万ニ加エ六十四万トナル　方法ヲ一退メ一千六百三十八万四千トナル　上廉ヲ二退メ一十五万三千六百トナル　下廉ヲ三退メ六百四十トナル　隅法ヲ四退メ一トナル
爰ニテ三次ノ商三尺トミテ商ニ三尺ヲ立　商ノ三ヲ以テ隅ノ一ニ乗メ一三如三ヲ下廉ノ六百四十ニ

商	實	方	上廉	下廉	隅
𝍠𝍮	𝍫〇𝍫𝍣𝍩𝍦𝍮𝍠	𝍩𝍥𝍪𝍧𝍫	𝍩𝍤𝍫𝍥	𝍥𝍫	𝍠

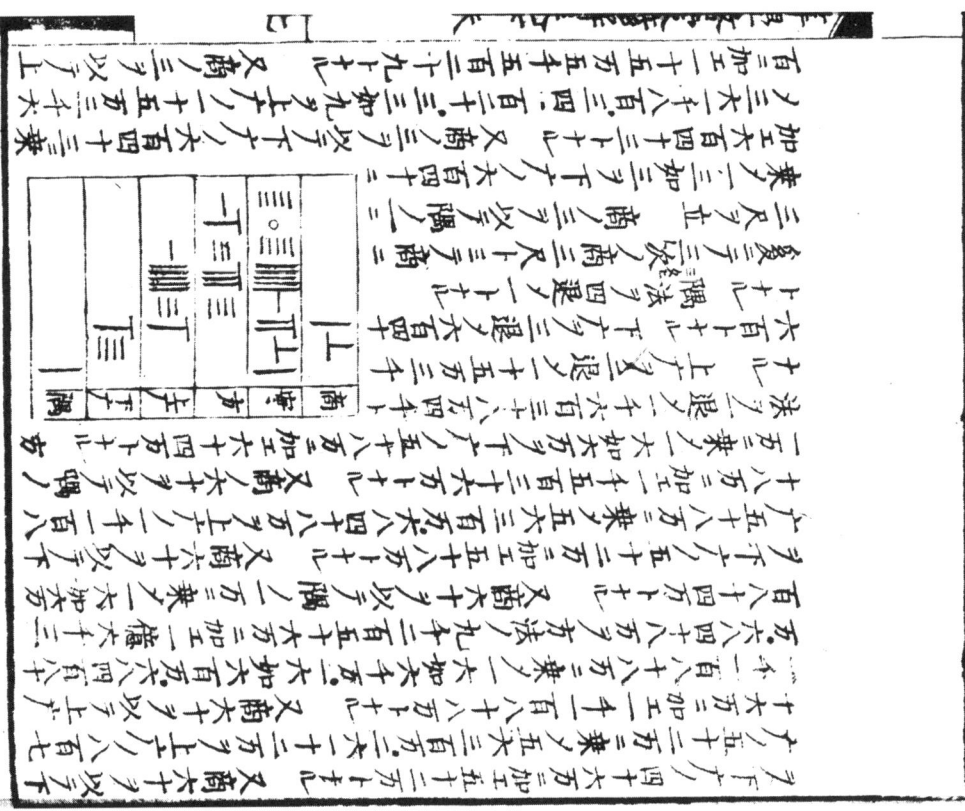

加エ六百四十三トナル　又商ノ三ヲ以テ下廉ノ六百四十三ニ乗メ三六一千八百・三四一百二十・三三如九ヲ上廉ノ一十五万三千六百ニ加エ一十五万五千五百二十九トナル　又商ノ三ヲ以テ上

六

今有積五百八十八歩問為圓由徑幾何

答曰二十八歩

術曰列積四之三而一得七百八十四為實以一為廉平方開之得圓徑合問

四之八四徑ノ率四倍ナリ
三而一八四周ノ率ナリ

广ノ一十五万五千五百二十九ニ乗ノ一三如三十万．三五一十五万．三五一万五千．三五一千五百．二三如六十．三九二十七ヲ方法ノ一千大百三十八万四千ニ加エ一千大百八十五万○五百八十七トナル　又商ノ三ヲ以テ方法ノ一千六百八十五万○五百八十七ニ乗ノ三如三千万．三六一千八百万．三八二百四十万．三五一十五万．三五一千五百．三八二百四十．三七二十一ヲ實ニテ除ケハ皆開ト尽テ商ニ一百六十三尺ヲ得ルナリ

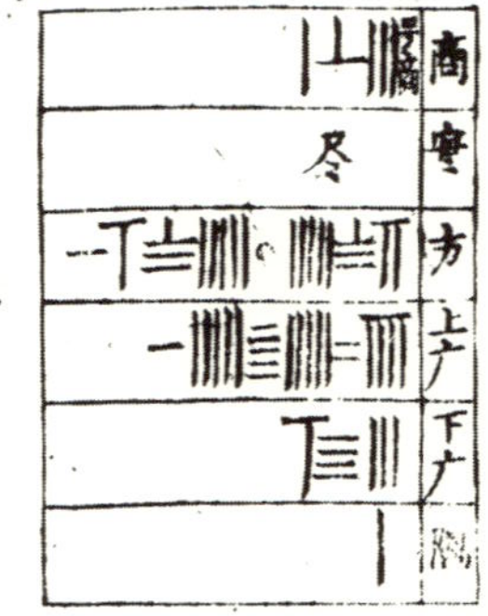

今有積四百六十八歩強半歩問為圓周幾何

答曰七十五歩

術曰列全歩通分内子得一千八百七十五以十二乗之得二萬二千五百又分母四再自乗得六十四乗之得一百四十四萬為實以一為廉平方開之得一千二百又分母自乗得十六而一合問

列全歩――強半歩八四分歩之三ナルユヘ全歩四百六十八歩ニ四ヲ乗ノ三ヲ加エ一千八百七十五ヲ得ル也

以十二――周ヲ求ムルユヘ四法十二ヲ乗スルナリ

又分母再自乗――通分ノ積ハ分母ヲ一タヒ乗ス

ユヘ分母再自乘ノ數ヲ乘ソ分母三乘冪ヲ乘スル積トナシテ平方ニ開ケバ分母冪ヲ乘スル冪トナル故ニ分母ヲ自乘ゾ十六ニテ除キ周ヲ得ルナリ

分按　列全歩通分内子得二千八百七十五以十二乘之又以分母四因之得九万為實以二為廉平方開之得三百以分母四而一得周也

八

今有直田八畝五分五釐只云長平和得九十二歩問長平各幾何　答曰　平三十八歩○長五十四歩

直田八畝五分五釐アリ長ト平トアハセテ九十二歩ナルトキハ長平ヲノ〳〵イカホトゾトナリ

術曰立天元一為平。〡以減云數餘為長用平乘起為積。〣⊥寄左列畝

八畝五分五釐

通歩與寄左相消得開方式〣〢⊥平方開之得平以減和歩即長合問　按此法演之和歩自乘得八千四百六十四以古乃是四段直積一段較冪也列積四之得八千二百八減之餘有較冪二百五十六為實以一為廉平方開之得較一十六歩加和半之得長内減較即平也今以天元演之明源活法省功數倍假立一算於太極之下如意求之得方廉隅從正負之數乃演其虚積相消相長而脱其眞積也予故於逐問備其細草其縦横明其正負使學者粲然易曉也

立天元一　天元ノ一ハ太極ノ下ニ一ヲ立ルナリ先ツ其題ニ隨テ求メント思フ物ヲ志テ假リニ其物ト名付テ立ル是ヨリ題中ノ辞ニシタカヒテ數ニ拘ハラスシテ或ハ加エ或ハ減シ或ハ自乘再乘ナドシテ同シ名

ノ物ヲ二色求ムルナリ但シ式ノ同シモノヲ二色求ムル
ニハアラス只其カリノ物ノ名ノ同シウシテ式ノ異ナルヲ二
式モトムルニ到テ其二式ヲ以テ相消トキハ意ハ悉ク
空トナルトイヘ𪜈假リノ物ヲ以テスルユヘ空ニハナラス
シテ自然ニ正負備リタル全キ式ヲ得ル爰ニ於テ其
式ヲ以テ或ハ而一ニシ或ハ平方立方三乗方以上等ニ開
クトキハ其求メント思フ真ノ數ヲ得ルナリ

為平○｜　是ハ平ヨリ得ント思フユヘ平ト名ツケ
テ立ルナリ平トハイヘトモマコトノ平ノ數ニテハナシ故ニ
寅ノ級ニ立スシテ下ノ級ニ一筭ヲ立ル然ルニ寅ノ級
ニハ數ナキユヘ寅ハ空ト心得ヘカラス

以減云數｜　平ノ數ヲ以テ長平ノ和ノ數ヲ減
スレハ長ノ數トナル故此コヽロヲモッテ假リノ平○｜
ヲ以テ和亖ヲ減メ假ノ長トス亖

平○｜以
和亖 實方 減
長亖 余

先ツ平ノ寅ノ級○ヲ以テ和亖ヲ減ス
ルユヘ寅ノ級ハ其マヽ亖ナリ
平ノ方級｜ヲ以テ和ノ方級ヲ減スルニ
正ニ人ナキユヘ〤ナリ

以減トアルハ平ヲ以テ和ヲ減スルナリ和ノ内平ヲ減スル
ト同シ後コレニ倣ヘ

開平乗起｜　長ノ數ト平ノ數ト相乗スレハ積ノ
數トナルユヘ此意ヲモッテ假リノ長亖ト假リノ平
○｜ト相乗メ假リノ積トスルナリ○乗起ハ乗シヲコス
ナリ相乗スル｜ソ

平○｜　先ツ亖ト○ト相乗メ○トナルヲ寅ノ級
トス

長亖〤　亖ト｜ト同名相乗メ亖又○ト〤ト
相乗スレハ○トナルユヘ併スルニ及ハス亖ヲ
方ノ級トス

積○亖〤 實方廉　｜ト〤ト異名相乗メ〤ヲ廉ノ級トス

右相乗自乗再自乗等ノ位ヤウ委クハ左ニシルス

列畝通歩｜　八畝五分五釐ニ畝法二百四十ヲ
乗メ二千○五十五歩ヲ得ル是直ノ積ナリ

与寄左｜　相消トハ何ニテモ両方𪜈ニ同シ名ノ式
ノ異ナルヲモトメテ両式何方ヨリナリ𪜈同減異加スル
ナリ此術ハ寄左タルモ積今通歩シタルモ積也

寄左○亖〤 實方　是ハ今通歩積亖ヲ以テ寄左積○亖〤トヲ
消スナリ　先ツ二千○五十五ヲ以テ左ノ寅ミ
○ヲ消スユヘ正ニ無入ハ負二千○五十五トス

今得亖〤　今得タル左方ノ𪜈ニ數ナキユヘ寄左方ヲ其ヘ用

得開方式 ——— 開方トハ方ニ開クナリ式ハ樣ナリ
此式ニシタカツテ乗數ヲ定ム若ニ級アラハ上ヲ實トシ
下ヲ法トシ而一ニス三級有ラハ平方トス四段アラハ立方
トス五段アラハ三乗方トス皆式ノ級數ニシタカヒ乗ヲ究ム
今此式ハ三級アルユヘ平方ナリ
平方開之得平 ——— 天元ノ一ヲ平ト立ルユヘ爰
ニテ平ノ數ヲ得ルナリ
先ツ广ヲ一位起テ百ノ下ニ至リ方モ位ヲ進メテ商三
十ヲ立　商ノ三十ヲ以テ广ノ負一百ヲ乗

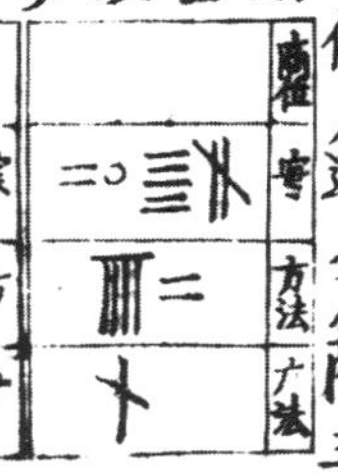

メ一三如三百ヲ方ノ正九百二十ニ加ユルニ
異減ノ正六百二十トナル　又商三十ヲ以
テ方ノ六百二十ニ乗メ三六一千八百二三如
六十ヲ實ニテ除キ余リ一百九十二アリ
又商三十ヲ以テ广ノ負一百ニ乗メ一三
如三百ヲ方ノ六百二十ニ異減メ正三百二十
トナル一退メ三十二トナル　广ノ一百ヲ二退
メ一トシテ次ノ商八ヲ立ル　商ノ八ヲ
以テ广ノ負一ニ乗メ一八如八ヲ方ノ正
三十二ニ異減メ正二十四トナル　商ノ八
ヲ以テ方ノ二十四ニ乗ソ二八一百六十四八

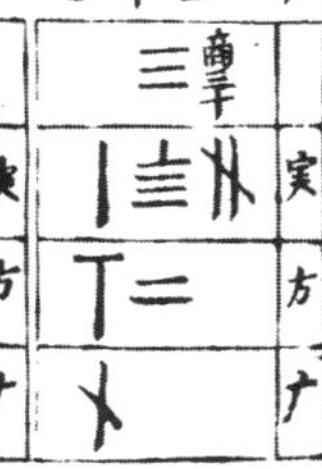

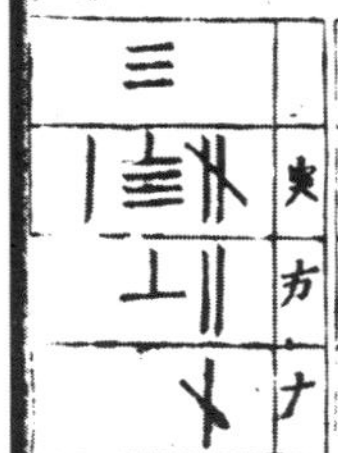

三十二ヲ以テ實ヲ除キ尽レテ商ニ平
二十八歩ヲ得ルナリ是ヲ以テ和ノ九
十二歩ヲ減スレハ余リニ長五十四歩ヲ
得ルナリ

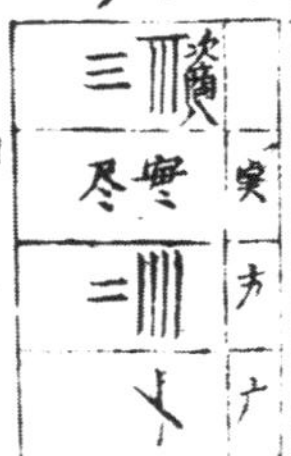

本注　按此以古法 ——— 古ノ術ハ和九十二歩ヲ
自乗メ八千四百六十四歩トナル是ハ直
積四段ト較冪一段ナリ故ニ直積二千
〇五十二歩ニ四ヲ乗メ八千二百〇八歩ヲ減
メ余リ二百五十六歩ハ長冪ノ較冪ナリ
平方ニ開キ一十六歩ヲ得ル九十二歩ニ加エ
二ツニワリ長五十四歩ヲ得ルナリ

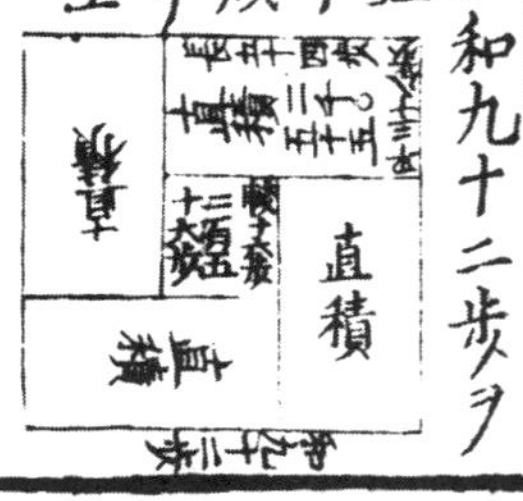

今以天元 ——— 天元ノ一ノ術ハ源ヲ立トコロニ明ラメ
筭ノ手間ヲハフク數古ヨリハ倍スルトナリ
假立一筭於 ——— 太極ノ下トハ二段ニ分ケタルヤウ
ナレ氏本ニ段氏ニ太極ナリ天元ノ一筭ハ一気動スルノ
コヽロナリ

自乗相乗ノ法

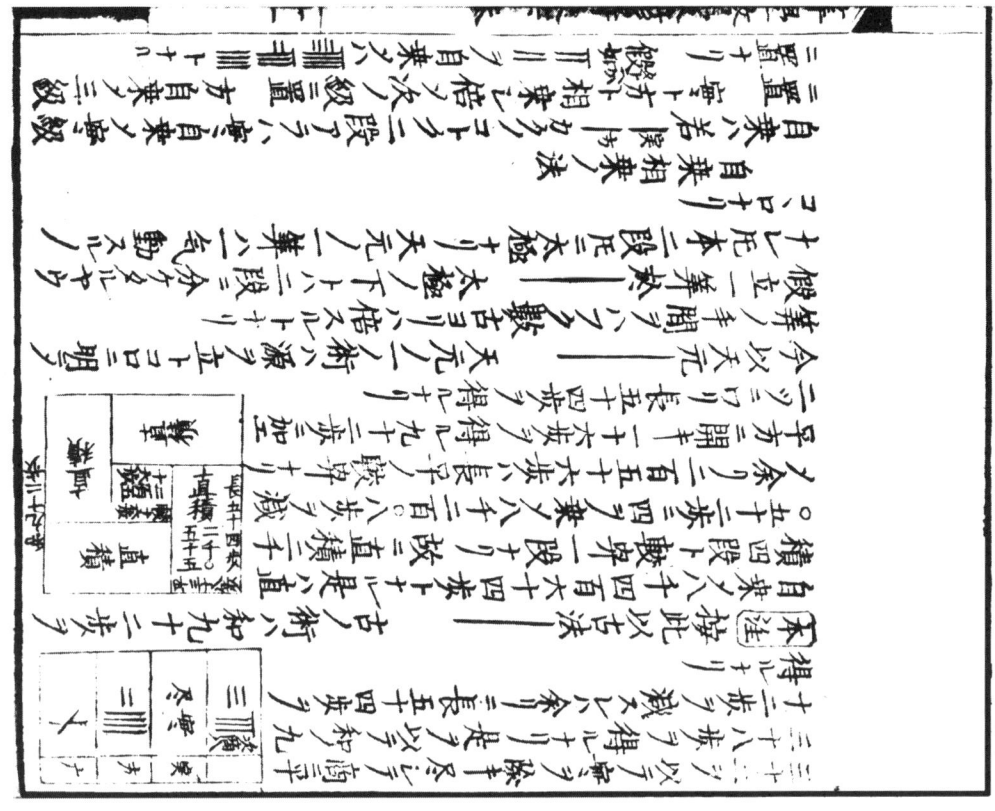

自乗ハ若 實/方 カクノコトク二段アラハ實ニ自乗メ實ノ級
ニ置　實ト方ト相乗レ倍メ次ノ級ニ置　方自乗ヲ三級
ニ置ナリ　假如 〡‖ ヲ自乗メハ 𝍧 𝍦 ‖‖ トナル

又実方廉カクノコトク三段有ラハ寔ニ自乗メ寔ノ級ニ置　寔ト方ト相乗シ倍メ次ノ級ニ置　寔ト廉ト相乗ヲ倍メ方自乗ヲ加ヘテ三級ニ置　方ト廉ト相乗シ倍シテ四級ニ置　廉自乗メ五級ニ置ナリ　タトヘハ ||| 〤 ||| ー ヲ自乗スレハ |||| 〤 |||| ⊤ ー トナルソ

相乗スルモコレニ同シ若右左実方廉如此左右トモニ二段アラハ左ノ寔ト右ノ寔ト相乗メ寔ノ級ニ置　右ノ寔ト左ノ方ト相乗シ左ノ寔ト右ノ方ト相乗シ二數併セテ次ノ級ニ置　左ノ方ト右ノ方ト相乗メ三級ニ置ナリ・假如右 ||| ー 左 〥 || 相乗メハ 〦 〤 || トナル

又右左実方廉カクノコトク左右トモニ三段アラハ右ノ寔ト左ノ寔ト相乗メ寔ノ級ニ置　右ノ寔ト左ノ方ト相乗シ左ノ寔ト右ノ方ト相乗シ二數相アハセテ次ノ級ニ置　右ノ寔ト左ノ廉ト相乗シ左ノ寔ト右ノ廉ト相乗シ右ノ方ト左ノ方ト相乗シ三數相併セテ三級ニ置　右ノ方ト左ノ廉ト相乗シ左ノ方ト右ノ廉ト相乗シ二數相併セテ四級ニ置　右ノ廉ト左ノ廉ト相乗メ五級ニ置ナリ　タトヘハ右 || 〤 || 左 ー ⊤ || 相乗スレハ || 〤 ≡ 〤 || トナル

又右左実方廉カクノコトク三段ト二段トアラハ右ノ寔ト左ノ寔ト相乗メ寔ノ級ニ置　右ノ寔ト左ノ方ト相乗シ左ノ寔

ト右ノ方ト相乗シ二數相併セテ次ノ級ニ置　左ノ寔ト右ノ廉ト相乗シ右ノ方ト左ノ方ト相乗シ二數相併セテ三級ニ置ナリ　假如右 〥 || 左 〤 ー 相乗スレハ ⊤ 〥 ー トナル

三級ニ置　左ノ方ト右ノ廉ト相乗メ四級ニ置ナリ　假如右 〤 | ー 左 〤 ー 相乗スレハ ⊤ | 〤 ー トナル

再自乗ハ其式ヲ自乗メ又其式ヲ相乗スルナリ　タトヘハ 〤 || ヲ再自乗スルニ先自乗メ 〦 || 〦 トナル又是ト |||| ト相乗メ ≡ ≣ 〦 トナルナリ　又 〤 ー ヲ再自乗スレハ 〦 || ⊤ 〤 〤 ー トナル

三乗自乗ハ其式ヲ自乗メ又自乗スルナリ　タトヘハ || ー ナラハ自乗メ 〦 〦 ー 是ヲ又自乗メ ⊤ ≡ 〦 〦 ー トナル　四自乗ハ又一度乗スルナリ以上コレニ同

空級ト空級ト相乗スレハ空トナル又數ト空級ト相乗スルモ空トナル　正ト正ト相乗スルモ負ト負ト相乗スルモ皆正トナル正ト負ト相乗メハ負トナル　併スル時ハ同加異減スルナリ　右自乗相乗ノ仕ヤウ見ヤスキニ任テ畧術ヲシルスナリ

凡此術ハ術ノ中ニテ平方立方等ニ開キ或ハ式ニテ除ク了僅テナキコトナリ數ニテ約ムル了ハ時宜ニヨリ有之トイヘ圧是モ約メサルカヨキナリ

九

今有直田五畝八十八歩只云長平併之得七十四歩問較歩幾何

直ノ田五畝ト積歩八十八歩アリ長平併之ハ長平ノ和ナリ　較タカヒ長短不等也

答曰　一十八歩

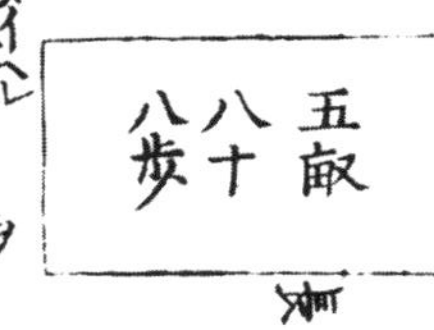

術曰立天元一為較。𝍠　加入云數為二長𝍯𝍣𝍠　又列云數内減一較餘為二平式𝍯𝍣𝍠̸　二長二平增乘起為四段積𝍤𝍭𝍠𝍡○𝍠̸　寄左列畝通歩内子四之與寄左相消得開方式𝍢𝍪𝍣○𝍠̸　平方開之得

較合問

立天元一𝍠　較ノ歩ヲ問フユヘ較ト名ツケテ立ルナリ

加入云數𝍠　長平ノ較ノ數ヲ長平ノ和ノ數ニ加エテ二ツニワレバ長ノ數トナル此意ヲ以テ假リノ較𝍠ヲ長平ノ和𝍯𝍣ニ加エテ術中ニテワルヿアシキユヘ其ヽヽ二ノ長トスルナリ

較○　𝍠

和𝍯𝍣

二長𝍯𝍣𝍠

先ツ𝍯𝍣ト○ト合セテ𝍯𝍣ナリ　𝍠ハ其ヽ𝍠ナリ

總別加ユルハ何方ヨリナリ𝍠加ユルナリ　加モ併モ相加相併也

又列云數内減一較𝍠

長平ノ和ノ數ノ内較ノ數ヲ減スレハ二ケノ平ノ數トナルコノコヽロヲモツテ和𝍯𝍣ノ内較○𝍠ヲ減ノ二ノ平ト〻スルナリ　一較トハ較一ケト云ヿナリ

和𝍯𝍣　内

較○𝍠　減

二平𝍯𝍣𝍠̸　余

先ツ○ヲ以テ𝍯𝍣ヲ減スルユヘ其ヽヽ𝍯𝍣又𝍠ヲ以テ數ノ無ヲ減スルユヘ正ニ無人𝍠̸トトヌ内減トアルハ和ノ内較ヲ減スルナリ較ヲ

以テ和ヲ減スルト同シ后倣之
二長二平増｜　二ノ長ト二ノ平ト相乗スレハ二ニノ
四段ノ假リノ積トナルナリ　或ハ二ノ長ト二ノ平ト相乗
スレハ二三ノ六段ノ積トナル又五ケノ長ト一ケノ平ト相乗
スレハ一五ノ五段ノ積トナルソ
二ノ長｜　先ツ正七十四ト正七十四ト正同名相乗シテ
二ノ平ト　正五千四百七十六ヲ要ノ級トス
四段積○ト　正七十四ト負一ト異名相乗シテ負七十四トナル
又正七十四ト正一ト同名相乗シテ正七十四トナル
二數相併スルニ正負異減シテ方ノ級ヒトス
正一ト負一ト相乗シテ負一ヲ廣ノ級トス
列畝通歩｜　五畝ヲ歩ニ通シテ一千二百歩ナリ八十八歩
ヲ加エ一千二百八十八歩ヲ得ル是積ナリ
四之ヲ寄左｜　寄左タルハ四段ノ積ナリ今歩ニ
通シタルハ一段ノ積ナルユヘ四ヲ乗シ五千一百五十二歩
兩方トモニ皆四段ノ積トシテ相消スナリ　或ハ寄左
タルガ三段ノ積ナラハ今ノ積ニ三ヲ乗シ兩方トモニ
三段ノ積トシテ相消ス或ハ寄左タルモノ積卑ナラハ
今ノ積ヲ自乗シ兩方尼ニ積卑トシテ相消ス又寄左
ニ物ノ乗シアラハ今得タルニ其物ヲ乗シ相消ナリ

今有直田四畝九分只云長平差二十五歩
問長平各幾何
答曰平二十四歩○長四十九歩

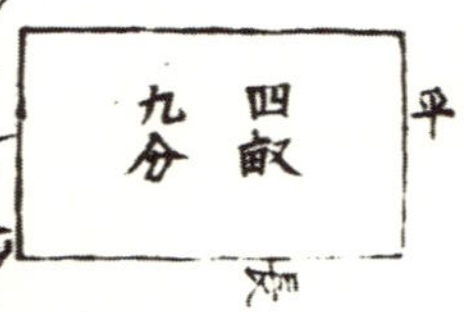

術曰立天元一為平○一加入云數為
長以平乘起為積○｜寄左列畝通

寄左○ト　是モ今得タルヲ以テ寄左ヲ消スナリ
五千一百五十二ヲ以テ五千四百七十六ヲ
今得
減シ余リ正三百二十四
消式○ト
方ナハ今得タル二數ナキユヘ寄左タル方
広ヲ其マヽ用ユ
平方開之｜
平方ニ開キ較一十八歩ヲ得ルナリ

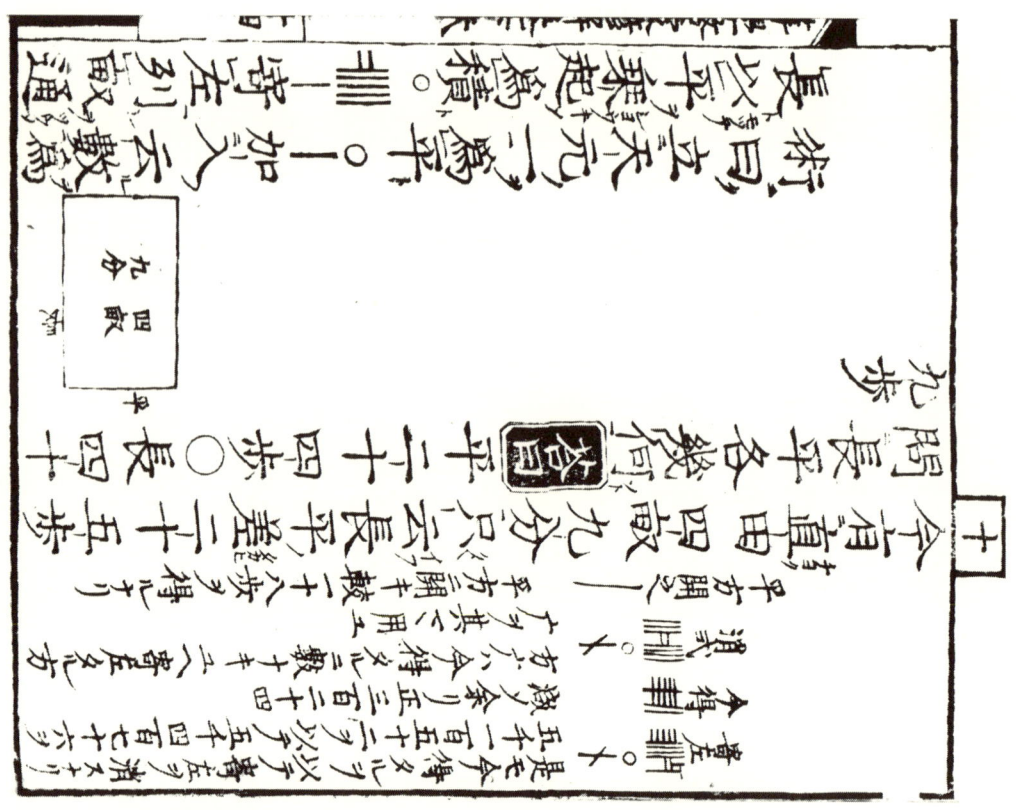

一十

歩與寄左相消得開方式 丅‖‖‖ 一平方
開之得平加差即長合問
今有直田六畝一十六歩只云長平較三十
歩問長平和幾何 答曰 和八十二歩

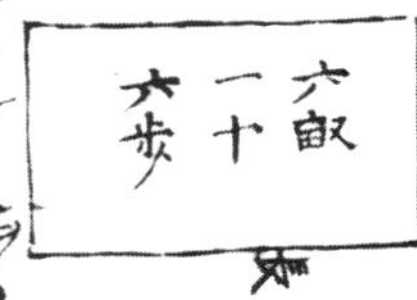

術曰立天元一為和 ○ 一加入云數為
二長三 ○ 一別列和内減云數 一 餘為
二平以二長二平增乘起四段積 ○○

二十

○一寄左列畝通歩内子四之與寄左
相消得開方式 ○一平方開之得和
合問
今有方田圓田各一段共地九畝四分五釐只
云方面與圓田徑適等問方面圓徑各幾
何 答曰 方面圓徑各三十六歩

方ノ田ト円ノ田ト共ニ九畝四分五厘ナリ
方面ト円径ト同数ナリ

術曰立天元一為方面亦為圓徑 ○ 一
自之為方積 ○ ○一寄左又列圓徑自

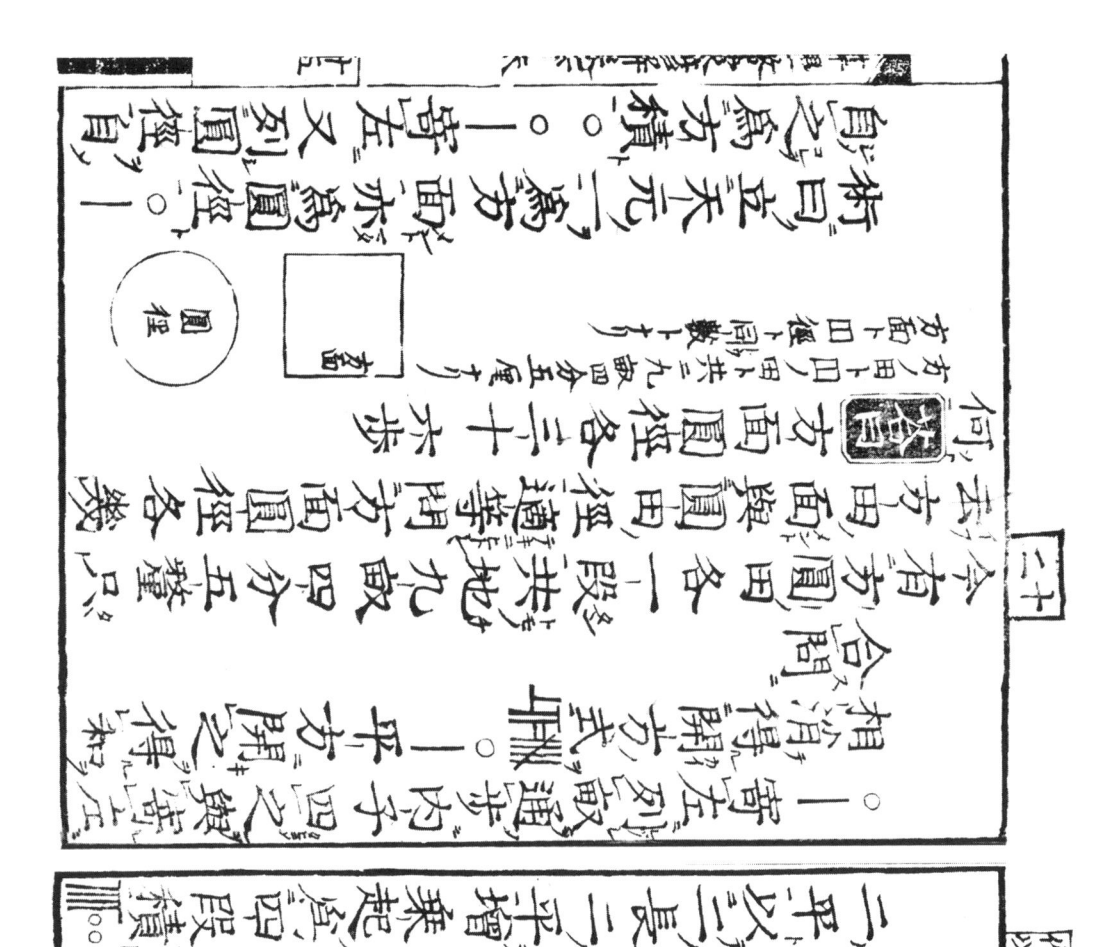

之三因四而一為円積〇〇[算木]加入寄左得式〇〇[算木]再寄列畝通歩與再寄相消得開方式[算木]〇[算木]平方開之得方面円径合問

立天元一——円径モ〇——ナリ　　方面ト円径ト同數ナルユヘ方面モ

自之——　　方面ノ數ヲ自乘メハ方積ノ數トナルユヘ

方面〇——ヲ自乘メ方積トスルナリ先ツ〇ヲ自乘メ〇

ヲ要級トス　〇ト——ト相乘メ〇トナルユヘ倍スルニ及ハス

次ノ級トス　——ヲ自乘メ——ヲ三級トス〇〇——是方ノ

積ナリ

又列円径——　　円径ノ數ヲ自乘メ三ヲ因メ四ニテ除

ハ円積ノ數トナルユヘ円径〇——ヲ自乘メ〇〇——トナル是

ニ周率三ヲ乘メ〇〇[算木]是四段ノ円積ナリ四ニテ除キ

〇〇[算木]円積トス　前ニシルスコトク術ノ中ニテ除クヿ

不宜後李肴容易用ヘカラス

今有方円田各一段共地七畝二十八歩只云方面不及円径二十三歩問円径方面各幾何

加入寄左——　　円積ト方積トアハセテ共ノ積トス

再寄トハ前ニ寄左タルユヘ再寄トシルスナリ

列畝通歩——　　九畝四分五厘ニ二百四十ヲ乘メ二

千二百六十八歩ヲ得ル是又共ノ積ナリ再寄ト相消也

答曰円径三十八歩〇方面二十五歩

方面ハ円径ヨリ少キヿ一十三歩トナヿ

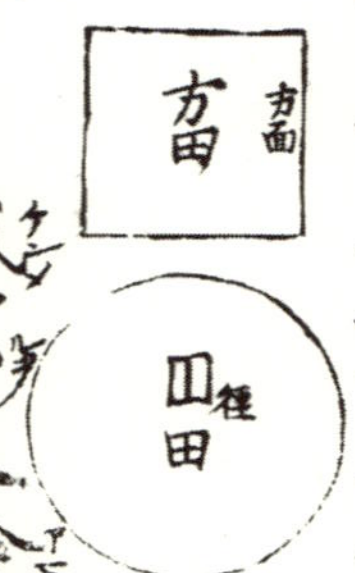

術曰立天元一為円径〇——減不及餘為方面自之[算木]——就分四之為四段方積[算木]寄左又列円径自之三因

亦爲二四ノ段ノ圓積ト。○○𝍢加入寄左ニ得ル內
𝍣𝍦再寄ヒヨセ列レツシ畝ヲ通歩ニ內子四ヲ之與ニ再寄
相消チ得ル開方式ヲ𝍠○𝍣𝍦平方飜法開之ツ
得ニ圓徑ヲ減ツ不ル及ヲ即チ方面ナリ合スレ問ニ

減不及𝍠　𝍡徑○𝍠ノ內不及𝍤ヲ減シテ余リ
𝍣𝍠ヲ方面トス
自之𝍠　𝍣𝍠先ツ負十三ヲ自乘ノ負ノ同名
ナルユヘ正一百六十九ヲ實級トス　負十三正一ト相乘ノ
異名ナルユヘ負十三トナル倍ノ負二十六ヲ次ノ級トス
正一ヲ自乘ノ正同名ナルユヘ正一トナルヲ三級トス
就分四之𝍠　四之ハ此次ニ巾積ヲモトムル二四段ノ
巾積ヘ山ミルユヘ方積ニ四ヲ乘ノ四段ノ方積トナシテ四段ノ
圓積ニ加エテ四段ノ共ノ積トナスヘキタメナリ
八分母ニツイテト云フ𝍠ソ次ニ四段ノ圓積山ミルユヘ此就分ト
四段ト云分母ニツ井テナリ　式ニ數ヲ乘スルハ何レモ上ノ
級ヨリ下ノ級マテ皆ノコラズ乘スルナリ先ツ一百六十九ニ

四ヲ乘ノ六百七十六トナル　二十六ニ四ヲ乘ノ一百○四ト
ナル　一ニ四ヲ乘ノ四トナルナリ
又列圓徑𝍠　圓徑○𝍠ヲ自乘ノ○○𝍠ニ周ノ
率三ヲ因ノ○○𝍢是四段ノ圓積ナリ四段ノ方積ニ
加エテ四段ノ共ノ積トシテ通歩ノ共ノ積ニ四ヲ乘ノ
相消ナリ
平方飜法開之𝍠・　飜法ハヒルカヘルヲ云フナリ
商ヲ開キ出ス內ニ實ミカ方カ衆ノ廉ノ中ニ正變ノ負ト
ナルカ負ヘンジテ正トナルカヲ飜法ト云
先ツ廉ヲ二位進メテ七百トシ方ヲ一
位進メテ一千○四十トシテ商ニ三十ヲ
立○商ノ三十ヲ以テ廉ノ四百ニ乘ノ三七
二千一百正ヲ方ノ負一千四十ニ與減スル六
方ノ負變シテ正一千○六十トナルユヘ飜法ナリ○商三十ヲ
以テ方ニ乘ノ三如三千・三六一百八十ヲ實ミニテ減ノ余リ
二千九百七十六トナル○又商三十ヲ以テ廉ニ乘ノ三七正二
千一百ヲ方ノ正一千○六十ニ同加ノ正三千一百六十トナル一退
ノ三百一十六廉ヲ二退ノ七トナル○次ノ商八ヲ立テ廉ニ乘
ノ七八五十六ヲ方ニ加エ三百七十二トナル是ニ商ノ八ヲ乘ノ
三八二千四百・七八五百六十・二八一十六ヲ實ミニテ除キ尽ナリ

商位	實	方	廉
	𝍥𝍫𝍥	𝍠○	𝍦
	𝍠		

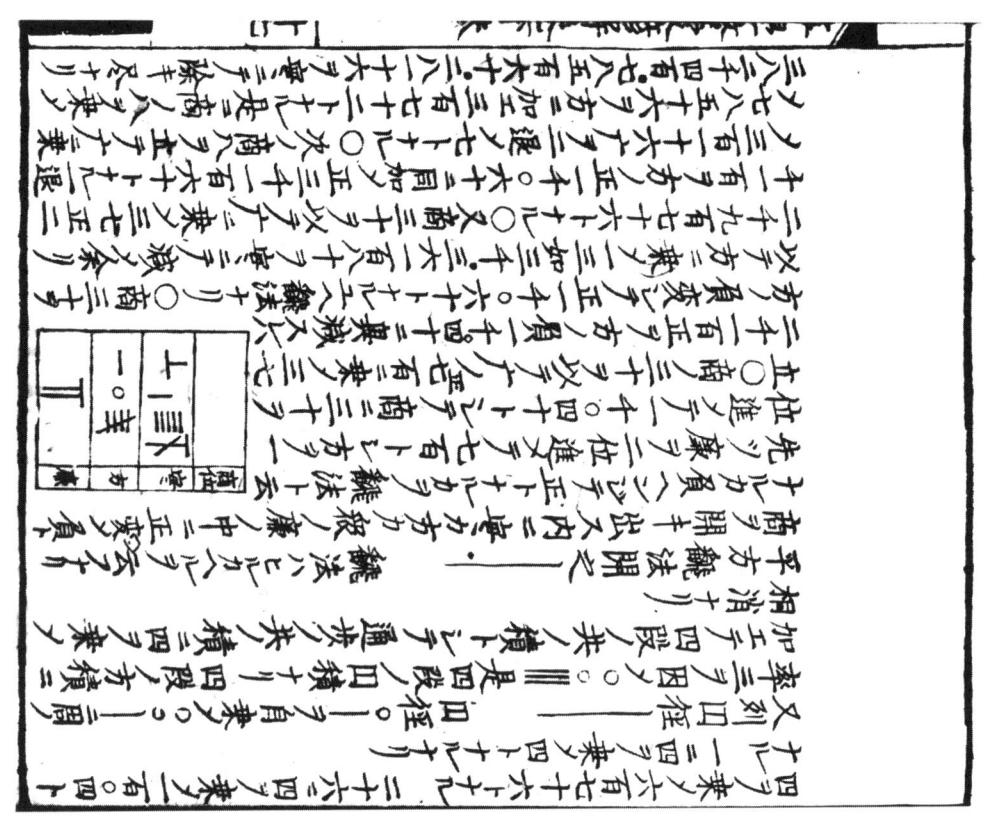

今有直田九畝八分只云長取八分之五平取三分之二相併得六十三歩問長平各幾何

答曰 平四十二歩○長五十六歩

長ヲ八ツニ分テ其五ツヲ取リ平ヲ三ツニ分テ其二ツヲ取リテニ色アハセテ六十三歩ナリ

術曰依圖布算

長	平

母互乗子乃得長十五箇分平十六箇母相乗得二十四以乗六十三得一千五百一十二即起一十五長一十六平數立天元一為平○一以十六乗之減

也

九畝八分 平 如

云數餘為一十五長 用平乗之為一十五段積○ 寄左列畝通歩以一十五乗之與寄左相消得開方式 平方開之得平以平除積得長合問

母互乗子 長ノ子五ニ平ノ母三ヲ乗ジ一十五ヲ得ル又平ノ子二ニ長ノ母八ヲ乗ジ一十六ヲ得ル 八ト三ト相乗ジ二十四ヲ得ル 長二十四分ノ一十五 平二十四分ノ十六 如此分母同數ナルユヘ共ノ歩六十三ニ分母ノ二十四ヲ乗ジ一千五百一十二ヲ一十五ノ長ト一十六ノ平トノ和トミルナリ

今有直田一十一畝九分只云長平和取十一分之二長平較取十三分之七較平差取

八分之五多於一平二步問長平各幾何

答曰平四十二步○長六十八步

長ト平トノ和ヲ十一分ニシ二ヲ取リ長ト平トノ較ヲ十三分ニシ七ヲ取リ長平ノ較ト平トノ差ヲ八分ニシ五ヲ取リ三色ノ數ハ平一ツヨリ二步多キトナリ。較ト平トノ差ノ事思量スヘシ負數ニヨリ較ヨリ平ノ多キアリ亦少キアリ

一十一畝九分

術曰依圖布算

和
較
差

母互乘子乃得和二百八箇較六百一十六箇差七百一十五箇分母相乘得一千一百四十四以多於二步乘之得二千二百八十八別得一百九長內減一百二十二平除數立天元一為長○|以一百九乘之內減餘數式為一百二十二段平以長乘之為一百二十二段積○寄左列積以一百二十二乘之與寄左相消得開方式平方飜法開之得長以長除積得平合問

母互乘子｜　較ノ母十三ト差ノ母八ト相乘ジテ一百〇二トナル和ノ子二ニ乘ジテ和二百〇八ケヲ得ル　和ノ母十一ト差ノ母八ト相乘ジテ八十八トナル較ノ子七ニ乘ジテ較六百一十六ヲ得ル　和ノ母十一ト較ノ母十三ト相乘ジテ一百四十三トナル差ノ子五ニ乘ジテ差七百一十五ヲ得ルナリ

分母相乘｜　和ノ母十一ト較ノ母十三ト差ノ母八ト三色相乘ジテ一千一百四十四

和一千一百四十四分之二百〇八
較一千一百四十四分之六百一十六
差一千一百四十四分之七百一十五

カクノコトク三色皆分母ヲ同數ニシテ云ル二步ニ分

卌ノ一千一百四十四ヲ乗ジ二千二百八十八ヲ得ル是ハ和二百八ケト較六百十六ケト差七百十五ケト三色合セタル内一千一百四十四ケノ平ヲ減シタル餘リナリ然ルニ此侭用レバ和ノ較ノ差ノト交リテ見ニクキユヘ分合ノ術ニテ長ト平ト二色ニ分ルナリ

別得一百九長

和ノ二百八ヲ乗シ較

較ノ六百十六ヲ乗シ差

差ノ七百十五ヲ乗シ三位併テ

内一平 分卌ノ一千一百四十四ヲ乗ジ減シテ余リ

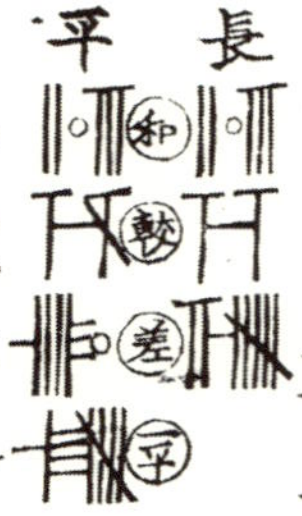

長ノ段數ヲ正負同加異減スレバ正一百九トナル

平ノ段數正負同加異減スレバ負一百二十二トナル

コヽニテ二千二百八十八ハ二百九ケノ長ノ内一百二十二ケノ平ヲ減シタル余リナリト知ル

今有直田一十九畝六分只云長取強半平取弱半和取中半較取太半爲共不及二長二步少半步問長平各幾何

答曰平五十六步○長八十四步

長ニ四分ノ三ヲ取平ニ四分ノ一ヲ取長ト平トノ和ニ二分之一ヲ取長ト平トノ較ニ三分之二ヲ取四ノ數ヲ合セテ長二箇ヨリ少キ一二步ト三分步之一ナリ

一十九畝六分

術曰依圖布算

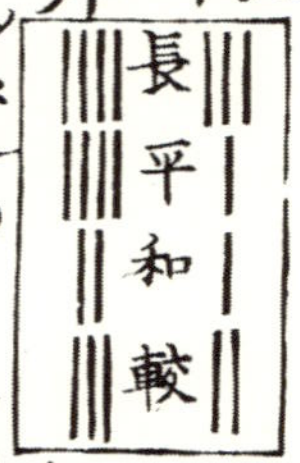

母互乘子得長七十二箇平二十四箇和四十八箇較六十四箇分

母相乘得九十六以乘不及得二百二十四步別得八ノ長ノ内減八ノ平餘八ノ較從省八約之得二十八步爲較即一ノ長ノ内減一ノ平立天元一爲平○加入二十八步爲長

用平乘起爲積○

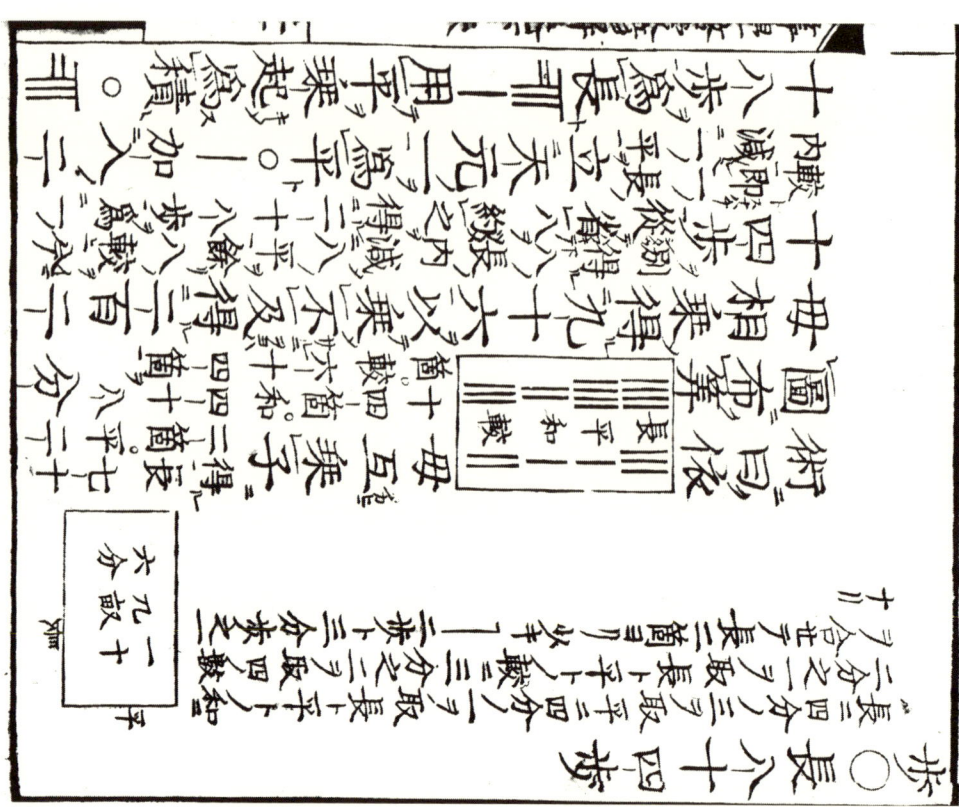

一寄左列敵以二百四十乘之與寄左
數相消得開方式［算木］一平方開之得
平以平除積得長也

分毋互乘分子｜平ノ毋ト和ノ毋ト較ノ毋ト相乘ノ二十四ヲ長ノ子ニ乘ノ七十二箇ヲ得ル　長ノ毋ト和ノ毋ト較ノ毋ト相乘ノ二十四ヲ平ノ子ニ乘ノ二十四ヲ得ル　長ノ毋ト平ノ毋ト較ノ毋ト相乘ノ四十八ヲ和ノ子ニ乘ノ四十八ヲ得ル　長ノ毋ト平ノ毋ト和ノ毋ト相乘ノ三十二ヲ較ノ子ニ乘ノ六十四ヲ得ル　長ノ毋ト平ノ毋ト和ノ毋ト較ノ毋ト相乘ノ九十六ヲ得ルナリ

長　九十六分之七十二　カクノゴトク長平和較皆
平　九十六分之二十四　同分毋トナル
和　九十六分之四十八
較　九十六分之六十四

以乘不及｜不及八二步ノ三分步ノ一ナルユヘ通分内子ニ七ヲ得ル分毋ノ九十六ヲ乘ノ六百七十二トナルヲ通分毋ノ三ニテツヽメテ二百二十四ヲ得ルナリ

七十

今有圓田一段內有方池容邊而占之外餘
地八畝六十五步七分半只云四弧矢各闊
平ノ較ナリ

是ハ長七十二ケト平二十四ケト和四十八ケト較六十四ケト合セタルヲ以テ長一百九十二ケヲ減シタル余リナリ

別得八長｜長長　平平　和平　較長　各段數ヲ乘ノ寄位
減シテアニリ　二ノ長［算木］分毋ヲ乘ノ內寄位ヲ

長［算木］　長平和較二長　得ル　長ノ段數正負相減シテ正八ヲ
平［算木］　ヲ得ル　平ノ段數正負相減レテ負八

冪ニテ二百二十四步ハ八ノ長ノ內八ノ平ヲ減シテ余リ八ノ較ナルト知ル

今從省八｜二百二十四ト較ノ八ト約分ノ術ニテ約法八ヲ得テ二百二十四ヲツヽメ二十八步ヲ得ル是長平ノ較ナリ

一十三歩問圓徑池方各幾何　答　圓徑九十一歩○池方六十五歩

容边占之　边ホトリ四邊ナリ　占ハカル也　四边ヲイレテ其積ヲハカルニ池ノ外ノアマリノ池八畝六十五歩七分五厘アルトナリ　四弧矢トハ四ケ所ノ弧形ノ矢ナリ

術曰立天元一爲圓徑○𝍠内減倍之云數𝍮𝍠餘爲池方面自之就分四之爲四段方積𝍧𝍣𝍰𝍣寄左　又列圓徑自之三因○○𝍢亦爲四段圓積内減寄左𝍧𝍦𝍱再寄列畝通歩内子四之與

再寄相消得開方式𝍢𝍦𝍮𝍠平方開之得圓徑内減倍之云數餘即池方合問

内減倍之𝍠　矢一十三歩ヲ兩方ニテ一倍ニメ二十六歩ヲ以テ圓徑ヲ減スレハ内ノ方面トナル

就分四之𝍠　次ニ四段ノ圓積ヲスモトムルユヘ方積ヲ四タヒニスルナリ

此問容邊占之　又四ノ弧矢各トアリ荅モ方五斜七ヲ用ヒテミレハ錢田ニテハ無ク圓田ニツカエテ方田アル也然レハ題ノ辭多シ術モ亦不宜

今術曰立天元一爲圓徑○𝍠自之三因爲四段圓積就分以四十九乗之爲一百九十六段圓積○𝍧寄左　列圓徑五之爲七箇池方○𝍤自之爲四十九段池積○○𝍤就分四之爲一百九十六段池積○○𝍠以減寄左餘爲一百九十六段外餘積○○𝍧再寄　列畝通歩内子以一百九十六乗之與再寄相消得𝍢○𝍧平方開之得圓徑五之七而一得方面也

今有方田内有圓池占之外餘地二畝六歩
只云四角徑各長九歩九分問池徑田方各
幾何 荅曰 池徑一十八歩○田方二十七歩

是火塘田ナリ
率ヲ用テナリ　四角径九歩九分ハ方五斜七ノ

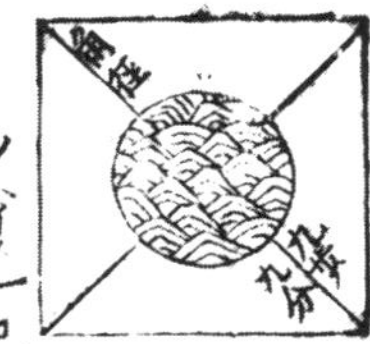

術曰立天元一為池徑。○一加入倍之
云數為方斜就分五之為七段方面
自之為四十九段方積
四之為一百九十六段方積也

寄左又列圓徑自之三因為四段圓積
就以四十九乘之。○。田亦為一百九
十六段圓積以減寄左　再寄列
畝通歩内子以一百九十六乘之與再
寄相消得開方數式　平方開之
得池徑加入倍之角徑五之七而一得
田方合問

加入倍之云數——　角径九歩九分ヲ両方ニテ
倍シテ一十九歩八分トナルヲ内ノ囗径ニ加エ外ノ方ノ
角ヨリ角ニテノ歩トス　——是ニ方率五ヲ乘シテ
斜率七段ノ方面トス
為四十九段方積——　七段ノ方面ヲ自乘スレハ
七七四十九段ノ方積トナル

爲一百九十六段—— 方積ハ四十九段ヲ得四
積ハ四段ヲ得ルユヘ四十九段ノ方積ニハ四ヲ乗シテ一
百九十六段ノ方積トス四段ノ四積ニハ四十九ヲ乗シテ
一百九十六段ノ四積トスルナリ

今有直積一千二十四歩只云平除長長除平二數相併得四歩二分半問長平各幾何

答曰 平一十六歩○長六十四歩

平ニテ長ヲ除キタルハ小長ナリ長ニテ平ヲ除キタルハ小平ナリ二數相併セタル四歩二分五厘ハ即小和ナリ

術曰立天元一爲小平○一減云數餘與爲小長以小平乗之爲小積○

積一千○二十四歩

小積一箇相消得開方式平方開之得小平二分五釐再立天元一爲大長○一以乗小平爲大平以大長乗之爲大積式與元積相消得開方式平方開之得大長以小平乗之即大平合問

今按 直求長術曰立天元一爲長○一三自乗之加入積再因爲寄左只云數列積以乗小和積因長再因與寄左相消得開方式三乗方開之得長以除積得平也

十二

今有直積四千九十六步只云長除平平除長二數相減餘三步七分半問長平各幾何

答曰 平三十二步○長一百二十八步

長ヲ以テ平ヲ除キタル數ヲ以テ平ニテ長ヲ除キタル數ヲ減シ余リ三步七分五厘是小較ナリ

術曰立天元一爲小長○｜內減云數餘爲小平以小長乘之爲小積○與小積一筭相消得開方式｜平方飜法開之得小長四步以除直積得平

積四千〇九十六步

平

一千二十四步爲大平冪平方開之得大平三十二步以小長乘之即大長也

合問

今按直求平術曰立天元一爲平○｜三自乘之得○○○○｜以○○○寄左列積以只云數減積冪餘爲因相乘亦以平○○與平冪因云數積冪相乘得寄左相○｜三乘方開消得○之得平以開方平除積得式長也

廿一

今有大小方田二段共積六千五百二十九步只云小方面乘大方面得三千一百二十步問二方面各幾何

答曰 大方面六十五步

小方面四十八歩

大方ノ積ト小方ノ積ト共ニ六千五百二十九歩ナリ　大方面ト小方面ト相乗シテ三千一百二十歩ナリ

術曰別得今數為弦冪云數為直積倍之減弦冪餘有二百八十九歩平方開之得較一十七歩立天元一為大方面○｜内減較歩餘為小方面丌｜以大方面乗之為直積○丌｜与只云數相消得開方式丅丌｜平方飜法開之得大方面減較即小方面合問

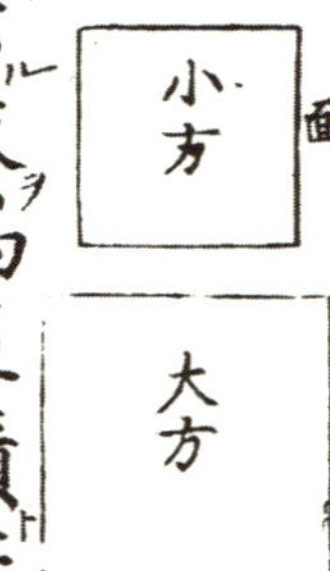

別得今得　大方面ヲ長トシ小方面ヲ平トミルトキハ共ノ積ハ長平ト平ト併セタルユヘ弦冪ナリ大方面ト小方面ト相乗ノ數ハ長平相乗ノ數ナルユヘ直積ナリ

弦冪トナル圖

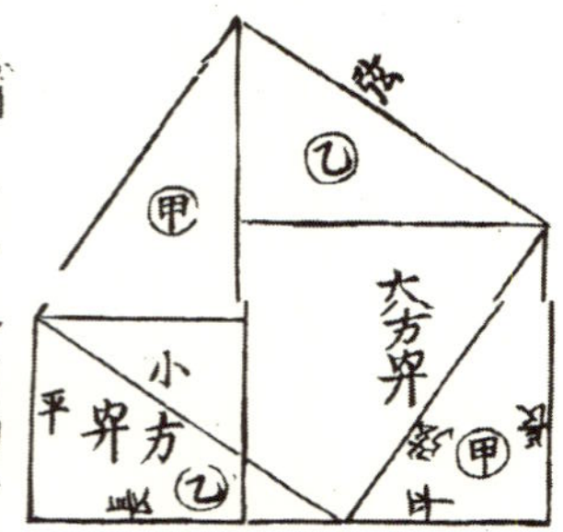

較ヲ求ムル圖

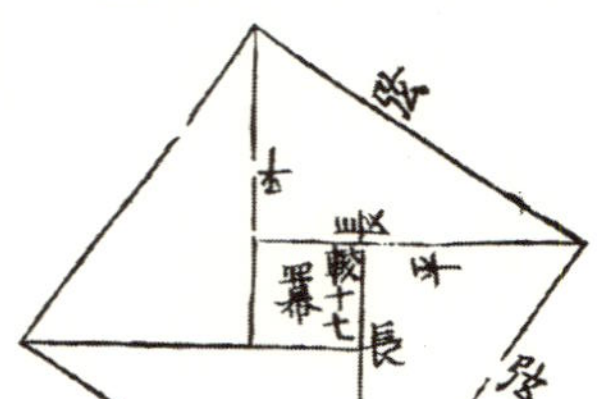

直積ヲ倍シテ六千二百四十ヲ以テ弦冪六千五百二十九ヲ減シ余リ二百八十九ハ較冪ナリ平方ニ開キ較十七ヲウル又ニテ共ノ積三千一百二十歩ト較一十七歩トヲ用テ大小方面ヲ求ムルナリ

今按　直求大方面術曰立天元一為大方面○｜三自乗之加入只云數為因大○○○｜寄左云數冪為因方面冪共積ト面冪相○○列共積以大方乗之得相消得寄左

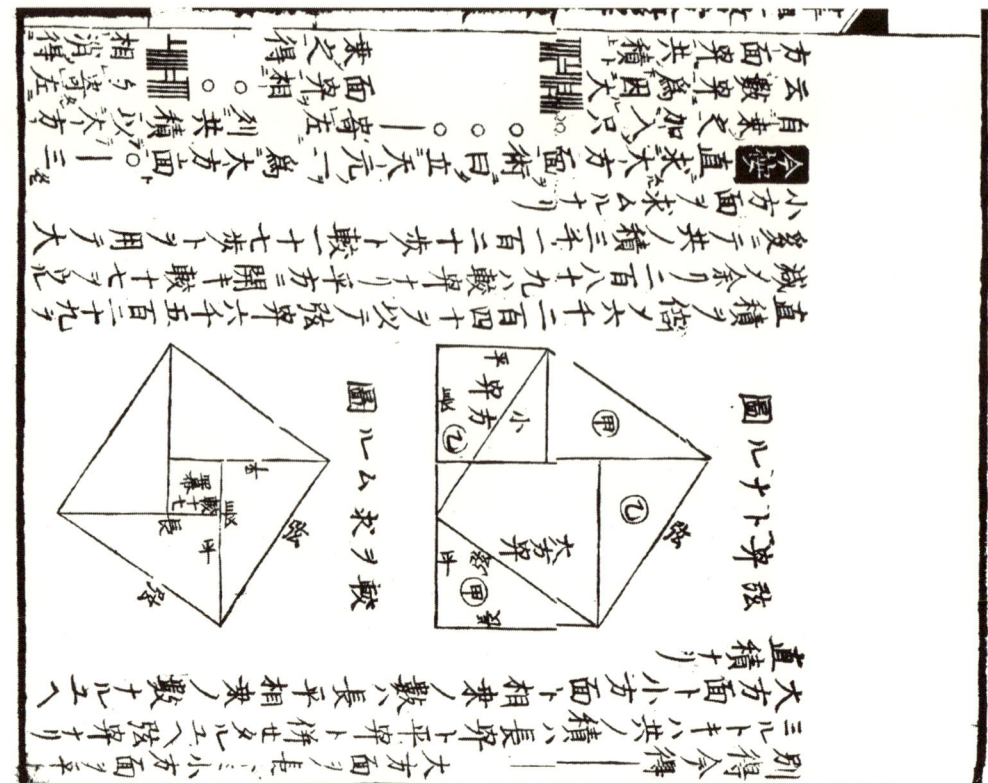

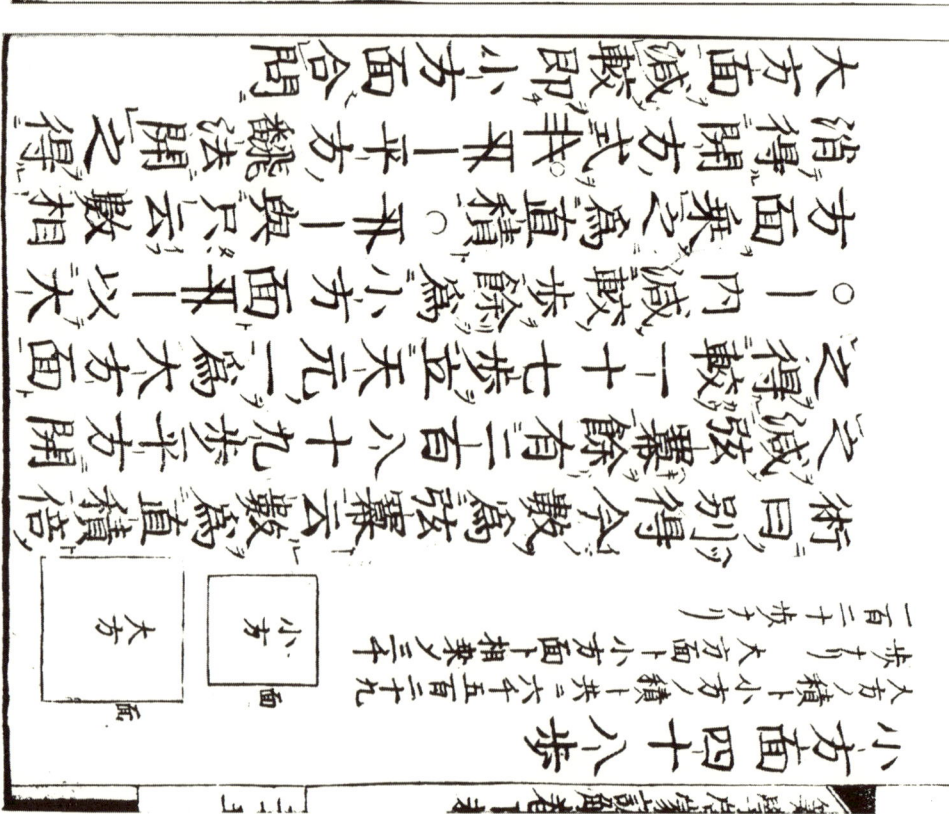

開方式[算木]○[算木]○一三乘方飜法開之得大方面以除只云數得小方面也

今有大小方面二段只云大方冪內減小方面餘一千二百六十八步又云小方冪內減大方面餘七百四十八步問大小方面各幾何

答曰大方面三十六步○小方面二十八步

大方面自乘シタル內小方面ヲ減ゾ余リ一千二百六十八步　又小方面ヲ自乘シタル內大方面ヲ減ゾアマリ七百四十八步ナリ

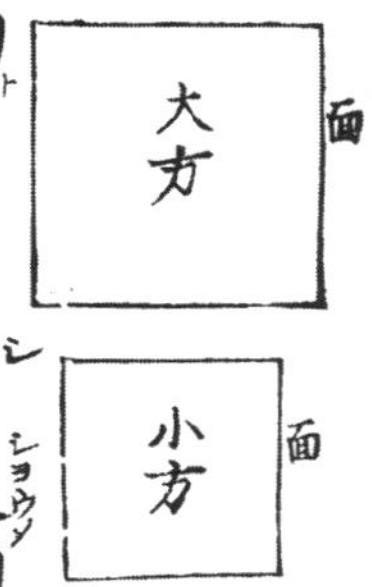

術曰立天元一爲小方面○一自乘內

減又云數爲大方面[算木]○一自之爲大方冪[算木]○[算木]○一寄左又列小方面○一加入先云數[算木]一亦爲大方冪與寄左[算木]相消得開方式[算木]○一三乘方飜法開之得小方面加入先云數共得一千二百九十六爲實一爲廉平方開之得大方面合問

今有直積二千六十五步只云較乘和得二千二百五十六步問長平各幾何

答曰平三

十五歩○長五十九歩

長平ノタカヒヲ長平ノ和ニ乗シテ二千二百五十六歩トナリ

術曰立天元一為平○｜自之為平冪

式○○｜加入云数為長冪又以平冪

乗之為積冪也○○[illegible]○｜寄左列積

自之與寄左相消[illegible]○[illegible]○｜三乗方開

消得開方式

之得平以

平除積為長也

積二千○六十五歩

平

今有直田長平相乗為實平方開之得数加

長平和得一百二十九歩只云差三十九歩

問長平各幾何

答曰平二十五歩○長六十四歩

平冪加入只云数為長冪ノ和ニ長平ノ較ヲ乗シタル数スナハチ長冪ノ内平冪ヲ減スル余リナリ故ニ平冪ニ加エ長冪トスルナリ

和 長 較 長 相乗ノ 長冪

平 平 平冪

只云数ハ長平

以平冪乗之——長冪ト平冪ト相乗スレハ積冪トナルユヘ積ヲ自乗ノ両方トモニ積冪トシテ相消ナリ

長平相乗ハ直積ナリ 平方ニ開キタル数ヲ長平ノ和ニ加エテ一百三十九歩トナリ 差三十九歩ハ長平ノ差也

平

術曰立天元一爲和○一以減先云餘

爲開方數𝍧𝍫自之就分四之爲四段

直𝍢𝍮𝍣𝍪𝍬又加差𝍣𝍮𝍪𝍬寄左列和自

積𝍦𝍨○𝍠冪得式𝍩𝍠○𝍠之爲和冪○

○𝍠與寄左相𝍣𝍮𝍪𝍬平方開之得和

消得開方數式𝍩𝍠○𝍠　八十九步減差

半之得平加差半之即長合問

開方數　平方ニ開キタル商ノ數ノ一ナリ自乘ノ直積トナル四タヒニメソレニ差冪ヲ加レハ長平ノ和冪トナル

今有大中小方田各一段共積一萬四千三

百八十四步只云方方較等其三方面相和

得二百四步問三方面各幾何　答曰大方面

八十四步○中方面六十八步○小方面五

十二步

方方較等トハ大方面ト中方面ノ較モ中方面ト小方面ノ較モ同數ナリ

今按　直求平術曰立天元一爲平○一加入差爲長𝍪𝍬得數以減只云數餘爲開方數𝍪𝍡𝍣○𝍬

自之爲○○𝍠𝍫𝍣寄左　列長以平相乘○○𝍬𝍣平方開之

直積ト𝍩𝍠𝍫　與寄左相消得開方式𝍩𝍠𝍫

得平加差卽長也

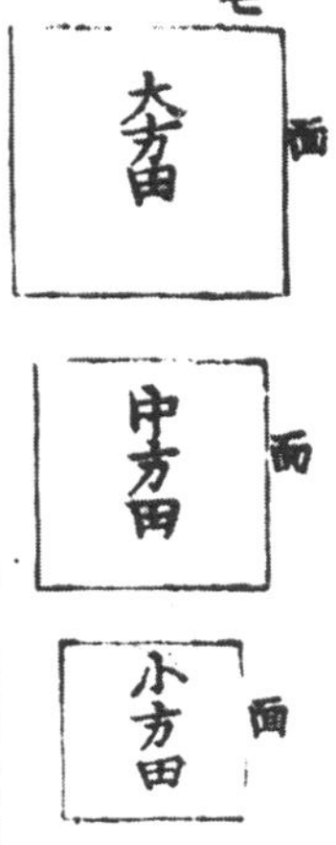

術曰列云數三約之得中方面六十八步立天元一爲較。〔算木〕加入中方面爲大方面〔算木〕自之爲大方積〔算木〕又列較步減中方面餘爲小方面〔算木〕自之爲小方積〔算木〕又列中方面自乘爲中方積〔算木〕三位併得〔算木〕。寄左列積與寄左相消得開方數式〔算木〕。平方開之得較一十六步加中方面得大方面中方面減較即小方面也

列云數三約之——除キ中方面六十八步ヲ得ルナリ　大中小ノ三ニテ和二百○四步ノ方數三・五・七・九・ト一

等ノ奇數ハ皆方數ニテ除キ中ノ方面ヲ得ル四・六・八等ノ偶數ハ不可用之也

今按術曰立天元一爲小方面。〔算木〕三之以減方和爲三箇中方面餘爲三箇較〔算木〕加入三之小方面爲三箇中方面〔算木〕自之爲九段中方積〔算木〕寄左　列三箇中方面加入三箇較爲三箇大方面〔算木〕自之爲九段大方積〔算木〕又列小方面自之又再寄〔算木〕三之爲九段小方積。〔算木〕列九之爲九段共積〔算木〕與再寄共積三位相併之爲九段共積〔算木〕寄相消得〔算木〕開方式〔算木〕平方開之得小方面五十二步以減三約之得較一十六步加小方面得中方面六十八步餘四十八步三

中方面六十八步又以較加中方面得大方面八十四步也○小方面三之八大中小ノ方數三十八○三箇ノ較ノ方數三ノ内一ヲ減メ余リ二ニ方數三ヲ乘シ折半シ得タル三箇ナリ

今有古徽密率圓由各一段共積五千六百七十一步五十分步之十三云古徑不及

密徑七步、密徑不及徽徑七步。問三圓徑各幾何。

答曰　古徑四十二步。○密徑四十九步

○徽徑五十六步

古圓ノ徑ハ密圓ノ徑ヨリ少キヿ七步ノ　密圓ノ徑ハ徽圓ノ徑ヨリ少キヿ七步トナリ　○古圓ハ古ノ周三徑一ノ法ヲ用ヒタル圓ナリ　密ハ四八密率ノ周二十二尺徑七尺ノ法ヲ用ヒタル圓ナリ　徽ハ四八劉徽ガ周一百五十七尺徑五十尺ノ法ヲ用ヒタル圓ナリ

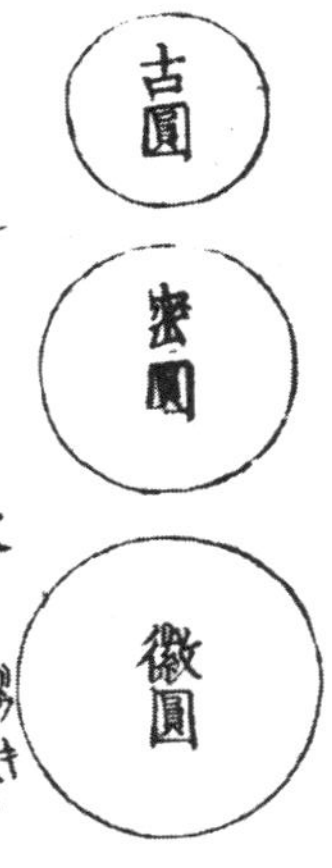

術曰、立天元一爲古徑。○一自之三因爲四段古積。就以七百乘之爲二千八百段古積。○○ [illegible] 又列古徑加七步爲密率徑 [illegible] 自之又二十二乘之爲二十八段密積 [illegible] 就以一百乘之爲二千八百段密積也 [illegible] 又列密徑加七步爲徽徑 [illegible] 自之又以一百五十七乘之爲二百段徽積 [illegible] 就以十四乘之亦爲二 [illegible] 三位 [illegible] 千八百段徽積也 [illegible] 併之 [illegible] 寄位。列積五千六百七十一步通分內子以五十六乘之與寄位相消得開方數 [illegible] 平方開之得古徑加差七得密徑又加七得徽徑也

式 [illegible]

四段古積以七百一十　二千八百段ノ四段ニテ除
七百ヲ得ル
二十八段密積以一百一　二千八百段ヲ二十八段ニ
除キ一百ヲ得ル
二百段徽積以十四一　二千八百段ヲ二百段ニテ
除キテ一十四ヲ得ル
共積通分内子以五十六一　二千八百段ヲ分母ノ五十
六ニテ除キ五十六ヲ得ルナリ
二千八百段　古積ノ四段ト密積ノ二十八段ト徽積ノ
二百段ト共ノ積ノ分母五十ト四ハ齊約ノ術ニテ求ム此
八千四百段ヲ得ル然レハ本書ノ術分繫キ也○齊約ノ
術深意有之

今按 術曰立天元一為古徑○一自之三因為四段
古積就以三百五十乘之為一千四百段古積ト○
又列古徑加七步為密徑自之就以
一又以二十二乘之為二十八段密積五十
乘之為一千又列密徑加七步為徽徑
四百段密積自之以一百五十七乘之為二
百段就之為三位併之為
徽積千四百段共積

列共積通分内平方開之得
寄左古徑加七步
子以二十八乘之與寄得密徑又加
左相消得開方式
七步得徽徑也

今有圓田一段周為實平方開之得數加入
圓積共得一百一十四步問周徑各幾何

答曰 周三十六步○徑一十二步
周ノ歩ヲ平方ニ開キテ共數ヲ積ニ加エテ一百
一十四歩アルトナリ

術曰立天元一為圓徑○一自之三因
為四段圓積以減四之共數得○
餘為四箇外周開方數自乘為十六箇

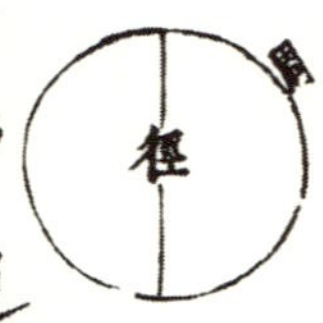

外周也。│‖‖‖。│‖‖。‖‖‖寄左列徑三之爲

外周以十六乘之得。‖‖‖與寄左相消

得開方│‖‖‖ ‖‖╤ ‖‖。‖‖‖三乘方飜法開之

數式

得圓徑十二步三

爲四段冂積以減四之｜積四ツト平方ニ開キタル數四ツトニナルユヘ四段ノ冂積ヲ減ノ余リハ四ケノ開方ノ數トナル是ヲ自乘スレバ四四ノ十六箇ノ周トナル　云數ニ四ヲ乘ニテハ

之即周三十六步也

今有方臺一所計積二百五十八尺只云臺高不及下方二尺却多如上方一尺問上下方及高各幾何

答曰　上方五尺○下方八尺

○高六尺

高ハ下ノ方ヨリ少キ丁二尺　却多如上方トハ高ハ上ノ方ヨリ多キ丁一尺ナリ

術曰立天元一爲上方。○｜加入一尺爲臺高｜｜高却加二尺爲下方‖‖｜自乘得‖‖‖╤｜又上方自乘得。○○｜又上下方相乘得。‖‖｜三位併之又以高乘之爲三段方臺積‖‖‖╤╤‖‖寄左列積三之與寄左相消得開方式╪╪╪╤│‖‖立方開之得上方五尺加一尺

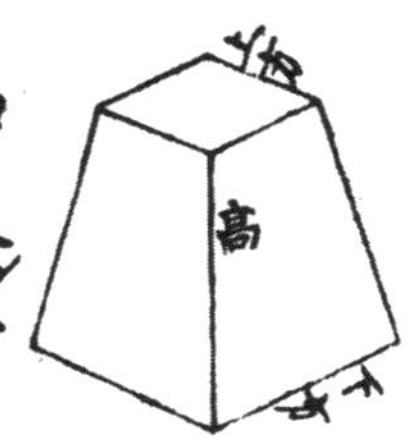

得高六尺就加二尺得下方八尺合問

今有圓臺一所計積五千四十尺只云上下周相和得一百八尺高不及上周一十六尺問上下周及高幾何

答曰 上周三十六尺○下周七十二尺○高二十尺

上ノ周ト下ノ周トアハセテ一百○八尺　高ハ上ノ周ヨリ一十六尺少キトナリ

術曰立天元一為臺高○｜加一十六尺為上周｜以減於相和數為下周 自乘 又上周自乘

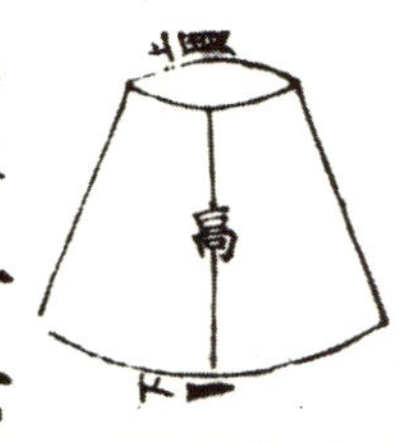

又上下周相乘得 三位併之又以高乘之為三十六段圓臺積○ 寄左列積以三十六乘之與寄左相消得開 ○ 立方開之得臺高加方數式 不及即上周又上周減相和數得下周也

今有方錐積九千四百八尺只云高為實平方開之得數少如下方二十二尺問下方及高各幾何

答曰 下方二十八尺○高三十六尺

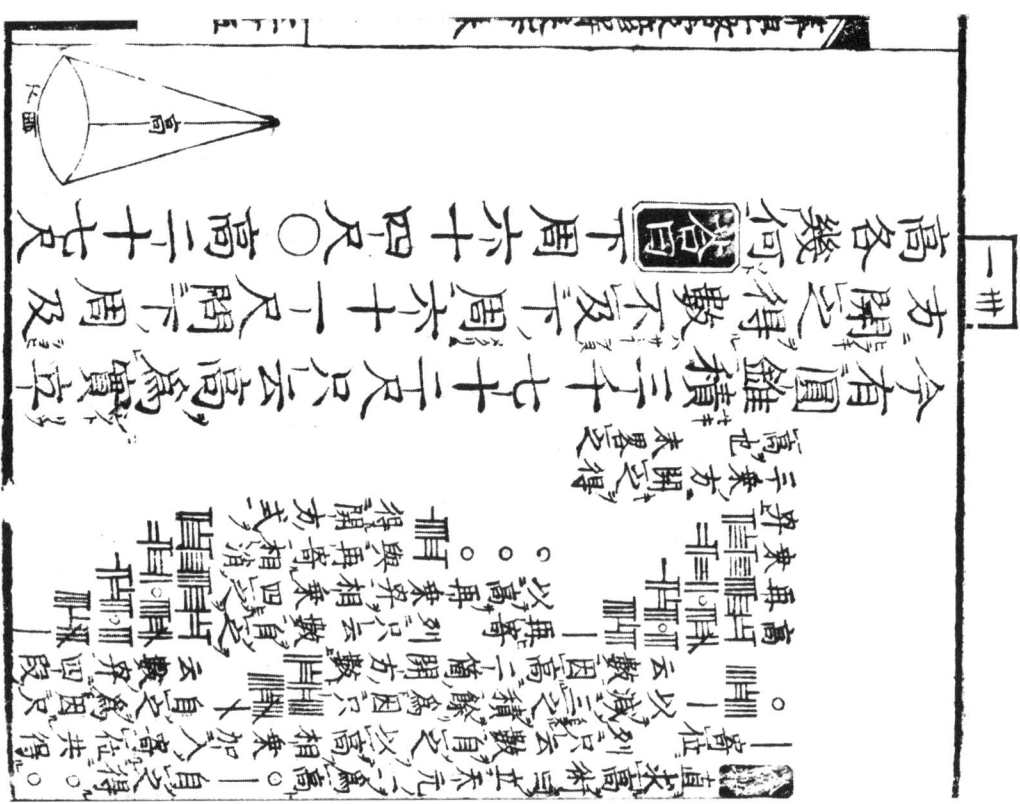

高ヲ平方ニ開キタル數ハ下ノ方ヨリモ少キコト二十二尺トナリ

術曰立天元一為開方數。○。一自乘為高也。○。○。一再列開方數加少如為下方也。一自之又高乘之為三段方錐積數也。○。○。寄左。列積三之與寄左相消得開方式。一三乘方開之得六尺為開平方數加少如得下方二十八尺又六尺自之即高合問

今有方圓錐積三千七十二尺只云高為實立方開之得數不及下周六十一尺問下周及高各幾何

三乘方開之得高也　末畧之

答曰下周六十四尺○高二十七尺

直求高術曰立天元一為高○一自之得○○一寄位○一以減三之積餘為因只云數自之以高相乘加入寄位共得　云數因高二十箇開方數　列只云數自之為因只云數界四段　再寄　列只云數自之以高再乘界相乘四之與再寄相消得開方式

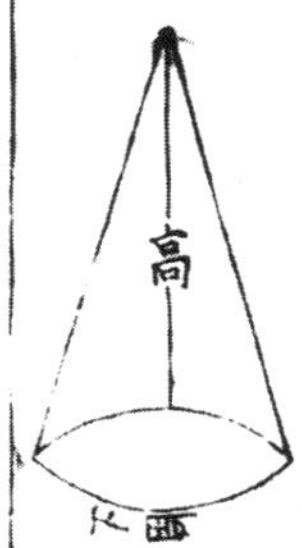

術曰立天元一爲開立方數○一再自
乘爲高也○○一再列開立方數加
不及爲下周也 一自之又高乘之爲
三十六段積○○○ 一寄左列積
三十六乘之與寄左相消得開方數式
○○ 一 四乘方開之得三尺爲
開立方之數加不及得
下周六十四尺又列三尺再自乘得高
二十七尺合問

四乘方開之 先ツ商ニ三尺ヲ置以テ隅一ニ乘ノ三ナル
三廉ノ一百二十二ニ加エ一百二十五トナル是ニ又商三ヲ乘ノ三
百七十五ヲ次廉三千七百二十一ニ加エ四千○九十六トナル是ニ
又商ヲ乘ノ一万二千二百八十八ヲ初廉ニ置是ニ又商ヲ乘ノ
三万六千八百六十四ヲ方ニ置是ニ又商ヲ乘ノ実ヲ除尽ナリ

今按 直求高術曰立天元一爲高○一 以只云數并
相乘加入 寄左 積只云數相○
十二段積共 乘一百 八段 只云數
得 再乘并高相乘一段
自之 高自乘 自之
又 一段 三 以ヲ
積相乘亦以之 位相併 高相
三百二十四 共得 乘得
乘之得
一與寄左相消得開方式
四乘方開之得高也 求畧之

今有立方立圓平方各一共積一百二十七

萬七千七百二十四尺只云立圓徑不及立方面十四尺却多平方面二十八尺問三事各幾何

答 立方面九十八尺○立圓徑八十四尺○平方面五十六尺

立圓徑ハ立方面ヨリ十四尺少ク又立圓徑ハ平方面ヨリ二十八尺多キトナリ

術曰立天元一爲立圓徑○一加十四尺爲立方面　再自乘又以十六乘之　爲十六段立方積寄左

得　列立圓徑減二十八尺得　平方面也　自之又十六乘之爲十六段平方面　寄左又列立圓徑再自乘九之亦爲十六段立圓積○○○　三位併之爲十六段積　方積　再寄列共積十六乘之　與再寄相消得開方式　立方開之得立圓徑加不及即立方面減多即平方面也

以十六乘之｜立圓ノ積ヲ求ムルニ十六段ノ積ヲ得ルユヘ立方ノ積ニモ平方ノ積ニモ十六ヲ乗ジ皆十六段ニスルナリ

今有立圓立方平圓平方各一（立圓從古法 平圓從密率）共積一萬八千五百八十六尺只云立圓徑多於平圓徑二尺却少於立方面八尺立方面如平方面二分之一問四事各幾何

答曰立圓徑一十六尺○立方面二十四尺○平圓徑一十四尺○平方面四十八尺

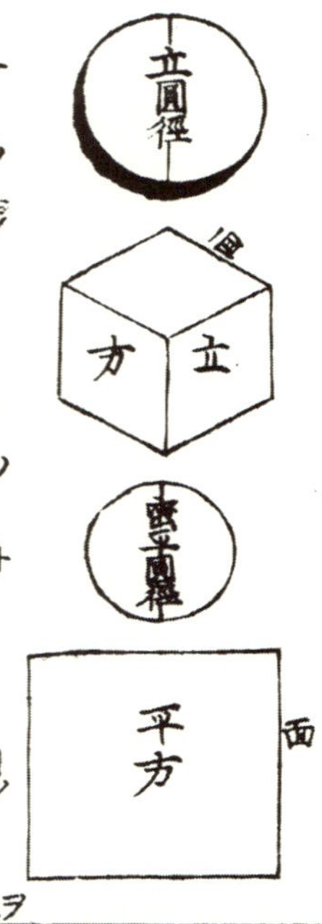

術曰立天元一爲立圓徑○一減二尺餘爲平圓徑 [counting rods] 自之就以二十二乘之爲二十八段積 [counting rods] 就分四之爲一百一十二段圓密積 [counting rods] 又列立圓徑加八尺爲立方面 [counting rods] 再自乘又以一百一十二乘之爲一百一十二段立方積也 [counting rods] 又列立圓徑再自乘九因爲十六段積○○○ [counting rods] 又七之爲一百一十二段立圓積○○○ [counting rods] 又列立方面二之爲平方面 [counting rods] 自乘又以一百一十二乘之亦爲一

百一十二段　四位共併爲一
平方積也　百一十二段積
○　寄左列共積一萬八千五百八
十六尺以二百一十二乘之得
二百八萬一千六百三十二與寄左相
消得開　立方開之得立圓徑
方式　一十六尺加八尺得
立方面減二尺爲平圓徑倍立方面即
平方面合問

密平圓積　就分四之　一百一十二ヲ密積ノ二十八段
ニテ除キ四ヲ得ル

古立圓積　七之　一百一十二段ヲ立圓ノ積ノ十六段
ニテ除テ七ヲ得ル
一百一十二段　密圓積ノ二十八段ト立圓積ノ十六段
ト齊約ノ術ニテ一百一十二段ヲ得ルナリ

今有立方。立圓。平方。古圓。徽圓。田各一共
積三萬三千六百二十二尺二百分尺之三
十七尺云立方面不及立圓徑四尺多如徽
圓徑三尺立圓徑如平方面三分之一古圓
周與立方面適等問五事各幾何　答曰　立方
面二十四尺○立圓徑二十八尺○平方面
八十四尺○古圓周二十四尺○徽圓徑二
十一尺

術曰立天元一爲立方面〔立圓周古〕○一加
四尺爲立圓徑〔算木〕一再自乘九因爲十
六段積〔算木〕以二百二十五乘之
爲三千六百〔算木〕○○又列立圓徑三
段立圓積〔算木〕之爲平方面〔算木〕
〔算木〕自之爲平方積〔算木〕爲三千六百
以三千六百乘之〔算木〕段平方積也

又列立方面減三尺爲徽圓徑也〔算木〕
自之又周一百五十七乘之爲二百段
積〔算木〕以十八乘之爲三千六百段
徽圓〔算木〕又列古圓周〔即立方面〕自之爲
積〔算木〕十二段積以三百乘之爲
三千六百段古圓積○○〔算木〕又列立方
面再自乘爲一段積以三千六百乘之
爲三千六百段立方積○○○〔算木〕五位
併之〔算木〕寄左列積通分内子以
得〔算木〕十八乘之與寄左相消

得開立方開之得立方面古
方式圓周等數也加四尺得
立圓徑三之爲平方面又列立方面減
三尺即徽圓徑也合法前問

五位ノ乘スル數ハ各三千六百ヲ置各積ノ段數ヲ以テ除キテ得ルナリ
三千六百段　立四ノ積ノ十六段ト徽四ノ積ノ二百段
ト古四ノ積ノ十二段ト共ノ積ノ分母二百ト四色齊約
ノ術ニテ求ムルトキハ一千二百段ヲ得ル本書ノ術亦謬レリ
今按　術曰立天元一ヲ爲立方面亦爲古圓周○一加
入四尺爲立圓徑再以七十五乘之
自乘九因爲十六段積爲一千二百段
立圓又列立圓徑三之爲平方面自
積也以一千二百乘
之爲平方積又列立方面減三尺餘爲徽圓
百段平方積徑自之又以一百五十七

乘之爲二六之爲一千二又列古圓
百段積百段徽圓積周自之爲
十二段積以一百乘之爲一千二百段古圓
積又列立方面再自乘爲一段積
以一千二百乘之爲一千二百段立方積
五位併之寄左
爲一千二分內去六之與寄
百段共積列共積通
之得立方面左相消得開方式
也　未詳

新編算學啓蒙卷下終

建部源姓賢弘

源

賢弘

元祿三庚午年初秋下澣

雒陽書肆柳枝軒茨木方道藏板

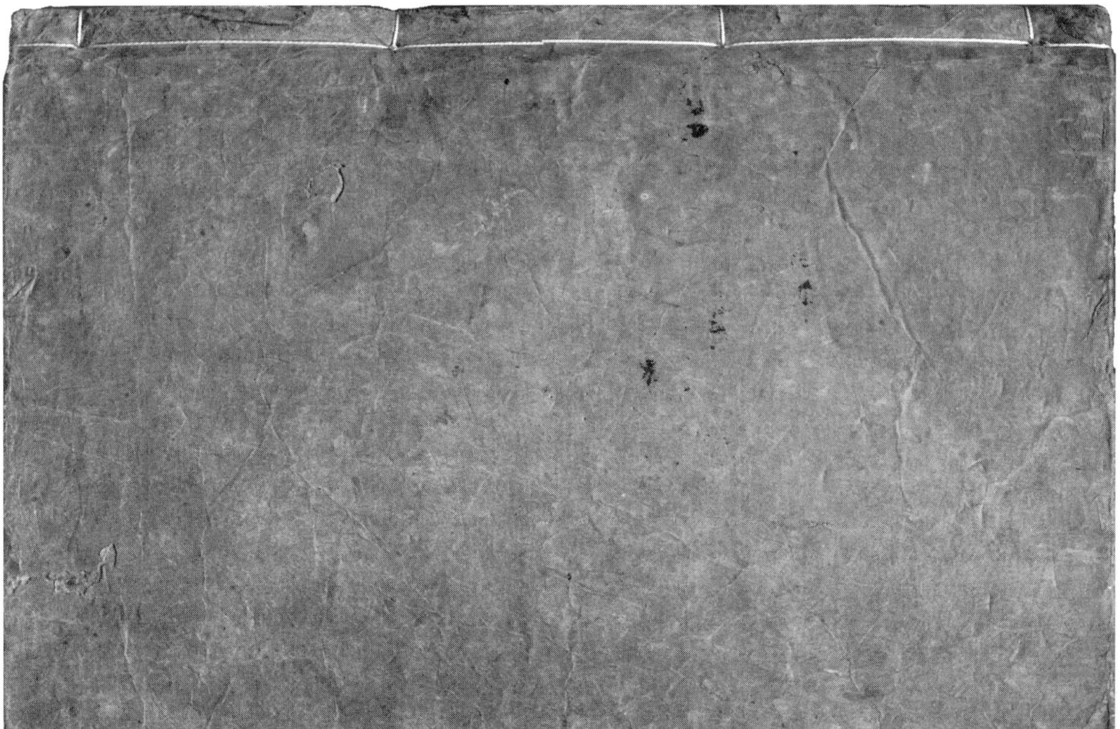

21305

邨井先生中漸甫著

開商點兵算法

平安書房　水玉堂發行

開商點兵算法序

平安村井中漸氏所編纂開商點兵法上下卷成矣。蓋中漸氏受數術於中根白山翁之男彥循氏者之門。勵精凝神研究累年。終入其室。極其蘊奧。此編也。商數之極。所以自發揮者也。然中漸氏之業。不獨止于此。嘗以儒醫自居。數術乃所旁及之技也。即垂帷於洛澨。巍峙乎輦轂之下。鼓而鳴者久矣。今將託此編於剞劂也。以吾藩邸優待之故。先具諸寡君之電矚。寡君素崇仁義忠厚之道。治其封内。緒餘以嗜斯技。是以㶁邑之士。治其渥澤。身本道藝者。不為少矣。是寡君所樂也。乃今一披此編。嘉中漸氏裕如冨乎斯技。命臣從龍。為之序。不佞雖未與中漸氏交歡焉。然以君命之故。不自揣韱線。略綴蕪辭云。夫算也。先王三物六藝之一。而古有九章之法。實是經世治國之懋。不可以不習者。古之道也。上以辨天文地理禮樂律曆之宏。下以析文物制度錢穀帛布之細。算之所關係者。如斯其廣矣。然則游藝之士。何不學算哉。 吾邦治平醇化之所陶鎔。中間數學丕闡。以其術鳴于世者。繼踵蓬起。謦控競馳。乃若關子建子中元圭者輩出。俱皆技術卓拔。數家巨擘。絢華所加。彌益緻密。遂發古未發之玄頤。絶倫而上。其功亦偉矣。中漸氏之術。亦能繼前徽之緒。馳機敏之才。得道所由。鬱熠名聲。今撰此編也。巧思之所寓。牙籌之所營。渙然氷

開商點兵筭法後序

周官保氏所掌以教國子具以六藝之文孔門七十子身通六藝則九章在其中昔者吾

王室之隆署有四道之設職有博士之名世變風移以無關進取人不肆之徒以為牙儈販賣之用而不詳其所以為經國藝文豈不謬哉家學漸鮮粲然綺布將壽諸不朽以廣于四方同藝之士也可謂盛事矣嗚呼中漸氏其有力於斯技哉其有力於斯技哉

明和己丑夏五月

南筑米府

可從龍雲卿　撰

初同庯而居同几而食少好讀書去
游事東都經筵官不幾而隱于醫
于洛家無儋石詩画盤礴旁及九
章曾親炙中根翁有年所愚亦一
滌指於翁之門臭味所嗜漸也過我
是書其緒餘耳上編系答問數條
下編論黠兵起原炯炯之間竊窺斯
道端倪然進進有不信其術或信而

誤解者頃長野士擇更爲之演段
析理極精數亦既勉矣若有獲進
取之舉屬之保氏乎抑屬博士乎
嘗聞筑之米藩
君居素崇仁義忠厚之道政務
之暇蚤通斯道是以其封内身本道
執者多云歳戊子之秋漸繕寫茲稿
本而上之廼謬辱鑒賞命文學爲

之序漸平安一布衣何以逢其盛歟素
得齊紫名價始定可謂殊榮矣今
茲庚寅春遂授梓人刊之以問不朽
庶幾有小補筭學愚妄聞其顛末
聞然書卷後
三月盡　從六位下行左兵衛大志橘光張

予總角時嗜筭學服事中根翁寤寐檮籍非一日
頗似有闚藩籬苦心中肯綮則無不抵掌自喜也
及長宦途蹣跚二十年于茲日就廢閣同志來叩
之則枝蘉再作舊聞多忘之嘗謂筭之於埶理明
切煩者其唯開方乘式乎及求其商也不堪布筭
拮据之勞討尋其簡法未能得之是以又求其次
頃竊得一種近似者如此編答問若干條是也蓋
管闚所致既費一步千夫雖由師授之外無不有
舊貫也非敢好新奇以矜人宇宙之大人材之繁
豈無成書可廣證渺渺之身不能探天祿石渠之

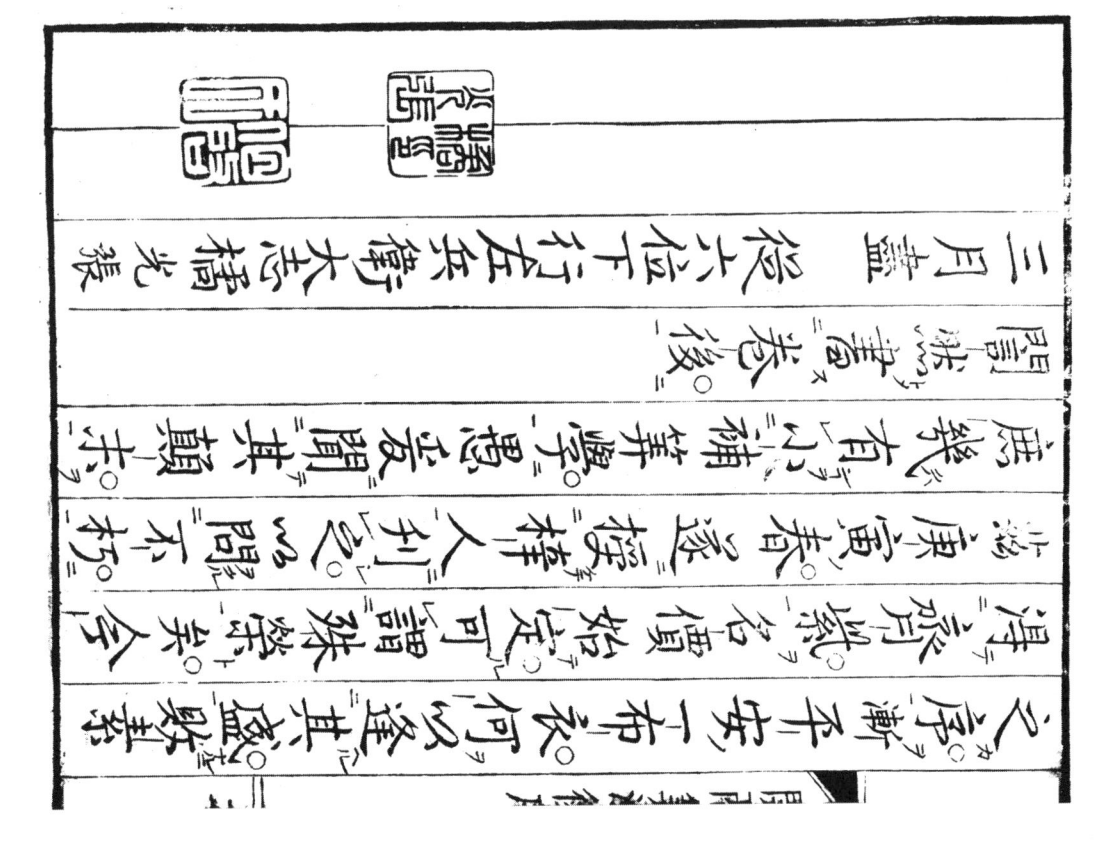

秘欲徵之當世不可得常為之慊然按漢藝文志
筭家數百種唐博士肄業十經宋筭學封祠七十
人載籍極博其人不匱且坑焚無加而其存逸不
可知者獨何與
昭代大同文運欝蒸唯此時為盛凡諸子百家及稗
官野乘且刊暮刻辟如風葉難掃多是腹笥之拂
士吻筆之羽翼縉紳先生馳心翰墨務組織藻繢
而風斯靡獨於九章視如土芥概為賈人末塩事
措而不講其弊甚於秦燹是以筭家盪然古籍晨
星偶視存于坊間者不過珠子盤上論平料量於

委吏均祭肉於一社耳遂令往轍之難尋益嘆後
覺之永歎夏殷之制則邈焉九章之目見周典古
昔養子六年敎之數與方名十歳入小學學六藝
之文敎與學咸以其序而成其材然實昉之數夫
自雕蟲之技行大率躐等而小學廢九章壊終至
於不知所以為經國急務也五代王章議當時文
士曰此輩與一把筭子未知顛倒何益于國耶由
是觀之今之世多不免其譏繼古之遺響者幾希
此書則土苴耳吾儒醫之傍録之以示同志雖無
補世敎庶肄業一端乎大觀之選雖止矣然或好

古博雅君子有取一擊而和之則可謂絕代知音
矣在敎之國子自有小學成法吾豈敢吾豈敢詩
曰如彼飛蟲時亦弋獲於其筭學之末聊伸半臂
之力云時

明龢二年乙酉春王月　平安後學村井漸謹撰

例言

一世或有開方為歸除式者夷考其術理無他伎倆
唯因適等有異見耳凡天元寄消得同商異式者
須互乘脫階級為歸除式也然學所見與玆編不
相涉今在不取

一因乘也而有甲因乙因因甲因乙二義筭家往往
不分別彥循翁曰使甲乙相因者當作因甲因乙
自然相因者當作甲因乙因今從其說

一幂與羃通省文也梅勿菴曰見張參五經文字今
從之或作巾

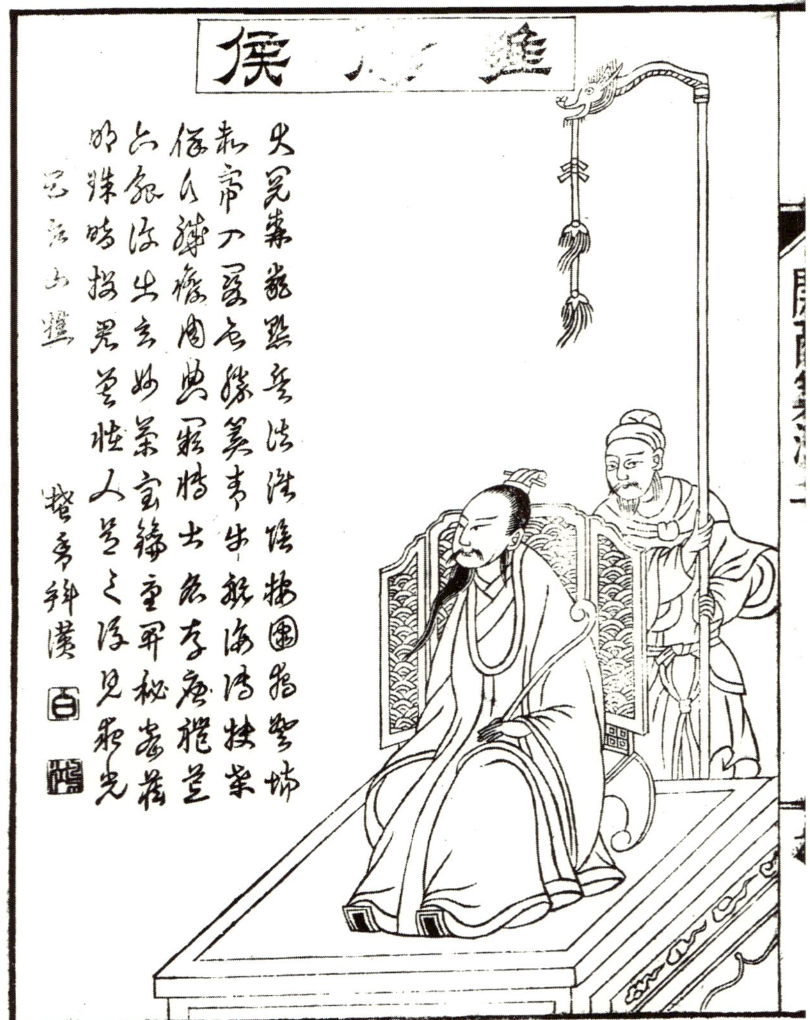

編次

上卷

一乘方　凡二條

二乘方　凡三條

三乘方　凡二條

四乘方　凡二條

五乘方　凡二條

通計一十一條

下乘方雜問凡五條

其一　句股

下卷

統論

開商點兵算法上篇

平安　村井漸　中漸　著

長野正庸　士擇　較

一乘方即開平方第一

假令有一乘方一十二萬五千一百四十九為負實二千零二十五為正方二十六為正廉問九歸得商術如何此書所載答數皆止一位不得下分位每條當準之

答曰商四十三

九歸術曰置實數七百零一段滿方數去之不滿者一千八百四十九以廉數乘之以減實數餘如方數而

一得四十三為商數

一乘方　第二

假令有一乘方六千七百二十六為正實三百七十
三為負方以一算為正廉問九歸得商術如何

答曰商一十九

九歸術曰置實數三百七十二段滿方數去之不
滿者三百六十一加實數如方數而一得一十九為商數

二乘方即開立方第一

假令有二乘方二萬五千二百三十三為負實二千
二百八十四為負方空位為廉二十五為正隅問九
歸得商術如何

答曰商一十三

九歸術曰置實數一十一段滿隅數去之不滿者
一十三為商數

二乘方　第二

假令有二乘方一萬三千四百七十五為負實空位
為方八十二為負廉五十一為正隅問九歸得商術

如何

答曰商七箇

九歸術曰置實數二十三段滿隅數去之不滿者四十九寄位○置寄位乘廉數加實數以隅數與寄位相乘得數除之得七箇為商數

二乘方　第三

假令有二乘方三十一億六千四百九十萬零四千四百五十為負實一十四萬一千三百二十四為負方一十一萬九千七百五十九為正廉二十萬一千五百六十五為正隅問九歸得商術如何

答曰商五十一

九歸術曰置實數九萬四千四百四十一段滿方數去之不滿者一十三萬零五十寄甲位○甲位乘廉數加實數以方數除之必無不盡內減甲位餘寄乙位○列甲位如乙位而一得五十一為商數

三乘方　第一

假令有三乘方五萬九千八百八十一為正實六十七萬四千一百三十五為正方二千一百六十六萬

一千四百四十八為正上廉空位為下廉二百二十八為負隅問九帰得商術如何

答曰商二百五十七

九帰術曰列實數一百四十五段滿隅數去之不滿者二百五十七為商數

三乘方　第二

假令有三乘方一十萬零七千零七十五為負實七百八十為負方二千二百七十四為正上廉七百五十八為正下廉六十五為負隅問九帰得商術如何

答曰商五箇

九帰術曰置實數七百二十三段滿下廉數去之不滿者六百八十五寄甲位○列甲位乘隅數加實數以下廉數除之寄子位○列子位加一十二箇共得二百一十二寄乙位○列甲位一百四十一段滿乙位去之不滿者一百二十五以減子位餘自之以減甲位九段餘以三百零八除之得五箇為商數

四乘方　第一

假令有四乘方五百七十八萬二千四百九十為負

實一百二十五為負方二十七為負上廉空位為中
廉及下廉九十八為正隅問九歸得商術如何

答曰商九箇

九歸術曰列實數二十九段滿隅數去之不滿者
(九十)寄甲位○列甲位乘上廉數加入實數以隅數
除之得(五萬九千零四十)寄乙位○列乙位一百四十四
段滿甲位二段加一箇得數去之不滿者(九十)箇為商
數

四乘方　第二

假令有四乘方五十億零二千七百六十九萬零零
六十為負實四百九十九萬零八百六十二為負方
九百九十八萬一千七百二十四為負上廉五千六
百九十二為正中廉四千二百六十九為正下廉一
千四百二十三為正隅問九歸得商術如何

答曰商二十三

九歸術曰置實數五百一十一段滿隅數去之不
滿者(一千零八十一)寄甲位○列甲位乘方數加入實數
以隅數除之寄乙位○列乙位六百三十二段滿
甲位二段加一十一箇共得數去之不滿者(五百二十)

九倍之以減甲位餘得三二十為商數

五乘方　第一

假令有五乘方八千八百七十四億八千零三十萬零五千二百三十六為負實空位為方一萬三千九百八十五為正初廉三千六百三十七為負次廉空位為三廉及四廉一萬零三百四十八為正隅問九歸得商術如何

答曰商二十一

九歸術曰列實數九百一十九段滿隅數去之不滿者八千八百二十八寄甲位○列甲位乘次廉加入實數以隅數除之得八千五百七十六萬六千五百六十二寄乙位○甲乙位相乘滿甲位加一箇得數去之不滿者二十一為商數

五乘方　第二

假令有五乘方一百一十三萬三千一百九十三為正實三百二十三為正方一萬二千六百三十六為負初廉二十四為正次廉二十一為正三廉四千二百一十二為負四廉以一算為正隅問九歸得商術

如何

答曰商三箇

九歸術曰置實數四千二百一十一段滿四廉數

去之不滿者四千零四十七一十七之得數滿三十廉數去

之不滿者三十箇為商數

○六乘方已上倣之

一乘方雜問凡五條

其一

假令有勾股只云勾九步股一十二

步問不用開平法得弦術如何

答曰弦一十五步

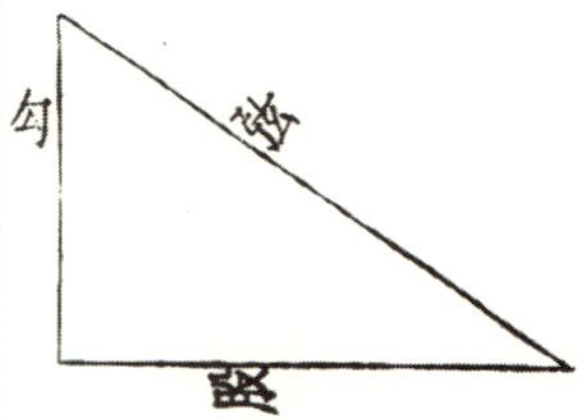

九歸術曰置股倍之寄甲位○列甲

位加定一箇乘勾冪滿甲位去之餘九箇以減勾冪

以甲位除之得商加股為弦

其二

假令有甲乙直田二段甲積四千零八十歩乙積二千五百四十二歩只云甲乙長和一百四十二歩甲乙平和九十二歩問得長平術如何

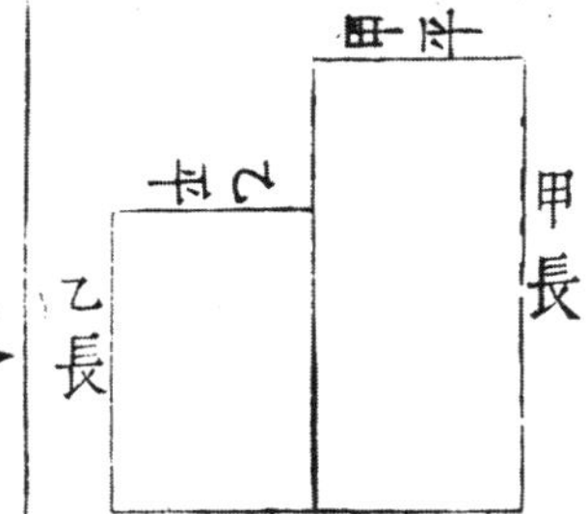

答曰甲長八十歩

求甲長術曰長和平和相乘加入甲積内減乙積餘寄甲位○置甲積乘長和寄乙位○乙位一千一百一十一段滿甲位去之不滿者一萬二千八百以平和乘之加入乙位二十段如甲位二段而一得八十歩為甲長

其三

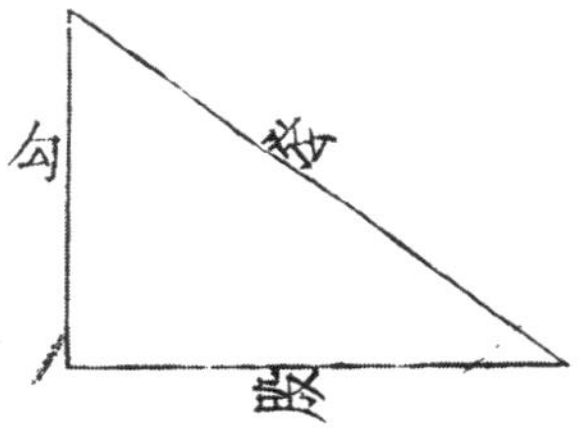

假令有勾股只云股冪三十段加勾股積八段共九十六歩又云勾一段股二十段相併一十一歩問得股術如何

答曰股四歩

九歸術曰置只云數三十五段滿又云數四段去之不滿者一十六乘五箇加只云數以又云數四段除之得四歩為股

其四

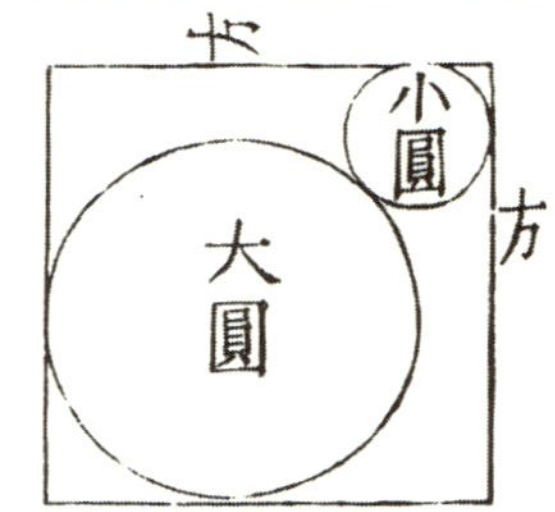

假令有平方內容大小平圓只云大圓徑五寸又云方面寸九段小圓徑寸十段相併共九十五寸別云方面寸小圓徑寸各十段大圓徑寸一段相併以方面乘之得數七百四十九寸問得方面術如何

答曰方面七寸

九歸術曰只云數又云數相併寄甲位○列甲位加一箇以別云數乘之滿甲位去之不滿者四十九以減別云數餘以甲位除之得七寸為方面寸

其五

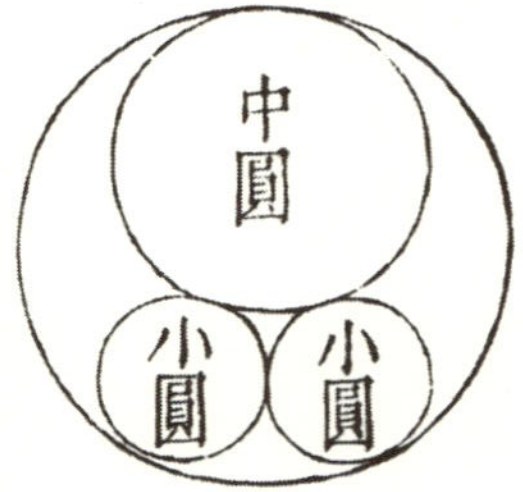

假令有大圓內容中圓一箇小圓二箇只云中圓徑九寸又云小圓徑八寸問得大圓徑術如何

答曰大圓徑一尺八寸

九歸術曰中小圓徑相併得數為大圓徑小極數得此已下數者非真大圓徑寸列中圓徑四段內減小圓徑餘四歸寄甲位○中圓徑冪乘小圓徑得數滿甲位去

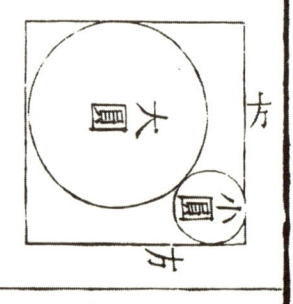

之不滿者四箇累加甲位至多於小極數者一十八而止命為大圓徑

二乘方雜問凡四條

其一

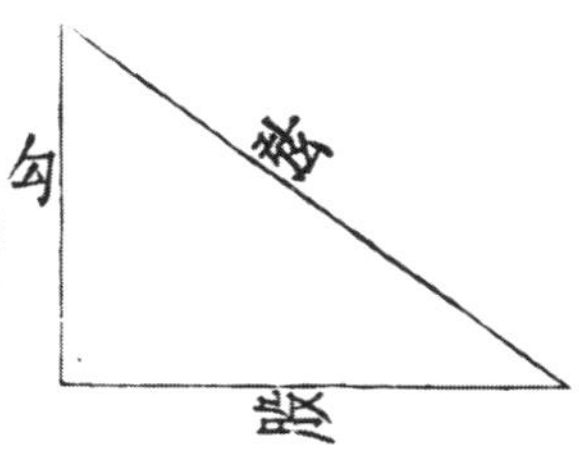

假令有勾股積七百五十六歩只云股弦和一百四十七歩問得勾術如何

答曰勾二十一歩

九歸術曰置只云數自之寄甲位○列甲位減一箇寄乙位○置積四之乘只云數寄丙位○丙位乙位相乘得數滿甲位去之不滿者九千六百二十一加入丙位如甲位而一得二十一歩為勾

其二

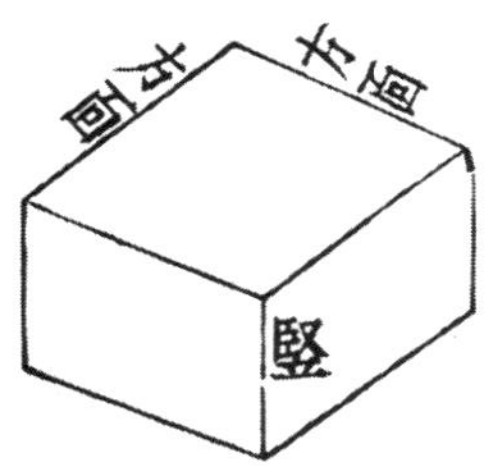

假令有方箱只云立積三千一百二十五寸又云二箇方面寸與一箇竪寸各三和五尺五寸問得竪術如何

方面寸長於竪

答曰竪五寸

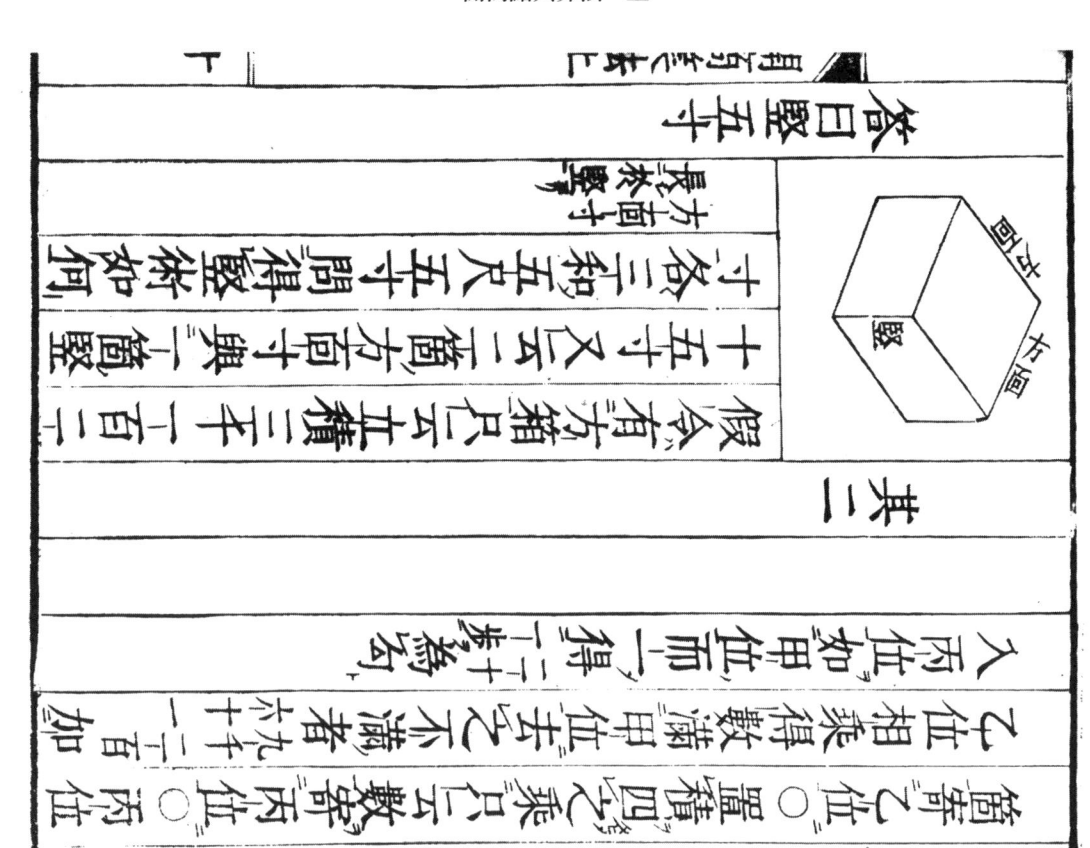

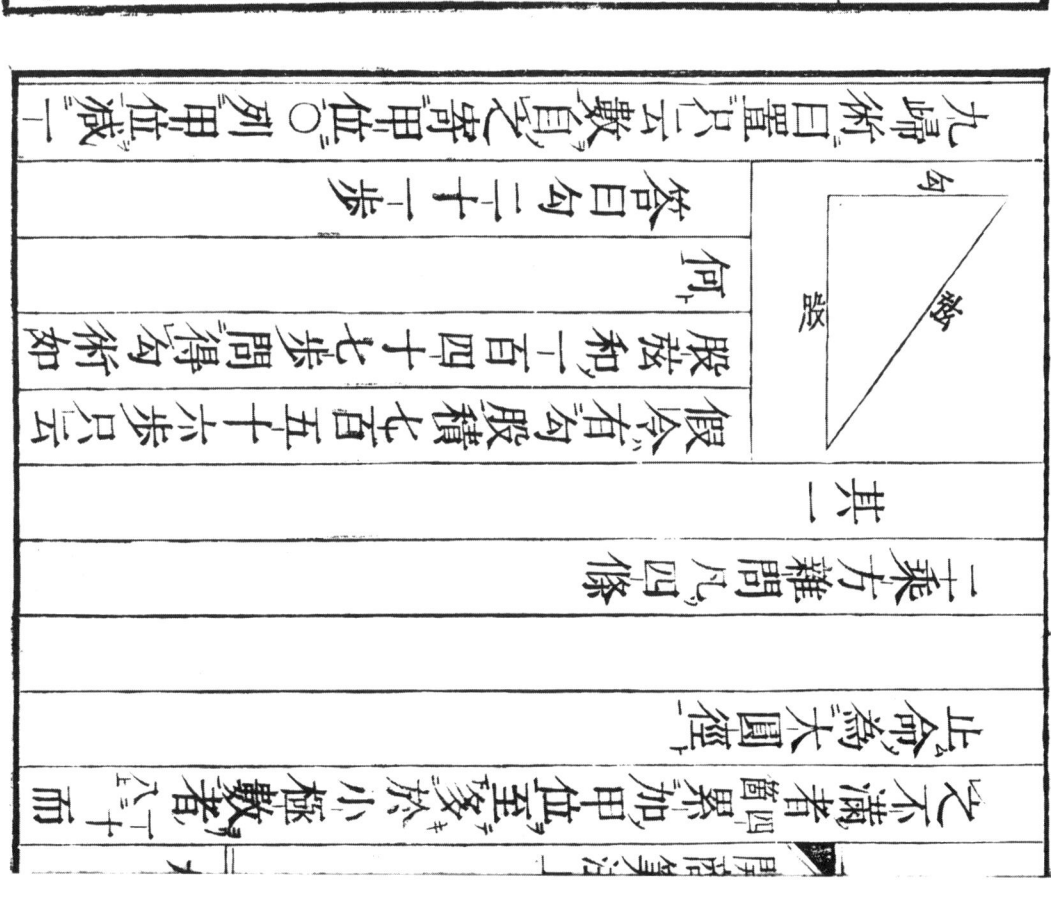

九歸術曰置又云數自之寄甲位○列甲位減一箇以只云數四段乘之滿甲位去之不滿者二千六百二十五加只云數四段以甲位除之得五寸為竪

其三

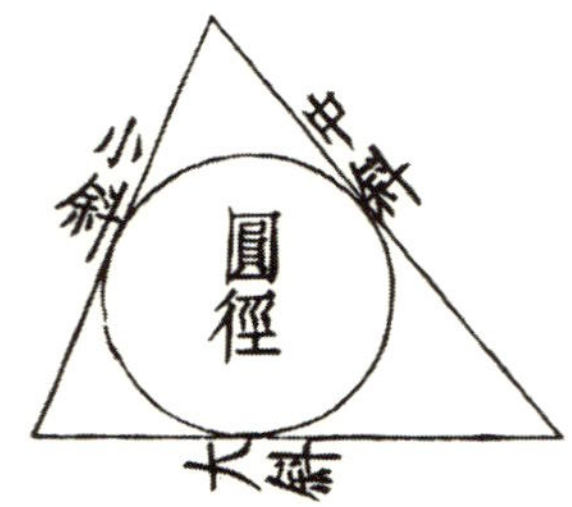

假令有三斜内容圓只云大斜圓徑和二十三步又云中斜圓徑和二十二步別云小斜圓徑和二十一步問得圓徑術如何

答曰圓徑八步

九歸術曰又云只云相併乘別云冪得數別云又云相併乘只云冪得數只云別云相併乘又云冪得數三宗相和得内減只云又云別云各再乘一段及又云只云別云連乘二段餘折半得五千二百八十七寄甲位○又云只云相乘又云別云相乘只云別云相乘三宗相和得内減只云冪又云冪別云冪相併折半得數餘七百二十四寄乙位○列乙位内減一箇乘甲位滿乙位去之不滿者五百十二加甲位共得數如乙位而一得八步為圓徑

其四

假令有原數再乘二千百五十五段少於原數自乘三千七百四十二段一萬八千六百七十五問得原數術如何

答曰原數一十五

九歸術曰置二百五十五段寄甲位○置一萬八千六百七十五以二百一十二除之滿甲位去之不滿者二千百十五寄乙位○列乙位以三千七百四十二乘之加入一萬八千六百七十五共得數以甲乙位相乘數除之得五一十為原數

三乘方雜問凡二條

其一

假令甲三乘冪四段加入一千零一十三萬八千一百二十五得數與甲自乘一萬六千一百二十一段加入甲再乘冪一百零四段得數互相適等問得甲數術如何

答曰甲數二十五

九歸術曰置一千零一十三萬八千一百二十五以一萬二千零九十一乘之滿一萬六千一百二十一去之不滿者一萬五千六百二十五寄甲位○列甲位四段以減一千零一十三萬八千一百二十五餘

以一萬六千一百二十一除之寄乙位○列乙位
自之加入甲位為實如乙位二十六段而一得二十
五為甲數

其二

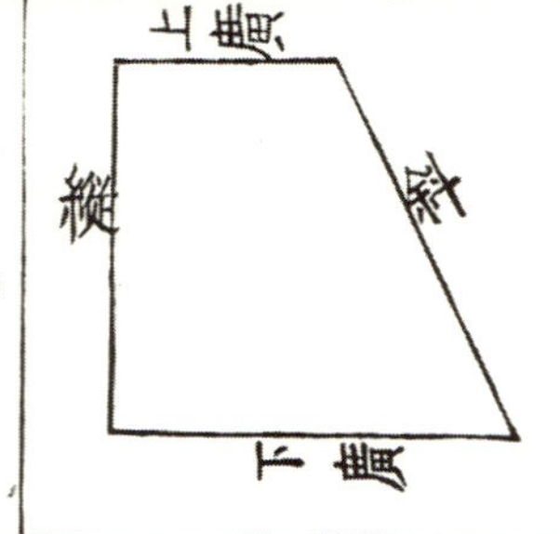

假令有半梯平積六十五步只云上
廣七寸斜一尺三寸問得縱及下廣
術如何
答曰縱五寸　下廣一尺九寸
得縱九歸術曰上廣與平積相乘八段寄位○列

寄位減一箇以積冪四段乘之得數滿寄位去之
不滿者一千三百乘一箇加入積冪四段共得數如寄
位而一得五寸為縱

開商點兵算法上篇終

開商點兵算法下篇

平安　村井漸　中漸　著

長野正庸　士擇　較

統論

或問曰開商點兵者何耶答曰凡開方階級正負交
錯者或有變作九歸輒得其商於珠子盤上者不復
用尋常開除法是也又問然則開方不足為乎請聞
其説曰夫開方者筭家一大門限不可破却也世豈
有開方不足為之理非此之謂也此法則能察其機
變大振點兵驅馳之力而作九歸者百獲一其獲一

亦安得不詭遇雖然不借此力則萬不獲一由是觀
之開方有時不足為與此所以點兵為説也其法曰
夫商則隱不可見廉隅則顯而可見以其顯者推其
所隱術理蓋本于玆初立天元一為某得開方幾乘
方而後須審察其階級正負如何辨認此術可以行
不可以行也其可能行者必有方廉隅諸級數互照
應者若彼與是相和為一級或是與彼相減為一級
或彼則是之減半是則彼之加陪等正負反覆變化
多端總謂之照應但不拘其階級次第也又有空階
者殊為簡易毎級筆筭累乘疊作一級以剰歉之術

求滿法依之得商數於是初所得開方幾乘方為朔
徇也點兵一次不得則或再次假立天元一為商依
術設前後兩式互乘如方程法同減異加脱盡階級
而止此其大概詳具各條下學者須留心焉乃系以
一乘方圖論申明剰歉用法及元積有和較之別雖
其餘層乘多級未盡釋之庶照圖論而互相發則自
燦然心目

此術答數不得有不盡也若帯不盡者非其所能行
也故本編所設答問盡止一位所以然者本於剰歉
之一故

滿法即減數也剩歉之術必繫加與減兩數不滿減
數者或為商為商纍或為和為較從壘階不同而所
得亦不同其所得者常不及減數常過其所得
也大抵過與不及可以意商量無已則須豫設太小
多寡極數而累加累減滿法適在極數間者為真數
如本編一乘方雜問第五條例
點兵有二支其一則同名相倚為之和積其一則異
名相抗為之差積究竟俱歸和積均之元積
或曰此術巧思所造為不出自然故其用也隘不可
謂之通術何以為開商點兵法耶予曰其然豈其然

蓋理之所寓不可誣也苟得其理則造為與自然何
甄別按點兵之術未詳其翔明程汝思託之歸信今
冠開商之名置一喙於開方間殆似搆巧思雖然不
得不蹈點兵之舊轍非敢己之造為又非杜撰夫子
曰述而不作聖人猶不居作者之任而況於其餘乎
吁事理無窮學奚底極在擇而廣之俟後之君子何
嫌其用之隘游執者潛心於此負荷韞藏自應有所
建明豈啻為之開商之具引伸觸類則因象得理因
理得神從無形之形解畫前之卦有標持天元精結
之外而能御九章者妙用變化千狀萬態

點兵鈐法起原圖

標兩圖示術理顯

點兵法變化之閫非精心覃志或致
混亂爰攷千古之蘊抉示傳之髓
假設甲乙丙丁之數貽揭圖譜環括
旨歸庶使後學據之毫無猶滯
蓋取象於縱横正負夫縱横乃天
地之經緯正負乃陰陽之道精微
包羅千此無除往來消長出入熟
有子遺妙義溯源愈研愈出亦
在有志者尋繹若不密察通圖
之眞際之豈非刻舟求劍乎

學者細示算目法

甲七　乙一百六十七　正積一千一百六十九

丁四十　丙八十九　正積四千三百六十一

正正相併得五千五百三十爲之和積

正負相減得三千一百九十二爲之差積

丁四十　丙八十九　正積四千三百六十一

甲七　乙一百六十七　負積一千一百六十九

和積剩一活套

甲正　乙正　丙正　丁正
爲加
丙正　丙正　乙正　乙正
爲蔵依剩一術得
五十一段　八一段　一百五十一段　七十五段
以乘和積滿
丙正　丙正　乙正　乙正
去之餘得
乙丙差　甲正　丁正　丙正

差積歉一活套

甲負　乙負　丙正　丁正
爲加
丙正　丙正　乙負　乙負
爲蔵依歉一術得
三十八段　八十一段　一十五段　九十二段
以乘差積滿
丙正　丙正　乙負　乙負
去之餘得
乙丙差　甲正　乙丁差　乙丙差

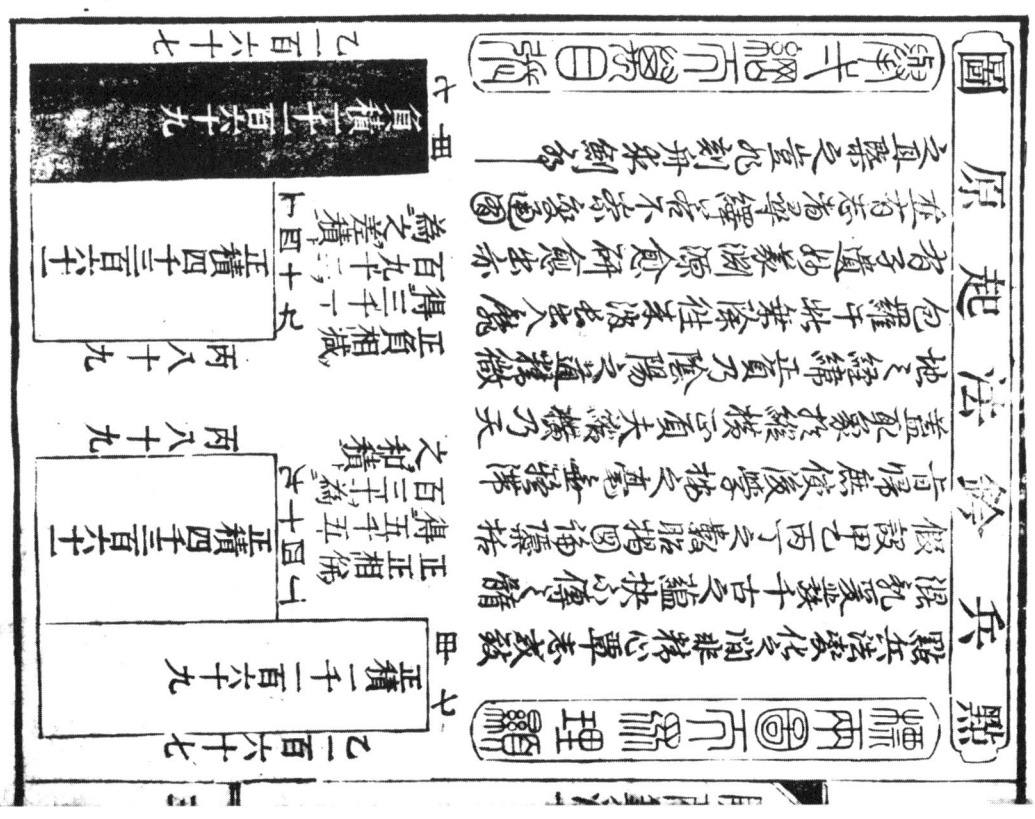

論曰今依兩圖所設甲乙丙丁數而揭示剩一歉一
用法然不可以此為定局也不啻和積則剩一差積
則歉一之謂也和差剩歉可互易處也或轉加數為
減轉減數為加依剩歉之術求段數以元積乘之滿
減數去之不滿者不甲則乙不乙則互減之差縱橫
錯綜取之左右辟如空中樓閣八窗玲瓏無不相隱
映也然數有多少正負有反覆故變通為貫儻執一
而膠固則毫氂千里但丁則必甲之冪若再乘三乘
等自有矩矱所以然者開方式因商之象若不拘其
矩矱者雖不充開商之用而別有妙策可以御諸數

四

剩歉辨

剩餘也歉不足也累加左數累減右數一箇有餘者
謂之剩一又謂盈一一箇不足者謂之歉一二者原
是同術相為表裏蓋九之剩者則一之歉者其數每
相當不失毫氂儻左右帶紐數（等數也梅文鼎曆算全書云紐數者互減之餘相等者也以此除兩數則可分之樞紐若相減至盡而無紐數者則不可約）乃兩數者不能
得一箇之有餘不足故宜依互約術而陶汰之而後
用之也有依剩而便者有依歉而捷者其所推求從
正負異同反覆唯去繁就簡為主耳此點兵最大秘
鑰也（互約術見于括要算法）

五

和積圖變為開方式

變和積五千五百三十為負實乙一百六十七為正方丙八十九為正廉得一乘方

実五五三〇　方一六七　廉八九

開之得正商七即甲

差積圖變為開方式

變差積三千一百九十二為負實乙一百六十七為負方丙八十九為正廉得一乘方

実三九二　方一六七　廉八九

開之得正商七即甲

論曰右一乘方式開除之則得其商是尋常人所共知也世豈有破却此關而別得商之理非借點兵馳驅之力而劫奪之則奚能獲之乃釋其法曰姑假商為有每級筭筴傍記自下級向上級廉位乘商冪方位乘商各位加入實級縮一乘式為一級若其加入者以假為真則正與實數適等故以實數化為點兵元積各位加入者化為剩欵加減之兩數如後法而得其商也蓋自下級而向上級者即與尋常開除法一般無以異也姑假商傍記之則免布筭之勞且得商於珠子盤上其餘層乘多級者準之為之還原

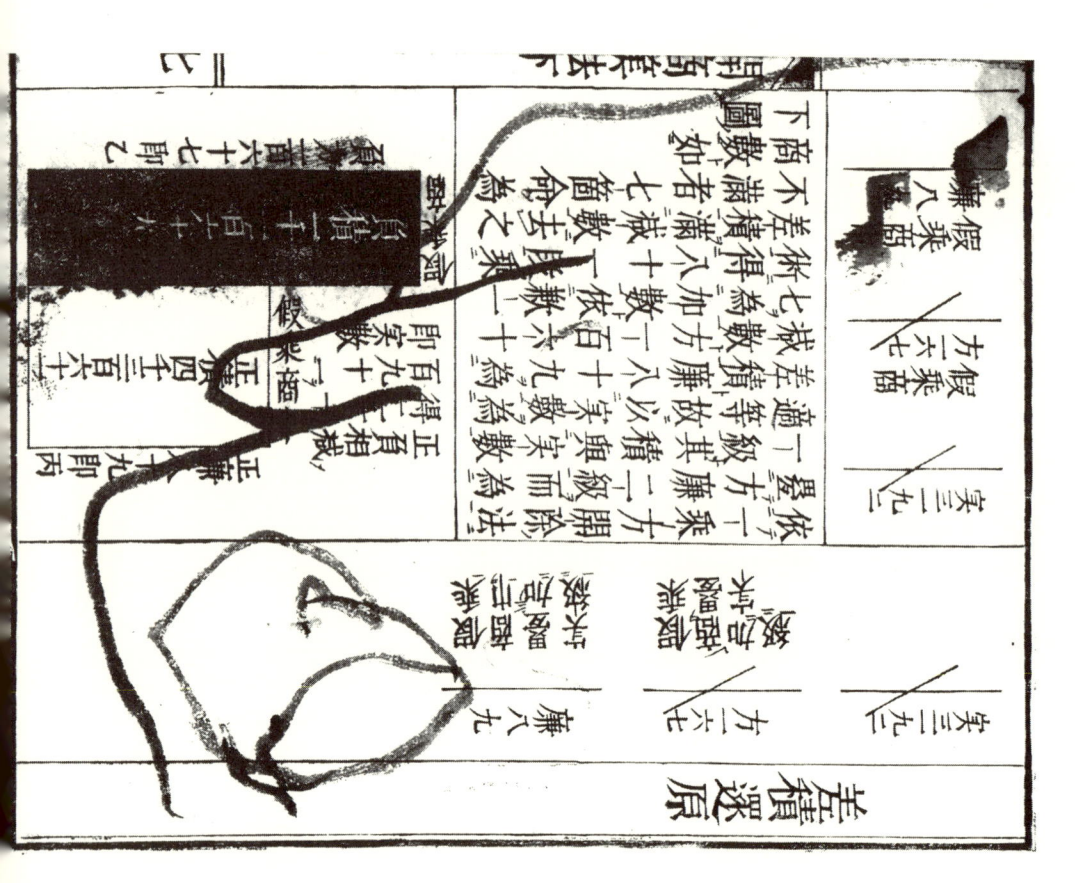

和積還原

実五五三〇

方一六七

廉八九

級加商冪乗 假

実 級加巾乗

実五五三〇	方一六七 假乗商	廉八九 假乗商巾

依一乗方開除法一畳方廉二級而為適等故以実数為和積廉八十九為栽数方一百六十七為加数依剰一術得八段以乗和積満栽数去之不満者七箇命為商数如下圖

正方一百六十七即乙

畳乗

正積一千一百六十九

正正相併

得五千五百三十即実数

假乗商巾

正積四千三百六十一

正廉八十九即丙

差積還原

実三二九二

方一六七

廉八九

級加商冪乗 假

実畳 級加巾乗 假

実三二九二	方一六七 假乗商	廉八九 假乗商巾

依一乗方開除法一畳方廉二級而為適等故以実数為差積廉八十九為栽数方一百六十七為加数依歟一術得八十一段乗差積満栽数去之不満者七箇命為商数如下圖

正廉八十九即丙

正負相栽

得三千二百九十二即実数

畳乗

正積四千三百六十一

假乗商

負積一千一百六十六

負方一百六十七即乙

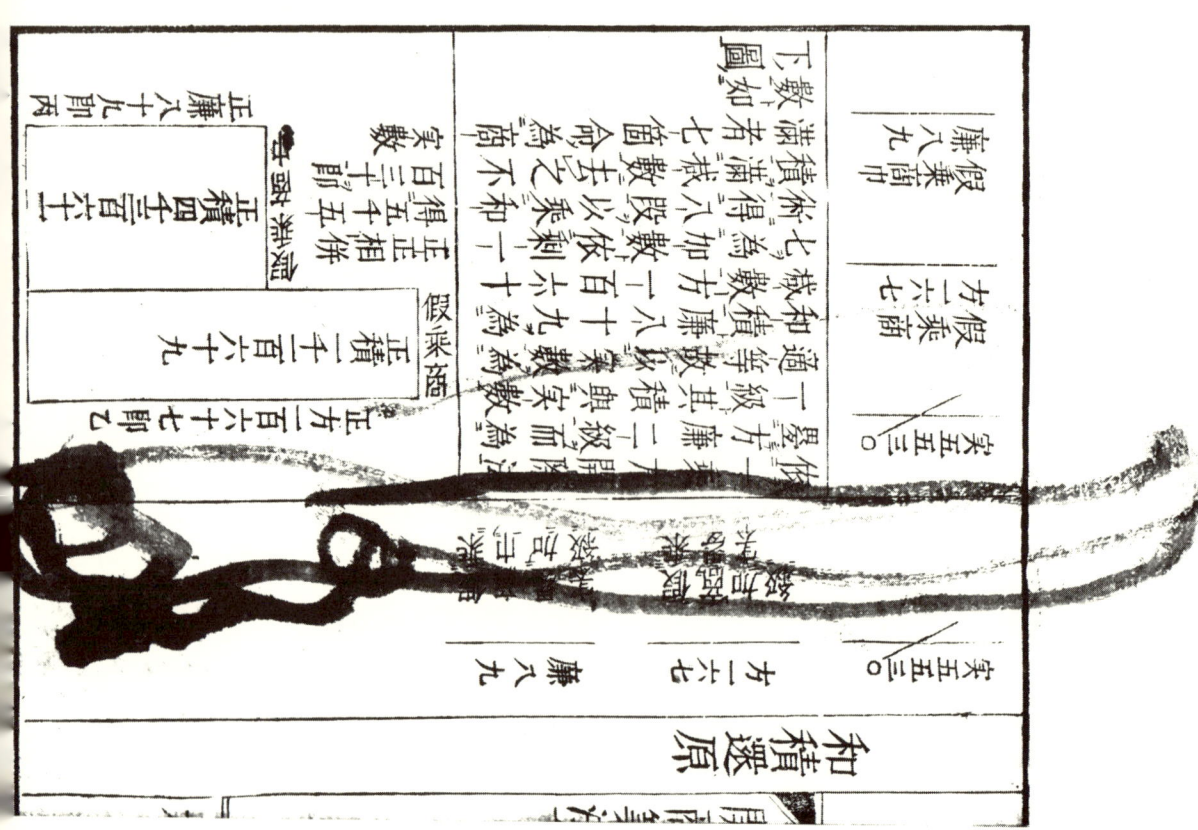

和積本術

置實數五千五百三十八段即剩一滿廉數九十去之不滿者七箇為商數

差積本術

置實數二千一百八十一段即歉一滿廉數九十去之不滿者七箇為商數

右一乘方式以九歸得商之本術也至此前論盡屬演段

附録

剩一術

今有以左一十九累加之得數以右二十七累減之剩一問左總數幾何

答曰左總數一百九十

今有以左一百七十九累加之得數以右七十四累減之剩一問左總數幾何

答曰左總數七千六百九十七

術見于括要算法

歉一術

今有以左一十九累加之得數以右二十七累減之
歟一問左總數幾何
答曰左總數三百二十三
術曰列右二十七滿左一十九去之餘八為左二
十七為右餘與剩一同
今有以左一百七十九累加之得數以右七十四累
減之歟一問左總數幾何
答曰左總數五千五百四十九
術曰列左一百七十九滿右七十四去之若去之歟左一
則直為一段餘三十一還減右七十四餘四十三為左
七十四為右餘與剩一同○剩歟總數相和即為
左右相乘數已上另有簡法略之
正庸謂世之筭家往往設難問俟答術或舉答術
隱演段遂有術路不彰明者大率闘技競巧之務
其如此則安有補斯道乃闡發此書演段別為一
冊予愍其說亦作圖論一篇附之本術為上下篇
庶圖論演段互参考則照悉無遺憾　村井漸識
開商點兵算法下篇終

開商點兵算法
下
31305

刻開商點兵算法演段序

往年得中衡先生開商點兵法受而習之為之書也類例答問若干條述開方乗或縮為九歸之術通仍舊規構新巧雖不務自居作者皆先進假未及論而一旦筆于茲可謂冠千古之蘊扶絶代之髓矣然理趣簡邃難業者或難其說遂且諭為之演段

有根按焉、算學之有法、如爲之階、如梯之梯、未有不由此而可以見淺、窟奥一躍得其左右也、世之能算者、大率舉本術、秘演段、人不能繹至理、逐其如此、則玉卮無當、何益之有、識者勞不自揮、沈潜反覆、頗有得、郎論明其起原、毎條裁演取適而錄之、併之本篇、以便揩梯、先生曰、

然、然也固可秘而秘、而不傳、豈仁人之心邪、若布之通邑大都、世執範之紐已成、雖千里不出、樂乎、乃爰附剞劂、以示同好、其曲折寓意之處、爲漏師承之秘訣、發無餘蘊、庶俾覽者釋然有睹、之附焉、蓋點兵之捨法、演化無方、至理所寓、在阿堵中、撑而取之、則思過半矣、屬人竊

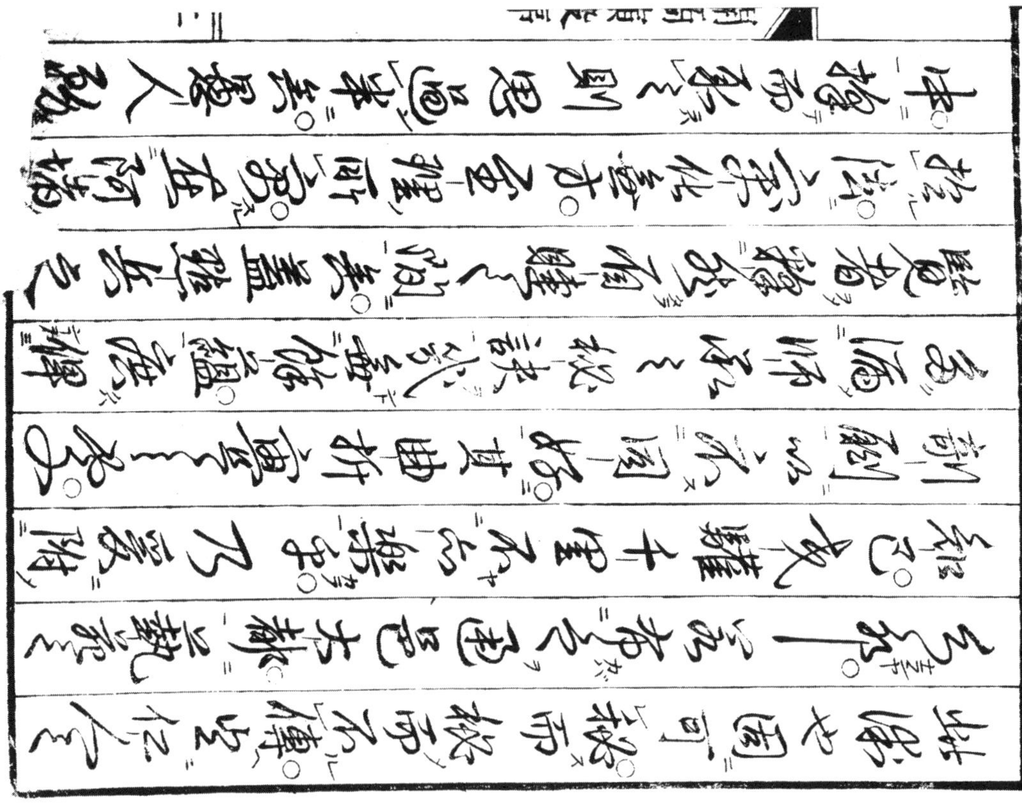

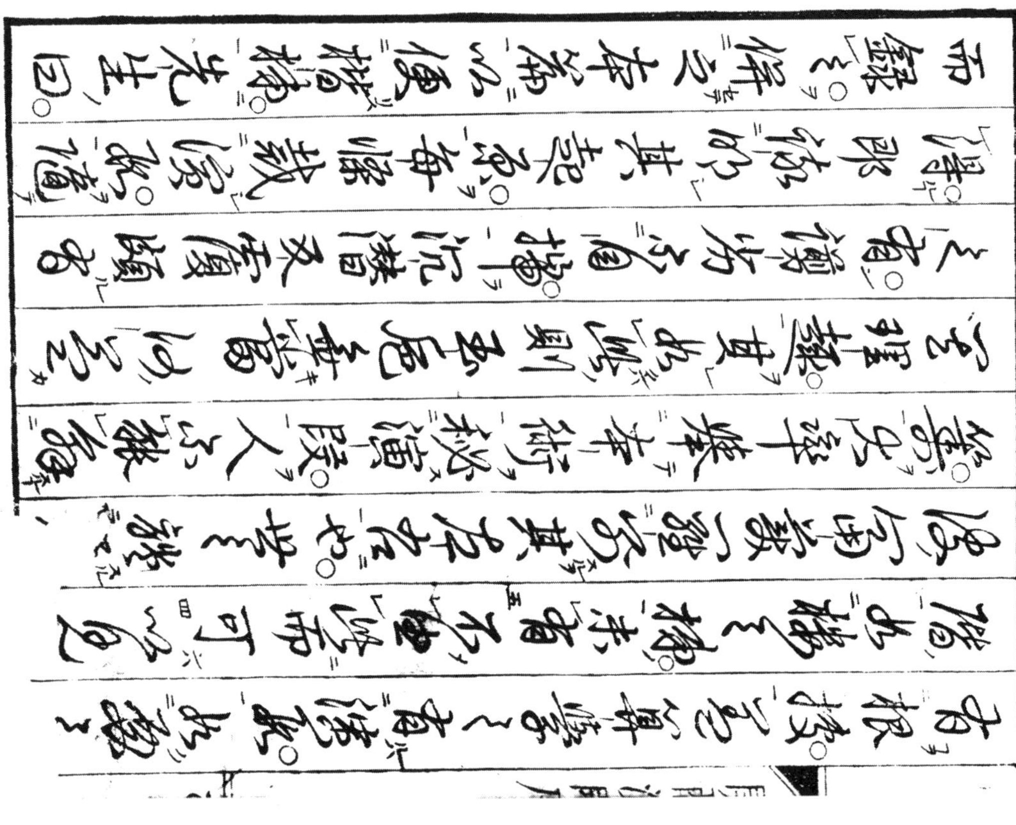

術一得寧擬益所用而飛精而通

博道

明和庚寅之春　平安長野正庸撰

開商點兵算法演段

平安　長野正庸士擇　著

一乘方　第一

実一三五一四九　方二令二五　廉二太

実商假　級加乘　　級加商假　実巾乘

實廉　異名

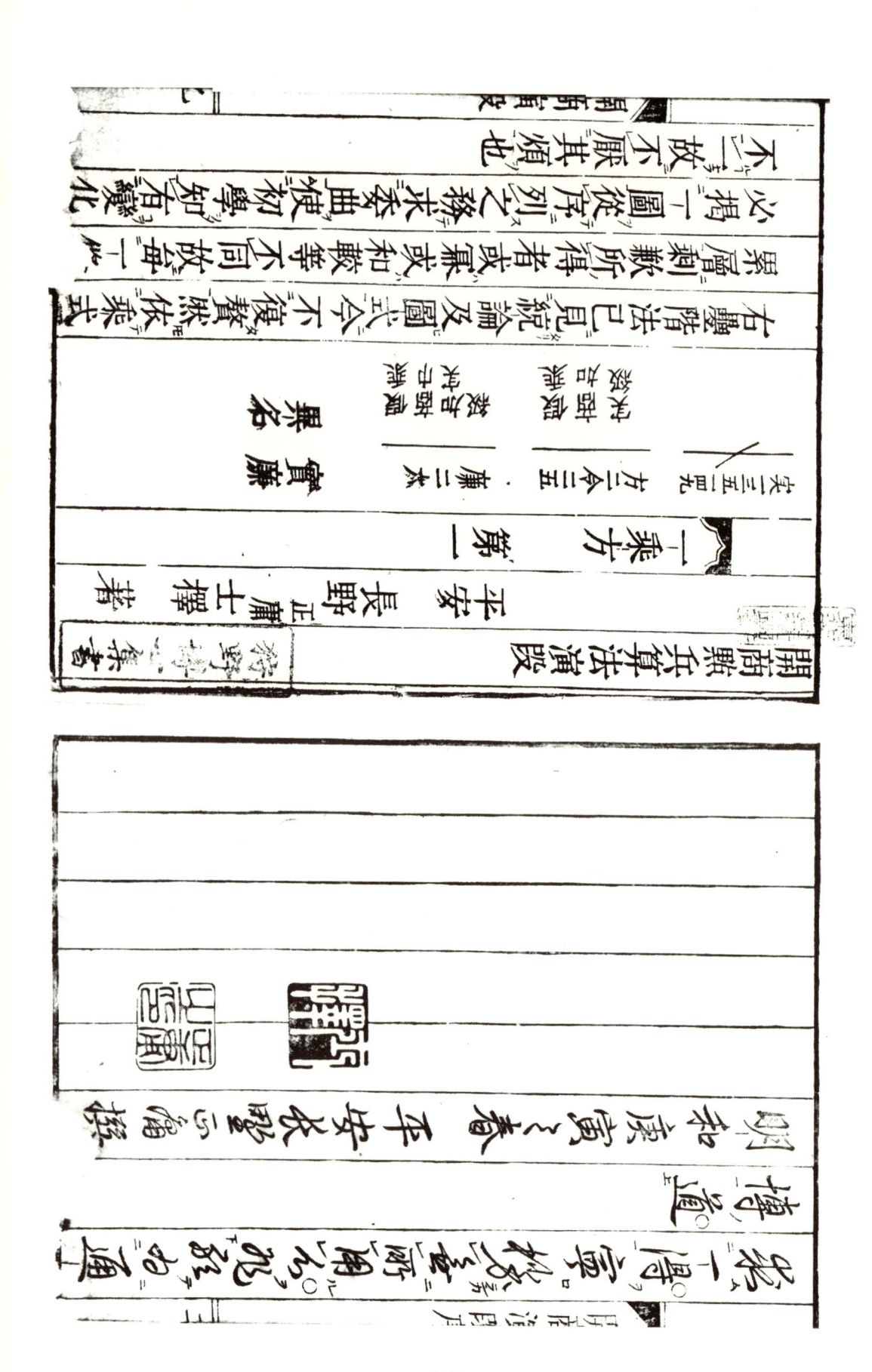

右疊階法已見統論及圖式今不復贅然依乘式累層剩歉所得者或冪或和較等不同故每一此必揭一圖從序列之務求委曲使初學知有變化不一故不厭其煩也

假乘商巾 廉二六	假乘商 方二令二五

廉二十六為加方二千令二十五為減依剩一術得七百令一段以乘実滿減一數去之不滿者一千八百四十九為商巾如下図

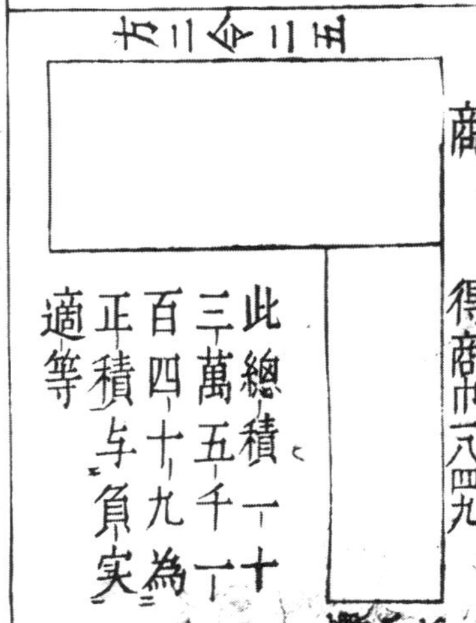

此總積一十三萬五千一百四十九為正積与負実適等

凡減數云者即滿法故所求真數正在滿法中若出於其外者或有以法揣度大數累加滿法而後得者見于統論以下盡倣之

一乘方　第二

実六七二六	方三七三	廉一	實廉同名
	假乗商加実級	假乗商巾加実巾級	

假乘商巾 廉一	假乘商 方三七三

廉一箇為加方三百七十三為減依歎一術得三百七十二段以乘実數滿減數去之不滿者三百六十一為商巾如下図

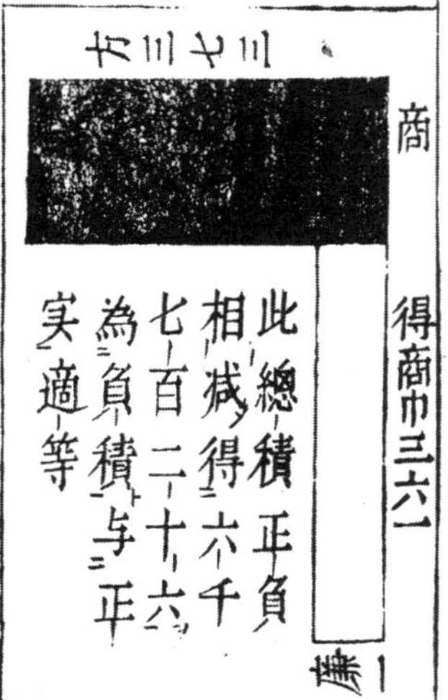

此總積正負相減得六千七百二十六為負積与正実適等

已上一乘方但存實廉二級而方位空者不可行也以無剩歎對數故或有欲求甲先求乙得無空式者如雜問第一勾股術例

二乘方　第一

実二五三三三
方三三八四　假商乘実級加
廉位空　○
隅二五　假商再乘加実巾

廉級
空位

假商
方三三八四

假商再
隅二五

方二千二百八十四為加隅二十五為減依歉一術得一十一段以乘実數滿減數去之不滿者一十三為商如下図

四八二三九

得商一十三

商再乘

此積正負相減得二十萬五千二百三十三為正積与負実適等

二乘方　第三

実一三四七五
方位空　○
廉八二　假商巾乘加実
隅五一　假商再乘加実級

方級
空位

假商巾
廉八二

假商再
隅五一

廉八十二為加隅五十一為減依欠一術得二十三段以乘実數滿減數去之不滿者四十九為商巾如下図

二八

得商巾四十九

商再乘巾

此積正負相減得一十萬三千四百七十五為正積与負実適等

実三六四九〇四四七〇
方一四一三二四　乗商加実
廉二九七五九　乗商巾加実級
隅二五六五　乗商再巾加実級
各位無空

假商再　隅二五六五
假商巾　廉二九七五九
假商　方一四一三二四

隅二萬一千五百六十五為加方一十四萬一千三百二十四為減依剰一術得九萬四千四百四十一段以乗実数満減数去之不満者一十五萬令令五十為商巾商再乗差本術甲位

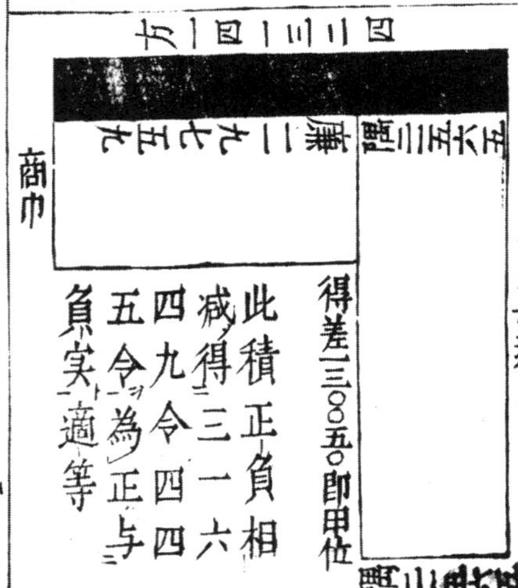

得差三〇〇五〇即甲位

此積正負相減得三一六四九令四四五令為正与負実適等

置甲位與廉相乘得數加入實數以方數除之得商

與商再乘差内減甲位餘為商與商冪差　本術乙位

假立天元一為商　○　○

再乘之得内減商冪餘　○

寄左　○

列甲位與寄左相消得

前式　甲位　○

列商冪内減商餘　○

寄左　○　列乙位

與寄左相消得

後式　乙位

前後兩式維乘同減異加脱下級二階而得歸除式

実三〇〇五〇　本術甲位
法二五五〇　本術乙位

以法除實得

商五十一箇

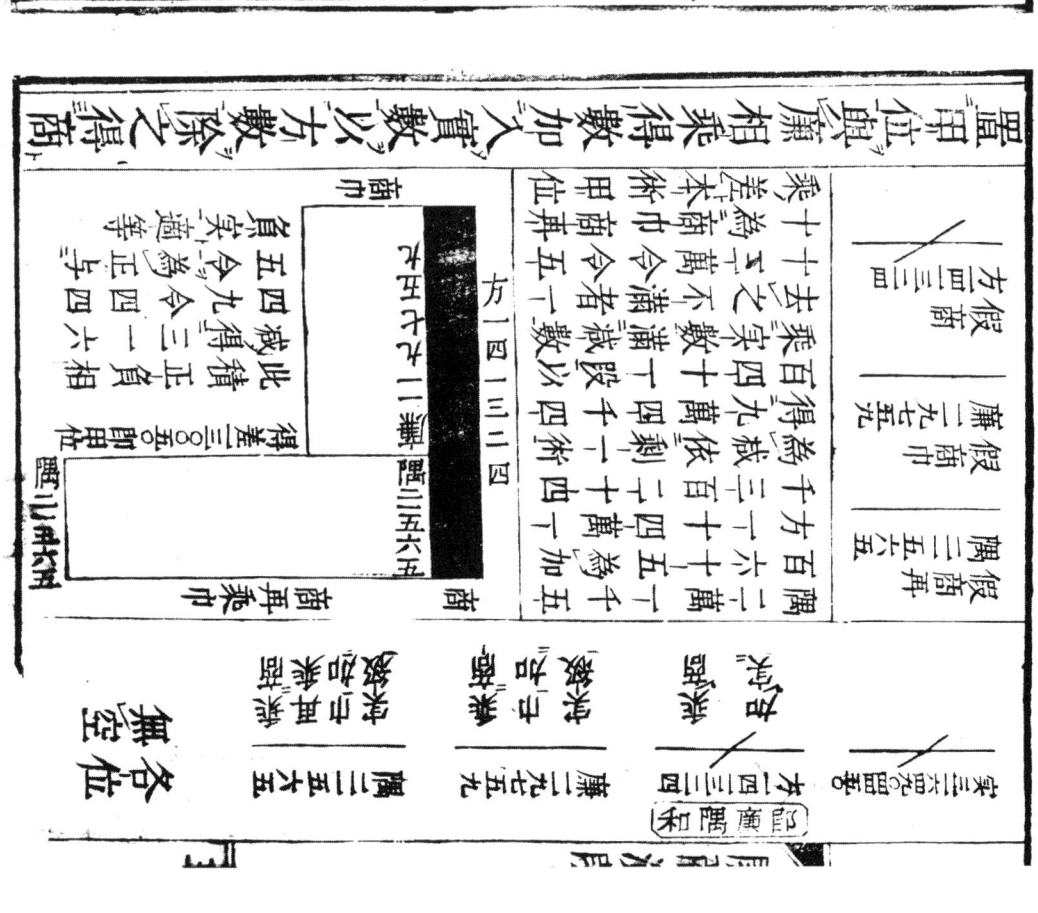

三乗方 第一

実五九八八一

方六七四三五

上廉二六六四八

下廉空

隅三二八

假商三乗

隅三二八

假商巾

上廉二六六四八

假商

方六七四三五

方六十七萬四千一百三十五為加隅三百二十八為減依次一術得一百四十五段以乗実數滿減數去之不滿者二百五十七為商

方六七四一三五

得商二百五十七　商巾六万六千四十九　商三乗巾

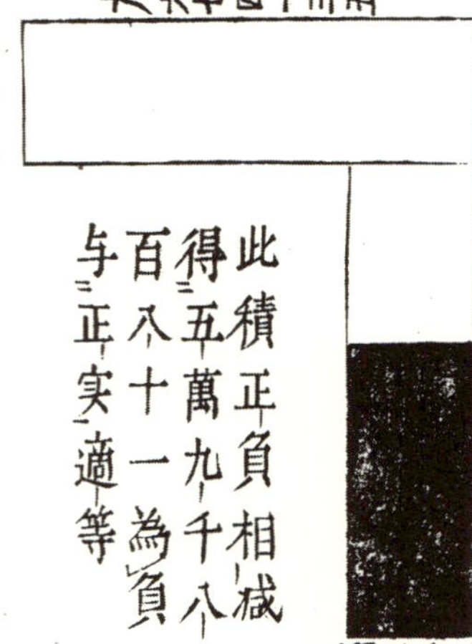

此積正負相減得五万九千八百十一為負与正実適等

三乗方 第二

実一〇七〇七五

方七八〇

上廉三七四（上廉三段）

下廉七五八

隅六五

假商三乗

隅六五

假商再乗

下廉七五八

假商巾

上廉三七四

假商

方七八〇

隅六十五為加下廉七百五十八為減依次十一術得七百二十三段以乗実數滿減數去之不滿者六百八十五為商三乗巾一段商十二段和本術甲位

下廉七五八

商再　商巾三段　商三乗巾　商十二段

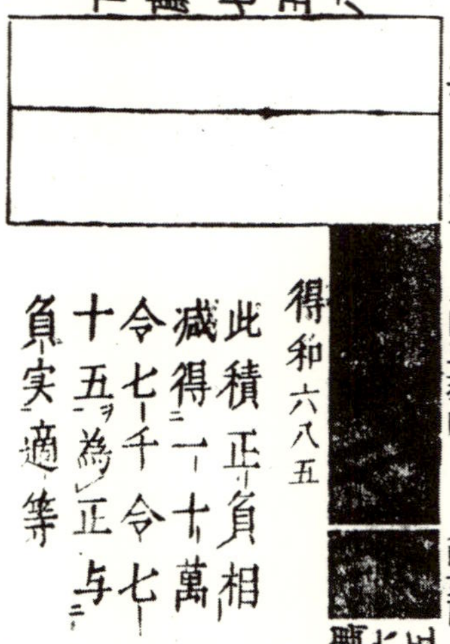

得和六八八五

此積正負相減得一十万令七千令七十五為正与負実適等

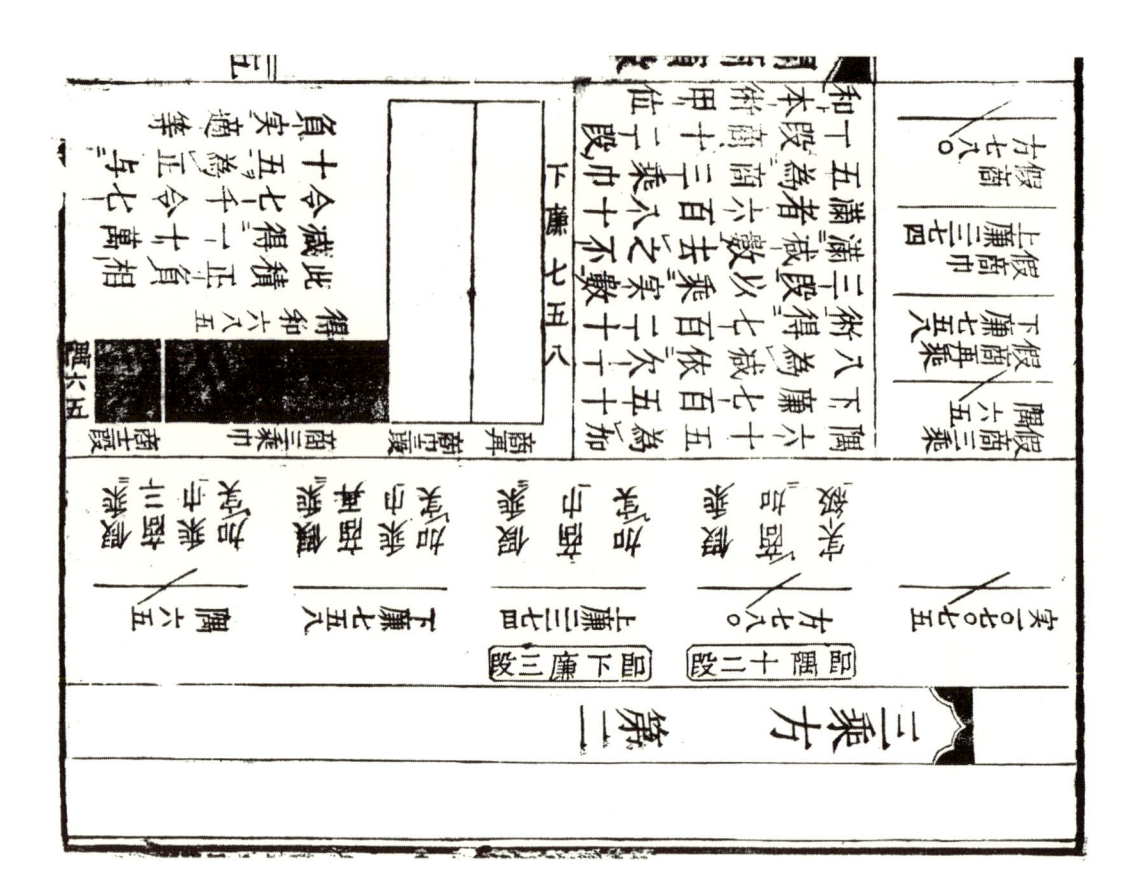

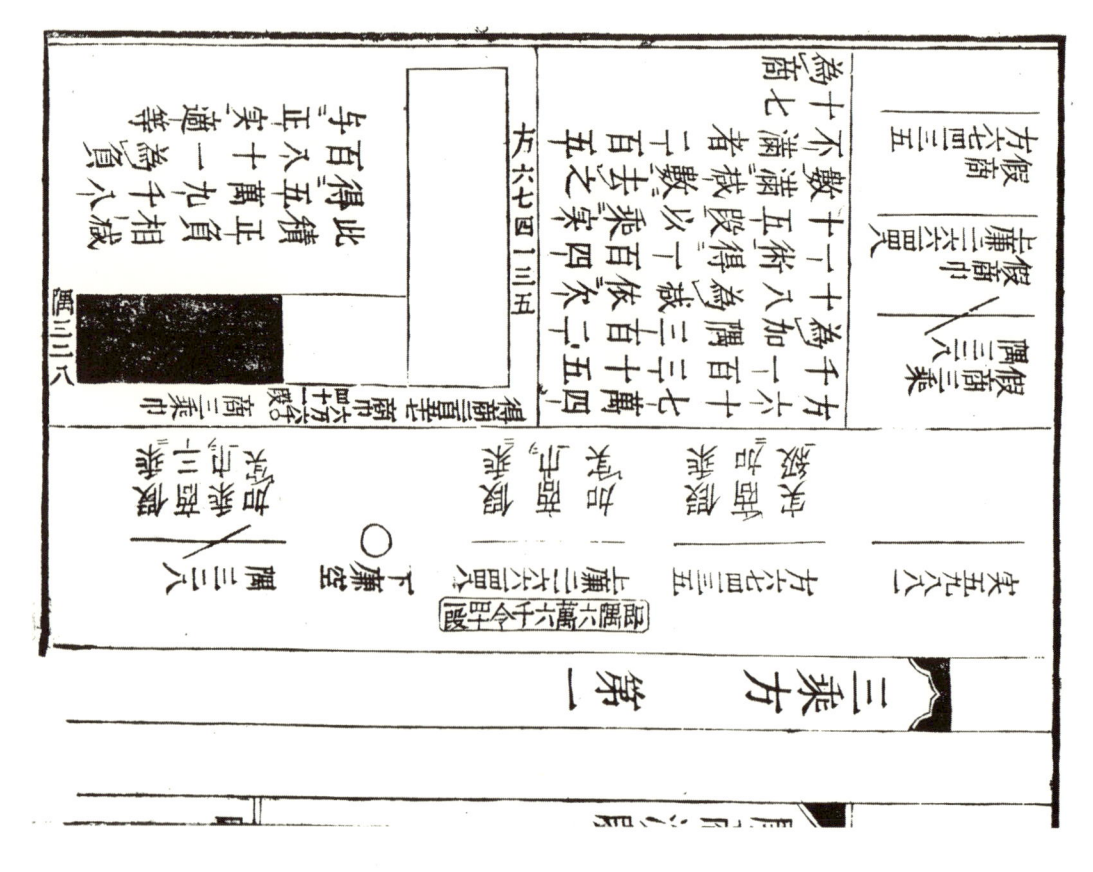

列甲位乘隅數加實數以下廉除之得商再乘冪及

商冪三段和 本術子位

假立天元一為商 ○ 一

十二之以減甲位餘為

商三乘冪 甲位

寄左 ○ 列商三自乘 ○ ○

○ ○ 一

與寄左相消得

前式 甲位

○ ○

列子位內減商冪三段為商再乘 子位

○

寄

左 ○ 列商再乘之

○ ○ ○ 一

與寄左相消得

後式 子位

○

前後兩式維乘同減異加脫下一級得再乘式如左

四乘方　第一

假商再乘 隅三

假商 方二二三

隅三箇為加方二千百十二為一減依欠一術得一百四十一段以乘甲位滿減數去之不滿者一百二十五為商再乘巾

商

得商再乘一百二十五

此積正負相減得六百八十五為正與甲位負適等

右式再依點兵法得商再乘冪如左

本術甲位 実六八五

本術乙位 方二二三

廉空

隅三

假商加乘実級

假商再乘加乘実巾

実五七八三四九〇

方一三五

上廉二七

中廉空　下廉空

隅九八

実　商　假
級　加　乘

加　商　假
実　巾　乘

加　商　假
実　巾　四　乘

商
方一三五

商巾
上廉二七

商四乘
隅九八

方一百二十五為加隅九十八為減依欠一術得二十九段以乘実数満減数去之不満者九十為下商与商巾和本術甲位

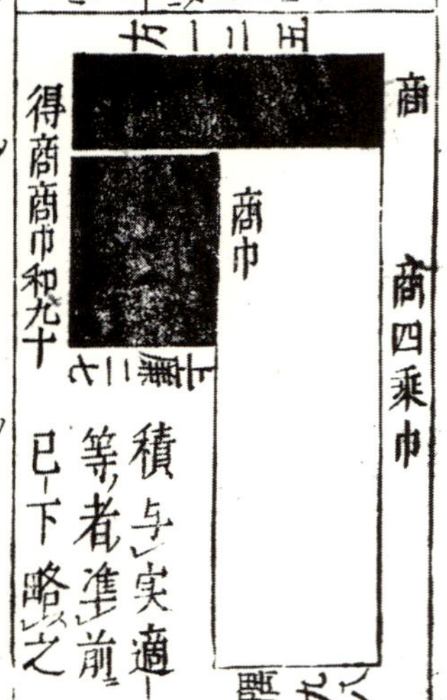

積与実適等者準前已下略之

列甲位与上廉相乘得数加入実数以隅除之為商

四乘冪与商差本術乙位

假立天元一為商〇——加商冪寄左〇——

列甲位与寄左相消得

前式 甲位

商四乘冪内減商〇—〇〇〇——寄左〇列乙

位与寄左相消得

後式 乙位——〇〇〇——

前後両式維乘同減異加脱下級得三乘式名

子式 乙位——〇 甲位——

前式子式維乘同減異加脱下級得再乘式名

丑式 乙位—— 甲位 甲位

前式丑式維乘同減異加脱下級得平方式

実五九〇四〇

方八一八九　商乗

廉一八一　巾商乗

商　方八一八九

商巾　廉一八一

方八一八九為加廉一八一為減依剰一術得一百四十四段以乗実數満減數去之不満者九箇為商

四乗方　第二

実五〇七六九〇〇六

方四九〇八六二　実級　商加乗　假

上廉九九八七三四　唱方二段　加実巾乗　商假

中廉五六九二　唱廉四段　加乗実巾再乗　商假

下廉四三六九　唱廉三段　加乗実巾三乗　商假

隅一四三三　加乗実巾四乗　商假

商　方四九九〇八六二

商巾　上廉九九一七三四

商再　中廉五六九二

商三　下廉四三六九

商四　隅一四三三

方四九九令八六二為加隅一四三三為減依欠一術得五百十一段以乗実數満減數去之不満十千令八十一為商与商巾二段和本術甲位

列甲位乗方數加入實數以隅數除之得商四乗冪一段三乗冪三段再乗冪四段和本術乙位

假立天元一為商〇　——　自之倍之加入商〇

與甲位相消得

子式　甲位

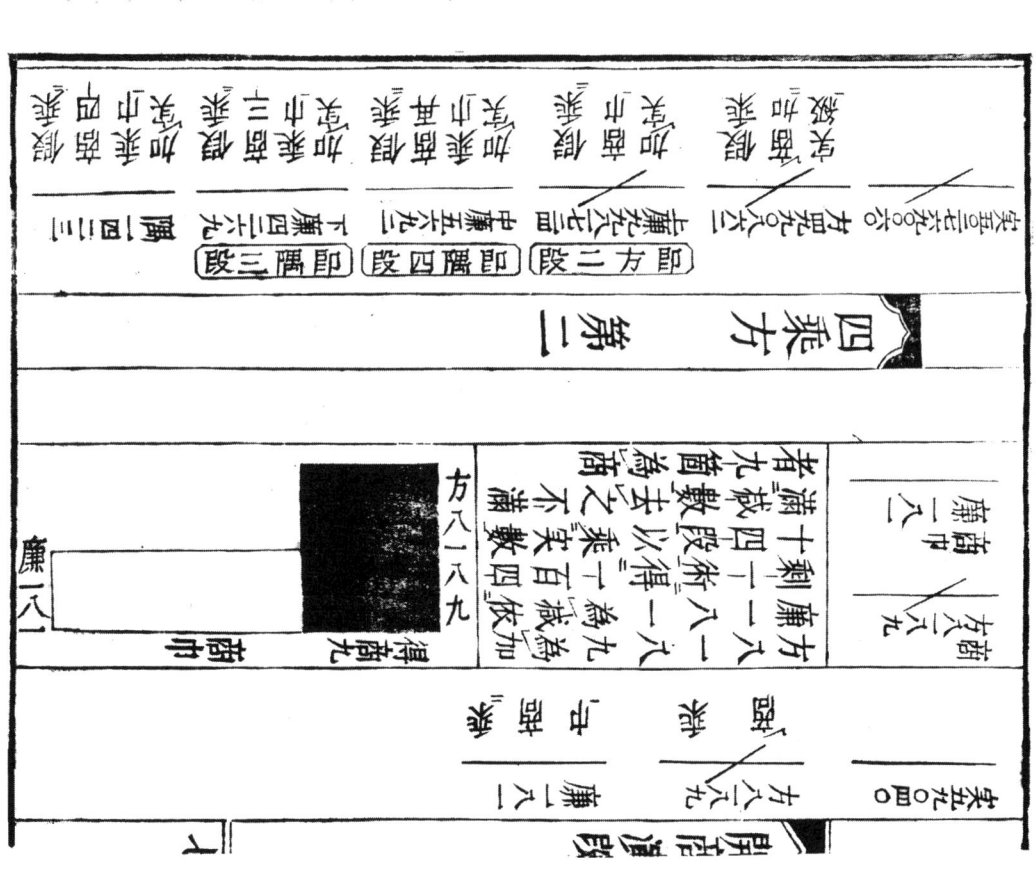

商四乘冪一段 ○○○｜ 商再乘冪四段 ○○○○○○ 商三乘冪三段 ○○○‖ 三位相併 ○

與乙位相消得

丑式

子丑兩式維乘同減異加脱下一級得

寅式 乙位 甲位

子寅兩式維乘同減異加脱下一級得

卯式 乙位 甲位

本術乙位四段 実二九二九八三三六 方空 ○

本術甲位五段 廉五四〇五 加商假 実巾乘

本術四段如十一 隅二二七三 加乘商假 実巾再乘

右式再依テ翦兵法ニ得ル商冪ヲ如前法

商巾 廉五四〇五
商再 隅二二七三

廉五四〇五為加隅二一七三為減依剩一術得一百五十八段以乘実數満減數去之不満者五百二十九為商巾

輔五日令五

得商巾五元 商再乘

本術乙位六百三十十二十段即乙位四十段乘剩一段數一百五十八也

五乘方 第一

開方翻変之 七

実八八七四八〇三〇五三三六　方空
初廉一三九八五
次廉三六三七
三廉空　四廉空　隅一〇三四八

加実　商巾　假乘
加実　乘商巾再　假乘
加実　乘商巾五　假乘

商巾　初廉一三九八五
商再　次廉三六三七
商五　隅一〇三四八

初廉一三九八五為加隅一令八三四八為減依欠一術得九百一十九段以乘實數滿減數去之不滿者八千八百二十為商巾與商再乘差

本術甲位

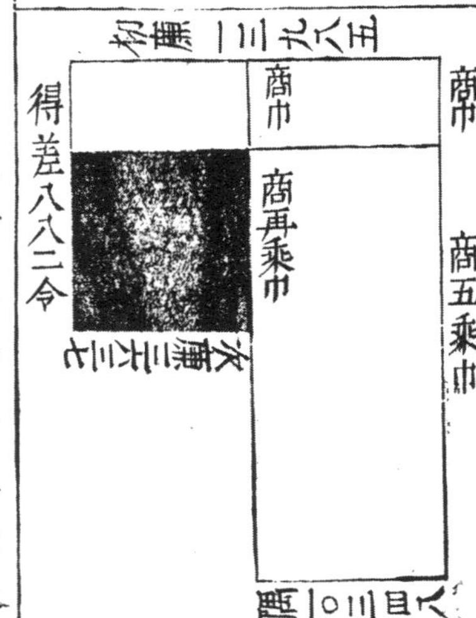

列甲位乘次廉加入實數以隅數除之為商五乘冪

商冪和本術乙位

假立天元一為商自之以減商再乘冪止餘寄左

列甲位與寄左相消得

前式　甲位

列商五自乘加商冪寄左

列乙位與寄左相消得

後式　乙位

前後兩式維乘同減異加脫下級名

子式　乙位　甲位

前式子式維乘同減異加脫下級名

丑式　乙位　甲位

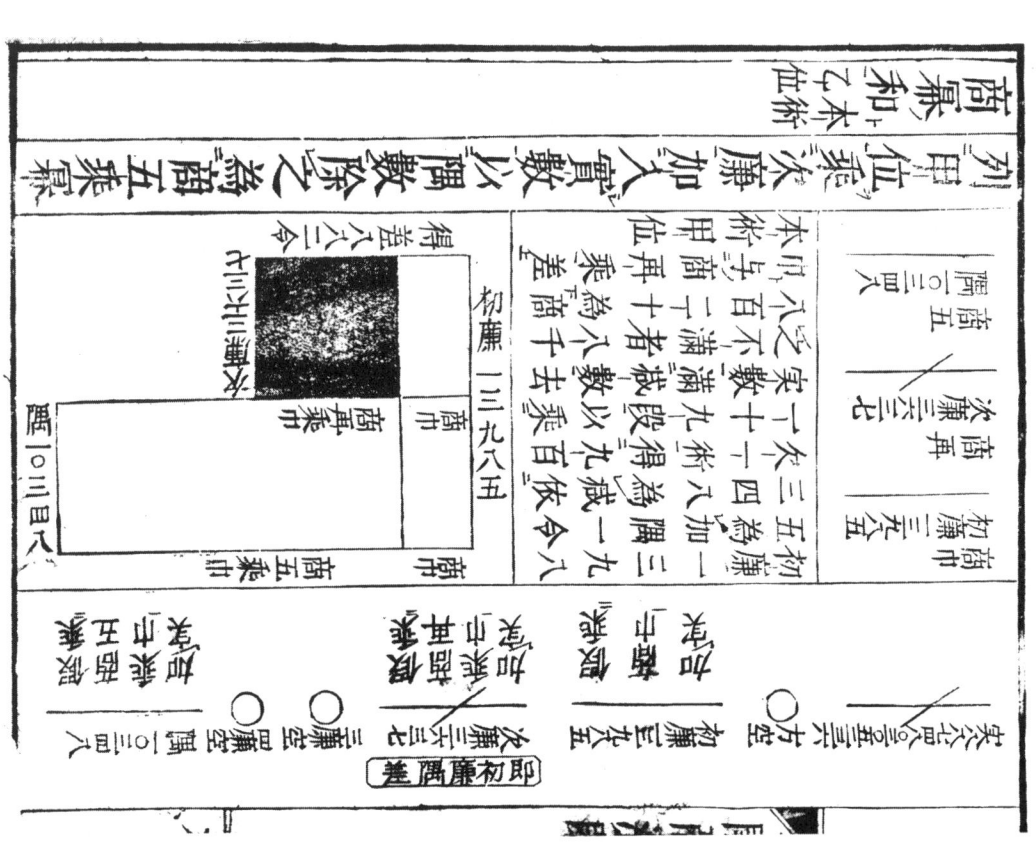

前式又式維乘同減異加脱下級得

再乘式　乙位　甲位　甲位　甲位

（本術乙位）実八五七六六五六二一　（本術甲位）方八八二〇　廉八八二一　隅八八二一

実商假級加乘　級加商假実巾乘　加乘商假実巾再乘

方商八八二〇	廉商巾八八二一	隅商再八八二一

方八八二令為加隅八八二一為減依剰下術得八千八百二十段以乘実數滿減數去之不滿者二十一為商

方八八二〇

得廿一

商　商巾　商再乘

廉八八二一

隅八八二一

五乘方　第二

実三三三九三　方三三三　初廉三六三六　次廉二四　三廉二　四廉四三三　隅一

実商假級加乘　級加商假実巾乘　加乘商假実巾再乘　加乘商假実巾三乘　加乘商假実巾四乘　加乘商假実巾五乘

方商三三三	初廉商巾三六三六	次廉商再二四	三廉商三二	四廉商四四三三	隅商五一

隅一ヲ為加四廉四二三為減依欠十術得四千二千百十一段以乘実滿減數去之不滿者四千令四十七為商三千百二十三段商再乘二十四段商三乘二十十段商五乘十段和名甲位

得和四千令四十七

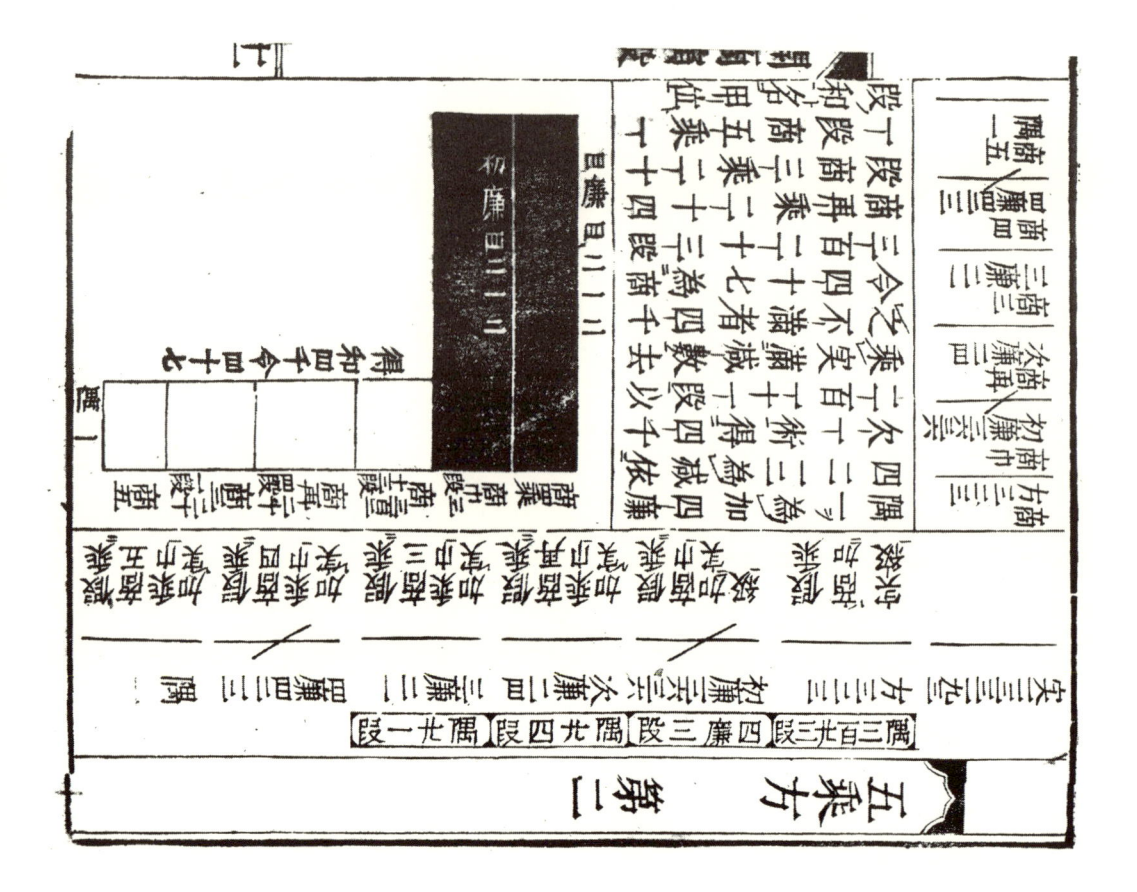

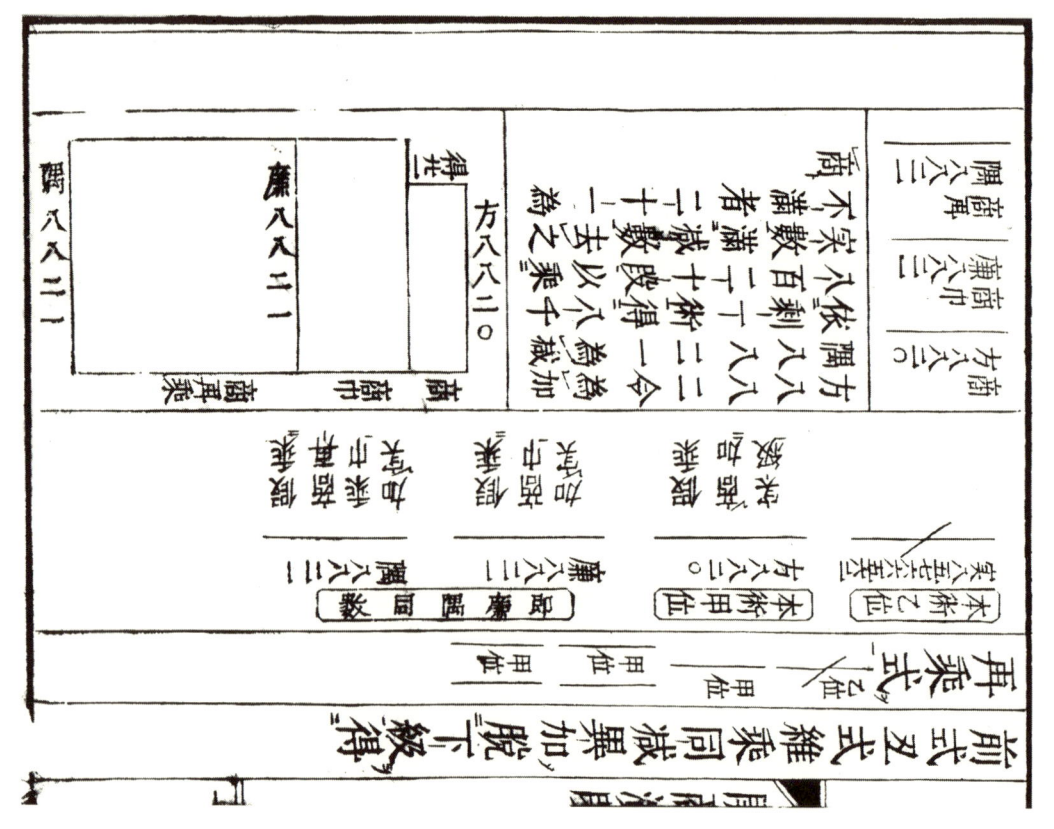

列甲位乘隅數加實數以四廉除之得商四乘冪一
段商冪三段和名子位

假立天元一為商○　商三乘冪二十一段

商再乘冪二十四段　商三百

二十三段　已上三位相併

以減甲位餘為商五乘冪

寄左○列商五自乘　與寄
左相消得

前式　甲位

列子位内減商冪三段餘　子位　寄左○列商

四自乘　與寄左相消得

後式　子位

前後兩式維乘同減異加脫下一級得三乘式

即甲位　實四〇四七　方五九三　招廉空　次廉三　隅二　（即次廉隅同數）

假商乘加實級　假商再乘加實巾　假商三乘加實巾三

右式再依點兵法得商如前術

方五百九十三為加隅二十一為減依剰一術得一十七段以乘實滿減數去之不滿三為商

商三　隅二
商再　次廉三
商　方五九三

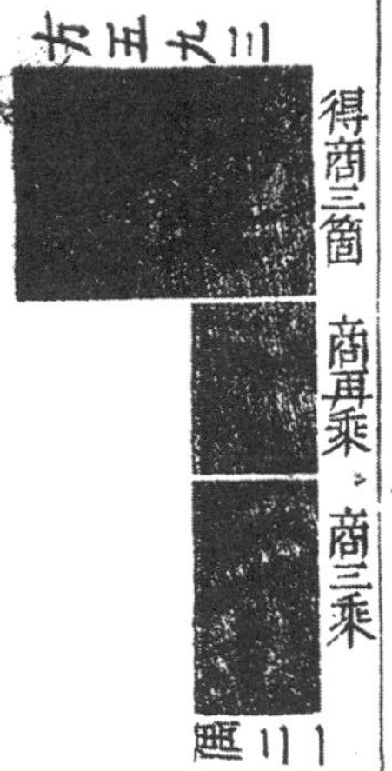

五乘本式三廉數与三乘変式隅数共
得二十一故本術日滿三廉數去之

○一乘方雜問凡五條

其一 勾股

立天元一為股弦差 ○ 加股自之為弦冪寄左

勾冪股冪相併 與寄左相

消得平方式

本術勾巾 実八一

本術甲位 方二回

廉一

假叏乘差亐 假叏乘差巾亐

此一條元問弦其術以弦命天元則得方級空位空位則無對数不得以行剩一故姑以股弦差命天元耳○股弦差巾多於股二段者不可得也

方二四（殳玄差）
廉一（殳玄差巾）

廉一箇為加方二十四為減依剩一術得
二十五段以乘勾冪滿減數去之不滿者
九箇為股弦差冪○此已下省圖式

其二　甲乙直田

立天元一為甲長○——以減長和餘為乙長（長和）
以平和乘之為乙長因甲平又以
得内減乙積止餘甲長乘之為乙長因
甲○積（乙積／平和）寄左○列甲積以乙長乘之得式
與寄左相消得平方式

十三

立天元一為股○——自之三之以減只云數餘為

其三　勾股

（甲長巾　廉四六）（甲長　方七三〇一）

滿減數去之不滿者六千四百為甲長冪
歎一術得一千一百一十一段以乘實數
廉四十六為加方七千三百零一為減依

（本術半乙位）実二八九六八〇
（本術半甲位）方七三〇一
（本術半平和）廉四六
長甲乘假　巾長甲乘假

以二遍約之

本術所載不用約故実方廉共數自倍不滿者亦得一萬二千八百与演段似有小差然其實則同

十四

勾股積八段只云○ 寄左○列又云數内減股
二十段餘為勾 又云 以股乘之四之又為勾股積
八段○又云 與寄左相消得平方式

実九六
方四四 又乗假
廉五 巾又乗假

又巾 廉五
又 方四四

廉五為加方四十四為減依歉一術得二十
十五段以乘只云數滿減數去之不滿者
一十六為股冪

其四 平方内容大小圓

立天元一為方面○ 加只云及又云數以方面
乘之○只云 又云 寄左○列別云數與寄左相消得
平方式

別云 只云 又云

実七四九
方一〇〇 面方乗假
（本術甲位）
廉一 巾面方乗假

方面巾 廉一
方面 方一〇〇

廉一箇為加方一百為減依剩一術得一
百零一段以乘實數滿減數去之不滿者
四十九為方冪

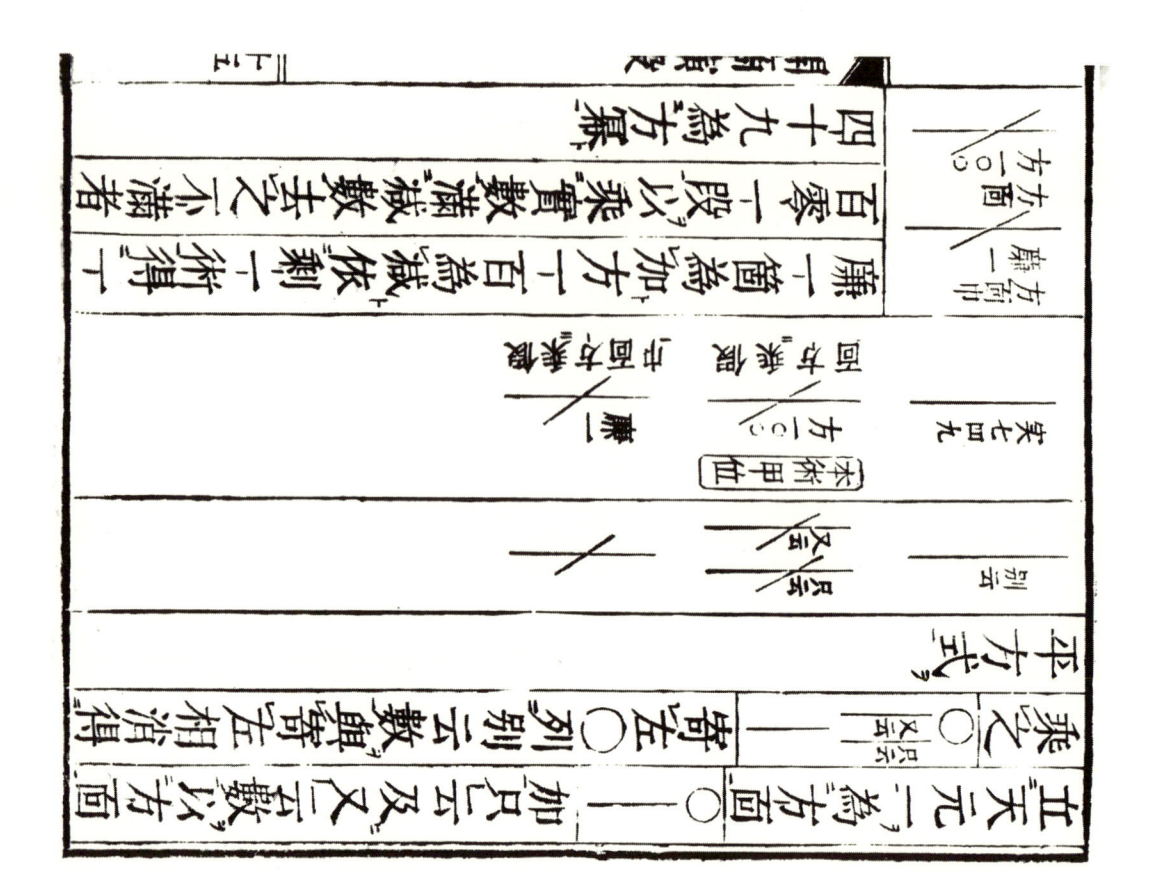

與寄左相消

得平方式

遍省小圓徑

又以四約之

實一六二

方二七

廉七　本術甲位

徑曰大乘假　巾徑曰大乘假

太田徑巾　廉七

太田徑　方二七

廉七箇為減方一百一十七為加依歛一

術得四段以乘實滿減數去之不滿者四

箇為大圓徑原數

其五　平圓內容中小圓

立天元一為大圓徑　○　內減中圓徑餘自之寄

甲位　列大圓徑內減小圓徑自之

內減小圓徑冪餘　○　寄丙

寄乙位○列乙位加入甲位　位○

中小圓徑　內減小圓徑冪及　自

相併自之　丙位以二遍約之　之

寄左○甲位　○

乙位相乘

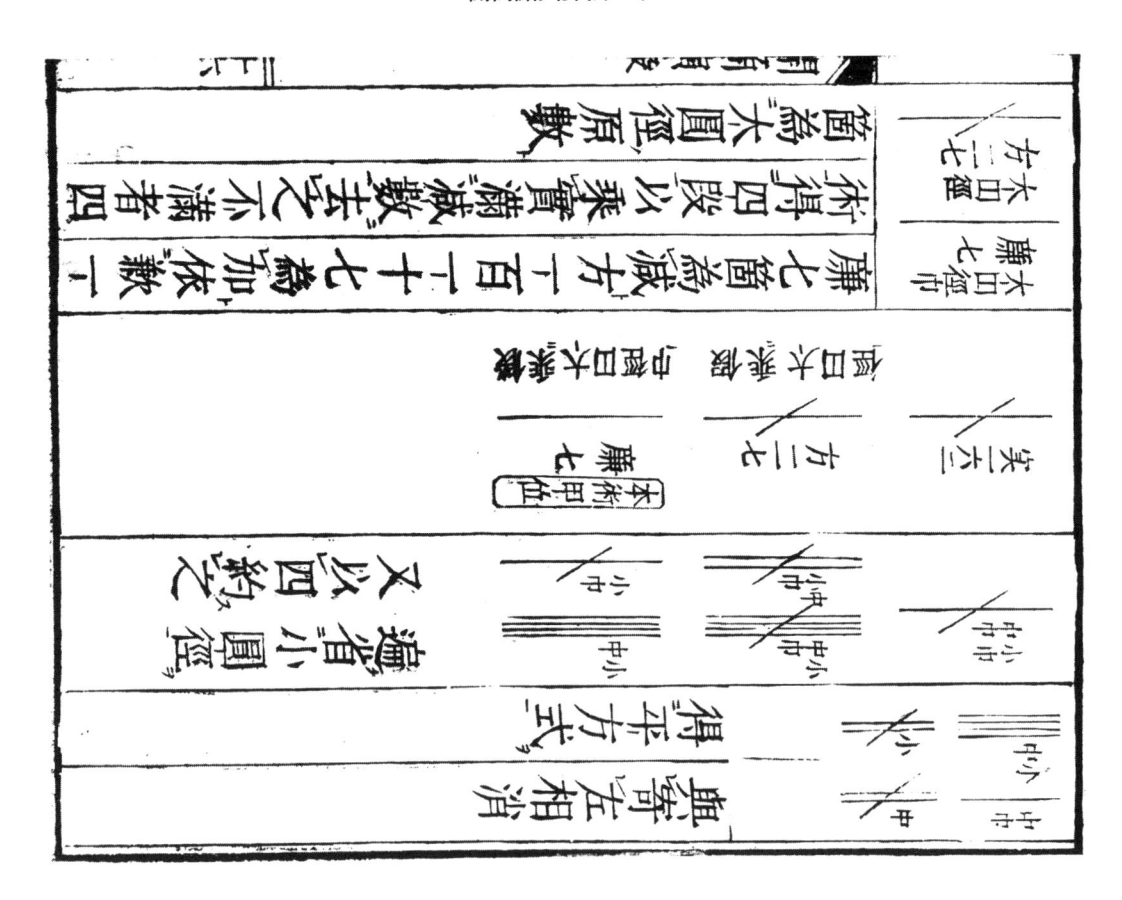

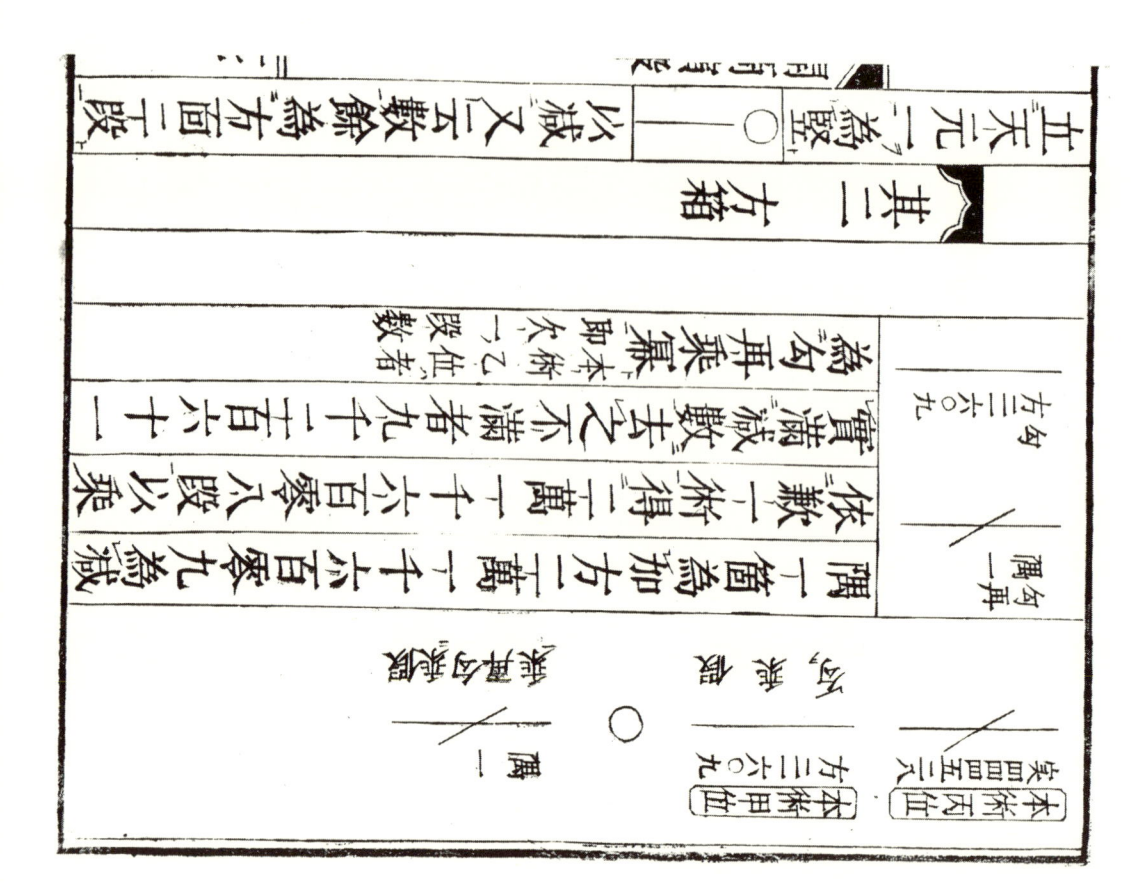

置原數累加減數則得大田徑也凡眞數多於減
數者大率倣之○原中田徑巾小田相乘又乘欠
一段數四以約數四除之
其乘除同數故本術省之

○二乘方雜問凡四條

其一　勾股

立天元一為勾　○｜　以只云數乘之得內減勾股
積二段餘為勾因弦自之　〔籌式〕責巾　〔籌式〕覔　只巾　寄左　○
列勾三自之加積冪四段　〔籌式〕責巾　○○○｜　與寄左
相消得立方式
〔籌式〕覔　只巾　○｜

本術丙位　實四四四五二八　本術甲位　方二二六○九　○　隅一
勾乘假　乘再勾乘假
勾　方二二六○九　勾再　隅一

隅一箇為加方二萬一千六百零九為減
依歎一術得二萬一千六百零八段以乘
實滿減數去之不滿者九千二百六十一
為勾再乘冪本術乙位者即欠一段數

其二　方箱

立天元一為竪　○｜　以減又云數餘為方面二段

又云

自之以竪乘之為方箱積四段〇　又云巾

又云

寄左〇列只云數四之與寄左相消得

立方式為前式

本術只云四段　実三五〇〇　竪乘假

本術甲位　方三〇二五　巾竪乘假

卽巾竪一百十段　廉二一〇　再竪乘假

隅一

竪再　隅一

竪巾　廉二一〇

竪　方三〇二五

隅一箇為加方三千零二十五為減依歎

一術得三千零二十四段以實乘之滿減

數去之不滿者二千六百二十五為竪再

乘與竪冪一百一十段差

列竪自之百十之〇〇　二一〇

内減竪再乘冪餘〇〇　二一〇

與差二千六百二十五相消得立方式

為後式

差　〇　二〇

前後兩式維乘同減異加脫廉隅二級得帰除式

只云四段　本術甲位　又云巾　以法除實

差　得竪寸

其三　三斜内容圓

立天元一為圓徑　○　列只云又云別云各數張

三位上位減圓徑為大斜　只云　中位減圓徑

為中斜　又云　下位減圓徑為小斜　別云

○大斜中斜相併内減小斜止餘寄子位

○中斜小斜相併内減大斜止餘寄丑位

○大斜小斜相併内減中斜止餘寄寅位

子　丑

寅三位各連乘為三

斜和因圓徑冪寄左

大中小斜相和以圓徑冪乘之得數

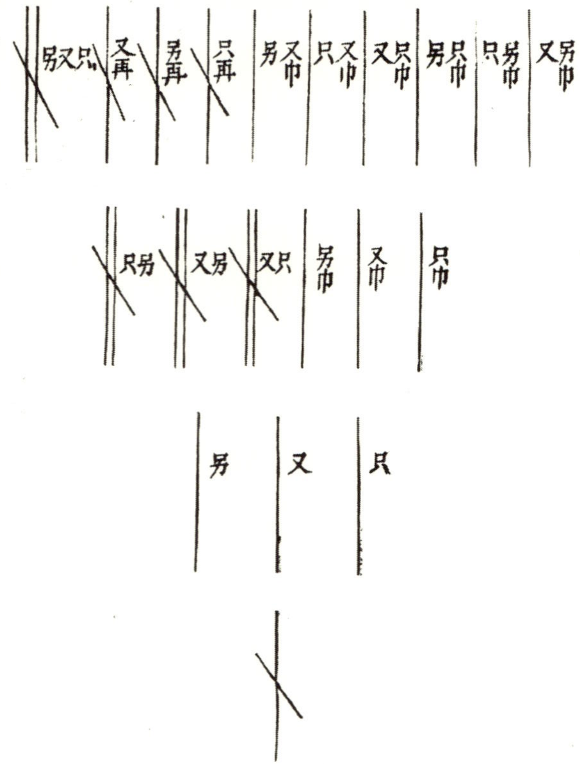

與寄左相消得立方式

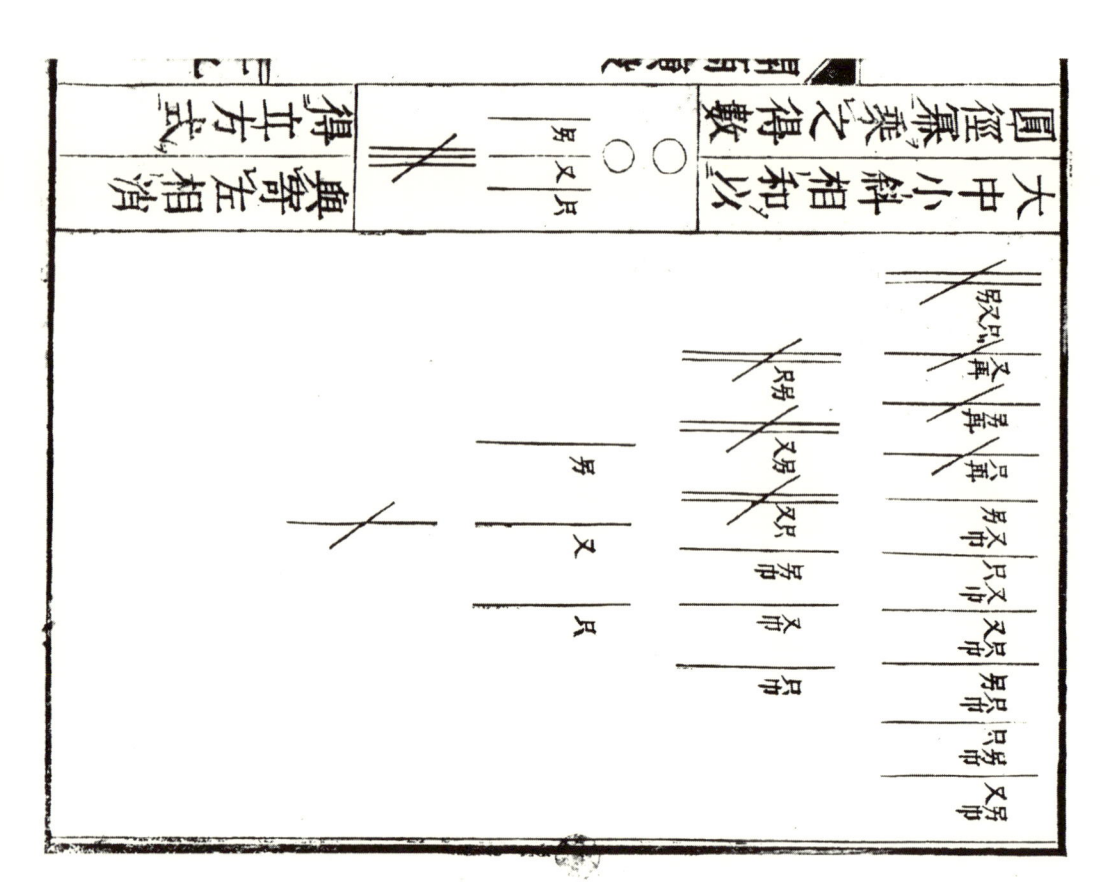

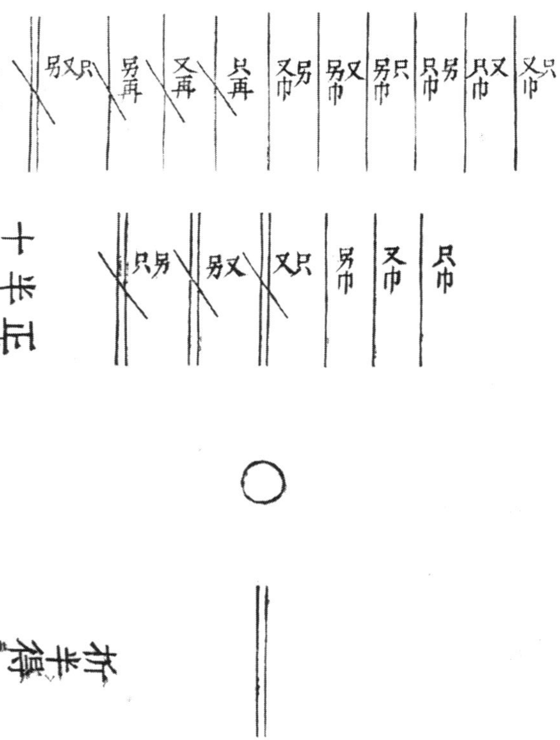

正負相減析半得五千二百八十正筭

正負相減析半得七百二十四負筭

析半得一箇正筭

本術甲位　実五二八〇

本術乙位　方七二四

廉空　○

隅一

徑巾乘假

再徑巾乘假

巾徑再　隅一	巾徑　方七二四
隅一箇為加方七百二十四為減依歎下	術得七百二十三段以乘實滿減數去之

不滿者五百十二為圓徑再乘冪

其四　原數再乘

立天元一為原數○｜再乘之二百五十五之寄

左○○○二五五　列原數自乘三千七百四十二之

○三七四二

内減一萬八千六百七十五　八六七五

○三七四一

餘與寄左相消得立方式

実一八六六七五　○　方空　廉三七四二　隅二五五（本術甲位）

巾數原乘假　再數原乘假

原數巾　廉三七四二

原數再　隅二五五

廉三千七百四十二為加隅二百五十五

為減依歟一術得二百一十二段以乘實

滿減數去之不滿者二百廿五為原數冪

○三乘方雜問凡二條

其一　甲數三乘

立天元一為甲數　○

三乘之四段加入一千零

一十三萬八千一百二十五寄左　一〇三八一二五　○○○

甲自乘一萬六千一百二十一段　○○　一六三二　加入甲

再乘一百零四段得　○○　一六三二　一〇四　與寄左相消

得二十乘式

実一〇三八一二五　○　上廉一六三二　下廉一〇四（問題二十六）　隅四

巾甲乘假　再甲乘假　乘三甲乘假

隅四箇為加上廉一萬六千一百二十一

甲三乗 隅四
甲再 下廉一四
甲巾 上廉一六三二

為減依剰一術得二萬二千零九十一段

以乗實滿減數去之不滿者一萬五千六

百二十五為甲再乗冪二十六段與甲三

乗冪一段差 本術上甲位

置差 即甲位 以隅數乗之得數以減實以上廉除之得

甲數 本術乙位 自之加入甲位為甲數再乗冪二十六

段 二十六即下廉段數

其二　半梯

立天元一為縦　○　自之以減斜冪餘為上下廣

差冪 斜巾 ○ 列縦以上廣乗之倍之以減半梯

積二段餘 責 上廣責 自之 責巾 上廣責 上廣巾 寄左 ○

之為縦冪因上下廣差冪 列上下

廣差冪以縦冪乗之 ○ ○ 斜巾 ○ 與寄左相

消得三乗式

責巾 上廣責 斜巾 上廣巾 ○

実一六九〇〇 假乗縦

方三六四〇 本術寄位

上廉二七 [illegible] 假乗縦巾

○

隅一 假乗縦三乗

縱三乘 隅一	縱巾 上廉二七	縱 方三六四〇

隅一箇為加方三千六百四十為減依歟
一術得三千六百三十九段以乘實滿減
數去之不滿者一千三百為縱冪二十七
段及縱三乘冪一段和二十七即上廉段數
巳上點兵所施未必一例變術猶多此唯從本術
文而釋之巳其他則就省略學者其不拘泥則可
矣

開商點兵筭法演段終

明和七年庚寅六月日

書肆

江都 日本橋通三町目 松本善兵衛

大坂 心齋橋南久太郎町北江入 河内屋喜兵衛

京都 寺町五條上ル町 天王寺屋市郎兵衛

中漸先生著述算書　嗣出

三器徴　全三卷
測遠捷法　全一卷
算學紺珠
統角算術　全一卷

水玉堂暦算書目　天王寺屋市郎兵衛板行

算學啓蒙　元朱世傑著　全三卷
授時暦經　元史暦志　全四卷
同圖解發揮　中根元圭著　全三卷
皇和通暦　同著　全三卷
括要算法　関孝和著　全四卷
演段解伏術　同著　近刻
竿頭算法　中根彦循著　全一卷
勘者御伽雙紙　同著　全三卷
開商點兵算法　村井中漸著　全二卷
數學端記　田中佳政著　全五卷
原本塵刧記　吉田光由著　全三卷
近道懐中算　全一枚　近刻

招差偏究筭法

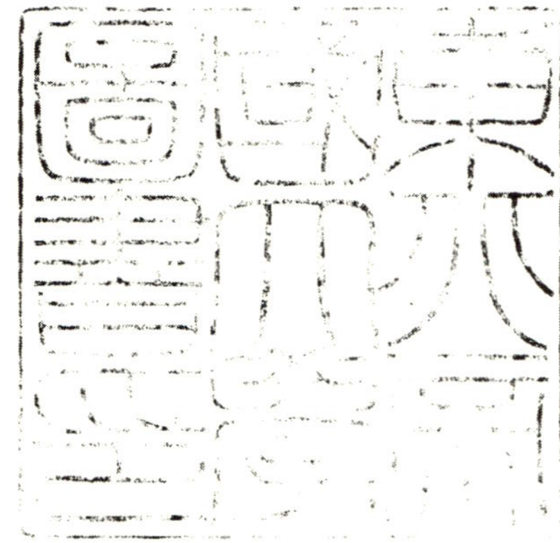

招差偏究算法上

夫招差法其由来久矣學者欲入于求積增約之門則先學此術知諸梁之步而后以入于其門為順也蓋招差法先哲之義論甚多也予論其可否舉之別卷也今卷中顯衰方兩梁施招差術能整其步是常例者也嚮原其術源按其術以一差自胱先哲為術之一體乎然非本法通術可謂

偏術也今又撰参差逐減術以究一差自脱之理雖偏術以巻中用術無妨今姑就簡仍常例也且題段積多件故如病顆乎無初学苟論之在学而知其本原耳不遑於圓理学以餘毫撰之為二巻名曰偏究算法悉五訣有孛文政十二己丑歳復陽月上浣於浪華旅舎和田源寧記之

招差偏究算法

和田寧編

衰累標

段數	一	二	三	四
連一	一	一	一	一
圭 即連一積	一	二	三	四
三角 即圭積	一	三	六	一〇
再乘 即三角積	一	四	一〇	二〇
三乘 即再乘積	一	五	一五	三五
四乘 即三乘積	一	六	二一	五六
五乘 即四乘積	一	七	二八	八四
加巳置				

五	六	七	八	九	十〇	十一
一	一	一	一	一	一	一
五	六	七	八	九	一〇	一一
一五	二一	二八	三六	四五	五五	六六
三五	五六	八四	一二〇	一六五	二二〇	二八六
七〇	一二六	二一〇	三三〇	四九五	七一五	一〇〇一
一二六	二五二	四六二	七九二	一二八七	二〇〇二	三〇〇三
二一〇	四六二	九二四	一七一六	三〇〇三	五〇〇五	八〇〇八

次上位得次

逐而如此經緯無限

衰垜積式表

積號	一連	圭	三角	再乘	三乘	四乘
乘段初	一	一	二	六	二四	一二〇
乘段中		一	三	一一	五〇	二七四
乘段再			一	六	三五	二二五
乘段三				一	一〇	八五
乘段四					一	一五
乘段五						一
乘段六						
乘段七						
約法	一	二	六	二四	一二〇	七二〇

五乘	六乘
七二〇	
一七六四	
一六二四	
七三五	
一七五	
二一	
一	
五〇四〇	

餘略之

求積術

今段數若干問其垜積

答曰

術曰置段數加其式次級數自最下級向上言六乘段數加三級數乘段數加四級乘段數逐如此加最上級乘段數止求之為實如其約法而一得其積合問

假令

段數六　問三角衰垜積

答曰五十六

術曰置段數加三个乘段數加二个乘段數得數如六而一得積合問

假令

段數十一　問三乗朶積

術曰置段數加十个乗段數加三十

五个乗段數加五十个乗段數加二

十四个得數如百二十而一得積合

問

餘倣之

求積式

術則曰先以所題之段積依參々差々逐減術

得等數止矣若不得等數者非招差所閑矣故此術不行也

參差逐減術曰以一段積減二段積餘甲名一以二段積減三段積餘甲名二以三

段積減四段積餘甲名三逐如此求次甲若次甲得等數則止矣以一甲減二甲餘乙名一以

二甲減三甲餘乙名二以三甲減四甲餘乙名三

逐如此求次乙若次乙得等數則止矣餘者

依之求干名其次干得等數止矣

假令一段積一个二段積四个三段積十个四段積二十个五段積三十五个逐此歩今二十五段之積幾何

答曰

依參差逐減術所得如左

段數	一	二	三	四	五
積數	一	四	一〇	二〇	三五
次甲		三 甲一	六 甲二	一〇 甲三	一五 甲四
次乙			三 乙一	四 乙二	五 乙三
次丙 得等數故止				一 丙一	一 丙二

始而得等數以其前段數為其限段數

加辞曰始而得等數以其前段數為其限段數者固略法也以得其段數為限段數施術則是招差之本法也然衰垜方垜之類皆以本法施術則一差自朓而能整其歩故巻中始用略法也

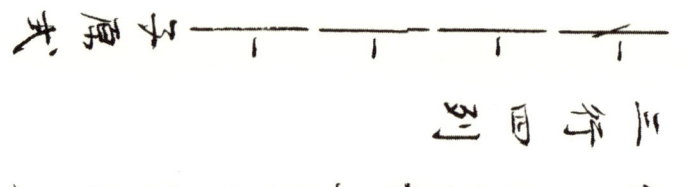

段數	一	二	三
積數	｜	｜四	｜一〇
次甲		｜三	｜六
次乙			｜三

始而得等數其前段數也

始得等數以其前段數三為限段數
於是方程招差術曰以其限段數為其行
數以其限○段數與一个和為其列數如其行
數以所題之積數順次列之上位各命實
級負以段數順次列之次位各命法級各
以其段數累乗逐降而至最下各命其廉級
皆正得幾行何列之式謂之總原式自初行
而順次命支名各為其原式
以限段數三為行數以限段數與一
个和四為列數如法而求支名原式
三行四列

｜一｜一｜一｜一
子原式

｜四｜二｜四｜八｜丑原式

｜一〇｜三｜九｜二七｜寅原式

實級常存之法級以下存一級以其餘作

空級為要足之（支名式互相與而作 空級隨意施其簡也）則如

行數得式數（若有實空成 者則減式數）各實級數順次

列〇之一行（存法級者為上位存 初廉者為次位餘做）為總實其存

級數為其法以與總實通分內子而以分

毋為約法以內子各命差號（存法級者為 定差存初廉）

（者為平差保次廉 者為立差餘做之）及正負（其實法異名為 正同名為負也）

而隨差歸乘其段數（定差若乘其段數平 差者乘其段乘餘做）

以約法除之得其積式

以子原式二段減丑原式

｜二｜〇｜二｜六｜名丑

以子原式三段減寅原式

｜七｜〇｜六｜二四｜名辰

内減丑三段

一實　○　○　六法　名己

以減冊

一實　○　二法　名午

置子原式六之内減己一段午三段

二實　六法　名未

列己午未一行通分内子命差歸

定差二　平差三　立差一　約法六

隨差歸乘今段數

今段數定差二　今段數巾平差三　今段數再立差一　約法六　者　問積　也

故

術曰置立差一个乘今段數加平差三个乘今段數加定差二个乘今段數如約法六而一得積合問

略

術曰置今段數加三个乘今段數加二个乘今段數如六而一得積

合問

求積式略曰

假令一段積一个二段積五个三段積十
五个四段積三十五个五段積七十〇个
六段積百二十六个逐此歩今百五十〇
段之積幾何

答曰

依参差逐減術

一段	一				
二段	五	四			
三段	一五	一〇	六		
四段	三五	二〇	一〇	四	
五段	七〇	三五	一五	五	一 得等數故止
六段	一二六	五六	二一	六	一

故為限段數四

布四行五列

一　一　一　一　一　名子

五　二　四　八　一六　名丑

一五　三　九　二七　八一　名寅

三五　四　一六　六四　二五六　名卯

以子二段減丑

三　○　二　六　一四　名辰

以子三段減寅

一二　○　六　二四　七八

三除之

四　○　二　八　二六　名巳

以丑二段減卯

二七　○　八　四八　二二四　名午

内減巳四段

九　○　○　一六　一二〇　名未

置巳内減辰

丨一(斜線)　○　○　丨二　丨三　名甲

八之以減未

丨一(斜線)　○　○　○　丨二四　名酉

内減申二段

丨一　○　○　丨四(斜線)　名戊

置辰十二之内減酉七段及戊十八段

丨二(斜線)　○　丨二四　名亥

置子二十四之加戊六段内減酉及亥

丨六(斜線)　丨二四　名未

依酉戊亥未求積式

丨二四　丨六 今段數　丨二一 今段數巾　丨六 今段數再　丨一 今段數三　者　丨問積　也

故

術曰置今段數加六个乘今段數加

十一个乘今段數加六个乘今段數

如二十四而一得積合問

餘倣之

過段衰垜標

段數	二	三	四	四	五	六
連一	○	一	一	一	一	一
圭（即連一積）	○	一	二	三	四	五
三角（即圭積）	○	一	三	六	一〇	一五
再乘（即三角積）	○	一	四	一〇	二〇	三五
三乘（即再乘積）	○	一	五	一五	三五	七〇
四乘（即三乘積）	○	一	六	二一	五六	一二六
五乘（即四乘積）	○	一	七	二八	八四	二一〇

上次加已置

七	一	六	二一	五六	一二六	二五二	四六二
八	一	七	二八	八四	二一〇	四六二	九二四
九	一	八	三六	一二〇	三三〇	七九二	一七一六
十〇	一	九	四五	一六五	四九五	一二八七	三〇〇三

次得位

逐如此經緯無限

過段衰垜積式表

一連	
	乘段數
段數 一	乘段中
	乘段再
	乘段三
	乘段四
	乘段五
	乘段六
	乘段七
一	約法

求過段衰垜積式

術曰置其衰垜積式（假省約數）與虛實（假用三也）相消為空數求得段數式六一个（原）開之其殘式復空數而脱虛實以約數除之所得即過段其衰垜積式也

加辞曰衰垜者段數與積段叙相對也今過段衰垜者段數與積段叙偏對而比積段叙則段叙者過一段故立一个

圭	三角	再衰	三衰	四衰	五衰	餘略之
負一	負一	負二	負六	負二四		
一	〇	負一	負五	負二六		
	一	二	五	負一五		
		一	五	一六		
			一	八		
				一		
二	六	二四	一二〇	七二〇	五〇四〇	

負
開之也若題過二段以上者則立其
過段數開之耳
假令今欲求過三角衰垜積式則置
三角衰垜積式（仮約省數）與虚實（仮用之也）相
消為空數求得段數式

虚實
二
三
一

立
開之

虚實
⊖
⊜⊜⊜左
一

殘式

復空數脫虚實以約數除之為過段

三角衰垜積式

段新
約數六○
一段數角

假令今欲求過段三衆衰垜積式者
置三衆衰垜積式（仮約省數）與虚實（仮乃用之）相
相消為空數

虚實
二四 段數
五〇 段數中
三五 段數再
一〇 段數三
一 段數四

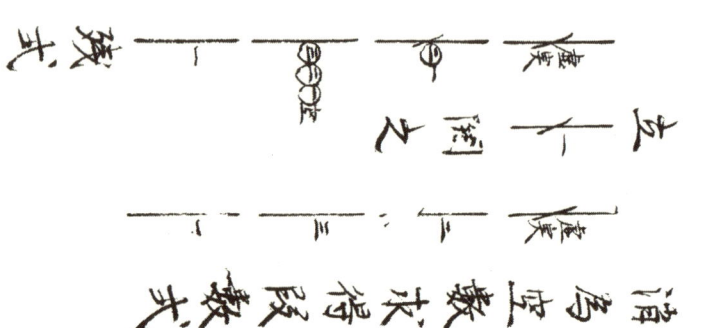

求得段數式

虛實	二四	九〇	三五	一〇	一

立一 開之

復空數朓虛實以約數除之為過段

虛實	六	九	九	九	一

残式

三乘衰乘積式

段數 六	段較中 九	段較再 九	段較三 九	段較四 一

約較一二〇

餘者倣之

招差偏究算法上終

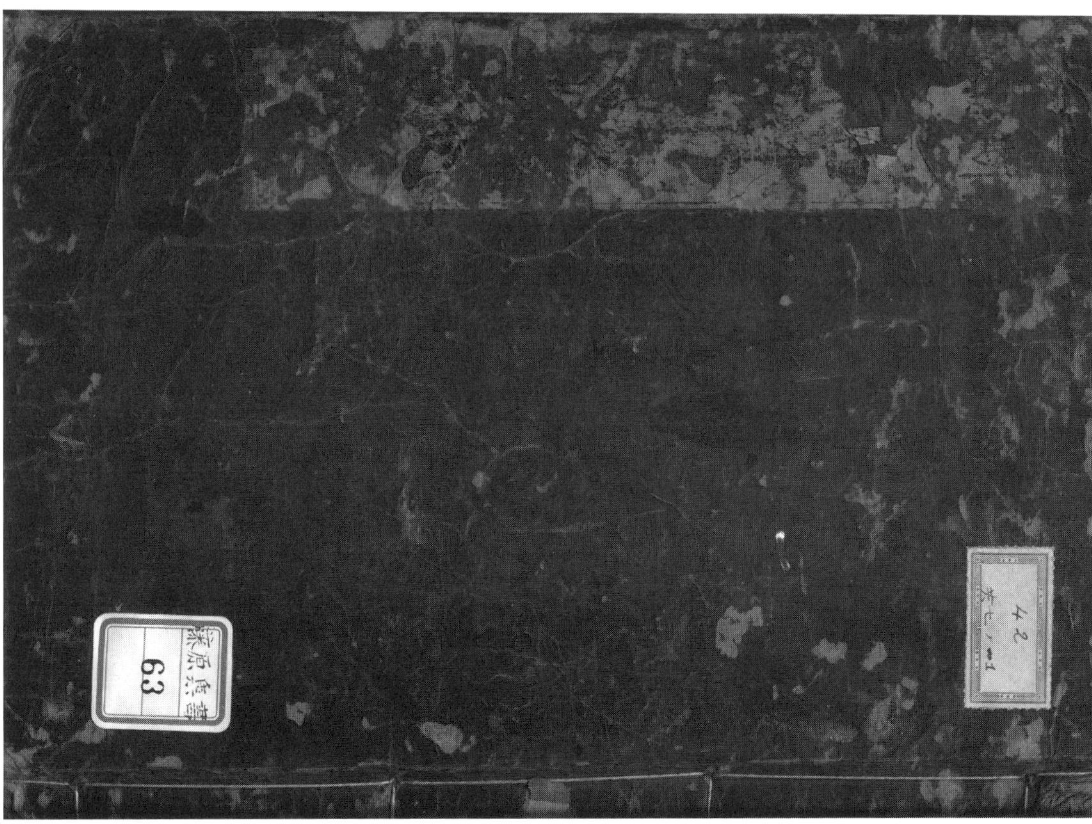
63

得一堂撰

新編和漢算法

洛陽 書林貞節軒藏版

和漢算法自叙

予平生数學ヲ嗜テ思慮ヲ費事累
年ナリ和漢ノ算書ヲ採テ校訂ス
ルニ大槩其法術アリテ其従来ス
ル所ノ理ヲ辨明セス是以算學者
流只其術ヲ得テ未得其理誰能一
本萬殊ノ理ニ至ンや故ニ此術ニ

テ得タル理彼術ヲ學ニ通スルコ
ト雖シ予是以和漢算法書ヲ著ス
世人ニ傳ヘキ書ニアラス只門人
初學ノ楷梯トス算数ヲ學者其術
其法ニヨリテ其理其妙ニ通達セ
ハ凡天下ノ物其計較ヲ逃ルヽコ
トナカラン是古人数學ノ妙ト人

ヽ良知ノ著ルヽ處ナリ予眇少ノ
知カノ所致アラスト云尓

旹
元禄八年歳次乙亥春正月上浣之吉
宮城清行撰

和漢算法序

理無方所數豈有
和漢雖然數之端
窮則術亦無窮且

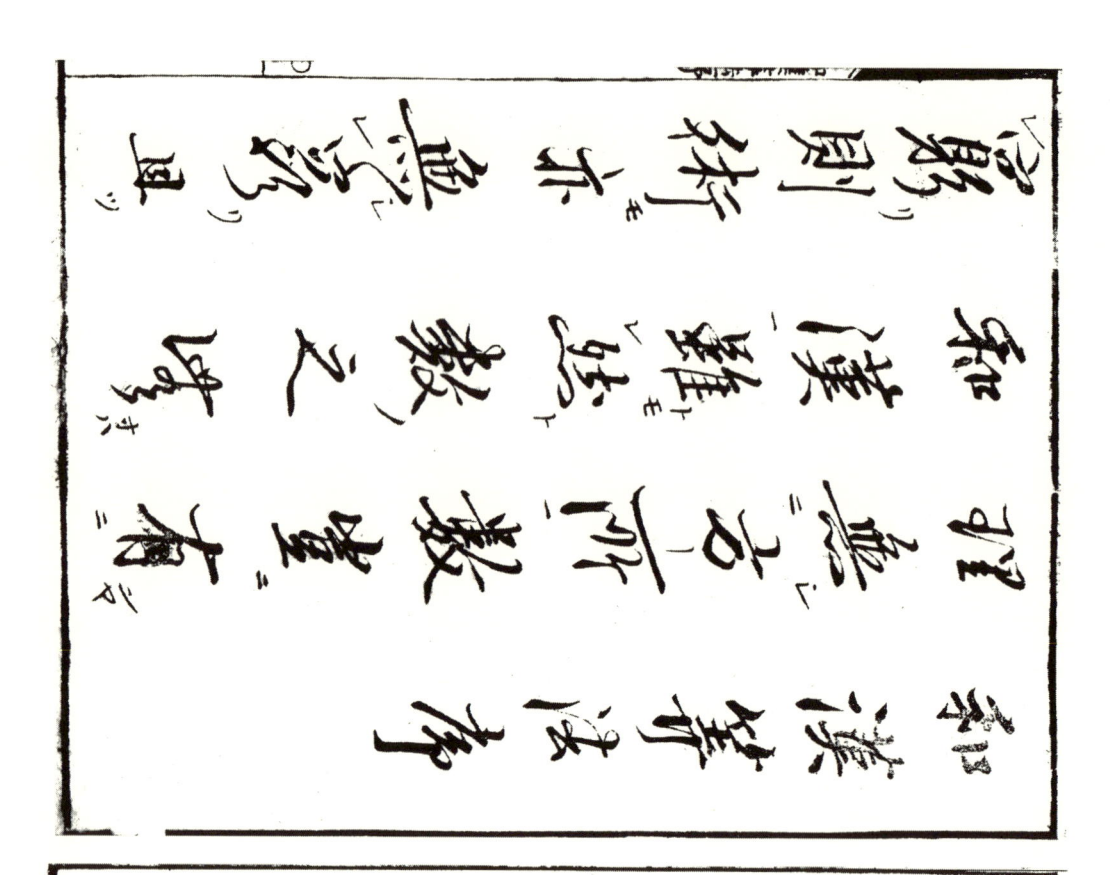

棄習圓人工巧或
異是所以數一而
術有和漢也近世
數學之士皆資始

於漢而雜之和術
得來乘除日趣於
捷徑而人之思術
工巧未盡者唯據

已知之法在推未
喩之數而已友生
宮城清行嘗著明
元算法其至精至

微殆極底蘊焉今
又撰和漢算法后
千卷以便後學參
校考可謂勤矣

初學之士因此編
于和于漢縱横都
盡微之明元無疑
於至精至微之地

則知上下俯仰為
吾心之象數而視
聽所觸爲可計畫
者不待屈指云爾

元禄甲戌五月甲子

村田通信序

和漢纂法序

人之智慮有所及有所不及君子以其所致其所
不及小人務其所不及道其所及其所及者不待學
而知父子君臣夫婦兄弟朋友之道飢食渇飲夏葛
冬裘是已其所不及者能學而後知詩書六藝之文
禮樂刑政之法是已然而其待學而後知者亦貫其
不待學而知者非有二致也故其文也其法也周普
所以載日用常行之道而非高遠奇怪難知難行之
事也若夫九數之法亦然故古昔聖人之制其法也

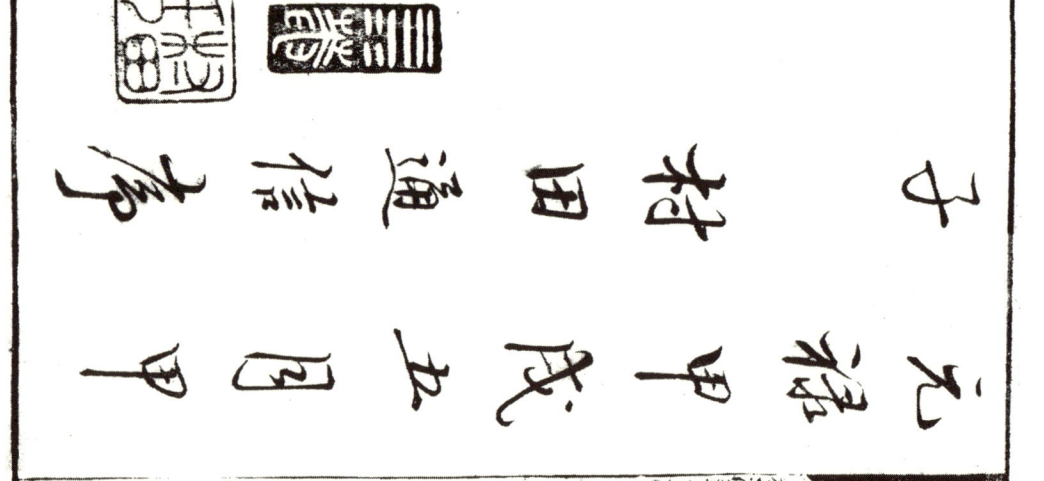

田疇然後為之方田交易然後為之粟布廩税然後
為之衰分為之少廣以御其方圓為之商功以度其
工程均輸以均其道里遠近之労費盈朒以知其隠
雑難見之多少方程以推日月星辰之行度交會勾
股以測山川城邑之高深廣遠舉皆所以盡夫數成
輔相之道而便於生民之術也小人則反飾其私智
用之以為奸與占候之邪說借之以為圖讖符籙之
虚誕或執牙籌以齊貪吝之資或盡錙銖以行誅求
之暴非徒無稗於日用之間其所以惑世塞道誤天

下者不可勝言也夫一數術而淑慝善悪之分若此
者無他顧其所用何如耳　予友宮城清行深好算法
從事於斯蓋亡有年矣凡和漢算數之書莫不涉獵
蒐索覃思研精探賾鉤玄隨得而纂録且附以所身
試于今也者久之成編名曰和漢算法總若干卷將
壽于梓屬予為之序且其言曰天地之間有自然之
數君子因自然之數而施當然之用初無計較之小
有計較焉則亦私智也已不足尚焉然爲物之不齊
也雖有天下聰明之人不能偏見而盡識焉不由其

術何以能施其用此九數之所由起或言也乎
雖未知顚倒一把筭子然嘉其言之暗合于儒者之
道數家者流不可不審於是乎書

元祿甲戌夏五月穀旦

洛東大町質正序

和漢筭法總目錄

巻之一

巻之二

方程　鈎股 附 適等之起圖

巻之三

商除 算木にて立一八さんの事也　平方 算木にての開法　立方 同也

三乗方 同也　天元術和解圖式 附 綴術算之式

求両定式門 問　鈎股配積門 問三　求角斜積門 問三

分子分同門 問二

巻之四五六

綴源記一百五十門 古今算法記之別術等籌圖式

平方解空門 問九　縦横解空門 問六　平圓解空門 問十

平圓解切門 問四　飯櫃形積門 問四　扇形圓切門 問三

平梯形判門 問三　平圓闕判門 問十　立玉開空門 問三

玉圓闕判門 問三　三角開空門 問二　立方帯縦門 問二

縦横矩切門 問二　縦横和斷門 問二　鈎股積分門 問二十八

平菱開切門 問六　雙弦股積門 問三　片狭乗積門 問五

方形角截門 問十二　圓方輸違門 問四　器形盆重門 問九

櫂形雜擧門 問九　方錐立積門 問三　方圓臺積門 問四

厚偏臺積門 問二　分子乗負門 問二

一百五十好之定法

三角法 一方面一尺　中鈎八寸六分六釐 寸平積四十三歩三

四角法 一方面一尺　中斜弦一尺四寸一分四釐二

平圓法 一径一尺　周三尺一寸四分二釐 寸平積七十八歩五五

玉圓法 一径一尺　周同二平圓周一二 寸立積五百十九坪

巻之七八九

知孤法　五八分七二

古今算法記一 十五門ノ答術起源演段

平圓解空門 問一　平立重積門 問四　鈎股積分門 問六
平形斜積門 問三　分子齊同門 問一

用字凡例

商とハ割あらはれたを云

実とハ法にて割へき数を云

法とハ割実にかけ合る数を云

除とハ一桁の法にて割を云

帰除とハ二桁以上の法をもて割を云 見量を除と云

因とハ一桁の法を懸るを云

乗とハ二桁以上の法を掛るを云

相因相乗ともにかけ合を云

自因とハ同数一桁かけ合を云

自乗とハ同数二桁以上かけ合を云 自之とも云

再自因再自乗ハ同数三ツかけあはするを云

三自因三自乗ハ同数四ツかけあはするをいふ

三自乗を三乗とも云

折半も半之と云も皆二ツに割事を云

和とハ合と云も和併とも云も合数とも云

減とハ引をいふなり

倍とハ本ある数を二ツ合するを云

零とハ一桁ゟのあまりを云

還源とハ始の術にかへる術を云

加入とハ消法の和をいふ

若とハ多少にかゝはらず同数かさなると云

冪とハ同数かけあはするを云 暇ハ界にかくる事

不尽とハ余りのある数を云

演段定例

○單伏衆伏共ニ相消ノ見難キ時本術ニ出ル所ノ者ヲアリトシテ別ニ天元一ヲ立テ正負段數ヲ畫シ傍ニ其名ヲ書テ相消シテ其乗式ヲ以テ寄ル乏數ト相消數トヲ求テ本術ヲ起ス

○兩定式及冪定式等ノ級次式ハ其乗式ニ方級ノ欠タル式ハ定式ノ方ニ因ル名アル者ノヲ省キ亦廉級ノ欠

タル時モ糜ノ名アル者正員共ニ省ク定糜式者明元
糜法ニ記之故ニ略之

和漢算法總目録終

和漢算法巻之一

洛水　宮城外記　清行　集成

門人
作野伊兵衛　利有
湯浅又兵衛　和黨　校
井尻吉兵衛　清次

河圖

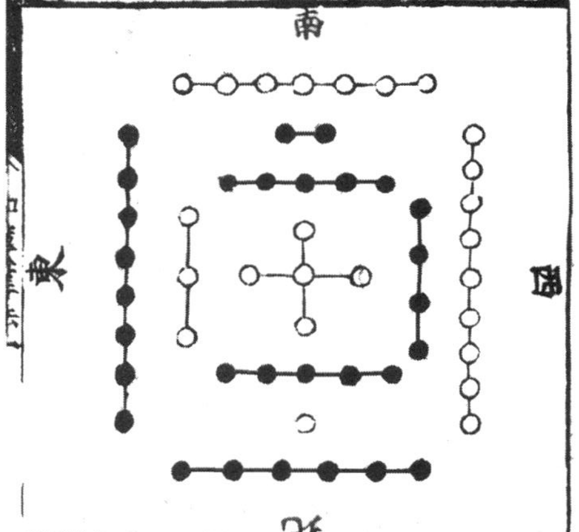

數原

一　二　三　四　五

六　七　八　九　十

數學通軌　長樂柯尚遷　數原補説

孔子曰易有大極是生兩儀兩儀生四象四象立而三才具五行運於其間矣故天地之數始於一太極者一也太極生陰陽陰陽者二也陰陽生四象而三才成三才者三也四象四也四象分爲五行而五數立矣天地之道定於五爲數之原由是以天地相合生成之德配爲十以立數之本故天以一生水須地以六成之而六生焉一與六配爲水合也地以二生火須天以七成之而七生焉二與七配爲火合也天以三生木須地以八成之而八生焉三與八配爲木合也地以四生金須天以九成之而九生焉四與九配爲金合也天以五生土而地成之則十生焉五與十爲土合也故又曰天數五地數五五位相得而各有合此自一至

十之數所由肇也

大數

大數とハ一より起て天も盡るがごとく限もなく大になる故にこれを大數といふ也

一	垓（京々万之）
十	秭（垓々万之）
百	穣（秭々万之）
千	溝（穣々万之）
万（各十を以て十進ム）	澗（溝々万之）
億（万々万之）	正（澗々万之）
兆（億々万之）	載（正々万之）
京（兆々万之）	極

○大數のしなじな多く用る所をあらはす也

○又云十万を一億と名付るありこれより次第して記號あり

○又云極より上の數は多して不可窮故なり

小數

小數とハ一より起てしだいに小にわけてゆく數これを小數といふ也

分（一を十ニ分ル）
釐（十分之）
毫
絲
忽
微
纖
沙
塵
埃
渺
漠

度解

度ハ忽より起ル　忽ハ蚕吐糸より

一絲 十忽　一毫 十絲　一釐 十毫　一分 十釐　一寸 十分　一尺 十寸　一丈 十尺　以下は大数の名とのちゆうなり

○呉服尺　匠の曲尺を一限と〔して〕尺とし是周尺の例に准まで曲尺の一尺二寸なり　△裁_二量衣服_一用_二此尺_一故_ニ有_二此名_一也

○鯨尺　匠の曲尺を四限となし一限加へて尺とし高尺の例に准まで曲尺一尺二寸五分なり　△以_二鯨魚鬚_一而制_レ之故_ニ有_二此名_一也

○曲尺　匠の家に用る尺なり高尺の常準尺に合せ　△以_二錬鐵_一而制_レ之故_ニ称_二金尺_一

摺尺ともいふ指ともいへるも今用るところを記となり

一間 或六尺 或六尺三寸 或六尺五寸　一町 六十間　一里 或五十町 或三十六町

○古今ともに品説あり今用る所を記となり

一歩 或六尺五寸四方 或六尺四方　一畝 三十歩をいふ　一反 十畝をいふ　一里 十反をいふ　△歩より下は分厘毛糸を用 畝より上は大数を用

○和漢ともに多くあり今用る所を記して其外は略す

量解　量は圭より起る　圭は六粒の粟なり

一斛 十斗をいふ　一㪷 十升をいふ　一升 十合をいふ　一合 十勺をいふ　一勺 十抄をいふ

一抄 十撮をいふ　一撮 十圭をいふ　一圭

○一斛より上は以上大数を用る也　△斛を石とも　△㪷を斗とも　△抄を才とも

○古枡　径五寸　深二寸五分　寸坪六十二坪五分

○今枡　径四寸九分　深二寸七分　寸坪六十四坪八分二厘七毛

○武蔵枡　径四寸六分より　深二寸三分九八　寸坪五十一坪八分六厘 加入

古より枡多く有 略之なり

衡解　衡は黍より起る　形は大粟のごとし

一絫 十黍　一銖 十絫　一分 六銖　一両 四分　一斤 十六両　一秤 十五斤　一鈞 卅斤　一石 四鈞　右一両重 十銭也

一字 一分　一銖 二分五厘　一分 或壱匁 或壱匁七分九厘　一両 或四匁 或四匁三分 或四匁四分 或八匁 或四匁七分六厘

一斤（きん）
或ハ六拾目　或百目　或百三拾目　或百六十目
或百八十目　或二百十目　或二百三十目　或八百五拾目

九九　九因也

因ハ者生也謂九九相生之義也乘者陞也謂九九陞積之義也單位曰因多位曰乘通而言之曰乘也

一一　一
一二　二
一三　三
一四　四
一五　五
一六　六
一七　七
一八　八
一九　九
二二　四
二三　六
二四　八
二五　十
二六　十二
二七　十四
二八　十六
二九　十八
三三　九
三四　十二
三五　十五
三六　十八
三七　廿一
三八　廿四
三九　廿七
四四　十六
四五　二十
四六　廿四
四七　廿八
四八　卅二
四九　卅六
五五　廿五
五六　三十
五七　卅五
五八　四十
五九　四十五
六六　卅六
六七　四十二
六八　四十八
六九　五十四
七七　四十九
七八　五十六
七九　六十三
八八　六十四
八九　七十二
九九　八十一

八算　九歸也

歸ハ者會也謂會萬分之數而歸於一也

二のわりごゑ
二一　添作五
二進　一十
三のわりごゑ
三一　三十一
三二　六十二
三進　一十
四のわりごゑ
四一　二十二
四二　添作五
四三　七十二
四進　一十
五のわりごゑ
五一　倍作二
五二　倍作四
五三　倍作六
五四　倍作八
五進　一十
六のわりごゑ
六一　加下四
六二　三十二
六三　添作五
六四　六十四
六五　八十二
六進　一十
七のわりごゑ
七一　加下三
七二　加下六
七三　四十二
七四　五十五
七五　七十一
七六　八十四
七進　一十
八のわりごゑ
八一　加下二
八二　加下四
八三　加下六
八四　添作五
八五　六十二
八六　七十四
八七　八十六
八進　一十
九のわりごゑ
九一　加下一
九二　加下二
九三　加下三
九四　加下四
九五　加下五

九六かゝ下六　九七かゝ下七　九八かゝ下八　九進一十

見一　九歸除也

歸者會也　謂會萬分之數而歸於一上也　除者減也　謂約存身數而減其餘也　單位曰歸　多位曰歸除　運而並曰除也　皆從首位而起　其實之ま位呼歸　餘位呼除　故曰歸除

○見一無頭作九一　○歸一倍一
○見二無頭作九二　○歸一倍二
○見三無頭作九三　○歸一倍三
○見四無頭作九四　○歸一倍四
○見五無頭作九五　○歸一倍五
○見六無頭作九六　○歸一倍六
○見七無頭作九七　○歸一倍七
○見八無頭作九八　○歸一倍八
○見九無頭作九九　○歸一倍九

二之既

八さんのわり

あるひハ銀十二万三千四百五十六貫七百八十九匁を二わりにすれハ六万千七百廿八貫三百九十四匁五分となる

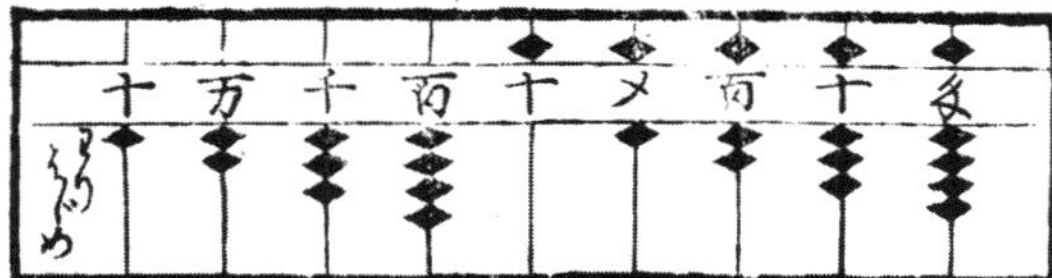

八進四十○二一天作五　といふハ八とおくひとへ四あぐるとハ二を一十と四匁合て云
八進四十
六進三十○二一天作五
六進三十　といふハ六をおくひとへ三あぐるとハ二を一十と三匁入て云
四進二十○二一天作五
四進二十　といふハ四をおくひとへ二あぐるとハ二を一十と二匁合て云
二進一十○二一天作五
二進一十　といふハ二をおくひとへ一あぐるなり
二一天作五　といふハ二一をよみて減るなり

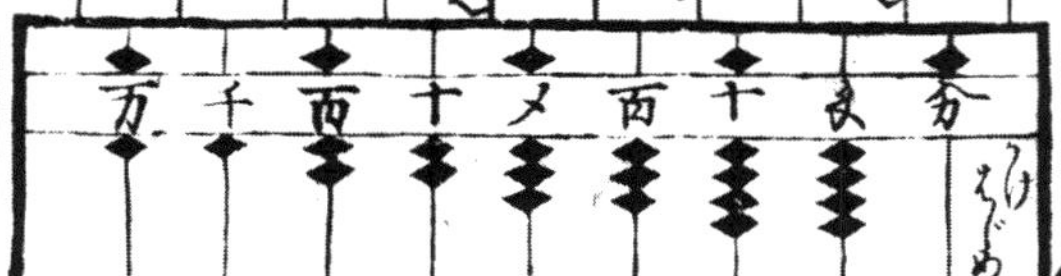

二五十　と云てあとを一ゝ作るなり
二四八　と云て四をとるひ下へ八くるなり
二九十八　と云て九を一ニ作り下へ八くるなり
二三六　と云て三をとるひ下へ六くるなり
二八十六　と云て八を一ニ作り下へ六くるなり
二二四　と云て二をとるひ下へ四くるなり
二七十四　と云て七を一ニ作り下へ四くるなり
二一二　と云て一をとるひ下へ二くるなり
二六十二　と云て六を一ニ作り下へ二くるなり

三之段

あるひと 米拾弐万三千四百文拾六石七斗八升九合を 三河よりかへ 四万九百文拾二石二斗六升三合づゝとかゝる

三二六十二 と云六二を六作り 下へ二くりそゆる

わりさん

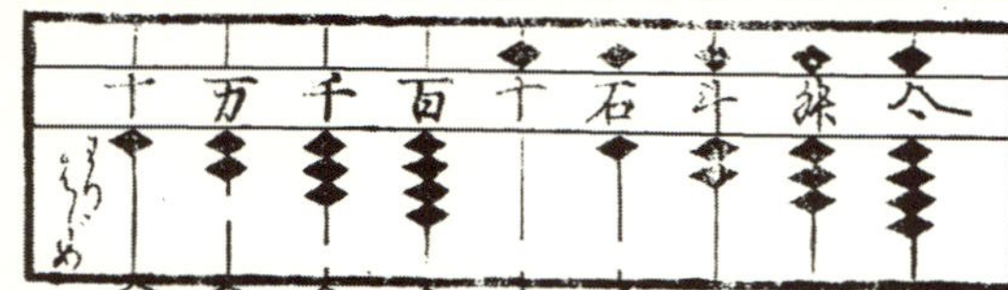

九進三十

九進三十

六進二十〇三一払一

六進二十

六進二十

三進一十〇三一払一

三進一十

三進一十

三一払一

かけさん

三三九

三六十八

二三六

二三六 右同

三五十五

一三三

一三三 右同

三四十二

四之段

あるひと 銭拾二万三千四百文拾六貫七百八十九匁を 四川よりまへ 三万〇八百六拾四貫百九十七匁ずつ

わりさん

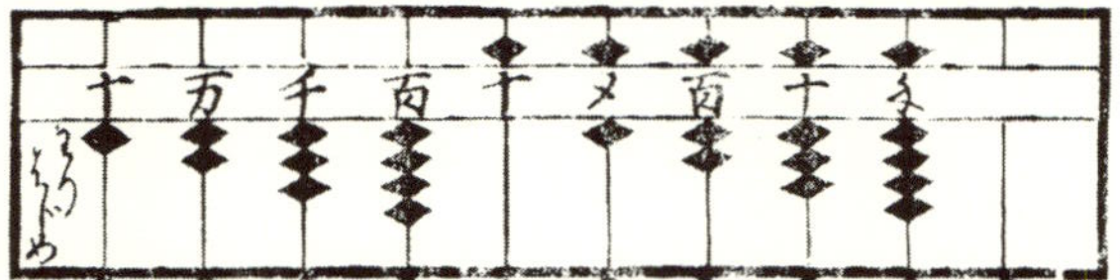

四二天作五

八進二十〇四一二十二

八進二十〇四二天作五

四進一十〇四三七十二

八進二十

四進一十〇四一二十二

四進一十〇四二天作五

四三七十二

四進一十

四一払二

うけさん

四五廾

二四八

四七廾八

四九卅六

一四四

四四十六

四六廾四

四八卅二

三四十二

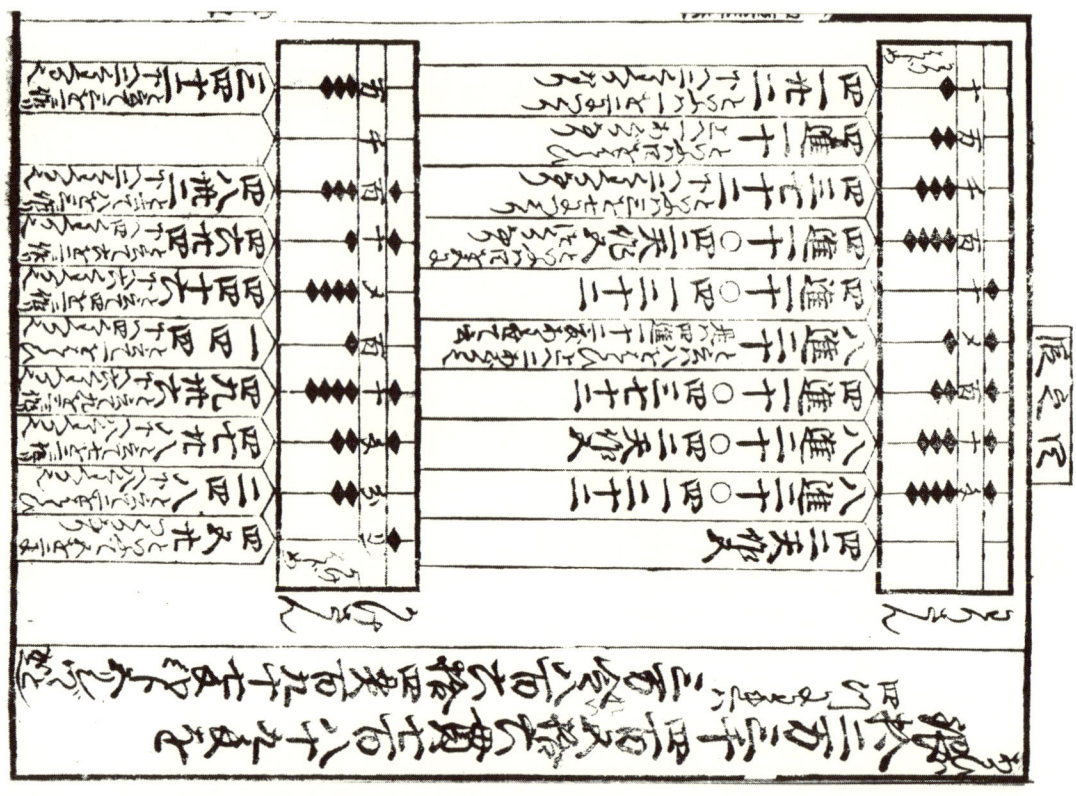

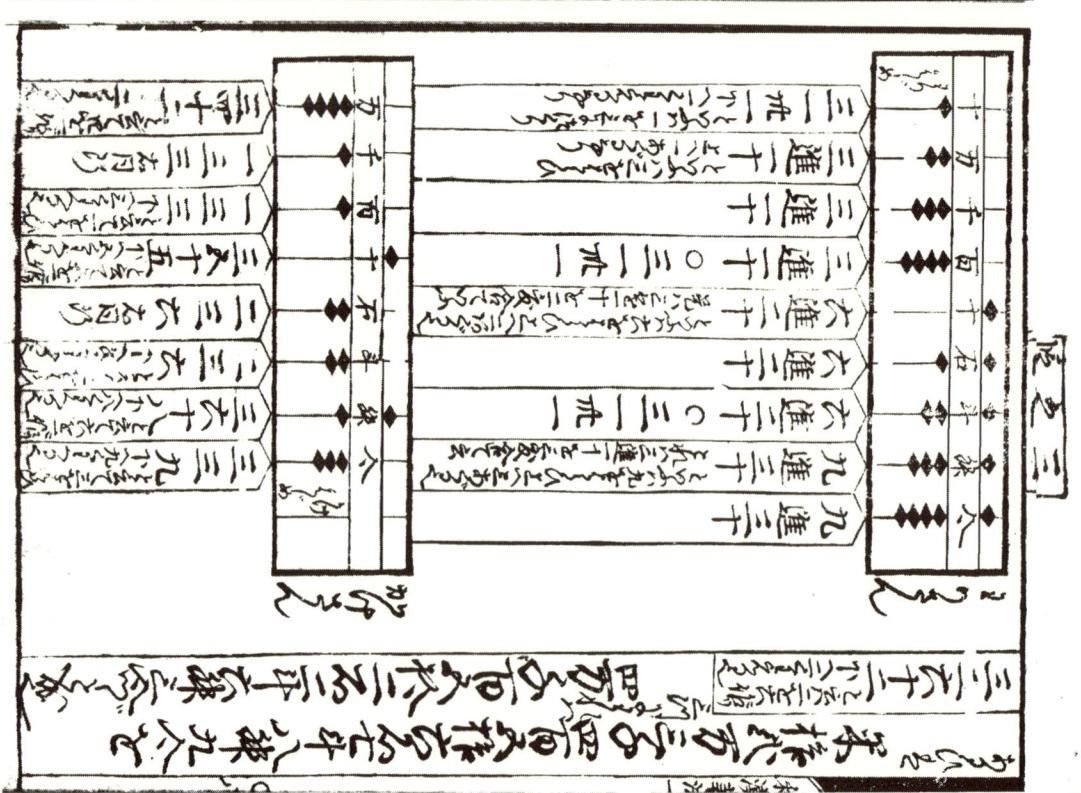

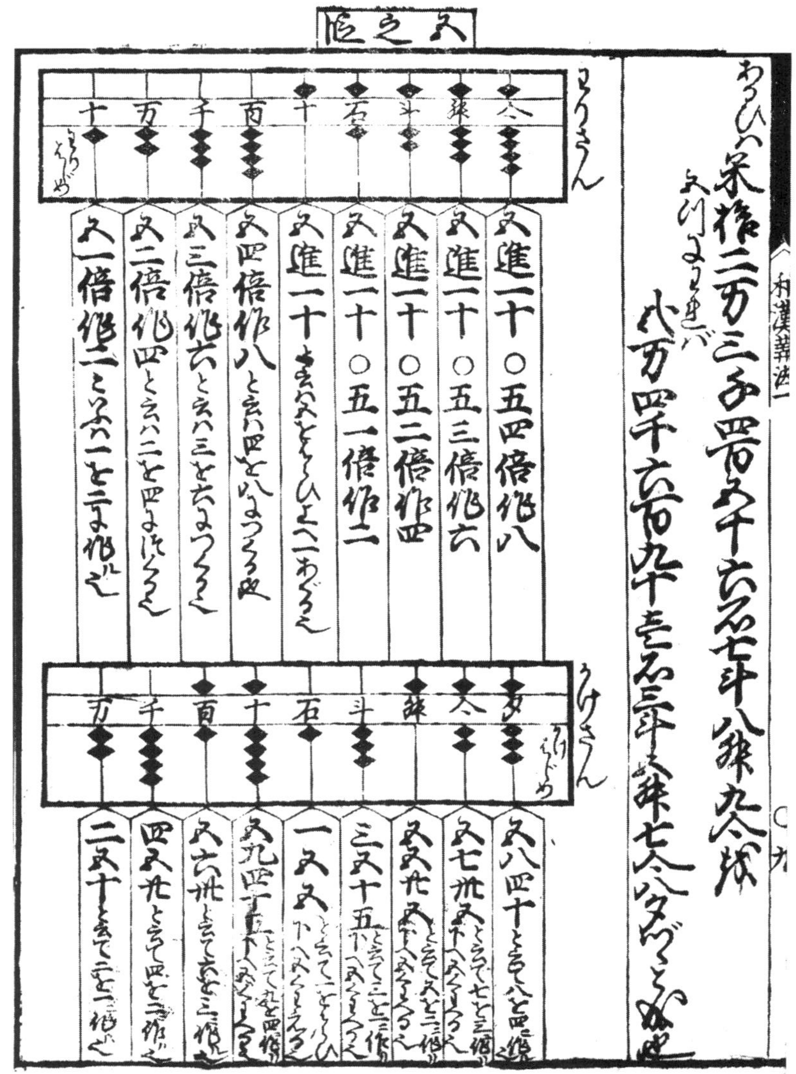

五之位

わりひハ米積十二万三千四百五十六石七斗八升九合を

五ツわりすれバ

弐万四千六百九十壱石三斗五升七合八夕づゝとなる也

五進一十○五四倍作八

五進一十○五三倍作六

五進一十○五二倍作四

五進一十○五一倍作二

五進一十

五四倍作八

五三倍作六

五二倍作四

五一倍作二

五八四十

五七卅五

五六卅

五九四十五

一五五

三五十五

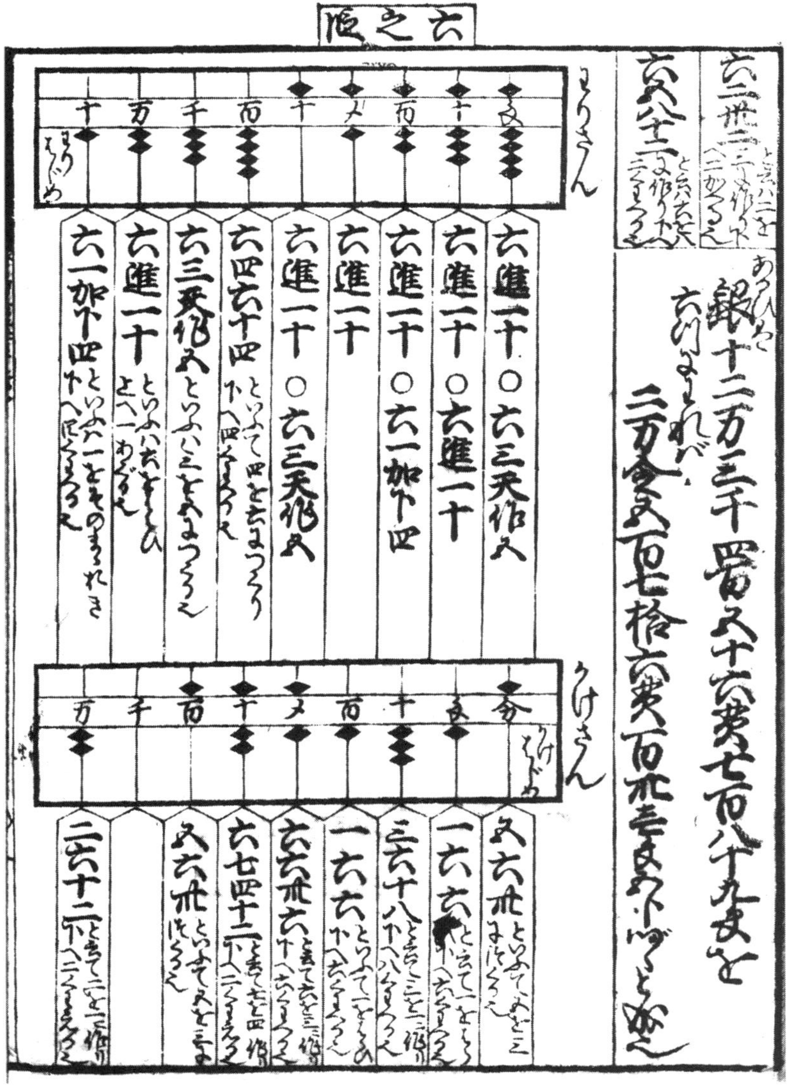

六之位

六二三十二　と云ハ二を三ニ作り下へ二かくる也

六五八十二　と云ハ五を八ニ作り下へ二ツくる也

わりひハ銀十二万三千四百五十六貫七百八十九文を

六ツわりすれバ

二万〇五百七拾六貫百卅壱文五分づゝとなる也

六進一十○六三天作五

六進一十○六進一十

六進一十○六一加下四

六進一十

六進一十○六三天作五

六四六十四

六三天作五

六進一十

六一加下四

六七四十二

二六十二

七之段

あるひハ米十二万三千四百八十六石七斗九升四合三勺を
七ツにわれバ
壱万七千六百三十七石六斗八升四合九勺づゝとなる

そろばん

七進一十
七六八十四
七進一十〇七三四十二
七進一十〇七八七十一
七進一十〇七四八十八
七進一十〇七四八十八
七進一十 七二加下六
七四八十八
七八七十一
七一加下三

うけさん

七九六十三
四七廾八
七八八十六
六七四十二
六七四十二 ろ月切
三七廾一
六七四十二
七七四十九
一七七

八之段

あるひハ銀十二万三千四百八十六貫七百八十九匁六分を
八ツにわれバ
壱万五千四百卅五貫八百四十八匁七分づゝとなる

そろばん

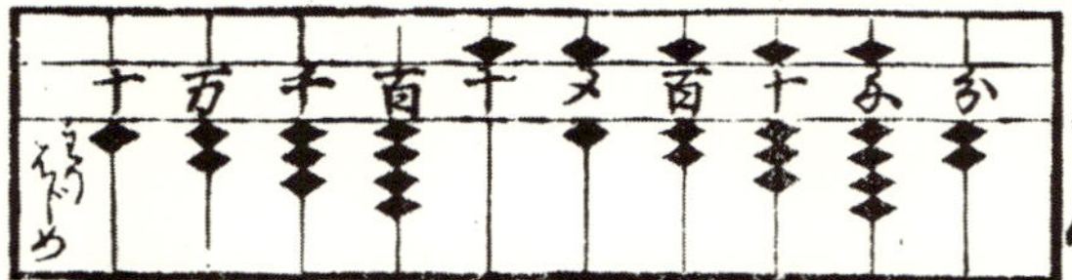

八四天作五
八進一十〇八五六十二
八進一十〇八六七十四
八七八十六
八進一十
八進一十〇八一加下二
八進一十
八三加下六
八四天作五
八一加下二

うけさん

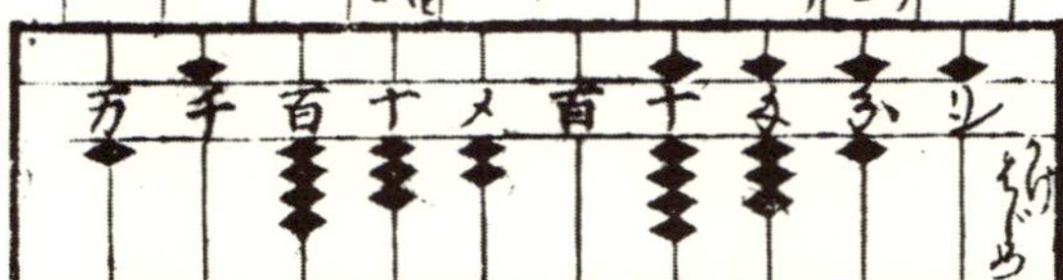

五八四十
八五六十四
八九七十二
二八十六
三八廾四
四八卅二
五八四十
一八八

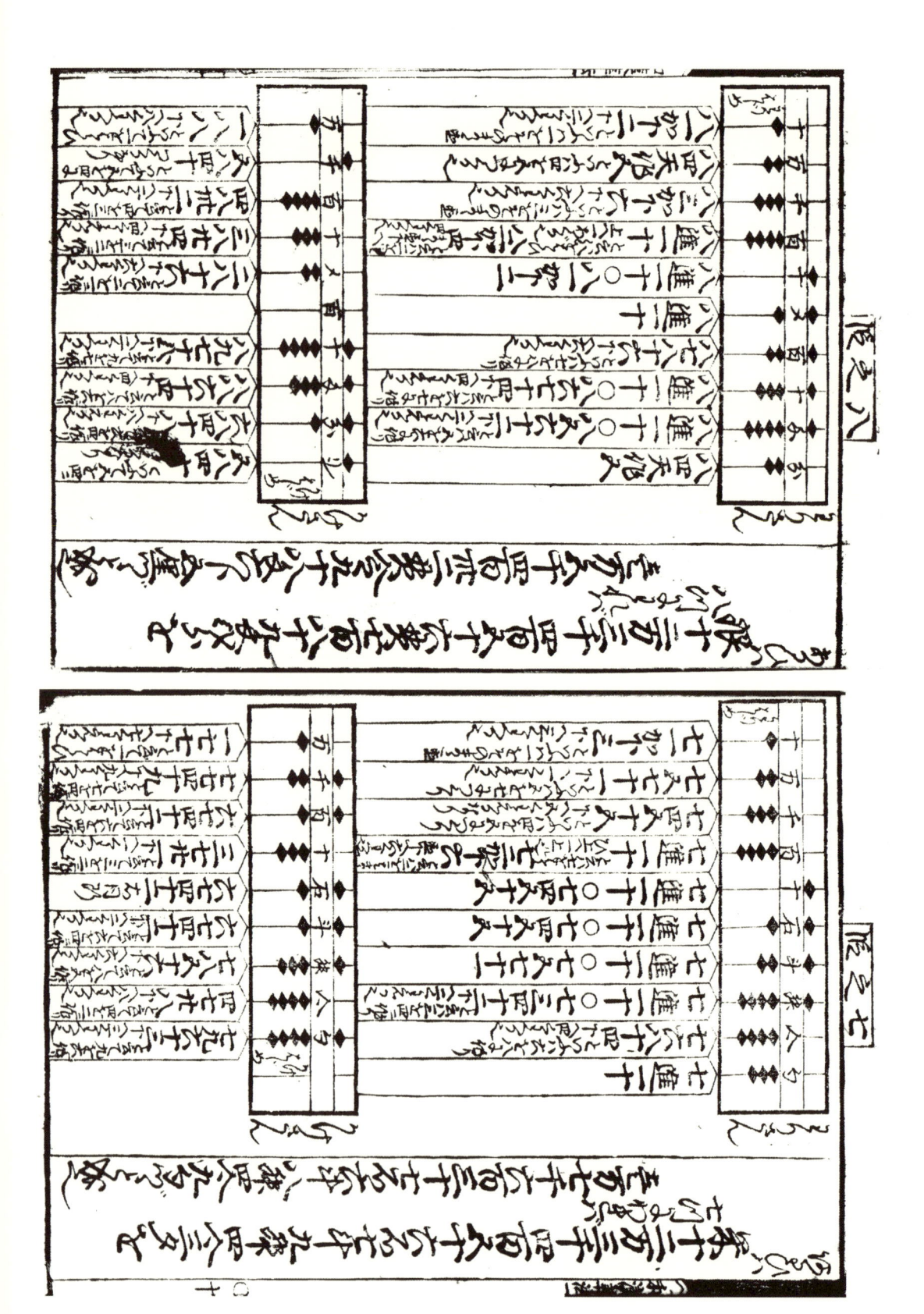

九之段

あるひと米十二万三千四百五十六石七斗八升九合を 九ツにわれば 壱万三千七百十七石四斗二升壱合づゝとなる也

わりさん

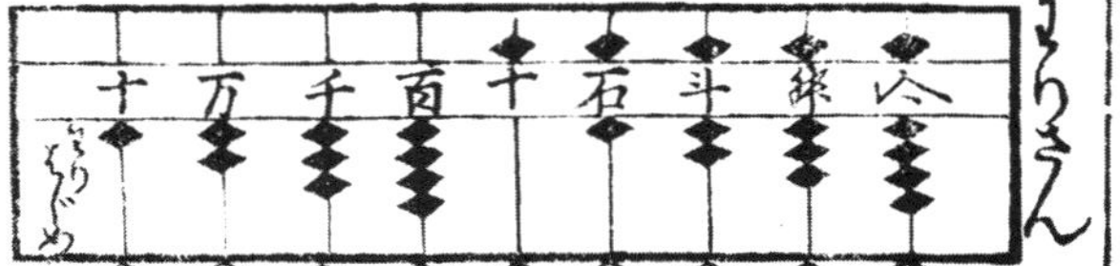

九進一十

九進一十

九進一十○九一かゝ下一

九進一十○九三かゝ下三

九六かゝ下六

九進一十と云ハ九をはらひ上へ一わたる 九一かゝ下一

九六かゝ下六といふハ六をそのまゝ置 下へ六くはふるなり

九三かゝ下三といふハ三をそのまゝ置 下へ三くはふる也

九一かゝ下一といふハ一をそのまゝ置 下へ一くはふるなり

ひけさん

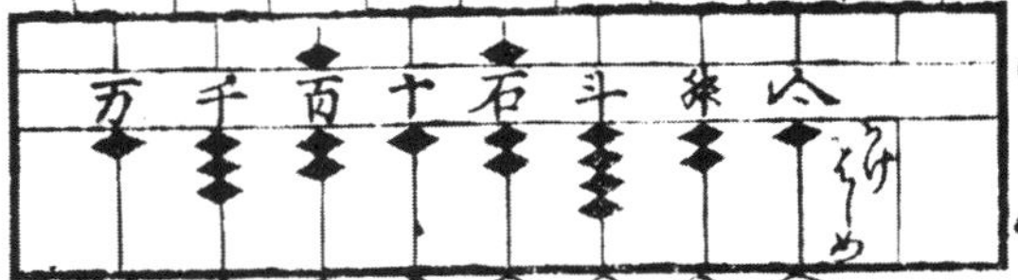

一九九といふて一をはらひ 下へ九くはふる也

二九十八と云て二を三に作り 下へ八くはふる也

四九卅六と云て四を三に作り 下へ六くはふる也

七九六十三と云て七を六に作り 下へ三くはふる也

一九九と云て一をはらひ 下へ九くはふる也

七九六十三と云て七を六に作り 下へ三くはふる也

三九廿七と云て三を二に作り 下へ七くはふる也

一九九と云て一をはらひ 下へ九くはふる也

見一図

見一のわり

あるひと銀百目を 十六人にわれば 六匁弐分五りんづゝ也

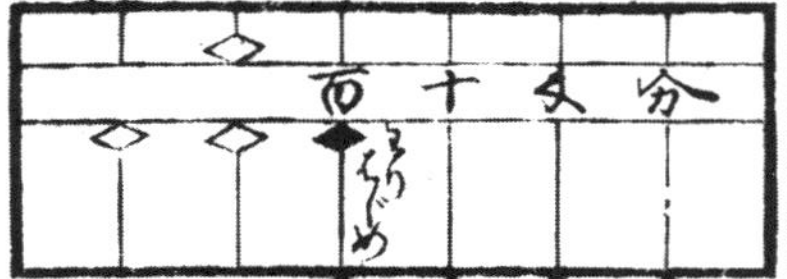

㊂ 五進五十 と云て五をはらひ上へ五わたる [illegible]

㊁ 二進二十 といふて二をはらひ上へ二わたる [illegible]

㊀ 六六三十六引 といふて実の六と法の六と見合 [illegible]

㊀ 見一無頭作九一と云て一を九に作り下へ一くはふる [illegible]

法

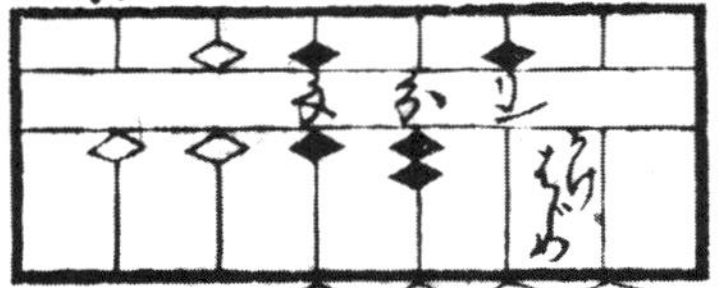

㊀ 上の桁の五と法の六と見合 五六三十といふて [illegible]

㊀ 一五五といふて五をはらひ下へ五くはふる [illegible] ㊁ 上の桁の二と法の六と [illegible]

㊁ 一二二と云て二をはらひ下へ二くはふる [illegible] ㊂ 上の桁の六と法の六と [illegible]

㊂ 一六六といふて六をはらひ下へ六くはふる也

ひけさん

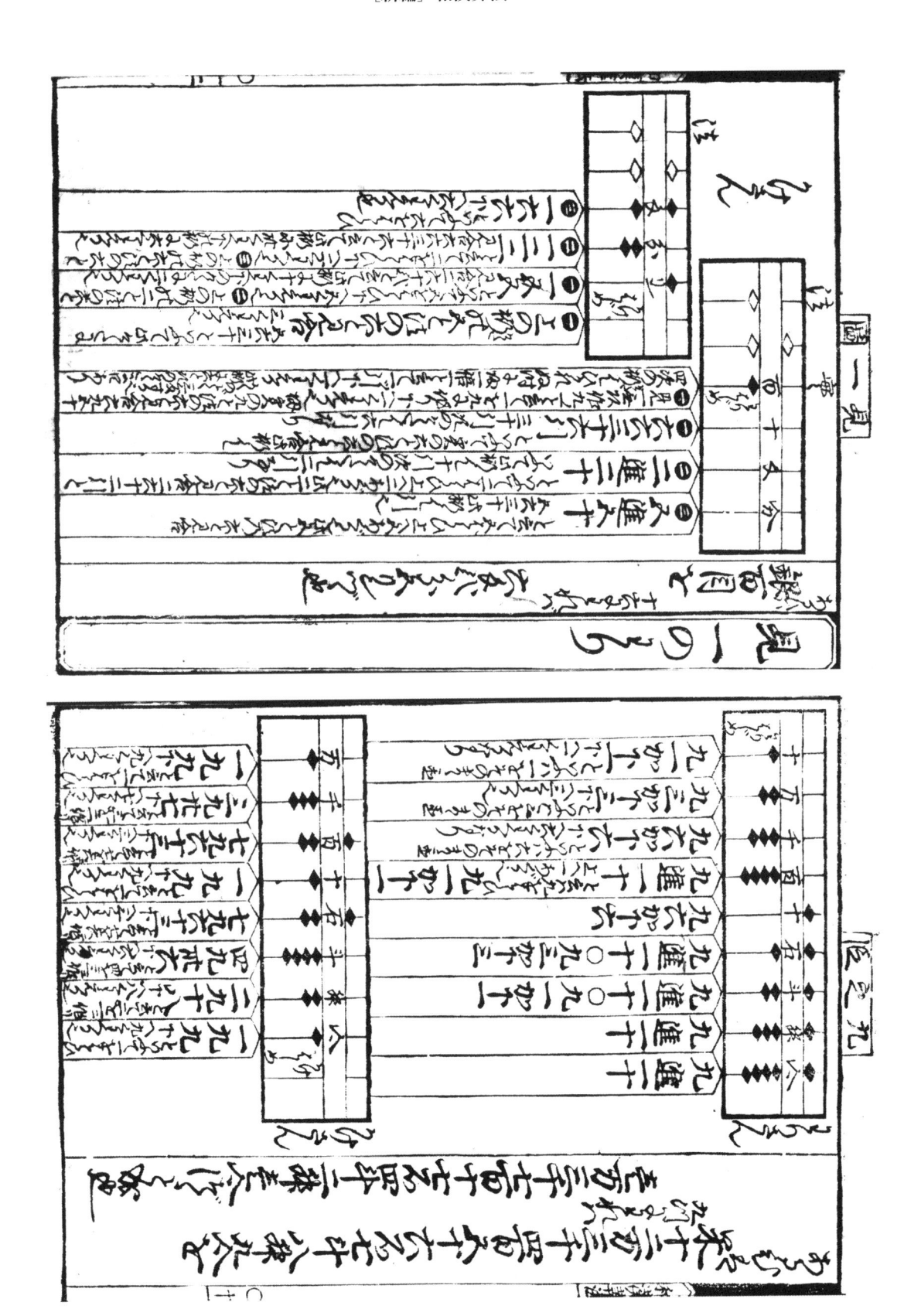

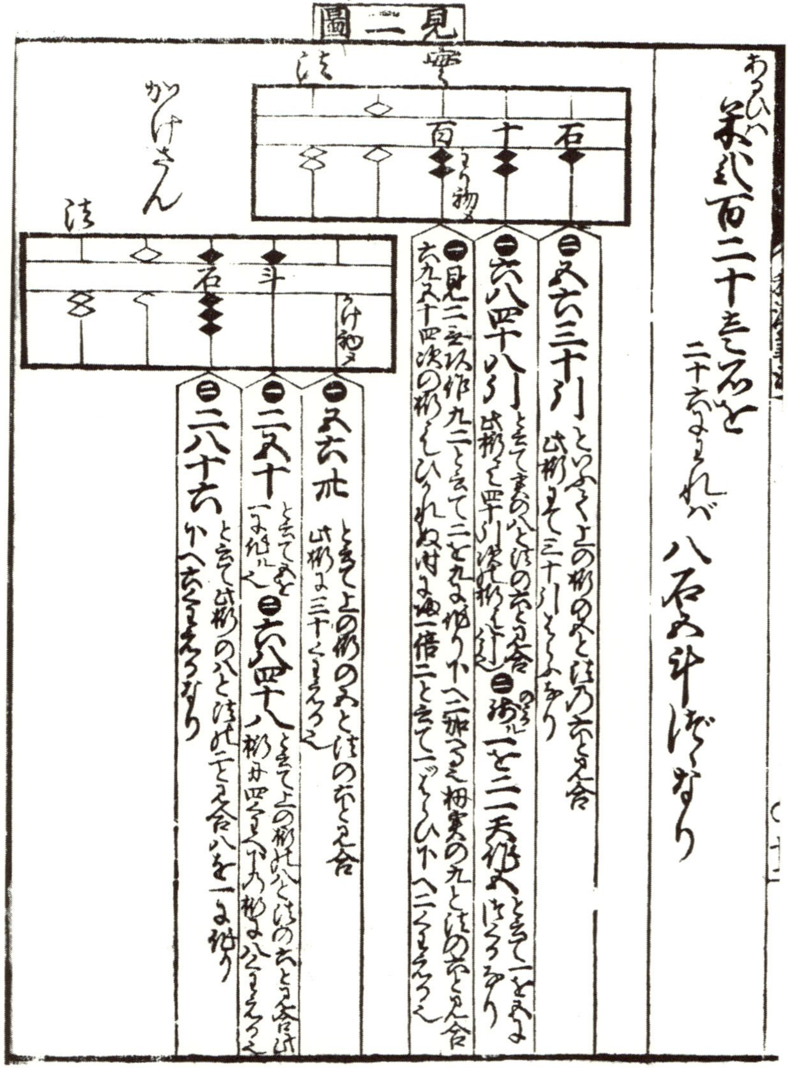
見二圖
八石八斗づゝなり

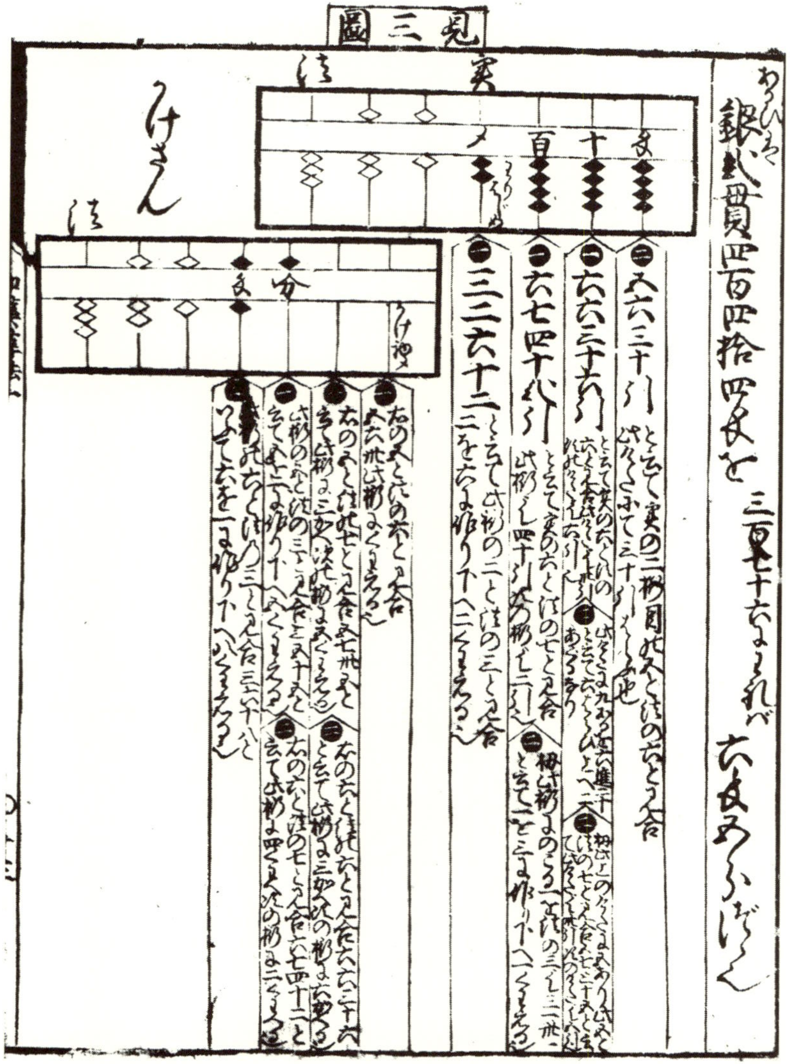
見三圖
銀弐貫四百四拾四匁を
三百七十六人にわれば
六匁五分づゝ

見四圖

あつひハ 米四千四百令を石を 四十五にわれバ 九斗七升八合

かけさん

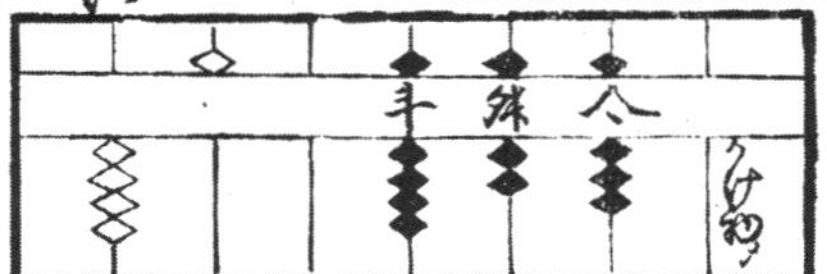

四進一十

五七三十五引

五九四十五引

見四無頭作九四下

見五圖

あつひハ 銀三貫八百七拾目を 五百十六にわれバ 七匁五分

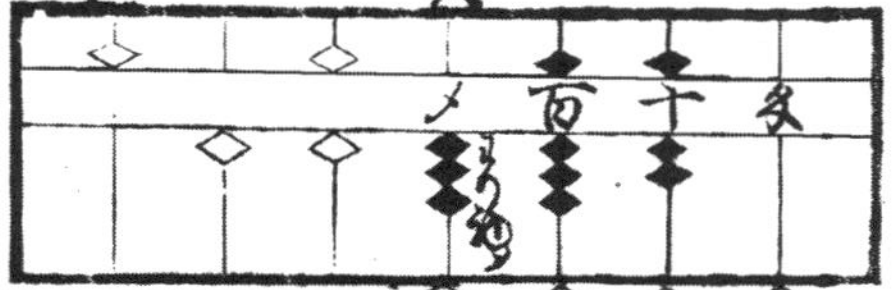

かけさん

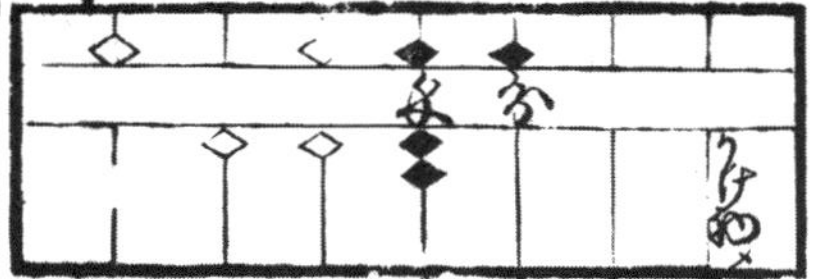

一五五引

五六三十引

一七七引

五進一十

五三倍作六

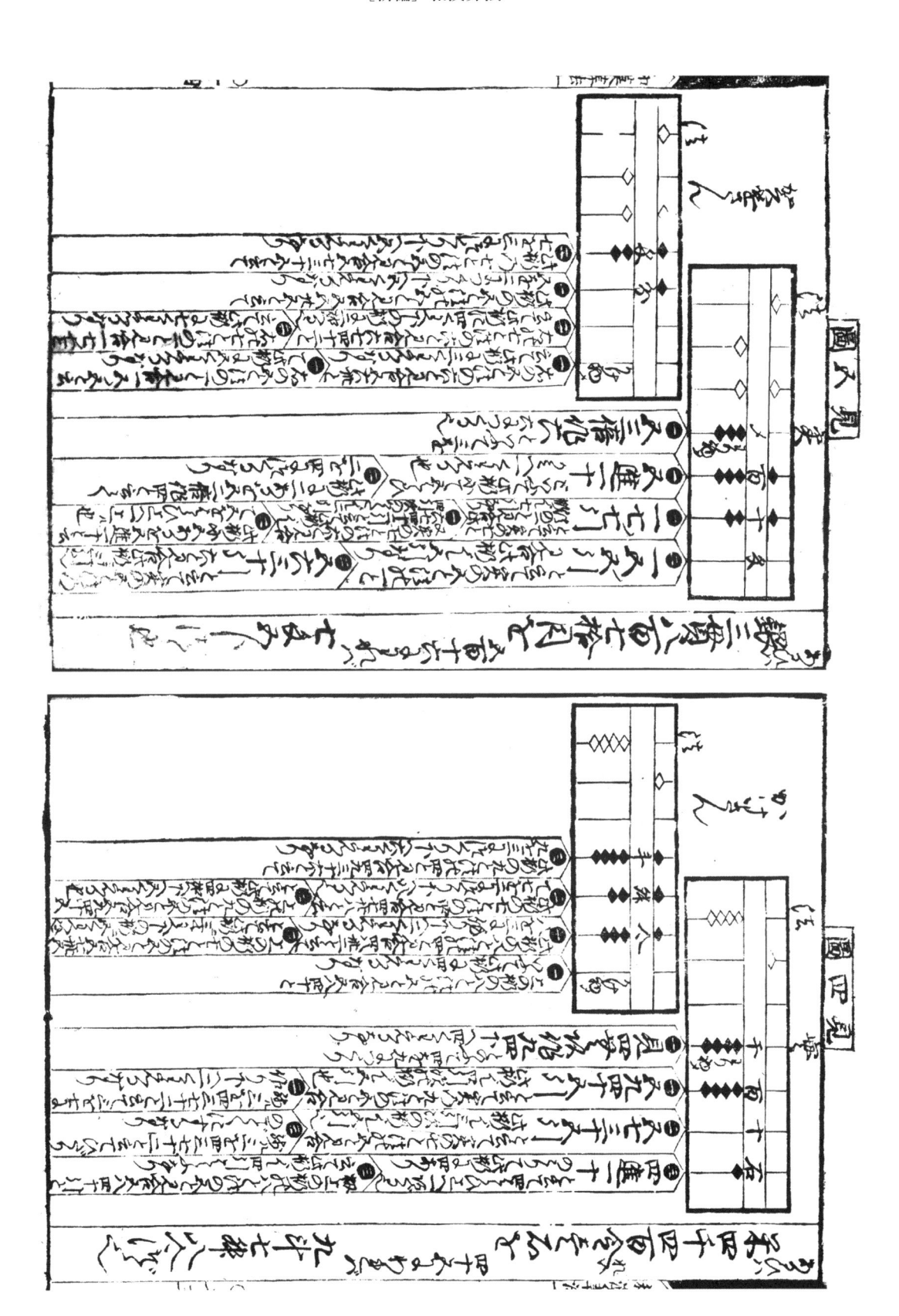

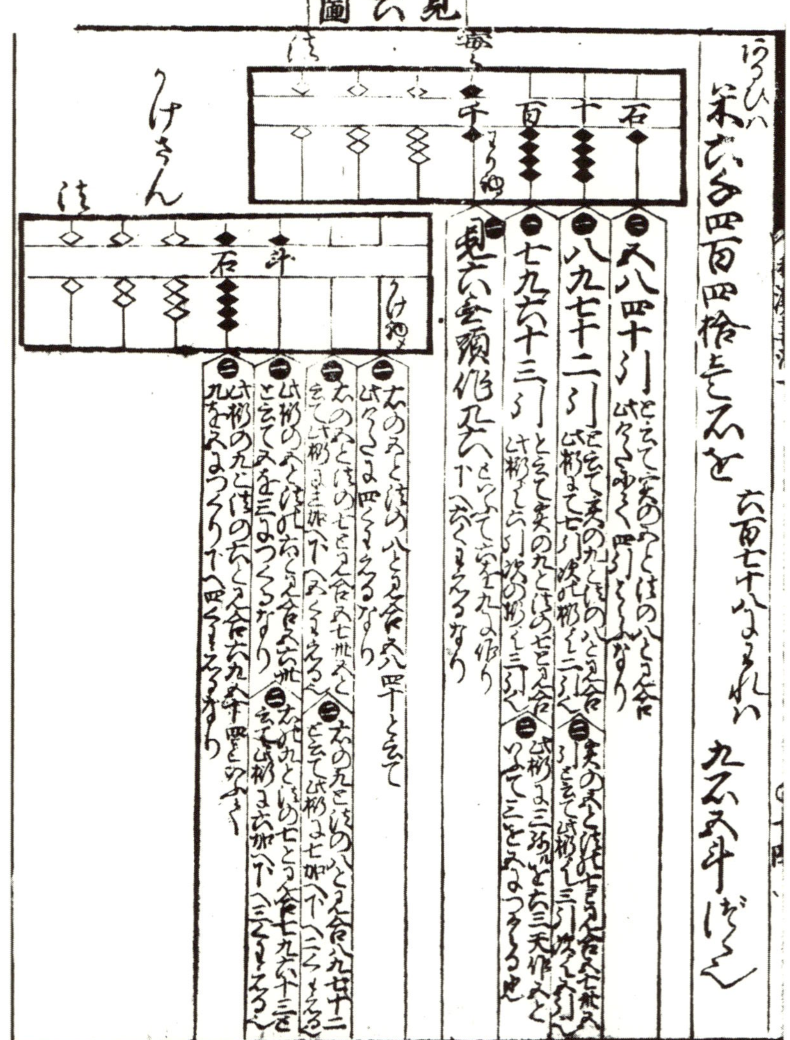
見六圖
石
十
百
千
法
石
斗
うけさん

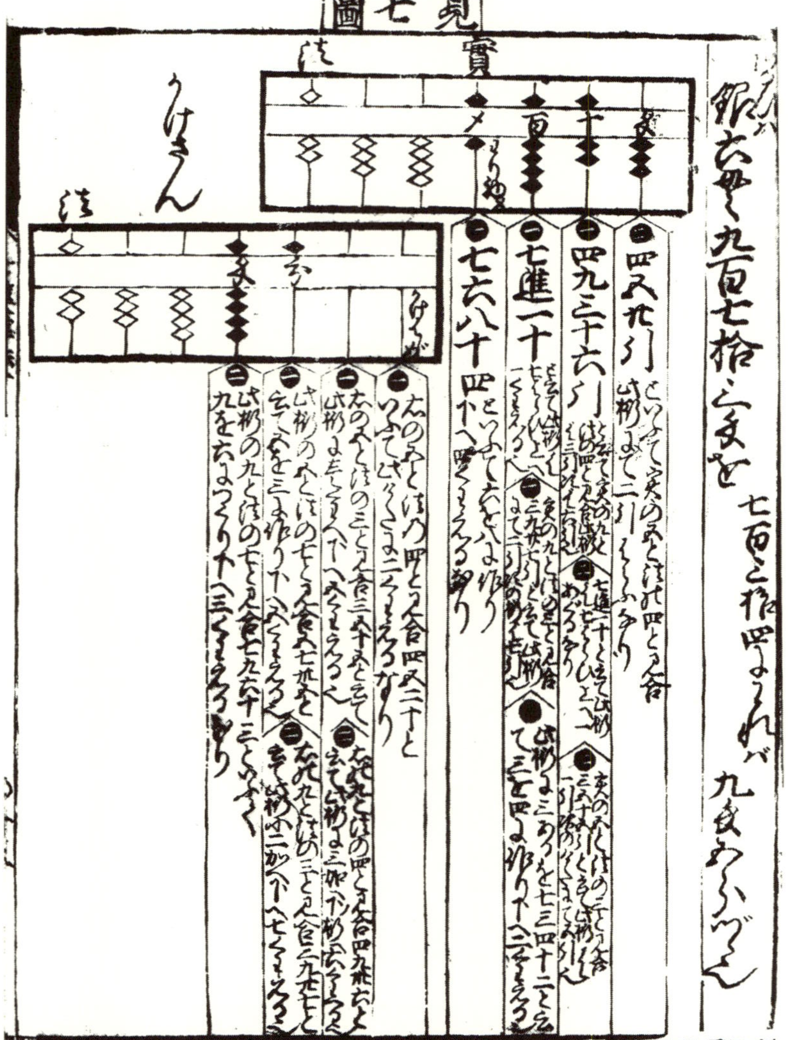
見七圖
實
百
十
法
うけさん

見八圖

あるひハ米八百拾石令九斗八升を　八千六百にわれハ　九升四合三勺かう也

かけさん

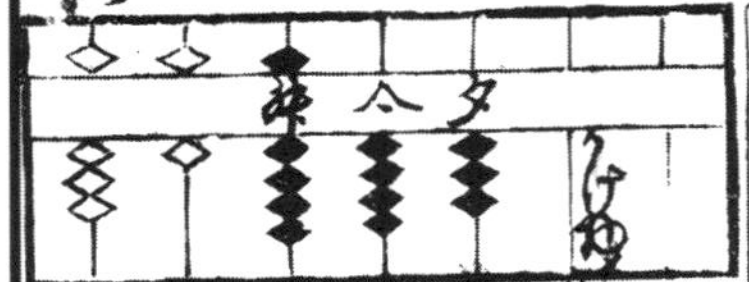

一　八進一十

二　八進一十

一　六九五十四

一　見八無頭作九八

見九圖

銀六貫九百九拾目を　九百三十人にわれバ　七匁あまりづゝ也

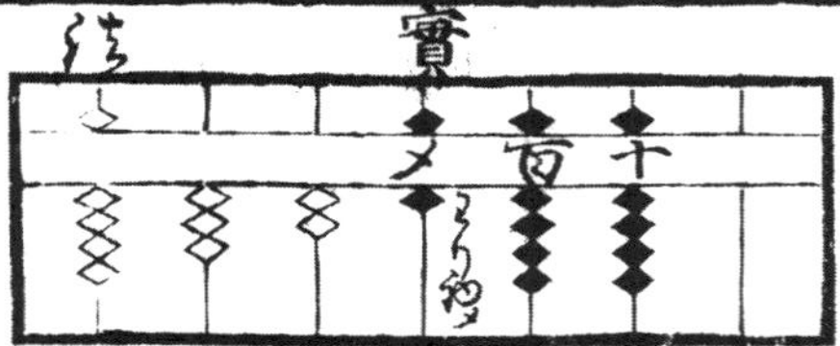

かけさん

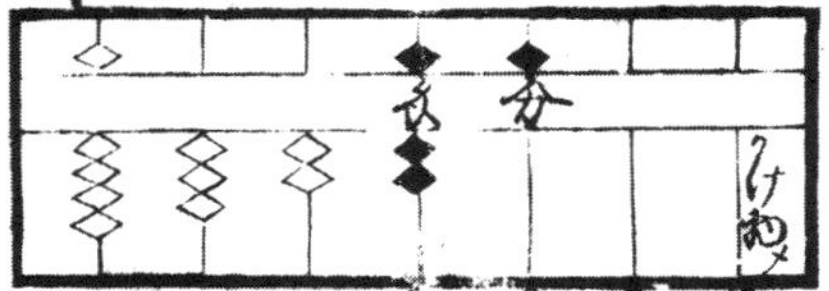

一　二七十四

一　九進一十

一　九六加下六

一　九進一十

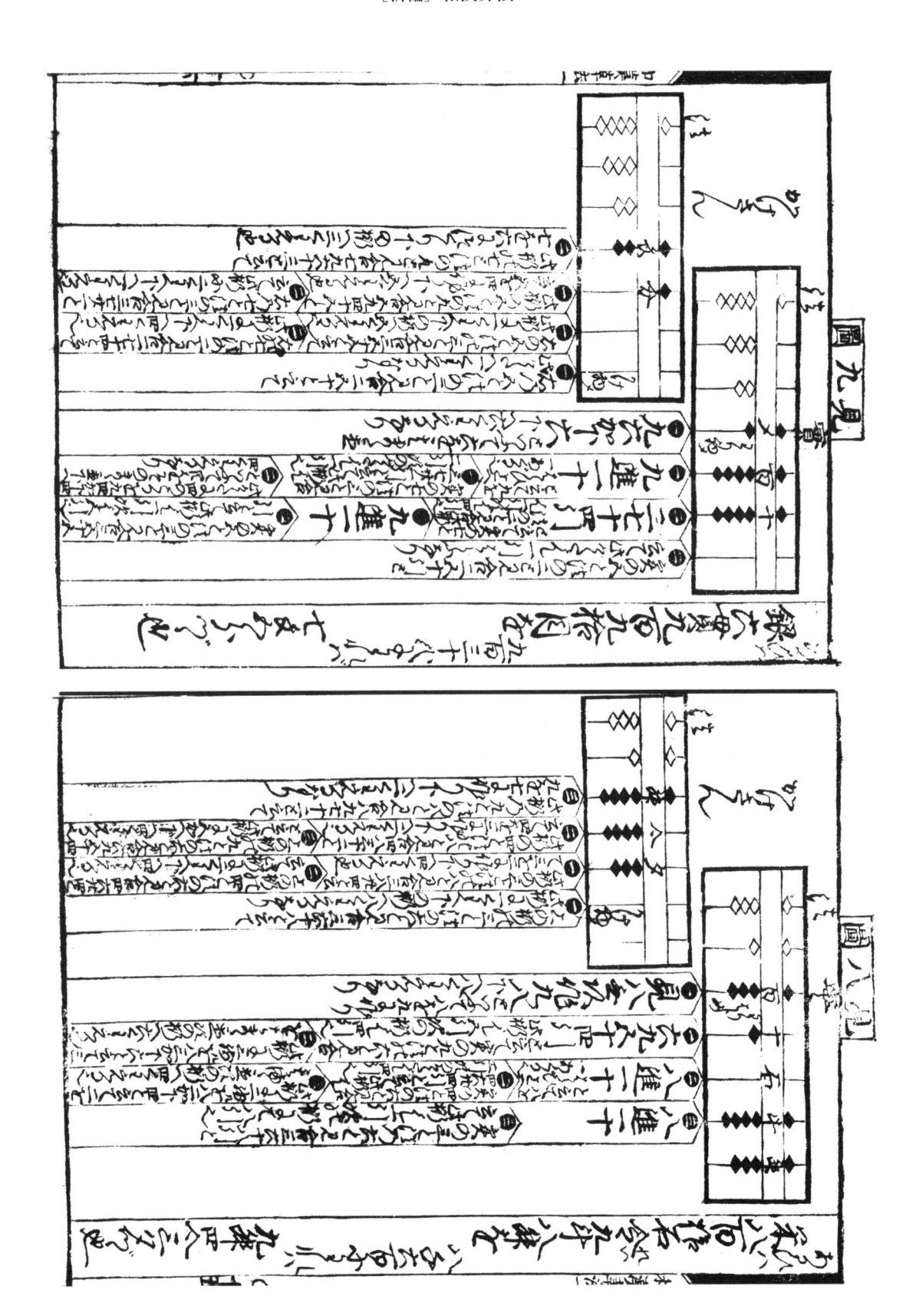

開平法

積百四十四歩あり是を四方にして一方面何程となるぞと問

○答曰十二間

術に曰此積を実として平方に開之商に十二間四方と知

初之圖

実

此一の位より一十と此ふて一けたつゝへてよへ上ル これハ十ろ百ろの置くところへ先ゝ位をさんなく

実よて十と紛ゆへ十ろ四方とみて一の百歩此紛く引く

扨実へ十ろと商をきちあり

扨りて歩数四十四歩有り

二の圖よあるべし

二之圖

商　実

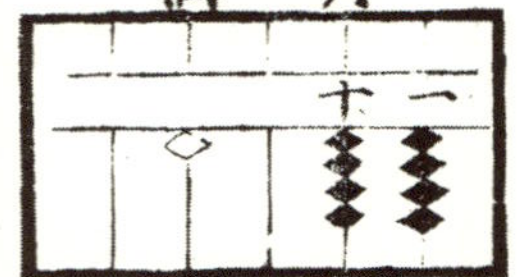

此十ろハ法ますを左よ此十ろを一倍して二十ろとかりふ法を置く

三の圖よあるべし

三之圖

法　商　実

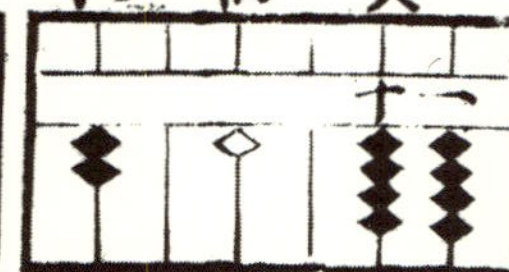

此四十を左の法二十ろわれば商十ろ此法よ今又二ろ立つく

四の圖よあるべし

四之圖

法　商　実

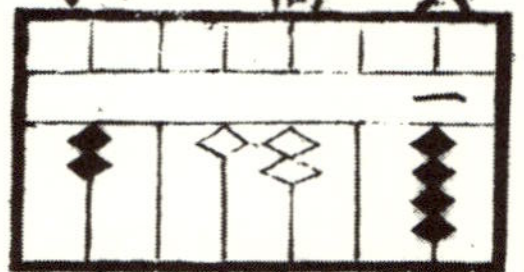

実え四歩引きふせ

此二ろを九九よつぶ二の四歩と云て一ろをいへ下の紛して引きふせ

又此圖乃ごとし

此法ハ後よ用

入之圖

商

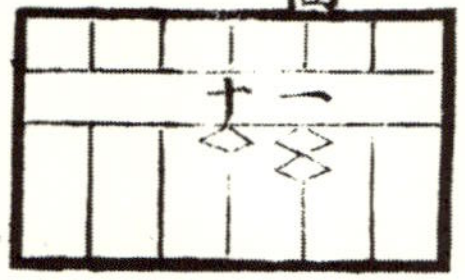

此故商に十二ろ四方と知之

解法圖

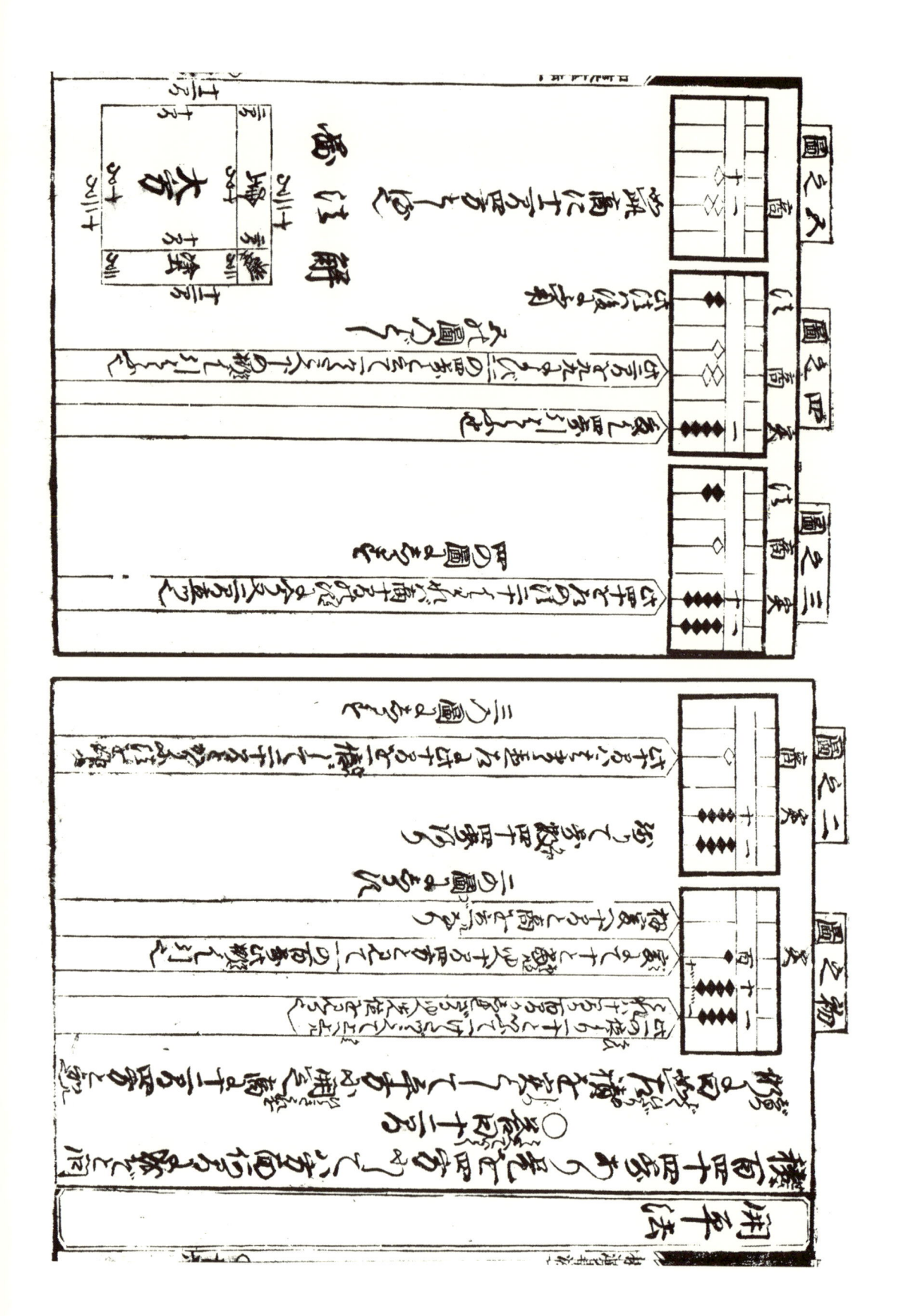

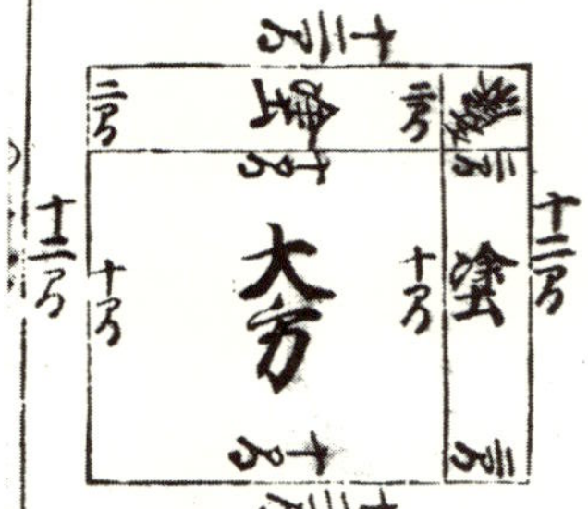

積十八万六千六百八十四歩あり是を四方にして一方何ほどなるやと問

○答曰四百三十二間

初之圖　実

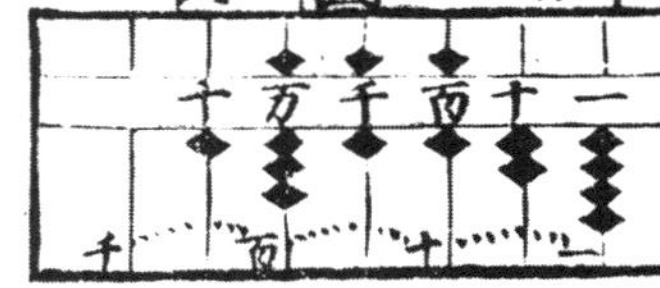

術曰積十八万六千六百八十四歩を実に置て右のごとく一つづゝ一十百千と位を定る時千の位は百の位に放先ヅ四百間四方とみて以二十八万歩はゆく四百間四方と見て四十六万歩の実を引此に商四百間と立る之術実二万六千六百八十四歩は則二の圖にあらん

二之圖　実　商

扨商の四百間を一倍して八百間と為是を法として術実を三一折られバ商四百間の次に今又三十間立ツ以三十間を九九よ以三三ノ九百歩実を引術実に千七百二十四歩と商四百三十間とになる三の圖にあらん

三之圖　実　商　法

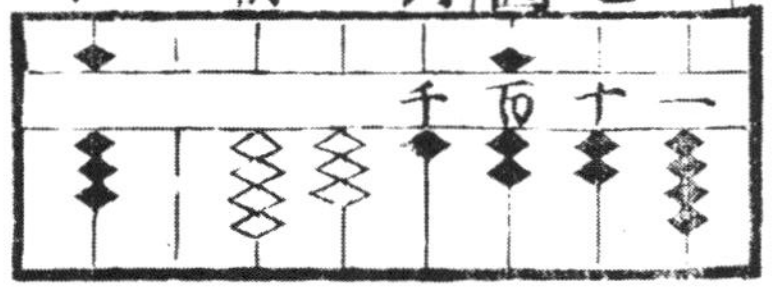

扨商四百三十間を如以三十間を一倍にして左の法に加へ法八百六十間と為是にて以九実を三一折られバ商四百三十間に以九を今又二間立ツ四の圖に記ス

四ノ圖　実　商　法

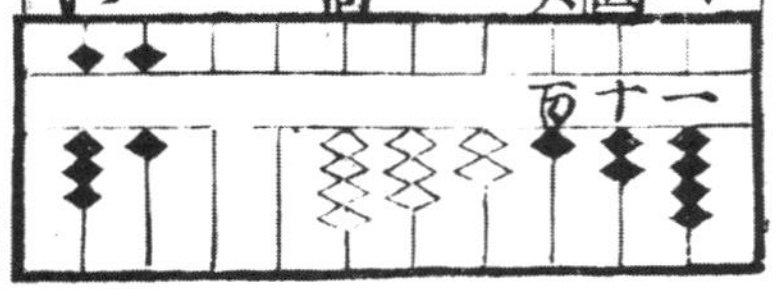

扨商四百三十二間と如以二間と法の六十間と合二百六十二歩を実を引又商の二間を九九よ以二ノ四歩実を引とき右五之圖のごとく

五之圖　商　法

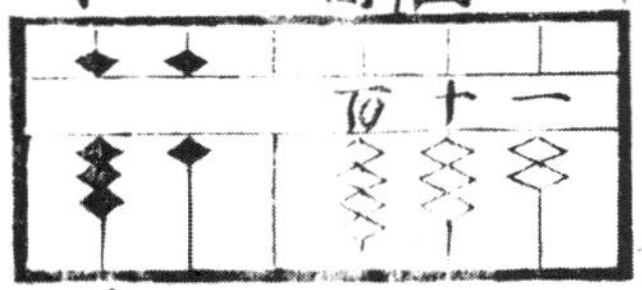

かくのごとく商よ四百三十二間四方となるなり

法は後に不用

解法圖

帯縦用平法

積二百八十五歩あり是を縦より横を四尺短くしてたてよこいかほどぞと問

○答曰 縦十九尺 横十五尺

初ノ図 実

術に曰 積を実に置 先位を見るに十の位に十尺と立る 一を以て一百歩を実より引 上商十尺を立る 又たてよこの四尺を法にし 上商する尺と かけ合 四十歩を実より引 [illegible]八百四十五歩有二百記

二之図 商 実

初商十尺を二倍にして廿尺とし法に加へ 法廿四尺となる さて残る実を一桁下げれば 商十尺の次に今又五尺立る 五尺を九[illegible]くに[illegible]二十五歩 実より引 [illegible] 三の図のごとし

商三図 法

如此商横十五尺を以ても是は四尺を加へ縦十九尺と知る也

法八の九宝[illegible]

解 法 図

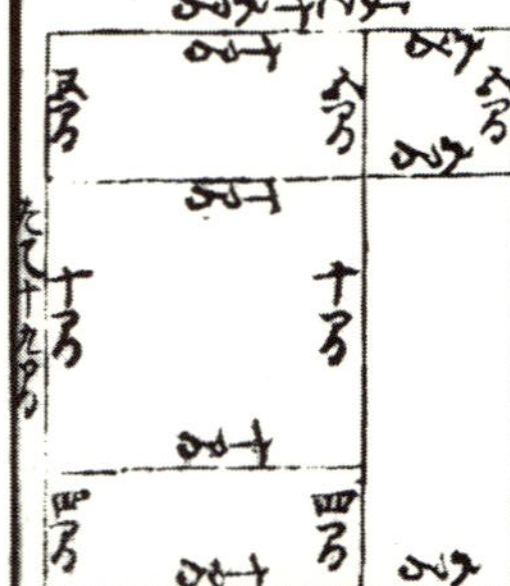

△縦より知る 術に曰 積を実に置き 先位を見て十の位なれば十尺と立て 一ノ百歩実を引 上に商十尺と立 又たてよこの差四尺を法として上商するとかけ合 四の四十歩を実より引 残る実二百二十五歩なり 是を上商十尺を二倍して二十尺となす 是をもつて又一尺(?)さげれば 商十尺の次に今又九尺立 別に九尺を法の内差四尺を引 これを九尺にかけ二九(?)八十一 是を実より引けば 縦十九尺と 是内縦より四尺を引 横十五尺あるとしるなり

△亦別術に曰 縦と横との差四尺を半分すれば二尺となる 是をかけ合二ノ四歩となる 是を実より二百八十九歩となる 平方に開き十七尺となる これは二尺差四尺を二つとなる 又十七尺の内二尺を引ば横十五尺と知る 尺を加へ縦十九尺となり

お意用平法

積八百八拾八歩あり是を縦七尺四寸横四尺八寸の割合にて縦横いかほどぞと問

実

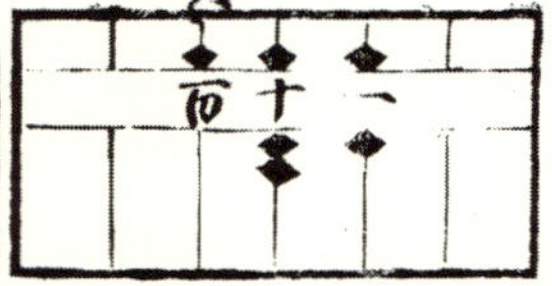

○答曰 縦三尺七寸 横二尺四寸

術に曰 横八百八十八歩に横四尺八寸をかけ縦七尺四寸にてわれば八百七十六歩となる 是を実として平方に開之 商に横二尺四寸と立る也

△縦より知るは 横八百八十八歩に縦七尺四寸をかけ 横四尺八寸にてわれば 縦三尺七寸と知る也

△平方のひらき様前に記之

△縦より知る 術に曰 積八百八十八歩と置 縦七尺四寸をかけ 横四尺八寸にてわれば 千三百六十九歩となる 是を実として平方にこれをひらき 商縦三尺七寸と知る

○横を知るには 積八百八十八歩と置 縦三尺七寸にてわれば 横二尺四寸と知る也

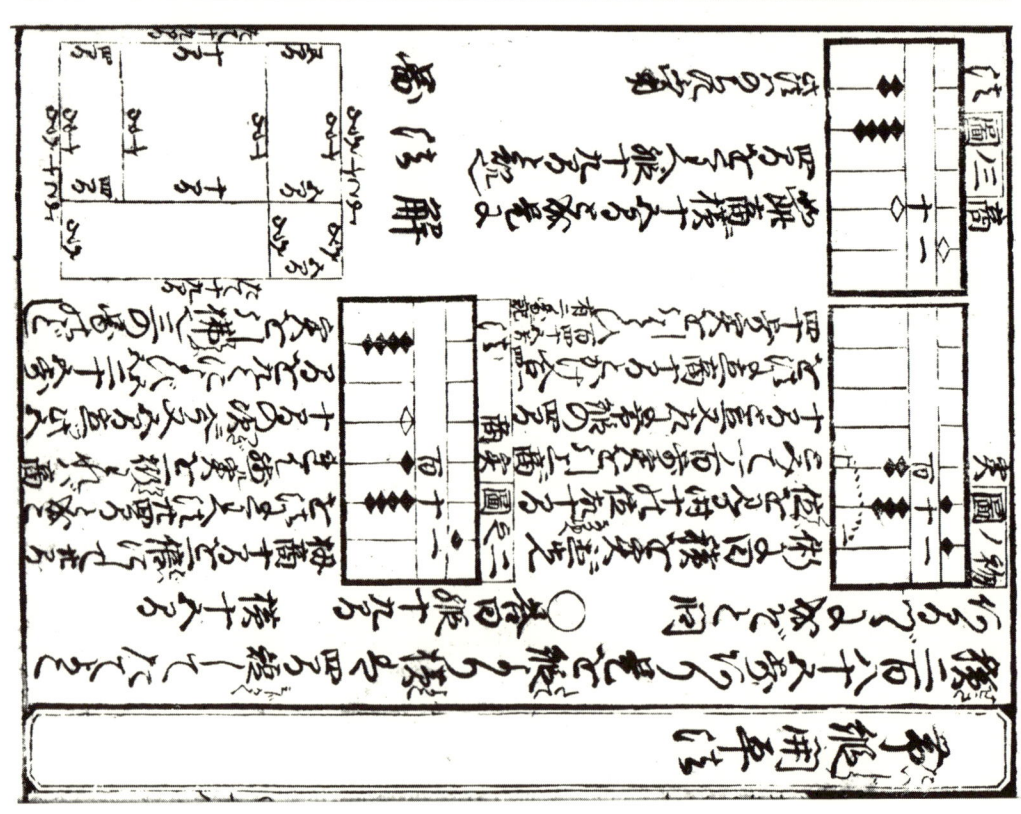

開立法

積二千百九十七坪あり是を四方六面にして方面何程と問

○答曰方面十三間

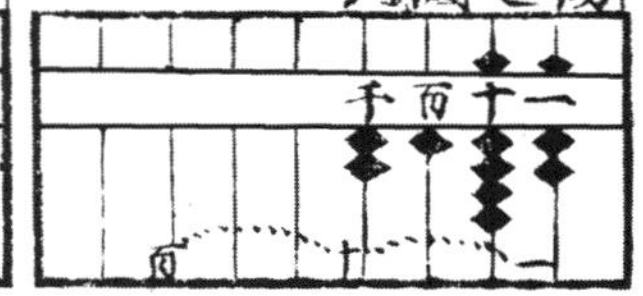

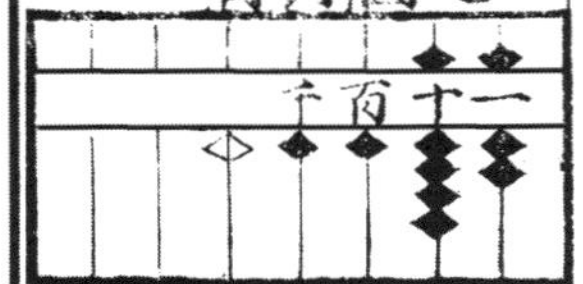

術曰積二千百九十七坪を実として先一十百と（図のごとく三つ宛に点をかけて上へ上る）位をとる時百の位ハ千の位に移り十の位となして別に十間と左右に並べ置かけ合一ノ百をかけ実に又置さる十間をかけれバ千坪を実の内より引けバ実に千百九十七坪有二の図に記す

○右のごとく十と云位ハ知れども十間か二十間か三十間かと云事知れがたし [illegible]

初商十間をかけ合一ノ一百をかけ見に三方をかけれバ三百を見とたて術に実を上へ一段退けれバ商十方乃積に合

又三間を立ッ術に積二百九十七坪あり三の図に記す

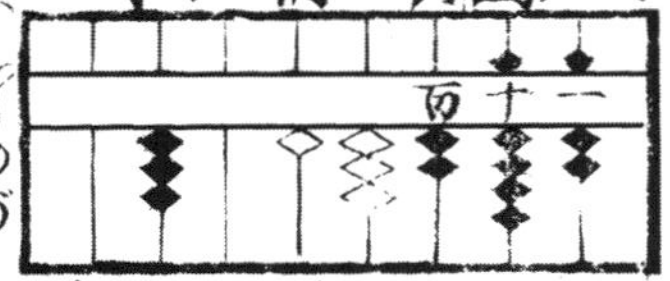

商に又立ッ三間をかけ合三ノ九を見を左よ並又商十間と並見に三方をかけれバ九十間をこれへ又立ッ三方をかけれバ九十間をこれに九の九を三間をかけれバ二百九十七坪を実に引けバ実尽る故に商十三間をかけ合四の図のごとし

如此商に十三間四方六面と知る之

此法ハ方に用

解法図

此図を崩して下に記す

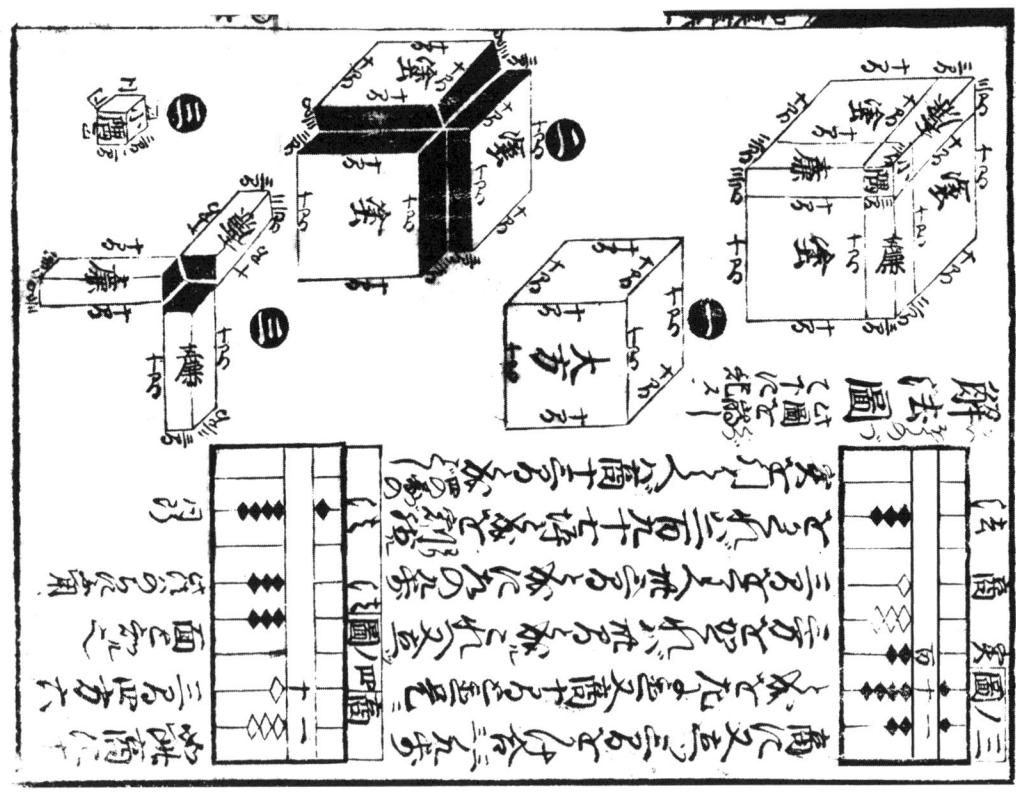

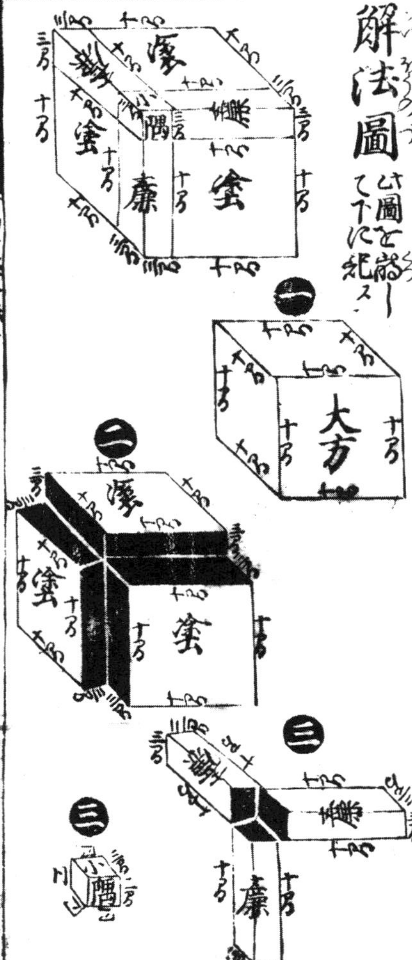

積ニ億四千七百十九万七千九百六拾二坪有是を四方になしてハ
方面何程ぞと問　○答曰方面八百八十八間

術曰積二億四千七百十九万七千九百六拾二坪を實とおきて
先一十百千と位を見るに四千の位ハ少し下りて位をわけ五百
るとて別に八百をたてゝ左に置かけ合せ八万あまりを
なるサ八百をのぞき八十四万坪をのぞき
上に商八百とたつる也 術ル積二千二百十九万七千九百八十
二坪有二の圖に記ス ○右のごとく初メ八百をたつる位ハ四百余る故八百
るところを知るべし [illegible]
万あまり [illegible]
[illegible]
と商とたつるなり

初商八百をかけ合八十八二十八万あまりをのぞき是に二方をかけ
バ七十八万あまりをのぞき是を法として術ル積を上一桁へ下げれバ商八
百の次に今又二十を立ツ 術ル積七百十九万七千九百八十
弐坪有三ノ圖に記ス

実圖之初

商実圖之二

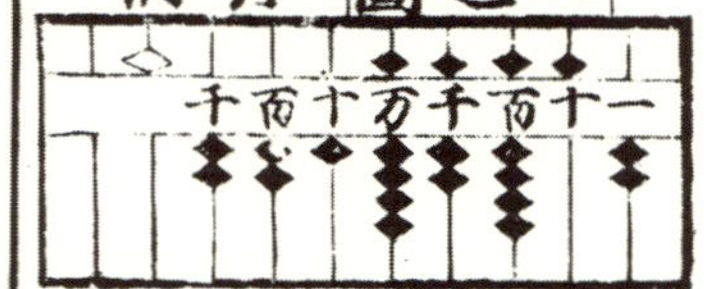

商実圖之三

商に又五ッ廿を立てかけ合
二十四百あまりをのぞき又商八
百を二ツにかければ千八
百あまりをのぞけば又五ッ廿を立
てかけ合八百廿あまりをのぞき
四百あまりをのぞけば八十四万余
實をへる 術ル積六百四十八万九千九百四十二坪有四の圖に記ス

商実圖之四

初又商に八十八を立てかけ
合二十七万余四百余をのぞき又是に三
方をかければ八十八万三百余をのぞき
法として術ル積を上一桁へ
これバ商八百八拾八の次に
今又八を立ツ 術ル積十万
今今三百八十二坪有五の圖に記

商実圖之八

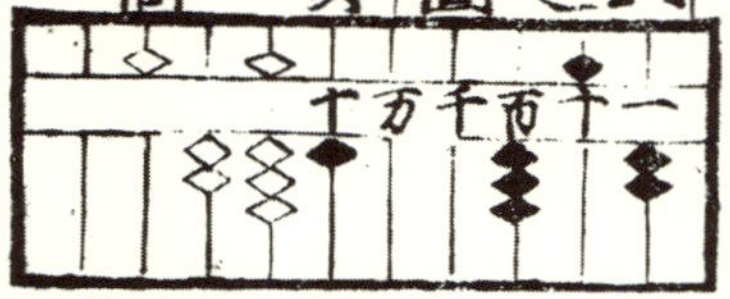

商に又五ッ八を立てかけ合八千六十四
と除きを又商八百八十八に二を之
かければ八千八百六十四を除きて又
五ッ八を立てかけ八十八
十四余をのぞけば十万八千三百八十二坪を除き
術ル實をのぞく商八百八十八なり 右の六の圖

商圖之六

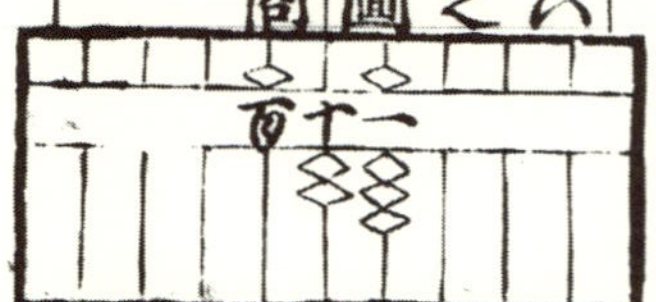

かくのごとく商
に方商八百八十
八間と知ル之

圖解ハ前のごとく
[illegible]

帯縦開立法

積二千三百令四坪有是を方面より高さハ四尺長して方面高さ何程と問　○答曰方面十二尺　高サ十六尺

術に曰積二千三百令四坪を実として先位を見る時十の位ほとより初ハ十尺を左に並べ合一ノ百ホを法へ又十尺ハ又方面とする四尺を加へ入十四尺をかくれバ千四百坪と法を実より引上に商十尺と立　残ル積九百令四坪有二の図に記ス

初之図　実

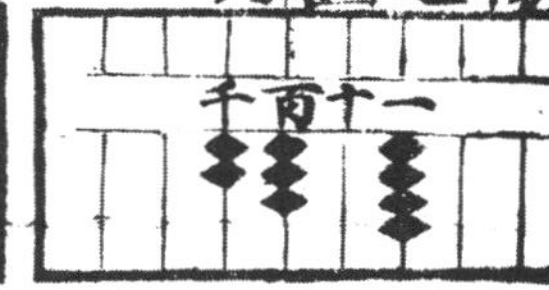

二之図　実　商

扨商十尺づゝ三方合して三十尺なる法に廉四尺を倍して八尺を法へ加へ入三十八尺なる法に商十尺をかくれバ三百八十坪なる法是を法として実をへらされバ商十尺の次に今又二尺を立ツ　残ル積百四十四坪あり三の図にあるを

三之図　実　商

商に又立二尺をうけ合十二ノ四尺と法を左に並又商十二尺と並是に二方をかくれバ廿四尺なる法に廉四尺と商又立ツ二尺をかくれバ廿六尺なる法に此の四尺をかくれバ百四十四坪となる法を実より除ケ実なし　かくのごとく四の図のごとし

四之図　商

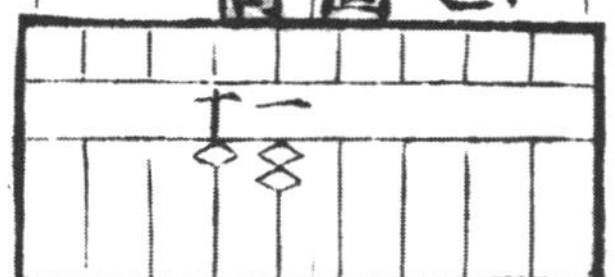

かくのごとく商方面十二尺と知ル是に廉四尺加ふる時ハ十六尺と知ル

△図解ハ立方の図にて知るべしかるがゆへに略之

高幅竪開立法

積十一万五千五百八十四坪あり是を高より幅ハ五尺長く又幅より竪ハ八尺長くして高幅竪ハ何程づゝと問

○答曰　高四十三尺　幅四十八尺　竪五十六尺

初之圖　実

都曰積十一万八千八百八十四坪を実として位を分つ時ハ十
の位なる故四十万をもて先に（宰幅の先）なるゆへ四十なるゆゑに
四十なるをうくれバ千八百あまるゆゑに先に至又四十間と（宰幅の先と幅竪の先と）
合して十三なるを加へ八十三なるゆゑに先の千八百をうくれバ
九万八千四百坪あまるを実にくり上に商四十なるを立残積二
万〇百八十四坪あり二の圖に記す

二之圖　実　商

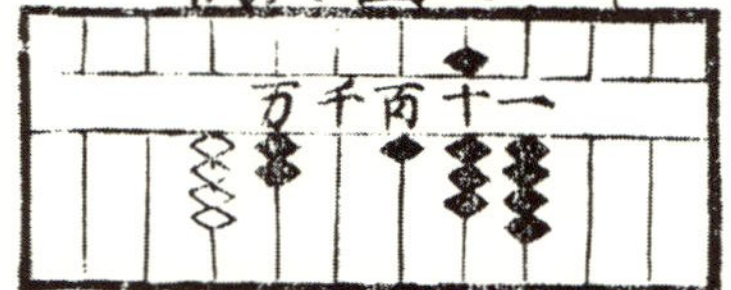

次商四十間と（宰幅の先と幅竪の先と）なる四十あるゆゑに又商四十なるに
あるに商四十なるをうくれバ三千九百九十あまるを先に至又
四十なるに（商四十なるに宰幅の先なるを幅竪の先八なるをよくて）八十三なるをうくれバ二十
三百八十八あまるを先の三千九百九十あまるを加へ六千三百八十あまるを
おきて実を上一桁くりれバ商四十なる此次に六千又三百
五ツあり積千二百六十九坪あり三の圖に記す

三之圖　実　商　法

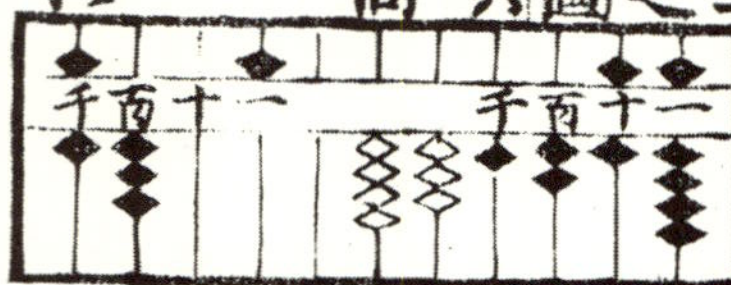

商に又五ツ三なるをかけ合三九あまるを先に至又商四十なる
と至先に三万をうくれバ百八十なるゆゑに商又五なると
此先（宰幅の先なると幅竪の先八なるを）合十三なると三を合して二十一なるを加へ
百四十一なるゆゑに先の九あまるをうくれバ千二百六十九坪とゆゑ
きとりの数実にてうりもふさ　四の圖乃ごとし
然れバ〇に命用

四之圖　商

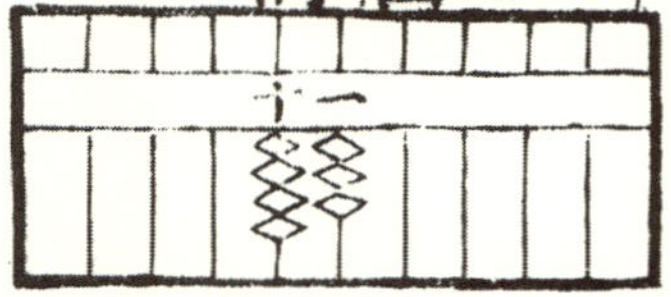

かくのごとく商に四十三なるをうしろとし位を先になるゆへ
幅四十八なるを知る又竪幅に先八なるをもて入へ竪又五十六なるを知る之
○圖解ハ五ほとにお圖にくるしと思ひ故に略之

相乗用立法

積千令八十坪あり是を長三寸幅五寸竪九寸の坪数百三十五坪あり如此の寸数にして長幅竪に何程つゝにならべてと問

実

答曰　長六寸　幅十寸　竪十八寸

術に曰長三寸を再乗すれば合二十七坪となるに千令八十坪をかくれば二万九千百六十坪となるを百三十五坪にてわれば二百十六坪となるを実として立方に開之商に長六寸と知るなり

△幅より知る術に曰幅五寸を再乗すれば合百二十五坪となるに千令八十坪をかくれば十三万五千坪となるを百三十五坪にてわれば千坪となるを実として立方に開之商に幅十寸をとる也

△竪より知る術に曰竪九寸を再乗すれば合七百二十九坪となるに千令八十坪をかくれば七十八万七千三百二十坪となるを百三十五坪にてわれば五千八百三十二坪となるを実として立方に開之商に竪十八寸と知るべく

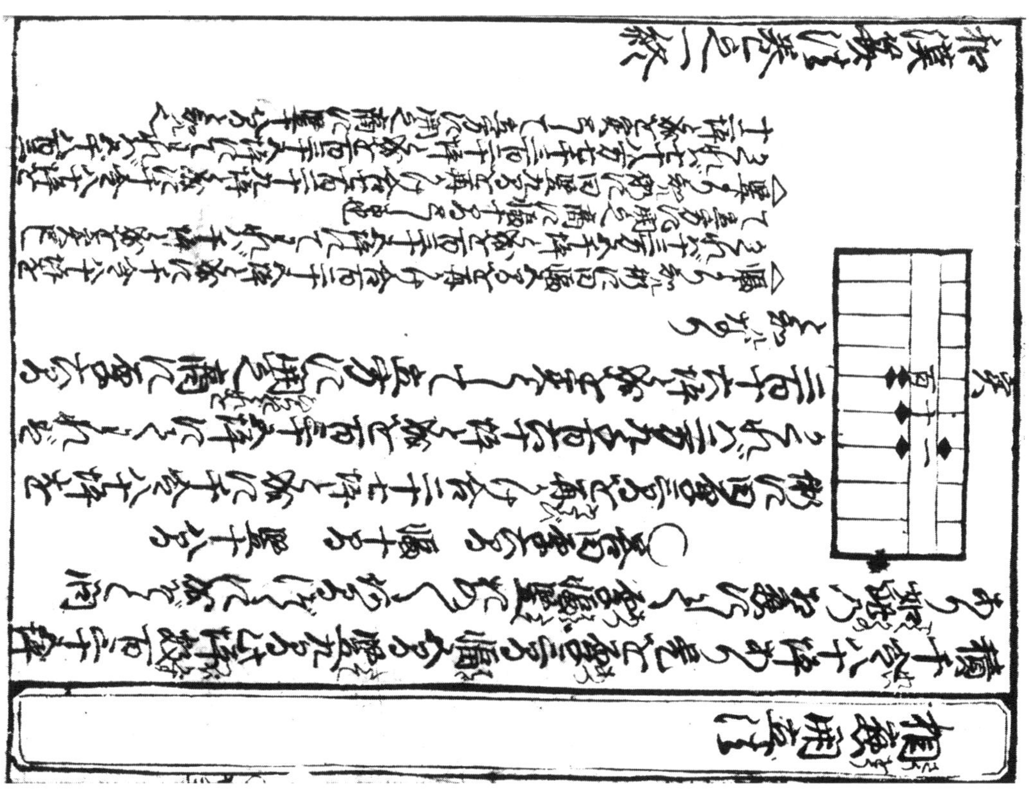

和漢算法巻之一終

63

和漢算法巻之二　洛水　宮城外記藤原清行集成

門人　作野伊右衛利有
　　　湯淺又右衛和常　校
　　　井庇長右衛清次

算木(ざんぎ)縦横(じゅうおう)解

○一ハ縦(たて)

一	二	三	四	五	六	七	八	九
𝍠	𝍡	𝍢	𝍣	𝍤	𝍥	𝍦	𝍧	𝍨

一位の算木の垂様(すいやう)ハかくのごとく縦に垂なり

○十ハ横(よこ)

十	二十	三十	四十	五十	六十	七十	八十	九十
𝍩	𝍪	𝍫	𝍬	𝍭	𝍮	𝍯	𝍰	𝍱

十位の算木の垂様ハかくのごとく横に垂なり

○百ハ立(たて)

百位のくだりも立に算木を垂なり
一位の垂様と同じなり

○千ハ僊

千位の時も僊して並あり十位と同めに並ゆへ千と十とおなじとハいふなり大数小数ともにおのおのごとく一位を縦一位ハ横か一位宛に並べ

○又在上方

六已上にならバ五ハ入算を上にをく並なり入算と縦にして五ハ横に並横の時ハ縦に並之

○六ハ不積聚

六の時六ならバ六ハ並ざる也

○又ハ不単浪

又ハ算どくりと一本にしてハ並ざるなり又本にして並之

○算筭正負解

○正算ハ赤　負算ハ黒

又邪正をいふとする時ハ正算ハ｜　負算ハ╳　此並也

○同名とハ正算と正算　又負算と負算とし

○異名とハ正算と負算　又負算と正算とし

○同名相乗為正とハ　（右）（左）

右正三と左正六とかけ合三六十八となる

又　（右）（左）

右負六と左負七とかけ合六七四十二となる　此類をいふなり

○異名相乗為負とハ　（右）（左）

右正四と左負八とかけ合四八三十二となる

又　（右）（左）

右負三と左正九とかけ合三九二十七となる　此類をいふなり

▲左にくもなにても一位○算の時ハ一を位にをく心得あり

○其同名相減とハ　（右）（左）

右正一をひく左又を減ずれハ算四となる

又　（右）（左）

右負三をひく左負八を減じて算五となる　此類をいふなり

又　（右）（左）

右九の算からといふて右の四ひき此を減にハ先左右同減して右に四算のこる左八○算をなりり是より右に残る算の四を負とするして左位を減ずるなり

かくのごとくなる

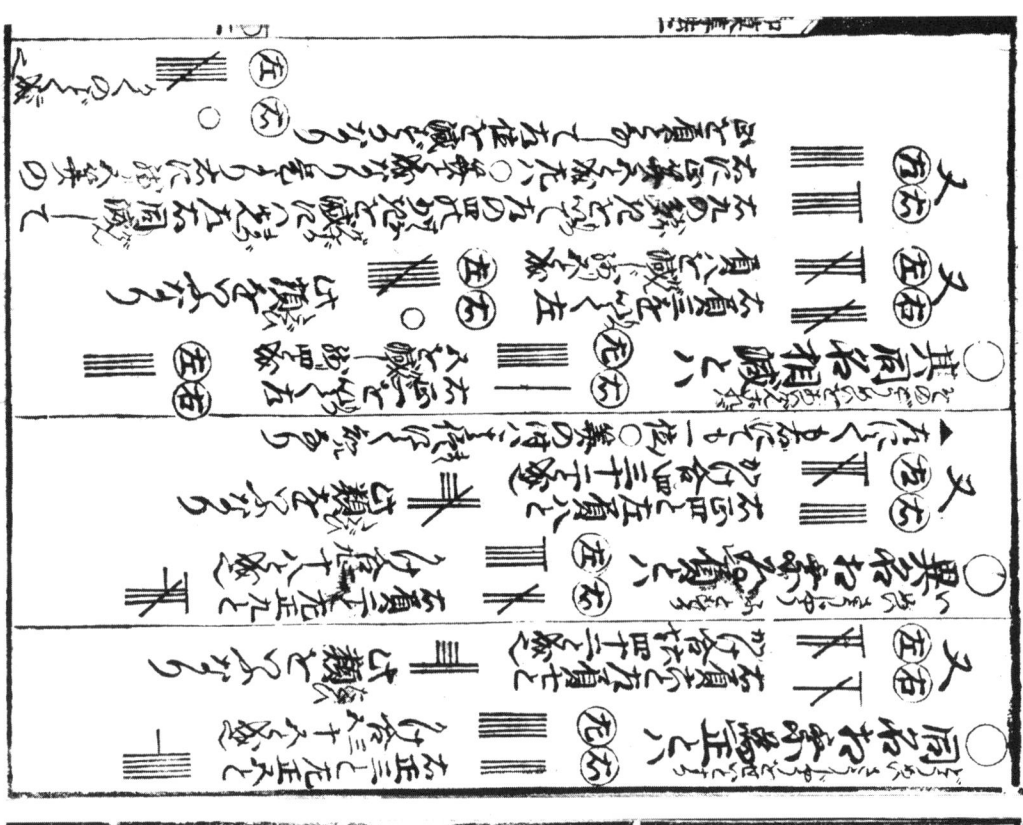

○則異名相加とハ
右正五をもつて左負八に くはふれバ十三と成なり
又 右負十五をもつて左正十二に加ふれバ二十七と成也
此類といふなり

○正與ㇾ人負ㇾ之とハ
右正九をもつて○算を減ずる時ハ正九を負とする

○負與ㇾ人正ㇾ之とハ
右負十二をもつて○算を減ずる時ハ負十二を正とかする

○其異名相減とハ
右負九をもつて左正十四を減ずれバ五と成之
又 右正九をもつて負十二を減ずれバ三と成なり
此類といふ

又 右正八をもつて左の五を減ずるに八先左右共減して右に正算三と成左ハ○算と成すなはち右の正算ともに法に残るなり

○則同名相加とハ
右正八をもつて左正六に加ふれバ十四と成之
又 右負二をもつて左負十四に加ゆれバ十六と成なり
此類といふ

○正與ㇾ人正ㇾ之とハ
右正八をもつて左○算にくはふれバ八と成なり

○負與ㇾ人負ㇾ之とハ
右負十七をもつて左○算にくはふれバ十七と成なり

第一 方田 附 税務 五十七問

○方田圖のごとく有田幅何程ととふ
答曰一町六反三畝十歩
術に曰方七十歩をうけ合四千九百歩と成を畝法三十にて割バ一町六反三畝十歩と知之

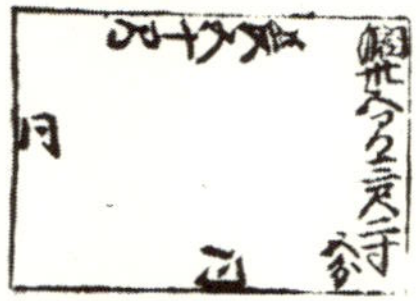

○直田圖のごとくあり長何程と問
答曰長七百七十五歩
術に曰濶三十歩を三百六十歩と寄る法二寸五分を以てかける
二寸五分ぐりと寄る法六五にくるれバ丈

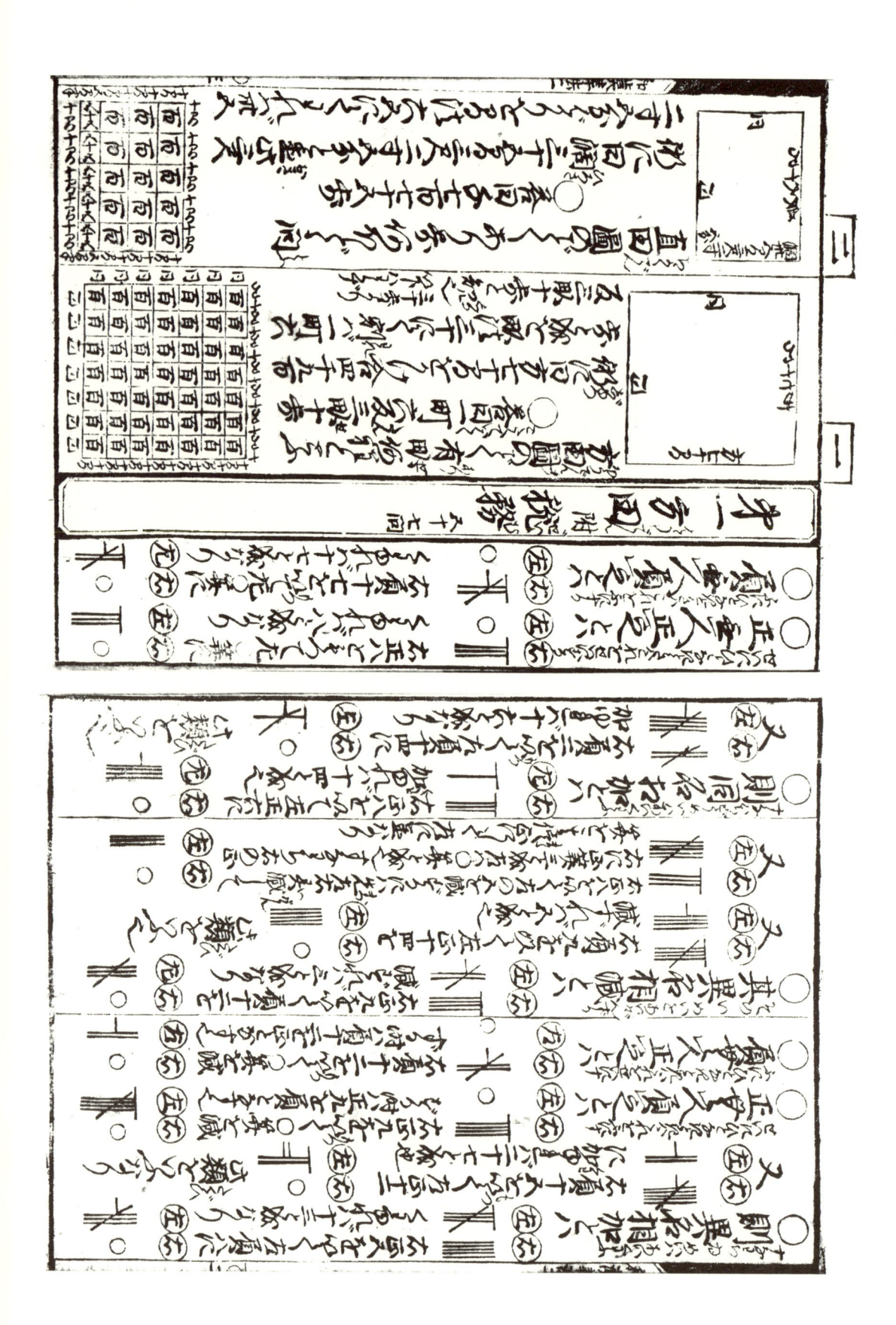

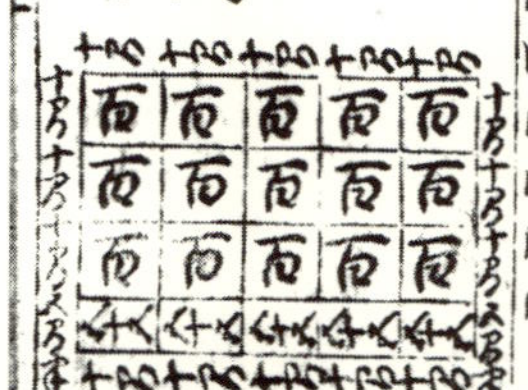

ろすと成に長八十ろとかくれバ七百七十八歩と知ル之ろ法の六八…
○三ろ二寸五分を六八にて三ろ八ろにかすれなり○長にとろのすへに八すると六八にてもろ八ろにかすなり○濶長ともに大ろ八すのときハ濶と長とうけ合のちにろ羃法四十二三八にくまりおと成なり○ろ羃法四十二三八八一ろの六八すとうけ合ちつ之又六八ろのとなハろ羃法三十六を用るなり

三

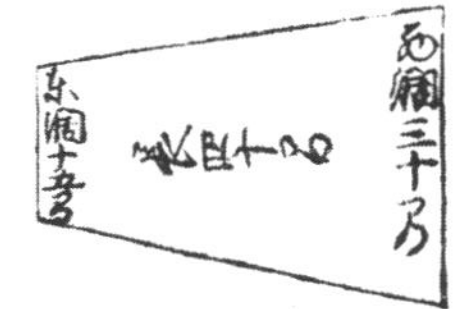

梯田圖のごとくなり歩何程と問
○答曰九百歩
術に曰西三十ろと東十五ろと合
四十五ろに長四十ろとかくれバ千
八百歩と成を二つに割九百歩と知ル之

四

斜田圖のごとく有歩何程と問
○答曰九百歩
術に曰西三十ろと東十五ろと合
四十五ろに長四十ろとかくれバ千八百
歩と成を二つにわれバ九百歩と知ル之

五

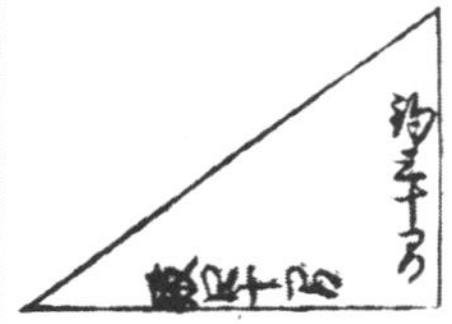

勾股田圖のごとくなり歩何程と問
○答曰六百歩
術曰勾三拾ろに股四十ろをかくれバ
千二百歩と成を二つに割六百歩と知ル之

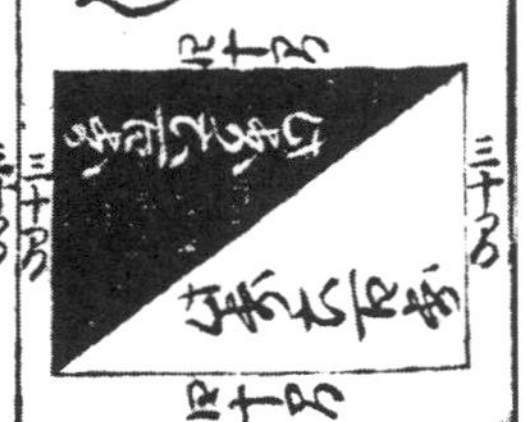

六

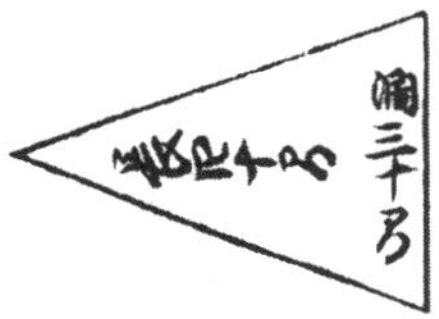

圭田図のごとくなり歩何程と問
○答曰六百歩
術曰濶三十ろに長四十ろをかくれバ
千二百歩と成を二つに割六百歩と知ル之

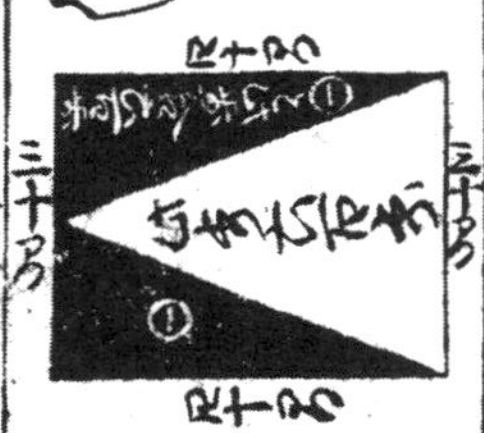

七

三斜田圖のごとくなり歩何程と問
○答曰九百歩
術曰大斜六十ろに中股三十ろを
かくれバ千八百歩と成を二つに割
九百歩と成なり

八

桜田圖のごとくありて何ほど有

○答曰九百三十歩

術曰長六十二尺ニ濶三十尺をかくれば千八百六十歩となるを二ツにわりて九百三十歩としるなり

九

丸田圖のごとく何ほど歩何程と問

○答曰四百九十歩〇六二五

術曰径二十五尺をかけ合して六百二十五歩ニ丸周率三一四をかけ千九百六十二歩五分と成を四ツ割四百九十歩〇六二五と知るなり

○略術ニ曰径二十五尺をかけ合し六百二十五歩ニ丸小丸積率七分八五をかけ四百九十歩〇六二五としるなり

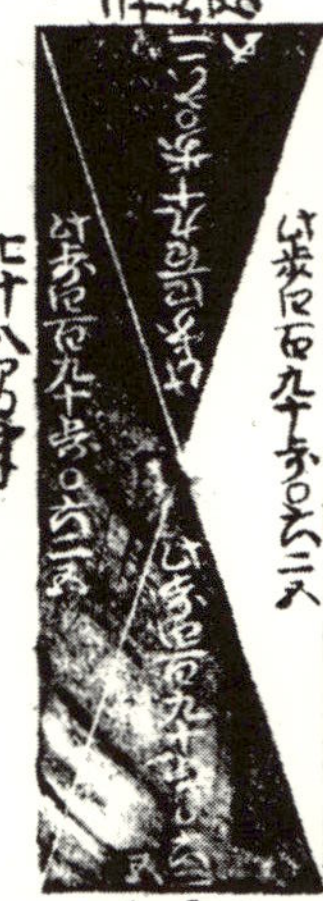

十

丸田圖のごとく何ほど歩何かくやふ

○答曰四百九十歩〇六二五

術ニ曰周七十八尺五寸と径二十五尺とをかけ合せ千九百六十二歩五分を四ツ割四百九十歩〇六二五と知也

十一

丸田圖のごとく何ほど歩何程と問

○答曰四百九十歩〇六二五

術ニ曰周七十八尺五寸をかけ合せ六千百六十二歩二分五厘となるを十二五六六にてわれば四百九十歩〇六二五となるなり

○又術ニ曰周七十八尺五寸をかけ合せ六千百六十二歩二分五厘となるを

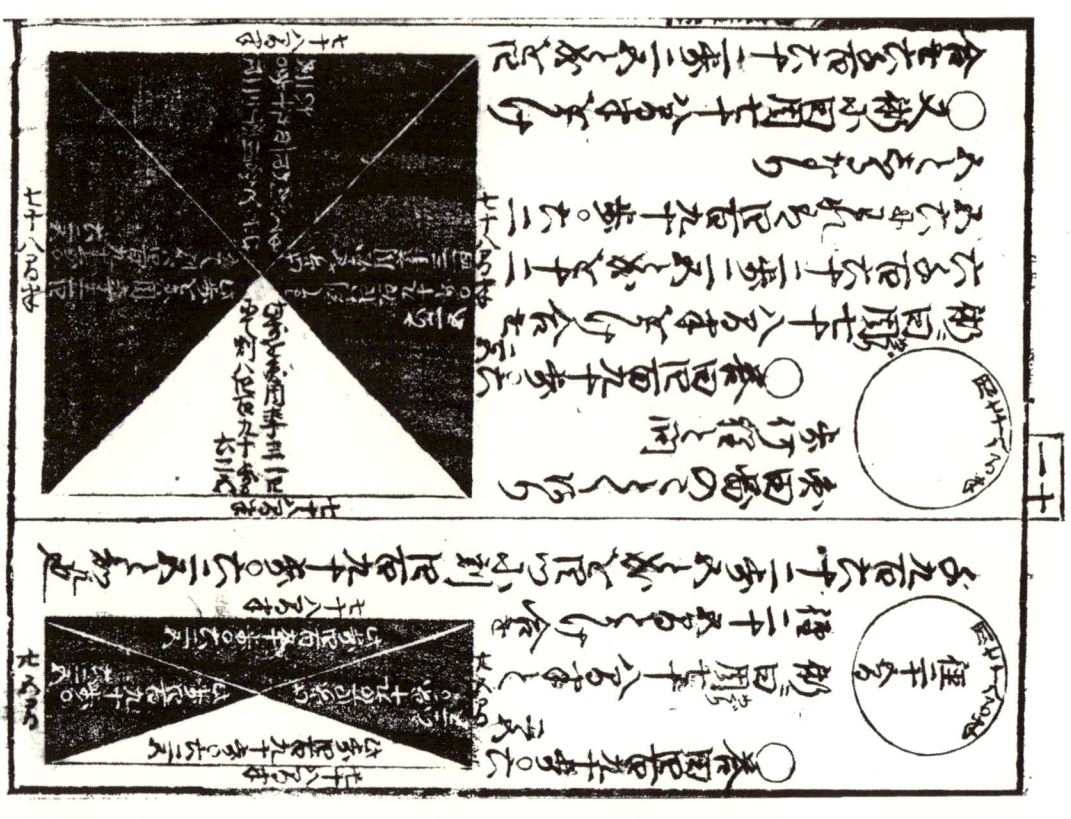

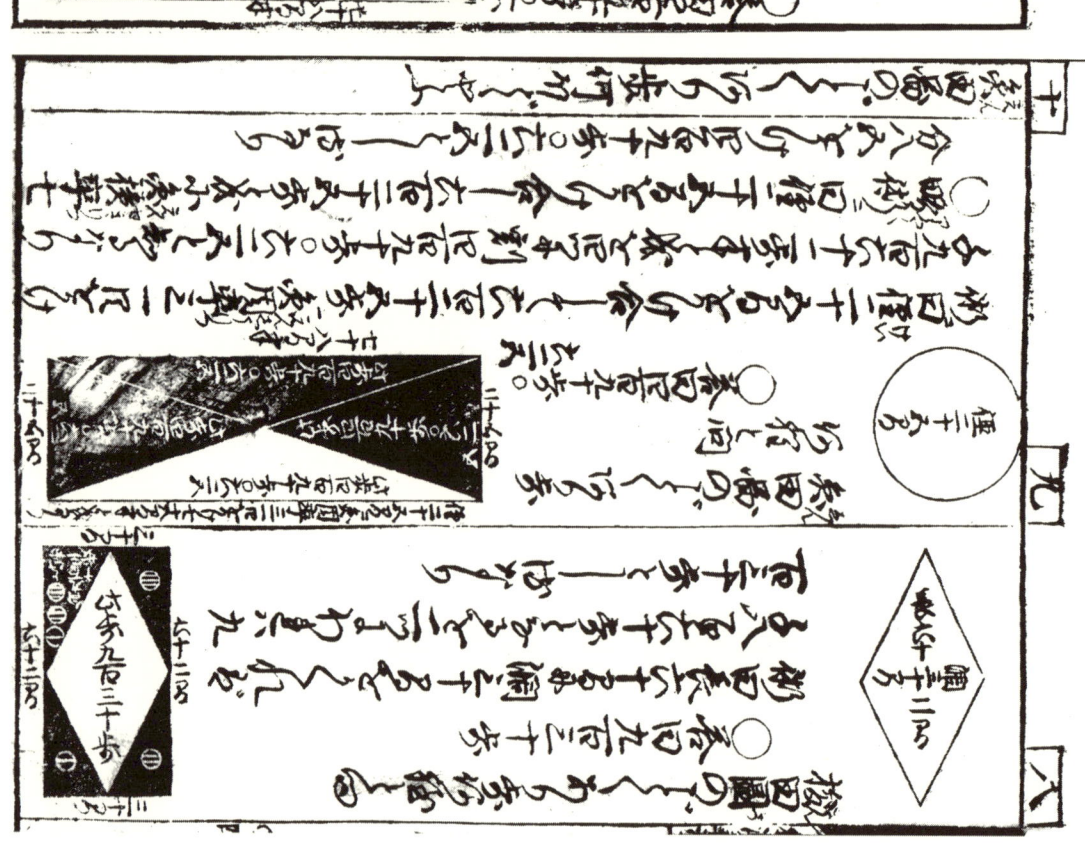

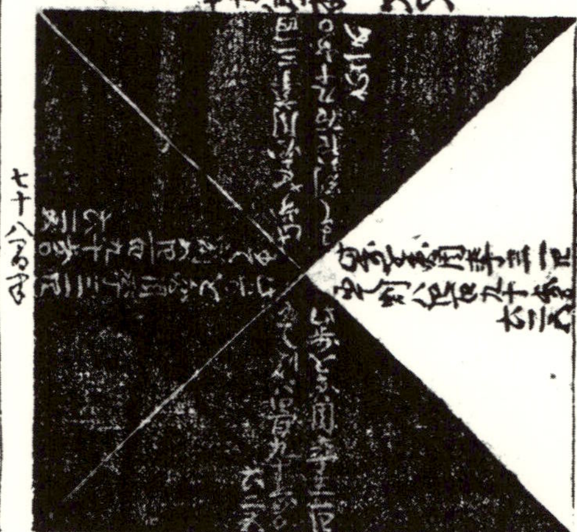

二十

ともつて割又円周率三一四にすれハ径百九十歩○六二五と知也

○十二五六を知れバ円周率三一四ニ径儀してあるべし

○又十二五六を知ル略術ニ曰円周率三一四をうけ合を九八五九六

と成を円積率七分八五ゆゑとしてあるなり

残田図のごとくあり歩何程と問

○答曰三百九拾歩○六二五

術ニ曰周七十八ヶ尺をうけ合を六千百六十二歩二五

と成を十二五六ニ而除すれハ径百九十歩○六二五と成内池方十ヶ尺をうけ

合を百歩と成を引残り三百九拾歩○六二五と知ル○図解ニ一巻十一巻にてしかるなり

三十

環田図のごとくあり歩何程と問

○答曰三百六十七歩九六八七五

術ニ曰外周七十八ヶ尺をうけ合を六千百六十二歩二五と成

内池周三十九ヶ尺二五をうけ合を千五百四十尺拾歩○五六二五と成をとり引残

り合六百九十一歩六八七五を十二五六ニ而除すれハ三百六十七歩九六八七五と

四十

あるなら○図解ハ十一巻ニて知れなら

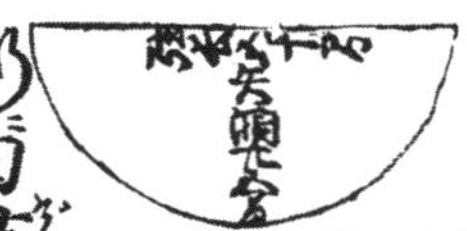

弧田図のごとくあり歩何程と問

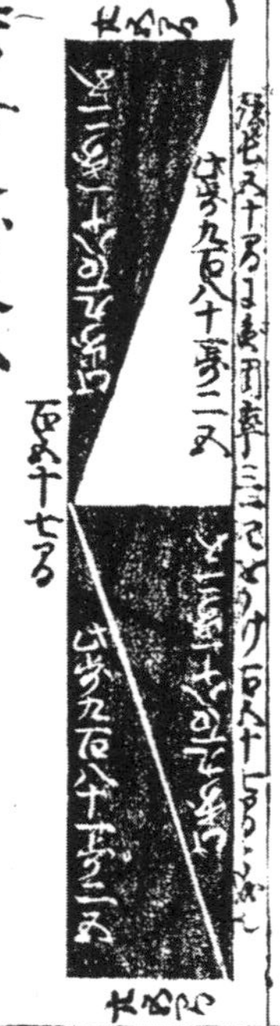

○答曰九百八十一歩二五

術ニ曰弦長五十ヶ尺ニ矢周率三一四をうけ百五十七ヶ尺と成ニ又矢

二十五ヶ尺をうけ三千九百二十五歩と成を四ニ割ハ九百八拾一歩二五と知る

五十

三方田図のごとくあり歩何程と問

○答曰三百八拾九歩七

略術ニ曰方面三十ヶ尺をうけ合九百歩と成是ニ定率

○四三三をうけ三百八拾九歩七としるなら

○此外何角の田地でも方面をうけ合をまたくの定率をうけて知るべし

此術の数よく率を明る事此術ニよらずしてハ捷径を知る事ハ是もなく

[illegible]

十六
上田壱町二反五畝ありこれを壱反ニ付壱石八斗代ニして此分米何程と問
○答曰 分米廿弐石五斗
術曰 壱町二反五畝ニ壱石八斗をかくれハ廿二石五斗と知る也

一反	一石	八斗
一反	一石	八斗
一反	一石	八斗
一反	一石	八斗
一反	一石	八斗
一反	一石	八斗
一反	一石	八斗
一反	一石	八斗
一反	一石	八斗
一反	一石	八斗
一反	一石	八斗
一反	一石	八斗
五畝	九斗	[illegible]

○是より末二十まで八算のことくにしてよろし ○二十一より末二十三まで十六より二十までの還源術なり 各二法に侍り

十七
中田三反五畝十五歩ありこれを壱反ニ付壱石五斗代ニして此分米何程と問
○答曰 分米五石三斗二升五合
術曰 三反五畝十五歩と云十五歩を畝ニ三十ニて割ハ三反五畝五合と成 小壱石五斗をかくれハ五石三斗二升五合と知るなり

十八
高五万二千三百六拾石あり四ツ取にして此物成何程と問
○答曰 物成弐万○九百四拾四石
術曰 五万二千三百六拾石に四ツをかくれハ二万○九百四拾四石と知るなり ○四ツといふハ仮令(たとへ)ハ高壱石ニて四斗を取ことなり

十九
物成五万二千三百六拾石ありこれを壱石ニ付口米三升ツヽにして何程と問
○答曰 口米千五百七十石○八斗
術曰 五万二千三百六拾石ニ口米三升をかくれハ千五百七十石○八斗と知る也

二十
物成五万二千三百六拾石ありこれを壱石ニ付夫米六升ツヽにして何程と問
○答曰 夫米三千百四拾壱石六斗
術曰 五万二千三百六拾石ニ夫米六升をかくれハ三千百四拾壱石六斗と知る

廿一
上田壱町二反五畝あり此分米廿二石五斗ニして壱反ニ付何石代と問
○答曰 壱石八斗代
術曰 廿二石五斗を壱町二反五畝ニてわれハ壱石八斗と知る之

廿二
壱石八斗代の上田此分米二十二石五斗あり此田数何程と問
○答曰 壱町二反五畝
術曰 廿二石五斗を壱石八斗ニて割ハ壱町二反五畝と知る也

廿三
中田三反五畝十五歩の此分米五石三斗二升五合ある何石代か問とる
○答曰 壱石五斗代
術曰 三反五畝十五歩と云十五歩を畝ニ三十ニて割ハ三反五

畝五分と成を法として五石三斗二升五合を割ハ壱石五斗と知ル也

廿四

壱石五斗代の中田か米五石三斗二升五合有 此田数何程ぞ ○答曰三反五畝十五歩

術曰五石三斗二升五合を壱石五斗にて割ハ三反五畝五分となる 五分をうちに畝法三十をかくれハ三反五畝十五歩となるなり

廿五

高五万二千三百六拾石ある此物成二万〇九百四十四石取して何つ成に当ぞと問 ○答曰四ツ成

術曰二万〇九百四十四石を五万二千三百六拾石にて割ハ四ツ成と知ル也

廿六

物成二万〇九百四十四石ハ四ツ成にして高何程と問 ○答曰高五万二千三百六十石

術曰二万〇九百四十四石を四ツにて割ハ五万二千三百六拾石と知ル也

廿七

物成壱石ニ付口米三升ツゝにて今口米千五百七十石〇八斗有 此物成何程と問 ○答曰物成五万二千三百六十石

術曰千五百七十石〇八斗を三升にて割ハ五万二千三百六拾石と知ル也

廿八

物成五万二千三百六拾石ニ口米千五百七十石〇八斗有 此物成壱石ニ付口米何程と問 ○答曰物成壱石ニ付口米三升

術曰千五百七十石〇八斗を五万二千三百六十石にて割ハ三升と知ル也

廿九

物成壱石ニ付夫米六升ツゝにして今夫米三千百四拾壱石六斗有 此物成何程と問 ○答曰物成五万二千三百六十石

術曰三千百四拾壱石六斗を六升にて割ハ五万二千三百六十石と知ル

三十

物成五万二千三百六十石ニ夫米三千百四十壱石六斗有 此物成壱石ニ付何程と問 ○答曰物成壱石ニ付夫米六升

術曰三千百四十壱石六斗を五万二千三百六十石にて割ハ六升と知ル

卅一

物成壱石ニ付口米三升夫米六升ツゝにして今物成壱万五千石有 此物成口米夫米三口合何程と問 ○答曰物成口米夫米合壱万六千三百五十石

術曰壱万五千石に壱石〇九升をかくれハ壱万六千三百五十石と知ル也

○壱石〇九升ハ壱石と三升と六升と合数なり

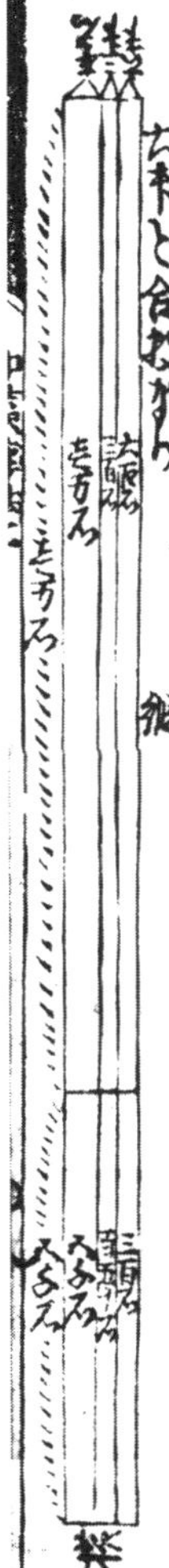

二
物成壱石に付口米三升まし米六升かけて今物成口米まし米入合壱万六千三百五十石ある時物成何程と問　○答曰物成一万五千石
術曰壱万六千三百五十石を壱石○九升にて割ハ壱万五千石と知
○これ一の還源術なり

三
物成壱石に付口米三升まし米六升かけて今物成八千七百五十石の口米まし米合何程と問　○答曰口米まし米合七百八十七石五斗
術曰八千七百五十石を九升かけ七百八十七石五斗と知る○九升ハ三升と六升と合数也

四
物成一石に付口米三升まし米六升かけて今口米まし米合七百八十七石五斗あり物成何程と問
○答曰物成八千七百五十石
術曰七百八十七石五斗を九升にて割ハ八千七百五十石と知る○これ三の還源術なり

利足之事

五
銀五貫目かし月壱分二の利にして壱ヶ月の利何程と問　○答曰壱ヶ月ノ利六十目
術曰五貫目に壱分二をかくれバ六十目と知る也
○是より末二十七までハ此還源術をたくハへておくものなり此還源ハ答ニ術ハてあり
○此八ハ

六
銀六貫五百目借月壱分二の利にして壱ヶ月の元利何程と問
○答曰壱ヶ月の元利六貫五百七十八匁
術曰壱分二と元一と合一〇一二ゑを六貫五百目にかくれバ六貫五百七十八匁と知る

七
銀三貫五百目借年壱割八分の利にして壱ヶ年の元利何程と問
○答曰壱年の元利四貫百三十目
術曰壱割八分に元一を加え一八にして三貫五百目にかくれバ四貫百三十目と知る

八
月壱分二の利にして壱ヶ月の利銀六十匁の元銀何程と問
○答曰元銀五貫目
術曰六十匁を壱分二にて割ハ元五貫目と知るなり

九
銀五貫目かし壱ヶ月の利六十匁あり此利月に何程と問
○答曰利月に壱分二

術曰六十目を以て貫目にてわれば壱分二と知るなり

四十
銀六貫五百目借壱ヶ月に元利合六貫五百七十八匁と成此利月ニ何程と問

○答曰利月壱分二

術曰六貫五百七拾八匁を六貫五百目にて割ば一〇一二と成元一を引残一分二と知る

四一
月壱分二の利にして借壱ヶ月の元利合六貫五百七十八匁と成此元銀何程と問

○答曰元銀六貫五百目

術曰一分二に元一を加へ一〇一二と成是を法として六貫五百七拾八匁を割ば六貫五百目と知る

四二
銀三貫五百目借壱年の元利四貫百三十目と成此利年何程と問

○答曰年一割八分

術曰四貫百三十目を以三貫五百目にて割ば一一八と成元一を引残一割八分

四三
年壱割八分の利にして壱年の元利合四貫百三十目と成此元銀何程と問

○答曰元銀三貫五百目

術曰壱割八分に元一を加へ一一八と成是を法として四貫百三十目を割ば三貫五百目と知るなり

四四
銀五拾貫目借月壱分二の利にして五ヶ月の利何程と問

○答曰五ヶ月の利三貫目

術曰五十貫目に壱分二をかければ六百目となる又五ヶ月をかければ三貫目と知るなり

○此十六より五十壱までハ此十六より上の返済なる事なり

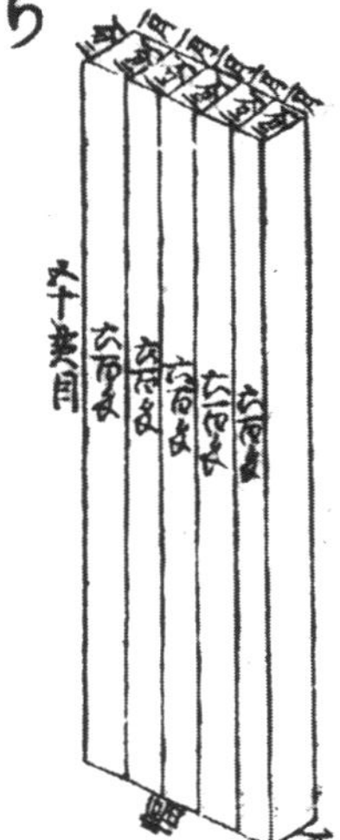

四五
銀十五貫目借月壱分二の利にして三ヶ月十八日の利何程と問

○答曰三ヶ月十八日の利六百四十八匁

術曰十五貫目に壱分二をかければ百八十目と成又三ヶ月十八日を日になして百八日と成是を三十日にて割ば三ヶ月六分と成右の百八拾目をかければ六百四十八匁となるなり

四六
銀五拾貫目借五ヶ月の利三貫目此利月ニ何程と問

○答曰利月壱分二

術曰五拾貫目に五ヶ月をかければ二百五拾貫目と成是を法として

三貫目とすれハ壱分二とあるなり

四七 銀五十貫目借月壱分二の利ゆへに此利銀三貫目ニ成ハ何ケ月なると問

○答曰五ケ月

術曰五拾貫目ニ壱分二をかけ六百目となるを法として三貫目を割ハ五ケ月としるべし

四八 月壱分二の利ゆへて借五ケ月の利三貫目ならハ元銀ハ何程と問

○答曰元銀五十貫目

術曰壱分二ニ五ケ月をかけ合六分となるを法として三貫目を割ハ五十貫目としるべし

四九 銀十五貫目借三ケ月十八日の利銀六百四十八匁なら此利月ニ何程と問

○答曰利月壱分二

術曰三ケ月十八日を三十日ニ割ハ三ケ月六分となす 十五貫目をかくれハ五十四貫目となるを法として六百四十八匁を割ハ一分二としるべし

五十 銀十五貫目借月壱分二の利ゆへ此利銀六百四十八匁ニ成ハ何ケ月なると問

○答曰三ケ月十八日

術曰十五貫目ニ壱分二をかくれハ百八拾目となるを法として六百

四十八匁を割ハ三ケ月六分となす六分ニ三十日をかくれハ十八日としるべし

五一 月壱分二の利ゆへて借三ケ月十八日の利銀六百四十八匁なら元銀何程と問

○答曰元銀十五貫目

術曰三ケ月十八日を三十日ふて割ハ三ケ月六分となす 此三ケ月六分ニ壱分二をかくれハ四分三二となるを法として六百四十八匁を割ハ十五貫目としるべし

五二 銀六百貫目借年壱割五分の利ゆへに二年の元利合何程と問 二年めニ利ニ利を加へ

○答曰二年の元利合七百九十三貫五百目

術曰壱割五分に元一を加へ一一五となるを二ッかけ合を一三二二五となるに六百貫目をかくれハ七百九十三貫五百目と知也

六百貫目

七百九十三貫五百目

壱壱五　壱三二二五　壱壱五

五三 元銀六百貫目借二年めに元利合七百九十三貫五百目ならハ此利年ニ何程なると問 二年めニ利ニ利を加へ

○答曰年壱割五分

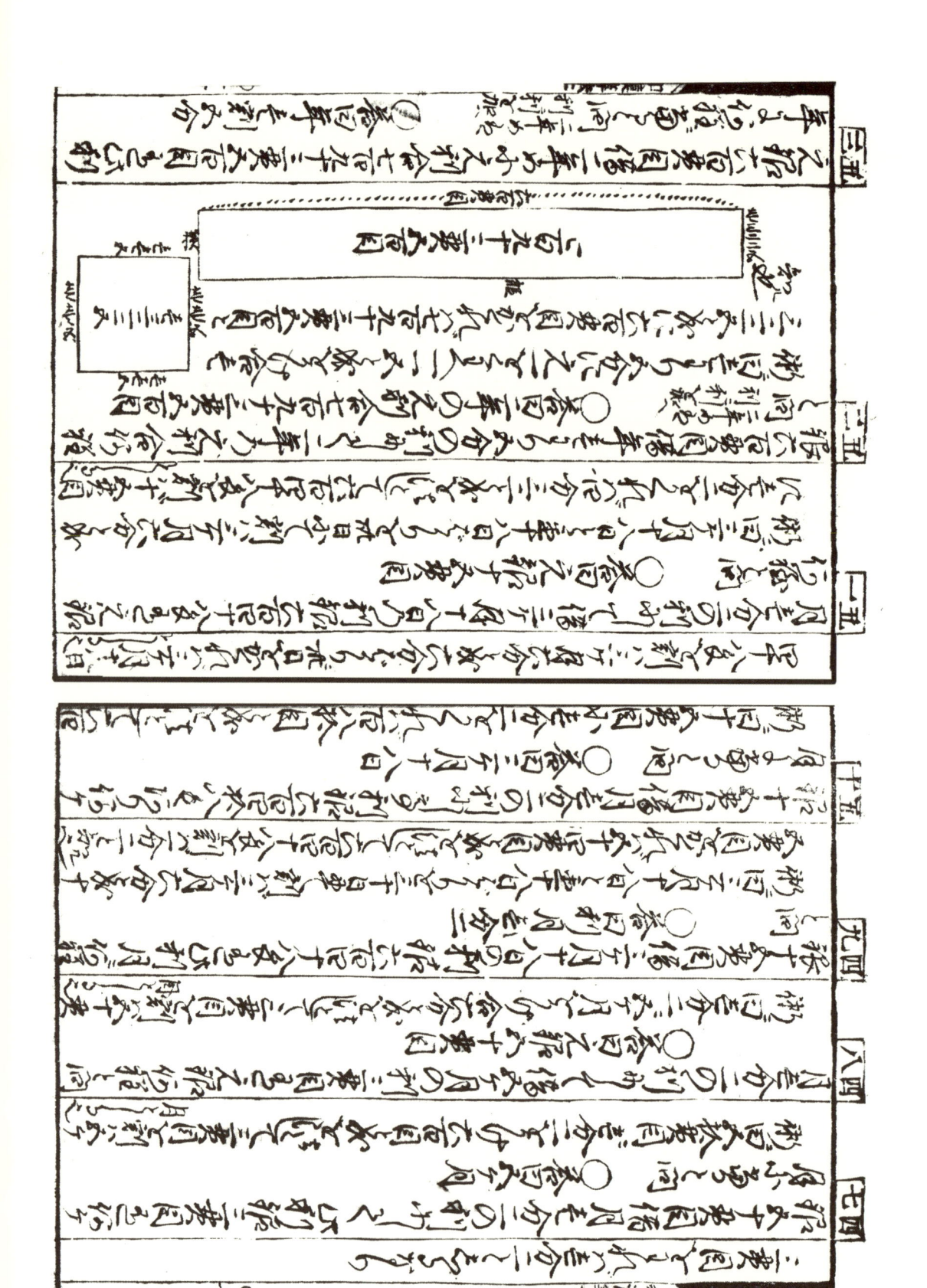

五十四

術曰七百九十三貫五百目を六百貫目にてわれバ一三二二五と成開平方にして一一五と成元一を引残をもつて分と知なり

○是五十二の返除術なり

銀子千五百貫目借年一割二分の利にして三年めの元利合何程と問（二年めより利よ利を加へ）

○答曰三年めの元利合二千百七貫三百九十二匁

術曰年をもつて一割二分に元一をくハへ一一二と成を再乗して合を一四〇四九二八と成を千五百貫目よかくれバ二千百〇七貫三百九十二匁也しるなり

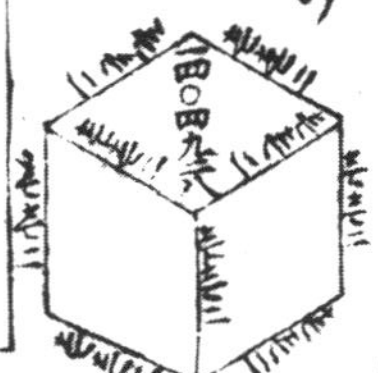

一四〇四九二八
千五百貫目
二千百〇七貫三百九十二匁
積

五十五

元銀子千五百貫目借三年の元利合二千百七貫三百九十二匁ある此利年よ何程ぞと問（二年めより利に利を加へ）

○答曰利年一割二分

術曰二千百〇七貫三百九十二匁を千五百貫目にて割バ一四〇四九二八と成を立方に開て一一二と成を元一を引残一割二分と知る○是ハ五十四の返除術なり

五十六

○右のごとく三年の術なり四年の術ハ三乗方五年ハ四乗方六年ハ五乗方以下かくのごとく術を同じ

元銀三貫百弐拾五匁を借り三年の元利足二割五分を加へ年毎よ等ぶ取ハ銀何程ぞやと問（毎年利よ利をくハへ）

○答曰毎よ取銀を一貫六百目なり

術曰毎利足二割五分に元一をくハへ一二五と成此を再乗して合を一九五三一二五と成よ元銀三貫百弐拾五匁を掛ケとくれバ六貫百目と成を実として別に右の一二五を置又元一をくハヘ又一二五をくハヘれバ二八一二五と成よ元一をくハヘ三八一二五と成を法として実を法にて除バ毎よ取銀を一貫六百目と知なり

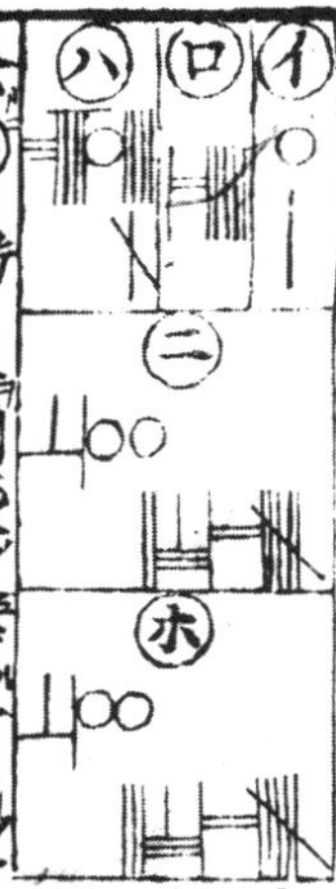

求術起曰立天元一為毎年取銀(イ)列二割五分加入元一箇共得数寄甲位(ロ)列元銀以甲位相乗之得数内減毎年取銀餘(ハ)以甲位相乗之得内減毎年取銀餘以甲位相乗之得数寄左(ニ)以毎年取銀与寄左相消得式(ホ)以商除之得商毎年取銀合問

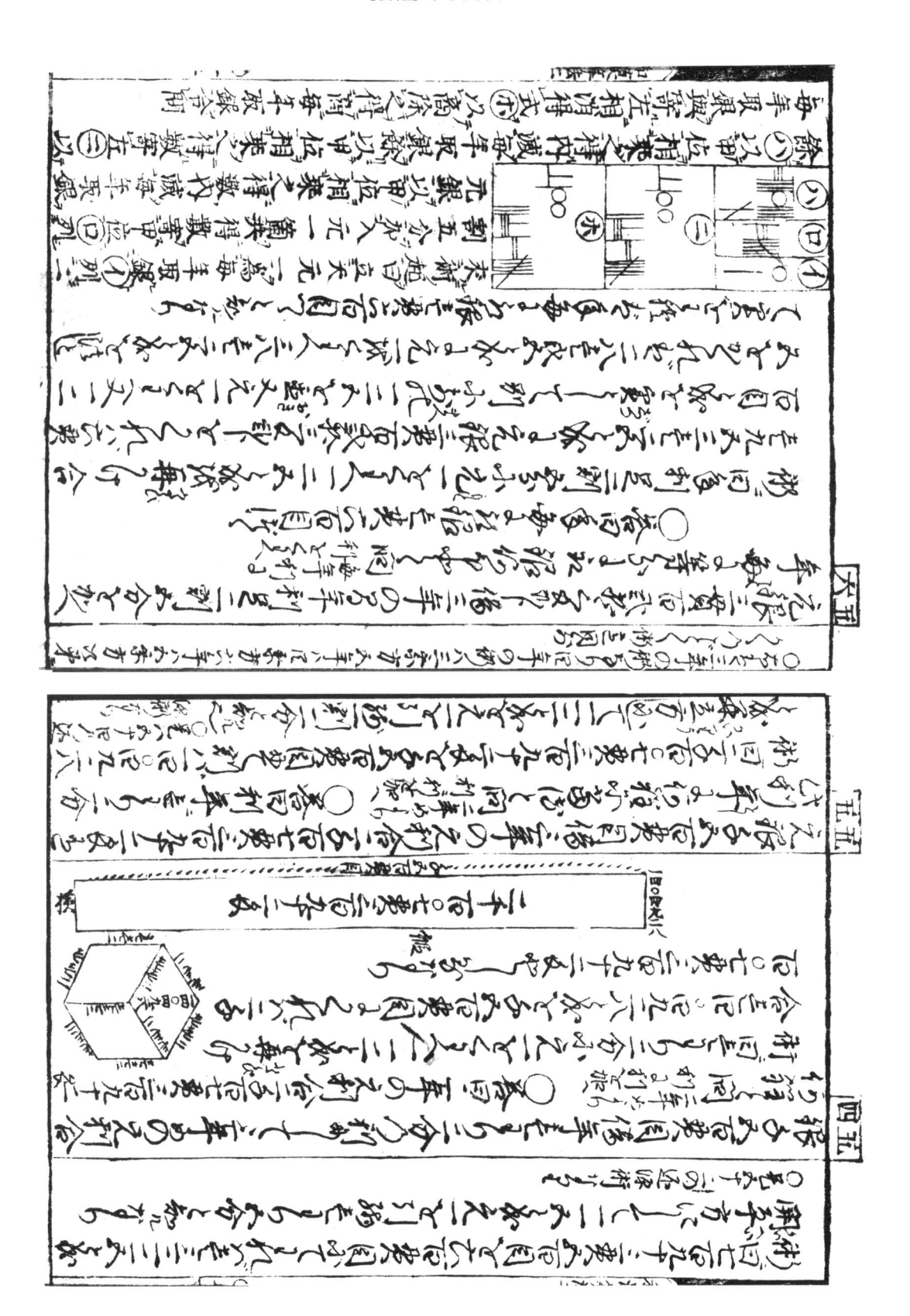

七五

三年の間年利足二わり五分とくりこし毎年も又三貫六百目宛
元ゟ時借と元銀なりしやといふ　毎年利の利をとく
○答曰借した元銀三貫百廿三文二下
術曰年利足二わり五分に元一をくはへ一二五となしを毎年とる
三貫六百目よりはじめ弐貫目となし内へ三貫六百目くはへ三貫六
百目となし又一二五をわり巳貫文百目となし内へ又三貫六百目加へ
六貫百目となし法を二乗して列みを弐のを乗じ併合一九五三一二五
となしをはらして実を割ば借した元銀三貫百卅三文二下となるなり

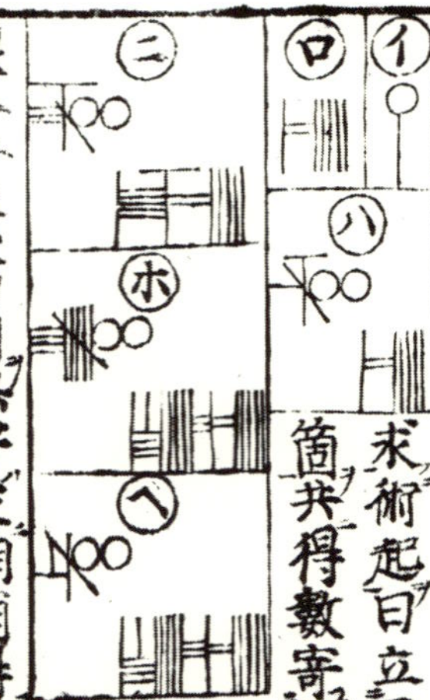

求術起曰立天元ノ一為元銀(イ)列二一割五分加入元一
箇共得數寄甲位(ロ)列元銀以甲位相乗之得數内減
初年取銀一貫六百目餘(ハ)以甲位相乗
之得數内減二年目取銀一貫六百目餘
(ニ)以甲位相乗之得數寄左(ホ)以毎年取
銀一貫六百目與寄左相消得式(ヘ)以商除之得商備元銀合問

第二 粟米（ぞくべい）　凡十一問

一 粟米二百八拾五石あり是を米にして小換して此米何程
やと問　○答曰換米百五拾九石五斗
術曰粟米弐百八十五石に米五斗かけ
これ八百五十二石五斗となるなり

粟 二百八十五石
米

二 粟二百八拾五石を米百五拾二石五斗にて換ところ粟壱石
を米何程にて換る　○答曰換米五斗
術曰米百五拾弐石五斗を粟弐百八十五石にて割て換
米五斗となる　○是第一の還源術

三 銀拾文に付米弐斗五升かへて此銀五拾文ならば米何程なる
○答曰米壱石
術曰米弐斗五升を五拾文にかくればバ米壱石となる

四 銀拾文に付米弐斗五升かへて代銀何程ぞ問

○答曰米壱石の代銀四拾匁

術曰米壱石を弐斗五升にしてわれば米壱石の代銀四拾匁となる

五　米壱石に付四十匁の直段にて銀拾匁にて米何程かふと問

○答曰銀十匁に付米弐斗五升

術曰米壱石を四拾匁にてわれば銀拾匁に付米弐斗五升としるなり　○第五ハ第三の返源術なり

六　米弐百八十五石かいて壱石に付四拾匁づつの積りにして此代銀何程と問

○答曰銀十壱貫四百目

術曰米弐百八十五石に四拾匁をかくれバ代銀拾壱貫四百目と知る也

七　銀拾壱貫四百目有銀拾匁に付米弐斗五升宛の直段にかへて此米何程と問

○答曰米二百八拾五石

術曰銀拾壱貫四百目に米二斗五升をかけ拾匁にてわれバ弐百八十五石としるなり

八　米二百八十五石の代銀拾壱貫四百目あり米壱石に付何程となるぞと問

○答曰米壱石に付銀四拾匁づつ

術曰銀拾壱貫四百目を米二百八十五石にてわれバ米壱石に付銀四拾匁づつとしる也

九　銀拾壱貫四百目あり米壱石に付銀四拾匁づつにして此米何程かふと問

○答曰米弐百八十五石

術曰銀拾壱貫四百目を四拾匁にてわれバ米弐百八十五石としるなり　○第八九ハ第六の返源術なり

十　米弐百八拾五石の代銀拾壱貫四百目有拾匁に付米何程に当ると問

○答曰銀拾匁に付米二斗五升

術曰米弐百八拾五石を銀拾壱貫四百目にてわれバ拾匁に付米弐斗五升としるなり

十一　米二百八十五石あり銀拾匁に付米弐斗五升宛にして此代銀何程と問

○答曰銀十壱貫四百目

術曰米弐百八十五石を米弐斗五升にて割バ銀拾壱貫四百目としるなり　○第十十一ハ第七の返源術なり

十二

米四斗俵七百五拾俵あり米壱石に付代銀四十三匁づゝにして
惣米代銀何程と問

○答曰 惣米代銀拾弐貫九百目

術曰 米七百五拾俵に四斗をかけ
合三百石となるを又四拾三匁をかくれば惣代銀拾弐貫九百目と知

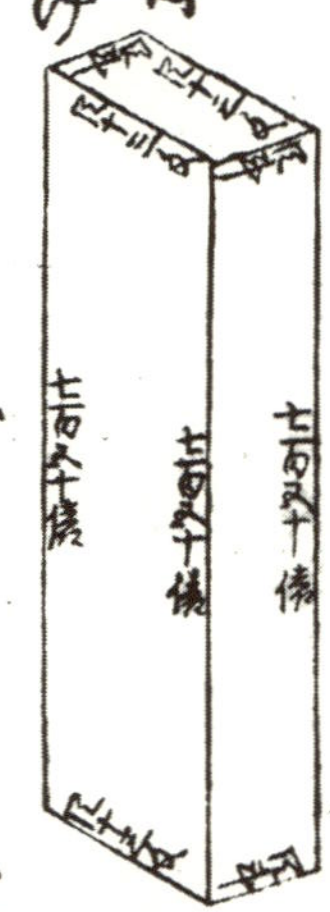

十三

米壱石に付四十三匁の立限にして銀拾弐貫九百目にて四斗俵
何俵あると問 ○答曰 四斗俵 七百五拾俵

術曰 銀拾弐貫九百目を四拾三匁にて割 三百石となるを又四
斗俵をもつてわれば俵数七百五十俵と知るなり

○又術曰 四斗と四十三匁とかけ合十七匁二分となるを法として
銀十二貫九百目をわれば七百五十俵と知るなり

十四

米七百五拾俵の代銀拾二貫九百目あり米壱石に付四拾三匁にして
何斗俵と問 ○答曰 四斗俵

術曰 銀拾弐貫九百目を四十三匁にてわれば三百石となるを又七百
五十俵にてわれば四斗俵と知べし

○又術曰 四拾三匁と七百五拾俵とかけ合三二二五匁となるを
法として拾弐貫九百目をわれば四斗俵と知なり

十五

米四斗俵七百五拾俵あり代銀拾弐貫九百目にて米壱石に付
銀何程づゝと問 ○答曰 米壱石に付 銀四拾三匁

術曰 四斗と七百五拾俵とかけ合三百石となるを法として
銀拾弐貫九百目をわれば壱石に付四拾三匁づゝと知る也

○右十二より十五まで八算十二の還源術なり

十六

米弐拾三石三斗の代銀九百三十二匁あり此直段にして
米三石五斗の代銀何程と問

○答曰 代銀百四拾匁

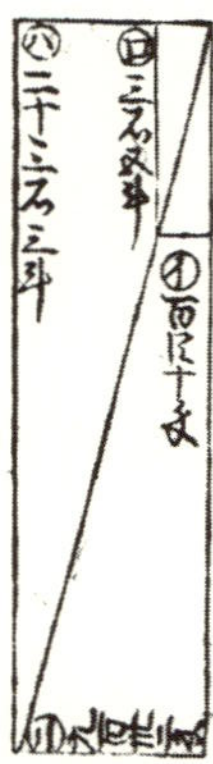

術曰 銀九百三拾弐匁を弐十三石三斗にて割 壱石に四拾匁となる
此四拾匁に三石五斗をかくれば代銀百四拾目と知なり

○又術曰 九百三十弐匁と三石五斗とかけ合三二六二匁を弐拾三石三斗にてわれば

實として廿三石三斗とするくわれば代銀百匹拾文となる
〇㊁㊇㊂わりて㊀を知れば十六の術あり　㊀㊁㊂にわりて㊇を知る八十八の術なり
㊀㊇㊂わりて㊁を知れば十七の術なり　㊀㊁㊇にわりて㊂を知る八十九の術あり
〇是より下十九まで八此器をもつてさまざまあり　皆此術の還源術也
〇又此術をいかやうにもへしらり異術同源といふてきなり

十七

米弐拾三石三斗にうり此代銀九百三十二文のところ今銀百匹拾文
なるとき米何程と問　〇答曰米三石五斗
術に曰米弐拾三石三斗を實として九百三拾弐文なくされば
弐斗五升を法として百匹拾文を割バ三石五斗となる
〇亦術に曰米九三石三斗に百匹拾文をうけ合三弐六三と知を
實として九百三拾弐文にしてわれば三石五斗と知なり

十八

米三石五斗あるこの此代銀百匹拾文のところ銀九百三拾弐文になる
米なにほどやと　〇答曰米弐拾三石三斗
術に曰米三石五斗代銀百匹拾文なりて　われバ弐斗五升を知る九
百卅弐文とかくれバ米弐拾三石三斗となるなり
〇又術に曰米三石五斗に九百卅弐文をかくれば三弐六二と知也

十九

實として百匹拾文にしてわれば米弐拾三石三斗としるなり
米三石五斗有此代銀百匹拾文のところ今米弐拾三石三斗なる
代銀何程と問　〇答曰代銀九百三十弐文
術に曰米三石五斗を法として代銀百匹拾文をわれば匹拾文と
成を弐十三石三斗にかくれば九百卅弐文とし知也
〇又術に曰米弐拾三石三斗に百匹拾文をかくれば三二六弐と知を
實として三石五斗にしてわれば九百三十弐文をしるなり

二十

銭十三貫弐百七拾二文あり此貫文に付拾二文づゝかけて此代銀何程
と問〇答曰代銀百文拾九文三分六りと
術に曰銭拾三貫弐百七拾弐文と置七十
二文をかけて九六八り割れば十三貫弐百八十文となるを拾弐文でかく
れば代銀百文十九文三分六厘としるなり
〇九六八かくまるハ銭百の数九十六文あるゆへなり
九十六をよなかして作りなり

十三貫弐百七十弐文
十三貫弐百文
八十六
能
盤

二十一

銀百文拾九文三分六厘有銭を此貫文に付拾弐文づゝかけて此銭

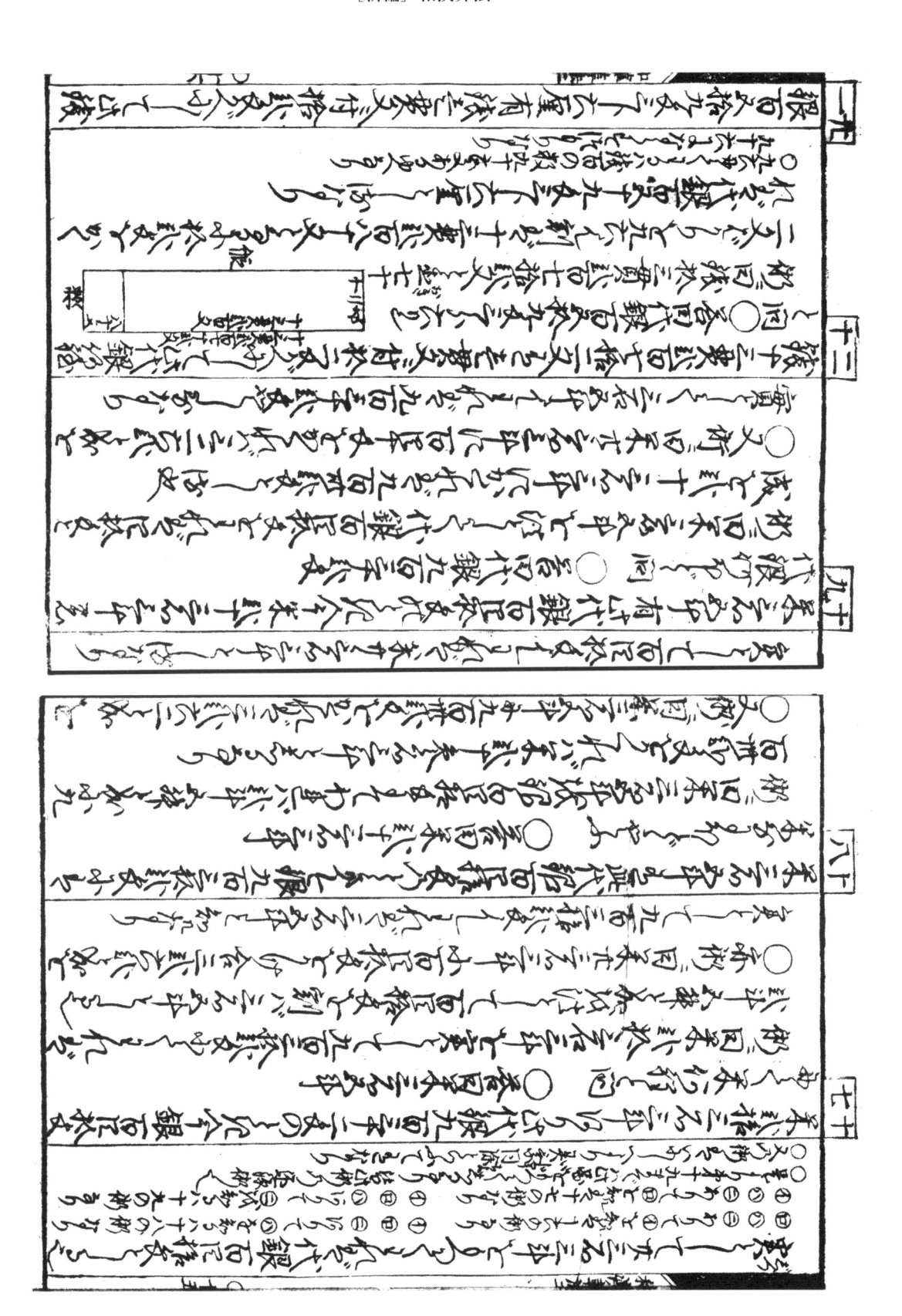

何ほどゝ問　○答曰銭十三貫弐百七拾弐文

術ニ曰銀百五十九匁三分六りとば指弐匁くわ掛て拾三貫八百八十文あれば八十文ならに九六をかければ銭拾三貫弐百七拾二文となるなり　○これハ第二十八の還源術なり

二光 銀壱匁に銭八十文づゝかして今銀拾弐匁ニハ銭何程となる

○答曰銭壱貫文

術ニ曰銀拾二匁に銭八十文をかくれバ九百六十文となるなり

○是すなハち壱貫文としるべし

○第一の図と同事也

三光 銀壱匁ニ小銭八十文づゝの相場にて壱貫文の代銀何程ゝ問

術ニ曰銭九百六拾文（是壱貫文の数なり）を八拾文にて割れバ代銀拾弐匁となる

○答曰代銀十二匁

四光 銭壱貫文ニ付銀十弐匁づゝの相場ニて銀壱匁ニ銭何程ゝ問

○答曰　銀壱匁ニ付　銭八拾文

術曰銭九百六十文を拾二匁にて割れば壱匁ニ付八拾文と知也

○第二十二段と第二十三段の還源術なり

五光 布壱尺ニ付銀三分切りとして長さ弐丈六尺の代銀何程ゝ問

○答曰壱端に付代銀七匁八分

術ニ曰弐丈六尺に銀三分をかくれバ布壱端の代銀七匁八分なり　○第一の図と同事也

六光 布壱尺ニ付銀三分切りとして布壱端の代銀七匁八分ありて壱端の尺何程ゝ問　○答曰弐丈六尺

術ニ曰代銀七匁八分を三分にて割れバ弐丈六尺となるなり

七光 布弐丈六尺の代銀七匁八分ありて此壱尺ニ付代銀何程ゝ問

○答曰壱尺ニ付代銀三分

術ニ曰代銀七匁八分を弐丈六尺にて割れば布壱尺ニ付三分ばかりと知也　○第二十九と三十八と第九十八の還源術なり

八光 絹拾五疋あり壱疋ニ付銀五拾目づゝにして此代銀何ほどゝ問

○答曰銀七百五拾目

廿九

術ニ曰きぬ絹を定ニ而絹数ニかくれば惣代銀七百八十匁と知ル之

○これ才一の圖と同じ也

絹十定乃代銀七百八拾匁のとき壱定ニ付何ほどづゝあたるとゝ問

三十

○答曰壱定ニ付代銀八拾目

術ニ曰銀七百八拾匁を絹数を定としてわれば壱定ニ付八拾目づゝと知ル之

絹壱定乃代銀八拾目づゝにして今銀七百八拾匁にして絹何定となる

○答曰絹拾定

術ニ曰銀七百八十匁を八拾匁にて割れば絹拾定と知ル之 ○第廿六廿七同じ第廿六の還原術也

一廿

絹ひろさ壱尺六寸長さ弐丈ニ付代銀拾匁の時今ひろさ八寸長さ弐丈の代銀何程と問 ○答曰代銀七匁五分

術ニ曰壱尺六寸と長弐丈とかけ合三拾弐尺を法とし
やしてひろさ八寸と長二丈とかけ合十六尺を実とし
て法をもって実をわれば絹の数とかくれば
代銀七匁五分となるなり

三拾弐 法と為	壱尺六寸
十六 実と為 圖	壱尺六寸

○又術ニ曰ひろさ八寸と長さ弐丈とかけ合十六尺に拾匁をかけ百六十を實として別に壱尺六寸と弐丈とかけ合三拾二尺を法として實をわれば代銀七匁五分としるなり

二廿

木壱本ニ付壱匁五分づゝにして七十八本の代銀何程と問

○答曰百十七匁

術ニ曰壱匁五分よ七拾八本をかけ合代銀百十七匁と知ル之

○こゝは第一の圖と同じなり

三廿

六寸角乃三ろう木壱本ニ付代銀七匁五分づゝのとき壱尺弐寸角の三ろう木何ほどと問

○答曰三拾目

術ニ曰六寸と六寸をかけ合卅六を法として別に壱尺弐寸と壱尺弐寸とかけ合百四十四を實として法をもって實をわれば四となる也 四に七匁五分をかくれば三拾目となるなり

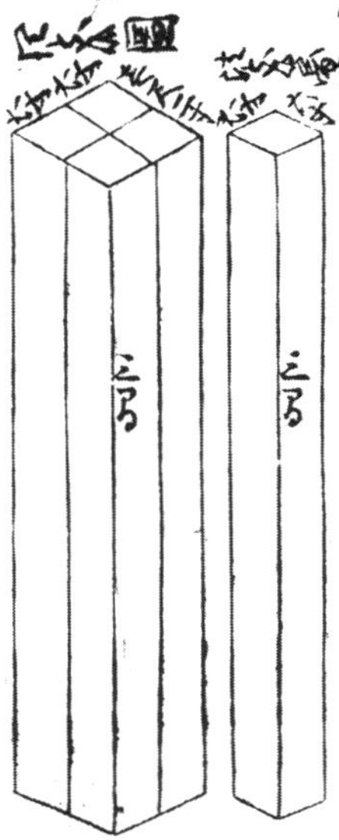

四冊

○又術曰たて八寸弐寸をうけ合百七拾二にかけて又七匁五分をうけ法数を実として割る也又二寸を乗合三十六にかけ実を割ば九匁と知る

二寸角のたて木拾六本を五りの代銀二拾弐匁のとき今八寸角のたて木六本の代は二寸角の何ほどにしてなるぞと問

○答曰九拾六匁

術曰二寸をかけて再うけ合法数小又たて木をうけ合弐百にかけよ拾六本をうけ三八八にかけ法にて割よ八寸をかけて再うけ合法数よたてをうけ合たて九二にかけ又六本をかけれバ八十一匁にかけ実として法をもつて割ば三にかけ九二匁をうけ損得九拾六匁をしる也

○亦術曰八寸をかけて再うけ合たてをうけ又六本をうけ合をうけ法数よ三拾弐匁をうけ実として割は二寸をかけて再うけ合

○二寸角のたて木の積三八に一尺

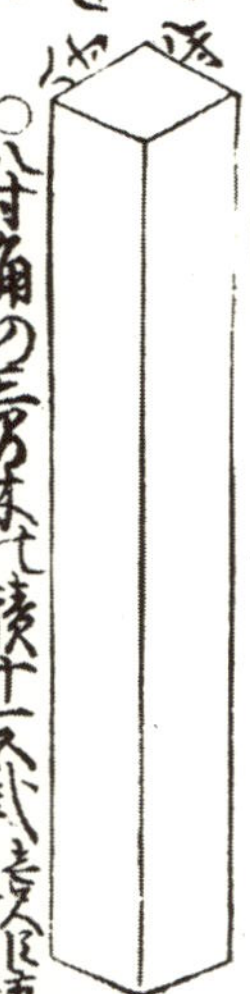

○八寸角のたて木の積十一尺

たてる法数うけ又十六本をうけ合法数を法として実を割れば九拾六匁となるなり

五冊

雑木百貫目に付代銀八匁五分ずつの時今木子五百貫目の代は何程ぞと問 ○答曰百弐拾七匁五分

術曰子五百貫目に八匁五分をかけれバ代銀百弐拾七匁五分と知る也 ○是第一の器と同意なり

六冊

雑木子五百貫目の代銀百弐拾七匁五分のとき今木百貫目代銀何程ぞと問 ○答曰代銀八匁五分

術曰百弐拾七匁五分を子五百貫目にて割ば百貫目の代銀八匁五分と知る

七冊

雑木百貫目に付代銀八匁五分の時今銀百弐拾七匁五分は木何程ぞと問 ○答曰子五百貫目

術曰銀百弐拾七匁五分を八匁五分にて割ば子五百貫目と知る

○第六十六二十七とも第二十十より 往源術なり

八冊

雑木百貫に付銀拾五匁の時今木七百八十貫の代銀何程と問

一
米麦合拾五石の代銀五百目なり
米壱石ニ付代銀四拾匁麦壱石ニ付廿匁
の相場にして米麦何程ぞと問
○答曰 米拾石 麦五石

米麦合十五石
三百目引分
麦五石
差二十匁
弐百目実
米十石

第三 差分 十五問

三百六十束を[illegible]
[illegible]
[illegible]
[illegible]
拾五匁と[illegible]代銀三拾目と知るべし
○亦術ニ曰三尺を[illegible]合五百束を[illegible]又拾五匁を[illegible]
[illegible]実として割ば弐尺八寸を[illegible]合又三百六十束を[illegible]
[illegible]を法として実を[illegible]代銀三拾匁と知るなり

三尺
さ

一四
実弐尺八寸繩にして三百六拾束乃代銀拾五匁のときに今ここに三尺[illegible]
めして五百束の代銀何程ぞと問
○答曰代銀二拾目
術ニ曰弐尺八寸を右に乗じ合[illegible]

[illegible]
弐尺八寸
さし

此積三百六十束
[illegible]
法なり

十四
雑木百本ニ付代銀拾五匁の時今銀百拾七匁にて本数何程ぞと問
○答曰七百八拾本
術ニ曰銀百拾七匁を十五匁で割ば雑木七百八拾本と知なり
○第三十九ハ十四を第三十一ニ化
還源術なり

九十
雑木七百八十本の代銀百拾七匁乃時百本ニ付代銀何程ぞと問
○答曰 百本ニ付 代銀拾五匁
術ニ曰百拾七匁を七百八十本にて割バ百本ニ付代銀拾五匁と知るへし
○是第一の問と同じなり
○答曰代銀百拾七匁
術ニ曰米七百八十石に銀拾五匁をかくれバ代銀百拾七匁と知也

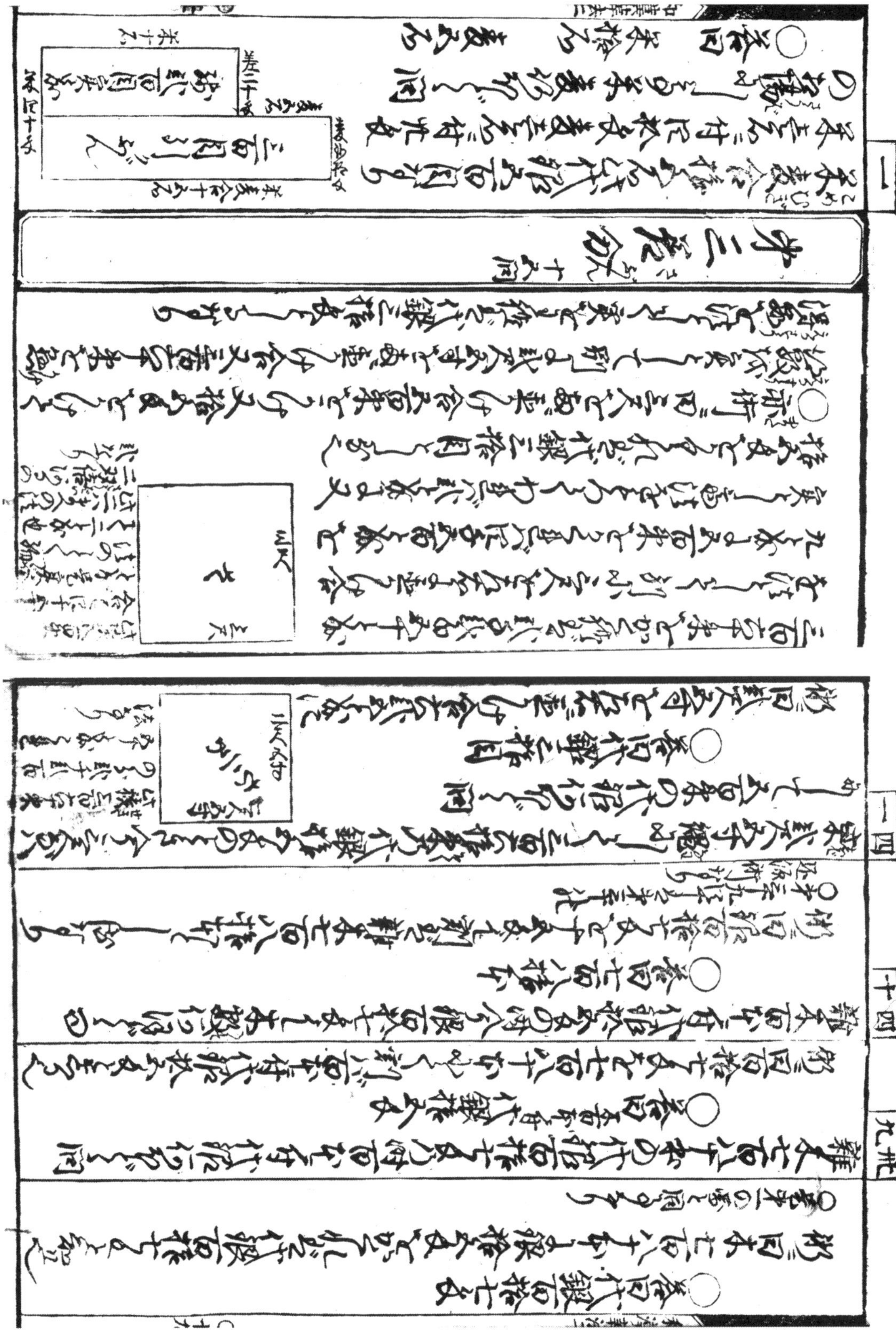

二

術曰銀五拾文の内弐拾文を引残り弐十文ハ米麦乃差ひ
是を法として別に麦の代弐拾文に拾五石をかけ合三百目
となる又五百文乃内より引残り弐百目を実としてわる
割れば米拾石となるなり
○亦術に曰に拾文の内弐拾文を引残る十文を法として亦十文
に拾五石をかけ合六百目となる内五百文を引残百目を実とし
て法にてわれば麦五石と知るなり

鶴亀合拾弐あり足数合三十八鶴ハ弐足亀ハ四足なり各
何程ぞと問
○答曰　鶴五羽　亀七疋
術曰亀四足の内鶴弐足を
引残り差二足を法として別に
亀四足に拾弐をかけ合四十
八となる内三十八を引残十となるを

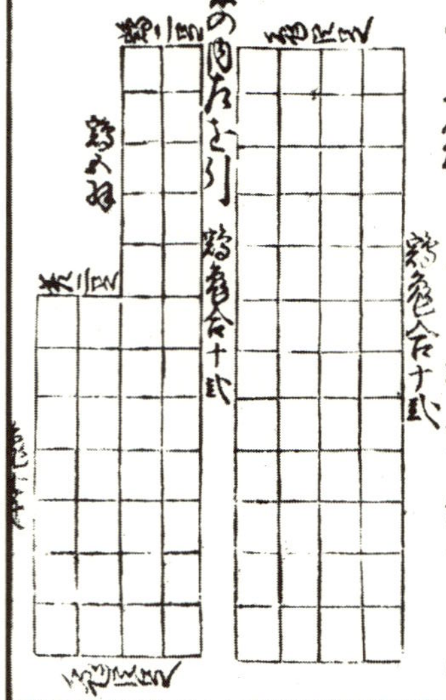

三

実としてのりをもつてわれバ鶴
五羽としるなり

十二乃内を引ば亀七疋と知なり
○又術に曰鶴亀の足数の差弐足を法として別に鶴の弐足に十二
をかけ合廿四となるを三十八のうちより引残り拾四となるを実として法を以て
わればく亀七疋と知る又十弐の内より引残鶴五羽としるなり

牛駑馬あり牛ハ日に十里行駑馬ハ十五里なり牛を先へやりて
三日ありて行ば何日に追付と問
○答曰六日に追付
術曰牛の行十里と駑馬の行拾五里
乃内牛の行十里を引残り五里を
法として

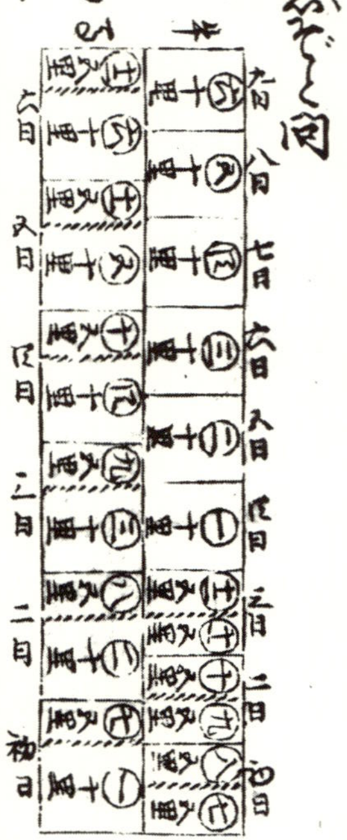

別に牛の行十里に三日をかけ合三十里となるを実として法をもつて
われば六日と知るなり

四

銀六貫四百九拾弐匁五分有て麦(むぎ)と大豆と買(かふ)麦ハ壱石ニ付六拾匁
大豆ハ壱石ニ付弐拾五匁なり麦壱石買時(かふとき)ハ大豆弐石五斗買ほどあり
ゆへ各(おのおの)何程ぞと問

〇答曰　麦五拾三石
　　　　大豆百三拾弐石五斗

麦壱石ニ代六拾目
大豆弐石五斗ニ代六拾弐匁五分

術曰麦壱石ニ六拾匁をかけ合六十匁となる又大豆弐石五斗ニ
弐拾五匁をかけ合六拾弐匁五分となる合て百弐拾弐匁五分を法として銀
六貫四百九拾弐匁五分を割ば麦五拾三石となるこれに大豆弐石五斗
をかけ百三拾弐石五斗となる是大豆の高なり

五

金百弐拾両を上下ゟ配分(はいぶん)するに上よりハ下へ弐拾両減(へり)わたる
各(おのおの)何程と問

〇答曰　上七拾両　　下五拾両

術曰金百弐拾両の内へ弐十両を加(くはへ)
百四拾両となるを実として上下の二ツをもつて割ば上七拾両となる内

上下の二ツに分ル	
十両	十両
十両	十両
十両	十両
十両	十両
十両	十両
十両	十両
十両	十両

上七十両　下五十両

六

弐十両引バ下五十両となる也

〇亦術曰百弐拾両の内弐拾両を引残百両を実として上下
の二をもつて割ば下五十両となる内へ上七拾両となると知べし

金弐百四拾両を上中下に配分のことく弐拾両宛(おとし)あふに
上中下各何程ぞと問

〇答曰　上　百両
　　　　中　八十両
　　　　下　六十両

上中下の三ツに分ル		
十両	十両	十両
十両	十両	十両
十両	十両	十両
十両	十両	十両
十両	十両	十両
十両	十両	十両
十両	十両	十両
十両	十両	十両
十両	十両	十両
十両	十両	十両

上百両　下六十両

術曰上と中の差(さひ)弐十両を倍(ばい)して四拾両となる内へ中と下の差
弐拾両を加へ共に六十両となるを弐百四拾両の内へ加へ三百両となるを
実として上中下の三をもつて割ば上百両となると知れ内弐十両引
中八拾両となる内弐十両引下六拾両となるなり

七

銀九貫百五拾目を上中下ゟ配分(はいぶん)するに下より中ハ二割半
増(まし)又中より上へも二割半増してそのく何程づつと問

〇答曰上三貫七百五十匁　中三貫目　下弐貫四百目

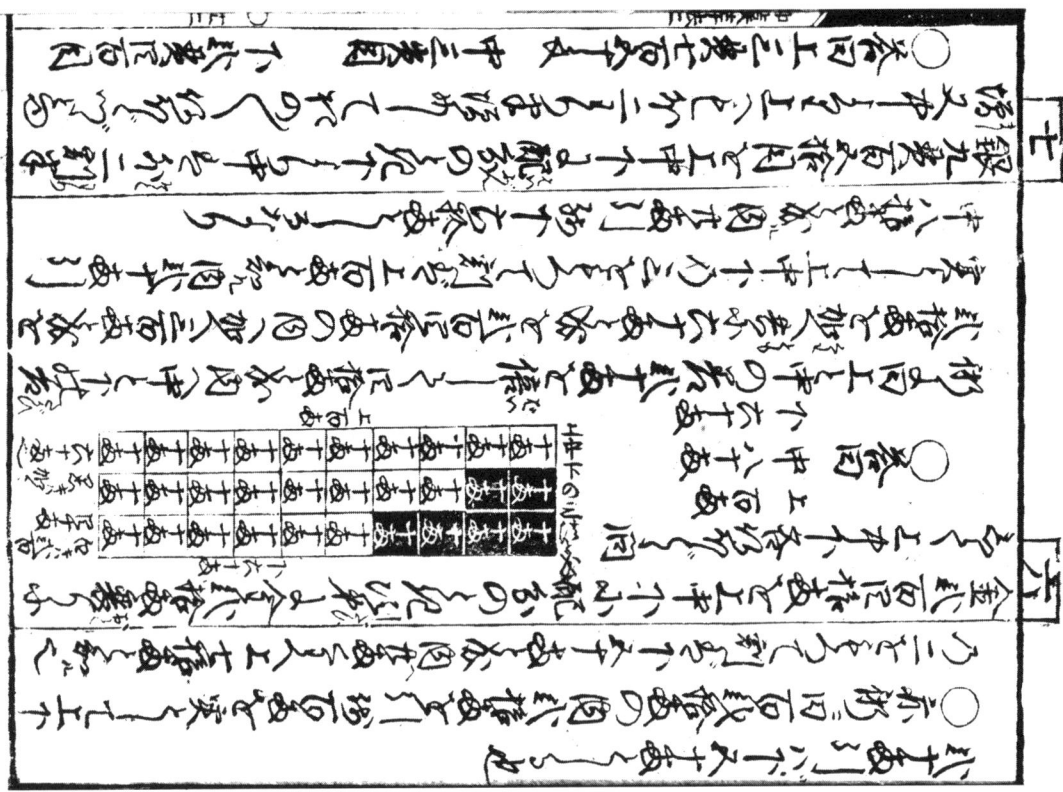

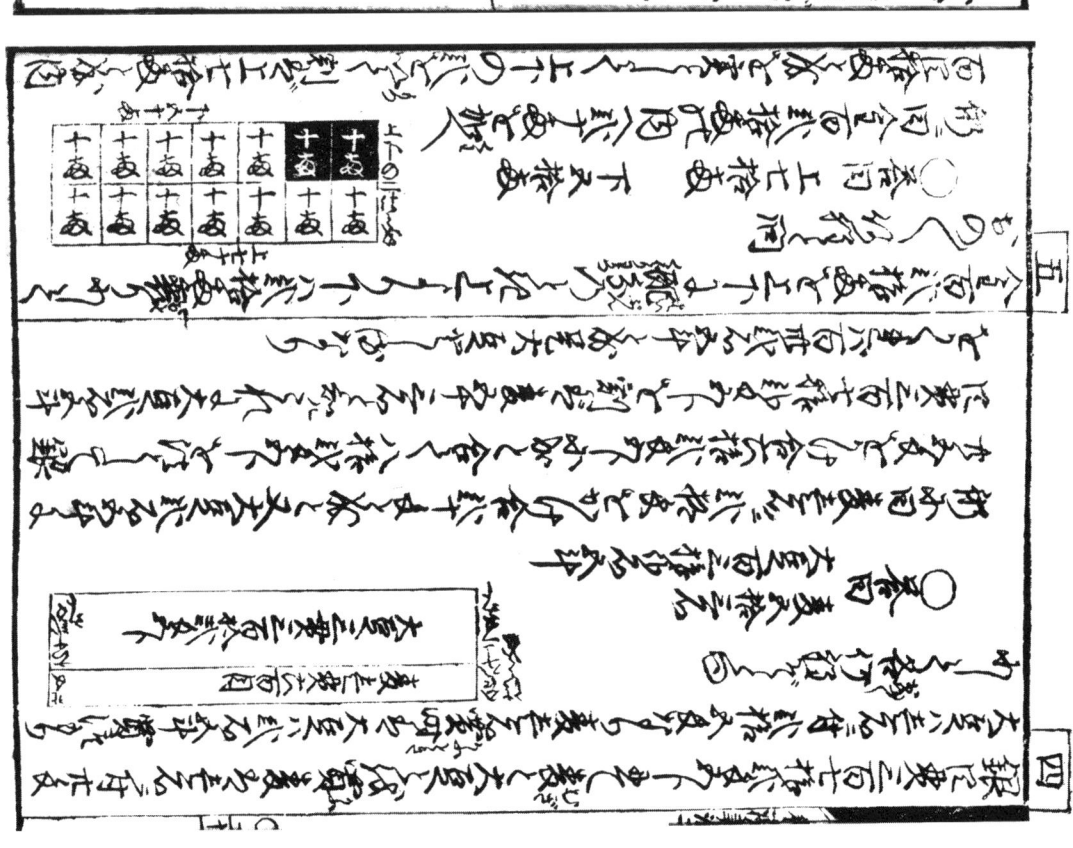

術曰一と五割の半分を加へ壱と弐分五厘を九と見、五割少なき配分の法を壱と定、これを九ツと見て合壱と弐分五厘と九を中の配分銀の法と定め又是を九ツにして合壱と六分九厘を上の配分銀の法と定右上中下此法合三ツ八壱六九を以て銀の惣貫目を割て下の銀弐貫百目と知る是に壱と弐分五厘をかくれば中の銀と知るこれに又壱と弐分五厘をかくれば上の銀と知る

上中下の法合三八一六九

八

米千百八十石を上中下三組へ配分す上より中へは内秩割中より下へは内三ツ割減る也各いかほどづつと問

○答曰　上五百石　中四百石　下弐百八拾石

術曰上の法を壱と定別に上の法八分をかけ合

八分を中の法と定め是に八分をかけ合六分四厘を下の法と定め右上中下の法合弐と四分四厘を以て米千百八十石を割て上の米と知る是に八分をかくれば中の米是に又八分をかくれば下の米と知る

九

米壱万九千弐百九十六石を東南西北の四組へ配分の事東壱組の人数三百五拾人南壱組の人数弐百五拾人西壱組の人数八百人北壱組の人数なり東壱組より南壱組は壱人に付弐割減西壱組八壱人に付弐割増北壱組は西一組より壱人に付内三ツ割減る各いかほどづつと問

○答曰　東壱組に四千弐百石　南壱組に弐千四百石　西壱組に八千八百八拾石　北壱組に三千八百拾六石

術曰東壱人の配米一と五三石

東南西北四組の法合

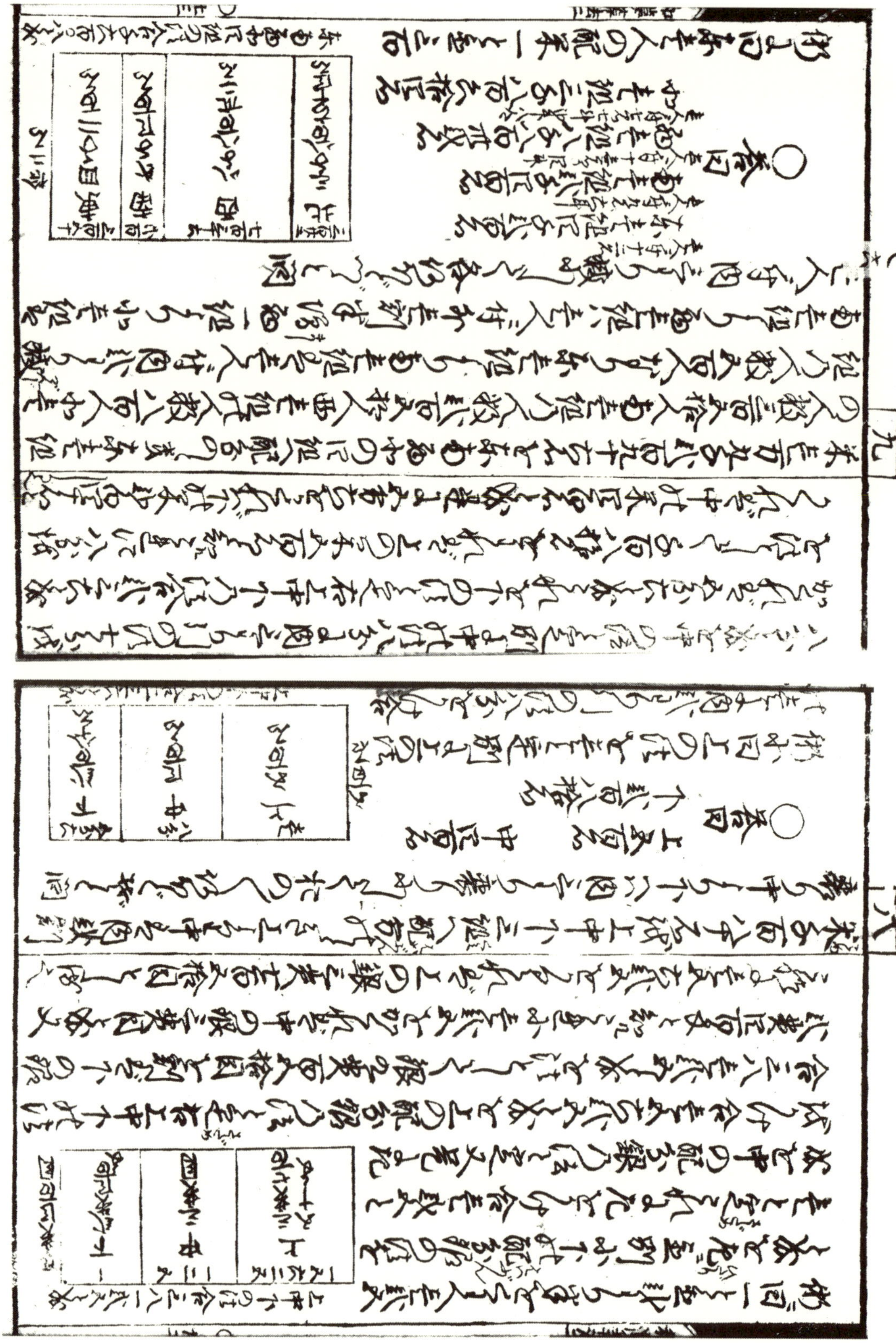

十

又拾人にとりけ合三百五十と成を常壱組の法と定め弐百五十人を以て内
二ツ引の法八分をとりけ合弐百と成を通壱組の法と定め八百人を以て九分
弐内二ツ引の法二二ツ引の法八分とわり二ツ引ばとりけ合知れなりをかけ合七百二十六と成を両壱組の法と定
八百人に六分九分二ツ内三ツ引法六分をとりけ合知るをとりけ合三百六十と成を小壱組の
法と定め右常通両小の四組の法合千六百令八と成試法と定む
壱万九千弐百九拾六石を以て是を常壱人の米拾弐石と定め
是に八分をとりけ通壱人の米九石六斗と成又これを九分弐を
とりけ両壱人の米拾壱石合四斗と成又是に六分四をとりけ
小壱人の米七石七斗弐升八合と知れ○卅拾弐石に三百五拾人
をかけ合常壱組の米四千弐百石と成○九石六斗に弐百五十人を
かけ合通壱組の米弐千四百石と成○拾壱石五斗四升に八百人を
かけ合両壱組の米八千八百弐拾石と成○七石七斗弐升八合に五
百人をかけ合小壱組の米三千八百六十四石と成なり

銀弐十四貫六百目ゆへ米（こめ）麦（むぎ）大豆（まめ）小豆（あづき）を右等分にして賞…

十一

米壱石に付四拾文麦壱石に付廿五文大豆壱石に付弐拾八文小豆
壱石に付三拾目づゝにして各何程と問

○答曰 米 麦 大豆 小豆 各弐百石

米代銀八貫目　麦代銀五貫目
大豆代銀五貫六百目　小豆代銀六貫目

術曰置米四拾文麦廿五文大豆廿八文小豆三十文右を合百
廿三文を法として銀弐拾四貫六百目以
割弐百石と知る米壱石の代四拾文をかく
れば米の代銀八貫目と成○弐百石に麦
壱石の代廿五文をかくれば麦の代銀五貫目と成○弐百石に大豆壱
石の代廿八文をかくれば大豆の代銀五貫六百目と成○弐百石に小
豆壱石の代三十文をかくれば小豆の代銀六貫目と知るなり

米麦大豆小豆

米	八貫目	四十文
麦	五貫目	廿五文
大豆	五貫六百目	廿八文
小豆	六貫目	三十文

合百廿三文

入子算又一つあり代銀合五拾五文ある是を大より小までの差三文づゝ
かじきにして右のくなる何程づゝと問

○答曰（大）拾七文　㊁拾四文　㊂拾壱文　㊃八文　（小）五文

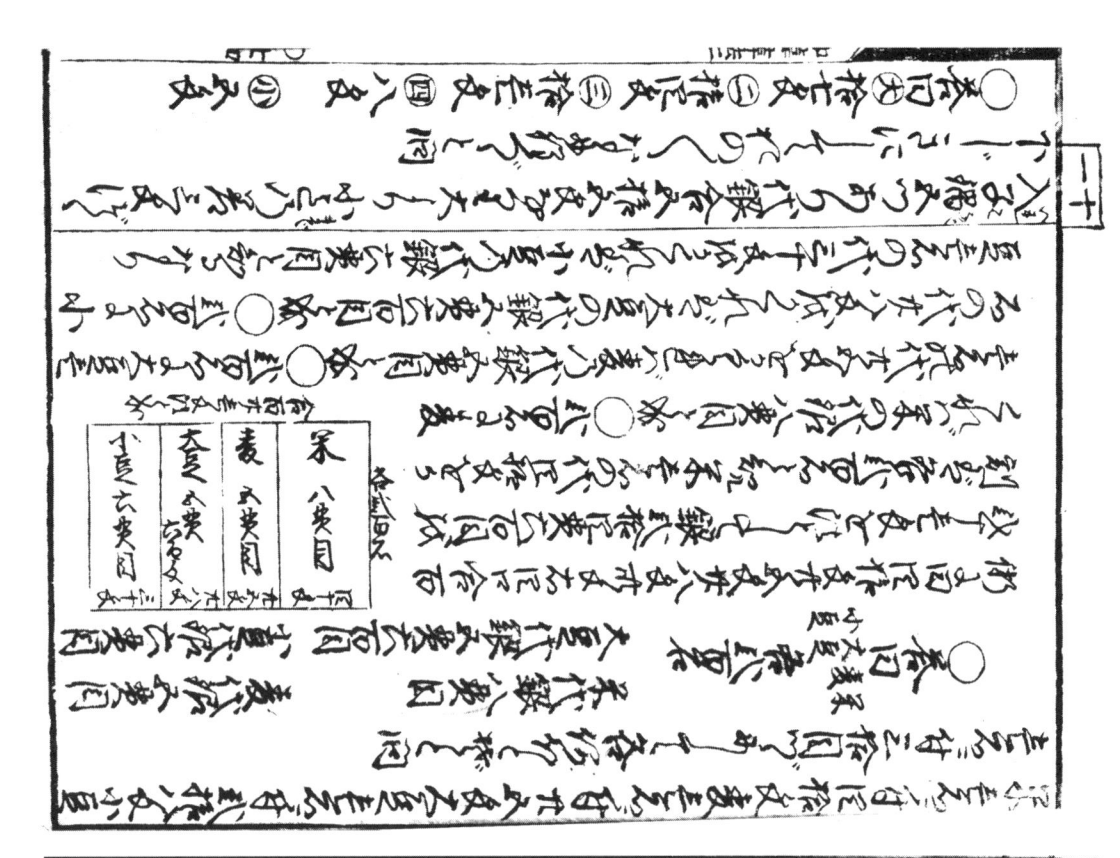

二十

術に曰入子五つの間を一つ引
残つを四つにかけ九を加を
すゝめしく十を加へ差三文
となれば三拾目を加へ五十五文の間引割
弐十五文残として入子五つめてかければ小
端の代銭五文と知れ是にて小三文づゝくれのくを知るなり

小	四	三	二	大
五文	五文	五文	五文	五文
	差三文	差三文	差三文	差三文
		差三文	差三文	差三文
			差三文	差三文
				差三文

入子五つ法とす

〇檜渡入用銀合壱貫百弐拾目合八分を五町より右にて北檜渡
町より二町目八間をもつて割り二町目より三町目に間を一丈五分
残り三町目より四町目に間を取りけり四町目より五町目八間二
より引分して各何程ぞ

〇答曰
檜渡町　三百文
二町目　弐百七十文
三町目　弐百五十九文五下
四町目　百八十三文五下
五町目　百三十七文七下

術に曰檜渡町の割銀をもつて差を以て間をもつて割りの法九合減

一	九分	七分五	六分三	九分ノ五

合三七三六法とす

三十

かけ合九分と加を二町目の法とこれは間をもつて五分減の法
八分五をかけ合七分五を加を三町目の法となる是小間数より下り
の法八分をかけ合六分を弐と加を四町目の法と定是小又間二
よりみおく引の法七分五厘かけ合四分五を加を五町目の法と定
右五町の法合三七三六と加を法として銀壱貫百弐十文合八分を割
まとめて檜渡町の銀三百目と加へ是を九分をかければ二町目の銀
弐百七拾目と加へ又これを七分五をかけ三町目の銀弐百五十九文五下と
知るこれを六分三をかけ四町目の銀百八十三文五下と加へ
又九分五をかければ五町目の銀百三拾七文七下とわかるなり

〇兄弟五人の年数合九十あり
まへ八つづゝすへ年少しく
年数は弟まで同じなり各何
何ほどと問

〇答曰惣領二十八

年数術の図

末弟	二	三	四	惣領
十二	十二	十二	十二	十二
差三	差三	差三	差三	
差三	差三	差三		
差三	差三			
差三				

合五人法とするなり

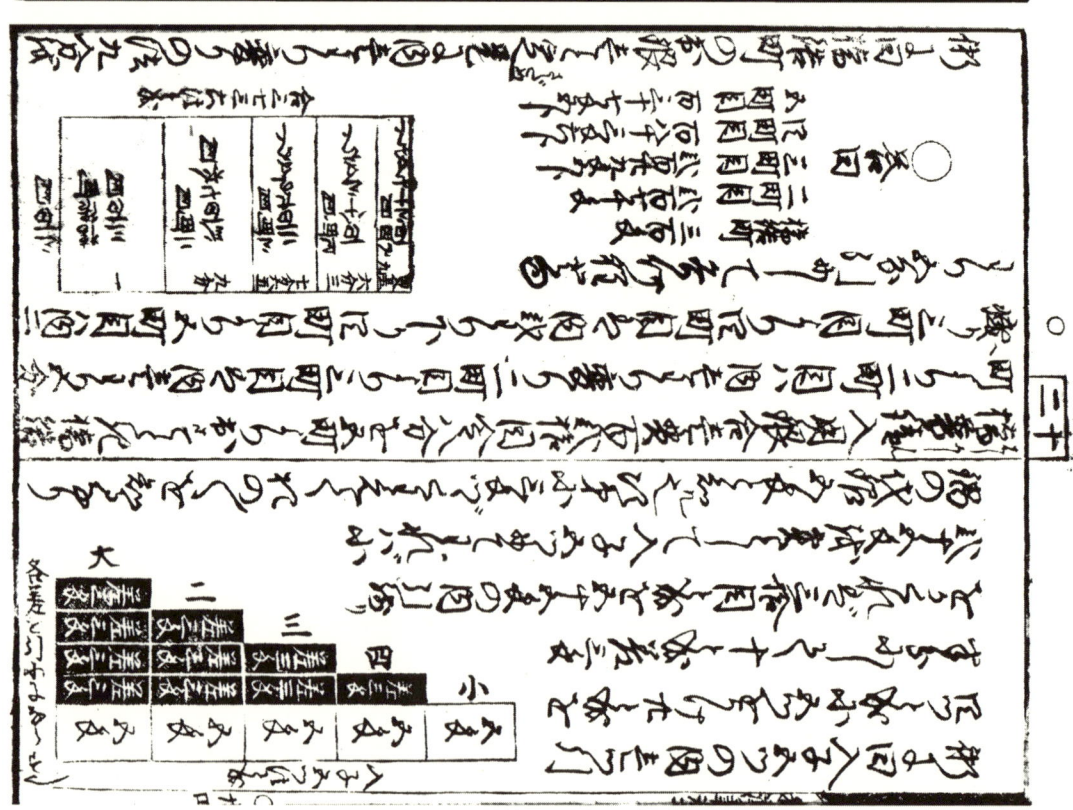

㊁二十一　㊂十八　㊃十五　末子十弐

術に曰年数九十を倍して百八十と成を実として五人にて割れば

三十六と成（これ惣領と末子の年数なり）又是を五人にて割れば惣領

の年数九ツと成なり内末子の十二（惣領の末子十二年なり）を引残る廿四を五人の内

引なりとつて割て年数并の差

三引は惣領九ツの内三引ば㊁廿才

末子と成内三引て㊂十八と成

㊃十五と成内三引て末子十弐と知なり

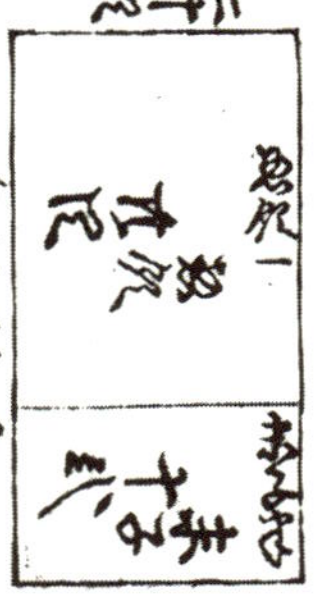

術六節あり末三節に米弐升弐合五夕本三節に米三升六合

容る此節毎の米同じからず

各何ほどづゝ

○答曰

㊀米三升三合五夕

㊁米三升弐合

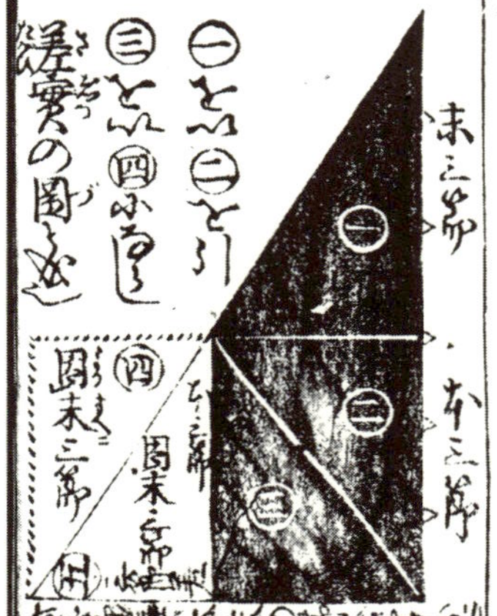

㊀と㊁と㊂と㊃はおなじ

差実の圖を出す

㊂米三升一合五夕㊃米三升九合㊄米二升七合五夕㊅米二升六合

術に曰

依圖

布算

本節をもつて末米よりけ合又末節をもつて

本米にかけ合たるを差八合八勺と成又六升七合五勺

と成る内を引残る三升六合五夕を実

として割る本末の三節を合て六節を法とし三節に

六節の内を引残る三節と末三節と成りけ合弐升七合

を法として差実を割て三合五夕と成是節毎の差也

節差を引残る弐節と本三節とけ合三升六合五夕

九合と成を七升弐合倍し六節の内へ加へ八升二合と成を実として

本節を倍して六節と成を一段ごとく実とすれば本節の米と末

三合五夕を引きて内三合五夕を併せて減て末の六節を知るなり

竹九節あり本二節に小米弐升五合末に節小米弐升六合

容る此節毎の米同じからず

○答曰㊀米三升三合㊁米三升弐合㊂米三升一合㊃米三升

㊄釆九合 ㊅釆八合 ㊆釆七合 ㊇釆六合 ㊈八釆五合

術ニ曰

伝図

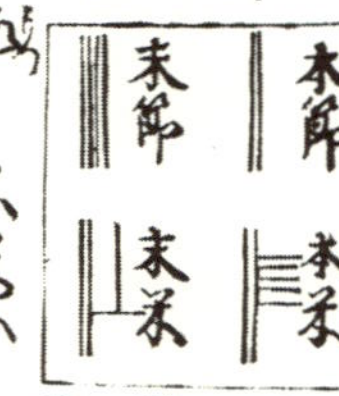

布算

㊀と㊁とニ
㊂と㊃とニ
㊄と㊅と[illegible]
答数の圖を[illegible]

㊆と㊇と[illegible]
㊈と㊉と[illegible]
㊉と㊉と[illegible]
㊉と㊉[illegible]の箇数を[illegible]

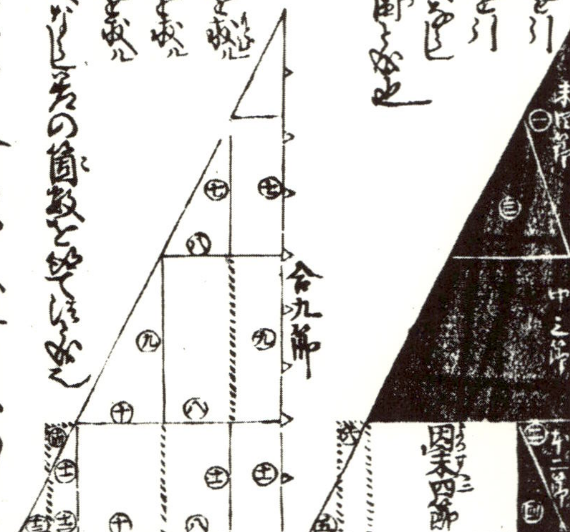

[illegible]

孝四 妙廣 十八問

[illegible]

立方ヨリ方面を天ニ立積ヲ得ル

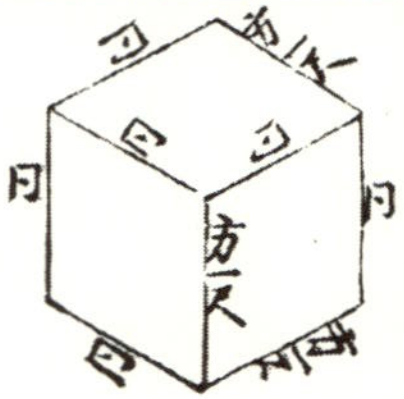

○答曰 [illegible] 寸

術ニ曰方面を天と[illegible]

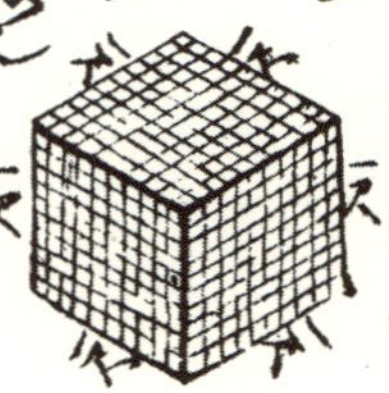

○[illegible]

○[illegible]

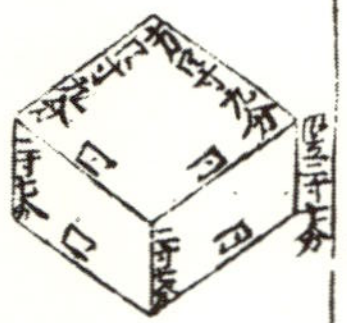

方陽立ヨリ方面は寸九分 [illegible] 寸七分

立積何程と問

○答曰六寸ニ寸八八七 [illegible]

術ニ曰方面ニ寸九分を[illegible]

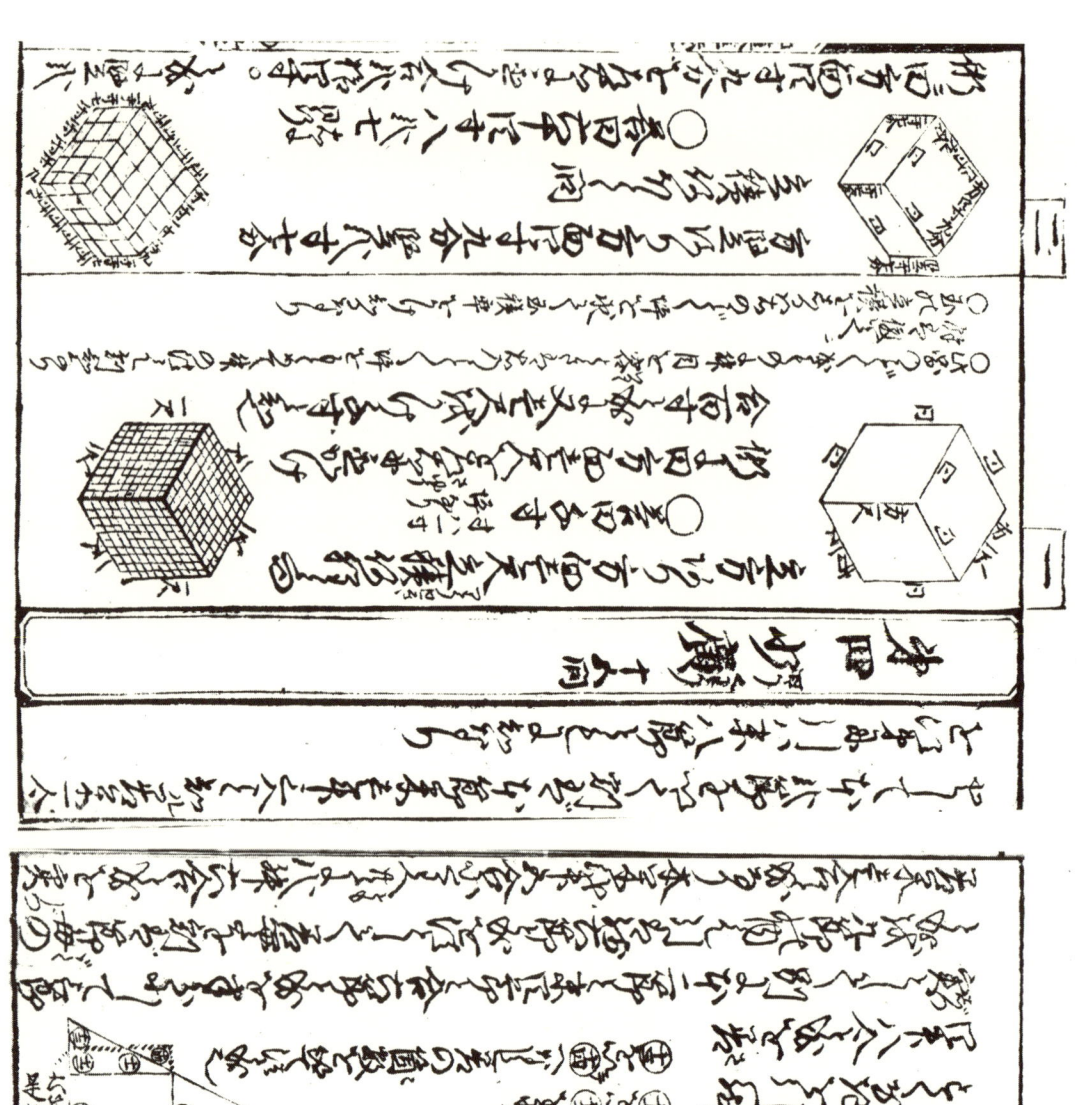

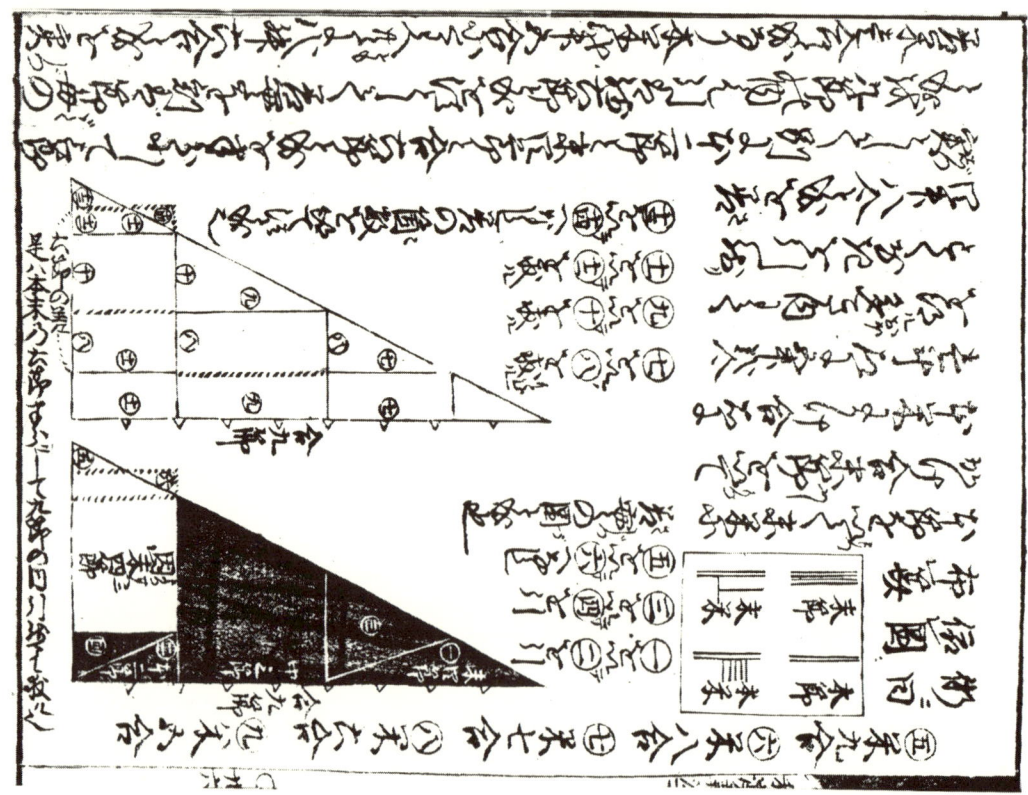

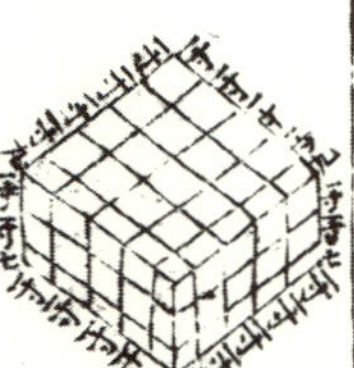

す七分とし六千に寸八分七とする也
○数字毎に弥の法は八尺八分七を乗して右のごとくして求る法なり　くはしく
もとむる事は米の法を作りとりて法と米の法は別なり

三

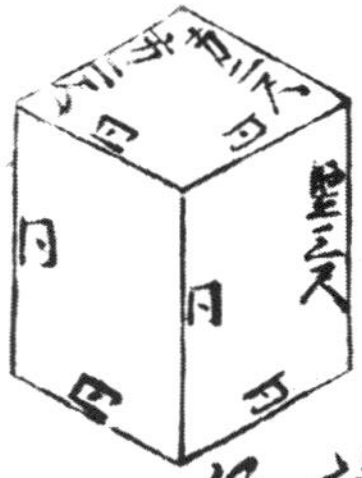

今有方堅あり方面弐尺堅三尺立積
何程と問
○答曰十弐尺　尺ハ六寸方ノ坪なり
術に曰方面弐尺を自乗にして
堅三尺をかくれば拾弐尺としるべし
○右堅の積をとる事尺右のごとく坪を求て
其積率と心得べし者なり

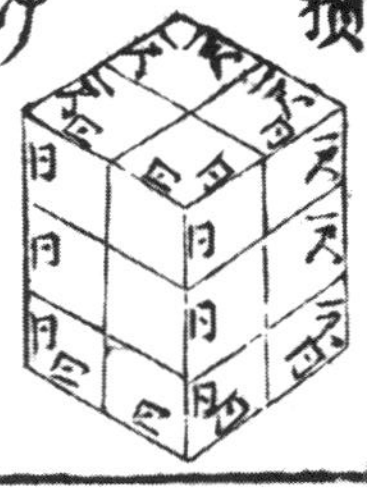

四

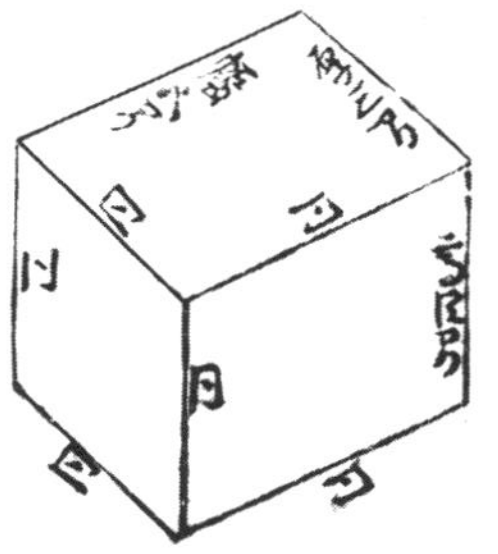

今有横堅あり堅三尺横四尺ある
高さ五尺立積何程と問
○答曰六拾坪
術に曰堅三尺を横四尺にかけ合拾弐尺となる
に高さ五尺をかくれば六拾坪としるなり

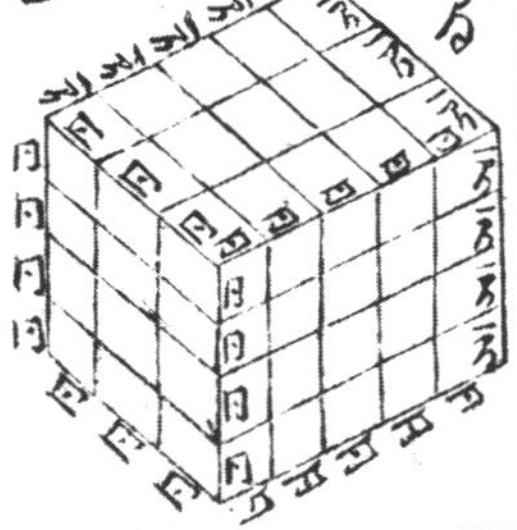

五

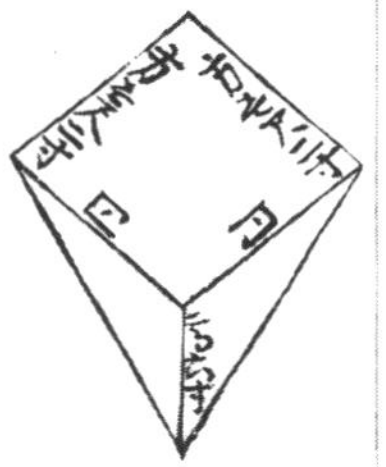

方錐あり方面壱尺弐寸高さ六寸立積何程と問
○答曰寸立積弐百八拾八寸
術に曰方面壱尺弐寸を自乗にかけ合百四拾
四寸となるを高さ六寸にかくれば八百六拾四寸となるを
錐法三にてわれば弐百八十八寸としるべし
○右錐の積を知るには右のごとく坪を求て円積率とこころうべきなり

円積二百八十八寸

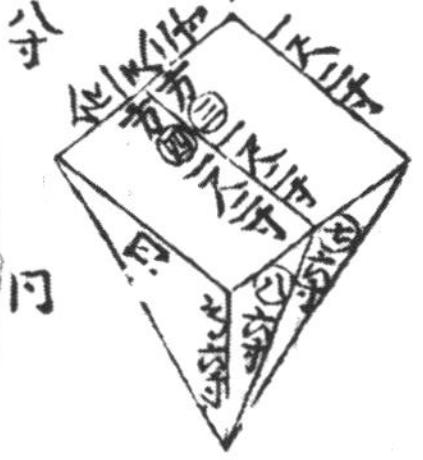

六

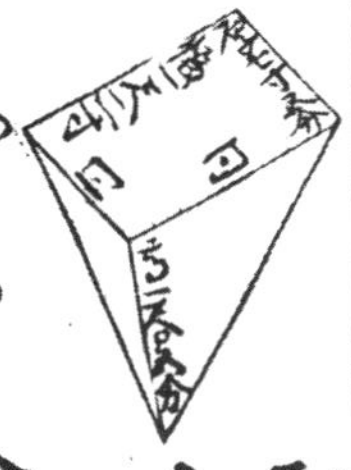

堅幅錐あり堅七寸五分幅壱尺弐寸高さ壱尺〇五分
分立積何程と問　○答曰寸立積三百拾五寸
術に曰堅七寸五分に幅壱尺弐寸かけ合九十寸
となるを高さ壱尺〇五分をかくれば九百四拾五寸となるを錐法三にてわれば

三百拾八寸となるなり

上圖九百四十六分の四坪

雑三有のゝ一寸

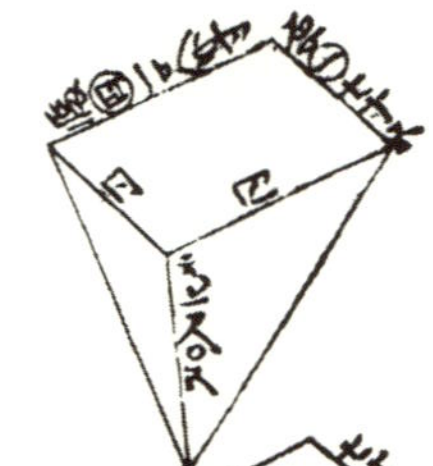

此積三百十八寸

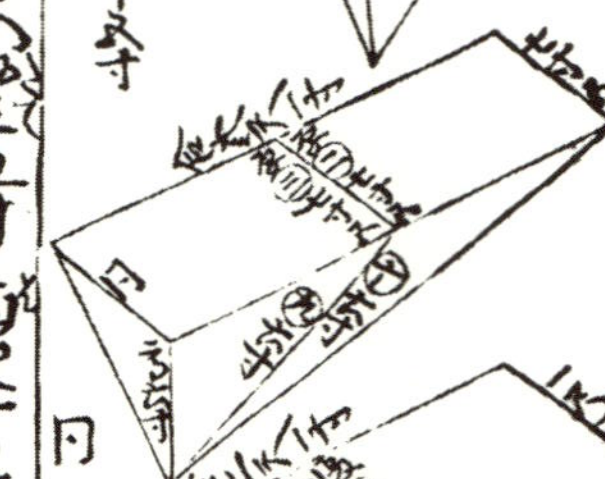

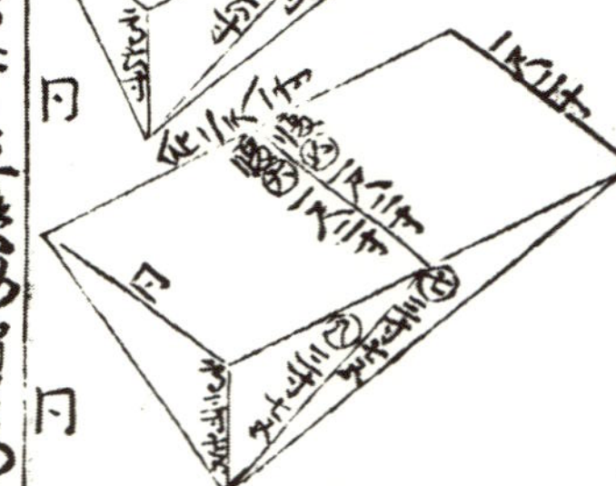

梲形あり重三寸幅壱尺堅九寸歯ほす立積何程と問

○答曰す立積百〇八寸

術よ曰幅一尺を倍して二尺に歯ほすを加へ九に

尺ほすをかけ重三寸をかけ七十二寸となる堅九寸をかくれば六百ほ十すとなる

試六ゝて割ば百〇八寸と知る

圖のごとく

雑主

二形

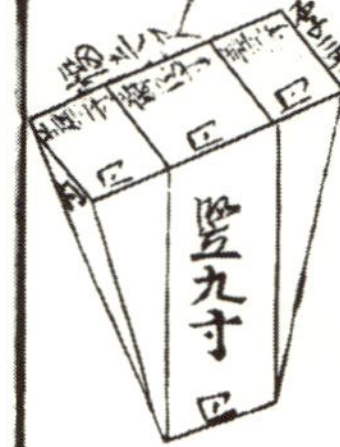

歯尽八九を六割四三十一寸

差六寸八二を六割四三寸

合テ重幅堅の一番とる形

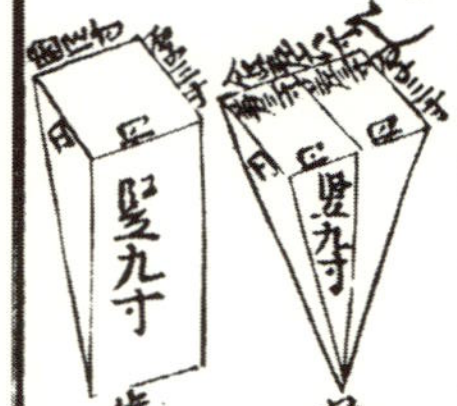

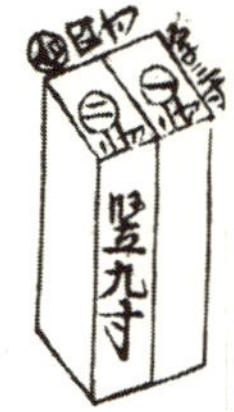

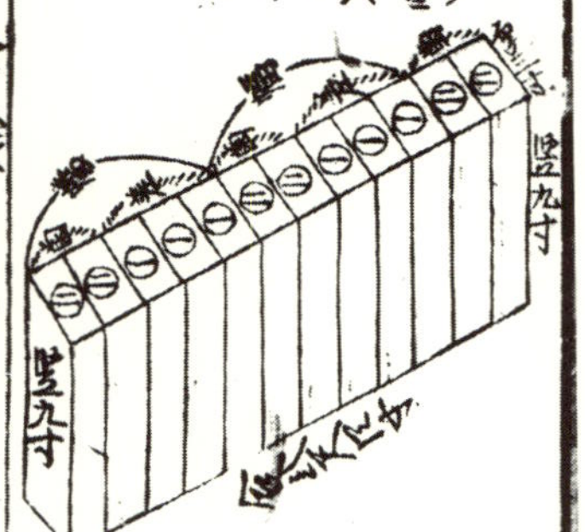

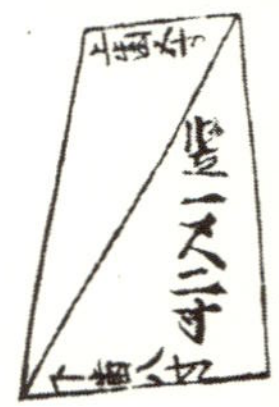

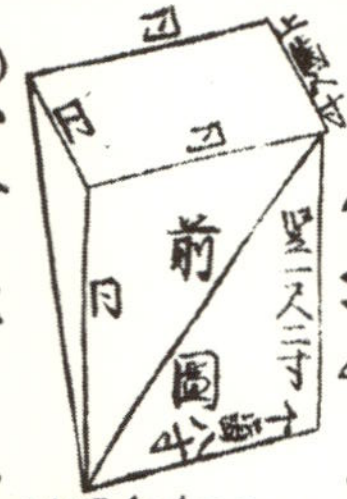

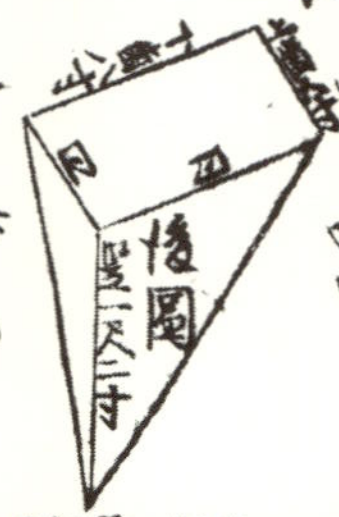

両歯広あり上歯八寸下歯八寸堅壱尺八寸立積何程と問

○答曰す立積八十寸

術よ曰上歯八寸下歯八寸を加へ壱尺六寸を倍して

堅壱尺八寸をかけ...

○右此の両歯もに重幅堅の形をかへ...

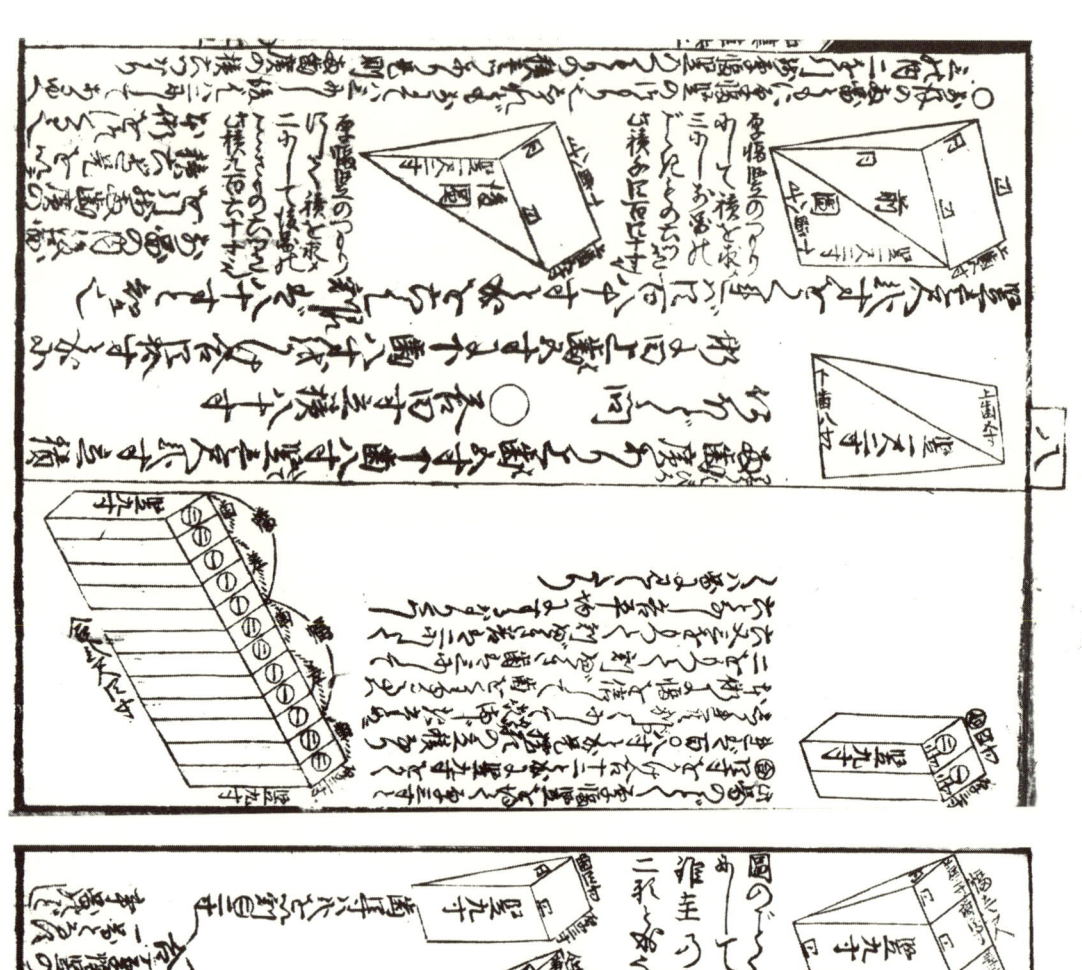

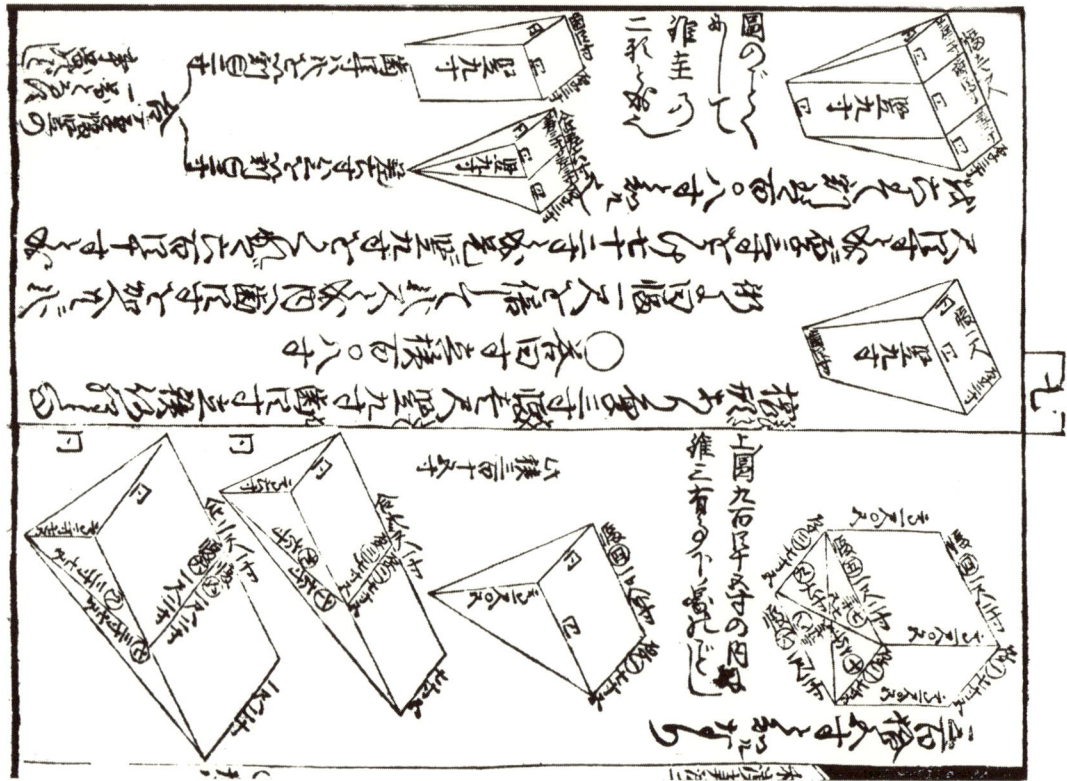

...

九

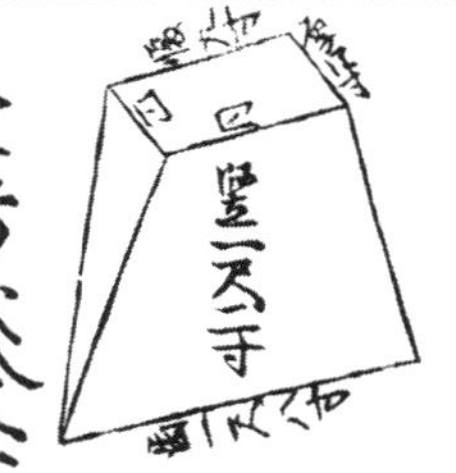

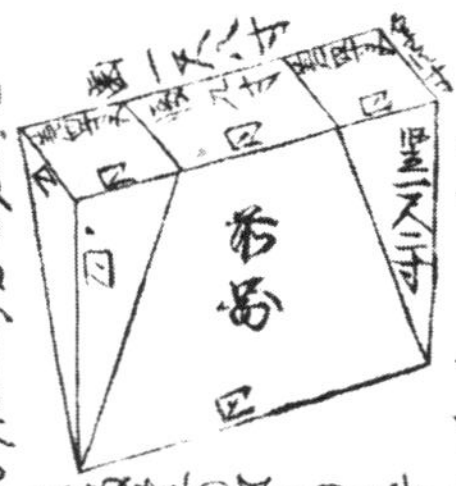

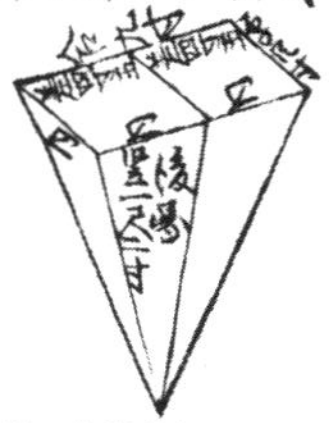

芻甍ありて長尺寸濶九寸上長一尺六寸高八寸立積何ほどと問

○答曰立積二百八十八寸

術曰濶九寸を倍して一尺八寸とし内へ長一尺八寸を加へて三尺六寸とし長尺寸と高八寸とを掛合

合七百八拾八寸となしこれを六にて除ば四百八十八寸と知也

右図乃内陽馬より此芻甍の積をしる別本術をのせるなり

○右陵の図陽馬よりも長と長をうけ合て図より三乃陽馬二を引て長堅をしる陵馬陽馬二ツとせ合する図なり○又陵形のよりかゝる図なり

十

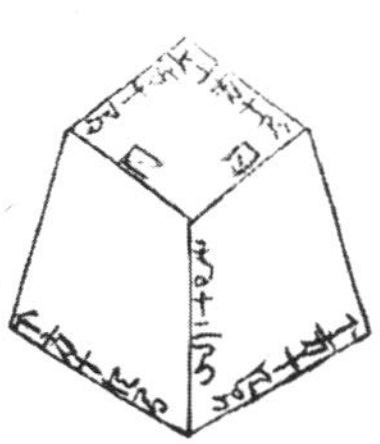

方臺あり上方十尺下方十四尺高さ十五尺積何ほどと問

○答曰二千百八十尺坪

術曰上方十尺をかけ合て百尺上方下方かけ合て百四十尺下方拾四尺をかけ合て百九十六尺

十一

右三口合四百三十六尺となし高十五尺をかけて六千五百四拾尺となりこれを三にて除ば二千百八十尺坪

此法を三にて割る事は陽馬三ツ合て方臺となる故なり

○方臺の積をさとすハ右のごとく坪を求め方臺積率をかけて知る也

上方うけ合る積の図

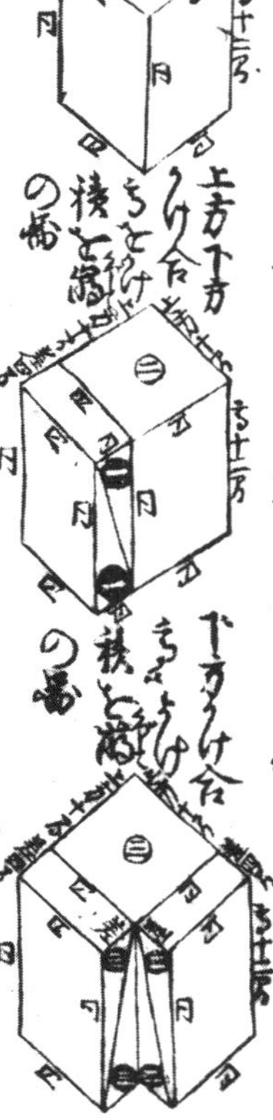

○なほ術よりつぎのハ二ツ倒して三ッ又二ツのハをかけて三にし各平均して方臺積三ツの真となし合法をえるの図なり

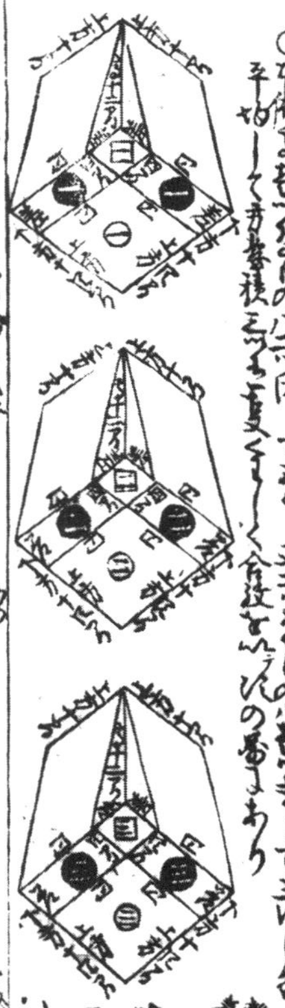

此でくちかよ三をかけてこれをまるべし

芻童あり上長十尺下長十七尺上濶六尺下濶十尺高さ八尺積何ほどと問

○答曰三百八十尺坪

術曰上長を倍して二十尺とし下長十七尺を

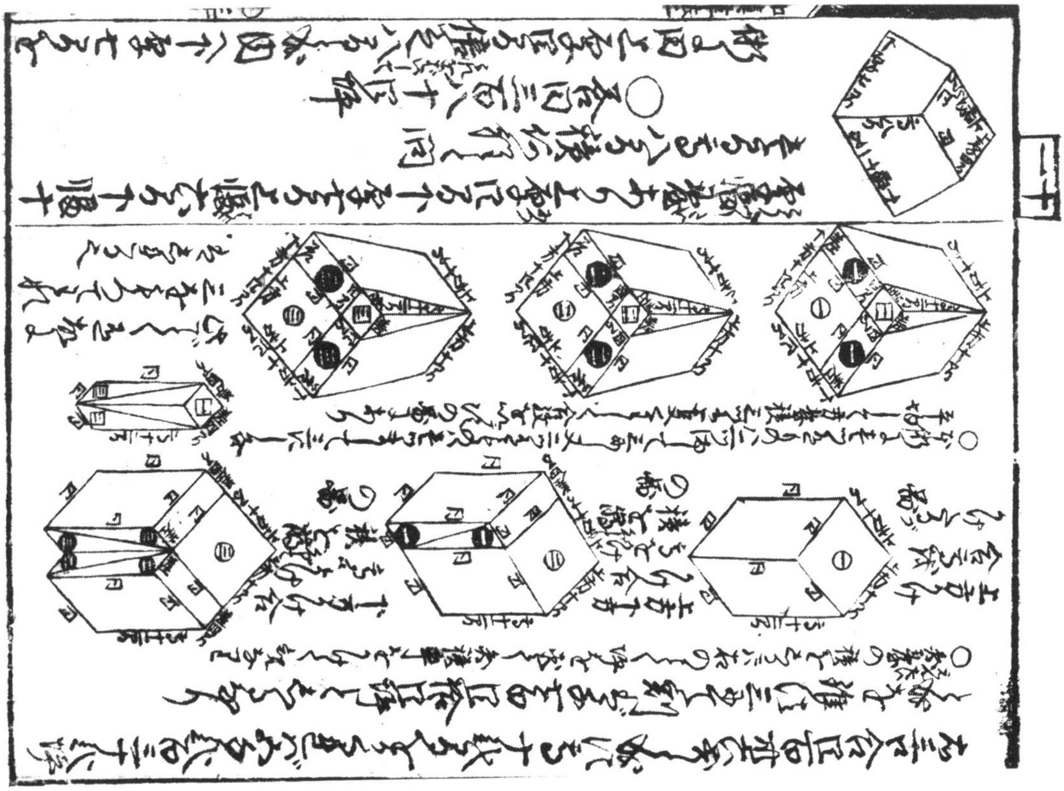

かくすゆゑに上段六ツをかけ九十六ツを又下段七ツ倍して十四ツを
な因へ三重ほろをくゑへ十八ツをぬよ下段十一ツをかけ百九十八ツを
ゟと右の九十六ツと合弐百八十八ツとなる又三ツ八ツをくわれバ弐百三百○
に倍となをたしそれバ三百八十四倍となるなり

上ツを倍して下ツを加へ上段をかけ合する一番の

かゝ下ツを倍して上ツを加へ下段をかけ合する積を求るの圖なり

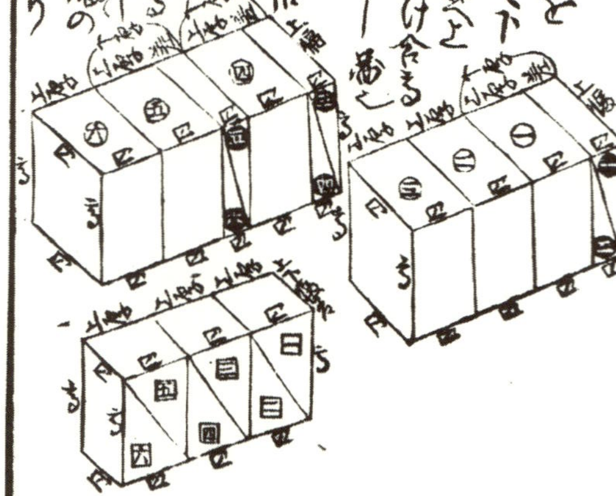

[illegible]

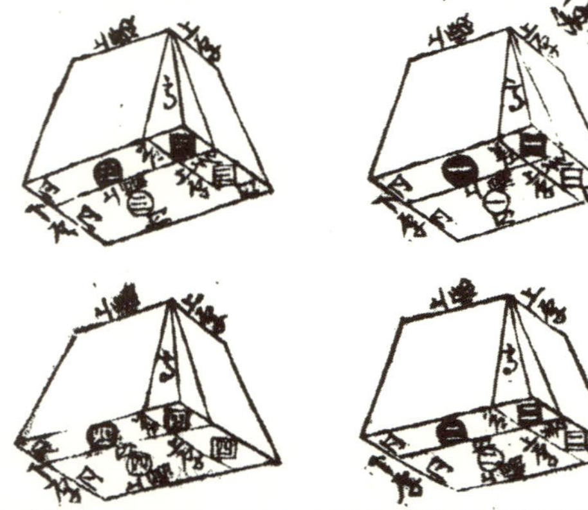

三角よ堅ゟる数あり方各五箇づゝならぶ
積何程と問　○答曰三十五箇
術よ四方五箇よ一箇を加へ六箇となし方五箇を
かけ合三十箇となし又七箇（五箇よ二箇加へ）をかけ合せば二百
十六となるを六ツで割る三十五箇となるなり

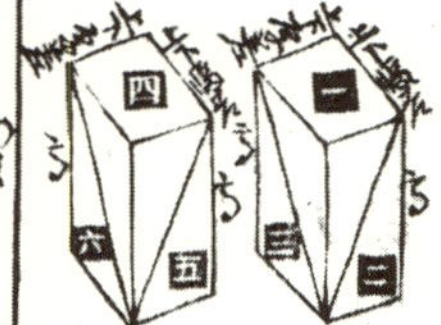

圖とゆる一して木火土金水を別よ[illegible]

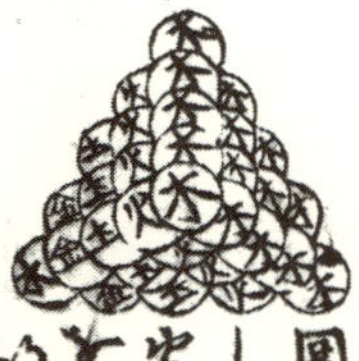

木数十五箇有

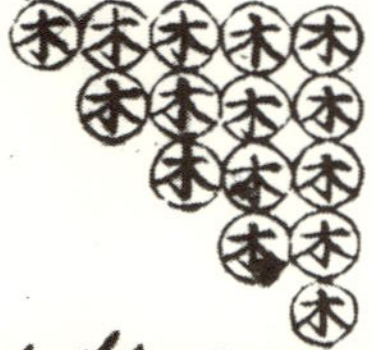

火数十箇有

土数六箇有

金数三箇有

水数壱箇也

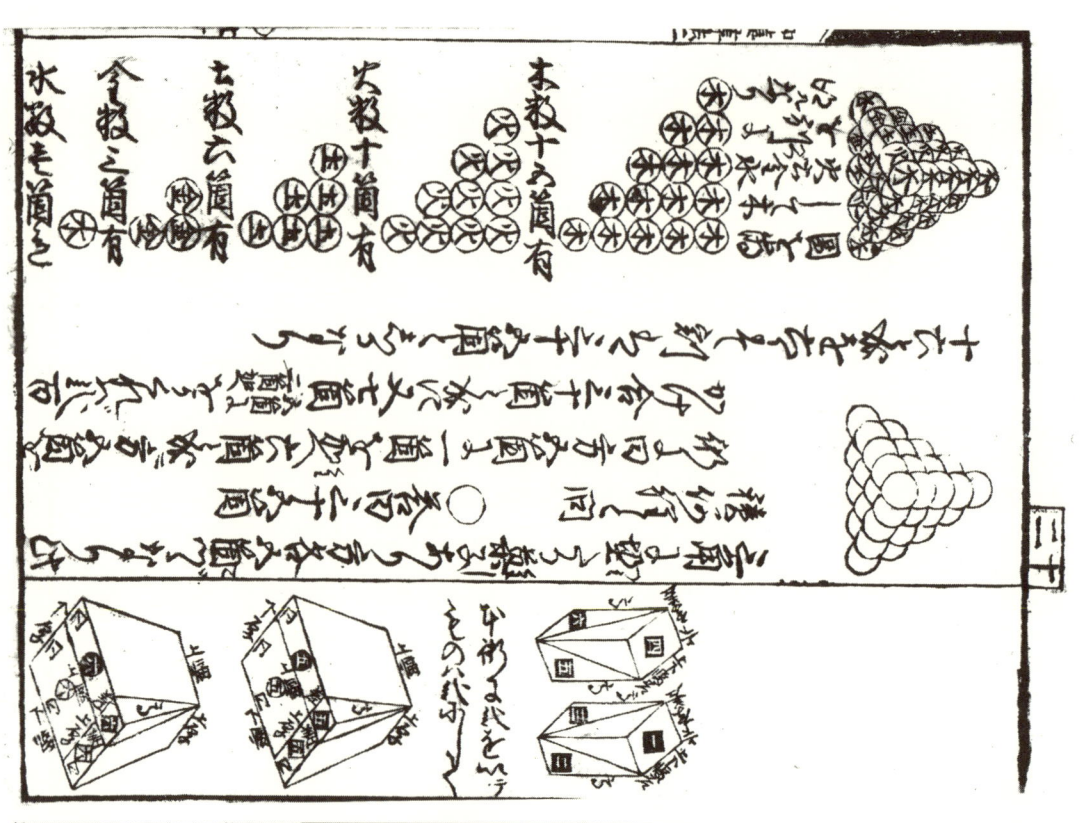

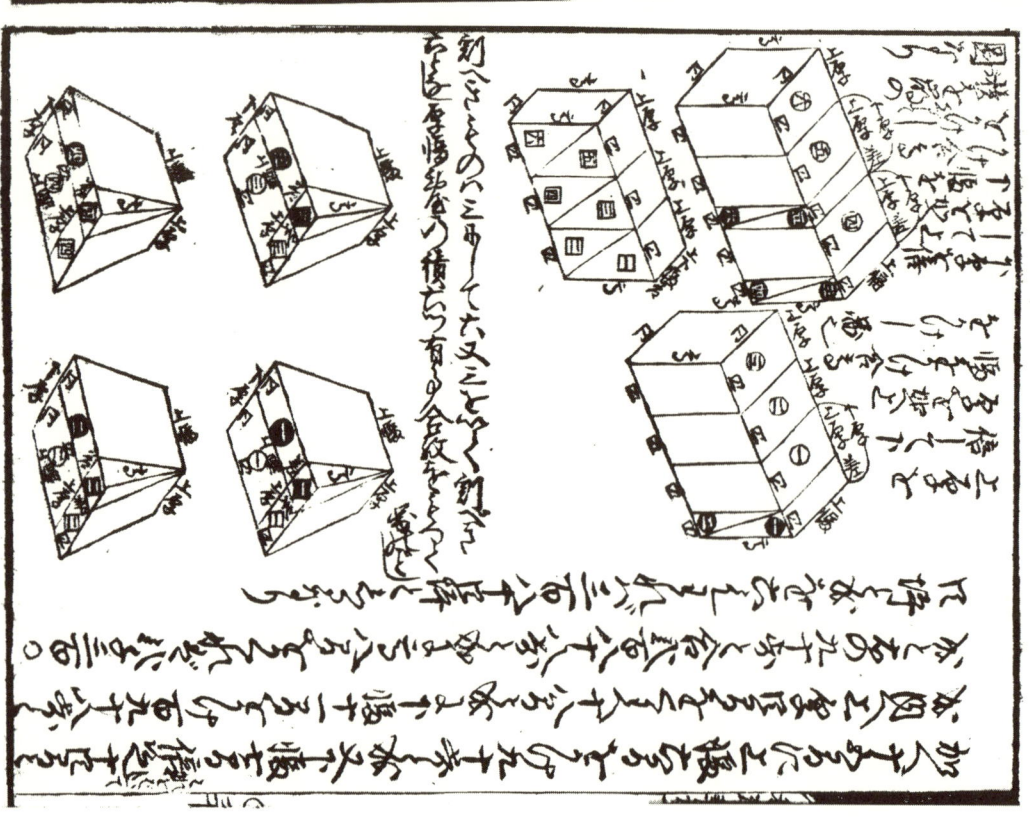

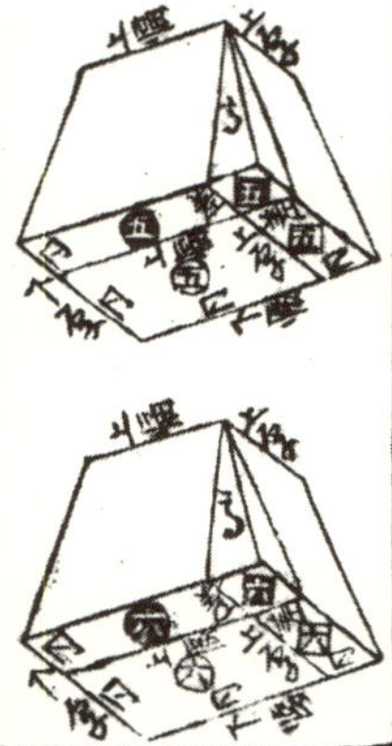

三十

圖のごとく木火土金水の各数をもつて本術に六をかけ題の答を得ると知るべし

一之圖

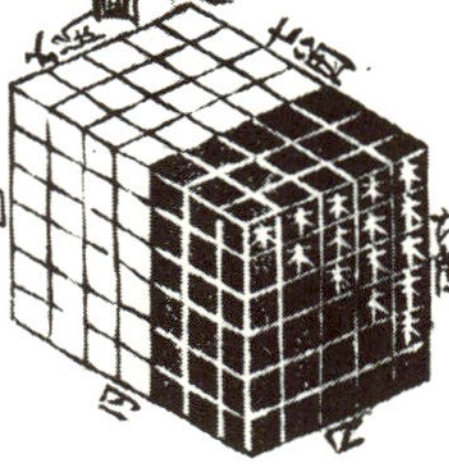

一之圖の内木数ぞへて除き減しあまり二之圖のごとし

二之圖

二之圖の内火数を除き減しあまり三之圖のごとし

三之圖

三之圖の内土数を除き減し余り四之圖のごとし

四之圖

四之圖の内金数を除き減し余り五之圖のごとし

五之圖

五之圖の内に水数を除き有を消したり

○かくのごとく木火土金水ともにかくのごとく六段であるゆへ六をかくるそれぞれ積をしるなり

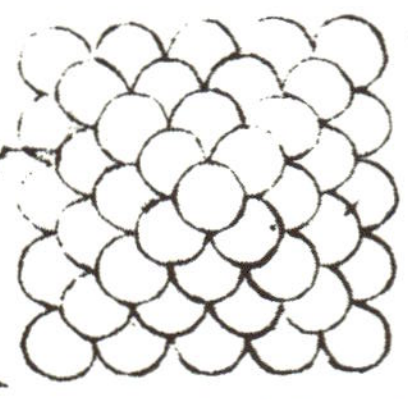

又角よりつまる俵あり方六の箇づつから積いかほどと問

○答曰九十一箇

術に曰方六箇に半箇を加へ六箇半となる又方に一箇を加へかけ合弐拾七箇半となるこれに六箇（方六箇に一箇を加へ）をかくれば百六十五又三にわりて九十一箇となる

圖のごとく並べて木火土金水を別にしるべし

圖のごとくおしならべ木数十五箇火数八十箇土数十弐箇金数六箇水数二箇ばかりなり数をりつくかけ本術にて六を用ひ積を得る也

一之圖

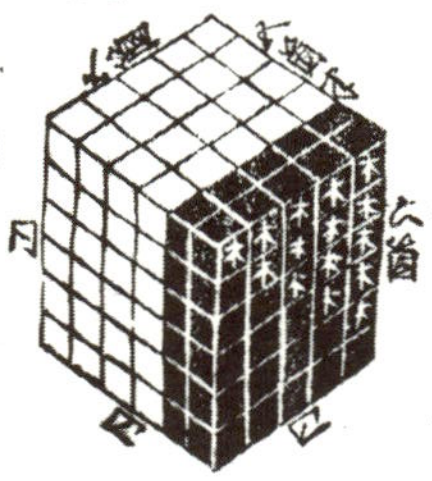

一之圖の内木数を除き減しあまり二の圖のごとし

二之圖

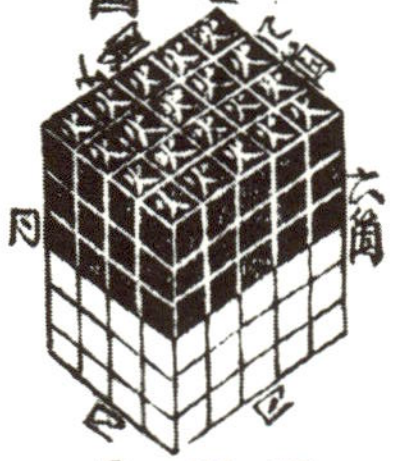

二之圖の内火数を除き減し余り三之圖のごとし

三之圖

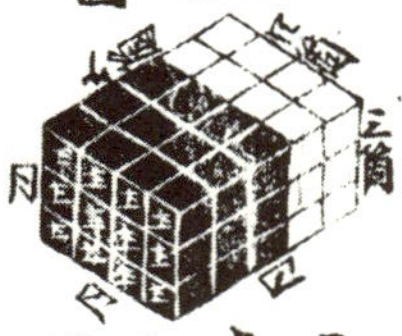

三乃圖の内土数を除き減しあまり四之圖のごとし

四之圖

四乃圖の内金数を除き減しあまり五之圖のごとし

五之圖

五之圖乃内水数を除き消し尽ぬ

○かくのごとく木火土金水それぞれのごとく六段であるゆへ六をかくるそれぞれ積をしるなり

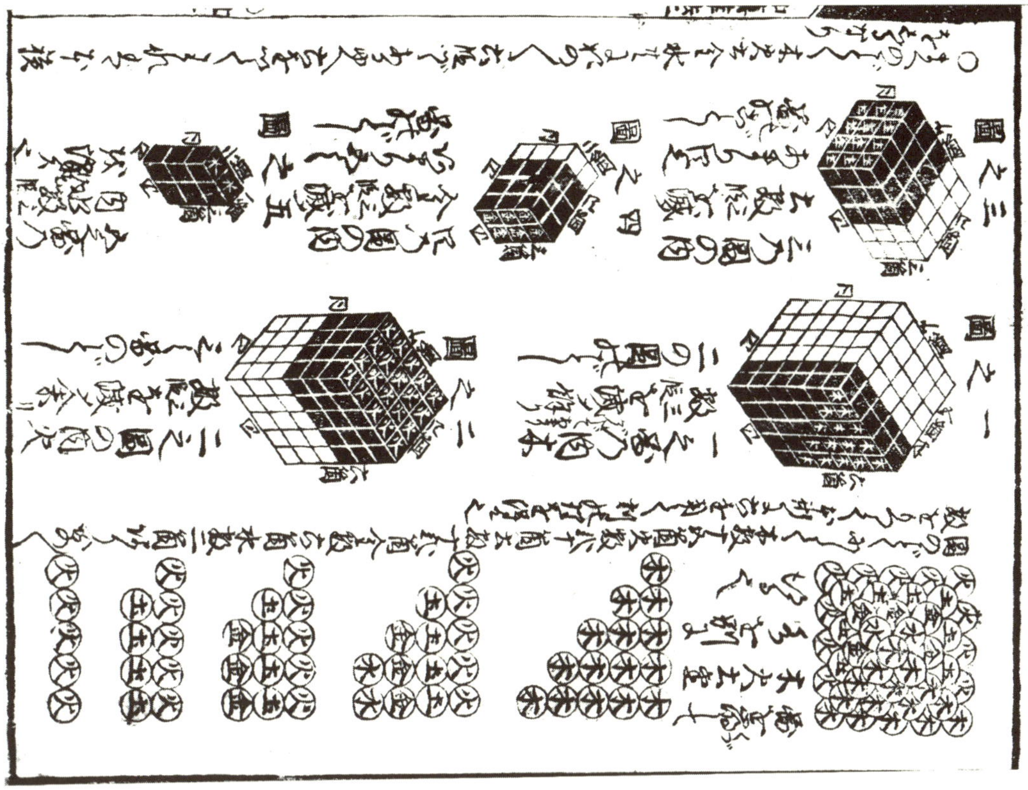

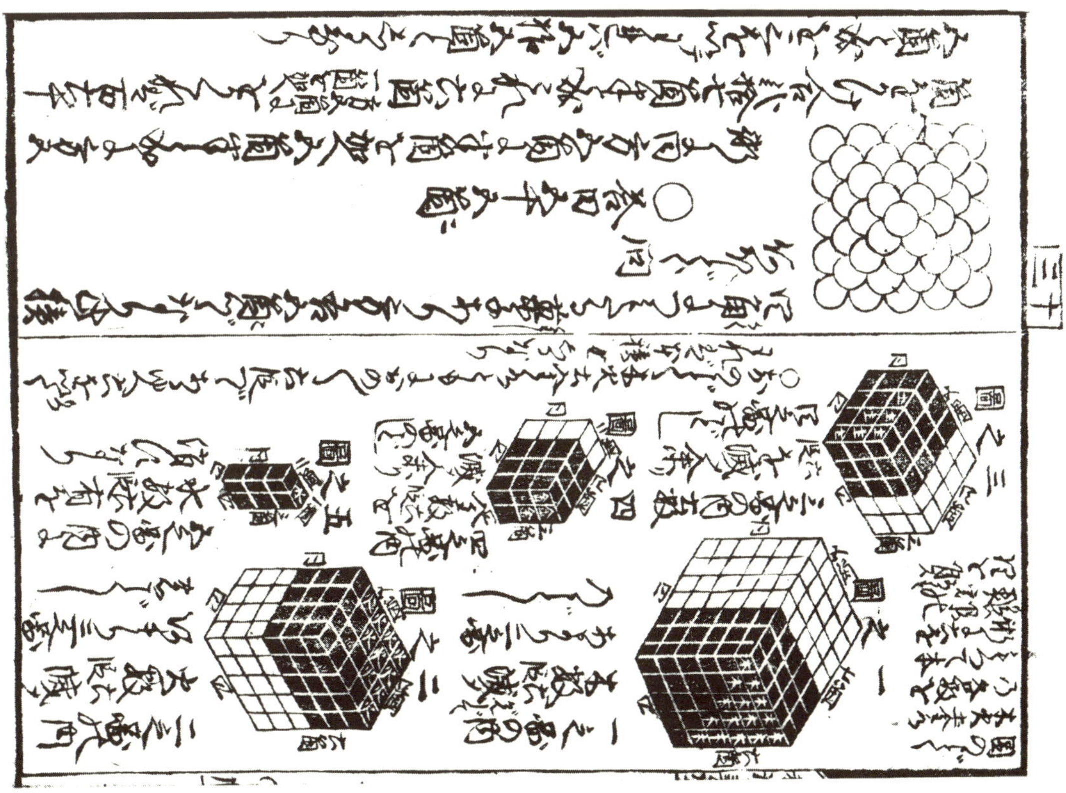

十四

杉なりに積たる俵あり三方各九俵づつあり惣数何程と問

○答曰 四十五俵

術曰 九俵に壱俵くはへ十俵

これに又九俵をかくれば九拾俵

これを二つに割ば四拾五俵と知るなり

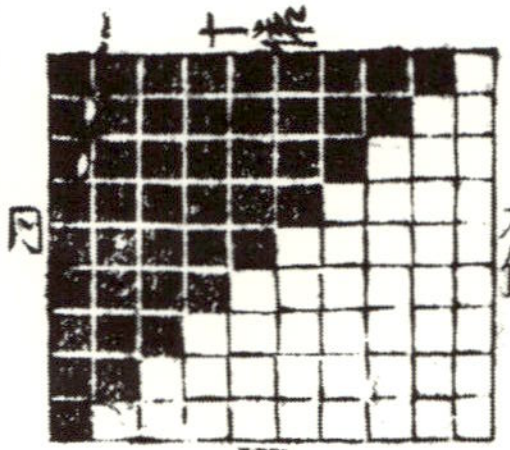

十五

丸く束たる竹まはり十八あり惣数何程と問

○答曰 三十七本

術曰 周十八を六にて割ば三となる 是に十八をかけ五十四 これを二つに割 ぎ二十七本を得る 心一本を加へ惣数三十七本と知るべし

此割の法は三十六をまはりの数にて割 其割の数を二つにて割 まはりの数と二つを合せて惣数となる 其図を以てむしるべし 心の竹を除て割 図をとりてしるべきなり

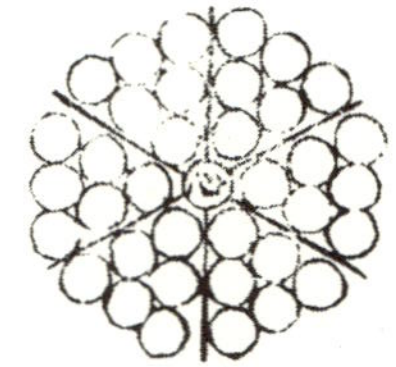

第五 築功 六問

一

堤有 根ひろさ九間 馬踏三間 高さ二間 長さ五十五間あり これを一坪を二人つゝにて築ば坪数人数何程と問

○答曰 六百六十坪
千三百二十人

術曰 九間と三間と合十二間 これを半分にして又長さ五十五間をかくれば六百六十坪となる これに二人をかくれば千三百二十人と知るべし

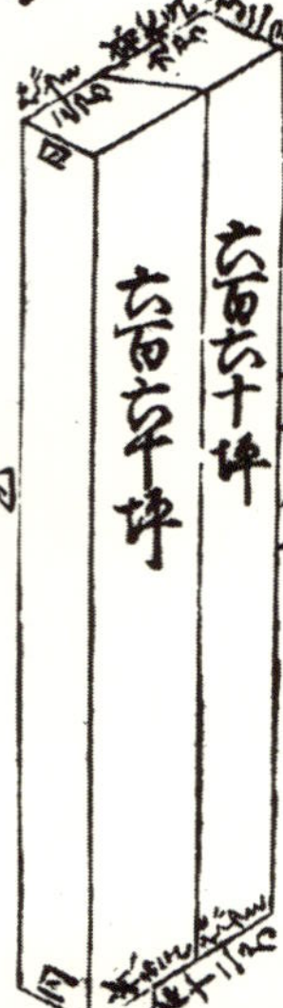

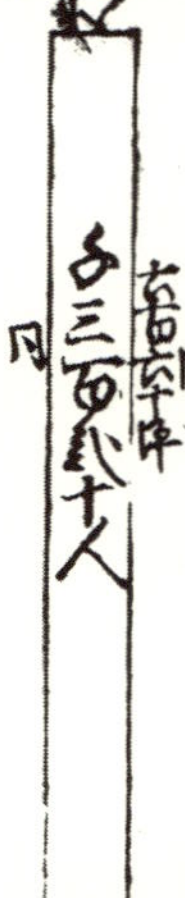

二

右六百七十五坪あり 堤を築くに壱坪を一日に三人づゝの手間 運び籠にて而して毎日十五人して功ならば何日にてしまふと問

○答曰 百三十五日

術曰 六百七十五坪に三人をかけ

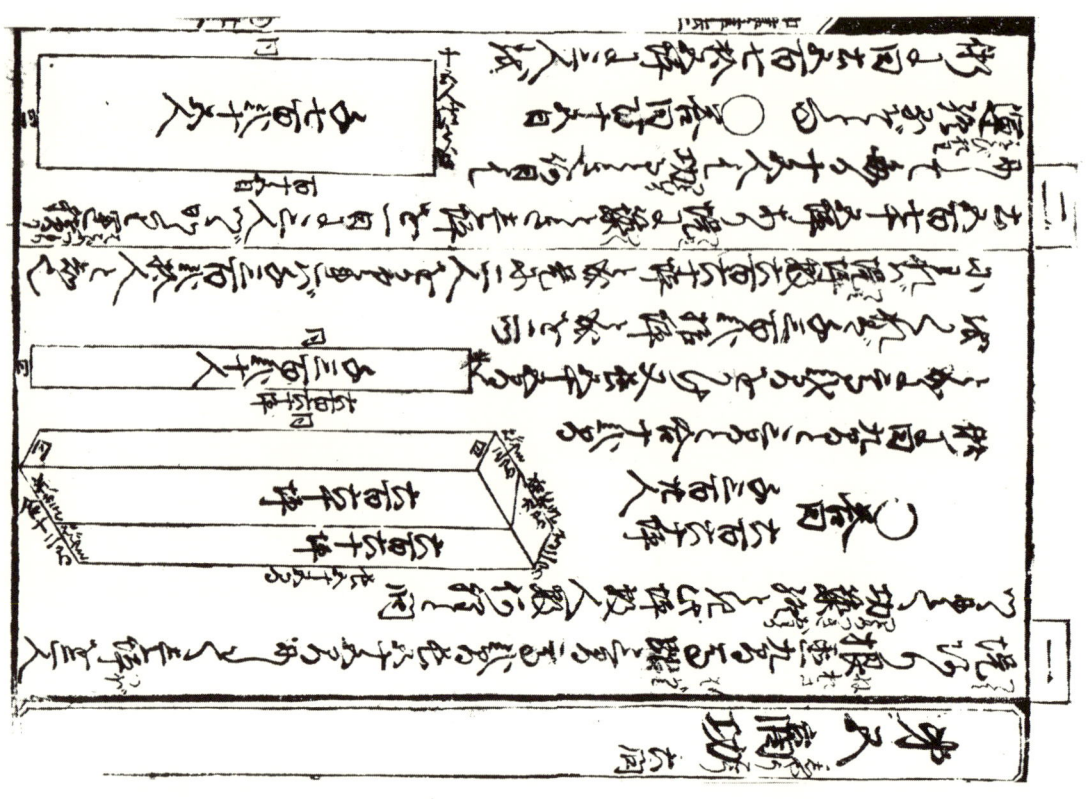

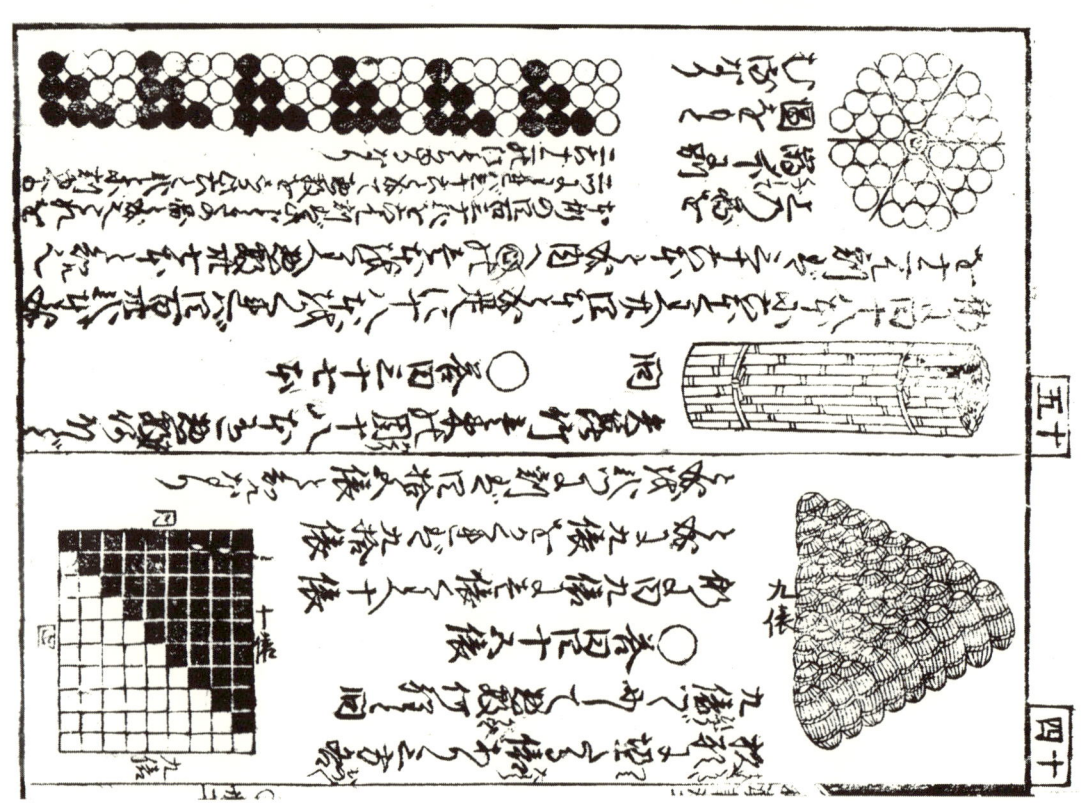

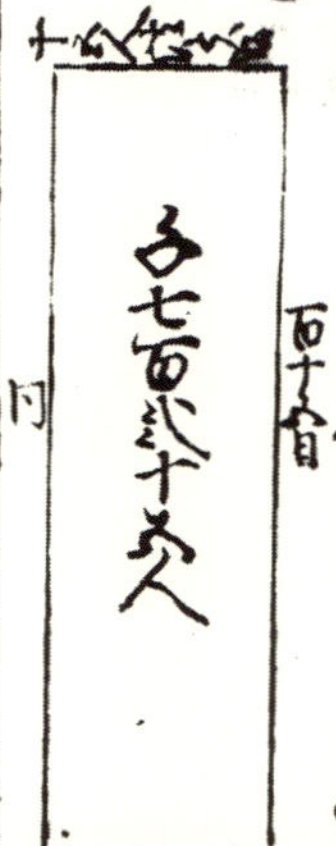

かくれバ千七百弐十五人と成を実として十五人を法としてわれば
百十五日としるなり

三 五十五里の道へ荷物十六荷を人足弐拾人して持行ときハ壱人して何里づゝ持べきと問

○答曰 壱人 四拾四里

術に曰五十五里に十六荷をかけ八百八十となるを実として弐拾人を法としてわれバ四十四里づゝとしるべし

八百八十

四 雇人足荷物八貫目を持て行道のあいだ九里也此賃銭百〇八文なり 又今荷物五千貫目を七十弐里持行ときハ此賃何ほどと問

○答曰 百〇八匁

術に曰五拾貫目に七十弐里をかけ合三千八百八十八となるを又弐をかければ七千七百七十六となるを実として八貫目と九里をかけ合七十弐となるを法として割ば百〇八匁としる

七千七百七十六

五 大工五人にて功として九日此作料八十壱匁あり今廿五人にして廿一日功ならバ此作料なにほどぞと云

○答曰 九百四拾五匁

術に曰弐十五人に廿一日をかけ合五百弐拾五となるに八十壱匁をかけ四万弐千五百弐拾五となるを実として五人に九日をかけ合四十五となるを法として割ば九百四十五匁としるなり

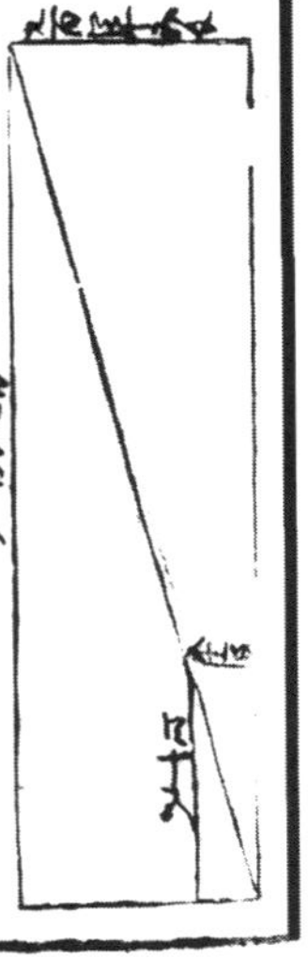

六 唐絲百五十六斤あり一人して三斤づゝふくはせり此人数何ほどぞと問

○答曰 五拾弐人

術に曰百五拾六斤を実として三斤を法として割ば五十二人としるなり

百五十六斤

第六 拗輸 之問

一 去三千四百廿五坪の所を知行高に応じて配分るに東七千五百石 西五千三百石 南 ... 北三千五百石 いづれも何程と問

○答曰 東千百弐十五坪 南七百八十坪 西七百九十五坪 北五百廿五坪

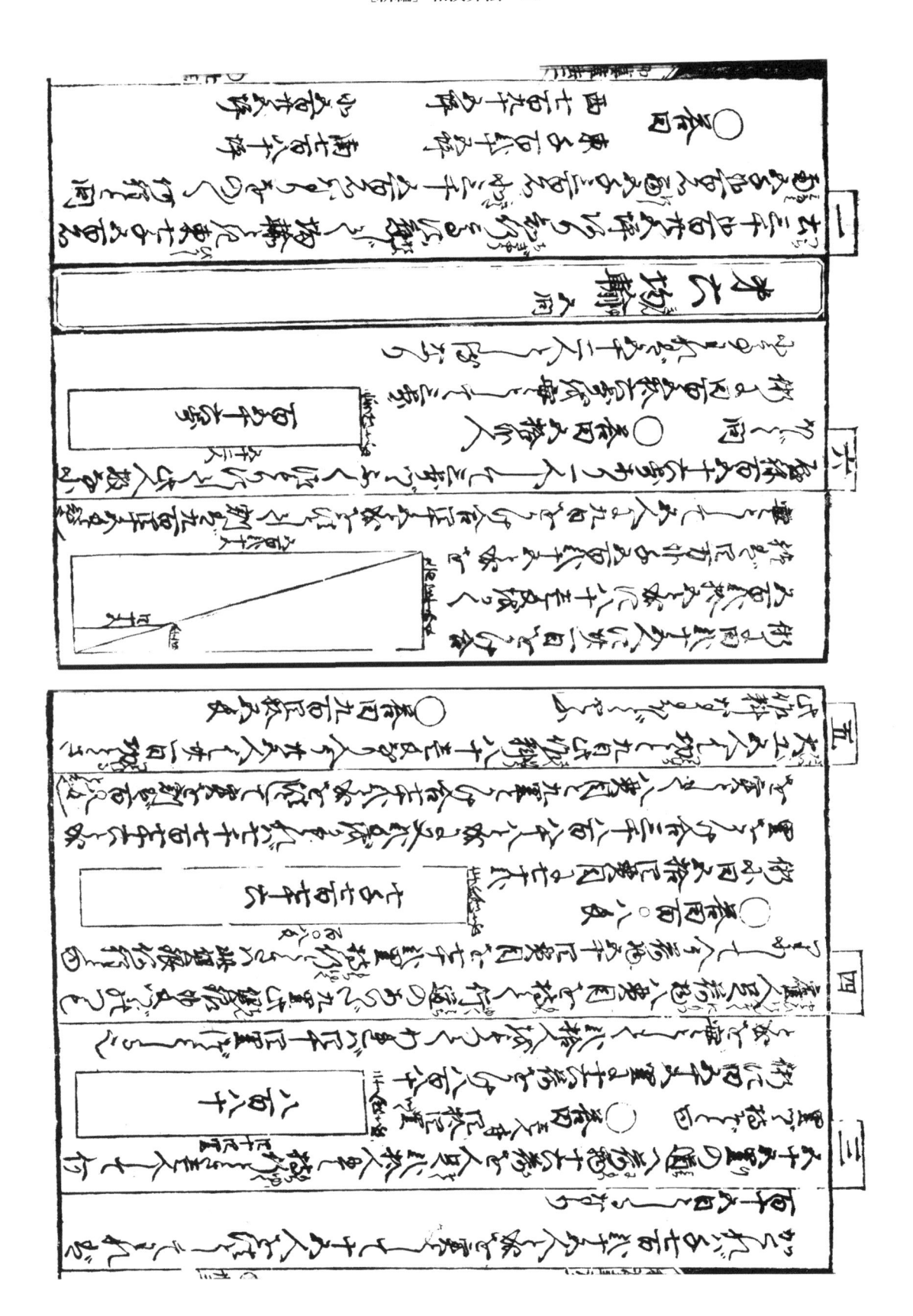

二

術ハ四東南西北ノ
和ヲ以テ合二万千文
ヲ除シテ五三ヲ弐百五十文坪ナレバ七分ナリト乗ジ七百文
百文ヨリ減ジテ東千百五十文坪ト乗ジ南七百八十坪
ト乗ジ五百五十百文ヲ乗ジ西七百九十文坪ト乗ジ三百五十百文ヲ乗ズレバ小
五百弐十文坪トシ問ニ合ス

東千百五十文坪	南七百八十坪	西七百九十文坪	小五百廿文坪
七千五百	八千弐百	一万二千三百	三千五百

○右術ノ四ツ三百弐百廿文坪ヨリ七百五百ヲ引キ弐万五百五百ヲ除ク
ニ乗ジ東ノ五百廿坪トシ知ル也南西北ヲモ是ニ同ジ

上中下の利足銀合弐貫九百六拾目ありと元銀三十弐貫三百匁
中ノ銀廿五貫四百目下ノ元銀拾三貫五百目ニ組合シテ各利足ヲ問
ウ
○答曰 上壱貫五百拾二匁。中壱貫○○八匁。下五百五拾匁
術ハ同元銀上中下合七拾五貫目ヲ法トシテ利足銀二貫九百六
十匁ヲ乗ジ三拾五貫三百目ヲ以テ除ケバ上壱貫五百十
匁ト知ル文廿五貫弐百目ヲ除クトキハ中壱貫○○八匁ト知ル文拾三貫文

三

百目ヨリ外ハ下五百五拾匁ト知ル ○第一の答と同じなり
上中下の商人銀ヲ出シテ織ヲ織テ商売スル時ニ百五十六匁ナリト元
出銀二貫五百目中ノ出銀弐貫三百目下ノ出銀弐貫百弐拾五文
ずつ各利足ヲ問フ
○答曰 上七拾匁 中六十五匁 下 五十二匁
術ハ同上中下の出銀合七貫九百廿五匁ヲ法トシテ損百五十八匁
ヲ乗ジ弐貫五百目ヨリ除クレバ上七十匁ト知ル文
外貫三百目ヨリ除ケバ中六拾五匁ト知ル文弐貫百廿五匁ニテ除ケバ
下五拾弐匁ト知ルナリ ○第一の答ト同意なり

四

東南西北ヨリ銀ヲ借リテ東の元銀百五拾貫目南ノ元銀百拾弐貫
西ノ元銀八拾五貫目北ノ元銀百廿五貫目なり右の内へ銀三百二
十貫目借れば是れを各何程ずつ出すや問
○答曰 東 九拾六貫目 南七拾貫○五百目
西 五拾四貫五百目 北百○弐貫五百目

五

術に曰東西南北の限合て百貫目として三百弐拾貫
をわれば六分四厘と成を百六拾貫目にかくれば東は九十六貫目と成
南百拾貫目にかくれば七拾貫○北百目にかけて又八拾五貫目にかく
れば西は五拾貫目と成又百六拾貫目にかくれば八百○弐
貫目とし分なり　○第一の答も同事なり

米三百六十石を拾五人にて割り十二日なり毎日壱人の扶持方
何ほどと問

術に曰十五人に十二日をかけ合

○答曰　米弐升づつ

三百六十石

百八十はかみ

百八十人をはうしく米三百六拾石を割ば毎日壱人の扶持米弐升づつと知れる

一

第七　盈朒（えいぢく）　三問

人あつまりて銀を分くに其数をしらず人ごとに百六拾匁づつとれば盈る事三百八拾目又弐百八十目づつとれば不足する事弐貫百目ならば分銀高も人数もなにほどぞと問

○答曰　分銀高は貫三百弐拾目　惣人数は十五人

術曰　盈朒（えいぢく）の術

右の分限百六拾目におくれば弐貫百目をうけとる又右の分限弐百八拾匁に盈る
ところ三千八分五厘とする又右の分限弐百八拾目におうけ右のところ十三万三百八十目
にすれば八百八拾目を人数の前として百六拾目と二百八拾目とをのぞき
盈不足を合弐貫目として引盈不足のところを是を割べし人数をしるべし
しかるに残る百八十目にて割べし人数は十五人と知るなり

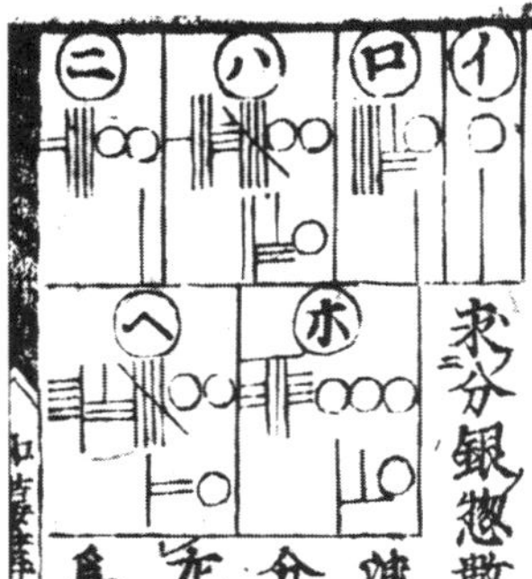

求分銀惣數之得實與方理術曰立天元一為分銀惣數（イ）内
減盈銀三百八十目餘為因前分銀一百六十目惣人數（ロ）以後
分銀二百八十目相乘為因前分銀與後分銀惣人數寄
左（八）再列分銀惣數内加入不足數二貫一百目共得數
為因後分銀惣人數（二）以前分銀一百六十目相乘為因後

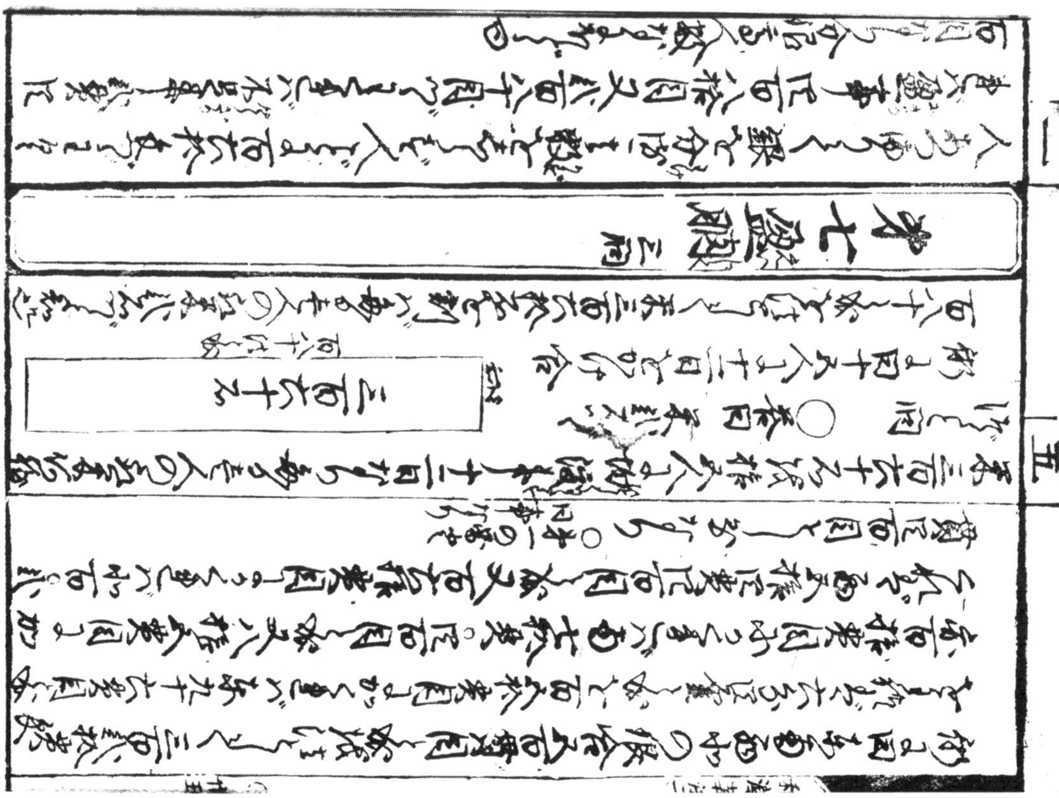

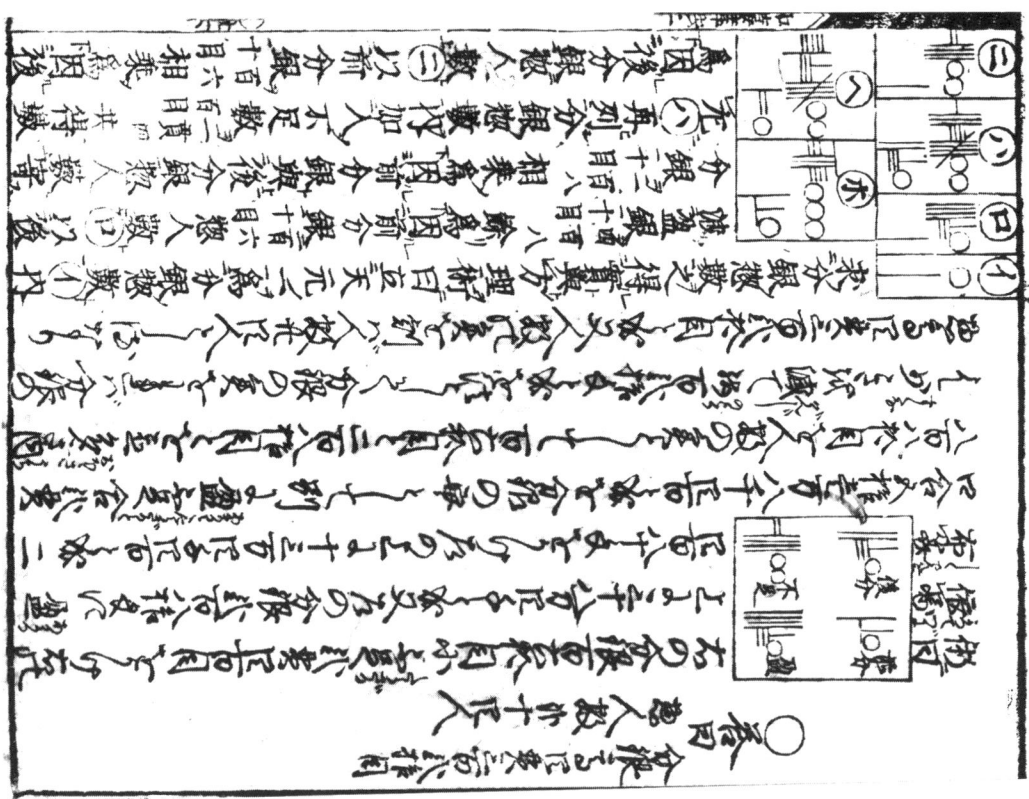

二

分銀與前分銀惣人數(ホ)與寄左相消得式(ヘ)以商除之得商分銀惣
數合問

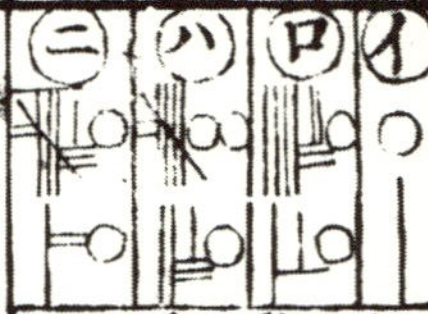

○求惣人數之得實與方理術曰立天元一為惣人數(イ)以前分銀百六十目
相乘得內加入盈銀四百八十目共得數為分銀惣數寄左(ロ)再列
惣人數以後分銀二百八十目相乘得數內減不足銀二貫四百目餘為
分銀惣數(ハ)與寄左相消得式(ニ)以商除之得商惣人數合問

人あつまりて米を買ふに銀を出しあひ人毎に銀百目づゝ出させ
ば一貫七百目足らず又銀三百目づゝ出させば八百目余るなり
米の代銀人数何程ぞと問

○答曰　米代銀一貫八百六十目
人数九人

術曰　盈不足

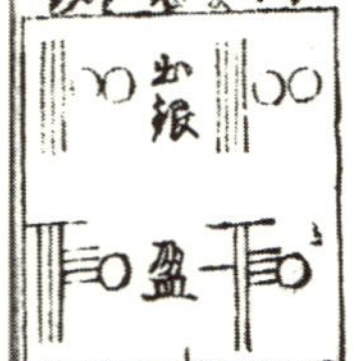

右の出銀百目と盈八百目とをかけ二百[illegible]
出銀百目と右の出銀三百目と盈銀一貫七百目[illegible]

とりて又百目引て残る百八十六貫目と
かけて米の実とし又一貫七百目を
引て九百目と人数の実として
百目と三百目とを立てかけて
法として米の実を置けば一貫八百六十目と人数の実九人
人数九人と知るなり　○おなじく
此術と同じなり

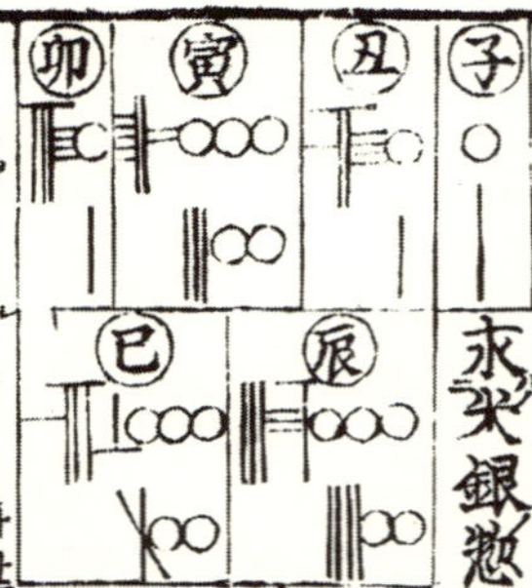

求米銀惣數之得實與方理術曰立天元一為米銀惣數(子)內
加入盈銀一貫七百四十目共得數為因前出銀四百目惣人
數(丑)以後出銀三百目相乘為因前出銀與後出銀惣
人數寄左(寅)再列米銀惣數內加入盈銀八百四十目共
得數為因後出銀三百目惣人數(卯)以前出銀四百目相
乘為因後出銀與前出銀惣人數(辰)與寄左相消得式(巳)以商除之得
商米銀惣數合問

○求惣人數之得實與方理術曰立天元一為惣人數(子)以前出銀四百目

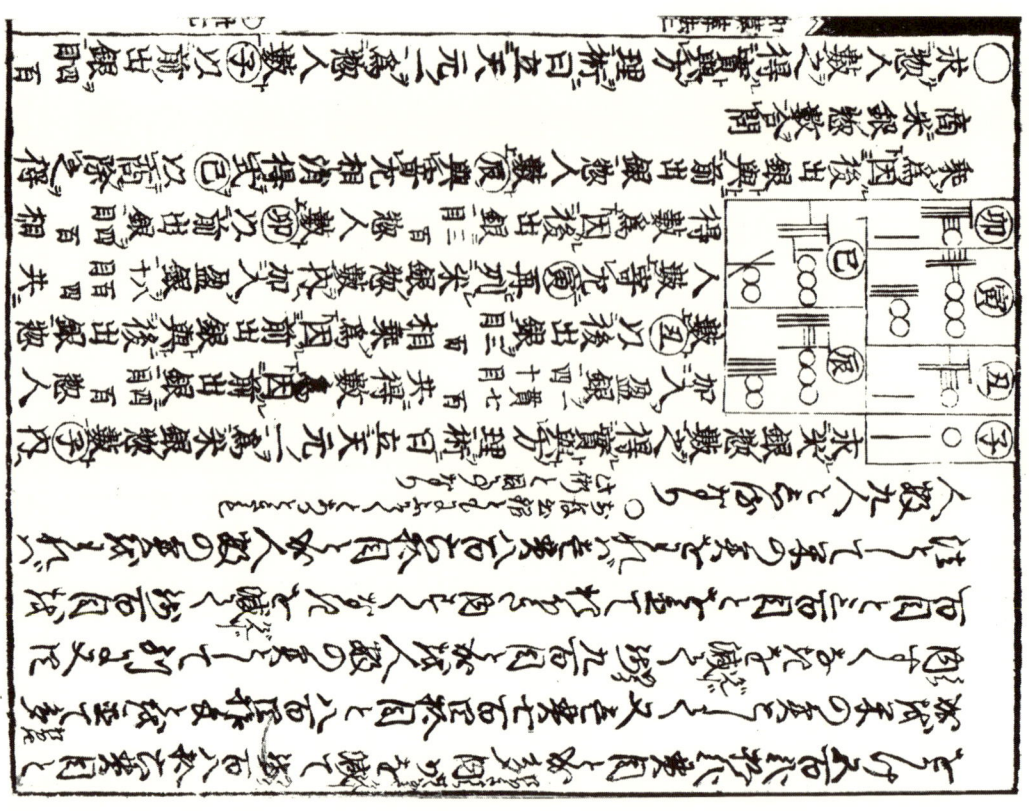

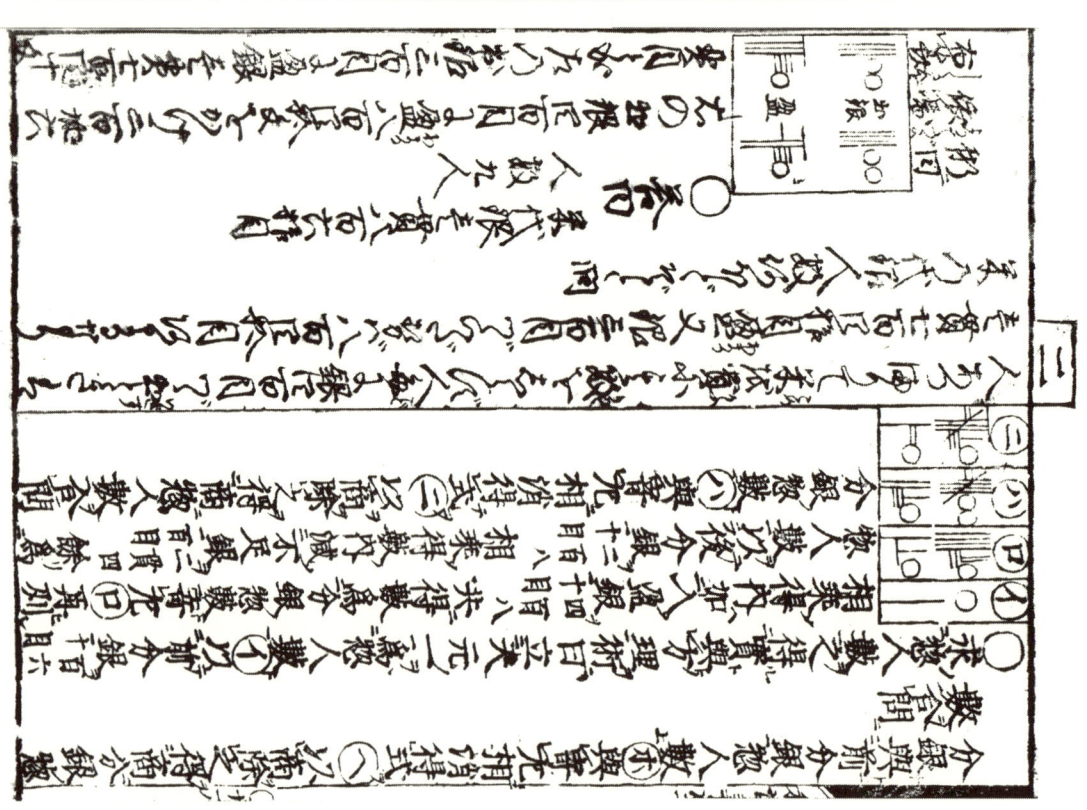

三

相乘得數内減盈銀一貫七百四十目　餘爲米銀數寄左　丑

再列惣人數以後出銀三百目　相乘得數内減盈銀八百四十目　餘爲米銀數　寅

與寄左相消得式　卯

以商除之得商惣人數合

問

人あつまりて大豆を買ふにその数をもしらず人毎に銀五百目づゝ出さするところは盈ること五貫目又銀三百目づゝ出させば大豆の代銀にかなふ大豆代銀人數何程と問

○答曰　大豆代銀七貫五百目　人數廿五人

術曰出る銀五百目と三百目とを並べ其差を減じて残二百目となるを法として五貫目をわれば人數廿五人となるこれに三百目をかくれば大豆代銀七貫五百目と知るなり

○あまるといふものゝかはりに不足のところも此術と同じ事なり

求惣人數之得實與方理術曰立天元一爲惣人數　イ

以前出銀五百目　相乘之得内減盈銀五貫目　餘爲大豆代銀寄左　ロ

再列惣人數以後出銀三百目　相乘之得數爲大豆代銀

一

八　與寄左相消得式　二　以商除之得商惣人數合問

第八方程　六問

松五把と杉三十八本と二口の代銀合三百五拾匁又松七把と杉十八本と二口の代銀合に百六十八匁なり　松杉各壱本に付何程と問

○答曰　松壱把に付三匁　杉壱本に付五匁

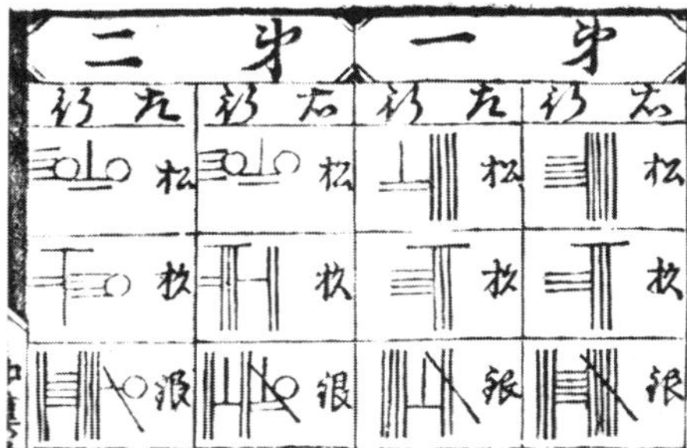

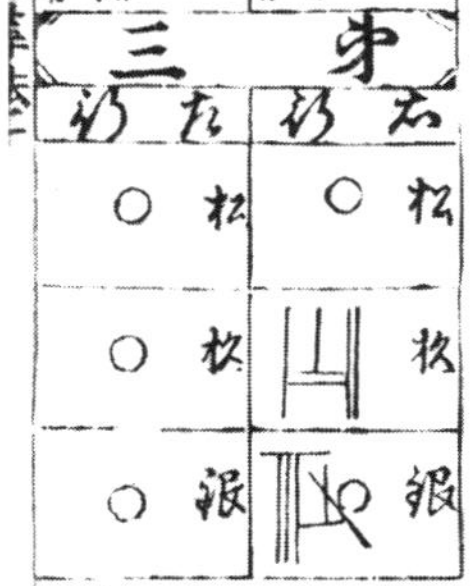

術曰同前

圖如左

物数を正算のところは代銀は負算又物数を負算のところは代銀を正算なり各相消し術に準ず

第一の圖右との松五杉を左行へ遍乗し左との松七杉を右行へ遍乗し第二乃圖のごとし

同減異加して松はその數を以て空とし第三の圖のごとし杉百七十二本を法として銀八百六拾匁を割ば杉壱本に付五匁としるなり

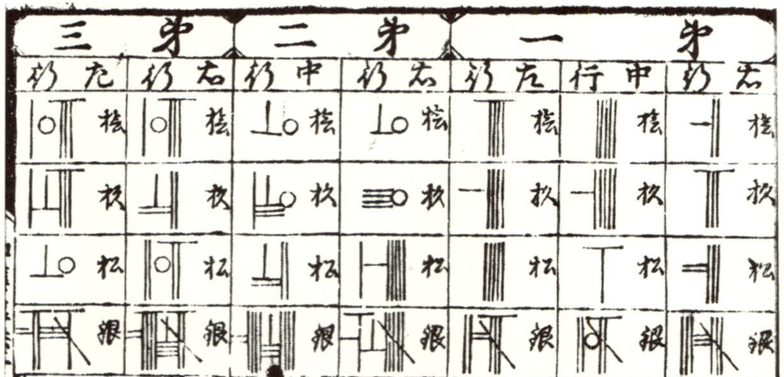

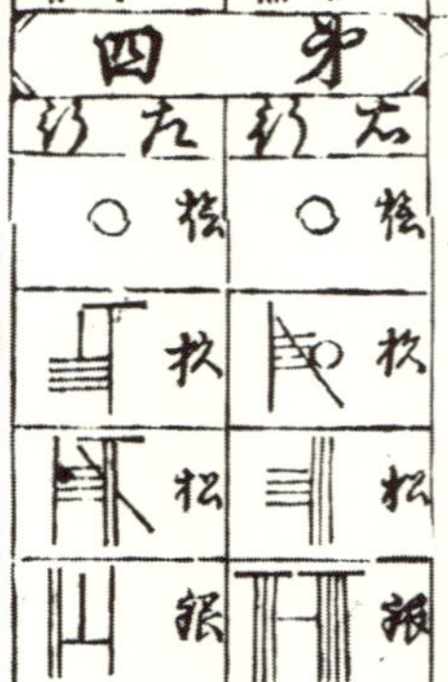

術曰後番布算第一右行の桧杉二本を中
行へ遍乗し中行の桧を右行へ遍乗し第
二の図のごとし又右行の桧十八本を左行へ遍乗し
左行の桧九本を右行へ遍乗し第三の図のごとし
第二第三の図別よ同減異加して　桧ハ各消
数を以て実とし第四の図のごとし
左より杉百七十本を左行へ遍乗し右行の杉
九拾六本を右行へ遍乗し第五の図のごとし
同減異加して杉を等数にて実と法とし第六
図のごとし松壱本方左へ置
に百五拾八本と此く
法とし銀百拾文実
百七十九文をとれば

是より第一の杉二十八本をうくれバ四九拾文となるを引く三百文拾文
の内を引ば百六拾文となるを実として松の十本にてわくれば
松壱本に付三文づゝとしるなり

求實與方理術曰立天元一爲松一本價一以先云
杉三十八本乘之得數以減前云銀三百五十五文餘爲因前云
松五十五本松一本價二以後云松七十四本相乘之爲因前
云松數與後云松數松一本價寄左三再列杉一本
價以後云杉四十八本乘之得數以減後云銀四百六十二匁餘爲因後云松七十四本
松一本價四以前云松五十五本相乘之爲因後云松數與前云松數松一
本價五與寄左相消得式六以商除之得商杉一本價合問

二

桧十二本杉八本松廿三本此三口の代銀合三百三拾三文又桧め本杉
桧め本松桧七本此三口の代銀合八百○七文又桧九本杉拾五本松め本
此三口の代銀合弐百八拾八文なり　桧杉松各壱本に付銀何程ぞ問
○答曰　桧壱本に付九文　杉壱本に付八文　松壱本に付七文

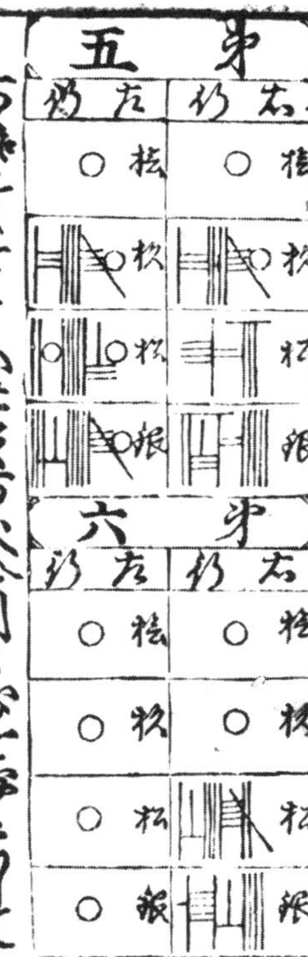

松壱かに付七文づゝと
きくなり是より先の
松は十三かをうれば
三百壱文と出る内へ八
百拾九文をくはへ壱貫百八拾目となるを実として杦百は杦かへそうれば
杦壱かに付八文づゝとしるべしこれに第一の杦八かをうけ六十四文と出る文
松は松三かにおの七文をうけ合百六拾壱文と出ると二口合八百四十文と出る
をのぞく三百三拾三文の内を引残百令八文と出るを実として栢拾八かを
もつて栢壱かの代銀九文づゝとさるなり

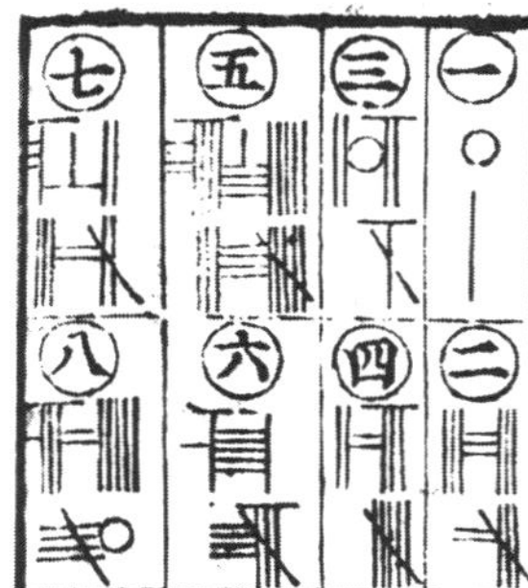

求實與方理術曰立天元一爲松一本價㊀以初云
松數三十二本乘之得數以減初云銀三百三十三文餘爲初云
檜一十三本與初云杦八本相併價寄甲位㊁列松一本價
以中云松六本乘之得數以減中云銀二百七文。餘爲中
云檜五本與中云杦一十五本相併價寄乙位㊂又列松一

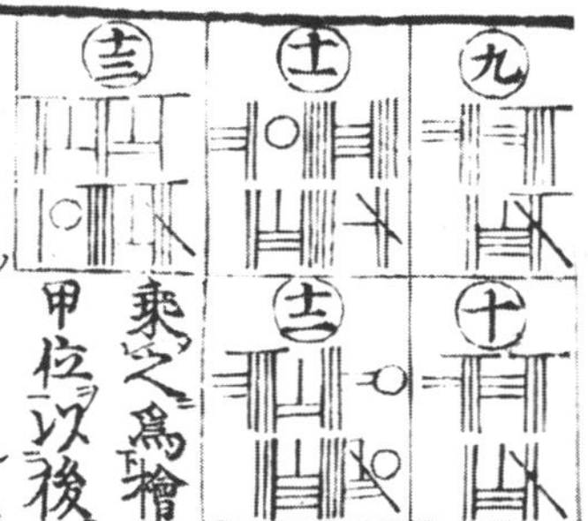

本價以後云松五本乘之得數以減後云銀二百二十八文餘
爲後云檜九本與後云杦一十四本相併價寄丙位㊃列甲
位以中云杦一十五本乘之爲檜一百八十本價與杦一
百二十本價相併數寄丁位㊄列乙位以初云杦八本
乘之爲檜四十本價與杦一百二十本價相併數寄戊位㊅列
甲位以後云杦一十四本乘之爲檜一百六十八本價與杦一百一
十二本價相併數寄已位㊆列丙位以初云杦八本乘之爲檜七十二本
價與杦一百一十二本價相併數寄庚位㊇列七列丁位與戊位檜因
價檜數多内減少所得丁位檜二百八十本價内減所得戊位檜四十本價餘數也止餘爲檜一百四
十本價寄辛位㊈列七列已位與庚位檜因價檜數多内減少所得已位檜一百六十八本價内減檜七十二本價餘數也所得庚位檜
止餘爲檜九十六本價寄壬位㊉列辛
位以九十六所得壬位檜數乘之爲檜一万三千四百四十本價寄癸位⑪列壬
位以一百四十所得辛位檜數乘之爲檜一万三千四百四十本價⑫與寄癸
相消得式⑬以商除之得商松一本價合問

三

米百八拾五石賣て大豆百〇五石賣ハ銀壱貫疋百三拾五匁盈又
米五拾五石賣て大豆百拾三石賣ハ銀壱貫八百三拾五匁不足米
大豆ともにいかほどぞといふ問

○答曰米壱石ニ付三拾五匁　大豆壱石ニ付八拾八匁

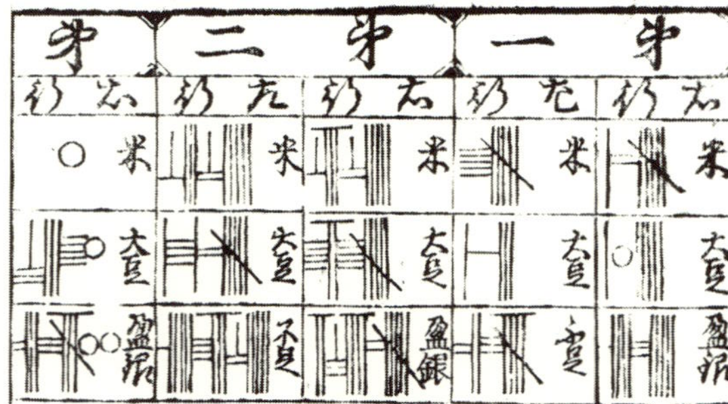

術曰依
貴盈を遍つけ不足を遍ゑし盈と不足と見れバ
遍ハ
才一右上の米百八拾五石を左行へ遍かけ左上の米
五十五石を右行へかけ除くうけ才二の圖のごとし
同減異加して米の等数をとらんて見よバ才三の圖
のごとし　大豆八千三百五拾石を法として銀八百九十
三貫八百目ととれバ大豆壱石ニ付八拾八匁ぞと
ちうなりを見よ才一の大豆百〇五石をかくれバ二貫
九百疋指文と盈銀壱貫疋百三拾五文を
くるとも小疋貴三百七拾五文と安て

四

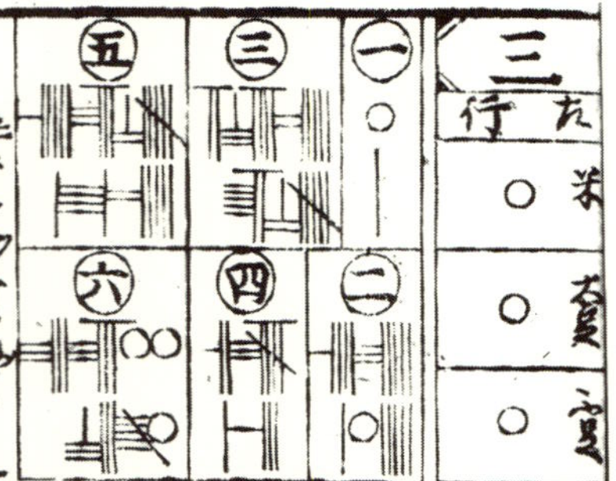

米百八拾五石ニ割ば米壱石ニ付三拾五匁
とうるなり

求實與方理術曰立天元一為大豆一石價銀一以
前云大豆一百〇五石相乘之得數內加入盈銀一貫一百三十四
五共得數為因前云米一百二十五石米一石價二以後云
米五十五石乘之為因前云米數與後云米數米一石價
寄左三再列大豆一石價以後云大豆一百一十三石相乘
三十九貫二百餘為因後云米五十五石米一石價四以前
云米一百二十五石乘之為因後云米數與前云米數米一石價五與寄左相
之得數內減不足銀
消得式六以高除之得商大豆一石價合問

大豆五十七石賣て小豆八拾八石賣ハ銀五百八拾九匁盈又大豆七拾
三石賣て小豆八拾八石賣ハ銀疋百八拾壱匁盈大豆小豆ともに
いかほどぞといふ問

○答曰大豆壱石ニ付七十匁　○小豆壱石ニ付拾八匁

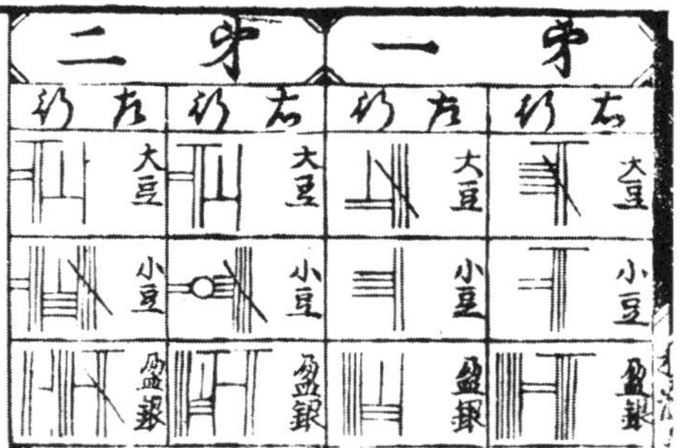

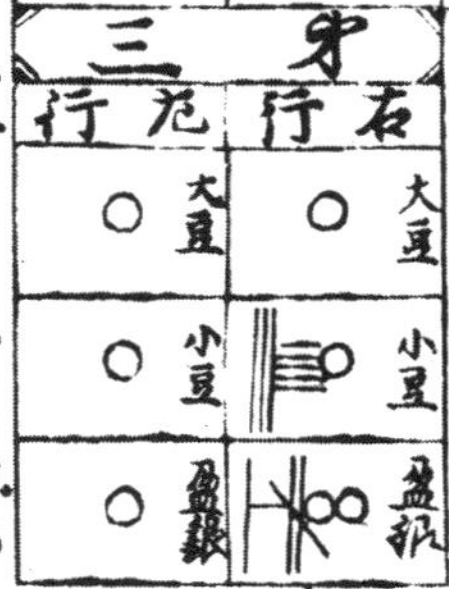

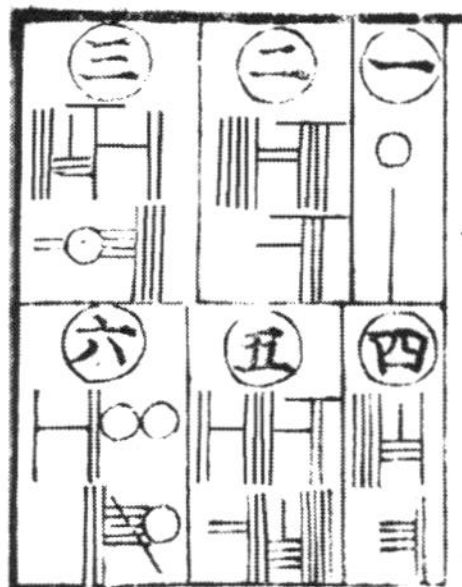

術曰依圖布算才一右上の大豆六拾七石を左行へ遍くかけ右の代大豆七拾三石を右行へ遍くかけ才二の如し同減して大豆の等数をえて空と成才三の圖のごとし小豆三百八十石を法として銀拾三貫代百目をとれば小豆壱石の代銀三十六匁づゝと知るなりこれを才一の小豆八十八石をかくれば八百九十六匁となるを盈銀六百九九匁のくはへ壱貫三百弐拾五匁となるを實として大豆六拾七石にてわれば大豆壱石に付代十九匁といふなり

求賈與方理術曰立天元一爲小豆一石價㊀以先云小豆二十八石相乘之得内加入前盈銀五百十九匁共得數爲因前云大豆五十七石大豆一石價㊁以後云大豆七十三石相乘之爲因前云大豆數與後云大豆數大豆

一石價寄左㊂再列小豆一石價以後云小豆二十四石相乘之得内加入後盈銀四百八十一匁共得數爲因後云大豆七十三石大豆一石價㊃以先云大豆五十七石相乘之爲因後云大豆數與前云大豆數大豆一石價㊄與寄左相消得式㊅以商除之得商大豆一石價銀合問

五

編子拾六巻と銀代百九十六匁と代よ紗綾三十六端又編子十三巻と銀代百に拾九匁と乃代よ紗綾二拾七端と紀編子紗綾其のゝゝ直段なるほどづゝと問

○答曰　編子壱巻に付七拾代匁　紗綾壱端に付代拾六匁

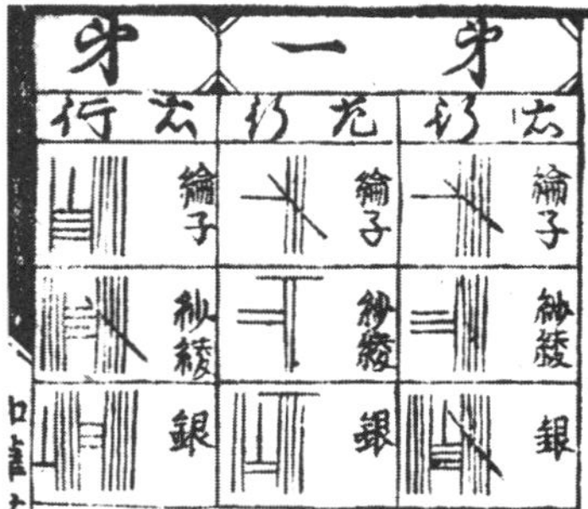

術曰依圖布算

編子の代を紗綾とし銀数とは紗綾の代を紗綾の價とする數ゆく編子と銀数を負算の時は紗綾正算也是れ消の心之和も準之

才一右上の編子拾六巻を左行へ遍くかけ又左上乃編子十三巻を右行へ遍くかけ才二圖乃ごとし同減矣加へて編子ハ等数を空とし才三の圖のごとし紗綾五拾端を法として銀代貫代百六拾目を割る

紗綾壱端ニ付代銀ハ拾五匁と知る也是を才一とし
紗綾三拾五端をかくれバ壱貫五百七拾五匁となる内
前に云銀ハ百九十五匁を引残壱貫○八拾目となるを
実として綸子拾五巻までをわれバ綸子壱巻の
七拾弐匁づゝと知るなり

求實與方理術曰立天元一ヲ為紗綾一端價①以前云紗綾三十五端相乗之得ル内減前云銀四百九十五匁餘為因前云綸子一十五巻綸子一巻價②以後云綸子三十巻相乗之為因前云綸子數與後云綸子數綸子一巻價寄左③再列紗綾一端價以後云紗綾二十七端相乗之得内減後云銀二百七十九匁餘為因後云綸子一十三巻綸子一巻價④以前云綸子一十五巻相乗之為因後云綸子數與前云綸子數綸子一巻價⑤與寄左相消得式⑥以商除之得商紗綾一端價合問

今按 方程之術物數銀數如左圖而求之則ハ實與方暑應自然故加愚意記之

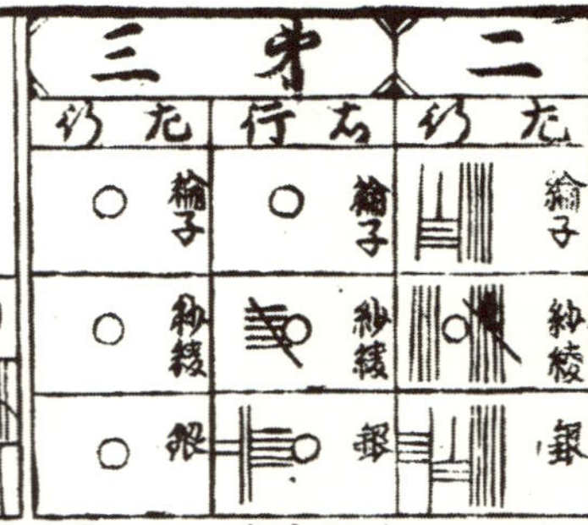

六

桧代百五拾弐匁なり代銀ハ枚百八拾五匁と銀五百八十七匁と知る又桧百挺
なかの代銀と枚百六拾弐匁なれバ代銀とハ適足なり枚桧おのく壱本ニ付
なかほどづゝと問 ○答曰桧壱本ニ付六匁 枚壱本ニ付五匁

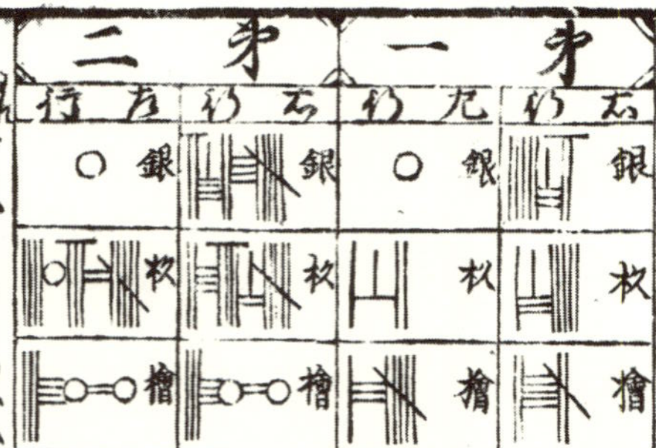

術曰桧よって図布く如く

物数銀数の正負并ニ算式に消て適足と
いふものハ空なり

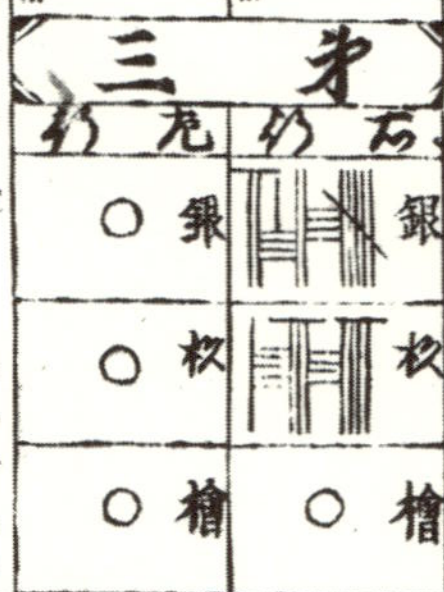

才一ノ図右下の桧弐百五拾弐匁なるを左行へ遍けた
下の桧百三拾五匁を右行へおのおのくけ才二ノ
図のごとし同減異加して桧ハ
等数を得て空となる才三ノ図の
ごとし實て七拾九貫弐百尺指五匁
を方五匁子八百尺指之なく
割れバ枚壱本の代銀五匁づゝと知る之桧を求るハ右術を以て準知すべし

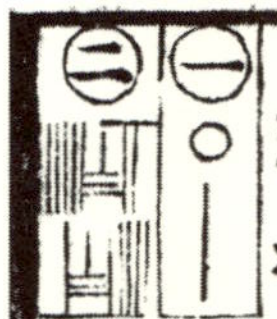

求實與方理術曰立天元一ヲ為枚一本價①以前云枚一百八十五本相乗之得内加入銀五百八十[illegible]匁為因前云檜二百五十二本檜一本價②

以後云檜二百十五本相乘之爲因前云檜數與後云檜數檜一本價寄左㊂再列数一本價以後云数一百六十二本相乘之爲因後云檜一百三十五本檜一本價㊃以前云檜二百五十二本相乘之爲因後云檜數與前云檜數檜一本價㊄與寄左相消得式㊅以商除之得商数一本價合問

第九　鈎股　附 適等定矩起圖　八十問

一

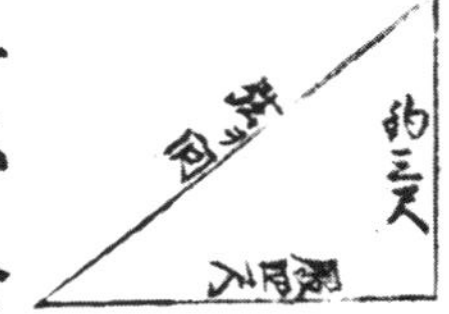

鈎三尺股四尺弦何程ぞと問

○答曰弦五尺

術曰鈎三尺を自乘して九ッと股四尺を自乘して十六と二口合して二十五ッを平方に開之弦五尺となり

二

鈎三尺弦五尺股何程ぞと問

○答曰股四尺

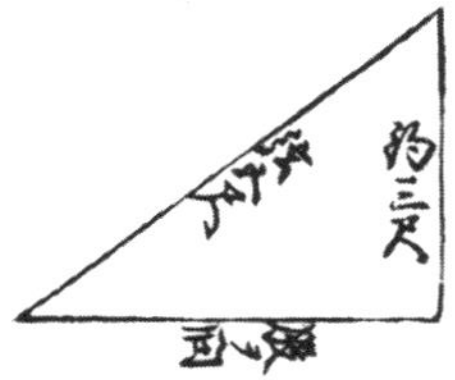

術曰弦五尺を自乘して廿五ッと鈎三尺を自乘して九ッを引残り十六となるを平方に開之股四尺となるべし

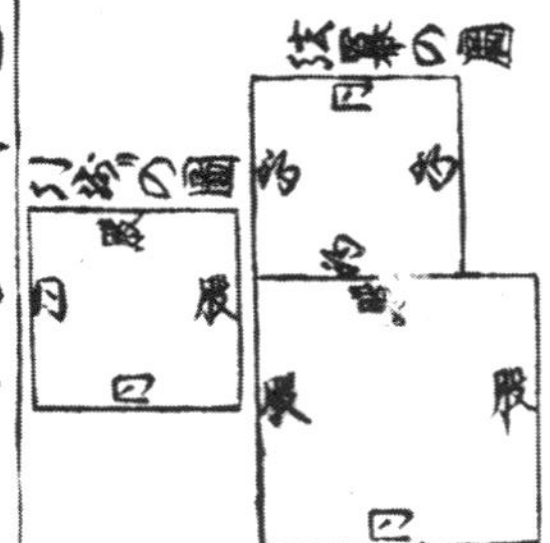

三

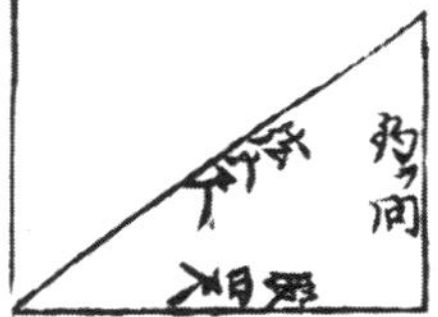

股四尺弦五尺鈎何程ぞと問

○答曰鈎三尺

術曰弦五尺を自乘して廿五ッの内股四尺を自乘して十六ッを引残り九ッを平方に開之鈎三尺と知なり

○第二と同意なれば図を略す

四

鈎三尺股四尺弦五尺中鈎何程ぞと問

○答曰中鈎二尺四寸

術曰鈎三尺と股四尺と相乘して十二ッを

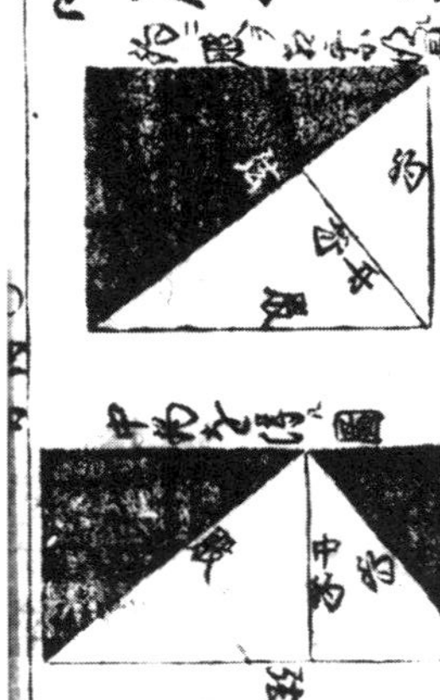

五

弦五尺とすれば中鈎二尺四寸となる也

鈎三尺○五分股三尺四寸方面何程と問

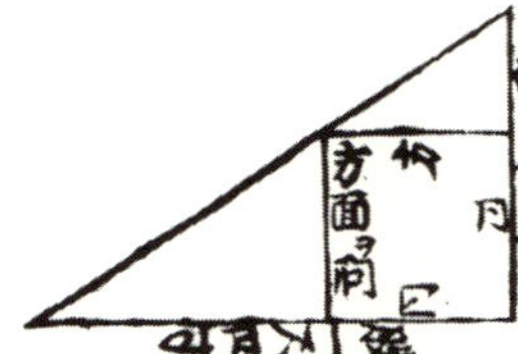

○答曰方面六寸

術曰鈎三尺○五分と股三尺四寸とかけ合して百四十七寸を鈎を寄せして鈎股の和六尺四寸五分を除して方面六寸と知る也

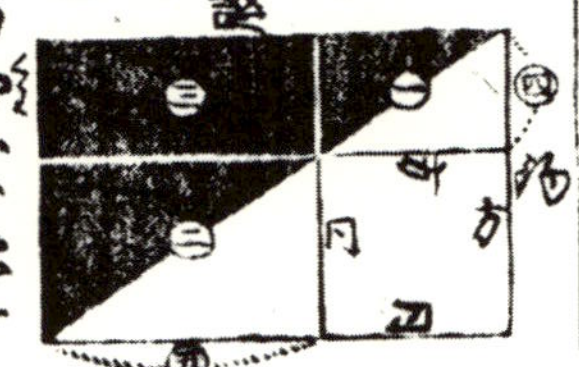

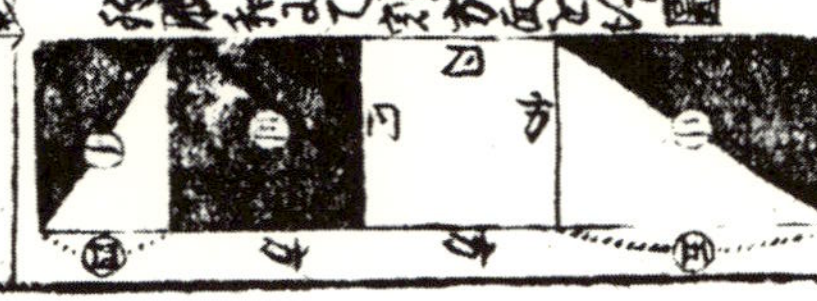

六

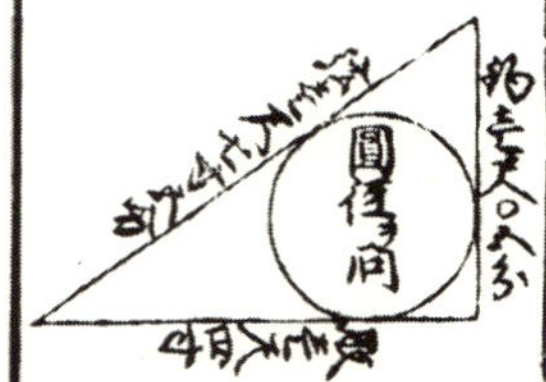

鈎三尺○五分股三尺四寸弦三尺七寸五分圓径何程と問

○答曰円径七寸

術曰鈎三尺○五分と股三尺四寸とかけて百四十七寸を倍之八

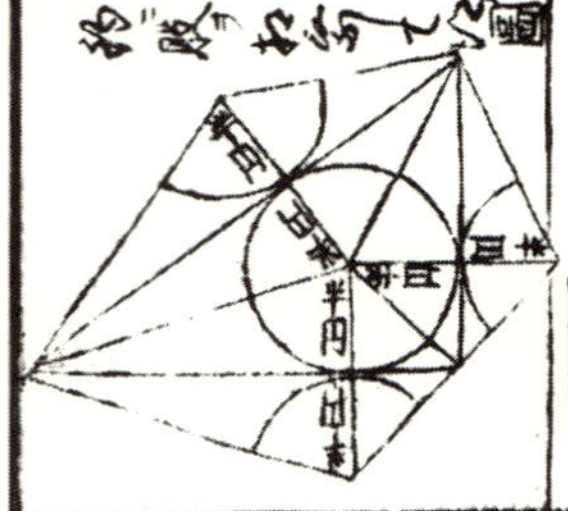

七

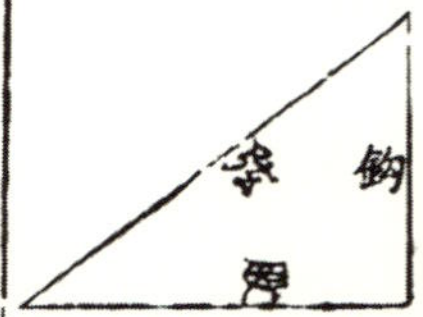

百九十四寸と云を実とし鈎股弦三和して四尺二寸を法として実を割れば圓径七寸となる也

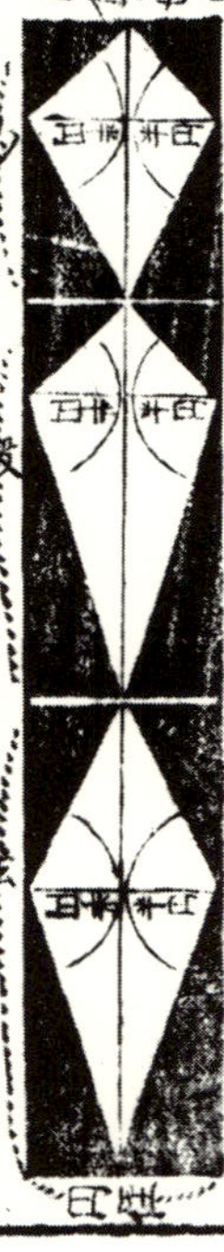

適等定矩起圖

鈎冪ハ因股弦差股弦和也

鈎冪之圖

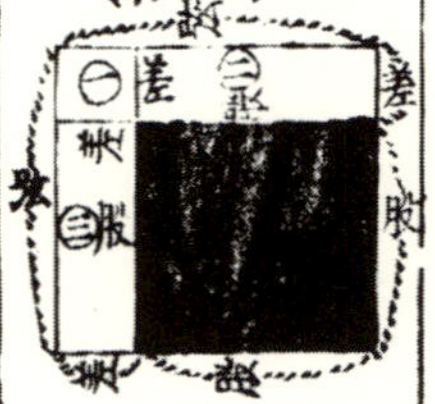

因差弦和之圖

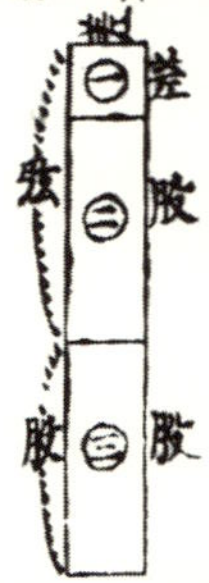

八

股冪ハ因鈎弦差鈎弦和也 是準第七圖也

九

鈎冪與股弦差冪相併因股弦差二箇弦也

相併得圖

因差二箇弦得圖

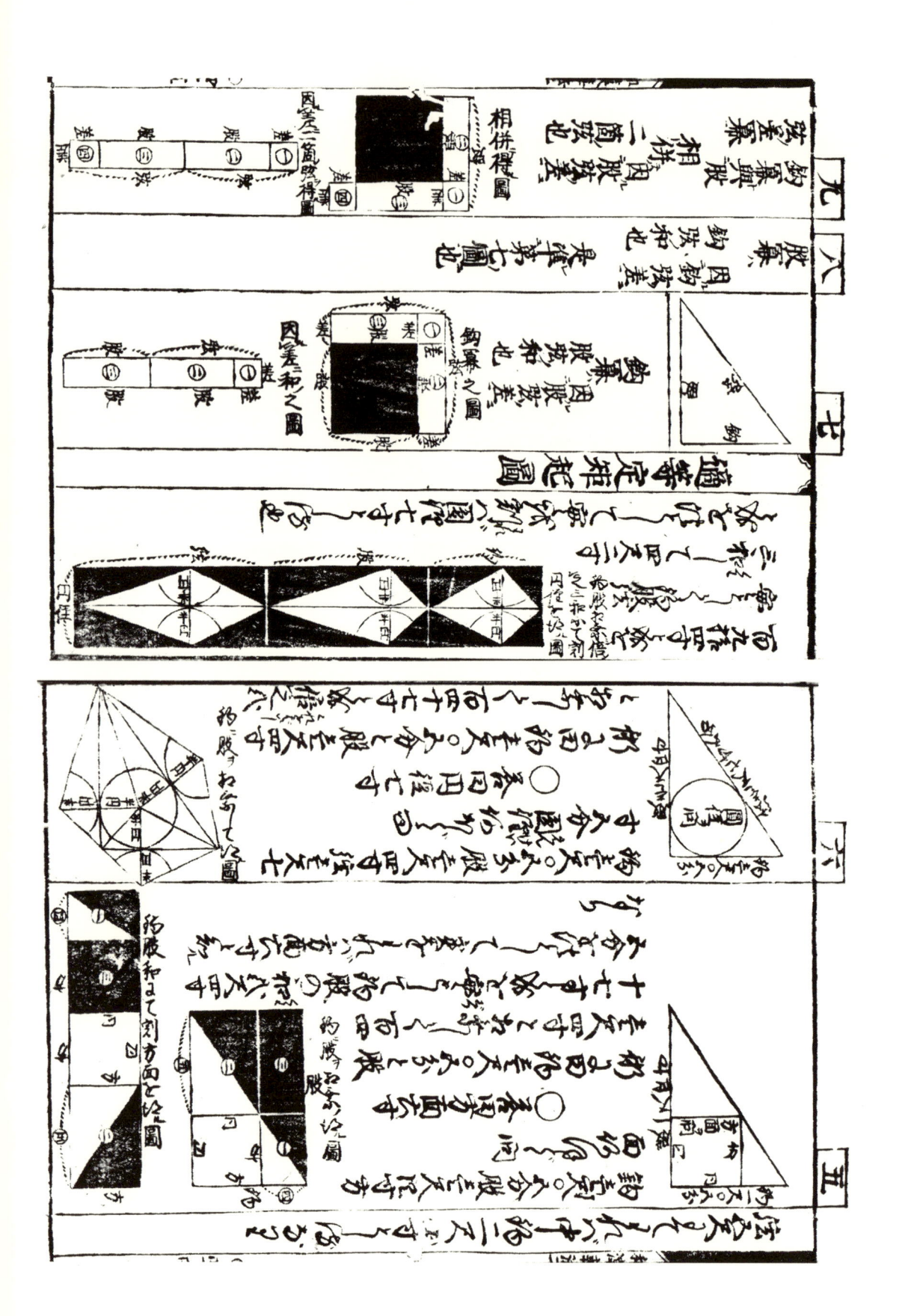

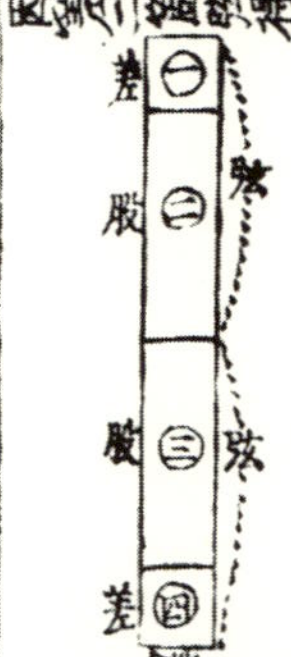

十　股冪與鈎弦差冪相併テ因鈎弦差ニ二箇弦也

是准第九圖也

十一　鈎冪內減股弦差冪ヲ餘以因股弦差ニ二箇股也

餘得圖

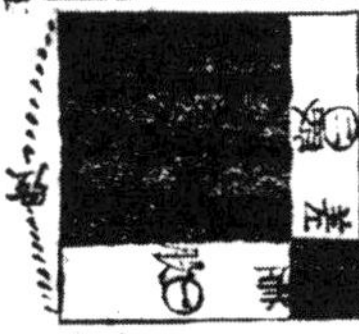

十二　股冪內減鈎弦差冪ヲ餘以因鈎弦差ニ二箇鈎也

是准第十一圖也

十三　鈎股和冪鈎股積四段與弦冪相併數

鈎股和冪圖

積四段之圖

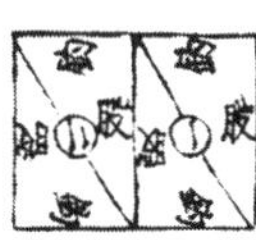

弦冪之圖

十四　與股冪相併テ因鈎弦和ニ二箇弦也

相併圖

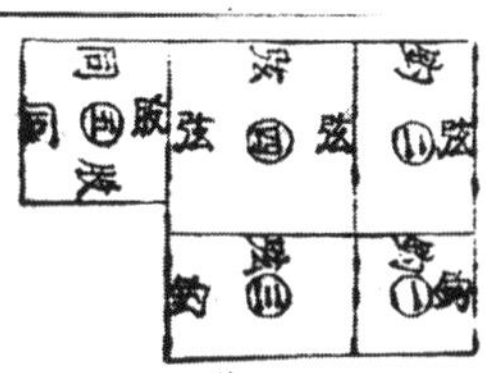

㊀㊄併㊅ト十七是弦冪ナリ

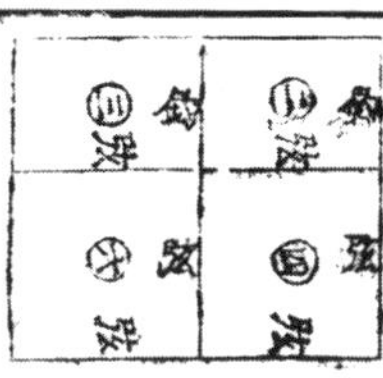

十五　股弦和冪與鈎冪相併テ因股弦和ニ二箇弦也

是准第十五圖也

十六　股弦和冪內減鈎冪ヲ餘以因股弦和ニ二箇股也

股弦和冪圖

㊃ノ弦冪ノ內減鈎冪餘㊄ト十九是股冪ナリ

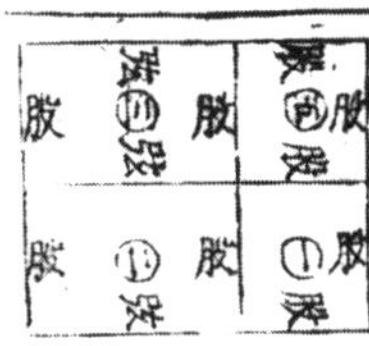

十七　鈎弦和冪內減股冪ヲ餘以因鈎弦和ニ二箇鈎也

是准第十六圖也

十八　鈎股弦和冪內減鈎股積四段ヲ餘以因鈎股弦和ニ二箇弦

餘得圖

㊅㊆相併㊃ト十七是弦冪ナリ

十九　與鈎股弦和冪鈎股積四段相併テ因鈎股弦和ニ二箇鈎股

相併得圖

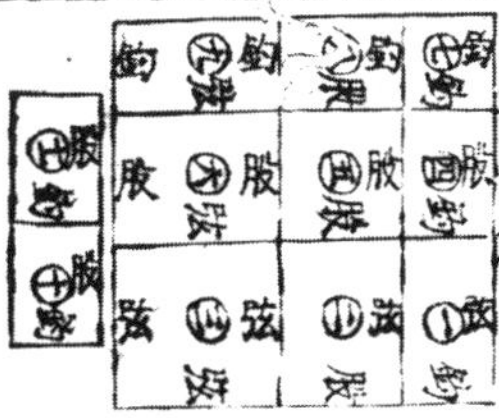

㊃ヲ分テ㊂㊃トナルナリ

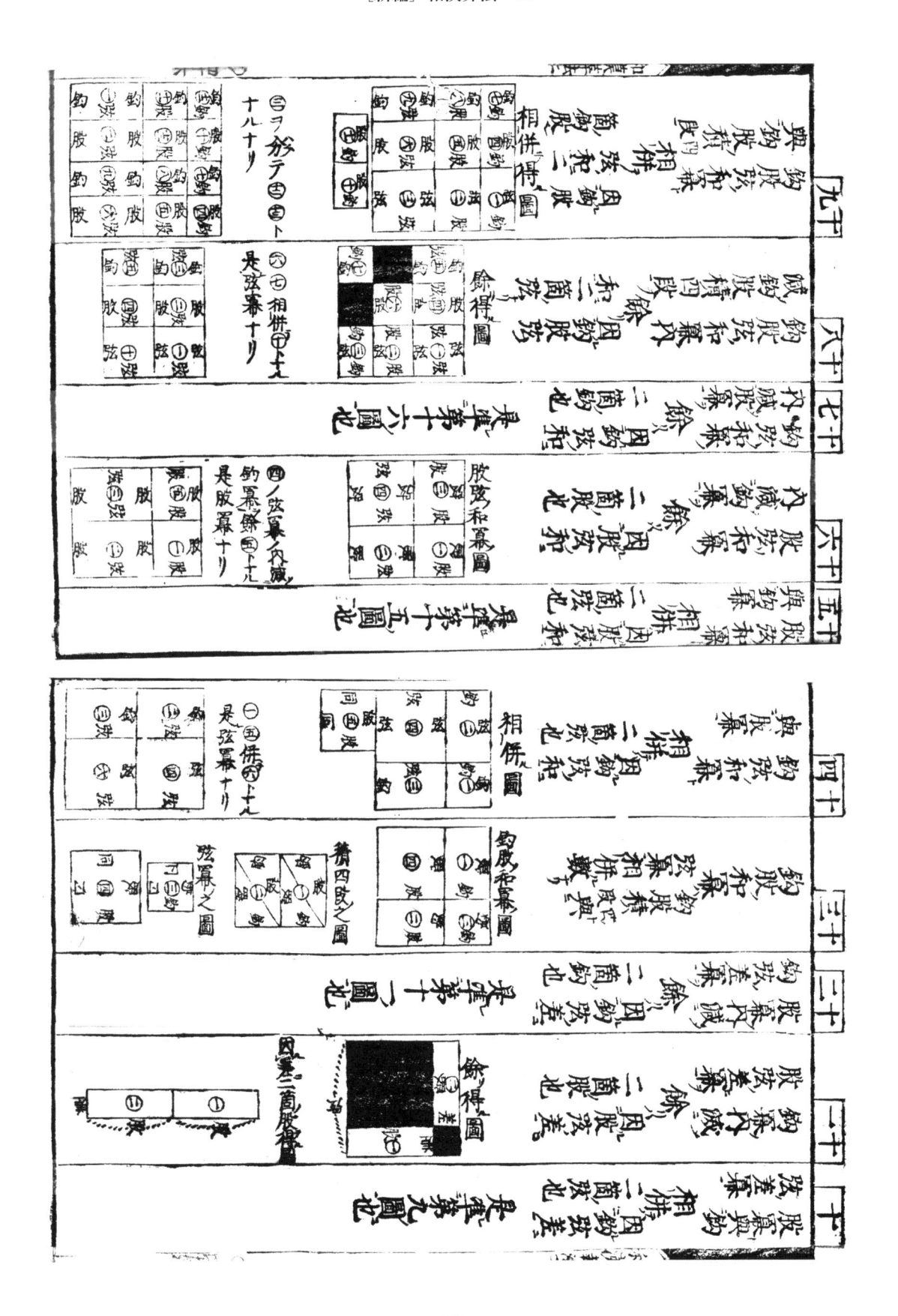

十二

鈎股弦和冪内併減鈎股積四段與弦冪二段餘因鈎股和二箇弦也

得圖

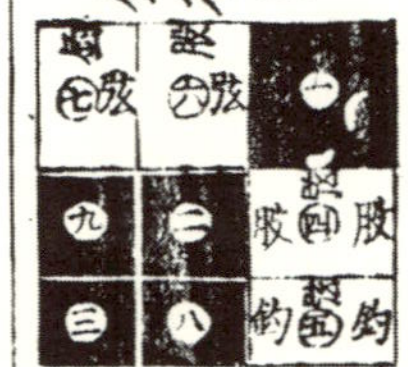

㊀㊁㊂ハ弦冪二段ナリ
㊇㊈ハ鈎股積四段ナリ

因鈎股和二箇弦圖

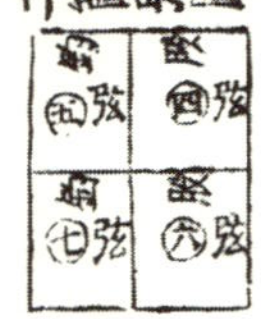

廿一

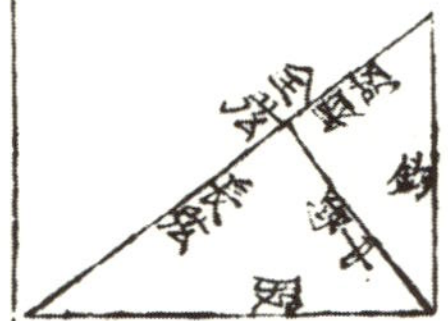

中鈎冪ハ因長弦短弦也

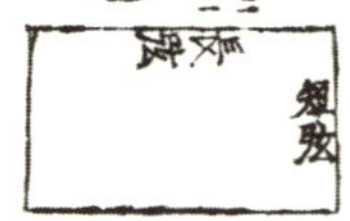

以股除鈎得數以因中鈎則短弦也亦以鈎除股得數以因中鈎則長弦也依之相因長弦與短弦爲中鈎冪也

廿二

鈎冪ハ因短弦全弦也

相因長弦與短弦加入短弦冪爲鈎冪也

廿三

股冪ハ因長弦全弦也

是準第二十二圖也

廿四

弦冪ハ長弦冪一段短弦冪一段中鈎冪二段也

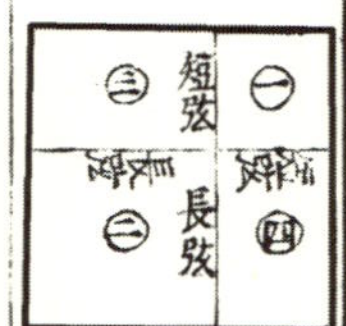

㊀ハ短弦冪㊁ハ長弦冪
㊂㊃ハ中鈎冪也

廿五

股相因短弦因中鈎鈎也

中鈎相因鈎得數以股除之則得短弦故股與短弦相因之因中鈎股也

廿六

鈎相因長弦因中鈎股也

中鈎相因股得數以鈎除之則得長弦故鈎與長弦相因之因中鈎股也

廿七

弦相因鈎因短弦鈎一箇因中鈎股一箇也

全弦

㊀ノ因鈎長弦ハ因中鈎股也

廿八

弦相因股因長弦股一段因中鈎鈎一段也

全弦

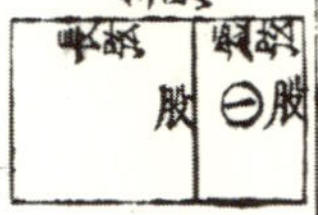

㊀ノ因股短弦ハ因中鈎鈎也

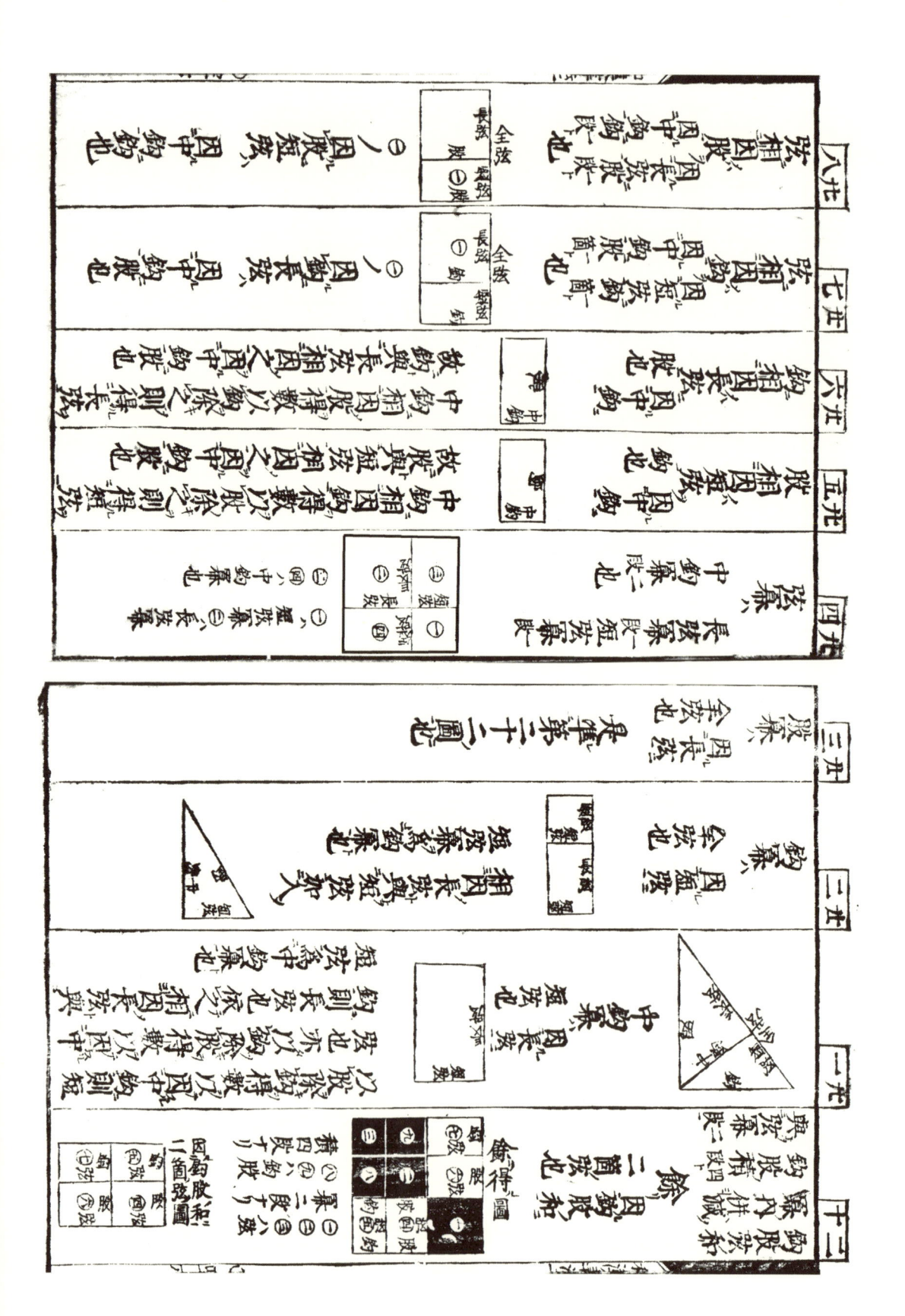

九廿

鈎短弦和ニ相因股ハ　因鈎弦和ニ中鈎也

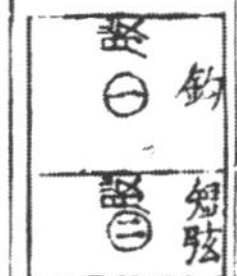

一ハ三也　二ハ四也

因鈎弦和中鈎之圖

十三

鈎弦和寡ハ　鈎短弦和寡段一ト　與股中鈎和寡段一相併數也

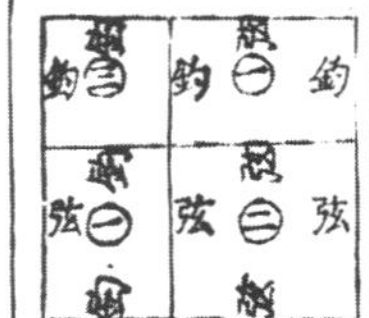

一ハ四七八十也　二ハ五九也　三ハ六十也

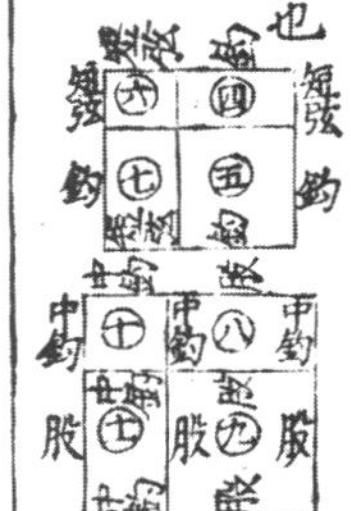

一卅

股弦和寡ハ　鈎中鈎和寡段一ト與股長弦和寡段一相併數ナリ　是準第三十圖也

二卅

鈎股和ニ相因鈎ハ　因短弦中鈎和弦也

一ハ四也　二ハ三也

因短弦中鈎和弦圖

三卅

鈎弦和ニ相因中鈎ハ　因鈎短弦和股也

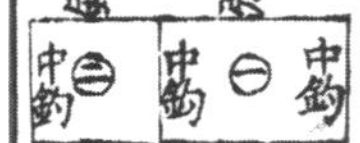

一ハ四也　二ハ三也

因鈎短弦和股圖

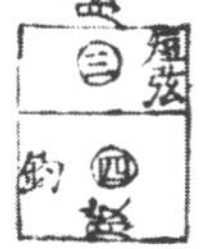

四卅

鈎股和ニ相因股ハ　因中鈎長弦和弦也

一ハ三也　二ハ四也

因中鈎長弦和弦圖

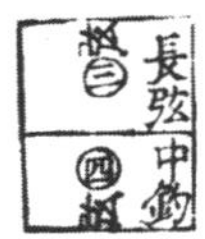

五卅

鈎弦和ニ相因長弦ハ　因中鈎股和股也

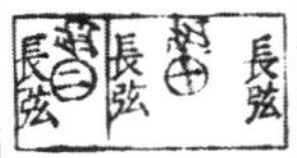

一ハ四也　二ハ三也

因中鈎股和股圖

六卅

股弦和ニ相因短弦ハ　因中鈎鈎和鈎也

一ハ四也　二ハ三也

因中鈎鈎和鈎圖

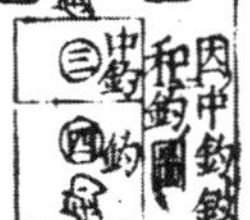

七ハ弦寡段二也　八ハ鈎股積段四也　九ハ鈎弦相乘段二也

七卅

鈎股弦三和寡ハ　鈎中鈎短弦和寡段一ト　與股中鈎長弦和寡段一相併數ナリ

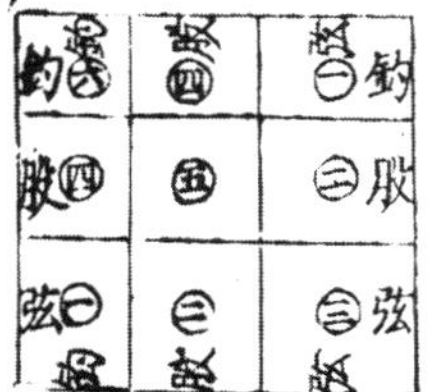

三五六ハ弦寡段二也　四ハ鈎股積段四也　一ハ鈎弦相乘段二也　二ハ股弦相乘段二也

十ハ股弦相乘段二也

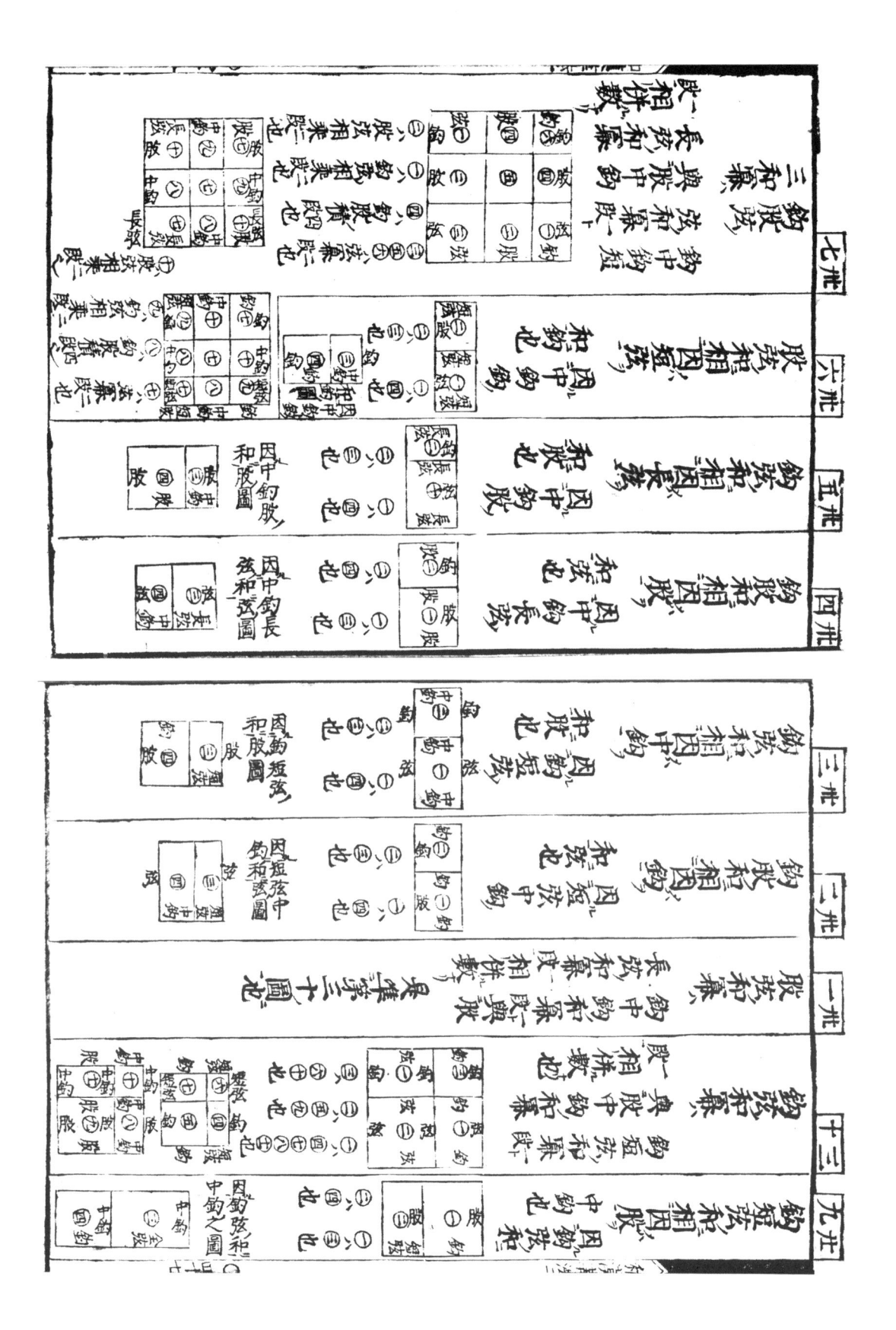

卅八

方面冪ハ欠鈎與欠股相乘ナリ

一ト二ト等シ
三ト四ト等シ
五ト六ト等シ

卅九

鈎相因方面ハ因欠鈎股也

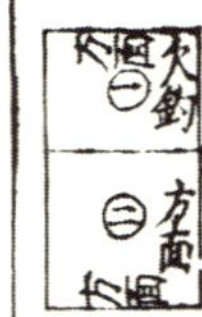

一ハ三也
二ハ四也

四十

股相因方面ハ因欠股鈎也

是準第三十九圖也

四一

欠股相因積ハ因方面股冪也

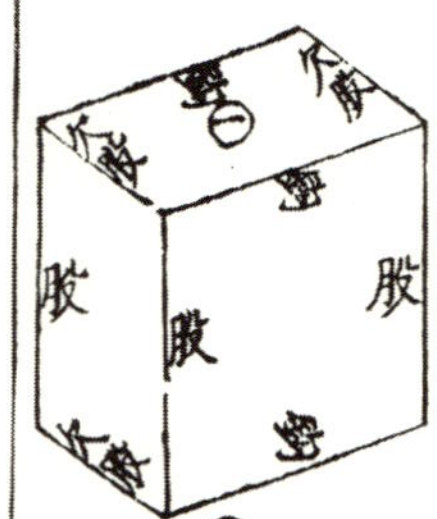

一ト二ト等シ

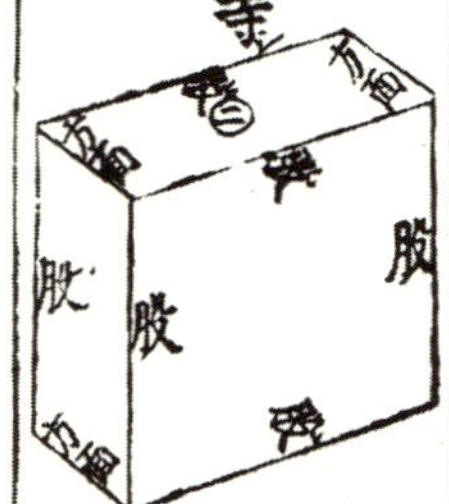

四二

欠鈎相因積ハ因方面鈎冪也

是準第四十一圖也

四三

鈎股和相因ハ欠鈎鈎冪也

一ハ三也
二ハ四也

四四

鈎股和相因ハ欠股股冪也

是準第四十三圖也

四五

鈎股和相因ハ欠鈎欠股和ヲ弦冪ヤ

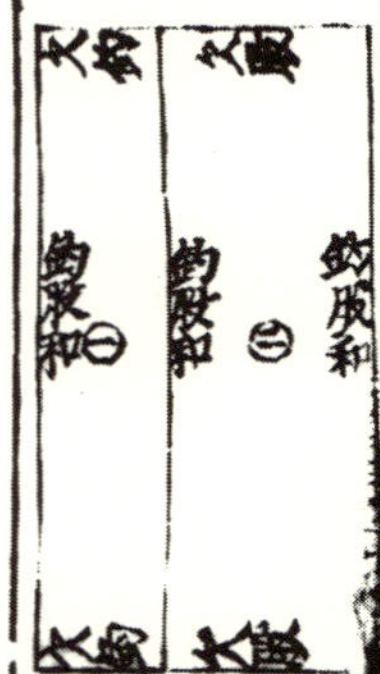

一ハ鈎冪
二ハ股冪
相併弦冪也

四六

鈎股和内減弦餘円径也

一ト二ト等シ
三ト四ト等シ

四七

鈎股弦三和内減圓径餘ハ二箇弦也

是準第四十六圖也

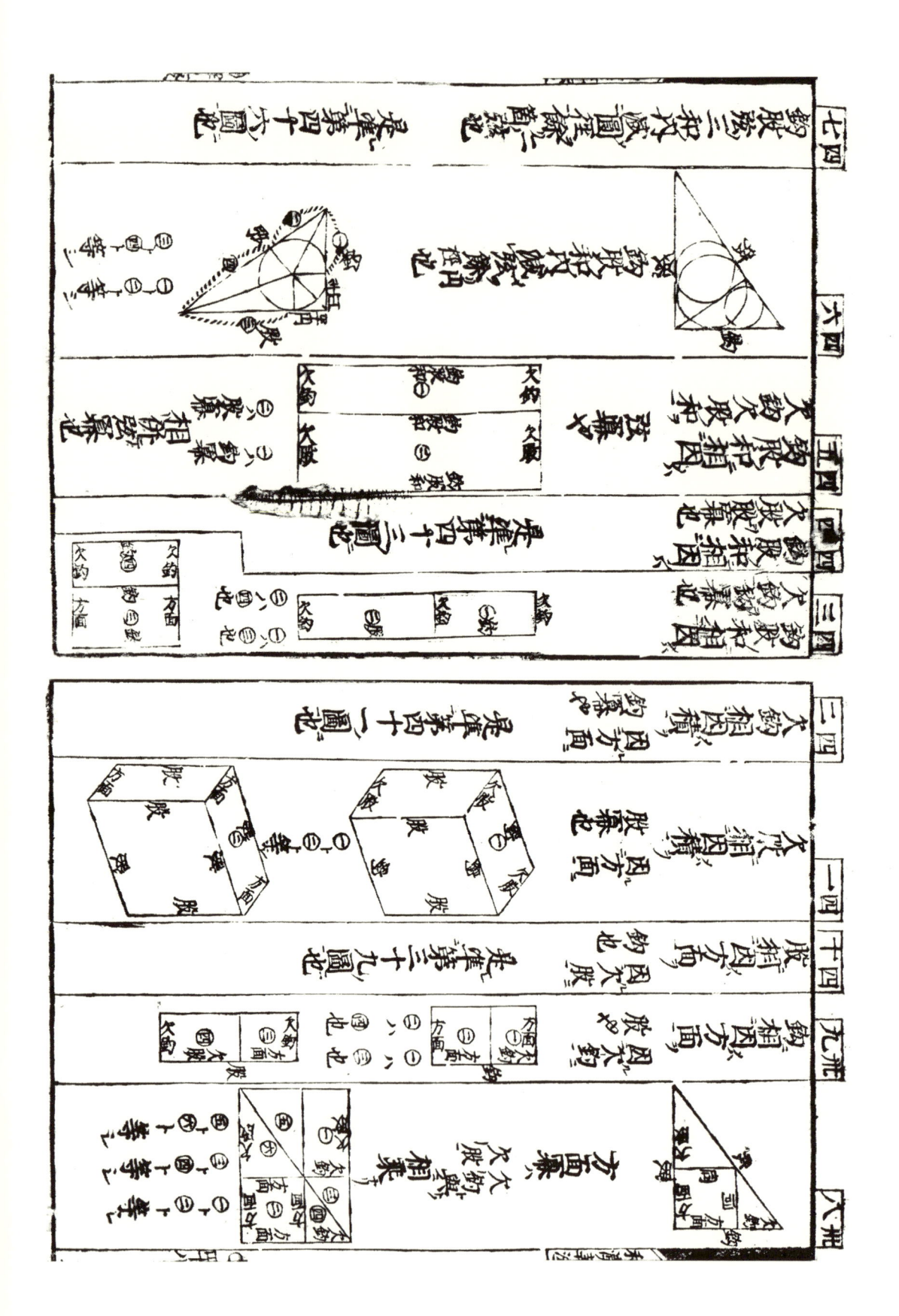

四八　鈎股弦三和内加入圓徑三箇鈎股和也

是同前也

四九　中圓徑冪與小圓徑冪相併大圓徑冪也

是準第三十七圖也

五十　大圓徑ト中圓徑ト小圓徑ト相併三箇中鈎也

㊁㊂㊄㊅㊇㊈相併内減㊀㊃㊆餘中鈎三[illegible]
是則大中小円徑也

適等定矩雖數多有之以前之圖式推之則悉可貫通故省畧之而已

和漢算法巻之二終

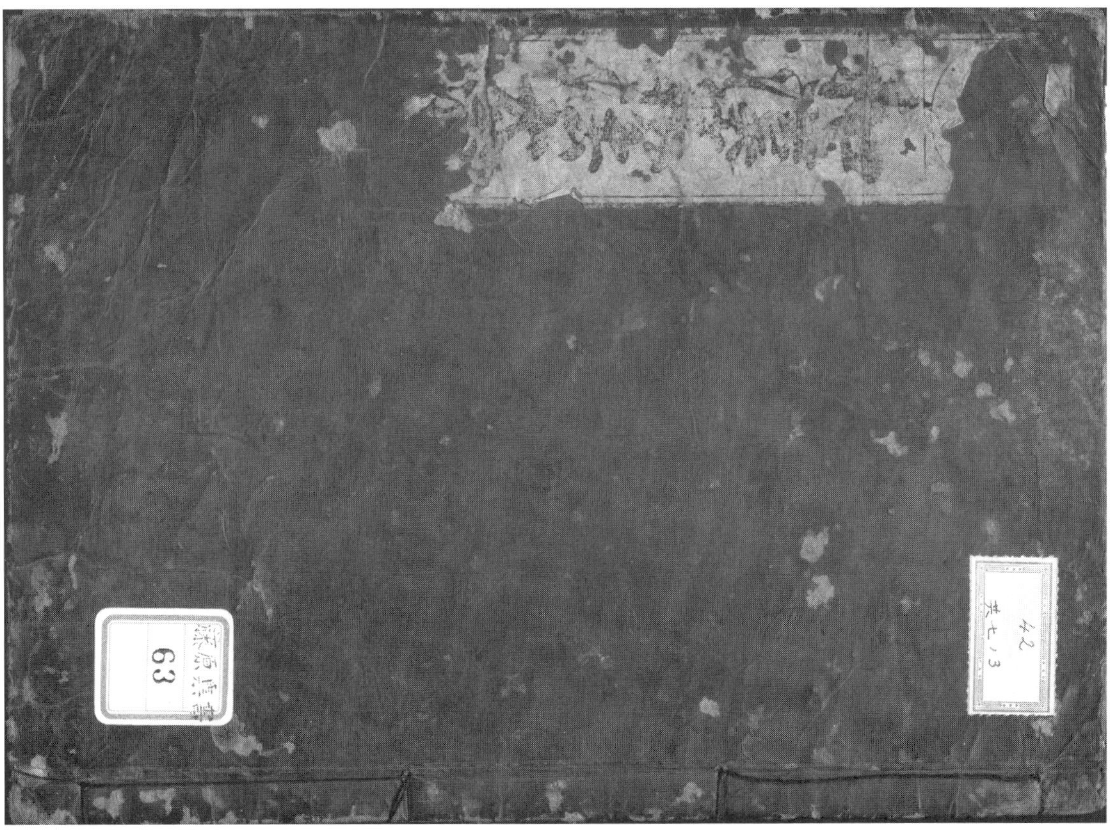
63
42

和漢算法巻之三

洛水 宮城外記原清行 集成

門人 佐野伊兵衛利有
湯浅文吉清□ 校
井鹿□吉清次

商除（しやうぢよ）

九帰法にくらべ八さん見一也

假令 実二百三十六匁を八人に配分して一人前に何程づつぞと問

○答曰 一人に二百四十七匁づつ

物		之		圖
	一	十	百	貫
商				
実	𝍫	≡	‖	一
方	𝍫			

術に曰 假令実八二百六十八文を実に立て二十百と二の位なゆへ方を二位にて一圖の如く位を立て商は二百と立て二圖の如く……

二		之		圖
	一	十	百	貫
商			‖	
実	𝍫	≡	‖	二
方			𝍫	

初商二百と方八をかけ合て実より目実を引払ひ実に二百廿文有 三の圖の如し

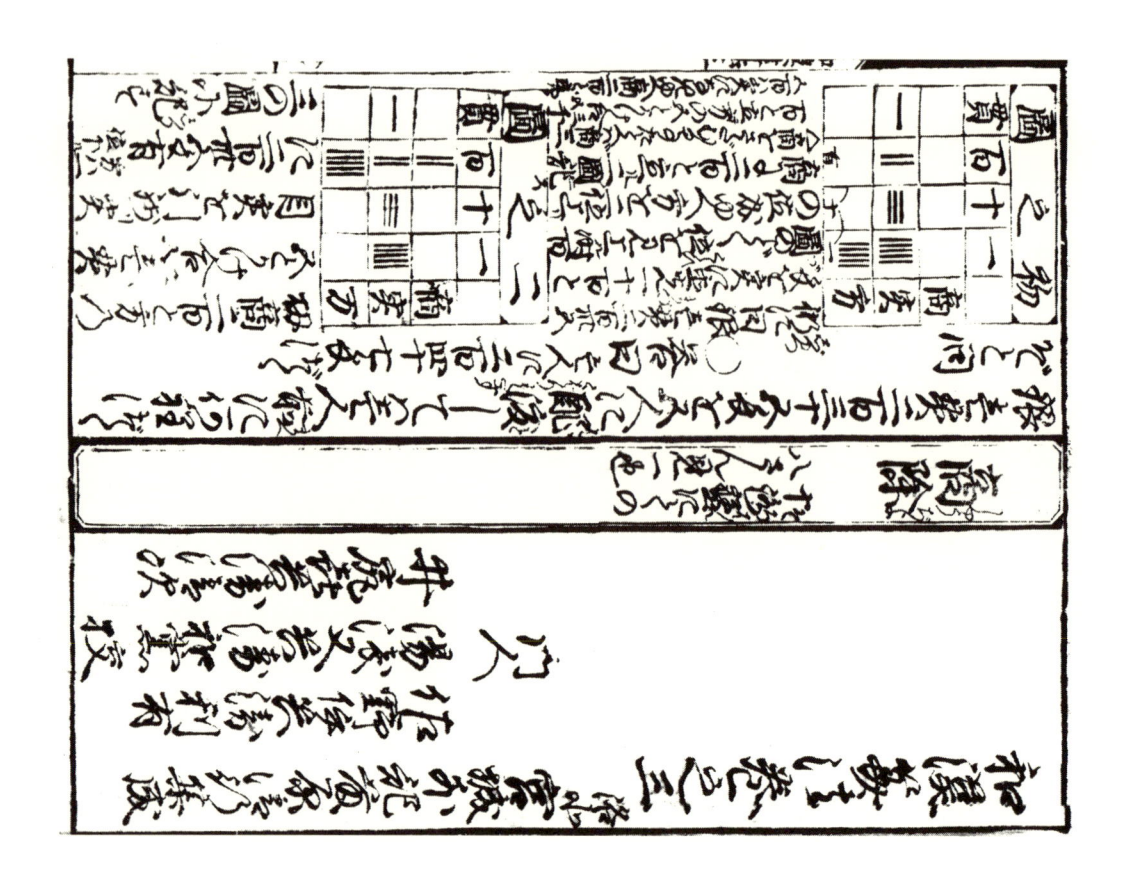

圖之三

貫	百	十	一	
	‖			商
	‖	＝	‖‖	実
		‖‖		方

𠮷商二百の次に四十と立方のかと相合四八二百目実を引盡し又実有方八一位下ル四の圖に就ス

圖之四

貫	百	十	一	
	‖	≡		商
		≡	‖‖	実
			‖‖	方

𠮷商二百四十の次に七を立方のかと相合せ三十五貫実を引きれなり又の圖のごとし

圖之八

貫	百	十	一	
	‖	≡	⊤	商
				実
			‖‖	方

如此商に二百四十七貫ぞくと知るなり

米千石あり是を十六人に配分の時一人あての積りいかほどと問

○答曰一人に六十二石五斗づゝ

圖之初

千	百	十	一	
				商
一				実
		一	⊤	方

術に曰米千石を実とし十六人を方として並べ先一十と圖のごとく位を見て二の附十の位に次す一位商に六十と立二の圖に就ス

圖之二

千	百	十	一	
		⊥		商
一				実
		一	⊤	方

𠮷商六十と方の十と相合六百と六百を実より引又六十と方の六と相合三百六十を実より引残り実に四十石有三の圖に就ス方八一位下ル

圖之三

千	百	十	一	
		⊥		商
		≡		実
		一	⊤	方

𠮷商六十の次に二を立方の十と相合二十と方の六と相合十二を引又残り実に八石有方八一位下ル四の圖に就ス

圖之四

百	十	一	分	
	⊥	‖		商
		Ⅲ		実
		一	⊤	方

商六十二の次に又五を立方の十と相合一五と方の六と相合三十実を引ぬらふさ又の圖のごとし

圖之五

百	十	一	分	
	⊥	‖	≡	商
				実
		一	⊤	方

かくのごとく商に六十二石五斗ぞくと知也

平方

開平方の事
間数を自乗せし数を知りて戻す術也

積百四十四歩あり是を四方にしてハ方面何ほどになるぞと問

○答曰方面十二ろ

術に曰積百四十四歩を実におき一を廉とし初圖のごとく二位づゝこえて一十百と位をとる時百の位ハ余し十の位なりこれ十ろ四方とみて商に十ろと立廉を一位上ルを二の圖に記ス

△方ハ一位づゝ上ル廉ハ二位づゝ上ル又下ルとみるも同じ事なり

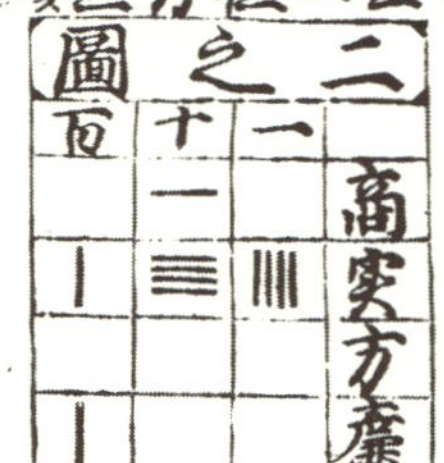

さて商十ろと廉の一と相乗一ノ十を法にして実の内十と払ひ十と商十ろと相乗じ一百と実を引く三の圖に記すと

又商の十と廉の一と乗合一ノ十を方に加へ方二十と為扨方廉をのぞく一位下ルなり四の圖に記す

△方ハ一位づゝ下ル廉ハ二位づゝ下ルとみるもおなじ事なり

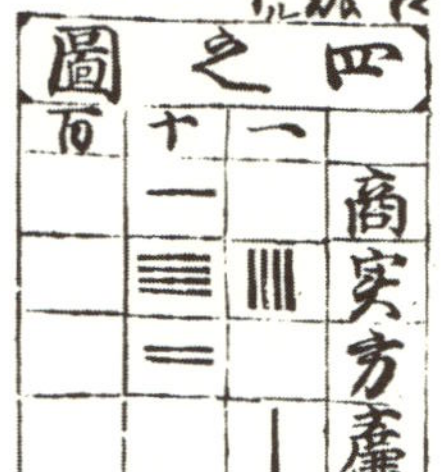

扨商に二ろを立ル此二ろと廉の一と乗合一ノ二を法にしてかけ此二と四十五の圖に記

扨今立ル商二ろと方の廿と相乗合二ノ四十四歩を実より引ク又商二ろと方廿二と相乗合二ノ四十四歩を実より引くべて六の圖のごとし

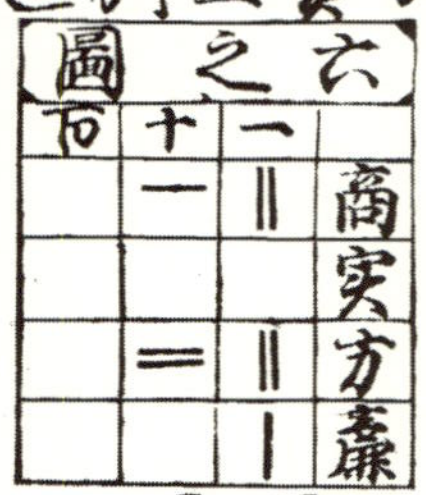

かくのごとく商に方面十二ろと記之

積十三万三千二百二十五歩あり是を四方にしてハ方面何ほどなるぞと問

○答曰方面三百六十五ろ

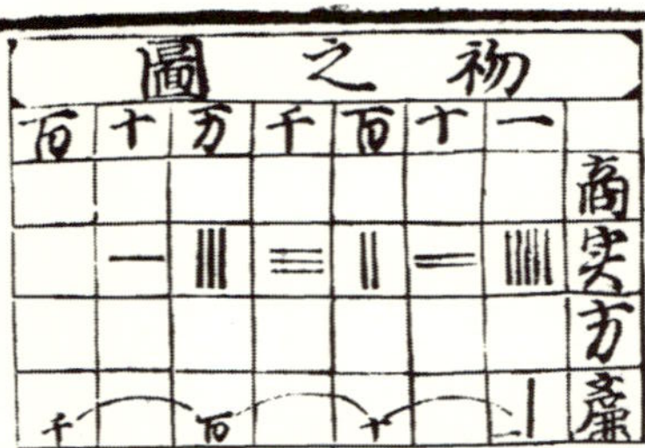

術に曰積十三万三千二百二十五歩を実におき一を廉とし初圖のごとく二位づゝこえて一十百千と位をとる時千の位ハ余し百の位なるゆゑ三百ろ四方とみて商に三百ろと立廉を一位上ルを二の圖に記ス

△方廉の進退すべてかくのごとくゆく事也

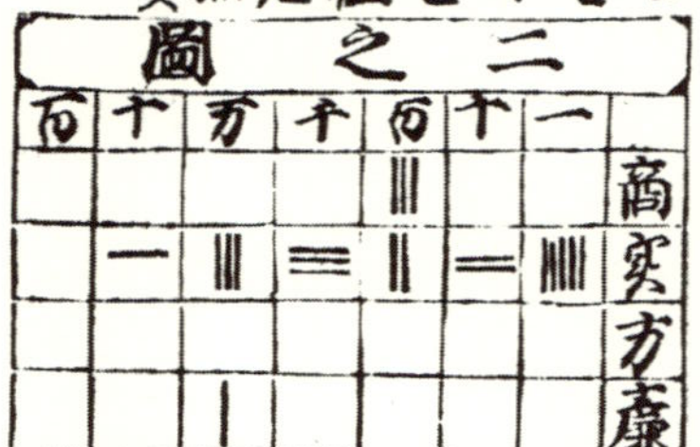

さて商三百ろと廉の一と乗合三ノ三百を方に加へ方三百とす此三百と商三百と相乗合九万を実より引く三の圖に記す

立方

開立方の法 開数再自乗の数を求いよ本にもどす術也

積百九十五万三千百二十五坪有これを四方六面に同しく立方面何ほとなるぞと問

○答曰方面百二十五ある

初之圖

十	億	千	百	十	万	千	百	十	一	
										商
			|	⊥≡	|||||	≡	|	=	|||||	實
										方
										廉
千			百			十			|	隅

術曰積百九十五万三千百二十五坪を実に置一を隅に置如此圖 二位究越て一十百千と位をすゝみ千の位に至百の位なりゆく百の四方立隅を二位とつきて商に百あると二の圖の記と

△方ハ一位ツヽ廉ハ二位ツヽ隅ハ三位ツヽ下ル以是同じ也

二之圖

十	億	千	百	十	万	千	百	十	一	
							|			商
			|	⊥≡	|||||	≡	|	=	|||||	實
										方
										廉
			|						隅

扨商に一ツ百ある此一と隅の一とかけ合一ノ百を廉に加へ廉百と成此百と商百とかけ合一ノ二万おゐて方に加へ方一万と成此一万と商百とかけ合一百万を実より引三の圖に記ス

三之圖

方	千	百	十	一	
		|||			商
|||||	≡	||	=	|||||	實
|||					方
|					廉

又商の三百と廉の一とかけ合三ノ三百を方ニ加へ方六百と成扨方之廉をのく一位下ル四の圖に記ス

四之圖

方	千	百	十	一	
		|||			商
|||||	≡	||	=	|||||	實
		T			方
		|			廉

扨商六十をたて此六十と廉の一とかけ合六ノ六十を方にくはへ方六百六十となる此方六百六十と商六十とかけ合六三万六千を実より引又商六十と方の六十とかけ合六三千六百を実より引残実に二千六百十六あり有又の圖にあるそ

五之圖

千	百	十	一	
	|||	⊥		商
≡	T	=	|||||	實
T	⊥			方
	|			廉

又商の六十と廉の一とかけ合六ノ六十を方にくはへ方七百九十と成扨方廉各一位下ル六の圖に記ス

六之圖

千	百	十	一	
	|||	⊥		商
≡	T	=	|||||	實
	Π	=		方
			|	廉

扨商三百六十の次ニ今又たてる立法を廉の一とかけ合一ノ又方に加へ方七百九十と成七の圖に記す

七之圖

千	百	十	一	
	|||	⊥	|||||	商
≡	T	=	|||||	實
	Π	=	|||||	方
			|	廉

ここに実を商の又あるを立て此七百と又かけ合七ノ三千五百を実より引又商の又あるを方とかけ合此方と実を引実を引又商ノ又あるとかけ合又此又と実を引拂之八の圖のごとし

八之圖

千	百	十	一	
	|||	⊥	|||||	商
				實
	Π	=	|||||	方
			|	廉

かくのごとく商は方面三百六十五あるとしるべし

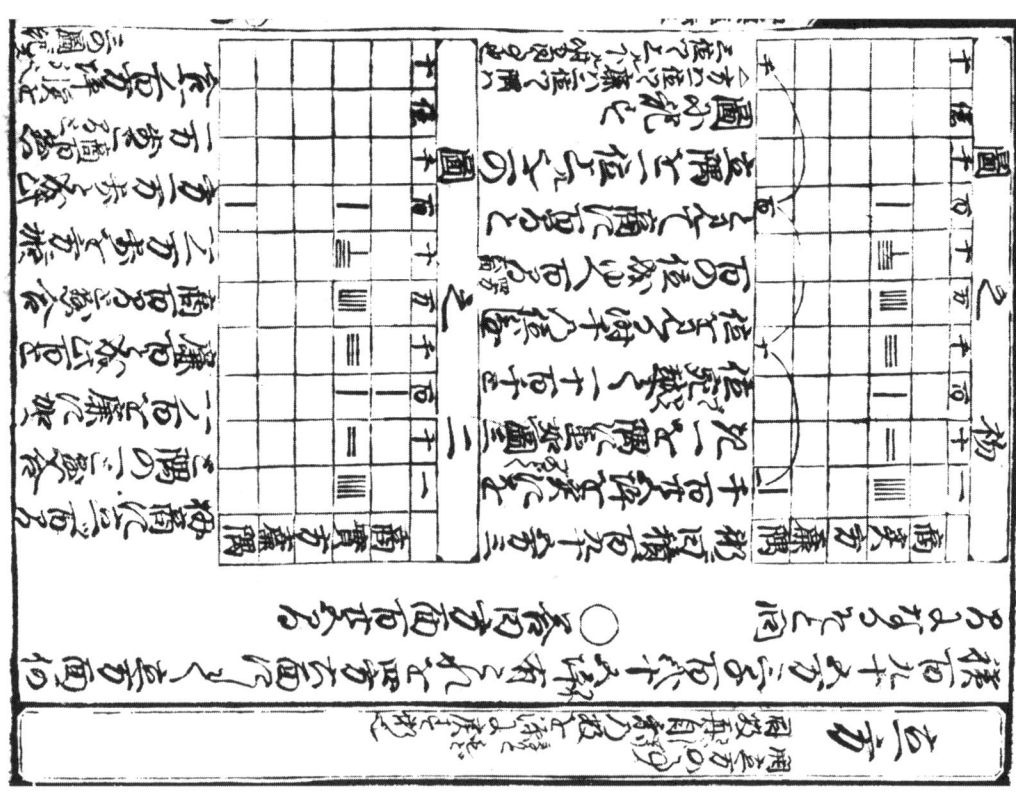

三之圖

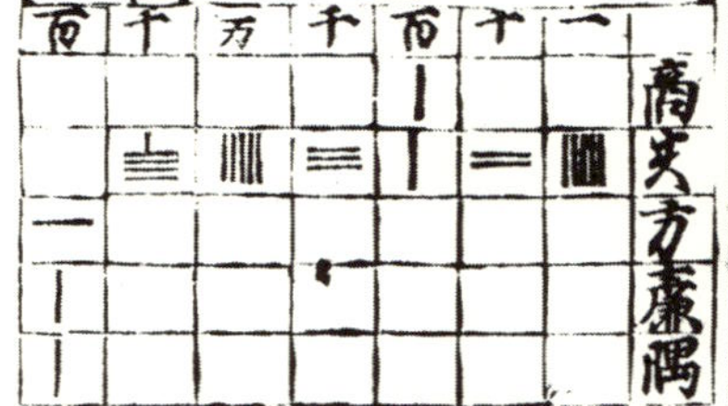

極又商百乃ち隅乃一を以て合一百を廉に乗して廉三百乃ち以て二百と為す合二万を以て方に加へ方三万共と為す又商百乃ちと隅の一とうけ合一百を廉に乗して廉三百を以て極方廉隅をのぞく一位下ル四の圖に訛す

四之圖

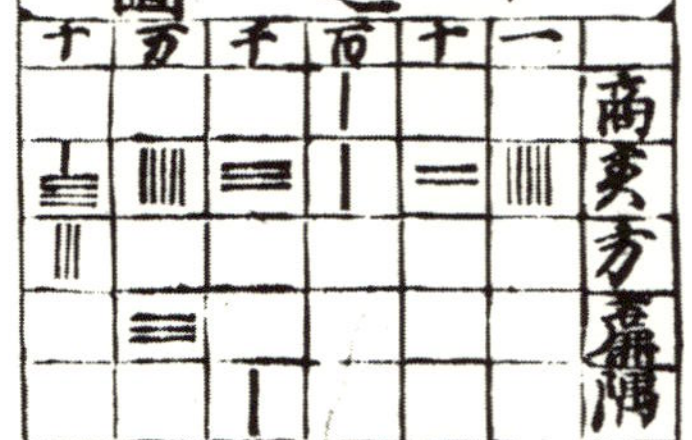

実を商百乃ち次に合又方乃五乃ち九乃と隅の一を以て合一九を廉に乗して廉三百九以て三百ニ商九乃を為合三六千を以て方に乗して又廉九と商九乃ち為合二万四百を以て方に八万三万六千四百を以て五の圖によるとす

五之圖

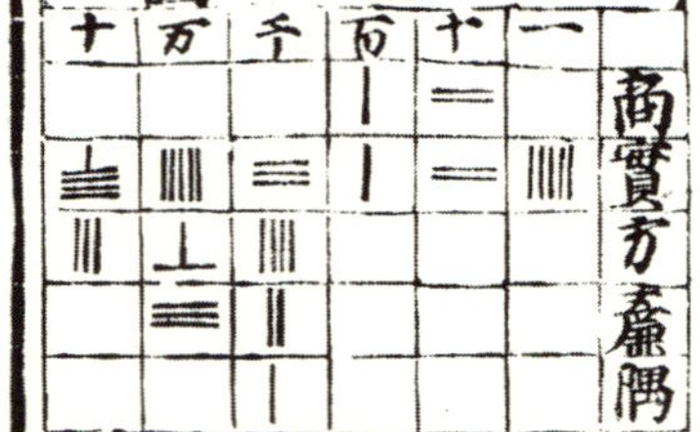

極商廿乃ち二万の三方と為し合三万六千方に以て実をさし為合六十二万実とし二八千実をとして実に九万六千百廿又実有の圖に訛す

六之圖

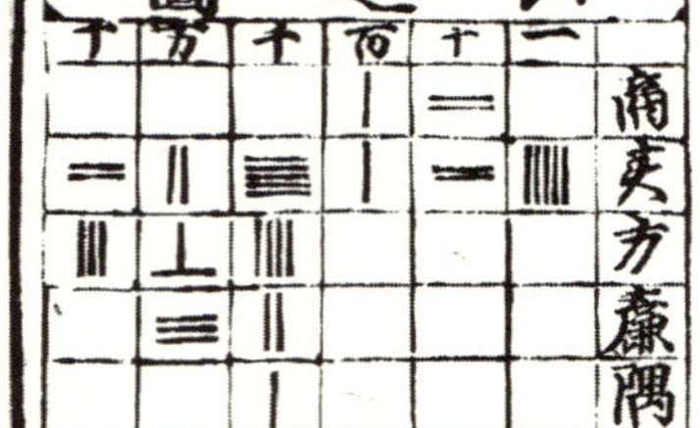

極又商九乃ち隅の一を以て合一九を廉に乗して廉三百卅百と為して三一万六千を方に加へ八百を方に又隅の一と商九乃と為合合一九を廉に乗して極方廉隅をのぞく一位下ル七の圖によるに

七之圖

実を商百廿乃ち次に合又乃五乃ち隅の一を為合一廉に加へ千を百を方に加へ三百を方に加へ廿を方に加へ廿方を実とし廿方を実とし

八之圖

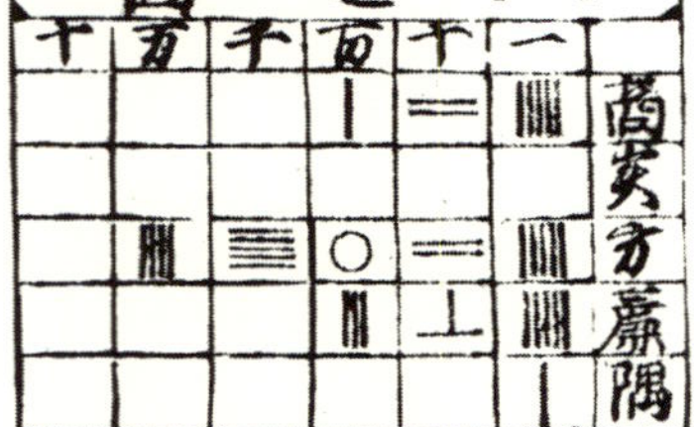

かくのごとく商に三十六ある方面百二十六あるとしおく

三乗　開三乗の法
同数三乗自乗の数を源の度す術也

縦横百六十七万九千六百十六坪ありこれを三乗方にして何ほどになるぞととふ

○答曰三十六ある

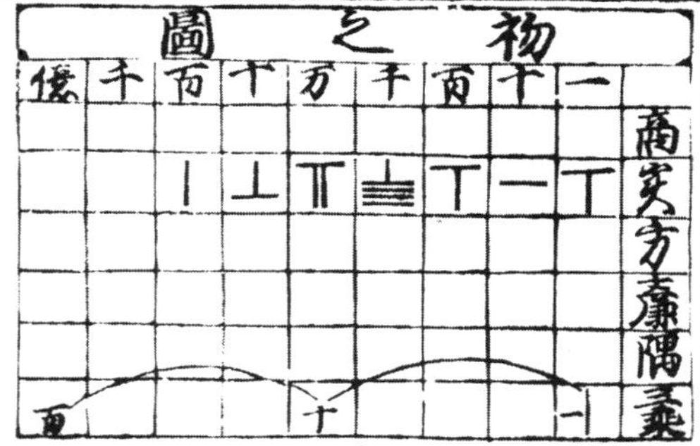

術に曰積百六十七万九千六百十六坪を実におき
また一を三乗方に出し如図四位づゝこへて上へ
一十百と位をみる時百の位をこへかへし十の位に於
ゆく三十あたるとみて商に三十とたて三乗の一を
一位上ル也二ノ図に記を
△方ハ一位づゝ廉ハ二位づゝ隅ハ三位づゝ三乗方ハ四位づゝ上ル也

扨商にたつ三十をと三乗の一と相乗三ノ卅を隅に加へ
隅卅と相乗じ九百と商卅と相乗三ノ九百を廉に加廉
九百と相乗じ九百を商卅と相乗九ノ二万七千坪
を方に加へ方二万七千坪と相乗じ二万と商卅と相乗

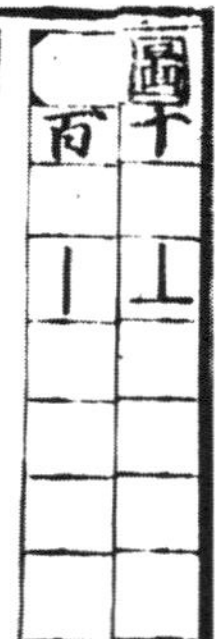

三ノ六十万坪実ゟ引（又商卅あると三乗方の七千と相乗）相合三ノ七十九二万坪実をゟ引
なり三の圖よあると

扨又商卅あると三乗の一と相合三ノ卅を（隅によくして隅六十となる）六十
と商卅あると相合三ノ千八百ありを（廉によくして廉二千七百となる）二千七
商卅あると相合三ノ六万坪を（方によくして方八十万坪となる）又廉七百と商卅あると
相合三ノ二万七千坪（方十万坪となる）又商卅あると三乗の一と
相合三ノ卅を（隅によくして隅九十となる）九十と商卅あると相合九ノ二千七百
となるを（廉によくして廉八千四百となる）扨又（商卅あると三乗の一と相合三ノ二千を隅に加へ隅百二十となる）扨方廉隅三乗ともにのく
一位下ル也四の圖にしるす

實にて商卅ある次の合ヲ又六ある立（九ノ六商六あると三乗の一と）相合六ノ
六を（隅によくして隅百二十六となる）六百と（商六ある）相合六ノ七百六を廉に加へ（又商六あると隅の六と）
相合二ノ七百六十六を廉に加へ（又商六あると隅の六と）相合六ノ三十六を廉に加へ
（廉六千百六十六となる）六千と商相合六ノ三万六千坪を（方によくして）又（廉の六百と）
（商六あると）相合六ノ七百坪を方に加へ又（廉の六千と商の六あると）相合六ノ三百坪
を方に加へ又（廉六千と商六あると）相合六ノ六坪（方によくして方十四万四千九百三十六坪となる）

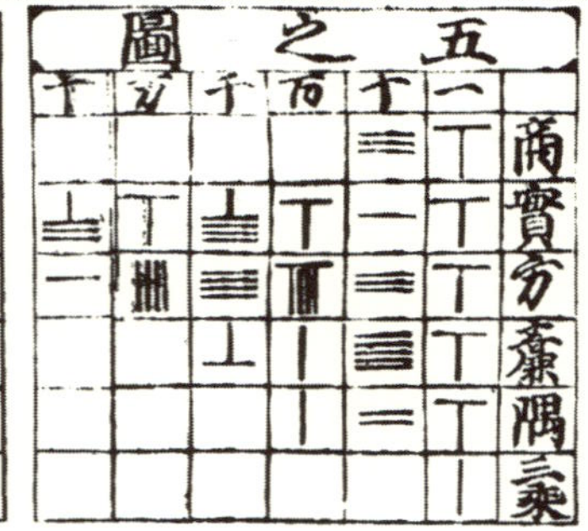

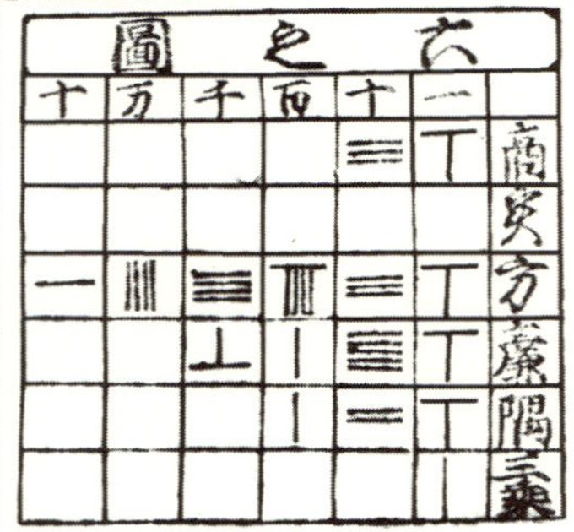

初商六百と方の十万と盈合六く六十万坪を實より引 又
商六百と方七四万と盈合六九四万坪を實より引 又商六百と
方の四千と盈合四二万四千坪を實より引 又商六百と方の
九百と盈合九六く九千四百坪を實より引 又商の六百と方の卅
と盈合三六く三百八十坪を實より引 又商の六百と方の六歩を
盈合六六千六坪を實より引つくる 其圖のごとし

○三乘方以上は此式に準して知べし

かくのごとく商に二年あることあり

△算木の進退をよく位どりに能々算木は横にし 横は算木は縦

にあること又級でいろいけのぼりて縦は算木は縦にし横は横にし
て並るのたるようきよく 今を思考をもつて算木の正
位は縦をの横めし又横は算木は縦とかして位数の自然を
えるこ先をかるなりの也 紀

天元術和解圖式

今有直田積二百〇四歩只云長平和三十歩 問長平
各幾何

○答曰 長十七歩 平十二歩

術曰 立天元一為長 ㈠ 以減只云数 餘為平 ㈡ 以長相乗之為直積 寄左 ㈢ 列直積 ㈣ 与寄左相消得開方式 ㈧ 平方飜法開之得商長十七歩

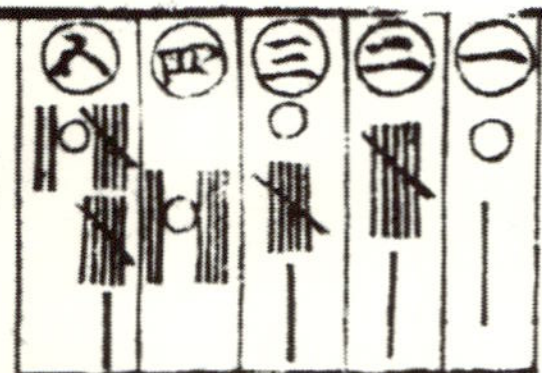

和解云 立天元一為長○

内減只云数餘為平

内減元天一為平

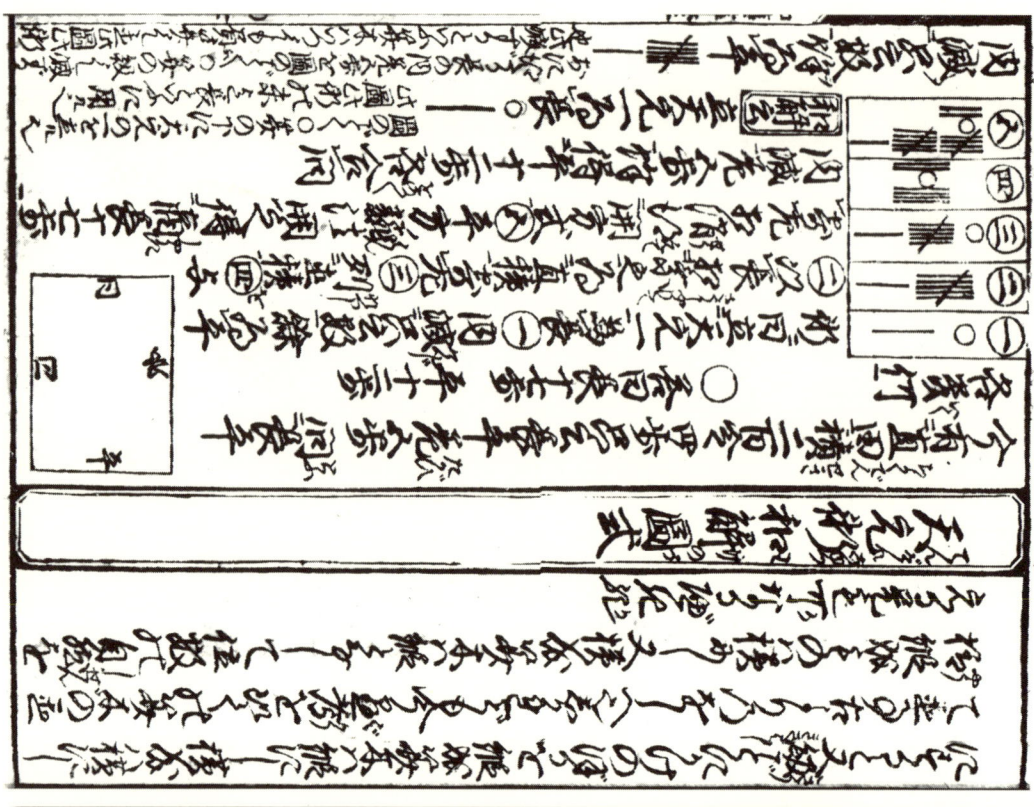

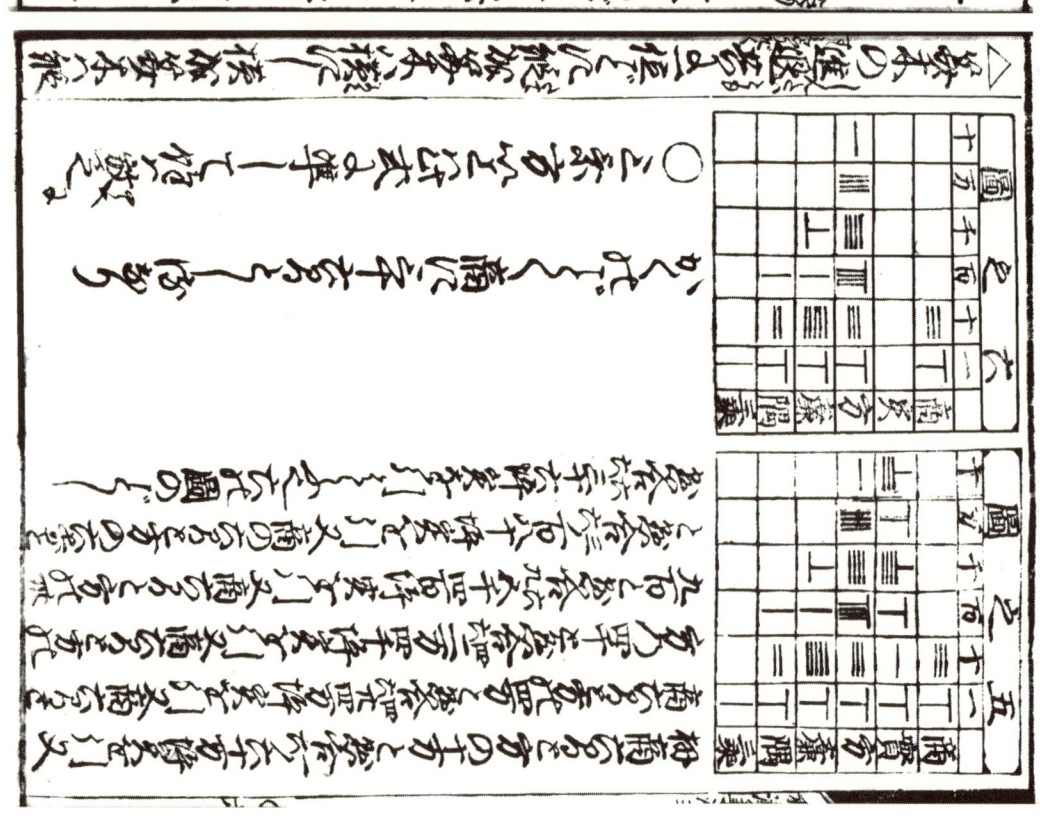

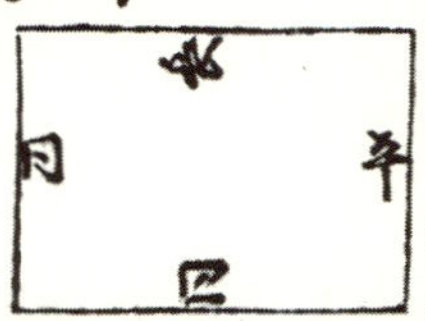

以長和寄之為虚積 ○ 一

寄左 與寄左相消得開方式

列虚積

平方飜法

今有小方田大圓田各一所共積二百二十歩令六分二釐五毛只云
両者不及圓徑二十歩問方面円徑各幾何　乃円積率七分八五

○答曰方面十二歩　圓徑十八歩

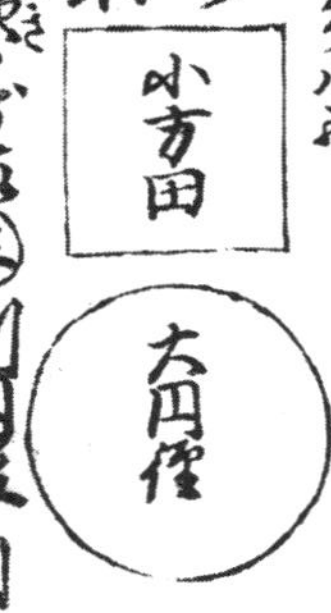

術曰立天元一為圓徑㊀内減不及數餘為方面㊁自乘之為方積寄左㊂列円徑自乘以円積率乘之為圓積㊄加入寄左再寄㊅列共積㊆與再寄相消得開方式㊇平方飜法開之得圓徑十八歩内減不及數餘得方面十二歩也

和解曰立天元一為圓徑 ○ 一
内減不及數餘為方面
自乘之為方積寄左
之 ○ ○ 一 以圓積率和乘之為円積
加入寄左再寄
與再寄相消得開方式

今有如圖截田一所外餘積七十七歩令四釐只云失各之
歩問圓徑方面各幾何　乃円積率七分八五

○答曰圓徑十二歩　方面六歩

術曰立天元一為圓徑㊀自之以円積率和乘之為圓積寄左㊁列圓徑内減倍矢

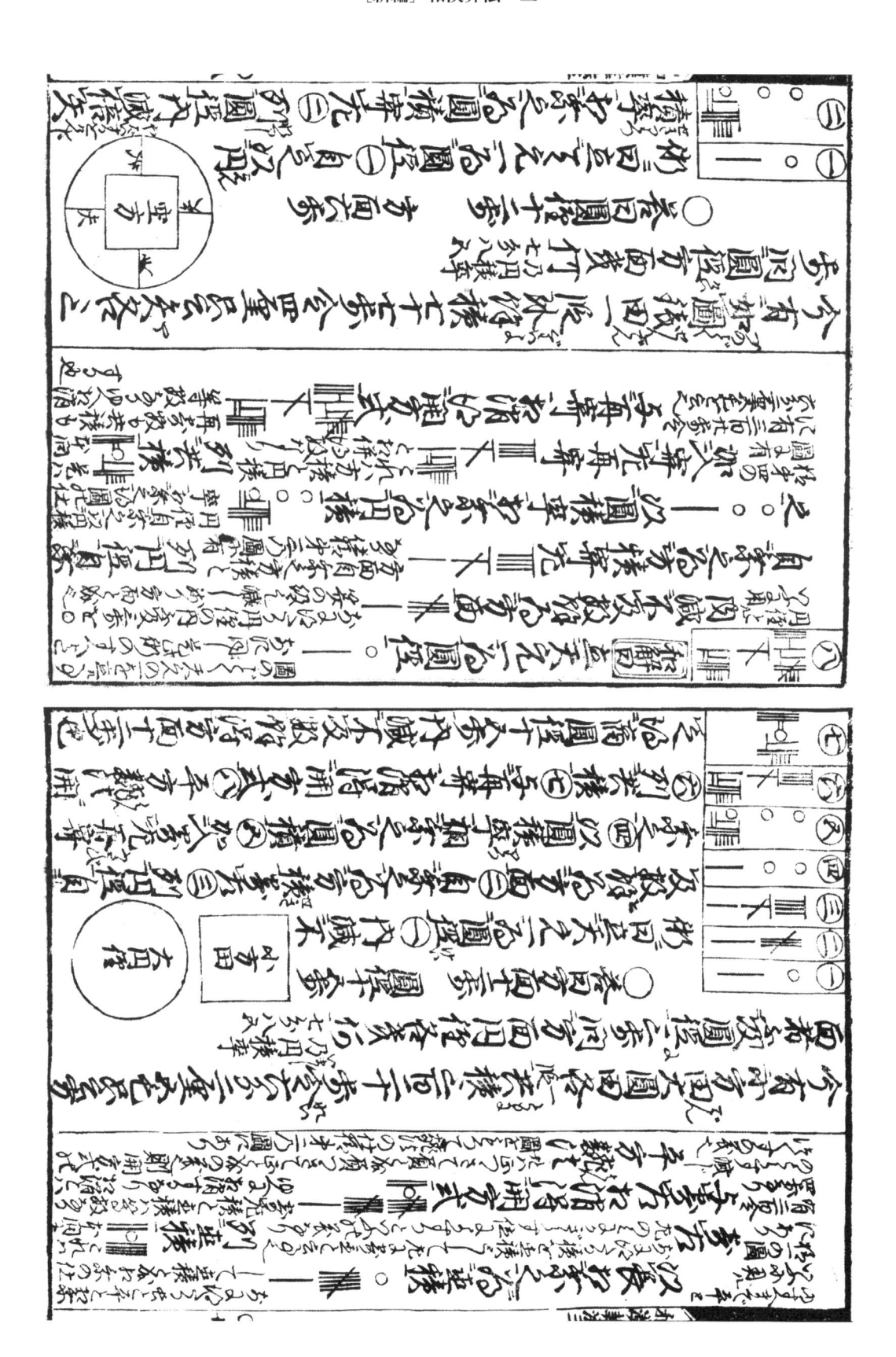

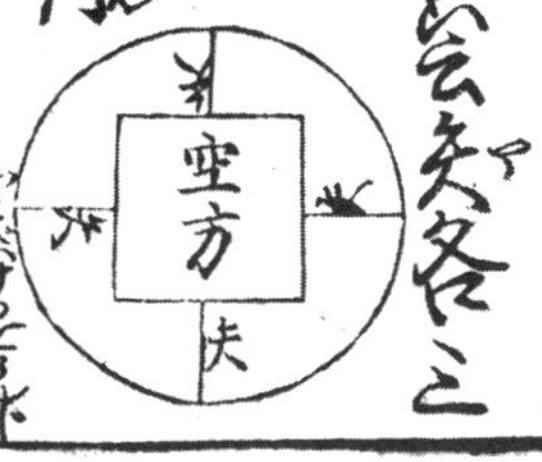

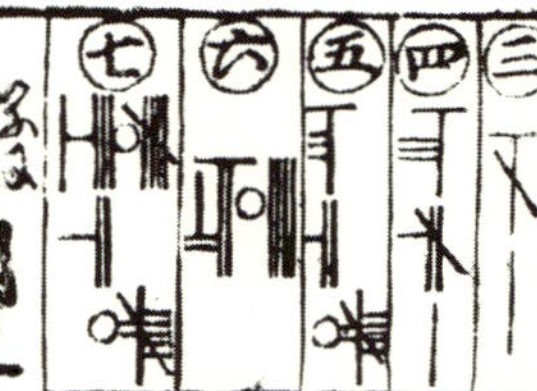

絡為方面三自之為方積四以減寄左止絡為外
絡積再寄五列外絡積六与再寄相消得開方
式七平方開之得円径十二歩内減倍矢絡得方面
和解云 立天元一為円径。—— 圖のごとく天元の一を立る すなはちおよそ同じ是此術の末と円径と
自之。〇。——以圓積率乘之為圓積寄左 〇〇
列圓径内減倍矢絡為方面 丅 —— 自之為方積 此仕掛を得ルハ歩入の圖ニ有
是ハ円径の内矢二歩を倍して六歩とぬを減じ おゝ方面とぬ自之方積とぬ 以減寄左止絡為 これ本
寄左円積の内方積とぬ 此仕掛ハ歩入の圖ニ有 外ハ餘り方絡積とぬ之 列外絡積 同ニ有
外絡積再寄
七十七歩 余四分之 与再寄相消得開方式
与再寄ぬる數ぬゆへ相消するなり

今有立方立圓各一箇共積三千七百四十六坪七分九厘只云立
圓径者不及立方面六尺問各幾何 乃立円積率 又云一
〇答曰立円径九尺 立方面十五尺

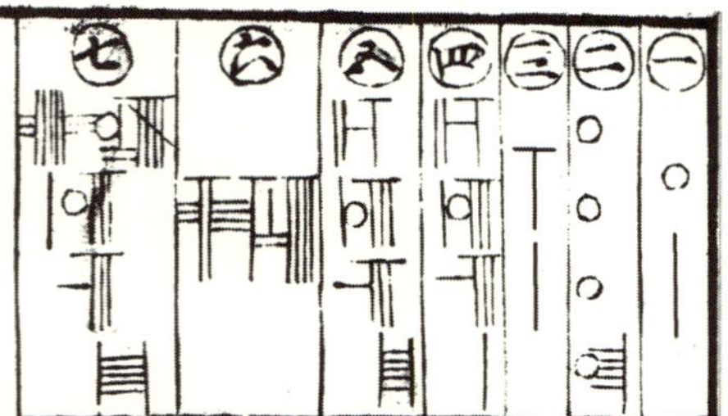

術曰立天元一為立圓径一再自乘之
以立円積率相乘之
為立圓積寄左二列
立円径加入只云數為立方面三再自乘之為立
方積四与寄左相併為共積再寄八列共積
六与再寄相消得開方式七立方開之得商

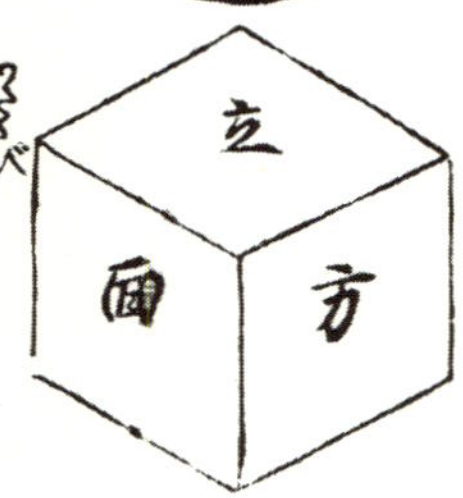

立圓径九尺内加入不及數即立方面也合問
和解云 立天元一為立円径。〇 —— 圖のごとく天元の一を立る すなはちおよそ同じ是此術のすべて立円径とのする見ル
再自乘之〇〇〇 —— 以立円積率乘之為立圓積寄左 圖のごとく
〇〇〇〇 此仕掛ハ歩七の圖ニ有 列立圓径加入只云數為立方面 丅
立円径の内只云の數を及ぶ(立方面とぬ之) 再自乘之為立方積 此仕掛ハ歩七の

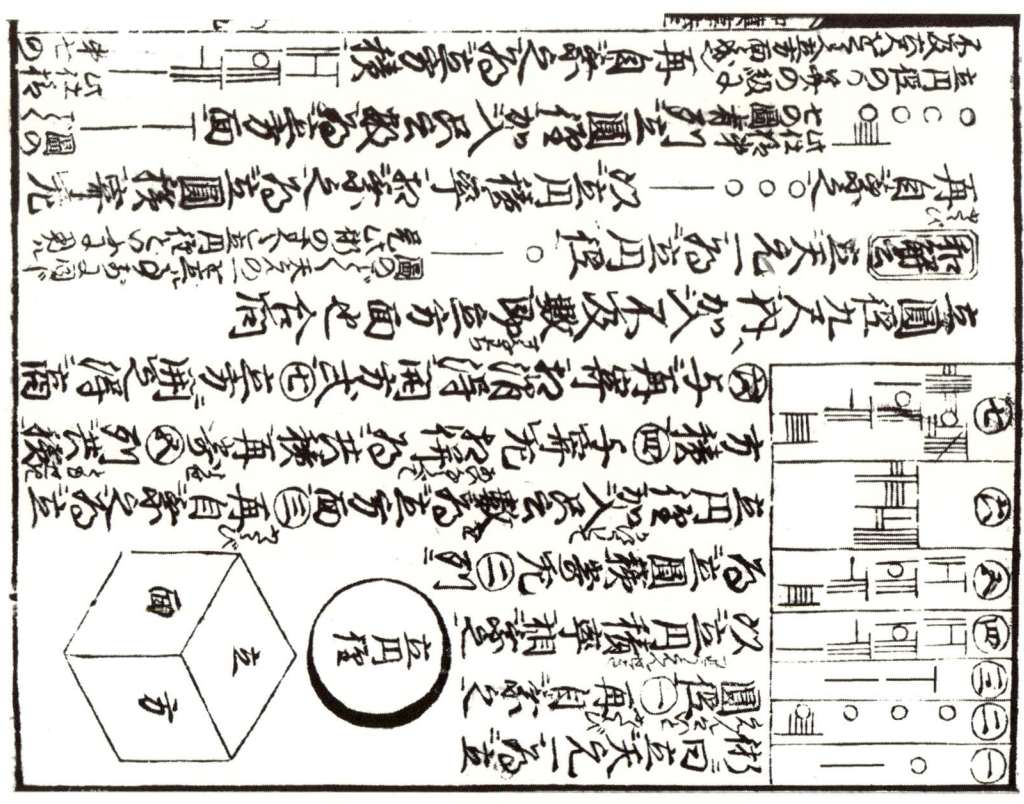

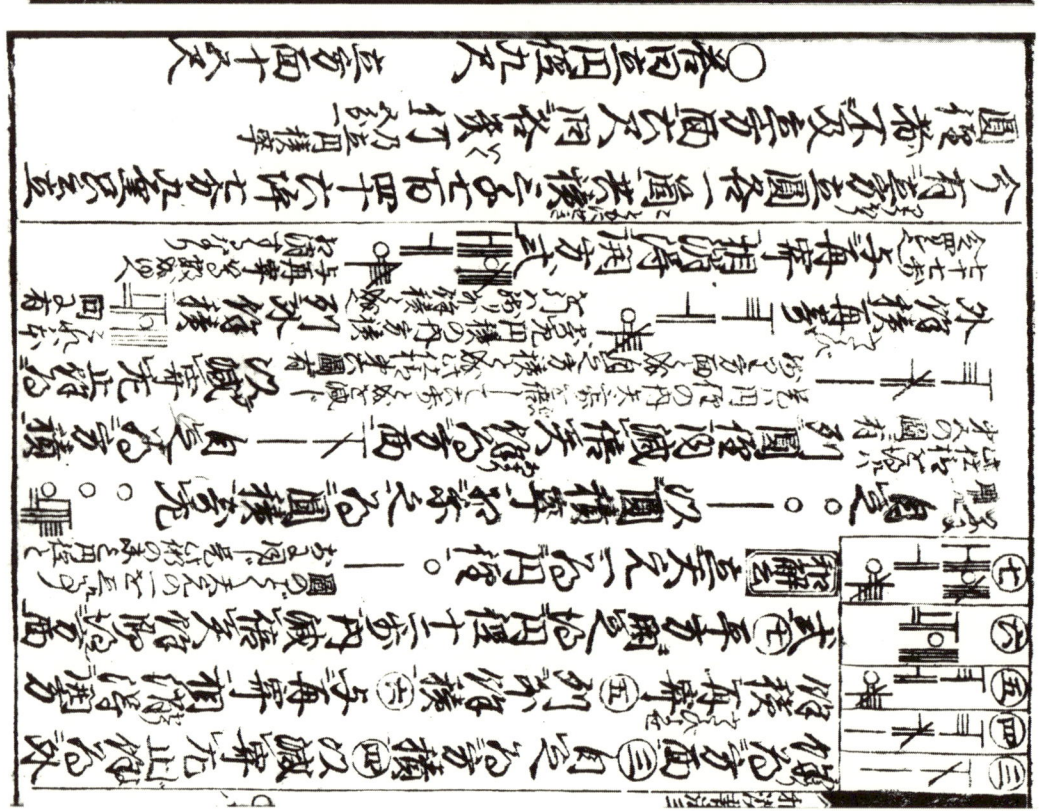

圖ハ与寄元相併為共積再寄 是立円積ト立方積ト相併共ニ得積

あり 之列共積 これハ円に有三尺七百四十六坪七分九リとなり 与再寄相消得開方式

再寄と等数なるゆへ相消するなり

今有方錐積四百三十二坪只云高為寄ニ開平方得数者不及下方面五尺問下方面高各幾何

○答曰下方面九尺　高十六尺

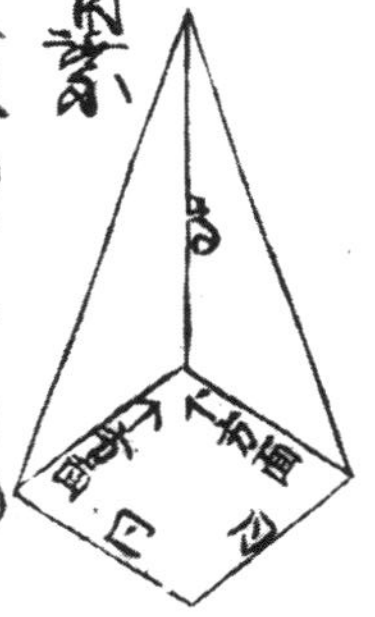

術曰立天元一為開方数(一)自寄之為高(二)列開方数加入不及数為下方面(三)自寄之又以高相乗之為三因方錐積寄元(四)列積以三因之(五)与寄元相消得開方式(六)三乗方開之得商開方数四尺加入不及数為下方面九尺又列開方数四尺自之即得高十六尺ニ合問

術解云　立天元一為開方数 夾として開平方にいる見商数をいふなり

圖のごとく天元の一を立るなり まへにかゝろうとする開方数となるを

自寄之為高

此仕様ハ十九の圖ニ有 再列開方数加入不及数為下方面 これハおに如ろ開方数に不及の五尺をたす下方面となるなり

自寄之又以高相乗之為三因方錐積寄元

試仕様ハ十の圖にあり 列積三之 以ふ積と三倍にして三限の積となる 与寄元相消得開方式 寄元と等数なるゆへ相消するなり

第一之圖

長平相乗して積となる式

右 (イ) (ロ)

左 (ハ) (ニ)

圖のごとく長を右に置平を左に置相乗するなり

先(イ)の級と(ハ)の級と相合へ〇と実級に置(ロ)の級と(ハ)の級と相合一ノ又〇を方級として又(イ)の級と(ニ)の級と相合一ノ〇とを方級に加へ(ロ)の級と(ニ)の級と相合一ノ二となるを廉級

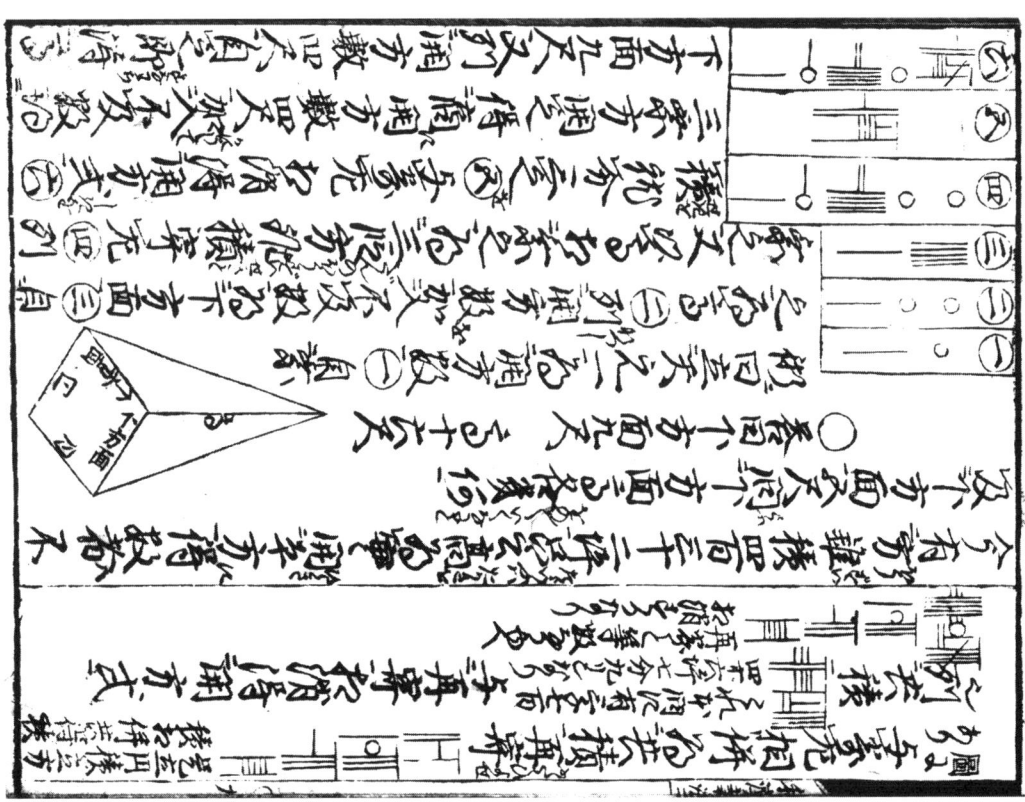

とをる也列これ積と云の圖之○𝍫―乃ち○算とうけ合して
の数ハいつにくも○算あるを

第二之圖　翻法に用る式

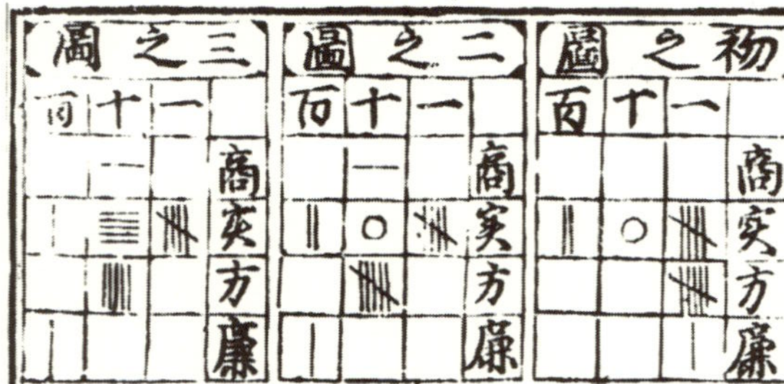

圖のごとく開方式を以て先位をとるごとくに方ハ一位廉ハ
二位進て商ハ十の位と立ル二之圖に就て

初商十を廉の一と相合一ノ十を以て方級を求むる也
内よて方をしれバ負方あて正方又おを以て方級と又おと商十
おと相合して以十を求と以了バ得り百又十四を以て三の圖に就て

又商十を廉の一と相合一ノ十を方にくりへ若と以十を以て
相方ハ一位廉ハ二位退て之を求る仕様四乃圖に就ス

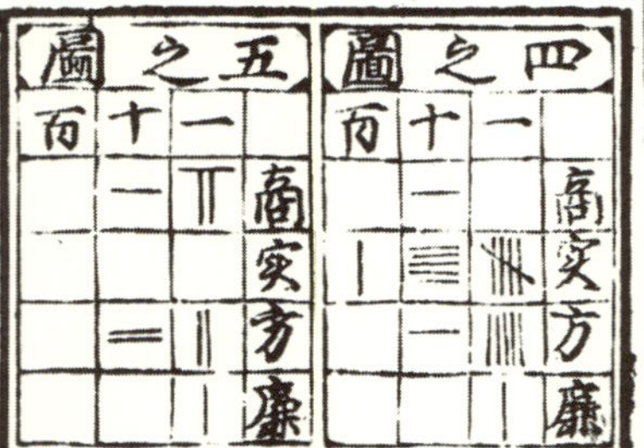

實と商十の次の今又七を立ル以七と廉以一と相合
一ノ七を方級にかへ方九二を以て云弐九を商七と相合
二百四十を除を今の二を商七と相合七二十四を実を以て五之圖に就

かくのごとく實盡て則商の長十七を得ル之
△翻法の開積術之を放之

第三之圖　平方面自乗之方積と云式

圖のごとく左右よ方面を並自乗とする也
先(イ)の級と(ハ)の級と相合三ニ九と云を実級に並(ロ)の級と
(ハ)の級と相合三ノ三と云を方級と又(イ)の級と(ニ)の級と
相合三ノ三と云を方級にくりへ方級六と云又(ロ)の級と(ニ)の級とうけ合一ノ
一と云を廉級とするとき||||丅|
是を云方田の積と云圖之

第四之圖　円径自乗して以円積率ニ相乗して円積を求式

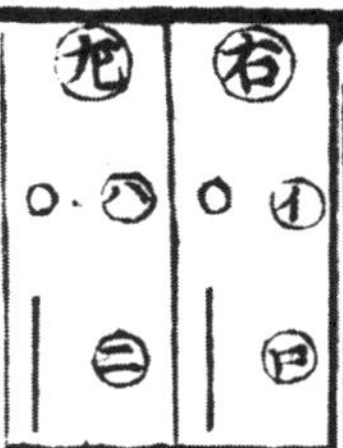

圖のごとく圓径を左右に並自乗さするに先①の級と八の級と無合○○ノ○と実級に並回の級とニの級とうけ合一○ノ○を方級よりて又①の級とニの級とうけ合一ノ○を方級よりて回の級とニの級とうけ合一ノ一とかを廉級とさする也○○——是ハ円積率七分八又をかくれば円積を求む○○

第五之圖　円径自乗して以三円積率ニ相乗して円積を求式

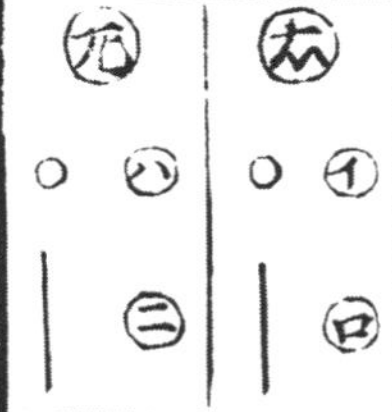

圖のごとく円径を左右に並自乗之ゆへ数に円積率七分八又をかくれば圓積を求る仕様第四と同事なるゆへ略す

第六之圖　平方面を自乗して平方冪を求式

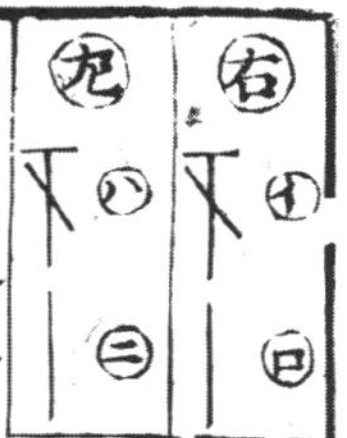

圖のごとく方面を左右に並自乗さするがごとく先①の級と八の級と無合六六三十六とかを実級に並回の級とニの級とうけ合六ノ一六ノ六とかを方級として又①乃級とニの級とうけ合六ノ一六ノ六とかを方級よりて回の級とニの級とうけ合一ノ一とかを廉級とさする也——是則方積を求る圖之

第七之圖　立円径再自乗して立円積率を相乗して立円積を求式

和之圖

圖のごとく左右に立圓径を並先①の級と八の級と無合○○ノ○と実級に並回の級とハ乃級と無合○ノ○を方級として又①の級とニの級とうけ合一○ノ○を方級よりて回の級とニの級とうけ合一ノ一とかを廉級とする也○○——是立円径冪の圖之

次之圖

梅次の圖のごとく右左に立円径と立円径冪とを並相乗する之先①の級と八の級とうけ合○○ノ○を

実級に並㋺ノ級と㋩の級と并合一ノ○を方級として又㋑の級と㊁の級とうけ合○ノ○を方級よりくへ㋺ノ級と㊁の級とうけ合一ノ○とすると廉級とし又㋑の級と㋭の級とうけ合○ノ○を廉級よりへ㋺の級と㋭の級と并合一ノ一をを隅とするなり○○○○ ——是に立円積率をりつくがくれバ立円積となる○○○○ ☰

第八之圖

立方面を再自乗して立方積となる式

初之圖　次之圖

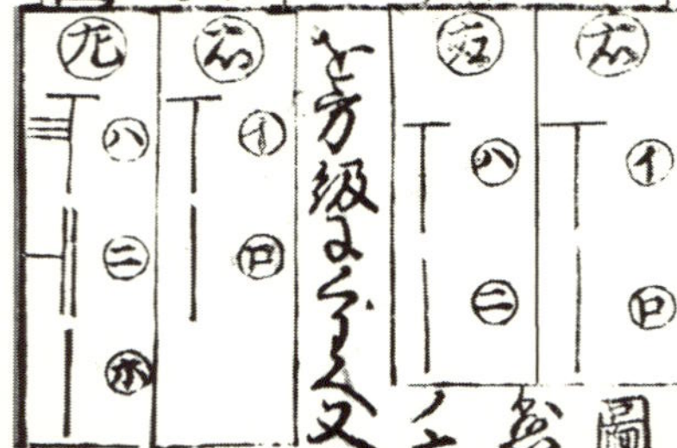

圖のごとくたてよこ立方面を並先㋑の級と㋩の級と并合六三十六と実級に並㋺の級と㋩の級とうけ合一六ノ六をを方級とし又㋑の級㊁の級并合一六ノ六をを方級よりくへ又㋺の級と㊁の級とうけ合一ノ一をを廉とするなり ☰ ——これ立方面冪の圖也

初次の圖のごとく立方面と立方面冪とをたてに並先㋑の級と㋩の級の三十六と并合六三百八十をを

実級よ並又㋑の級と㋩の級に六と并合六千六とをを実級にくるく（実級二百十六とを）又㋩の級に㋺の級をうくれバ三ノ十六ノ六とをを方級として又㋑の級と㊁の級の十と并合六ノ六十をを方級にくるく又㋑の級と㊁の級の二とうけ合六二十二とをを方級に（方級百六十六とを）又㋑の級に㊁の級をうくれバ一ノ十・二ノ二とをを廉級として又㋑の級と㋭の級とうけ合六ノ六とをを廉級にくるく（廉級十八とを）又㋺の級と㋭の級と并合一ノ一とをを隅とするなり 冊冊 ——是すなハち立方積となる圖也

第九之圖

方級の用方数を自乗して同じるサとなる式

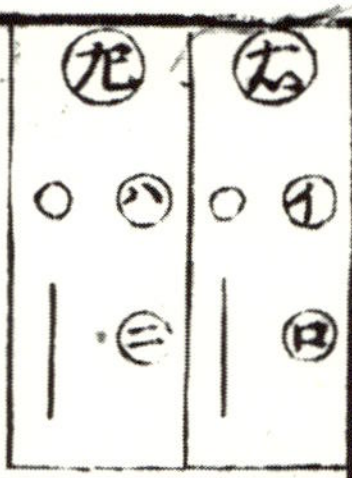

圖のごとく左右に用方数を並まづ㋑の級と㋩の級と并うけ合○ノ○とをを実級として又㋺の級と㋩の級と并合一○ノ○とをを方級として又㋑の級と㊁の級とうけ合○ノ○とをを方級よりくへ又㋺の級と㊁の級とうけ合一ノ一とをを廉とするなり○○ ——これすなハちなるとなる圖なり

第十之圖　三段の方排様と称式

惣之圖

次之圖

圖のごとく中方面を左右より寄せ合せとらへ先ず㋑の級と㋩の級とうけ合せ一ツ又ハ一ツ又と称を実級として又㋺の級と㋥の級とかけ合せ一ツ又ハ一ツ又と称を方級として又㋑の級と㋥の級と寄せ合せ一ツ又ハ一ツ又と称を方級にくわへ又㋺の級と㋥の級と寄せ合せ一ツ一ツと称を廉級とすべし

是下方面冪乃圖之

次の圖のごとくなる時は下方面冪として右に先ず㋑の級と㋥乃級のうえと寄せ合せ二ツ一ツと実級に加え又㋺の級と㋥の級のうえとかけ合せ一ツ一ツと称を実級にくわへ又㋺の級と㋥の級のうえと寄せ合せ二ツ一ツと方級に加え又㋩の級と㋥の級よりうけ合せ二ツ又ハ二ツ又と称を廉級にくわへ又㋑の級と㋭の級と寄せ合せ一ツ一ツと称を方級より加へ又㋺の級と㋭の級と寄せ合せ一ツ一ツと称を廉級よりくわへ㋩の級と㋭の級にくくわべ一ツ十ツと称を隅級とし

又㋑乃級と㋬の級と寄せ合せ一ツ一ツと称を廉級とすべく又㋺の級と㋬の級と寄せ合せ一ツ一ツと称を隅級とすべく又㋩の級と㋬の級とかけ合せ一ツ二ツと称を三乗級とするなり

是三段の方排様

求両定式門　一問

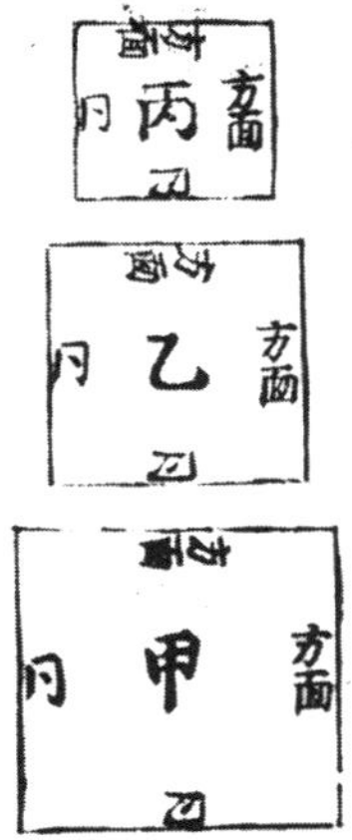

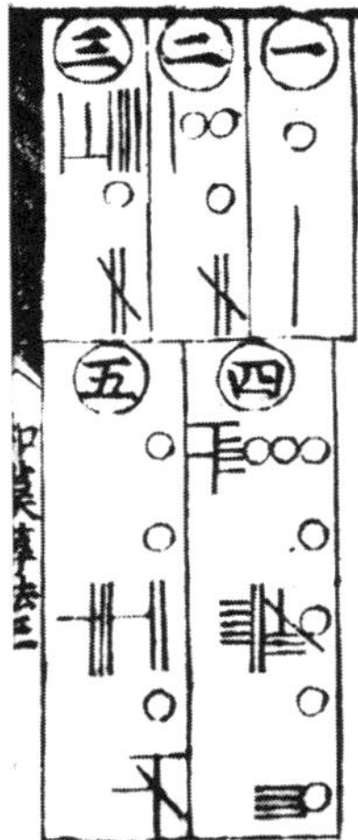

今有如圖甲乙丙方面各箇只云甲方面冪與乙方面冪和而一百六十四歩亦云乙方面冪與丙方面冪相併一百歩問甲乙丙方面幾何　甲乙丙方面各同差也

答曰依左術得丙方面数

術曰立天元一為丙方面㊀列又云数内減丙方面冪一段止餘寄子位㊁列只云数内減丙方面冪二段止餘寄丑位㊂子位與丑位相乗一段㊃丑位與丙方面冪相乗八段㊄右二位相併得数寄左㊅丑位冪一段㊆子位冪二十五段㊇子位與

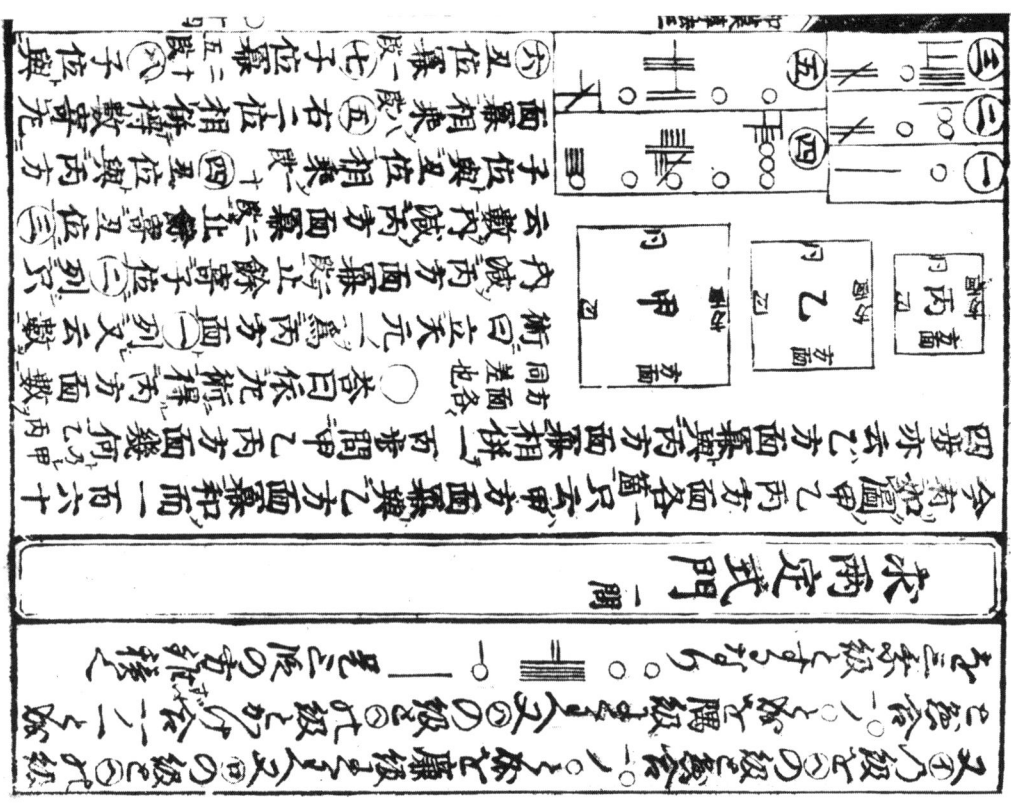

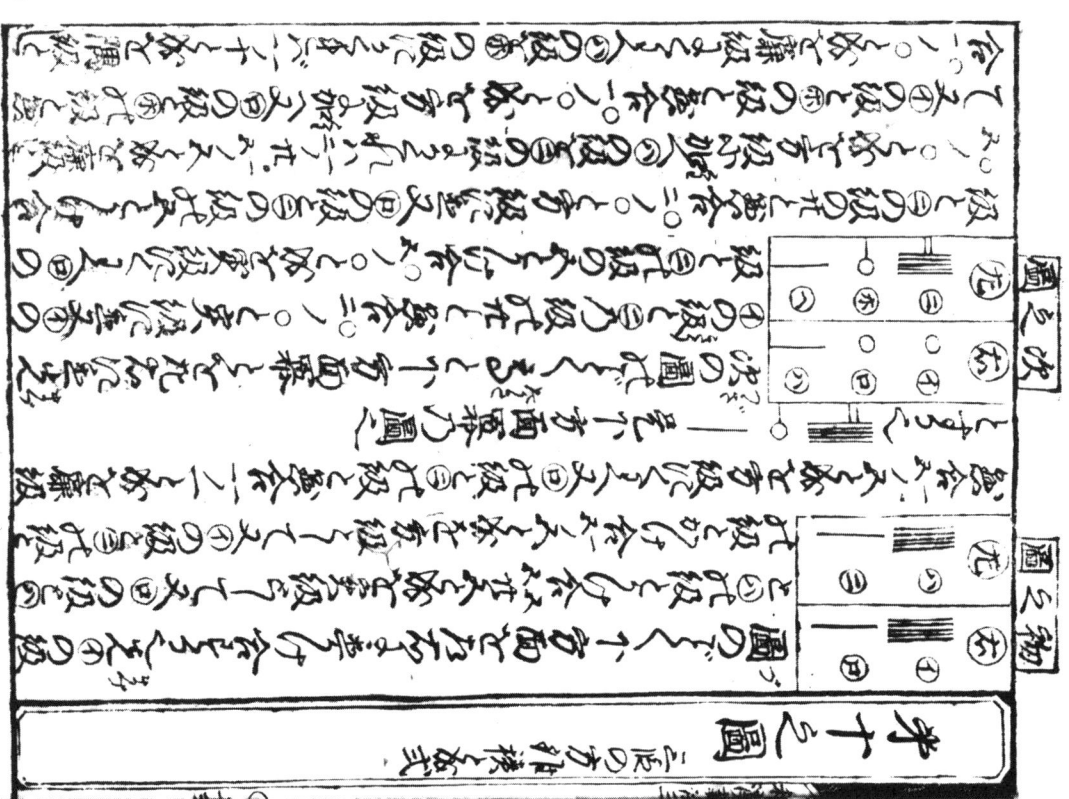

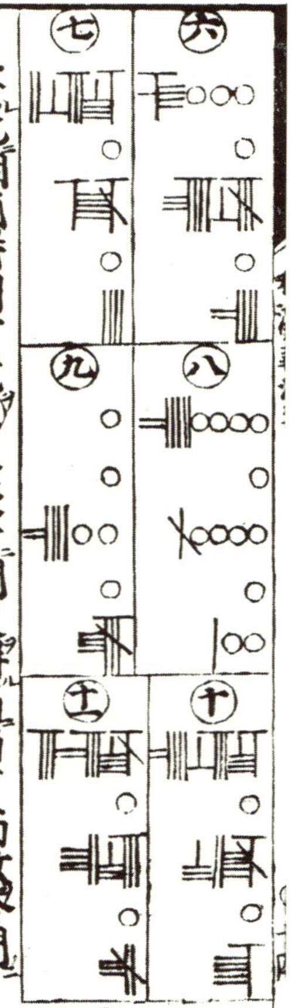

丙方面冪相乘ソ二十四段
九右三位相併テ十與

寄ル元相消得開方式ヲ十一三乗方開キ之ヲ得テ商ヲ丙方面數ニ合問

起元演段

本術 丙方面アリ

本問 只云數ハ甲方面冪乙方面冪ノ和也

本問 又云數ハ乙方面冪丙方面冪ノ和也

〇立天元一ヲ為毎方ノ差ト。内加入丙方面ヲ為乙方面ト寄

乾位ニ

〇列乾位自之ヲ為乙方面冪ト寄坤位ニ

〇列丙方面冪ヲ以テ減シ又云數ヲ止餘為乙方面冪ト以テ坤位ニ相消而得第一式ヲ

〇列乾位加入差ヲ為甲方面ト自之為甲方面冪ト以減シ只云數ヲ止餘為乙方面冪ト以テ坤位ニ相消得ル第二式ヲ

第一式

本術 直

如圖而得前式ヲ

第二式

本術 直

如圖而得後式ヲ

前式 右實 右方 右廉

後式 左實 左方 左廉

如圖得前後兩式ヲ以テ平方兩定式本術ヲ求ム寄與消ス如ク也

右實 左實 右廉 左廉 相乘ニ段

右方 右廉 左實 左方 相乘ソ一段

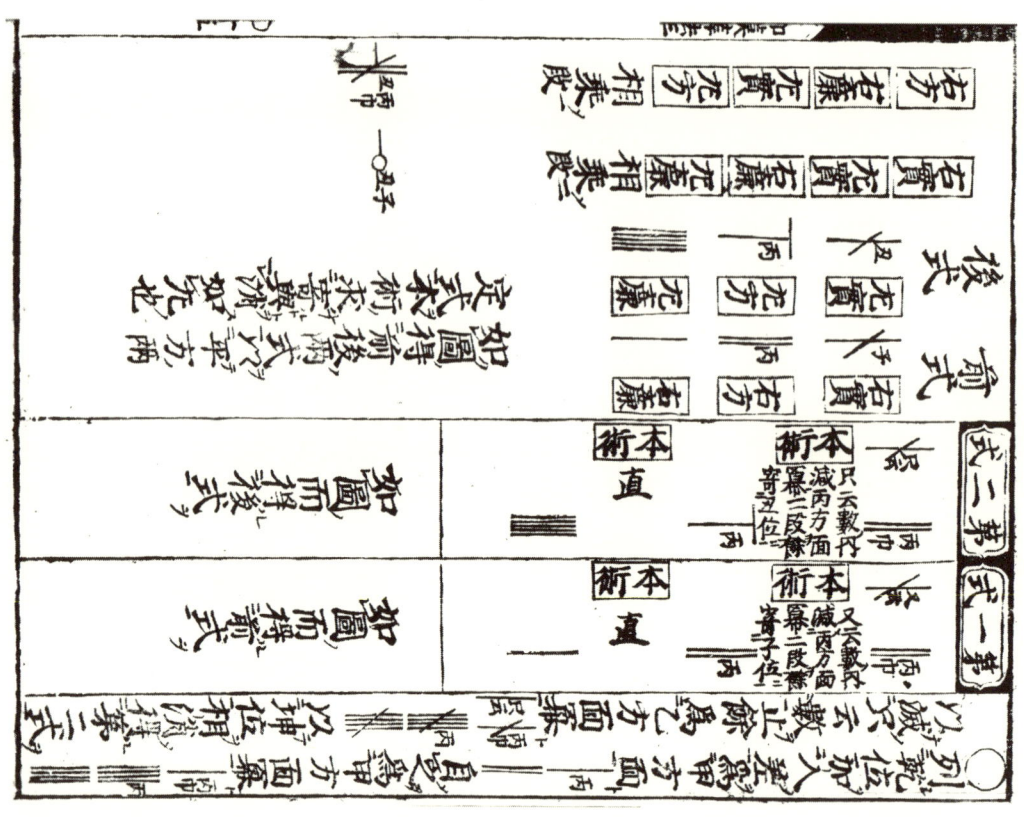

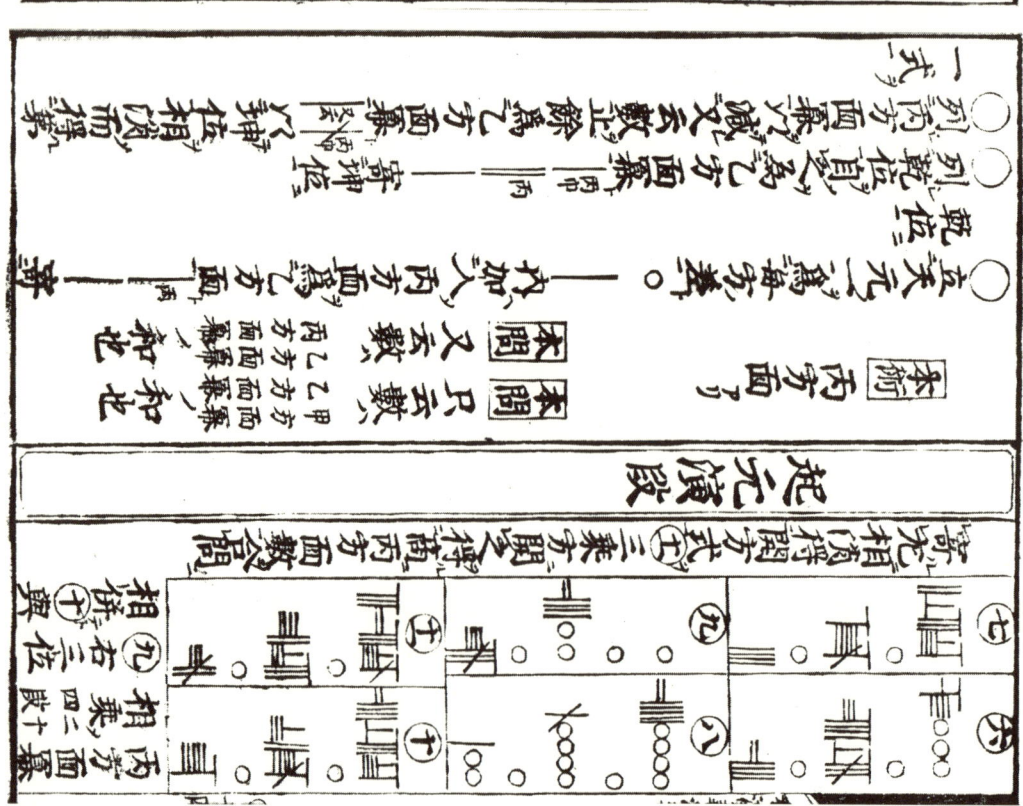

右實 右方 左方 左廉 相乗ル段一

右三位相併テ寄左ニ

右廉 冪 左實 冪 相乗ル段二

右實 冪 左廉 冪 相乗ル段一

右方 冪 左實 左廉 相乗ル段二

右實 右廉 左方 冪 相乗ル段一

右四位相併與寄左相消シ而各分ケ正負ヲ本術之得ル寄左ト與相消ス數也

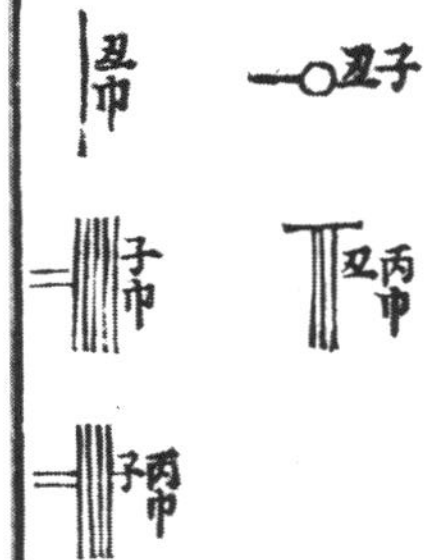

本術 寄ル左數也

本術 相消ノ數也

○右ニ記ス所ノ両定式各冪式ノゴトクコレアリトイヘトモ位數多キユヘコレヲ略ス

鈎股配積門　三問

道幅一通ニ平方ニ二通ニ三乗方ニ三通ニ七乗方ニ四通ニ十五乗方ニ五通ニ三十一乗方也

一

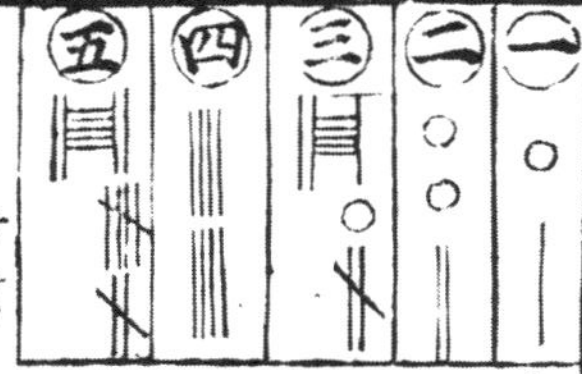

今有如圖鈎十二間股十六間鈎股積只云道幅二間左右積等分問欠股幾何

○答曰依左術得欠股數

術曰立天元一為欠股一自之得數倍之為左右兩積二以減股冪止餘為因道幅二段欠股與道幅和寄左三列欠股倍之得内加入只云數共得數以道幅相乗之得數為因道幅二段欠股與道幅和四與寄左相消得開方式五平方飜法開之得商欠股數合問

二

今有如圖鈎十二間股十六間鈎股積只云右道幅一間左道幅二間積

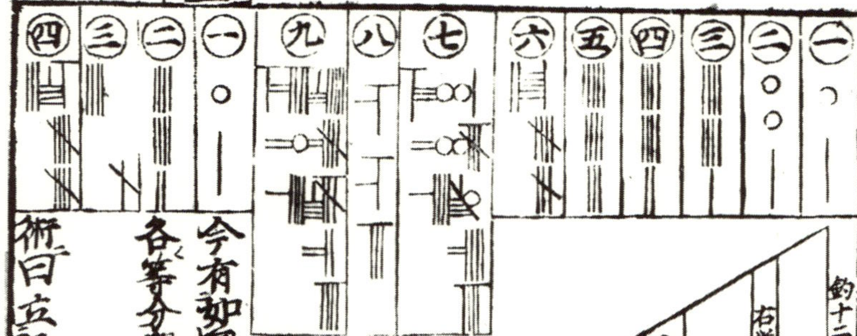

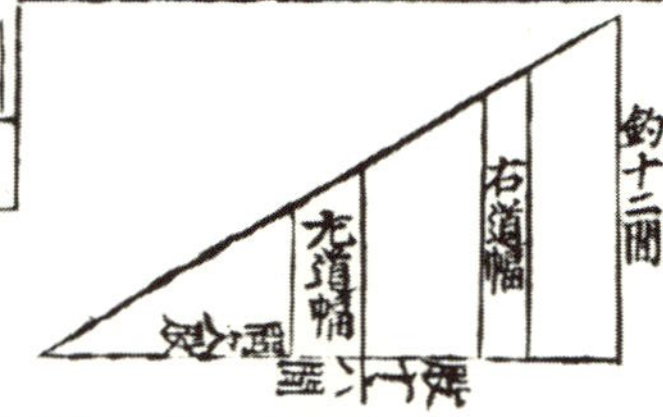

各等分問欠股幾何
○答曰依左術得欠股數
術曰立天元一為欠股(一)自之寄甲位(二)欠股與左道幅相併得數自之寄乙位(三)甲位與乙位相併為丑冪寄丙位(四)右道幅冪與甲位及丙位相併得數(五)以減股冪止餘為因右道幅二箇丑(六)自之為因右道幅冪四段丑冪寄左(七)列丙位以右道幅冪相乘之得數四之為因右道幅冪四段丑冪(八)與寄左相消得開方式(九)三乘方飜法開之得商欠股數合問

今有如圖鈎十五間股二十間積只云道幅各二間積各等分問欠股幾何
○答曰依左術得欠股數
術曰立天元一為欠股(一)加入道幅共得數自之得內加入欠股冪為子冪寄甲位(二)股冪內減欠股冪止餘為丑冪寄乙位(三)股冪內減二段欠股冪與甲位止餘為因道幅二箇子丑和(四)自之為因道幅冪四段子丑和冪寄丙位(五)列甲位加入乙位得數以道幅冪相乘之得數四之(六)以減丙位止餘(七)自之為因道幅三乘冪因子冪六十四段丑冪寄左(八)列甲位以乙位相乘得以道幅三乘冪相乘之得數又以六十四乘之為因道幅三乘冪因子冪六十四段丑冪(九)與寄左相消得開方式(十)七乘方飜法開之得商欠股數合問

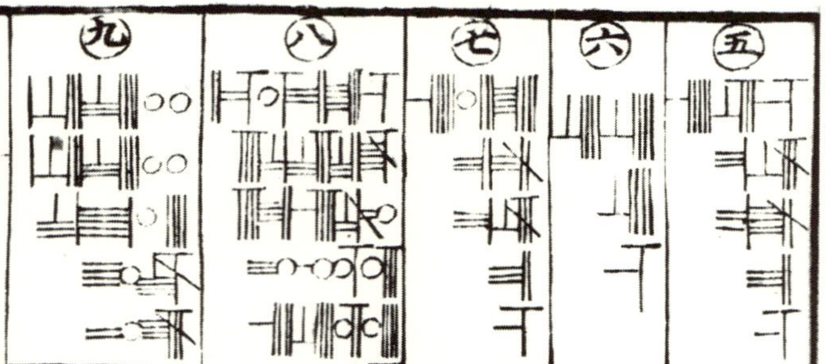

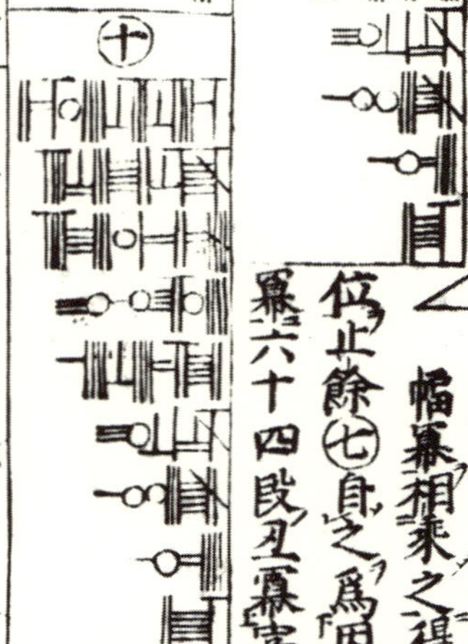

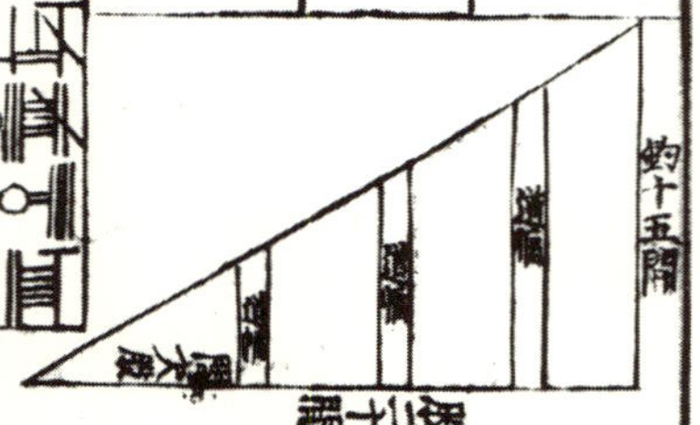

第一二三之術起圖解記之

第一術起

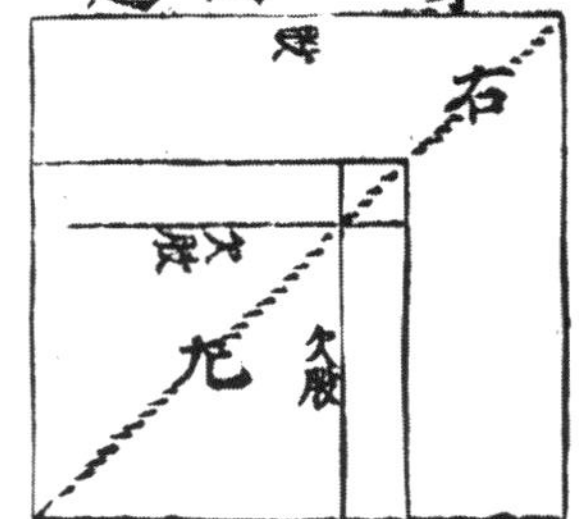

第二術起

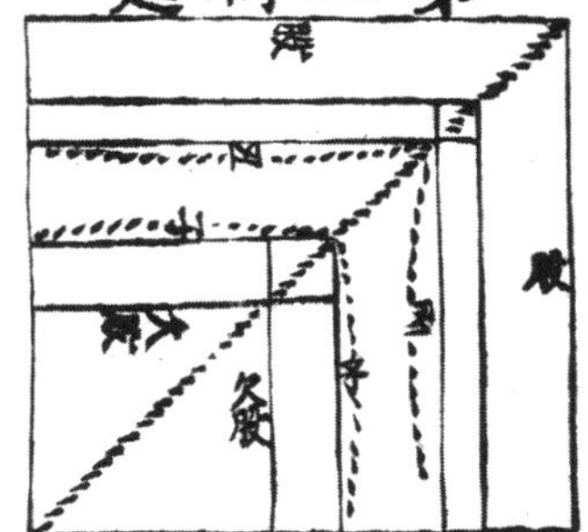

第三術起

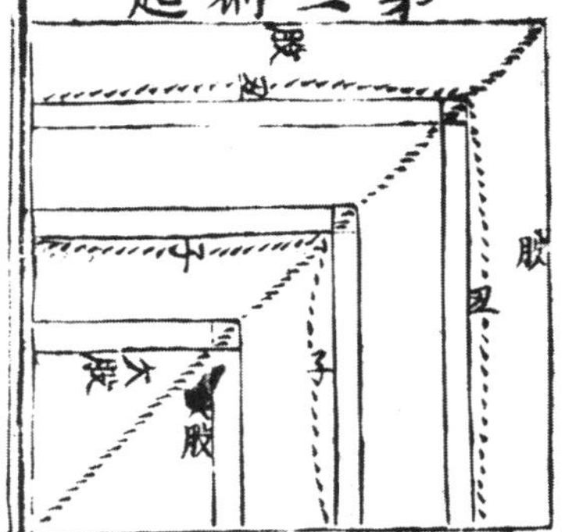

求角斜積門　五問

一

今有如圖五角方面各一尺問斜幾何

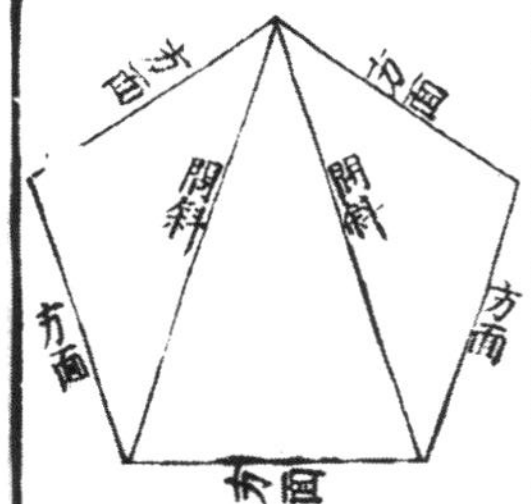

○答曰依左術得斜數

術曰立天元一為斜㈠内減方面止餘為斜欠㈡以斜相乗之為因斜欠斜寄左㈢列方面自乗之亦為因斜欠斜㈣與寄左相消得開方式㈤平方飜法開之得商斜數合問

△此術起第六演段求前式之以圖解知之

二

今有如圖七角方面各一尺問斜幾何

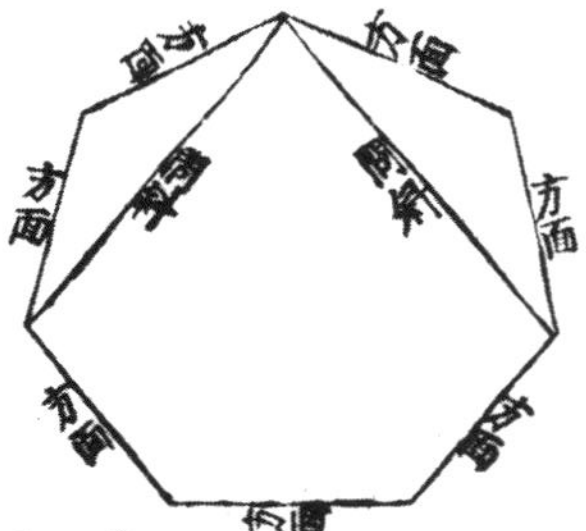

○答曰依左術得斜數

術曰立天元一為斜㈠列方面自之得以減斜冪餘為因大斜方面寄甲位㈡列併方面與斜以方面乗之得數以減斜冪餘為因方面大斜欠寄乙位㈢列甲位以乙位相乗之為因方面冪因大斜大斜欠寄左㈣列方面三自乗之又為因方面冪因大斜大斜欠㈤與寄左相消得開方式㈥立方飜法開之得商斜數合問

△此術起第七演段求前式之以圖解知之

三

今有如圖五角方面各一尺問積幾何

○答曰依左術得五角積數

術曰立天元一為積(一)四之為因角數因角徑斜(二)自乘之為因角數冪因角徑冪斜冪寄甲位(三)列方面三自乘之以角數冪(五角之五自乘之數)與甲位相乘得數倍之得(四)內減甲位冪止餘為因角數再乘冪方面七乘冪寄左(五)列方面七自乘之得數以角數再乘冪相乘(六)與寄左相消得開方式(七)三乘方飜法開之得高五角積數合問

(五角七角九角術起之源段此門記後也)

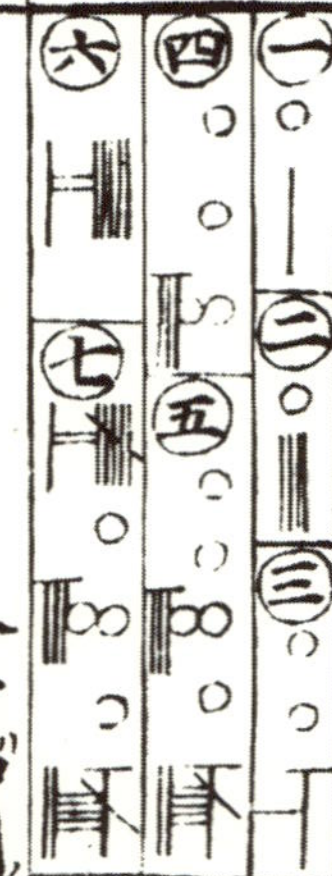

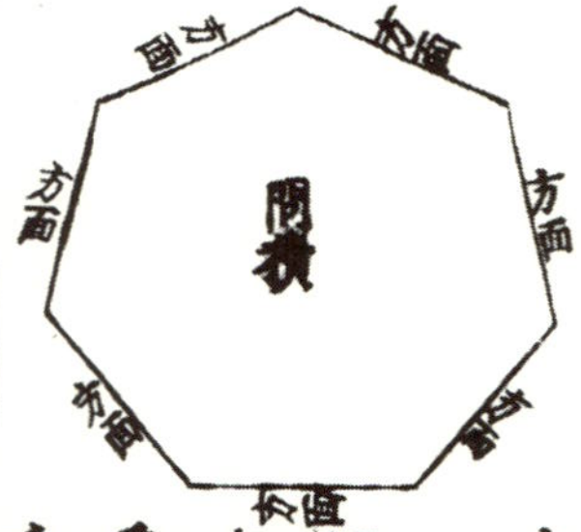

今有如圖七角方面各一尺問積幾何

〇答曰依左術得七角積數

術曰立天元一為積(一)四之為因角數因角徑斜(二)自之為因角數冪因角徑冪斜冪寄甲位(三)甲位再乘冪段一方面七乘冪角數再乘冪(七角之七自乘數)甲位相乘段三右二位相併(四)內減方面三乘冪角數冪甲位

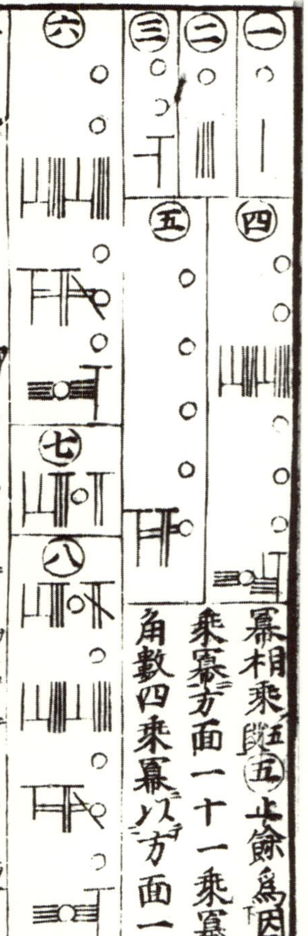

冪相乘段五(五)止餘為因角數四乘冪方面一十一乘冪寄左(六)角數四乘冪以方面一十一乘冪相乘得數(七)與寄左相消得開方式(八)五乘方飜法開之得高七角積數合問

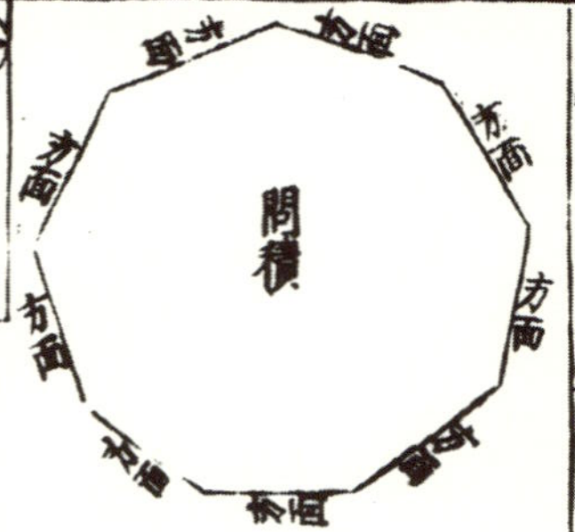

今有如圖九角方面各一尺問積幾何

〇答曰依左術得九角積數

術曰立天元一為積(一)四之為因角數因角徑斜(二)自之為因角數冪因方面冪平徑冪寄甲位(三)甲位再乘冪段一甲位角數三乘冪(九角之九自乘數三)方面七乘冪相乘二十段右二位相併(四)內減甲位冪角數冪方面三乘冪相乘九段(五)止餘為因角數四乘冪三段方面一十

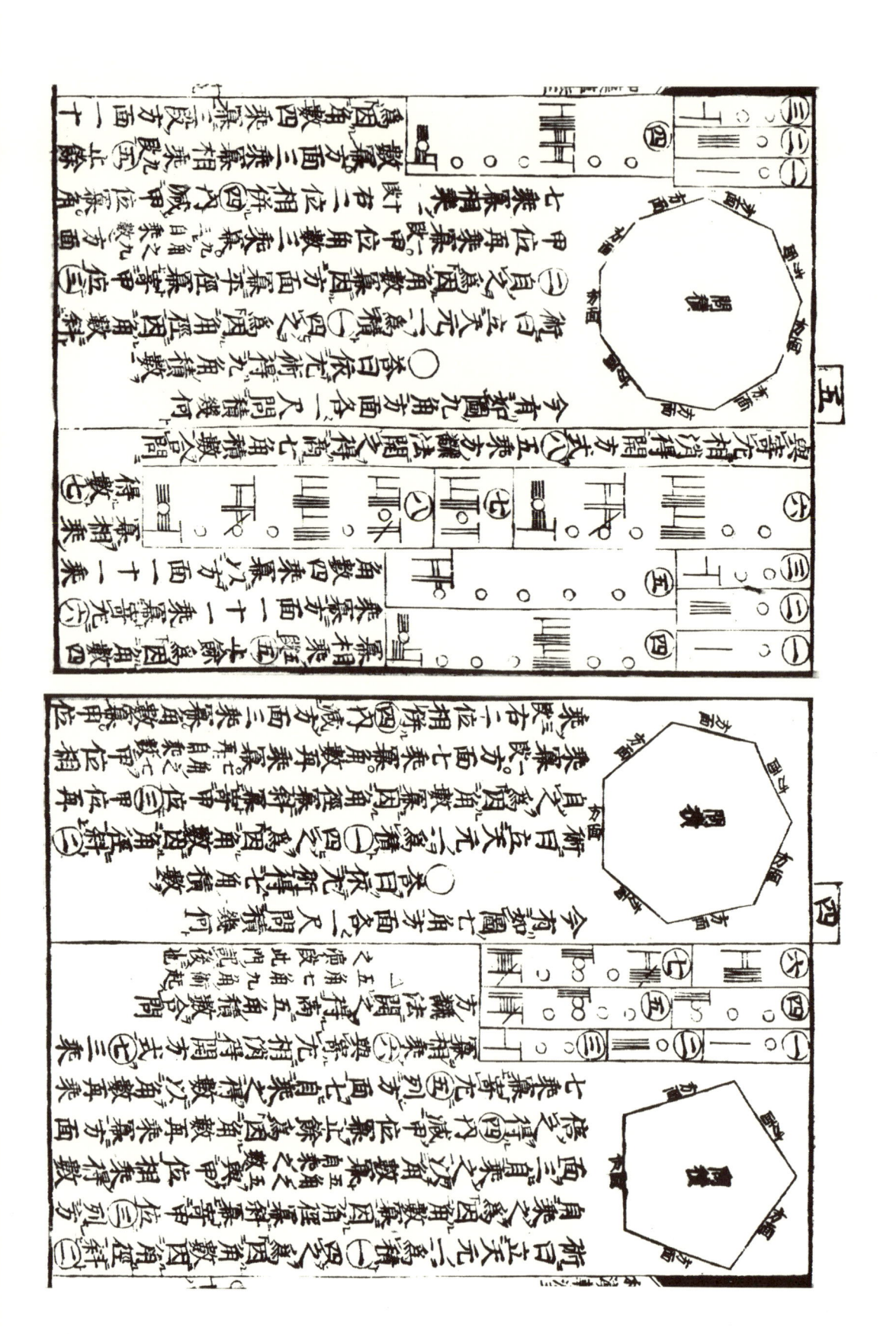

㊄ ○ ○ ○ ○ ○ ○ ○ ○ ○ ○ ○ ○ ○

㊅ ㊆ ㊇

一乘冪寄左㊅角數四乘冪
以方面一十一乘冪相乘之
三之得數㊆與寄左相消得開方式
㊇五乘方飜法開之得商九角積也

五角求積術起演段

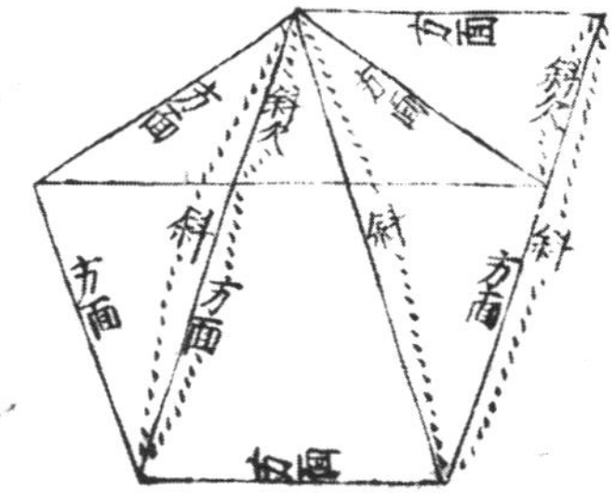

本術 甲位 因角數冪因角徑冪斜冪也

○立天元一爲斜 ○ ― 内減方面止餘爲斜欠
以斜相乘之爲因斜欠斜 ― 方 ― 寄左
○列方面自乘之爲因斜欠斜 方巾 與寄左相消而得前式

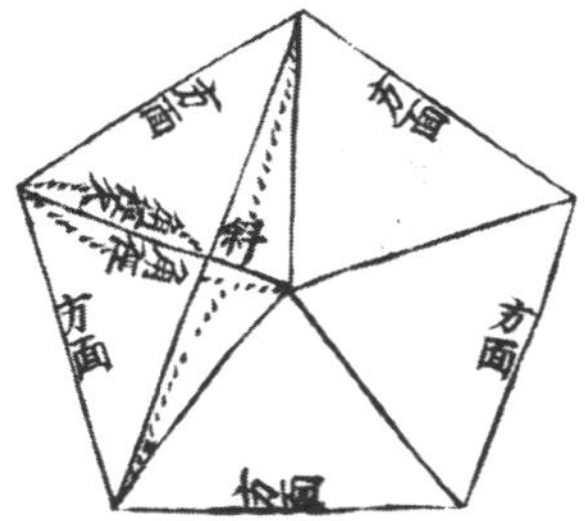

○列斜自乘之 ○ ― 以減四段方面冪
餘爲四段角徑欠冪 ○ ― 以甲位相
乘爲因角數冪因角徑欠冪因角徑冪四段斜
冪 甲方 ○ ― 寄左
○列方面自之爲因角徑欠二箇角徑 方巾 自之
爲因角徑欠冪四段角徑冪 方三 以角數冪與
斜冪相乘之爲因角數冪因角徑冪四段斜冪 ○ ○
與寄左相消而得後式

前式 右實 右方 右廉
後式 左實 ― 左廉
右實左實右廉左廉相乘二段 ○

如圖得前後兩式以平方級
闕式本術求寄與消如左

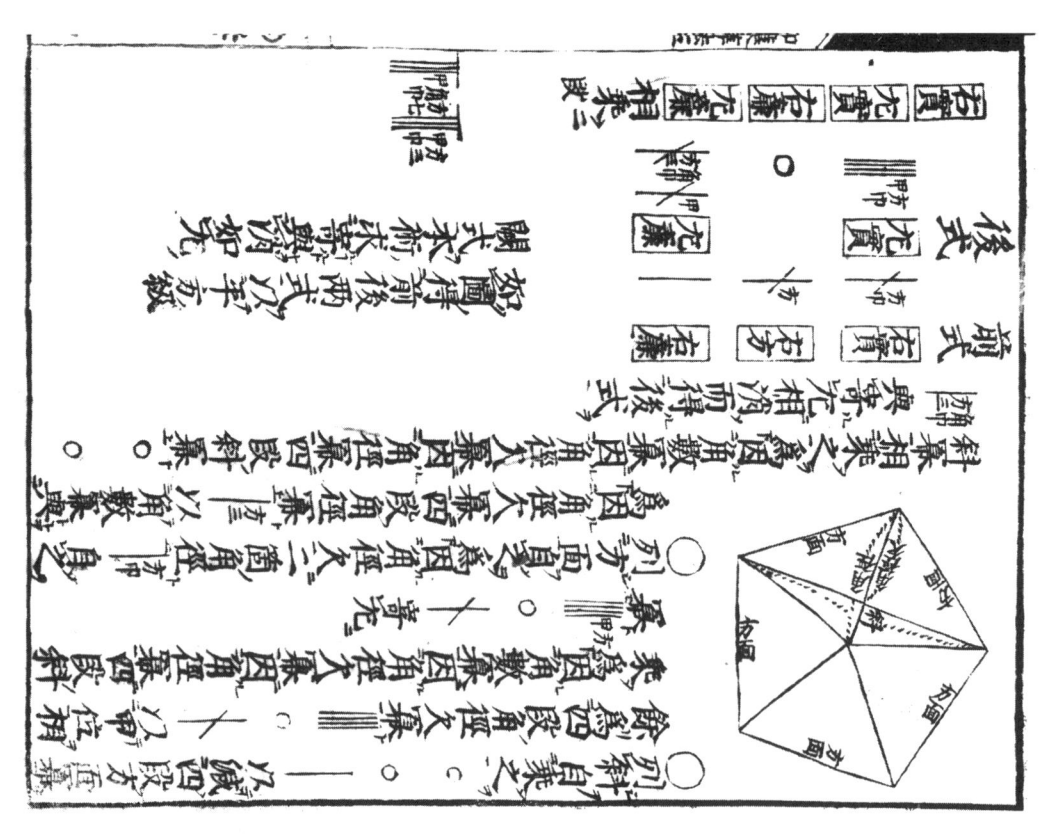

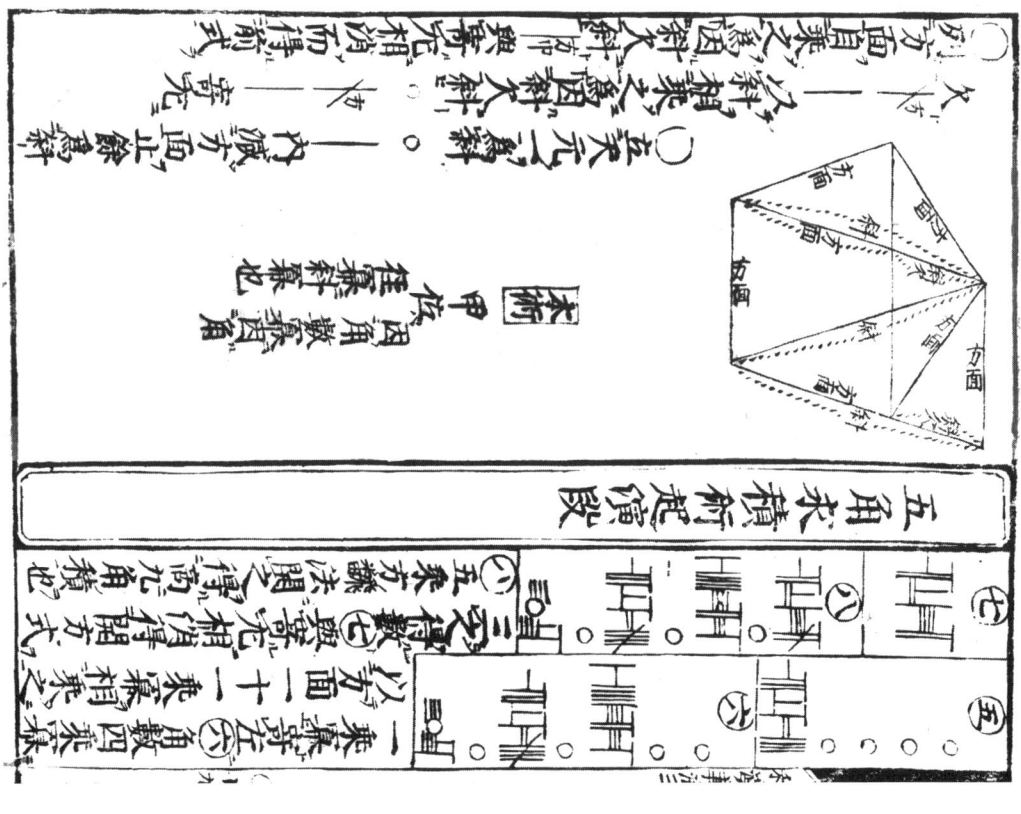

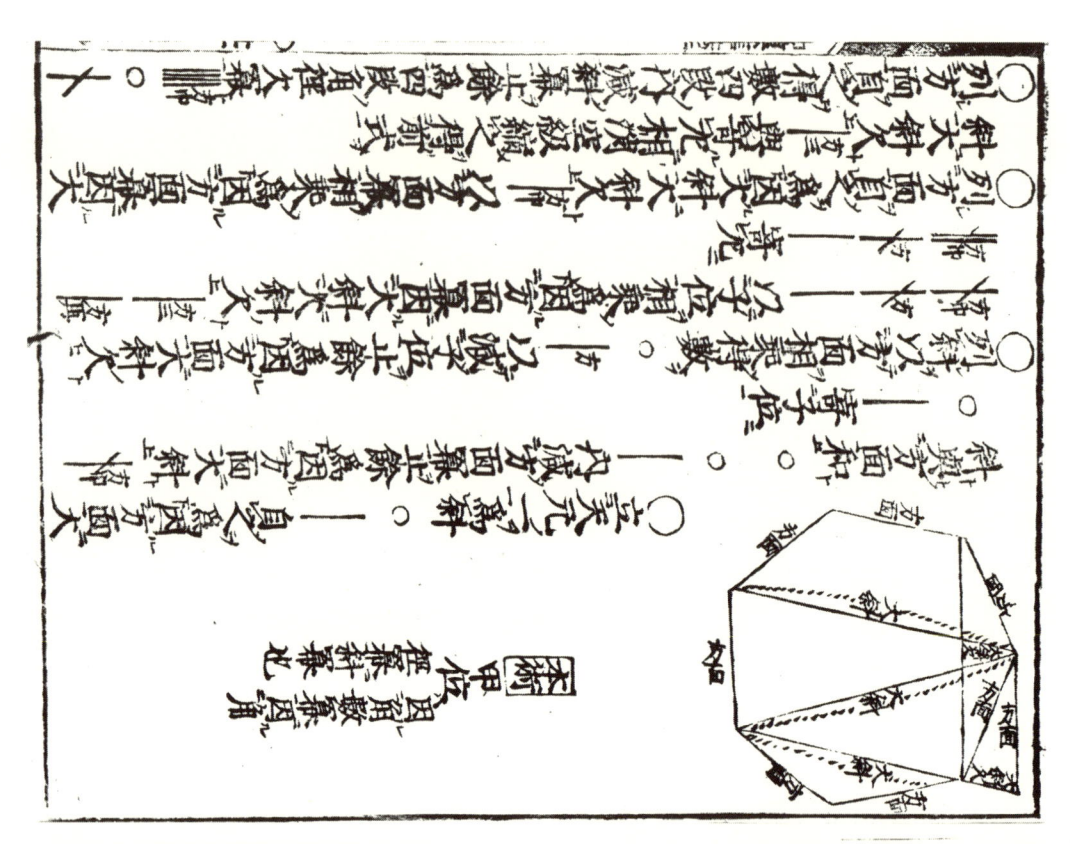

右一位寄左

右方冪左實左廉相乘二段

右實冪左廉冪相乘一段

右廉冪左實冪相乘一段

右三位相併與寄左相消而各省方面三乘冪以角數五約之（兼段數則負角）數分正負求術之得寄左與相消也

方面三乘冪。角數冪甲位相乘二段内減甲位冪止餘本術寄左數

角數再乘冪方面七乘冪相乘一段本術消左數

七角求積術起演段

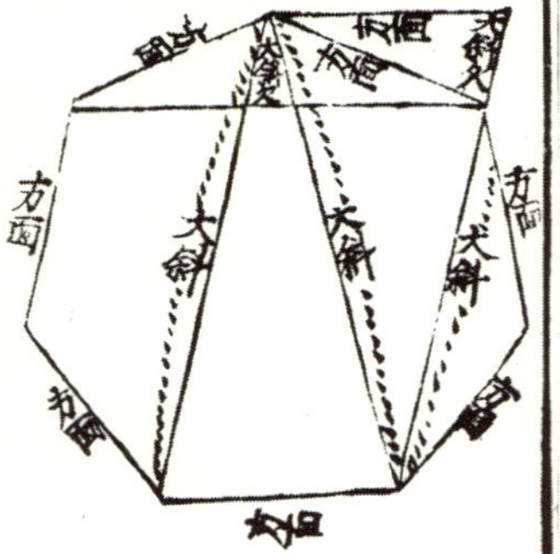

本術甲位因角數冪因角徑冪斜冪也

○立天元一爲斜 ○ ─自之爲因方面大

─内減方面冪止餘爲因方面大斜上

斜與方面和 ○ ─寄子位

○ ─以減子位止餘爲因方面大斜大斜上

○列斜以方面相乘得數 ○ ─以子位相乘爲因方面冪因大斜大斜上

─寄左

○列方面自之爲因大斜大斜上 ─以方面冪相乘爲因方面冪因大斜大斜上 ─與寄左相消空級縮之得前式

○列方面自之得數四段内減斜冪止餘爲四段角徑大冪

○ 十

以甲位相乘シ為因角數冪因角徑冪因角徑欠冪

四段斜冪　甲巾　○　丨　寄左

○列方面自之為因角徑欠二箇角徑　方巾　自之

以角數冪與斜冪相乘之為因角數冪因角徑冪

因角徑欠冪四段斜冪　○　○　角巾 方三　與寄左相

消而得後式

前式　右實　右方　右廉　右隅

方再　方巾　方　一

後式　左實　左廉

甲 方巾　甲 角巾 方三

如圖得前後兩式以甲互方而兩足

級關式本術之求寄與消却左也

右實　右廉　左實　左廉　冪相乘二段

甲方五　甲角九　甲角三

右方　右隅　左實　冪　左廉　相乘二段

右二位相併寄左

右實冪　左廉　再乘冪相乘一段

右隅冪　左實　再乘冪相乘一段

右廉冪　左實冪　左廉　相乘一段

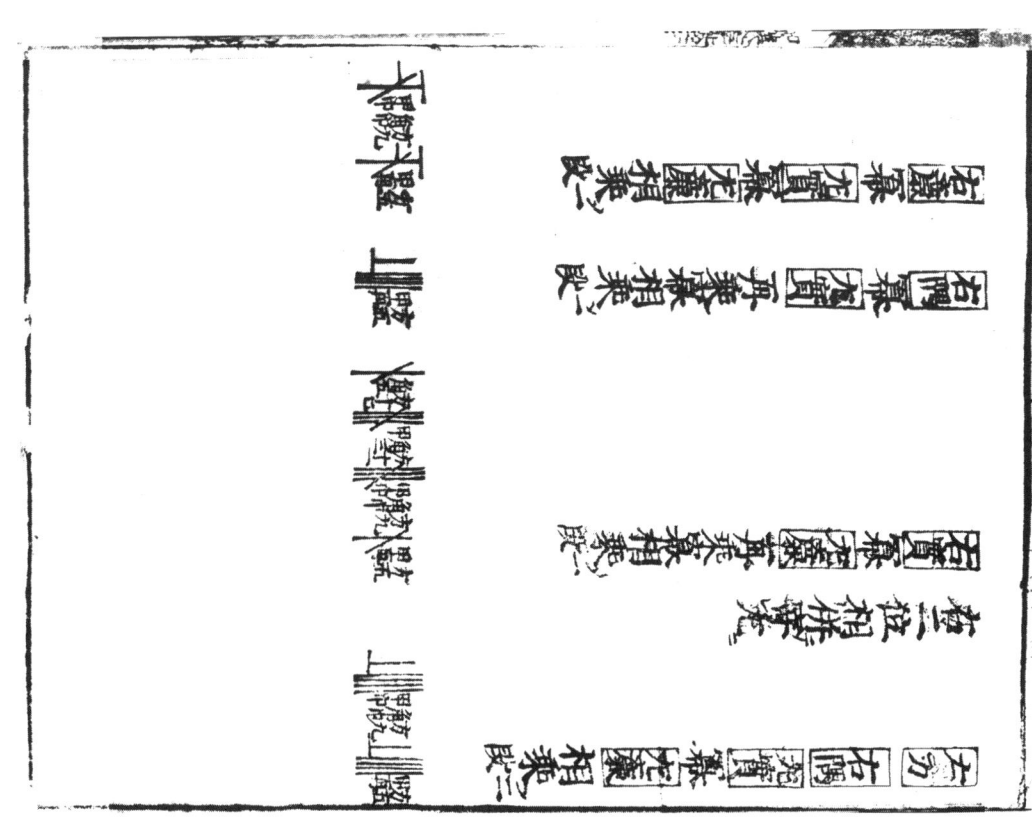

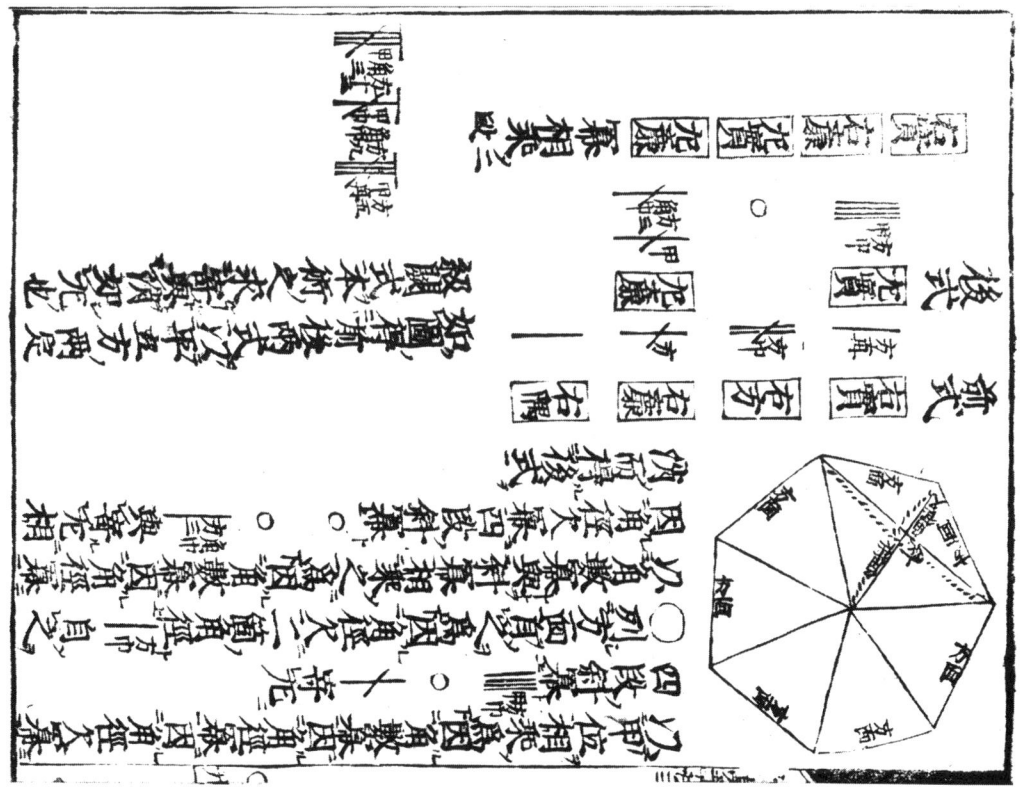

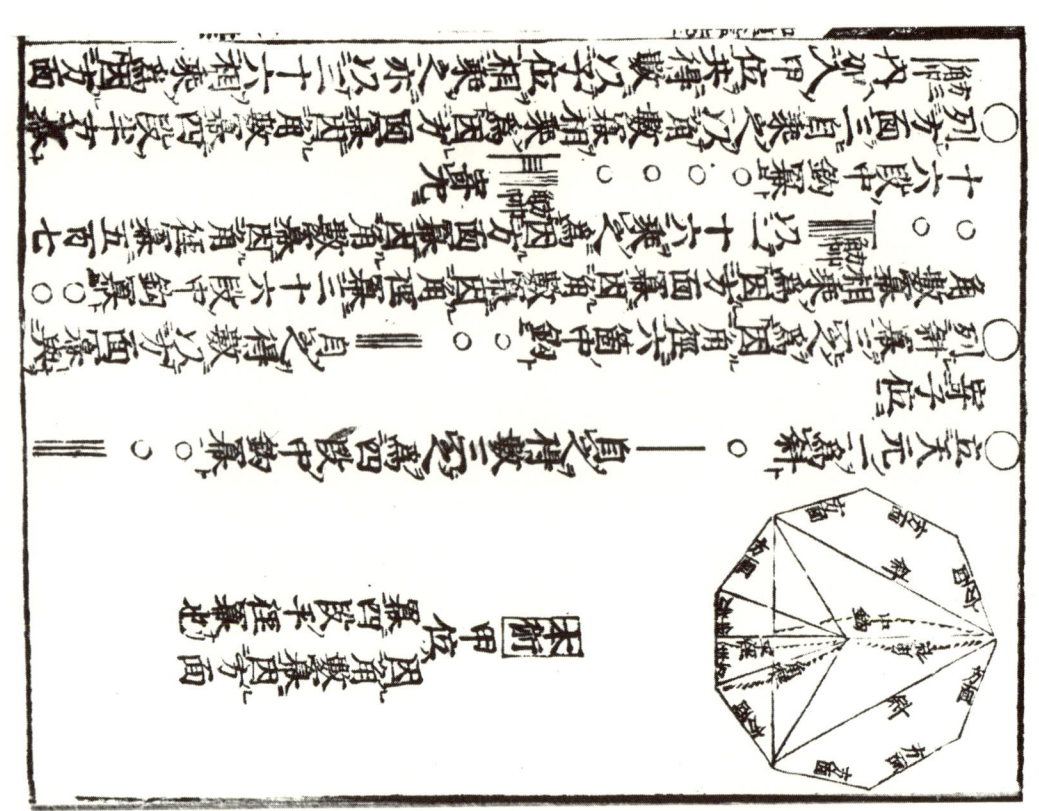

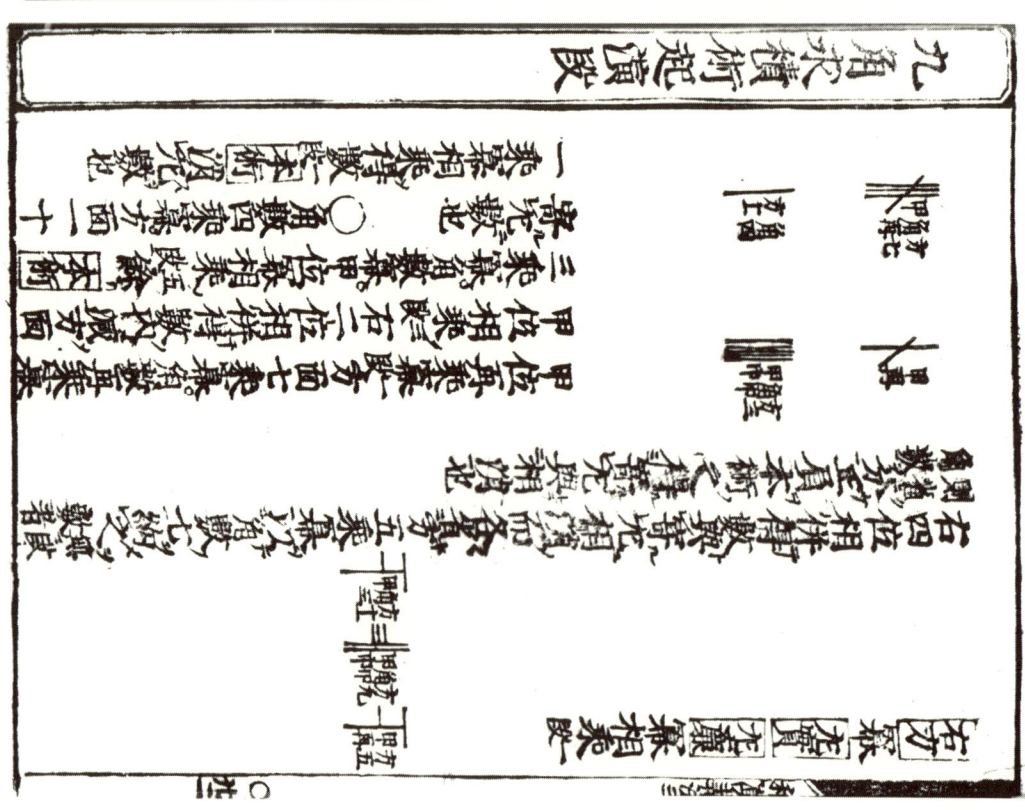

〔右九冪〕〔九實〕〔九廉〕冪相乘一段

右四位相併得數與寄左相消而各省方五乘冪以角數七約之與段數者

則省約角數分正負本術之得寄左與相消也

甲位再乘冪一段方面七乘冪角數再乘冪

甲位相乘一段三　右二位相併得數內減方面

三乘冪角數冪甲位冪相乘一段五　餘〔本術〕

寄左數也

一乘冪相乘得數一段〔本術〕消左數也

○角數四乘冪方面一十

九角求積術起源段

○立天元一為斜　○　自之得數三之為四段中鈎冪

〔本術〕甲位因角數冪因方面冪四段平徑冪也

○寄子位

○列斜冪三之為因角徑六箇中鈎　○　○　自之得數以方面冪與角數冪相乘為因方面冪因角數冪因角徑冪三十六段中鈎冪　○　○

十六段中鈎冪　○　○　○　○　以之十六乘之為因方面冪因角數冪因角徑冪五百七

○列方面三自乘之以角數冪相乘為因方面冪因角數冪四段半方冪

內以入甲位共得數以子位相乘之亦以三十六相乘為因方面

冪因角數冪因角徑冪五百七十六段中鈎冪。

○ 與寄左相消而以二十二約之得前式

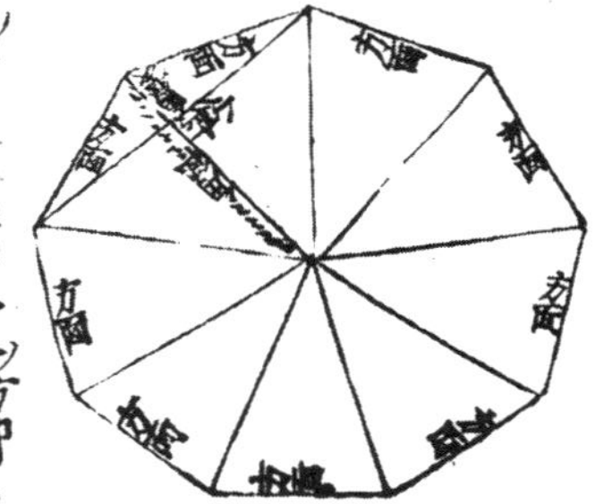

○ 列併方面與斜以方面相乘之爲小斜冪

寄丑位

○ 方面冪四段 内減丑位止餘爲四段角徑關冪 以甲位寄左

相乘之爲因角數冪因角徑關冪四段斜冪 寄左

○ 列方面自之得數爲因角徑二箇角徑關 自之得數以角數冪與丑位相乘爲因角數冪因角徑冪因角徑關冪四段斜冪 與寄左相消而各省方面得後式

前式 右實 右廉

後式 左實 左方

右實 左方 冪相乘之段

右廉 左實 冪相乘之段

如圖得前後兩式以商除平方之兩定級闕式本術求寄與消如左

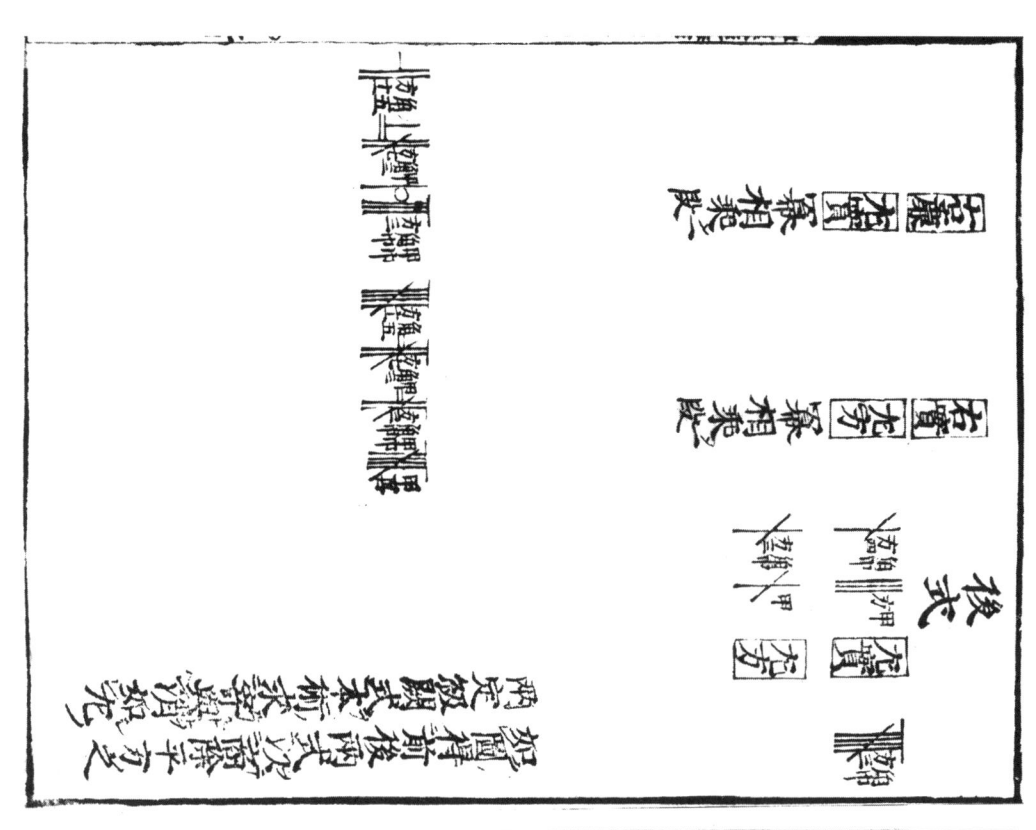

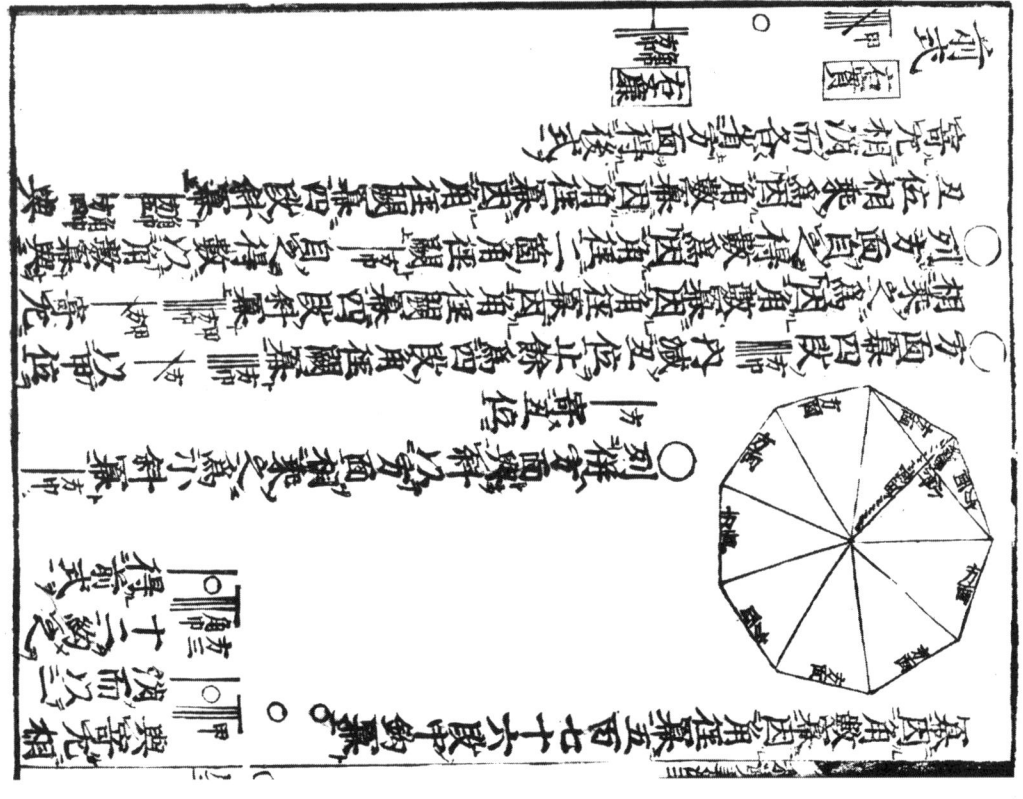

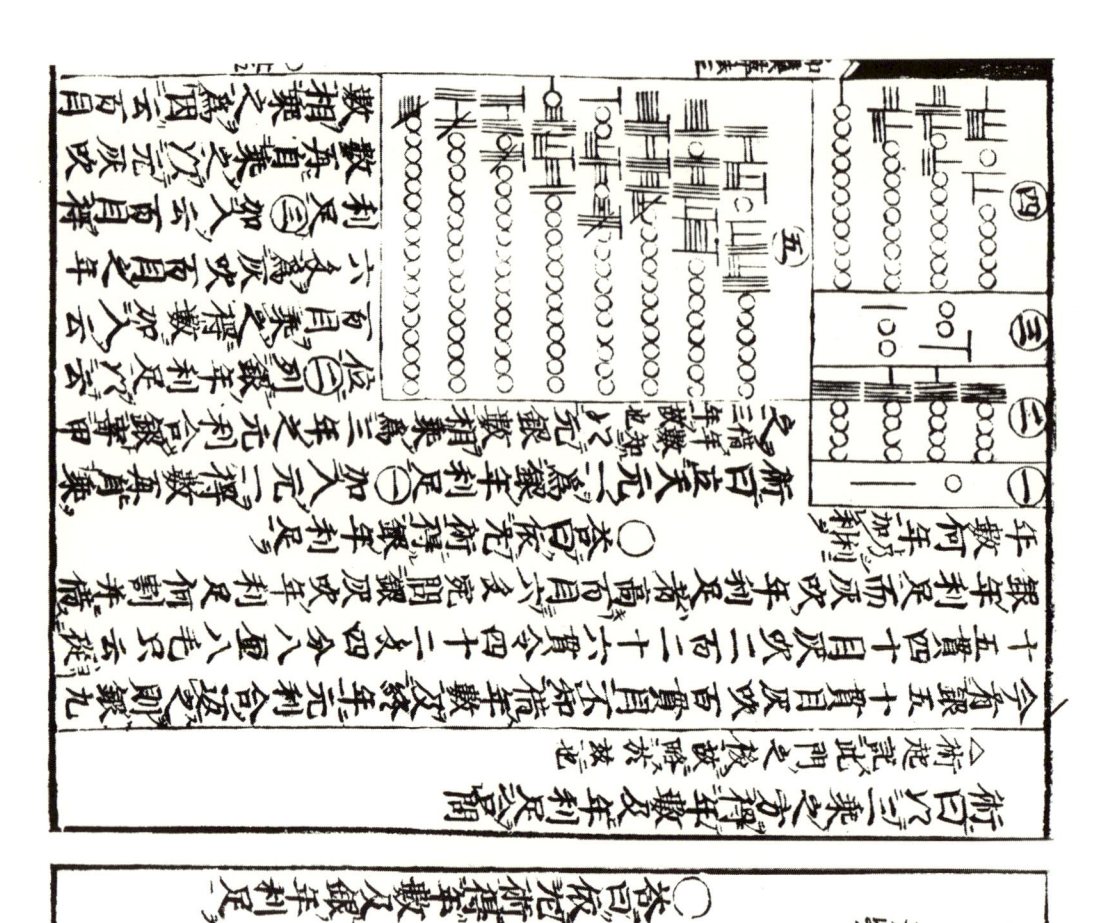

右二位異減同加而分正負各以角數九約之（無段數者省角數也）本術得寄元與相消數也

甲再 甲冪方三 角四方十一

甲位再乘冪一段甲位角數三乘冪方面七乘冪相乘一十一段右二位相併得數內減甲位冪角數冪方面三乘冪相乘九段止餘 本術 寄元數也

角數四乘冪方面一十一乘冪相乘三段 本術 消元數也

分子齊同門 二問

今有銀五百目以十貫目不知借年數及終年元利合返之則銀十貫三百六十八匁以吹二十四貫四百十四匁六厘二毛五只云從銀之年利足而以吹年利足者高百目五匁宛問銀以吹之年利足何割并借年數何年加利

○答曰依左術得年數及銀年利足

術曰以三乘之方得年數及年利足合問

△術起記此門之後故略於茲也

今有銀五十貫目以吹百貫目不知借年數及終年元利合返之則銀九十五貫四十目以吹二百二十六貫四十二匁四分八厘八毛只云從銀年利足而以吹年利足者高百目六匁宛問銀以吹年利足何割并借年數何年加利

○答曰依左術得銀年利足

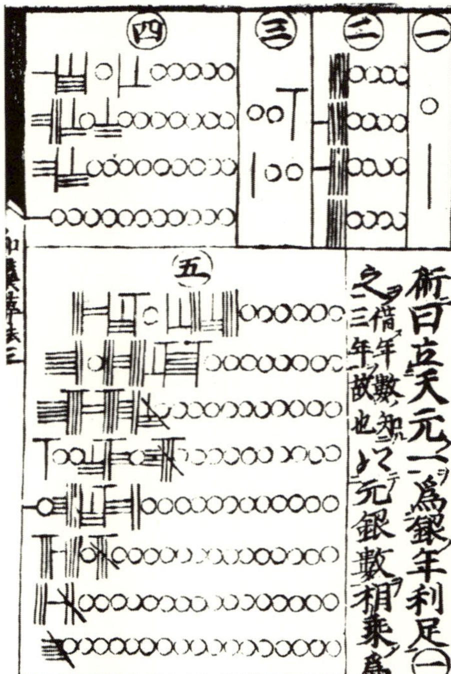

術曰立天元一為銀年利足（一）加入元一得數再自乘之（借年數知三年故也）以元銀數相乘為三年之元利合銀寄甲位（二）列銀年利足以云六匁為以吹百目之年利足（三）加入云百目得數再自乘之以元以吹數相乘之為因云百目

⑥

⑦

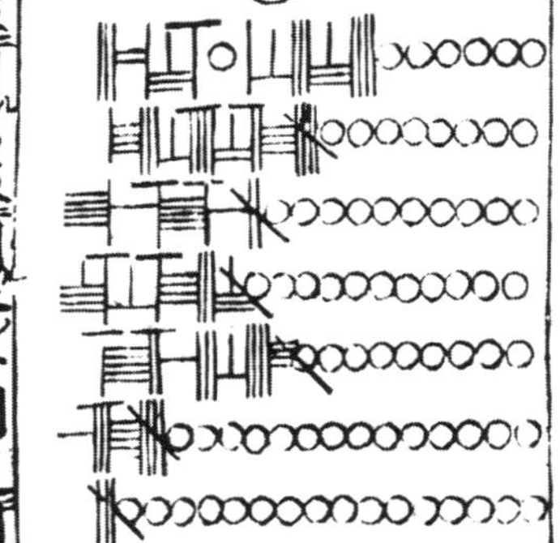

再乗除三年之元利合灰吹寄乙位㊃列元銀合銀數内減甲位餘以灰吹百目之年利足相乘之亦以乙位乘之為因甲位因乙位因銀年利足因灰吹年利足因云百目年數有奇寄左㊄列云百目再自乘之以元利合灰吹數乘之得數内減乙位餘以云百目相乘之亦以銀年利足相乘亦以甲位乘之得數㊅與寄左相消得開方式㊆五乘方開之得商銀年利足

分子齊同門 第九 第十 演段

○列元利合十貫三百六十八匁以元銀五貫目除之得二箇令七三六為銀實

○列元利合灰吹二十四貫四百十四匁令六二五以元銀十貫目除之得二箇四四一四令六二五為灰吹實

○列云五匁以百目除之得五分為銀灰吹年利足差

△初年
銀實二箇令七三六
灰實二箇四四一四令六二五
相減三割六六七八令六二五

△二年
銀實開平方一箇四四
灰實開平方一箇五六二五
相減一割二二五

△三年
銀實開立方一箇二七五一九余
灰實開立方一箇三四五六二余
相減七分一三三一余

△四年
銀實開三乘方一箇二
灰實開三乘方一箇二五
相減五分

右ノゴトク次第ニ開之三乘方ニ至テ得數相減ジテ銀ト灰吹トノ差五分ナル故ニ年數有奇不足ナクシテ四年ト知ルナリ

○列元利合銀九十五貫令四十目以元銀五十貫目除之得一箇九分令令

今八ヲ爲銀實ト

○列元利合灰吹二百二十六貫令四十二文四分八厘八毛ヲ以テ元銀百貫目餘之得二箇二分六令四二四八八ヲ爲灰吹實ト

△初年　銀實一箇九令令八
　　　　灰實二箇二六令四二四八八　相減三割五九六二四八八

△二年　銀實開平方一箇三十八七余
　　　　灰實開平方一箇五令三四八余　相減一割二四七八

△三年　銀實開立方一箇二三八七四余
　　　　灰實開立方一箇三一二三九余　相減七分三六五

△四年　銀實開三乗方一箇一七四一七余
　　　　灰實開三乗方一箇二二六一六余　相減五分一九九

右ノゴトク次第ニ開乗方ニ至テ銀ト灰吹トノ差六分ヨリ少キ故ニ三年ニ八有剰四年ニ不足ナルヲ知ルナリ

於漢算法卷之三終

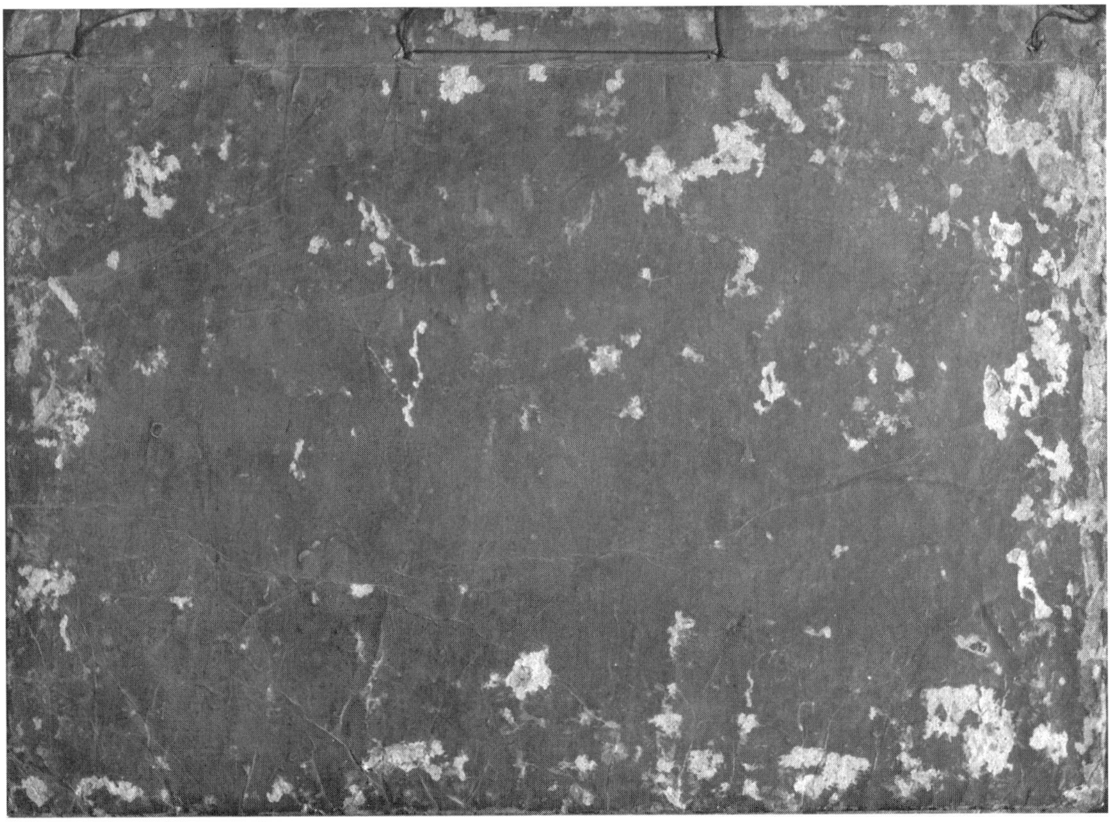

63

和漢算法巻之四

洛北 宮城外記藤原清行集成
門人 上橋平助 勝政
大條半太夫長清 挟
鵜飼小七郎重之

根源記一百五十問 古今算法増補 別術算籌圖式 従第一問而到第四十九問

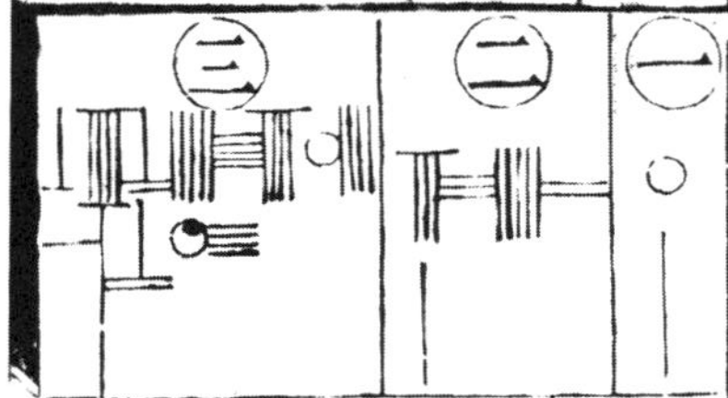

平方解空門 九問

今有平方内平圓空外餘寸平積八十一歩九分七二只云從方面寸而圓周寸者長八寸三分五二

問方面圓徑幾何 (一)答曰得方面一尺令五分

術曰立天元一為方面 (一)加入只云數為圓周

(二)自之為因圓積率二十六段圓積寄左 (三)方

二

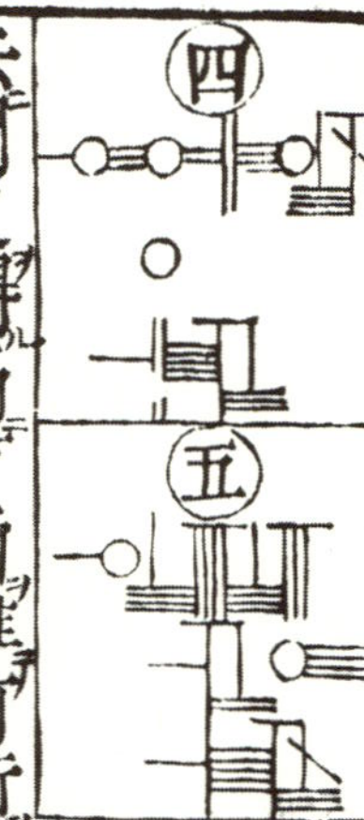

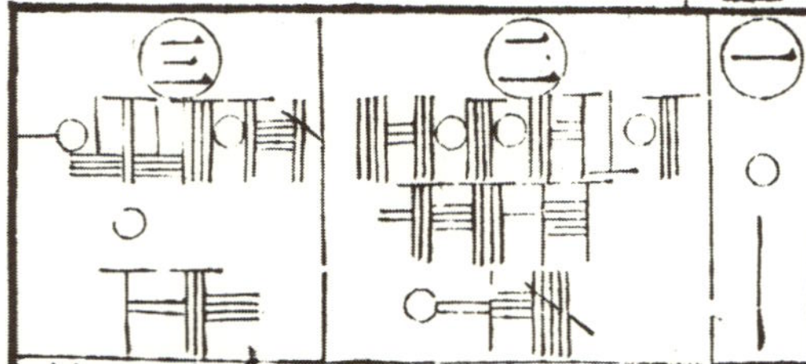

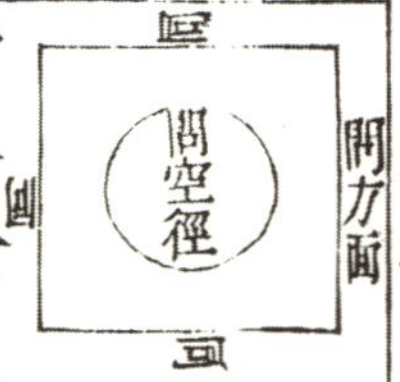

面冪内減外餘積餘以圓積率相
乘之得數就分以十六乘之(四)
與寄左相消得開方式(五)平方飜
法開之得商方面推前術得各合問

今有平方内平圓空外餘寸平積
百七十四步七分二八只云從圓
徑寸與圓周寸和而方面寸者短
一尺八寸一分三六問方面圓徑幾何
答曰得方面一尺五寸
術曰立天元一為方面(一)加入只云數自之以
圓積率相乘之以加入外餘積得内減方面冪
餘為因圓積率冪二十六段圓積與因圓積率

三

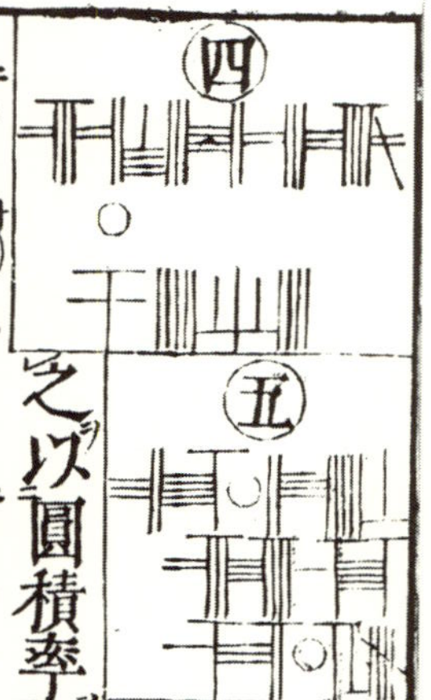

八段圓積和寄左(二)方面冪内減
外餘積餘以圓積率相乘之就分
八之為因圓積率八段圓積(三)倍
之以圓積率相乘之以併因圓積率八段圓積
共得數(四)與寄左相消得開方式(五)平方飜法開之得商方
面推前術得各合問

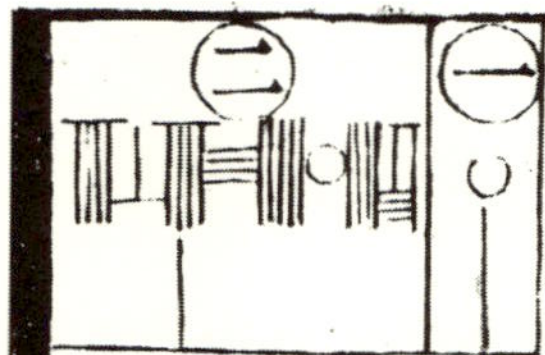

今有平方内平圓空外餘寸平積千二百四十五步七二八
只云列方面寸為實開平方之見商寸與圓周寸和三尺一
寸一分三六問方面圓徑幾何
答曰得方面三尺六寸
術曰立天元一為方面(一)列併只云
數冪寄左(二)方面冪内減外餘積餘

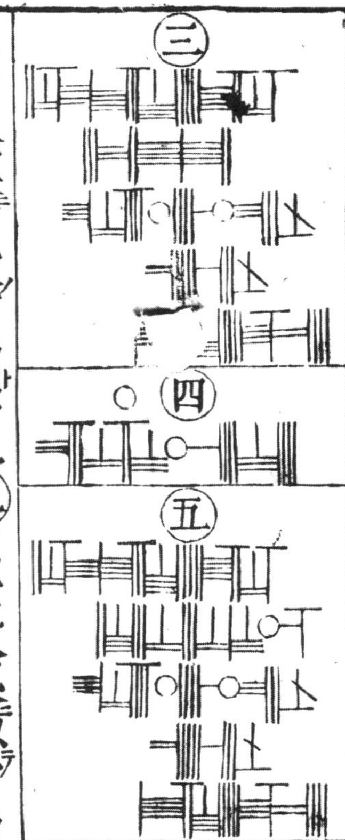

以圓積率相乘又以二十六相乘之得數以減寄左餘自之爲因只云數冪四段方面寄再三只云數冪以方面相乘就分四之四與寄再相消得開方式五三乘方飜法開之得商方面推前術得各合問

四

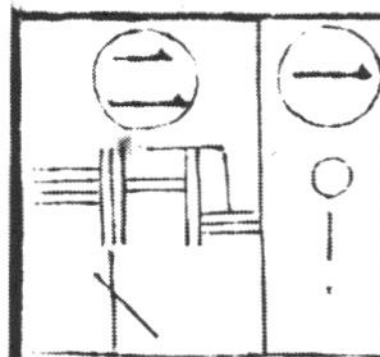

今有平方内平圓空只云列圓徑寸爲實開平方之見商寸加入外餘積共寸平積百六十四歩三七四五別方面寸與圓周寸和而四尺三寸二分七八問方面圓徑幾何

○答曰得方面一尺五寸

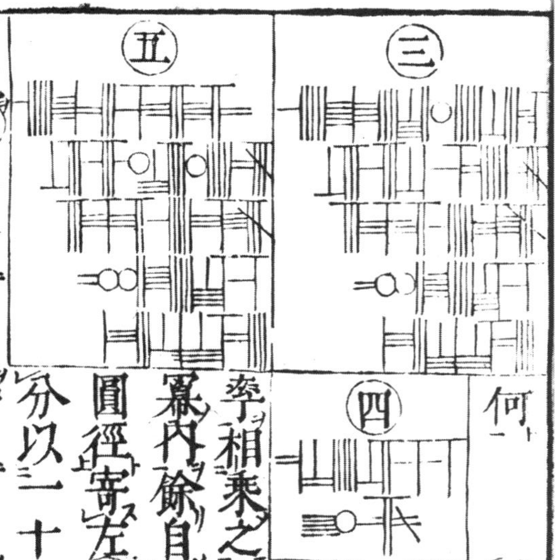

術曰立天元一爲方面一以減別云數内餘爲圓周二方面冪内減只云數餘以圓積率相乘之亦以二十六乘之以減圓周冪内餘自之爲因圓周率冪二十六段圓徑寄左三列圓周以圓周率乘之就分以二十六乘之四與寄左相消得開方式五三乘方開之得商方面推前術得各合問

五

今有平方内平圓空只云列方面寸爲實開立方之見商寸加入外餘積共寸平積六百十八歩八分八八平矢各七寸五分問方面圓徑幾何

○答曰得圓徑一尺二寸

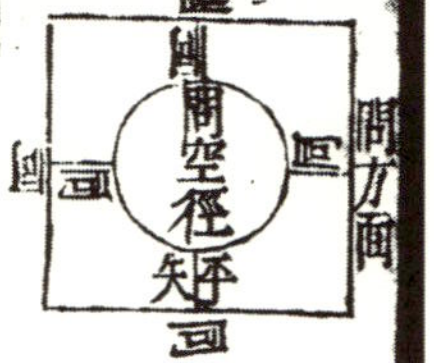

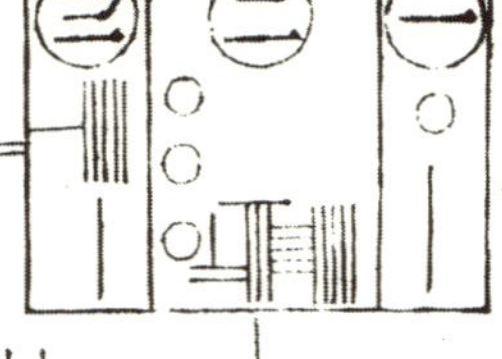

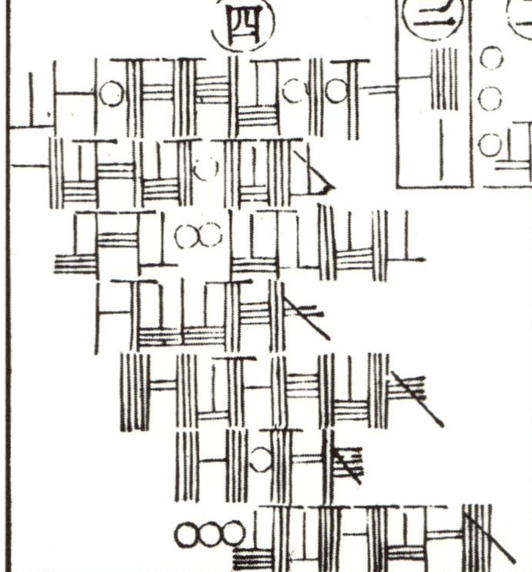

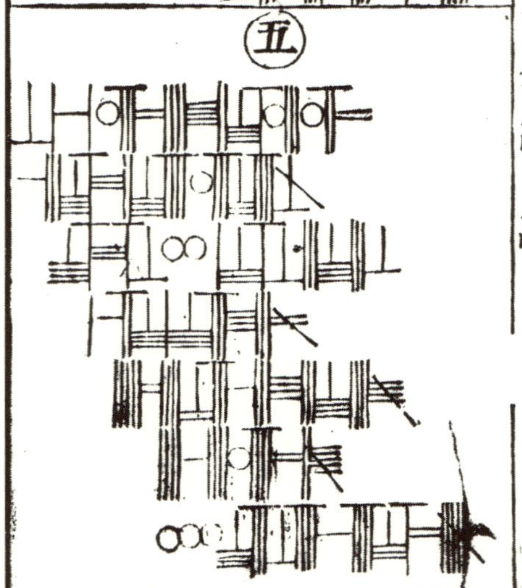

術曰立天元一為圓徑(一)自之以圓積率相乘之為圓積(二)圓徑内加入矢倍為方面寄左(三)列併圓積與只云數得數内減方面冪餘再自之(四)與寄左相消得開方式(六)五乘方飜法開之得商圓徑推前術得各合問

六

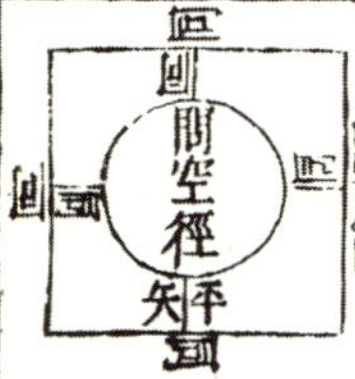

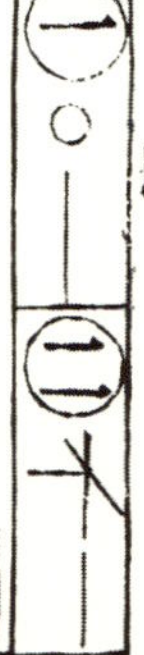

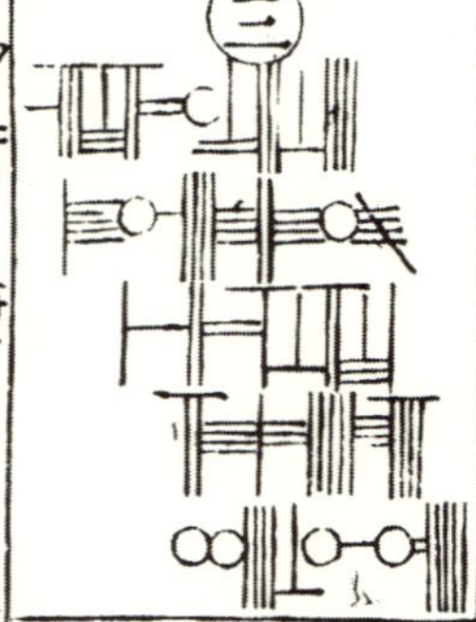

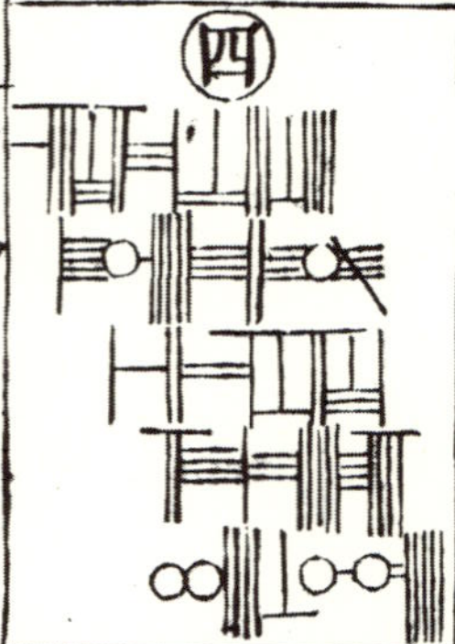

今有平方内平圓空只云列圓徑寸為實開平方之見商寸加入外餘積共寸平積三百三十九歩三分七四五平矢各五寸五分問方面圓徑幾何

答曰得方面二尺

術曰立天元一為方面(一)内減倍矢餘為圓徑寄左(二)自之以圓積率相乘之得數與只云數併内減方面冪餘自之(三)與寄左相消得開方式(五)三乘方飜法開之得商方面推前術得各合問

七

今有平方内平圓空只云列圓徑寸為實開平方之見商寸加入外餘積共寸平積八十九歩四分三二角矢各五寸令

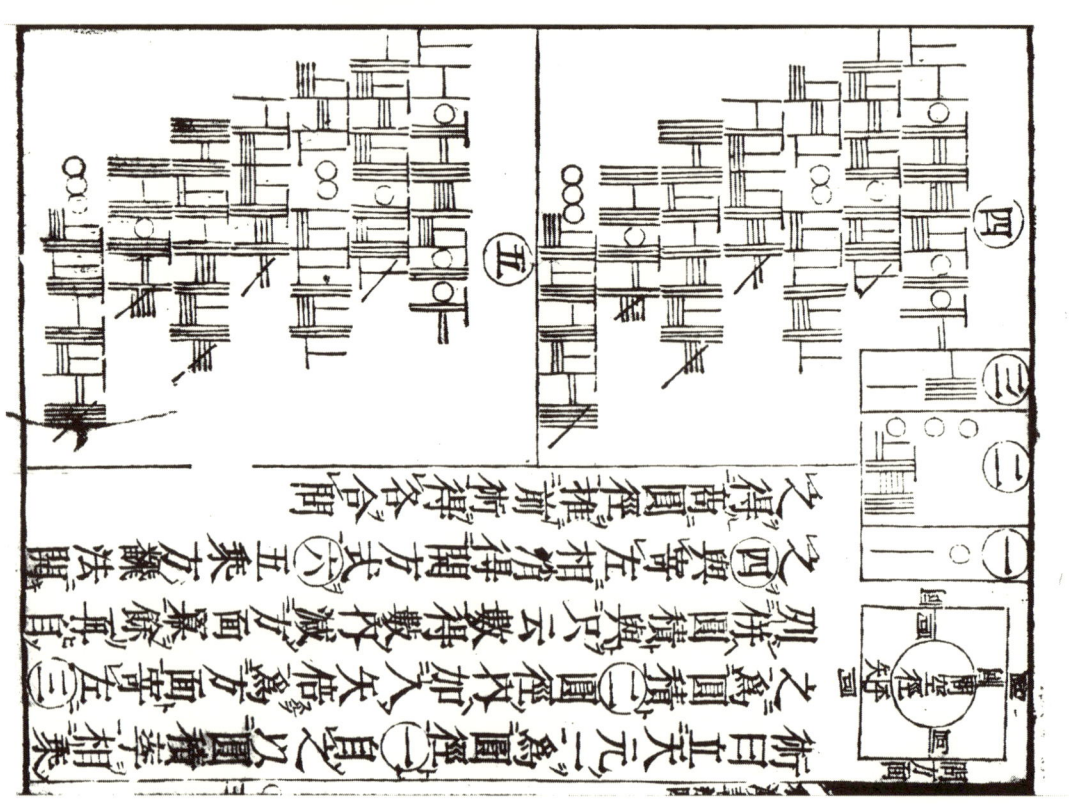

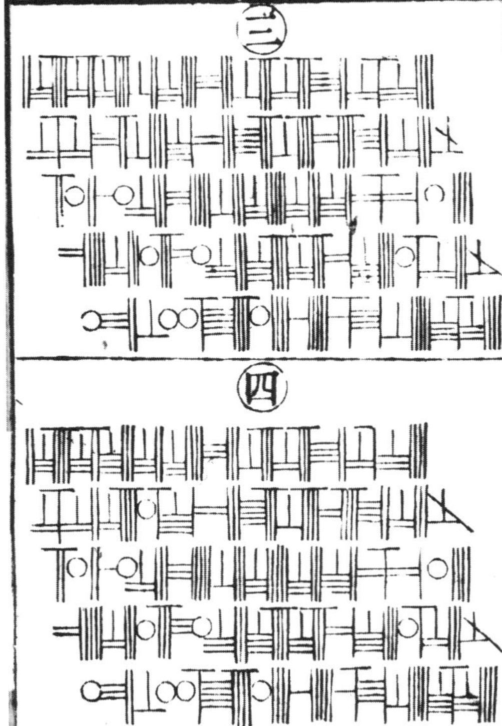

七厘一問方面圓徑幾何　○答曰得方面一尺

術曰立天元一為方面（一）以中斜率相乘之得數內減矢倍餘為圓徑寄左（二）圓徑冪以圓積率相乘之得數與只云數相併共得內減方面冪餘自之（三）與寄左相消得開方式（四）三乘方開之得商方面推前術得各合問

八

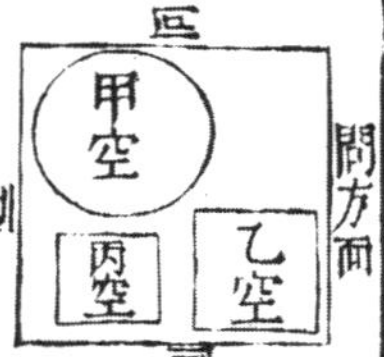

今有平方內甲乙丙空平方二箇　平圓一箇外餘寸平積九十六歩三分七四五只云甲圓徑寸與乙方面寸及丙方面寸各四和三尺五寸從甲圓徑寸而乙方面寸者短二寸從乙方面寸而丙方面寸者短三寸問各幾何　○答曰得大方面一尺五寸

術曰立天元一為大方面（一）以減只云數內餘為甲圓徑與乙方面及丙方面三和（二）甲乙差倍之得與乙丙差相併以加入三和共得數自之以圓積率相乘之為九段甲圓積（三）乙丙差與三和併內減甲乙差餘自之為九段乙方冪（四）乙丙差倍之得與

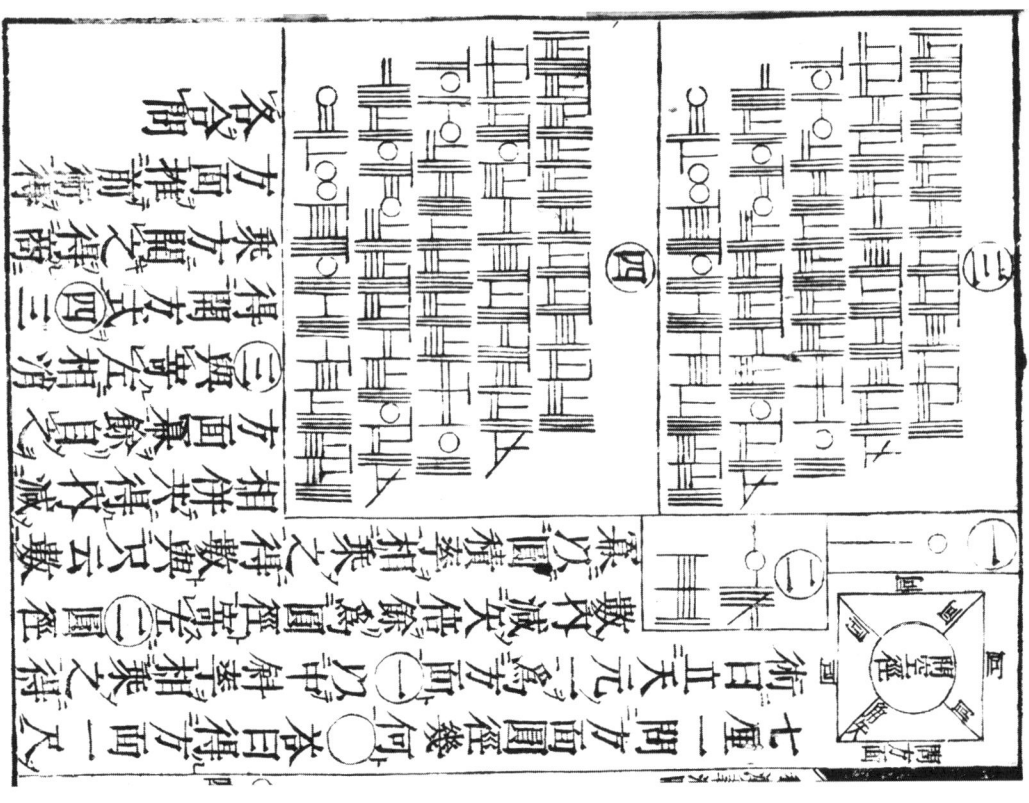

九

甲乙差相併得數以減三和內餘自之爲九段丙方冪㊄田
圓積與乙方冪及丙方冪段各九也相併得數寄左㊅方面冪內
減外餘積餘就分九之㊆與寄左相消得開方式㊇平方開
之得商大方面推前術得各合問

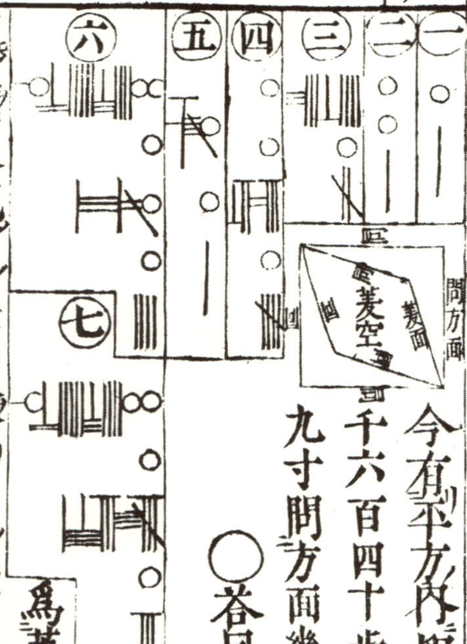

今有平方內如圖菱空外餘寸平積
千六百四十歩只云空菱面各二尺
九寸問方面幾何

○答曰得方面四尺一寸

術曰立天元一爲方
面㊀自之得數倍之
爲菱長鈎冪㊁列菱面冪
四之得內減菱長鈎冪餘爲菱短鈎冪㊂以菱長鈎冪乘之

爲內段菱積冪寄左㊃方面冪內減外餘積餘爲菱積㊄自
之就分四之㊅與寄左相消得開方式㊆三乘方開之得商
方面合問

十

縦横解空問　六問

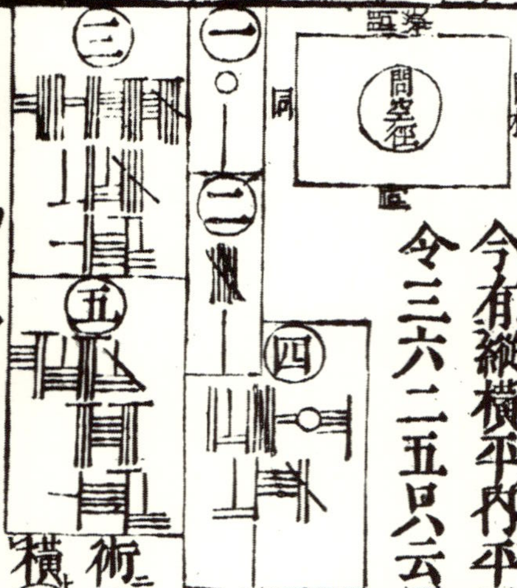

今有縦横平內平圓空外餘寸平積二百八十歩
令三六二五只云圓周寸與縦寸和而三尺五寸
七分一從縦寸而横寸者短五
寸問縦横圓徑幾何

○答曰得縦二尺

術曰立天元一爲縦㊀內減差爲
横㊁以縦乘之得內減外餘積餘
十六乘之爲因圓周率冪圓徑冪
以圓積率相乘之亦以一

寄左㊂只云數内減縦餘自之㊃與寄左相消得開方式㊄
平方開之得商縦推前術得各合問

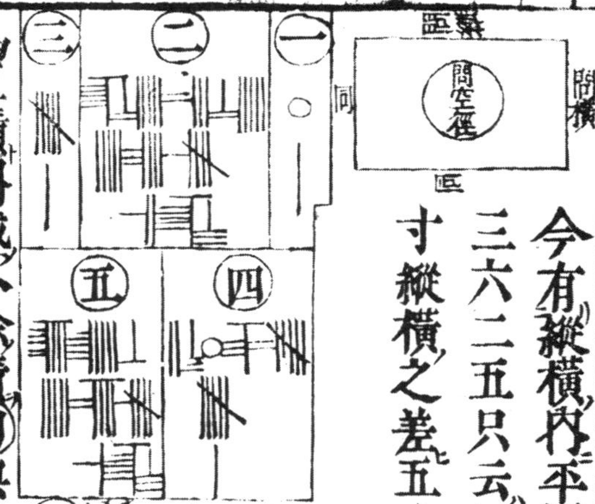

今有縦横内平圓空外餘寸平積二百八十歩令
三六二二五只云縦横圓寸與圓径寸和而七尺五
寸縦横之差五寸問縦横圓径幾何

〇荅曰得縦二尺

術曰立天元一為縦㊀只云數内
加入倍差共得内減四段縦餘自
之以圓積寄相乘之為圓積寄左
㊁縦内減差餘為横㊂以縦乘之
為直積内減外餘積㊃與寄左相消得開方式㊄平方開之
得商縦推前術得各合問

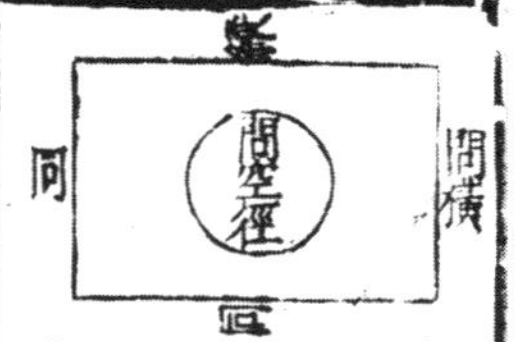

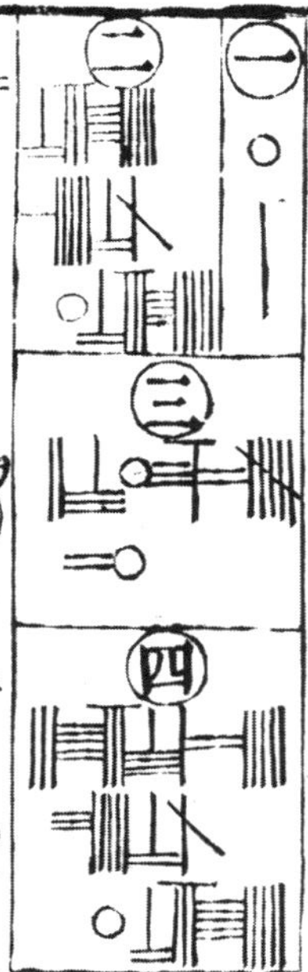

今有縦横平内平圓空外餘寸平積二百八十歩
令三六二二五縦二一尺只云從横寸而圓径寸者短
一尺問横圓径幾何

〇荅曰得横一尺五寸

術曰立天元一為横㊀内減只云數餘自之以圓
積寄相乘之為圓積寄
左㊁列横以縦乘之得
内減外餘積餘㊂與寄
左相消得開方式㊃平方開之得商横推前術得各合問

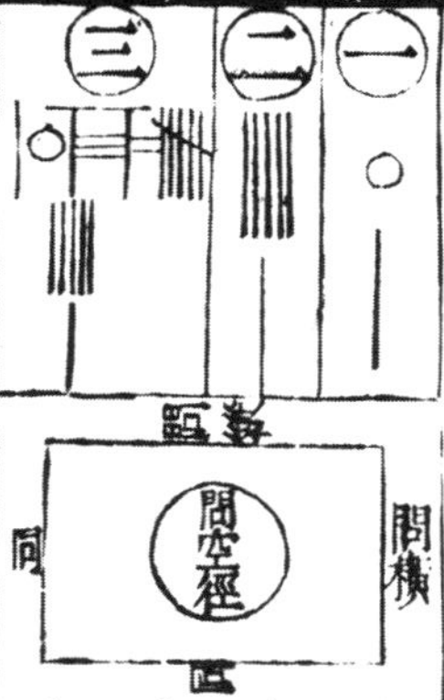

今有縦横平内平圓空外餘寸平積
百令六歩三分六二二五只云列横寸
為實開平方之見商寸與圓径寸和
八寸別云縦横差五寸問縦横圓径

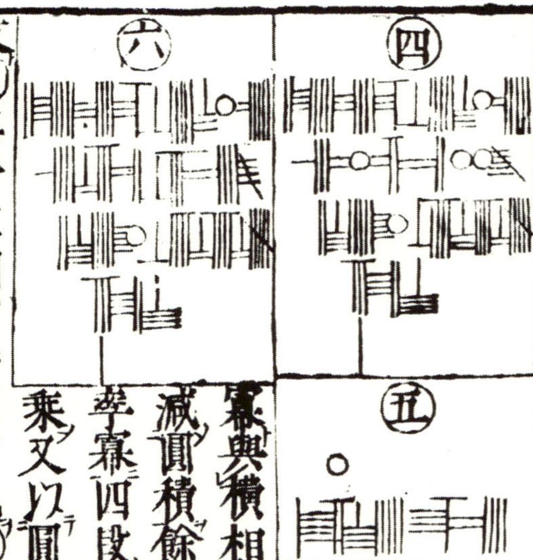

幾何○答曰得横九寸
術曰立天元一為横㊀加入
差為縦㊁以横乗之得内減
外餘積餘為圓積㊂只云數
冪與横相併以圓積孛相乗之得數内
減圓積餘自之為因只云數冪因圓積
孛冪四段横寄左㊃只云數冪以横冪
乗又以圓積孛冪相乗之就分四之得
數㊄與寄左相消得開方式㊅三乗方開之得商横推前術
得各合問

四十
今有縦横平内平圓空只云列圓徑寸為實開平方之見商
寸加入外餘積共寸平積一百三十九歩三分七四五長矢
各五寸五分短矢各三寸問縦横圓徑
幾何○答曰得横一尺五寸
術曰立天元一為横㊀内減倍短矢為
圓徑寄左㊁長矢内減短矢餘倍之以

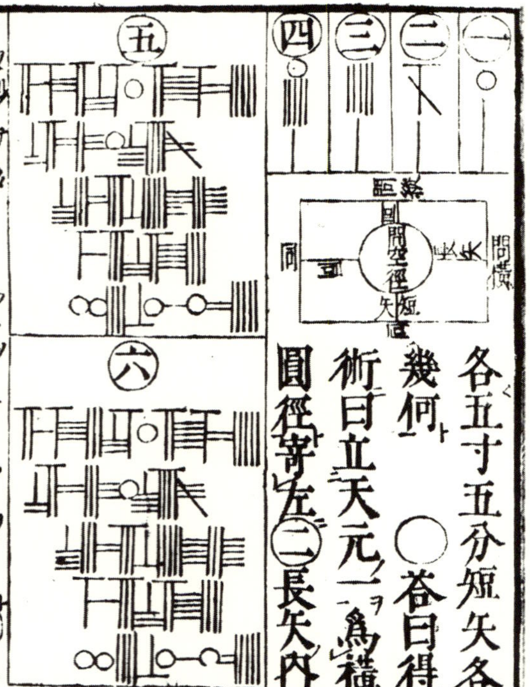

加入横為縦㊂以
横乗之為直積㊃
圓徑冪以圓積孛
相乗之得以減直
積餘以減只云數内止餘自之得數㊄與寄左相消得開方
式㊅三乗方開之得商横推前術得各合問

五十
今有縦横平内平圓空外餘寸平積九十一歩七分二二二只
云角矢各五寸五分縦横之差七寸問縦横圓徑幾何

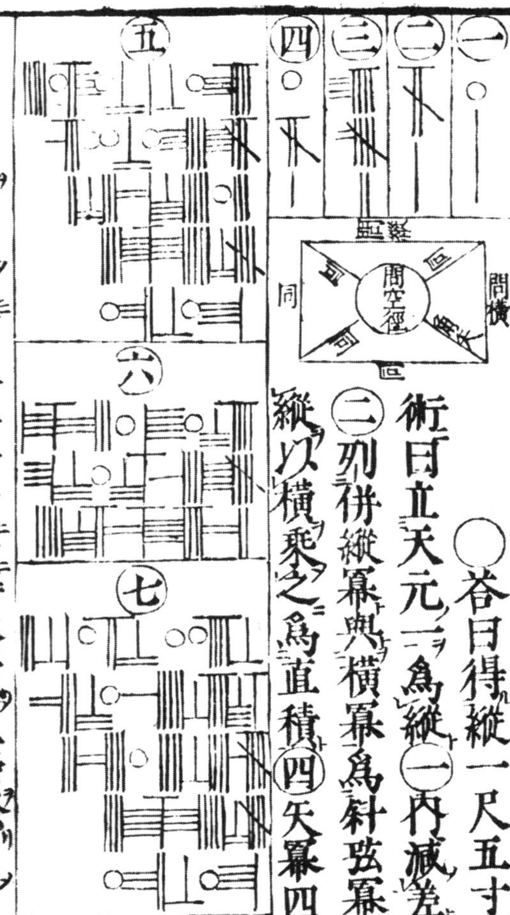

○答曰得縱一尺五寸

術曰立天元一爲縱㊀内減差爲横㊁列併縱冪與横冪爲斜弦冪㊂列縱以横乘之爲直積㊃矢冪四之得數與斜弦冪相併得以圓積率相乘之加入外餘積共得内減直積餘自之爲因斜弦冪與圓積率冪一十六段角矢冪寄左㊄角矢四之得數自之以斜弦冪與圓積率冪相乘之㊅與寄左相消得開方式㊆三乘方飜法開之得商縱推前術得各合問

平圓解空明十問

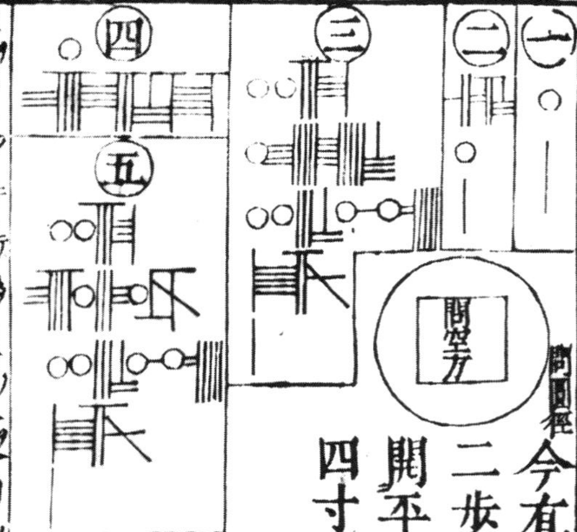

問圓徑

今有平圓内平方空外餘寸平積十二歩二分七八只云列方面寸爲實開平方之從見商寸而圓徑寸者長四寸問圓徑方面幾何

○答曰得方面四寸

術曰立天元一爲方面㊀自之得數與外餘積相併爲圓積㊁方面與只云數冪相併以圓積率相乘之以減圓積内餘自之爲因圓積率冪與只云數冪四段方面寄左㊂列方面以只云數冪乘之又相乘圓積率冪就分四之得數㊃與寄左相消得開方式㊄三乘方飜法

開之得商方面推前術得各合問

七十

今有平圓内平方空外餘寸平積十二歩二分七八只云從圓周寸而方面寸者短一尺四寸八分五二問圓徑方面幾何

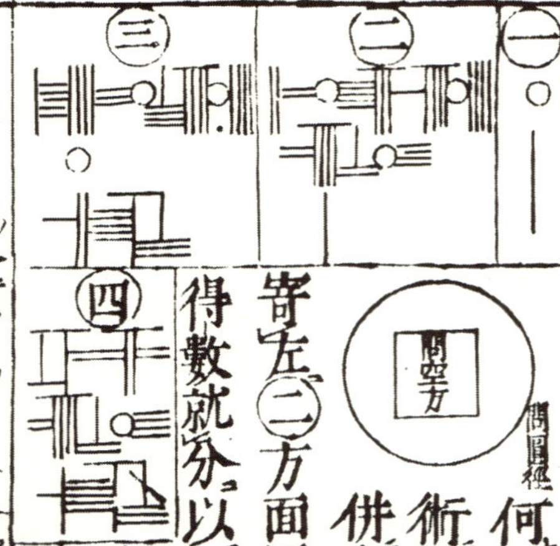

○答曰得方面四寸

術曰立天元一爲方面㊀只云數相併自之爲因圓積率二十六段圓積寄左㊁方面冪加入外餘積以圓積率相乘之得數就分以二十六乘之㊂與寄左相消得開方式㊃平方飜法開之得商方面推前術得各合問

八十

今有平圓内平方空外餘寸平積四十七歩六分二五五只云圓徑寸與圓周寸及方面寸各三和而四尺一寸二分七問圓徑方面幾何

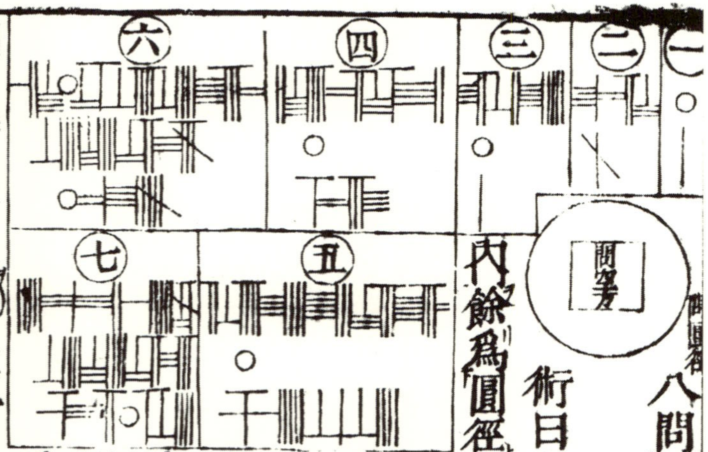

○答曰得方面四寸

術曰立天元一爲方面㊀以減只云數内餘爲圓徑與圓周二和㊁方面冪與外餘積併爲圓積㊂八之以圓積率相乘之爲因圓積率八段圓積㊃倍之以圓積率相乘之得數與因圓積率冪一十六段圓積併爲因圓積率八段圓積與因圓積率八段圓積和寄左㊄二和冪以圓積率相乘之得數内減圓積餘㊅與寄左相消得開方式㊆平方開之得商方面推前術得各合問

九十

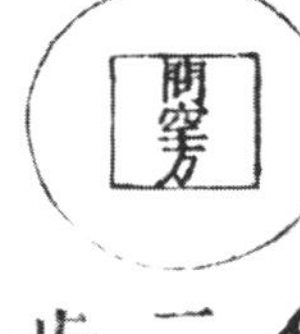

今有平圓內平方空外餘寸平積八十六歩令七
二只云圓徑寸與方面寸相乘之寸平積六十二
歩四分問圓徑方面幾何　○答曰得方面七寸二分

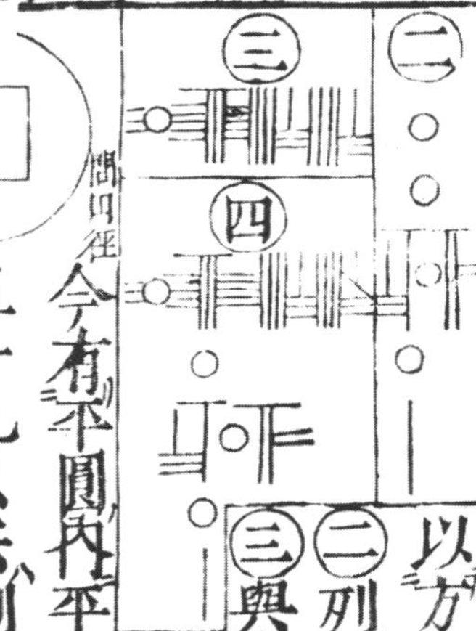

術曰立天元一為方面（一）自之加入外餘積得數
以方面冪乘之為因方面冪圓積寄左
（二）列只云數冪以圓積率相乘之得數
（三）與寄左相消得開方式（四）三乘方開
之得商方面推前術得各合問

十二　演段

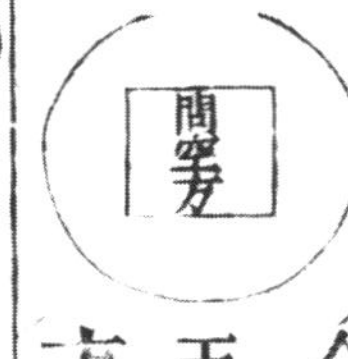

今有平圓內平方空外餘寸平積六十一歩五分
五一九只云列圓徑寸與方面寸別別為實開平
方之見商寸各和而四寸二分問圓徑方面幾何
○答曰得圓徑九寸

二十一

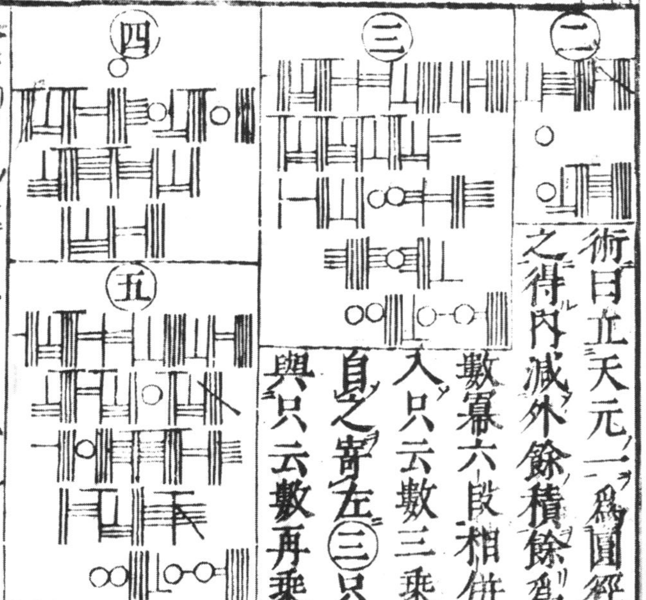

術曰立天元一為圓徑（一）自之以圓積率相乘
之得內減外餘積餘為方面冪（二）圓徑與只云
數冪六段相併得以圓徑乘之得數加
入只云數三乘冪共得內減方面冪餘
自之寄左（三）只云數以圓徑相乘得數
與只云數再乘冪相併四之得數自之
以圓徑相乘之（四）與寄
左相消得開方式（五）三
乘方飜法開之得商圓
徑推前術得各合問

今有平圓內平方空只云列方面寸為實開平方之見商寸
以減去外餘積內止餘寸平積三百六十八歩四分四八別

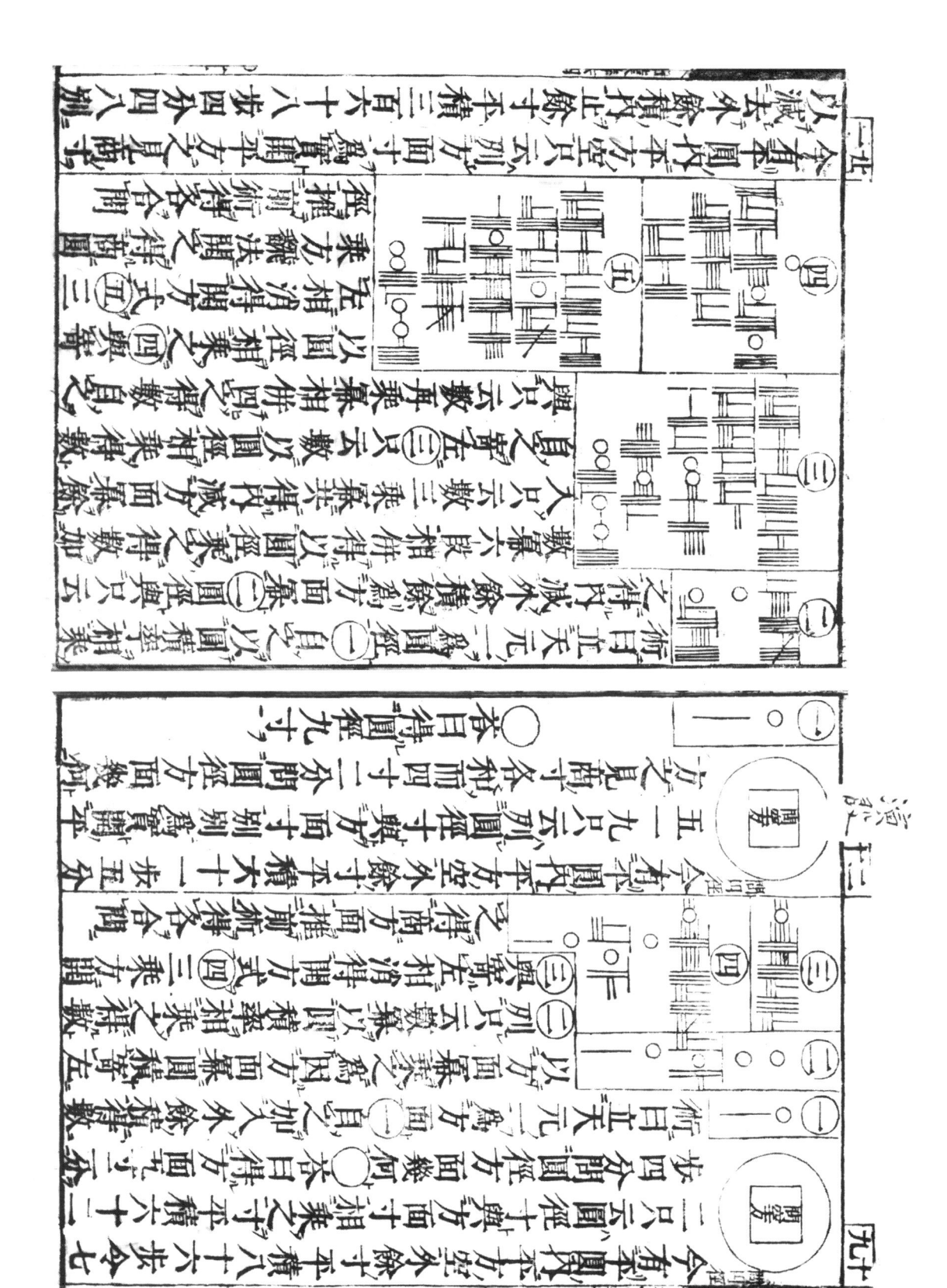

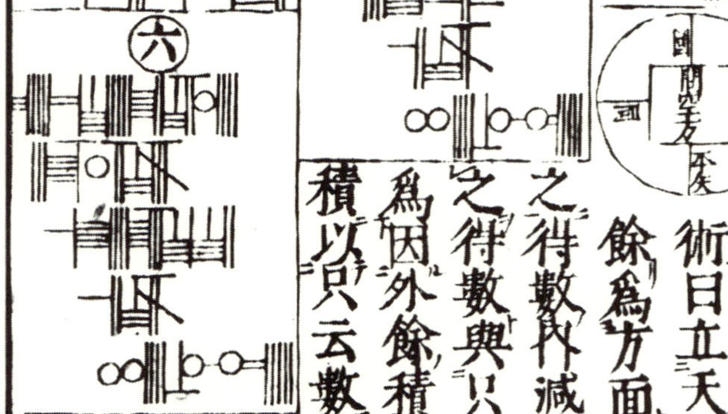

云平矢各七寸五分問圓徑方面幾何
○答曰得圓徑二尺四寸
術曰立天元一爲圓徑(一)內減倍矢
餘爲方面(二)圓徑冪以圓積率相乘
之得數內減方面冪餘爲外餘積(三)自
之得數與只云數冪相併內減方面餘
爲因外餘積二段只云數寄左(四)外餘
積以只云數乘之得數倍之(五)與寄左
相消得開方式(六)三乘方
開之得商圓徑推前術得
各合問

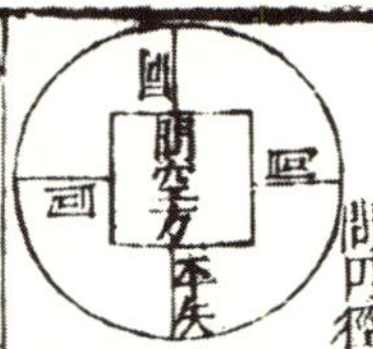

今有平圓內平方空只云列圓徑寸爲實開立方之見商寸
加入外餘積共寸平積三十九步三一二別云平矢各二寸
二分問圓徑方面幾何 ○答曰得圓徑八寸
術曰立天元一爲圓徑(一)內減倍矢餘爲方面(二)
圓徑冪以圓積率相乘之得數內減方面冪餘爲
外餘積(三)只云數內減外餘積餘再
自之
(四)與
圓徑
相消
得開
方式

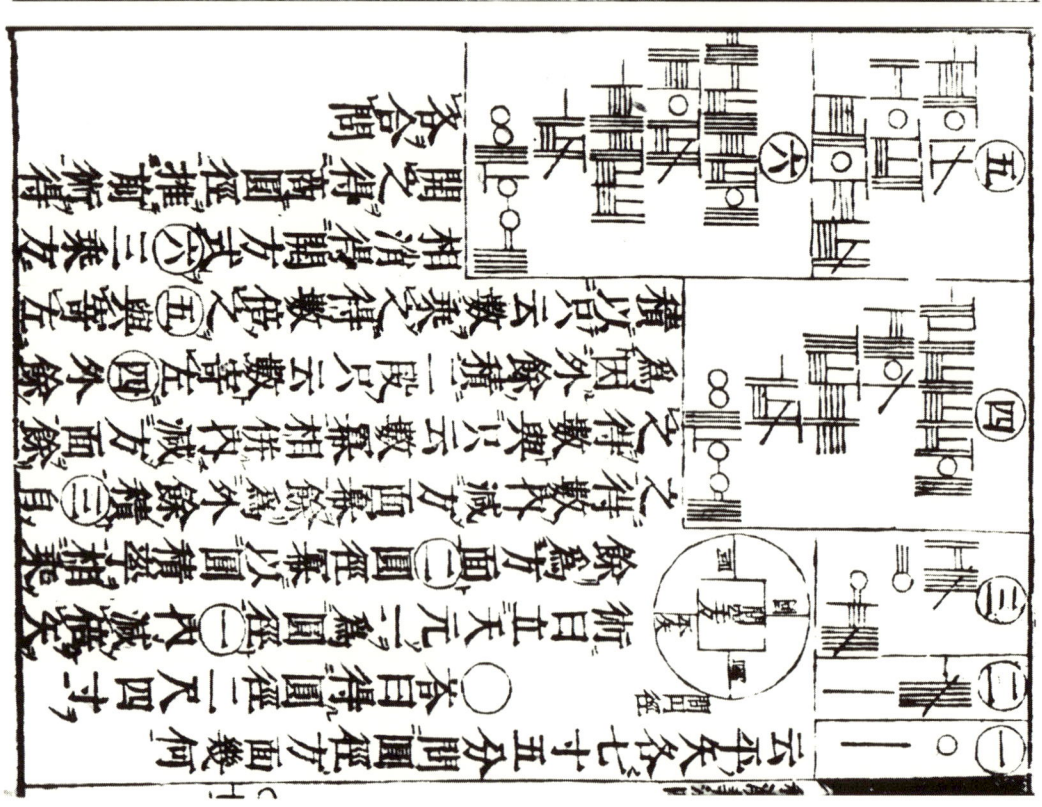

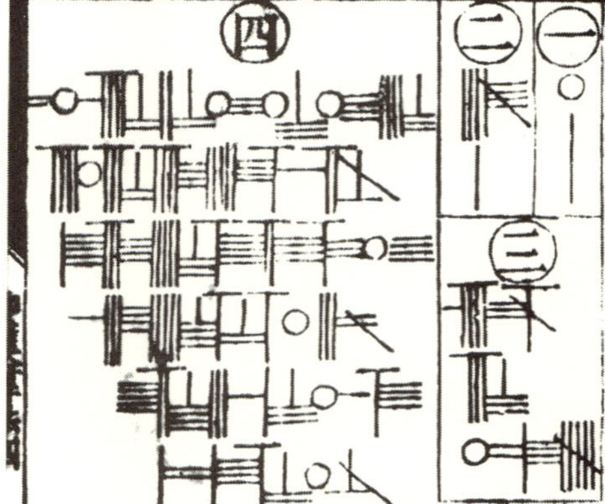
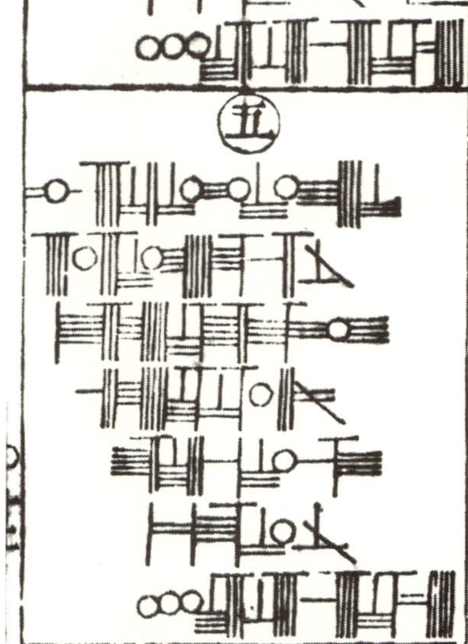

丗三

(五)五乗方開之得商圓徑推前術得各合問

今有平圓内平方空只云列方面寸爲實開平方之見商寸加入外餘積共寸平積四百五十四歩九五別云角矢各三寸六分八厘六四問圓徑方面幾何

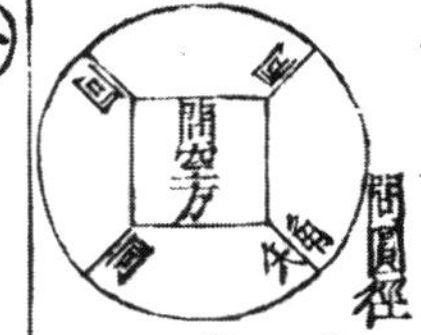

○答曰得方面一尺六寸

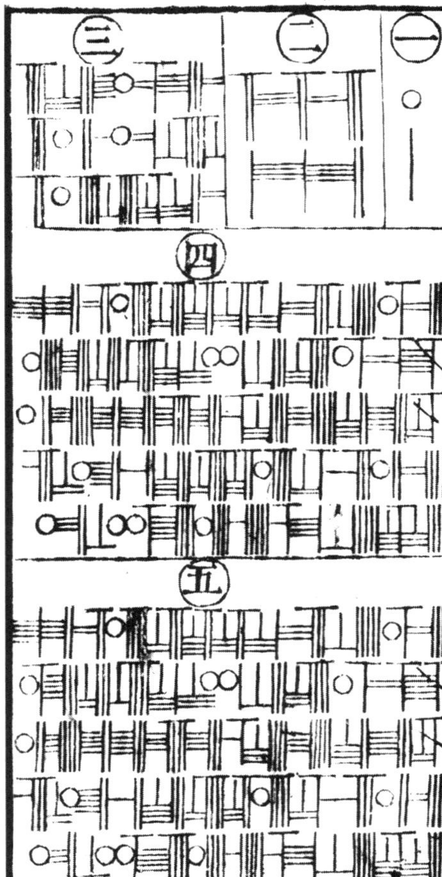

術曰立天元一爲方面(一)以中斜率相乗之得加入倍

丗四

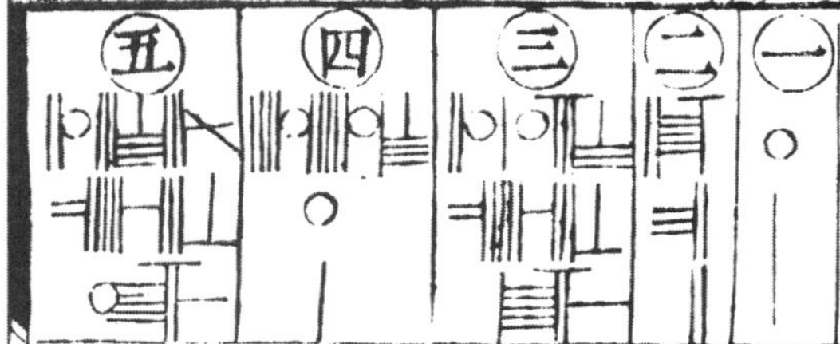

徑(二)自之以圓積率相乗之内減方面冪餘爲外餘積(三)只云數内減外餘積餘自之得數(四)與方面相消得開方式(五)三乗方飜法開之得商方面推前術得各合問

今有平圓内平方空外餘寸平積四百令五歩令一九只云如圖矢各八寸問圓徑方面幾何

○答曰得方面七寸

術曰立天元一爲方面(一)加入倍矢自之得數與方面冪相併爲圓徑冪(二)以圓積率相乗之得數寄左(三)方面冪加入外餘積得數(四)與寄左相消得開方式(五)平方開之得商方面推前術得各合問

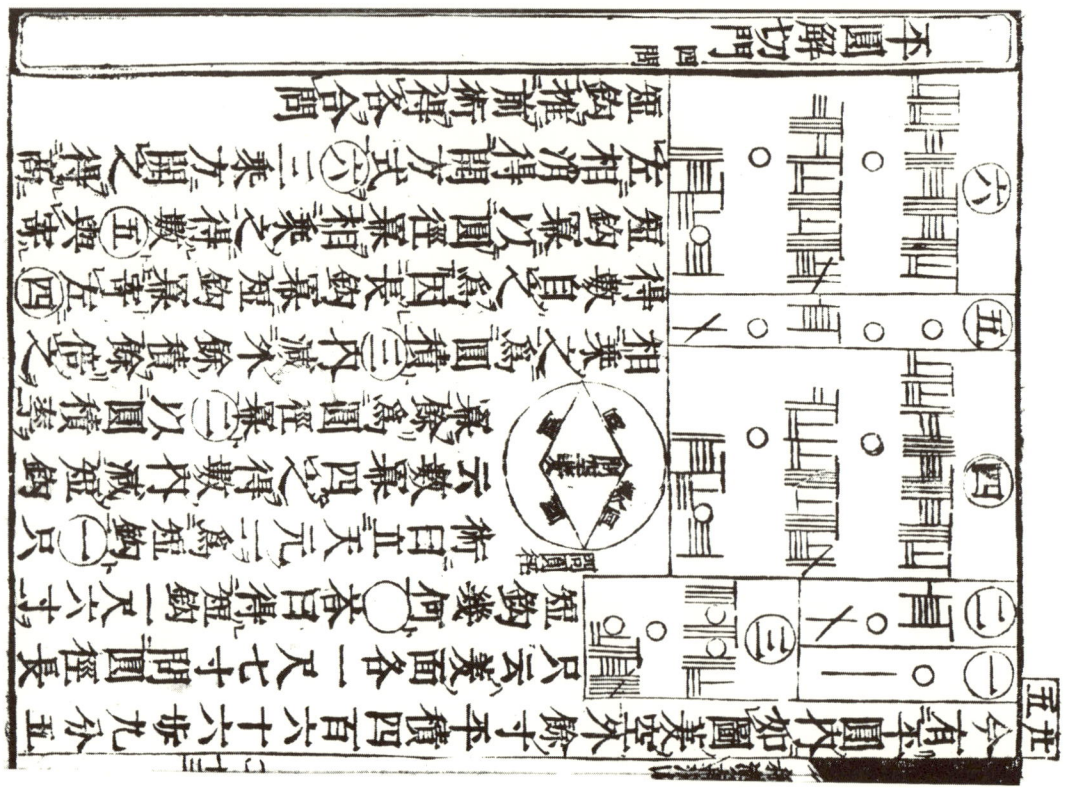

今有平圓內如圖菱空外餘寸平積四百六十六步九分五只云菱面各一尺七寸問圓徑長短鈎幾何　○答曰得短鈎一尺六寸

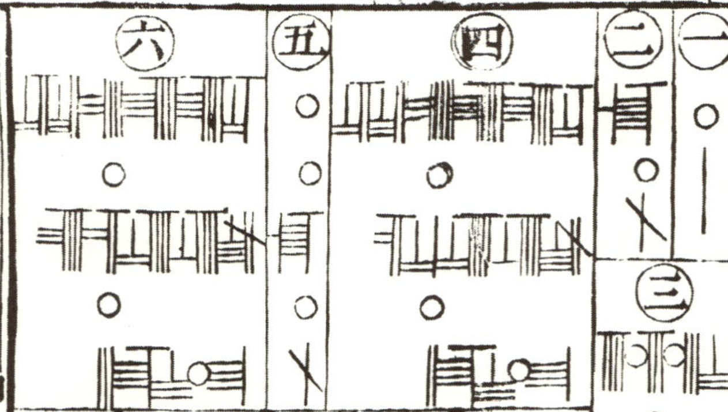

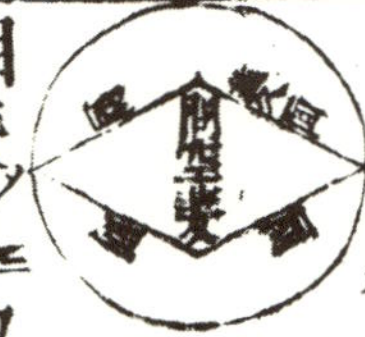

術曰立天元一爲短鈎㊀只云數冪四之得數內減短鈎冪餘爲圓徑冪㊁以圓積寄相乘之爲圓積㊂內減外餘積倍之得數自之爲因長鈎冪短鈎冪寄左㊃短鈎冪以圓徑冪相乘之得數㊄與寄左相消得開方式㊅三乘方開之得商短鈎推前術得各合問

平圓解切門　四問

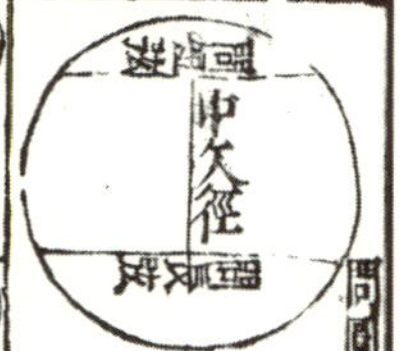

今有平圓如圖中闕徑六寸三分只云長弦寸與短弦寸和而一尺二寸六分問圓徑幾何
○答負數各非一故不附術也

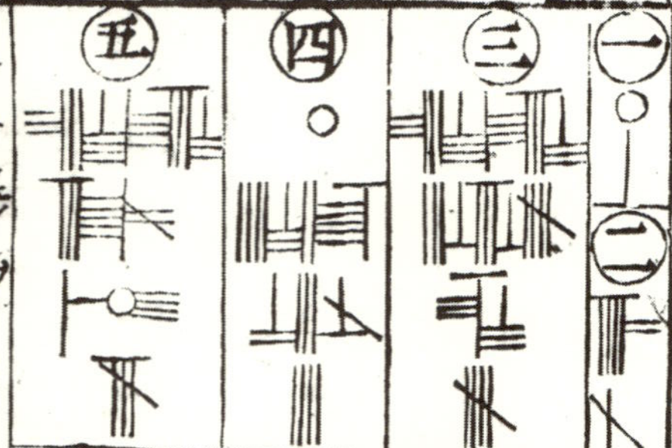

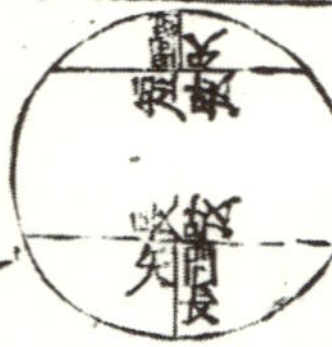

今有平圓如圖長弦一尺九寸二分短弦一尺二寸只云長短矢和九寸二分問圓徑長短矢幾何　○答曰得長矢七寸二分
術曰立天元一爲長矢㊀以減只云數內餘爲短矢㊁長矢冪四之與長弦冪相併以短矢乘之爲因長矢與短矢四段圓徑寄左㊂短矢冪四之與短弦冪併以長矢乘之得數㊃與寄左相消得開方式㊄立方開之得商長矢推前術得各合問

今有平圓如圖長弧一尺四寸令三短弧九寸七分令六只云中闕徑一尺令五分問圓徑矢各幾何

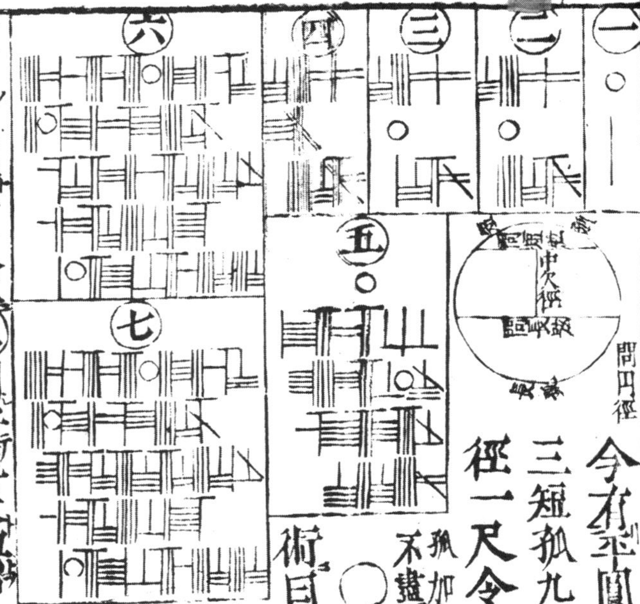

○答曰得短矢一寸五分

孤加入不違也

術曰立天元一爲短矢(一)自之得數以知孤寧相乘之以減短孤冪餘爲短弦冪(二)列短矢冪四之加入短弦冪爲因短矢四箇圓徑寄東位(三)列併短矢與中欠徑四之以短矢乘之以減寄東位餘爲因短矢四箇長矢寄南位(四)再列併短矢

與中欠徑以南位乘之亦以短矢相乘之爲因短矢冪長弦冪以二十六乘之寄西位(五)列南位自之又以知孤寧相乘之得數加入西位爲因短矢冪二十六段長孤冪寄北位(六)長孤冪以短矢冪乘之就分以二十六乘之與寄北位相消得開方式(七)三乘方開之得商短矢推前術得各合問

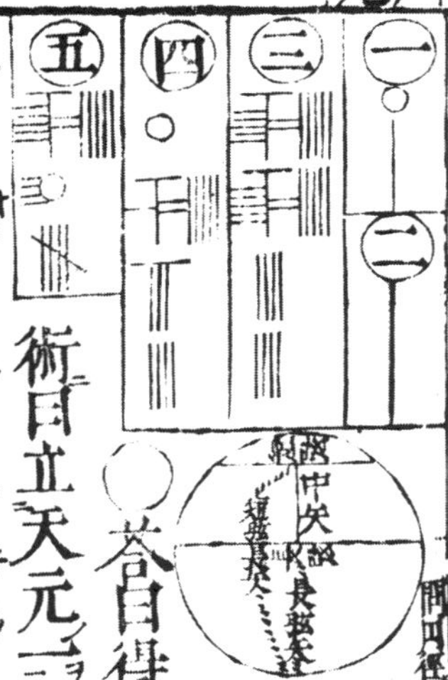

今有平圓如圖長弦七寸五分短弦三寸五分只云中矢一寸問各幾何

○答曰得長弦矢一尺一寸二分五厘

術曰立天元一爲長弦矢(一)加入只云數爲短弦長矢(二)長弦矢冪四之得數與長弦冪併以短弦長矢乘之爲因長弦矢與短弦長矢四段圓徑寄左(三)短弦長矢冪

四之與短弦冪併以長弦矢乘之得數四與寄左相消得開
方式五平方飜法開之得商長弦矢推前術得各合問

飯櫃形積門 四問

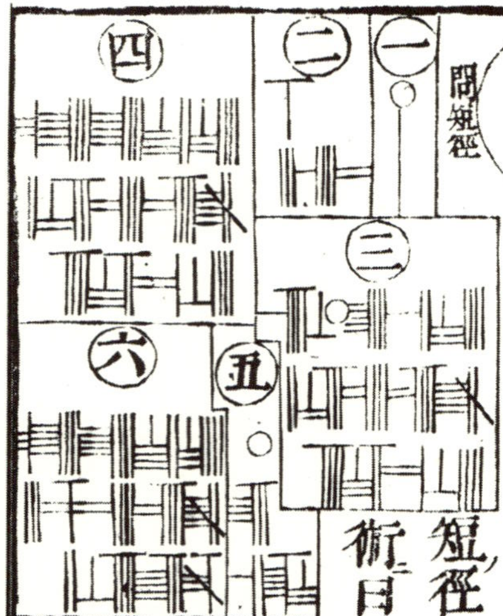

今有平飯櫃内平方空外餘寸平積七十四歩六
分二五五只云飯櫃周寸與平方圍寸各五和五
尺令二分七八別云長徑與短徑之差三寸問長
短徑方面幾何 答曰得短徑九寸
術曰立天元一爲短徑一以圓周率
相乘之加入別云數倍之得數
爲飯櫃周二只云數内減飯櫃
周餘爲四段方面自之爲二十
六段方面冪寄左三外餘積以

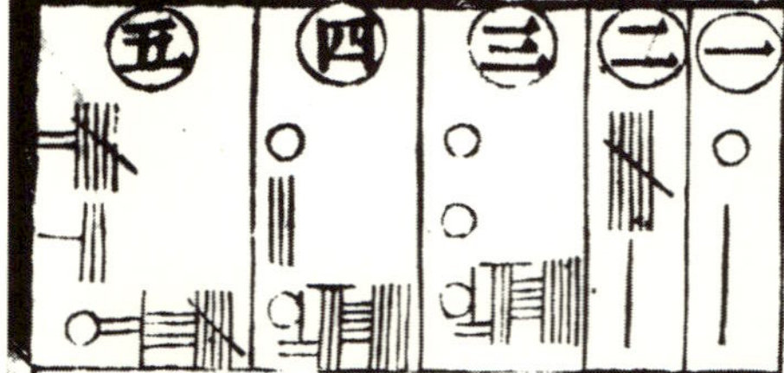

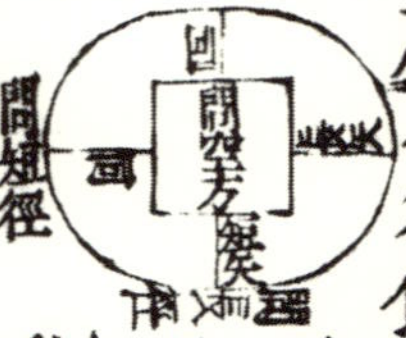

一十六乘之得數與寄左相併爲二一十六段飯櫃積再寄四
短徑冪以圓積率相乘之得數與別云數以短徑相乘得數
相併就分以二十六乘之五與再寄相消得開方式六平方
開之得商短徑推前術得各合問
今有平飯櫃内平方空只云別短徑寸爲實開平方見商寸
加入外餘積共寸平積七十七歩六二五五五別
云長矢各四寸短矢各二寸五分問
長短徑方面幾何 答曰得短徑九寸
術曰立天元一爲短徑一内減倍短
矢餘爲方面二短徑冪以圓積率相乘之爲短
圓徑積三長矢内減短矢餘倍之爲長短差左以
短徑乘之得數與短圓徑積相併爲飯櫃積四

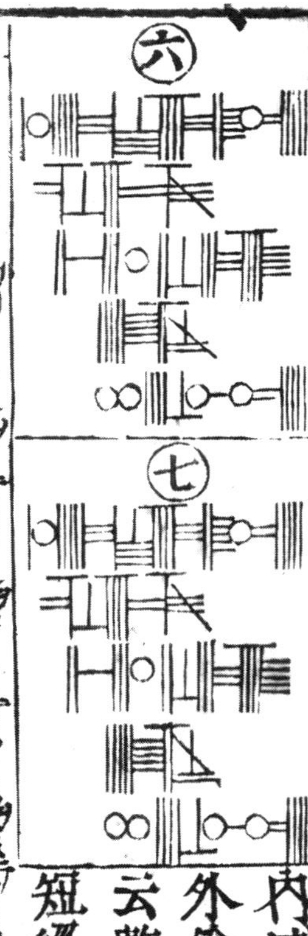

内減方面冪餘為
外餘積(五)以減只
云數内餘冪之為
短徑(六)與短徑相

消得開方式(七)三乘方開之得商短徑推前術得各合問

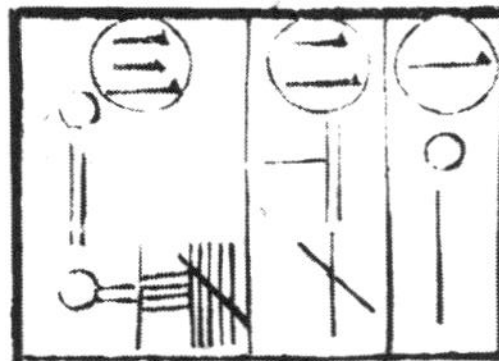

今有平飯櫃只云列短徑寸為實開平方之見商寸加入積
共寸平積九十三歩六二五五別云長徑一尺二寸問短徑
幾何

○答曰得短徑九寸

術曰立天元一為短徑(一)別云數内減
短徑餘為長短徑差(二)短徑以圓積率
相乘之得數與長短徑差相併以短徑
乘之為飯櫃積(三)以減只云數内餘冪

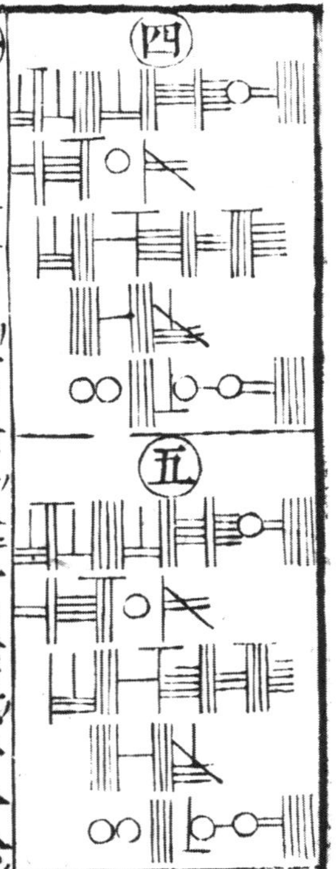

之得數(四)與短徑
相消得開方式(五)
三乘方開之得商
短徑合問

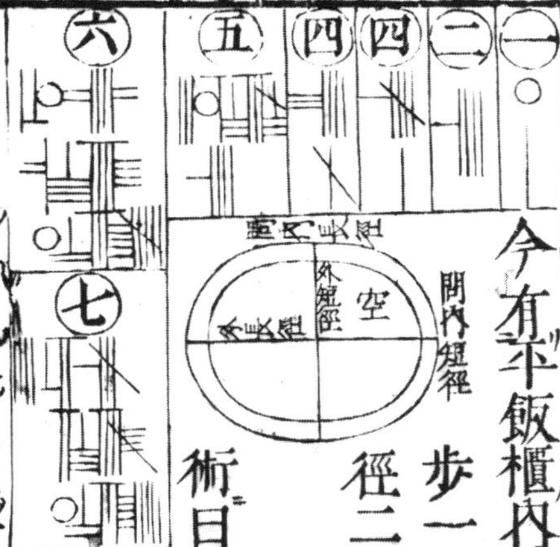

今有平飯櫃内平飯櫃空外餘寸平積百六十九
歩一一二只云外長徑三尺四寸同短
徑三尺矢各同寸問内長短徑幾何

○答曰得内長徑三尺

術曰立天元一為内長徑(一)只云長徑
内減只云短徑餘為長短差(二)内
長徑内減長短差餘為内短徑(三)
只云長徑内減内長徑餘為二段矢(四)以長短差乘之以減

外餘積內餘為短圓徑外積寄左(五)外短徑冪內減內短徑
冪餘以圓積率乘之得數(六)與寄左相消得開方式(七)平方
飜法開之得商內長徑推前術得各合問

扇形圓切門 三問

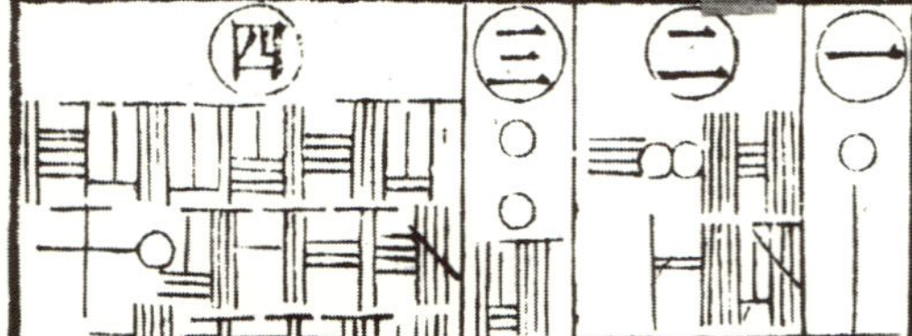

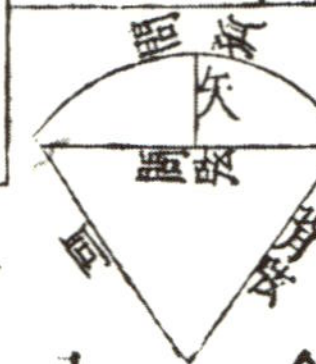

今有如圖平圓闕寸平積四十一步三
一一二只云矢二寸背弦左右八寸五
分究問弦幾何

〇答曰得弦八寸

術曰立天元一為弦(一)內減倍矢餘以八分
定法 乘之得數加入倍矢以矢乘
之亦以圓積率相乘之為圓闕
積以減云數餘為尖積(二)
背弦冪四之得內減弦冪

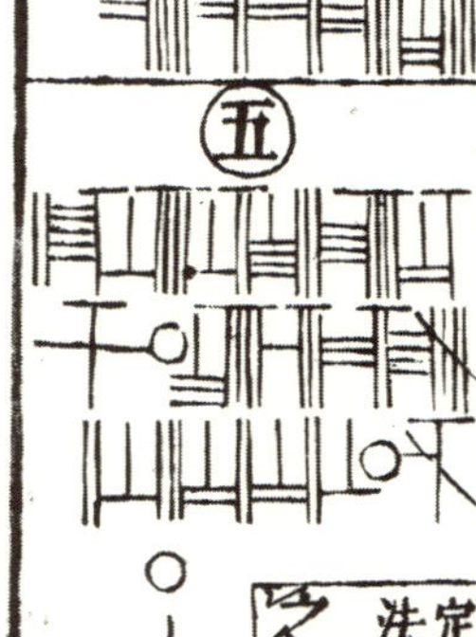

餘以弦冪乘之為一十六段尖積冪寄左(三)列尖積自之就
分以一十六乘之得數(四)與寄左相消得開方式(五)三乘方
開之得商弦推前術得各合問

今有如圖平圓闕寸平積四十一步三分一一二只云此弧
因圓徑一尺中鉤九寸五分問矢弦幾何

〇答曰得矢二寸

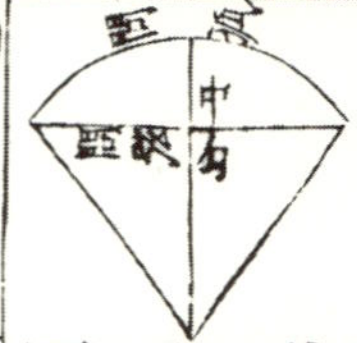

術曰立天元一為矢(一)只云數內減倍矢餘為二
段名小鉤(二)只云數冪內減二段小鉤冪餘為弦
冪(三)列中鉤內減矢餘為闕矢(四)矢冪相乘八分
定法 亦以圓積率相乘之四之得
數加入倍積共得內減矢冪相
乘圓積率四之得數餘自之寄
左(五)矢倍之相乘八分定法亦以

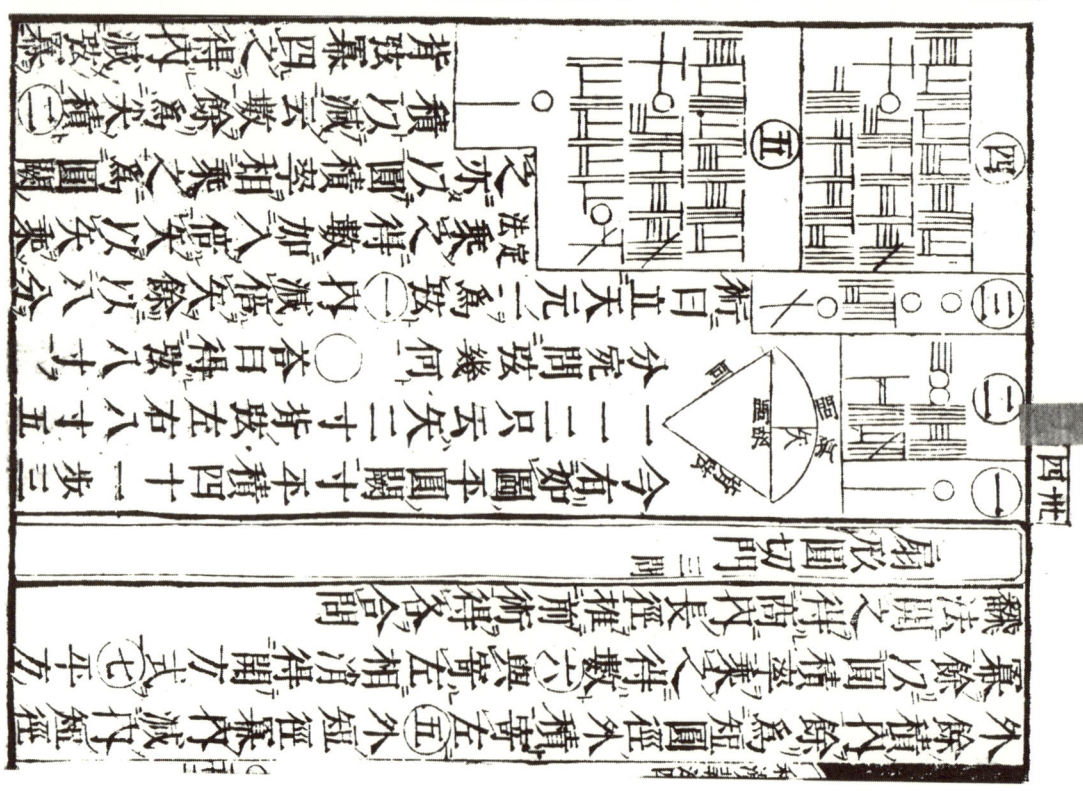

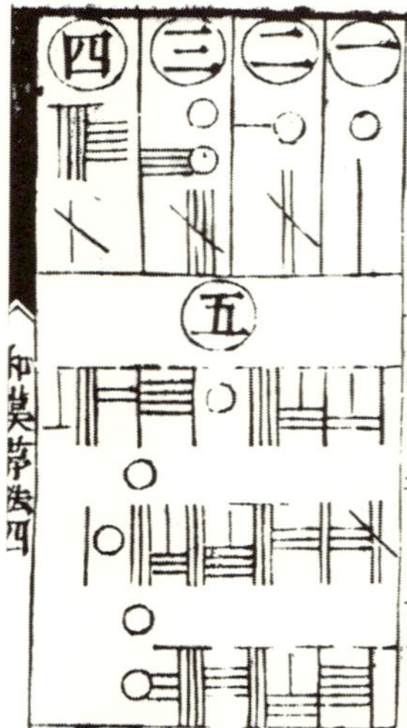

圓積率乘之得數加入中闕矢共得數自之以弦冪相乘得(六)與寄左相消得開方

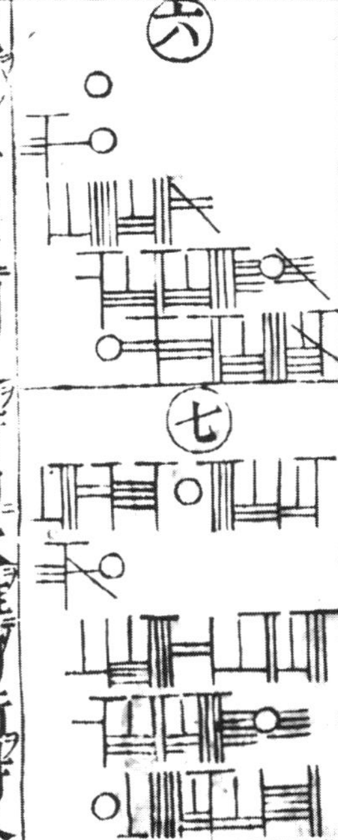

式(七)三乘方開之得商矢推前術得各合問

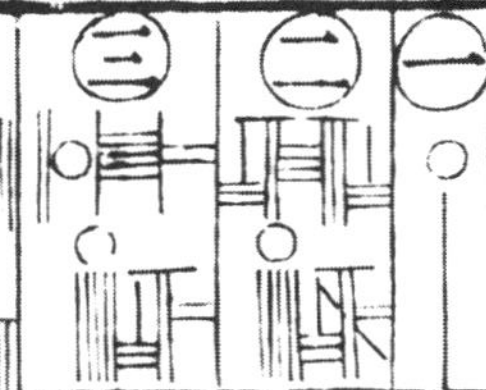

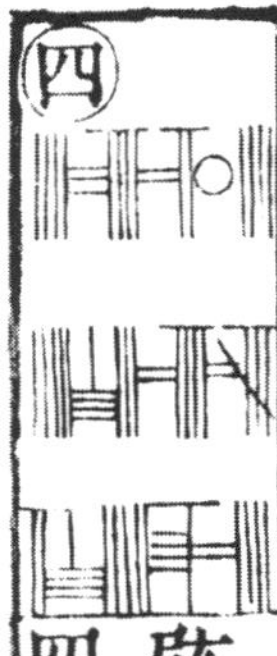

今有如圖平圓闕寸平積四十一歩三一一二只云孤九寸三分五三背弦左右八寸五分宛開矢弦幾何

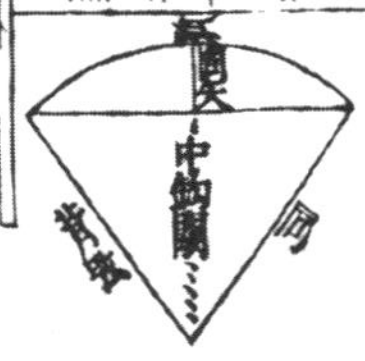

孤加入不盡也

答曰得矢二寸

術曰立天元一爲矢(一)自之以知孤率相乘之得數以減只云數冪餘爲弦冪(二)背弦冪四之得數内減弦冪餘爲四段中鉤闕冪(三)列矢自之爲矢冪以八

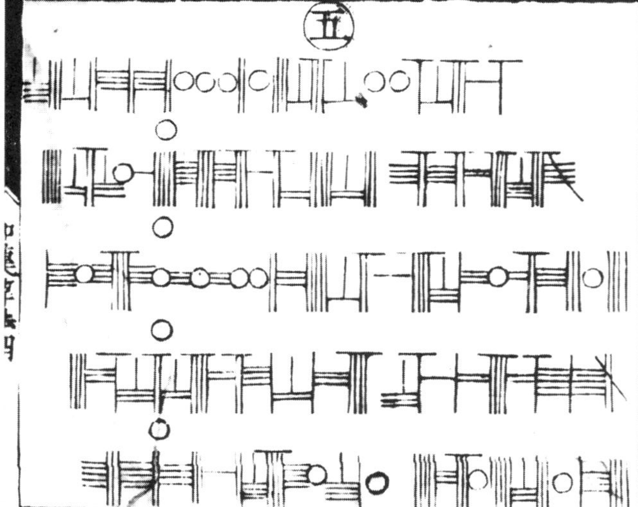

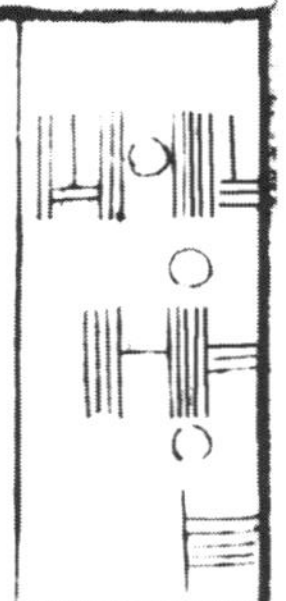

分(定法)乘之得以減矢冪餘以圓周率相乘之得數倍之以減四段積餘自乘之寄左(四)列弦冪以四段中鉤闕冪乘之得數與弦冪矢冪八分冪(定法)及圓周率冪相乘得相併以減寄左數餘自之再寄(五)又列弦冪自之得數以與四段中鉤闕冪矢冪及八分冪(定法)圓周率冪相乘之得數四之(六)與再寄相消得開方式(七)七乘方開之得商矢推前術得各合問

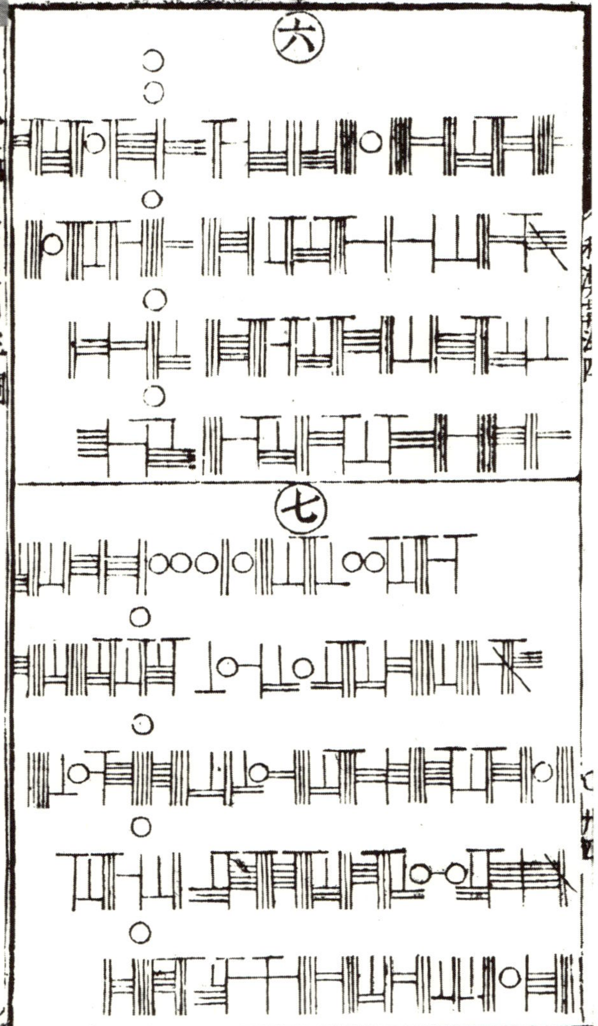

七丁

平櫛形判門 三問

今有平櫛形寸平積百六十一歩八分令令八只云中矢八寸五分左右横二寸五分問弦長幾何

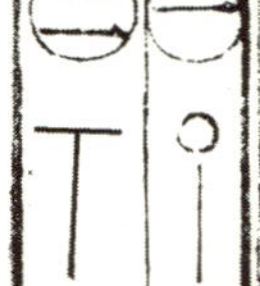

八丁

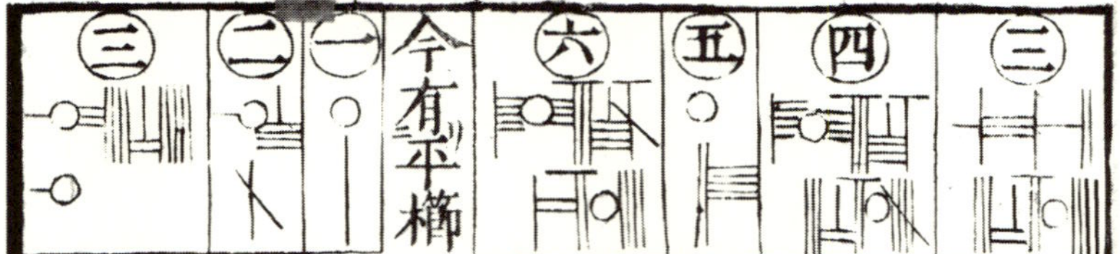

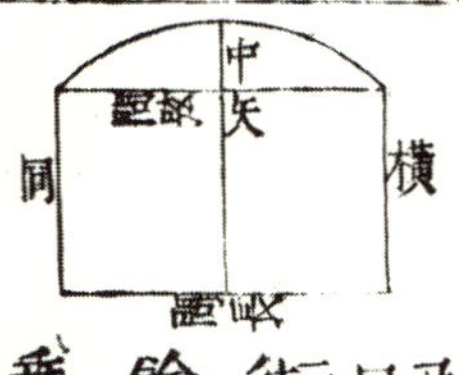

乃弦長同寸也

○答曰得弦二尺四寸

術曰立天元一爲弦㊀列中矢内減横餘爲小矢㊁倍之以減弦餘以八分法定乘之得數加入二箇小矢得以小矢與圓積率相乘之爲圓闕積㊂以減積餘爲因弦横寄左㊃列弦以横乘之得數㊄與寄左相消得式㊅以商除之得商弦推前術得各合問

今有平櫛形寸平積五十九歩六分七三七五五只云矢半寸與左右横寸和五寸四分五弦一尺長乃問矢横幾何

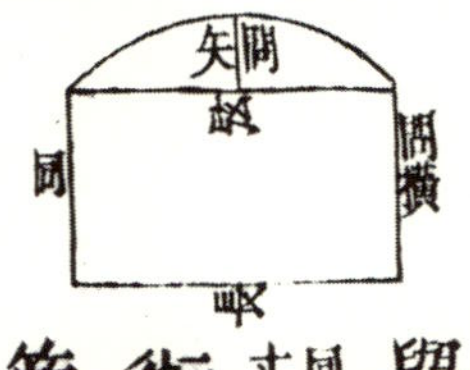

同寸

○答曰得矢二寸五分

術曰立天元一爲矢㊀以減和餘爲㊁二箇横㊂以弦相乘得數以減積二段餘

卅九

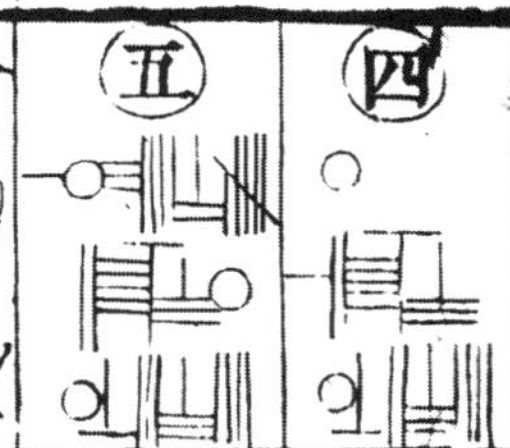

爲二段圓闕積寄左（三）列弦內減二箇矢餘以八分定法相乘得加入二箇矢共得數以矢與圓積率相乘之就分倍之（四）與寄左相消得開方式（五）平方開之得商矢推前術得各合問

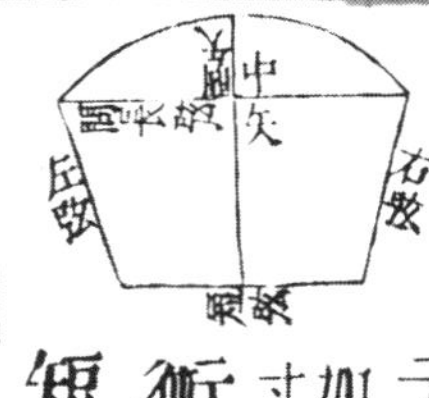

今有如圖平櫛形中矢二尺左右弦一尺七寸短弦八寸只云從長弦半寸而矢寸八者短七寸問矢長弦幾何

加辭云自長短弦之差半寸而下矢寸八者其形長也

答曰得長弦二尺四寸

術曰立天元一爲長弦（一）內減短弦餘自之爲長短弦差冪（二）長弦內減只云數倍之得數餘爲二段矢（三）中矢二段內減一段矢餘自之得數與長短弦差冪相併爲四段左右弦冪寄左（四）列左右弦自之就分

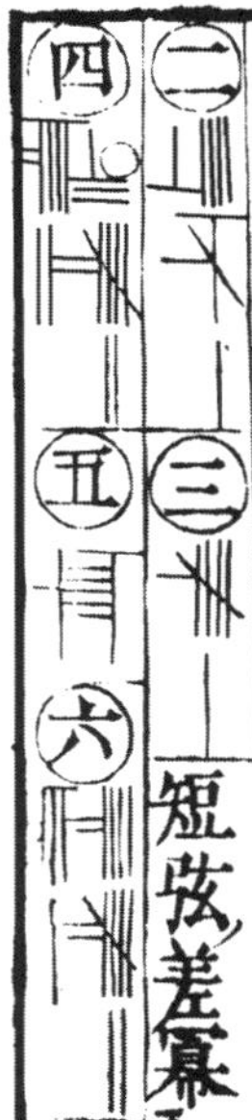

四十

四之（五）與寄左相消得開方式（七）平方開之得商長弦推前術得各合問

平圓闕判門　十問

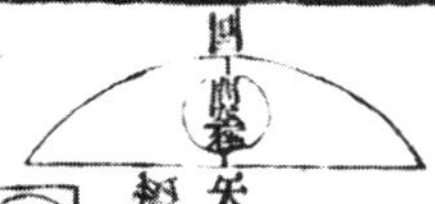

今有平圓闕內如圖平圓空外餘寸平積九十七歩二七六三三二只云矢各一寸八分弦二尺四寸問空圓徑幾何

答曰得空圓徑二十寸四分

術曰立天元一爲空圓徑（一）自之以圓積率相乘之得數加入外餘積爲圓闕積寄左（二）列空圓徑加入倍矢爲圓闕矢（三）倍之以減弦寸餘以八分定法乘之得加入圓闕矢倍之得共得數以圓闕矢與圓積率相乘之亦爲圓闕積（四）與

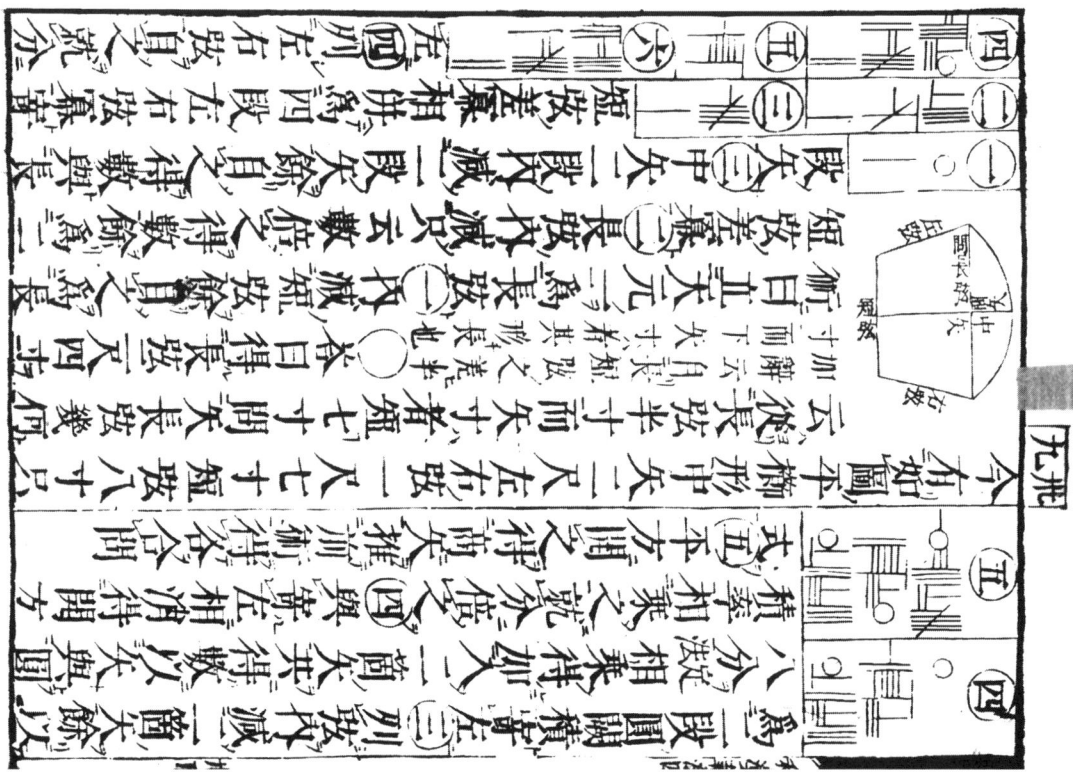

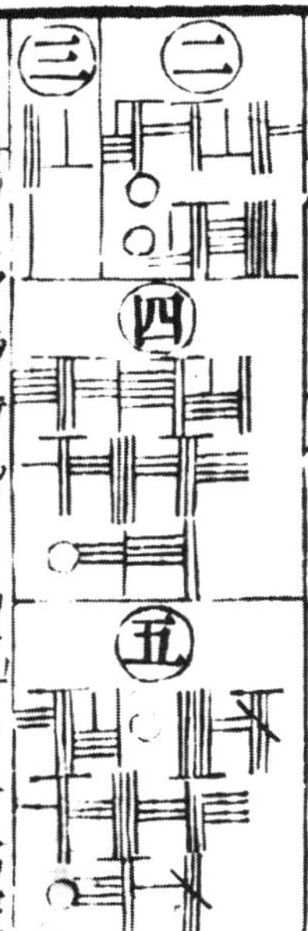

寄左相消得開方式(五)平方開之得商空圓徑合問

今有平圓闕矢三寸六分弦九寸六分只云如圖甲乙丙切則甲積三歩令五二四六八乙積二十一歩八分九七九丙積八分三九一六八問切口矢弦闕幾何

○答曰得甲矢二寸六分

術曰立天元一為甲矢(一)以減矢餘為小矢(二)以減圓徑以徑矢弦術得圓徑數也餘以四段小矢相乘得數為小弦冪(三)列併甲乙丙積得數内減甲積二段餘為中積(四)列小矢自之為小矢冪以八分法定與圓積率相乘倍之與中積相併得内減小矢冪以圓積率相乘倍之得數餘自之寄左(五)列小矢以八分法定與圓積率相乘之得與甲矢相併自之以小弦冪乘之(六)與寄左相消得開方式(七)三

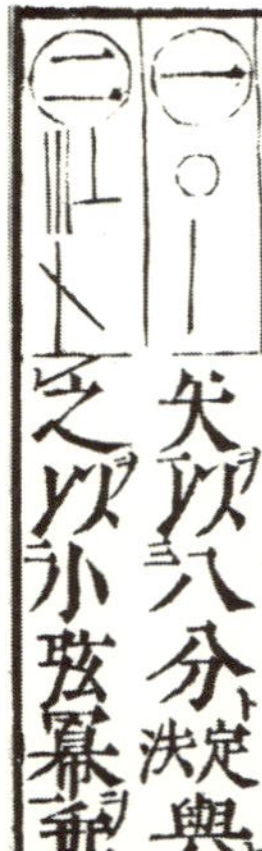

乘方飜法開之得商甲矢推前術得各合問

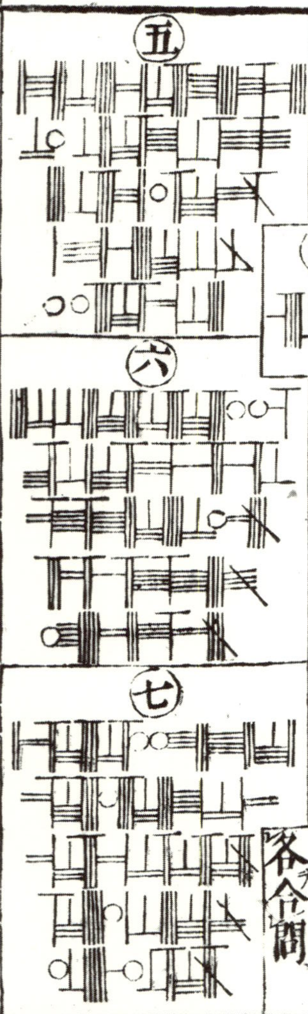

今有平圓闕内如圖縱横平只云弦八寸縱二寸八分横一寸八分問矢幾何

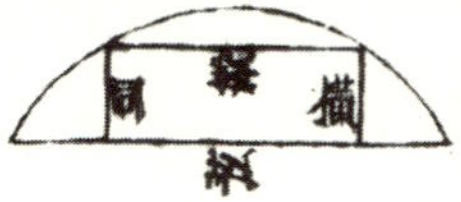

○答曰得矢二寸

術曰立天元一為矢(一)内減横餘為小矢(二)自乘之得數四之加入縱冪得以矢乘之為因矢因小矢圓滿徑四段寄左(三)列矢自之四之得數加入弦冪以小矢乘之亦為因矢因小矢圓

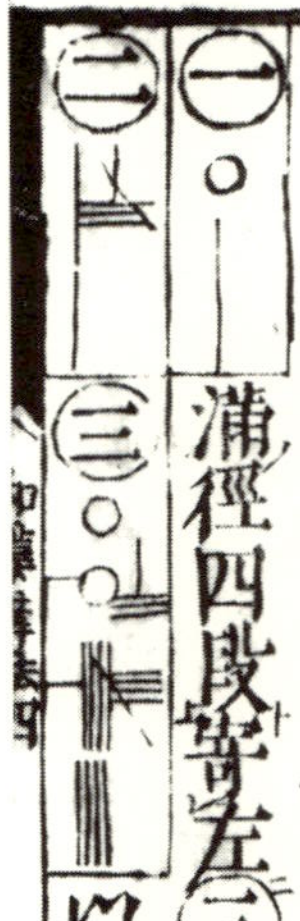

三四

開方式五平方開之得商矢合問

今有平圓闕只云弦與孤相乘之寸平積七十四歩八二四
矢二寸問弦孤幾何孤加入 不盡也 ○答曰得弦八寸
術曰立天元一爲弦一列矢自之以知孤李相乘之
得數與弦冪相併共得數爲孤冪二以弦冪乘之爲
因弦冪孤冪寄左三列只云數自之
四與寄左相消得開方式五三乘方
開之得商弦推前
術得各合問

四四

今有平圓闕只云矢與弦相乘之寸平積一百三十八歩二
四別云圓徑二尺問矢弦幾何○答曰得弦一尺九寸二分

術曰立天元一爲弦一以圓徑乘之得內減只
云數餘相乘只云數四之爲弦三乘冪
寄左二列弦三自之三與寄左
相消得開方式四三乘方飜法
開之得商弦推前術得各合問

四五

今有平圓闕只云矢與弦相乘之寸平積十六歩孤
九寸三分五三問矢弦幾何孤加入 不盡也 ○答曰得矢二寸
術曰立天元一爲矢一自之以知孤李相乘之得數
以減孤冪餘爲弦冪二以矢冪乘之爲因
矢冪弦冪寄左三列只云數自
之亦爲因矢冪弦冪四

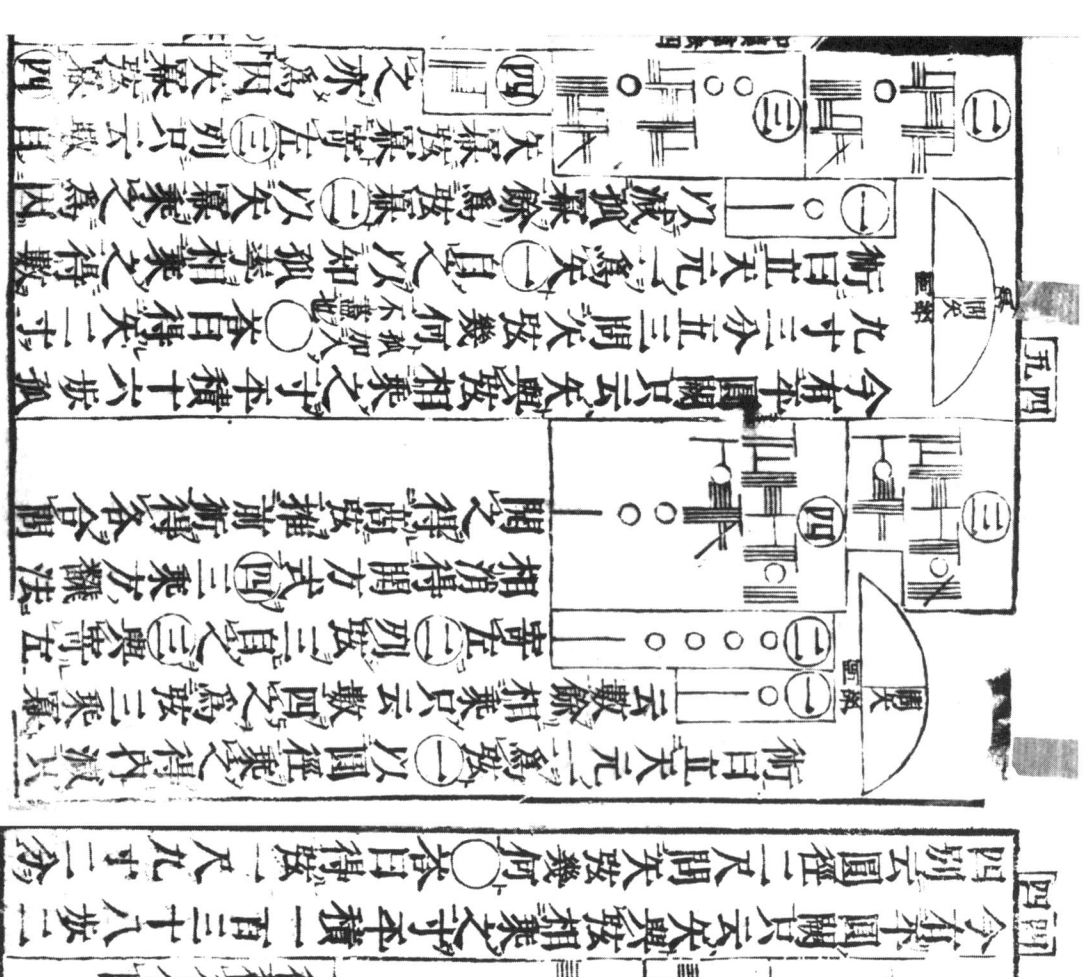

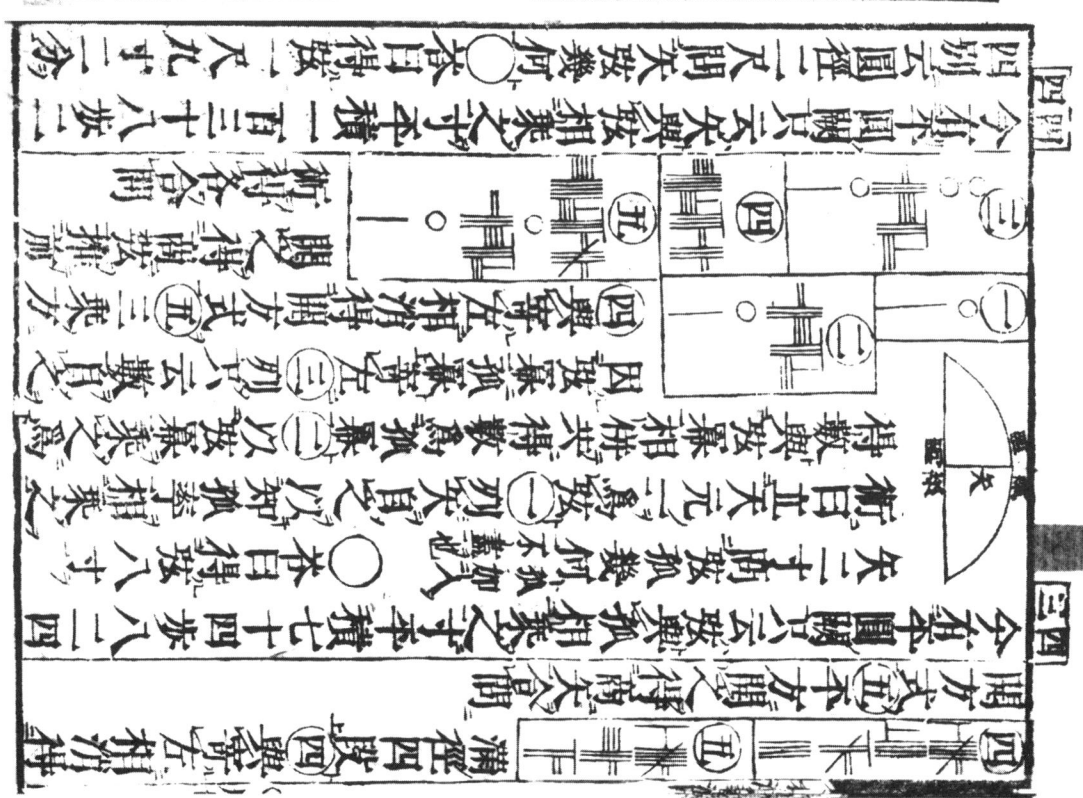

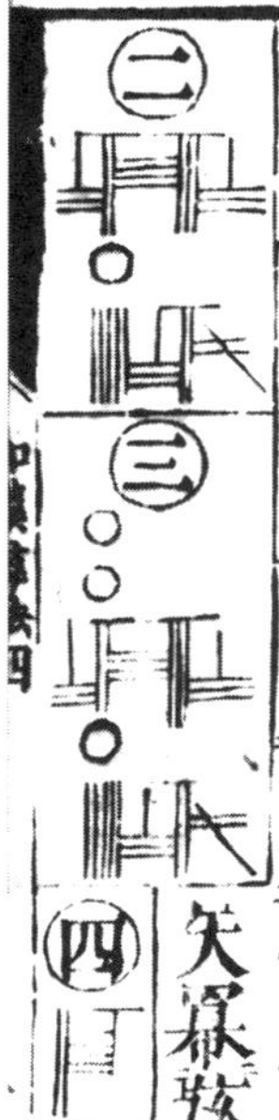

與寄左相消得開方式(五)三乘方開之得
商矢推前術得各合問

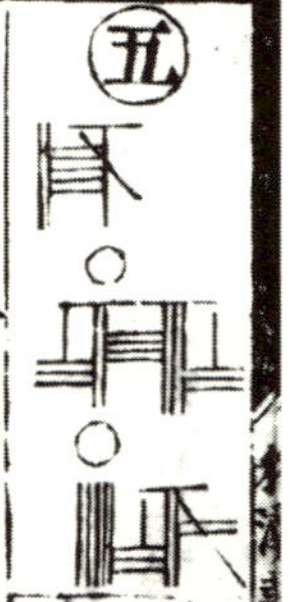

今有平圓闕寸平積十三步六分八六五五二只云
矢與孤相乘之寸平積二十二步六分三五三三六問
孤矢弦幾何孤加入ㇾ不盡也
○答曰得矢二寸二分

術曰立天元一爲矢(一)自之以圓積率與八分法定相
乘之得數倍之得數加入闕積共得内減矢冪相

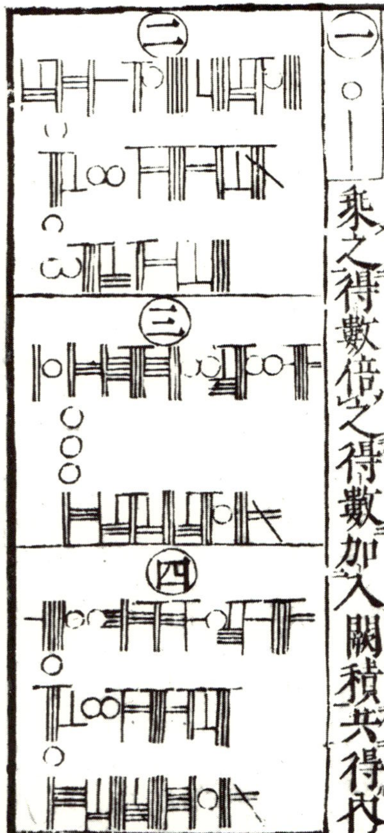

乘圓積率
倍之得數
餘自之爲
因矢冪與
圓積率冪

及八分冪法定弦冪寄左(二)只云數冪内減矢三乘冪相乘矢
孤率得數餘以圓積率冪與八分冪法定相乘之(三)與寄左相
消得開方式(四)三乘方飜法開之得商矢推前術得各合問

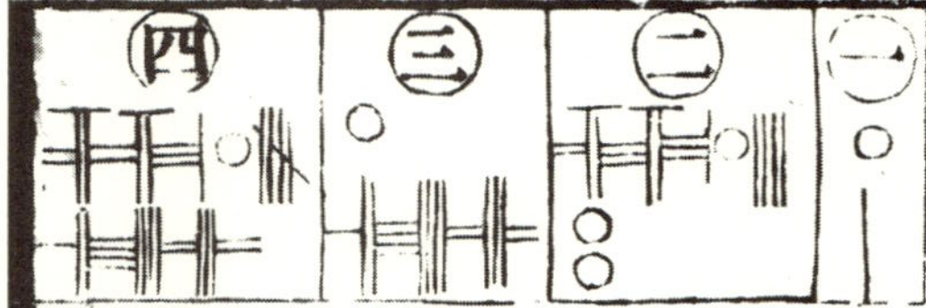

今有平圓闕寸平積十三步六分八六五五二只云弦與圓
徑和而一尺九寸八分問矢弦徑幾何
○答曰得矢二寸二分

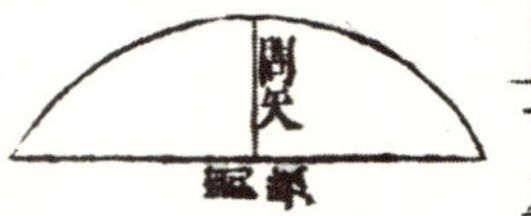

術曰立天元一爲矢(一)自之以圓積率與
八分法定相乘之五之得數與闕積倍之得
數相併共得内減矢冪相乘圓周率得數餘爲因
只云數與圓積率及八分法定矢寄左(二)只云數以
矢與圓積率及八分法定相乘之(三)與寄左相消得
式(四)以商除之得商矢推前術得各合問

四八

今有平圓闕只云弦與圓周和而四尺三寸三分六二矢二寸二分問弦徑幾何

答曰得弦八寸八分

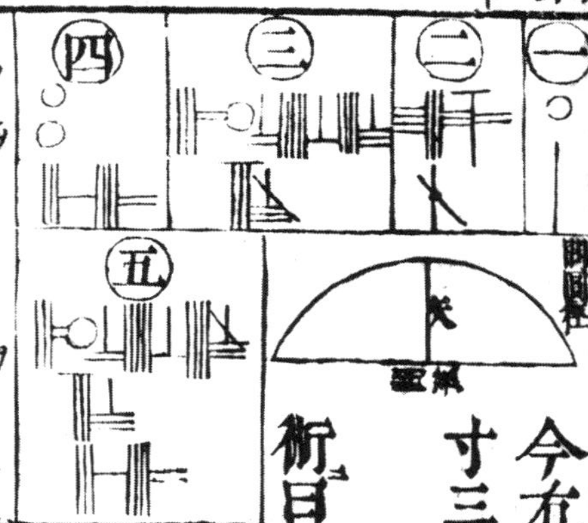

術曰立天元一為弦㊀以減和餘為因圓周率圓徑㊁列矢以圓周率相乘之以減因圓周率圓徑內餘以矢乘之四之為因圓周率弦冪寄左㊂列弦自之以圓周率相乘之㊃與寄左相消得開方式㊄平方開之得商弦推前術得各合問

四九

今有平圓闕只云矢寸與圓徑寸相乘之寸平積二十四歩二分別弦寸取八分三加入圓周寸共三尺七寸八分六二問各幾何

答曰得弦八寸八分

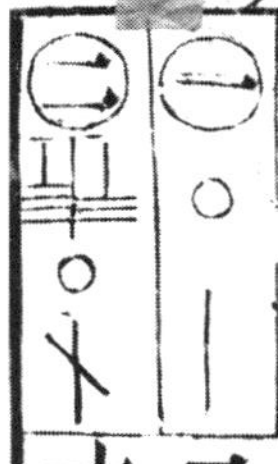

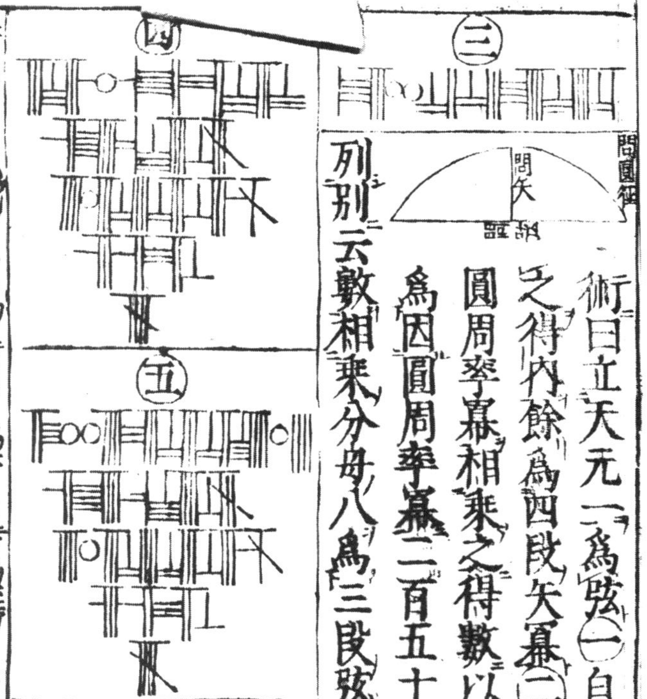

術曰立天元一為弦㊀自之以減只云數四之得內餘為四段矢冪㊁列只云數自之以圓周率冪相乘之得數以二百五十六乘之為因圓周率冪二百五十六段矢冪寄左㊂列別云數相乘分母八為三段弦與八段圓周率和內減弦三段餘自乘之以矢冪乘之亦為因圓周率冪二百五十六段矢冪㊃與寄左相消得開方式㊄三乘方開之得商弦推前術得各合問

和漢算法巻之四終

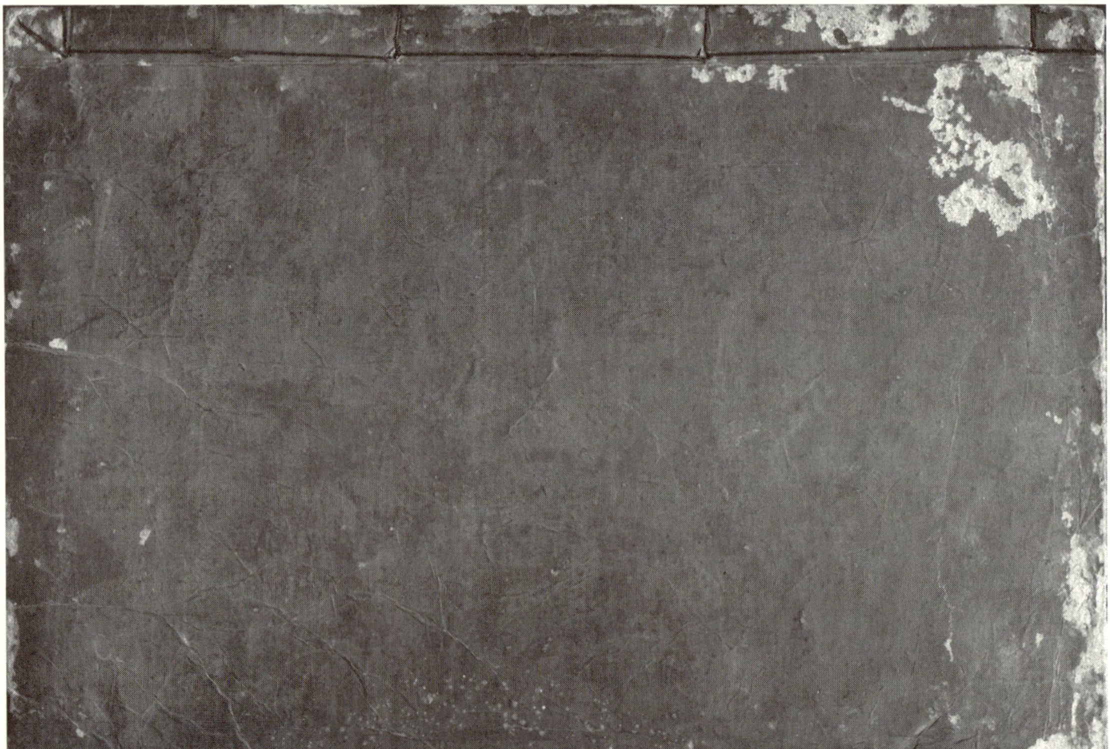

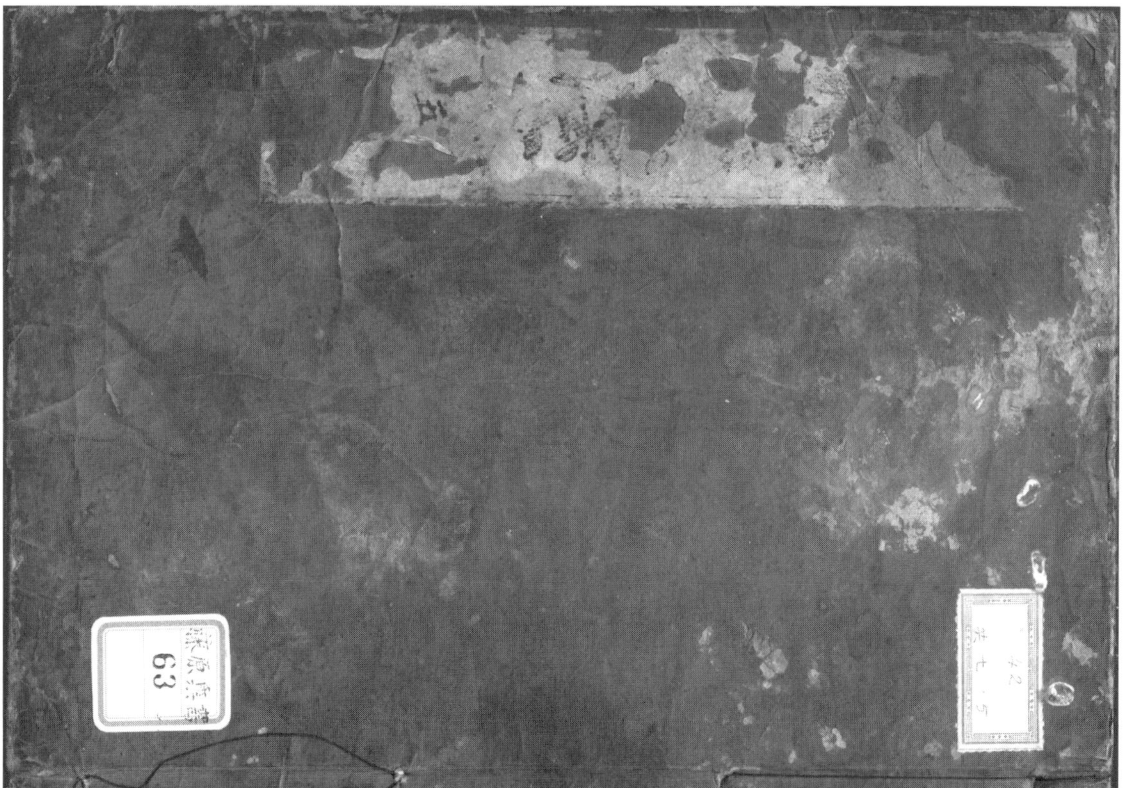
63

和漢算法巻之五

洛北　宮城外記藤原清行集成

門人　土橋平助　勝政
大條半太夫長清
鵜飼小七郎重之　挍

根源記一百五十問　古今算法増補別術算籌圖式

従第五十問而
到第一百問

立玉閉空門　三問

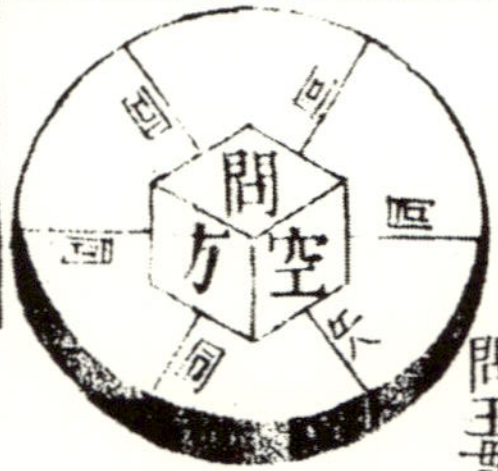

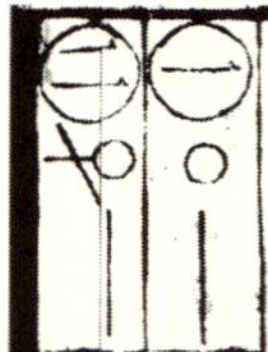

問玉貫　今有玉圓内立方空只云以玉積内加入自立方面寸減不定一寸列止餘寸爲實閉平方之只高寸共寸立積三千百五十五坪別云貫矢各五寸問玉貫立方面幾何

○答曰得玉貫二尺

術曰立天元一爲玉貫○一内減矢倍餘爲立方面

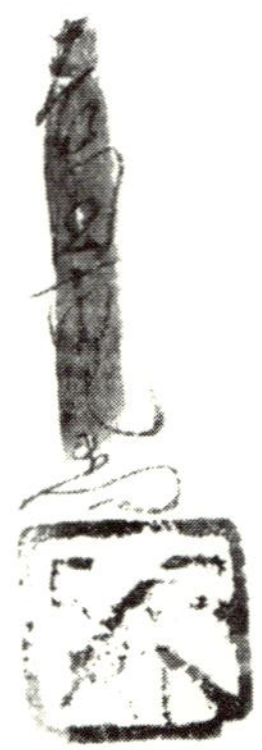

五一

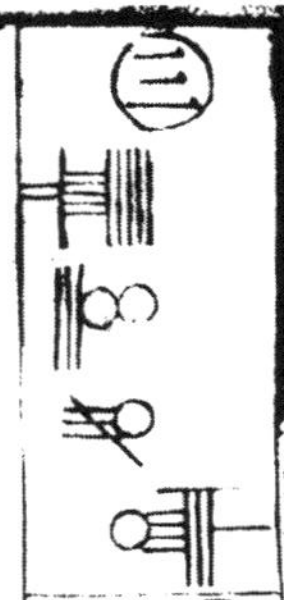

㊁列玉貫再自乘之以玉積孛相乘之以
減立方面再自乘得數與只云數相併內
餘爲實

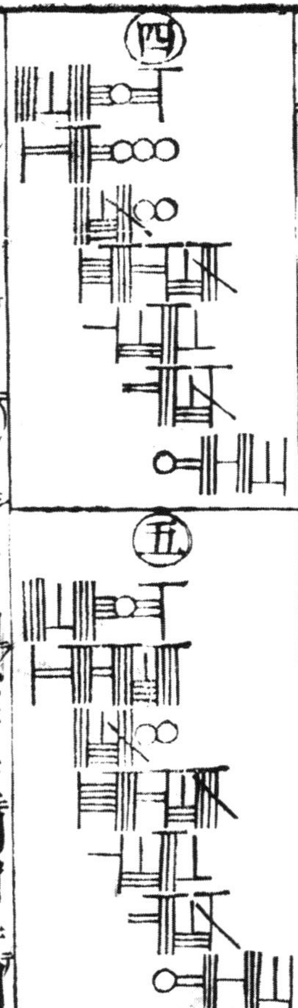

商寸㊂
自之加
入不定
寸爲亦立方面寄左㊃列立方面與寄左相消得開方式㊄
五乘方飜法開之得商玉貫推前術得各合問

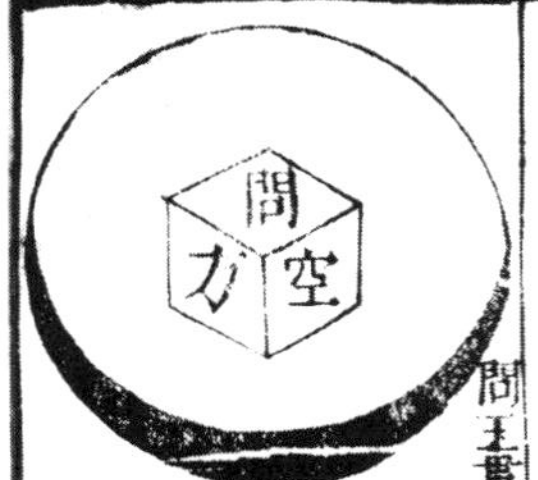

今有玉圓內立方空外餘寸立積千七百二十四坪六二五只云玉貫寸與立方面寸和而一尺八寸問玉貫立方面幾何

○答曰得玉貫一尺五寸

五二

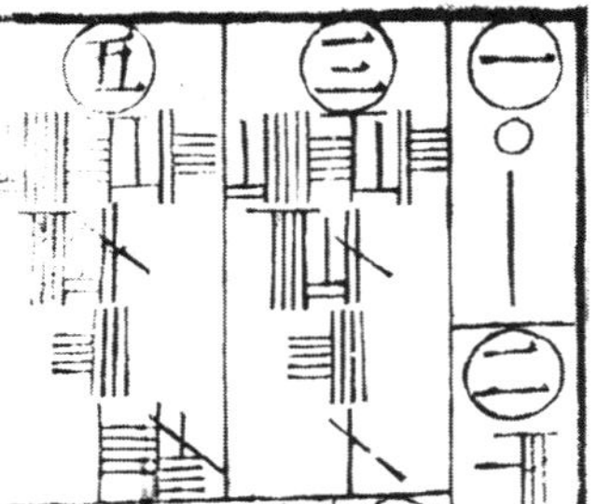

術曰立天元一爲玉貫㊀以減只云數
內餘爲立方面㊁再自乘加入
外餘積爲玉積寄左㊂列玉貫再自乘以玉
積孛相乘之㊃與寄左相消得開方式㊄立
方開之得商玉貫推前術得各合問

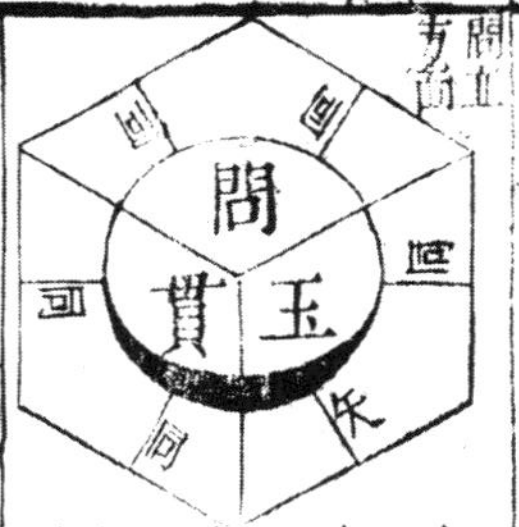

今有立方內玉圓空外餘寸立積千七百十三坪九八七只云玉貫矢各四寸五分問立方面玉貫幾何

○答曰得立方面一尺二寸

術曰立天元一爲立方面㊀內減倍矢餘爲
玉貫㊁再自乘以玉積孛相乘之加入
外餘積爲立方積寄左㊂列立方面再自乘
㊃與寄左相消得開方式㊄立

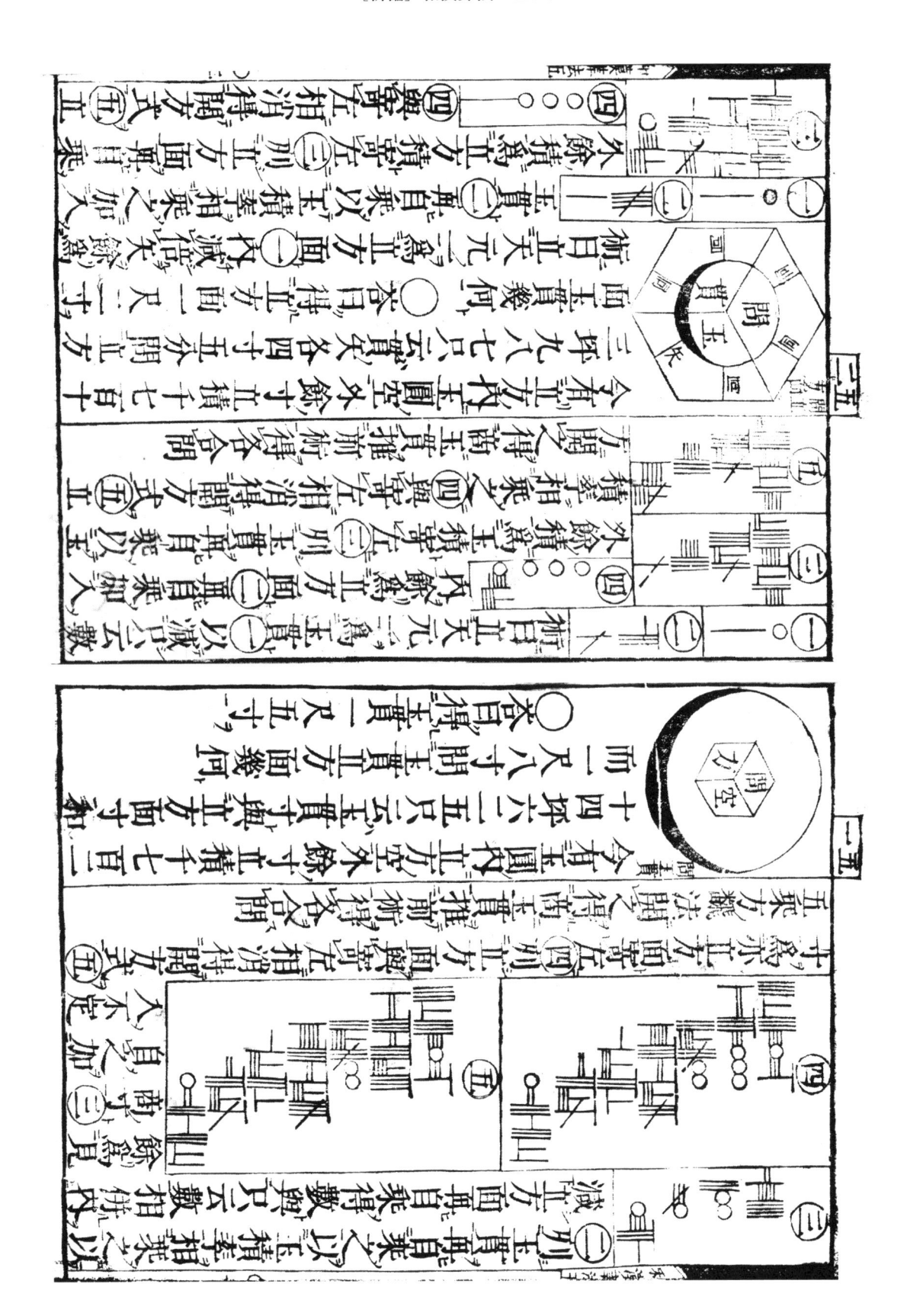

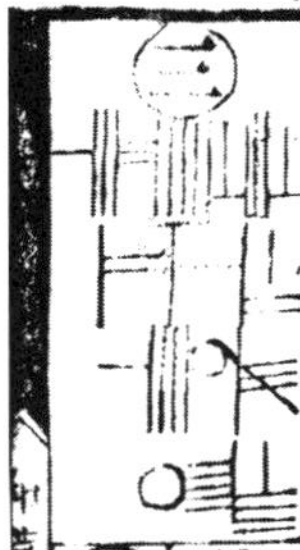

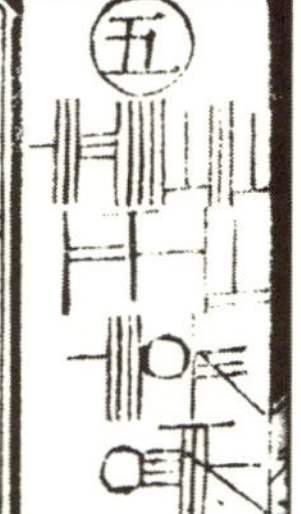

方飜法開之得商立方面推前術得各合問

玉圓闕判門 三問

今有玉圓闕只云列深矢寸爲實開平方見商寸加入積共寸立積四百三十三坪八令八渡一尺六寸問深矢幾何

〇答曰得深矢四寸

術曰立天元一爲深矢㊀自乘之

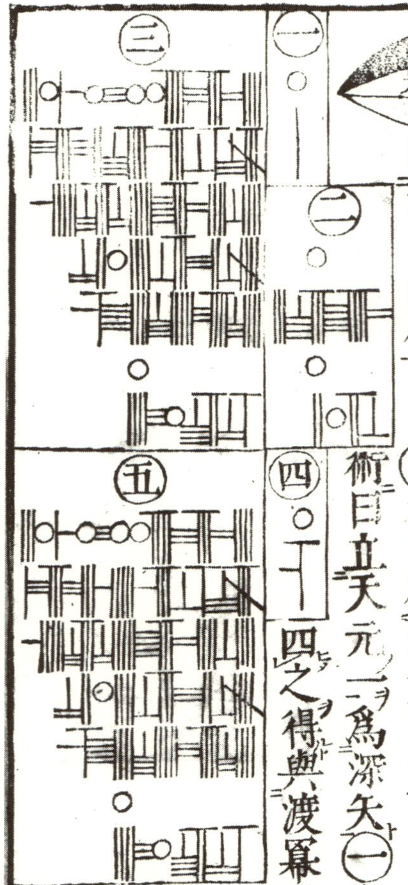

四之得與渡冪三之得相併以深矢與玉積冪相乘之

得數㊁以減四段共積內餘自之爲二十六段深矢寄左㊂列深矢就分以二十六相乘之㊃與寄左相消得開方式㊄五乘方開之得商深矢推前術得各合問

今有玉圓闕寸立積十四坪五三二只云深矢寸與渡寸和而七寸問深矢渡幾何

〇答曰得深矢一寸

術曰立天元一爲深矢㊀以減只云數餘爲渡㊁內減倍深矢餘自乘之三之得數寄位㊂列渡三之得內減深矢止餘亦以深矢相乘四之以加入寄位得相乘三法得內減深矢冪十二段餘以深矢與玉積

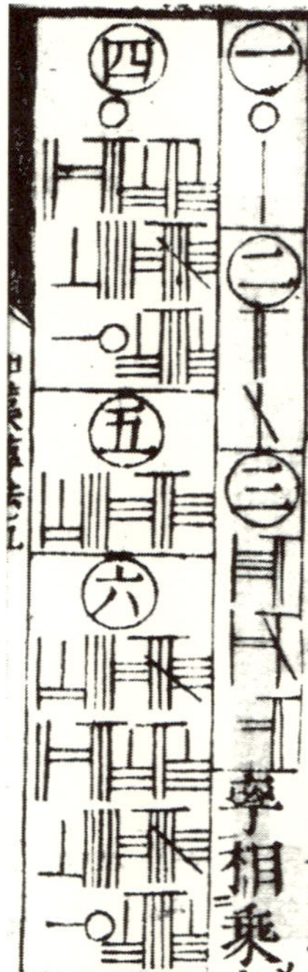

率相乘之爲十二段玉圓闕積寄左㊃列積就分以十二乘之㊄與寄

五五

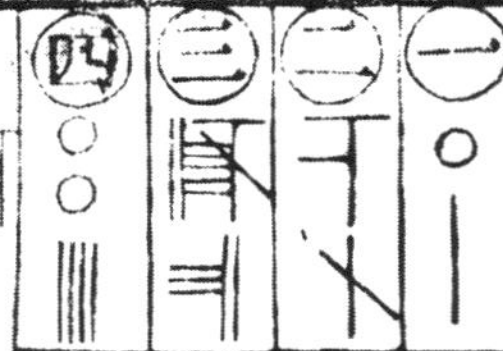

左相消得開方式(六)立方開之得商深矢推前術得各合問

今有玉圓闕寸立積十四坪五三二只云貫寸與渡寸和而一尺六寸問深矢渡貫幾何

○答曰得貫一尺

術曰立天元一為貫(一)以減只云數餘為渡(二)貫冪內減渡冪餘為名別渡冪(三)貫冪一段渡冪三段別渡冪三段右三位相併得(四)以貫乘之得數以玉積寄相乘之得內減八段闕積餘

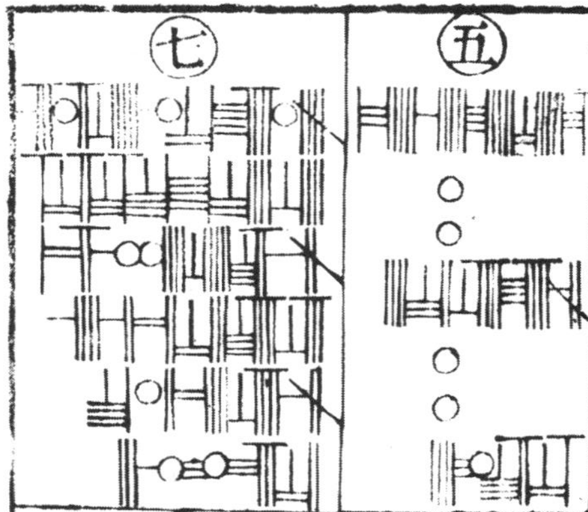

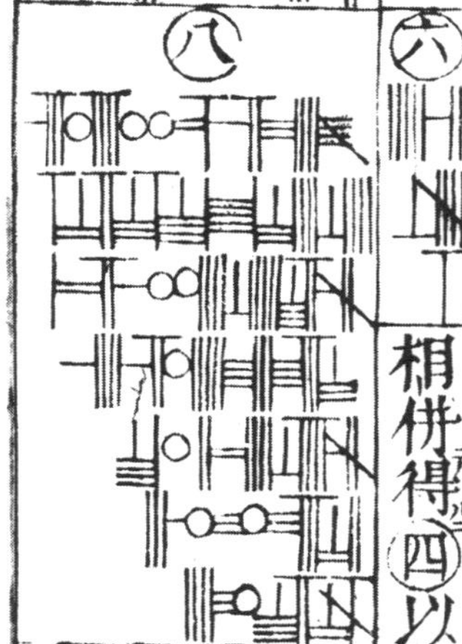

自之寄左(五)貫冪段渡冪段右三位相併得數(六)以玉積寄相乘之得數自之以別渡冪相乘之(七)與寄左相消得開方式(八)五乘方開之得商貫推前術得各合問

三角開空門　二問

五六

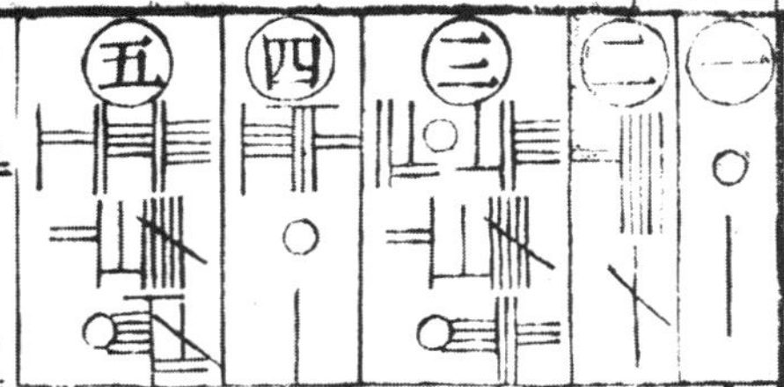

今有平三角內平方空外餘寸平積百四十八步二分只云三角面寸與方面寸和而二尺五寸問三角面方面幾何

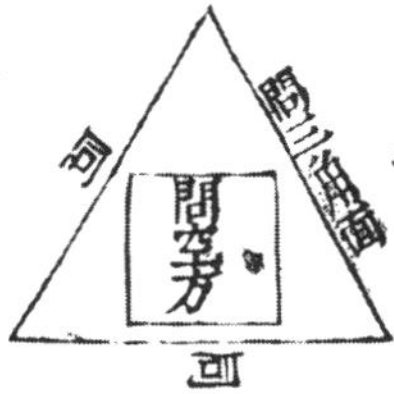

○答曰得方面五寸

術曰立天元一為方面(一)以減只云數餘為三角面(二)自之得數以三角積率相乘之為三角積寄左(三)列方面自之加入外餘積得數(四)與寄左相消得開方式(五)平方開之得商方面推前術得各合問

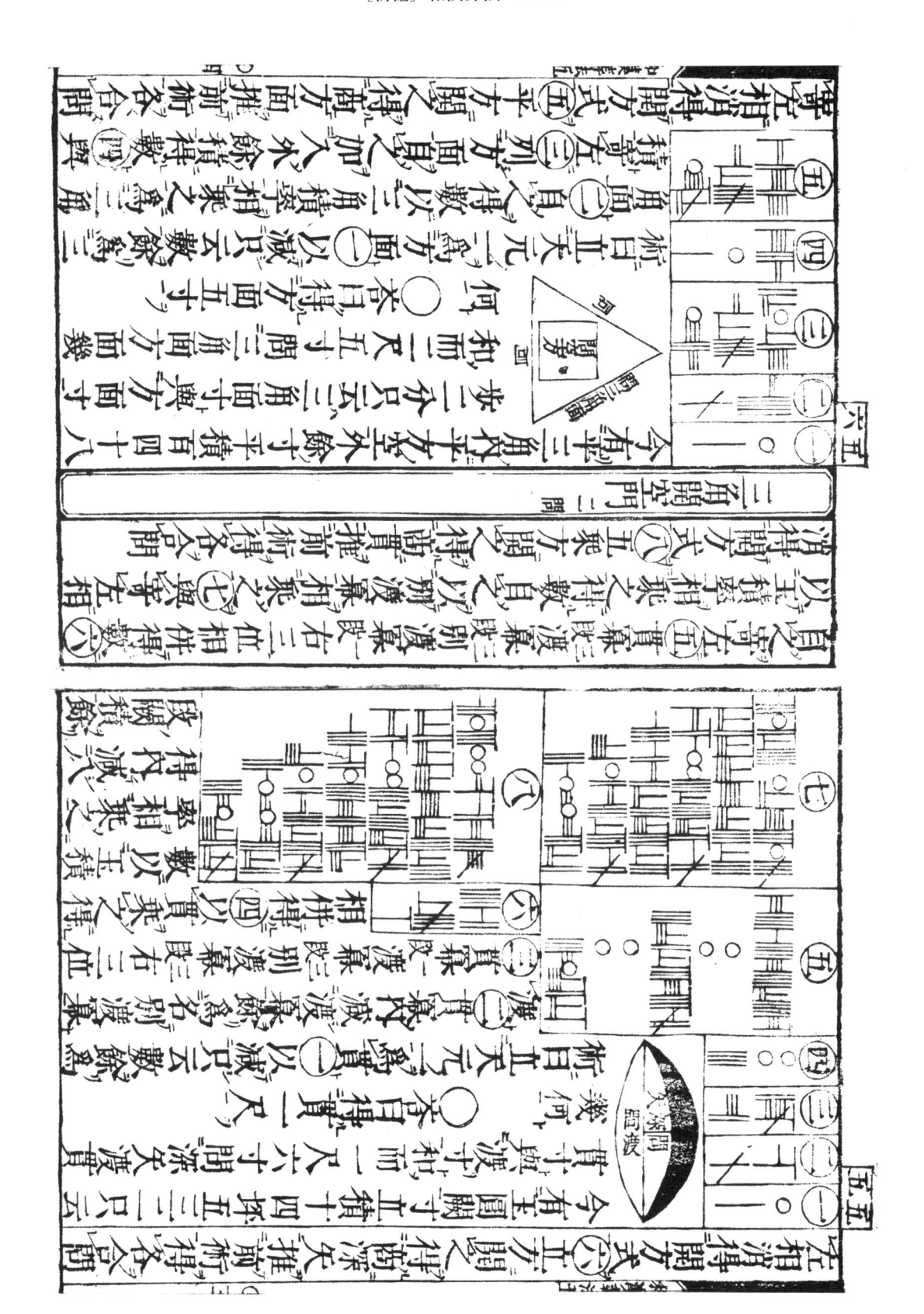

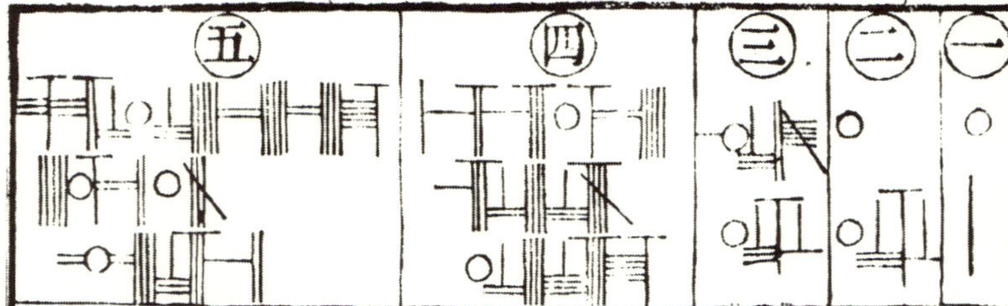

今有平三角内如圖平圓空只云切落三箇之角則外餘寸平積三十歩令三分九七二令六二別云中鈎闕一尺令八分二

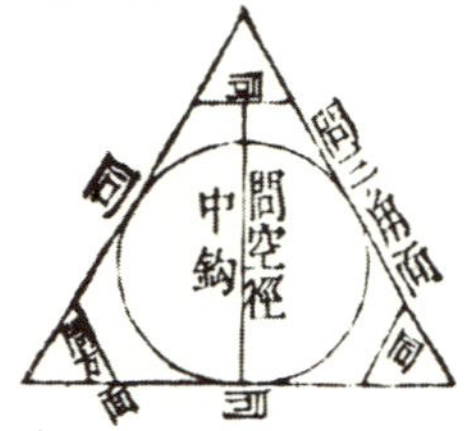

五問三角面圓徑角切落三角方面幾何

○答曰得三角面一尺五寸

術曰立天元一爲三角面一以三角中鈎率相乘之爲中鈎寄乾位二內減別云數餘爲小三角中鈎三自乘之爲因三角中鈎率小三角二段積四以二十七乘之得數加入只云數相乘三角中鈎率得又以三十八乘之得數寄坤位五列乾位倍之爲三段圓徑六自之得數以圓

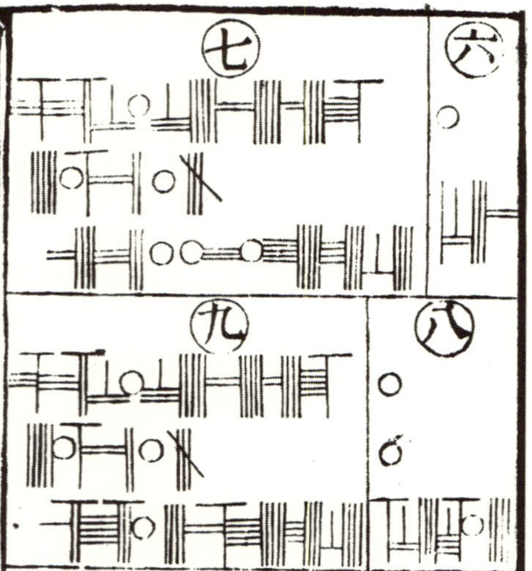

積率與三角中鈎率相乘倍之得數加入坤位爲因三角中鈎率二十八段三角積寄左七列乾位以三角面與三角中鈎率相乘得數九之八與寄左相消得開方式九平方開之得商三角面推前術得各合問

立方帯縦門　二問

今有方三十間之平地只云如圖內穿深十二間方之堀以其所穿土爲迴地形則地形高間與堀幅間和而十九間問堀幅地形高幾何

○答曰得堀幅十五間

五九

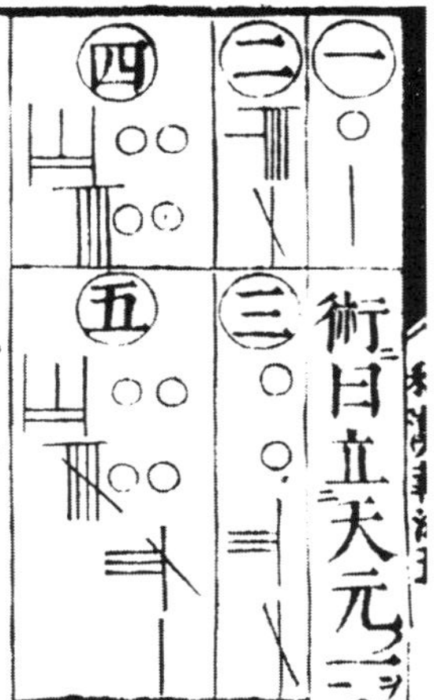

術曰立天元一為堀幅一以減和餘為地形高二堀幅冪以深乗之得數與堀幅冪以地形高相乗得數相併為因地形高方面冪寄左三列方面自之以地形高乗之四與寄左相消得開方式五立方開之得商堀幅推前術得各合問

今有方竪寸立積二千六百四十六坪只云二箇方面寸與竪寸一箇各三和四尺五寸問方面竪幾何竪乃従方面十一寸其形長

○答曰得竪二尺四寸

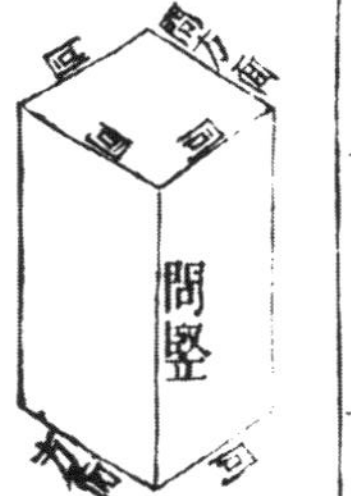

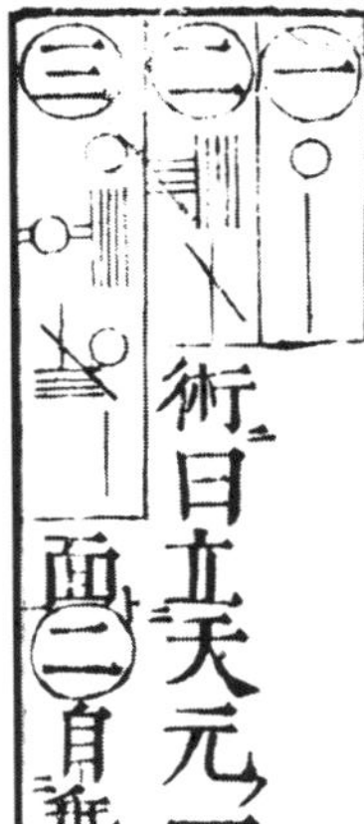

術曰立天元一為竪一以減只云數餘為二段方面二自乗之以竪相乗之為四段方竪積寄

六十

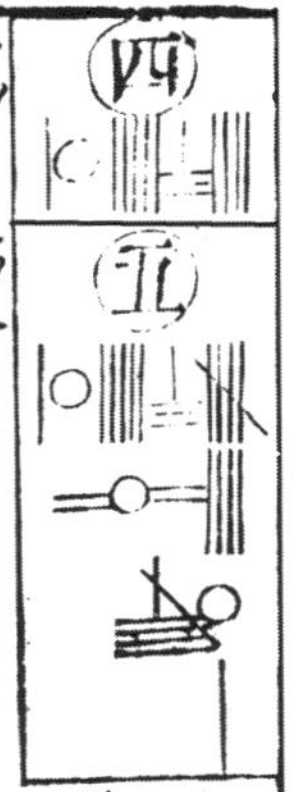

左三列積就分四之四與寄左相消得開方式五立方開之得商竪推前術得各合問

縦横矩切門　二問

今有縦横平地縦百二十間横二十一間半只云如圖幅三間矩合明道則三積等分望取之問各縦横幾何

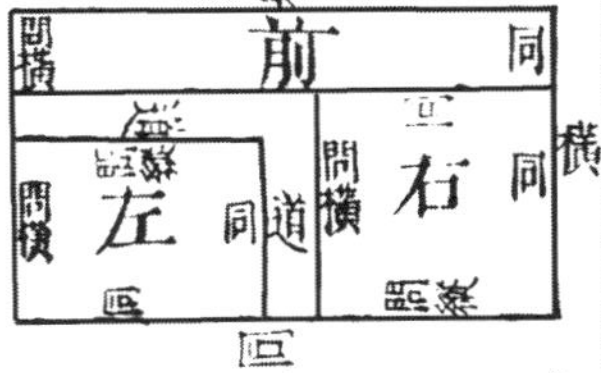

○答曰得右横十五間

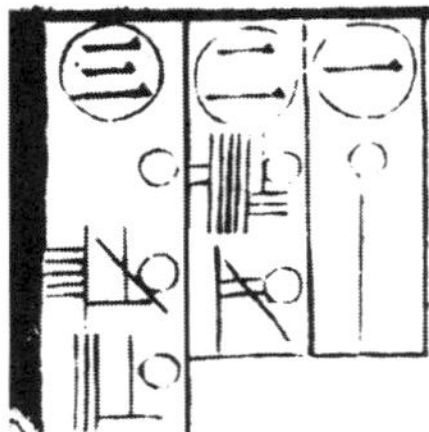

術曰立天元一為右横一以減横餘以縦相乗為望取一箇積寄乾位二三之以減總積餘為道積以右横乗之寄坤位三列縦以右横乗之得數內減道幅以右横相乗之得數與寄乾位

相併得數餘以道幅乘之得數加入右横冪以
道幅乘之得四與寄坤位相消得開方式五平
方開之得商右横推前術得各合問

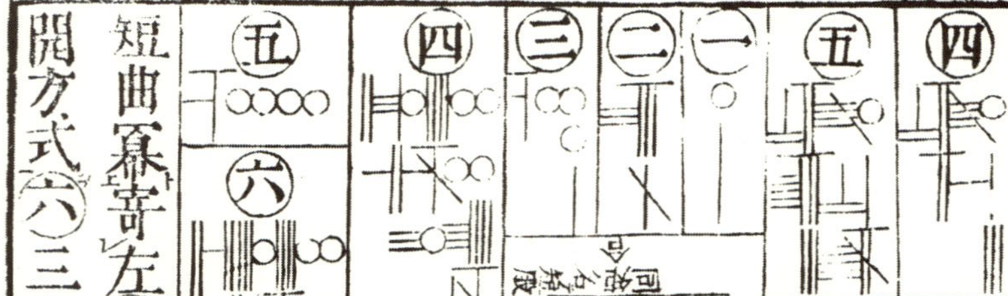

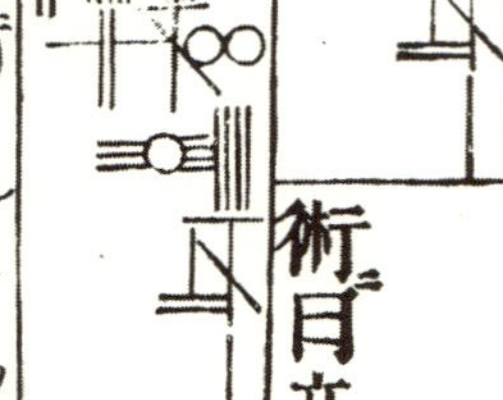

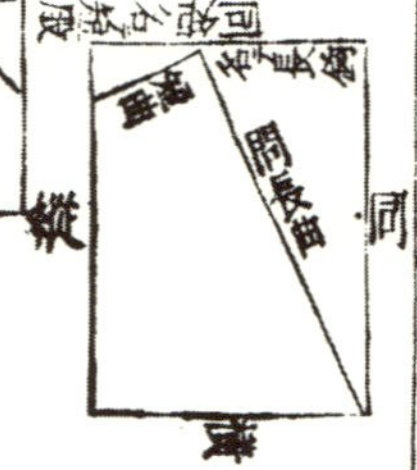

今有縦横平縦四尺横三尺八寸
只云如圖従隅矩合切落則短曲
一尺問長曲幾何
○荅曰得名長鈎三尺
術曰立天元一爲長鈎一以減横餘爲短
股二列縦自之加入長鈎冪爲長
曲冪三以短股冪乘之爲因縦冪
短曲冪寄左四列縦冪以短曲冪相乘之五與寄左相消得
開方式六三乘方開之得商長鈎推前術得各合問

縦横和斷門二問

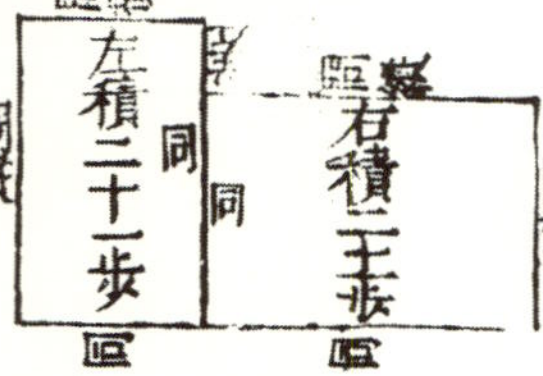

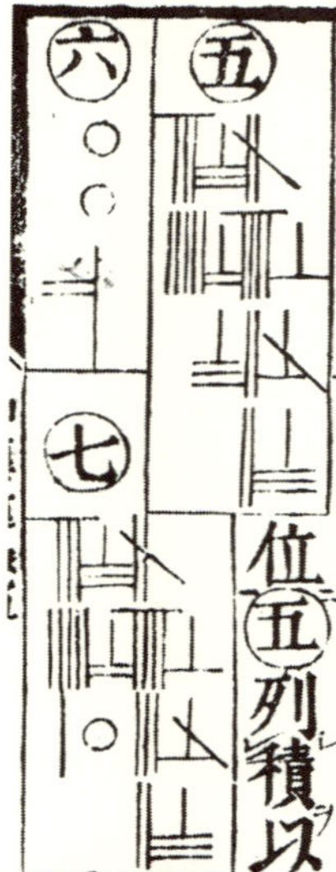

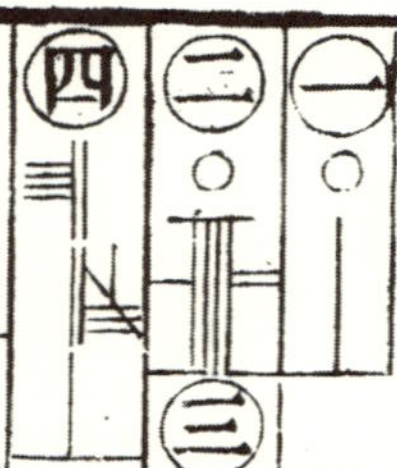

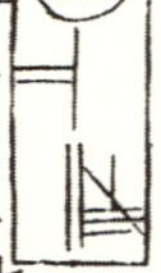

今有如圖縦横平兩寸平積各二十一歩只云
左右縦寸與同横寸各四和二尺九寸二分従
左縦寸而右横寸者短二寸八分問各縦横幾
何 加解云自左横而右横者其形長也
○荅曰得左横三寸
術曰立天元一爲左横一以只云四和乘之得
數寄智位二列左横以短二寸八分乘之得數
以減積餘寄仁位三左横冪與積及仁
位相併數四以減智位餘以仁位相乘之寄勇
位五列積以左横冪乘之六與寄勇位相
消得開方式七立方開之得
商左横推前術得各合問

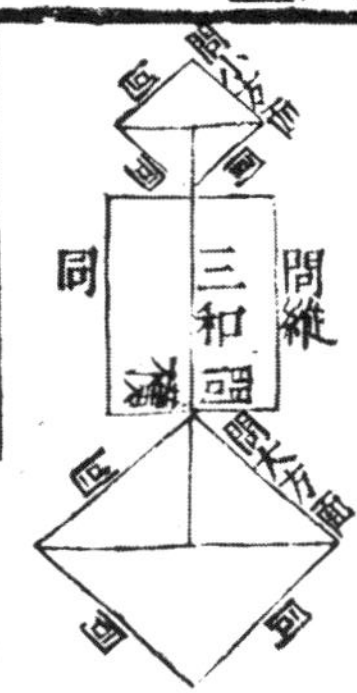

今有大小平方二箇縦横平一箇各寸平積三和八十九歩只云大小方斜弦半寸與縦寸三和一尺七寸從大方斜弦寸而横寸者短二寸從小方斜弦寸而横寸者長二寸也問大小方面縦横幾何

○答曰得縦一尺二寸

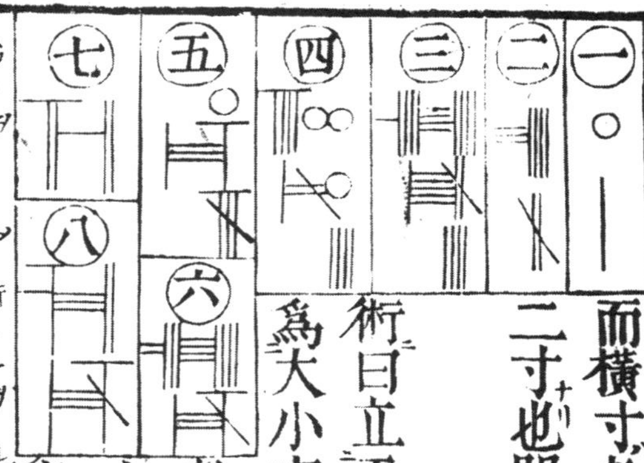

術曰立天元一為縦㈠以減只云三和餘倍之為大小方斜和㈡加入短二寸與長二寸共得數自之為八段大方積寄智位㈢列大小方斜和内減短二寸與長二寸餘自之為八段小方積寄仁位㈣列大小方斜和加入長二寸得内減短二寸餘為一段横以縦相乘得

數四之為八段直積㈤加入智位與仁位共得數為八段三和積寄勇位㈥列三和積就分八之㈦與寄勇位相消得式㈧以商除之得商縦推前術得各合問

鈎股積分門　二十八問

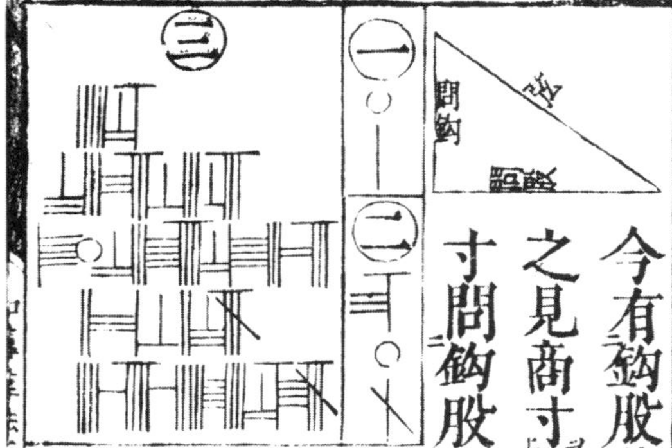

今有鈎股弦寸平積内加入列股寸為實開平方之見商寸共寸平積七歩二分三八四四只云弦六寸問鈎股各幾何

○答曰得鈎一寸六分八厘

術曰立天元一為鈎㈠自之以減弦冪餘為股冪㈡鈎冪相乘共積冪與股冪八段鈎以共積與股冪相乘三十二段股冪十一六段右三位相併寄左㈢共積三乘冪十一六段鈎三乘冪與股三乘冪相乘一段右二

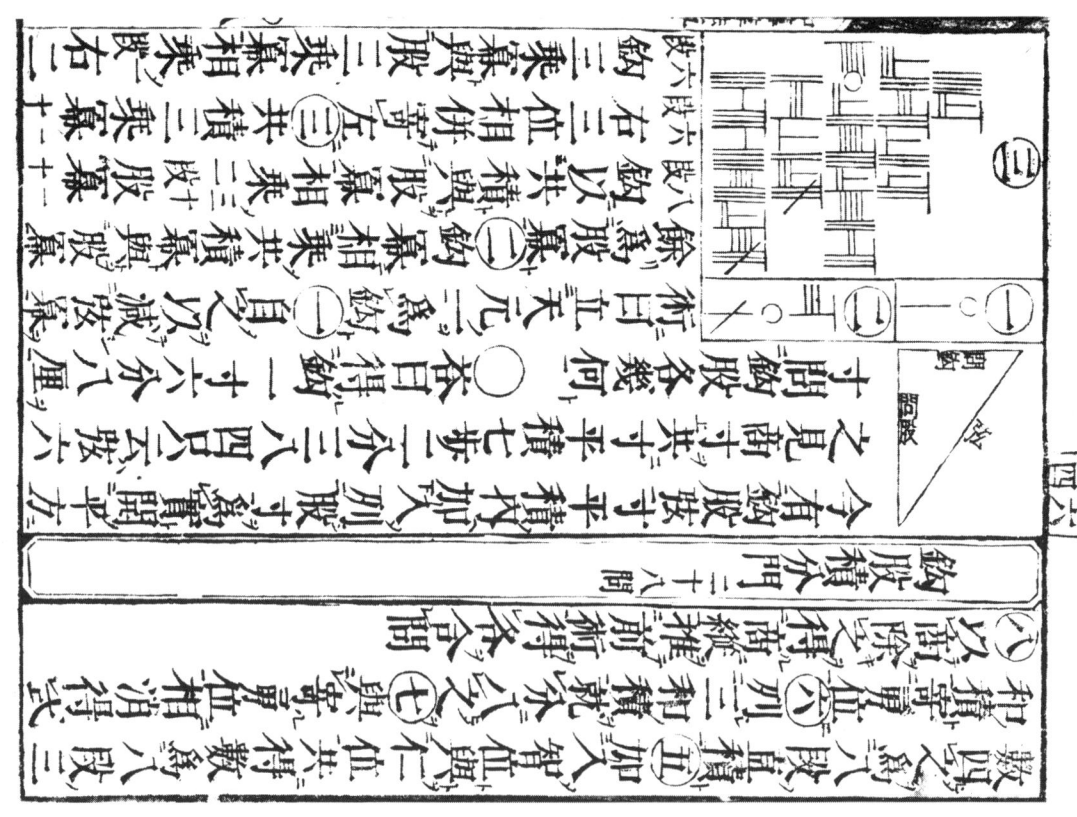

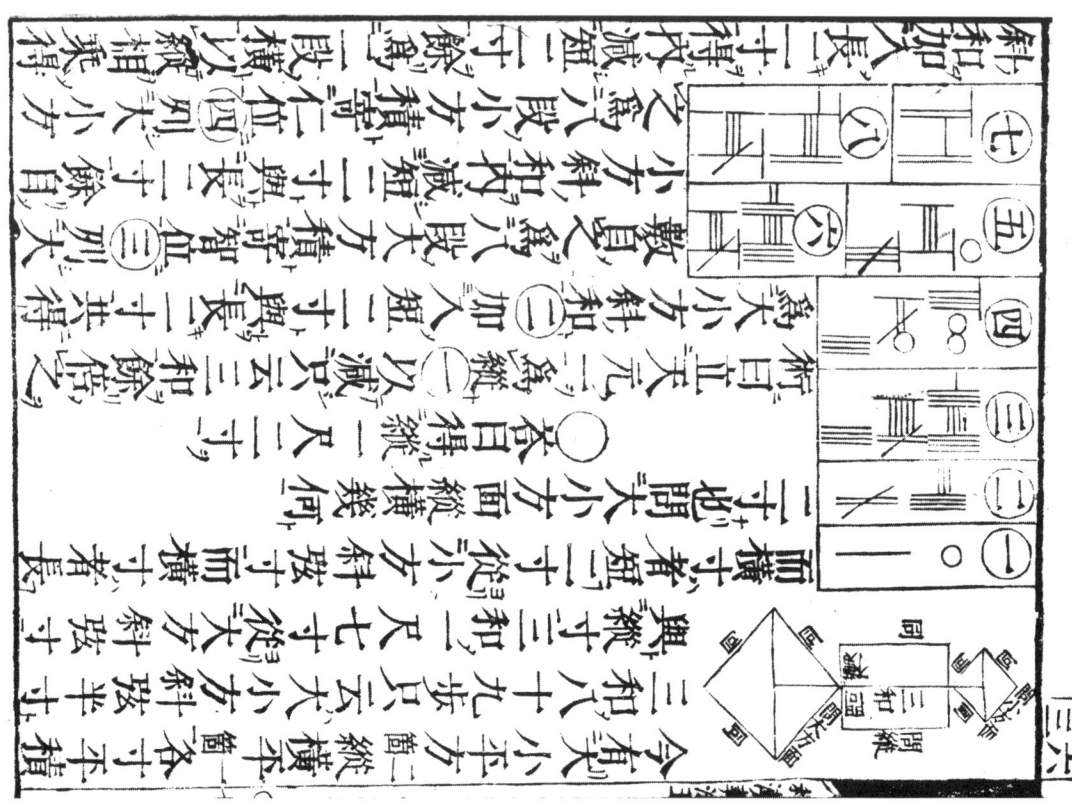

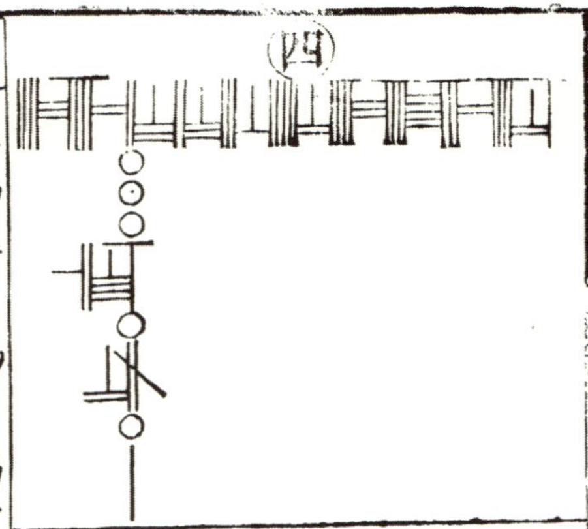
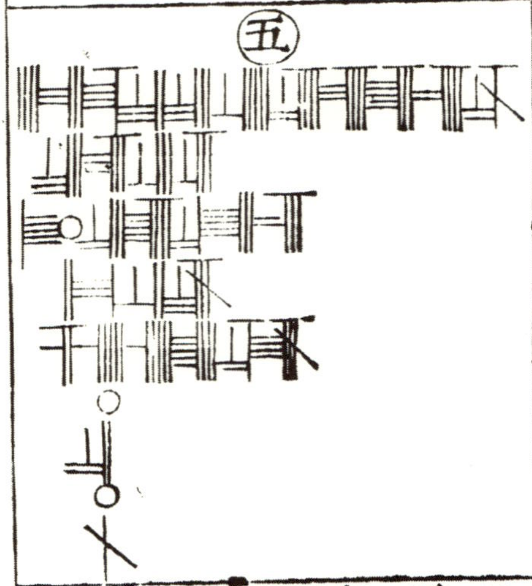

位相併得數(四)與寄左相消得開方式(五)七乘方開之

得商鉤推前術得各合問

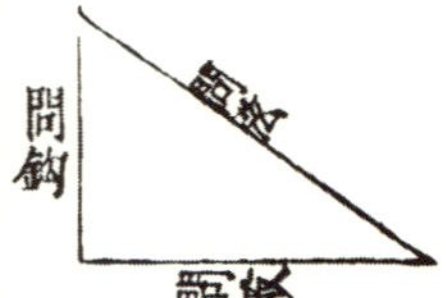

今有鉤股弦寸平積二百十步只云鉤寸一箇與股寸一箇及弦寸二箇各四和而九尺九寸問鉤股弦幾何

〇答曰得鉤二尺

術曰立天元一爲鉤(一)以只云數乘之得內減二

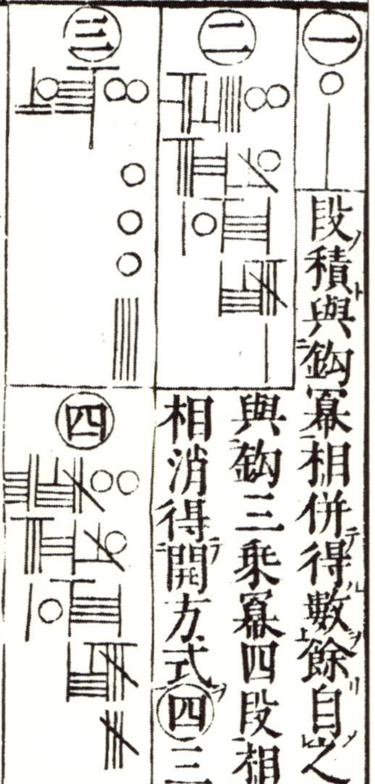

段積與鉤冪相併得數餘自之寄左(二)四段積冪與鉤三乘冪四段相併得數(三)與寄左相消得開方式(四)三乘方飜法開之得商鉤推前術得各合問

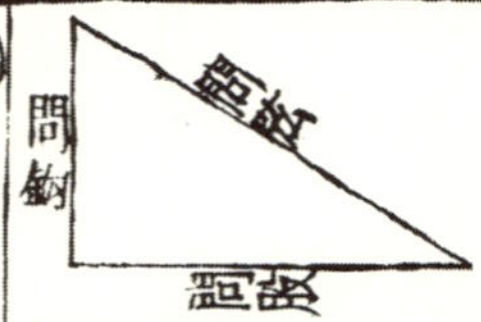

今有鉤股弦寸平積九百三十七步五只云鉤寸三箇與股寸二箇及弦寸一箇各六和而二丈七尺五寸問鉤股弦幾何

〇答曰得股五尺

術曰立天元一爲股(一)倍之以減只云數餘爲三箇鉤與一箇弦和以股乘之得數寄乾位(二)內減積六之得數餘爲因股冪弦(三)自乘之

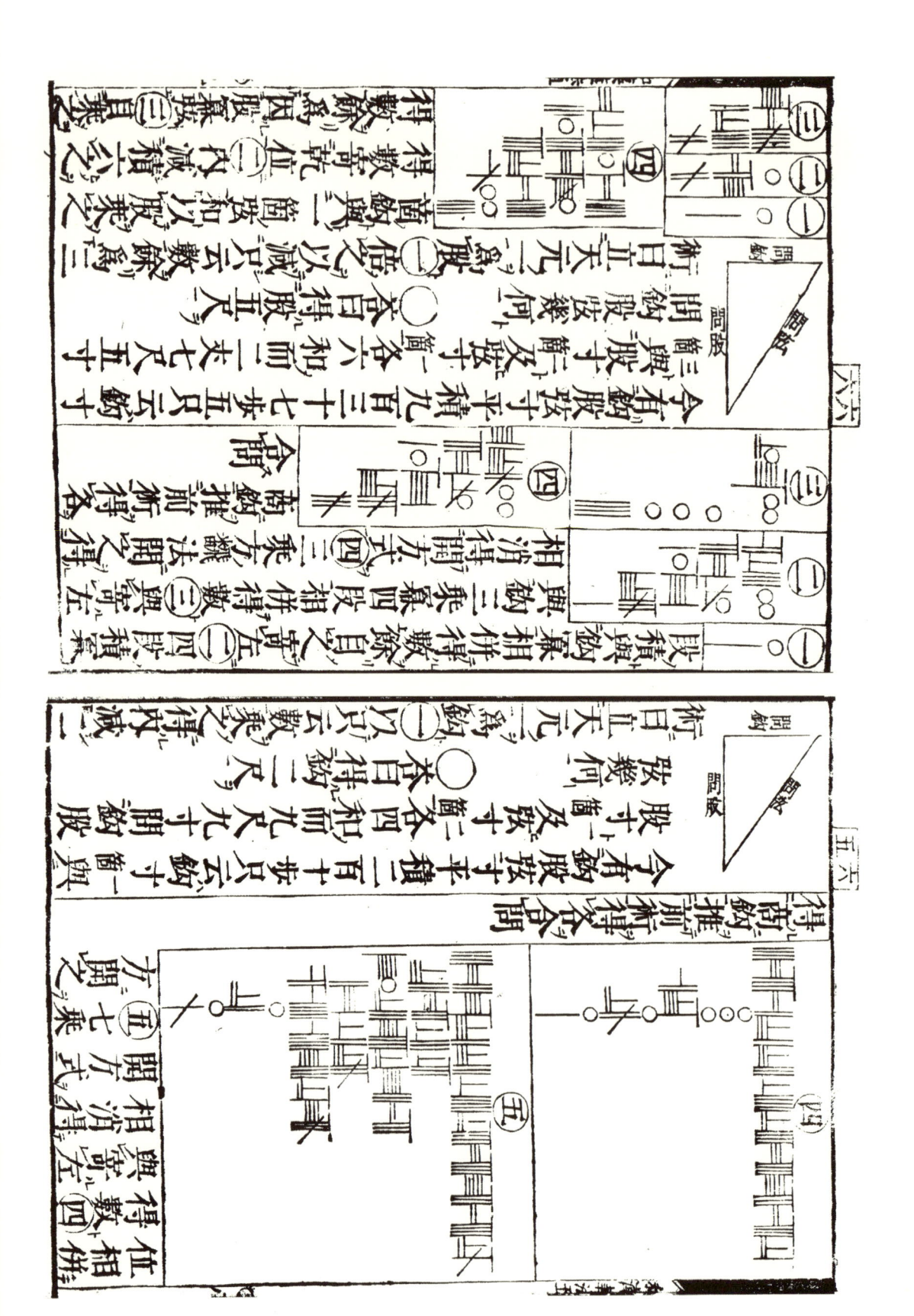

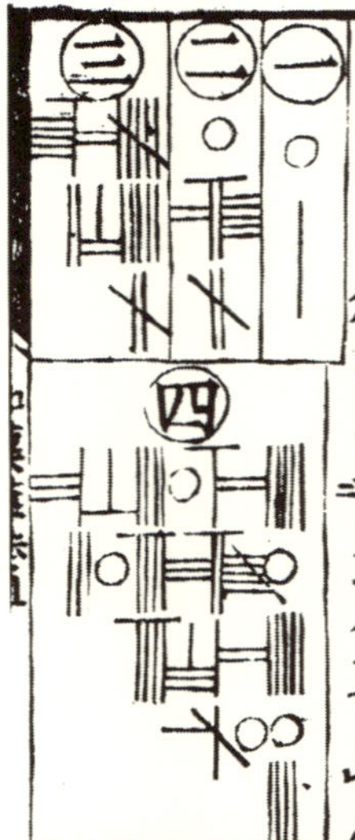

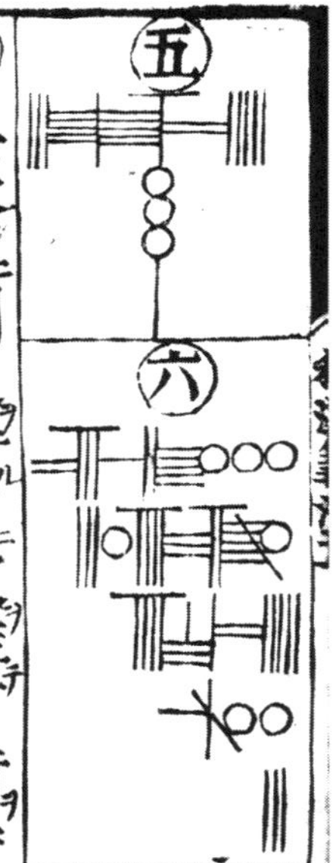

寄坤位(四)列積倍之自乘
得數加入股三乘冪得(五)
與寄坤位相消得開方式
(六)三乘方開之得商股推前術得各合問

六七

今有鈎股弦寸平積七百五十六歩只云股寸與
弦寸和而一丈四尺七寸問鈎股弦幾何

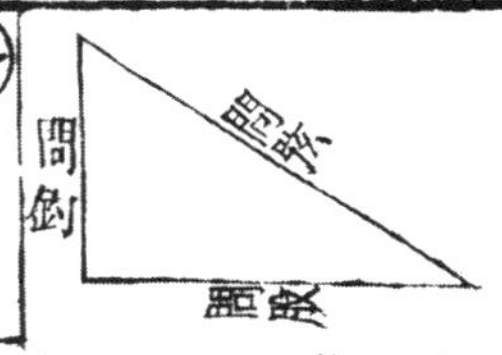

○答曰得鈎二尺一寸

術曰立天元一為鈎(一)以只云數乘之得內減積
二段餘為因鈎弦(二)自之寄左(三)列鈎二自之得
數加入二段積冪(四)與寄左相消得開方式(五)立
方開之得商鈎推前術得各合問

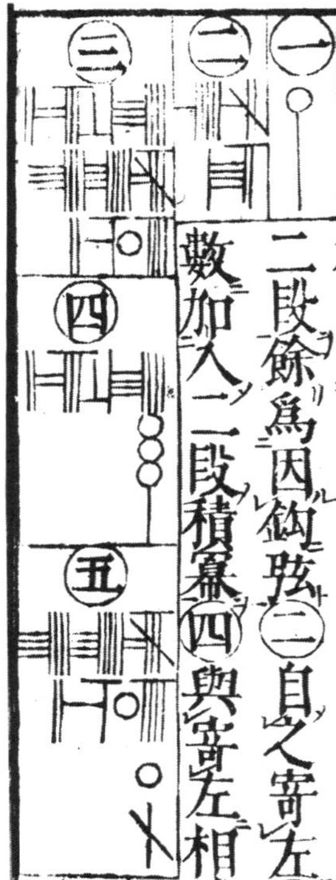

六八

今有鈎股弦只云鈎寸與中鈎寸之差六寸別股
寸與弦寸之差一尺問鈎股弦中鈎幾何

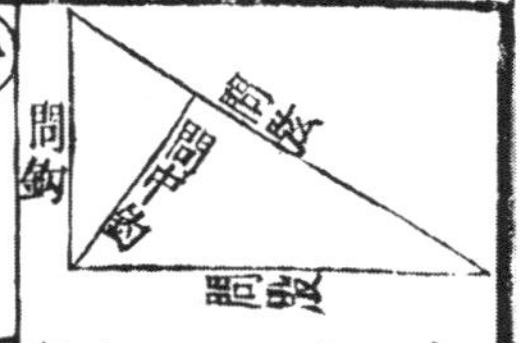

○答曰得股四尺

術曰立天元一為股(一)加入別云數為弦(二)自之
以只云數冪相乘之寄左(三)弦冪內
減股冪餘以別云數冪相乘(四)與寄
左相消得開方式(五)平方飜法開之
得商股推前術得各合問

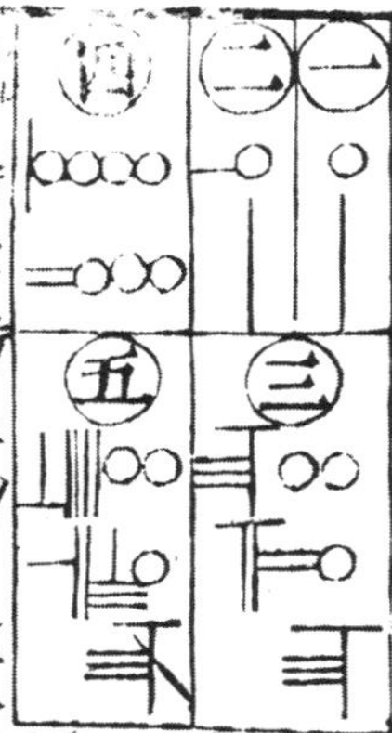

六九

今有鈎股弦只云股四尺長弦寸與短弦寸之差
一尺四寸問弦鈎中鈎幾何

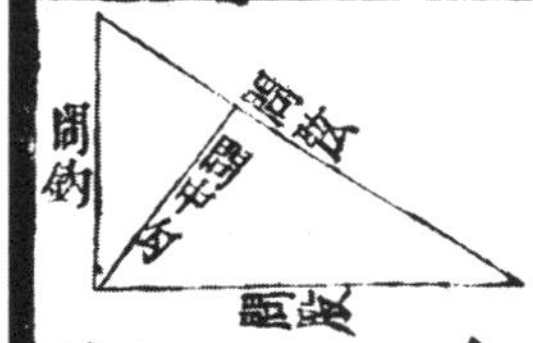

○答曰得鈎三尺

術曰立天元一為鈎(一)自之為鈎冪(二)加入股冪

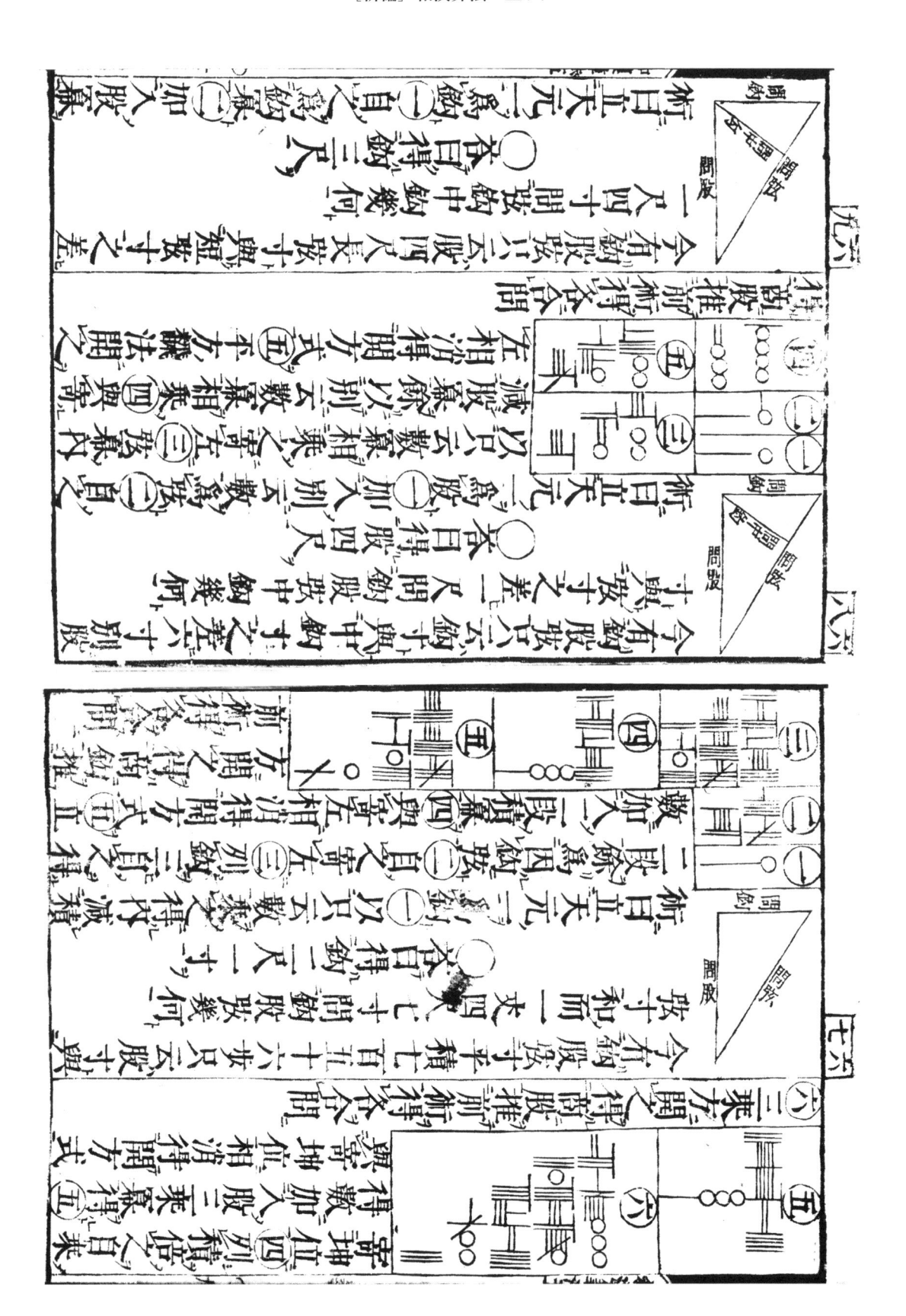

七十

為弦冪(三)以差冪乗之得數寄左(四)股冪内減鈎冪餘自乗之(五)與寄左相消得開方式(六)三乗方開之得商鈎推前術得

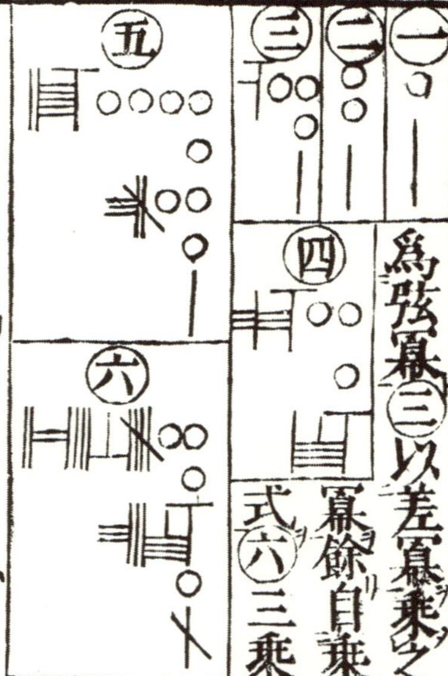

各合問

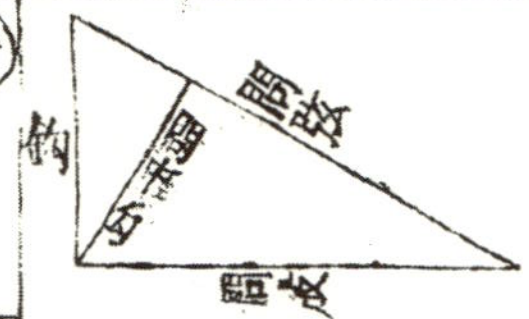

今有鈎股弦只云中鈎寸與股寸相乗寸平積九歩六分別云鈎三寸問弦股中鈎幾何

○答曰得弦五寸

術曰立天元一為弦(一)自之得内減鈎冪餘以鈎乗之為因弦因股中鈎寄左(二)列只云數以弦相乗(三)與寄左相消得開

七一

方式(四)平方飜法開之得商弦推前術得各合問

今有鈎股弦只云方面四寸八分鈎寸與弦寸和而二尺二寸四分問鈎股弦幾何

○答曰得股一尺一寸二分

術曰立天元一為股(一)内減方面餘為名短股(二)列股以方面乗之為因短股鈎(三)列鈎弦和以短股相乗得内減因短股鈎餘自之為因短股冪弦冪寄左(四)列因短股鈎自之得數與短股冪以股冪相乗得數相併(五)與寄左相消得開方式(六)三乗方飜法開之得商股推前術得各合問

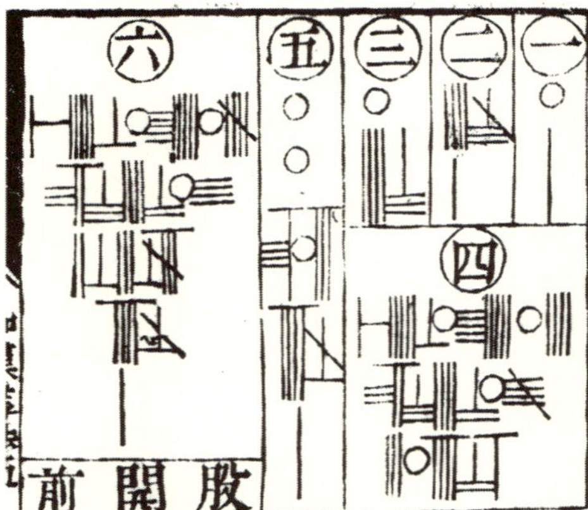

二七

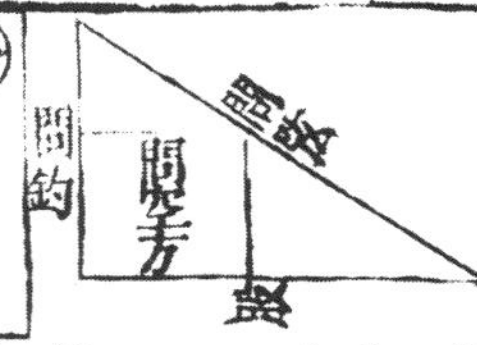

今有鈎股弦只云積内減方冪止餘寸平積二十四歩別云股一尺一寸二分問各幾何
○答曰得鈎八寸四分
術曰立天元一為鈎一自之加入股冪為弦冪二列鈎以股相乗得數以只云數乘之四之為因方面冪二段弦冪寄左三亦列鈎以股相乗得内減只云數二段餘以弦冪乘之四與寄左相消得開方式五立方飜法開之得商鈎

三七

推前術得各合問

今有鈎股弦只云從方面寸而短鈎寸者短一寸二分又云從方面寸而短股寸者長一寸六分問各幾何

四七

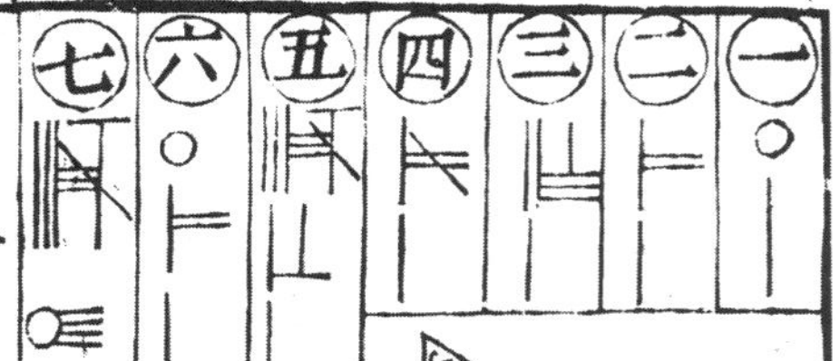

○答曰得鈎八寸四分
術曰立天元一為鈎一加入只云數為二段方面二得加入又云數為股三列鈎倍之得數内減二段方面餘為二段短鈎四以股相乗寄左五列鈎以二段方面乗之六與寄左相消得式七以商除之得商鈎推前術得各合問

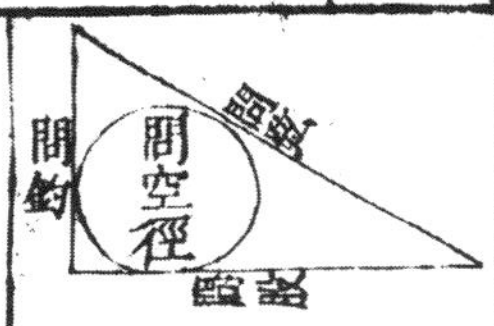

今有鈎股弦只云積内減圓積止餘寸平積二百八十五歩八別股寸與圓徑寸之差二尺問各幾何
○答曰得鈎三尺
術曰立天元一為鈎一加入別云數為弦二自之得内減鈎冪餘為股冪三別

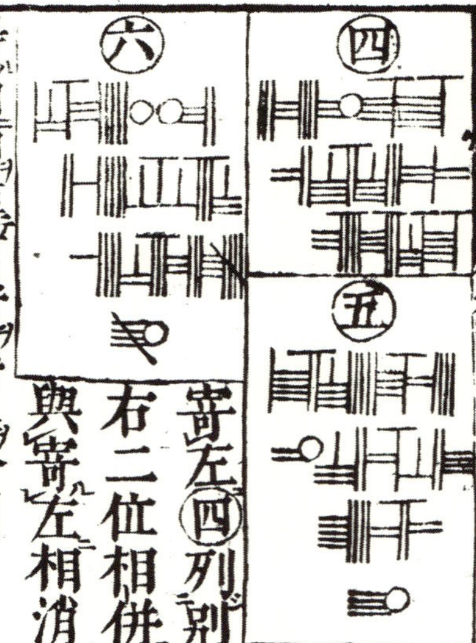

云數冪以圓積率相乘之二段股
冪以圓積率相乘二段只云數
二段右三位相併得數自乘之
寄左四列別云數以圓積率相乘四段鉤一段
右二位相併得數自乘之以股冪乘之五
與寄左相消得開方式六立方飜法開之
得高鉤推前術得各合問

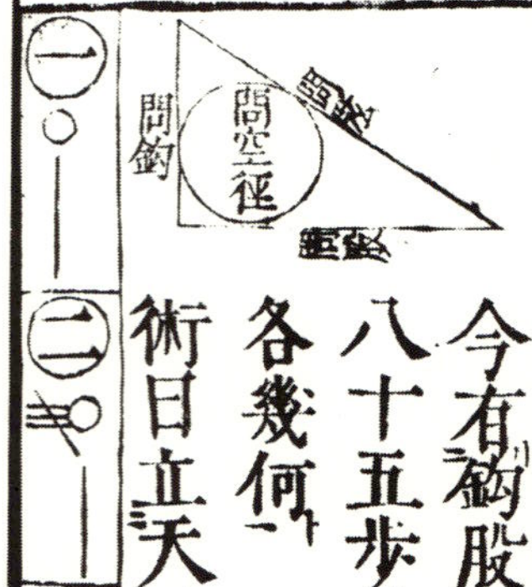

今有鉤股弦只云積內減圓積止餘寸平積二百八十五步八分別云弦寸與圓徑寸之差三尺問各幾何

答曰得弦五尺

術曰立天元一為弦一內減別云數餘為圓徑二以加入弦為鉤股和三自之得內減弦

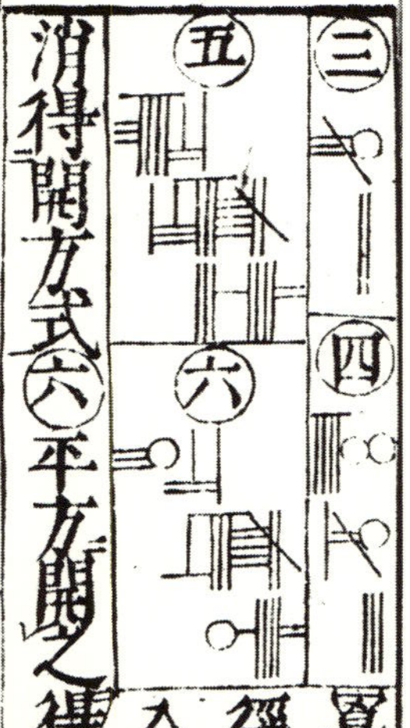

冪餘為四段鉤股積寄左四列圓
徑自之以圓積率相乘之得數加
入只云積就分四之五與寄左相
消得開方式六平方開之得高弦推前術得各合問

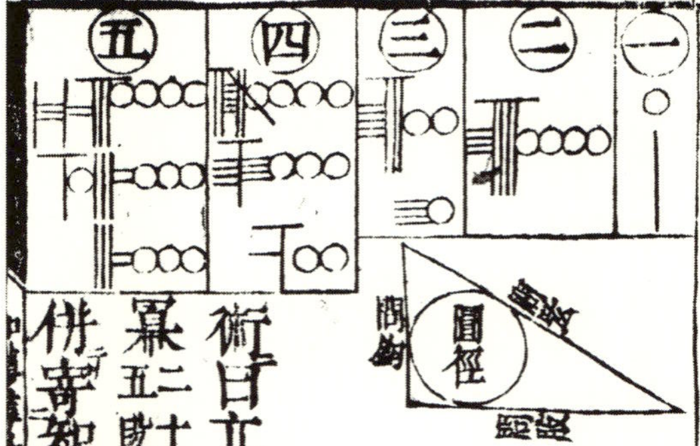

今有鉤股弦只云鉤弦和寸相乘圓徑寸別其積為實開平方之見商寸與股寸和八尺別鉤弦和寸取四分五而從其寸而股寸者短六尺問鉤股弦幾何

答曰得鉤三尺

術曰立天元一為鉤一只云數冪二十五段別云數
冪二十五段只云數以別云數相乘五十段右三位相
併寄智位二鉤四十段只云數五十段別云數三十段

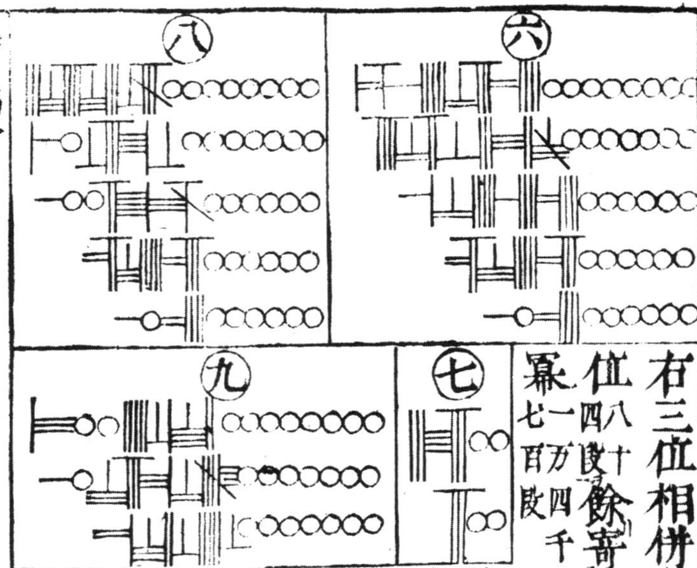

右三位相併寄仁位(三)自之得内減智位八十四段餘寄勇位(四)仁位冪三段別云數冪一万四千七百段仁位以鈎相乘五百六十段勇位三段右四位相併得數(五)内減仁位以別云數相乘七百段餘得乘之寄左(六)仁位六段鈎五百六十段右二位相併得數(七)内減別云數七百段餘自之以勇位乘之(八)與寄左相消得開方式(九)平方開之得商鈎推前術得各合問

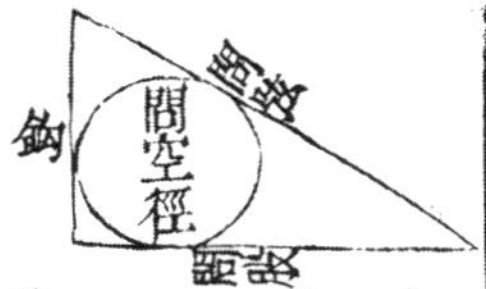

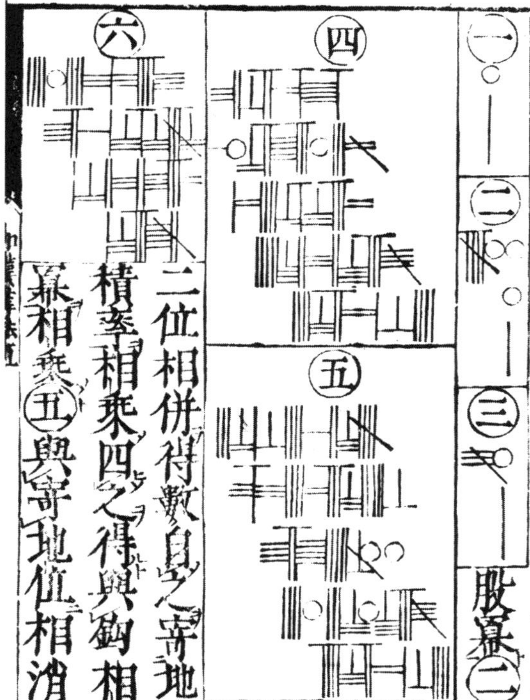

七七

今有鈎股弦只云積内減圓積止餘寸平積二百八十五步八別云鈎三尺問股弦圓徑幾何

○荅曰得弦五尺

術日立天元一爲弦(一)自之得數内減鈎冪餘爲股冪(二)列弦内減鈎餘爲鈎弦差寄天位(三)又列弦以天位乘之得數相乘圓積率四段只云數二段右二位相併得數自之寄地位(四)列天位以圓積率相乘四之得與鈎相併得數自之以股冪相乘(五)與寄地位相消得開方式(六)立方之

八七

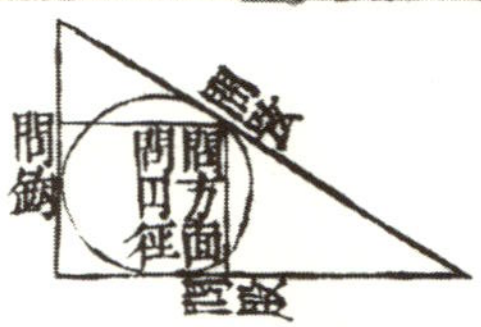

開之得商弦推前術得各合問

今有鉤股弦只云積内減方冪止餘寸平積二十四歩別鉤股弦圓徑各寸四和三尺九寸二分問鉤股弦圓徑方面幾何

○荅曰得方面四寸八分

術曰立天元一爲方面㊀自之加入只云數四之寄左㊁列別云數以方面相乘㊂與寄左相消得開方式㊃平方開之得商方面推前術得各合問

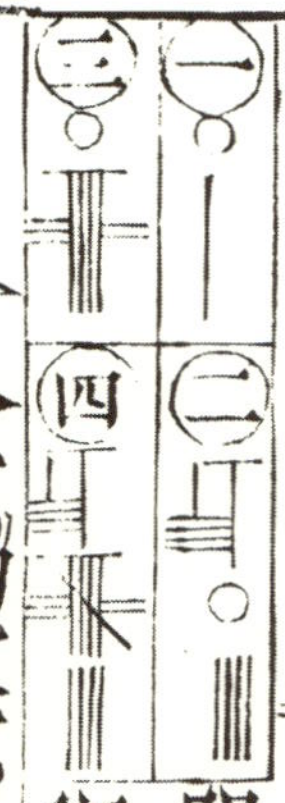

九七

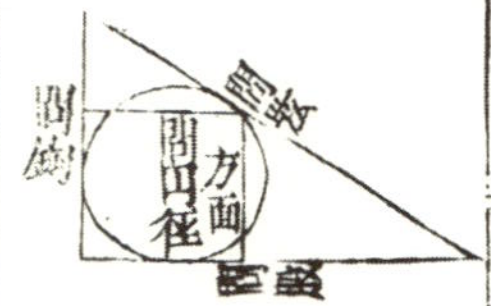

今有鉤股弦只云方面三寸鉤寸與弦寸及圓徑寸各三和而二尺問鉤股弦圓徑幾何

○荅曰得股一尺二寸

術曰立天元一爲股㊀列三和内減股餘爲二段鉤㊁以股相乘之爲四段鉤股積寄左㊂又列三和加入股爲二段鉤股和以方面乘之㊃與寄左相消得開方式㊄平方開之得商股推前術得各合問

八十

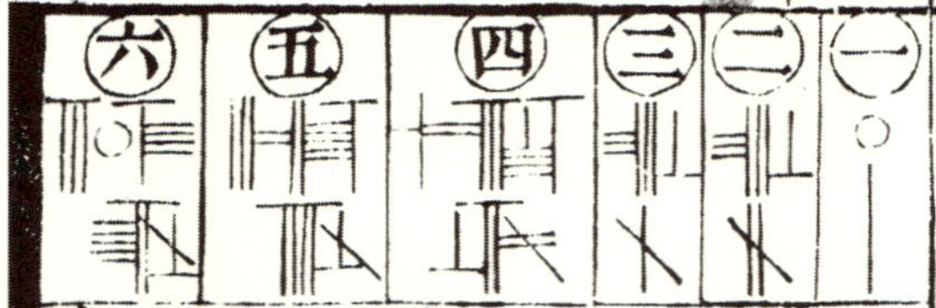

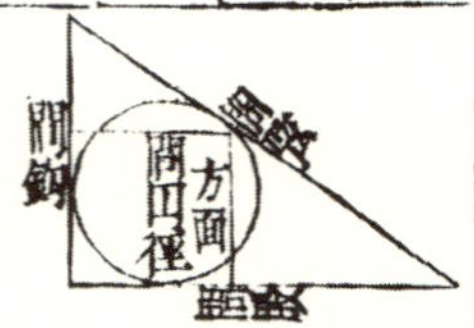

今有鉤股弦只云方面四寸八分圓徑半寸與弦寸和而一尺六寸八分問鉤股弦圓徑幾何

○荅曰得弦一尺四寸

術曰立天元一爲弦㊀以減和餘倍之爲圓徑㊁加入弦寸爲鉤股和㊂自之得數内減弦冪餘爲四段鉤股積寄左㊃列鉤股和以方面相乘之得數倍之㊄與寄左相消得式㊅以商除之得商弦

一八

推前術得各合問

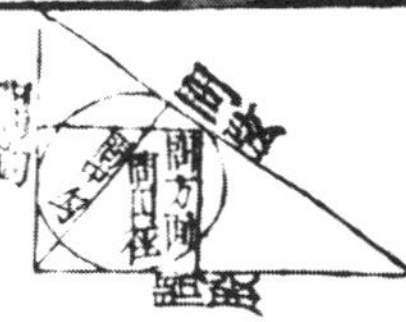

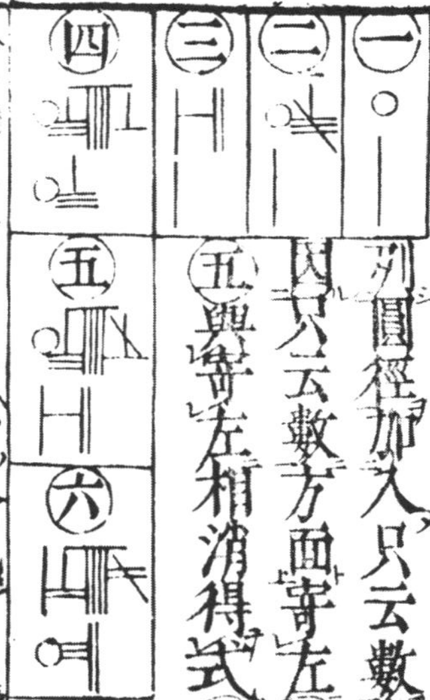

今有鉤股弦只云中鉤寸與圓徑寸之差二寸一分二厘又云圓徑寸與方面寸之差八分問各幾何

○答曰得圓徑五十六分

術曰立天元一為圓徑(一)内減又云數為方面(二)
列圓徑加入只云數為中鉤(三)以又云數乘之為
因只云數方面寄左(四)列方面以只云數相乘之
(五)與寄左相消得式(六)以商除之得商圓徑推前
術得各合問

二八

今有鉤股弦只云積内減方冪止餘寸平積二十四步別鉤
寸與圓徑寸之差二寸八分問各幾何

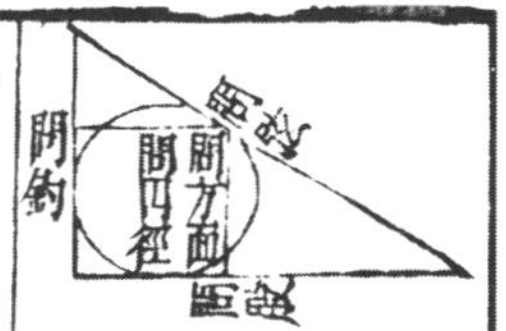

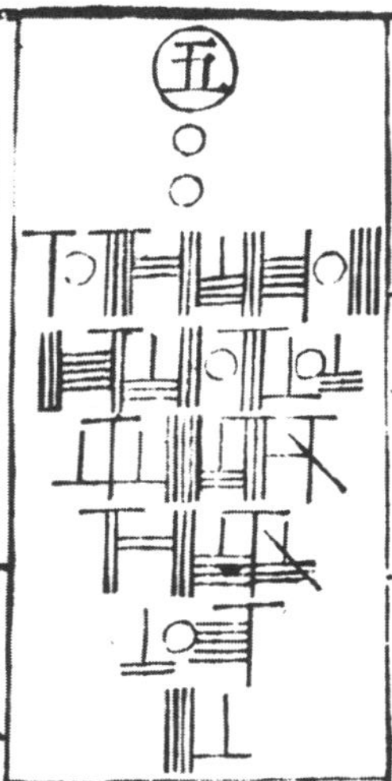

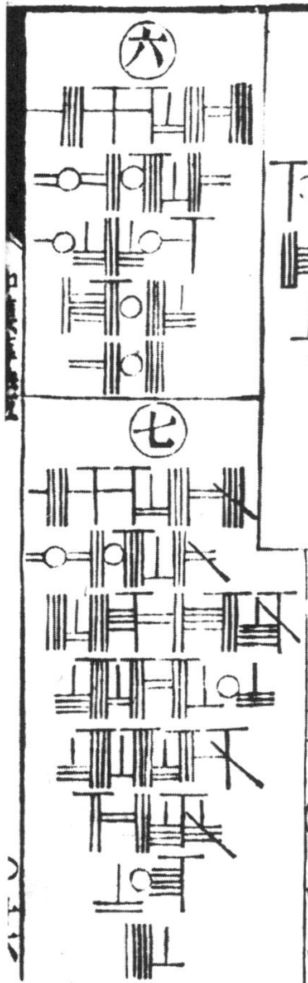

○答曰得股一尺一寸二分

術曰立天元一為股(一)加入別云數為弦(二)自之
得數内減股冪餘為鉤冪(三)列股以弦冪相乘得
内減只云數以
股相乘得數與(四)
餘自之(四)以鉤冪乘之寄左(五)
列弦(三)自乘之得數以只云數
冪乘之四之(六)與寄左相消得
開方式
(七)六乘
方飜法
開之得

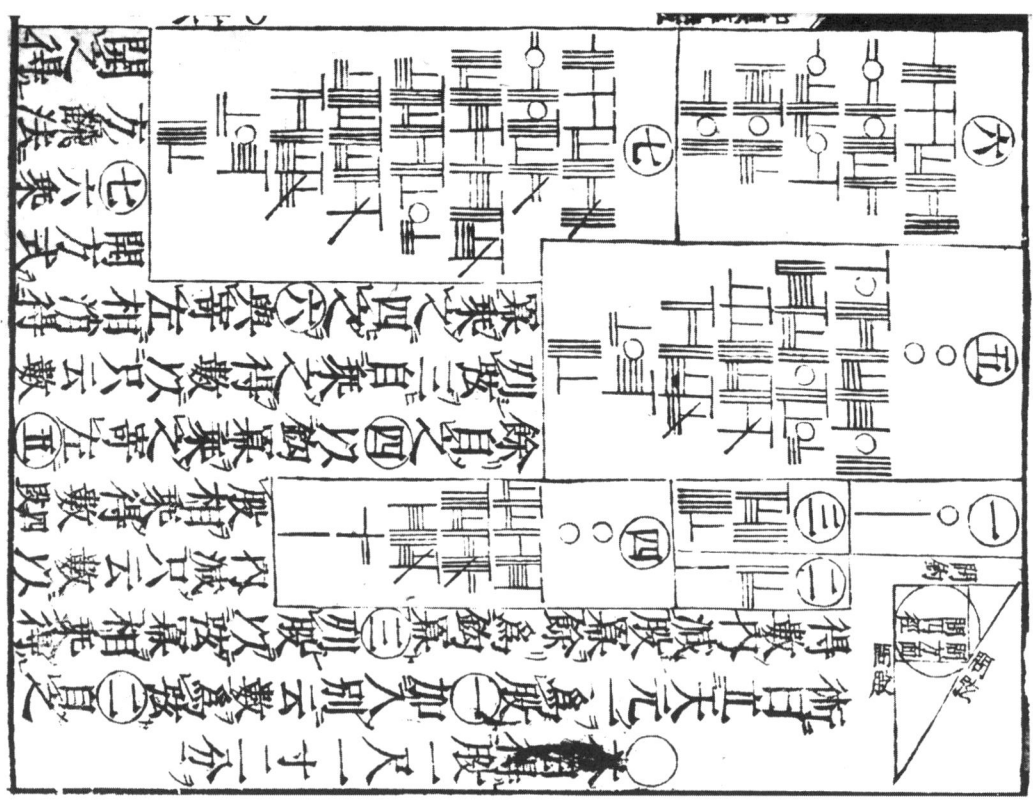

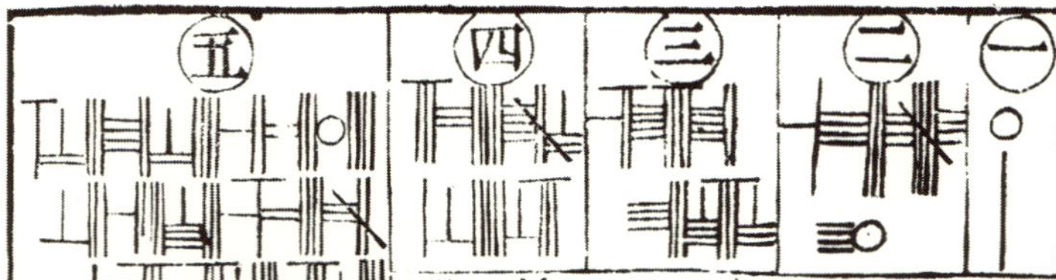

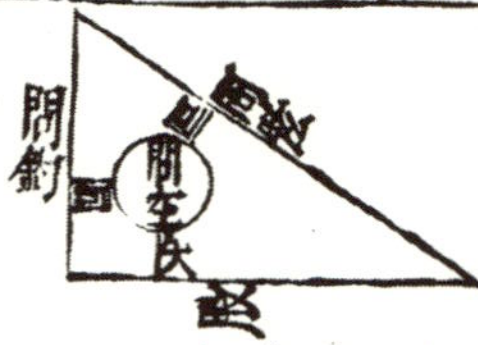

商股推前術得各合問

今有鈎股弦內如圖平圓空外餘寸平積五百七十一步七分二三只云股四尺矢各七寸問鈎弦空圓徑幾何

〇荅曰得鈎三尺

術曰立天元一為鈎(一)以股乘之內減倍外餘積餘為因圓積率空圓徑冪二段寄天位(二)列併鈎股以矢相乘得數八之以圓積率相乘之寄地位(三)矢冪以圓積率相乘八段鈎以股相乘得數以圓積率相乘四段天位一段右三位相併四內減地位餘自之寄人位(五)列併鈎股倍之得內減天四段餘自之(六)以天位乘之得數

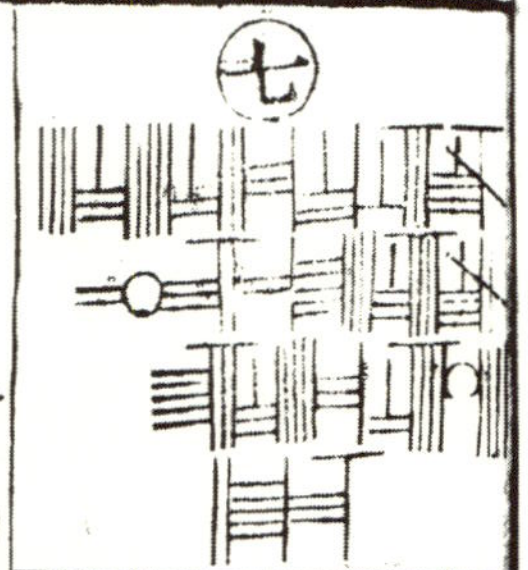

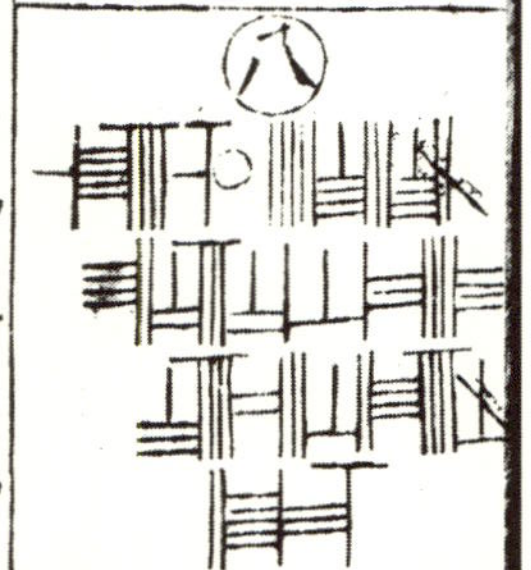

相乘圓積率倍之(七)與寄人位相消得開方式(八)立方開之得商鈎推前術得各合問

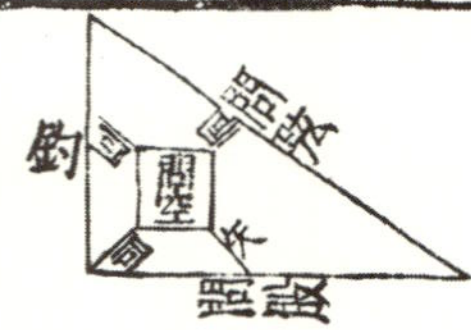

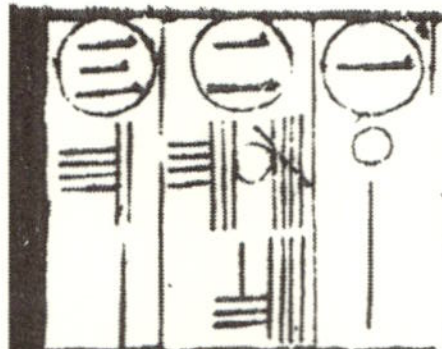

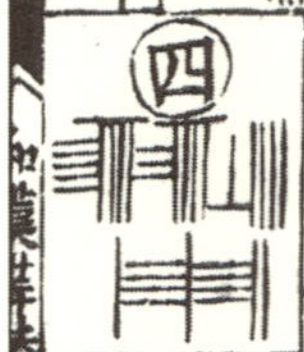

今有鈎股弦內如圖平方空外餘寸平積一千令七十六步只云鈎四尺二寸矢各九寸八分九九四問股弦方面幾何

〇荅曰得股五尺六寸

術曰立天元一為股(一)以鈎乘之得內減外餘積二段餘倍之為四段空方冪寄天位(二)列股加入鈎為鈎股和(三)以中斜率乘之寄地位(四)列鈎相乘股得數以中斜率乘之倍之得數內減鈎股和以矢相乘四段餘為因地位空方面二

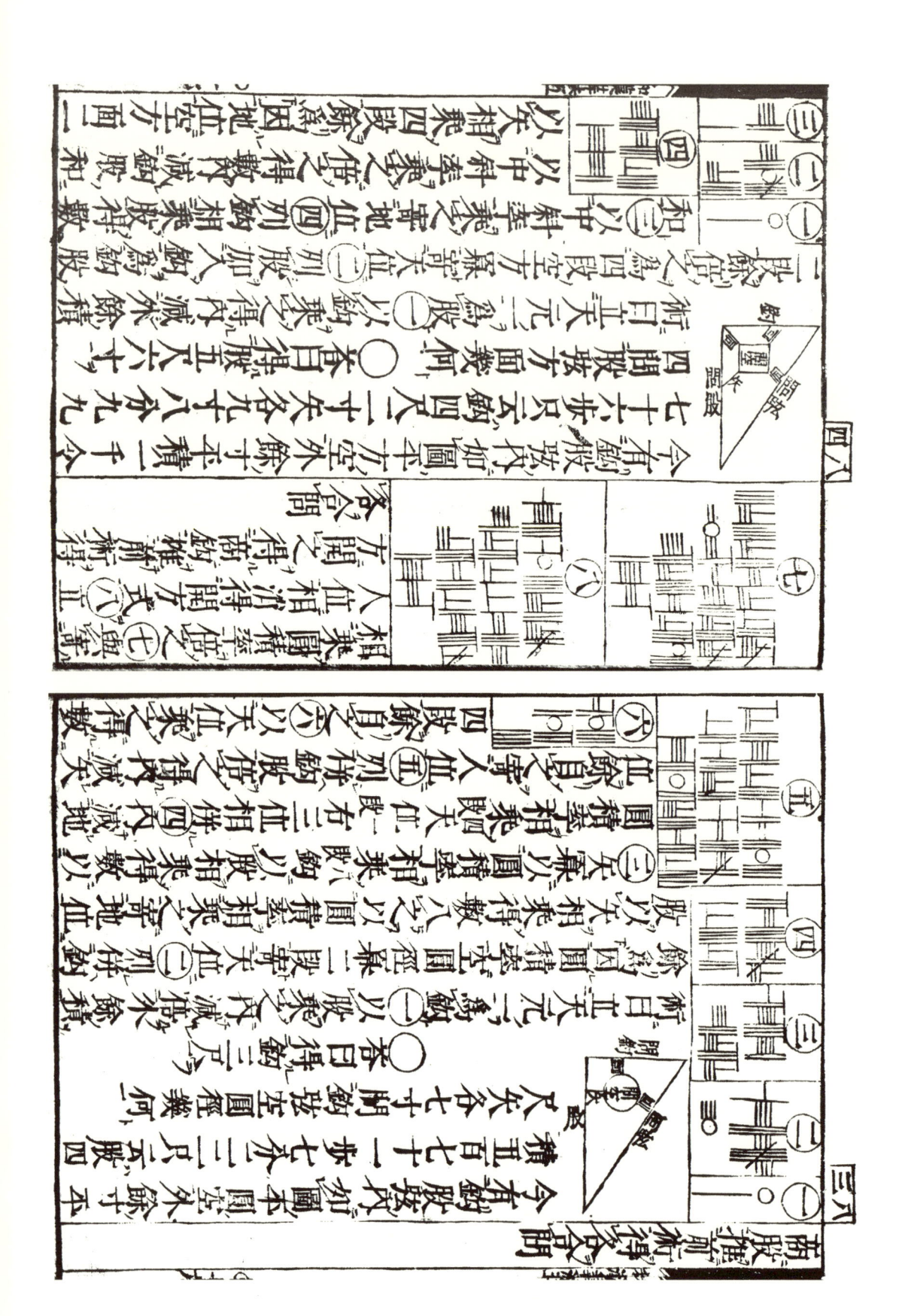

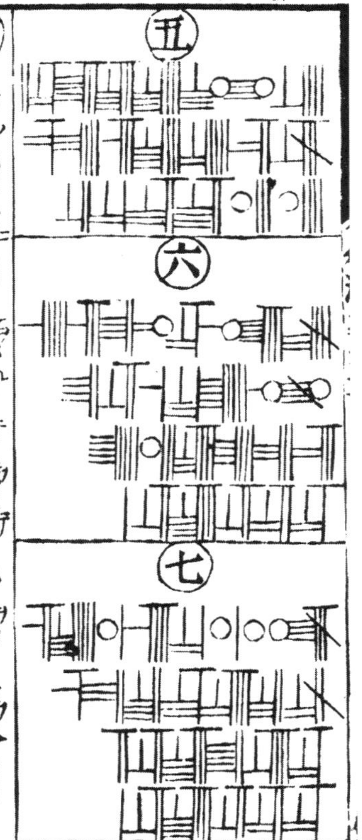

段自之寄左⑤列天位以地位冪乘之⑥與寄左相消得開方式

⑦立方飜法開之得商股推前術得各合問

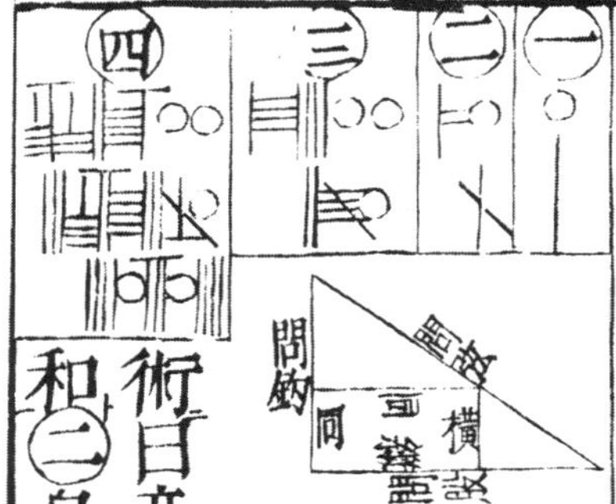

今有鈎股弦内如圖縦横平只云縦三尺二寸横六寸別鈎股弦寸各三和而一丈二尺問鈎股弦幾何　加解云自短股寸而短鈎寸者共形長也

答曰得弦五尺

術曰立天元一爲弦①以減別云數餘爲鈎股和②自之得内減弦冪餘爲四段積③列縦加入横以鈎股和乘之以減四段積餘自之爲因縦横差冪鈎股差冪寄左④列弦冪倍之得數内減鈎股和冪餘以縦横差冪相乘得數又爲因縦横差冪鈎股差冪⑤與寄左相消得開方式⑥平方開之得商弦推前術得各合問

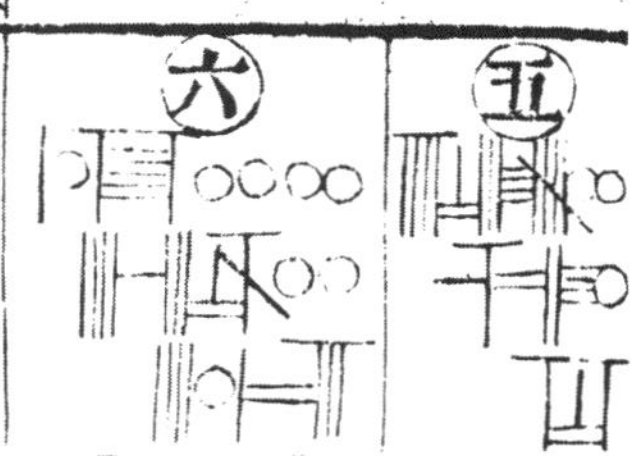

今有鈎股弦内如圖縦横平只云縦三尺二寸短弦一尺別短鈎寸與短股寸和而三尺二寸問各幾何

答曰得短鈎二尺四寸

術曰立天元一爲短鈎①以減別云數餘爲短股自之爲短股冪②以短鈎冪乘之爲因縦冪横冪寄左③列短股冪以減短弦冪餘爲横冪以縦冪乘之④與寄左相消得開方式

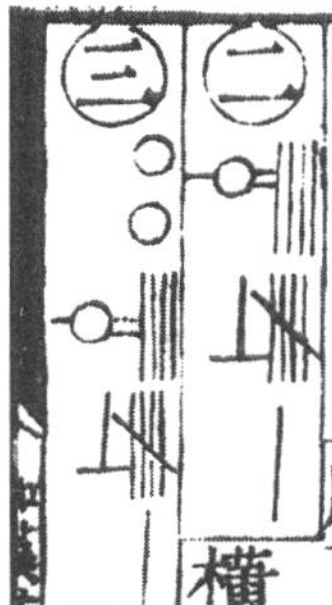

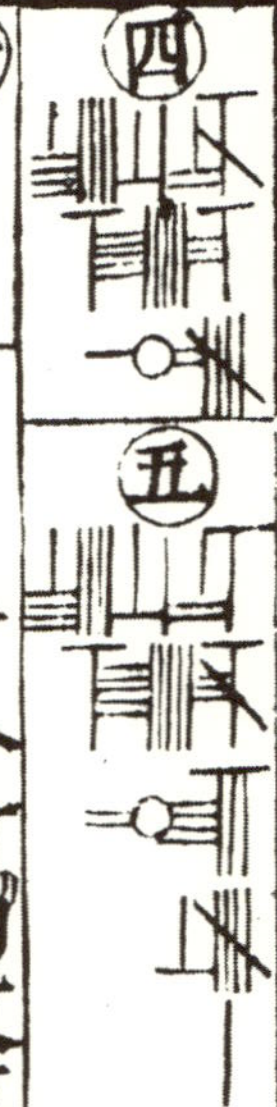

㊄三乘方開之得商短鈎推前術得各合問

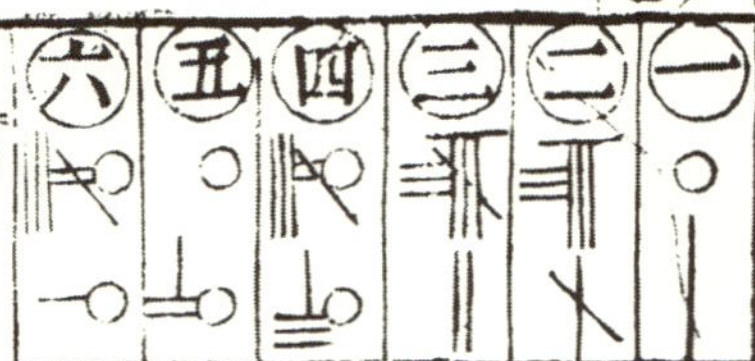

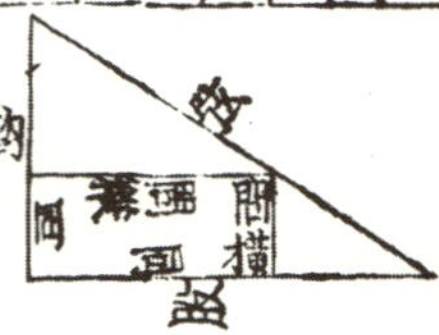

八七

今有鈎股弦內如圖縱横平只云鈎三尺股四尺別縱横寸和而三尺八寸問縱横幾何

答曰得縱三尺二寸

術曰立天元一爲縱㊀以減別云數餘爲横㊁倍之以又減別云數餘爲縱横差㊂以股乘之得數加入鈎以股相乘得爲因鈎股和縱寄左㊃列併鈎與股以縱乘之㊄與寄左相消得式㊅以商除之得商縱推前術得各合問

八八

今有雙鈎股弦只云圓徑一尺六寸八分兩弦各二尺九寸問股中鈎幾何 乃從中鈎寸股寸其形長也

答曰得中鈎二尺

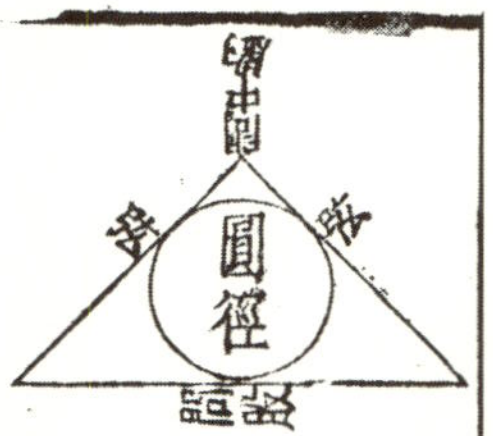

術曰立天元一爲中鈎㊀倍之得內減圓徑餘自之寄天位㊁列圓徑自之以弦冪乘之得數四之爲因天位股冪寄地位㊂列弦自之得內減中鈎冪餘四之爲股冪以天位乘之㊃與寄

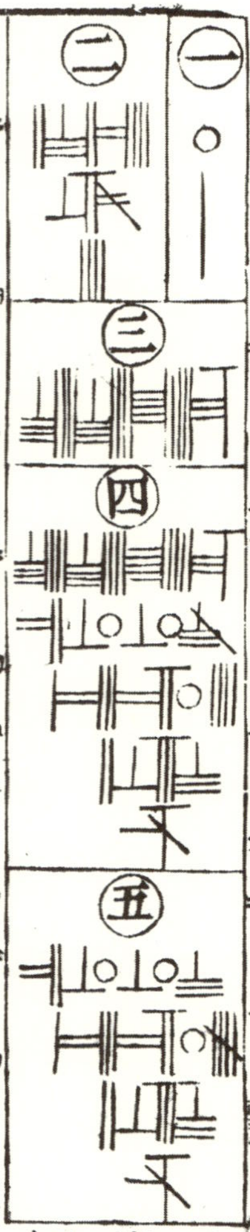

地位相消得開方式㊄立方飜法開之得商中鈎推前術得各合問

八九

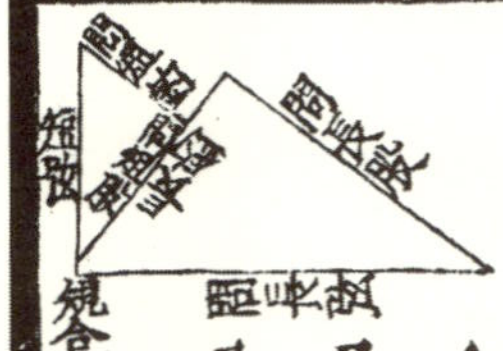

今有如圖雙鈎股弦只云短股寸與長鈎寸和二尺令二分五長股一尺五寸七分五短弦七寸二分五問各幾何

答曰得長弦二尺一寸七分五

術曰立天元一爲長弦㊀以只云數乘之得內

十九

① 減長股以短弦相乘得數餘自之爲因長弦冪長

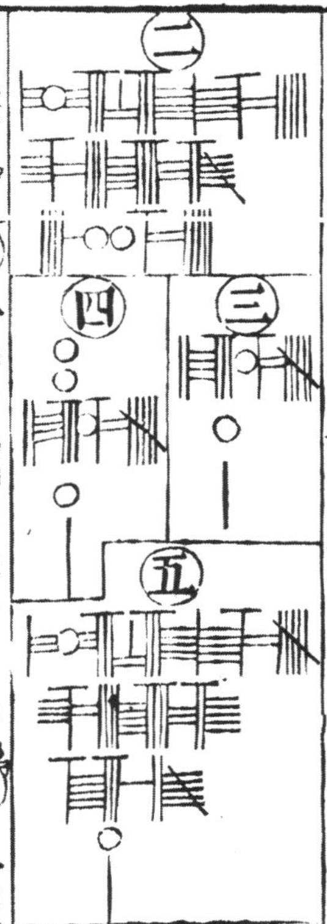

鉤冪寄左② 列長弦自之得內減長股冪餘爲長鉤冪③ 以長弦冪乘之④ 與寄左相消得開方式⑤ 三乘方飜法開之得商長弦推前術得各合問

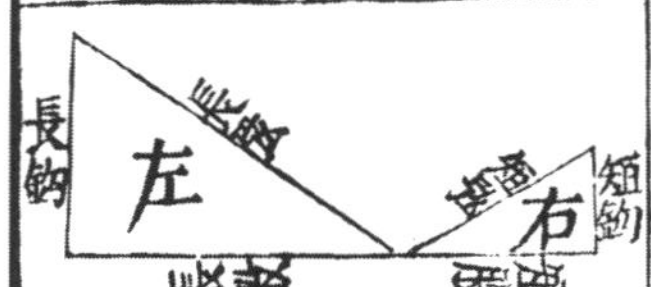

今有雙鉤股弦兩寸平積和二百七十步只云左右鉤股寸各四和六尺四寸長弦二尺九寸短弦一尺七寸問左右鉤股幾何

○荅曰得右鉤八寸

術曰立天元一爲右鉤① 以減只云四

一九

⑥ 和餘爲右股與左鉤股三和寄仁位② 列短弦冪

⑦ 內減右鉤冪餘爲右股冪③ 和積四段長弦冪一段

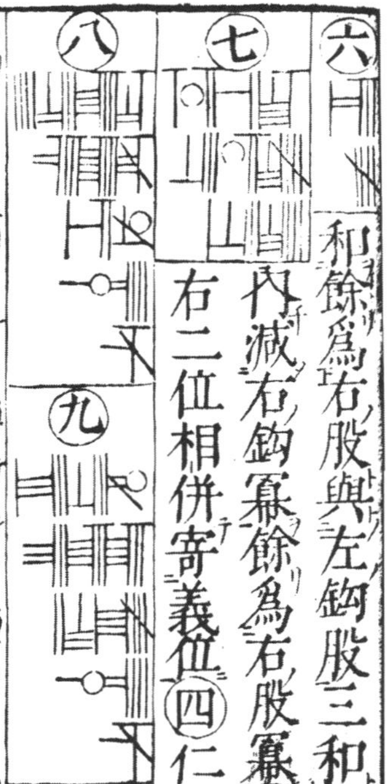

右二位相併寄義位④ 仁位冪與右股冪相併寄禮位⑤ 列仁位倍之得數內減倍右鉤餘寄智位⑥ 列義位以減禮位餘爲因智位右股自之寄信位⑦ 列智位冪以右股冪相乘之⑧ 與寄信位相消得開方式⑨ 三乘方開之得商右鉤推前術得各合問

今有雙鉤股弦長鉤三寸短鉤一寸四分只云右股弦之差與左股弦之差和而一寸二分問雙弦股幾何 乃雙弦同寸也

○荅曰得右股四寸八分

術曰立天元一爲右股① 自之得數加入短鉤冪爲弦冪②

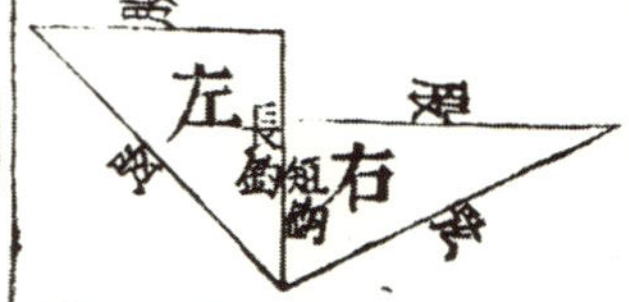

三之得數一段只云數冪一段右股以只云數相乘二段

右股冪一段長鈎冪一段右五位相併寄

天位三只云數加入右股得數四之

寄地位四列天位自之爲因地位冪

弦冪寄人位五列地位冪以弦冪相乘之

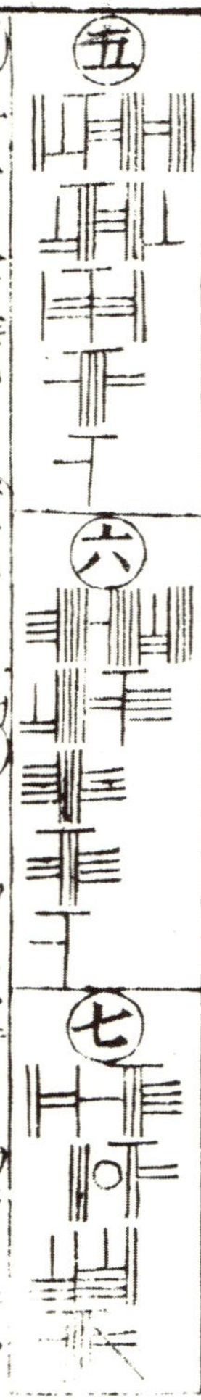

六與寄人位相消得開方式七立方飜法開之得商右股推

前術得各合問

平菱開切門 六問

今有平菱内平圓空外餘寸平積五十六歩八五八只云長矢寸與短鈎寸和二尺五寸短矢二寸問長短圓徑幾何

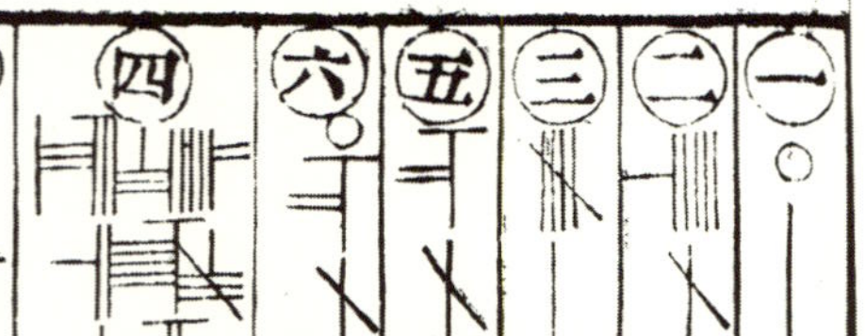

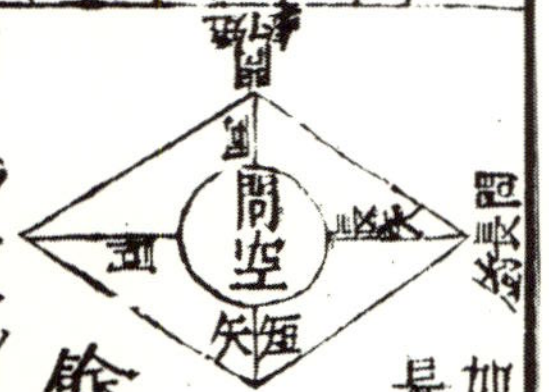

加辭云自短鈎寸長矢寸其形長也

○荅曰得短鈎六寸

術曰立天元一爲短鈎一以減只云

數餘爲長矢二列短鈎内減倍短矢

餘爲圓徑三自之以圓積率相乘之得

加入外餘積共得數倍之爲菱積二段寄左四列

圓徑加入倍長矢爲長鈎五以短

鈎乘之六與寄左相消得開方式

七平方開之得商短鈎推前術得各合問

今有平菱内如圖平圓空外餘寸平積一十三歩二分七九九六八八只云長短鈎寸和二尺一寸問長短鈎圓徑幾何

而加辭云自二箇短鈎寸長鈎寸八者其形短也

○荅曰得圓徑七寸二分

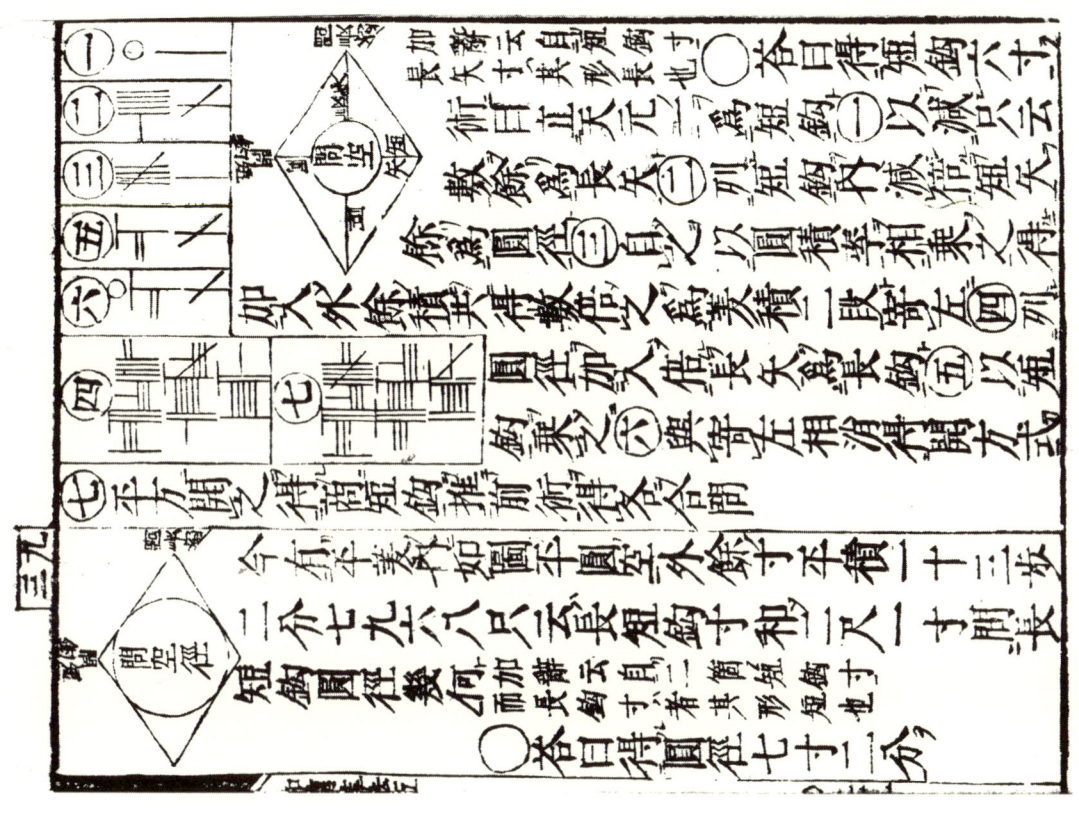

四九

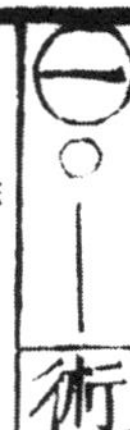

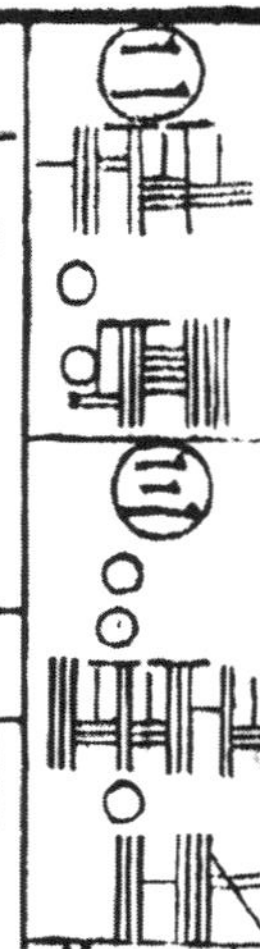

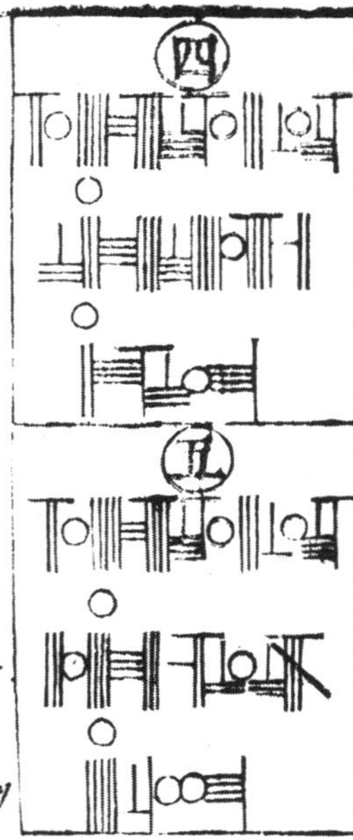

術曰立天元一為圓徑(一)自之以圓積率相乘之得數加入外餘積爲菱積寄天位(二)列只云數自之得內減天位四之得餘以圓徑冪相乘四之爲四段菱積冪寄地位(三)列天位自之就分四之(四)與寄地位相消得開方式(五)三乘方開之得商圓徑推前術各合問

今有平菱內如圖平圓只云菱面寸冪內加入短鈎寸與圓徑寸之差寸之冪共寸平積五十九步四分九短鈎九寸問各幾何

答曰得菱面七寸五分

五九

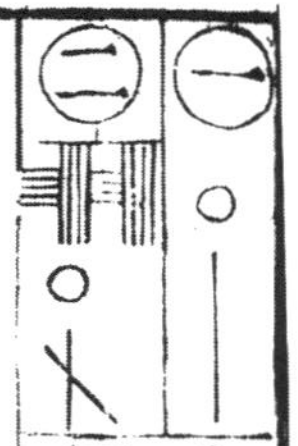

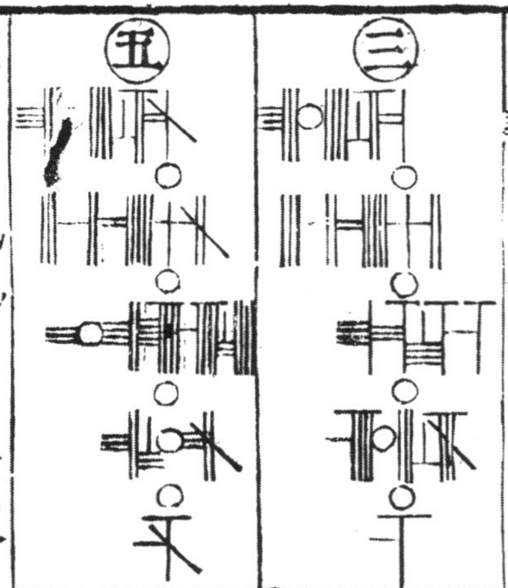

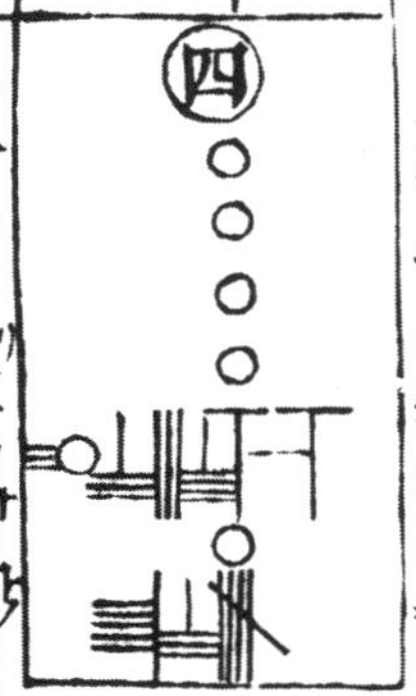

術曰立天元一為菱面(一)自之以減共積餘爲短鈎與圓徑差冪寄天位(二)列菱面冪以天位相乘四段短鈎三自乘二段右二位相併得數為因短鈎與圓徑差因菱面冪短鈎八段自之寄地位(四)列菱面三自之得數相乘短鈎冪又以天位乘之得數就分以六十四相乘之(五)與寄地位相消得開方式(六)七乘方飜法開之得商菱面推前術各合問

今有平菱內如圖平方空外餘寸平積十七步六分六一六云長矢各二寸二分令五別矢寸與方面寸之差二寸二

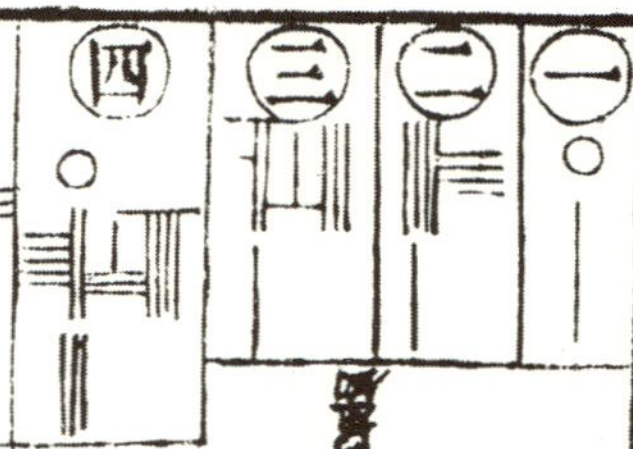

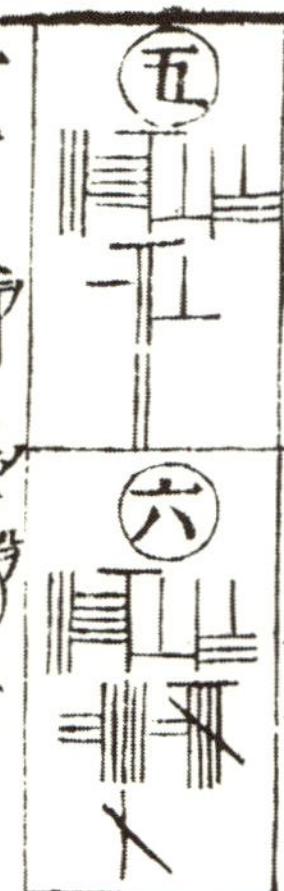

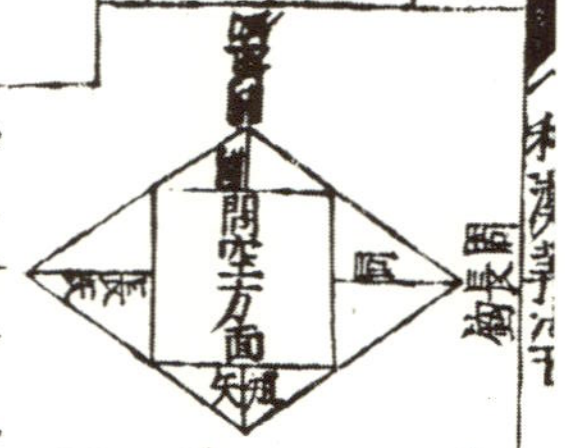

分問方面長短鈎幾何
○荅曰得短鈎八寸二分
術曰立天元一爲短鈎(一)加入倍矢
云數爲三段方面(二)加入長矢六之
得數爲三段長鈎(三)以短鈎乘之得數三之爲
一十八段菱積寄左(四)列三段方
面自之得數倍之加入外餘積以
一十八相乘得(五)與寄左相消得開方式(六)平方開之得商
短鈎推前術得各合問

今有平菱內如圖平方只云平方面寸取七分之四其寸與
短鈎寸和二尺令六分菱面寸各五寸九分四厘五問方面
長短鈎幾何
○荅曰得長鈎八寸六分一厘

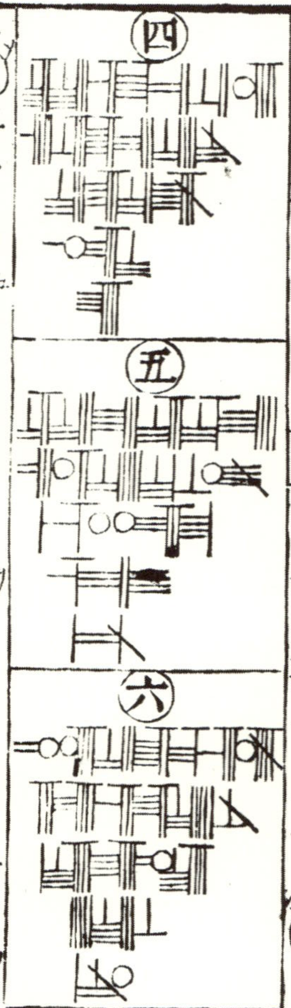

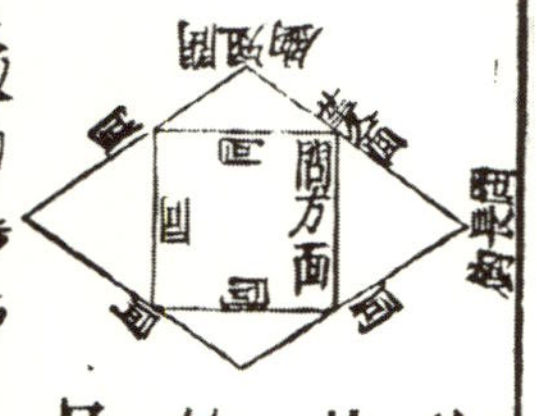

術曰立天元一爲長鈎(一)自之以減
菱面冪四之得內餘爲短鈎冪(二)長
鈎一段內減只云數餘寄天位(三)
只云數以長鈎相乘得數內減短鈎
冪餘七之爲因天位短鈎自之寄地位(四)列天位
自乘之以短鈎冪相
乘(五)與寄地位相消得開方式(六)三乘方飜法開之得商長
鈎推前術得各合問

今有長短菱形平積八百六十八步只云兩長弦寸各五

九八

尺乃短弦矩合問長短鉤幾何　○荅曰得長鉤六尺二寸

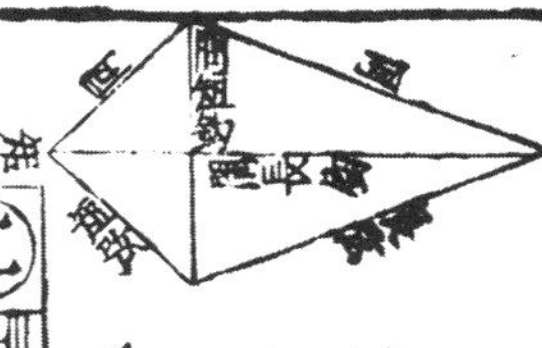

術曰立天元一爲長鉤(一)自乘之得數內減云積
餘自之得加入云積冪共得數爲因長鉤冪長弦
冪寄左(二)列長鉤自之以長弦冪相乘之(三)與寄
左相消得開方式(四)三乘方開之得商長鉤推前
術得各合

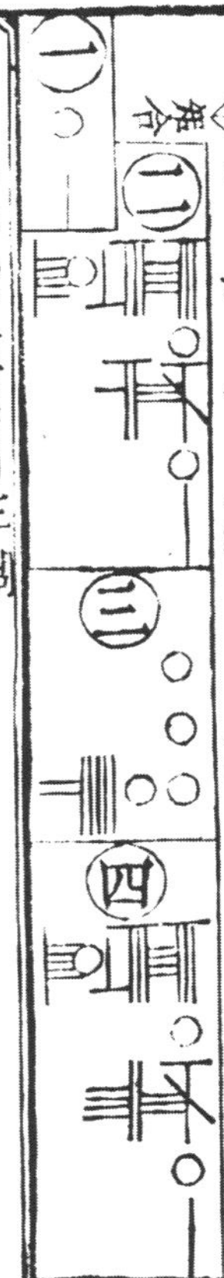

問

雙弦股積門　三問

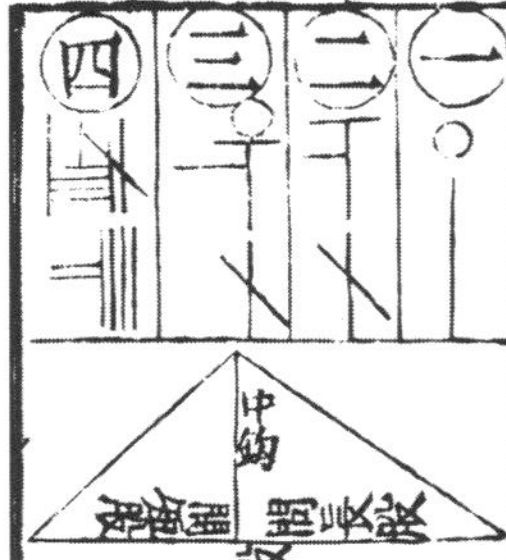

今有雙弦股中鉤一尺二寸股一尺六寸
只云以長股寸除中鉤一尺二寸從割寸
而以短股寸除中鉤一尺二寸割寸者多
八分問長短股幾何　○荅曰得長股一尺

九九

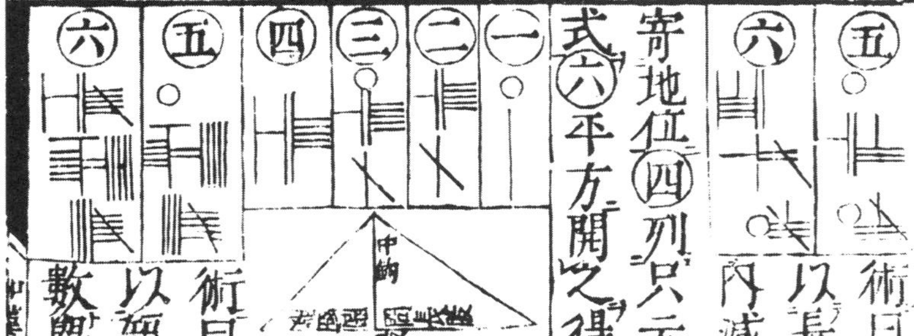

術曰立天元一爲長股(一)以減股餘爲短股(二)
以長股乘之寄天位(三)列中鉤以長股相乘得
內減中鉤相乘短股得數餘爲因天位只云數
寄地位(四)列只云數以天位相乘(五)與寄地位相消得開方
式(六)平方開之得商長股推前術得各合問

今有雙弦股中鉤九寸股一尺二寸五分
只云以長股寸除中鉤九寸割寸與以短
股寸除中鉤九寸割寸共和四寸五分問
長短股幾何　○荅曰得短股二寸五分
術曰立天元一爲短股(一)以減股餘爲長股(二)
以短股乘之寄天位(三)列中鉤以短股相乘得
數與亦中鉤以長股相乘得數相併爲因天位

只云數寄地位（四）列天位以只云數相乘之（五）與寄地位相
消得開方式（六）平方開之得商短股推前術得各合問

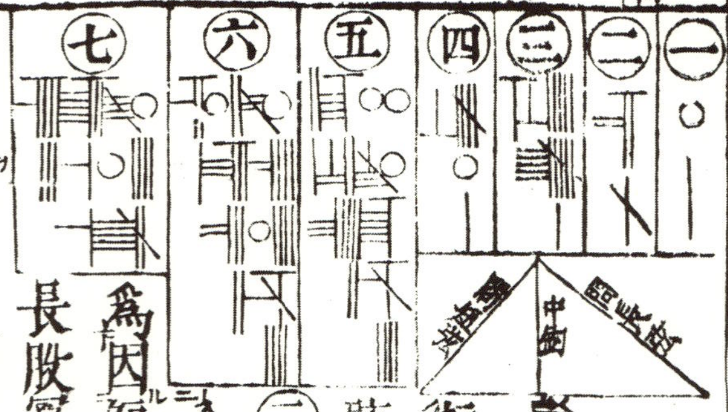

今有雙弦股只云中鈎八寸股二尺一
寸長弦寸與短弦寸和二尺七寸問長
短弦幾何
（〇）答曰得長弦一尺七寸
術曰立天元一為長弦（一）以減和餘為短
弦（二）自之得數內減中鈎冪餘為短股冪
（三）長弦冪內減中鈎冪餘為長股冪（四）加
入短股冪共得數以減只云股冪餘自之
為因短股冪長股冪四段寄左（五）列短股冪以
長股冪乘之得數就分四之（六）與寄左相消得
開方式（七）平方開之得商長弦推前術得各合問
卷五終

和漢算法卷之六

洛北宮城外記藤原清行集成

門人　土橋平助勝政
大條半太夫長清　校
鵜飼小七郎重之

根源記一百五十問古今算法增補別術算籌圖式

從第一百一問而到第一百五十問

片狹乘積門　五問

今有片狹平寸平積百五十步只云狹横六寸弦一尺七寸
問各幾何
（〇）答曰得縱一尺五寸

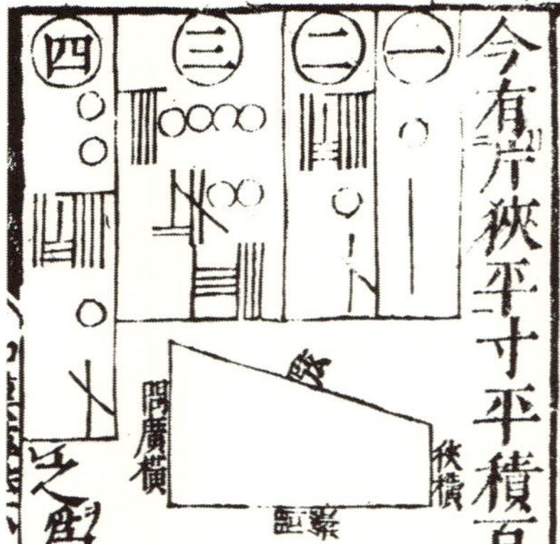

術曰立天元一為縱（一）自之以減弦
冪餘為廣横與狹横差冪（二）列縱以
狹横相乘倍之以減積二段內餘自
之為因縱冪廣横與狹横差冪寄左（三）列

百二

廣横與狹横差冪以縦冪相乗之㊃與寄
左相消得開方式㊄三乗方飜法開之得
商縦推前術得各合問

今有片狹平寸只云廣横寸與縦寸及弦寸各三和
四尺六寸從縦寸而廣横寸者短一寸
問各幾何　○答曰得弦一尺七寸

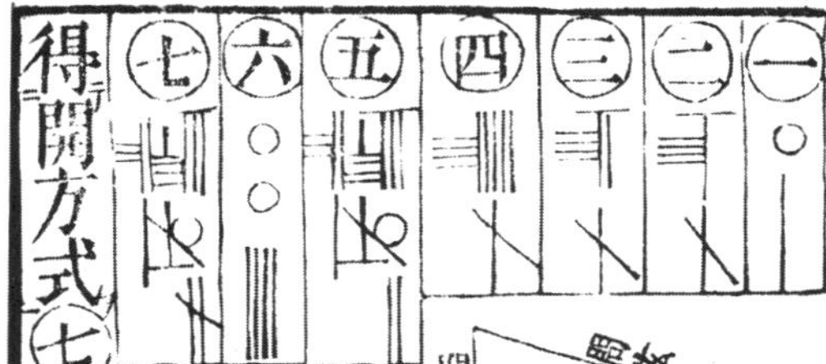

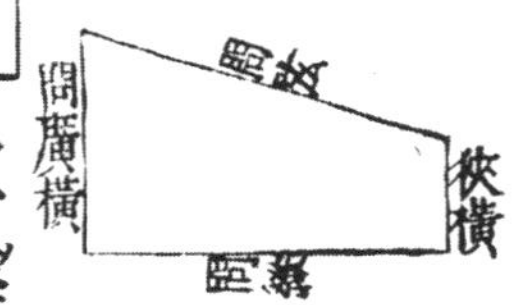

術曰立天元一為弦㊀以減只云數餘
為廣横與縦和㊁加入廣横㊃内減狹横倍
二段縦㊂却減差為二段廣横
之得數餘自之得與二段縦冪相併為四段弦
冪寄左㊄列弦自之就分四之㊅與寄左相消
得開方式㊆平方開之得商弦推前術得各合問

百三

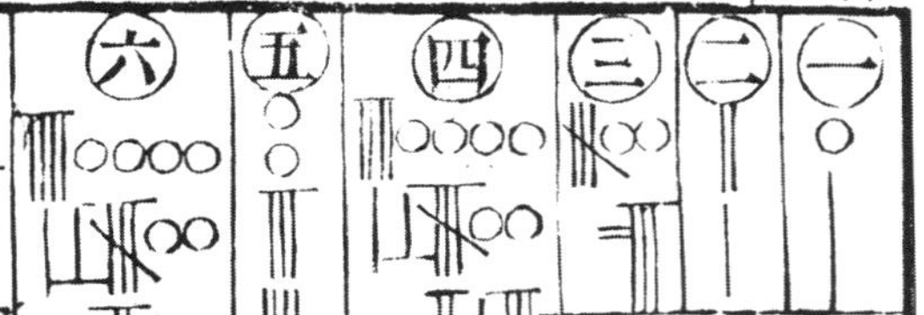

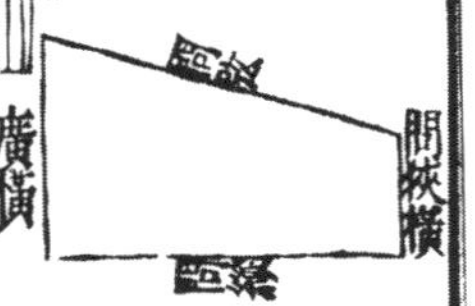

今有片狹平寸平積百五十歩只云廣
横一尺四寸弦寸與縦寸之差二寸問
各幾何　○答曰得縦一尺五寸
術曰立天元一為縦㊀加入云差為弦
㊁列縦以廣横乗之得内減積餘倍之為因縦
廣横與狹横差㊂自之得加入云差冪與縦冪
相乗得數為因縦冪與差二段弦寄左㊃
列弦以縦冪乗之得相乗云差倍之㊄與
寄左相消得開方式㊅立方開之得商縦推前術得各合問

百四

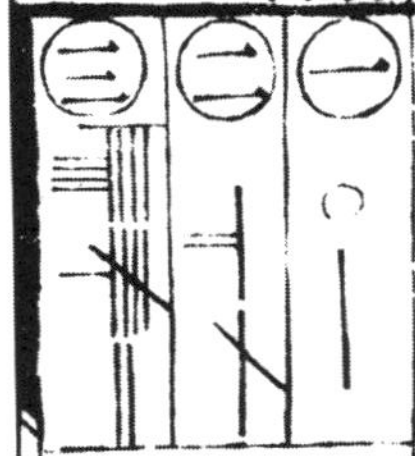

今有片狹平只云廣横一尺四寸弦
一尺七寸縦寸與狹横寸和二尺一
寸問各幾何○答曰得縦一尺五寸

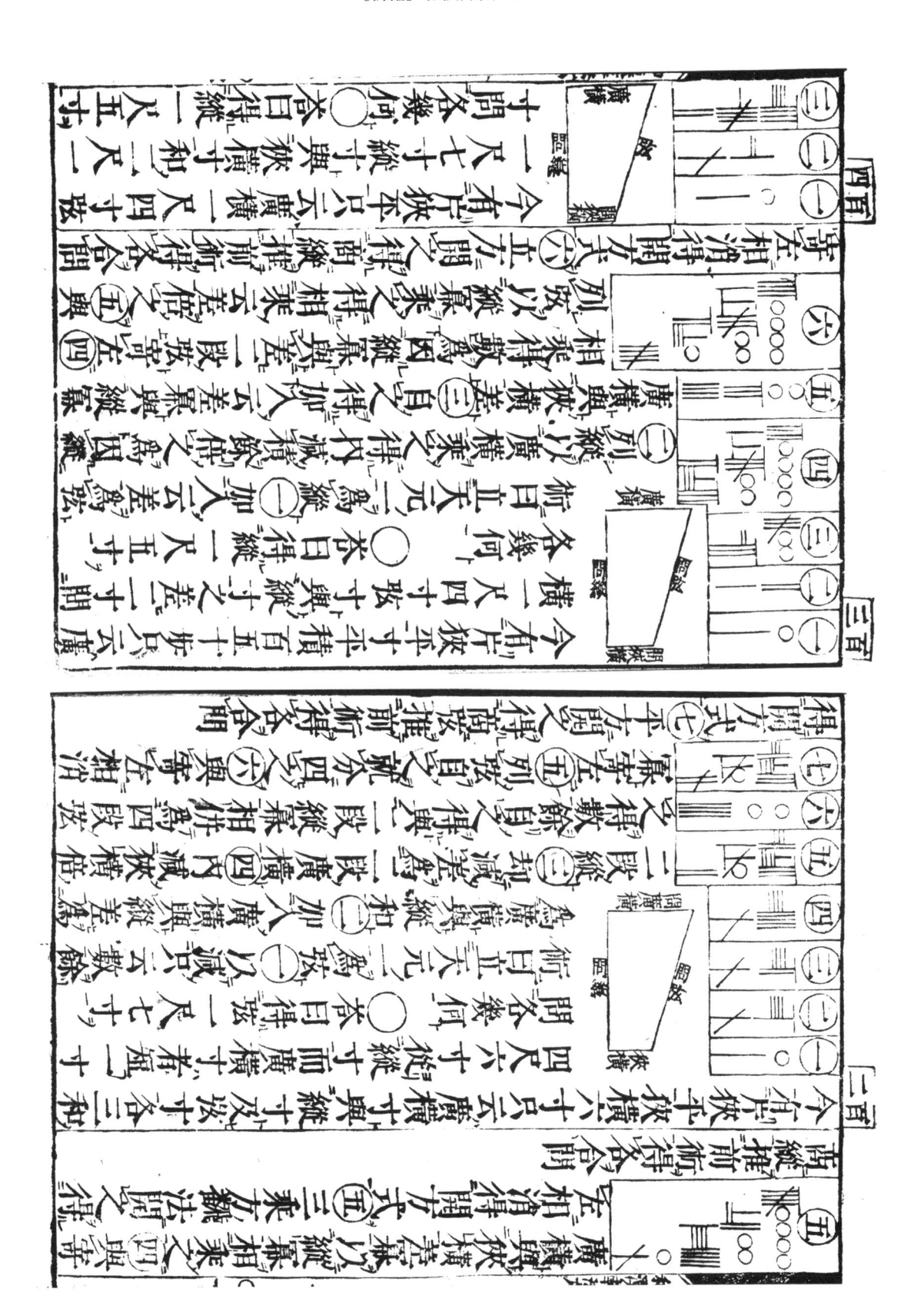

術曰立天元一爲縱㊀以減和餘爲狹
横㊁以減廣横餘自之加入縱冪得數爲弦冪寄左㊂列云
弦自之㊃與寄左相消得開方式㊄平方飜法開之得商縱
推前術得各合問

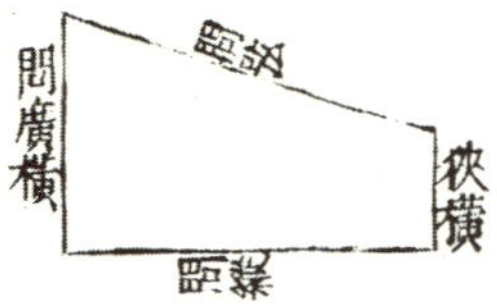

今有片狹平寸平積百五十歩狹横六寸只云縱寸取十分
之六而列其寸爲實開平方之見商寸與廣横寸
和而一尺七寸問各幾何

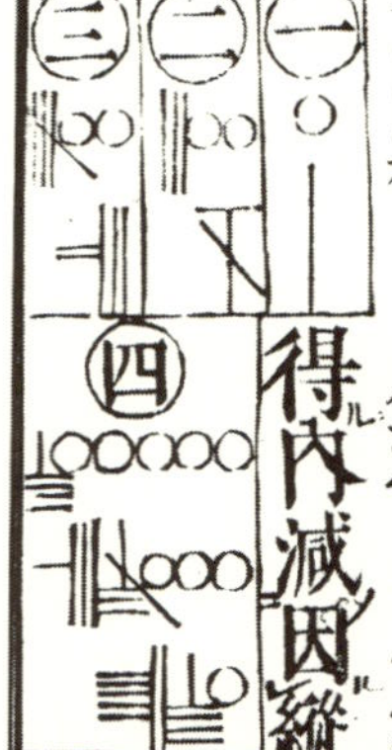
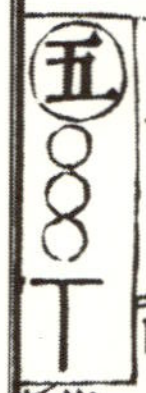

○荅曰得縱一尺五寸
術曰立天元一爲縱㊀列積倍之得内減縱與狹
横相乘得數餘爲因縱廣横㊁只云數以縱相乘
得内減因縱廣横餘爲見商數㊂自之以分母十
乘之爲縱再自乘數六段寄左㊃列
縱再自乘之就分六之㊄

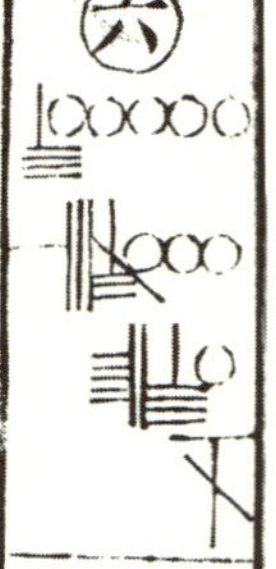

與寄左相消得開方式㊅立方開之得商
縱推前術得各合問

方形角截門　十二問

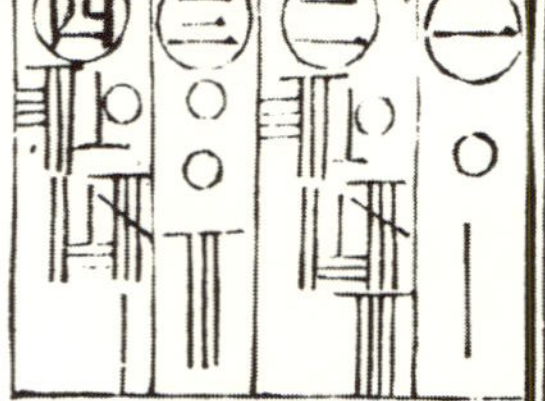
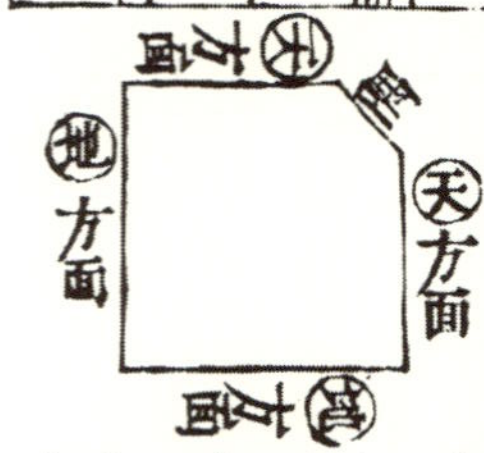

今有平方如圖切落一隅寸平積
三百十九歩五分只云三箇方面
寸和而四尺八寸（乃天方面二箇與地方面一箇）
問隅面方面幾何（和也）
○荅曰得(地)方面一尺八寸
術曰立天元一爲(地)方面㊀三之得内減只云數餘自之得
與積八之得數相併爲八段(地)方面冪寄左㊁列(地)方面自
之就分八之㊂與寄左相消得開方式㊃平方開之得商(地)
方面推前術得各合問

百七

今有平方如圖切落二隅寸平積三百十五歩只云四箇方面寸和而六尺問隅面方面幾何

〇荅曰得智方面一尺二寸

術曰立天元一為智方面一四之以減只云數餘寄左二自之得數與積以二十六相乘得相併為二十六段

勇方面冪再寄三列寄左加入只云數自之四與再寄相消得式五以商除之得商智方面推前術得各合問

百八

今有平方如圖切落二隅寸平積六百歩只云四箇方面寸和而其寸十六分七取之其寸與二箇隅面寸和四尺九寸一分四二問隅面方面幾何〇荅曰得方面二尺

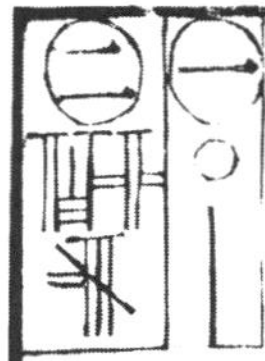

術曰立天元一為方面一以二十八相乘得數以

百九

今有平方如圖切落三隅積內加入一箇隅面寸共寸平積八百六十九歩五分七一只云一箇甲方面寸與一箇隅面寸和而二尺七寸令七一問隅面方面幾何〇荅曰得甲方面二尺

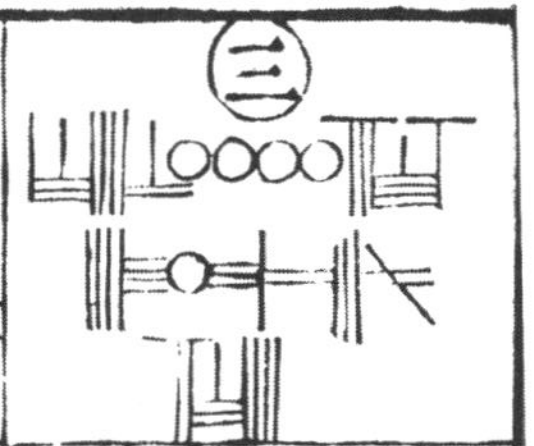

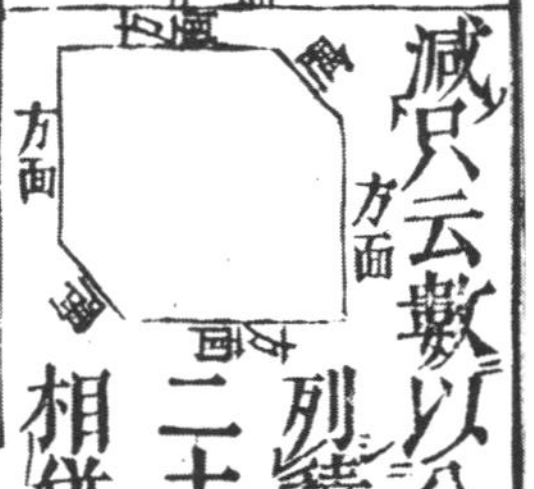

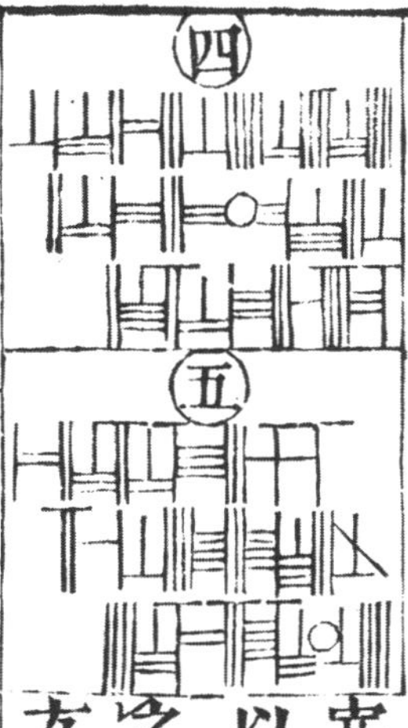

減只云數以分母二十六乘之得數餘寄左二列積以中斜率冪相乘亦以二千令二十四乘之得數與寄左數自之得相併為二千令二十四段平方積而寄三列方面以中斜率相乘之又以三十二乘之得以加入寄左自之四與再寄相消得開方式五平方開之得商方面推前術各合問

術曰立天元一為㊙方面㊀以減只云數餘為隅面㊁列㊙方面以中斜率相乘之加入倍隅面自之得數倍之得內減隅面冪三之得數餘為因中斜率冪二段積寄左㊂列積內減隅面餘以中斜率冪相乘之得數倍之㊃與寄左相消得開方式㊄平方飜法開之得商㊙方面推前術得各合問

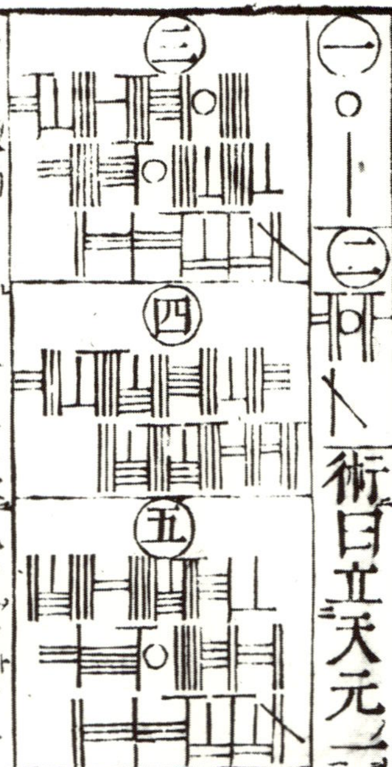

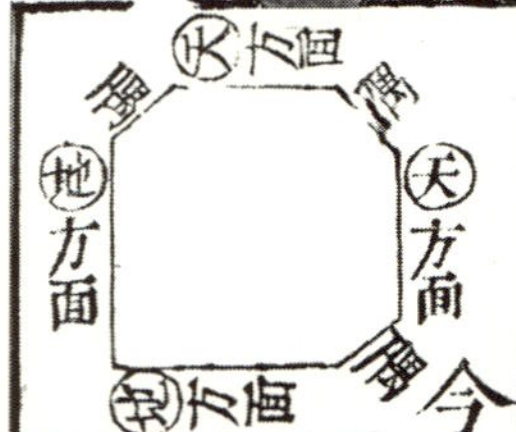

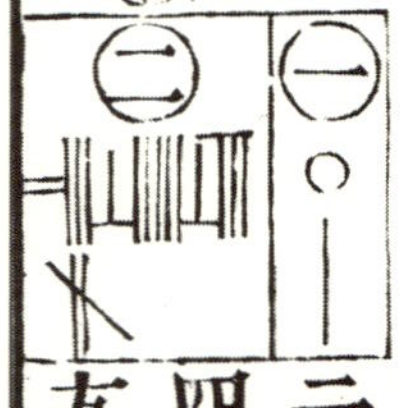

今有平方如圖切落三隅寸平積百六十三步只云二箇隅面寸與二箇㊝方面寸各四和二尺三寸六分五六八問隅面方面幾何

○荅曰得㊝方面九寸

術曰立天元一為㊝方面㊀倍之以減只云數餘為二箇隅面㊁列方面以中斜率相乘之得數加入二箇隅面自之以八乘之得內減一箇隅面冪三之得數餘為因中斜率冪八段積寄左㊂列積以中斜率冪相乘之得數就分八之㊃與寄左相消得開方式㊄平方飜法開之得商㊝方面推前術得各合問

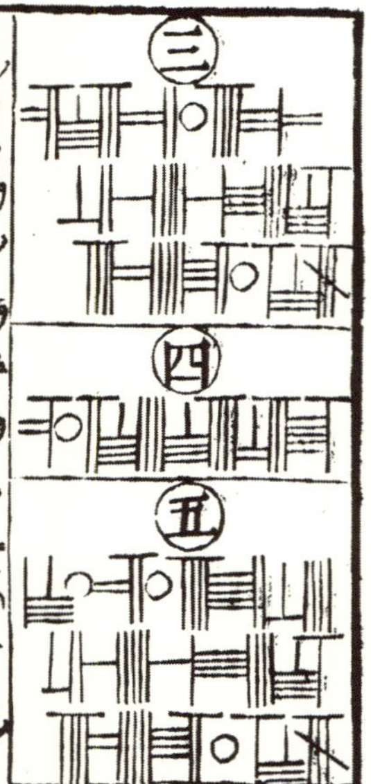

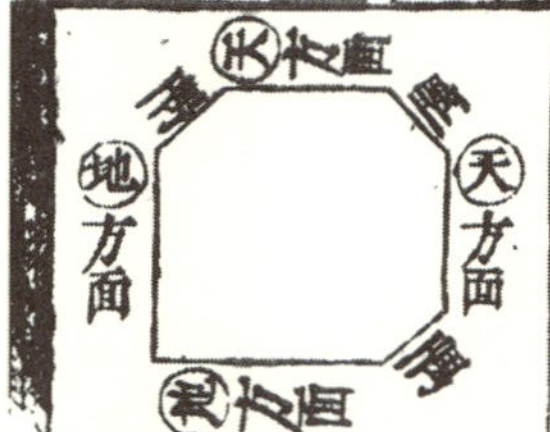

今有平方如圖切落三隅其積內加入一箇㊝方面寸為實開平方之見商寸共寸平積百六十六步只云二箇㊞方面寸與一箇隅面寸和而一尺三寸八分二八四問隅面方面幾何

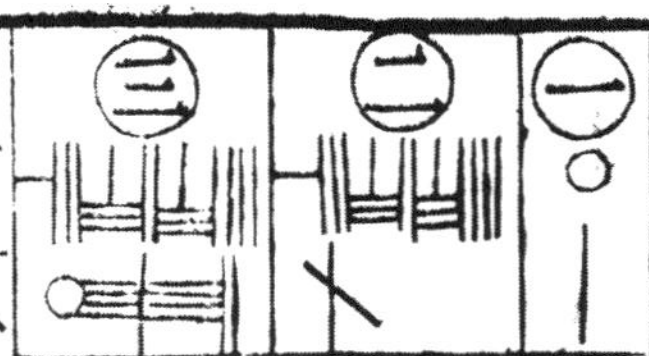

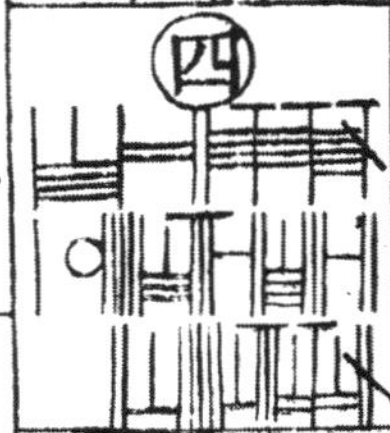

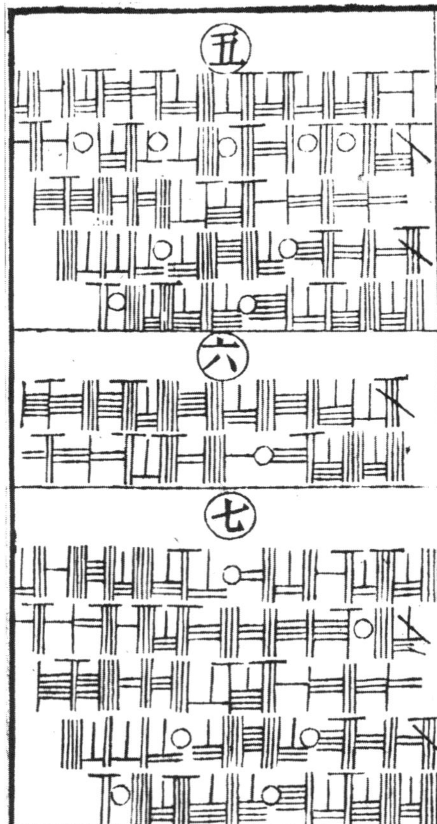

答曰得地方面一尺一寸

術曰立天元一為地方面一以減只云數餘為隅面二列方面以中斜率相乘之得數加入隅面為因中斜率方面三自之得數倍之得内減隅面冪三之得餘為因中斜率冪二段積四以減共積以中斜率冪相乘之得數倍之得内

百十三

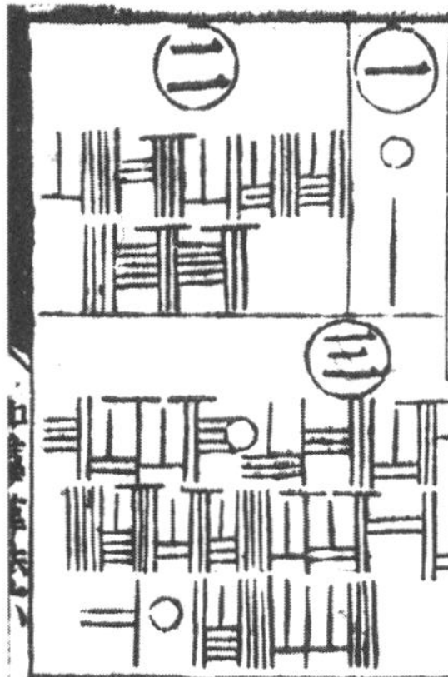

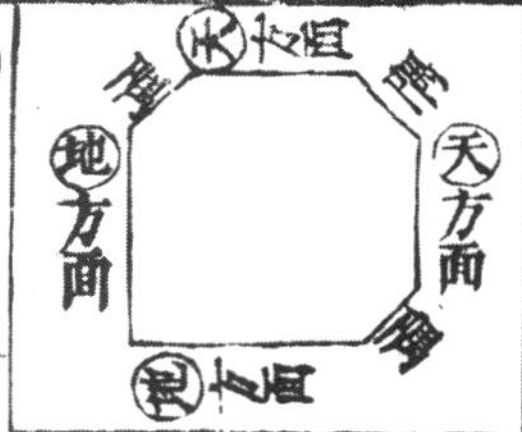

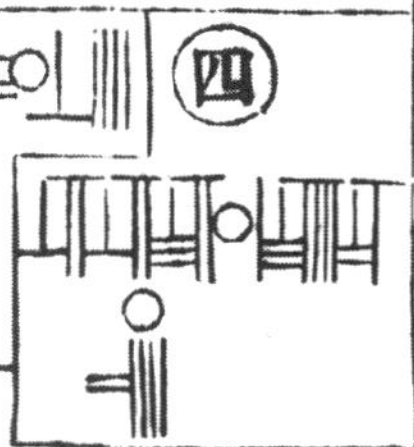

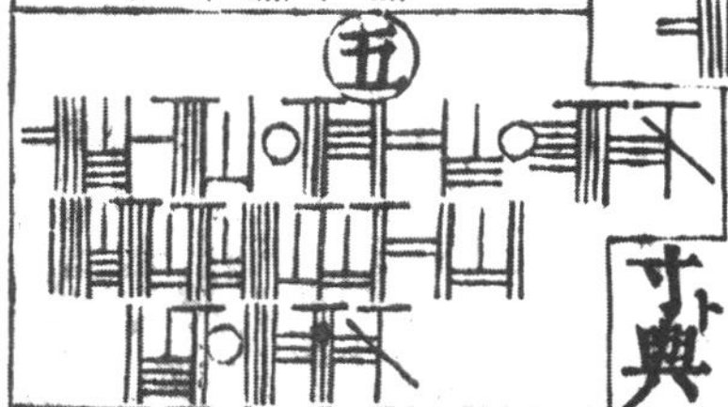

餘自之為因中斜率三自乘四段天方面寄左五列方面以中斜率相乘之得内減隅面餘以中斜率再自乘相乘之得數就分四之六與寄左相消得開方式七三乘方開之得商地方面推前術得各合問

今有平方如圖切落三隅寸平積二百十一步五分只云四商方面寸與一商隅面寸各五和面四尺六寸二分四二六問隅面方面幾何

答曰得隅面四寸二分四二六

術曰立天元一為隅面

一以減只云數餘以中斜率相乘之得加入六箇隅面爲因中斜率四段滿方面二自之爲因中斜率冪二十六段滿方積寄左三列積以中斜率冪相乘之就分以二十六乘之得與二十四段隅面冪相併得數四與寄左相消得開方式五平方開之得商隅面推前術得各合問

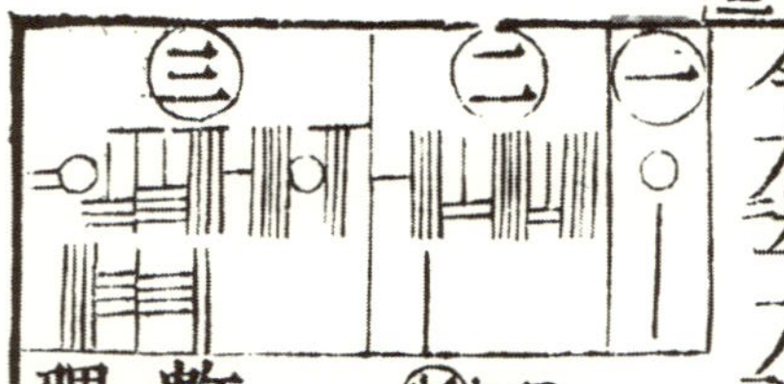

今有平方如圖切落三隅寸平積百八十二歩五分只云二箇方面寸和内減一箇隅面寸止餘一尺四寸七分五七四問隅面方面幾何

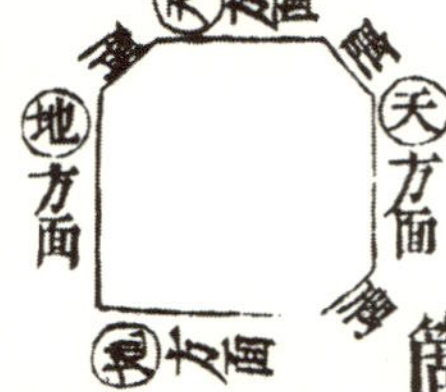

答曰得隅面四寸二分四二二六

術曰立天元一爲隅面一加入只云數爲天地方面和二以中斜率相乘之得數加入隅面三之得爲因中斜率二段滿方面三自之得

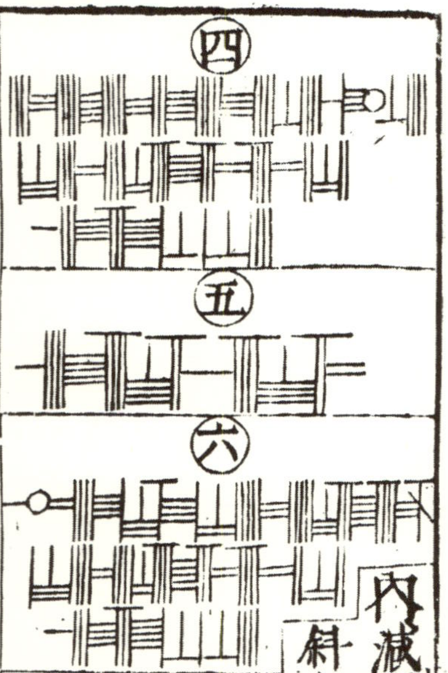

内減隅面冪六之得餘爲因中斜率冪四段積寄左四列積以中斜率冪相乘之得數就分四之五與寄左相消得開方式六平方開之得商隅面推前術得各合問

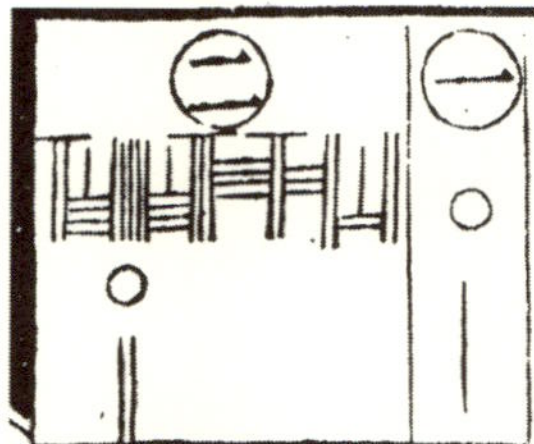

今有平方如圖切落四隅寸平積三百九十八歩只云二箇方面寸與中斜弦寸和六尺二寸八分六九八八問隅面方面幾何

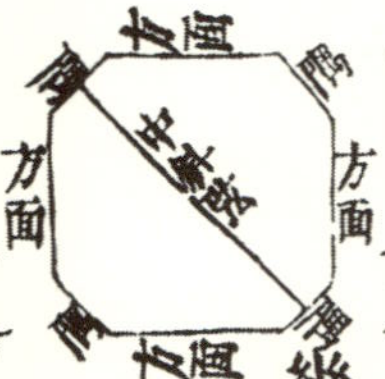

答曰得隅面一寸四一四二

術曰立天元一爲隅面一列積以中斜率冪相乘之得數加入隅面冪倍之得爲因中斜率冪平方面冪寄左二只

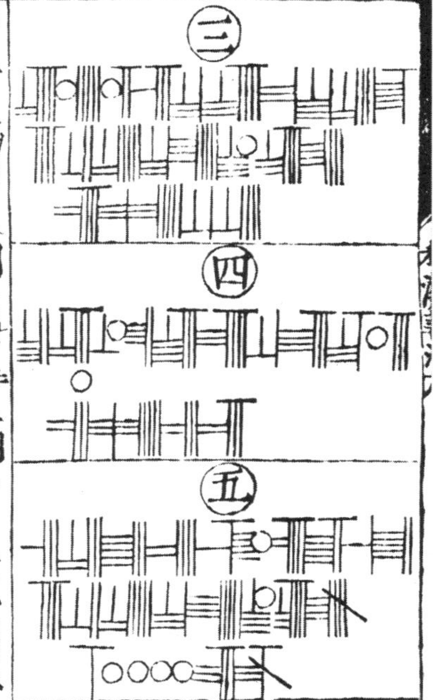

云數以中斜率相乘
一段隅面以中斜率相
乘一段隅面四段右三位
相併得數自之再寄
三寄左數以中斜率
冪相乘一段寄左數以
中斜率相乘四段寄左數四段右三位相併得數四與再寄相消
得開方式五平方開之得商隅面推前術得各合問

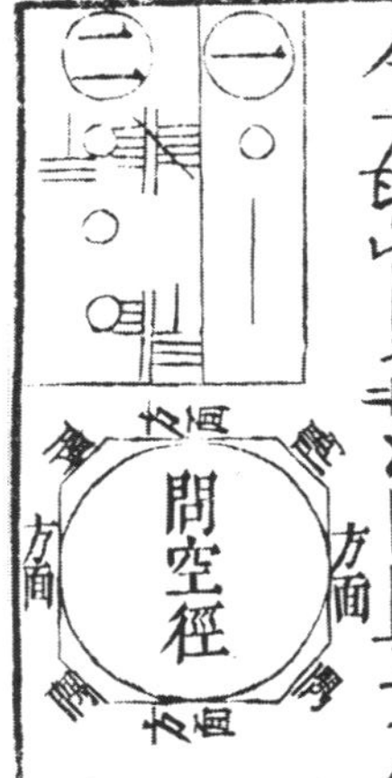

今有如圖切落四隅平方內平圓空外餘寸平積四十歩令
二分六二五只云二箇方面寸與
一箇隅面寸和一尺三寸八分二
八四問隅面方面圓徑幾何

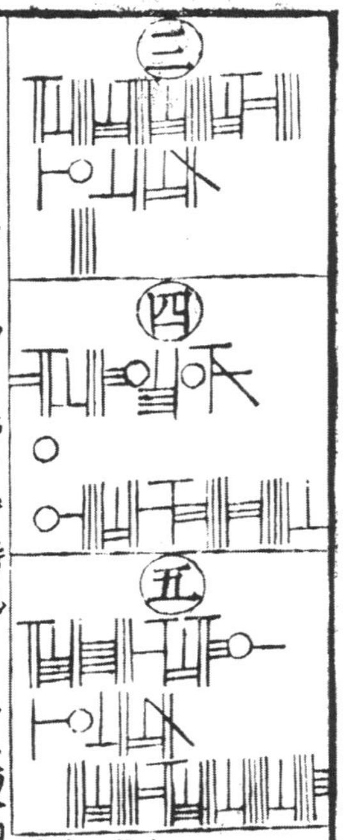

答曰得圓徑
一尺五寸
術曰立天元一為圓
徑一自乘之以圓積
率相乘之加入外餘積以減圓徑冪餘倍之寄左二列圓徑
內減只云數餘倍之得數自乘之再寄三寄左數以中斜率
冪相乘一段寄左數四段右二位相併得數內減寄左數以中斜
率相乘之得數四段餘數四與再寄相消得開方式五平方開
之得商圓徑推前術得各合問

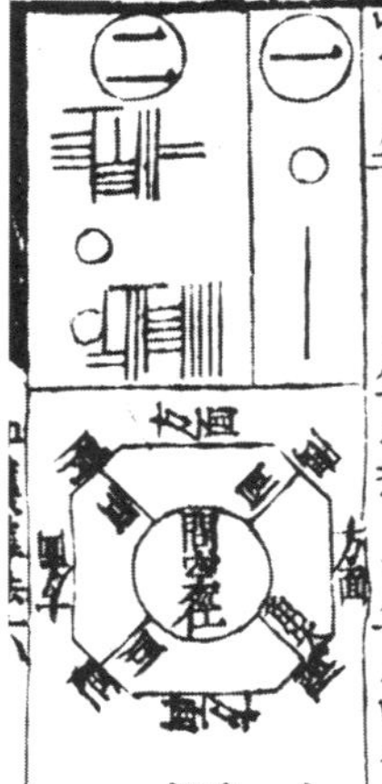

今有平方如圖切落四隅內有平
圓空外餘寸平積四十六歩九三
二只云列圓徑寸為實開平方之

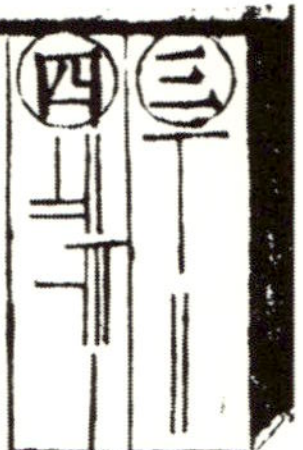

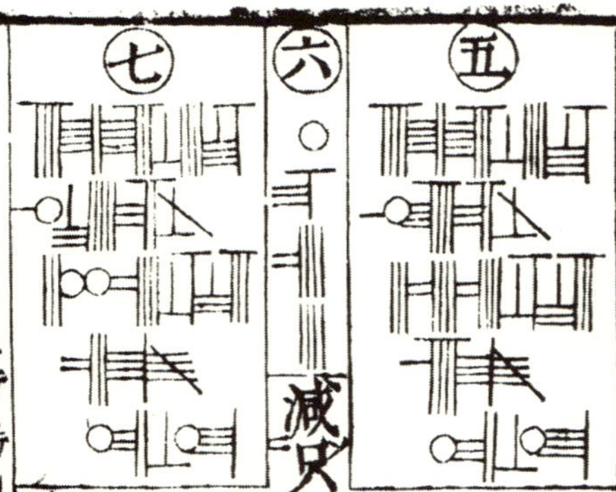

見商寸與隅面寸和三寸角矢各三寸問各幾何

答曰得圓徑四寸

術曰立天元一為圓徑(一)自之以圓積率相乘之加入外餘積為平方積寄元位(二)圓徑二段角矢四段右二位相併得內減只云數三段餘寄寄位(三)圓徑冪一段矢冪四段圓徑以矢相乘四段只云數以圓徑相乘二段只云數以矢相乘四段右五位相併得數寄利位(四)只云數冪一段元位二段圓徑一段右三位相併以減利位餘自之為因寄位冪圓徑寄貞位(五)列寄位自之以圓徑相乘之(六)與寄貞位相消得開方式(七)三乘方開之得商圓徑推前術得各合問

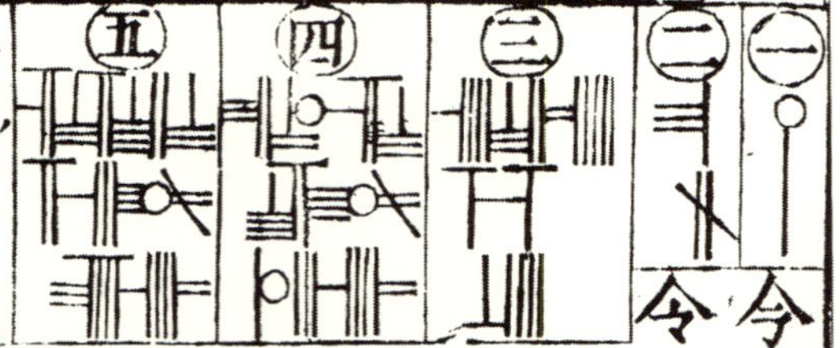

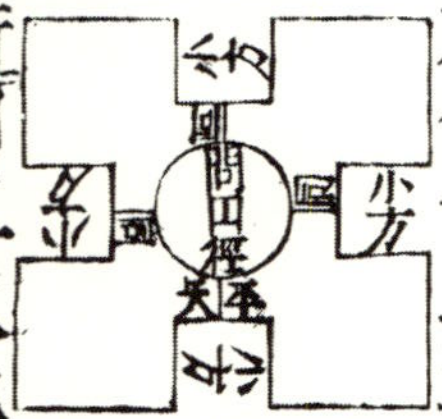

今有如圖平方內有平圓空外餘寸平積一百令六分一二二五只云小方面寸取五分之二而其寸與圓徑寸和六寸二分平矢各七分五厘問各幾何 加辭云自小方面寸而圓徑寸者其形長

答曰得小方面三寸

術曰立天元一為小方面(一)以分子二二相乘以減只云數五之得內餘為五段圓徑寄左(二)平矢一段 十 小方面一段 十 寄左數一段 右三位相併為五段平方面自之為二十五段平方面冪再寄(三)列寄左數自之以圓積率相乘之一段 小方面冪一段 一百 外餘積二十五段 右三位相併得數為二十五段平方面冪(四)與再寄相消得開方式(五)平方開之得商小方面推前術得各合問

圓乃輪違門　四問

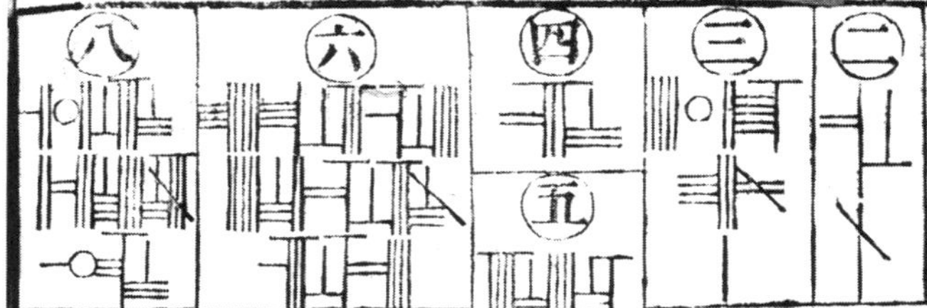

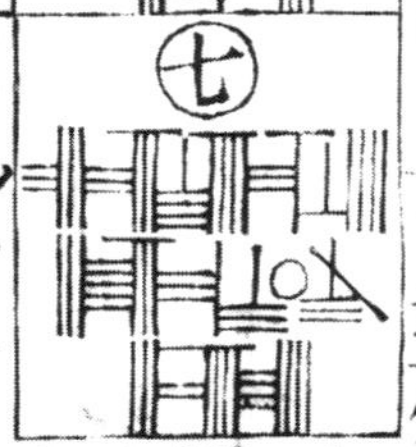

今有大小平圓之輪違只云兩弦各八寸大小徑寸和而二尺一寸六分又云大小矢寸和而三寸六分問各幾何

○荅曰得小圓徑一尺

術曰立天元一爲小圓徑(一)以減大小徑寸和餘爲大圓徑(二)自之得內減弦冪餘爲名甲冪寄智位(三)大圓徑二段小圓徑二段右二位相併內減又云數四段餘寄仁位(四)大圓徑以小圓徑相乘二段又云數冪四段大圓徑冪一段弦冪一段智位一段右五位相併得(五)內減大小圓徑相併得數

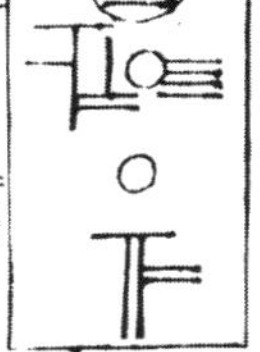

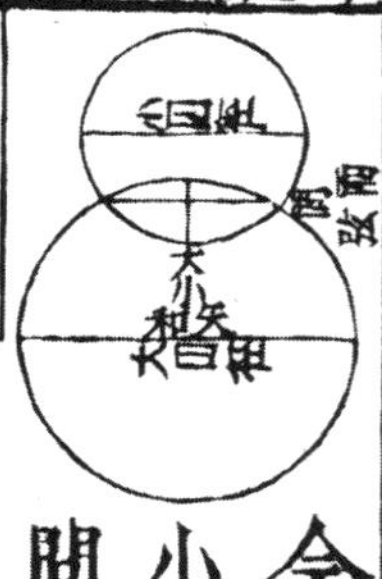

以又云數相乘之四段餘自之爲因智位仁位冪寄勇位(六)列智位以仁位冪相乘之七段與寄勇位相消得開方式(八)平方開之得商小圓徑推前術得各合問

今有大小平圓輪違大圓徑一尺一寸六分小圓徑一尺只云大小矢寸和而三寸六分問各幾何

○荅曰得兩弦八寸

術曰立天元一爲兩弦(一)只云數相乘小圓徑四段內減只云數冪四段餘寄智位(二)只云數相乘弦冪二段大圓徑與小圓徑相併得以只云數相乘四段右二位相併寄仁位(三)亦大圓徑與小圓徑相併以弦冪相乘二段大圓徑相乘只云數冪四段右二位相併得數

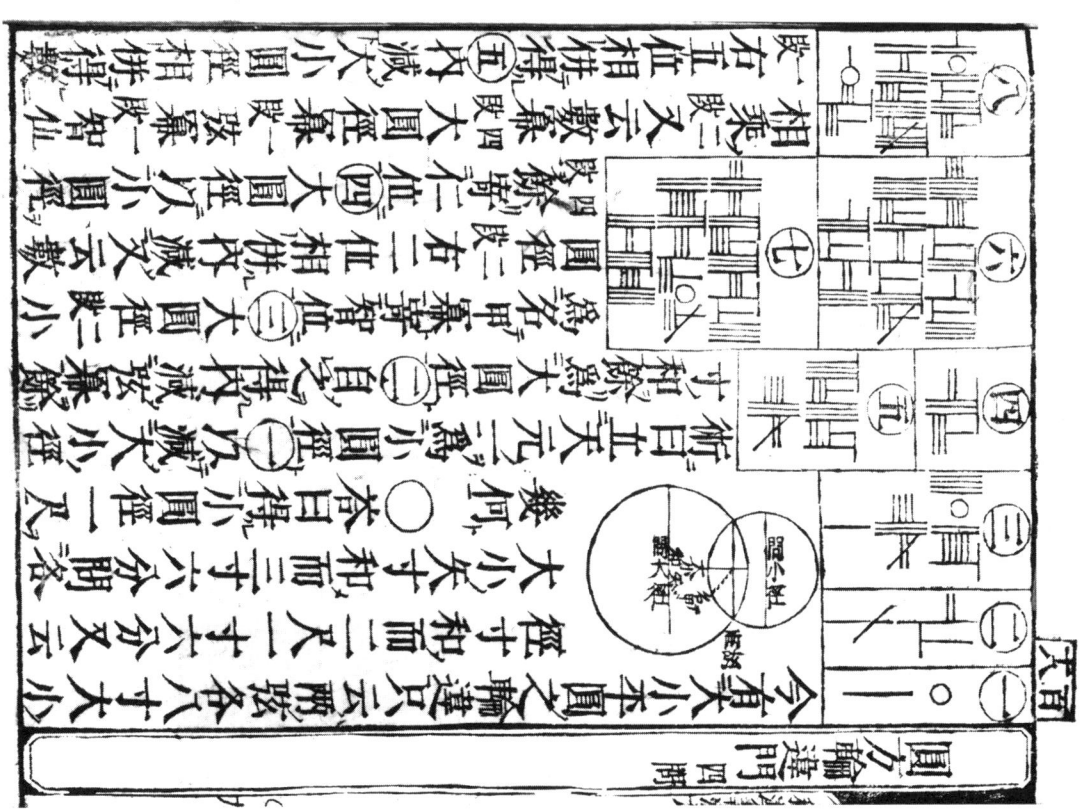

百九

以減仁位餘爲因智位大圓矢寄
勇位四列大圓徑以智位相乘得
內減勇位餘以勇位相乘之四之爲因智位冪弦冪寄左五
列智位冪以弦冪相乘之六與寄左相消得開方式七平方
開之得商兩弦推前術得各合問

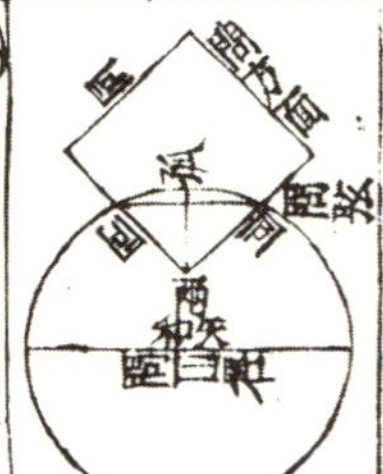

今有大圓小平方輪違只云兩矢和六寸孤
九寸三分五三（孤加入不盡也）從圓徑寸而方面寸
短五寸問各幾何　○答曰得大圓矢二寸

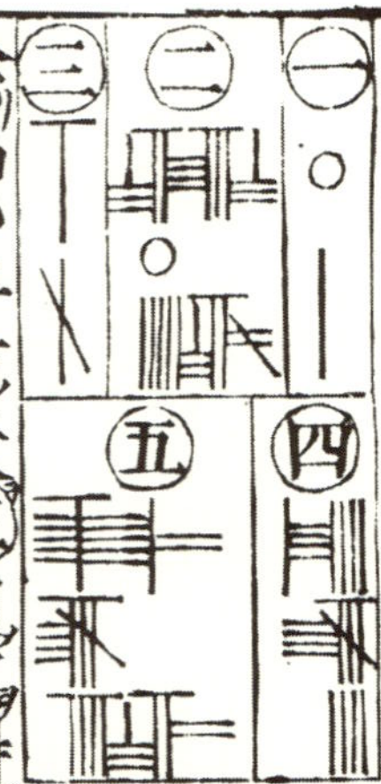

術曰立天元一爲大圓矢一自之
以知孤寄相乘之以減孤冪餘爲
兩弦冪寄左二列大圓矢以減和
餘爲小平方矢三自之得數四之四與寄左相消得開方式

百十

五平方開之得商大圓矢推前術得各合問

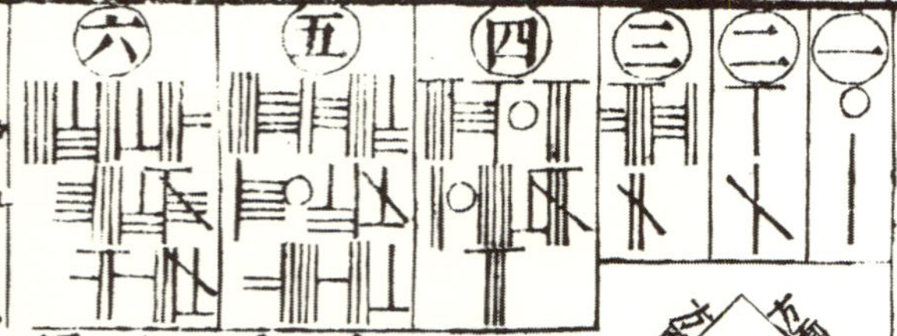

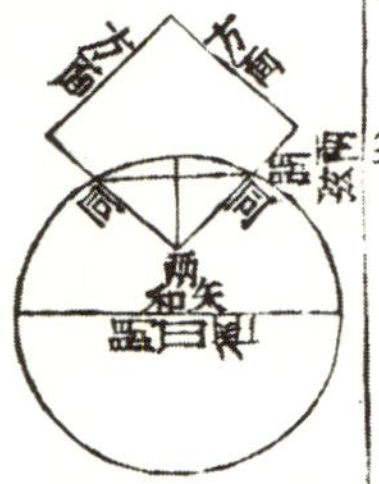

今有大圓小平方輪違只云兩矢
寸和六寸又云兩弦寸與圓周寸
和三尺九寸四分二問各幾何
○答曰得小平方矢四寸
術曰立天元一爲小平方矢一以減只云數餘
爲大圓矢二列小平方矢倍之以減又云數餘
爲圓周寸三以大圓矢相乘之四之爲因大圓
矢四段圓周寸寄左四列小平方矢自之四之
得加入大圓矢冪四之得數以圓周冪相乘之
爲又因大圓矢四段圓周寸五與寄左相消得開方式六平
方開之得商小平方矢推前術得各合問

器形皿重門 九問

問小方面

問大方面

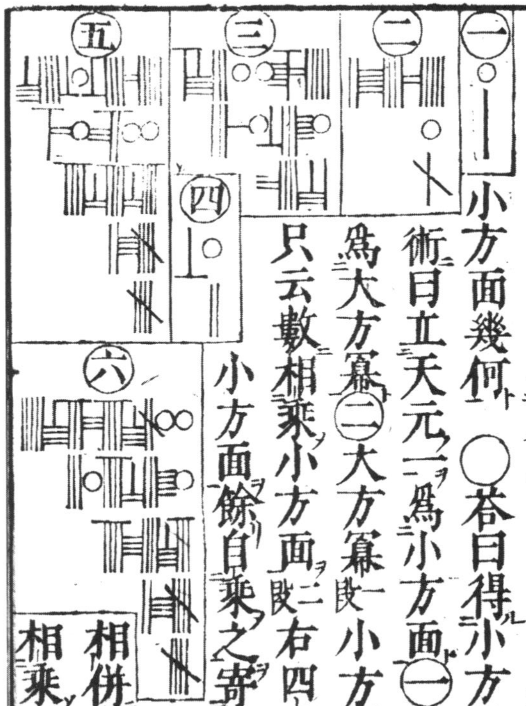

今有大小平方冪和二萬五千四百二十五歩只云大小方面寸併為實開平方之見商寸與大小方面寸之差寸共和三尺問大小方面幾何 ○答曰得小方面一丈令五寸

術曰立天元一為小方面㊀自之以減和積餘為大方冪寄㊁大方冪一段小方冪一段只云數冪一段只云數相乘小方面二段右四位相併得數内減小方面餘自乘之寄乾位㊂只云數二段小方面二段右二位相併寄坤位㊃相乘大方冪二段大方冪一段坤位相乘大方冪二段右三位相併得數㊄與寄乾位相消得開方式㊅三乘方開之得商小方面推前術得各合問

今有大小平方寸平冪和三百十七歩只云大小方面寸和為實開平方之見商寸加入大方面寸共二尺九寸問大小方面幾何 ○答曰得小方面一尺一寸

問小方面

問大方面

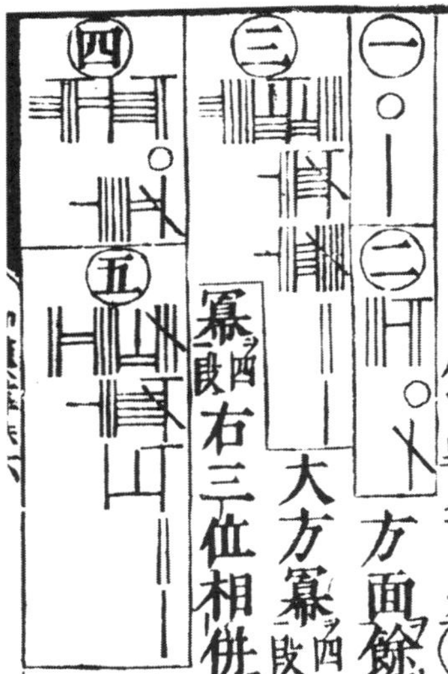

術曰立天元一為小方面㊀自之以減和積餘為大方冪㊁加入只云數冪得數内減小方面餘自之寄左㊂只云數冪相乘大方冪四段大方冪一段只云數相乘大方冪四段右三位相併得數㊃與寄左相消得開方式㊄三乘方飜法開之得商小方面推前術得各合問

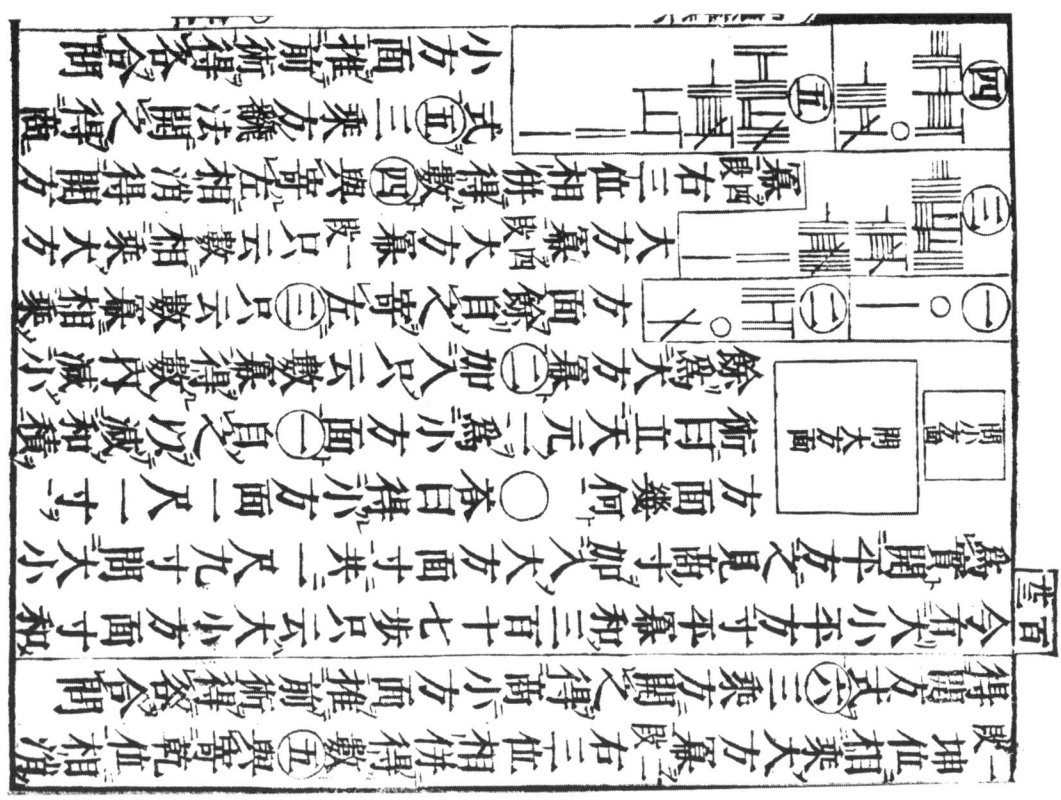

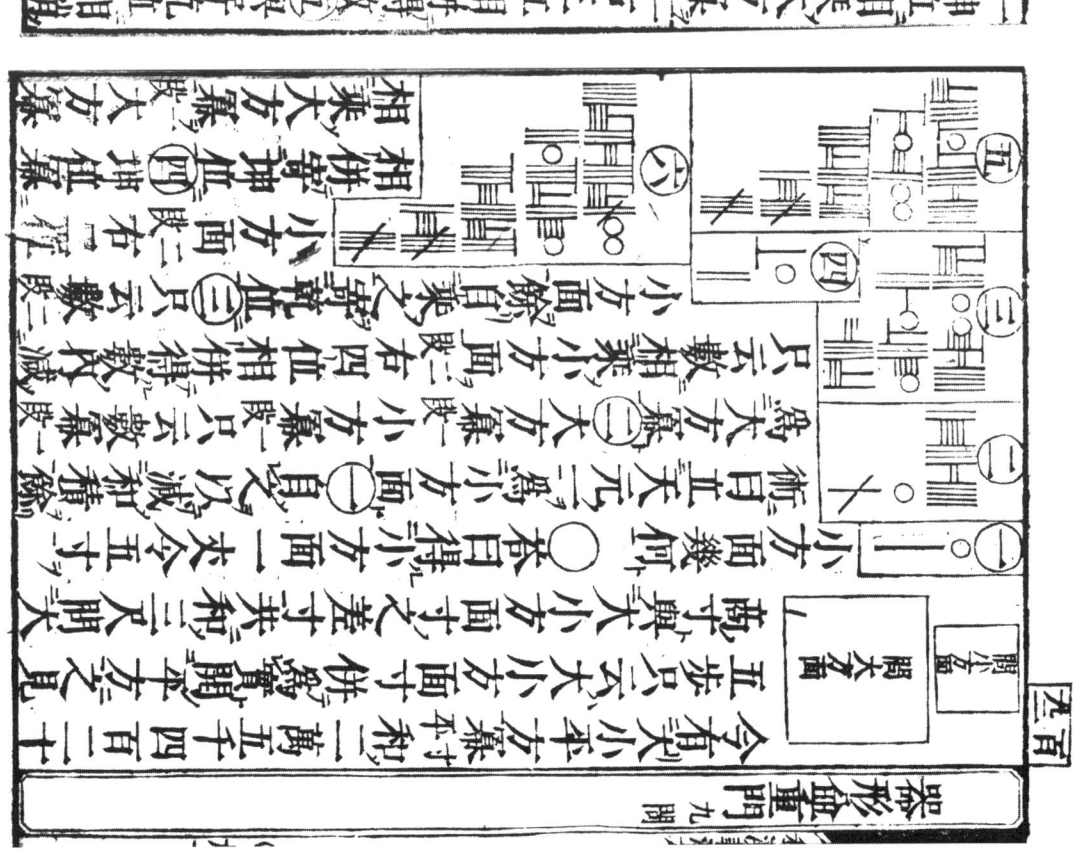

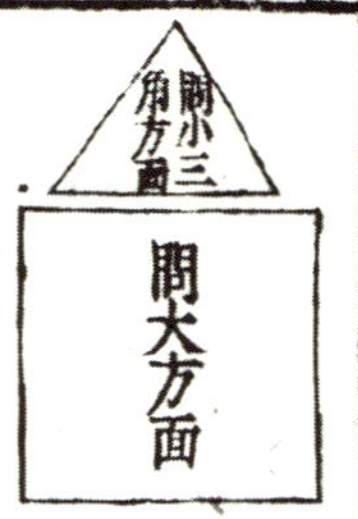

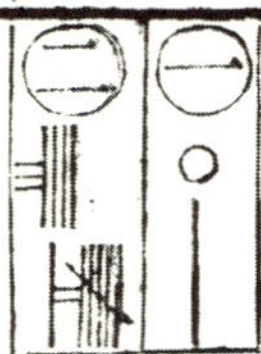

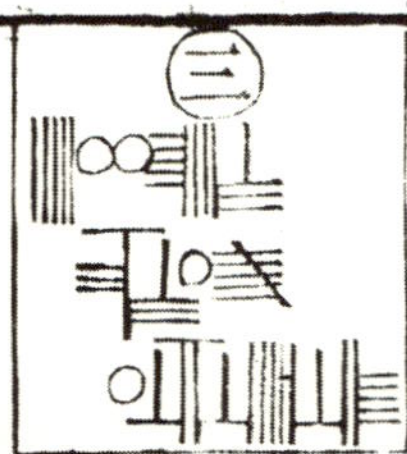

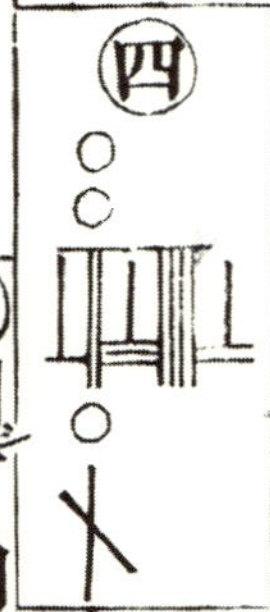

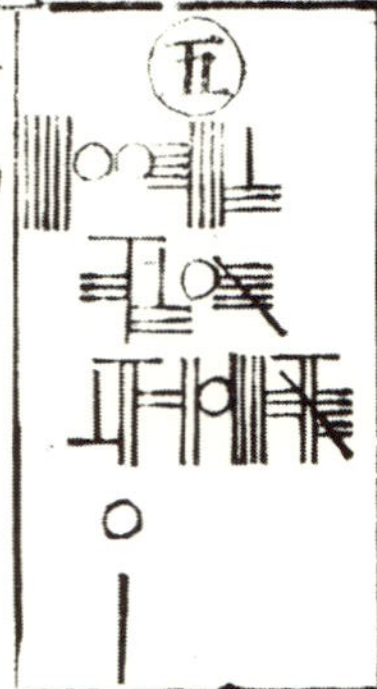

今有大平方小三角寸平積和六十七步八九七只云方面寸與三角面寸相乘之積内加入方面寸加外二割半而共寸共三十四步問方面三角面幾何 ○答曰得方面八寸

術曰立天元一爲方面(一)以一二五外二割半加法乘之以減只云數餘爲因方面三角面(二)自之以三角積率相乘之爲因三角積率與方面冪三角面冪寄左(三)列方面自之以減和積餘以方面冪相乘(四)與寄左相消得開方式(五)三乘方開之得商方面推前術得各合問

今有大平圓小平方只云二段共積内加入列方面寸爲實開平方之見商寸共寸平積一百九十七步一分二二又云大圓徑寸八分之三取之其寸加入小方面寸共二尺三寸五分問圓徑方面幾何 ○答曰得圓徑一尺二寸

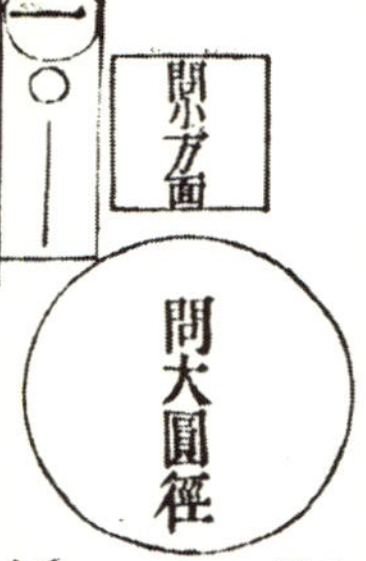

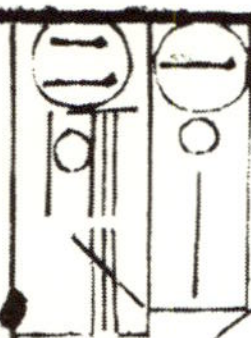

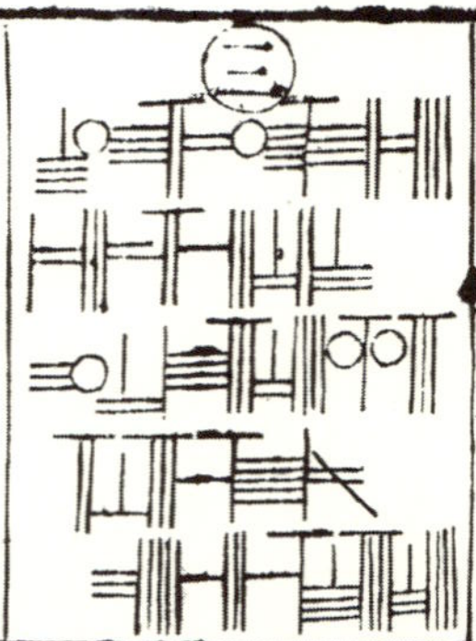

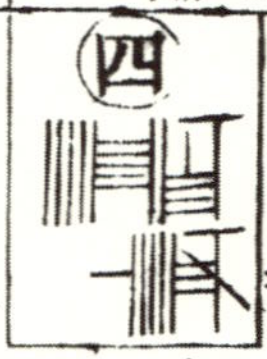

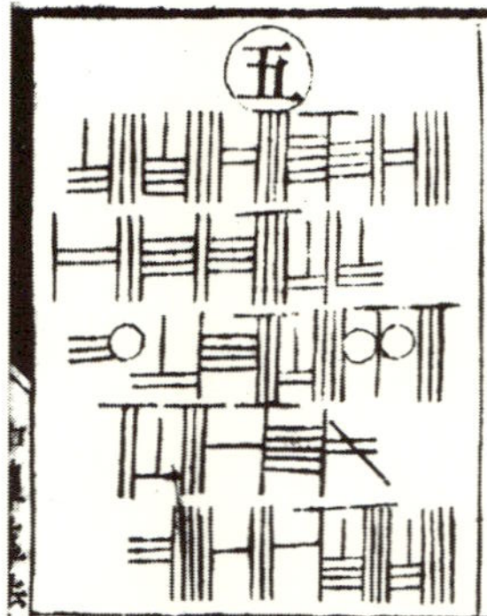

術曰立天元一爲圓徑(一)以分子三乘之以減又云數八之得内餘爲八段小方面寄乾位(二)列圓徑自之以圓積率相乘之得數六十四段乾位冪一段右二位相併得數以減只云數六十四段餘自之爲四千令九十六段小方面寄坤位(三)列乾位就分以五百一十二乘之(四)與寄坤位相消得開方式

五三乘方飜法開之得商圓徑推前術得各合問

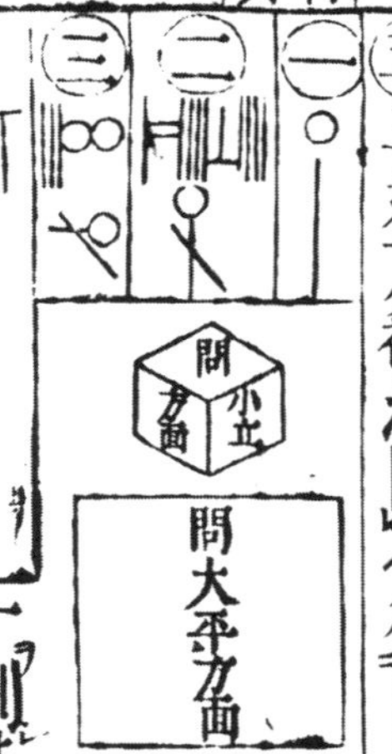

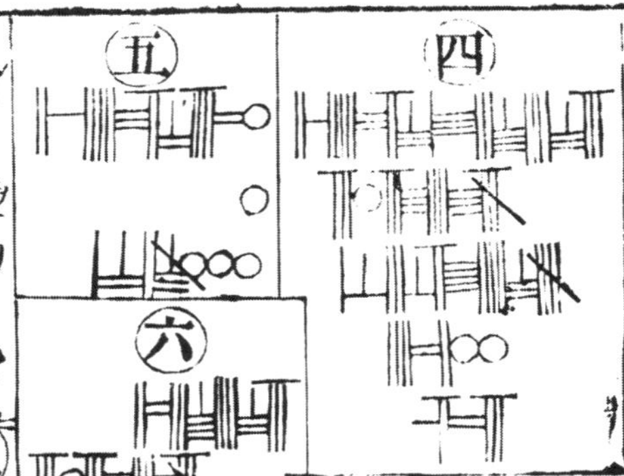

今有大平方小立方二段寸平
立積共和一百二十四坪六分
四只云平方面寸取十二分之
十列共寸為實開平方之見商寸加入
立方面寸共三十五寸問平立方面幾何
○答曰得平方面一尺令八分
術曰立天元一為平方面一自之以減
和積餘為立方積二列只
云數自之以二十二乘之
得內減平方面以二十相
乘得數餘寄乾位三再自乘之段立方積相乘乾位得以只

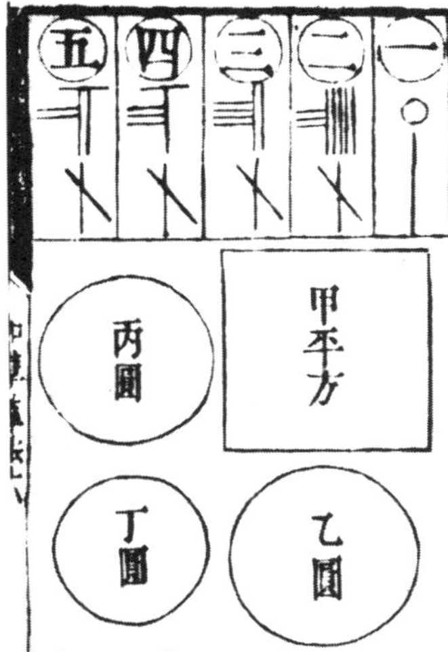

云數乘之八百六十四段立方積冪一千七百二十八段右三位相併寄坤位
四列只云數再自乘之得相乘立方積又以一萬三千八百
二十四乘之五與寄坤位相消得開方式六三乘方飜法開
之得商平方面推前術得各合問
今有甲平方一箇乙丙丁平圓三箇寸平積四和三百三十九步
六分八三只云從乙圓徑寸而丙圓徑寸者短二寸又云從
丙圓徑寸而丁圓徑寸者短三寸別云圓徑寸三箇方面寸一箇
四和三尺五寸問各幾何
○答曰得甲方面一尺五寸
術曰立天元一為甲方面一以
減別云數餘為乙丙丁圓徑三
和寄東位二加入只云數倍之

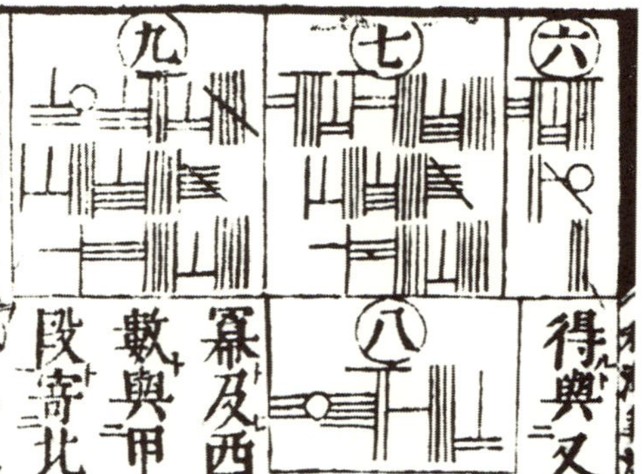

得與又云數相併得數爲三段乙圓徑寄南位
㊂內減只云數三之得數餘爲三段丙
圓徑寄西位㊃內減又云數三之得數
餘爲三段丁圓徑㊄自之得數與南位
寡及西位寡三位相併㊅以圓積率相乘之得
數與甲方面寡九之得相併爲方圓四和積九
段寄北位㊆列和積就分九之㊇與寄北位相
消得開方式㊈平方飜法開之得商甲方面推前術各合問

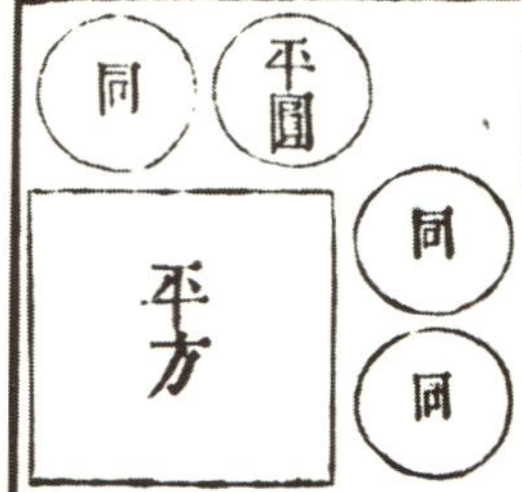

今有平圓四箇各同寸也平方一箇只云五和積內加
入列圓徑一箇寸爲實開平方之見商寸共寸
平積四百十三步七分五二又云四箇圓徑
寸與方面寸五和四尺八寸五分問圓徑方

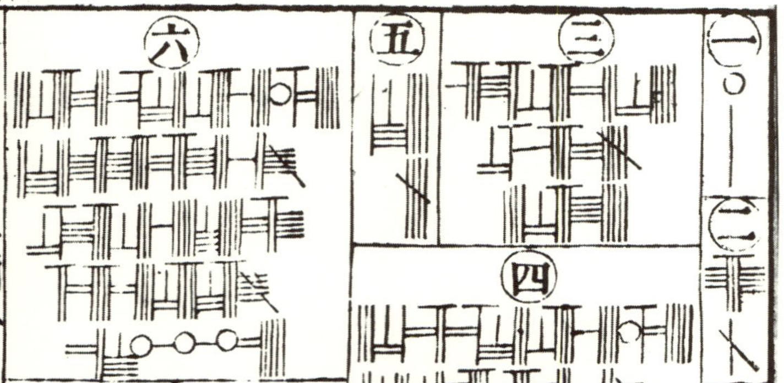

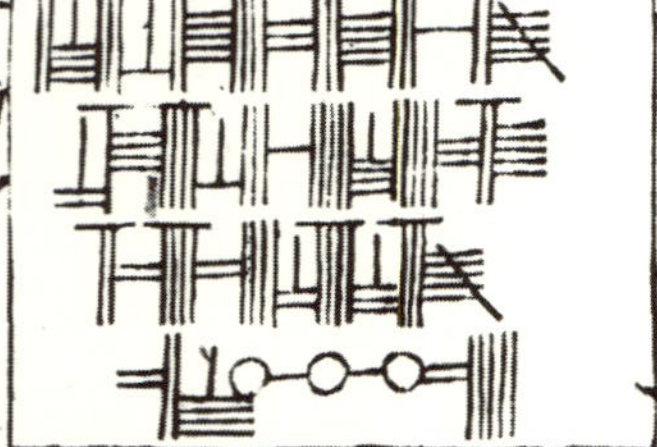

面幾何〇答曰得方面一尺二寸五分
術曰立天元一爲方面㊀
以減又云數餘爲四段圓
徑㊁自乘之以圓積率相
乘之得數加入方面寡四
之得數爲四段五和積㊂
以減只云數四之得數內餘自乘之爲
一十六段圓徑寄左㊃列四段圓徑就
分四之㊄與寄左相消得開方式㊅三
乘方開之得商方面推前術得各合問

今有平方三箇各同寸也平圓一箇共寸平積三十五步令二八只云

三箇方面圓寸與圓周寸各十三和三尺六寸八分五二問方面圓徑幾何

○答曰得方面一寸五分

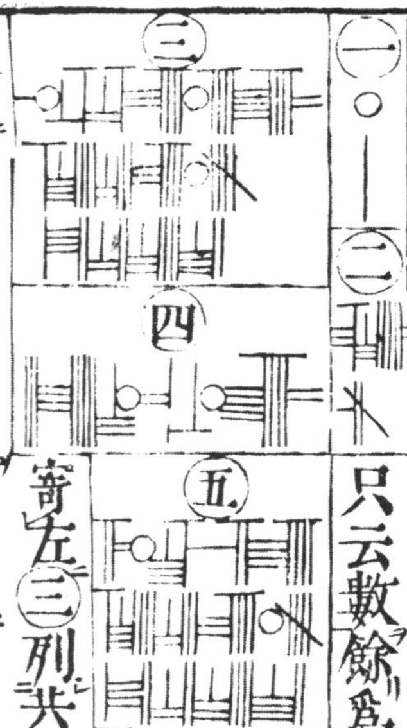

術曰立天元一爲方面(一)以二十二乘之以減只云數餘爲因圓周率圓徑(二)自之以圓積率相乘之得與方面冪相乘圓周率冪三之得相併爲因圓周率冪相乘(四)與寄左(三)列共積以圓周率冪相乘共積寄左相消得開方式(五)平方開之得商方面推前術各合問

今有平圓半徑與縱橫平兩寸平積和百二十七歩一分三六只云圓徑半寸與橫寸和一尺二寸五分亦云從縱寸而橫寸若短三寸五分問圓徑縱橫幾何(加辭云自圓半徑寸而橫寸若共形長也)

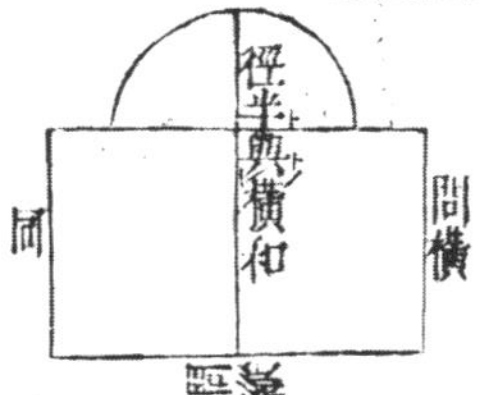

○答曰得半圓徑四寸

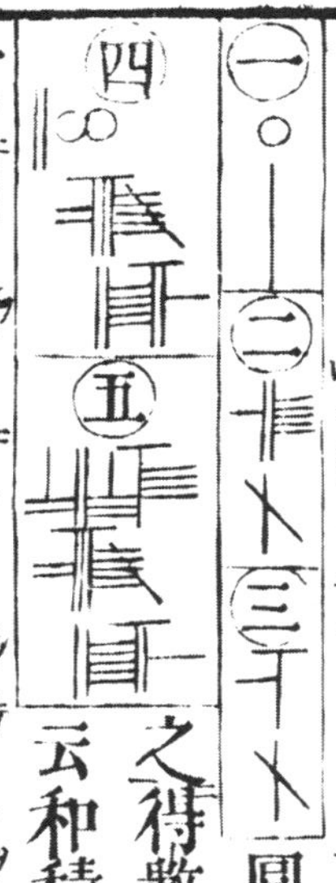

術曰立天元一爲半圓徑(一)以減只云數餘爲橫(二)加入亦云數爲縱(三)以橫相乘得數與半圓徑冪倍之以圓積率相乘之得數相併爲云和積寄左(四)列云和積與寄左相消得開方式(五)平方開之得商半圓徑推前術得各合問

榨形雜擧門 九問

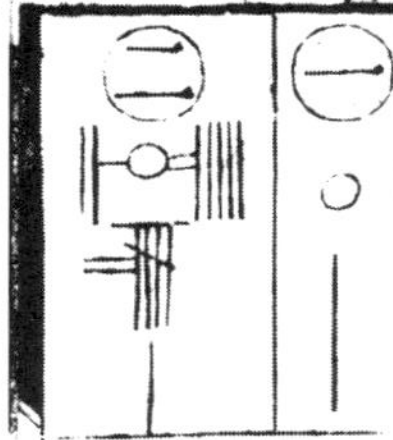

今有榨形寸立積二百十五坪只云厚寸加外二割半列其寸爲實開平方之見商寸與竪寸

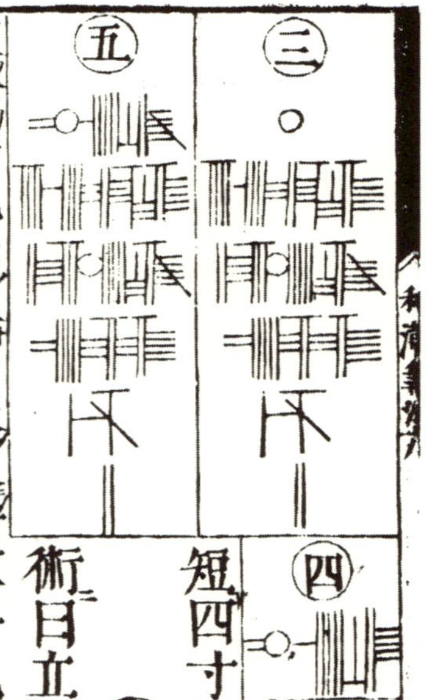

和一尺四寸五分闊三寸五分又云從幅寸而厚寸短四寸問厚幅竪幾何

○荅曰得竪一尺二寸

術曰立天元一爲竪一以減只云數餘爲見商數自乘之得數寄乾位二又云數以一二二五外二割半率也乘之加入乾位倍之得數與闊以一二二五半率外二割乘之得相併得數以乾位相乘又以竪乘之爲因一二二五冪外二割半率冪六段積寄坤位三列積以一二二五冪外二割半率冪乘之就分六之四與寄坤位相消得開方式五四乘方開之得商竪推前術得各合問

今有積形只云列幅寸爲實開平方之見商寸加入積共寸

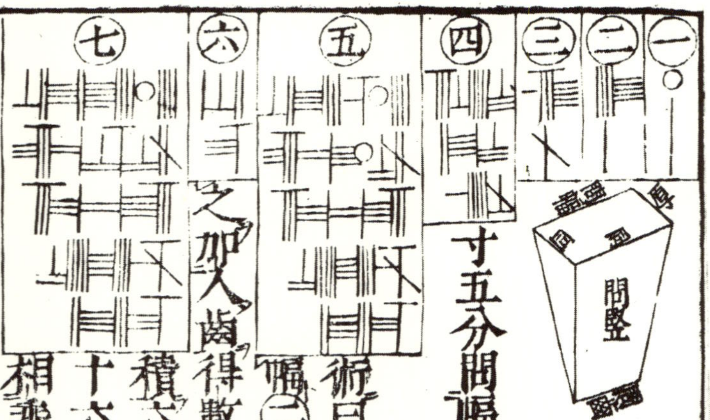

立積二百七十六坪厚五寸二分亦云竪寸與闊寸和而一尺八寸五分別云從幅寸而闊寸者短四寸五分問幅竪闊各幾何加蘇云乃自闊寸而竪寸者其形長

○荅曰得闊四寸五分

術曰立天元一爲闊一加入別云數爲幅二亦云數內減闊餘爲竪三列幅倍之加入闊得數以厚與竪乘之爲六段積四列共積六之得內減六段積餘自乘之爲三十六段幅寄左五列幅就分以三十六相乘之六與寄左相消得開方式七三乘方開之得商闊推前術得各合問

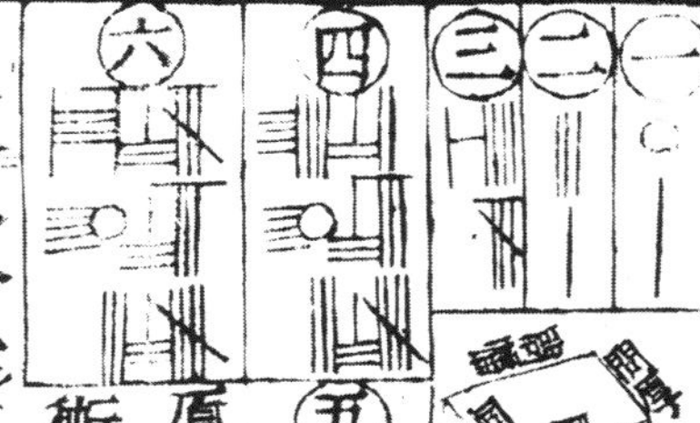

今有齒廣梯形寸立積五百六十
坪堅一尺六寸只云幅寸取六分
之二其寸與厚寸及齒寸各三和
二尺二寸別幅寸與齒寸之差三寸問
厚幅齒幾何
○答曰得幅九寸
術曰立天元一爲幅㊀加入別云數爲齒㊁只
云數以分母六乘之得內減幅倍之得與齒六分之得相併數
餘爲六段厚㊂幅倍之加入齒得以六段厚相乘之得數以
堅乘之爲三十六段積寄左㊃列積就分以三十六乘之㊄
與寄左相消得開方式㊅平方開之得商幅推前術各合問

今有齒廣梯形幅七寸齒九寸二分只云積內加入厚寸取
五分之三減堅寸內止餘數共寸立積二百四十一坪又云

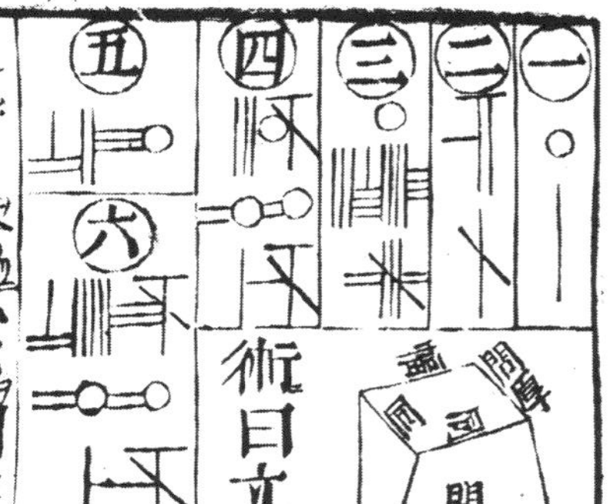

厚寸與堅寸和一尺七寸問厚
堅幾何　乃自厚五分之三之寸者堅寸其形長也
○答曰得堅一尺二寸
術曰立天元一爲堅㊀以減亦云數餘爲厚㊁
幅倍之加入齒得以堅與厚乘之爲六
段積㊂列厚以分子三乘之以減堅五
之得內餘以六相乘得數加入六段積五之得數爲三十段
共積寄左㊃列共積就分以三十相乘之㊄與寄左相消得
開方式㊅平方開之得商堅推前術得各合問

今有齒廣梯形厚四寸只云積內減幅寸止餘
寸立積二百五十一坪五又云列齒寸爲實開
平方之見商寸加入堅寸共一尺八寸別云從

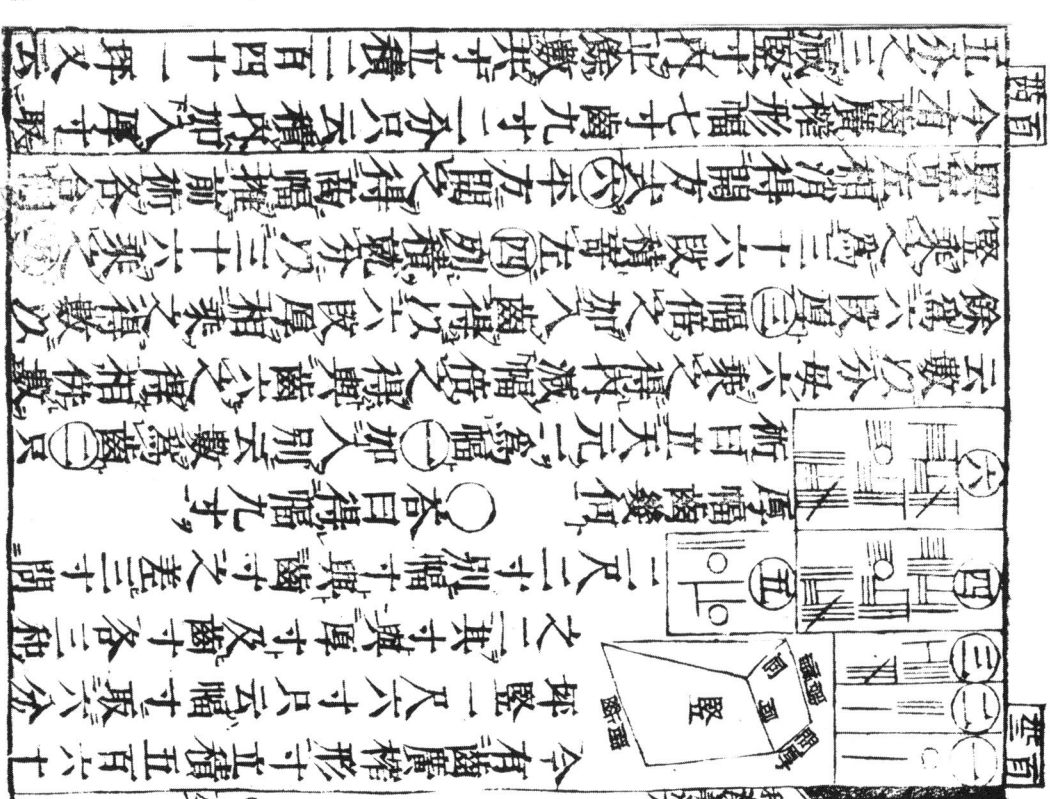

竪寸而幅寸者短六寸五分問幅竪凾幾何

○荅曰得幅八寸五分

術曰立天元一爲幅(一)加入別云數爲竪(二)又云數內減竪餘自之爲凾(三)幅倍之加入凾以厚與竪乘之爲六段積內減幅六之得數餘寄左(四)列只云數就分六之(五)與寄左相消得開方式(六)立方開之得商幅推前術得各合問

今有凾廣棏形寸立積五十七坪七五只云厚寸與幅寸相乘之寸平積十歩令五又云從厚寸而凾寸者長四寸五分別云從凾寸而竪寸者長二寸問厚幅竪凾幾何 ○荅曰得竪九寸

術曰立天元一爲竪(一)內減別云數餘爲凾(二)內減又云數餘爲厚(三)列凾相乘厚得加入只云數倍之以竪乘之爲六段積寄左(四)列積就分六之(五)與寄左相消得開方式(六)立方飜法開之得商竪推前術得各合問

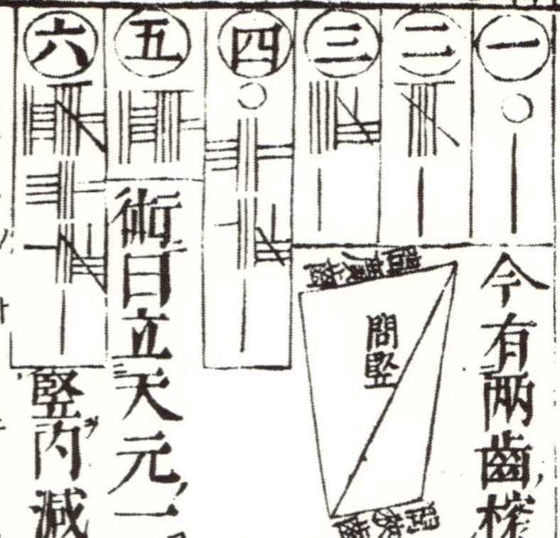

今有兩凾棏形寸立積四十三坪二只云從廣凾寸而竪寸者長四寸八分又云從竪寸而狹凾寸者短九寸問廣狹凾竪幾何 ○荅曰得竪一尺二寸

術曰立天元一爲竪(一)內減又云數餘爲狹凾(二)列竪內減只云數餘爲廣凾(三)以狹凾與竪乘之爲八段積寄左(四)列積就分六之(五)與寄左相消得開方式(六)立方開之得商竪推前術得各合問

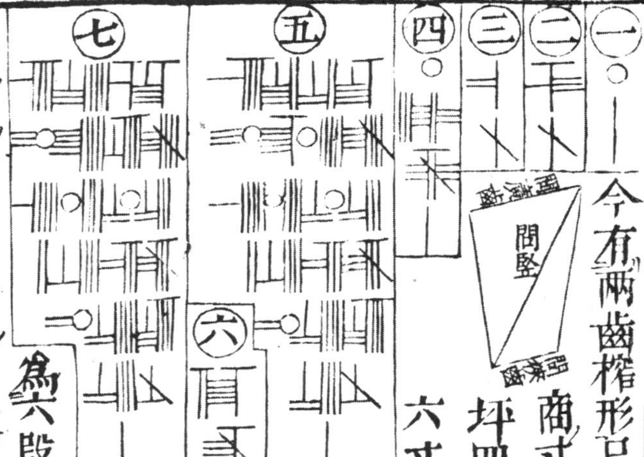

今有兩齒榰形只云列廣齒寸為實開平方之見商寸以減積內止餘寸立積七十四坪四分別云狹齒寸與竪寸和一尺六寸三分廣齒寸與狹齒寸之差四寸七分問廣狹齒竪幾何

○答曰得竪一尺二寸

術曰立天元一為竪㊀以減別云數餘為狹齒㊁加入差為廣齒㊂以狹齒相乘得以竪乘之為六段積㊃以減只云數六之得數內餘自之為三十六段廣齒寄左㊄列廣齒就分以三十六相乘之㊅與寄左相消得開方式㊆五乘方開之得商竪推前術得各合問

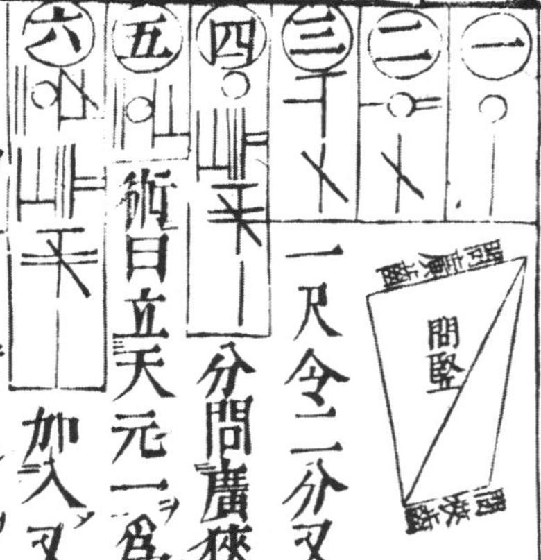

今有兩齒榰形寸立積三十三坪六分只云廣齒寸與狹齒寸和而一尺令二分又云從竪寸而狹齒寸者短五寸八分問廣狹齒竪幾何

○答曰得廣齒七寸

術曰立天元一為廣齒㊀以減只云數餘為狹齒㊁加入又云數為竪㊂以廣齒與狹齒乘之為六段積寄左㊃列積就分六之㊄與寄左相消得開方式㊅立方開之得商廣齒推前術得各合問

方錐立積門　三問

今有方錐寸立積八十四坪二七只云方面寸取八分之十二而從其寸竪寸者長一寸令五厘問方面竪幾何

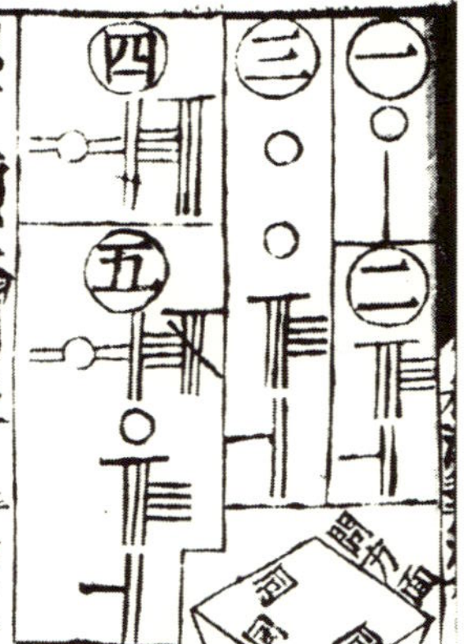

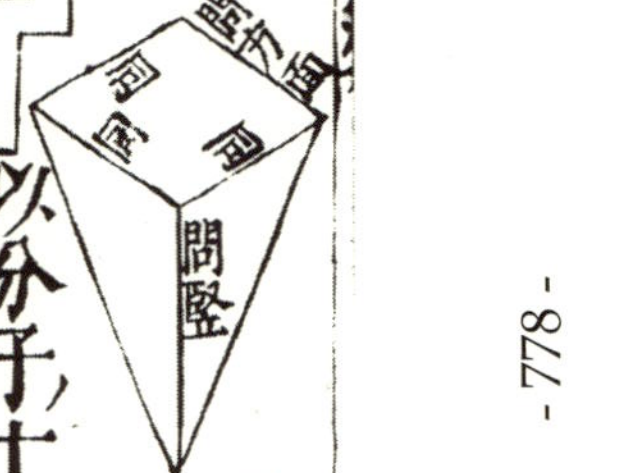

○答曰得方面五寸三分
術曰立天元一爲方面㈠
以分子十二乘之得數與只云數以
分母八乘之得數相併爲八段竪㈡
以方面冪相乘之爲二十四段積寄左㈢列積就分以二十
四乘之㈣與寄左相消得開方式㈤立方開之得商方面推
前術得各合問

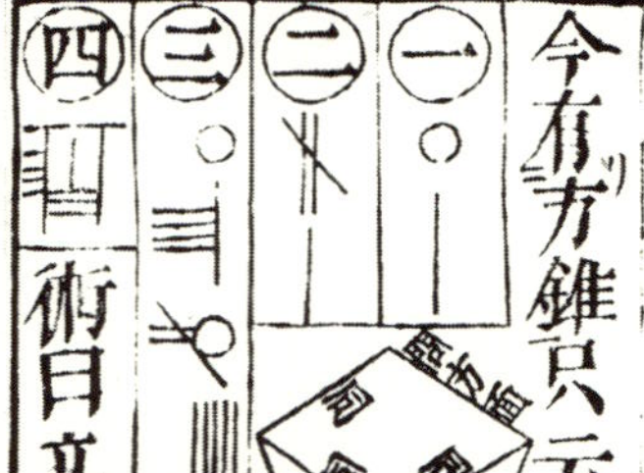

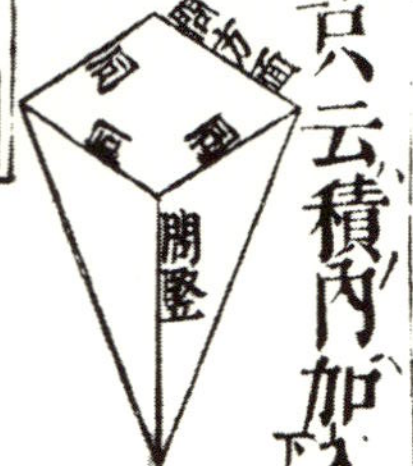

今有方錐只云積内加入竪寸取五分之七其寸共寸立積
三百十二坪四又云從方面寸而
竪寸者長二寸問方面竪幾何
○答曰得竪一尺一寸
術曰立天元一爲竪㈠以減又云數餘爲方面㈡自

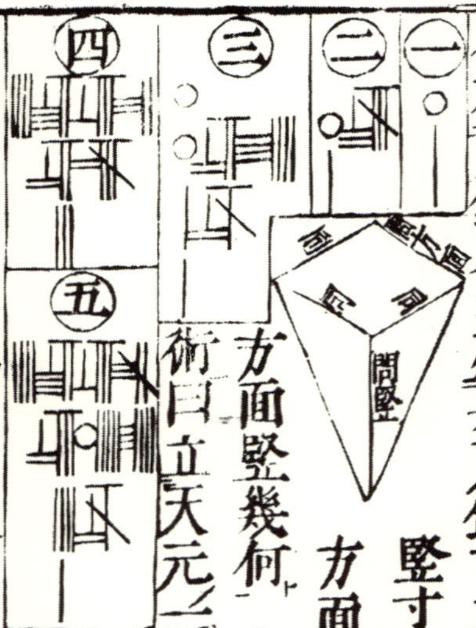

之以竪乘之五之得加入竪以二十一相乘
得數爲一十五段共積寄左㈢列共積就分以一十五乘之
㈣與寄左相消得開方式㈤立方飜法開之得商竪推前術
得各合問
今有方錐只云列其方錐寸立積爲實開平方之見商寸與
竪寸和一尺二寸八分八又云從
方面寸而竪寸者長八分八厘問
方面竪幾何
○答曰得竪五寸八分八厘
術曰立天元一爲竪㈠内減又云數餘爲方
面㈡自之以竪乘之爲三段
積寄左㈢列只云數内減竪
餘自之就分三之㈣與寄左相消得開方式㈤立方飜法開

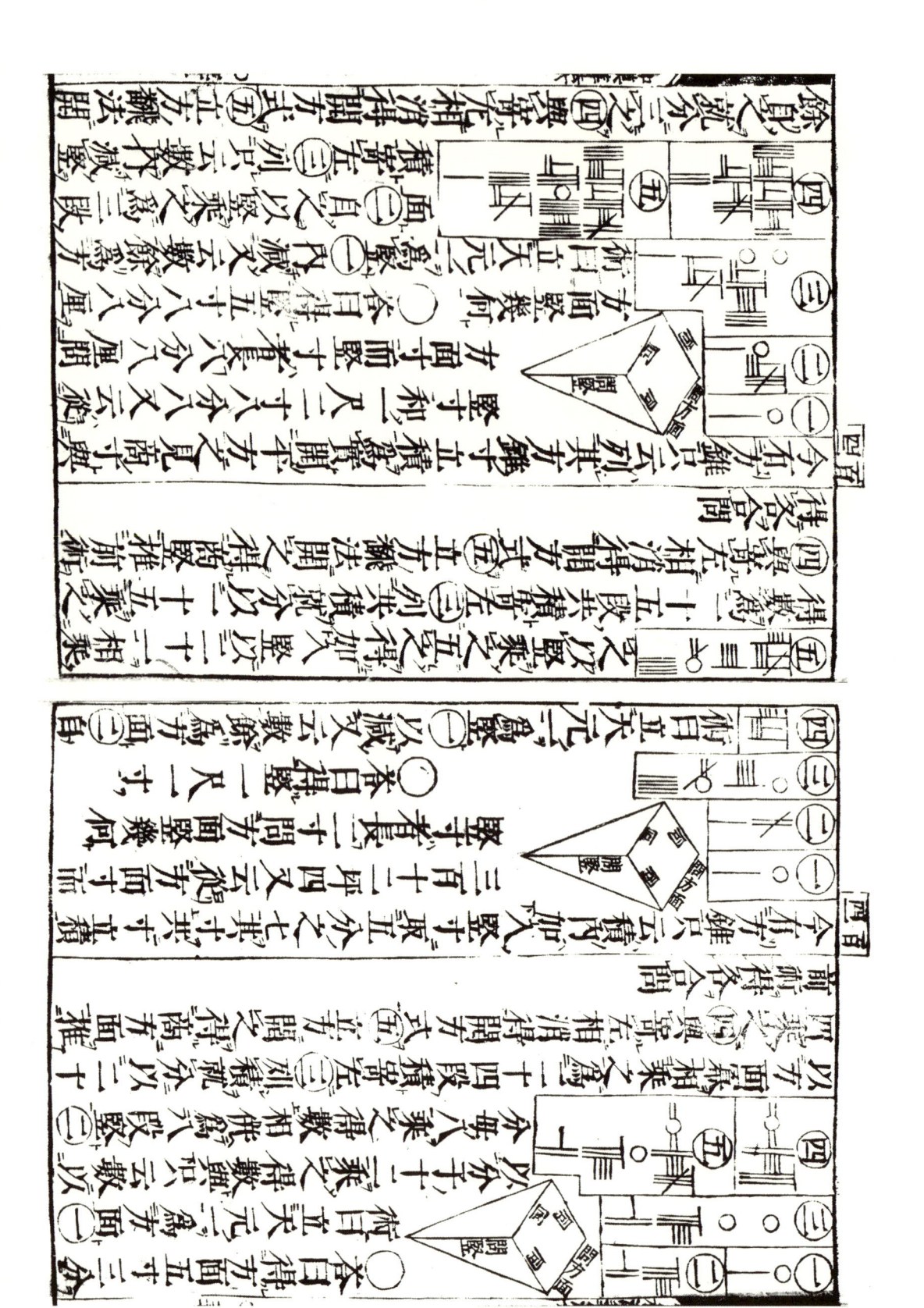

之得商堅推前術得各合問

圓方臺積門　四問

百四十三

今有方臺寸立積三百五十六坪二五只云上方面寸與下方面寸之差寸加入高寸共二尺一寸五分又云從高寸而下方面寸者屈一寸五分問上下方面高幾何

○答曰得高九寸

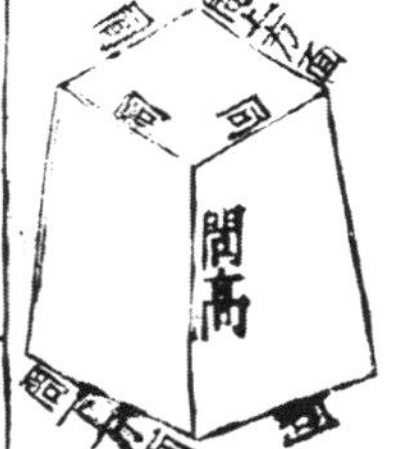

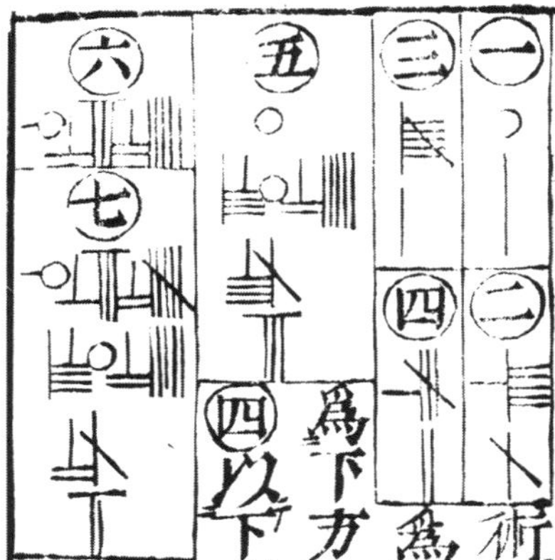

術曰立天元一為高㊀以減只云數餘為上下方面差㊁列高内減又云數餘為下方面㊂内減上下方面差餘為上方面㊃以下方面相乘得與上方面冪及下方面冪三位相併得數以高乘之為三段方臺積寄左㊄列積就分三之㊅與寄左相消得開方式㊆立方開之得商高推前術得各合問

百四十四

今有方臺寸立積千五百四十四坪上方面七寸只云高寸取六分之四其寸與下方面寸和二尺五寸問下方面高幾何（高寸者其形長乃自下方面寸）

○答曰得高一尺四寸

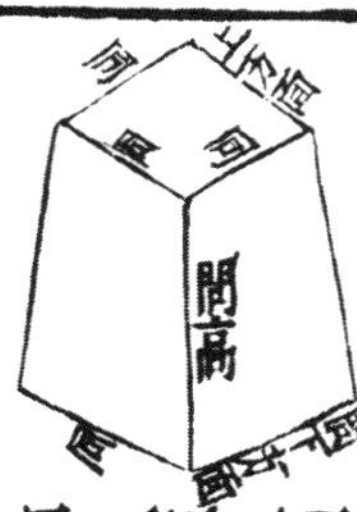

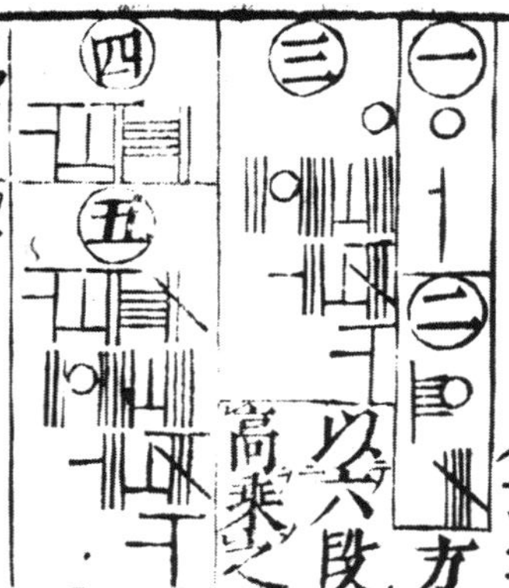

術曰立天元一為高㊀以分子四乘之以減只云數以分母六相乘之得内餘為六段下方面㊁自之段上方面冪三十六段上方面以六段下方面相乘六段右三位相併得數以高乘之為一百令八段積寄左㊂列積就分以一百令八相乘之㊃與寄左相消得開方式㊄立方開之得商高推前術得各合問

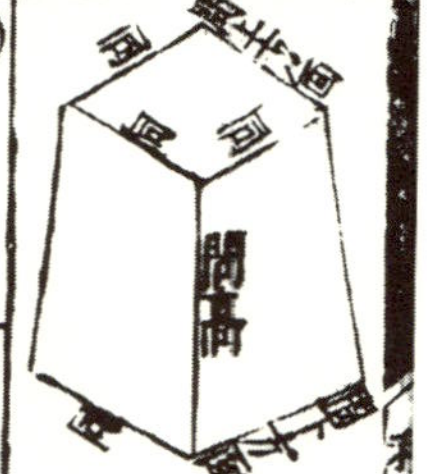

今有方臺寸立積六百八十四坪只云上下方面寸與高寸各三和而二尺七寸又云從高寸而下方面寸者短三寸問上下方面高

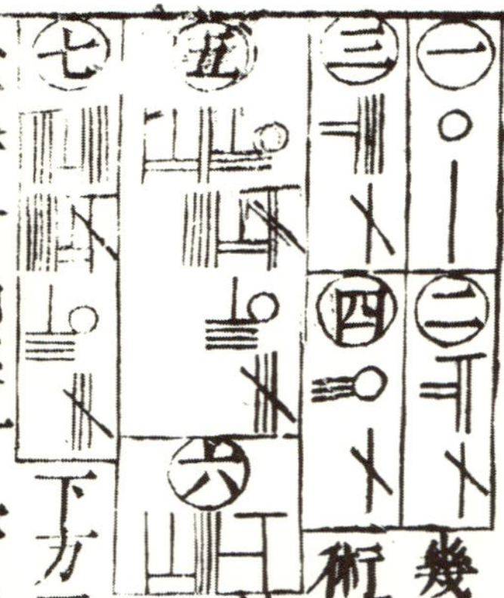

幾何

○答曰得上方面六寸

術曰立天元一爲上方面㊀以減只云數餘爲高與下方面之二和㊁內減又云數餘爲二段下方面㊂列高與下方面之二和加入又云數爲二段高㊃二段下方面冪一段上方面冪四段二段下方面以上方面乘之二段治三位相併得數以二段高相乘之爲二十四段方臺積寄左㊄列積就分以二十四乘之㊅與寄左相消得開方式㊆立方開之得商上方面推前術得各合問

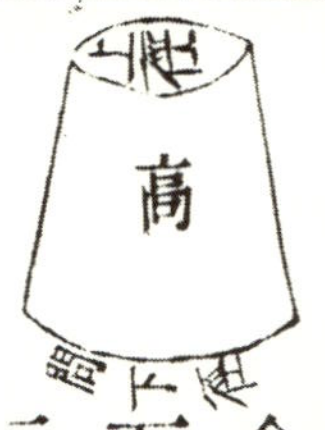

今有圓臺只云積內減方錐積止餘寸立積三百四十一坪三二八上徑五寸高一尺二寸別云下徑寸與方錐方面寸相乘之寸平積三十二步問下徑方錐方面幾何乃圓臺之高與方錐高同也

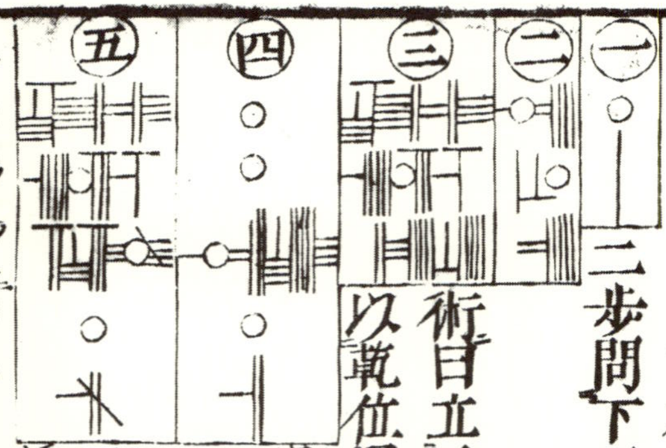

○答曰得方錐方面四寸

術曰立天元一爲方錐方面寄乾位㊀上徑冪以乾位冪乘之三段別云數冪一段乾位相乘上徑得數以別云數乘之一段右三位相併㊁以高乘之得數以圓積率相乘之爲因乾位冪三段積寄坤位㊂列只云數三之得數加入乾位冪以高乘之得亦以乾位冪乘之㊃與寄坤位相消得開方式㊄三乘方飜法開

之得商方錐方面推前術得各合問

厚幅臺積門　二問

今有厚幅臺寸立積四百十八坪上厚四寸下幅一尺二寸只云高寸與下厚寸和取十六分之二從其寸上幅寸者長四寸六分二五別云自高寸而下厚寸者短一寸問上幅下厚高幾何

〇答曰得下厚七寸

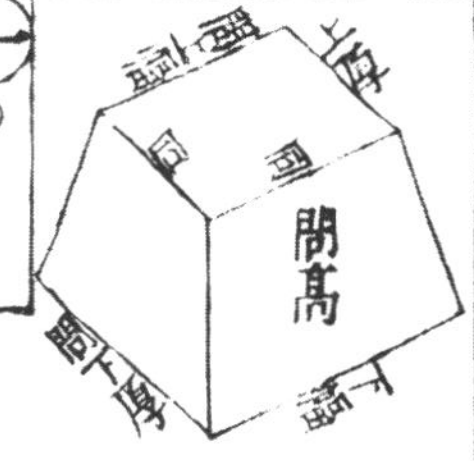

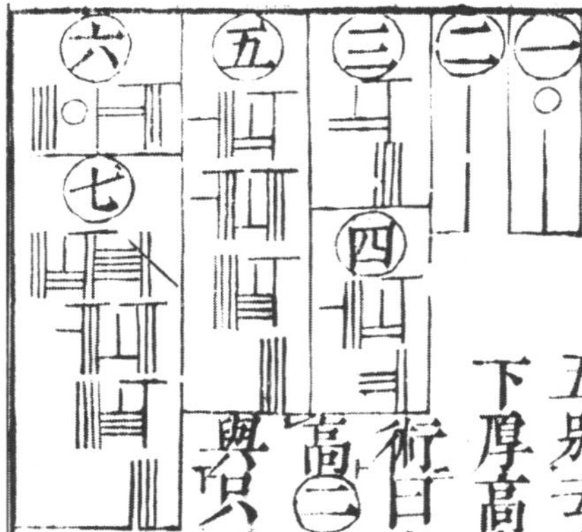

術曰立天元一爲下厚一加入別云數爲高二列下厚加入高以分子二乘之得數與只云數以十六乘之得數相併爲二十六段上幅寄天位三列下幅以二十六乘之得數加入倍天位以上厚相乘之寄地位四再列下幅以三十二乘之得數加入天位以下厚相乘之得與地位相併以高乘之爲九十六段積寄入位五列積就分以九十六相乘之六與寄人位相消得開方式七立方開之得商下厚推前術得各合問

今有厚幅臺寸立積五百三十坪高一尺二寸只云上厚寸與上幅寸及下厚寸三和寸內加入列下幅寸爲實開平方之見商寸共二尺一寸從上幅寸而下幅寸者長二寸又從下幅寸而下厚寸者短三寸問上下厚幅幾何

〇答曰得上幅七寸

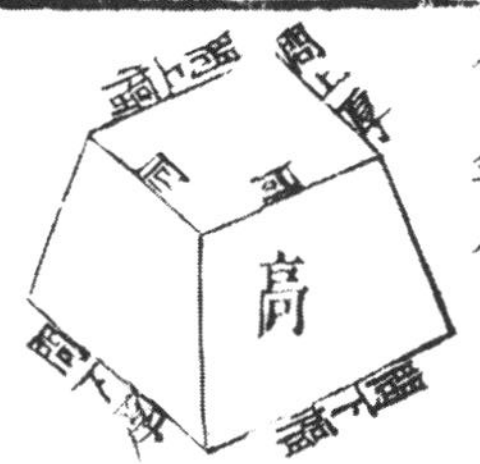

術曰立天元一爲上幅一加入長二寸爲下幅二內減短三寸餘爲下厚三列只云數

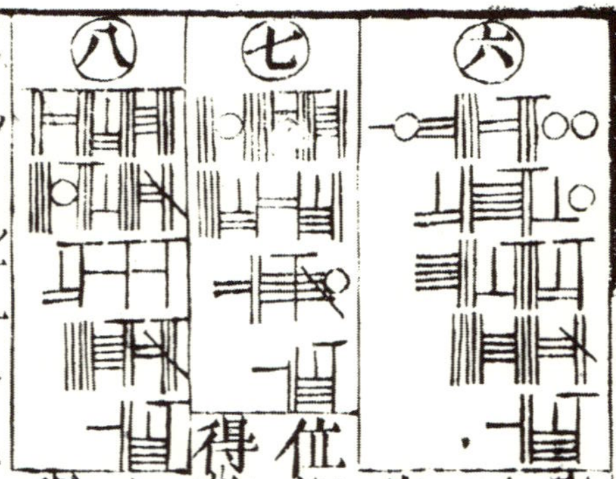

内減上幅與下厚餘爲上厚寄天位(四)
下厚相乘下幅二段下厚相乘上幅一段天
位相乘下幅一段天位相乘上幅二段右四
位相併得數以高相乘之寄地位(五)自之
得數一段積冪三十六段右二位相併寄人位(六)
上幅倍之得數與下幅相併以高乘之
得數自乘之以下幅相乘得數一段地位
以積相乘二十段右二位相併得數(七)與寄人位相消得開方
式(八)三乘方開之得商上幅推前術得各合問

分子乘負門 二問

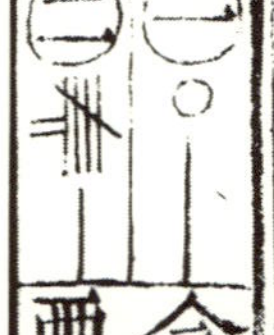

今有綾一十九丈羅紗七丈八尺値合之金四十
两只云就二两綾尺增於羅紗尺二尺四寸問各
一兩幾何 ○答曰得綾七尺六寸

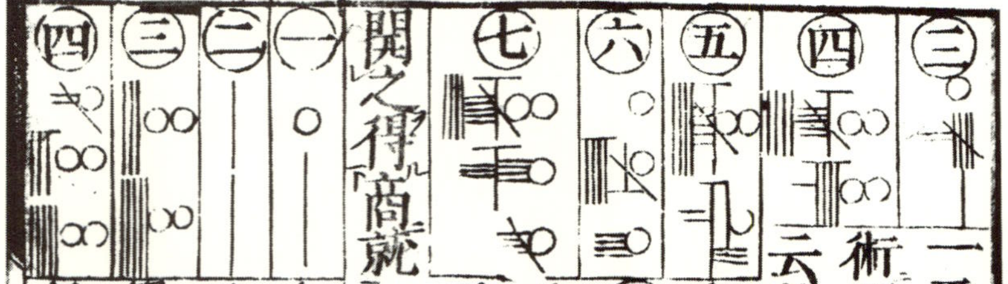

術曰立天元一爲就二兩綾尺寄春位(一)内減只
云數餘爲就一兩羅紗尺寄夏位(二)以春位乘之
寄秋位(三)列綾一十九丈以夏位乘之寄冬位
(四)列羅紗七丈八尺以春位乘之得數加入冬
位爲因秋位値合之金寄左(五)列値合之金以
秋位相乘之(六)與寄左相消得開方式(七)平方
開之得商就二兩綾尺推前術得各合問

今有元銀五百目只云從初年迄終年以同利
足借四年初年利加取銀二百目次年初年殘銀加利取
銀三百二十目三年次年殘銀加利取銀九十二文終
年三年目殘銀加利足取切銀一百二十目問此利足何

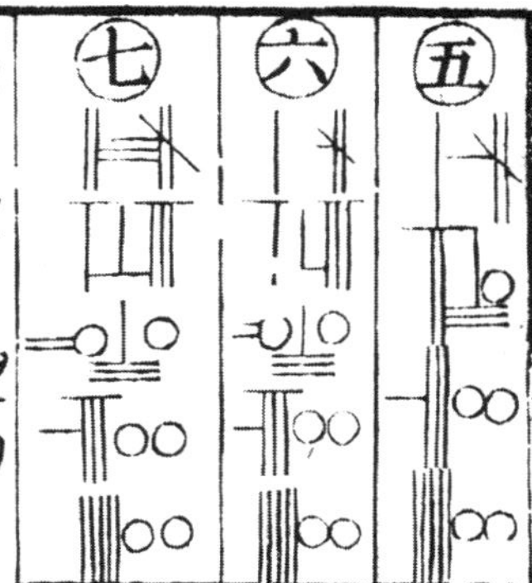

割

○答曰得利足二割

術曰立天元一為年利足㊀加入元一為
得數寄乾位㊁列元銀以乾位乘之為
初年元利内減二百目餘為二年目元
銀㊂以乾位乘之為二年目元利内減
三百二十目餘為三年目元銀㊃以乾位乘之為三年目元
利内減九十二匁餘為四年目元銀㊄以乾位乘之為取切
銀寄坤位㊅列取切銀與寄坤位相消得開方式㊆三乘方
開之得商年利足合問

和漢算法巻之六終

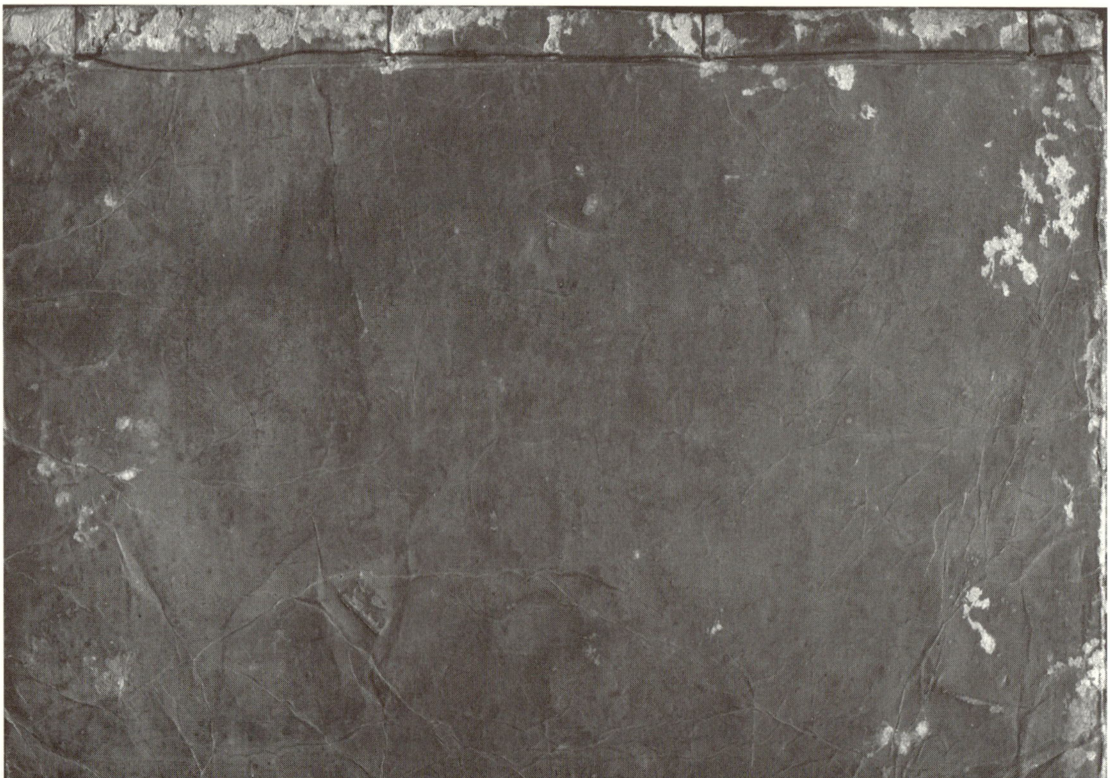

63

和漢算法巻之七 畚北 宮城外記藤原清行集成

門人 中川傳左衛門昌業

中村喜太夫正武 校

古今算法記一十五問

平圓解空門 一問

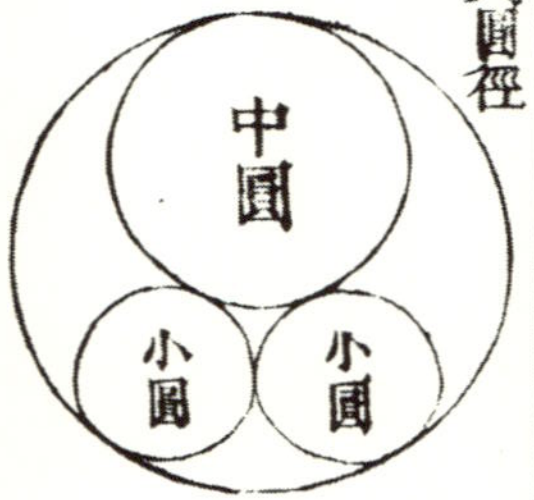

今有平圓内如圖平圓空三箇外餘積若干只云從中圓徑而小圓徑者短若干問大中小圓徑幾何

○答曰依術得大圓徑

術曰立天元一為大圓徑自乘之以圓周率相乘得數内減外餘積四之以圓徑率相乘得數寄

子位○只云數以大圓徑冪相乘得内減只云數相乘大圓徑得數餘

二

四之得數寄丑位○只云數冪一段只云數大圓徑相乘一十段右二位相併得數內減大圓徑冪三段餘寄寅位○只云數三段大圓徑六段右二位相併得數寄卯位○子位內減只云數冪相乘圓周率得數餘寄辰位○只云數圓周率相乘二段寄巳位○丑位冪圓周率再乘冪相乘二十七段丑位辰位巳位圓周率相乘九段卯位冪辰位冪圓周率相乘三段丑位巳位再乘冪相乘一段丑位寅位巳位圓周率冪相乘九段寅位卯位辰位巳位圓周率相乘三段右六位相併得數寄左○辰位再乘冪一段丑位卯位巳位冪圓周率相乘三段寅位冪辰位圓周率冪相乘九段寅位辰位巳位冪相乘一段丑位卯位辰位圓周率冪相乘八十一段寅位辰位冪圓周率相乘六段卯位辰位冪巳位相乘一段右七位相併得數與寄左相消得開方式五乘方飜法開之得商大圓徑推前術得各合問

平立重積門 四問

今有大立方小平方各一只云平方冪為實開立方之見商數與立方冪

三

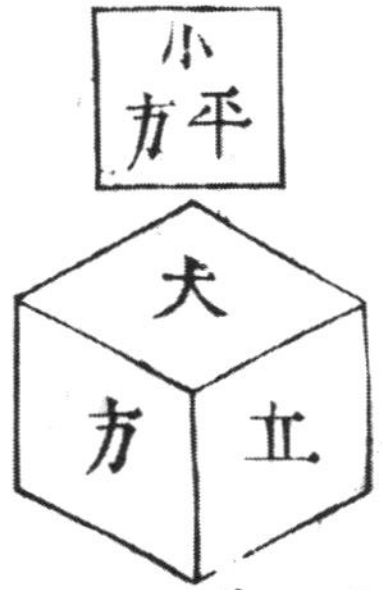

為實開平方之見商數一數共相併若干別平方面數與立方面數和而若干問平方面立方面幾何

○答曰依術得平方面

術曰立天元一為平方面自乘之寄甲位○別云數內減平方面餘為立方面再自乘之寄乙位○只云數再乘冪一段只云數乙位相乘三段右二位相併得數內減甲位餘自乘之得數寄左○只云數冪三段乙位一段右二位相併得數自之以乙位相乘得數與寄左相消得開方式八乘方飜法開之得商平方面仍推前術得各合問

今有甲乙丙丁平方各一只云從甲方面而乙方面者短若干從乙方面而丙方面若短若干從丙方面而丁方面者短若干別列甲乙丙丁方面別々為實開立方之見商數各四和而若干問甲乙丙丁方面幾何

○答曰依術得甲見商數

術曰立天元一爲甲方面爲實開立方之見商數以減別云數餘寄子位○列甲方面爲實開立方之見商數再自乘之爲甲方面以減甲乙方面差餘寄丑位○丑位内減乙丙方面差餘寄寅位○寅位内減丙丁方面差餘寄卯位○列併寅位與卯位得數寄辰位○子位八乘冪一段子位再乘冪辰位冪相乘三十段子位再乘冪卯位冪相乘二十七段子位再乘冪丑位辰位相乘六十段丑位卯位辰位相乘二十七段子位再乘冪丑位冪相乘八十四段右六位相併得數内減子位五乘冪辰位相乘三段辰位再乘冪一段子位再乘冪卯位辰位相乘二十七段子位五乘冪丑位相乘八十四段丑位辰位冪相乘三段丑位卯位冪相乘二十七段丑位冪辰位相乘三段丑位再乘冪一段右八位相併得數餘寄巳位○子位七乘冪九段子位冪辰位冪相乘九段子位冪卯位冪相乘八十一段子位冪丑位辰位相乘四十五段子位冪丑位冪相乘三十六段右五位相併得數内減子位四乘冪辰位相乘一十八段子位冪卯位辰位相乘八十一段子位四乘冪丑位相乘一百二十六段右三位相併得數餘寄午位○子位六乘冪三十六段子位辰位冪相乘九段子位卯位冪相乘八十一段子位丑位辰位相乘一十八段子位丑位冪相乘九段右五位相併得數内減子位三乘冪辰位相乘四十五段子位卯位辰位相乘八十一段子位三乘冪丑位相乘一百二十六段右三位相併得數餘寄未位○巳位再乘冪一段丑位冪未位再乘冪相乘一段丑位午位巳位未位相乘三段右三位相併得數寄左○丑位午位再乘冪相乘得數與寄左相消得開方式三十六乘方飜法開之得商甲方面爲實開立方之見商數仍推前術得各合問

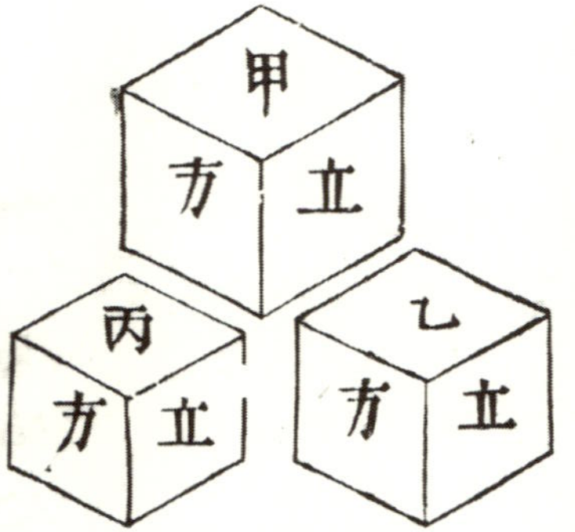

今有甲乙丙立方各一只云甲立方冪與乙立方冪相併共若干又乙立方冪與丙立方冪相併共若干別甲方面爲實開平方之見商數與乙方面爲實開立方之見商數及丙方面爲實開三乘方之見商數各三和而若干問甲乙丙方面各幾何

○答曰依術得丙見商數

術曰立天元一為丙方面為實開三乗方之見商數以減別云數餘寄
子位○列丙方面為實開三乗方之見商數一十一自乗之為丙立方
冪以減又云數餘寄丑位○只云數内減丑位餘寄寅位○子位八乗
冪一段子位再乗冪寅位相乗八十四段右二位相併得數内減丑位餘寄卯
位○子位七乗冪九段子位冪寅位相乗三十六段右二位相併得數寄辰位
○子位六乗冪三十六段子位寅位相乗九段右二位相併得數寄巳位○子
位五乗冪八十四段寅位一段右二位相併得數寄午位○子位四乗冪一百二十
六段寄未位○子位三乗冪一百二十六段寄申位○卯位五乗冪一段丑位冪巳
位五乗冪相乗一段丑位三乗冪未位五乗冪一段丑位卯位再乗冪巳位
再乗冪相乗二段丑位冪卯位再乗冪未位再乗冪相乗二段丑位再乗冪
巳位再乗冪未位再乗冪相乗一段丑位冪卯位冪午位三乗冪相乗三段
丑位三乗冪巳位冪申位三乗冪相乗三段丑位冪辰位三乗冪未位冪
相乗三段丑位冪辰位三乗冪午位申位相乗六段丑位卯位辰位三乗冪
巳位相乗六段丑位再乗冪辰位午位三乗冪申位相乗六段丑位三乗冪

卯位未位申位三乗冪相乗六段丑位三乗冪辰位午位申位三乗冪相
乗六段丑位卯位再乗冪辰位冪未位相乗六段丑位冪卯位再乗冪巳位
申位冪相乗六段丑位卯位巳位再乗冪午位冪相乗六段丑位再乗冪巳
位午位三乗冪未位相乗六段丑位冪辰位冪巳位再乗冪未位相乗六段
丑位三乗冪巳位未位再乗冪申位冪相乗六段丑位再乗冪卯位午位
冪未位再乗冪相乗六段丑位冪卯位冪巳位冪未位冪相乗九段丑位冪
辰位冪巳位冪午位冪相乗九段丑位三乗冪午位冪未位冪申位冪相
乗九段丑位冪卯位冪辰位冪申位冪相乗九段丑位冪卯位再乗冪午位
未位申位相乗一十二段丑位卯位再乗冪辰位巳位午位相乗一十二段丑位
再乗冪巳位再乗冪午位未位申位相乗一十二段丑位冪卯位辰位巳位
再乗冪申位相乗一十二段丑位再乗冪辰位巳位午位未位再乗冪相乗
一十二段丑位再乗冪卯位辰位未位再乗冪申位相乗一十二段丑位冪卯位
辰位冪午位冪未位相乗一十八段丑位再乗冪辰位冪巳位未位申位冪
相乗一十八段丑位再乗冪卯位巳位午位冪申位冪相乗一十八段右三十四

位相併得數寄左○丑位辰位五乘冪相乘一段丑位再乘冪午位五乘
冪相乘一段丑位四乘冪申位五乘冪相乘一段丑位冪辰位再乘冪午位
再乘冪相乘二段丑位三乘冪午位再乘冪申位再乘冪相乘二段丑位再
乘冪辰位再乘冪申位再乘冪相乘二段丑位再乘冪辰位冪未位三乘
冪相乘三段丑位卯位三乘冪午位冪相乘三段丑位再乘冪巳位三乘冪
申位冪相乘三段丑位卯位三乘冪巳位未位相乘六段丑位卯位三乘冪
辰位申位相乘六段丑位冪辰位巳位三乘冪午位相乘六段丑位冪卯位
巳位三乘冪未位相乘六段丑位再乘冪卯位巳位未位三乘冪相乘六段
丑位三乘冪午位未位三乘冪申位相乘六段丑位冪辰位再乘冪巳位
冪申位相乘六段丑位卯位冪辰位再乘冪午位相乘六段丑位再乘冪巳
位冪午位再乘冪申位相乘六段丑位再乘冪辰位午位再乘冪未位冪
相乘六段丑位再乘冪卯位冪午位申位再乘冪相乘六段丑位三乘冪辰
位未位冪申位再乘冪相乘六段丑位再乘冪辰位冪午位冪申位冪相
乘九段丑位再乘冪巳位冪午位冪未位冪相乘九段丑位再乘冪卯位冪

未位冪申位冪相乘九段丑位卯位冪辰位冪巳位冪相乘九段丑位冪辰
位再乘冪巳位午位未位相乘十二段丑位冪卯位辰位再乘冪未位申
位相乘十二段丑位再乘冪卯位午位再乘冪未位申位相乘十二段丑位
冪卯位辰位巳位午位再乘冪相乘十二段丑位三乘冪巳位午位未位
申位再乘冪相乘十二段丑位再乘冪卯位辰位巳位申位再乘冪相乘
十二段丑位冪卯位冪辰位午位未位冪相乘十八段丑位再乘冪辰位巳
位冪未位冪申位相乘十八段丑位冪卯位冪巳位冪午位申位相乘十
八段右三十四位相併得數與寄左相消得開方式一百零七乘方飜法
開之得商丙方面爲實開三乘方之見商數仍推前術得各合問

今有甲乙丙丁戊立方面各一只云甲立方冪與乙立方冪相併共若干又

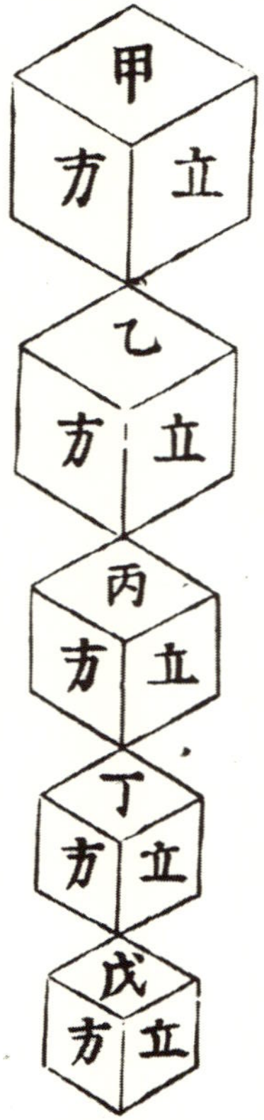

丙丁戊立方
冪各三和前
共若干問甲乙
丙丁戊方面

各幾何（乃甲乙丙丁戊方面之差各同數也）　○答曰依術得甲方面
術曰立天元一為甲方面再自乘之得數內減只云數餘寄子位○
甲方面冪三段寄丑位○甲方面三箇寄寅位○甲方面再乘冪一百九十五段又
云數一段右二位相併得數內減只云數九十九段餘寄卯位○甲方面冪二百
七十段寄辰位○甲方面二百一十箇寄巳位○子位冪巳位再乘冪相乘二段
卯位再乘冪一段子位卯位辰位巳位相乘三段寅位冪卯位冪巳位相乘
一段子位寅位辰位冪巳位相乘二段丑位冪卯位巳位冪相乘一段丑位卯
位辰位冪相乘一段右七位相併得數寄左○子位寅位卯位巳位冪相
乘二段丑位卯位冪巳位相乘二段寅位卯位冪辰位相乘一段子位辰位再
乘冪相乘一段子位丑位辰位巳位冪相乘二段丑位寅位卯位辰位巳位
再乘冪一段右六位相併得數與寄左相消得開方式八乘方飜法開之得
甲方面仍推前術得各合問

鈎股積分門　六問

六

今有鈎股弦只云鈎再自乘得數與弦再自乘得數二
數相併共（若干）別股再自乘得數與亦弦再自乘得數二
數相併共（若干）問鈎股弦各幾何

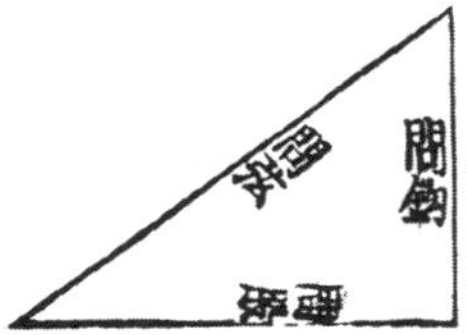

○答曰依術得弦
術曰立天元一為弦自乘之寄子位○只云數內減
弦再乘冪餘寄丑位○又云數內減弦再乘冪餘為股再乘冪自乘之
得數寄寅位○子位再乘冪一段內減寅位一段丑位冪一段右二位相併得
數餘寄卯位○子位丑位相乘三段寄辰位○子位冪三段寄巳位○卯位
再乘冪一段丑位辰位再乘冪相乘一段丑位卯位辰位巳位相乘三段右三
位相併得數寄左○丑位冪巳位再乘冪相乘一段與寄左相消得開方
式二十七乘方飜法開之得商弦數仍推前術得各合問

七

今有鈎股弦只云弦為實開平方之見商數與股為實開立方之見商數
共和而（若干）別鈎為實開立方之見商數與中鈎為實開三乘方之見商數
共和而（若干）問鈎股弦幾何
○答曰依術得股見商數

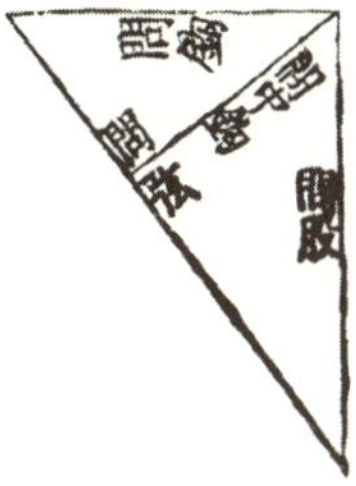

術曰立天元一爲股爲實開立方之見商數再自乘之寄
子位○只云數內減股爲實開立方之見商數除自乘之
得數寄丑位○丑位冪內減子位冪餘寄寅位○列云數
三乘冪丑位相乘一段寄卯位○列云數再乘冪丑位相乘
四段寄辰位○列云數冪丑位相乘六段寄巳位○列云數丑
位相乘四段子位一段右二位相併得數寄午位○卯位五乘冪一段寅位冪
巳位五乘冪相乘一段丑位五乘冪寅位二乘冪相乘一段寅位卯位再乘
冪巳位再乘冪相乘二段丑位再乘冪寅位冪卯位再乘冪相乘二段丑位
再乘冪寅位冪巳位再乘冪相乘一段寅位卯位冪午位三乘冪相
乘二段丑位冪寅位冪辰位三乘冪相乘三段丑位寅位卯位再乘冪辰位
冪相乘六段寅位冪卯位巳位再乘冪午位冪相乘六段丑位再乘冪寅位
再乘冪卯位午位冪相乘六段丑位寅位冪辰位冪巳位再乘冪相乘六段
寅位卯位辰位三乘冪巳位相乘六段丑位寅位再乘冪巳位午位三乘
冪相乘六段丑位冪寅位冪卯位冪巳位冪相乘九段寅位冪辰位冪巳位

冪午位冪相乘九段寅位卯位再乘冪辰位巳位午位相乘十一段丑位冪
乘冪寅位再乘冪辰位巳位午位相乘十二段丑位寅位卯位辰位冪
午位冪相乘十八段右一十九位相併得數寄左○寅位辰位五乘冪相
乘一段寅位再乘冪午位五乘冪相乘一段寅位冪辰位再乘冪午位再乘
冪相乘二段丑位二乘冪寅位再乘冪辰位冪相乘三段寅位卯位二乘冪
午位冪相乘三段丑位冪寅位再乘冪辰位午位再乘冪相乘六段寅位卯
位冪辰位再乘冪午位相乘六段丑位寅位卯位二乘冪巳位相乘六段丑
位二乘冪寅位再乘冪卯位巳位相乘六段丑位寅位冪卯位巳位二乘
冪相乘六段寅位冪辰位巳位二乘冪午位相乘六段寅位卯位冪辰位冪
巳位冪相乘九段丑位冪寅位再乘冪巳位冪午位冪相乘九段寅位再乘
冪卯位辰位巳位午位再乘冪相乘二十段丑位寅位冪辰位再乘冪巳
位午位相乘二十段丑位冪寅位冪卯位冪辰位午位相乘十八段右一十
六位相併得數與寄左相消得開方式二十五乘方飜法開之得隨股
爲實開立方之見商數乃推前術得股合問

八

今有鈎股弦只云列鈎股弦三和爲實開立方之見商數加入積共若干別股再自乘得數與鈎再自乘得數二數相併共若干問鈎股弦幾何

○答曰依術得鈎股弦三和見商數

術曰立天元一爲鈎股弦三和爲實開立方見商數以減只云數餘四之爲四段鈎股積寄子位○列鈎股弦三和爲實開立方見商數再自乘之寄丑位○列併子位與丑位共得數寄寅位○寅位冪內減子位丑位冪相乘八段餘寄卯位○寅位再乘冪一段寅位卯位相乘三段右二位相併得數寄左○列云數丑位再乘冪相乘二段三十與寄左相消得開方式二十七乘方飜法開之得商鈎股弦三和爲實開立方之見商數仍推前術得各合問

九

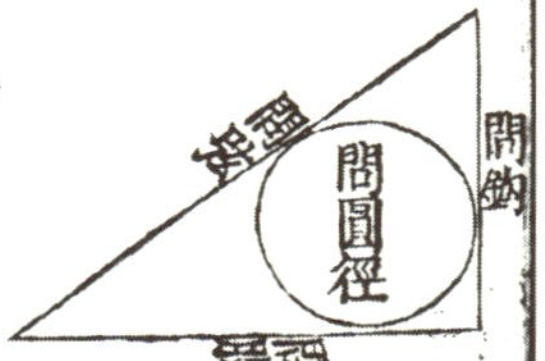

今有鈎股弦內如圖平圓空外餘積若干只云鈎再自乘得數與股再自乘得數二數相併共若干問圓徑鈎股弦幾何

○答曰依術得圓徑

術曰立天元一爲圓徑自乘之以圓周率相乘得數寄子位○列外餘積四之以圓徑率相乘得內加入子位共爲因圓徑率四段鈎股積寄丑位○圓徑冪圓徑率相乘得內加入丑位共得數寄寅位○寅位冪內減丑位圓徑冪。圓徑率相乘八段餘寄卯位○寅位再乘冪一段寅位卯位相乘三段右二位相併得數寄左○別云數圓徑再乘冪圓徑率再乘冪相乘三段三十二段與寄左相消得開方式五乘方飜法開之得商圓徑仍推前術得各合問

十

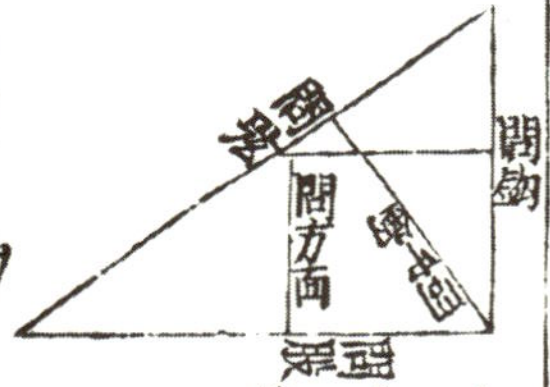

今有鈎股弦內如圖平方空外餘積若干只云股取幾何分之若干得數與亦中鈎取幾何分之若干得數二數相併共若干問鈎股弦中鈎方面各幾何

○答曰依術得方面

術曰立天元一爲方面自乘之得內加入外餘積共得數倍之寄子位○子位冪內減子位方面冪相乘四段餘寄丑位○只云

數前分母後分母方面相乘二段寄寅位○前分子冪後分母冪子位再乘冪相乘一段前分子後分母方面冪子位寅位相乘四段子位寅位冪相乘一段前分子冪後分母冪子位丑位相乘一段右四位相併得內減前分子冪後分母冪方面冪子位冪相乘二段前分母子後分母子位冪寅位相乘二段方面冪寅位冪相乘二段前分母冪後分子冪方面三乘冪子位相乘四段前分子冪後分母冪方面冪丑位相乘二段右五位相併得數餘自乘之得數寄左○前分子冪後分母冪方面冪子位相乘四段前分子後分母子位寅位相乘二段右二位相併得數內減前分子冪後分母冪子位冪相乘二段前分子後分母方面冪寅位相乘四段右二位相併得數餘自乘之以丑位相乘得數與寄左相消得開方式九乘方飜法開之得商方面仍推前術得各合問

今有鈎股弦內如圖隔中鈎大平圓小平方只云從方面而圓徑者長若干又從弦而股者短若干問鈎股弦方面圓徑幾何

○荅曰依術得鈎

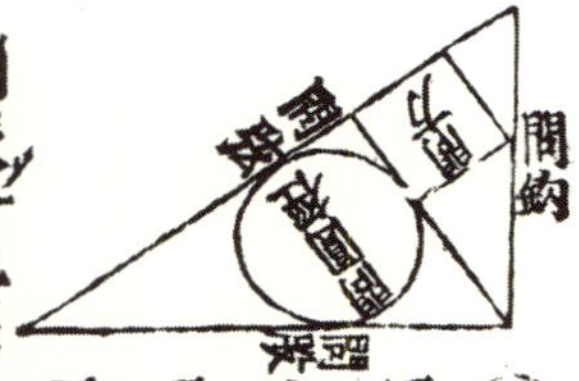

術曰立天元一為鈎○只云數又云數鈎相乘二段寄子位○只云數又云數相乘一段只云數鈎相乘一段右二位相併得數內減又云數鈎相乘段只云數餘寄丑位○鈎一段又云數一箇右二位相併得內減只云數一箇餘寄寅位○鈎冪一段內減又云數冪一段餘寄卯位○又云數冪子位相乘四段又云數丑位卯位相乘二段右二位相併得數寄左○寅位卯位冪相乘二段與寄左相消得開方式四乘方飜法開之得商鈎仍推前術得各合問

平形斜積門 三問

今有三斜內如圖甲乙丙斜甲斜若干乙斜若干丙斜若干只云大斜再自乘得數與小斜再自乘得數二數相併共立積若干別中斜再自乘得數與又大斜再自乘得數二數相併共立積若干問大中小斜各幾何

○荅曰依術得大斜

術曰立天元一為大斜再自乗之以減別云數餘自乗
之寄子位○列只云數内減大斜再乗冪餘自乗之寄
丑位○甲斜冪乙斜冪大斜冪相乗一段丙斜三乗冪大
斜冪相乗一段丙斜冪大斜三乗冪相乗一段右三位相併
得數内減甲斜冪丙斜冪大斜冪相乗一段乙斜冪丙斜
冪大斜冪相乗一段右二位相併得數餘寄寅位○乙斜
冪丙斜冪相乗一段甲斜三乗冪一段右二位相併得數内減甲斜冪大斜
冪相乗一段甲斜冪乙斜冪相乗一段甲斜冪丙斜冪相乗一段丙斜冪大斜
冪相乗一段右四位相併得數餘寄卯位○乙斜冪丙斜冪相乗一段乙斜
冪大斜冪相乗一段丙斜冪大斜冪相乗一段甲斜冪乙斜冪相乗一段右四
位相併得數内減甲斜冪丙斜冪相乗一段乙斜三乗冪一段右二位相併
得數餘寄辰位○甲斜冪一段乙斜冪一段右二位相併得數内減大斜冪
一段餘寄巳位○寅位再乗冪一段乙斜五乗冪子位冪相乗一段乙斜冪子
位寅位辰位相乗三段甲斜冪丑位寅位卯位相乗六段丑位卯位再乗冪

相乗三段甲斜冪乙斜冪子位丑位巳位相乗三段甲斜五乗冪丑位冪相
乗一段右七位相併得數内減子位辰位冪相乗一段子位丑位巳位再乗
冪相乗一段右二位相併得數餘寄午位○子位辰位冪巳位相乗三段内
減寅位冪卯位相乗三段乙斜冪子位寅位巳位相乗三段乙斜冪子位卯
位辰位相乗三段甲斜三乗冪丑位寅位相乗三段甲斜冪丑位卯位冪相
乗三段右五位相併得數餘寄未位○甲斜冪寅位冪相乗三段寅位卯位
冪相乗三段乙斜冪子位卯位巳位相乗三段甲斜冪乙斜冪子位辰位相
乗三段甲斜三乗冪丑位卯位相乗三段右五位相併得數内減子位辰位
巳位冪相乗三段餘寄申位○午位再乗冪一段丑位冪申位再乗冪相乗
一段丑位午位未位申位相乗三段右三位相併得數寄左○丑位未位再
乗冪相乗一段與寄左相消得開方式五十三乗方飜法開之得高大斜
仍推前術得各合問

今有平方内如圖三斜只云大斜再自乗得數與小斜再自乗得數二數
相併共正積若干又云中斜再自乗得數與大斜再自乗得數二數相併

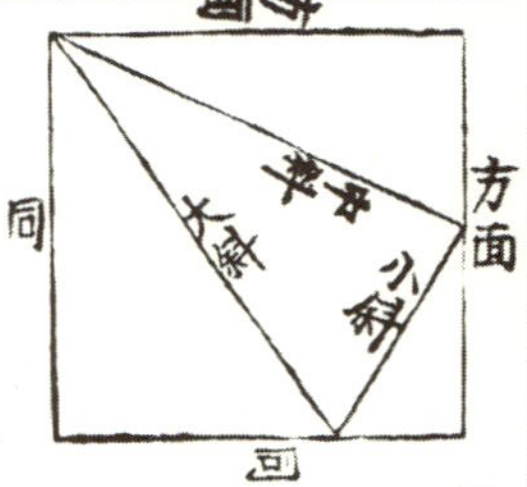

共立積若干方面若干問大中小斜幾何

○答曰依術得大斜

術曰立天元一為大斜自乘之得數內減方面冪餘寄角位○列大斜再自乘之以減又云數餘自乘之寄元位○列只云數內減大斜再乘冪餘自乘之寄氐位○角位冪一段方面冪角位相乘一段方面三乘冪五段右三位相併得數寄房位○方面冪二段角位冪二段右二位相併得數寄心位○角位二段內減方面冪二段餘寄尾位○方面再乘冪四段方面角位相乘四段右二位相併得數寄箕位○房位冪一段元位尾位相乘二段右二位相併得數內減角位箕位冪相乘二段氐位心位相乘二段右二位相併得數餘寄斗位○方面角位箕位相乘八段氐位一段右二位相併得數內減房位心位相乘二段元位四段右二位相併得數餘寄牛位○房位二段心位冪一段右二位相併得數內減方面冪角位相乘十六段餘寄女位○方面角位箕位相乘八段氐位四段右二位相併得數內減房位尾位相乘二段元位一段右二位相併得數餘寄虛位○心位尾位相乘二段房位四段右二位相併得數內減方面冪角位相乘三十二段餘寄危位○尾位二段心位四段右二位相併得數寄室位○房位二段尾位冪一段右二位相併得數內減方面冪角位相乘一段餘寄壁位○心位二段尾位四段右二位相併得數寄奎位○斗位再乘冪一段元位冪壁位再乘冪相乘二段斗位虛位壁位相乘三段氐位斗位牛位女位相乘六段氐位牛位再乘冪相乘二段氐位斗位危位相乘一十八段氐位牛位虛位相乘一十八段氐位斗位室位奎位相乘三段氐位女位危位壁位相乘三段元位氐位虛位危位室位相乘六段氐位冪女位再乘冪相乘一段元位冪氐位冪相乘二百一十六段元位室位再乘冪相乘二段右一十三位相併得數內減元位虛位再乘冪相乘二段元位冪氐位壁位奎位相乘三十六段元位冪氐位奎位再乘冪相乘二段氐位牛位危位奎位相乘三段氐位女位虛位奎位相乘三段氐位牛位室位壁位相乘三段元位氐位危位再乘冪相乘二段氐位冪女位室位相乘一十八段右八位相併得數餘寄婁位○元位冪壁

位幂奎位相乘三段斗位虛位奎位相乘三段氐
位女位危位奎位相乘三段氐位女位室位壁位相乘三段亢位虛位
室位幂相乘三段右六位相併得數內減斗位幂牛位相乘三段亢位氐位虛位
壁位相乘三段牛位虛位壁位相乘三段氐位斗位女位幂相乘三段斗位危位
位幂女位相乘三段亢位幂氐位壁位相乘一十八段亢位幂氐位奎位幂相
乘一十八段氐位斗位室位相乘一十八段氐位牛位危位相乘一十八段氐位女位
虛位相乘一十八段氐位牛位室位奎位相乘三段亢位氐位危位幂室位相
乘三段右一十二位相併得數餘寄胃位○斗位幂女位相乘三段斗位牛位
位虛位相乘一十八段牛位危位壁位相乘三段女位虛位壁位相乘三段亢位
位幂相乘三段亢位幂壁位幂相乘一十八段亢位幂壁位奎位幂相乘三段斗
虛位幂室位相乘三段氐位牛位女位幂相乘三段氐位女位危位相乘一十
八段氐位女位室位奎位相乘三段右一十一位相併得數內減斗位危位
奎位相乘三段牛位虛位奎位相乘三段斗位室位壁位相乘三段亢位虛位
危位幂相乘三段亢位幂氐位奎位相乘一十八段氐位牛位室位相乘一百八段

亢位氐位危位室位幂相乘三段右七位相併得數餘寄昴位○婁位再
乘幂一段氐位幂昴位再乘幂相乘一段氐位婁位胃位昴位相乘三段右三
位相併得數寄左○氐位胃位再乘幂相乘一段與寄左相消得開方式
七十一乘方飜法開之得丙大斜仍推前術得各合問

今有兩平錐只云列甲乙丙丁戊己寸各別別再自乘之各其差云則者
從甲數而乙數者少若從乙數而丙數者少若從丙數而丁數者少若從
丁數而戊數者少若從戊數而己數者少問甲乙丙丁戊己幾何

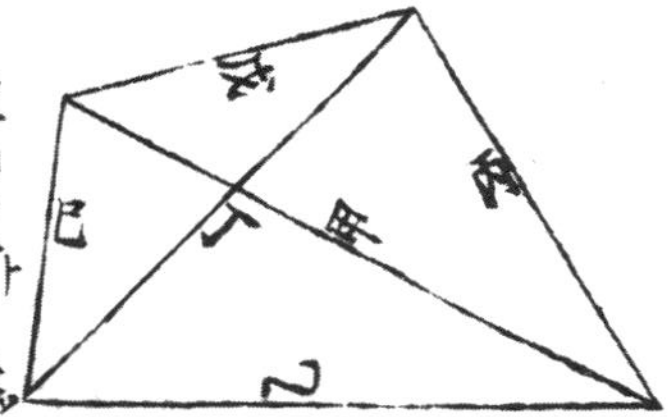

○答曰依術得己斜

術曰立天元一爲己斜再自乘之得內加入甲乙丙丁
戊己差相併得數而爲甲數自乘之寄角位○列甲數
內減甲乙差餘爲乙數自乘之寄亢位○列乙數內減
乙丙差餘爲丙數自乘之寄氐位○列丙數內減丙丁
差餘爲丁數自乘之寄房位○列丁數內減丁戊差餘
爲戊數自乘之寄心位○己斜一十一乘幂氐位相乘一段己斜五乘幂

氐位冪相乘段亢位氐位房位相乘段角位房位
冪相乘段已斜五乘冪角位亢位相乘段亢位冪心位相乘段已斜五
乘冪房位心位相乘段角位氐位心位相乘段亢位心位冪相乘段右
一十位相併得內減已斜五乘冪亢位氐位相乘段已斜五乘冪角位
氐位相乘段已斜五乘冪氐位房位相乘段亢位房位相乘段已
斜五乘冪角位房位相乘段角位氐位房位相乘段已斜五乘冪亢位
心位相乘段亢位氐位心位相乘段角位亢位心位相乘段亢位房位
心位相乘段角位房位心位相乘段右一十一位相併餘寄尾位〇已
斜三乘冪角位氐位相乘段已斜三乘冪亢位心位相乘段右二位相
併得內減已斜九乘冪氐位相乘段已斜三乘冪亢位氐位相乘段已
斜三乘冪角位亢位相乘段右三位相併得數餘寄箕位〇已斜七乘
冪氐位相乘段已斜冪角位亢位相乘段右二位相併得內減已斜冪
亢位氐位相乘段已斜冪亢位心位相乘段
右三位相併得數餘寄斗位〇已斜三乘冪亢位氐位相乘段已斜三

乘冪角位房位相乘段右二位相併得內減已斜九乘冪氐位相乘段
已斜三乘冪角位亢位相乘段已斜三乘冪亢位心位相乘段右三位
相併得數餘寄牛位〇已斜冪角位亢位氐位相乘段已斜七乘冪氐位相
乘段已斜冪角位氐位相乘段已斜冪亢位氐位相乘段已斜冪
角位房位相乘段已斜冪亢位心位相乘段右六位相併寄女位〇
亢位氐位相乘段角位房位相乘段右二位相併得內減已斜五乘冪
氐位相乘段角位氐位相乘段亢位心位相乘段右三位相併得數餘
寄虛位〇已斜七乘冪氐位相乘段已斜冪角位亢位相乘段右二位
相併得內減已斜冪亢位氐位相乘段已斜冪角位房位相乘段已斜
冪亢位心位相乘段右三位相併得數餘寄危位〇已斜五乘冪氐位
相乘段角位氐位相乘段亢位心位相乘段右三位相併得內減亢位
氐位相乘段角位房位相乘段右二位相併得數餘寄室位〇已斜九
乘冪氐位相乘段已斜三乘冪亢位心位相乘段右二位相併得內
減已斜三乘冪角位房位相乘段餘寄壁位〇已斜七乘冪氐位相乘

六段已斜寄角位房位相乘三段已斜寄元位心位相乘三段右三位相併寄
奎位○已斜五乘寄氐位相乘三段元位房位相乘三段右二位相併得内
減已斜五乘寄元位相乘九段角位房位相乘九段已斜五乘寄房位相乘
三段元位心位相乘三段右四位相併得數餘寄婁位○已斜寄角位房位
相乘六段内減已斜七乘寄氐位相乘六段已斜寄元位心位相乘十二段右
二位相併得數餘寄胃位○已斜五乘寄氐位相乘九段角位房位相乘
九段元位心位相乘九段右三位相併寄昴位○已斜三乘寄元位相乘九段
寄畢位○已斜五乘寄氐位相乘三段角位心位相乘三段右二位相併得
内減角位房位相乘三段已斜五乘寄心位相乘三段元位心位相乘九段右
三位相併得數餘寄觜位○已斜七乘寄三段已斜寄元位相乘十五段右
二位相併得内減已斜寄角位相乘三段餘寄參位○已斜七乘寄氐位
相乘三段已斜寄元位心位相乘三段右二位相併寄井位○已斜五乘寄
房位相乘三段元位相乘三段右二位相併得内減已斜五乘寄元位
相乘九段已斜五乘寄氐位相乘三段角位房位相乘九段元位房位相乘三段

右四位相併得數餘寄鬼位○已斜三乘寄元位相乘三段寄柳位○已
斜五乘寄心位相乘三段内減已斜五乘寄氐位相乘三段角位房位相乘
三段元位心位相乘九段角位心位相乘九段右四位相併得數餘寄星位○
已斜九乘寄三段已斜三乘寄元位相乘十五段右二位相併得内減已斜
三乘寄角位相乘三段餘寄張位○已斜寄角位相乘六段内減已斜七乘
寄六段已斜寄元位相乘十二段右二位相併得數餘寄翼位○已斜寄角
位相乘九段已斜寄元位相乘三段已斜七乘寄六段右三位相併寄軫位○
已斜五乘寄九段元位九段角位九段右三位相併寄杦位○已斜九乘寄氐
位相乘三段已斜三乘寄角位房位相乘九段已斜三乘寄氐位心位相乘
九段已斜三乘寄房位心位相乘三段右四位相併得内減已斜三乘寄氐
位房位相乘三段已斜三乘寄元位心位相乘三段右二位相併得數餘寄
杏位○已斜七乘寄氐位相乘三段已斜寄元位心位相乘六段右二位相
併得内減已斜寄角位房位相乘九段餘寄松位○角位房位相乘十五段
内減已斜五乘寄氐位相乘十五段元位心位相乘三段右二位相併得數

餘寄楙位〇巳斜七乘冪氐位相乘九段內減巳斜冪角位房位相乘九段
巳斜冪亢位心位相乘六段右二位相併得數餘寄栢位〇巳斜五乘冪
氐位相乘十二段亢位心位相乘六段右二位相併得內減角位房位相乘
六段餘寄梂位〇巳斜三乘冪氐位相乘九段寄槽位〇巳斜五乘冪氐位。
相乘三段角位房位相乘三段巳斜五乘冪心位相乘三段右三位相併得內
減巳斜五乘冪角位相乘三段亢位心位相乘三段右二位相併得數餘寄
棟位〇巳斜三乘冪角位相乘三段內減巳斜三乘冪氐位相乘十五段巳
斜三乘冪心位相乘三段右二位相併得數餘寄樹位〇巳斜七乘冪氐
位相乘六段巳斜冪角位房位相乘三段巳斜冪亢位心位相乘三段右三位
相併寄欄位〇角位房位相乘三段巳斜五乘冪氐位相乘三段亢位心位。
相乘六段右三位相併寄櫚位〇巳斜三乘冪亢位相乘九段內減巳斜三
乘冪氐位相乘九段巳斜三乘冪房位相乘九段右二位相併得數餘寄櫁
位〇巳斜五乘冪角位相乘三段巳斜五乘冪氐位相乘十二段角位房位。
相乘三段角位心位相乘三段巳斜五乘冪心位相乘十二段亢位心位相乘

十二段右六位相併寄橛位〇巳斜三乘冪角位相乘三段巳斜三乘冪氐
位相乘三段巳斜三乘冪心位相乘六段右三位相併寄櫨位〇巳斜冪亢
位相乘三段巳斜七乘冪六段巳斜冪角位相乘三段右三位相併寄椅位〇
巳斜三乘冪氐位相乘六段巳斜三乘冪角位相乘三段巳斜三乘冪心位。
相乘三段右三位相併寄橃位〇巳斜冪角位相乘六段寄槐位〇巳斜五
乘冪三段亢位六段角位三段右三位相併寄椹位〇巳斜五乘冪氐位相乘
三段角位心位相乘三段巳斜五乘冪心位相乘九段右三位相併得內減巳
斜五乘冪角位相乘三段亢位心位相乘三段右二位相併得數餘寄炳位
〇巳斜三乘冪角位相乘九段巳斜三乘冪氐位相乘三段巳斜九乘冪三段
巳斜三乘冪心位相乘三段右四位相併得內減巳斜三乘冪房位相乘
三段巳斜三乘冪亢位相乘三段右二位相併得數餘寄烱位〇巳斜冪角
位相乘九段巳斜七乘冪九段巳斜冪亢位相乘九段右三位相併寄煒位〇
巳斜三乘冪角位相乘三段巳斜三乘冪心位相乘十五段右二位相併得
內減巳斜三乘冪氐位相乘三段餘寄炕位〇巳斜冪角位相乘三段巳斜

七乘冪段三巳斜冪元位相乘段六右三位相併寄炡位○巳斜五乘冪十一
段二元位段六右二位相併得內減角位段六餘寄灼位○角位段三內減巳斜
五乘冪段一五十元位段三右二位相併得數餘寄灯位○巳斜三乘冪段九寄
烜位○巳斜七乘冪氐位相乘段三巳斜冪氐位房位相乘段三巳斜冪房
位心位相乘段三右三位相併得內減巳斜冪角位房位相乘段九巳斜冪
元位心位相乘段三巳斜冪氐位心位相乘段九右三位相併得數餘寄烜
位○巳斜五乘冪氐位相乘段一五十元位心位相乘段三右二位相併得內
減角位房位相乘段三餘寄熵位○巳斜三乘冪氐位相乘段九寄熵位○
角位房位相乘段三巳斜五乘冪心位相乘段三右二位相併得內減巳斜
五乘冪氐位相乘段九巳斜五乘冪角位相乘段三元位心位相乘段三右三
位相併得數餘寄燦位○巳斜三乘冪角位相乘段六內減巳斜三乘冪
氐位相乘段二十巳斜三乘冪心位相乘段六右二位相併得數餘寄燔位
○巳斜冪氐位相乘段五十巳斜冪心位相乘段三右二位相併得內減巳
斜冪角位相乘段三餘寄熅位○巳斜三乘冪氐位相乘段九巳斜三乘冪

角位相乘段九巳斜三乘冪心位相乘段九右三位相併寄煙位○巳斜冪
心位相乘段六內減巳斜冪氐位相乘段三巳斜冪角位相乘段三右二位相
併得數餘寄熆位○巳斜五乘冪氐位相乘段三角位心位相乘段三右二
位相併得內減巳斜五乘冪角位相乘段三巳斜五乘冪心位相乘段九元
位心位相乘段三右三位相併得數餘寄燿位○巳斜三乘冪氐位相乘
段九巳斜三乘冪角位相乘段九巳斜三乘冪心位相乘段九右三位相併寄
燦位○巳斜七乘冪段三巳斜冪氐位相乘段三右二位相併得內減巳斜
冪元位相乘段三巳斜冪角位相乘段九巳斜冪房位相乘段九巳斜冪心位。
相乘段三右四位相併得數餘寄均位○巳斜三乘冪角位相乘段二十巳
斜三乘冪心位相乘段二十右二位相併寄坊位○巳斜冪角位相乘段十一
段五內減巳斜冪心位相乘段三餘寄圯位○巳斜五乘冪段一五十元位段三右
二位相併得內減角位段一五十餘寄坩位○巳斜冪氐位相乘段三巳斜冪
心位相乘段二十右二位相併得內減巳斜冪角位相乘段一五十餘寄圻位
○角位段二十一寄坷位○巳斜三乘冪段六寄坽位○巳斜九乘冪段三內減

丁五

巳斜三乘冪心位相乘二段餘寄坋位○巳斜冪房位相乘九段巳斜冪心位相乘九段右二位相併寄堦位○巳斜冪心位相乘九段寄垛位○巳斜五乘冪九段寄塽位○巳斜三乘冪六段三十寄坍位○巳斜三乘冪一段二十寄堤位○巳斜冪三段寄堉位○右以各位従是以下位數省略之所得演段之起第五前圖而如第五後圖得寄左與相消數一千四百五十七乘方飜法開之得商巳斜推前術得各合問 此術位數繁多故演其大概也

分子齊同門 一問

今有銀若干灰吹若干不知借年數及終年元利合返之則銀若干灰吹若干也只云従銀之年利足灰吹之年利足者高幾干若干究也問銀灰吹之年利足何割并借年何年乃利加利

○巻日此類術式記第三之巻故不顯之也

和漢筭法巻之七終

和漢筭法巻之八

洛北 宮城外記藤原清行集成

門人 中川傳左衛門昌業
中村喜太夫正武 校

古今筭法記一十五問本術起元演段 従第一問而到第十三問

第一起元 演段

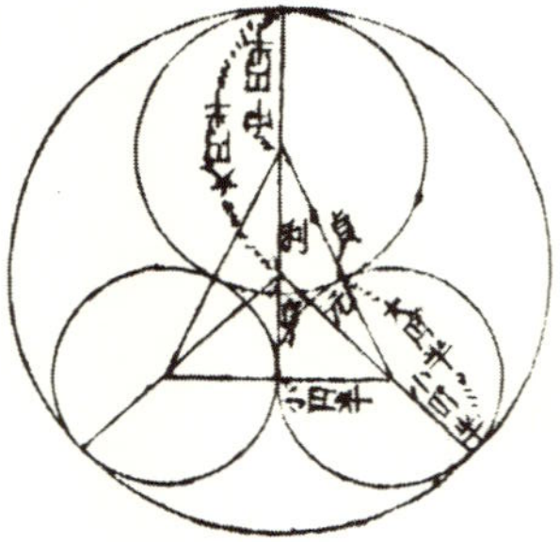

本問 只云數中圓徑與小圓徑差 本術 大圓徑

本術 子位因圓周率中圓徑冪一段小圓徑冪二段併數

立天元一爲小圓徑 ○ 内加入只云數共爲中圓徑

列大圓徑内減小圓徑餘爲一箇元 自乘之得數

内減小圓徑冪餘爲四段亨冪 寄天位

列大圓徑内減中圓徑餘爲二箇利 自乘之爲四段利冪 寄地位

列併中圓徑與小圓徑共得爲二箇貞 自乘之得

内減小圓徑冪餘爲四段亨利和冪 内

併減天位與地位餘爲因亨八箇利 遍以二約之爲

因亨四箇利 自之爲因亨冪二十六段利冪

寄左

列天位以地位相乘爲因亨冪一十六段利冪 與寄左相消而省空位得式也

本術 貞内減正餘寄丑位

本術 正相併内減貞餘寄寅位

本術 正相併得數寄卯位

演段 直

得各位寄前

小圓徑冪二段 ○ ○ 中圓徑冪一段

二位相併以圓周率相乘爲

因圓周率中圓徑冪一段小圓徑冪二段併數 寄左

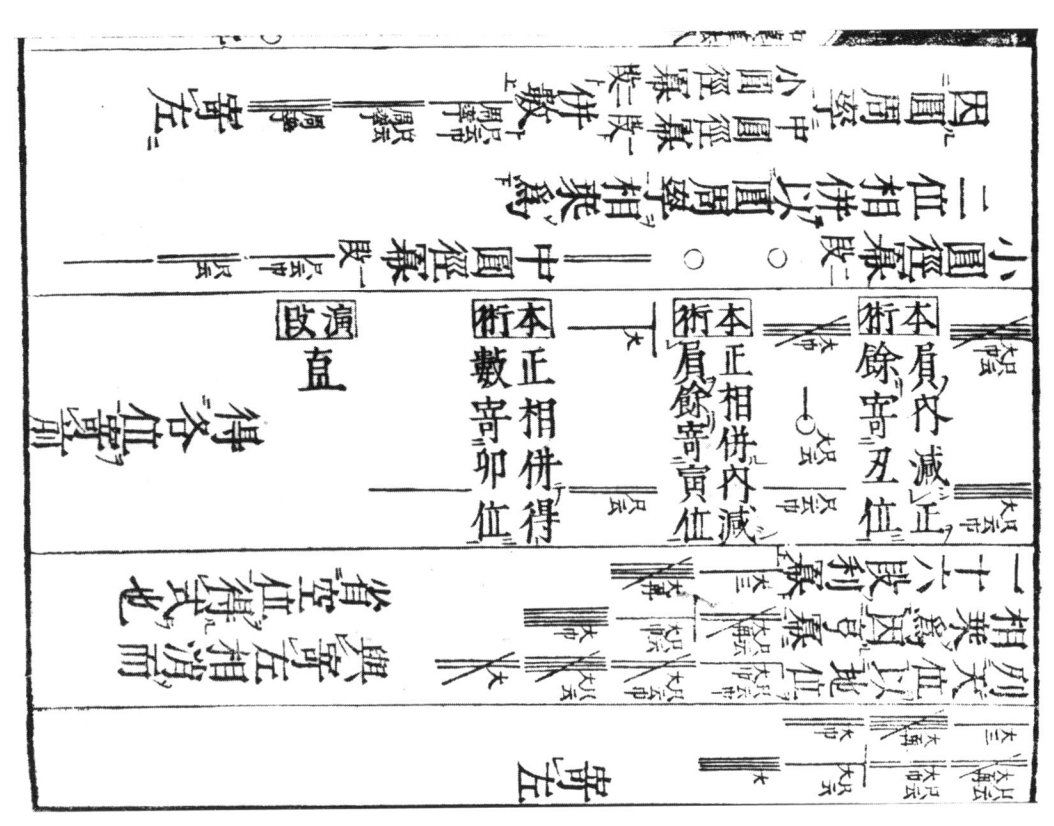

以子位再寄左

相消而得式也

本術 員内減

本術 正 寄己位

本術 直 得各位寄後

前 右實 右方 右廉 右隅

後 左實 左方 左廉

得如此前後闘則以平立方之兩定式求本術如左

右實冪左廉再乘冪相乘段一

右隅冪左實再乘冪相乘段一

右實右隅左實左方左廉相乘段三

右廉冪左實冪左廉相乘段一

右實右廉左方冪左廉相乘段一

右方冪左實左廉冪相乘段一

右方右隅左實左方冪相乘段一

右七位相併寄左

右實右廉左實左廉冪相乘段二

右方右隅左實左廉冪相乘段二

右廉右隅左實冪左方相乘段二

右實右隅左方再乘冪相乘段二

右實右方左方左廉冪相乘段一

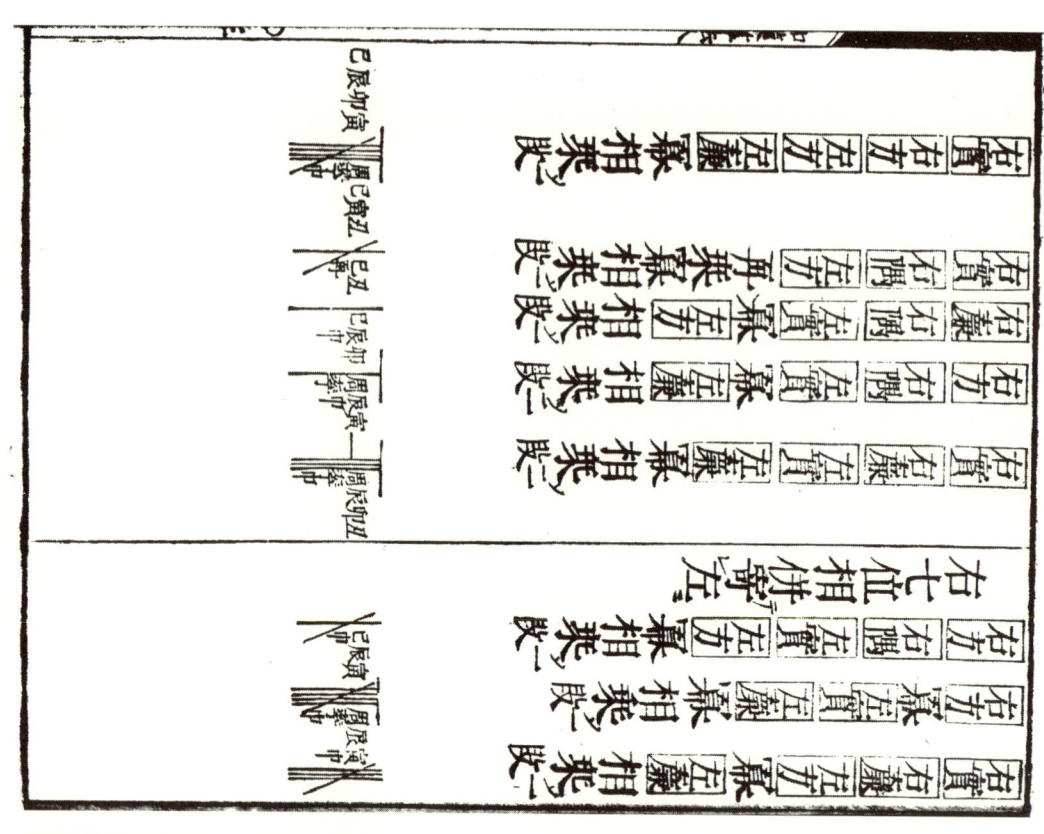

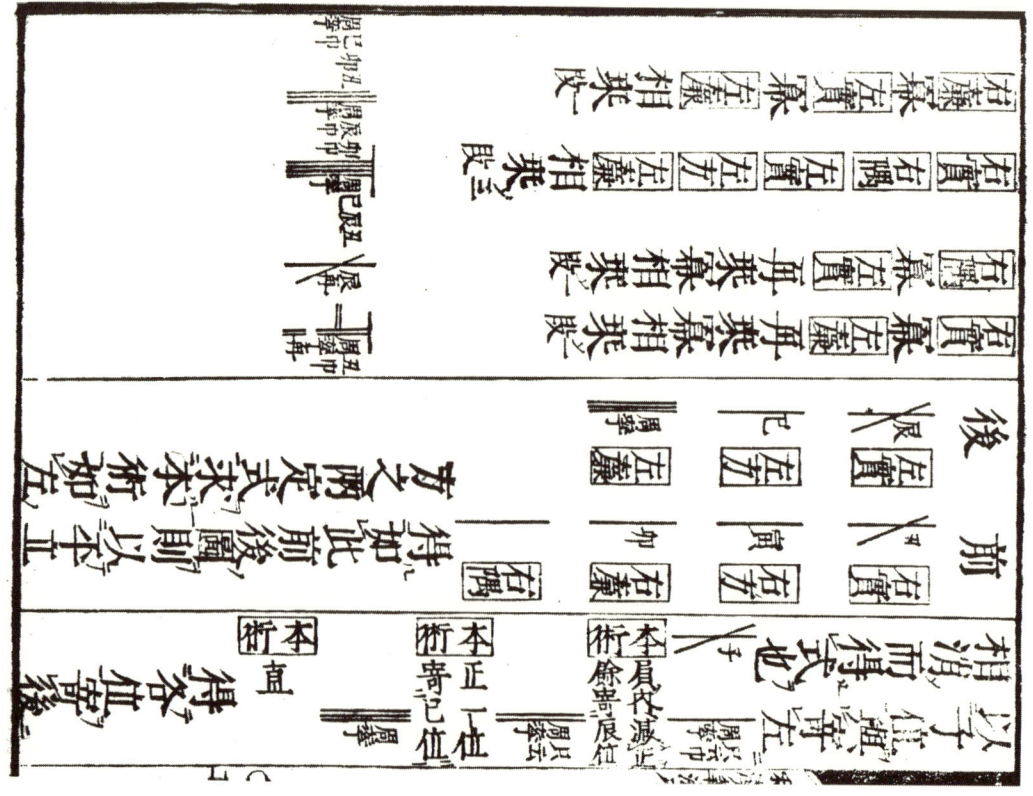

[右方][右廉][左實][左方][左廉]相乘一段

右六位相併與寄左相消而分正負本術之得寄左與相消数

正等六位相併[本術]寄左數

負等七位[本術]與寄左相消數

第二起元　演段

[本問]只云數平方冪開立方　立方冪開平方　商二和

[本術]甲位平方冪　[本術]乙位立方冪

立天元一爲開平方商　○　以減只云數餘爲開立方商

再自乘之爲平方冪　寄左

以甲位與寄左相消而得式也

第三起元　演段

[本術]正內減負餘自乘之爲寄左數

[本術]負相併自乘之得數相乘乙位與寄左相消數

得圖以平方冪之定式本術之得寄與消

丙方面開立方　丁方面開立方　商二和

所求次演段子位　[本術]卯位丁方面

三和內減乙方面開立方商餘也　[本術]寅位丙方面

立天元一爲丁方面開立方商　○　以減二和餘爲丙方面開立方商

再自乘之爲丙方面　寄左

以寅位與寄左相消而得式也

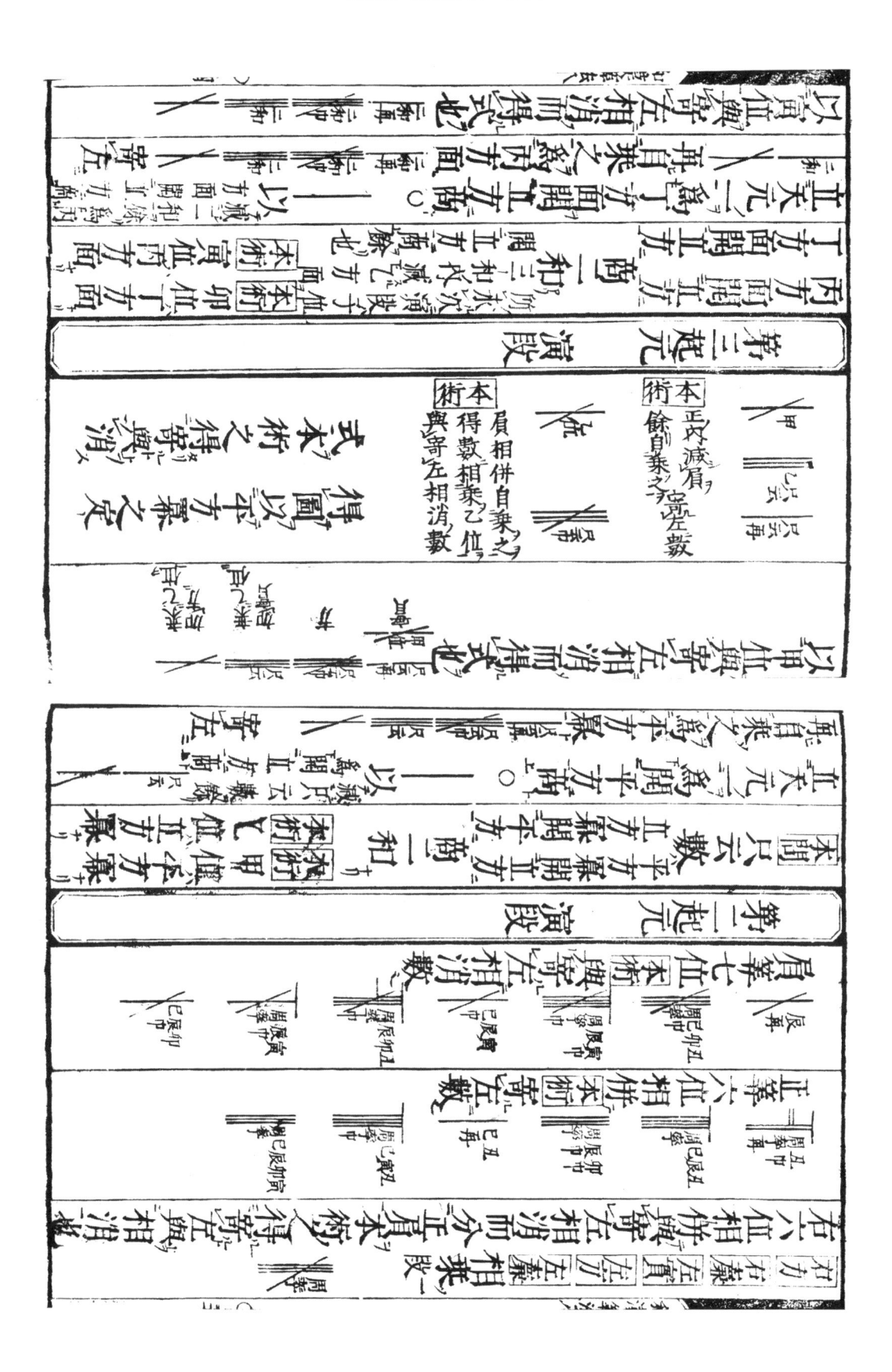

實 方 廉
以此圖式起
二和再 卯 寅
正内減肩位 一人位 一地位
餘寄天位
肩一 寄人位
正一 寄地位
次演段也
得如此圖式則以立方
天 一 人 地
實 方 廉
冪定式求寄與消如左
實 再乗冪一段
方 再乗冪卯位相乗之段
廉 再乗冪卯位冪相乗之段
右三位相併寄左
天再 人再卯 地再卯巾
實 方 廉 卯位相乗段三
右以二位與寄左相消而分正肩得寄與消也

次演段

天再 地再卯巾
正算 肩算一
以此圖式起次
天人地卯
三位 位與寄
之演段寄與消
寄左 左相消
本術 子位 乙方面開立方 丙方面開立方 丁方面開立方 商三和
本術 丑位 乙方面
本術 辰位 寅位 卯位 相併得數
立天元一為乙方面開立方商○
以減子位餘
為丙方面開立方 丁方面開立方 商二和
二和再乗冪內減辰位
寅位段一 卯位段一 併數餘
寄天位
二和冪三段
寄人位
二和三段
寄地位
天位再乗冪一段

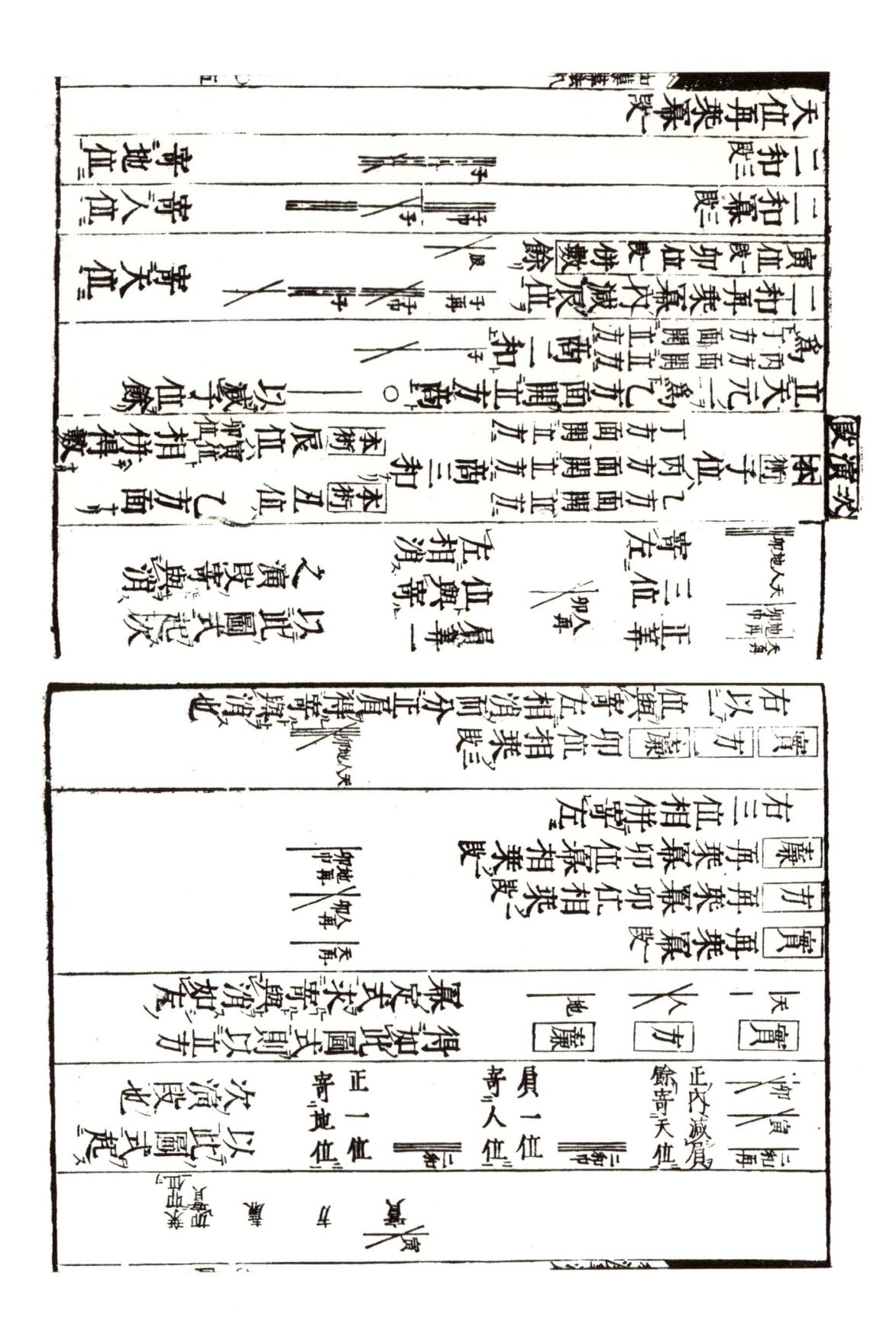

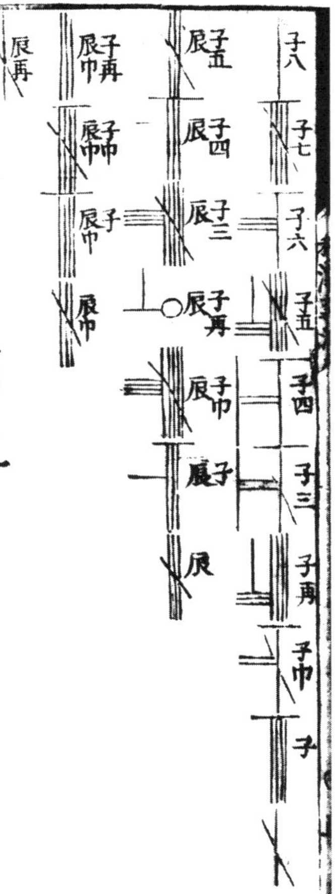

地位再乗冪卯位冪相乗　段一

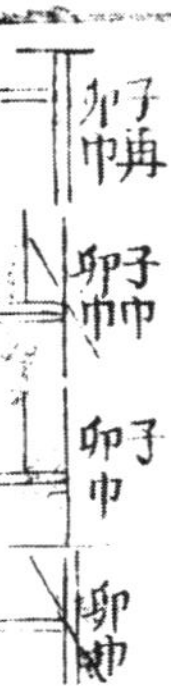

天位人位地位卯位相乗　段三

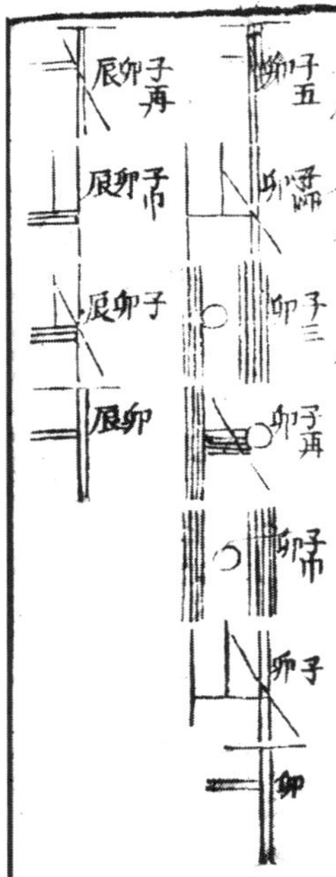

右三位相併得數寄左

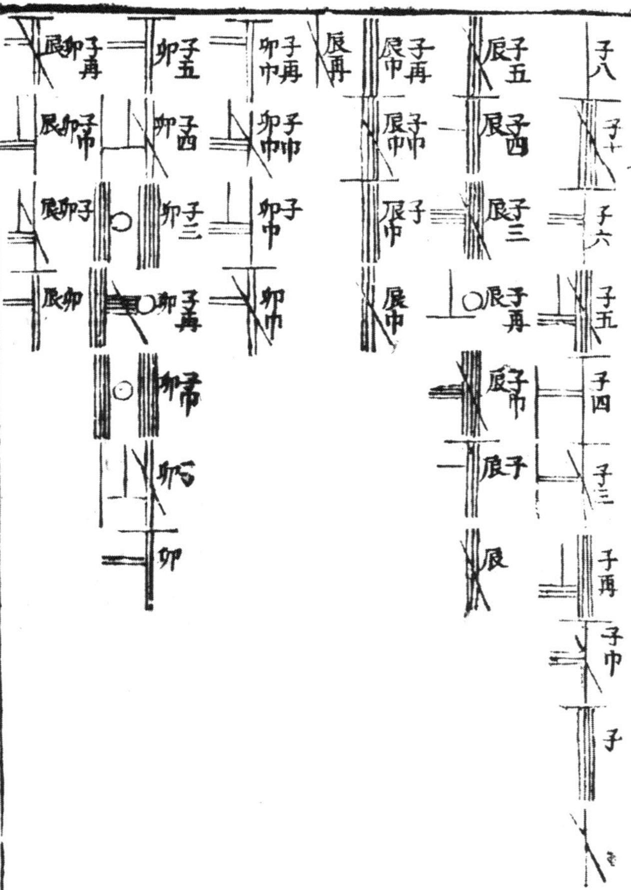

人位再乗冪寅位相乗二段與寄左相消而得式也

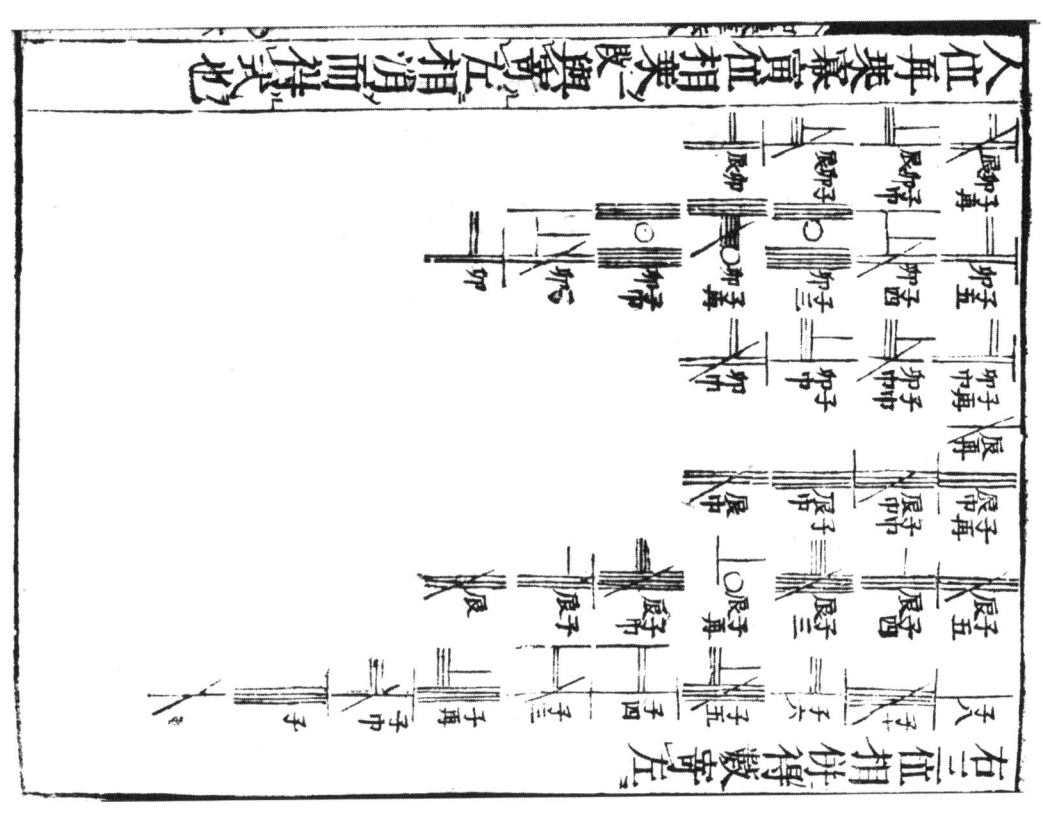

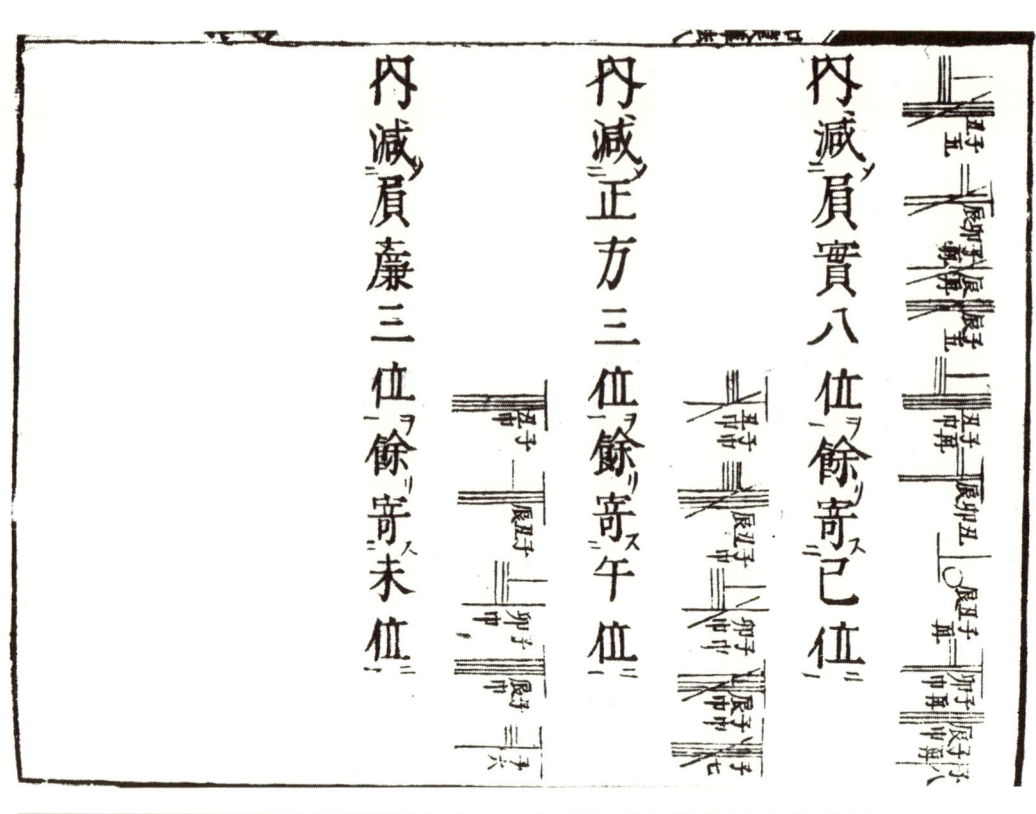

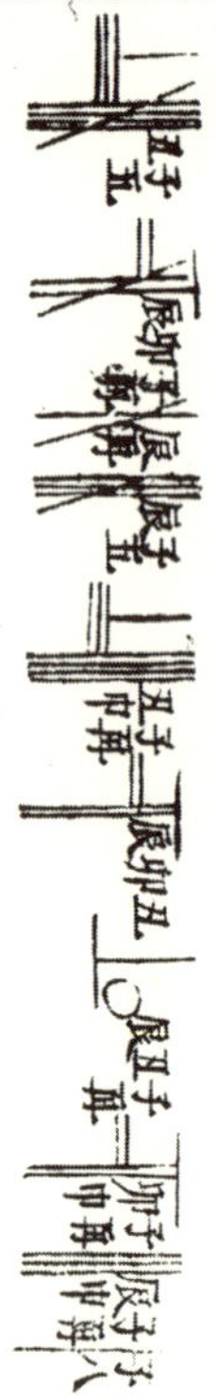

内減員實八位餘寄巳位

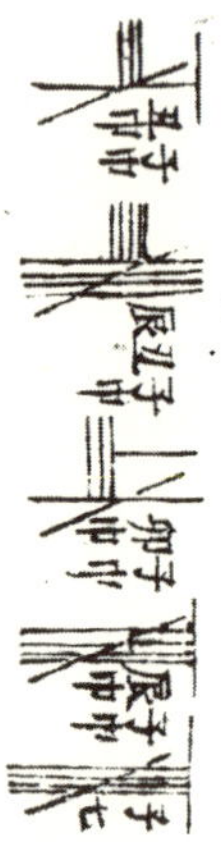

内減正方三位餘寄午位

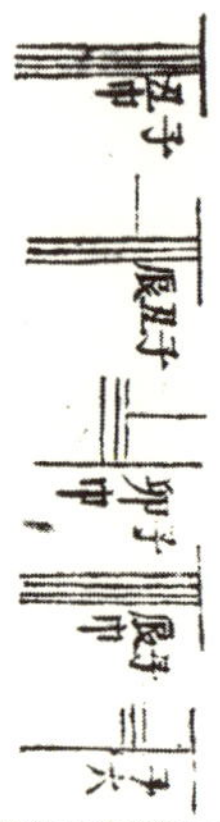

内減員廉三位餘寄未位

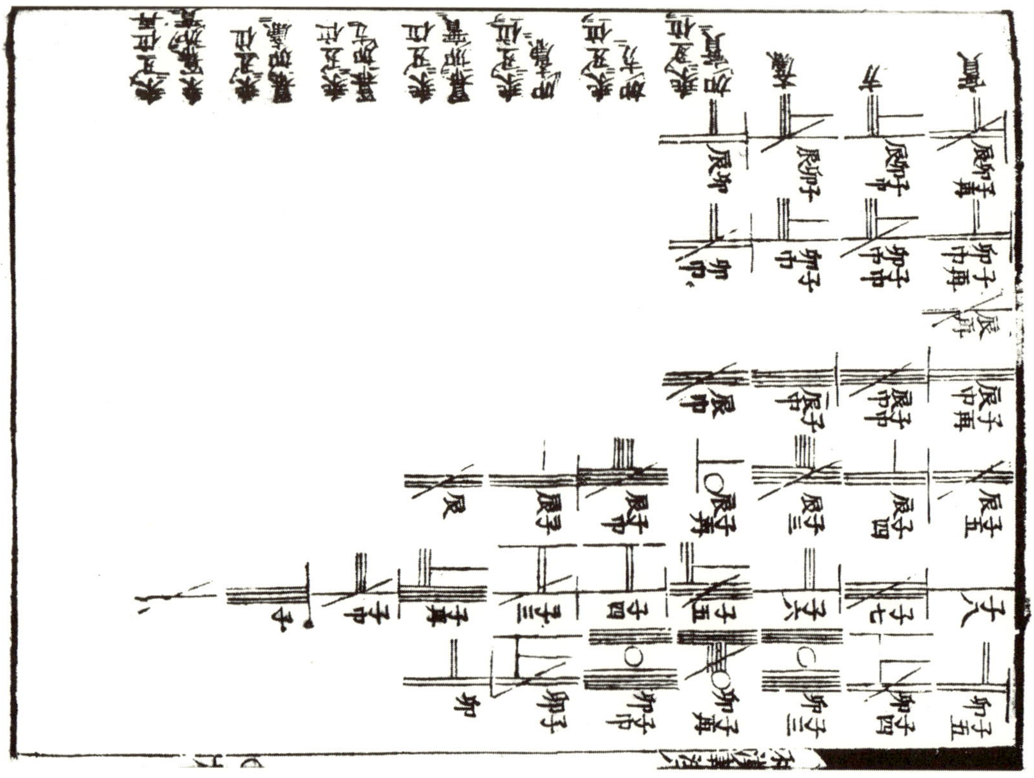

得如此圖式則以立方冪之定式末術如左

實　方　廉

實 再乗冪段

方 再乗冪丑位相乗段

廉 再乗冪丑位冪相乗段

右三位相併寄左

實　方　廉　乜位相乗段

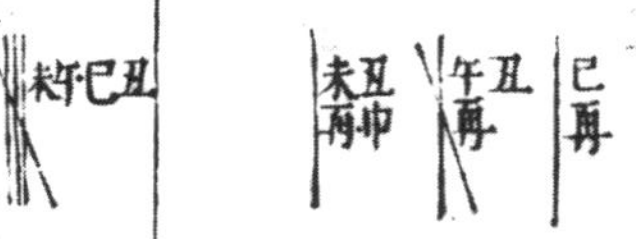

右以一位與寄左相消而分正肩本術之得寄左與相消數也

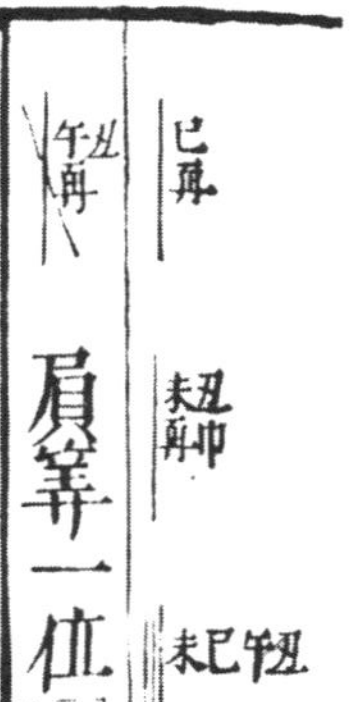

正等三位相併本術寄左數

肩等一位本術與寄左相消數

第四起元　演段

本術子位（甲方面開平方／乙方面開立方）商二和

本術丑位乙立方冪

本術寅位（甲方面開平方商五乗冪）

立天元一為甲方面開平方商　○　以減子位余為乙方面開立方商

再自乗之為乙方面　又再自乗之為乙立方冪寄左

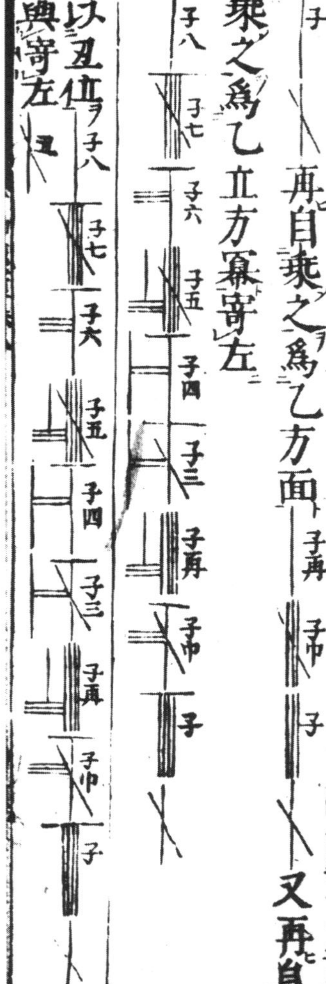

以丑位與寄左

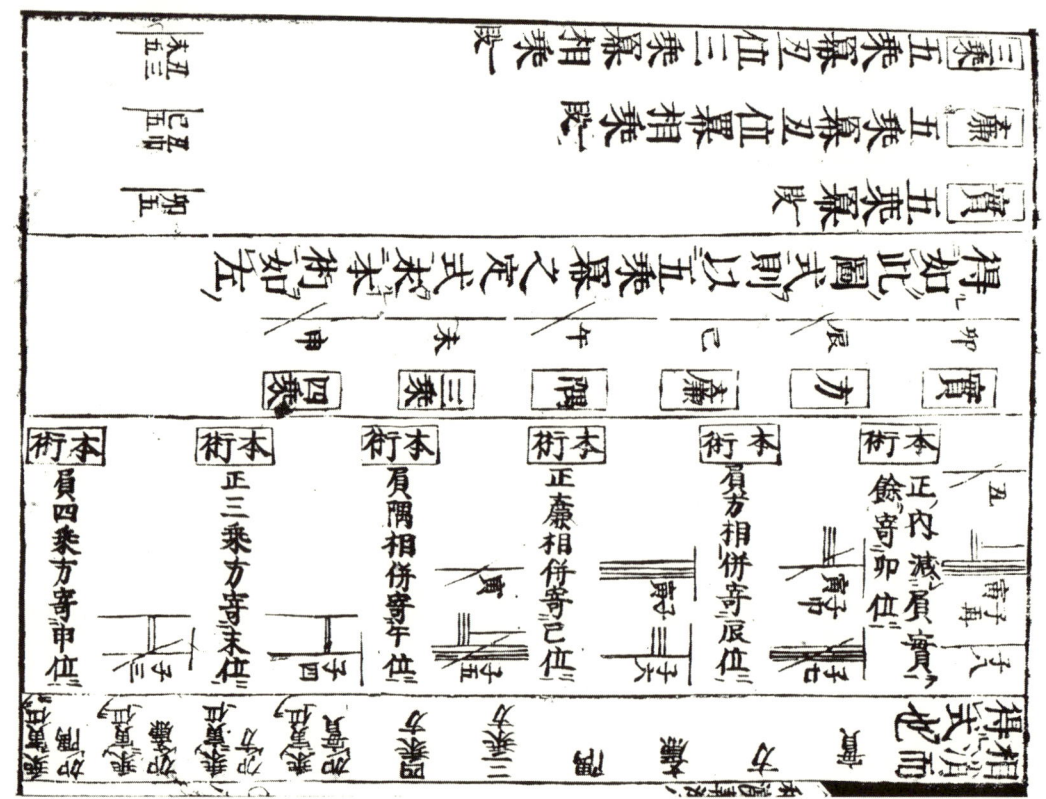

相消而得式也

實　方　廉　隅　三乘方　四乘方

子八　寅子再　丑

本術　正内減負實寄卯位

子七　寅子巾

本術　負方相併寄辰位

子六

本術　正廉相併寄巳位

子五

本術　負隅相併寄午位

子四

本術　正三乘方寄未位

子三

本術　負四乘方寄申位

實　卯

方　辰

廉　巳

隅　午

三乘　未

四乘　申

得如此圖式則以五乘冪之定式求本術如左

實　五乘冪　段一

廉　五乘冪丑位冪相乘　段一

三乘　五乘冪丑位三乘冪相乘　段一

廉　再乘冪　實　再乘冪丑位相乘　段二

三乘　再乘冪　實　再乘冪丑位冪相乘　段二

三乘　再乘冪　廉　再乘冪丑位再乘冪相乘　段二

隅　三乘冪　實　冪丑位冪相乘　段三

四乘　三乘冪　廉　冪丑位三乘冪相乘　段三

三乘　冪　方　三乘冪丑位冪相乘　段三

四乘　隅　方　三乘冪丑位冪相乘　段六

廉　方　三乘冪　實　丑位相乘　段六

四乘　隅　三乘冪　方　丑位再乘冪相乘　段六

四乗 三乗冪 三乗 實 丒位三乗冪相乗 六段
四乗 三乗冪 隅 方 丒位三乗冪相乗 六段
三乗 方 冪 實 再乗冪丒位相乗 六段
四乗 冪 大廉 實 再乗冪丒位冪相乗 六段
隅 冪 大廉 再乗冪 實 丒位冪相乗 六段
三乗 隅 三乗冪 大廉 丒位再乗冪相乗 六段
三乗 大廉 再乗冪 方 冪丒位冪相乗 六段
四乗 冪 三乗 再乗冪 大廉 丒位三乗冪相乗 六段

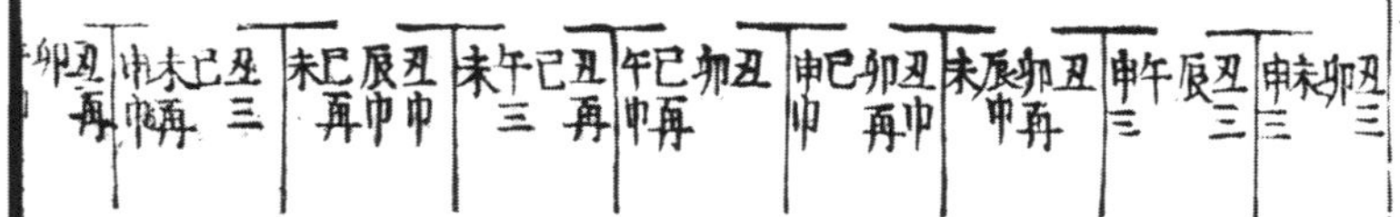

三乗 再乗冪 隅 冪 實 丒位再乗冪相乗 六段
三乗 冪 大廉 冪 實 冪丒位冪相乗 九段
隅 冪 小廉 冪 方 冪丒位冪相乗 九段
四乗 冪 三乗 冪 隅 冪丒位三乗冪相乗 九段
四乗 冪 方 冪 實 冪丒位冪相乗 九段
四乗 三乗 隅 實 再乗冪丒位冪相乗 一十二段
隅 大廉 方 實 再乗冪丒位相乗 一十二段
四乗 三乗 隅 大廉 再乗冪丒位再乗冪相乗 一十二段

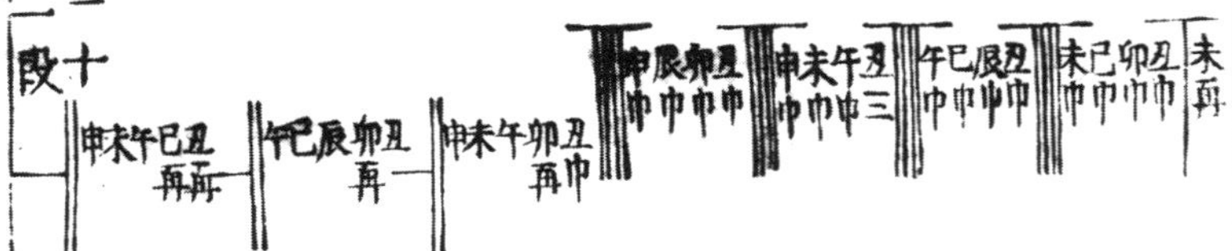

四乘 廉 再乘冪 方 實 丑位冪相乘一十二段
三乘 再乘冪 隅 廉 方 丑位再乘冪相乘一十二段
四乘 三乘 再乘冪 方 實 丑位再乘冪相乘一十二段
三乘 隅 冪 方 冪 實 丑位冪相乘一十八段
四乘 冪 三乘 廉 方 冪丑位再乘冪相乘一十八段
四乘 冪 隅 冪 廉 實 丑位再乘冪相乘一十八段
右二十四位相併寄左

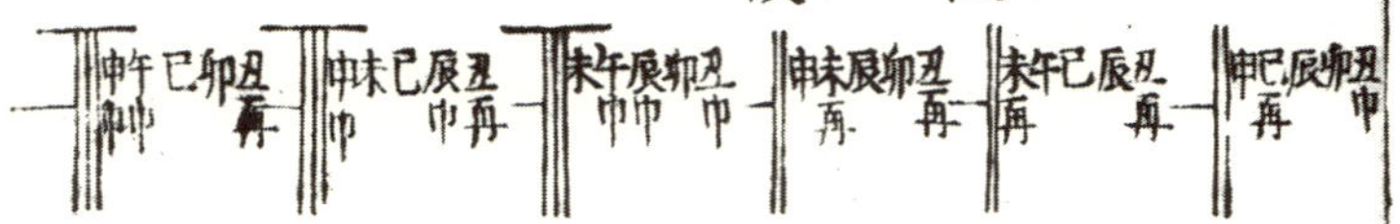

方 五乘冪丑位相乘一段
隅 五乘冪丑位再乘冪相乘二段
四乘 五乘冪丑位四乘冪相乘二段
隅 再乘冪 方 再乘冪丑位冪相乘二段
四乘 再乘冪 隅 再乘冪丑位三乘冪相乘二段
四乘 再乘冪 方 再乘冪丑位再乘冪相乘二段
三乘 三乘冪 方 冪丑位再乘冪相乘三段
隅 冪 實 三乘冪丑位相乘三段
四乘 冪 廉 三乘冪丑位再乘冪相乘三段
三乘 廉 實 三乘冪丑位相乘六段

四乘 方 實 三乘冪丑位相乘ノ六段
隅 廉 三乘冪 方 丑位冪相乘ノ六段
三乘 廉 三乘冪 實 丑位冪相乘ノ六段
三乘 三乘冪 廉 實 丑位再乘冪相乘ノ六段
四乘 三乘 三乘冪 隅 丑位三乘冪相乘ノ六段
四乘 廉 冪 方 再乘冪丑位冪相乘ノ六段
隅 方 再乘冪 實 冪丑位相乘ノ六段
四乘 隅 再乘冪 廉 冪丑位再乘冪相乘ノ六段

丑卯辰申 三
丑辰巳午 巾 三
丑卯巳未 巾 三
丑卯巳未 再
丑午未申 三 三
丑辰巳申 巾 再巾
丑卯辰午 巾 再
丑巳午申 再 巾 再

三乘 冪 隅 再乘冪 方 丑位再乘冪相乘ノ六段
四乘 再乘冪 隅 實 冪丑位再乘冪相乘ノ六段
四乘 再乘冪 三乘冪 方 丑位三乘冪相乘ノ六段
四乘 冪 隅 冪 方 冪丑位再乘冪相乘ノ九段
三乘 冪 隅 冪 廉 冪丑位再乘冪相乘ノ九段
四乘 冪 三乘 冪 實 冪丑位再乘冪相乘ノ九段
廉 冪 方 冪 實 冪丑位相乘ノ九段
三乘 隅 廉 方 再乘冪丑位冪相乘ノ十二段

丑辰午未 再 巾 再 巾
丑卯午申 再 巾 再
丑辰未申 三 巾 再
丑辰午申 再 巾 巾 巾
丑巳午未 再 巾 巾
丑卯未申 再 巾 巾 巾
丑卯辰巳 巾 巾 巾
丑辰巳午未 巾 再

四乘 三乘 方 再乘冪 實 丑位冪相乘二十一段

四乘 三乘 隅 再乘冪 實 丑位再乘冪相乘二十一段

隅 再乘冪 廉 方 實 丑位冪相乘二十一段

四乘 再乘冪 三乘 隅 廉 丑位三乘冪相乘二十一段

四乘 再乘冪 廉 方 實 丑位再乘冪相乘二十一段

三乘 冪 隅 方 實 冪丑位冪相乘八十一段

四乘 三乘冪 廉 冪 方 丑位再乘冪相乘八十一段

四乘 隅 廉 冪 實 冪丑位冪相乘八十一段

右三十四位相併與寄左相消而分正負本術之得寄左與相消也

正等三十四位相併本術寄左數

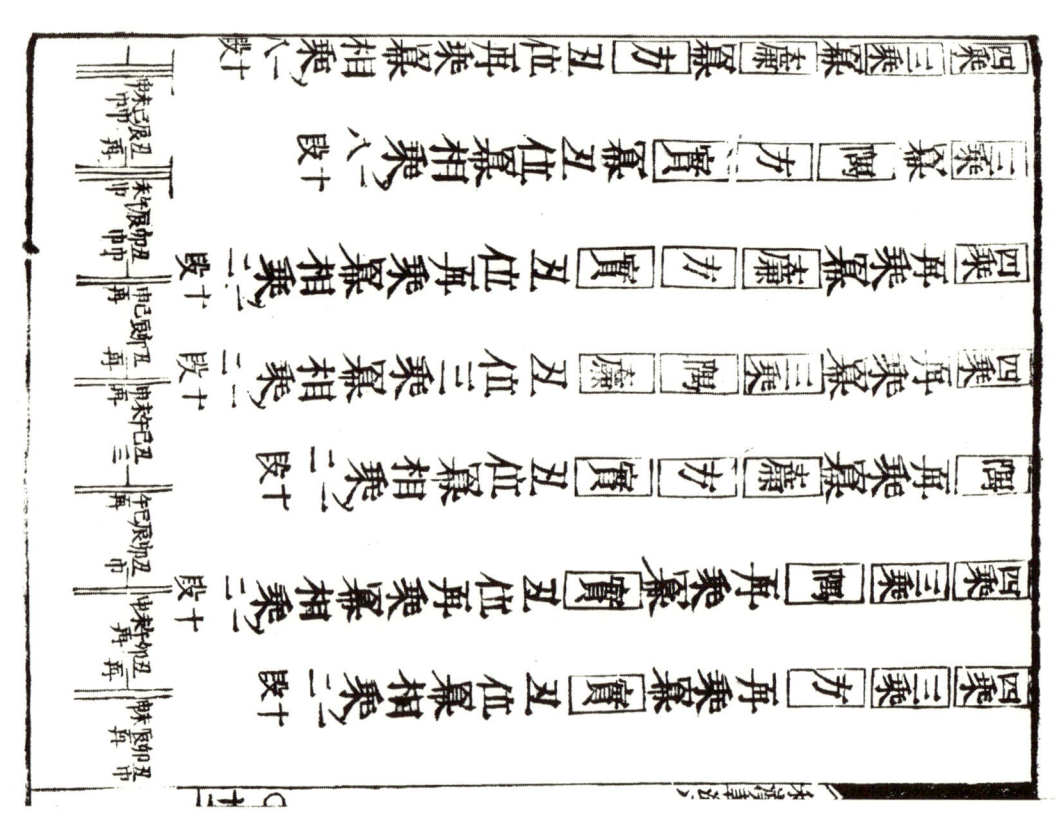

目第三十四位相併テ本術與寄左相消數也

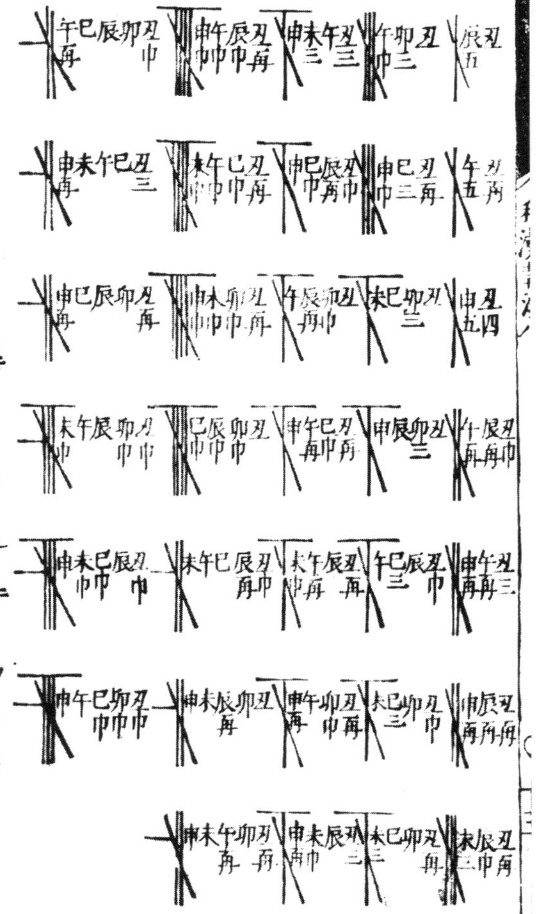

第五起元　演段

本問先云數ハ甲立方冪乙立方冪併ル數ナリ

本問又云數ハ丙立方冪丁立方冪戊立方冪併ル數ナリ

本術甲立方面アリ

立天元一ヲ爲每方差ト○

以減甲立方面テ餘リ爲乙立方面ト

列乙立方面內減每方差餘リ爲丙立方面ト

列丙立方面內減每方差餘リ爲丁立方面ト

列丁立方面內減每方差餘リ爲戊立方面ト

甲立方面再乗冪一段

乙立方面再乗冪一段

二位相併テ寄左

以先云數與寄左相消而得式

寄天位

丙立方面再乗冪一段

丁立方面再乗冪一段

戊立方面再乗冪一段

三位相併テ寄ス左

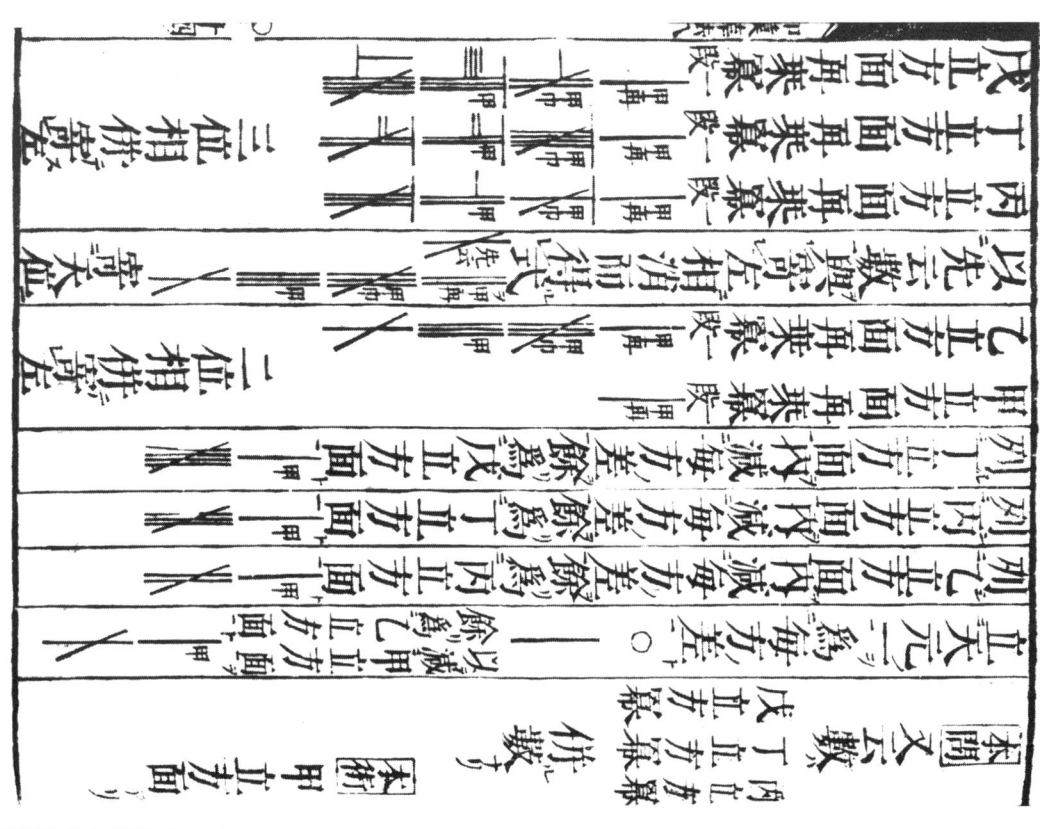

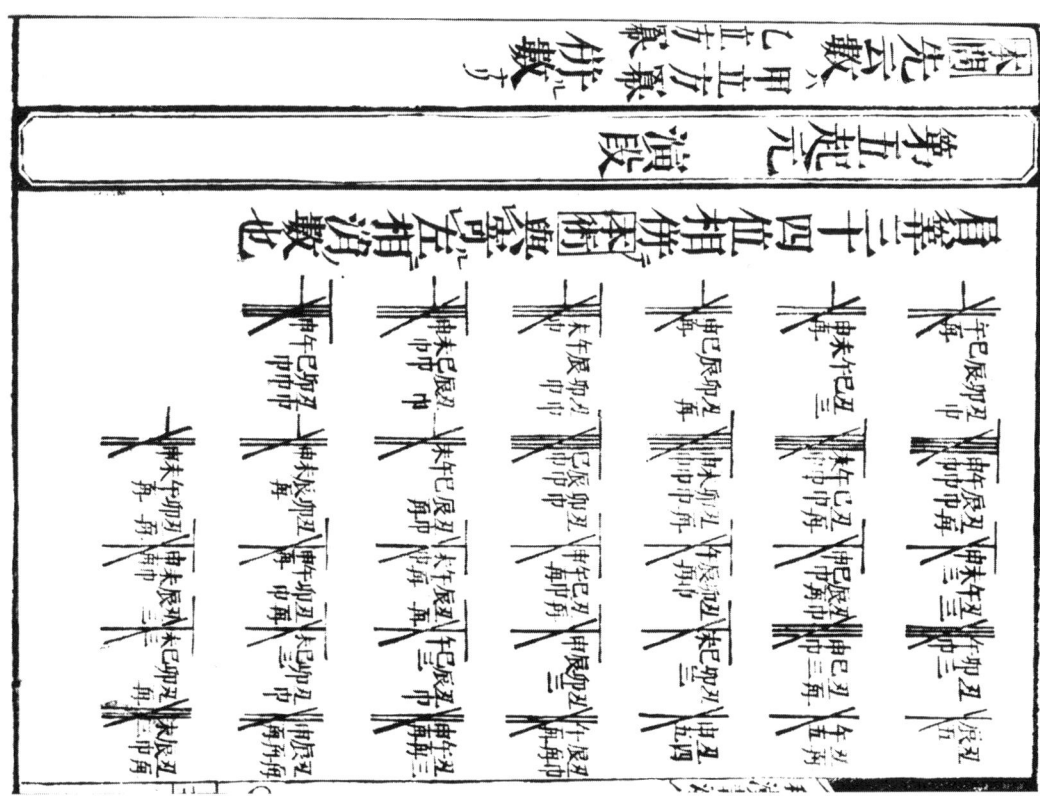

以又云數與寄左相消而得式

寄地位

列天位

得各位

本術 正內減肩餘寄子位

本術 肩一位寄丑位

本術 正一位寄寅位

演段 直

寄前

列地位以天位隅

相乘得與列天位

以地位隅相乘得

數相消而得各位

本術 長內減肩餘寄卯位

本術 肩一位寄辰位

本術 正一位寄巳位

寄後

前	右實	右方	右廉	右隅
	子	丑	寅	
後	左實	左方	左廉	
	卯	辰	巳	

得如此前後圖則以平立方之兩定式本術如左

右實冪左廉再乘冪相乘一段　子巾 巳再

右隅冪左實再乘冪相乘一段　卯再

右實右隅左實左方左廉相乘三段　巳辰卯子

右廉冪左實冪左廉相乘一段　巳卯寅 巾巾巾

右實右廉左方冪左廉相乘一段　巳辰寅子 巾

右方冪左實左廉冪相乘一段　巳卯丑 巾巾巾

右方右隅左實左方冪相乘一段　辰卯丑 巾巾

右七位相併寄左

右實右廉左實左廉冪相乘二段　巳卯寅子 巾巾

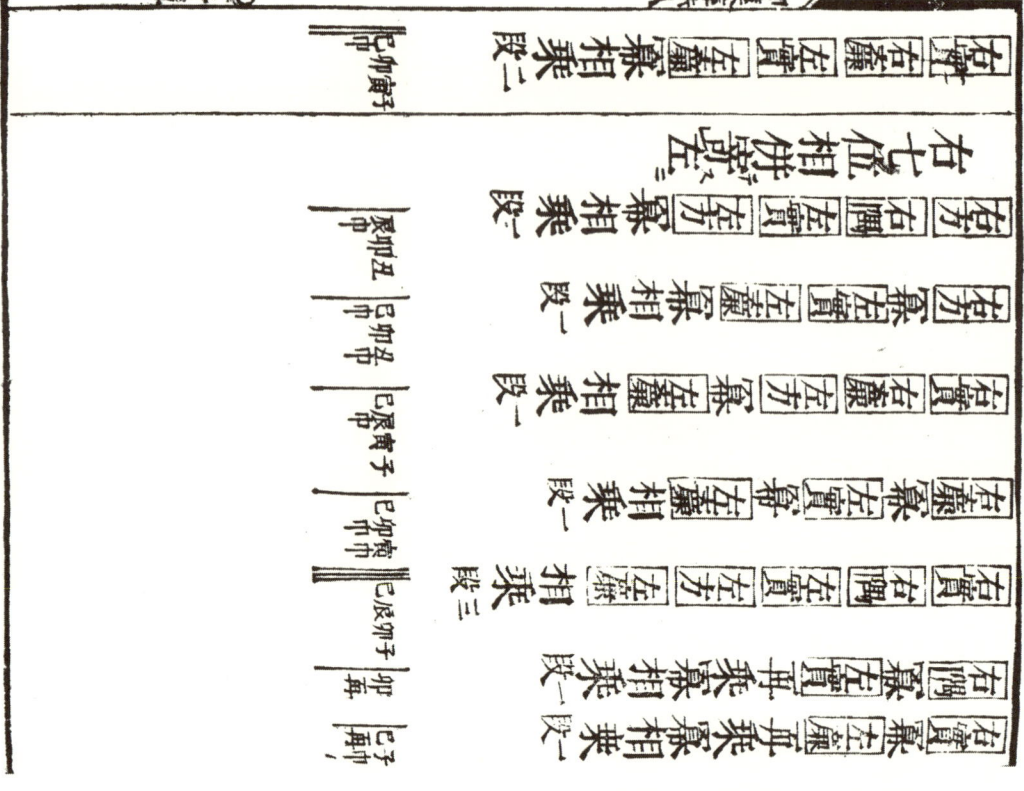

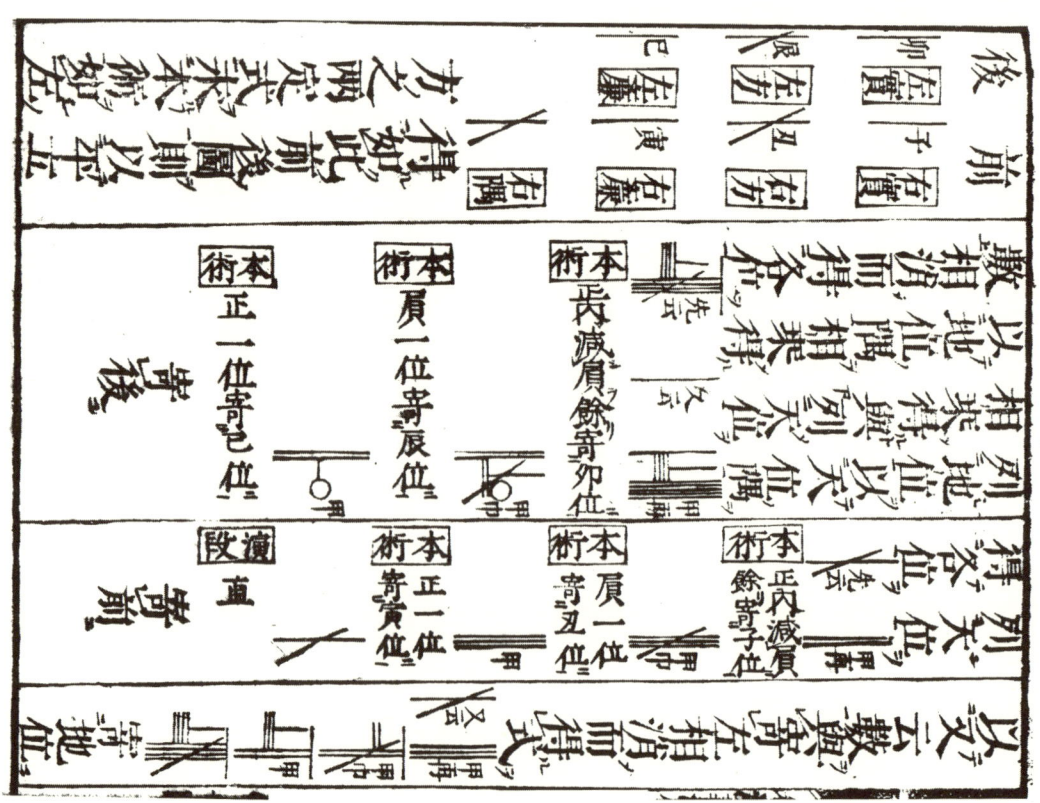

右方 右隅 左實 冪 左廉 相乘 段二
右廉 右隅 左實 冪 左方 相乘 段一
右實 右隅 左方 再乘冪 相乘 段一
右實 右方 左方 左廉 冪 相乘 段一
右方 右廉 左實 左方 左廉 相乘 段一

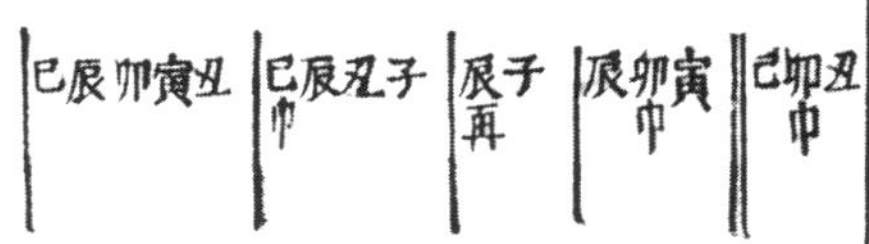

右六位相併與寄左相消而分正負本術之得寄左與相消也

正 筭七位相併本術寄左數

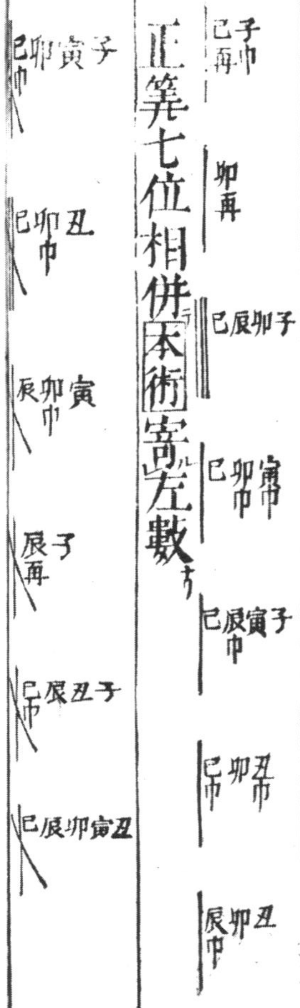

負 筭六位相併本術與寄左相消數也

第六起元 演段

本術子位弦冪本術丑位鉤再乘冪本術寅位股五乘冪

立天元一爲鉤

自乘之爲鉤冪

減子位餘爲股冪

再自乘之爲股五乘冪

寄左

以寅位與寄左相消而得式也

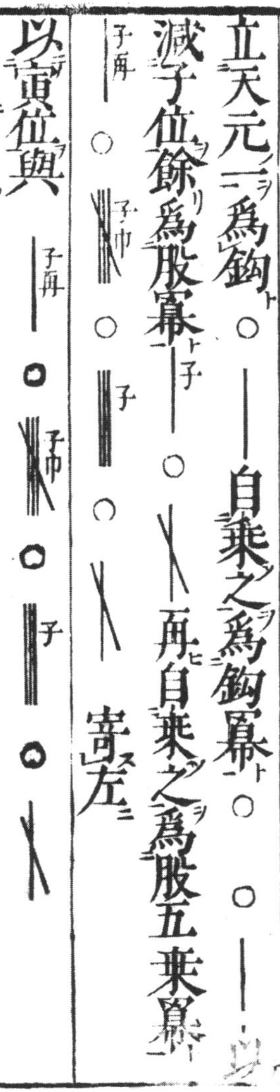

得如此圖式則以立方

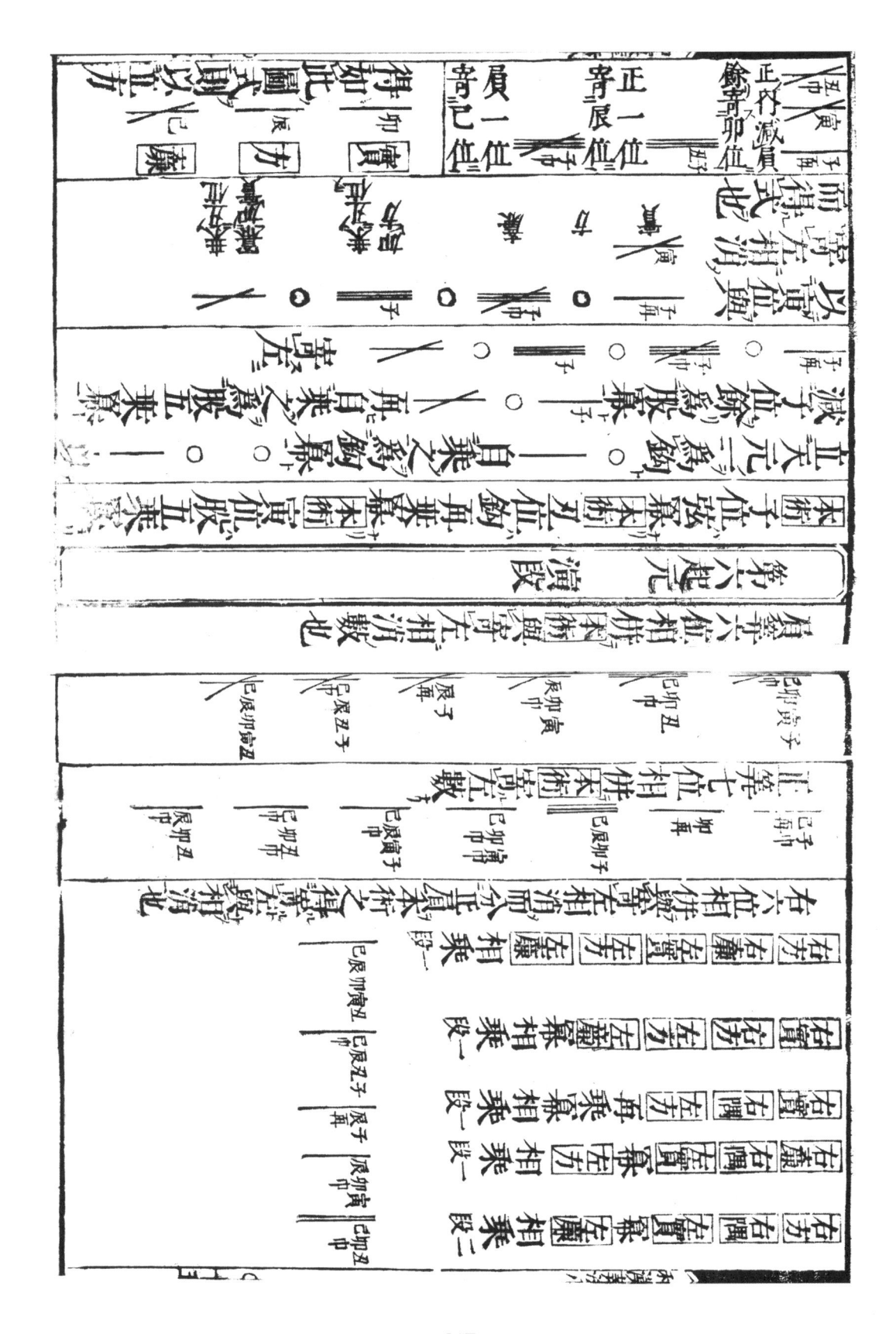

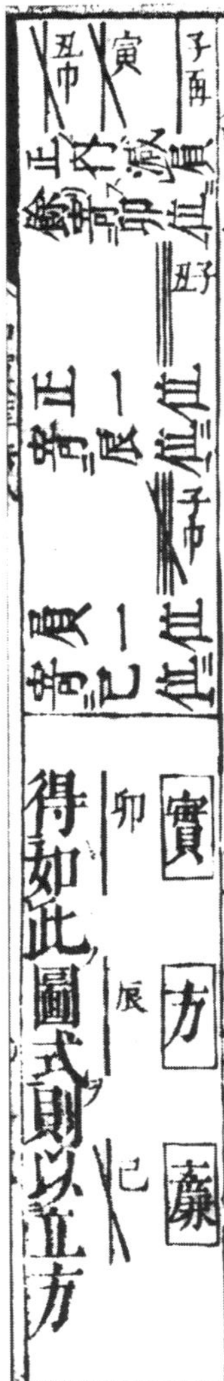

本術　本術　本術

冪之定式求本術如左

實　再乗冪段一

方　再乗冪丑位相乗段一

廉　再乗冪丑位冪相乗段一

右三位相併寄左

卯再　辰丑再　巳丑辰卯再

實　方　廉　丑位相乗段三

巳辰卯丑

右一位與寄左相消而分正負本術之得寄左與相消也

卯再　辰丑再　巳辰卯丑

正算三位相併本術寄左數也

卯再　巳丑辰再

負算一位本術與寄左相消數也

第七起元　演段

本問別云數鉤開立方商與中鉤開三乗方商一和也

本術子位股也　本術丑位弦也　本術寅位鉤開立方商五乗冪也

立天元一為鉤開立方商　○　以減別云數餘為中鉤

開三乗方商　三自之為中鉤

以丑位相乗為二段鉤股積　寄左

列鉤開立方商再自乗之得為鉤　以子

位相乗為二段鉤股積　與寄左相消而得左式也

實	卯	本術	正一位寄卯一位
方	辰	本術	負一位寄辰一位
廉	巳		
隅	午	本術	正一位寄巳一位
三乗	丑	本術	負一位寄午一位
		本術	直

得如此圖式則以五乗冪級開式求之

本術如左

實 五乘冪 段一

廉 五乘冪寅位冪相乘 段一

三乘 五乘冪寅位三乘冪相乘 段一

廉 再乘冪 實 再乘冪寅位相乘 段二

三乘 再乘冪 實 再乘冪寅位冪相乘 段二

三乘 再乘冪 廉 再乘冪寅位再乘冪相乘 段二

隅 三乘冪 實 冪寅位冪相乘 段三

方 三乘冪 三乘 冪寅位冪相乘 段三

實 再乘冪 方 冪 三乘 寅位相乘 段六

廉 再乘冪 隅 冪 實 寅位冪相乘 段六

三乘 再乘冪 隅 冪 實 寅位再乘冪相乘 段六

廉 再乘冪 方 冪 三乘 寅位冪相乘 段六

方 三乘冪 實 廉 寅位相乘 段六

隅 三乘冪 廉 三乘 寅位再乘冪相乘 段六

實 冪 廉 冪 三乘 冪寅位冪相乘 段九

方 冪 廉 冪 隅 冪寅位冪相乘 段九

實 再乘冪 方 廉 隅 寅位相乘 段十二

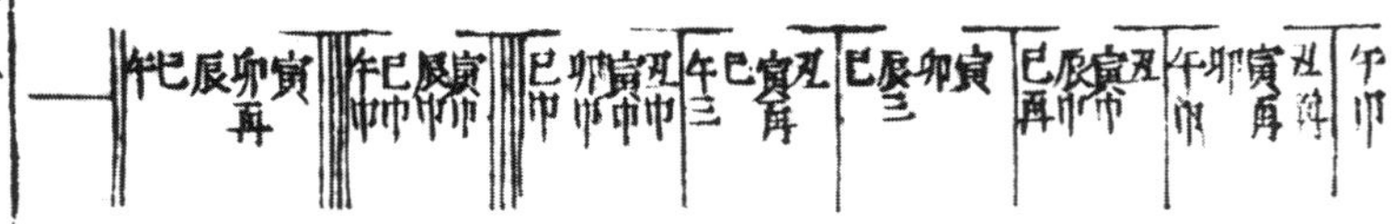

三乘再乘冪方廉隅寅位再乘冪相乘一十二段

方冪隅冪實三乘寅位冪相乘一十八段

右一十九位相併寄左三

方五乘冪寅位相乘之一段

隅五乘冪寅位再乘冪相乘之一段

方再乘冪隅再乘冪寅位冪相乘之二段

三乘三乘冪方冪寅位再乘冪相乘之三段

實三乘冪隅冪寅位相乘之三段

隅再乘冪三乘冪方寅位再乘冪相乘之六段

方再乘冪實冪隅寅位相乘之六段

實三乘冪廉三乘寅位相乘之六段

三乘三乘冪實廉寅位再乘冪相乘之六段

廉三乘冪實三乘寅位冪相乘之六段

廉三乘冪方隅寅位冪相乘之六段

實冪方冪廉冪寅位相乘之九段

廉冪隅冪三乘冪寅位再乘冪相乘之九段

隅再乘冪實方廉寅位再乘冪相乘之一十二段

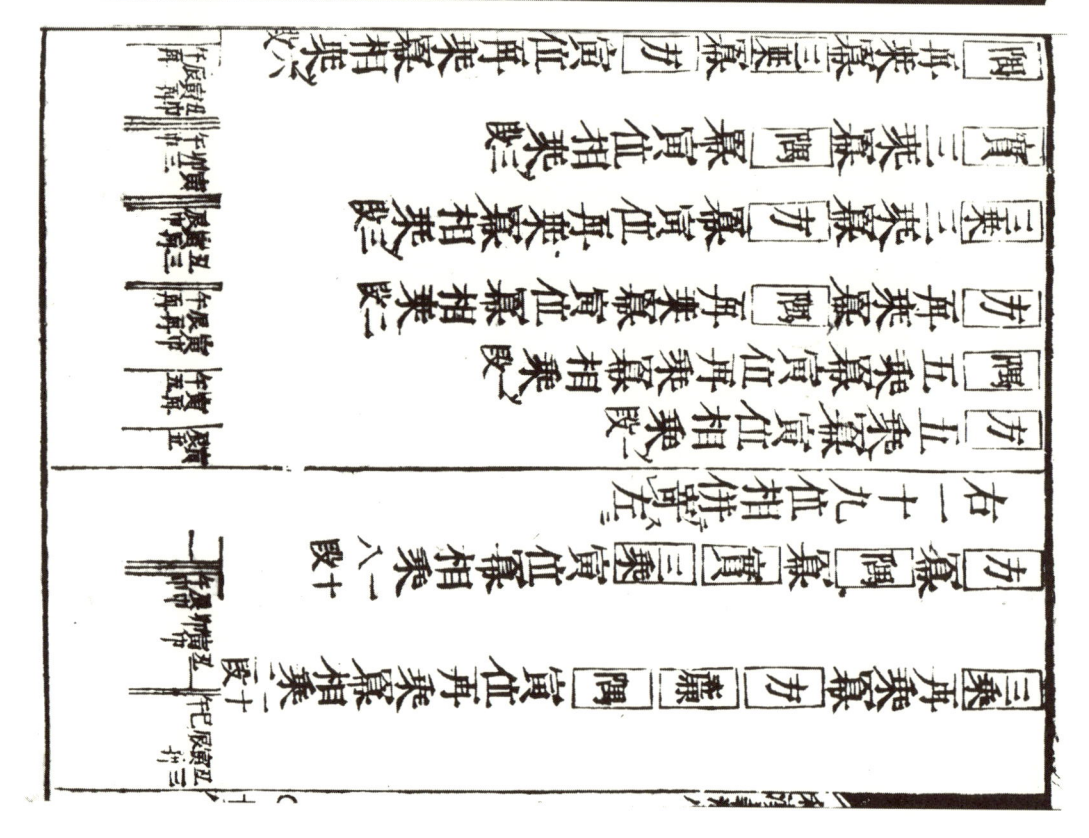

方再乘冪　廉　隅　三乘　寅位冪相乘一十二段

實冪　三乘冪　方　隅　寅位冪相乘一十八段

右一十六位相併與寄左相消而分正負本術之得寄左與相消也

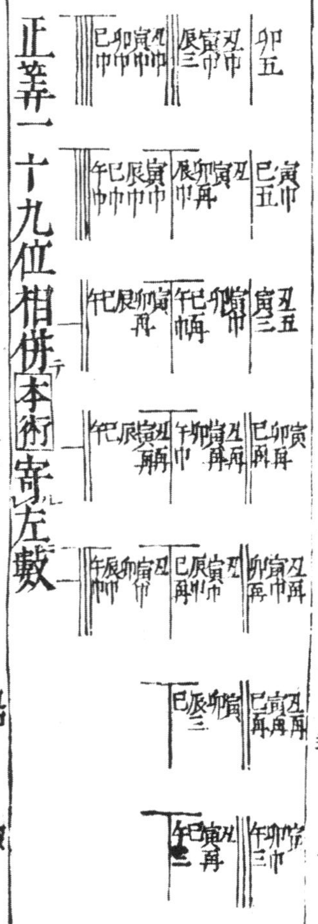

正莽一十九位相併本術寄左數

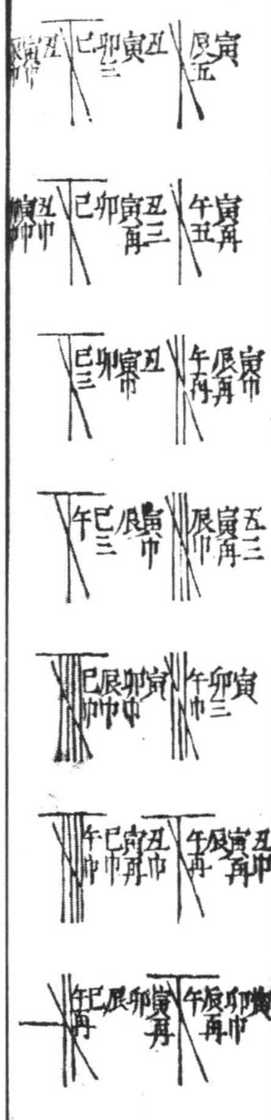

右一十六位相併本術與寄左相消數

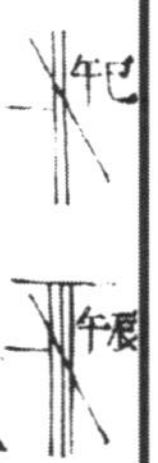

第八起元　演段

本問別云數鈎再乘冪股再乘冪併數

本術　丑位鈎股弦三和

本術　寅位二因鈎股弦三和二箇鈎股和也

本術　卯位四因鈎股弦三和冪四段鈎股差冪也

立天元一爲因鈎股弦三和二箇鈎股差○　以減寅

位餘爲因鈎股弦三和四箇鈎　寅　再自乘之爲因鈎

股弦三和再乘冪六十四段鈎再乘冪　寅再

又列因鈎股弦三和二箇鈎股差內加入寅位爲因鈎股弦

四箇股　寅　再自乘之爲因鈎股弦三和再乘冪六十

四段股再乘冪　寅再　右二位相併爲因鈎

股弦三和再乘冪六十四段鈎再乘冪與股再乘冪二和

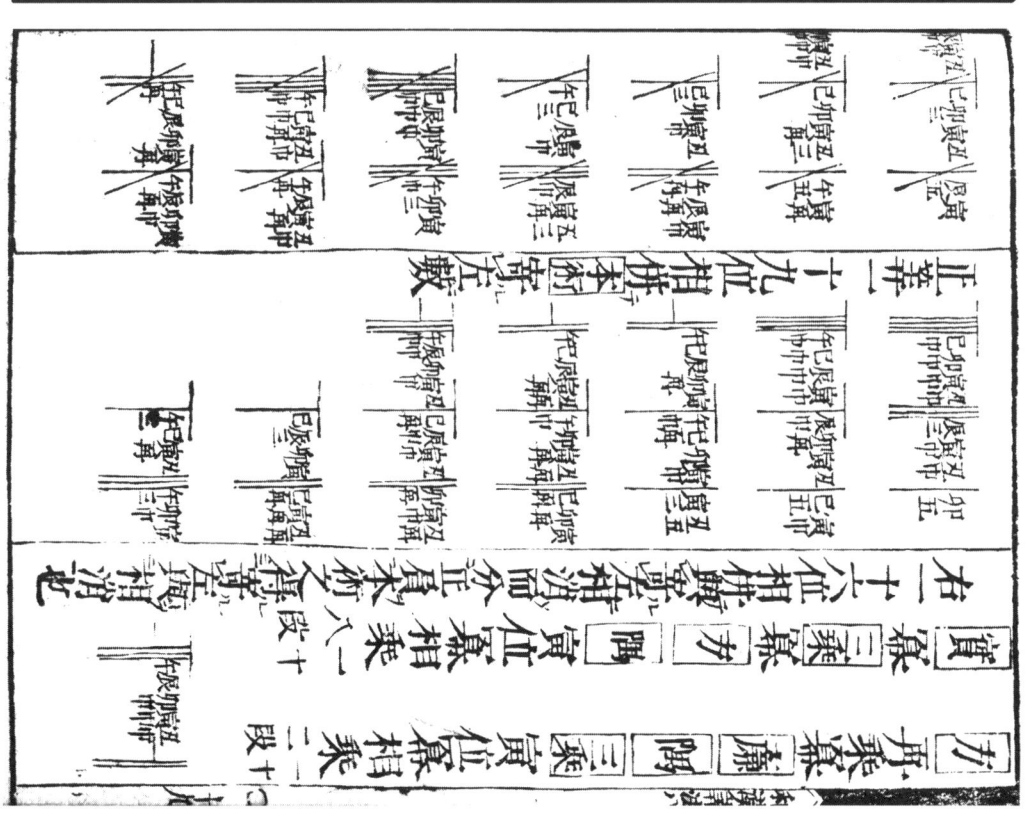

遍以二約之爲因三和再乘冪三十二段鉤
再乘冪與股再乘冪二和 ○ 寄左
列別云數二段以丑位再乘冪相乘爲因鉤股弦三和再乘
冪三十二段鉤再乘冪與股再乘冪二和 與寄左相消而得式

實
加實 乘卯位

分正負本術之得
寄左與相消數也

正第二位相併本術寄左數
負第一位本術與寄左相消數

第九起元 演段

本問只云數鉤再乘冪股再乘冪併數 本術圓徑アリ

本術寅位因圓徑率因圓徑二箇鉤股和ナリ 本術卯位因圓徑率冪內圓徑冪四段鉤股差冪ナリ
立天元一爲因圓徑率因圓徑二箇鉤股差 ○ 以減
寅位餘爲因圓徑率因圓徑四箇鉤 再自乘之
爲因圓徑率再乘冪因圓徑再乘冪六十四段鉤再乘冪
亦列因圓徑率因圓徑二箇鉤股差 再自乘之
加入寅位爲因圓徑率因圓徑四箇股
爲因圓徑率再乘冪因圓徑再乘冪六十四段股再乘冪
右二位相併爲因圓徑率再乘冪因
圓徑再乘冪六十四段鉤再乘冪與股再乘冪二和
遍以二約之爲因圓徑率再乘冪因圓徑再
乘冪三十二段鉤再乘冪與股再乘冪二和 ○ 寄左

列別云數三段以圓徑再乘冪與圓徑率再乘冪相乘爲因
圓徑率再乘冪因圓徑再乘冪鈎再乘冪與股再乘冪二和
與寄左相消而得式

分正肩本術之得
寄左與相消數也

正莽二位相併本術寄左數

肩莽一位本術與寄左相消數

第一十起元　演段

本術子位因方面鈎股二和　亦鈎股積二段
本術丑位因方面冪鈎股差冪
本術寅位因方面因前分子因後分母二箇股與
因前分母因後分子二箇中鈎相併數

立天元一爲因方面鈎股差　○　内加入子位得數爲
因方面二箇股　以前分子與後分母相乘得數以
減寅位餘爲因方面因前分母因後分子二箇中鈎
自之爲因前分母冪因後分子冪因方面冪四段中鈎冪　寄天位

子位冪一段内減子位方面冪相乘二段餘爲因方面冪弦冪　寄地位

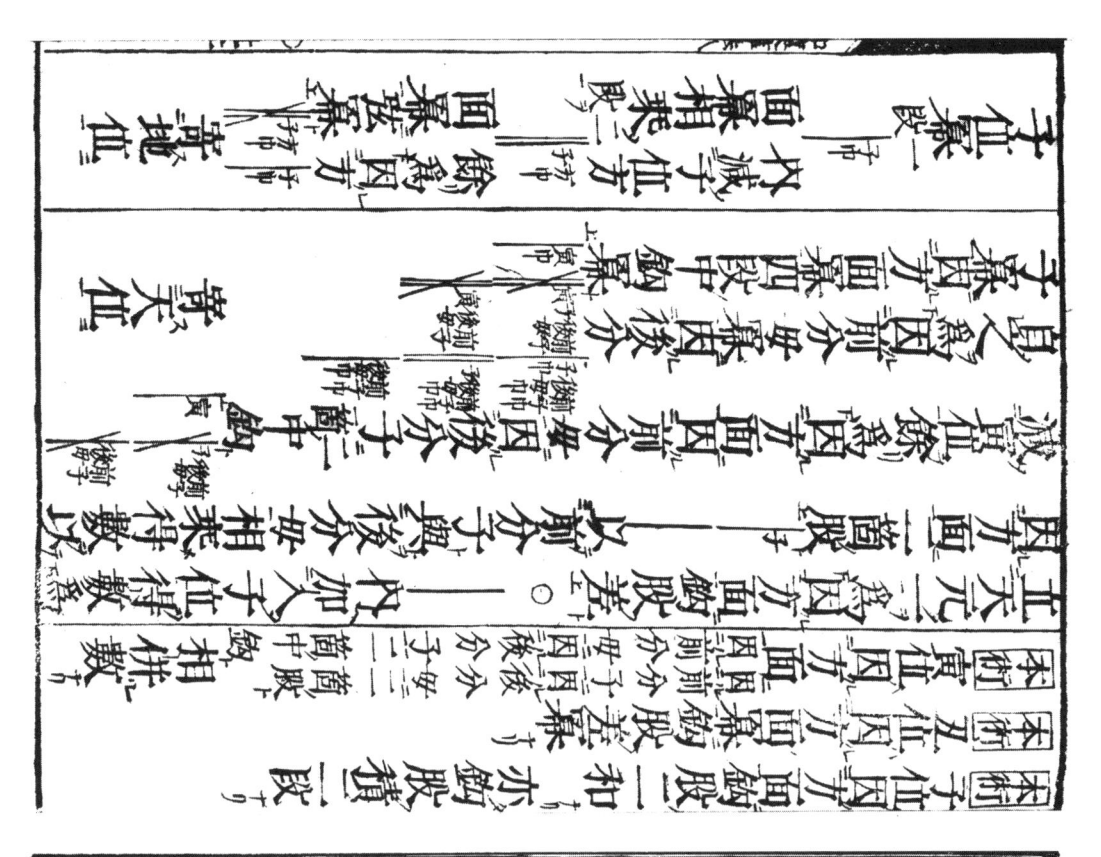

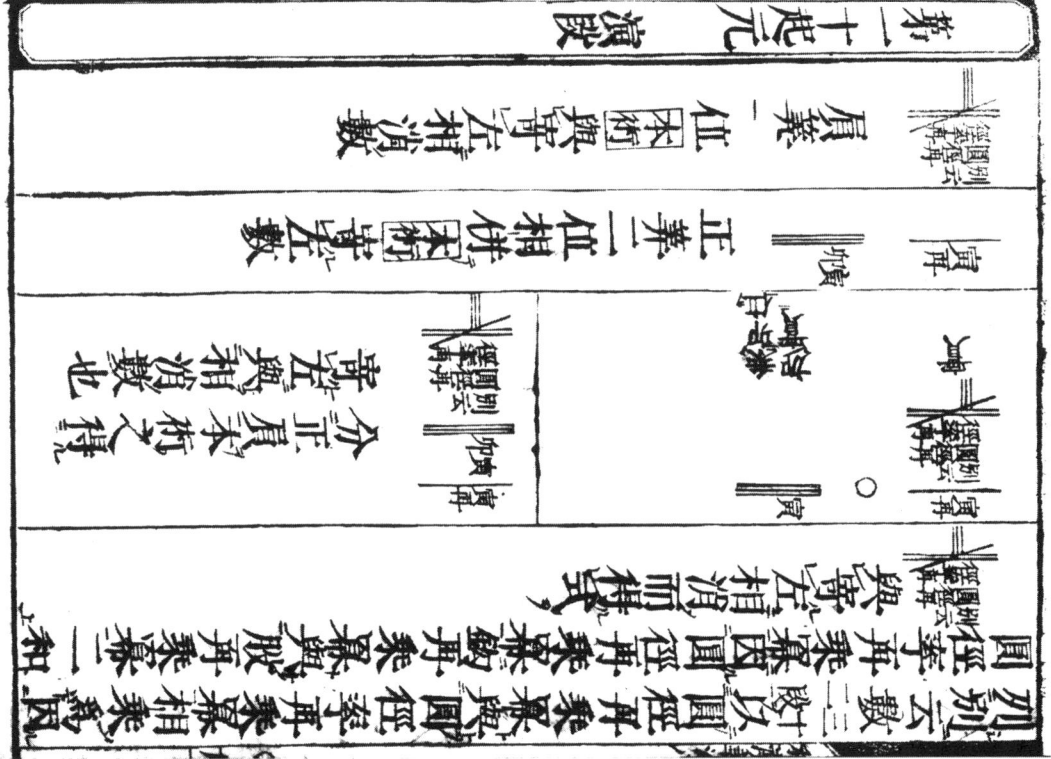

列天位以地位相乘爲因方
面三乘冪因前分母冪因後
分子冪二十六段鈎股積冪

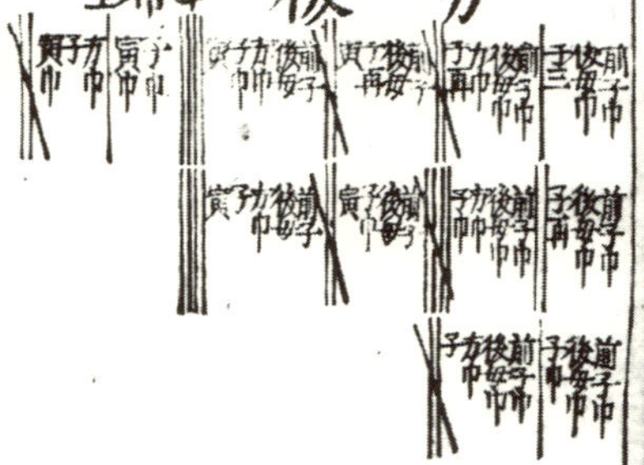

寄左

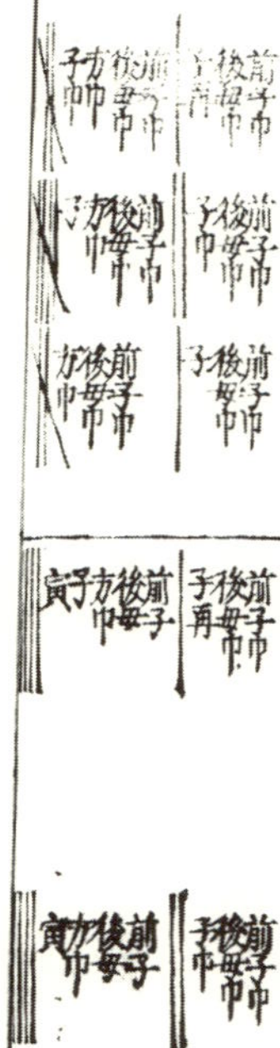

列子位冪四段以方面三乘冪與前分母冪及後分子冪相乘
得數爲因方面三乘冪因前分母冪因後分子冪二十六段
鈎股積冪與寄左相消而遍省子位得式也

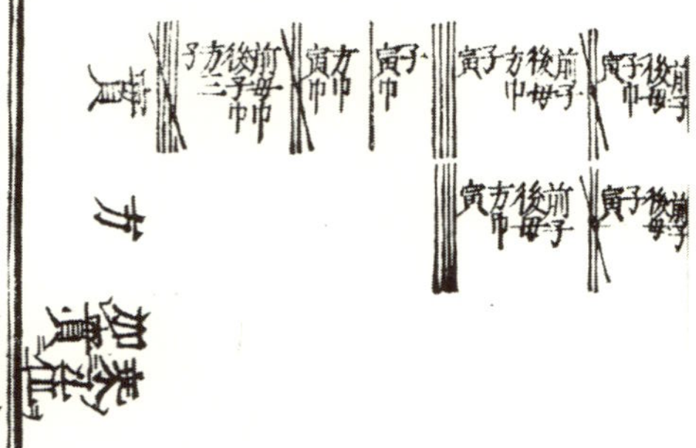

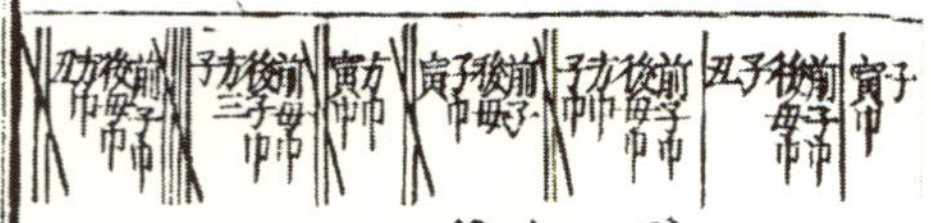

本術 正實四位内減肩實五位餘自之得數寄左數

本術 肩方二位内減正方二位餘自乘之以五位相乘得與寄左相消數

得圖以平
方冪之定
式本術之
得寄與消

第二十一起元 演段

本問只云數圓徑方面差 本問 又云數股弦差 本術 鈎

立天元一爲股 ○ ―― 内加入又云數共得爲弦 又云 ―― 寄東位

列股以鈎相乘爲因弦中鈎 ○ ―― 鈎 ―― 寄南位

鈎冪與南位相併爲因弦中鈎短弦和　寄西位
南位與鈎冪相乗爲因弦冪因中鈎短弦和小方面 ○　寄北位
東位與西位及只云數相乗得
内加入北位爲因弦冪因中鈎短弦二和圓徑　寄左
股冪與南位相併爲因弦中鈎長弦二和 ○ 以西位相
減股東位相乗得數 ○ 餘 ○
乗得數爲因弦冪因中鈎短弦二和圓徑 ○ 與
寄左相消遍省鈎得式也

得各位寄前
股冪一段鈎冪一段相併爲弦冪 ○ 寄左
東位冪一段 與寄左相消而得式也
本術
直
得位寄後
前　右實　右方　右廉
後　左實　左方
得如此前後圖則以兩除平方之兩定式求本術加左也
右實 左方 冪相乗一段
右廉 左實 冪相乗一段
右二位相併寄左

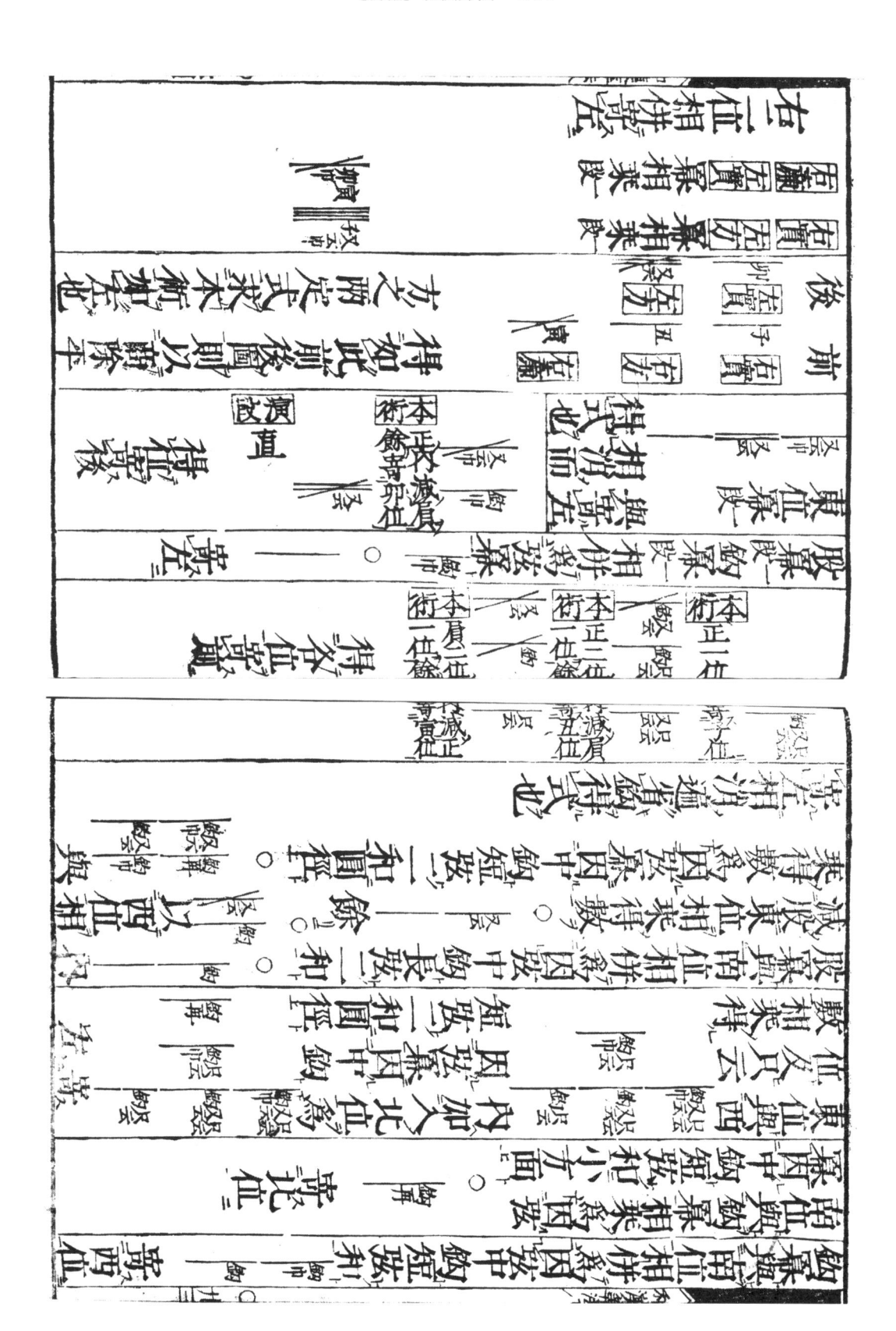

右方 左實 左方 相乘段

右以二位與寄左相消而分正負本術之得寄左與相消

正筭二位 本術 寄左數

負筭一位 本術 與寄左相消數

第二十二起元 演段

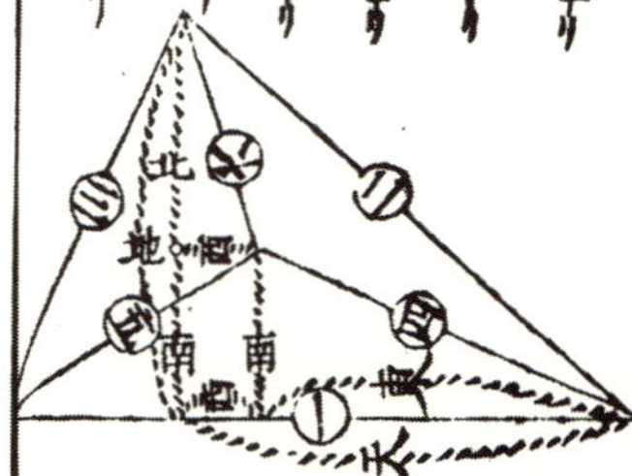

一大斜
二中斜
三小斜
四甲斜
五乙斜
六丙斜

小斜冪所立第二演段天元一也

本問 甲斜乙斜丙斜 本術 大斜

本術 子位 中斜冪再乗冪 乃中斜五乗冪

立天元一爲中斜冪○ 内加入大斜冪得内減小斜冪餘爲因大斜二箇天 寄乾位

列中斜冪四段以大斜冪相乗得内減乾位冪餘爲因大斜冪四段地冪 寄兌位

列併大斜冪與甲斜冪得數内減乙斜冪餘爲因大斜二箇東 寄離位

列大斜冪四段以甲斜冪相乗得内減離位冪餘爲因大斜冪四段南冪 寄震位

列乾位 自乗之

内減離 爲因大

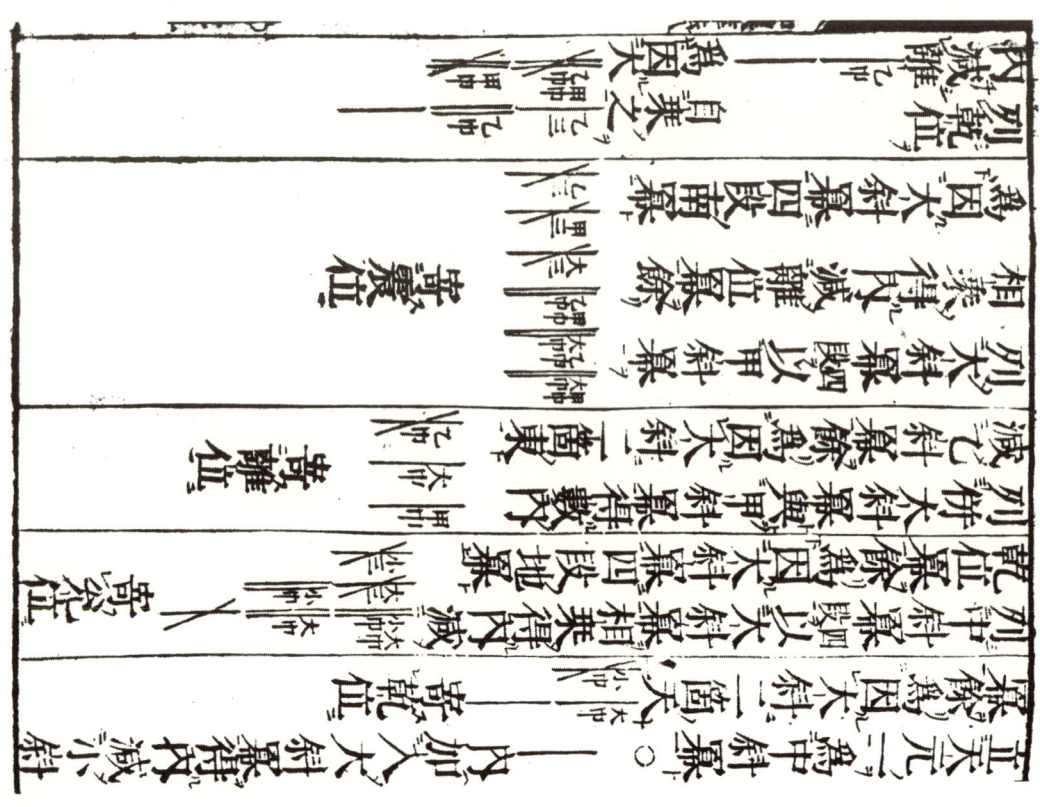

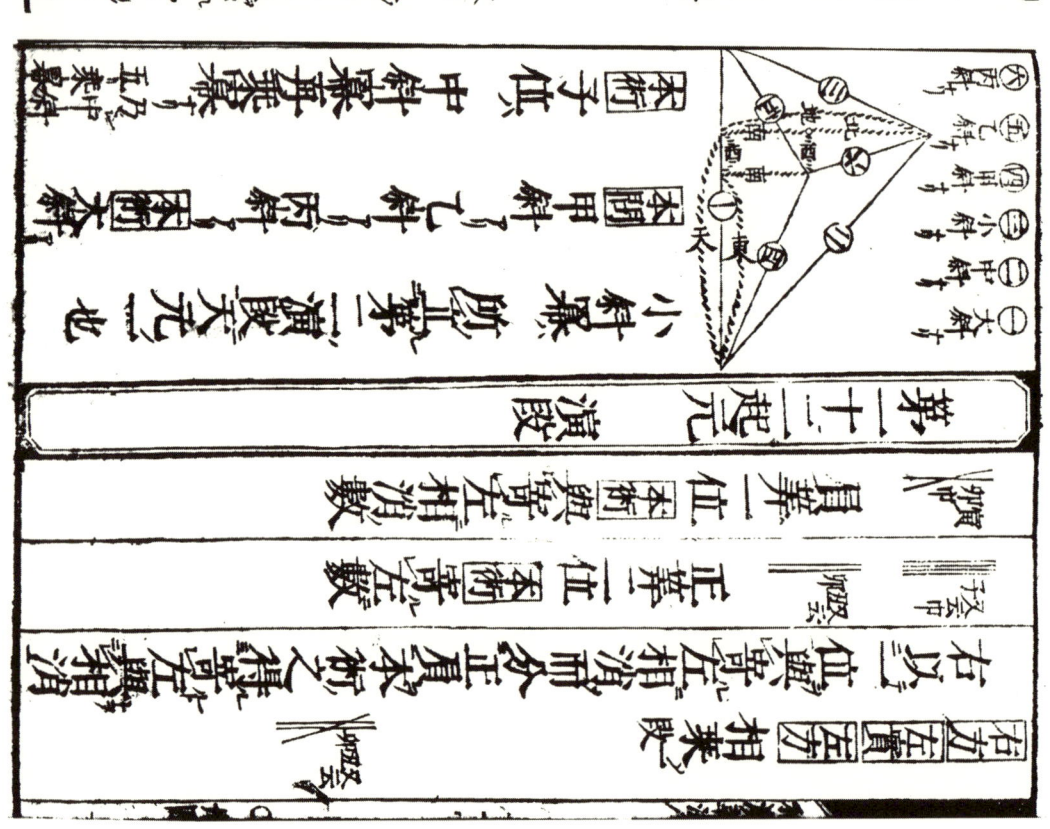

位餘爲斜冪四寄巽位
因大斜段西冪
二箇西

列大斜冪四段以丙斜冪
相乘得數内減巽位餘
爲因大斜冪四段北冪寄坎位

列兌位
内併減
震位與
坎位餘

列震位以坎位相乘爲因大斜
三乘冪因南冪一十六段北冪

遍以二
約之得
自乘之爲因大斜三乘冪因
南冪一十六段北冪

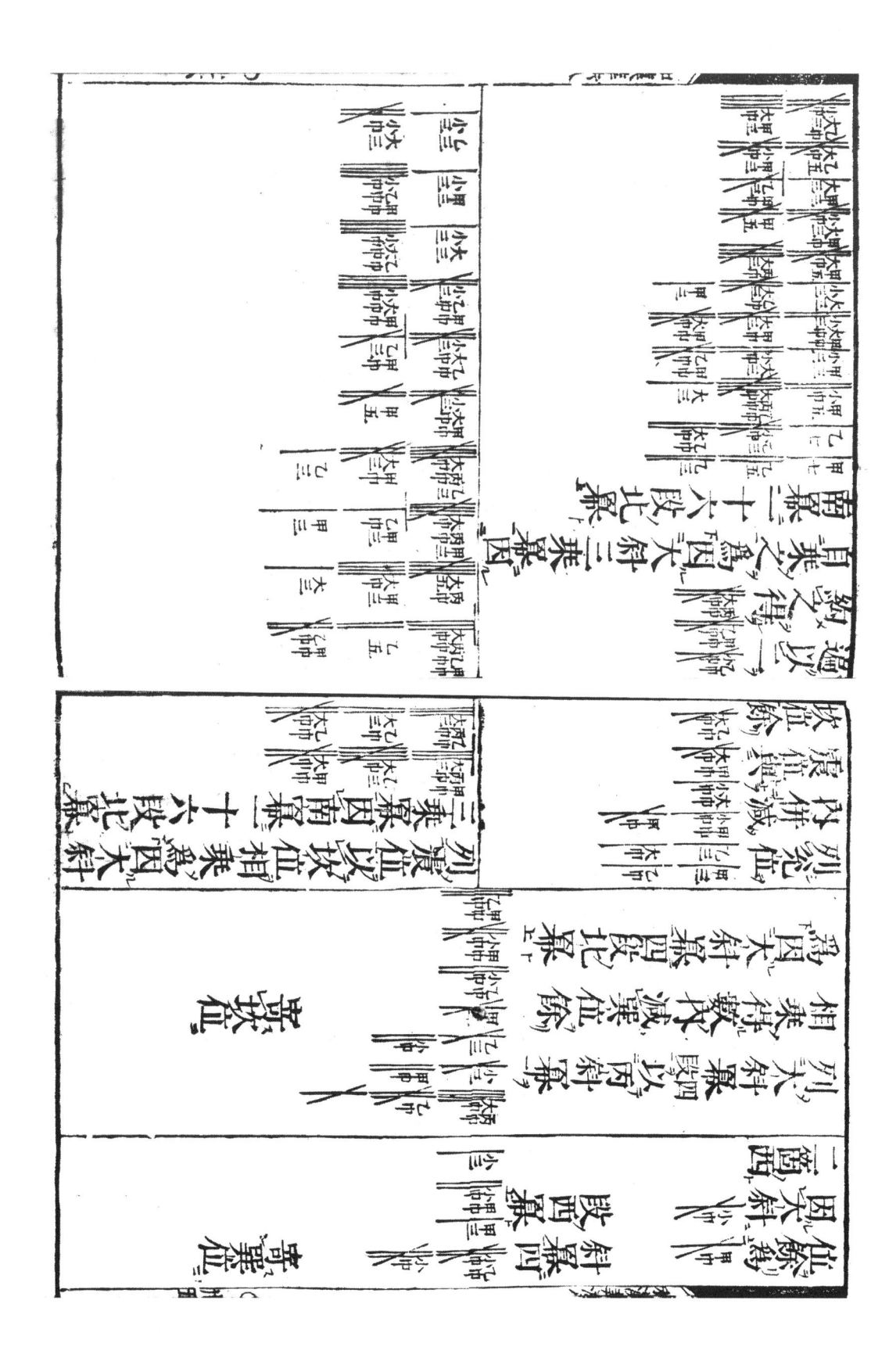

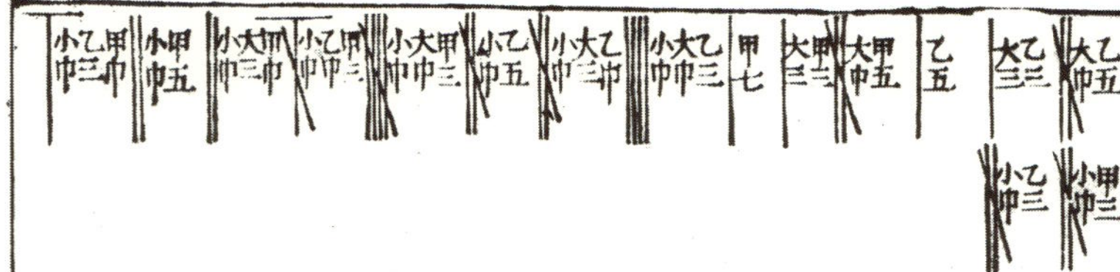

寄左

各以四約之遍

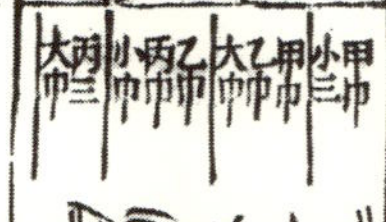

位餘寄天位

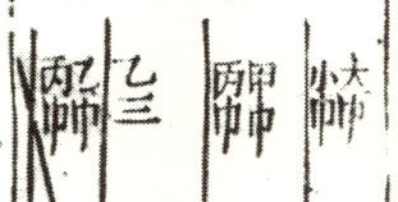

位餘寄地位

與寄左相消而得式也

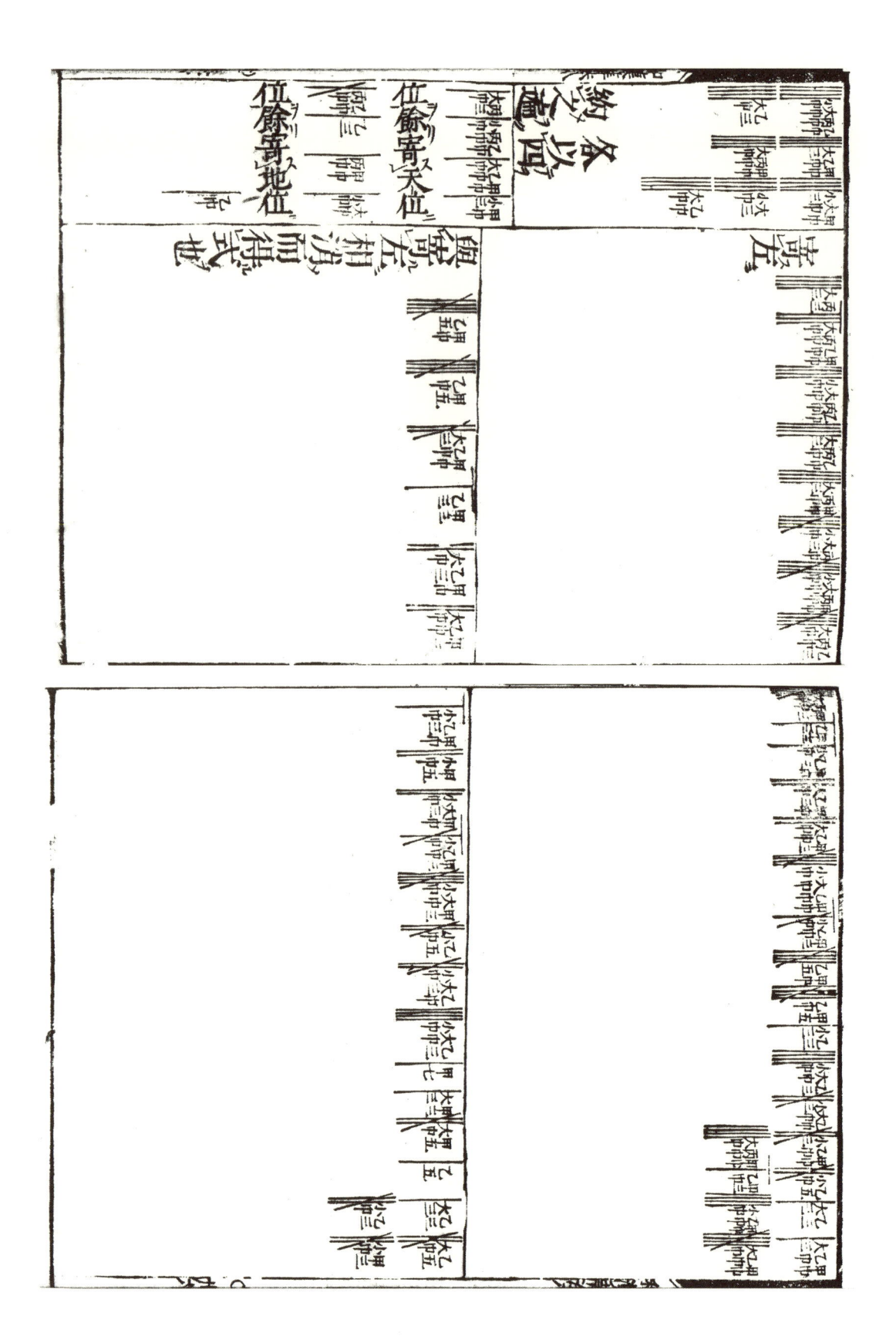

大斜冪省之得式也

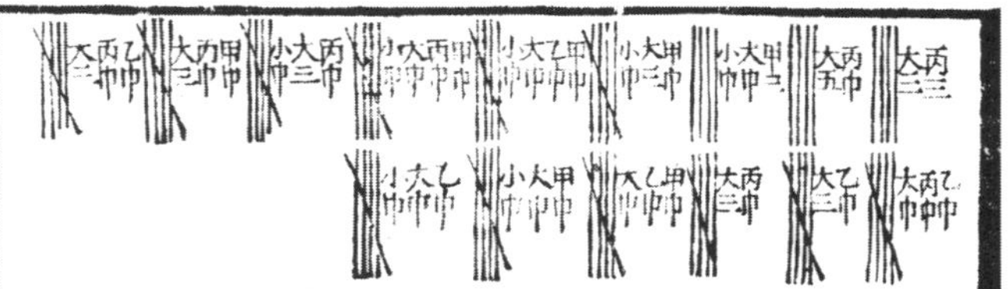

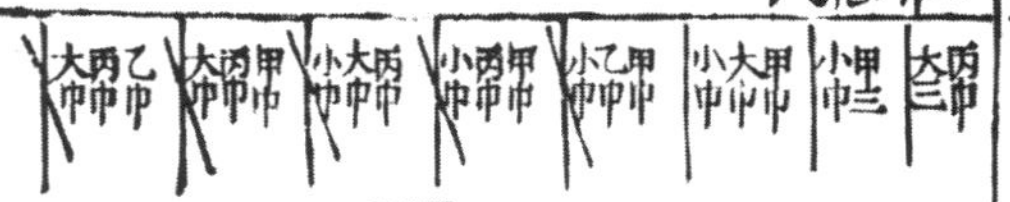

演段　正六位内減肩實六

演段　肩六位内減正方三

演段　正廉一位寄直二

以此圖式起第二演段也

實　方　廉

得如圖式則以立方冪定式求寄與消如左也

二演段

實　再乘冪一段

方　再乘冪子位相乘一段

廉　再乘冪子位冪相乘二段

右三位相併寄左

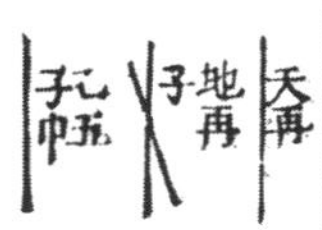

實　方　廉　子位相乘之段

右以二位與寄左相消而分正肩得寄與消也

正第三位寄左

肩第一位與寄左相消

以此圖式起第二演段寄與消也

本術　入位八　小斜冪再乘冪　乃小斜五乘冪ナリ

立天元一為小斜冪　○　|

自乘之以甲斜冪相乘一段

甲斜冪大斜冪小斜冪相乘一段　○

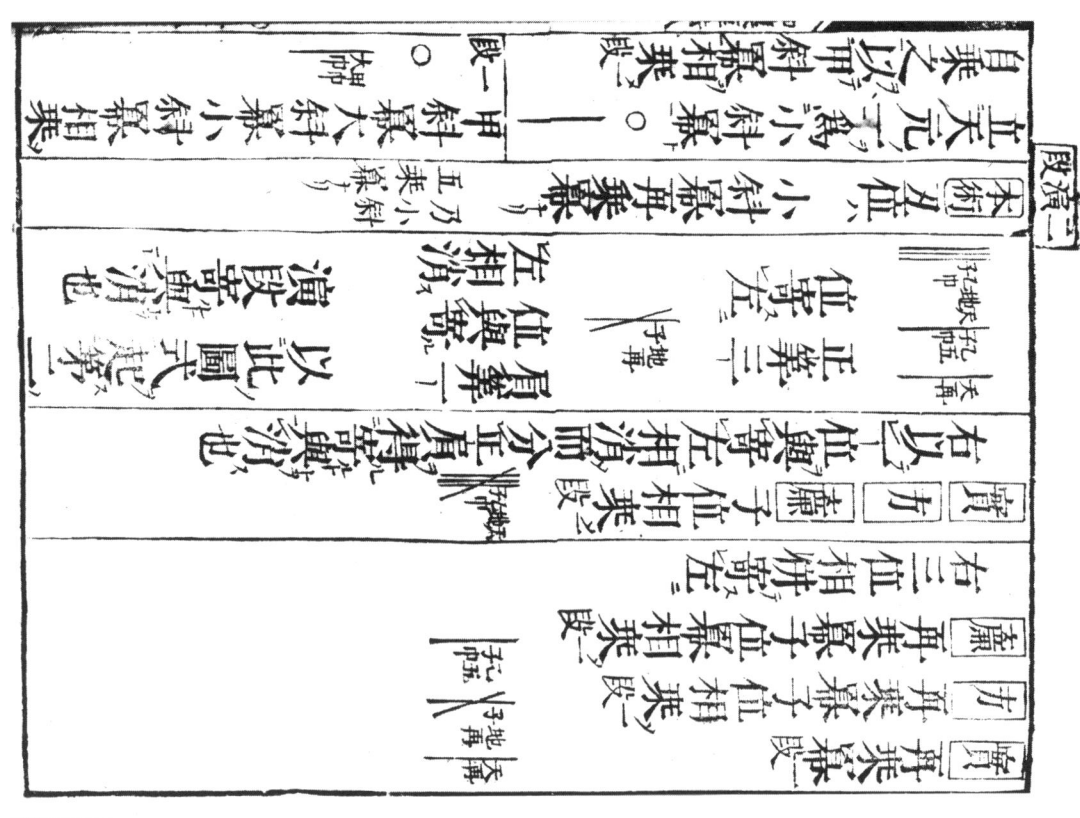

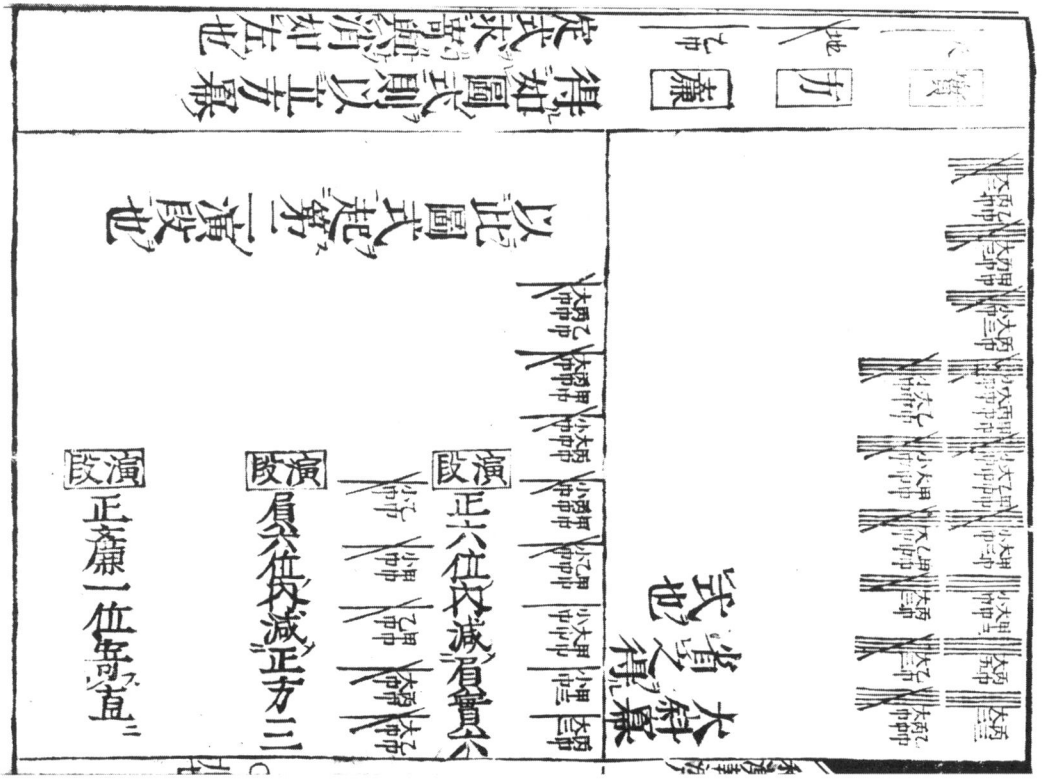

○○甲斜冪乙斜冪大斜冪相乘二段
○乙斜冪丙斜冪小斜冪相乘二段
丙斜三乘冪大斜冪相乘一段
丙斜冪大斜三乘冪相乘一段
○甲斜三乘冪小斜冪相乘二段
右六位相併寄左㊀
乙斜冪丙斜冪相乘一段

甲斜冪乙斜冪小斜冪相乘一段
○甲斜冪丙斜冪小斜冪相乘一段
○丙斜冪大斜冪小斜冪相乘一段
○甲斜冪丙斜冪大斜冪相乘一段
乙斜冪丙斜冪大斜冪相乘一段
右六位相併以減寄
左㊀餘得第一式也
大斜冪小斜冪相乘一段

乙斜冪大斜冪相乘一段
丙斜冪大斜冪相乘一段
甲斜冪乙斜冪相乘一段
○甲斜冪小斜冪相乘一段
○乙斜冪小斜冪相乘一段
右六位相併寄左㊁

○甲斜冪丙斜冪相乘一段
乙斜三乘冪一段
右三位相併以減寄
左㊁餘得第二式也

第一式

本術 正內減肩 寄寅位

本術 正內減肩 餘寄卯位

本術 寄亘

第二式

本術 正內減肩 餘寄辰位

本術 正內減肩 餘寄巳位

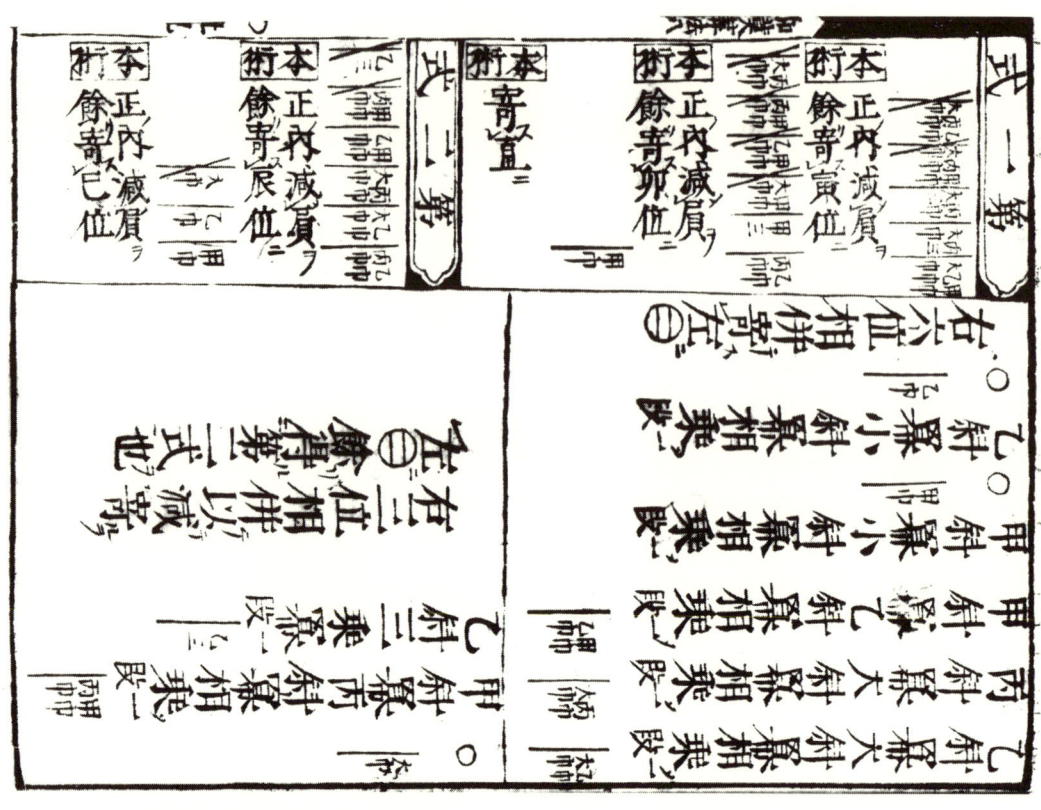

寅　卯　甲巾　寄天位

辰　巳　寄地位

天位再乘冪一段

乙斜五乘冪子位冪相乘段

天位地位乙斜冪子位相乘段

右三位相併得数

寄左

地位再乘冪子位相乘段

右以三位与寄左相消而得式也

實

方

廉

加實乘寄又位

加方乘寄乙位

加廉乘寄又位

寘乘加寄寅位

內減負實一位餘寄午位

內減正方五位餘寄未位

內減負廉一位餘寄申位

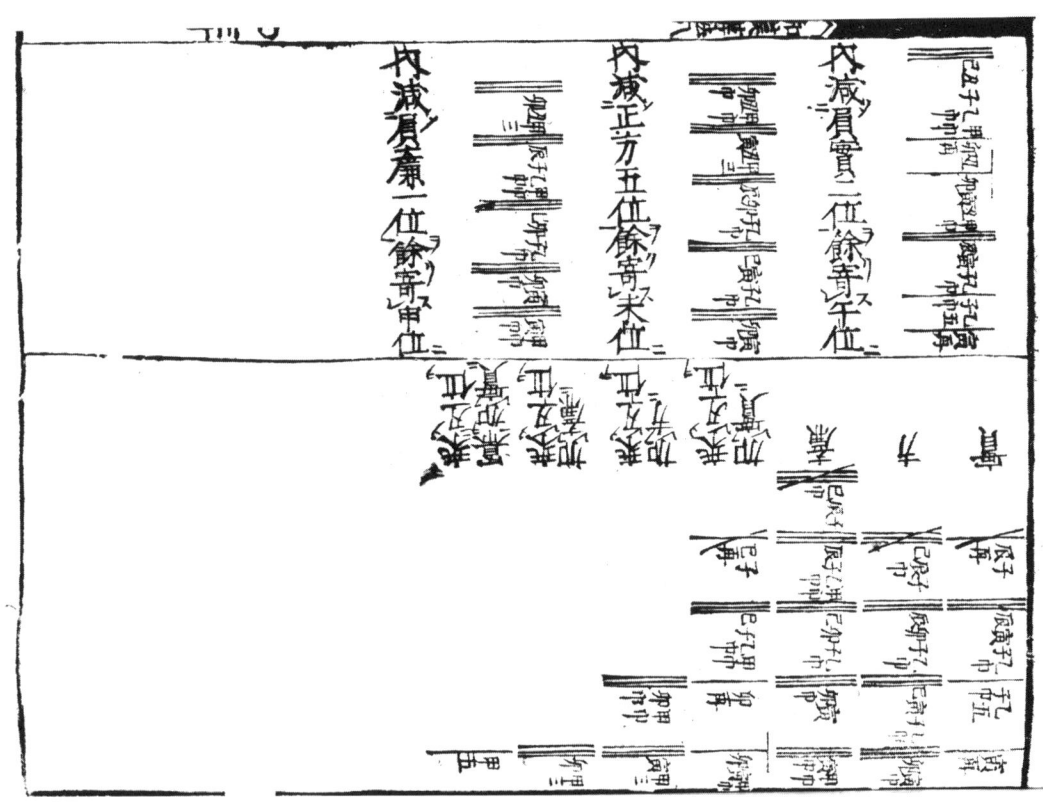

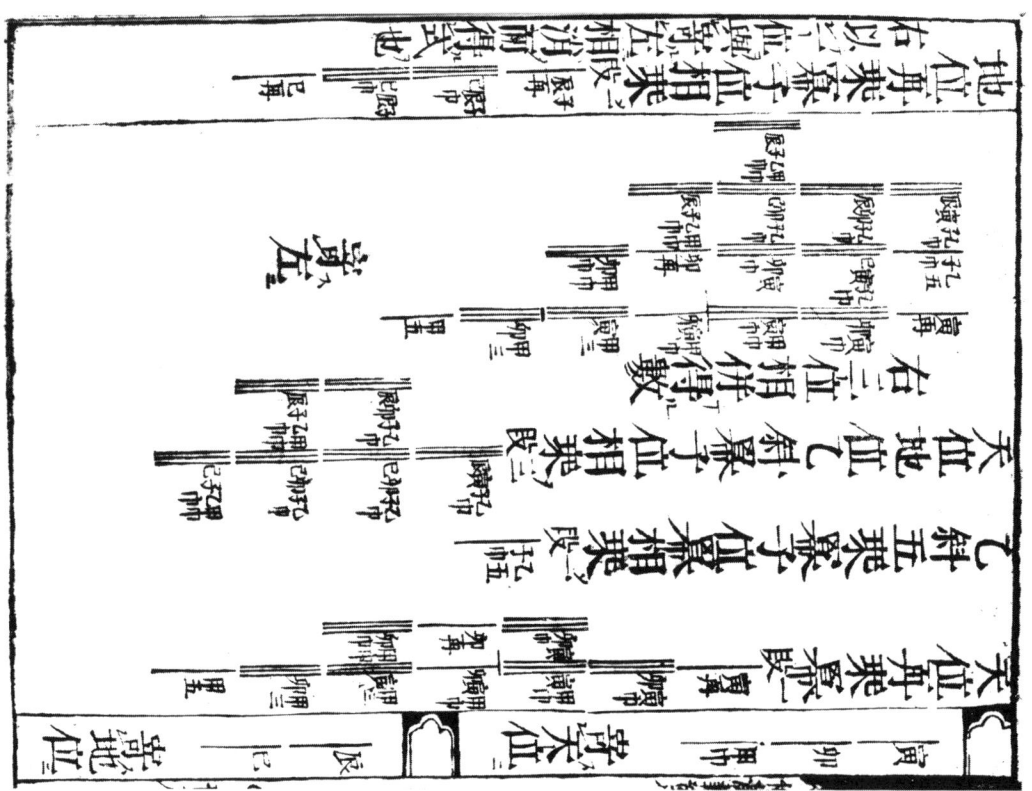

本術 正七位

本術 肩一位

本術 正五位

實 方 廉 得如圖式則以立方冪定式末寄與消如左也

實 再乘冪一段

方 再乘冪乃位相乘一段

廉 再乘冪乃位冪相乘一段

右三位相併得數寄左

實 方 廉 乃位相乘三段

右以二位與寄左相消而本術之得寄與消也

正差三位相併 本術 寄左數

肩第一位 本術 與寄左相消數

第一十三起元 演段

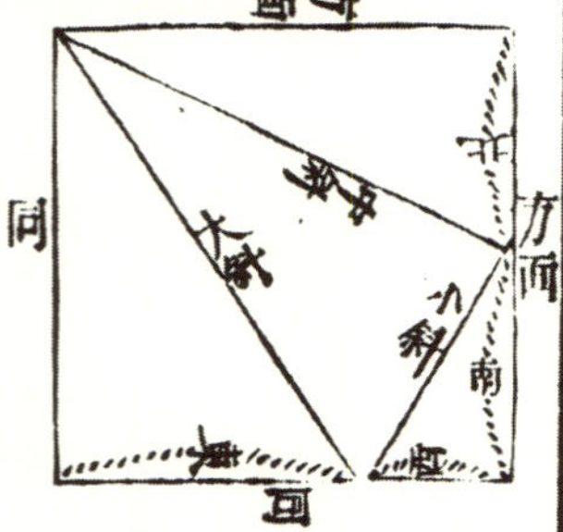

中斜冪 所立第一演段天元一也

小斜冪 所立第二演段天元一也

本問 方面 本術 角位 東冪

立天元一為東。以減小斜冪餘為南冪 以減方面餘為西 自之 寄乾位

列中斜冪內減方面冪餘為北冪 寄兌位

列方面冪內併減乾位 自乘之得數為因

兌位餘為因南二箇比 南冪四段北冪

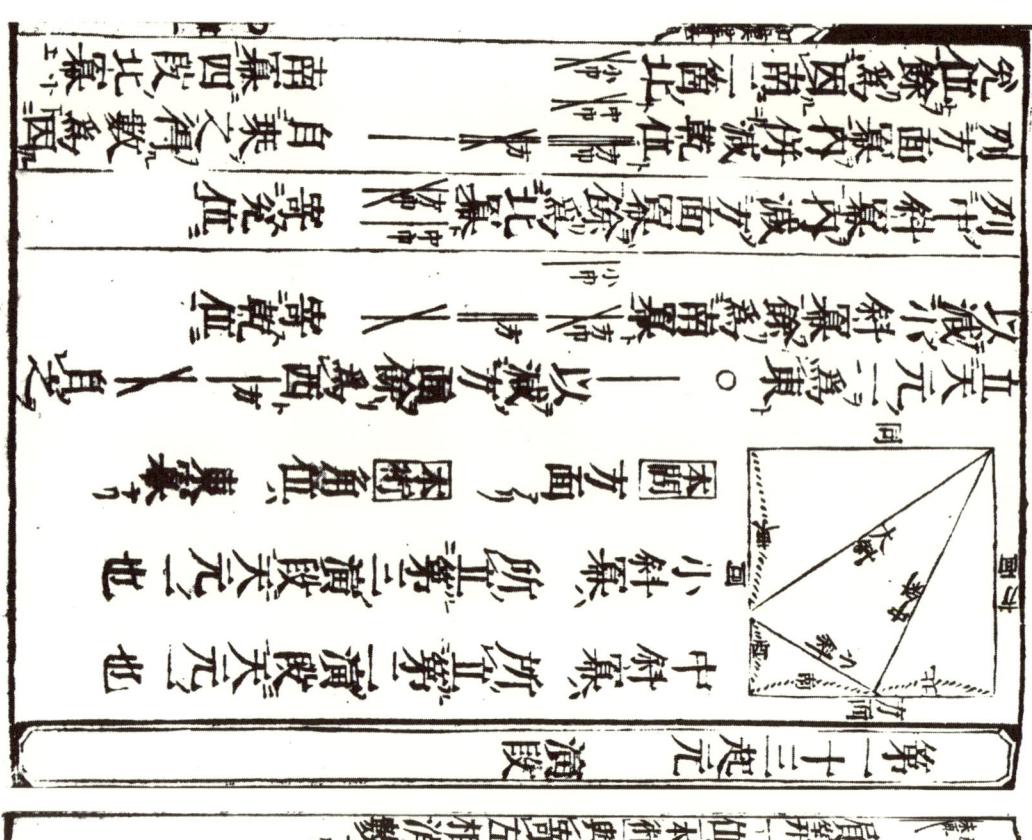

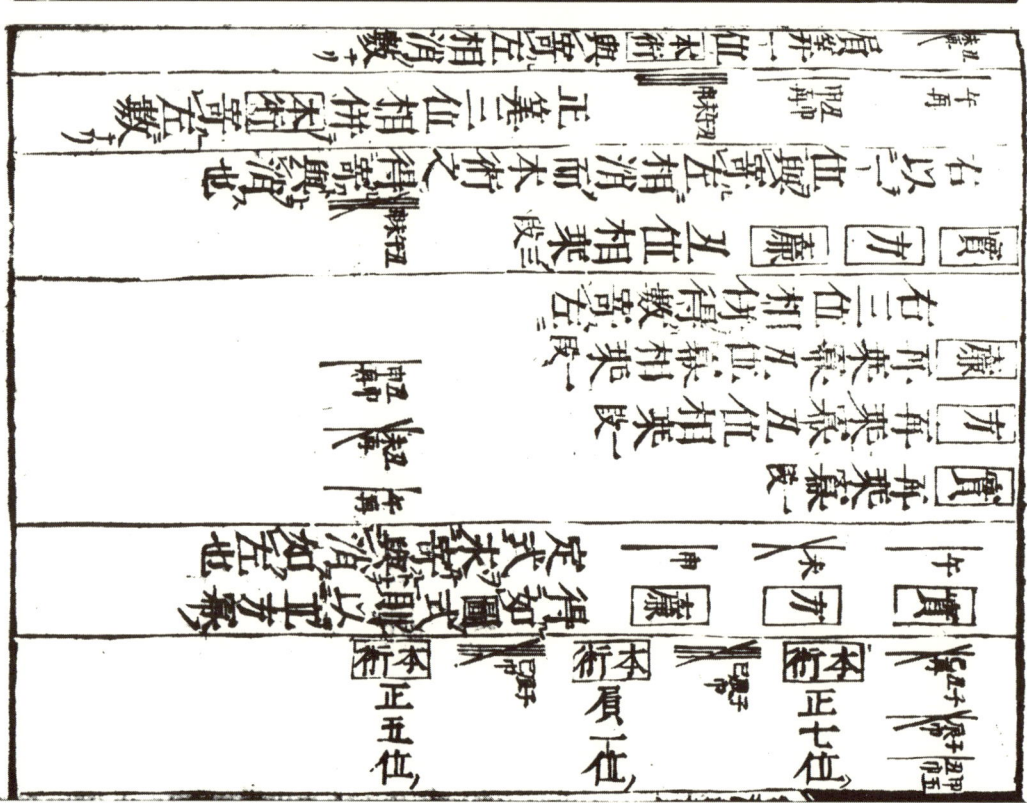

寄左

列乾位以兌位相乗段四

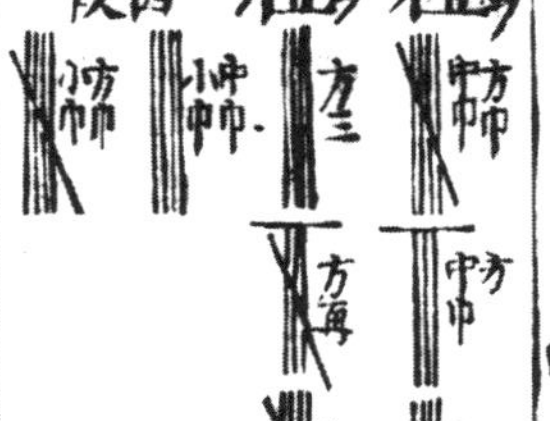

與寄左相消而得式也

實　方　加實乗角位　加方乗角位　實乗角加實位

實　離

方　震

得如此圖式則以平方冪之定式求寄與消如左也

演段　正實六位内減肩位　實四位餘寄離位

演段　肩方三位内減正位　方一位餘寄震位

以此圖式起次演段也

實　冪段一　離巾　寄左

方　冪角位相乗段一　角震巾　與寄左相消而分正肩得寄與消也

正筭一位寄左

肩筭一位與寄左相消數

以此圖式起第二演段寄與消也

二演段

本術　元位八中斜冪再乗冪乃中斜五乗冪

立天元一為中斜冪

以角位相乗段二

小斜三乗冪段一　小三

中斜三乗冪段一

角位冪段一　角巾

方面冪角位相乗段六　方角巾

方面冪小斜冪相乗段三　小方巾

角位小斜冪相乗段二　小角巾

方面冪中斜冪相乗段二　方巾

中斜冪小斜冪相乗段二　小巾

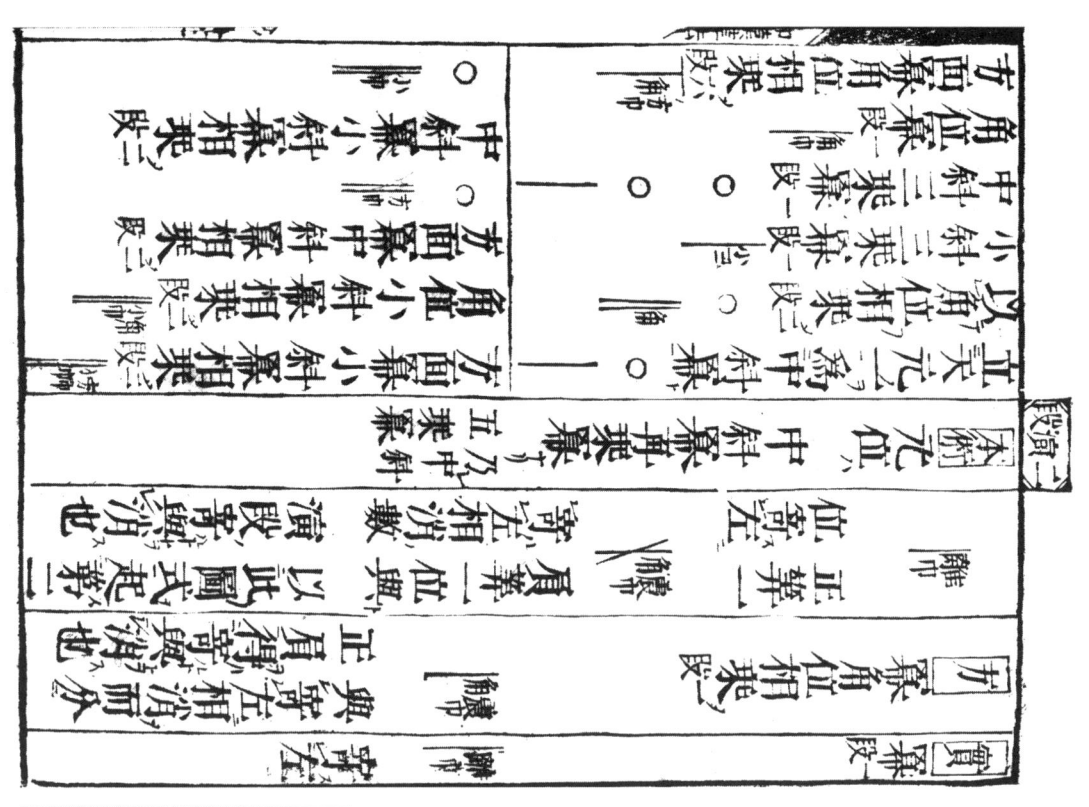

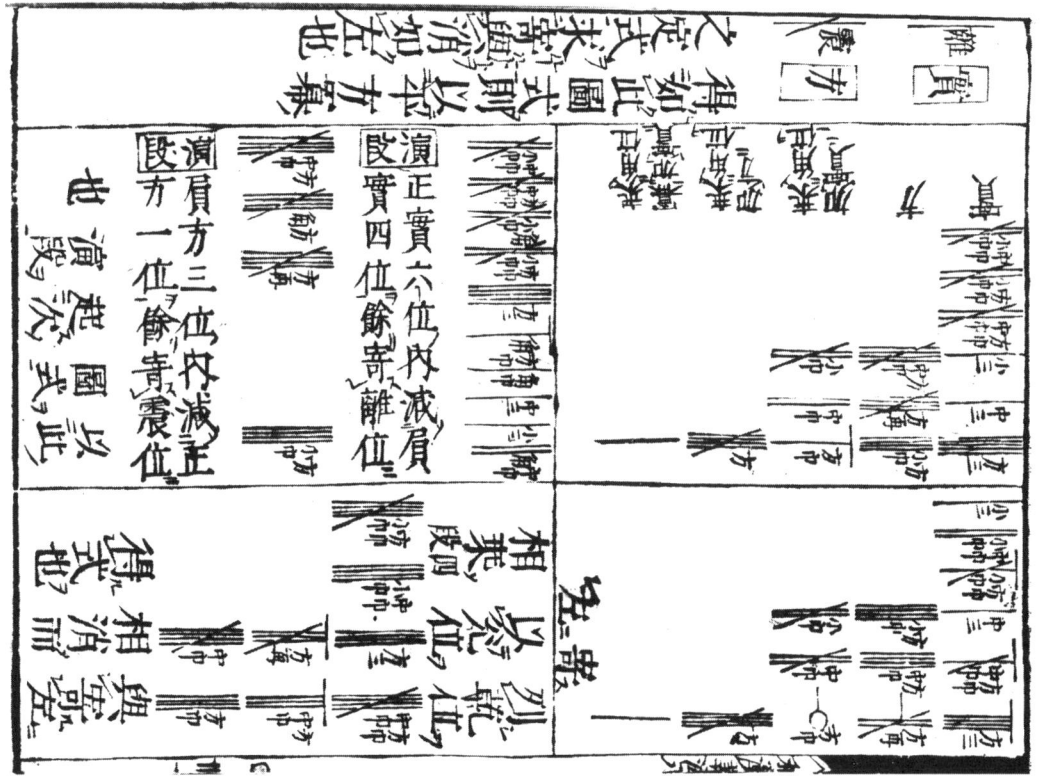

方面三乗冪五段

右六位相併寄左㊀

方面再乗冪四段

方面角位相乗四段

方面中斜冪相乗四段　○

右三位相併寄左㊁

右四位相併得数以減寄左㊀餘為第一式也

方面小斜冪相乗四段

右以二位減寄左㊁

餘為第二式也

離位冪一段　寄左

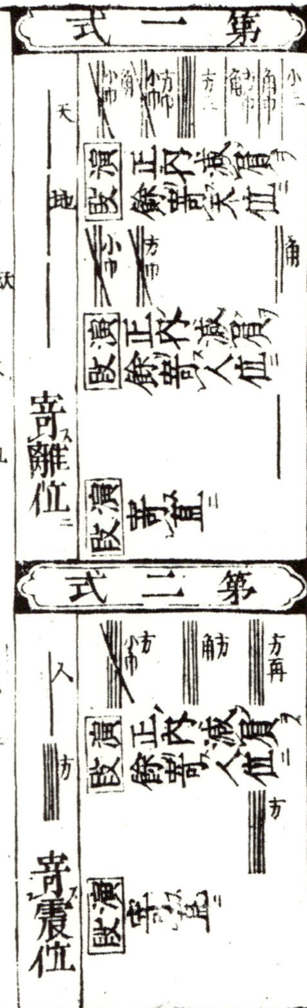

震位冪角位相乗二段　與寄左相消得式也

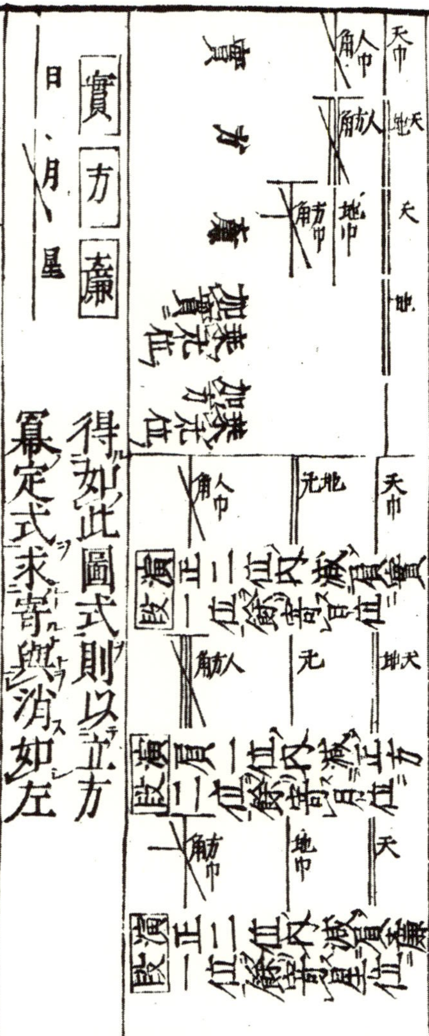

實　再乗冪一段

方　再乗冪元位相乗二段

廉　再乗冪元位冪相乗一段

右三位相併寄左

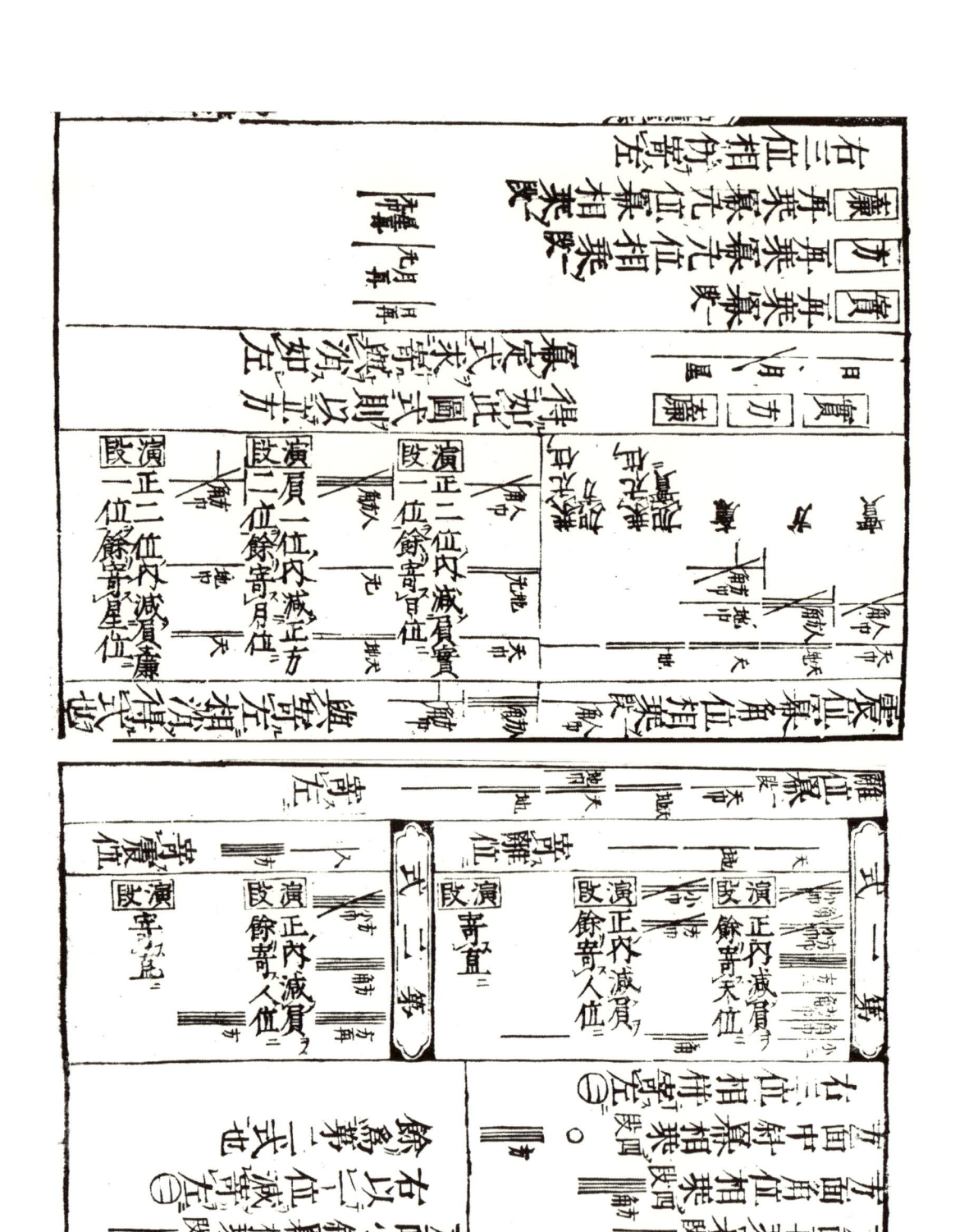

實 方 廉 元位相乘三段

右以一位與寄左相消而分正負得寄與消也

正算三 位寄左

負算一 位與寄左相消

以此圖式起第三演段寄與消

三演段

本術 氏位 小斜冪再乘冪 五乘冪ナリ 乃小斜

立天元一爲小斜冪 ○ ○

自乘之三乘冪 爲小斜

角位冪一段

方面冪角位相乘二段

方面二乘冪五段

右四位相併得數寄左㊂

方面冪小斜冪相乘二段

角位小斜冪相乘二段

右以二位減寄左

㊂餘爲第三式也

角位二段

右一位寄左㊃

方面再乘冪四段

方面角位相乘四段

右二位相併得數寄左㊄

方面冪二段

小斜冪二段

右二位相併以減寄左㊃餘爲第四式也

方面小斜冪相乘四段 ○

右以二位減寄左

㊄餘爲第五式也

第三式

本術 正三位相併寄左 肩二位相併寄左

演段 寄直

寄天位

第四式

本術 正一位減寄左

演段 寄直

寄地位

第五

本術 正二位相併寄左

演段 寄直

天位冪一段

地位元位相乘二段

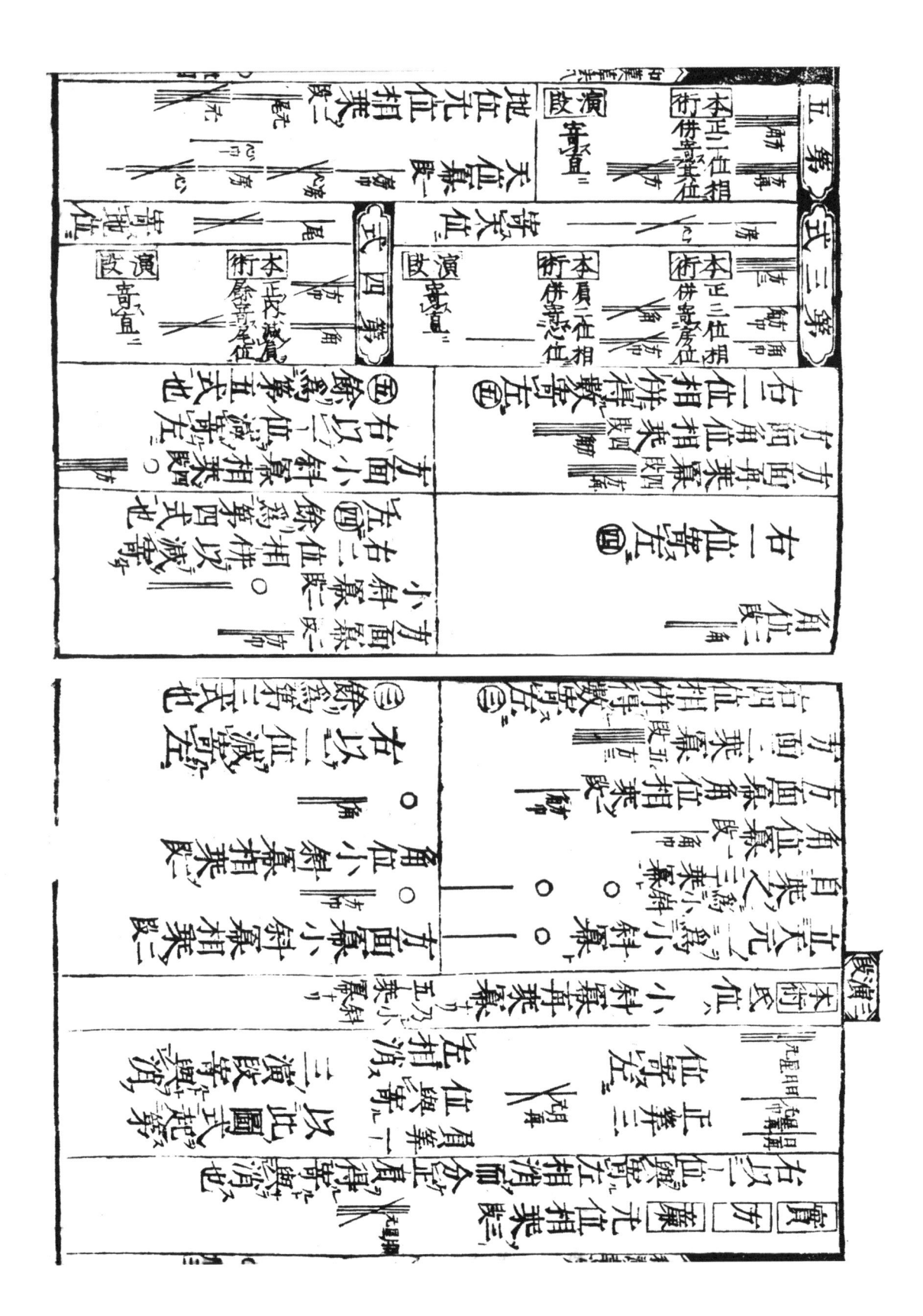

式

箕　寄人位

右二位相併寄左

人位冪角位相乗一段

以二位與寄左相消得式

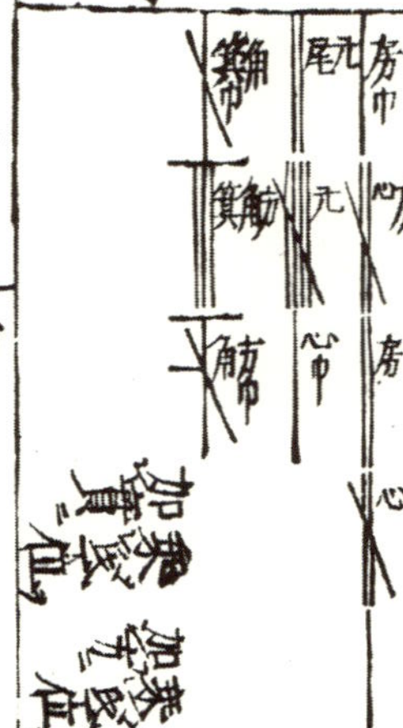

如圖而得第六式也

人位方面角位相乗八段

寄左

天位地位相乗一段

二位相併

以減寄左

餘得式也

實　方　廉

如圖而得第七式也

元位一段

天位二段

地位冪一段

右二位相併寄左

方面冪角位相乗十六段

以減寄左餘為第八式也

第七式

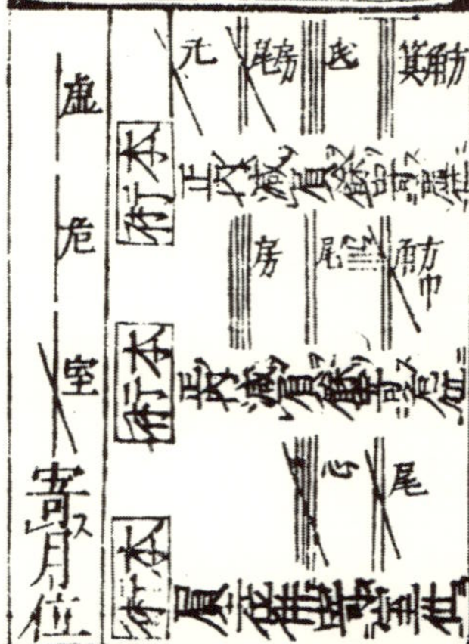

本術　正内減負餘寄月位

第六式

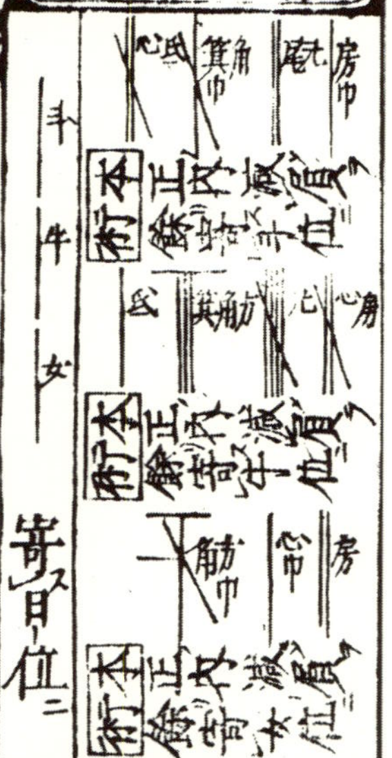

本術　正内減負餘寄日位

第八式

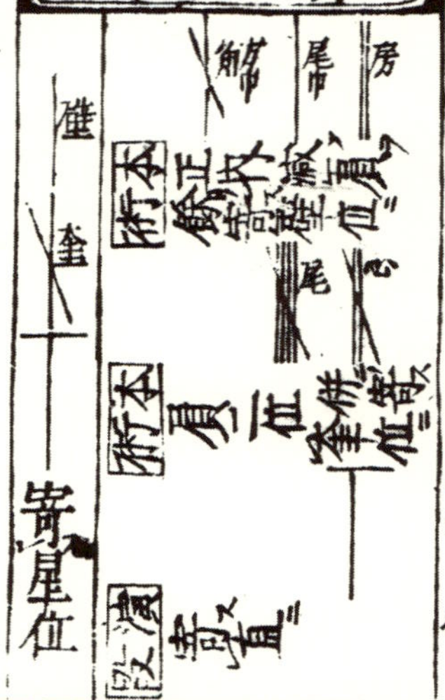

本術　正内減負餘寄星位

日位再乗冪一段

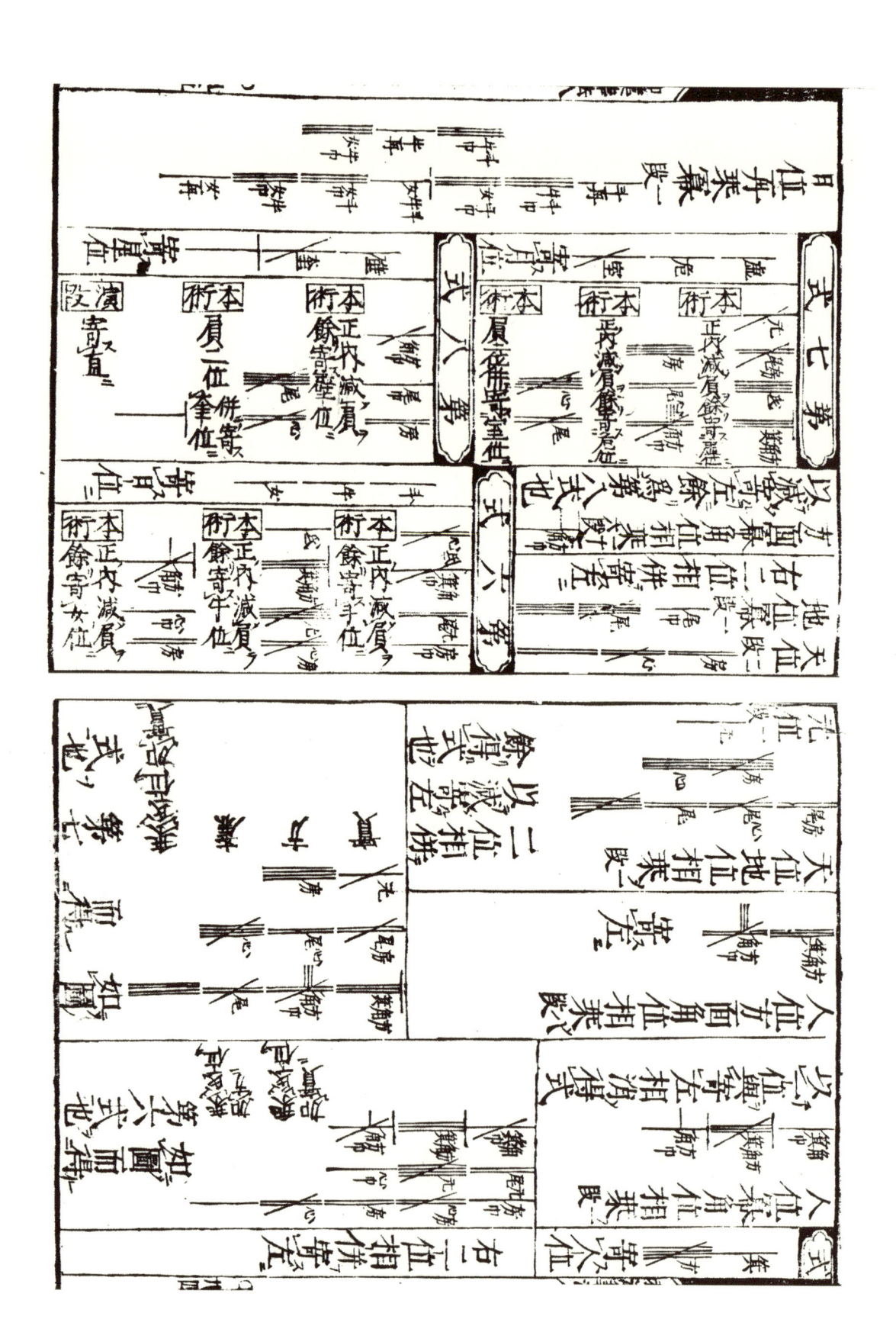

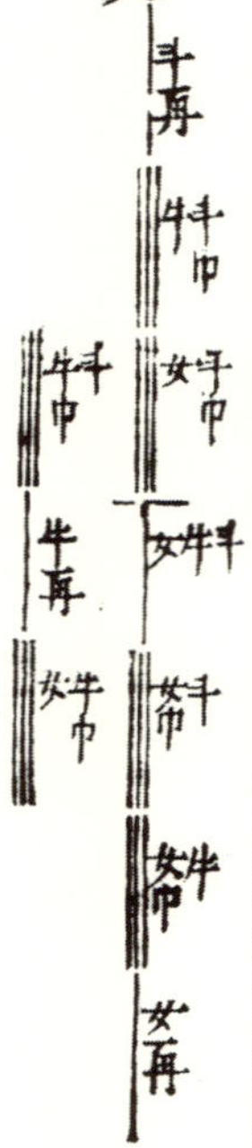

星位再乗冪
元位冪相乗段一
月位月位星位
元位相乗段三

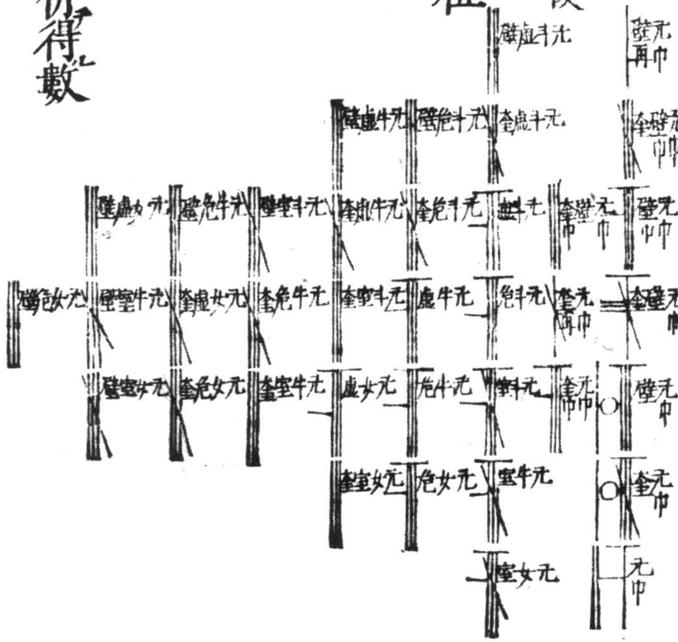

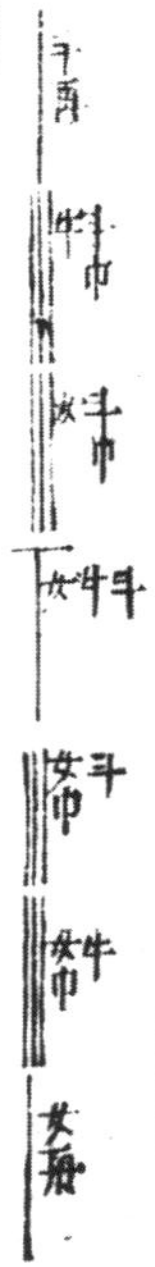

右三位相併得數

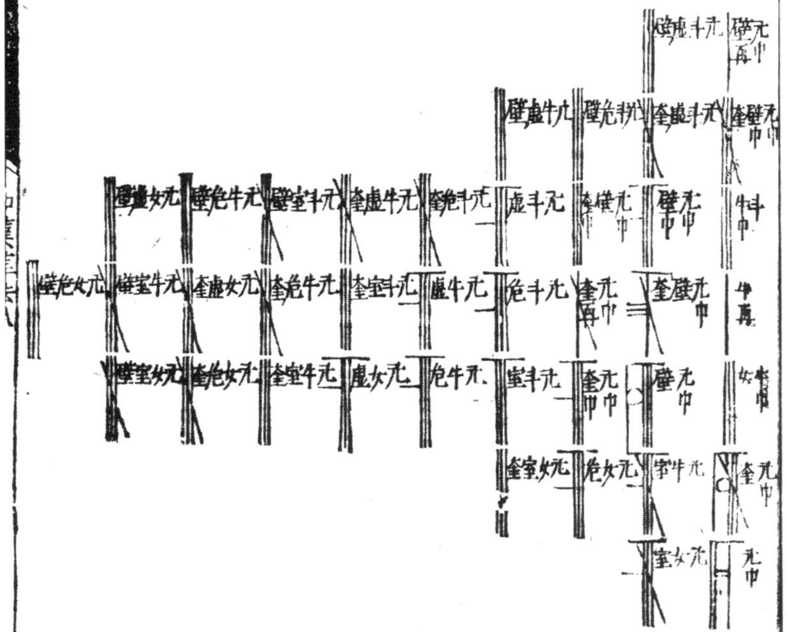

寄左二

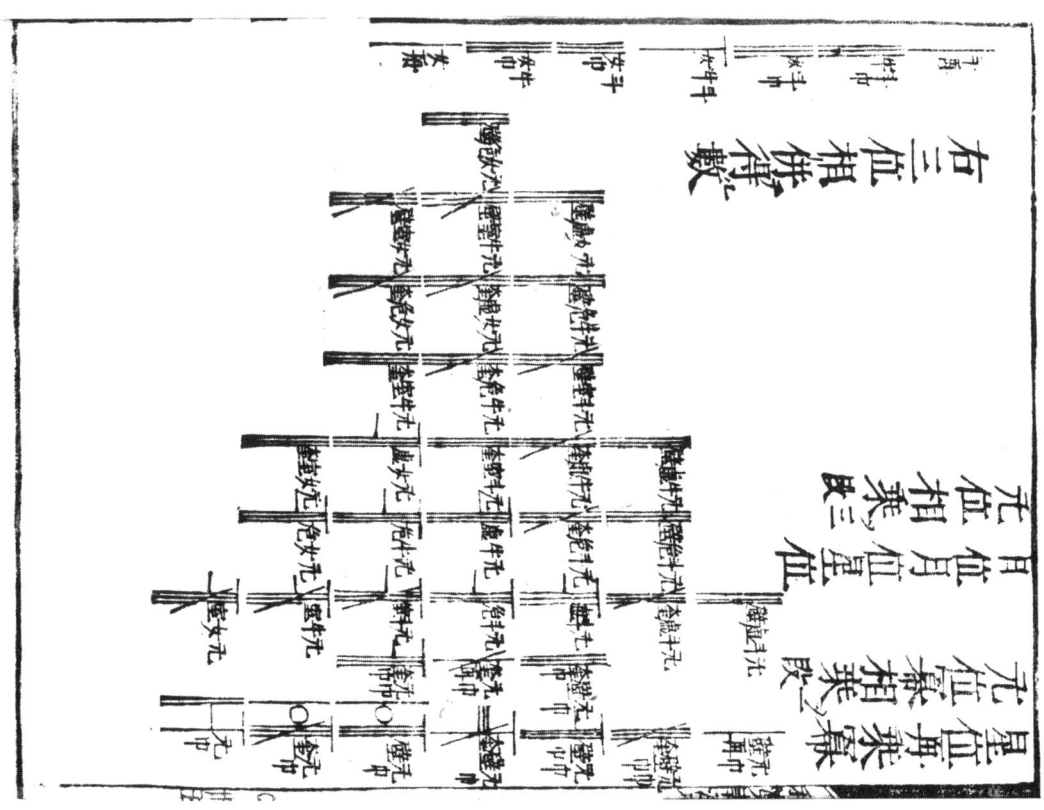

月位再乘冪
元位相乘之段

與寄左相消得式也

實

方

廉

乘氐加實位

乘氐加方位

乘氐加廉位

乘氐加冪位

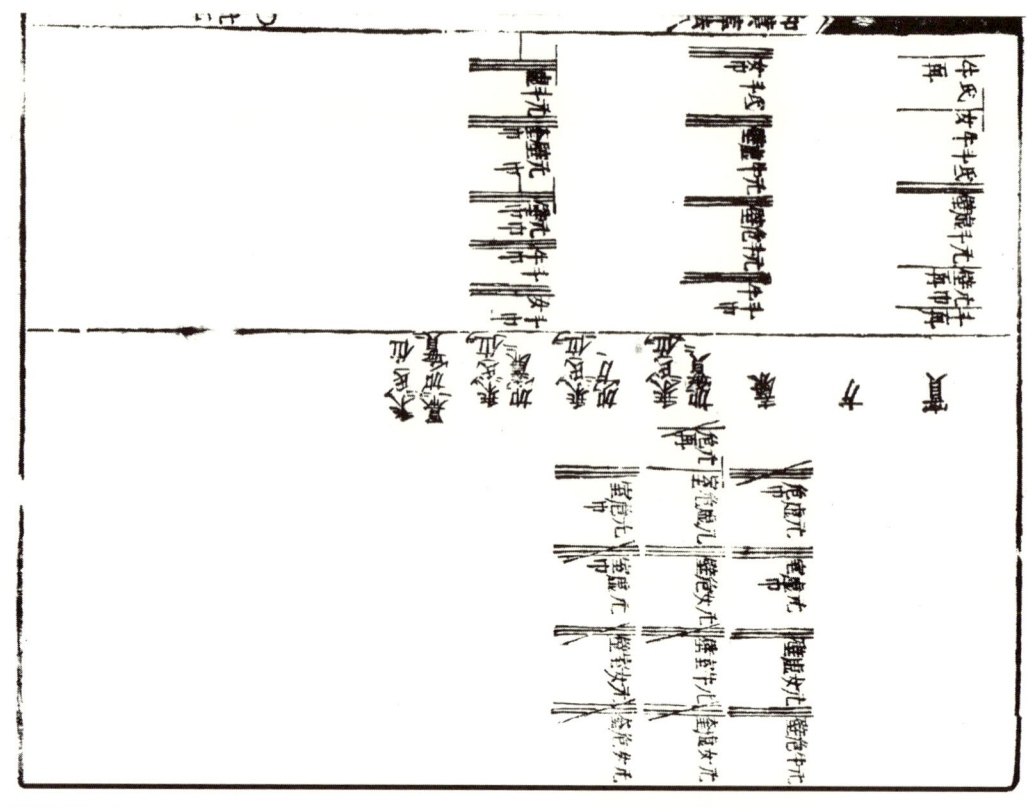

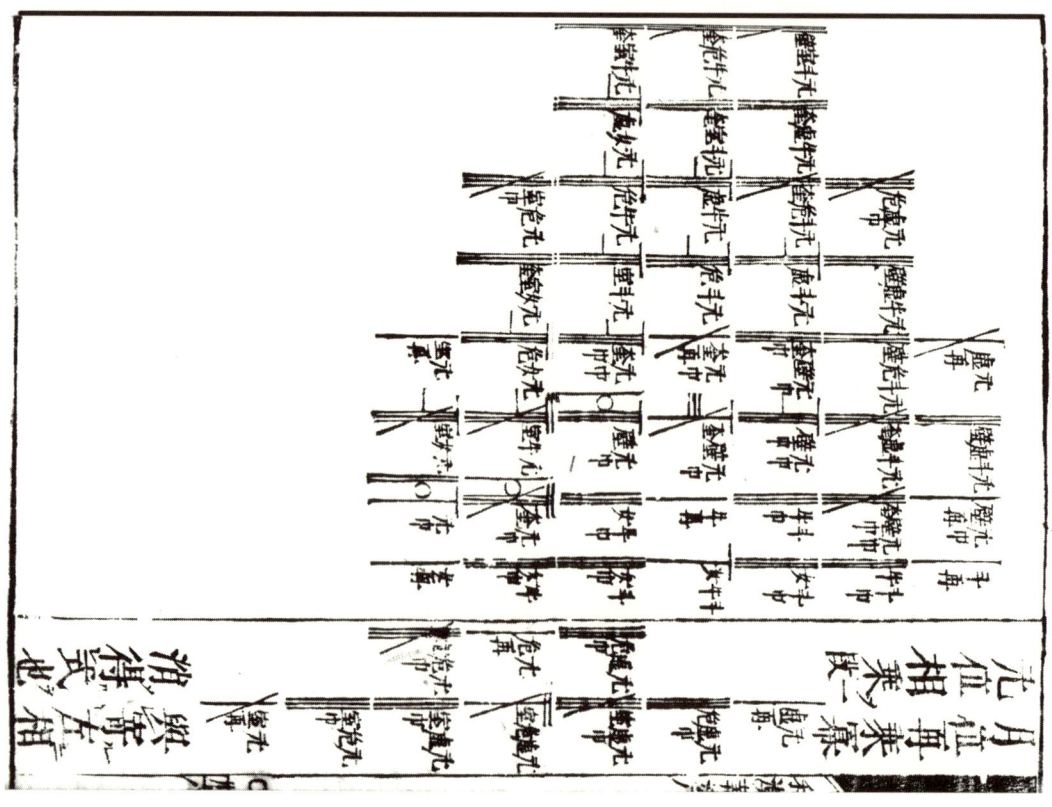

實　再乘冪ノ段

方　再乘冪ノ位相乘之段

妻　實

胃　方

昴　廉

定并
式如
求圖
等則
興以
消位
相方
左廉
也

本術　正一十三位ノ内減

本術　負六位ノ内減ノ正方

本術　正一十一位ノ内減

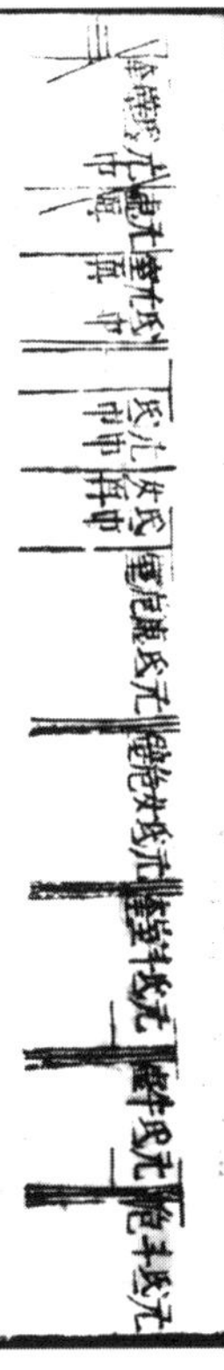

負實八位ニ餘ヲ寄ス妻位ニ

一十二位ニ餘ヲ寄ス胃位ニ

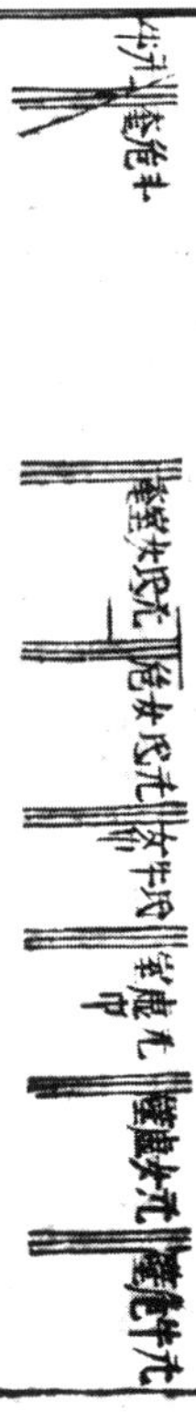

負廉七位ニ餘ヲ寄ス昴位ニ

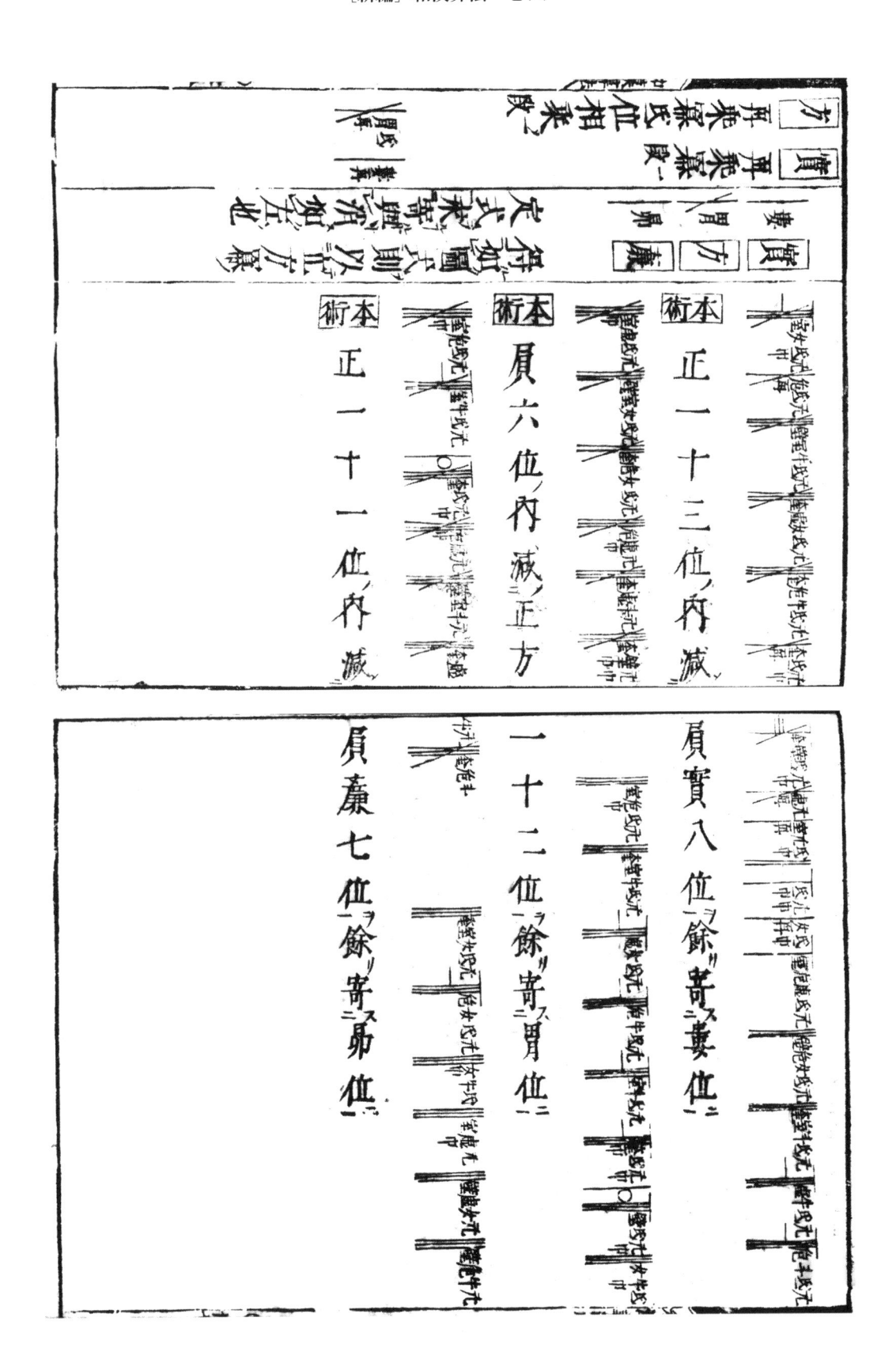

廉 再乘ス除氏二位羅相乘ス一段

右二位相併セ得ル數ヲ寄ス左ニ

實 ァ 廉 氏位相乘ス二段

右以テ二位與寄左ト相消ル而分正員ヲ

本術之得ル寄左與相消數也

正算二位相併ス 本術 寄ス左ニ

員算一位 本術 與寄左相消數ナリ

解隠算法巻之八終

63

和漢算法巻之九

洛北　宮城外記藤原清行集成

門人　中川傳左衛門昌業
中村喜太夫正武　校

古今算法記一十五問本術起元演段

従第一十四問而到第一十五問

第一十四起元　演段

㈠甲斜ナリ
㈡乙斜ナリ
㈢丙斜ナリ
㈣丁斜ナリ
㈤戊斜ナリ
㈥巳斜ナリ

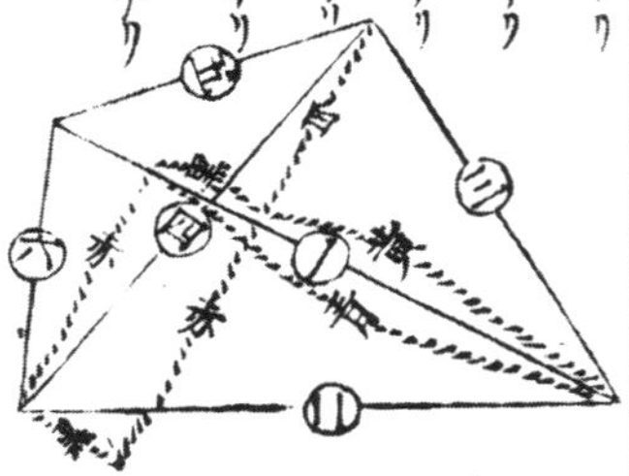

乙斜冪ハ所立第一演段天元ノ一也
丙斜冪ハ所立第二演段天元ノ一也
丁斜冪ハ所立第三演段天元ノ一也
戊斜冪ハ所立第四演段天元ノ一也
　　　所立第五演段天元ノ一也

本術　巳斜アリ

本術　角値ハ甲斜冪再乘冪乃甲斜五乘冪

立天元一爲甲斜冪。○ —— 加入乙斜冪得内減巳斜冪
餘爲因甲斜二箇青 寄木位
列併甲斜冪丙斜冪得内減
戊斜冪餘爲因甲斜二箇黄 寄火位

列甲斜冪以乙斜冪相乘四之得内
減木位冪餘爲因甲斜冪四段赤冪 寄土位

列甲斜冪以丙斜冪相乘四之得内
減火位冪餘爲因甲斜冪四段白冪 寄金位

列木位内減 自乘之爲
火位餘爲因 因甲斜冪
甲斜二箇黒 四段黒冪

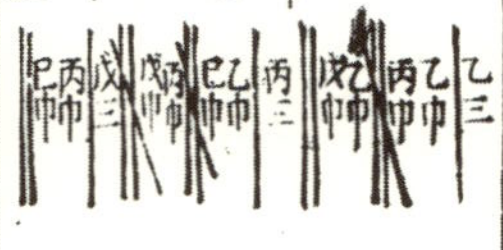

寄水位

列甲斜冪以丁斜冪相乘四
之得内減水位餘爲因甲斜
冪四段赤白和冪亦併減土
位與金位餘適以二約之得

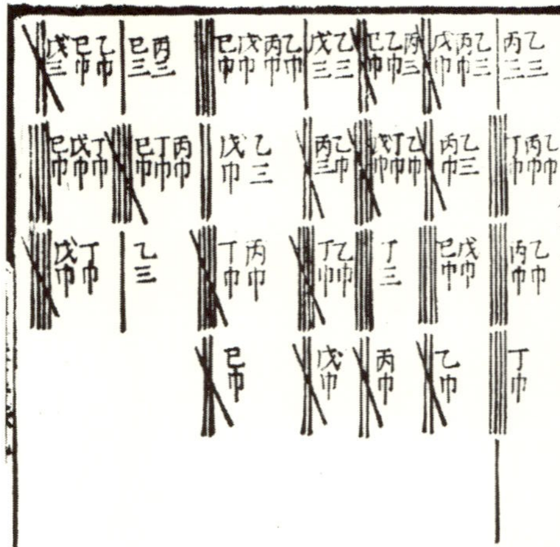

自乘之爲因
甲斜三乘冪
因赤冪一十
六段白冪

列土位以金位相乘爲因甲斜
三乘冪因赤冪一十六段白冪

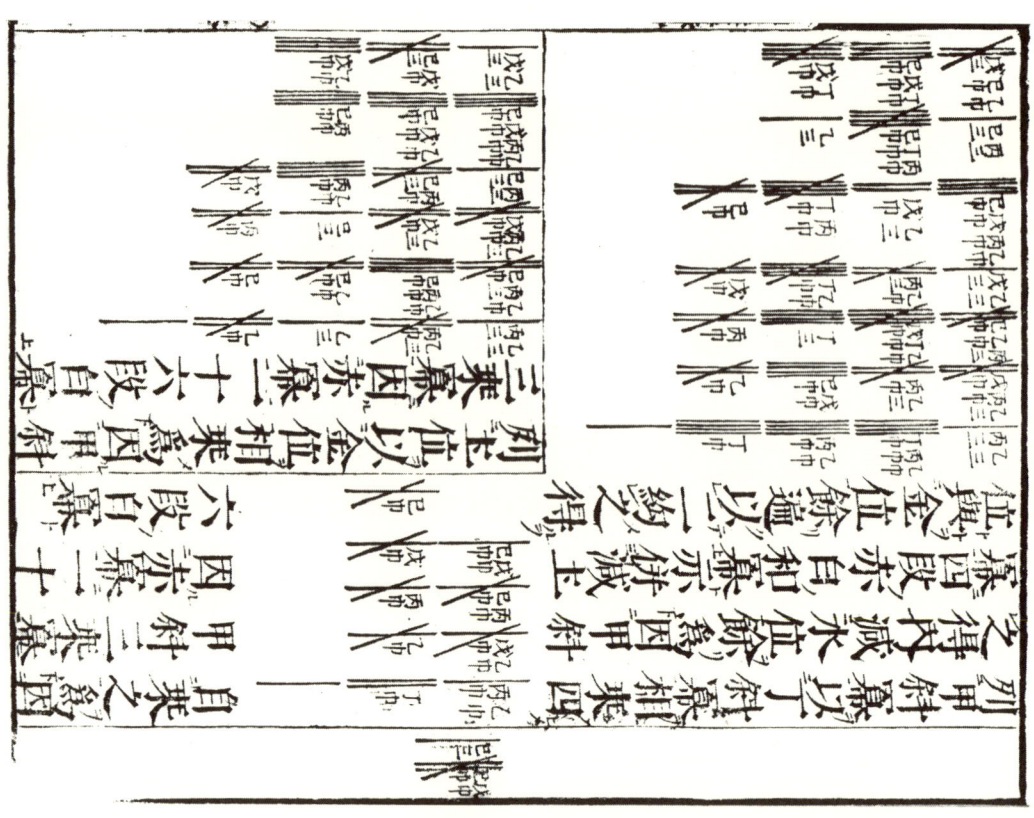

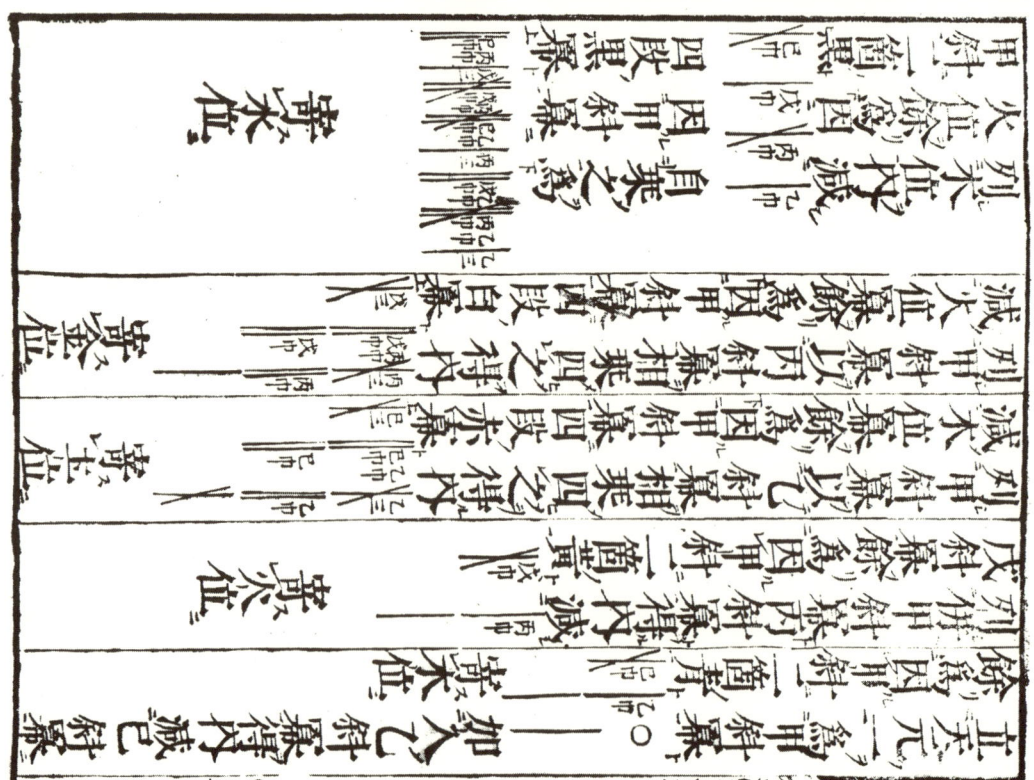

演段　正六位内減

演段　負六位内減

演段　正廉一位寄

實

方

廉

得如此圖式則以立方冪定式求寄與消如左

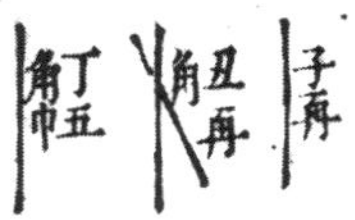

實　再乘冪一段

方　再乘冪角位相乘一段

廉　再乘冪角位冪相乘一段

右三位相併寄左

實　方　廉　角位相乘三段

右以一位與寄左相消而分正負得寄與消也

第一前圖

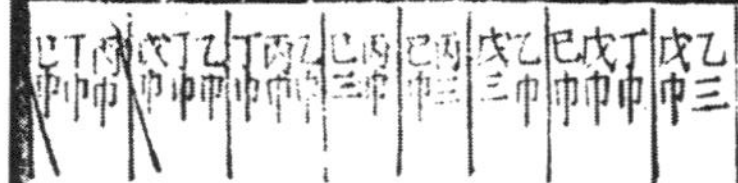

負實六位餘寄子位

正方三位餘寄丑位

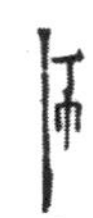

直

寄左

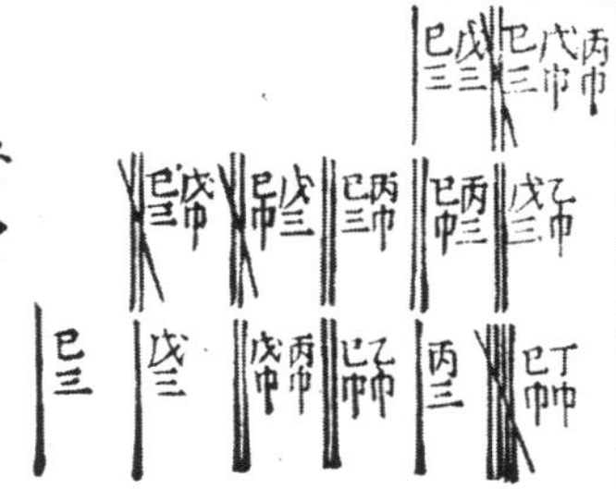

與寄左相消而省空級遍以四約之得第一圖

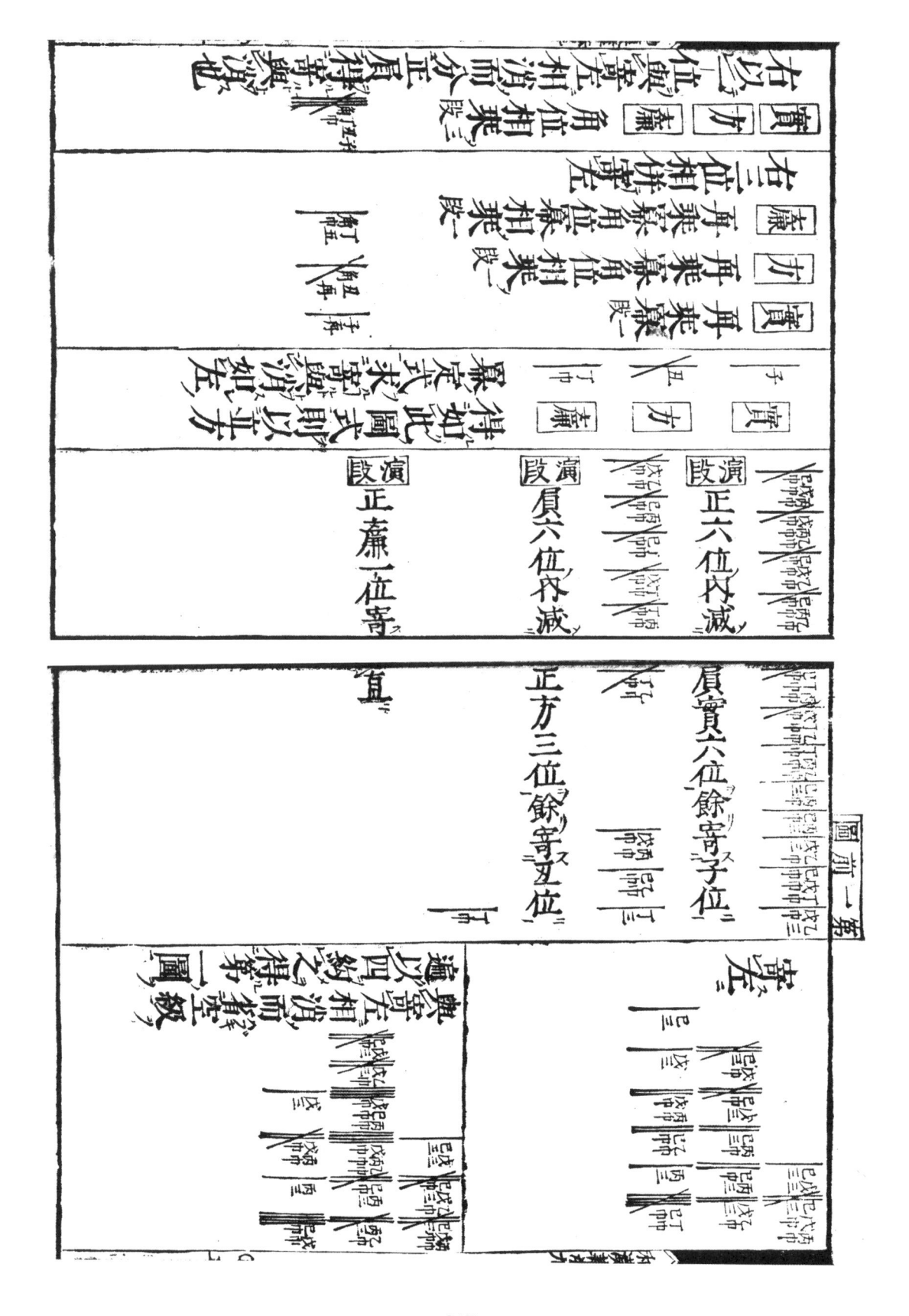

正第三位寄左

肩算一位與寄左相消

以此圖式起第二演段寄與消

本術元位ハ乙針冪再乘冪ナリ乃乙針五乘冪ナリ

立天元一爲乙針冪ト○――從是而起第一前圖兼式略之推前捨可准知所得

子位正六位內減肩六位餘爲第一式也○所得丑位肩六

位內減正三位餘爲第二式也○所得正廉一位寄丑也

第一式

演段　正三位內減肩二位餘寄子實

演段　正二位內減肩四位餘寄子方

演段　正一位寄丑

第二式

演段　正四位內減肩二位餘寄丑實

演段　正二位內減肩一位餘寄丑方

寄子位

寄丑位

右以各位起第一後圖而得第二前圖也

第二前圖

演段　正七位內減肩實二位餘寄寅位

演段　肩一位內減正方五位餘寄卯位

演段　正五位內減肩廉一位餘寄辰位

實	方	廉
寅	卯	辰

得如此圖式則以立方冪定式求寄與消如左

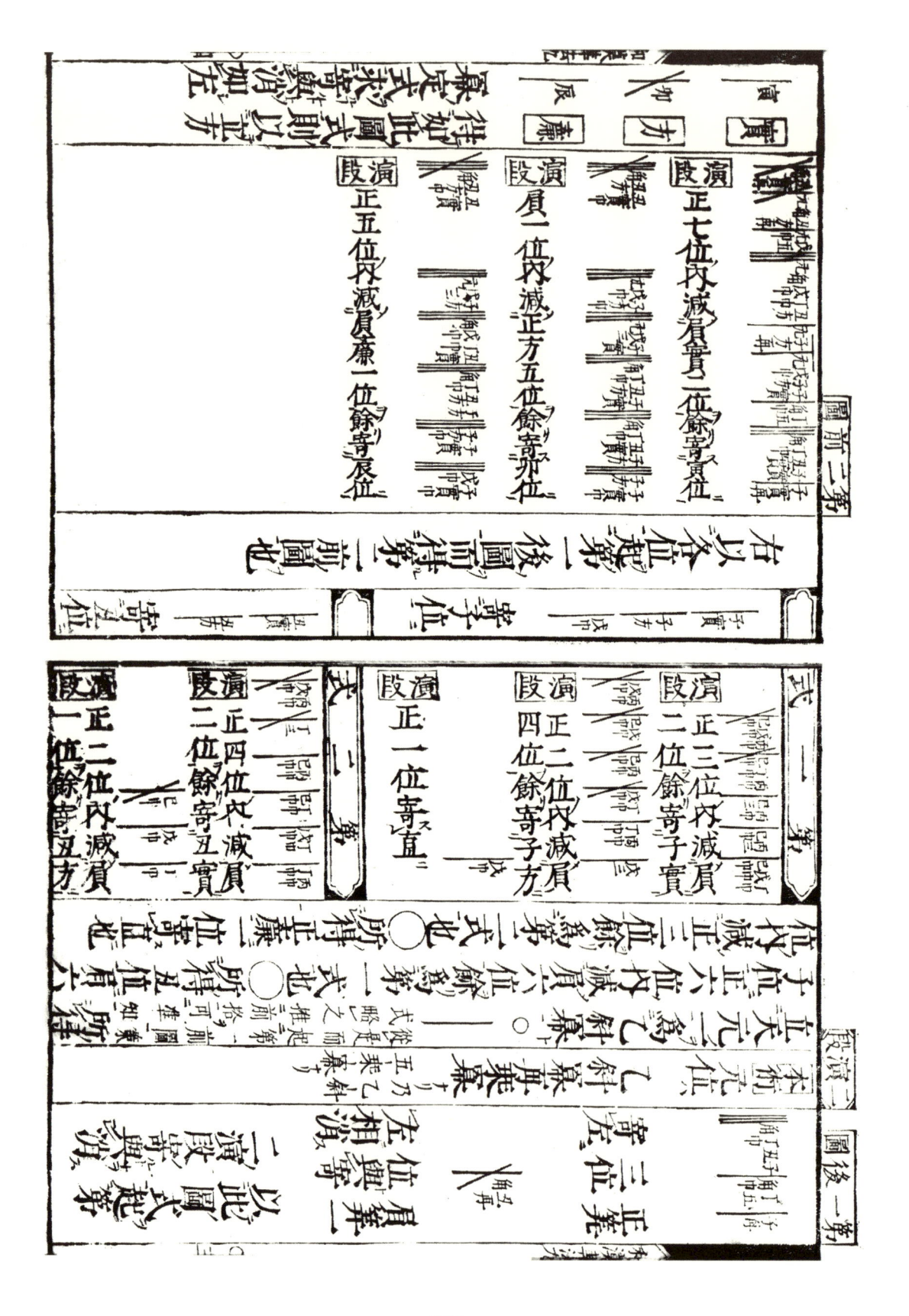

第二後圖　三演段

實再乗冪一段

方再乗冪元位相乗二段

廉再乗冪元位冪相乗一段

右三位相併寄左

實再　元卯再　元辰再巾

實　方　廉　元位相乗三段

右以一位與寄左相消而分正負得寄與消也

正第三　位寄左

負第一　位與寄

左相消

以此圖式起第三演段寄與消

本術　氐位丙斜冪再乗冪ナリ乃丙斜五乗冪ナリ

立天元一為丙斜冪　○　一　從是而起第一第二式也

所得子實正三位內減負二位餘為第三式也○所得子方正二位內減負

四位餘為第四式也○所得正廉二位寄直也○所得丑實正四位內減負二位餘為第五式也○所得丑方正二位內減負一位餘為第六式也

第三式

寄子實

演段　正一位　位寄直

第四式

寄子方

演段　正二位內　減負一位　餘寄未位

演段　正一位內　減負二位　餘寄申位

第五式

寄丑實

演段　正二位內　減負一位　餘寄酉位

第六式

寄丑方

演段　正二位內　減負一位　餘寄亥位

第八式

實　方　廉

右以各位起第二前圖而得式也○所得寅位正七位內減負

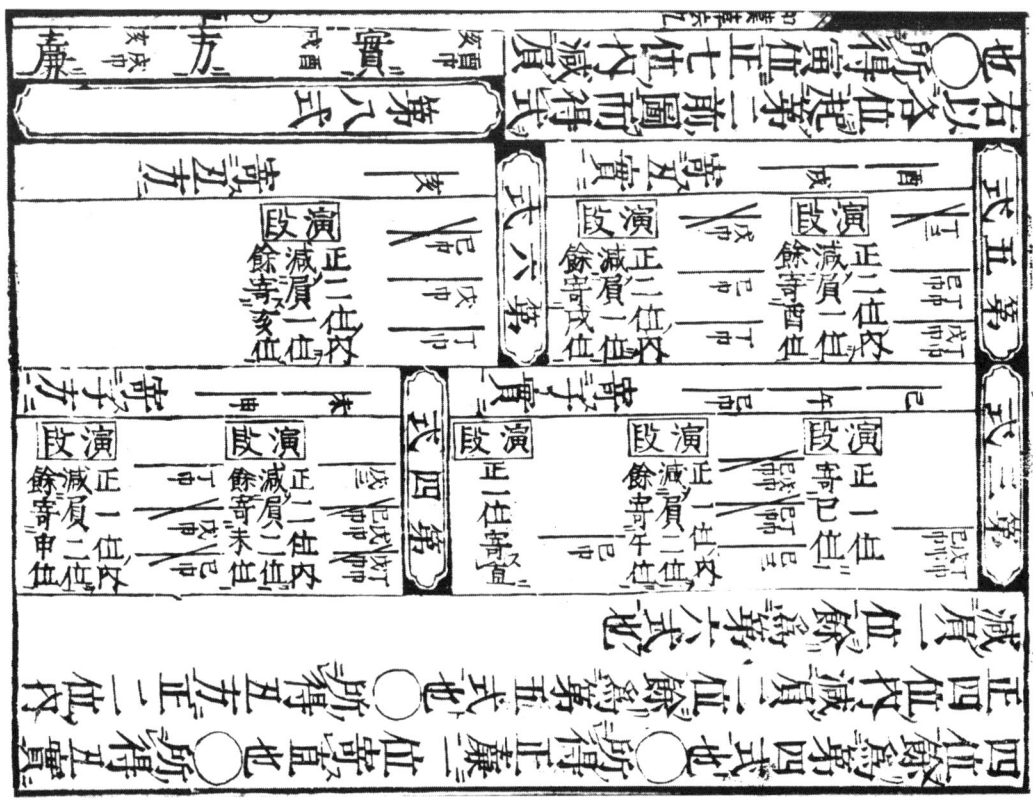

第三前圖

右以各位定第二後圖而得第三前圖也

寅實 寅方 寅廉 寄寅位

演段 正一十三位内減員實三位餘寄寅實

演段 正八位内減員方一位餘寄寅方

演段 正六位内減員廉一位餘寄寅廉

辰實 辰方 辰廉 寄辰位

演段 正八位内減員實一位餘寄辰

演段 正八位内減員方一位餘寄辰

演段 正廉五位相併寄辰廉

寅實二位餘為第七式也○所得卯位員一位内減正方五位餘為第八式也○所得辰位正五位内減員廉一位餘為第九式也

第七式

卯實 卯方 卯廉 寄卯位

演段 正一位内減員實八位餘寄卯

演段 正一位内減員方九位餘寄卯

演段 正一位内減員廉八位餘寄卯

第九式

位 方

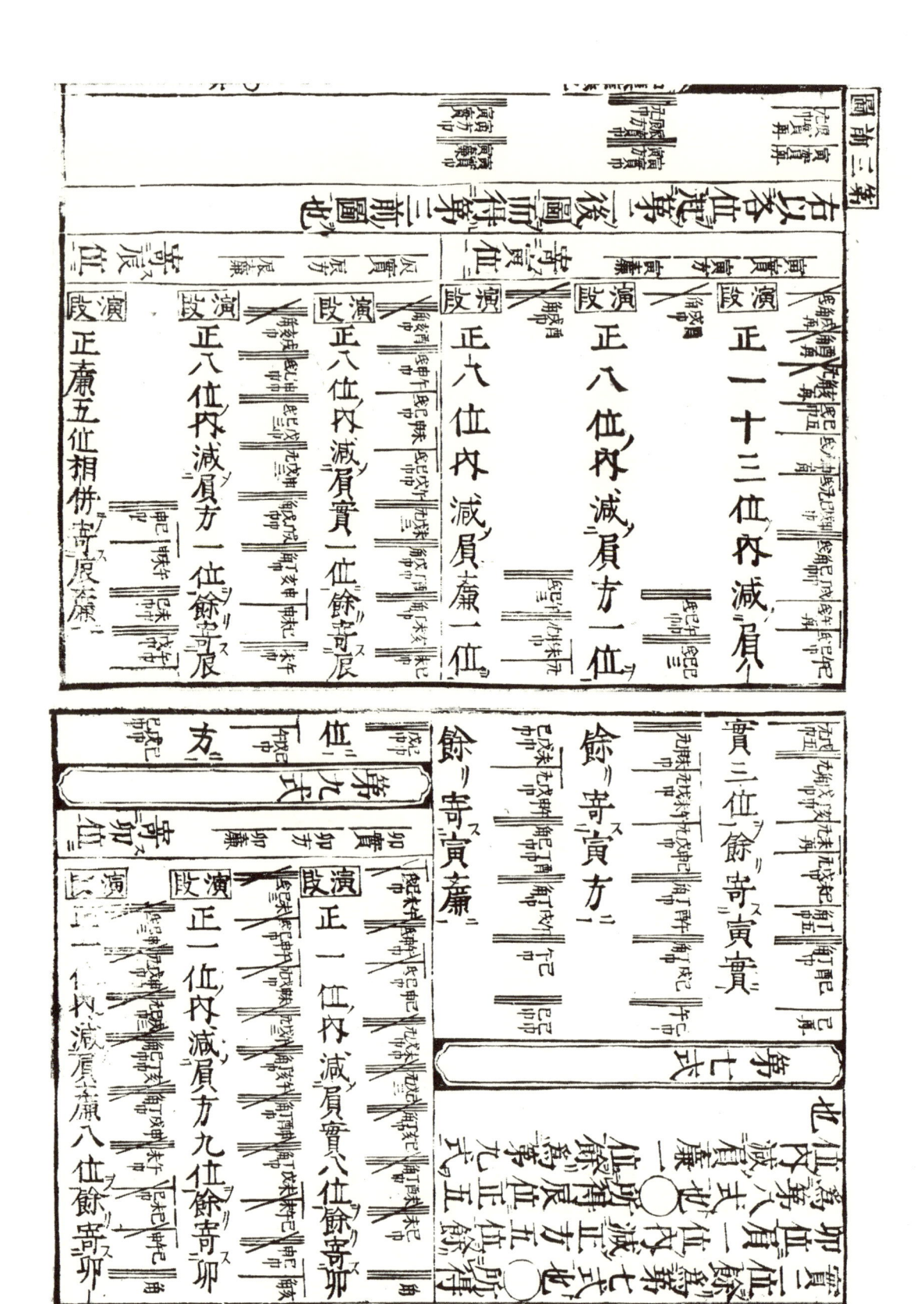

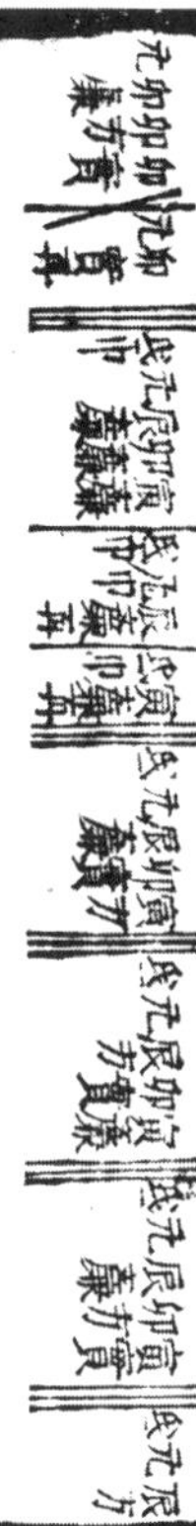

一十七位ノ内減メ二肩實

三位ノ内減メ二正方一十

一十五位ノ内減メ二肩廉

四位ノ餘ヲ寄ス天位ニ

五位ノ餘ヲ寄ス人位ニ

三位ノ餘ヲ寄ス地位ニ

正　演段

肩　演段

正　演段

實　方　廉

天　人　地

得如此圖式則以立方冪定式求寄與消如左

實　再乘冪段一

方　再乘冪氏位相乘段一

廉　再乘冪氏位冪相乘段一

天再　人再氏　地再氏巾

右三位相併寄左

實　方　廉　氏位相乘三段

天人地氏

右以二位與寄左相消而分正肩得寄與消也

第三後圖　四演段

天再　地再氏巾　天人地氏

正第三位寄左

人再氏

肩第一位與寄左相消

以此圖式起第四演段寄與消

本術　房位丁斜冪再乘冪乃丁斜五乘冪

立天元一為丁斜冪○一從是而起第三式也所得巳位正一位為第一十式也○所得午位正一位內減肩二位餘為第一十一式也○所得正廉寄置從是而起第四式也所得未位正一位內減肩二位餘為第一十二式也○所得申位正一位內減肩二位餘為第一十三式也從是而起第五式也所得酉位正二位內減肩一位餘為第一十四式也○所得戌位正二位內減肩一位餘為第一十五式也從是而起第六式也所得亥位正二位內減肩一

第一十一

演段　巳實　戌巾　寄左

演段　正方　巳巾　左位

位餘爲第一十六式也

（第一十式）
寄巳位

第一十一式
演段　正内減肩餘寄午實
演段　肩方一位寄直
寄午位

第一十二式
演段　正三位相併寄申實
演段　肩方寄直
寄申位

第一十三式
演段　正内減肩餘寄戌實
演段　正方寄直
寄戌位

第一十四式
演段　空正實寄直
演段　肩相併酉方
寄酉位

第一十五式
演段　正内減肩餘寄未實
演段　肩方位寄直
寄未位

第一十六式
演段　正内減肩餘寄亥實
演段　正方寄直
寄亥位

右以各位起式也從是而起第七式也所得寅實正一十三位内減肩實三位餘爲第一十七式也○所得寅方正八位内減肩一位餘爲第一十八式也○所得寅廉正八位内減肩一位餘爲第一十九式也從是而起第八式也所得卯實正一位内減肩八位餘爲第二十式也○所得卯方正一位内減肩九位餘爲第二十一式也○所得卯廉正一位内減肩八位餘爲第二十二式也從是而起第九式也所得辰實正八位内減肩一位餘爲第二十三式也○所得辰方正八位内減肩一位餘爲第二十四式也○所得辰廉正五位相併爲第二十五式也

第一十七式

減肩實九位餘寄日位

減肩方五位餘寄月位

減肩廉五位餘寄星位

第一十八式

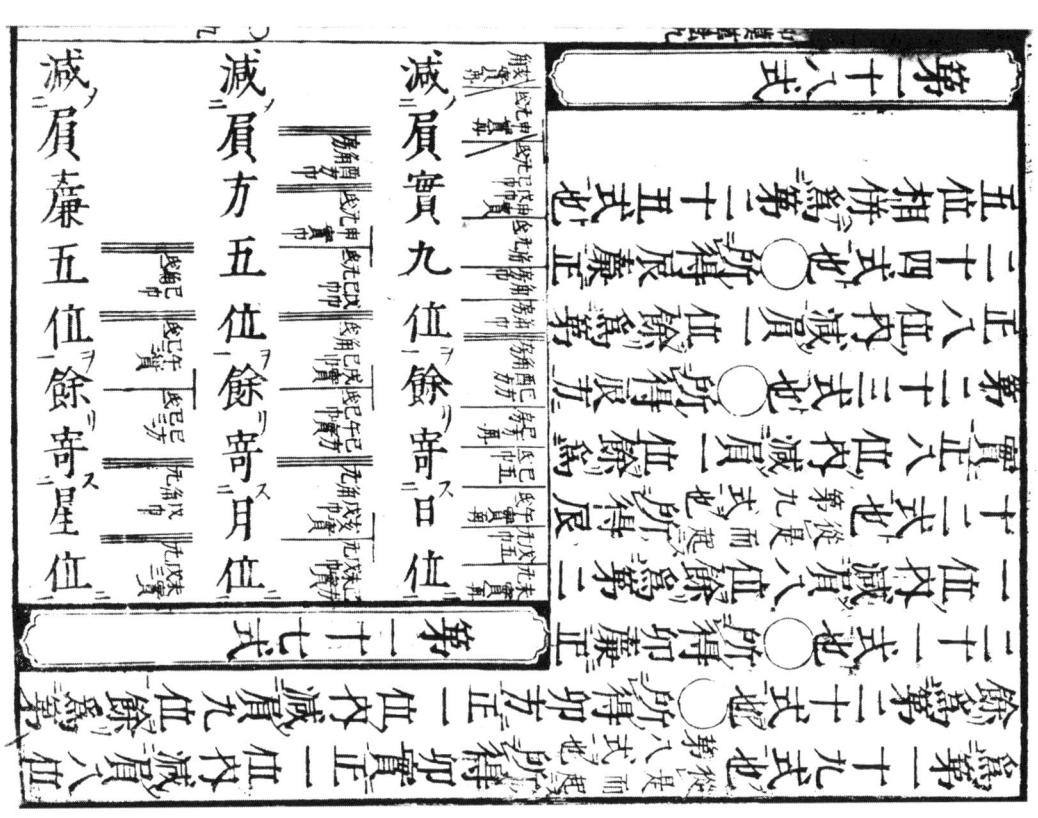

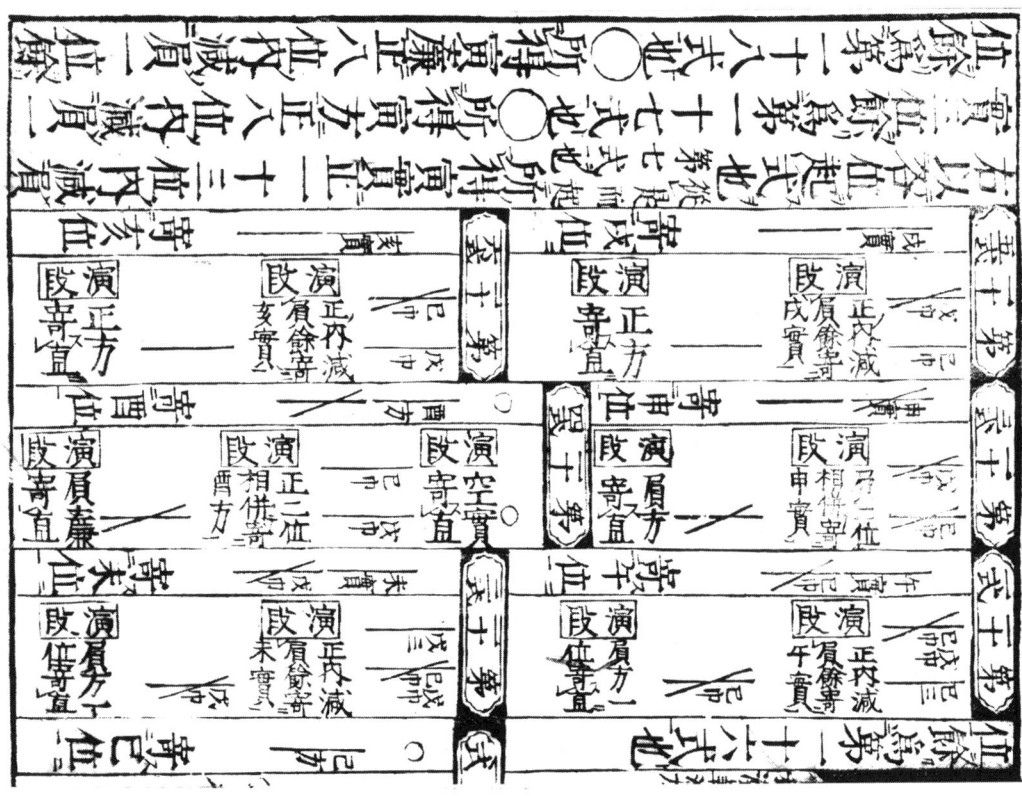

第二十二式

貞　寒　暑

寄卯實

演段

正五位内減，肩實五位餘寄貞位

演段

正五位内減，肩方五位餘寄寒位

演段

正四位内減，肩廉六位餘寄暑位

七位餘寄燥位

八位餘寄濕位

三位餘寄風位

第二十一式

元　亨　利

寄寅廉

演段

正五位内減

演段

正四位内減

演段

正六位内減

第二十式

上　中　下

寄寅方

演段

正五位内減，肩實五位餘寄上位

演段

正五位内減，肩方五位餘寄中位

演段

正六位内減，肩廉四位餘寄下位

肩實四位餘寄元位

肩方六位餘寄亨位

肩廉四位餘寄利位

第十九式

日　月　星

寄寅實

演段

正九位内

演段

正七位内

演段

正五位内

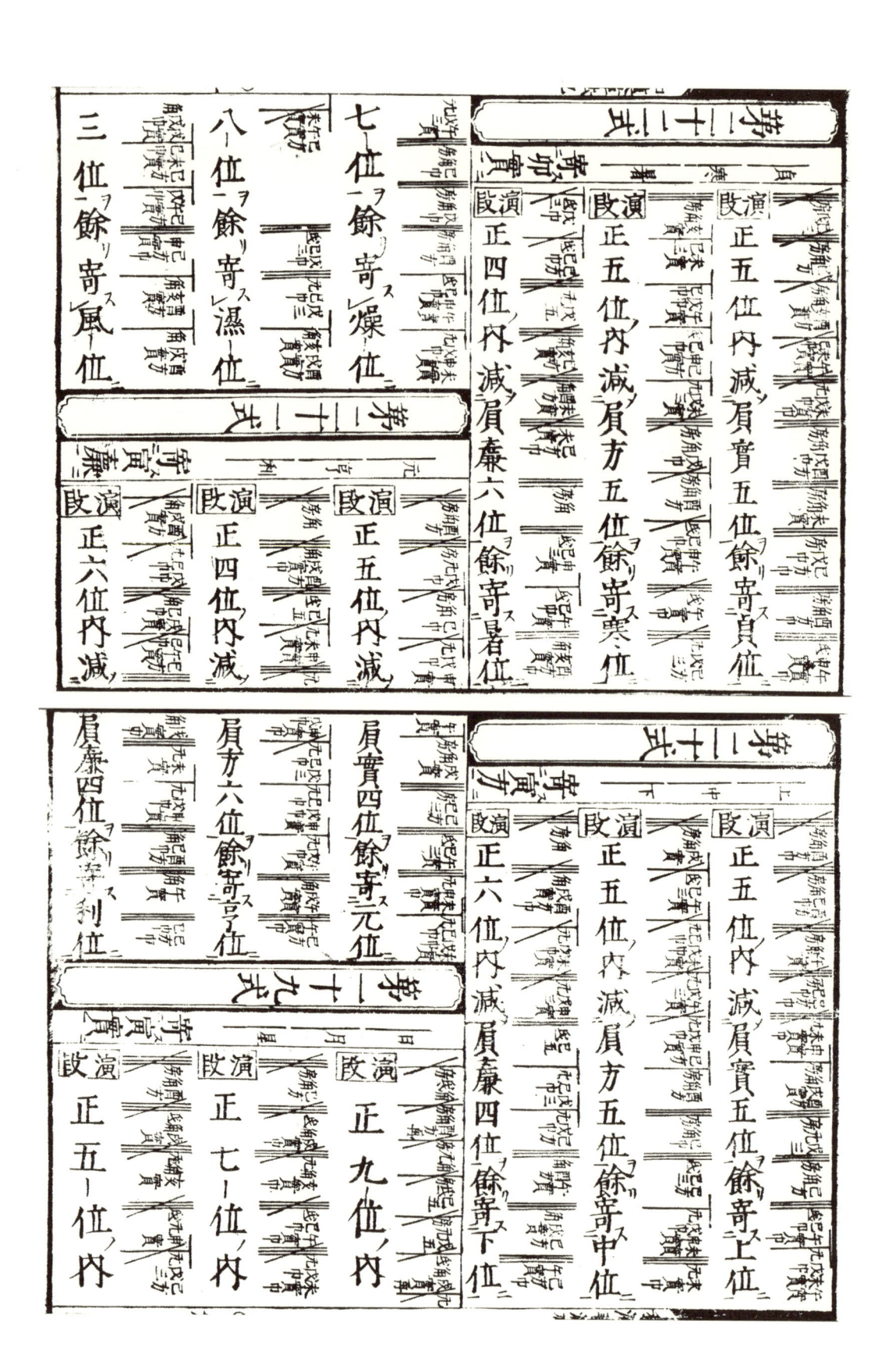

三位内減肩實四位餘寄離位

四位内減肩方六位餘寄震位

七位内減肩廉三位餘寄巽位

位内減肩實餘寄坎位

位内減肩方餘寄艮位

位内減肩廉餘寄坤位

第二十五式

寄辰實

演段

正六位内減肩實三位

演段

正五位内減肩方五位

演段

正六位内減肩廉四位

第二十四式

寄卯廉

演段

正三位内減肩實四位餘寄春位

演段

正七位内減肩方三位餘寄夏位

演段

正四位内減肩廉七位餘寄秋位

餘寄冬位

餘寄乾位

餘寄兌位

第二十三式

寄卯方

演段

正五位内減肩實

演段

正三位内減肩方

演段

正一十位内減肩廉

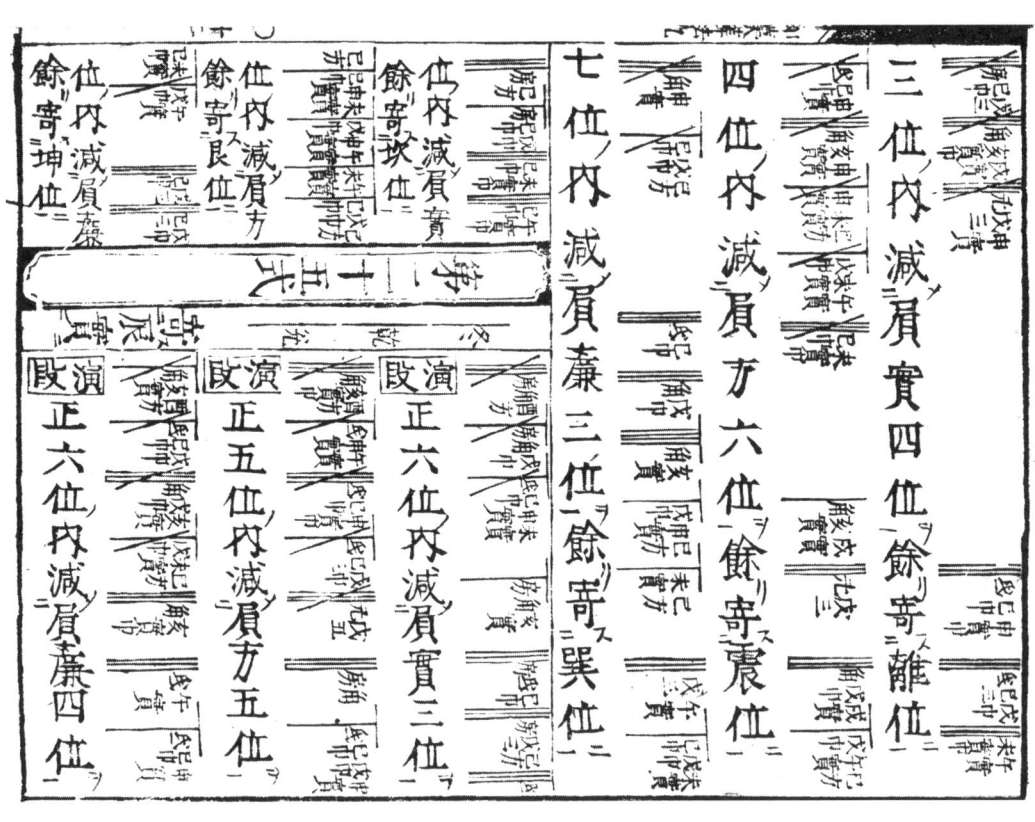

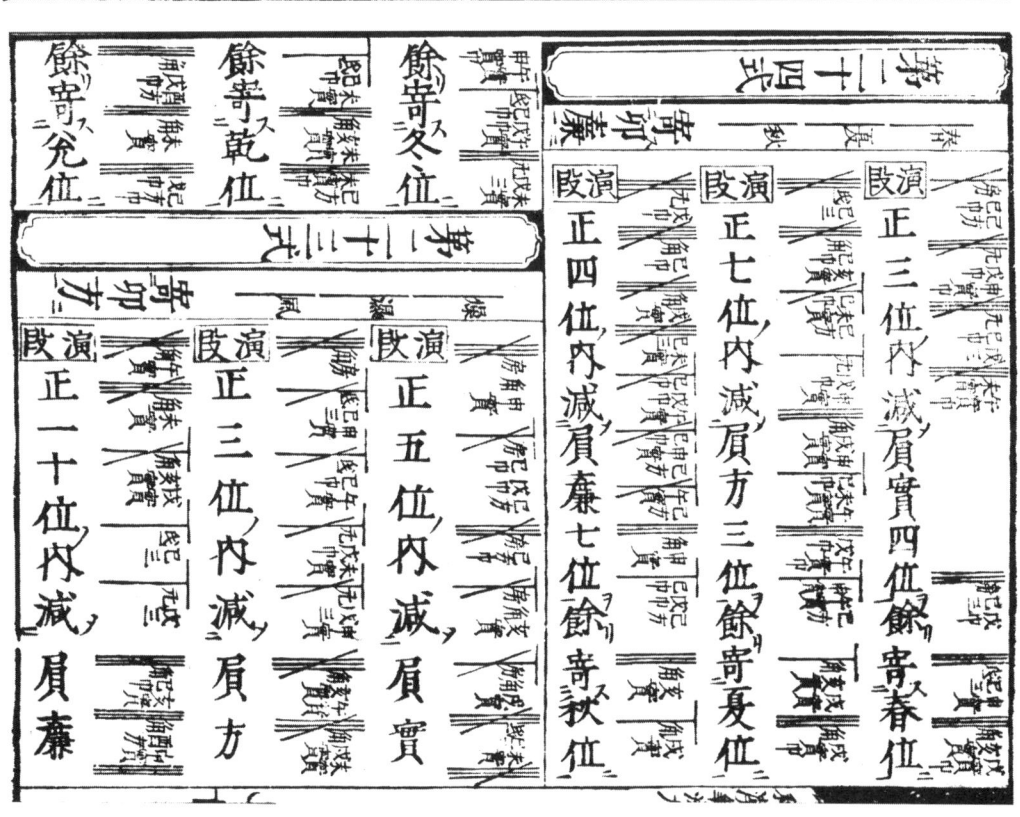

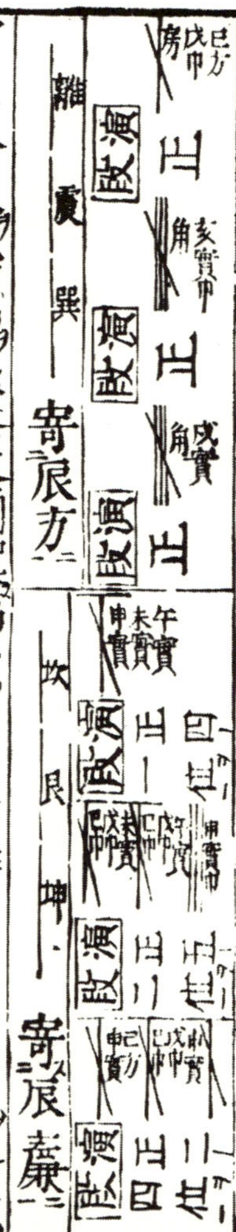

右以各位起式也從三龍圖起而起第所得天位正一十七位内減有四位餘爲第二十六式也◯所得人位有三位内減正一十五位餘爲第二十七式也◯所得地位正一十五位内減有三位餘爲第二十八式也

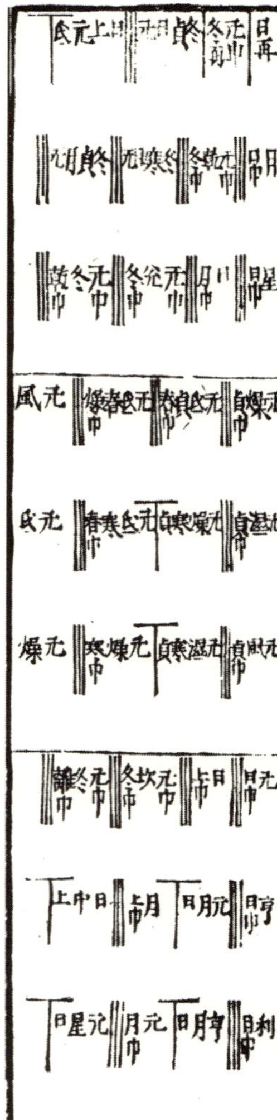

第二十六式

第二十七式

第二十八式

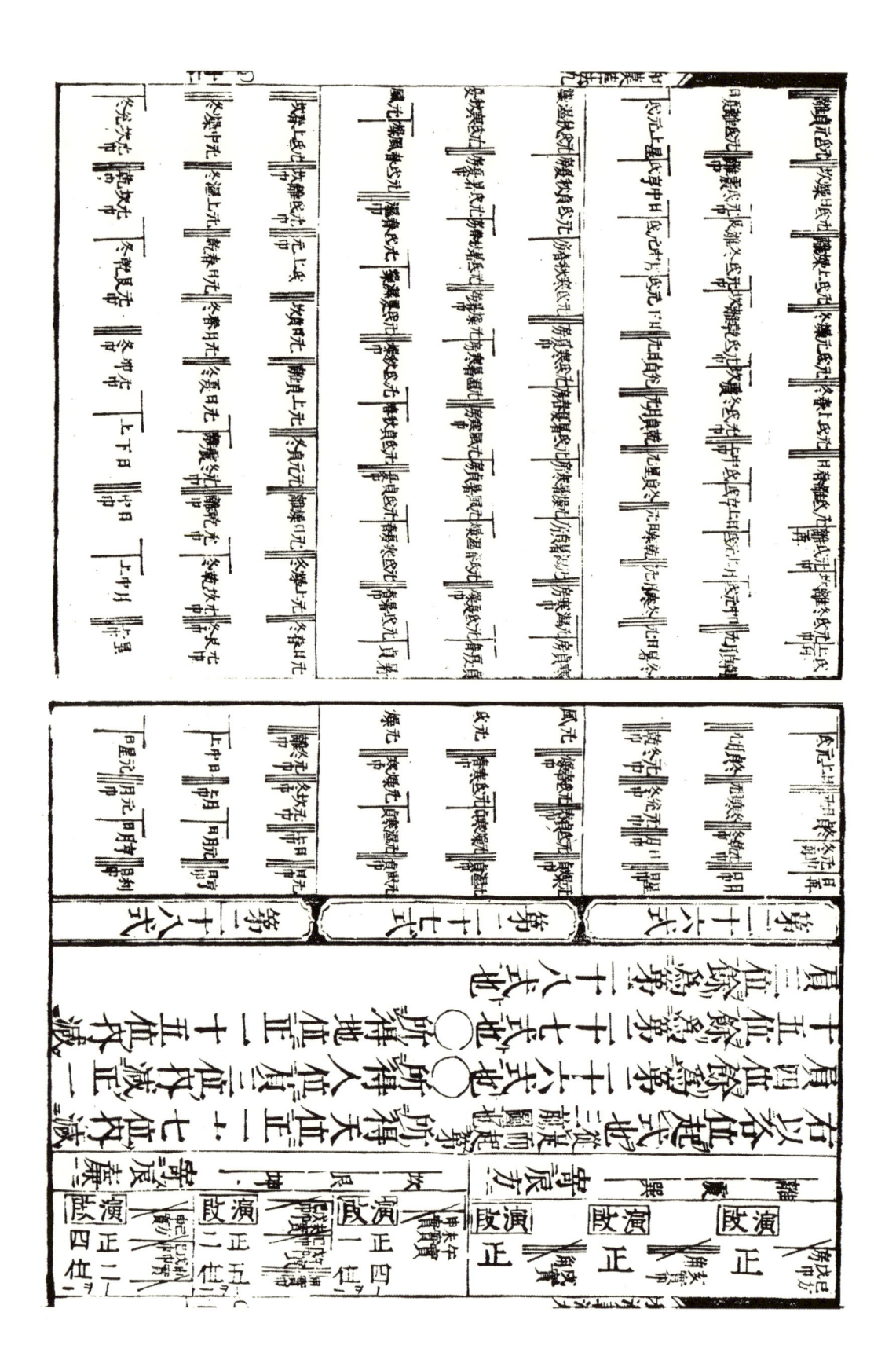

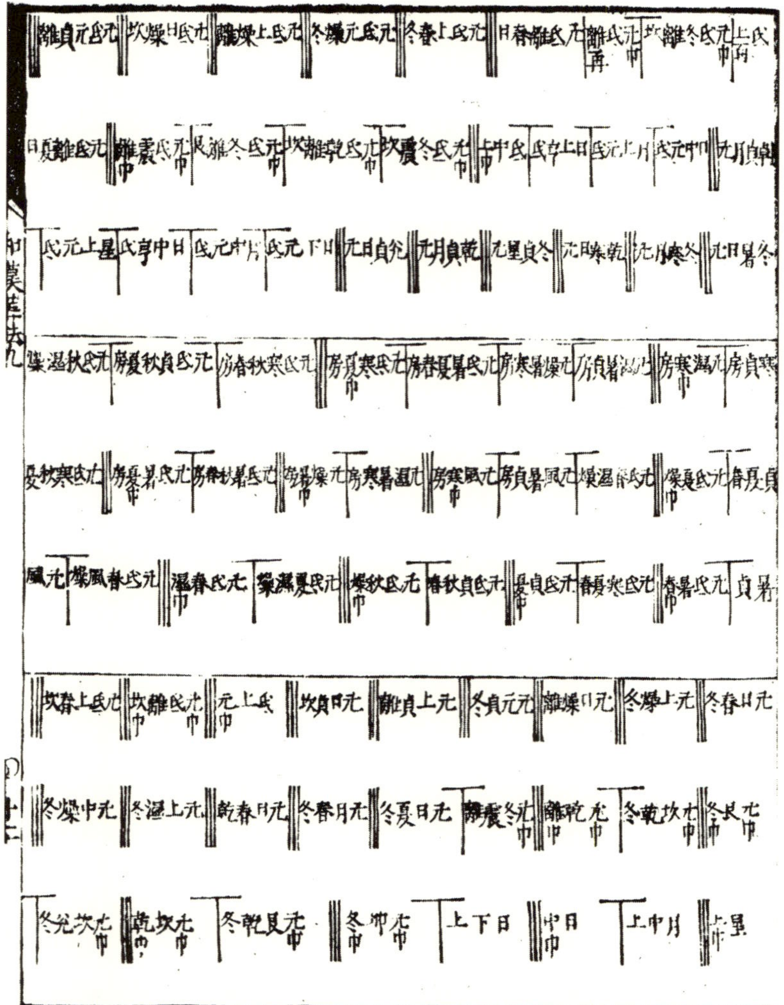

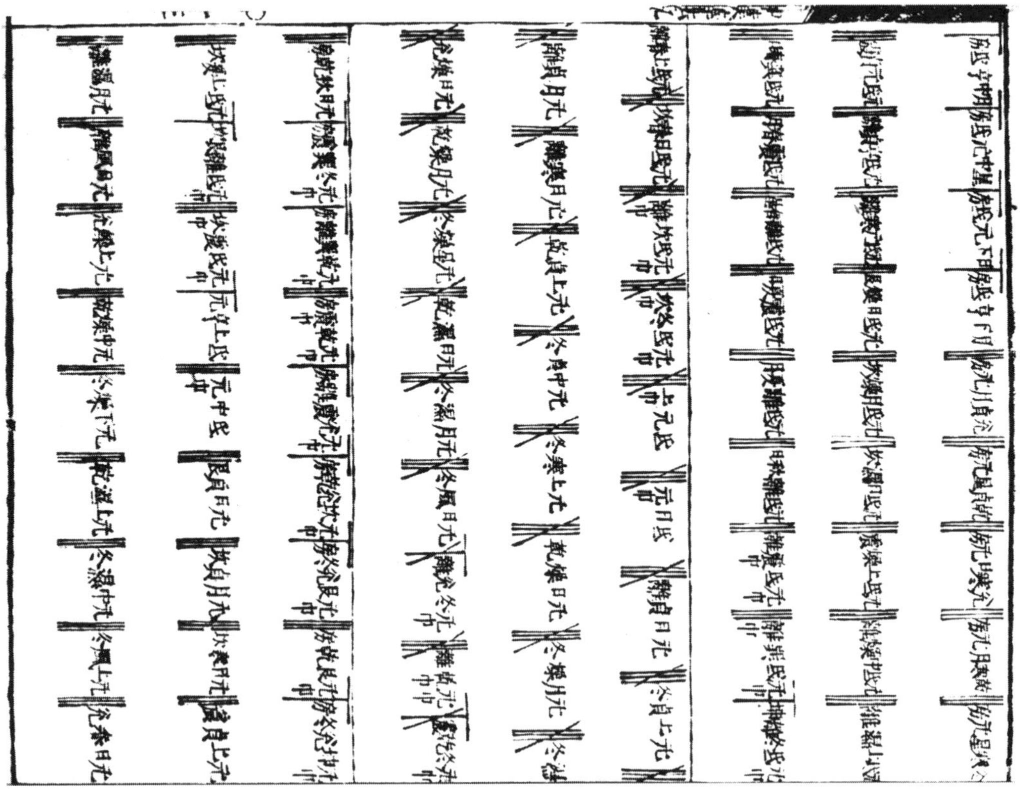

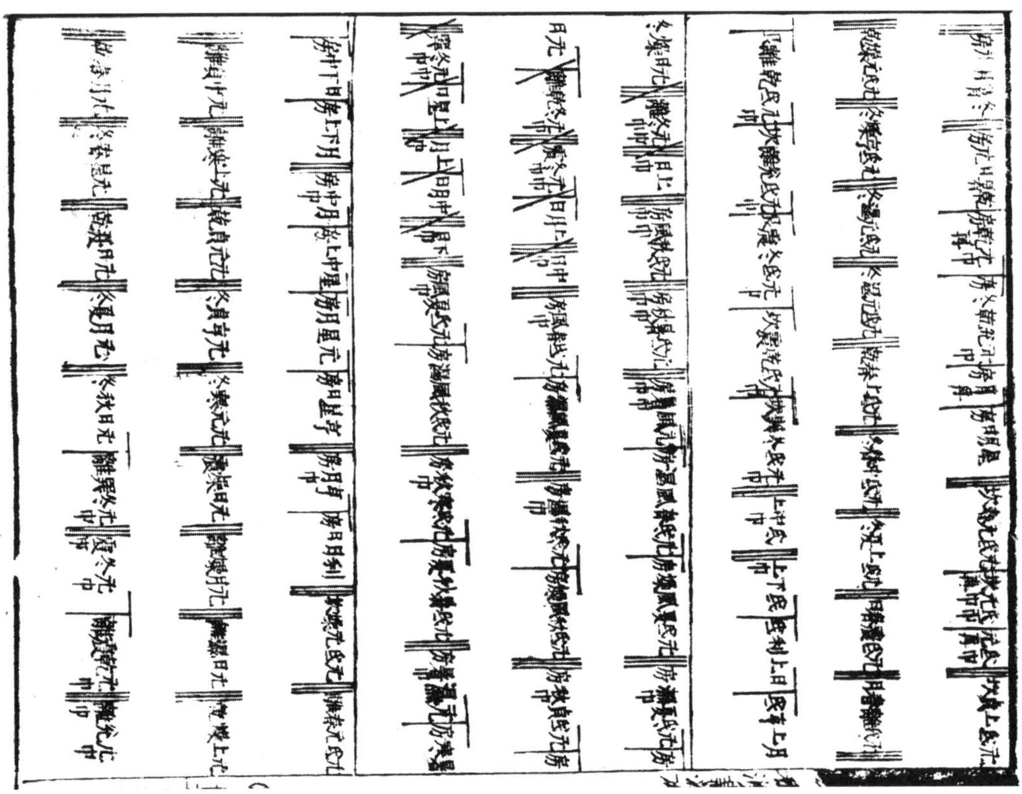

房月秋離氐元 房中坎震氐元 房震氐元 巾 再 房離震巽氐元 巾 房坤離乾氐元 巾 房艮離兌氐元 巾 房坤震冬氐元 巾 房艮震乾氐

房元月寒兌 房元星寒乾 房元星暑冬 房元月暑乾 房元日暑兌 房兌氣元 巾 巾 房兌冬元 巾 巾 房星月 巾 房

離燥下氐元 震濕上氐元 離濕中氐元 離風上氐元 兌燥元氐元 乾燥亨氐元 冬燥利氐元 乾濕元氐

房冬濕星元 房冬風月元 房乾風日元 房離兌乾元 房震兌冬元 巾 房震乾元 巾 巾 房巽乾冬元 巾 房月星上

震春上氐元 離春中氐元 離夏上氐元 艮春日氐元 坎春月氐元 坎夏日氐元 離震坎氐元 巾

元亨月氐 元星氐 巾 巽貞日元 震貞日元 震寒日元 離貞星元 離寒月元

房離濕星元 房離風月元 房震風日元 房兌燥中元 房乾燥下元 房兌濕上元 房乾濕中元 房冬濕下元

房下日 巾 房中下月 房中星 巾 房上下星 房星元 巾 房月星亨 房月利 巾 房日星利

巽貞上元 震貞中元 離貞下元 震寒上元 離寒中元 離暑上元 兌貞元元 乾貞亨元

房坎震元氐元 巾 房坎巽乾氐元 巾 房艮巽冬氐元 巾 房中氐 再 房上中下氐 房氐利上月 房氐亨上星 房氐利中日

艮春元氐元 巾 坎春亨氐元 巾 坎夏元氐元 巾 坎艮元氐 巾 巾 巾 元亨氐 巾 巾 艮貞上氐元 坎貞中氐元 坎寒上氐元

冬濕亨氐元 冬風元氐元 兌春上氐元 乾春中氐元 冬春下氐元 乾夏上氐元 冬夏中氐元 冬秋上氐元

房日星中 房月中 巾 房日月下 坎燥上氐元 坎貞元氐元 離燥元氐元 冬春元氐元

離艮氐元 巾 坎艮冬氐元 巾 坎乾氐元 巾 上中元氐 上亨氐 巾 元亨日氐 元月氐 巾 震貞日元

離暑日元 兌貞上元 乾貞中元 冬貞下元 乾寒上元 冬寒中元 冬暑上元

房冬風中元 房乾風上元 房兌春月元 房乾春星元 房兌夏日元 房乾夏月元 房冬夏星元 房冬秋月元

艮燥元氐元 坎燥亨氐元 坎濕元氐元 震春元氐元 離春亨氐元 離夏元氐元 艮春上氐元 坎春中氐元

冬貞利元 乾寒元元 冬寒亨元 冬暑元元 巽燥日元 震燥月元 離燥星元 震濕日元

房冬濕利氐元　房冬風亨氐元　房乾風元氐元　房兌春中氐元　房乾春下氐元　房兌夏上氐元　房乾夏中氐元　房冬夏

房坤離兌氐元巾　房坤震乾氐元巾　房艮震兌氐元巾　房坎巽兌氐元巾　房艮巽乾氐元巾　房坤巽冬氐元巾　房中下氐巾　房上

巽貞元氐元　震貞亨氐元　離貞利氐元　震寒元氐元　離寒亨氐元　離暑元氐元　坤燥中氐元　艮燥月

房震寒月元　房離寒星元　房離暑月元　房震暑月元　房兌貞中元　房乾貞下元　房兌寒上元　房乾寒

房月下巾　房日星下　艮燥上氐元　坎燥中氐元　坎濕上氐元　艮貞元氐元　坎貞亨氐元

離巽坎氐元巾　震坎氐元巾　離震艮氐元巾　離坤氐元巾　坎坤冬氐元巾　艮冬氐元巾　坎艮乾氐元巾　坎兌巾

房離寒下元　房離暑中元　房震暑上元　房兌貞亨元　房乾貞利元　房兌寒元元　房乾寒亨元　房冬寒

房兌春星元　房兌夏月元　房乾夏星元　房冬秋星元　房乾秋月元　房兌秋日元　房巽巾

坎秋上氐元　坎坤離氐元巾　艮離氐元巾　坎艮震氐元巾　坎巽氐元巾　元利上氐　亨上氐巾　元亨

氐元　房冬利氐元　房乾秋上氐元　房月春巽氐元　房星春震氐元　房日夏巽氐元　房月夏震氐元　房星夏坤氐元

下氐巾　房氐利上星　房氐利中月　房氐亨中星　房氐元下星　房氐亨下月　房氐利下日　房元星貞兌

氐元　坎燥星氐元　艮濕日氐元　坎濕月氐元　坎風月氐元　坎風日氐元　巽燥上氐元　震燥中氐元

中元　房冬寒下元　房冬暑中元　房乾暑上元　房兌燥月元　房乾燥星元　房兌濕日元　房乾濕月元

坎寒元氐元　震燥元氐元　離燥亨氐元　離濕元氐元　乾春元氐元　冬春亨氐元　冬夏元氐元

氐元巾　上下元氐　中元氐巾　上中亨氐　上利氐巾　元利日氐　亨月氐巾

利元　房冬寒利元　房冬暑亨元　房乾暑元元　房巽燥月元　房震燥星元　房巽濕日元　房震濕月元

冬元巾　震巽乾元巾　房震兌元巾　房離巽兌元巾　房兌坎元巾　房乾兌艮元巾　房乾坤元巾　房冬兌坤元巾

中氐　元下氐巾　坤貞日元　艮貞月元　坎貞星元　艮寒日元　坎寒月元　坎暑日元

房艮濕日氏亢 房坎濕星氏亢 房坎風月氏亢 房艮風日氏亢 房巽燥中氏亢 房震濕下氏亢 房巽燥上氏亢 房震濕

房兌風元氏亢 房兌春下氏亢 房兌夏中氏亢 房乾夏下氏亢 房冬秋下氏亢 房乾冬中氏亢 房兌秋上氏亢 房星春

艮春亨氏亢中 坎春利氏亢中 艮夏元氏亢中 坎夏亨氏亢中 坎秋元氏亢中 坎艮元氏中中中 坎坤元氏中中中 亢亨中

房艮坤冬氏亢中 房坎坤乾氏亢中 房艮乾氏亢中 房坎艮兌氏亢中 房中下元氏 房上下亨氏 房中亨氏中 房上中

房乾寒下亢 房冬暑下亢 房乾暑中亢 房兌暑上亢 房兌燥星亢 房兌濕月亢 房乾濕星亢 房冬風星亢 房乾風

冬夏亨氏亢 冬秋元氏亢 巽春上氏亢 震春中氏亢 離春下氏亢 震夏上氏亢 離夏中

房亨利上氏 房元利中氏 房亨中氏中 房元亨下氏 房坤貞月亢 房艮貞星亢 房坤寒日亢 房艮寒

房乾暑亨亢 房兌暑元亢 房巽燥星亢 房巽濕月亢 房震濕星亢 房離風星亢 房震風

坎燥利氏亢 艮濕元氏亢 坎濕亨氏亢 坎風元氏亢 巽春元氏亢 震春亨氏亢 離春利氏亢 震夏元

中氏亢 房離濕日氏亢 房離風中氏亢 房震風上氏亢 房兌燥亨氏亢 房乾燥利氏亢 房兌濕元氏亢 房乾濕亨氏亢

巽氏亢 房震巽氏亢 房星震氏亢 房星秋離氏亢 月秋震氏亢 房月秋巽氏亢 房震巽氏亢中中 房離巽氏亢中中

氏中 元利氏中中 坤貞上氏亢 艮貞中氏亢 坎貞下氏亢 艮寒上氏亢 坎寒中氏亢 坎暑上氏亢

利氏 房亨利日氏 房元利月氏 房亨月氏中 房元亨星氏 房離貞月亢 房震貞星亢 房巽寒日亢

月亢 房兌風日亢 房離兌亢中中 房乾兌震亢中 房巽乾亢中中 房巽兌冬亢中 房星上中 房月風中

氏亢 離秋上氏亢 坤春日氏亢 艮春月氏亢 坎春星氏亢 艮夏日氏亢 坎夏月氏亢 坎秋日氏亢

月亢 房坎寒星亢 房坎暑月亢 房艮暑日亢 房巽貞中亢 房震貞下亢 房巽寒上亢 房震寒中亢

月亢 房巽風日亢 房兌燥下亢 房兌濕中亢 房乾濕下亢 房冬風下亢 房乾風中亢 房兌風上亢

氏亢 離夏亨氏亢 離秋元氏亢 坤春上氏亢 艮春中氏亢 坎春下氏亢 艮夏上氏亢 坎夏中氏亢

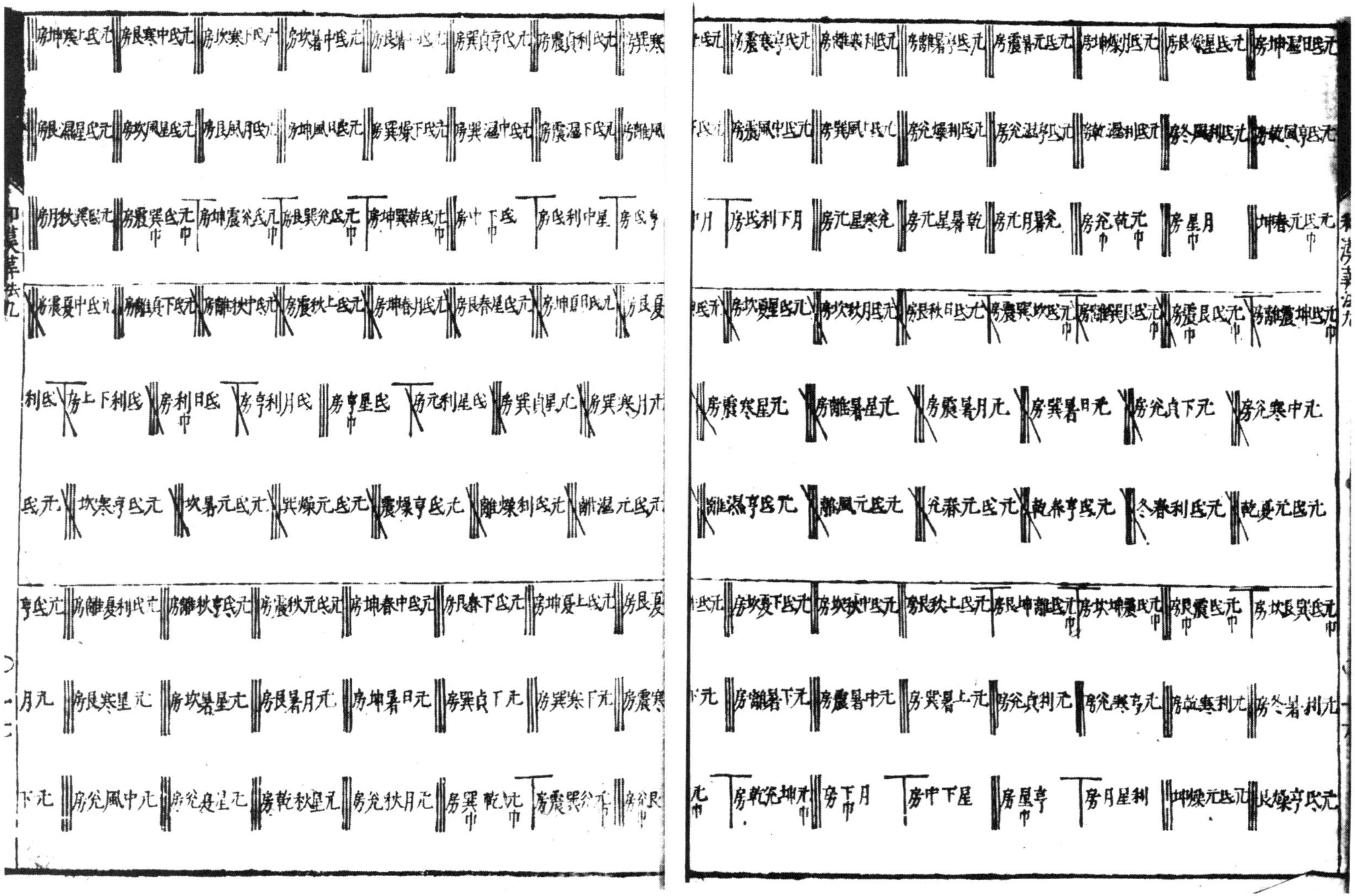

房坤寒上氏元　房艮寒中氏元　房坎寒下氏元　房坎暑中氏元　房艮暑中氏元　房巽貞亨氏元　房震貞利氏元　房巽寒上氏元　房震寒亨氏元　房離寒利氏元　房離暑亨氏元　房震暑元氏元　房坤燥月氏元　房艮燥星氏元　房坤燥日氏元

房艮濕星氏元　房坎風星氏元　房艮風月氏元　房坤風日氏元　房巽燥下氏元　房巽濕中氏元　房震濕下氏元　房離風下氏元　房震風中氏元　房巽風上氏元　房兌燥利氏元　房兌濕亨氏元　房乾濕利氏元　房冬風利氏元　房乾風亨氏元

房月秋巽氏元　房震巽氏元　房坤震兌氏元　房艮巽兌氏元　房坤巽乾氏元　房中下氏　房氐利中星　房氐亨中月　房氐利下月　房元星寒兌　房元星暑乾　房元月暑兌　房兌乾元　房星月　坤春元氏元

房震夏中氏元　房離夏下氏元　房離秋中氏元　房震秋上氏元　房坤春月氏元　房艮春星氏元　房坤夏日氏元　房艮夏氐元　房坎夏星氏元　房坎秋月氏元　房艮秋日氏元　房震巽坎氏元　房離巽艮氏元　房震艮氏元　房離震坤氏元

利氏　房上下利氏　房利日氏　房亨利月氏　房亨星氏　房元利星氏　房巽貞星元　房巽寒月元　房震寒星元　房離暑星元　房震暑月元　房巽暑日元　房兌貞下元　房兌寒中元

氏元　坎寒亨氏元　坎暑元氏元　巽燥元氏元　震燥亨氏元　離燥利氏元　離濕元氏元　離濕亨氏元　離風元氏元　兌春元氏元　乾春亨氏元　冬春利氏元　乾夏元氏元

亨氏元　房離夏利氏元　房離秋亨氏元　房震秋元氏元　房坤春中氏元　房艮春下氏元　房坤夏上氏元　房艮夏氐元　房坎夏下氏元　房坎秋中氏元　房艮秋上氏元　房艮坤離氏元　房坎坤震氏元　房艮震氏元　房坎艮巽氏元

月元　房艮寒星元　房坎暑星元　房艮暑月元　房坤暑日元　房巽貞下元　房巽寒下元　房震寒下元　房離暑下元　房震暑中元　房巽暑上元　房兌貞利元　房兌寒亨元　房乾寒利元　房冬暑利元

下元　房兌風中元　房兌夏星元　房乾秋星元　房兌秋月元　房巽乾元　房震巽兌元　房兌艮元　房乾兌坤元　房下月　房中下星　房星亨　房月星利　坤燥元氏元　艮燥亨氏元

房兌元 中再 | 房星 中再 | 房坤春亨氐元 中 | 房艮春利氐元 中 | 房坤夏元氐元 中 | 房艮夏亨氐元 中 | 房坎夏利氐元 中 | 房坎秋亨氐元 中

房元利氐 中中 | 房坤貞下氐元 | 房坤寒中氐元 | 房艮寒下氐元 | 房坎暑下氐元 | 房艮暑中氐元 | 房坤暑上氐元 | 房巽貞

亨氐元 | 房坤濕星氐元 | 房艮風星氐元 | 房坤風月氐元 | 房巽濕下氐元 | 房震風下氐元 | 房巽風中氐元 | 房兌濕

元氐元 | 房震濕亨氐元 | 房離濕利氐元 | 房離風亨氐元 | 房震風元氐元 | 房兌寒亨氐元 | 房乾寒利氐元 | 房兌亨

月氐元 | 房艮夏星氐元 | 房坎秋星氐元 | 房艮秋月氐元 | 房坤秋月氐元 | 房巽坎氐元 中 | 房震巽艮氐元 中 | 房震坤 中

風星元 | 房兌風月元 | 房震兌元 中中 | 房巽兌乾元 中 | 房星中 中 | 房星下 | 坤燥上氐元 | 艮燥中氐元 | 坎燥

星元 | 房巽兌元 中中中 | 房兌坤元 中 | 房下星 中中 | 房星利 中中 | 房坤燥亨氐元 | 房艮燥利氐元 | 房坤濕元氐元 | 房艮濕

下氐元 | 房坤夏中氐元 | 房艮夏下氐元 | 房坎秋下氐元 | 房艮秋中氐元 | 房坤秋上氐元 | 房坤離氐元 中 | 房艮坤震氐元 中 | 房艮巽 中

中氐 | 房亨利下氐 | 房坤寒星元 | 房艮暑星元 | 房坤暑月元 | 房巽寒下元 | 房震暑下元 | 房巽暑中元 | 房兌寒

房艮秋元氐元 中 | 房艮元氐 再中中 | 房坎艮坤元氐 中中 | 房亨氐 再中 | 房元亨利氐 中 | 房坤貞中氐元 | 房艮貞下氐元 | 房艮貞下氐元

利氐元 | 房巽寒亨氐元 | 房震寒利氐元 | 房離暑利氐元 | 房震暑亨氐元 | 房巽暑元氐元 | 房坤燥星氐元 | 房坤濕月氐元

利氐元 | 房乾風利氐元 | 房兌風亨氐元 | 房兌夏下氐元 | 房乾秋下氐元 | 房兌秋中氐元 | 房星夏巽氐元 | 房星秋震氐元

元氐元 | 房乾夏亨氐元 | 房冬夏利氐元 | 房冬秋亨氐元 | 房乾秋元氐元 | 房巽春中氐元 | 房震春下氐元 | 房巽夏上氐元

氐元 中 | 房離巽坤氐元 中 | 房坤冬氐元 中 | 房艮坤乾氐元 中 | 房艮兌氐元 中 | 房坎坤冬氐元 中 | 房下元氐 中 | 房中下亨氐 | 房中 中

氐元 | 艮濕上氐元 | 坎濕中氐元 | 坎風上氐元 | 坤貞元氐元 | 艮貞亨氐元 | 坎貞利氐元 | 艮寒元

亨氐元 | 房坎濕利氐元 | 房坎風亨氐元 | 房艮風元氐元 | 房巽春亨氐元 | 房震春利氐元 | 房巽夏元氐元 | 房震夏

氐元 中 | 房坎坤巽氐元 中 | 房利上氐 中 | 房亨利中氐 | 房亨下氐 中 | 房元利下元 | 房坤貞星元 | 房坤寒

利元 | 房乾暑利元 | 房兌暑亨元 | 房巽濕星元 | 房震風星元 | 房巽風月元 | 房兌濕下元 | 房乾風

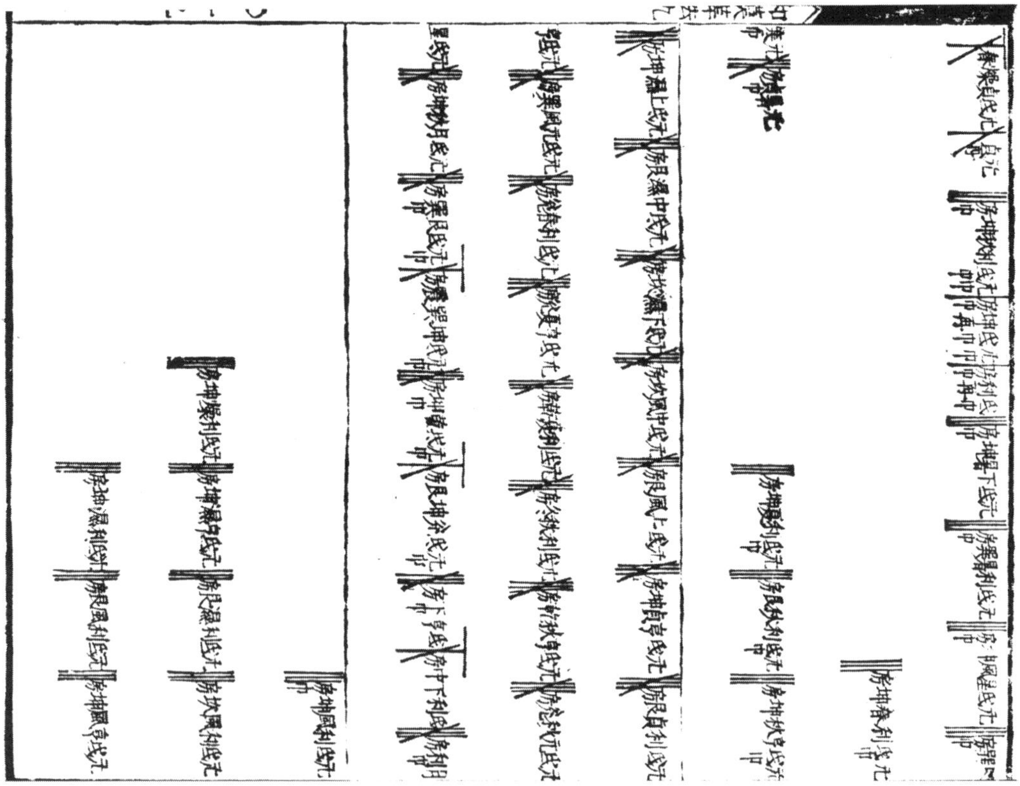

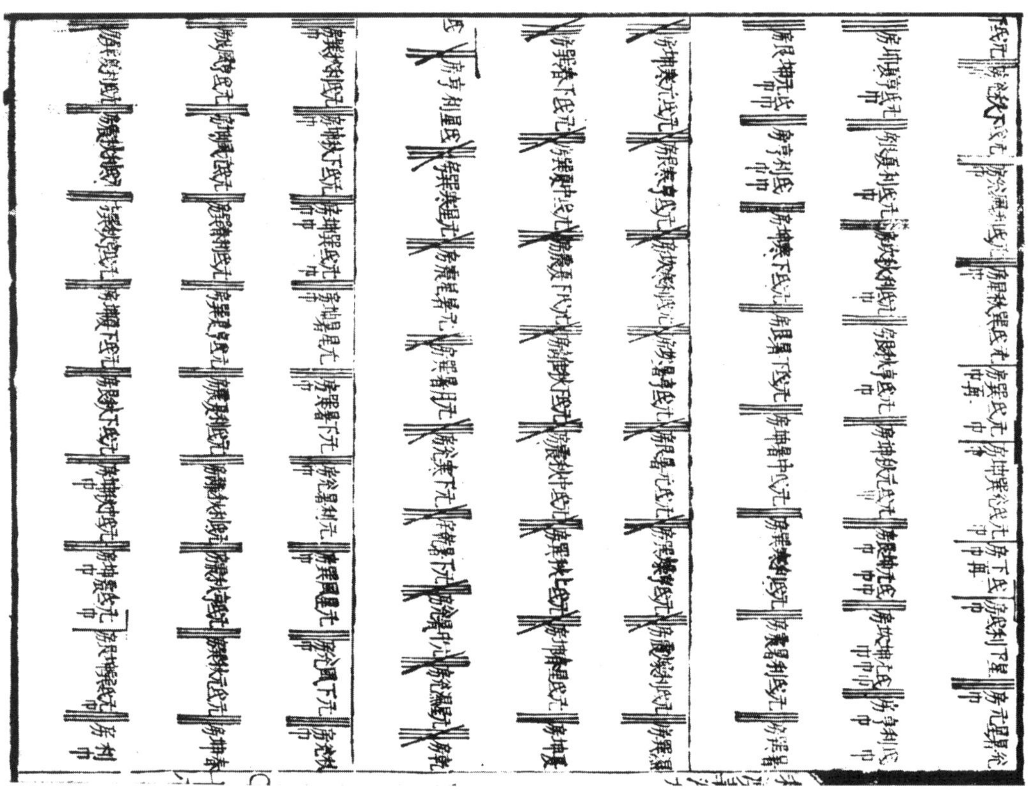

百二十三位内減員實二十一

百一十七位内減員方一十八

百一十七位内減員廉一十八

十八位内減員實一百一十七

十八位内減員方一百一十七

十八位内減員廉一百一十七

百一十七位内減員實一十八

百一十七位内減員方一十八

百一十七位内減員廉一十八

位餘寄天實

位餘寄天方

位餘寄天廉

位餘寄人實

位餘寄人方

位餘寄人廉

位餘寄地實

位餘寄地方

位餘寄地廉

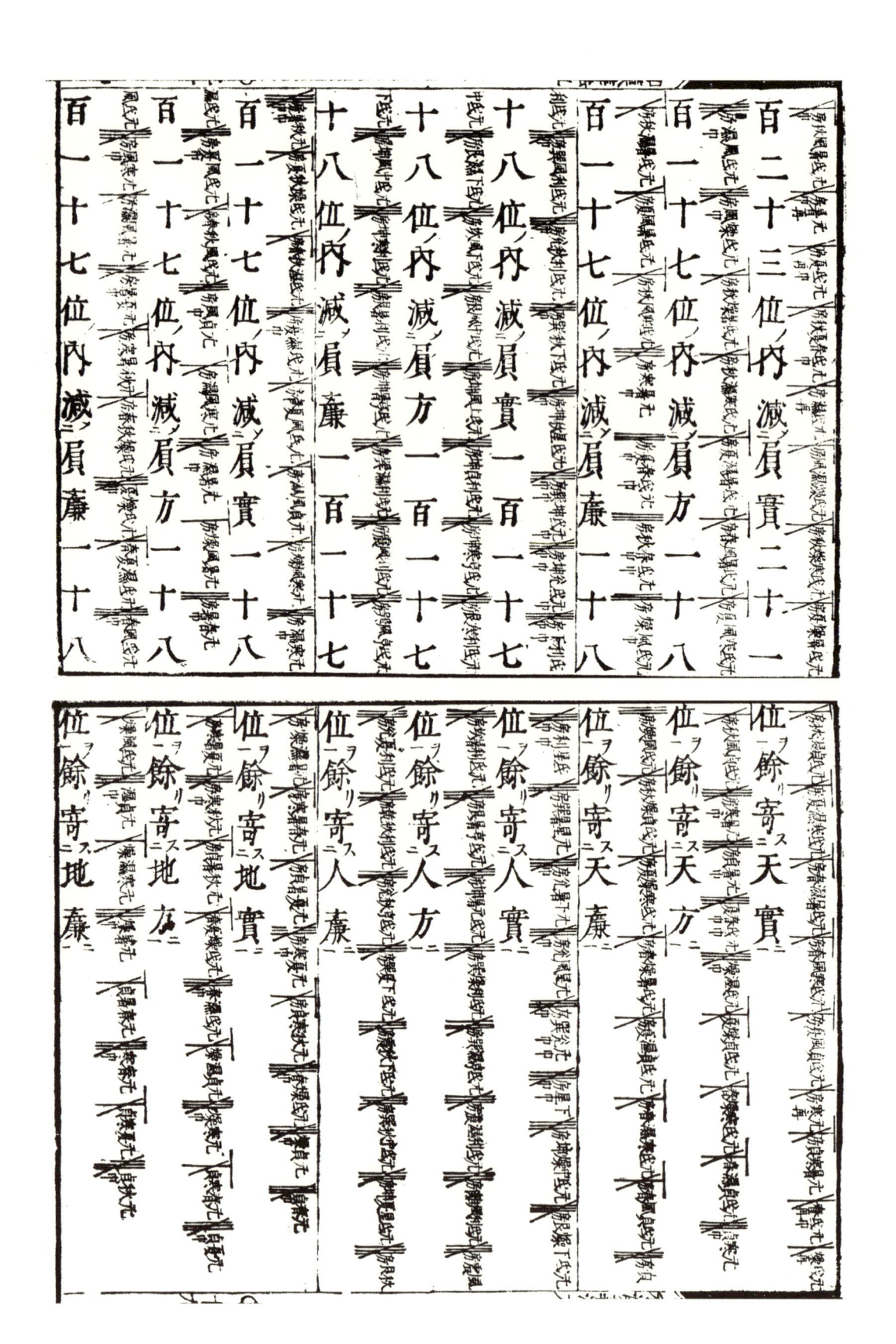

位ノ内減ス貢實四位ニ餘リ寄ス智位ニ

減ス正方一十五位ニ餘リ寄ス仁位ニ

位ノ内減ス貢廉三位ニ餘リ寄ス勇位ニ

第四前圖

右以テ各位ヲ起ス第三ノ後圖ニ而得ル第四ノ前圖也

寄天位			寄人位			寄地位		
天實	天方	天廉	人實	人方	人廉	地實	地方	地廉
演段 正一	演段 正一	演段 正一	演段 正一	演段 正一	演段 正一	演段 正一	演段 正一	演段 正一

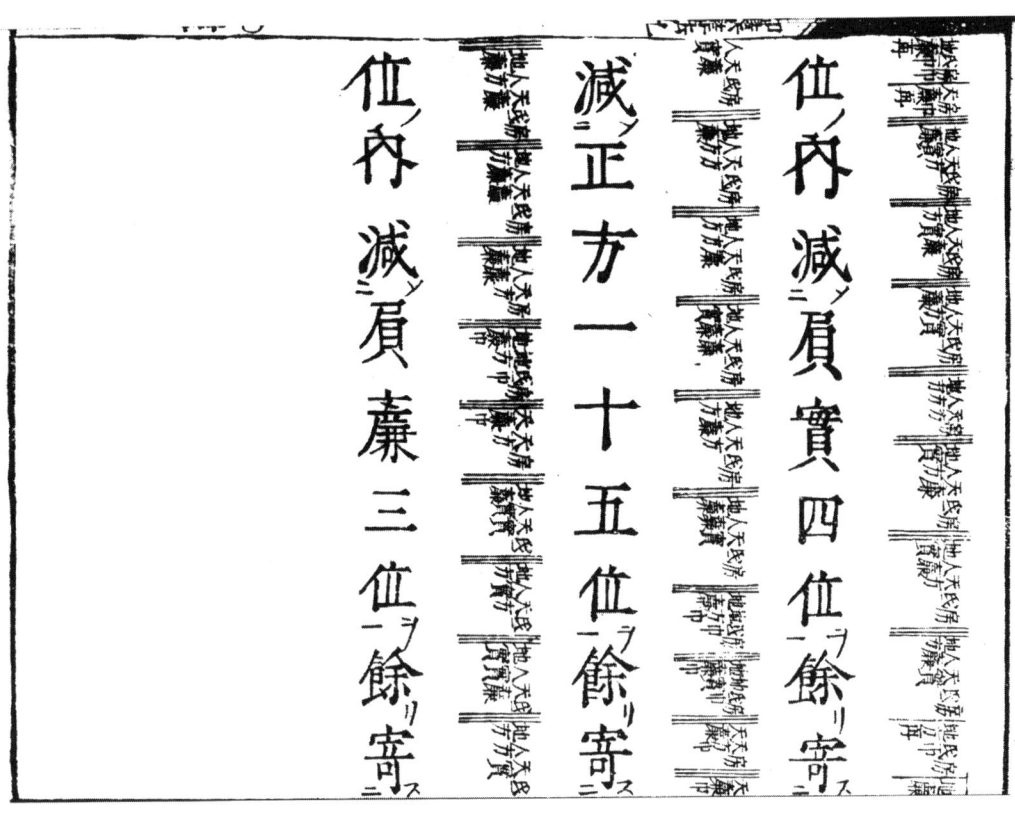

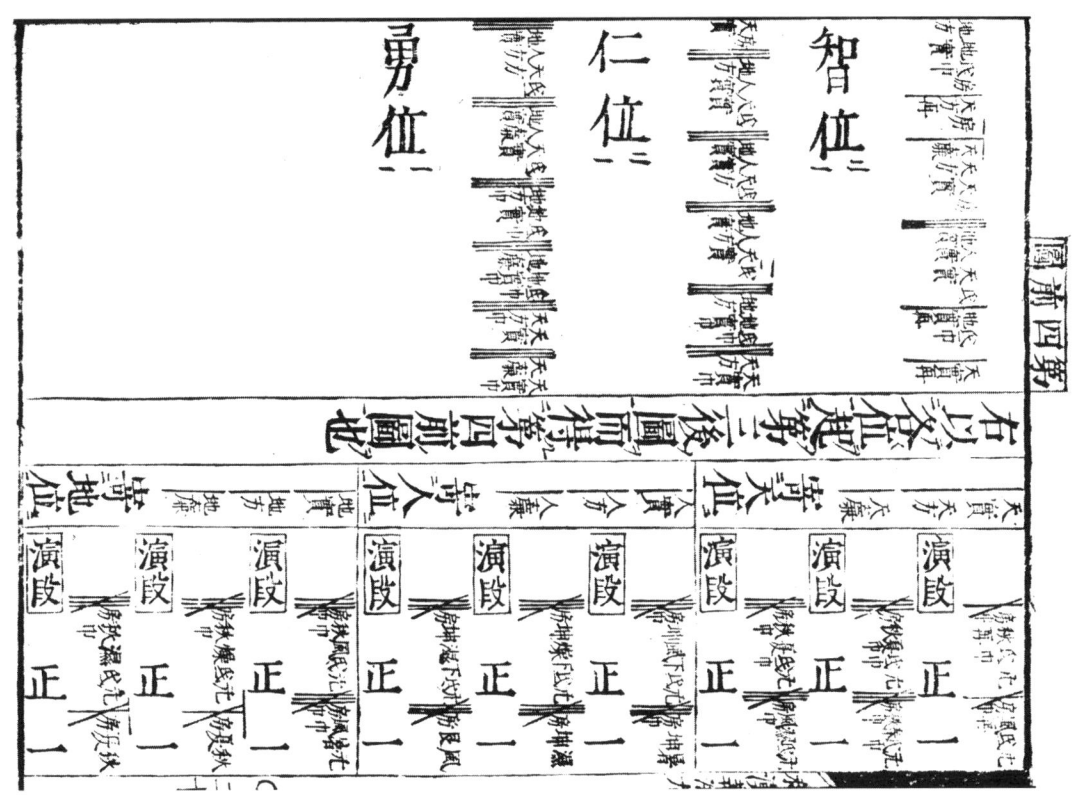

演段 正一十七

演段 肩三位冇

演段 正一十五

實 方 廉

得如圖式則以立方冪定式求寄與消如左也

實 再乘冪段一

方 再乘冪房位相乘之段一

廉 再乘冪房位冪相乘之段一

智再 仁房 勇房

右三位相併得數寄左

第四後圖 第五演段

實 方 廉 房位相乘之三段

右以三位與寄左相消而分正肩得寄與消也

正莽三 位寄左

肩莽一 位與寄左相消

以此圖式起第五演段寄與消

本術 心位 戊斜冪再乘冪乃戊斜五乘冪也

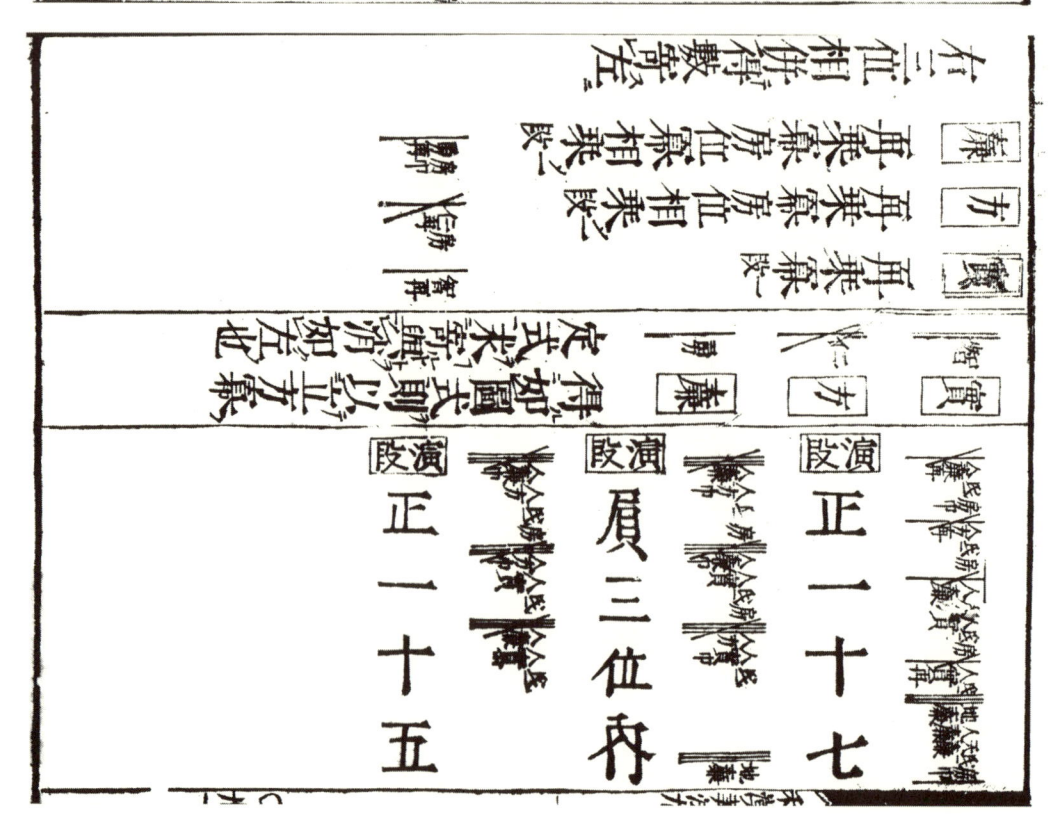

立天元一為戊斜冪。——從是而起第一十七式也所得日位正九位内減肩九位餘爲第二十九式也○所得月位正七位内減肩五位餘爲第三十式也○所得星位正五位内減肩五位餘爲第三十一式也從是而起第一十八式也所得上位正五位内減肩五位餘爲第三十二式也○所得中位正五位内減肩五

位餘爲第三十三式也○所得下位正六位內減肩四位餘爲第三十四式也從是而起第十九式也所得元位正五位內減肩四位餘爲第三十五式也○所得亨位正四位內減肩六位餘爲第三十六式也○所得利位正六位內減肩四位餘爲第三十七式也從是而起第二十式也所得貞位正五位內減肩五位餘爲第三十八式也○所得寒位正五位內減肩五位餘爲第三十九式也○所得暑位正四位內減肩六位餘爲第四十式也從是而起第二十一式也所得燥位正五位內減肩七位餘爲第四十一式也○所得濕位正三位內減肩八位餘爲第四十二式也○所得風位正一十位內減肩三位餘爲第四十三式也從是而起第二十二式也所得春位正三位內減肩四位餘爲第四十四式也○所得夏位正七位內減肩三位餘爲第四十五式

第二十九

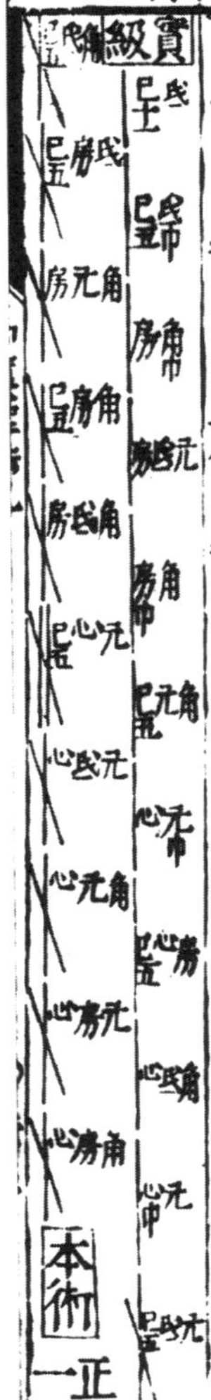

也○所得秋位正四位內減肩七位餘爲第四十六式也從是而起第二十三式也所得冬位正六位內減肩三位餘爲第四十七式也○所得乾位正五位內減肩五位餘爲第四十八式也○所得兌位正六位內減肩四位餘爲第四十九式也從是而起第二十四式也所得離位正三位內減肩四位餘爲第五十式也○所得震位正四位內減肩六位餘爲第五十一式也○所得巽位正七位內減肩三位餘爲第五十二式也從是而起第二十五式也所得坎位正四位內減肩一位餘爲第五十三式也○所得艮位正五位內減肩一位餘爲第五十四式也○所得坤位正二位內減肩四位餘爲第五十五式也

式

十一位內減肩實一十一位餘寄尾位　方三位餘寄箕位

級廉

級方

本術　正二位內減肩廉三位餘寄斗位

右以三位爲第五十六式也

第三十式

級實

本術　正二位內減肩實三位餘寄牛位

本術　正方六位相併寄女位

級方

級廉

本術　正二位內減肩廉三位餘寄虛位

右以三位爲第五十七式也

第卅一式

級實

本術　正三位內減肩實二位餘寄危位

本術　正三位內減肩方二位餘寄室位

級方

右以二位爲第五十八式也

第卅二式

級實

本術　正二位內減肩實一位餘寄壁位

級方

本術　正二位內減肩方三位餘寄奎位

級廉

本術　減肩廉四位餘寄婁位

右以三位爲第五十九式也

第卅三式

級實

本術　正一位內減肩實二位餘寄胃位

級方

本術　正方三位相併寄昴位

級廉

本術　正一位內減肩廉一位餘寄畢位

右以三位爲第六十式也

第卅四式

級實

本術　正二位內減肩實三位餘寄觜位

級方　空

級廉

本術　正二位內減肩廉一位餘寄參位

右以二位爲第六十一式也

第卅五式

級實

本術　正實二位相併寄井位

級方

本術　正二位內減肩方四位餘寄鬼位

級廉

本術　正廉一位寄柳位

右以三位爲第六十二式也

第卅六式

級實

本術　正一位內減肩實四位餘寄星位

級方

本術　正二位內減肩方一位餘寄張位

級廉

本術　正一位內減肩廉二位餘寄翼位

右以三位爲第六十三式也

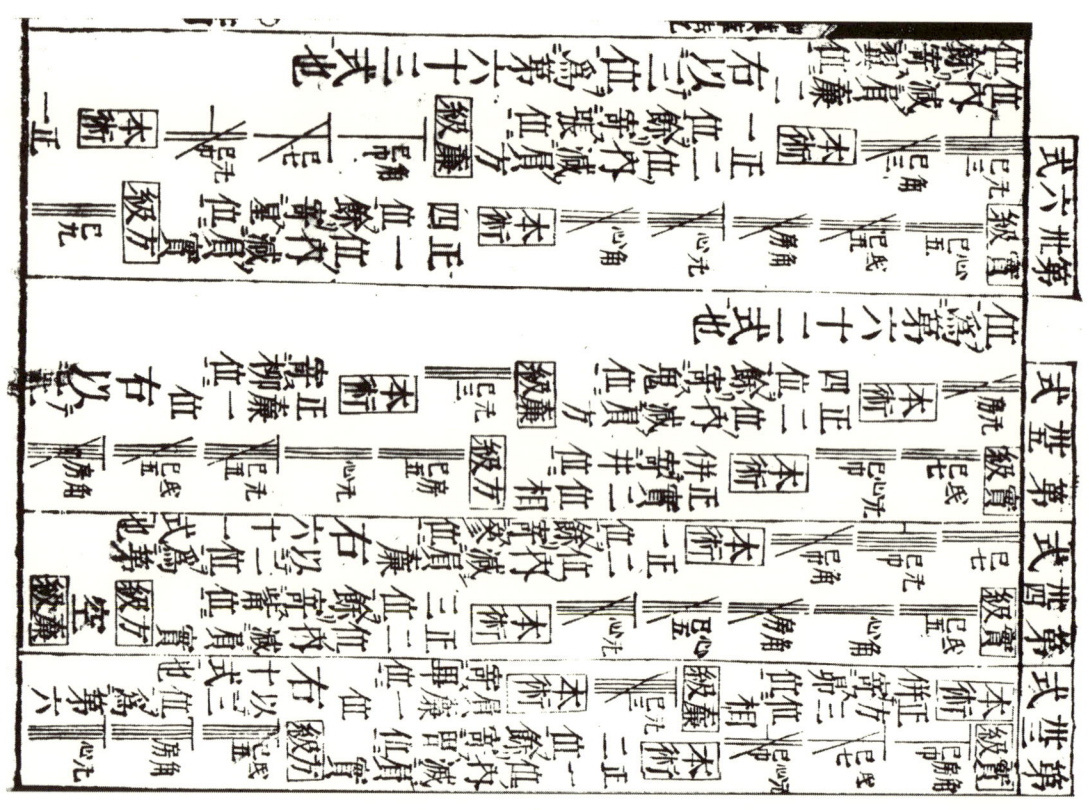

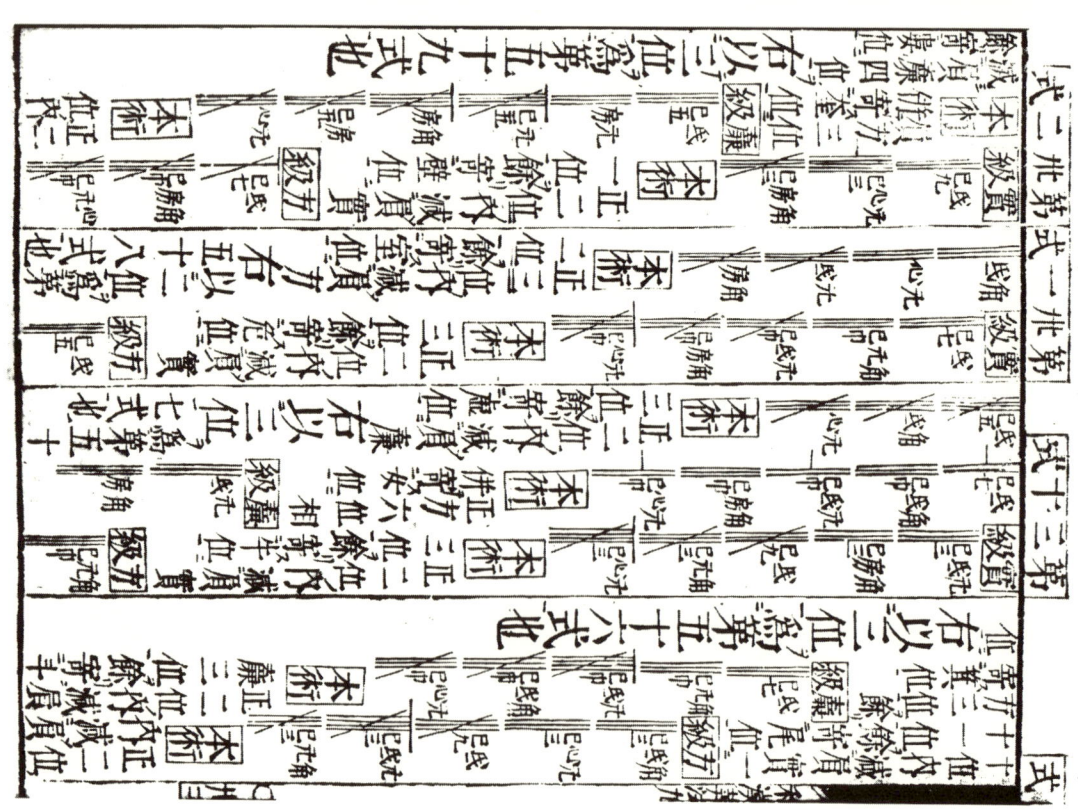

第卅七式

實級　空
方級
本術　肩方三位相併寄彰位
廉級
本術　正廉三位相併寄杉位
右以二位爲第六十四式也

第卅八式

實級
本術　正四位内減肩實二位餘寄杏位
方級
本術　正三位内減肩方二位餘寄松位
廉級
本術　正一位内減肩廉二位餘寄栩位
右以三位爲第六十五式也

第卅九式

實級
本術　正一位内減肩實二位餘寄栢位
方級
本術　正二位内減肩方一位餘寄椋位
廉級
本術　正廉一位寄楢位
右以三位爲第六十六式也

第四十式

實級
本術　正一位内減肩方二位餘寄樹位
本術　正三位内減肩實二位餘寄棟位
方級
廉級　空
以右二位爲第六十七式也

第四十一式

實級
本術　正實三位相併寄檑位
方級
本術　正方三位相併寄檲位
廉級
本術　正一位内減肩廉二位餘寄楷位
右以三位爲第六十八式也

第四十二式

實級
本術　肩實六位相併寄櫟位
方級
本術　正方三位相併寄櫨位
廉級
本術　正廉三位相併
右以三位爲第六十九式也

第四十三式

實級
本術　正實三位相併寄橡位
方級
本術　正方一位寄槐位
廉級
本術　正廉三位相併寄權位
右以三位爲第七十式也

第四十四式

實級
本術　正三位内減肩實二位餘寄柄位
方級
本術　正四位内減肩方二位餘寄炯位
廉級
本術　肩廉三位相併寄椁位
右以三位爲第七十一式也

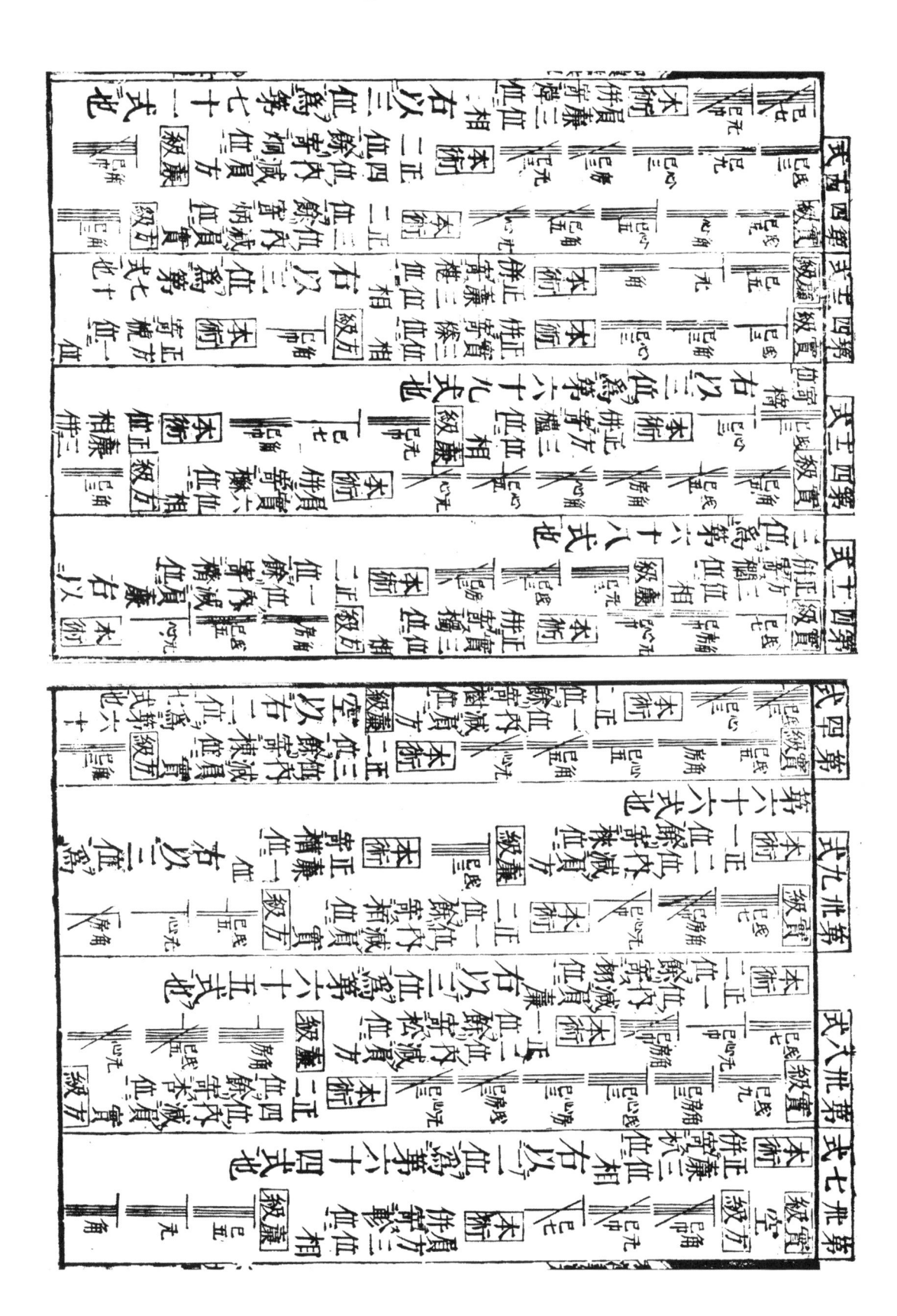

第四十二式

實 級

本術 正方三位相 級廉 併寄炘位

本術 正二位內減員實 級方 一位餘寄炘位

本術 正二位內減員廉 一位餘寄灼位

右以三位為第七十二式也

第四十三式

實 級方

空 級

正廉一位 寄逌位

本術 正一位內減員方 級廉 二位餘寄灯位

右以二位為第七十三式也

第四十四式

實 級

本術 正二位內減員方 級廉 一位餘寄焔位

本術 正三位內減員實 級方 三位餘寄炟位

本術 員廉一位 寄烯位

右以三位為第七十四式也

第四十五式

實 級

本術 正一位內減員方 級廉 二位餘寄焙位

本術 正二位內減員實 級方 三位餘寄炵位

本術 二正位內減員廉一位餘寄煸位

右以三位為第七十五式也

第五十六式

實 級

本術 正實三位相 級方 併寄熥位

本術 一位內減員方 二位餘寄熽位

右以二位為第七十六式也

第五十七式

實 級

本術 正方三位相 級廉 併寄燎位

本術 正二位內減員廉 四位餘寄昀位

本術 正二位內減員實 級方 三位餘寄燿位

右以三位為第七十七式也

第五十八式

實 級

級廉 圯位 餘寄

本術 員實二位相 級方 併寄坊位

本術 正二位內減員廉一位餘寄坿位

本術 正一位內減員方一

右以三位為第七十八式也

第五十九式

實 級

級廉

本術 員廉一位 寄坽位

本術 正二位內減員實 級方 一位餘寄坈位

本術 正方一位

右以三位為第七十九式也

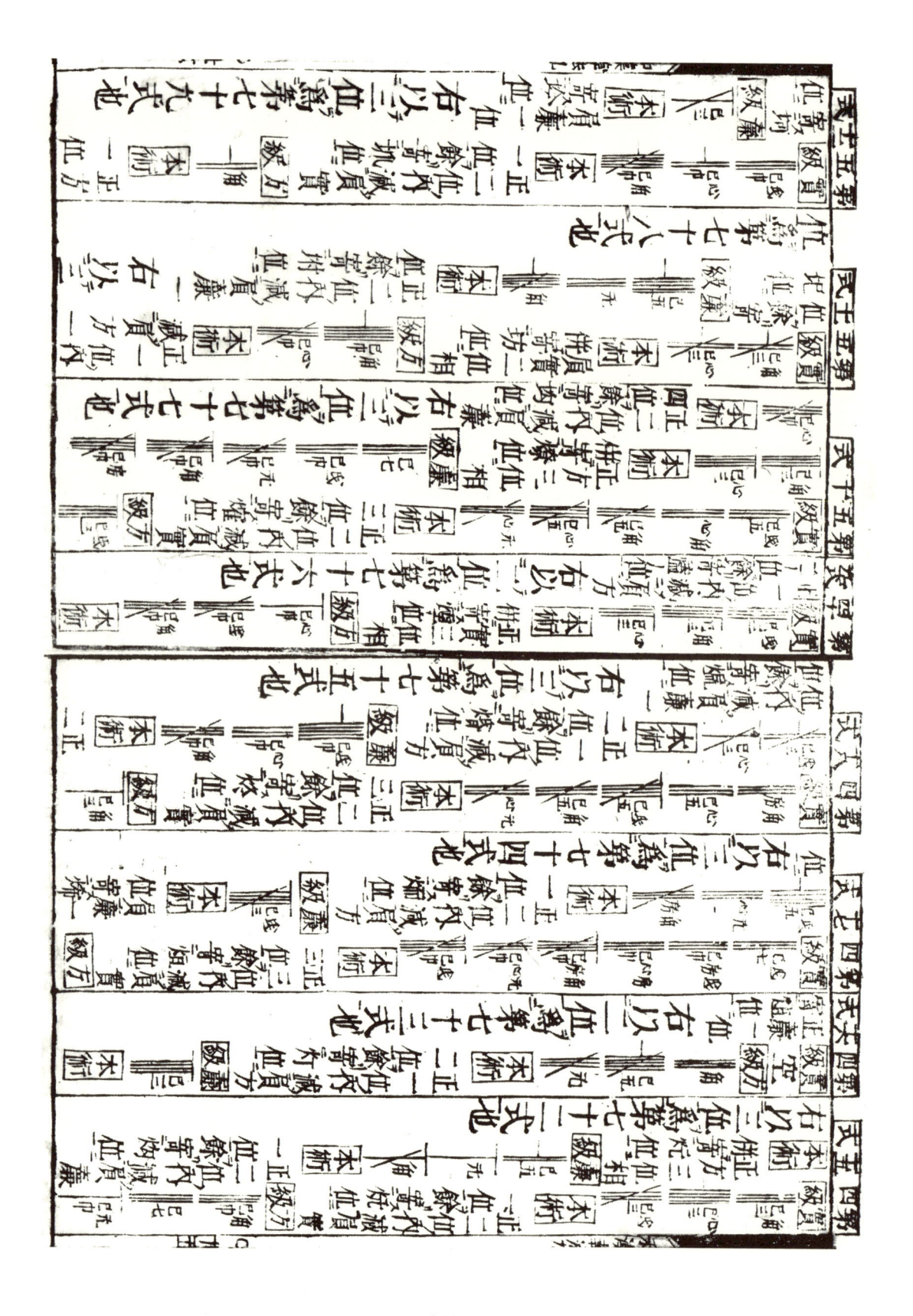

第八十式　第八十一式　第八十二式

實級 巳九 相併寄ス階位ニ 巳三 本術 正一位內減肩實一位ヲ餘リ寄ス坋位ニ 右以二位ヲ爲第八十式也 方級 巳巾 本術 正方二位

實級 巳巾 本術 肩實一位寄ス塛位ニ 方級 巳五 本術 肩方一位寄ス坡位ニ 廉級 巳三 本術 正廉一位寄ス堋位ニ 右以三位ヲ爲第八十一式也

實空 方級 巳三 本術 正方一位寄ス堤位ニ 廉級 巳巾 本術 正廉一位寄ス埣位ニ 右以二位ヲ爲第八十二式也

第五十六式　尾 箕 寄ス日位

第五十七式　牛 女 虚 寄ス月位

第五十八式　危 室 寄ス星位

第五十九式　壁 奎 婁 寄ス土位

第六十式　胃 昴 畢 寄ス中位

第六十一式　觜 ○參 寄ス下位

第六十二式　井 鬼 柳 寄ス元位

第六十三式　星 張 翼 寄ス亨位

第六十四式　○軫 乳 寄ス利位

第六十五式　杏 松 梅 寄ス貞位

第六十六式　柏 棟 槽 寄ス茶位

第六十七式　棣 樹 寄ス暑位

第六十八式　楊 櫚 檜 寄ス燥位

第六十九式　楙 櫨 椅 寄ス濕位

第七十式　棵 梳 椹 寄ス風位

第七十一式　柄 桐 樟 寄ス春位

第七十二式　烷 炖 焰 寄ス夏位

第七十三式　○灯 烜 寄ス秋位

第七十四式　烴 烿 烯 寄ス冬位

第七十五式　烙 熔 爐 寄ス乾位

第七十六式　烜 燼 寄ス兌位

第七十七式　燿 燦 均 寄ス離位

第七十八式　坜 圯 坍 寄ス震位

第七十九式　坝 坷 坽 寄ス巽位

第八十式　坋 墖 寄ス坎位

第八十一式　埰 埐 堋 寄ス艮位

第八十二式　○堺 埣 寄ス坤位

右以各位ヲ起ス式也從是而起第二十六式也所得天實正一百二十三位内減肩二十一位餘所得天實實正五百二十四位内減肩三百三十二位餘爲天實實○所得天實方正五百一十四位内減肩三百二十位餘爲天實方○所得天實廉正五百二十二位内減肩三百二十一位餘爲天實廉爲第八十三式也○所得天方正一百一十七位内

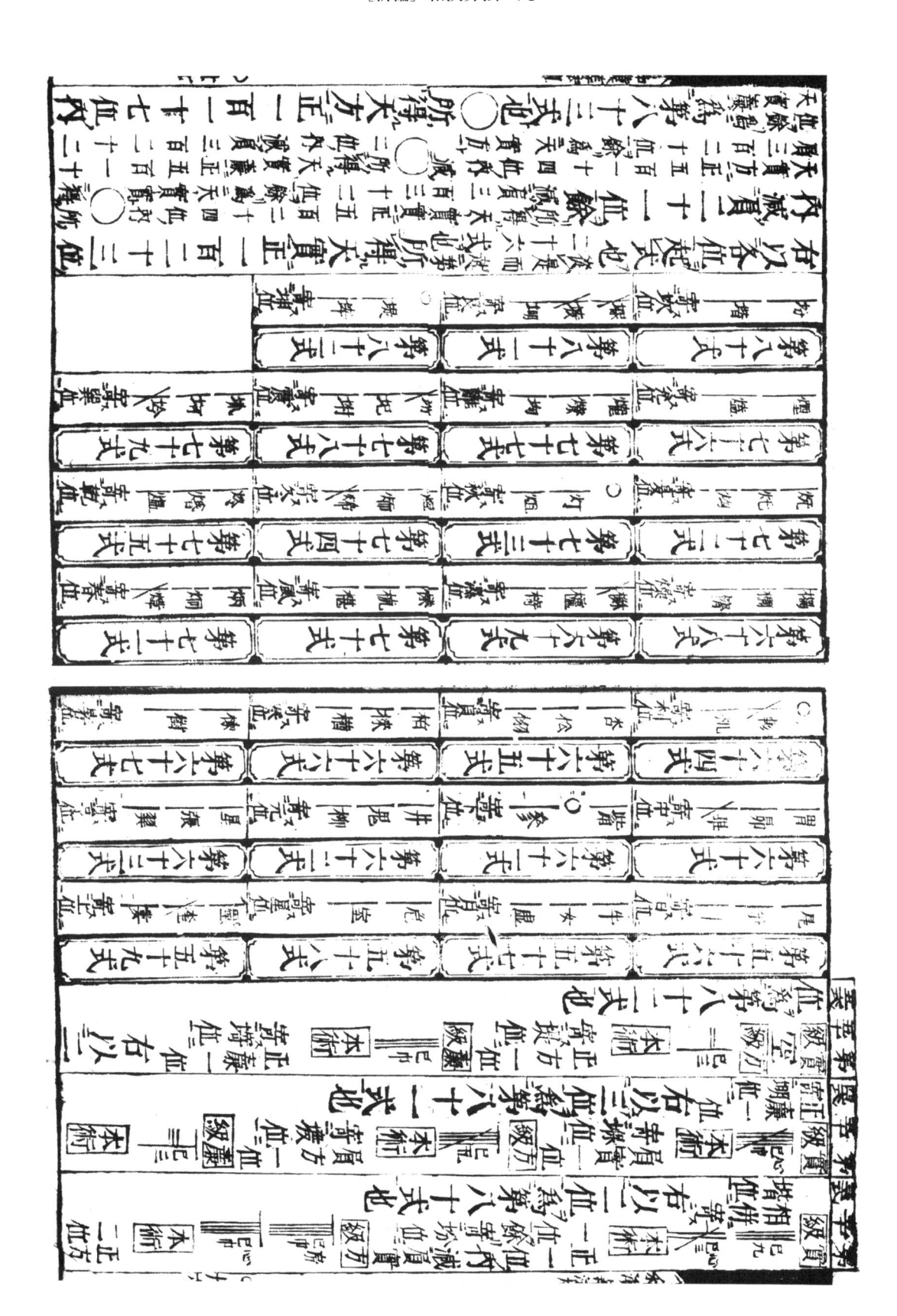

減𠆢一十八位餘所得天方實正五百一十二位內○所得
減𠆢三百二十二位餘爲天方實○天方
方正五百一十五位內減𠆢○所得天方廉正五百。七位
百一十九位餘爲天方方○內減𠆢三百一十五位餘爲
天方爲第八十四式也○所得天廉正一百一十七位內減
廉
𠆢一十八位餘所得天廉實正五百二十位內減○所得天
𠆢三百一十四位餘爲天廉實○廉方正
五百二十四位內減𠆢三○所得天廉廉正五百一十六位
百一十位餘爲天廉方○內減三百一十八位餘爲天廉
廉爲第八十五式也從是而起第二十七式也所得人實正一十八位內
減𠆢一百一十七位餘所得人實實正三百二十一位內減
𠆢五百一十四位餘爲人實實
○所得人實方正三百一十九位內○。所得人實廉正三百
減𠆢五百一十六位餘爲人實方○八位內減𠆢五百
二十三位餘
爲人實廉爲第八十六式也○所得人方正一十八位內
減𠆢一百一十七位餘所得人方實正三百一十七位內
減𠆢五百一十六位餘爲人方實○
所得人方方正三百一十三位內○所得人方廉正三百二
減𠆢五百一十七位餘爲人方方○十三位內減𠆢五百一
十一位餘
爲人方廉爲第八十七式也○所得人廉正一十八位內減

𠆢一百一十七位餘所得人廉實正三百○八位內減○所得
𠆢五百一十六位餘爲人廉實
人廉方正三百一十六位內減○所得人廉廉正三百一十
𠆢五百。八位餘爲人廉方○四位內減𠆢五百一十位
餘爲人
廉廉爲第八十八式也從是而起第二十八式也所得地實正一百一
十七位內減𠆢一十八位餘所得地實實正五百一十二位
內減𠆢三百二十位餘爲地實
實○所得地實方正五百。九位內減○所得地實廉正五
𠆢三百一十九位餘爲地實方○百一十五位內減
𠆢三百一十七
位餘爲地實廉爲第八十九式也○所得地方正一百一十
七位內減𠆢一十八位餘所得地方實正五百一十位內減
𠆢三百二十五位餘爲地方實
○所得地方方正五百七十位內減○所得地方廉正五百
𠆢三百二十六位餘爲地方方○一十七位內減𠆢三
百二十一位
餘爲地方廉爲第九十式也○所得地廉正一百一十七位
內減𠆢一十八位餘所得地廉實正五百一十五位內○得所
減𠆢三百一十九位餘爲地廉實
地廉方正五百一十三位內減○所得地廉廉正五百二十
𠆢三百二十一位餘爲地廉方○六位內減𠆢三百。九位
餘爲地
廉廉爲第九十一式也

第八十三式	第八十四式	第八十五式
天實實 天實方 天實廉 天實	天方實 天方方 天方廉 天方	天廉實 天廉方 天廉廉 天廉
第八十六式	第八十七式	第八十八式
人實實 人實方 人實廉 人實	人方實 人方方 人方廉 人方	人廉實 人廉方 人廉廉 人廉
第八十九式	第九十式	第九十一式
地實實 地實方 地實廉 地實	地方實 地方方 地方廉 地方	地廉實 地廉方 地廉廉 地廉

右以各位起式也（從是而起第四前圖也）所得智位正一十七位内減肩實四位餘（所得智實正一百二十三位内減肩一十八位餘爲智實〇所得智方正一百一十七位内減肩十八位餘爲智方〇所得智廉正一百一十七位内減肩一十八位餘爲智廉）爲第九十二式也〇所得仁位肩三位内減正一十五位餘（所得仁實正一十八位内減肩一百一十七位餘爲仁實〇所得仁方正一十八位内減肩一百一十七位餘爲仁方〇所得仁廉正一十八位内減肩一百一十七位餘爲仁廉）爲第九十三式也〇所得勇位正一十五位内減肩三位餘（所得勇實正一百一十七位内減肩一十八位餘爲勇實〇所得勇方正一百一十七位内減肩一十八位餘爲勇方〇所得勇廉正一百一十七位内減肩一十七位餘爲勇廉）爲第九十四式也

第九十二式	第九十三式	第九十四式
智實 智方 智廉 智位	仁實 仁方 仁廉 仁位	勇實 勇方 勇廉 勇位

右以各位起第四後圖而略（策式）之得第五前圖也

第五前圖

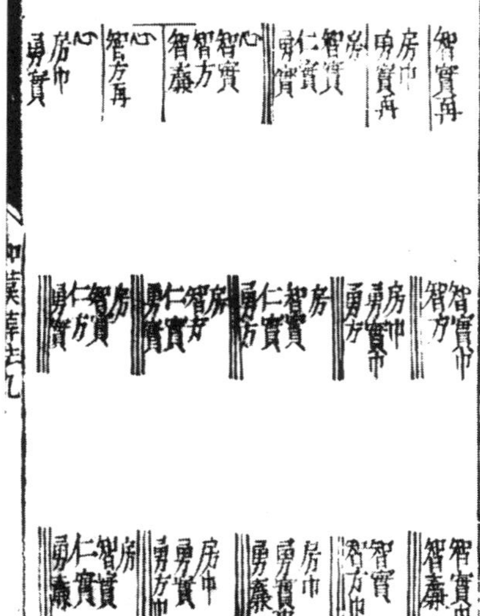

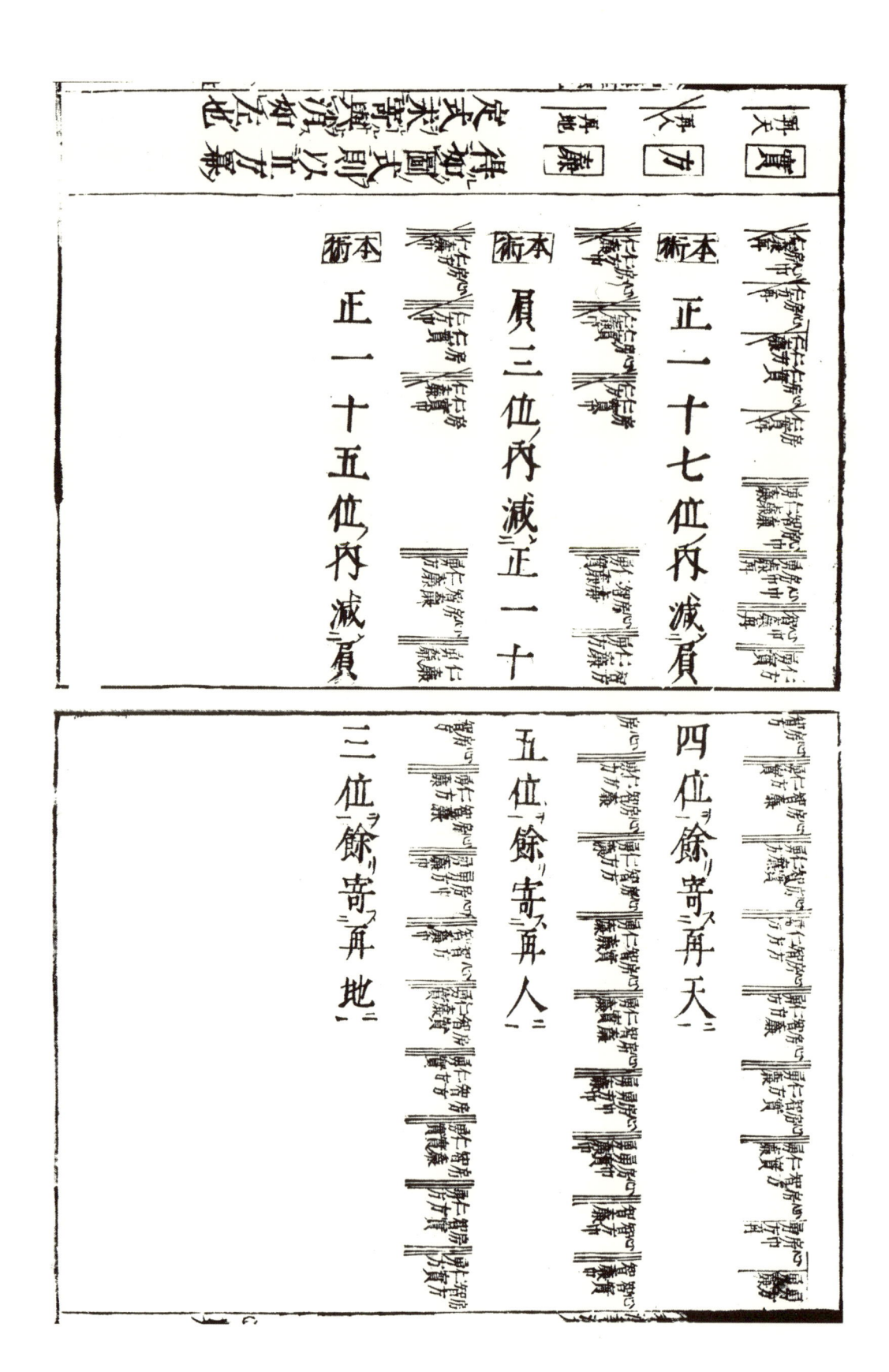

實 天乘
方 人乘
廉 地乘
得如圖式則以正方冪
定式求寄與消如左也

本術 正一十七位内減肩四位餘寄再天

本術 肩三位内減正一十五位餘寄再人

本術 正一十五位内減肩三位餘寄再地

第五後圖

實　再乗冪段

方　再乗冪心位相乗之段

廉　再乗冪心位冪相乗之段

右三位相併得数寄左

實　方　廉　心位相乗段

右以二位與寄左相消而分正負之本術之得寄左與相消数也

再天再　心再人再　心巾再地再　心再天再人再地

再人再　再天再　心巾再地再　心再天再人再地

正筭三位相併　本術　寄左

負筭一位　本術　與寄左相消数

第一十五起元　演段

第一十五起元演段之類式記第三之巻故苟略之也

和漢算法巻之九終

元禄八乙亥年孟春吉旦

洛陽書肆堂　九屋　彦三郎

大坂心斎橋筋　雁金屋庄兵衛　梓刊

解説

今回は江戸時代の数學の名著としての七作品を取り上げる。いずれも、東北大學附属図書館所蔵である。

（一）磁石筭根元記（上、中、下）［岡本文庫　刊五六］

著者は保坂因宗で一六八七（貞享四）年の成立。保坂因宗の生没年は不詳。通称は与市右衛門で下野國都賀の人である。磁石を用いて測量することを説いた。そのことから考えて、田畑、山地などの測量に際しての基礎知識を概説した入門書であろうと推定される。

（二）算法天元樵談（一～五）［岡本文庫　刊A三〇一八〇一六］

著者の中村政栄は羽後荘内鶴岡の人で、通称八郎兵衛。生年は未詳で、没年にはさまざまな説がある。直指撞破流を創始した。無尽利廻算法を考案し、無尽数理の開祖としても著名である。一七一九（享保四）年には、藩主の命令により、月山、鳥海山などの測量も行った。一七〇二（元禄十五）年に「算法天元樵談」の上・下二巻を著している。上巻と下巻の前半で天元術の問題を解いていて、下巻の後半に平方冪式演段があり、巻末に遺題九問を掲載している。彼は、「算法天元樵談」の追加として、「算法眞裸適等」上・中・下の三巻を著した。この追加篇の題簽は「算法天元適等」三・四・五と表記されていて、内題は「算法天元樵談追加眞裸適等」上・中・下となっている。本巻においては、これら五種類の論文が同一の論理のもとに記されたと判断して、「算法天元樵談（一～五）」の表題を附した。

（三）七乗冪演式（上、下）［岡本文庫　刊五六二一八二一五—二］

冪演算は、底及び冪指数 と呼ばれる二つの数に対して定まる数學的算法のことで、通常は、冪指数を底の右肩につく上付き文字によって示す。自然数を冪指数とする冪演算は累乗のことである。一六九一（元禄四）年の刊行で、編者は中根元圭である。元圭は字で、名は璋、通称は十次郎・丈右衛門、白山・律衆軒・律聚と号した。田中由真・建部賢弘に数學を学び、後に、建部賢弘の推挙で、徳川吉宗に仕え、漢文で記された西洋暦學書を日本語に翻訳し、江戸と下田の観測成果に基づいて「貞享暦」の精確さを報告した。彼は儒學、医學などにも通じていた。

（四）算學啓蒙諺解大成（總括、上本、上末、中本、中末、下本、下末）

著者は建部賢弘で、一六六四（寛文四）年に生まれ、一六七六（延宝四）年に十三歳で、関孝和の門に入った。関孝和が一六七四（延宝二）年に刊行した「発微算法」が当時の最新の数學書で、建部賢弘は、この書物を座右において學問に研鑽したと推測される。彼は、一六八三（天和三）年に、二十歳にして、「研幾算法」を、一六八五（貞享二）年、二十二歳の時に「発微算法演段諺解」四巻を、一六九〇（元禄三）年、二十七歳で、「算學啓蒙諺大成」七巻を著した。諺解とは口語訳という意味で、漢文で書かれた、元代の朱世傑の著作である「算學啓蒙」（上・中・下の三巻構成。一二九九［大徳三］年刊行。二十四門・二百五十九題を含む）を訓読するだけでなく、和文で解説を加えている。

漢字交じりの片仮名表記であるので、平仮名で書かれている「塵劫記」のように、一般大衆には用いられず、藩校で教育を受けた武士階級が読者層の中心であったと思われる

（五）開商點兵算法（上、下）［狩七—三一三〇五—二］

上と下の二巻で構成されている。上巻の内題は「開商點兵算法　上篇」で、「村井中漸著、長野士擇較」、序文の年紀は一七六九（明和六）年、村井中漸のはしがきの年紀は、一七六五(明和二)年、「平安書房　水玉堂発行」となっている。一方、下巻の内題は「開商點兵算法　演段」で、「長野士擇著」、序文の年紀は一七七〇（明和七）年、「江都　松本善兵衞、大坂　河内屋喜兵衞、京都　天王寺屋市郎兵衞」発行となっている。

村井中漸は一七〇八（宝永五）年六月十六日に生まれ、一七九七（宝永五）年二月二十四日没、享年九十歳。名は漸で、中漸は字、平柯・痴道人などと号す。儒医として京都に居住し、和算や書道の分野においても造詣が深かった。長野士擇は生没年未詳で、名は正庸。士擇は号である。村井中漸の門下生で京都人。

（六）招差偏究算法［狩七—七〇四二八—一］

中國の古代数學書にも見られる招差方についての解説書。編者は和田寧。一八二九（文政十二）年刊行。和田寧は一七八七（天明七）年に生まれ、一八四〇（天保十一）年九月十八日没、享年五十四歳。名は寧で、字は子永、算學・円象・香山などと号す。最初は播磨三日月の藩士で、後に、江戸に出て、関流数學を習得した。芝増上寺や土御門家に奉職し、安島直円の円理を発展させ、曲線や曲面の求積を行う「和田の円理表」を創造した。

（七）［新編］和漢算法（一～九）［藤原集書六三］

撰者は宮城清行。江戸時代前期の和算家。生没年は不詳。元禄時代(一六八八—一七〇四)に活躍した。本姓は柴田。通称は理右衛門、外記。京都の人。関流の演段術を用いて、早伝授で知られた。宮城流を自称し、一六八九（元禄二）年に「明元算法」を、一六九五（元禄八）年に、この「［新編］和漢算法」を叙述した。内容の充実した基本的な数學資料とも言える内容で、多岐にわたり、和文と漢文で記載されている。

この数學篇も、日本國内外の文献を博捜し、収集・分類・統合・解析の段階を経て、十四巻を刊行するに至った。ただ、宿痾の課題としての、数學の軸となる思想の解析については、未だ解明されていないのが実状と言えよう。江戸時代の数學界の二大巨峰と巷間で言われている、吉田光由と関孝和についての書誌は整理中である。算學が中國から導入されてきて、いかにして、日本独自の数學を築き上げることが出来たのかを、解明する所存である。次回以降の巻に於いて、日本と中國の数學文献の整理・分類を行い、読者諸氏の要望に応えるべく鋭意努力中であることをお伝えしておきたい。

二〇一六年十二月十五日　　編者識

近世歴史資料集成　第 VII 期
The Collected Historical Materials in Yedo Era (Seventh Series)
（第 11 巻）磁石筭根元記（上、中、下）、算法天元樵談（一〜五）、七乗冪演式（上、下）、算學啓蒙諺解大成（總括、上本、上末、中本、中末、下本、下末）、開商點兵算法（上、下）、招差偏究筭法、［新編］和漢算法（一〜九）
{Eleventh Volume: The Collected Historical Materials on Japanese Science and Technology / The History of Japanese Mathematics (14)}
2017 年 1 月 10 日　初版第 1 刷
編　者　近世歴史資料研究会
発　行　株式会社 科学書院
〒 174-0056 東京都板橋区志村 1-35-2-902　TEL. 03-3966-8600　FAX 03-3966-8638
発行者　加藤　敏雄
発売元　霞ケ関出版株式会社
〒 174-0056 東京都板橋区志村 1-35-2-902　TEL. 03-3966-8575　FAX 03-3966-8638
定価（本体 50,000 円+税）
ISBN978-4-7603-0413-4 C3321 ￥ 50000E

荒録（建部　清庵　著）----備荒種芸之法、備荒儲蓄之法など、飢饉に際しての心得を説く、◎備荒草木図（建部　清庵　著）

＊第 XI 巻　民間治療【12】（2002 年/平成 14 年 3 月刊行）

◎妙薬奇覧（船越　君明　著）、◎妙薬奇覧拾遺（宮地　明義　著）、◎妙薬妙術集（吉田　威徳　著）、◎［類編廣益］衆方規矩備考大成（千村　眞之　著）

各巻本体価格　50,000 円　揃本体価格　550,000 円

＊第 VII 巻　日本科学技術古典籍資料／數學篇［7］

（2004 年/平成 16 年 9 月刊行）

●第一部　資料篇

柴村　盛之　編『格致算書』（1657 年）、村瀬　義益　編『算學淵底記』（1673 年）、池田　昌意　編『數學乗除往來』（1674 年）

＊第 VIII 巻　日本科学技術古典籍資料／數學篇［8］

（2007 年/平成 19 年刊行）

磯村　吉徳　撰『［増補］算法闕疑抄』（1684 年）

＊第 IX 巻　日本科学技術古典籍資料／天文學篇［5］

（2004 年/平成 16 年 4 月刊行予定）

●第一部　資料篇

◎平田篤胤　撰『天朝無窮暦』（7 巻）、◎平田篤胤　撰『三暦由来記』（3 巻））、◎釋圓通　序『佛國暦象編』（5 巻））、◎司馬江漢　著『和蘭天説』（1 巻））、◎渋川景佑　撰『星學須知』（8 巻））、◎池田　好運　編『元和航海書』（1618 年）

●第二部　年表篇　「日本天文學史総合年表」［天文學篇［1］～天文學篇［5］］

●第三部　天文方家譜

●第四部　書誌解題篇　掲載された論攷［天文學篇［1］～天文學篇［5］］の書誌的考察。

＊第 X 巻　救荒【1】

○江戸時代、国内資源の枯渇からくる飢饉を克服するために、有用動物・植物の研究が行なわれた。本巻はその成果で、動物・植物の生態学的・形態学的研究から、採集・食用方までも叙述してある。この中の、凶荒時に食用とする山野の植物についての考察は、日本の縄文時代の野生植物を研究するためのたいせつな資料ともなるであろう。動物・植物・鉱物・食物・生薬名索引を載せる。

◎「救荒本草」和刻本（周定王　著、松岡　玄達　校訂）、◎救荒本草啓蒙（小野　恵畝　著）、◎救　荒本草通解（岩崎　常正　著）、◎救荒本草註（畔田　伴存　著）、◎民間備編『方圓算經』(1739 年)、松永　良弼　著『算法演段品彙』、『角形圖解』(1746 年)、入江　保叔　編『一源括法』(1760 年)、『開方要旨』(1762 年)、『方圓奇巧』(1766 年)、『拾算法』(1769 年)、藤田　定賢　編『算法集成』(1777 年)、安島　直圓　編『三角内容三斜術』、會田　安明　編『算法古今通覽』(1797 年)、會田　安明　編『算法角術』、大原門人　編『算法點竄指南』(1810 年)

＊第 IV 巻　日本科学技術古典籍資料／數學篇［4］

(2001 年/平成 13 年 10 月刊行)

●第一部　資料篇

會田　安明　編『算法天生法指南』(1810 年)、坂部　廣胖　著『算法點竄指南録』(1810 年)、堀池　敬久　閲・堀池　久道　編『要妙算法』(1831 年)、内田　観　編『圓理闡微表』、『算法點竄手引草・初篇、二篇、三篇、三篇附録』、山口　言信　著『算法圓理冰釋』(1834 年)、秋田　義蕃　編『算法極形指南』(1835 年)、『照闇算法』(1841 年)、和田　寧　傳『圓理算經』(1842 年)、豊田　勝義　編『算法楕円解』(1842 年)、内田　久命　編『算法求積通考』(1844 年)、阿部　重道　編『算法求積通考・後編』

＊第 V 巻　日本科学技術古典籍資料／數學篇［5］

(2002 年/平成 14 年 10 月刊行)

●第一部　資料篇

今村　知周　編『因歸算歌』(1640 年)、榎並　和澄　編『參両録』(1653 年)、初坂　重春　編『圓方四巻記』(1657 年)、山田　正重　著『改算記』(1659 年)

＊第 VI 巻　日本科学技術古典籍資料／數學篇［6］

(2002 年/平成 15 年 4 月刊行)

●第一部　資料篇

藤岡　茂元　編『算元記』(1657 年)、澤口　一之　撰『古今算法記』(1671 年)、松永　良弼他　編『絳老余算統術』、田原　嘉明　編『［新刊］算法記』(1652 年)

『近世歴史資料集成第IV期』

〔全11巻〕《全巻完結》

The Collected Historical Materials in Yedo Era: Fourth Series

浅見　恵・安田　健　訳編　B５版・上製・布装・貼箱入

＊第I巻　日本科学技術古典籍資料／數學篇［1］

（2002年/平成14年3月刊行）

●第一部　資料篇

著者不詳『算用記』（16世紀末～17世紀初頭）、百川　治兵衛　編『諸勘分物』（1622年）、毛利　重能　編『割算書』（1622年）、『竪亥録』（1639年）、著者不詳『萬用不求算』（1643年）、阿部　重道　編『算法整數起源抄』（1845年）、村田　恒光　編『算法側圖詳解』（1845年）、佐藤　雋　集編『三哲累圓述』、澤池　幸恒　撰『算法圓理楕円集』

＊第II巻　日本科学技術古典籍資料／數學篇［2］

（2001年/平成13年7月刊行）

●第一部　資料篇

島田　貞繼　編『九數算法』（1653年）、佐藤　正興『算法根源記』（1669年）、星野　實宣　編『股勾弦鈔』（1672年）、星野　實宣　撰『算學啓蒙註解』（1672年）、前田　憲舒　著『算法至源記』（1673年）、中西　正好　編『勾股弦適等集』（1683年）、田中　由眞　述『算學紛解』、村松　茂清　著『〔再版〕算法算俎』（1684年）、西川　勝基　撰『算法指南』（1684年）、井關　知辰　撰『算法發揮』（1690年）、建部　賢弘　著『新編算學啓蒙諺解』（1690年）、佐藤　茂春　撰『算法天元指南』（1698年）、三宅　賢隆　撰『具應算法』（1699年）、西脇　利忠　編『算法天元録』（1715年）。

＊第III巻　日本科学技術古典籍資料／數學篇［3］

（2001年/平成13年8月刊行）

●第一部　資料篇

田中　佳政　編『數學端記』（1717年）、若杉　多十郎　撰『勾股致近集』（1719年）、『演段數品例』（1732年）、松永　良弼

◎採薬使記（阿部友之進　著）、◎山本篤慶採薬記（山本篤慶　著）、◎東蝦夷物産志・蝦夷草木写真（渋江長伯　原著、松田直人　写）、◎木曾採薬記（水谷豊文　著）、◎伊吹山採薬記（大窪舒三郎　著）

＊第 VII 巻　採薬志【2】

◎蘭山採薬記---常州・野州・甲州・豆州・駿州・相州（小野蘭山　著）、◎勢州採薬志（小野蘭山　著）、◎濃州・尾州・勢州採薬記（丹波修治他　著）、◎城和摂諸州採薬記（丹羽松齋　著）、◎雲州採薬記事（山本安暢　著）、◎薩州採薬録

＊第 VIII 巻　民間治療【1】

◎普救類方（林良適・丹羽正伯　撰）

＊第 IX 巻　民間治療【2】

◎広恵濟急方（多紀元簡　校）、◎嶺丘白牛酪考（桃井寅撰）、◎白丹砂製練法（養拙齋稿寛度　著）

＊第 X 巻　民間治療【3】

◎奇方録（木内政章　著）、◎袖珍仙方（奈良宗哲　著）、◎耳順見聞私記（岷龍斉　著）、◎農家心得草薬法、◎漫游雑記薬方、◎妙薬手引草（申斉独妙　著）、◎掌中妙薬奇方（丹治増業　著）

＊第 XI 巻　民間治療【4】

◎此君堂薬方（立原任　著）、◎救急方（乙黒宗益　著）、◎薬屋虚言噺（橋本某　著）、◎寒郷良剤（岡本信古　著）、◎万宝重宝秘伝集（華坊兵蔵　著）、◎諸国古伝秘方

『近世歴史資料集成第Ⅱ期』

〔全11巻〕《全巻完結》

The Collected Historical Materials in Yedo Era: Second Series

浅見恵・安田健　訳編　Ｂ５判・上製・布装・貼箱入

＊第Ⅰ巻　日本産業史資料【1】総論

◎日本山海名産図会（平瀬徹齋　著）◎日本山海名物図会（平瀬徹齋　著）◎桃洞遺筆（小原桃洞　著）◎肥前州産物図考（木崎盛標　著）

＊第Ⅱ巻　日本産業史資料【2】農業及農産製造

◎広益国産考（大蔵永常　著）、◎農家益（大蔵永常　著）

＊第Ⅲ巻　日本産業史資料【3】農業及農産製造

◎養蚕秘録（上垣伊兵衛　著）、◎綿甫要務（大蔵永常　著）、◎綿花培養新論（東方覚之　抄訳）、◎機織彙編、製茶図解（彦根藩　編）、◎朝鮮人参耕作記（田村元雄　著）、◎椎茸製造独案内（梅原寛重　著）、◎製葛録（大蔵永常　著）、◎砂糖製作記（木村喜之　著）、◎紙漉重宝記（国東治兵衛　著）

＊第Ⅳ巻　日本産業史資料【4】農産製造・林業及鉱・冶金

◎童蒙酒造記、◎酒造得度記（礒屋宗七　著）、◎醤油製造方法（高梨考右衛門　著）、◎製油録（大蔵永常　著）、◎樟脳製造法、◎金吹方之図訳書（川村理兵衛他　画）、◎硝石製練法（桜寧居士　著）、◎鼓銅図録・鼓銅録（増田綱　著）、◎佐渡鉱山文書【佐渡物産志三、四】、◎運材図会（富田礼彦　著）

＊第Ⅴ巻　日本産業史資料【5】水産

◎水産図解（藤川三渓　著）、◎水産小学（河原田盛美　著）、◎鯨史藁（大槻準　編）、◎勇魚取絵詞（小山田與清　著）、◎高知県捕鯨図、◎湖川沼漁略図并収穫調書（茨城県　編）、◎調布玉川鮎取調（雪亭河尚明　画）、◎五島に於ける鯨捕沿革図説（田宮運善　写）

＊第Ⅵ巻　採薬志【1】

◎諸州採薬記（植村政勝　著）、◎西州木状（植村政勝　著）、

『近世歴史資料集成第Ｉ期---庶物類纂』

〔全11巻〕《全巻完結》

The Collected Historical Materials in Yedo Era: First Series

稲若水・丹羽正伯　編　Ｂ５判・上製・布装・貼箱入

◎江戸時代中期に、加賀藩主前田綱紀の要請で行なわれた国家的大事業。中国博物学を集大成した世界最大の漢籍百科全書で、中国の古代から清代までに作成された作物・植物・動物・鉱物に関する古文献を網羅している。

＊第Ⅰ巻　草属・花属

＊第Ⅱ巻　鱗属・介属・羽属・毛属

＊第Ⅲ巻　水属・火属・土属

＊第Ⅳ巻　石属・金属・玉属

＊第Ⅴ巻　竹属・穀属

＊第Ⅵ巻　菽属・蔬属《Ⅰ》

＊第Ⅶ巻　蔬属《Ⅱ》

＊第Ⅷ巻　海菜属・水菜属・菌属・瓜属・造醸属・蟲属《Ⅰ》

＊第Ⅸ巻　蟲属《Ⅱ》・木属・蛇属・果属・味属

＊第Ⅹ巻　増補版（草属・花属・鱗属・介属・羽属・毛属・木属・果属）

＊第Ⅺ巻　関連文書・総索引（安田健　訳編）

◎庶物類纂一件完（庶物類纂一件御拝借之書面留）◎庶物類纂編集并 公儀御□□□□案等収録　全、◎庶物類纂編揖始末一～五、庶物類纂の成立と内容について（安田健）、◎引用書名一覧表、◎漢名・漢字名索引、◎和名索引

各巻本体価格50,000円　揃本体価格550,000円